2024 이투스북 수학 연간검토단

※ 지역명, 이름은 가나다순입니다.

◇— 강원 —◇

고민정	로이스 물맷돌 수학
고승희	고수수학
구영준	하이탑수학과학학원
김보건	영탑학원
김성영	빨리 강해지는 수학 과학
김정은	아이탑스터디
김지영	김지영 수학
김진수	MCR융합학원/PF수학
김호동	하이탑수학학원
김희수	이투스247원주
남정훈	으뜸장원학원
노명훈	노명훈쌤의 알수학학원
노명희	탑클래스
박미경	수올림수학전문학원
박상윤	박상윤수학
배형진	화천학습관
백경수	이코수학
서아영	스텝영수단과학원
신동혁	이코수학
심수경	Pf math
안현지	전문과외
양광석	원주고등학교
오준환	수학다움학원
유선형	Pf math
이윤서	더자람교실
이태현	하이탑 수학학원
이현우	베스트수학과학학원
장해연	영탑학원
정복인	하이탑수학과학학원
정인혁	수학과통하다학원
최수남	강릉 영수배움교실
최재현	원탑M학원
홍지선	홍수학교습소

◇— 경기 —◇

강명식	매쓰온수학학원
강민정	한진홈스쿨
강민종	필에듀학원
강소미	솜수학
강수정	노마드 수학학원
강신충	원리탐구학원
강영미	쌤과통하는학원
강유정	더배움학원
강정희	쓱보고싹푼다
강진욱	고밀도 학원
강태희	한민고등학교
강하나	강하나수학
강현숙	루트엠수학교습소
경유진	오늘부터수학학원
경지현	화서탑이지수학
고규혁	고동국수학학원
고동국	고동국수학학원
고명지	고쌤수학학원
고상준	준수학교습소
고안나	기찬에듀기찬수학
고지윤	고수학전문학원
고진희	지니Go수학
곽병무	뉴파인 동탄 특목관
곽진영	전문과외
구재회	오성학원
구창숙	이룸학원
권영미	에스이마고수학학원
권영아	늘봄수학
권은주	나만수학
권준환	와이솔루션수학
권지우	수학앤마루
기소연	지혜의 틀 수학기지
김강환	뉴파인 동탄고등1관
김강희	수학전문 일비충천
김경민	평촌 바른길수학학원
김경오	더하다학원
김경진	경진수학학원 다산점
김경태	함께수학
김경훈	행복한학생학원
김관태	케이스 수학학원
김국환	전문과외
김덕락	준수학 수학학원
김도완	프라매쓰 수학 학원
김도현	유캔매스수학교습소
김동수	김동수학원
김동은	수학의힘 평택지제캠퍼스
김동현	JK영어수학전문학원
김미선	안양예일영수학원
김미옥	알프 수학교실
김민겸	더퍼스트수학교습소
김민경	경화여자중학교
김민경	더원수학
김민석	전문과외
김보경	새로운희망 수학학원
김보람	효성 스마트해법수학
김복현	시온고등학교
김상욱	Wook Math
김상윤	막강한수학학원
김새로미	뉴파인동탄특목관
김서림	엠베스트갈매
김서영	다인수학교습소
김석호	푸른영수학원
김선혜	분당파인만학원 중등부
김선홍	고밀도학원
김성은	블랙박스수학과학전문학원
김세준	SMC수학학원
김소영	김소영수학학원
김소영	호매실 예스셈올림피아드
김소희	도촌동멘토해법수학
김수림	전문과외
김수연	김포셀파우등생학원
김수진	봉담 자이 라피네 진샘수학
김슬기	용죽 센트로학원
김승현	대치매쓰포유 동탄캠퍼스학원
김시훈	smc수학학원
김연진	수학메디컬센터
김영아	브레인캐슬 사고력학원
김완수	고수학
김용덕	(주)매쓰토리수학학원
김용환	수학의아침
김용희	솔로몬학원
김유리	미사페르마수학
김윤경	구리국빈학원
김윤재	코스매쓰 수학학원
김은미	탑브레인수학과학학원
김은영	세교수학의힘
김은채	채채 수학 교습소
김은향	의왕하이클래스
김정현	채움스쿨
김종균	케이수학
김종남	제너스학원
김종화	퍼스널개별지도학원
김주영	정진학원
김주용	스타수학
김지선	고산원탑학원
김지선	다산참수학영어2관학원
김지영	수이학원
김지윤	광교오드수학
김지현	엠코드수학과학원
김지효	로고스에이
김진만	아빠수학엄마영어학원
김진민	에듀스템수학전문학원
김진민	예미지우등생교실
김창영	하이포스학원
김태익	설봉중학교
김태진	프라임리만수학학원
김태학	평택드림에듀
김하영	막강수학학원
김하현	로지플 수학
김학준	수담 수학 학원
김학진	별을셀수학
김현자	생각하는수학공간학원
김현정	생각하는Y,와이수학
김현주	서부세종학원
김현지	프라임대치수학교습소
김형숙	가우스수학학원
김혜정	수학을말하다
김혜진	전문과외
김혜진	동탄자이교실
김호숙	호수학원
나영우	평촌에듀플렉스
나혜림	마녀수학
남선규	로지플수학
노영하	노크온 수학학원
노진석	고밀도학원
노혜숙	지혜숲수학
도건민	목동 LEN
류은경	매쓰랩수학교습소
마소영	스터디MK
마정이	정이 수학
마지희	이안의학원 화정캠퍼스
문다영	평촌 에듀플렉스
문장원	에스원 영수학원
문재웅	수학의 공간
문제승	성공수학
문지현	문쌤수학
문진희	플랜에이수학학원
민건홍	칼수학학원 중.고등관
민동건	전문과외
민윤기	배곧 알파수학
박강희	끝장수학
박경훈	리버스수학학원
박규진	김포 하이스트
박대수	대수학
박도솔	도솔샘수학
박도현	진성고등학교
박민서	칼수학전문학원
박민정	악어수학
박민주	카라Math
박상일	생각의숲 수풀림수학학원
박성찬	성찬쌤's 수학의공간
박소연	이투스기숙학원
박수민	유레카 영수학원
박수현	용인능원 씨앗학원
박수현	리더가되는수학교습소
박신태	디엘수학전문학원
박연지	상승에듀
박영주	일산 후곡 쉬운수학
박우희	푸른보습학원
박유승	스터디모드
박윤호	이룸학원
박은주	은주쌤 수학공부방
박은주	스마일수학
박은진	지오수학학원
박은희	수학에빠지다
박장군	수리연학원
박재연	아이셀프수학교습소
박재현	LETS
박재홍	열린학원
박정화	우리들의 수학원
박종림	박쌤수학
박종필	정석수학학원
박주리	수학에반하다
박지영	마이엠수학학원
박지윤	파란수학학원
박지혜	수이학원
박진한	엡실론학원
박진홍	상위권을 만드는 고밀도학원
박찬현	박종호수학학원
박태수	전문과외
박하늘	일산 후곡 쉬운수학
박현숙	전문과외
박현정	빡꼼수학학원
박현정	탑수학 공부방
박혜림	림스터디 수학

최소영 키움수학
최수지 싹수학학원
최수진 재밌는수학
최승권 스터디올킬학원
최영성 에이블수학영어학원
최영식 수학의신학원
최영철 고밀도학원
최용희 대치명인학원
최웅용 유타스 수학학원
최유미 분당파인만교육
최윤형 청운수학전문학원
최은혜 전문과외
최재원 하이탑에듀 고등대입전문관
최재원 이지수학
최정아 딱풀리는수학 다산하늘초점
최종찬 초당필탑학원
최주영 옥쌤 영어수학 독서논술 전문학원
최지윤 와이즈만 분당영재입시센터
최한나 수학의아침
최호순 관찰과추론
표광수 풀무질 수학전문학원
하정훈 하쌤학원
하창형 오늘부터수학학원
한경태 한경태수학전문학원
한규욱 대치메이드학원
한기언 한스수학학원
한동훈 고밀도학원
한문수 성빈학원
한미정 한쌤수학
한상훈 동탄수학과학학원
한성필 더프라임학원
한세은 이지수학
한수민 SM수학학원
한유호 에듀셀파 독학 기숙학원
한은기 참선생 수학 동탄호수
한지희 이음수학학원
한혜숙 창의수학 플레이팩토
함민호 에듀매쓰수학학원
함영호 함영호고등전문수학클럽
허지현 최상위권수학학원
홍성미 부천옥길홍수학
홍성민 해법영어 셀파우등생 일월 메디
학원
홍세정 인투엠수학과학학원
홍유진 평촌 지수학학원
홍의찬 원수학
홍재욱 켈리윔즈학원
홍재화 아론에듀학원
홍정욱 광교 김쌤수학 3.14고등수학
홍지윤 HONGSSAM창의수학
홍훈희 MAX 수학학원
황두연 전문과외
황민지 수학하는날 입시학원
황선아 서나수학
황애리 애리수학학원
황영미 오산일신학원
황은지 멘토수학과학학원

황인영 더올림수학학원
황지훈 명문JS입시학원

← 경남 →

강경희 TOP Edu
강도윤 강도윤수학컨설팅학원
강지혜 강선생수학학원
고병옥 옥쌤수학과학학원
고성대 math911
고은정 수학은고쌤학원
권영애 권쌤수학
김가령 킴스아카데미
김경문 참진학원
김미양 오렌지클래스학원
김민석 한수위 수학학원
김민정 창원스키마수학
김선희 책벌레국영수학원
김송은 은쌤 수학
김수진 수학의봄수학교습소
김양준 이룸학원
김연지 하이퍼영수학원
김옥경 다온수학전문학원
김재현 타임영수학원
김정두 해성고등학교
김진형 수풀림 수학학원
김치남 수나무학원
김해성 AHHA수학(아하수학)
김형균 칠원재움수학
김형신 대치스터디 수학학원
김혜영 프라임수학
김혜인 조이매쓰
김혜정 올림수학 교습소
노현석 비코즈수학전문학원
문소영 문소영수학관리학원
문주란 장유 올바른수학
민동록 민쌤수학
박규태 에듀탑영수학원
박소현 오름수학전문학원
박영진 대치스터디수학학원
박우열 앤즈스터디메이트 학원
박임수 고탑(GO TOP)수학학원
박정길 아쿰수학학원
박주연 마산무학여자고등학교
박진현 박쌤과외
박혜인 참좋은학원
배미나 경남진주시
배종우 매쓰팩토리 수학학원
백은애 매쓰플랜수학학원
성민지 베스트수학교습소
송상윤 비상한수학학원
신동훈 수과람학원
신욱희 창익학원
안성휘 매쓰팩토리 수학학원
안지영 모두의수학학원
어다혜 전문과외

유인영 마산중앙고등학교
유준성 시퀀스영수학원
윤영진 유클리드수학과학학원
이근영 매스마스터수학전문학원
이나영 TOP Edu
이선미 삼성영수학원
이아름 애시앙 수학맛집
이유진 멘토수학교습소
이진우 전문과외
이현주 즐거운 수학 교습소
장초향 이룸플러스수학학원
전창근 수과원학원
정승엽 해남학원
정주영 다시봄이룸수학학원
조소현 in수학전문학원
조윤호 조윤호수학학원
주기호 비상한수학국어학원
차민성 율하차쌤수학
최소현 펠릭스 수학학원
하윤석 거제 정금학원
황진호 타임수학학원
황혜숙 합포고등학교

← 경북 →

강경훈 예천여자고등학교
강혜연 BK 영수전문학원
권오준 필수학영어학원
권호준 위너스터디학원
김대훈 이상렬입시단과학원
김동수 문화고등학교
김동욱 구미정보고등학교
김명훈 김민재수학
김보아 매쓰킹공부방
김수현 꿈꾸는 I
김윤정 더채움영수학원
김은미 매쓰그로우 수학학원
김재경 필즈수학영어학원
김태웅 에듀플렉스
김형진 닥터박수학전문학원
남영주 아르베수학전문학원
문소연 조쌤보습학원
박다현 최상위해법수학학원
박명훈 수학행수학학원
박우혁 예천연세학원
박유건 닥터박 수학학원
박은영 esh수학의달인
박진성 포항제철중학교
방성훈 매쓰그로우 수학학원
배재현 수학만영어도학원
백기남 수학만영어도학원
성세현 이투스수학두호장량학원
손나래 이든샘영수학원
손주희 이루다수학과학
송미경 이로지오 학원
송종진 김천고등학교

신광섭 광 수학학원
신승규 영남삼육고등학교
신승용 유신수학전문학원
신지현 문영수 학원
신채윤 포항제철고등학교
안지훈 강한수학
염성군 근화여자고등학교
예보경 피타고라스학원
오선민 수학만영어도학원
윤장영 윤쌤아카데미
이경하 안동 풍산고등학교
이다례 문매쓰달쌤수학
이상원 전문가집단 영수학원
이상현 인투학원
이성국 포스카이학원
이송제 다올입시학원
이영성 영주여자고등학교
이재광 생존학원
이준호 이준호수학교습소
이혜민 영남삼육중학교
이혜은 김천고등학교
장아름 아름수학학원
정은미 수학의봄학원
정재훈 현일고등학교
조진우 늘품수학학원
조현정 올댓수학
진성은 전문과외
천경훈 천강수학전문학원
최수영 수학만영어도학원
최진영 구미시 금오고등학교
추민지 닥터박수학학원
추호성 필즈수학영어학원
표현석 안동 풍산고등학교
하홍민 홍수학
홍영준 하이맵수학학원

← 광주 →

강민결 광주수피아여자중학교
강승완 블루마인드아카데미
곽웅수 카르페수학학원
권용식 와이엠 수학전문학원
김국진 김국진짜학원
김국철 풍암필즈수학학원
김대균 김대균수학학원
김동희 김동희수학학원
김미경 임팩트학원
김성기 원픽 영수학원
김안나 풍암필즈수학학원
김원진 메이블수학전문학원
김은석 만문제수학전문학원
김재광 디투엠 영수학원
김종민 퍼스트수학학원
김태성 일곡지구 김태성 수학
김현진 에이블수학학원
나혜경 고수학학원

마채연	마채연 수학 전문학원
박서정	더강한수학전문학원
박용우	광주 더샘수학학원
박주홍	KS수학
박충현	본수학과학전문학원
박현우	KS수학
변석주	153유클리드수학학원
빈선욱	빈선욱수학전문학원
선승연	MATHTOOL수학교습소
소병효	새움수학전문학원
손광일	송원고등학교
손동규	툴즈수학교습소
송승용	송승용수학학원
신성호	신성호수학공화국
신예준	JS영재학원
신현석	프라임 아카데미
심여주	웅진 공부방
양동식	A+수리수학학원
어흥범	매쓰피아
위광복	우산해라클래스학원
이만재	매쓰로드수학
이상혁	감성수학
이승현	본(本)영수학원
이창현	알파수학학원
이채연	알파수학학원
이충현	전문과외
이헌기	보문고등학교
임태관	매쓰멘토수학전문학원
장광현	장쌤수학
장민경	일대일코칭수학학원
장영진	새움수학전문학원
전주현	전문과외
정다원	광주인성고등학교
정다희	다희쌤수학
정수인	더최선학원
정원섭	수리수학학원
정인용	일품수학학원
정종규	에스원수학학원
정태규	가우스수학전문학원
정형진	BMA롱맨영수학원
조일양	서안수학
조현진	조현진수학학원
조형서	조형서 수학교습소
채소연	마하나임 영수학원
천지선	고수학학원
최지웅	미라클학원
최혜정	이루다전문학원

✦ 대구 ✦

강민영	매씨지수학학원
고민정	전문과외
곽미선	좀다른수학
구정모	제니스클래스
구현태	대치깊은생각수학학원 시지본원
권기현	이렇게좋은수학교습소

권보경	학문당입시학원
권혜진	폴리아수학2호관학원
김기연	스텝업수학
김대운	그릿수학831
김도영	땡큐수학학원
김동영	통쾌한 수학
김득현	차수학 교습소 사월 보성점
김명서	샘수학
김미경	풀린다수학교습소
김미랑	랑쌤수해
김미소	전문과외
김미정	일등수학학원
김상우	에이치투수학교습소
김선영	수학학원 바른
김성무	김성무수학 수학교습소
김수영	봉덕김쌤수학학원
김수진	지니수학
김연정	유니티영어
김유진	S.M과외교습소
김재홍	경북여자상업고등학교
김정우	이룸수학학원
김종희	학문당 입시학원
김지연	찐수학
김지영	김지영수학교습소
김지은	정화여자고등학교
김채영	전문과외
김태진	스카이루트 수학과학학원
김태환	로고스수학학원(성당원)
김해은	한상철수학과학학원 상인원
김현숙	메타매쓰
남인제	미쓰매쓰수학학원
노현진	트루매쓰 수학학원
민병문	선택과 집중
박경득	파란수학
박도희	전문과외
박민석	아크로수학학원
박민정	빡쎈수학교습소
박산성	Venn수학
박수연	쌤통수학학원
박순찬	찬스수학
박옥기	매쓰플랜수학학원
박장호	대구혜화여자고등학교
박정욱	연세스카이수학학원
박지훈	더엠수학학원
박태호	프라임수학교습소
박현주	매쓰플래너
방소연	대치깊은생각수학학원 시지본원
백승대	백박사학원
백승환	수학의봄 수학교습소
백재규	필즈수학공부방
백태민	학문당입시학원
백현식	바른입시학원
변용기	라온수학학원
서경도	서경도수학교습소
서재은	절대등급수학
성웅경	더빡쎈수학학원
소현주	정S과학수학학원

손승연	스카이수학
손태수	트루매쓰 학원
송영배	수학의정원
신묘숙	매쓰매티카 수학교습소
신수진	폴리아수학학원
신은경	황금라온수학
신은주	하이매쓰학원
양강일	양쌤수학과학학원
양은실	제니스 클래스
오세욱	IP수학과학학원
윤기호	샤인수학학원
이규철	좋은수학
이남희	이남희수학
이만희	오르라수학전문학원
이명희	잇츠생각수학 학원
이상훈	명석수학학원
이수현	하이매쓰 수학교습소
이원경	엠제이통수학영어학원
이인호	본투비수학교습소
이일균	수학의달인 수학교습소
이종환	이꼼수학
이준우	깊을준수학
이지민	아이플러스 수학
이진영	소나무학원
이진욱	시지이룸수학학원
이창우	강철FM수학학원
이태형	가토수학과학학원
이한조	닥터엠에스
이효진	진선생수학학원
임신옥	KS수학학원
임유진	박진수학
장두영	바움수학학원
장세완	장선생수학학원
장시현	전문과외
전동형	땡큐수학학원
전수민	전문과외
전준현	매쓰플랜수학학원
전지영	전지영수학
정민호	스테듀입시학원
정재현	율사학원
조미란	엠투엠수학 학원
조성애	조성애세움학원
조연호	Cho is Math
조유정	다원MDS
조인혁	루트원수학과학 학원
조지연	연쌤영수학원
주기헌	송현여자고등학교
진수정	마틸다수학
최대진	엠프로수학학원
최은미	수학다움 학원
최정이	탑수학교습소(국우동)
최현정	MQ멘토수학
최현희	다온수학학원
하태호	팀하이퍼 수학학원
한원기	한엠수학
홍은아	탄탄수학교실
황가영	루나수학

| 황지현 | 위드제스트수학학원 |

✦ 대전 ✦

강유식	연세제일학원
강홍규	최강학원
고지훈	고지훈수학 지적공감입시학원
김일	더브레인코어 학원
김근아	닥터매쓰205
김근하	엠씨스터디수학학원
김남홍	대전종로학원
김덕한	더칸수학학원
김동근	엠투오영재학원
김민지	(주)청명에페보스학원
김복응	더브레인코어 학원
김상현	세종입시학원
김수빈	제타수학전문학원
김승환	청운학원
김윤혜	슬기로운수학교습소
김주성	양영학원
김지현	파스칼 대덕학원
김진	발상의전환 수학전문학원
김진수	김진수학
김태형	청명대입학원
김하은	전문과외
김한솔	시대인재 대전
김해찬	전문과외
김휘식	양영학원 고등관
나효명	열린아카데미
류재원	양영학원
박가와	마스터플랜 수학전문학원
박솔비	매쓰톡수학 교습소
박주희	빡쌤의 빡센수학
박지성	엠아이큐수학학원
배용제	굿티쳐강남학원
백승정	오르고 수학학원
서동원	수학의 중심 학원
서영준	힐탑학원
선진규	로하스학원
송규성	하이클래스학원
송다인	더브라이트학원
송인석	송인석수학학원
송정은	바른수학전문교실
신성철	도안베스트학원
신성호	수학과학하다
신원진	공감수학학원
신익주	신 수학 교습소
심훈흠	일인주의학원
양지연	자람수학
오우진	양영학원
우현석	EBS 수학우수학원
유수림	수림수학학원
유준호	더브레인코어 학원
윤석주	윤석주수학전문학원
윤찬근	오르고 수학학원
이국빈	케이플러스수학

이규영	쉐마수학학원
이민호	매쓰플랜수학학원 반석지점
이성재	알파수학학원
이소현	바칼로레아영수학원
이수진	대전관저중학교
이용희	수림학원
이일녕	양영학원
이재옥	청명대입학원
이준희	전문과외
이희도	전문과외
인승열	신성 수학나무 공부방
임병수	모티브
임현호	전문과외
장용훈	프라임수학
전병전	더브레인코어 학원
전하윤	전문과외
정순영	공부방. 여기
정지윤	더브레인코어 학원
조용호	오르고 수학학원
조창희	시그마수학교습소
조충현	로하스학원
차영진	연세언더우드수학
차지훈	모티브에듀학원
홍진국	저스트학원
황은실	나린학원

← 부산 →

고경희	대연고등학교
권병국	케이스학원
권순석	남천다수인
권영린	과사람학원
김건우	4퍼센트의 논리 수학
김경희	해운대영수전문y-study
김대현	해운대중학교
김도현	해신수학학원
김도형	명작수학
김민규	다비드수학학원
김민영	정모클입시학원
김성민	직관수학학원
김승호	과사람학원
김애랑	채움수학교습소
김원진	수성초등학교
김지연	김지연수학교습소
김초록	수날다수학교습소
김태영	뉴스터디학원
김태진	한빛단과학원
김효상	코스터디학원
나기열	프로매스수학교습소
노지연	수학공간학원
노향희	노쌤수학학원
류형수	연산 한샘학원
박대성	키움수학교습소
박성찬	프라임학원
박연주	매쓰메이트수학학원
박재용	해운대영수전문y-study

박주형	삼성에듀학원
배철우	명지 명성학원
백융일	과사람학원
부종민	부종민수학
서유진	다올수학
서은지	ESM영수전문학원
서자현	과사람학원
서평승	신의학원
손희옥	매쓰폴수학학원
송다슬	전문과외
심현섭	과사람학원
심혜정	명품수학
안남희	명지 실력을키움수학
안애경	오메가 수학 학원
안찬종	전문과외
양인희	에센셜수학교습소
오인혜	하단초등학교
오희영	
옥승길	옥승길수학학원
이가연	엠오엠수학학원
이경덕	수학으로 물들어 가다
이경수	경:수학
이명희	조이수학학원
이아름누리	청어람학원
이정화	수학의 힘 가야캠퍼스
이지영	오늘도.영어그리고수학
이지은	한수연하이매쓰
이철	과사람학원
이효정	해 수학
장지원	해신수학학원
장진권	오메가수학
전경훈	대치명인학원
전완재	강앤전 수학학원
전우빈	과사람학원
전찬용	다이나믹학원
정운용	정쌤수학교습소
정의진	남천다수인
정휘수	제이매쓰수학방
정희정	정쌤수학
조아영	플레이팩토 오션시티교육원
조우영	위드유수학학원
조은영	MIT수학교습소
조훈	캔필학원
주유미	엠투수학공부방
채송화	채송화수학
천현민	키움스터디
최광은	럭스 (Lux) 수학학원
최수정	이루다수학
최윤교	삼성영어수학전문학원
최준승	주감학원
하현	하현수학교습소
한주환	으뜸나무수학학원
한혜경	한수학 교습소
허영재	자하연 학원
허윤정	올림수학전문학원
허정은	전문과외
황영찬	수피움 수학

| 황진영 | 진심수학 |
| 황하남 | 과학수학의봄날학원 |

← 서울 →

강동은	반포 세정학원
강성철	목동 일타수학학원
강수진	블루플랜
강영미	슬로비매쓰수학학원
강은녕	탑수학학원
강종철	쿠메수학교습소
강주석	염광고등학교
강태윤	미래탐구 대치 중등센터
강현숙	유니크학원
계훈범	MathK 공부방
고수환	상승곡선학원
고재일	대치 토브(TOV)수학
고지영	황금열쇠학원
고현	네오 수학학원
공정현	대공수학학원
곽슬기	목동매쓰원수학학원
구난영	셀프스터디수학학원
구순모	세진학원
권가영	커스텀(CUSTOM)수학
권경아	청담해법수학학원
권민경	전문과외
권상호	수학은권상호 수학학원
권용만	은광여자고등학교
권은진	참수학뿌리국어학원
김가회	에이원수학학원
김강현	구주이배수학학원 송파점
김경진	덕성여자중학교
김경희	전문과외
김규보	메리트수학원
김규연	수력발전소학원
김금화	그루터기 수학학원
김기덕	메가 매쓰 수학학원
김나래	전문과외
김나영	대치 새움학원
김도규	김도규수학학원
김동균	더채움 수학학원
김명후	김명후 수학학원
김미란	퍼펙트수학
김미아	일등수학교습소
김미애	스카이맥에듀
김미영	명수학교습소
김미영	정일품 수학학원
김미진	채움수학
김미희	행복한수학쌤
김민수	대치 원수학
김민정	전문과외
김민정	강북 메가스터디학원
김민창	김민창 수학
김병수	중계 학림학원
김병호	국선수학학원
김보민	이투스수학학원 상도점

김부환	압구정정보강북수학학원
김상철	미래탐구마포
김상호	압구정 파인만 이촌특별관
김선정	이룸학원
김성숙	써큘러스리더 러닝센터
김성현	하이탑수학학원
김성호	개념상상(서초관)
김수민	통수학학원
김수정	유니크 수학
김수진	싸인매쓰수학학원
김수진	깊은수학학원
김승원	솔(sol)수학학원
김승훈	하이스트 염광관
김양식	송파영재센터GTG
김여옥	매쓰홀릭학원
김연정	전문과외
김연주	목동쌤올림수학
김영란	일심수학학원
김영미	제로미수학교습소
김영숙	수 플러스학원
김영재	한그루수학
김영준	강남매쓰탑학원
김영진	세움수학학원
김유	전문과외
김유진	전문과외
김윤태	두각학원, 김종철 국어수학 전문 학원
김윤희	유니수학교습소
김은숙	전문과외
김은영	선우수학
김은영	와이즈만은평
김은영	휘경여자고등학교
김은찬	엑시엄수학학원
김은현	김쌤깨알수학
김의진	서울 성북구 채움수학
김이슬	전문과외
김이현	에듀플렉스 고덕지점
김인기	중계 학림학원
김재산	목동 일타수학학원
김재성	티포인트에듀학원
김재연	규연 수학 학원
김재현	Creverse 고등관
김정민	청어람 수학원
김정민	
김정아	지올수학
김지선	수학전문 순수
김지숙	김쌤수학의숲
김지영	구주이배수학학원
김지은	티포인트 에듀
김지은	수학대장
김지은	분석수학 선두학원
김지훈	드림에듀학원
김지훈	형설학원
김지훈	마타수학
김진규	서울바움수학(역삼럭키)
김진영	이대부속고등학교
김찬열	라엘수학

이름	소속	이름	소속	이름	소속	이름	소속
김창재	중계세일학원	박연희	열방수학	안도연	목동정도수학	이유예	스카이플러스학원
김창주	고등부관 스카이학원	박영규	하이스트핏 수학 교습소	안주은	채움수학	이윤주	와이제이수학교습소
김태현	SMC 세곡관	박영욱	태산학원	양원규	일신학원	이은경	신길수학
김태훈	성북 페르마	박용진	푸름을말하다학원	양지애	전문과외	이은숙	포르테수학 교습소
김하늘	역경패도 수학전문	박정아	한신수학과외방	양창진	수학의 숲 수림학원	이은영	은수학교습소
김하민	서강학원	박정훈	전문과외	양해영	청출어람학원	이재봉	형설에듀이스트
김하연	전문과외	박종선	스터디153학원	엄시온	올마이티캠퍼스	이재용	이재용the쉬운수학학원
김향기	동대문중학교	박종원	상아탑학원 / 대치오르비	엄유빈	유빈쌤 수학	이정석	CMS서초영재관
김현미	김현미수학학원	박종태	일타수학학원	엄지희	티포인트에듀학원	이정섭	은지호 영감수학
김현욱	리마인드수학	박주현	장훈고등학교	엄태웅	엄선생수학	이정호	정샘수학교습소
김현유	혜성여자고등학교	박준하	전문과외	여혜연	성북미래탐구	이제현	막강수학
김현정	미래탐구 중계	박진희	박선생수학전문학원	염승훈	이가 수학학원	이종혁	유인어스 학원
김현주	숙명여자고등학교	박현	상일여자고등학교	오명석	대치 미래탐구 영재 경시 특목센터	이종호	MathOne수학
김현지	전문과외	박현주	나는별학원	오재경	성북 학림학원	이종환	카이수학전문학원
김형진	소자수학학원	박혜진	강북수재학원	오재현	강동파인만 고덕 고등관	이주연	목동 하이씨앤씨
김혜연	수학작가	박혜진	진매쓰	오종택	에이원수학학원	이준석	이가수학학원
김호영	장학학원	박흥식	송파연세수보습학원	오한별	광문고등학교	이지연	단디수학학원
김홍수	김홍학원	방정은	백인대장 훈련소	우동훈	헤파학원	이지우	제이 앤 수 학 원
김효선	토이300컴퓨터교습소	방효건	서준학원 지혜관	위명훈	대치명인학원(마포)	이지혜	세레니영어수학학원
김효정	블루스카이학원 반포점	배재형	배재형수학	위성웅	시대인재수학스쿨	이지혜	대치파인만
김후광	압구정파인만	백아름	아름쌤수학공부방	위형채	에이치앤제이형설학원	이지훈	백향목에듀수학학원
김희연	이룸공부방	서근환	대진고등학교	유가영	탑솔루션 수학 교습소	이진	수박에듀학원
김희원	대일외국어고등학교	서다인	수학의봄학원	유시준	목동깡수학과학학원	이진덕	카이스트수학학원
김희진	엑시엄 수학학원	서민국	시대인재	유정연	장훈고등학교	이진희	서준학원
나은영	메가스터리 러셀중계	서민재	서준학원	유환승	강북청솔학원	이창석	핵수학 수학전문학원
나태산	중계 학림학원	서수연	수학전문 순수	윤상문	청어람수학원	이채윤	전문과외
남식훈	수학만	서승희	딥브레인수학	윤석원	공감수학	이충훈	QANDA
남호성	퍼씰수학전문학원	서용준	와이제이학원	윤여균	전문과외	이학송	뷰티풀마인드 수학학원
노동일	형설학원	서원준	잠실 시그마 수학학원	윤영숙	윤영숙수학학원	이혁	강동메르센수학학원
류도현	서초구 방배동	서은애	하이탑수학학원	윤인영	전문과외	이현주	그레잇에듀
류정민	사사모플러스수학학원	서중은	블루플렉스학원	윤형중	씨알학당	이형수	피앤아이수학영어학원
목영훈	목동 일타수학학원	서한나	라엘수학학원	은현	목동 cms 입시센터 과고대비반	이혜림	다오른수학학원
목지아	수리티수학학원	석현욱	잇올스파르타	이경복	매스타트 수학학원	이혜림	대동세무고등학교
문근실	시리우스수학	선철	일신학원	이경용	열공학원	이혜수	대치수학원
문성호	차원이다른수학학원	설세령	뉴파인 용산중고등관	이경주	생각하는 황소수학 서초학원	이호준	형설학원
문소정	대치명인학원	손권민경	원인학원	이경환	전문과외	이효준	다원교육
문용근	올림 고등수학	손민정	두드림에듀	이광락	펜타곤학원	이효진	올토 수학학원
문지훈	문지훈수학	손전모	다원교육	이규만	수퍼매쓰학원	이희선	브리스톨
박경보	최고수챌린지에듀학원	손정화	4퍼센트수학학원	이동규	형설학원	임규철	원수학 대치
박경원	대치메이드 반포관	손충모	공감수학	이동훈	PGA	임기호	대치 원수학
박광남	올마이티캠퍼스	송경호	스마트스터디 학원	이루마	김샘학원	임다혜	시대인재 수학스쿨
박교국	백인대장	송동인	송동인수학명가	이민호	강안교육	임민정	전문과외
박근백	대치멘토스학원	송재혁	엑시엄수학전문학원	이상영	대치명인학원 은평캠퍼스	임상혁	임상혁수학학원
박동진	더힐링수학 교습소	송준민	송수학	이상훈	골든벨수학학원	임소영	123수학
박리안	CMS서초고등부	송진우	도진우 수학 연구소	이서경	엘리트탑학원	임영주	송파 세빛학원
박명훈	김샘학원 성북캠퍼스	송해선	불곰에듀	이성용	수학의원리학원	임정빈	임정빈수학
박미라	매쓰몽	신연우	개념폴리아 삼성청담관	이성재	지앤정 학원	임지혜	위드수학교습소
박민정	목동 깡수학과학학원	신은숙	마곡펜타곤학원	이소윤	목동선수학	임현우	선덕고등학교
박상길	대길수학	신은진	상위권수학학원	이소지	전문과외	장석진	이덕재수학이미선국어학원
박상후	강북 메가스터디학원	신정준	STEP EDU	이수호	준토에듀수학학원	장성훈	미독수학
박설아	수학을삼키다학원 흑석2관	신지영	아하 김일래 수학 전문학원	이슬기	예친에듀	장세영	스펀지 영어수학 학원
박성재	매쓰플러스수학학원	신지현	대치미래탐구	이시현	SKY미래연수학학원	장승희	명품이앤엠학원
박소영	창동수학	신채민	오스카 학원	이어진	신목중학교	장영신	송례중학교
박소윤	제이커브학원	신현수	현수쌤의 수학해설	이영하	키움수학	장은영	목동깡수학과학학원
박수견	비채수학원	심창섭	피앤에스수학학원	이용우	올림피아드 학원	장지식	피큐브아카데미
박연주	물댄동산	심혜진	반포파인만학원	이원용	필과수 학원	장희준	대치 미래탐구
박연희	박연희깨침수학교습소	안나연	전문과외	이원희	수학공작소	전기열	유니크학원

전상현 뉴클리어 수학 교습소
전성식 맥스전성식수학학원
전은나 상상수학학원
전지수 전문과외
전진남 지니어스 논술 교습소
전진아 메가스터디
정광조 로드맵수학
정다운 정다운수학교습소
정대영 대치파인만
정명련 유니크 수학학원
정무웅 강동드림보습학원
정문정 연세수학원
정민교 진학학원
정민준 사과나무학원(양천관)
정수정 대치수학클리닉 대치본점
정슬기 티포인트에듀학원
정승희 뉴파인
정연화 풀우리수학
정영아 정이수학교습소
정유미 휴브레인압구정학원
정은경 제이수학
정은영 CMS
정재윤 성덕고등학교
정진아 정선생수학
정찬민 목동매쓰원수학학원
정화진 진화수학학원
정환동 씨앤씨0.1%의대수학
정효석 최상위하다학원
조경미 레벨업수학(feat.과학)
조병훈 꿈을담는수학
조아라 유일수학
조아라 수학의시점
조아람 서울 양천구 목동
조원해 연세YT학원
조재묵 천광학원
조정은 조수학교습소
조한진 새미기픈수학
조햇봄 너의일등급수학
조현탁 전문가집단
주용호 아찬수학교습소
주은재 주은재수학학원
주정미 수학의꽃수학교습소
지명훈 선덕고등학교
지민경 고래수학교습소
진임진 전문과외
진혜원 더올라수학교습소
차민준 이투스수학학원 중계점
차성철 목동깡수학과학학원
차슬기 사과나무학원 은평관
차용우 서울외국어고등학교
채성진 수학에빠진학원
채우리 라엘수학
채행원 전문과외
최경민 배움틀수학학원
최규식 최강수학학원 보라매캠퍼스
최동영 중계이투스수학학원
최동욱 숭의여자고등학교

최백화 최백화수학
최병옥 최코치수학학원
최서훈 피큐브 아카데미
최성수 알티스수학학원
최성희 최쌤수학학원
최세남 엑시엄수학학원
최소민 최쌤ON수학
최엄견 차수학학원
최영준 문일고등학교
최용재 엠피리언학원
최용주 피크에듀학원
최윤정 최쌤수학학원
최정언 진화수학학원
최종석 강북수재학원
최지나 목동PGA전문가집단학원
최지선
최찬희 CMS중고등관
최철우 탑수학학원
최향애 피크에듀학원
최효원 한국삼육중학교
편순창 알면쉽다연세수학학원
피경민 대치명인sky
하태성 은평G1230
한나희 우리해법수학 교습소
한명석 아드폰테스
한승우 같이상승수학
한승환 짱솔학원 반포점
한유리 강북청솔학원
한정우 휘문고등학교
한태인 러셀 강남
한헌주 PMG학원
현제윤 정명수학교습소
홍상민 디스토리 수학학원
홍석화 강동홍석화수학학원
홍성윤 센티움
홍성주 굿매쓰 수학
홍성진 문해와 수리 학원
홍정아 홍정아 수학
홍지혜 전문과외
황의숙 The 나은학원

◈─ 세종 ─◈

강태원 원수학
권정섭 너희가 꽃이다
권현수 권현수 수학전문학원
김광연 반곡고등학교
김기평 바른길수학학원
김서현 봄날영어수학학원
김수경 김수경 수학교실
김우진 정진수학학원
김편전 세종 데카르트 학원
김혜림 단하나수학
류바른 더 바른학원
박민겸 강남한국학원
배명욱 GTM 수학전문학원

배지후 해밀수학과학학원
설지연 수학적상상력
신석현 알파학원
오세은 플러스 학습교실
오현지 오쌤수학
윤여민 윤솔빈 수학하자
이준영 공부는습관이다
이지희 수학의강자
이진원 권현수수학학원
이혜란 마스터수학교습소
임채호 스파르타수학보람학원
장준영 백년대계입시학원
정하윤 공부방
최성실 샤워너스학원
최시안 세종 데카르트 수학학원
황성관 카이젠프리미엄 학원

◈─ 울산 ─◈

강규리 퍼스트클래스 수학영어전문학원
고규라 고수학
고영준 비엠더블유수학전문학원
권상수 호크마수학전문학원
김민정 전문과외
김봉조 퍼스트클래스 수학영어전문학원
김수영 울산학명수학학원
김영배 이영수학학원
김제득 퍼스트클래스 수학전문학원
김진희 김진수학학원
김현조 깊은생각수학학원
나순현 물푸레수학교습소
문명화 문쌤수학나무
박국진 강한수학전문학원
박민식 위더스 수학전문학원
반려진 우정 수학의달인
성수경 위룰 수학영어 전문학원
안지환 안누 수학
오종민 수학공작소학원
이윤호 호크마수학
이은수 삼산차수학학원
이한나 꿈꾸는고래학원
정경래 로고스영어수학학원
최규호 울산 뉴토모 수학전문학원
최이영 한양 수학전문학원
허다민 대치동 허쌤수학
황금주 제이티 수학전문학원

◈─ 인천 ─◈

강동인 전문과외
고준호 베스트교육(마전직영점)
곽나래 일등수학
권경원 강수학학원
권기유 하늘스터디수학학원
금상원 수미다
기미나 기쌤수학

기혜선 체리온탑수학영어학원
김강현 강수학전문학원
김견우 G1230 검단아라캠퍼스
김남신 클라비스학원
김도영 태풍학원
김미희 희수학
김보건 대치S클래스 학원
김보경 오아수학
김연주 하나M수학
김영훈 청라공감수학
김윤경 엠베스트SE학원
김은주 형진수학학원
김응수 메타수학학원
김준 쭌에듀학원
김준식 동춘아카데미 동춘수학
김진완 성일학원
김현기 옵티머스프라임학원
김현우 더원스터디학원
김현호 온풀이 수학 1관 학원
김형진 형진수학학원
김혜린 밀턴수학
김혜영 김혜영 수학
김혜지 전문과외
김효선 코다수학학원
남덕우 Fun수학
노기성 노기성개인과외교습
렴영순 이텀교육학원
박동석 매쓰플랜수학학원 청라지점
박소이 다빈치창의수학교습소
박용석 절대학원
박재섭 구월SKY수학과학전문학원
박정우 청라디에이블영어수학학원
박치문 제일고등학교
박해석 효성비상영수학원
박혜용 전문과외
박효성 지코스수학학원
서대원 구름주전자
서미란 파이데이아학원
석동방 송도GLA학원
손선진 일품수학과학전문학원
송대익 청라ATOZ수학과학학원
송세진 부평페르마
신현우 다원교육
안서은 Sun매쓰
안예원 전문과외
오정민 갈루아수학학원
오지연 수학의힘 용현캠퍼스
왕건일 토모수학학원
유성규 현수학전문학원
유혜정 유쌤수학
이루다 이루다 교육학원
이민혁 혜윰학원
이애희 부평해법수학교실
이예나 E&M 아카데미
이필규 신현엠베스트SE학원
이혜경 이혜경고등수학학원
이혜선 우리공부

장태식	라이징수학학원
장혜림	외풀수학
전우진	인사이트 수학학원
정대웅	와이드수학
정진영	정선생 수학연구소
조미숙	수학의 신 학원
조민관	이앤에스 수학학원
조현숙	boo1class
차승민	황제수학학원
채선영	전문과외
최덕호	엠스퀘어수학교습소
최문경	(주)영웅아카데미
최웅철	큰샘수학학원
최은진	동춘수학
최진	절대학원
한성윤	전문과외
한희영	더센플러스학원
허진선	수학나무
현미선	써니수학
현진명	에임학원
홍미영	연세영어수학과외
황규철	혜윰수학전문학원

↤ 전남 ↦

강선희	태강수학영어학원
김경민	한샘수학
김광현	한수위수학학원
김도형	하이수학교실
김도희	가람수학개인과외
김성문	창평고등학교
김윤선	전문과외
김은경	목포덕인고등학교
김은지	나주혁신위즈수학영어학원
김정은	바른사고력수학
박미옥	목포 폴리아학원
박유정	요리수연산&해봄학원
박진성	해남 한가람학원
배미경	창의논리upup
백지하	엠앤엠
서창현	전문과외
성준우	광양제철고등학교
유혜정	전문과외
이강화	강승학원
이미아	한다수학
임정원	순천매산고등학교
임진아	브레인 수학
전윤정	라온수학학원
정은경	목포베스트수학
정정화	올라스터디
정현옥	JK영수전문
조두희	무안 남악초등학교
조예슬	스페셜 매쓰
조정인	나주엠베스트학원
주희정	주쌤의과수원
진양수	목포덕인고등학교
한용호	한샘수학
한지선	전문과외
황남일	SM 수학학원

↤ 전북 ↦

강원택	탑시드 수학전문학원
고혜련	성영재수학학원
권정욱	권정욱 수학
김상호	휴민고등수학전문학원
김선호	혜명학원
김성혁	S수학전문학원
김수연	전선생수학학원
김윤빈	쿼크수학영어전문학원
김재순	김재순수학학원
김준형	성영재 수학학원
나승현	나승현전유나 수학전문학원
노기한	포스 수학과학학원
박광수	박선생수학학원
박미숙	전문과외
박미화	엄쌤수학전문학원
박선미	박선생수학학원
박세희	멘토이젠수학
박소영	황규종수학전문학원
박은미	박은미수학교습소
박재성	올림수학학원
박재홍	예성학원
박지유	박지유수학전문학원
박철우	익산 청운학원
배태익	스키마아카데미 수학교실
서영우	서영우수학교실
성영재	성영재수학전문학원
송지연	아이비리그데카르트학원
신영진	유나이츠학원
심우성	오늘은수학학원
양은지	군산중앙고등학교
양재호	양재호카이스트학원
양형준	대들보 수학
오혜진	YMS부송
유현수	수학당
윤병오	이투스247익산
이가영	마루수학국어학원
이보근	미라클입시학원
이송심	와이엠에스입시전문학원
이인성	우림중학교
이지원	긱매쓰
이한나	전문과외
이혜상	S수학전문학원
임승진	이터널수학영어학원
장재은	YMS입시학원
정두리	전문과외
정용재	성영재수학전문학원
정혜승	샤인학원
정환희	릿지수학학원
조세진	수학의길
조영신	성영재 수학전문학원
채승희	채승희수학전문학원
최성훈	최성훈수학학원
최영준	최영준수학학원
최윤	엠투엠수학학원
최형진	수학본부
황규종	황규종수학전문학원

↤ 제주 ↦

강경혜	강경혜수학
강나래	전문과외
김기한	원탑학원
김대환	The원 수학
김보라	라딕스수학
김연희	whyplus 수학교습소
김장훈	프로젝트M수학학원
류혜선	진정성영어수학노형학원
박찬	찬수학학원
박대희	실전수학
박승우	남녕고등학교
박재현	위더스입시학원
박진석	진리수
백민지	가우스수학학원
양은석	신성여자중학교
여원구	피드백수학전문학원
오재일	터닝포인트영어수학학원
이민경	공부의마침표
이상민	서이현아카데미학원
이선혜	STEADY MATH
이영주	전문과외
이현우	전문과외
장영환	제로링수학교실
편미경	편쌤수학
하혜림	제일아카데미
허은지	Hmath학원
현수진	학고제입시학원

↤ 충남 ↦

최소영	빛나는수학
강민주	수학하다 수학교습소
강범수	전문과외
강석	에이커리어
고영지	전문과외
권순필	권쌤수학
권오운	광풍중학교
김경원	한일학원
김명은	더하다 수학학원
김미경	시티자이수학
김태화	김태화수학학원
김한빛	한빛수학학원
김현영	마루공부방
남기용	전문과외
박유진	제이홈스쿨
박재혁	명성수학학원
박지화	MATH1022
박혜정	전문과외
서봉원	서산SM수학교습소
서승우	담다수학
서유리	더배움영수학원
서정기	시너지S클래스 불당
송은선	전문과외
신경미	Honeytip
신유미	무한수학학원
유정수	천안고등학교
유창훈	시그마학원

윤보희	충남삼성고등학교
윤재웅	베테랑수학전문학원
이봉이	더수학교습소
이아람	퍼펙트브레인학원
이연지	하크니스 수학학원
이예진	명성학원
이은아	한다수학학원
이재장	깊은수학학원
이하나	에메트수학
이현주	수학다방
장다희	개인과외교습소
전혜영	타임수학학원
정광수	혜윰국영수단과학원
최원석	명사특강학원
최지원	청수303수학
추교현	더웨이학원
한호선	두드림영어수학학원
허유미	전문과외

↤ 충북 ↦

고정균	엠스터디수학학원
구강서	상류수학 전문학원
김가흔	루트 수학학원
김경희	점프업수학학원
김대호	온수학전문학원
김미화	참수학공간학원
김병용	동남수학하는사람들학원
김영은	연세고려E&M
김재광	노블가온수학학원
김정호	생생수학
김주희	매쓰프라임수학학원
김하나	하나수학
김현주	루트수학학원
문지혁	수학의 문 학원
박연경	전문과외
안진아	전문과외
윤성길	엑스클래스 수학학원
윤성희	윤성수학
윤정화	페르마수학교습소
이경미	행복한수학공부방
이연수	오창로뎀학원
이예나	수학여우정철어학원주니어 옥산 캠퍼스
이예찬	입실론수학학원
이윤성	블랙수학 교습소
이지수	일신여자고등학교
전병호	이루다 수학 학원
정수연	모두의수학
조병교	에르매쓰수학학원
조원미	원쌤수학과학교실
조형우	와이파이수학학원
최윤아	피티엠수학학원

수학의 바이블

개념 ON

미적분 I

수학의 바이블

단계별 수준별 학습 시스템

1 자세한 개념 학습

2022개정 교육과정을 완벽하게 분석하여
모든 개념을 정확하게 학습할 수 있고,
상세한 개념 설명으로 교과서보다 쉽고 자세하게 이해할 수 있습니다.

2 단계별 유형 공부

학습한 개념을 단계별, 유형별로 문제 풀이에 적용할 수 있도록
대표 예제 → 한번 더하기 → 표현 더하기 → 실력 더하기 로 구성하여
문제 적응력을 높일 수 있습니다.

3 수준별 문제 풀이

중단원 연습문제를 STEP 1 기본 다지기 → STEP 2 실력 다지기로 구성하여
기본에서 심화까지 문제 해결력을 기를 수 있습니다.

더 완벽하고 친절해진 설명!
수학의 바이블만의 섬세한 개념 구성

◇ 바이블만의 체계적이고 자세한 설명 방식으로
새로운 개념에 대한 공식 및 원리의 완벽한 이해를 도와줍니다.

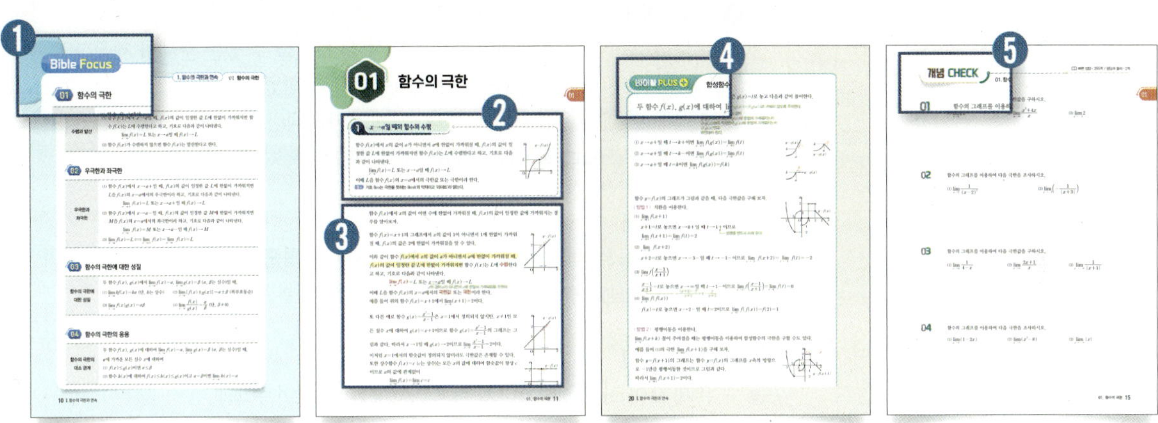

❶ Bible Focus

각 단원의 주요 내용과 공식을 한눈에 확인할 수 있게 정리함으로써
앞으로의 방향을 명확하게 인지할 수 있도록 구성하였습니다.

❷ 두괄식 정리

새로운 개념에 대한 명확한 용어 정의와, 개념의 중요 핵심 사항을 도식화하여 제시하였고
각 단원에서 학습하는 내용에 대해 참고 주의 Tip 을 추가하여 개념을 더 확실하게 이해할 수 있도록 구성하였습니다.

❸ 섬세한 개념 설명

교과서보다 자세한 설명으로 개념을 깊이 있고 완벽하게 이해할 수 있습니다.
줄글로 풀어나가는 자세한 설명 사이사이에 다양한 example 을 제공함으로써
간결한 호흡으로 개념과 원리를 쉽게 이해할 수 있도록 하였습니다.

❹ 바이블 PLUS

교육과정에서 다루진 않지만 개념 이해를 도와줄 수 있고 문제 해결에 유용한 내용을 제시하여
수학적 원리의 이해도를 높일 수 있도록 하였습니다.

❺ 개념 CHECK

개념 설명 이후 배운 내용을 바로 확인할 수 있도록 개념이 직접적으로 적용된 문제를 제공하여
학습한 내용을 정확하게 이해하였는지 체크할 수 있습니다.

단계별로 충분한 유형 학습!
꼭 알아야 할 필수 문제로 구성

◇ 개념의 핵심을 가장 잘 보여줄 수 있는 문제로 엄선하여
 3단계의 자세한 풀이로 문제 해결 과정을 완벽하게 이해할 수 있도록 구성하였습니다.

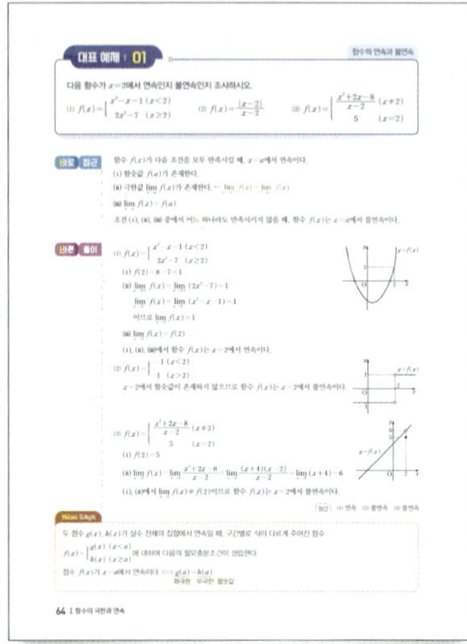

❶ 대표 예제
본문을 통하여 배운 개념의 핵심을 가장 잘 보여줄 수 있는 문제를 제공하여
개념을 정확히 이해하였는지 확인할 수 있도록 하였습니다.
【바로 접근】【바른 풀이】【Bible Says】 3단계의 체계적이고 자세한 풀이 방식으로
문제에 대한 접근 및 해결 방법을 쉽게 이해할 수 있습니다.

❷ 바로 접근
문제를 접했을 때 어떻게 접근해야 하는지를 알려줍니다. 바로 접근을 통하여
문제를 해결할 수 있는 포인트를 잡는 방법을 배울 수 있습니다.

❸ 바른 풀이
문제 풀이 과정을 상세하게 볼 수 있도록 구성하였습니다.
풀이를 따라가면서 세부적인 해결 과정을 자세하게 이해할 수 있습니다.

❹ Bible Says
문제 풀이에 도움이 되는 추가 설명과 내용 정리를 제공하여 수학적 사고를
넓힐 수 있도록 하였습니다.

◇ 충분한 연습을 위해 하나의 예제를 【한 번 더하기】 → 【표현 더하기】 → 【실력 더하기】 와 같이
 단계별로 학습하여 유형에 대한 적응력을 높일 수 있습니다!

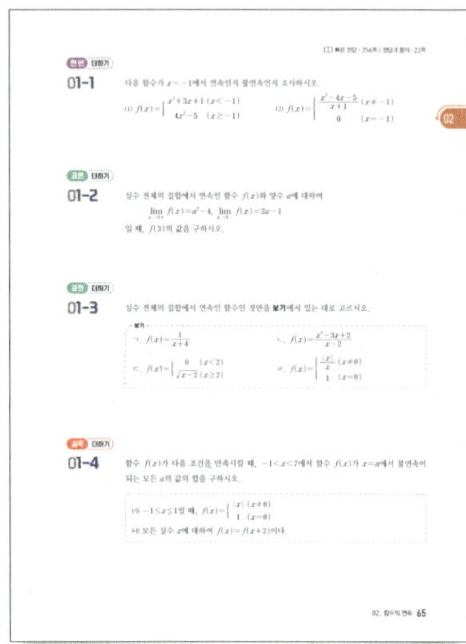

❺ 한 번 더하기
예제에서 숫자가 바뀐 문제로 예제를 통하여 익힌 풀이 과정을 반복 연습하면서
스스로 문제를 풀 수 있는 힘을 키울 수 있습니다.

❻ 표현 더하기
예제에서 문제를 제시하는 표현만 변형된 문제로, 동일한 해결 과정에 대한
다양한 수학적 표현과 문제 제시 방법을 익혀 낯선 문제에 대한 적응력을
기를 수 있습니다.

❼ 실력 더하기
예제에 적용된 개념을 응용한 문제를 풀면서 문제 유형을 완벽하게 이해하고,
풀이 과정을 응용할 수 있는 능력을 기를 수 있습니다.

배운 내용을 중단원별로 마무리!
2022개정 교육과정을 완벽하게 분석하여
내신, 모의고사, 수능 대비에 적합한 문제로 구성

◇ **STEP1 기본 다지기** → **STEP2 실력 다지기**의 두 단계로 구성하여
기본에서 심화까지 단계적으로 문제 해결력을 기를 수 있습니다.

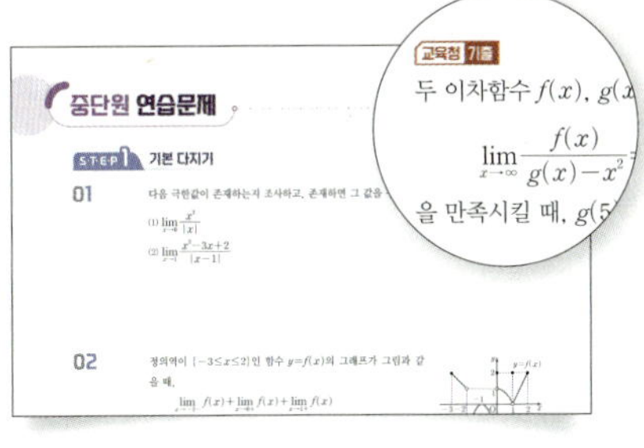

❶ STEP1 기본 다지기

각 단원의 필수 유형 문제를 풀면서 앞서 공부한 내용을 다질 수 있습니다.
기본 다지기 문제를 해결하는 과정에서 그 단원의 개념을 완벽하게 이해할 수
있습니다.

❷ STEP2 실력 다지기

개념 이해를 토대로 실력을 다질 수 있도록 한 비교적 어려운 문제부터
종합적 사고력이 요구되는 **challenge** 문제까지 단계적으로
문제를 해결해 봄으로써 문제 해결 능력을 향상시킬 수 있습니다.

❸ 다양한 기출문제

수능 기출, **평가원 기출**, **교육청 기출** 문제를 제공하여
내신뿐만 아니라 모의고사, 수능에 대비할 수 있습니다.

◇ 체계적이고 자세한 고퀄리티 풀이집

자세한 풀이 방식으로 문제에 대한 접근 및 해결방법을 쉽게 이해할 수 있습니다.

❶ 상세한 문제 풀이

문제 풀이 과정을 상세하게 볼 수 있도록
구성하였습니다. 풀이를 따라가면 세부적인
해결 과정을 자세하게 이해할 수 있습니다.

❷ 다른 풀이

본풀이와 함께 다양한 아이디어 학습을 위한
다른 풀이를 수록하였습니다.

❸ 참고

문제 풀이에 도움이 되거나, 부가적으로
심층적인 설명이 필요한 경우 **참고**를 제공하여,
추가 설명과 내용 정리를 통해 수학적 사고를
넓힐 수 있도록 하였습니다.

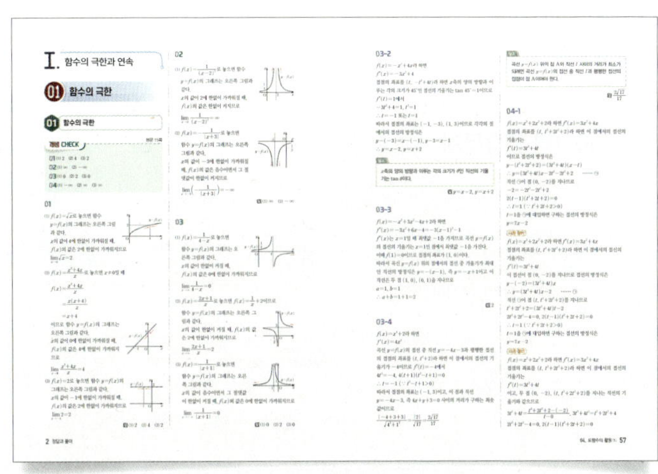

Contents

Ⅲ. 적분

2022개정 교육과정 역시

수학의 바이블

수학을 공부하는 학생들에게 필수적인 개념서인 수학의 바이블은
2003년 출간되어 현재까지 총 20여 차례 이상 개정되며
스테디셀러로 자리매김하여 수학을 준비하는 학생들에게 큰 인기를 얻고 있습니다.
그 이유는 무엇일까요?

먼저, 수학의 바이블은 친절합니다.
수학의 바이블은 개념을 이해하기 쉽게 설명하고 다양한 문제 풀이 방법을 제시하여
수학을 어려워하는 학생들도 쉽게 이해할 수 있도록 도와줍니다.

또한 체계적이고 자세한 설명으로
새로운 개념에 대한 공식 및 원리를 완벽하게 이해할 수 있어
수학을 보다 깊이 있게 학습할 수 있도록 도와줍니다.

수학의 개념과 원리를 이해하는 것은 수학을 잘하기 위한 첫 걸음입니다.

많은 학생들이 수학의 바이블을 통해 수학에 대한 자신감을 키우고
수학을 통해 세상을 이해하는데 도움이 되기를,
앞으로 있을 여정에 수학의 바이블이 든든한 나침반이 될 수 있기를
마음 깊이 바랍니다.

01

함수의 극한

01 함수의 극한

수렴과 발산	(1) 함수 $f(x)$에서 $x \to a$일 때, $f(x)$의 값이 일정한 값 L에 한없이 가까워지면 함수 $f(x)$는 L에 수렴한다고 하고, 기호로 다음과 같이 나타낸다. $$\lim_{x \to a} f(x) = L \text{ 또는 } x \to a \text{일 때 } f(x) \to L$$ (2) 함수 $f(x)$가 수렴하지 않으면 함수 $f(x)$는 발산한다고 한다.

02 우극한과 좌극한

우극한과 좌극한	(1) 함수 $f(x)$에서 $x \to a+$일 때, $f(x)$의 값이 일정한 값 L에 한없이 가까워지면 L을 $f(x)$의 $x=a$에서의 우극한이라 하고, 기호로 다음과 같이 나타낸다. $$\lim_{x \to a+} f(x) = L \text{ 또는 } x \to a+ \text{일 때 } f(x) \to L$$ (2) 함수 $f(x)$에서 $x \to a-$일 때, $f(x)$의 값이 일정한 값 M에 한없이 가까워지면 M을 $f(x)$의 $x=a$에서의 좌극한이라 하고, 기호로 다음과 같이 나타낸다. $$\lim_{x \to a-} f(x) = M \text{ 또는 } x \to a- \text{일 때 } f(x) \to M$$ (3) $\lim_{x \to a} f(x) = L \iff \lim_{x \to a+} f(x) = \lim_{x \to a-} f(x) = L$

03 함수의 극한에 대한 성질

함수의 극한에 대한 성질	두 함수 $f(x)$, $g(x)$에서 $\lim_{x \to a} f(x) = \alpha$, $\lim_{x \to a} g(x) = \beta$ (α, β는 실수)일 때, (1) $\lim_{x \to a} kf(x) = k\alpha$ (단, k는 상수) (2) $\lim_{x \to a} \{f(x) \pm g(x)\} = \alpha \pm \beta$ (복부호동순) (3) $\lim_{x \to a} f(x)g(x) = \alpha\beta$ (4) $\lim_{x \to a} \dfrac{f(x)}{g(x)} = \dfrac{\alpha}{\beta}$ (단, $\beta \neq 0$)

04 함수의 극한의 응용

함수의 극한의 대소 관계	두 함수 $f(x)$, $g(x)$에 대하여 $\lim_{x \to a} f(x) = \alpha$, $\lim_{x \to a} g(x) = \beta$ (α, β는 실수)일 때, a에 가까운 모든 실수 x에 대하여 (1) $f(x) \leq g(x)$이면 $\alpha \leq \beta$ (2) 함수 $h(x)$에 대하여 $f(x) \leq h(x) \leq g(x)$이고 $\alpha = \beta$이면 $\lim_{x \to a} h(x) = \alpha$

01 함수의 극한

1 $x \to a$일 때의 함수의 수렴

함수 $f(x)$에서 x의 값이 a가 아니면서 a에 한없이 가까워질 때, $f(x)$의 값이 일정한 값 L에 한없이 가까워지면 함수 $f(x)$는 L에 수렴한다고 하고, 기호로 다음과 같이 나타낸다.

$$\lim_{x \to a} f(x) = L \quad \text{또는} \quad x \to a\text{일 때} \ f(x) \to L$$

이때 L을 함수 $f(x)$의 $x=a$에서의 극한값 또는 극한이라 한다.

참고 기호 lim는 극한을 뜻하는 limit의 약자이고 '리미트'라 읽는다.

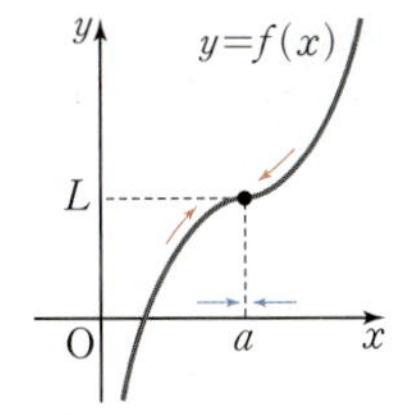

함수 $f(x)$에서 x의 값이 어떤 수에 한없이 가까워질 때, $f(x)$의 값이 일정한 값에 가까워지는 경우를 알아보자.

함수 $f(x)=x+1$의 그래프에서 x의 값이 1이 아니면서 1에 한없이 가까워질 때, $f(x)$의 값은 2에 한없이 가까워짐을 알 수 있다.

이와 같이 함수 $f(x)$에서 x의 값이 a가 아니면서 a에 한없이 가까워질 때, $f(x)$의 값이 일정한 값 L에 한없이 가까워지면 함수 $f(x)$는 L에 수렴한다고 하고, 기호로 다음과 같이 나타낸다.

$$\lim_{x \to a} f(x) = L \quad \text{또는} \quad x \to a\text{일 때} \ f(x) \to L$$

x의 값이 a가 아니면서 a에 한없이 가까워짐을 뜻한다.

이때 L을 함수 $f(x)$의 $x=a$에서의 극한값 또는 극한이라 한다.

예를 들어 위의 함수 $f(x)=x+1$에서 $\lim\limits_{x \to 1}(x+1)=2$이다.

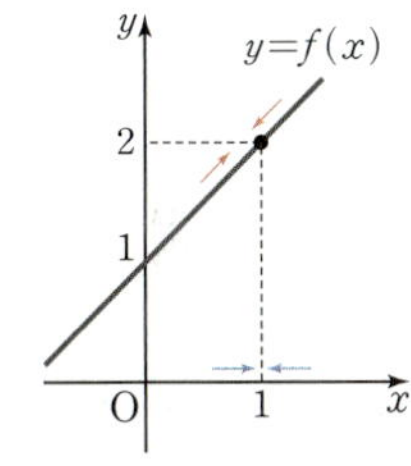

또 다른 예로 함수 $g(x)=\dfrac{x^2-1}{x-1}$은 $x=1$에서 정의되지 않지만, $x \neq 1$인 모든 실수 x에 대하여 $g(x)=x+1$이므로 함수 $g(x)=\dfrac{x^2-1}{x-1}$의 그래프는 그림과 같다. 따라서 $x \to 1$일 때 $g(x) \to 2$이므로 $\lim\limits_{x \to 1}\dfrac{x^2-1}{x-1}=2$이다.

이처럼 $x=1$에서의 함숫값이 정의되지 않더라도 극한값은 존재할 수 있다.

또한 상수함수 $f(x)=c$ (c는 상수)는 모든 x의 값에 대하여 함숫값이 항상 c이므로 a의 값에 관계없이

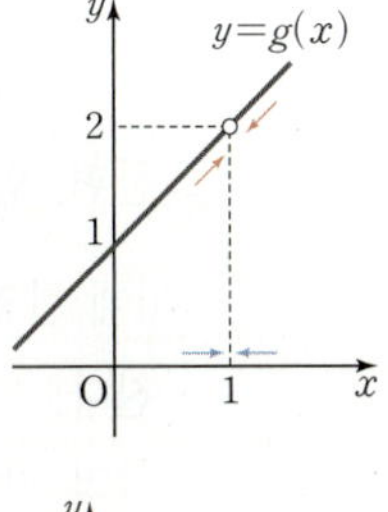

$$\lim_{x \to a} f(x) = \lim_{x \to a} c = c$$

가 성립한다.

함수 $f(x)=\dfrac{x^3+1}{x+1}$ 은 $x\neq-1$인 모든 실수 x에 대하여

$$f(x)=\frac{(x+1)(x^2-x+1)}{x+1}=x^2-x+1$$

이므로 $x\to-1$일 때 $f(x)\to3$이다.

$$\therefore \lim_{x\to-1}f(x)=\lim_{x\to-1}(x^2-x+1)=3$$

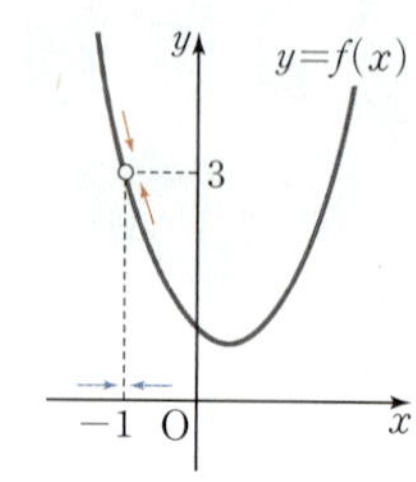

2 $x\to a$일 때의 함수의 발산

함수 $f(x)$에서 x의 값이 a가 아니면서 a에 한없이 가까워질 때, $f(x)$의 값이 한없이 커지면 함수 $f(x)$는 양의 무한대로 발산한다고 하고, $f(x)$의 값이 음수이면서 그 절댓값이 한없이 커지면 함수 $f(x)$는 음의 무한대로 발산한다고 한다. 이것을 각각 기호로 다음과 같이 나타낸다.

$$\lim_{x\to a}f(x)=\infty \quad \text{또는} \quad x\to a \text{일 때 } f(x)\to\infty$$

$$\lim_{x\to a}f(x)=-\infty \quad \text{또는} \quad x\to a \text{일 때 } f(x)\to-\infty$$

함수 $f(x)$에서 x의 값이 어떤 수에 한없이 가까워질 때, $f(x)$가 수렴하지 않으면 함수 $f(x)$는 **발산**한다고 한다. 함수 $f(x)$가 발산하는 경우를 알아보자.

몇 개의 점 $\left(\dfrac{1}{2},\,4\right),\,(1,\,1),\,\left(2,\,\dfrac{1}{4}\right),\,\left(-\dfrac{1}{2},\,4\right),\,(-1,\,1),\,\left(-2,\,\dfrac{1}{4}\right)$을 곡선으로 연결하면 쉽게 그릴 수 있다.

함수 $f(x)=\dfrac{1}{x^2}$의 그래프는 그림과 같고, x의 값이 0이 아니면서 0에 한없이 가까워질 때, $f(x)$의 값은 한없이 커진다. 여기서 한없이 커지는 상태를 기호 ∞로 나타내고 **무한대**라 읽는다.

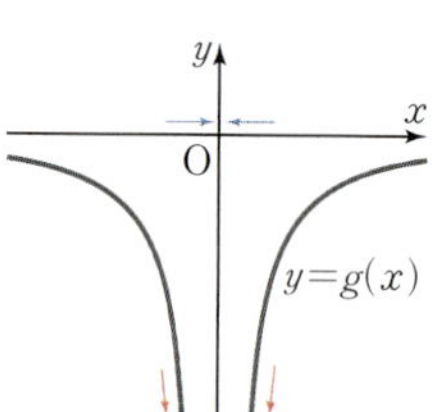

이와 같이 함수 $f(x)$에서 x의 값이 a가 아니면서 a에 한없이 가까워질 때, $f(x)$의 값이 한없이 커지면 함수 $f(x)$는 **양의 무한대로 발산**한다고 하고, 기호로 다음과 같이 나타낸다.

$$\lim_{x\to a}f(x)=\infty \quad \text{또는} \quad x\to a \text{일 때 } f(x)\to\infty$$

한편, 함수 $g(x)=-\dfrac{1}{x^2}$의 그래프는 그림과 같고, x의 값이 0이 아니면서 0에 한없이 가까워질 때, $g(x)$의 값은 음수이면서 그 절댓값이 한없이 커진다.

이와 같이 함수 $f(x)$에서 x의 값이 a가 아니면서 a에 한없이 가까워질 때, $f(x)$의 값이 음수이면서 그 절댓값이 한없이 커지면 함수 $f(x)$는 **음의 무한대로 발산**한다고 하고, 기호로 다음과 같이 나타낸다.

$$\lim_{x\to a}f(x)=-\infty \quad \text{또는} \quad x\to a \text{일 때 } f(x)\to-\infty$$

음수이면서 그 절댓값이 한없이 커지는 상태를 기호 $-\infty$로 나타내고 음의 무한대라 읽는다.

예를 들어 앞의 두 함수 $f(x)=\dfrac{1}{x^2}$과 $g(x)=-\dfrac{1}{x^2}$에서 $\displaystyle\lim_{x\to 0}\dfrac{1}{x^2}=\infty$이고 $\displaystyle\lim_{x\to 0}\left(-\dfrac{1}{x^2}\right)=-\infty$이다.

example

함수 $f(x)=\begin{cases} -\dfrac{1}{x} & (x<0) \\[4pt] 0 & (x=0) \\[4pt] \dfrac{1}{x} & (x>0) \end{cases}$의 그래프는 그림과 같다.

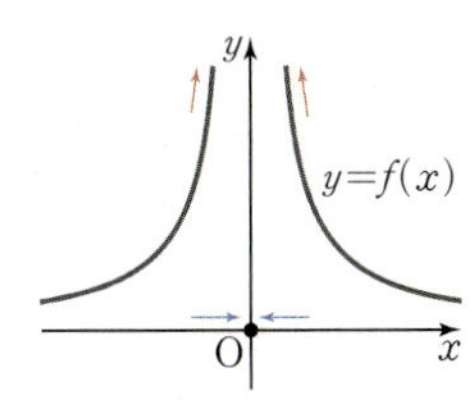

x의 값이 0이 아니면서 0에 한없이 가까워질 때, $f(x)$의 값은 한없이 커지므로 $\displaystyle\lim_{x\to 0}f(x)=\infty$이다.

3 $x\to\infty,\ x\to -\infty$일 때의 함수의 수렴

(1) 함수 $f(x)$에서 x의 값이 한없이 커질 때, $f(x)$의 값이 일정한 값 L에 한없이 가까워지면 함수 $f(x)$는 L에 수렴한다고 하고, 기호로 다음과 같이 나타낸다.
$$\lim_{x\to\infty}f(x)=L \ \text{또는} \ x\to\infty일\ 때\ f(x)\to L$$

(2) 함수 $f(x)$에서 x의 값이 음수이면서 그 절댓값이 한없이 커질 때, $f(x)$의 값이 일정한 값 M에 한없이 가까워지면 함수 $f(x)$는 M에 수렴한다고 하고, 기호로 다음과 같이 나타낸다.
$$\lim_{x\to -\infty}f(x)=M \ \text{또는} \ x\to -\infty일\ 때\ f(x)\to M$$

함수 $f(x)$에서 x의 값이 한없이 커지거나 x의 값이 음수이면서 그 절댓값이 한없이 커질 때, $f(x)$의 값이 수렴하는 경우를 알아보자.

함수 $f(x)=\dfrac{1}{x}$의 그래프에서 ← x의 절댓값이 커질수록 x축에 한없이 가까워지고, x의 절댓값이 작아질수록 y축에 한없이 가까워지는 그래프이다.
x의 값이 한없이 커질 때, $f(x)$의 값은 0에 한없이 가까워진다.
또한 x의 값이 음수이면서 그 절댓값이 한없이 커질 때도, $f(x)$의 값은 0에 한없이 가까워진다.

이와 같이 함수 $f(x)$에서 x의 값이 한없이 커질 때, $f(x)$의 값이 일정한 값 L에 한없이 가까워지면 함수 $f(x)$는 L에 수렴한다고 하고, 기호로 다음과 같이 나타낸다.
$$\lim_{x\to\infty}f(x)=L \ \text{또는} \ x\to\infty일\ 때\ f(x)\to L$$
또한 함수 $f(x)$에서 x의 값이 음수이면서 그 절댓값이 한없이 커질 때, $f(x)$의 값이 일정한 값 M에 한없이 가까워지면 함수 $f(x)$는 M에 수렴한다고 하고, 기호로 다음과 같이 나타낸다.
$$\lim_{x\to -\infty}f(x)=M \ \text{또는} \ x\to -\infty일\ 때\ f(x)\to M$$
예를 들어 위의 함수 $f(x)=\dfrac{1}{x}$에서 $\displaystyle\lim_{x\to\infty}\dfrac{1}{x}=0$, $\displaystyle\lim_{x\to -\infty}\dfrac{1}{x}=0$이다.

함수 $f(x)=-\dfrac{1}{x}$의 그래프는 그림과 같다.

x의 값이 한없이 커질 때, $f(x)$의 값은 0에 한없이 가까워지므로 $\displaystyle\lim_{x\to\infty}\left(-\dfrac{1}{x}\right)=0$이다.

또한 x의 값이 음수이면서 그 절댓값이 한없이 커질 때, $f(x)$의 값은 0에 한없이 가까워지므로 $\displaystyle\lim_{x\to-\infty}\left(-\dfrac{1}{x}\right)=0$이다.

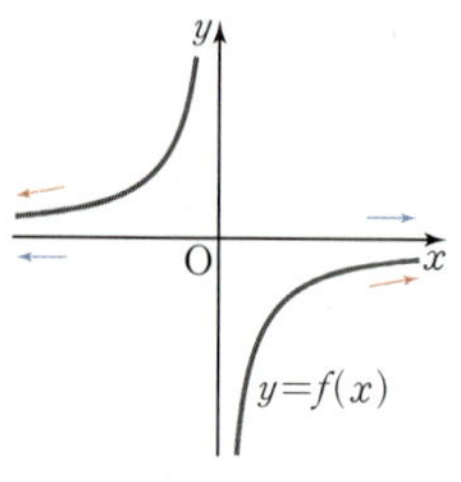

4 $x\to\infty,\ x\to-\infty$일 때의 함수의 발산

함수 $f(x)$에서 $x\to\infty$ 또는 $x\to-\infty$일 때 함수 $f(x)$가 양의 무한대 또는 음의 무한대로 발산하면 이것을 각각 기호로 다음과 같이 나타낸다.

$$\lim_{x\to\infty}f(x)=\infty,\ \lim_{x\to-\infty}f(x)=\infty,\ \lim_{x\to\infty}f(x)=-\infty,\ \lim_{x\to-\infty}f(x)=-\infty$$

함수 $f(x)$에서 x의 값이 한없이 커지거나 x의 값이 음수이면서 그 절댓값이 한없이 커질 때, $f(x)$가 발산하는 경우를 알아보자.

함수 $f(x)=x^2$의 그래프에서
x의 값이 한없이 커지거나, 음수이면서 그 절댓값이 한없이 커지면 $f(x)$의 값은 한없이 커진다. 즉, 함수 $f(x)$가 양의 무한대로 발산하므로 이것을 각각 기호로 다음과 같이 나타낸다.

$$\lim_{x\to\infty}f(x)=\infty,\ \lim_{x\to-\infty}f(x)=\infty$$

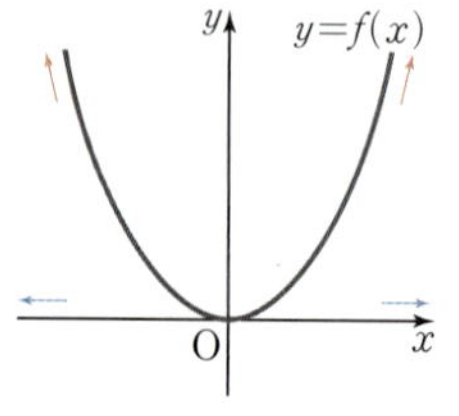

함수 $f(x)=-x^2$의 그래프에서
x의 값이 한없이 커지거나, 음수이면서 그 절댓값이 한없이 커지면 $f(x)$의 값은 음수이면서 그 절댓값이 한없이 커진다. 즉, 함수 $f(x)$가 음의 무한대로 발산하므로 이것을 각각 기호로 다음과 같이 나타낸다.

$$\lim_{x\to\infty}f(x)=-\infty,\ \lim_{x\to-\infty}f(x)=-\infty$$

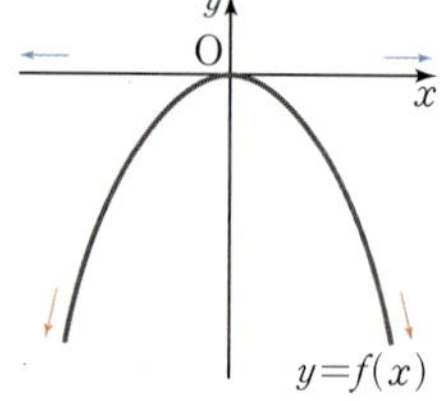

함수 $f(x)=x^3$의 그래프는 그림과 같다.
x의 값이 한없이 커질 때, $f(x)$의 값이 한없이 커지므로
$$\lim_{x\to\infty}x^3=\infty$$

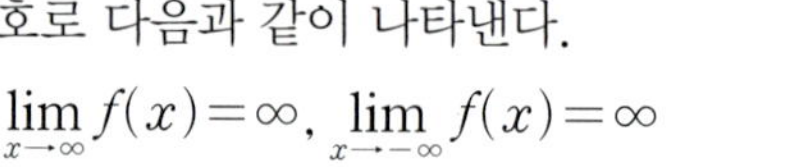
몇 개의 점 $(-2,\,-8),\,(-1,\,-1),\,(0,\,0),\,(1,\,1),\,(2,\,8)$을 곡선으로 연결하면 쉽게 그릴 수 있다.

x의 값이 음수이면서 그 절댓값이 한없이 커질 때, $f(x)$의 값도 음수이면서 그 절댓값이 한없이 커지므로
$$\lim_{x\to-\infty}x^3=-\infty$$

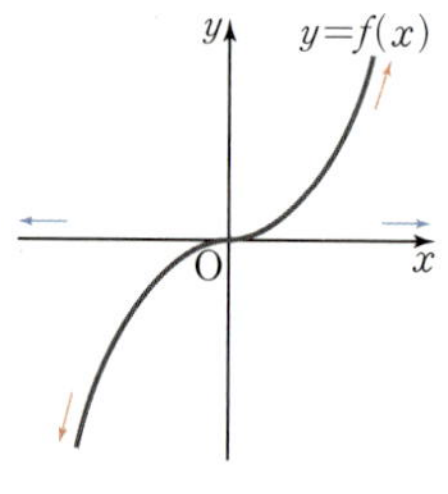

개념 CHECK

01. 함수의 극한

01 함수의 그래프를 이용하여 다음 극한값을 구하시오.

(1) $\lim\limits_{x \to 4} \sqrt{x}$

(2) $\lim\limits_{x \to 0} \dfrac{x^2 + 4x}{x}$

(3) $\lim\limits_{x \to -1} 2$

02 함수의 그래프를 이용하여 다음 극한을 조사하시오.

(1) $\lim\limits_{x \to 2} \dfrac{1}{(x-2)^2}$

(2) $\lim\limits_{x \to -3} \left(-\dfrac{1}{|x+3|} \right)$

03 함수의 그래프를 이용하여 다음 극한값을 구하시오.

(1) $\lim\limits_{x \to \infty} \dfrac{1}{4-x}$

(2) $\lim\limits_{x \to \infty} \dfrac{2x+1}{x}$

(3) $\lim\limits_{x \to -\infty} \dfrac{1}{|x+1|}$

04 함수의 그래프를 이용하여 다음 극한을 조사하시오.

(1) $\lim\limits_{x \to \infty} (1-2x)$

(2) $\lim\limits_{x \to \infty} (x^2 - 8)$

(3) $\lim\limits_{x \to -\infty} |x|$

대표 예제 | 01

함수의 그래프를 이용하여 다음 극한을 조사하시오.

(1) $\displaystyle\lim_{x \to -1} \frac{x^2+3x+2}{x+1}$

(2) $\displaystyle\lim_{x \to 3}\left\{-\frac{1}{(x-3)^2}\right\}$

(3) $\displaystyle\lim_{x \to \infty}\left(3-\frac{1}{x}\right)$

(4) $\displaystyle\lim_{x \to -\infty}\sqrt{1-3x}$

바로 접근 주어진 함수의 그래프를 그린 후, 극한을 조사한다.

바른 풀이

(1) $f(x)=\dfrac{x^2+3x+2}{x+1}$로 놓으면 $x \neq -1$일 때

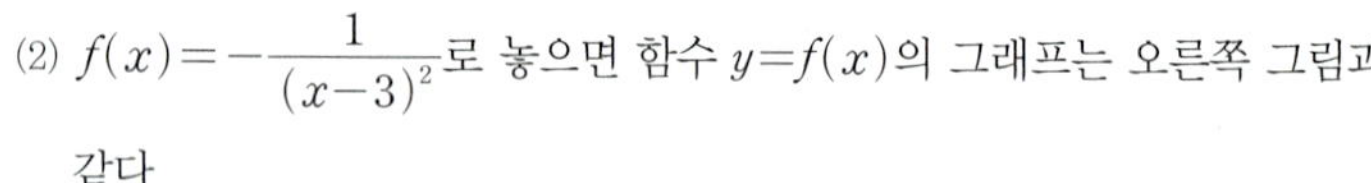

$$f(x)=\frac{x^2+3x+2}{x+1}=\frac{(x+1)(x+2)}{x+1}=x+2$$

이므로 함수 $y=f(x)$의 그래프는 오른쪽 그림과 같다.

x의 값이 -1에 한없이 가까워질 때, $f(x)$의 값은 1에 한없이 가까워지므로

$$\lim_{x \to -1} \frac{x^2+3x+2}{x+1}=1 \text{ (수렴)}$$

(2) $f(x)=-\dfrac{1}{(x-3)^2}$로 놓으면 함수 $y=f(x)$의 그래프는 오른쪽 그림과

같다.

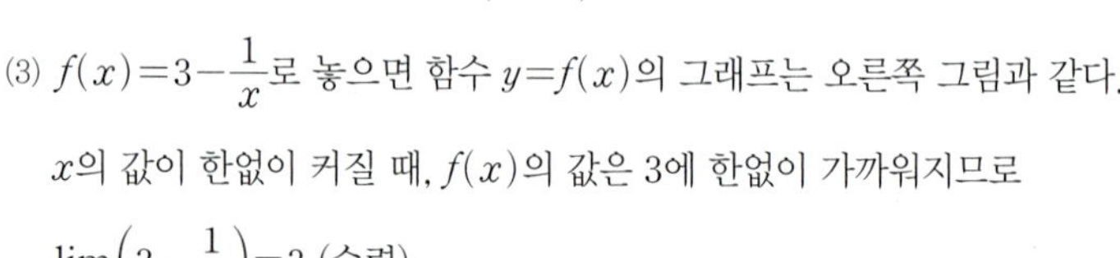

x의 값이 3에 한없이 가까워질 때, $f(x)$의 값은 음수이면서 그 절댓값

이 한없이 커지므로 $\displaystyle\lim_{x \to 3}\left\{-\frac{1}{(x-3)^2}\right\}=-\infty$ (발산)

(3) $f(x)=3-\dfrac{1}{x}$로 놓으면 함수 $y=f(x)$의 그래프는 오른쪽 그림과 같다.

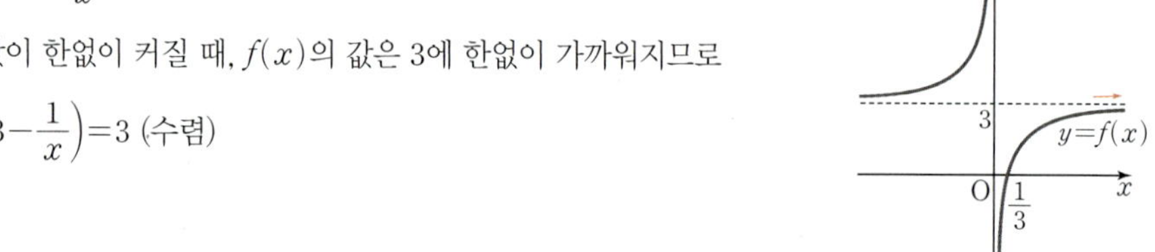

x의 값이 한없이 커질 때, $f(x)$의 값은 3에 한없이 가까워지므로

$$\lim_{x \to \infty}\left(3-\frac{1}{x}\right)=3 \text{ (수렴)}$$

(4) $f(x)=\sqrt{1-3x}$로 놓으면 함수 $y=f(x)$의 그래프는 오른쪽 그림과 같다.

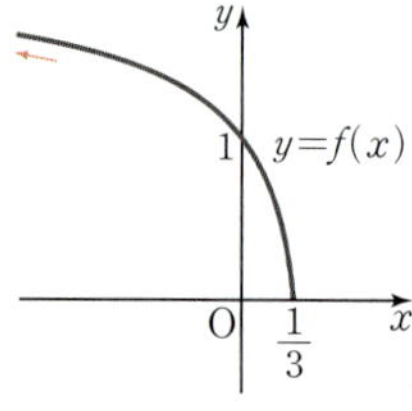

x의 값이 음수이면서 그 절댓값이 한없이 커질 때, $f(x)$의 값은 한없이 커

지므로

$$\lim_{x \to -\infty}\sqrt{1-3x}=\infty \text{ (발산)}$$

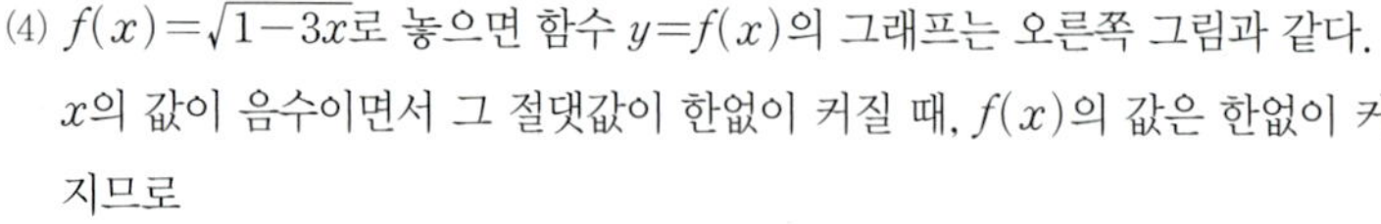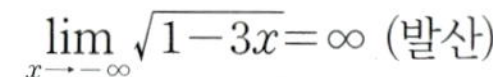

정답 (1) 1 (2) $-\infty$ (3) 3 (4) ∞

Bible Says

① 대표 예제 | 01 (1)과 같이 함수 $f(x)$가 $x=a$에서 정의되지 않더라도 $\displaystyle\lim_{x \to a}f(x)$의 값이 존재할 수 있다.

② 극한이 수렴하지 않는다. $\Longleftrightarrow$ 극한이 발산한다.

한번 더하기

01-1

함수의 그래프를 이용하여 다음 극한을 조사하시오.

(1) $\displaystyle\lim_{x \to 2} \frac{-x^2+5x-6}{x-2}$

(2) $\displaystyle\lim_{x \to -2} \frac{x}{x+1}$

(3) $\displaystyle\lim_{x \to 4} \frac{1}{|x-4|}$

(4) $\displaystyle\lim_{x \to -1} \left\{ 2 - \frac{2}{(x+1)^2} \right\}$

한번 더하기

01-2

함수의 그래프를 이용하여 다음 극한을 조사하시오.

(1) $\displaystyle\lim_{x \to -\infty} \frac{x^2+2x-3}{-x+1}$

(2) $\displaystyle\lim_{x \to \infty} \left(\frac{3}{x} - 2 \right)$

(3) $\displaystyle\lim_{x \to \infty} \frac{5}{(x+1)^2}$

(4) $\displaystyle\lim_{x \to -\infty} \left(-\sqrt{1-x} \right)$

(5) $\displaystyle\lim_{x \to \infty} \frac{1}{|x-3|}$

표현 더하기

01-3

함수의 그래프를 이용하여 수렴하는 극한인 것만을 **보기**에서 있는 대로 고르시오.

> **보기**
>
> ㄱ. $\displaystyle\lim_{x \to 0} (1-2x^2)$
>
> ㄴ. $\displaystyle\lim_{x \to 2} \frac{x^2-2x}{x-2}$
>
> ㄷ. $\displaystyle\lim_{x \to 1} \frac{4}{x^2-2x+1}$
>
> ㄹ. $\displaystyle\lim_{x \to -\infty} \left(1 + \frac{3}{x} \right)$

02 우극한과 좌극한

1 우극한과 좌극한

(1) 함수 $f(x)$에서 $x \to a+$일 때, $f(x)$의 값이 일정한 값 L에 한없이 가까워지면 L을 함수 $f(x)$의 $x=a$에서의 우극한이라 하고, 기호로 다음과 같이 나타낸다.

$$\lim_{x \to a+} f(x) = L \text{ 또는 } x \to a+\text{일 때 } f(x) \to L$$

(2) 함수 $f(x)$에서 $x \to a-$일 때, $f(x)$의 값이 일정한 값 M에 한없이 가까워지면 M을 함수 $f(x)$의 $x=a$에서의 좌극한이라 하고, 기호로 다음과 같이 나타낸다.

$$\lim_{x \to a-} f(x) = M \text{ 또는 } x \to a-\text{일 때 } f(x) \to M$$

(3) 극한값의 존재: $\lim_{x \to a} f(x) = L \iff \lim_{x \to a+} f(x) = \lim_{x \to a-} f(x) = L$

x의 값이 a보다 크면서 a에 한없이 가까워지는 것을 기호로 $x \to a+$와 같이 나타내고, x의 값이 a보다 작으면서 a에 한없이 가까워지는 것을 기호로 $x \to a-$와 같이 나타낸다.

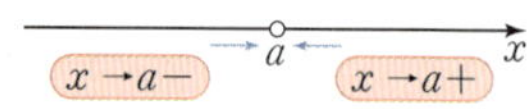

(1) 우극한과 좌극한

함수 $f(x)$에서 $x \to a+$일 때, $f(x)$의 값이 일정한 값 L에 한없이 가까워지면 L을 함수 $f(x)$의 $x=a$에서의 **우극한**이라 하고, 기호로 다음과 같이 나타낸다.

$$\lim_{x \to a+} f(x) = L \text{ 또는 } x \to a+\text{일 때 } f(x) \to L$$

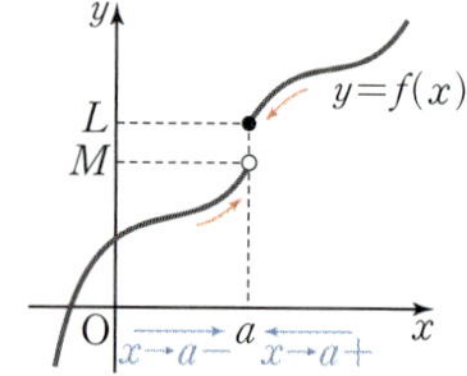

또한 $x \to a-$일 때, $f(x)$의 값이 일정한 값 M에 한없이 가까워지면 M을 함수 $f(x)$의 $x=a$에서의 **좌극한**이라 하고, 기호로 다음과 같이 나타낸다.

$$\lim_{x \to a-} f(x) = M \text{ 또는 } x \to a-\text{일 때 } f(x) \to M$$

함수 $f(x) = \begin{cases} x+1 & (x<1) \\ x-1 & (x \geq 1) \end{cases}$ 의 우극한과 좌극한을 알아보자.

x의 값이 1보다 크면서 1에 한없이 가까워질 때, $f(x)$의 값은 0에 한없이 가까워지므로

$$\lim_{x \to 1+} f(x) = 0 \text{ 또는 } x \to 1+\text{일 때 } f(x) \to 0 \leftarrow \text{함수 } f(x)\text{의 } x=1 \text{ 에서의 우극한}$$

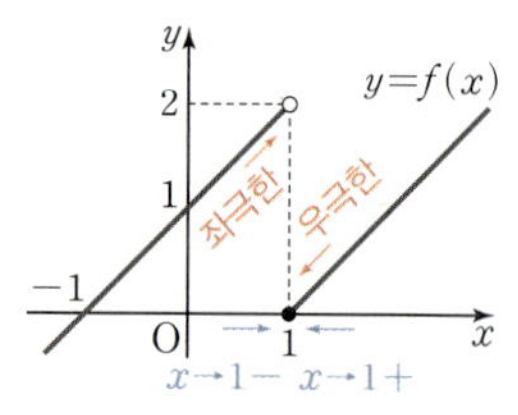

또한 x의 값이 1보다 작으면서 1에 한없이 가까워질 때, $f(x)$의 값은 2에 한없이 가까워지므로
$$\lim_{x \to 1-} f(x)=2 \ \text{또는} \ x \to 1- \text{일 때} \ f(x) \to 2 \leftarrow \text{함수 } f(x)\text{의 } x=1\text{에서의 좌극한}$$

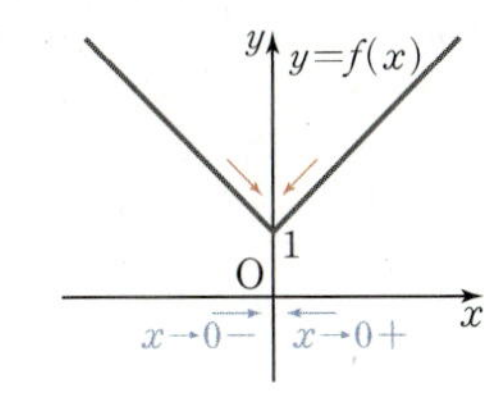

example

함수 $f(x)=|x|+1$, 즉 $f(x)=\begin{cases} -x+1 & (x<0) \\ x+1 & (x\geq0) \end{cases}$ 의 그래프는

그림과 같다.

$x \to 0+$일 때 $f(x)$의 값이 1에 한없이 가까워지므로

$$\lim_{x \to 0+} f(x)=1$$

$x \to 0-$일 때 $f(x)$의 값도 1에 한없이 가까워지므로

$$\lim_{x \to 0-} f(x)=1$$

(2) 극한값의 존재

위의 example 과 같이

함수 $f(x)$의 $x=a$에서의 우극한과 좌극한이 모두 존재하고 그 값이 L로 같으면

함수 $f(x)$의 $x=a$에서의 극한값이 L로 존재한다.

역으로

함수 $f(x)$의 $x=a$에서의 극한값이 L로 존재하면

함수 $f(x)$의 $x=a$에서의 우극한과 좌극한이 모두 존재하고 그 값이 L로 같다.

즉, 다음의 필요충분조건이 성립한다.

$$\lim_{x \to a} f(x)=L \Longleftrightarrow \lim_{x \to a+} f(x)=\lim_{x \to a-} f(x)=L$$

함수 $f(x)$의 $x=a$에서의 우극한 또는 좌극한이 존재하지 않으면 함수 $f(x)$의 $x=a$에서의 극한값은 존재하지 않는다.

예를 들어 $f(x)=\begin{cases} 2 & (x\leq0) \\ \dfrac{1}{x} & (x>0) \end{cases}$ 이면

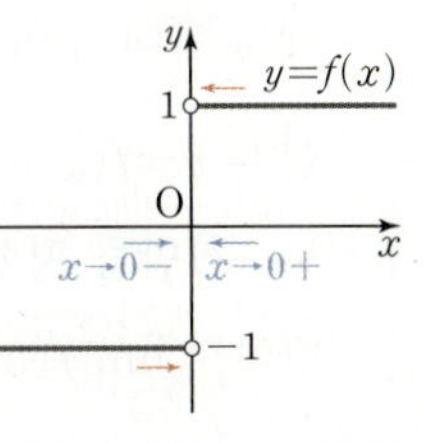

$$\lim_{x \to 0+} f(x)=\infty, \ \lim_{x \to 0-} f(x)=2 \text{이므로}$$

함수 $f(x)$의 $x=0$에서의 좌극한은 존재하지만, 우극한은 존재하지 않는다.

따라서 함수 $f(x)$의 $x=0$에서의 극한값은 존재하지 않는다.

또한 함수 $f(x)$의 $x=a$에서의 좌극한, 우극한이 모두 존재하더라도 그 값이 서로 다르면 함수 $f(x)$의 $x=a$에서의 극한값은 존재하지 않는다.

예를 들어 $f(x)=\begin{cases} -1 & (x<0) \\ 1 & (x>0) \end{cases}$ 이면

$$\lim_{x \to 0+} f(x)=1, \ \lim_{x \to 0-} f(x)=-1 \text{이므로}$$

함수 $f(x)$의 $x=0$에서의 우극한과 좌극한이 모두 존재하지만 그 값이 같지 않다. 따라서 함수 $f(x)$의 $x=0$에서의 극한값은 존재하지 않는다.

두 함수 $f(x)$, $g(x)$에 대하여 $\displaystyle\lim_{x\to a+} f(g(x))$의 값은 $g(x)=t$로 놓고 다음과 같이 풀이한다.

바로 대입하여 $\displaystyle\lim_{x\to a+} f(g(x))=f(g(a))$로 구하지 않도록 주의한다.

$x\to a+$일 때 $g(x)$의 값이
① $g(a)$보다 크면서 $g(a)$에 한없이 가까워지는지
② $g(a)$보다 작으면서 $g(a)$에 한없이 가까워지는지
③ $g(a)$인지
확인해야 한다.

① $x\to a+$일 때 $t\to k+$이면 $\displaystyle\lim_{x\to a+} f(g(x))=\lim_{t\to k+} f(t)$

② $x\to a+$일 때 $t\to k-$이면 $\displaystyle\lim_{x\to a+} f(g(x))=\lim_{t\to k-} f(t)$

③ $x\to a+$일 때 $t=k$이면 $\displaystyle\lim_{x\to a+} f(g(x))=f(k)$

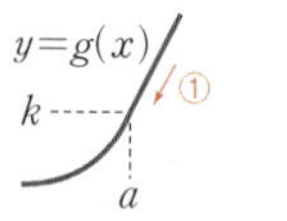
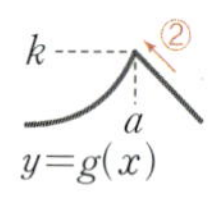
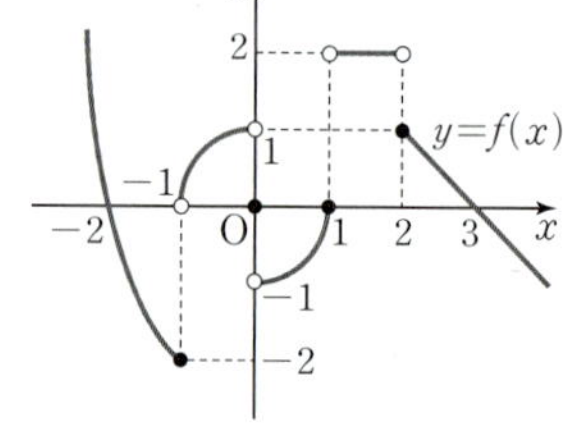

함수 $y=f(x)$의 그래프가 그림과 같을 때, 다음 극한값을 구해 보자.

| 방법 1 | 치환을 이용한다.

(1) $\displaystyle\lim_{x\to 0+} f(x+1)$

$x+1=t$로 놓으면 $x\to 0+$일 때 $t\to 1+$이므로

$\displaystyle\lim_{x\to 0+} f(x+1)=\lim_{t\to 1+} f(t)=2$

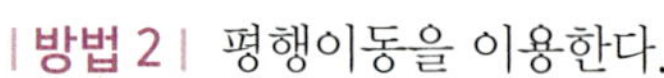

(2) $\displaystyle\lim_{x\to -3-} f(x+2)$

$x+2=t$로 놓으면 $x\to -3-$일 때 $t\to -1-$이므로 $\displaystyle\lim_{x\to -3-} f(x+2)=\lim_{t\to -1-} f(t)=-2$

(3) $\displaystyle\lim_{x\to\infty} f\left(\frac{x-1}{x+1}\right)$

$\dfrac{x-1}{x+1}=t$로 놓으면 $x\to\infty$일 때 $t\to 1-$이므로 $\displaystyle\lim_{x\to\infty} f\left(\frac{x-1}{x+1}\right)=\lim_{t\to 1-} f(t)=0$

$\dfrac{x-1}{x+1}=\dfrac{(x+1)-2}{x+1}=1-\dfrac{2}{x+1}$

(4) $\displaystyle\lim_{x\to 2-} f(f(x))$

$f(x)=t$로 놓으면 $x\to 2-$일 때 $t=2$이므로 $\displaystyle\lim_{x\to 2-} f(f(x))=f(2)=1$

| 방법 2 | 평행이동을 이용한다.

$\displaystyle\lim_{x\to a} f(x+k)$ 꼴이 주어졌을 때는 평행이동을 이용하여 합성함수의 극한을 구할 수도 있다.

예를 들어 (1)의 극한 $\displaystyle\lim_{x\to 0+} f(x+1)$을 구해 보자.

함수 $y=f(x+1)$의 그래프는 함수 $y=f(x)$의 그래프를 x축의 방향으로 -1만큼 평행이동한 것이므로 그림과 같다.

따라서 $\displaystyle\lim_{x\to 0+} f(x+1)=2$이다.

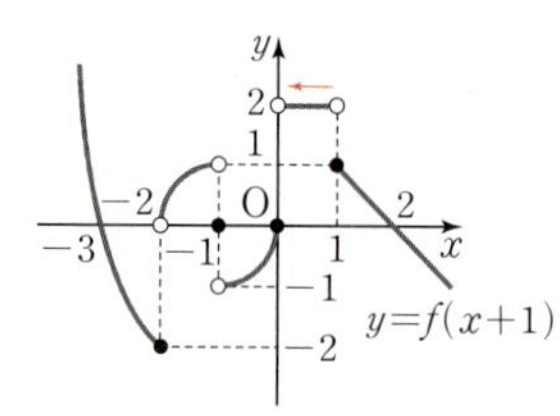

한편, $\lim\limits_{x\to1} f(x-1)$과 같은 합성함수의 극한값을 구할 때도 다음과 같이 우극한과 좌극한을 각각 구한다.

$x-1=t$로 놓으면 $x\to1+$일 때 $t\to0+$이고, $x\to1-$일 때 $t\to0-$이므로
$$\lim_{x\to1+} f(x-1)=\lim_{t\to0+} f(t)=-1,\quad \lim_{x\to1-} f(x-1)=\lim_{t\to0-} f(t)=1$$

따라서 $\lim\limits_{x\to1+} f(x-1)\neq\lim\limits_{x\to1-} f(x-1)$이므로 극한값 $\lim\limits_{x\to1} f(x-1)$은 존재하지 않는다.

개념 CHECK

빠른 정답 · 355쪽 / 정답과 풀이 · 4쪽

02. 우극한과 좌극한

01 함수 $f(x)=\dfrac{x^2-1}{|x+1|}$에 대하여 $x=-1$에서의 우극한과 좌극한을 각각 구하시오.

02 함수 $f(x)=\dfrac{|x|}{x-1}$에 대하여 다음 극한값이 존재하는지 조사하고, 존재하면 그 값을 구하시오.

(1) $\lim\limits_{x\to0} f(x)$

(2) $\lim\limits_{x\to1} f(x)$

대표 예제 | 02

함수 $y=f(x)$의 그래프가 그림과 같을 때, 다음을 구하시오.

(1) $\displaystyle\lim_{x \to 1+} f(x)$

(2) $\displaystyle\lim_{x \to 1-} f(x)$

(3) $\displaystyle\lim_{x \to -2+} f(x)$

(4) $\displaystyle\lim_{x \to -2-} f(x)$

(5) $\displaystyle\lim_{x \to -2} f(x)$

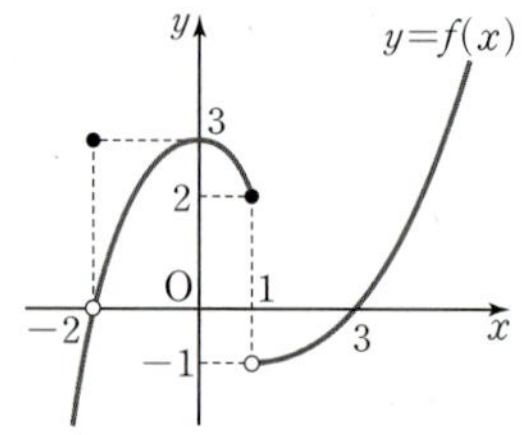

Ba로 접근

(1)~(4) $x \to a+$이면 그래프에서 $x > a$의 범위에서 함숫값의 변화를 확인하고,

$x \to a-$이면 그래프에서 $x < a$의 범위에서 함숫값의 변화를 확인한다.

(5) 함수 $f(x)$의 $x=a$에서의 우극한과 좌극한이 모두 존재하고 그 값이 같으면 $f(x)$의 $x=a$에서의 극한값이 존재한다.

$$\lim_{x \to a+} f(x) = \lim_{x \to a-} f(x) = L \Longleftrightarrow \lim_{x \to a} f(x) = L$$

Ba른 풀이

(1) x의 값이 1보다 크면서 1에 한없이 가까워질 때,

$f(x)$의 값은 -1에 한없이 가까워지므로

$$\lim_{x \to 1+} f(x) = -1$$

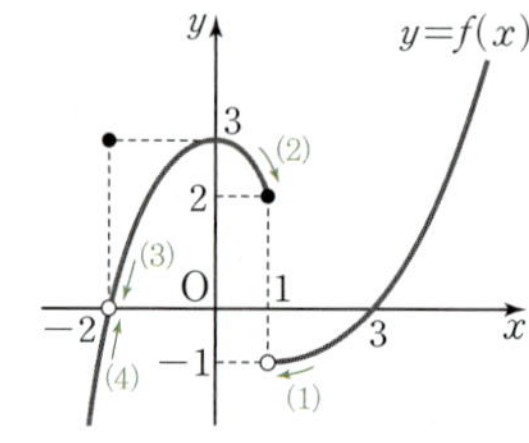

(2) x의 값이 1보다 작으면서 1에 한없이 가까워질 때,

$f(x)$의 값은 2에 한없이 가까워지므로

$$\lim_{x \to 1-} f(x) = 2$$

(3) x의 값이 -2보다 크면서 -2에 한없이 가까워질 때,

$f(x)$의 값은 0에 한없이 가까워지므로

$$\lim_{x \to -2+} f(x) = 0$$

(4) x의 값이 -2보다 작으면서 -2에 한없이 가까워질 때,

$f(x)$의 값은 0에 한없이 가까워지므로

$$\lim_{x \to -2-} f(x) = 0$$

(5) (3), (4)에서 $\displaystyle\lim_{x \to -2+} f(x) = \lim_{x \to -2-} f(x) = 0$이므로

$$\lim_{x \to -2} f(x) = 0$$

정답 (1) -1 (2) 2 (3) 0 (4) 0 (5) 0

Bible Says

(1), (2)에서 $\displaystyle\lim_{x \to 1+} f(x) \neq \lim_{x \to 1-} f(x)$이므로 $\displaystyle\lim_{x \to 1} f(x)$의 값은 존재하지 않는다.

한번 더하기

02-1

함수 $y=f(x)$의 그래프가 그림과 같을 때,

$\displaystyle\lim_{x\to-1-}f(x)+\lim_{x\to1+}f(x)$의 값을 구하시오.

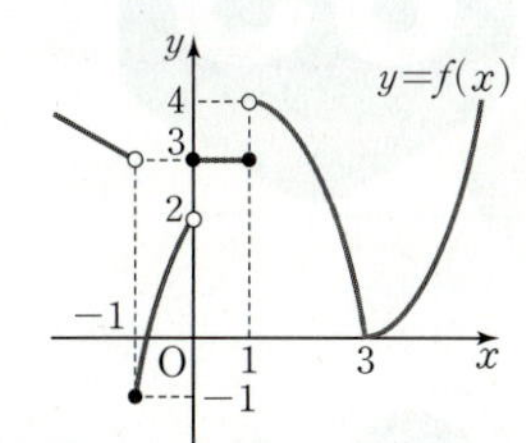

표현 더하기

02-2

함수

$$f(x)=\begin{cases} -\dfrac{|x|}{2}+2 & (\,|x|<2\,) \\[2mm] 2 & (\,|x|=2\,) \\[2mm] x^2-4 & (\,|x|>2\,) \end{cases}$$

에 대하여 $\displaystyle\lim_{x\to a+}f(x)=1$을 만족시키는 실수 a의 값을 모두 구하시오.

표현 더하기

02-3

정의역이 $\{-2\le x\le2\}$인 함수 $y=f(x)$의 그래프가 그림과 같을 때, **보기**에서 옳은 것만을 있는 대로 고르시오.

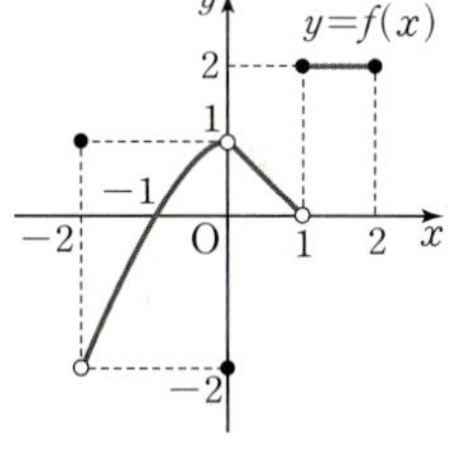

> **보기**
>
> ㄱ. $\displaystyle\lim_{x\to-2+}f(x)=-\lim_{x\to2-}f(x)$
>
> ㄴ. $\displaystyle\lim_{x\to1}f(x)$의 값이 존재한다.
>
> ㄷ. $-2<k<2$인 정수 k에 대하여 $\displaystyle\lim_{x\to k}f(x)$의 값이 존재하도록 하는 k의 개수는 1이다.

표현 더하기

02-4

$x\neq1$인 모든 실수 x에서 정의된 함수

$$f(x)=\begin{cases} \dfrac{x^2-1}{1-x} & (x<1) \\[2mm] x^2-ax & (x>1) \end{cases}$$

에 대하여 $\displaystyle\lim_{x\to1}f(x)$의 값이 존재할 때, $f(2)$의 값을 구하시오. (단, a는 상수이다.)

1 함수의 극한에 대한 성질

두 함수 $f(x)$, $g(x)$에서 $\lim\limits_{x \to a} f(x) = \alpha$, $\lim\limits_{x \to a} g(x) = \beta$ (α, β는 실수)일 때,

(1) $\lim\limits_{x \to a} kf(x) = k \lim\limits_{x \to a} f(x) = k\alpha$ (단, k는 상수)

(2) $\lim\limits_{x \to a} \{f(x) + g(x)\} = \lim\limits_{x \to a} f(x) + \lim\limits_{x \to a} g(x) = \alpha + \beta$

(3) $\lim\limits_{x \to a} \{f(x) - g(x)\} = \lim\limits_{x \to a} f(x) - \lim\limits_{x \to a} g(x) = \alpha - \beta$

(4) $\lim\limits_{x \to a} f(x)g(x) = \lim\limits_{x \to a} f(x) \times \lim\limits_{x \to a} g(x) = \alpha\beta$

(5) $\lim\limits_{x \to a} \dfrac{f(x)}{g(x)} = \dfrac{\lim\limits_{x \to a} f(x)}{\lim\limits_{x \to a} g(x)} = \dfrac{\alpha}{\beta}$ (단, $\beta \neq 0$)

참고 위의 성질은 $x \to a+$, $x \to a-$, $x \to \infty$, $x \to -\infty$일 때도 성립한다.

두 함수

$$f(x) = x^2, \quad g(x) = x$$

에 대하여 $\lim\limits_{x \to -1} f(x)$, $\lim\limits_{x \to -1} g(x)$의 값은 각각

$$\lim\limits_{x \to -1} f(x) = 1, \quad \lim\limits_{x \to -1} g(x) = -1$$

이다. 두 함수로 함수의 극한에 대한 성질이 성립함을 확인해 보자.

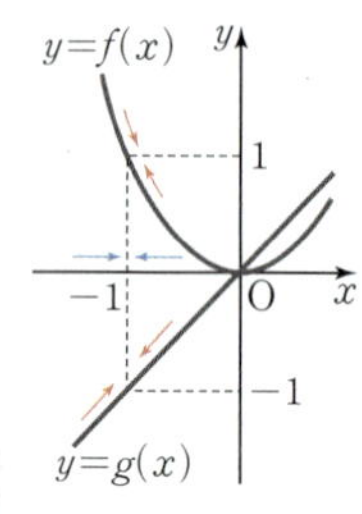

두 함수 $f(x)$, $g(x)$에서 $\lim\limits_{x \to a} f(x) = \alpha$, $\lim\limits_{x \to a} g(x) = \beta$ (α, β는 실수)일 때,

(1) $\lim\limits_{x \to a} kf(x) = k \lim\limits_{x \to a} f(x) = k\alpha$ (단, k는 상수)

그림에서 $\lim\limits_{x \to -1} \dfrac{1}{2} f(x) = \lim\limits_{x \to -1} \dfrac{1}{2} x^2 = \dfrac{1}{2}$이고,

$\dfrac{1}{2} \times \lim\limits_{x \to -1} f(x) = \dfrac{1}{2} \times 1 = \dfrac{1}{2}$이므로

$\lim\limits_{x \to -1} \dfrac{1}{2} f(x) = \dfrac{1}{2} \lim\limits_{x \to -1} f(x)$가 성립한다.

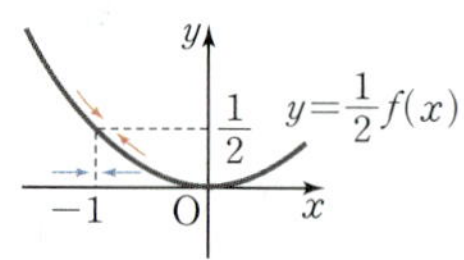

(2) $\lim\limits_{x \to a} \{f(x) + g(x)\} = \lim\limits_{x \to a} f(x) + \lim\limits_{x \to a} g(x) = \alpha + \beta$

그림에서 $\lim\limits_{x \to -1} \{f(x) + g(x)\} = \lim\limits_{x \to -1} (x^2 + x) = 0$이고,

$\lim\limits_{x \to -1} f(x) + \lim\limits_{x \to -1} g(x) = 1 + (-1) = 0$이므로

$\lim\limits_{x \to -1} \{f(x) + g(x)\} = \lim\limits_{x \to -1} f(x) + \lim\limits_{x \to -1} g(x)$가 성립한다.

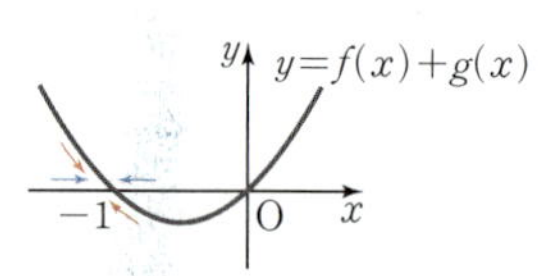

(3) $\lim\limits_{x \to a} \{f(x) - g(x)\} = \lim\limits_{x \to a} f(x) - \lim\limits_{x \to a} g(x) = \alpha - \beta$

그림에서 $\lim\limits_{x \to -1} \{f(x) - g(x)\} = \lim\limits_{x \to -1} (x^2 - x) = 2$이고,

$\lim\limits_{x \to -1} f(x) - \lim\limits_{x \to -1} g(x) = 1 - (-1) = 2$이므로

$\lim\limits_{x \to -1} \{f(x) - g(x)\} = \lim\limits_{x \to -1} f(x) - \lim\limits_{x \to -1} g(x)$가 성립한다.

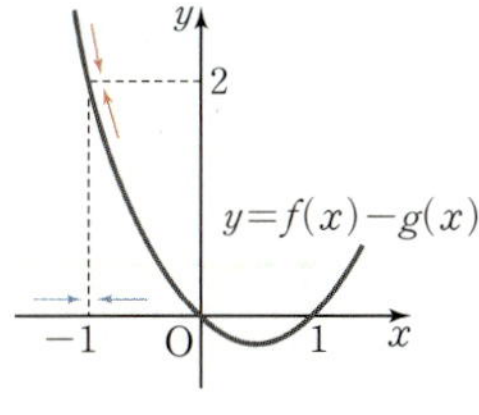

(4) $\lim\limits_{x \to a} f(x)g(x) = \lim\limits_{x \to a} f(x) \times \lim\limits_{x \to a} g(x) = \alpha\beta$

그림에서 $\lim\limits_{x \to -1} f(x)g(x) = \lim\limits_{x \to -1} x^3 = -1$이고,

$\lim\limits_{x \to -1} f(x) \times \lim\limits_{x \to -1} g(x) = 1 \times (-1) = -1$이므로

$\lim\limits_{x \to -1} f(x)g(x) = \lim\limits_{x \to -1} f(x) \times \lim\limits_{x \to -1} g(x)$가 성립한다.

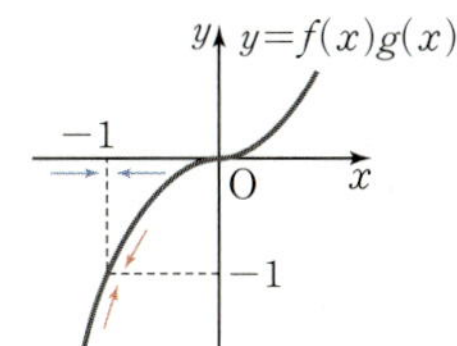

(5) $\lim\limits_{x \to a} \dfrac{f(x)}{g(x)} = \dfrac{\lim\limits_{x \to a} f(x)}{\lim\limits_{x \to a} g(x)} = \dfrac{\alpha}{\beta}$ (단, $\beta \neq 0$)

그림에서 $\lim\limits_{x \to -1} \dfrac{f(x)}{g(x)} = \lim\limits_{x \to -1} x = -1$이고,

$\dfrac{\lim\limits_{x \to -1} f(x)}{\lim\limits_{x \to -1} g(x)} = \dfrac{1}{-1} = -1$이므로

$\lim\limits_{x \to -1} \dfrac{f(x)}{g(x)} = \dfrac{\lim\limits_{x \to -1} f(x)}{\lim\limits_{x \to -1} g(x)}$가 성립한다.

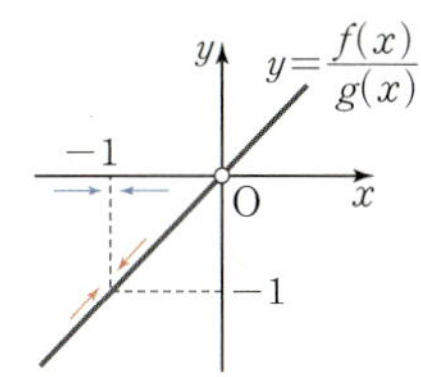

함수의 극한에 대한 성질에 의하여 다항함수 $f(x)$는 모든 실수 a에 대하여 극한값 $\lim\limits_{x \to a} f(x)$와 함숫값 $f(a)$가 같음을 알 수 있다.

따라서 함수 $y = f(x)$의 그래프를 그리지 않고도 다음의 예와 같이 $\lim\limits_{x \to a} f(x)$는 함수 $f(x)$에 $x = a$를 대입하면 바로 구할 수 있다.

$$\lim\limits_{x \to 1} (x^2 - 3x + 5) = 1^2 - 3 \times 1 + 5 = 3$$

대입

또한 $f(a) \neq 0$일 때 $\lim\limits_{x \to a} \dfrac{1}{f(x)}$, $f(a) \geq 0$일 때 $\lim\limits_{x \to a} \sqrt{f(x)}$도 $x = a$를 대입하여 구할 수 있다.

$$\lim\limits_{x \to 1} \dfrac{1}{x^2 - 3x + 5} = \dfrac{1}{1^2 - 3 \times 1 + 5} = \dfrac{1}{3}, \quad \lim\limits_{x \to 1} \sqrt{x^2 - 3x + 5} = \sqrt{1^2 - 3 \times 1 + 5} = \sqrt{3}$$

대입   대입

한편, 함수의 극한에 대한 성질은 두 함수 $f(x)$, $g(x)$가 모두 극한값을 가질 때 성립함에 주의하자. 예를 들어 다음과 같이 잘못 풀이하지 않도록 주의하자.

$$\lim\limits_{x \to 0} \dfrac{1}{x} \times \lim\limits_{x \to 0} x \neq \lim\limits_{x \to 0} \left(\dfrac{1}{x} \times x \right) = \lim\limits_{x \to 0} 1 = 1$$

$\lim\limits_{x \to 0} \dfrac{1}{x}$은 존재하지 않으므로 함수의 극한에 대한 성질을 적용할 수 없다.

다음 명제의 참, 거짓을 판단해 보자.

(1) $\lim\limits_{x \to a}\{f(x)+g(x)\}$가 존재하면 $\lim\limits_{x \to a}f(x)$, $\lim\limits_{x \to a}g(x)$가 각각 존재한다. (거짓)

[반례] $f(x)=\begin{cases} -1 & (x<0) \\ 1 & (x\geq 0) \end{cases}$, $g(x)=\begin{cases} 3 & (x<0) \\ 1 & (x\geq 0) \end{cases}$일 때 $f(x)+g(x)=2$이므로

$\lim\limits_{x \to 0}\{f(x)+g(x)\}=2$이지만 $\lim\limits_{x \to 0}f(x)$, $\lim\limits_{x \to 0}g(x)$는 존재하지 않는다.

(2) $\lim\limits_{x \to a}\{f(x)-g(x)\}=0$이면 $\lim\limits_{x \to a}f(x)=\lim\limits_{x \to a}g(x)$이다. (거짓)

[반례] $f(x)=g(x)=\begin{cases} -1 & (x<0) \\ 1 & (x\geq 0) \end{cases}$일 때 $f(x)-g(x)=0$이므로

$\lim\limits_{x \to 0}\{f(x)-g(x)\}=0$이지만 $\lim\limits_{x \to 0}f(x)$, $\lim\limits_{x \to 0}g(x)$는 존재하지 않는다.

(1) $\lim\limits_{x \to 3}(2x^2+1)=\lim\limits_{x \to 3}2x^2+\lim\limits_{x \to 3}1=2\lim\limits_{x \to 3}x^2+\lim\limits_{x \to 3}1=2\times 9+1=19$

(2) $\lim\limits_{x \to 2}\dfrac{x+1}{x^2}=\dfrac{\lim\limits_{x \to 2}(x+1)}{\lim\limits_{x \to 2}x^2}=\dfrac{\lim\limits_{x \to 2}x+\lim\limits_{x \to 2}1}{\lim\limits_{x \to 2}x^2}=\dfrac{2+1}{4}=\dfrac{3}{4}$

(3) $\lim\limits_{x \to 4}x\sqrt{x}=\lim\limits_{x \to 4}x\times \lim\limits_{x \to 4}\sqrt{x}=4\times 2=8$

2 함수의 극한값의 계산

(1) $\dfrac{0}{0}$ 꼴

① 분모와 분자가 다항식인 경우 ➡ 분모, 분자를 인수분해한 후 공통인수를 약분하여 극한값을 구한다.

② 분모 또는 분자에 근호가 있는 경우 ➡ 근호가 있는 쪽을 유리화한 후 공통인수를 약분하여 극한값을 구한다.

(2) $\dfrac{\infty}{\infty}$ 꼴

① (분자의 차수)>(분모의 차수) ➡ ∞ 또는 $-\infty$로 발산한다.

② (분자의 차수)=(분모의 차수) ➡ 최고차항의 계수의 비로 수렴한다.

③ (분자의 차수)<(분모의 차수) ➡ 0으로 수렴한다.

(3) $\infty-\infty$ 꼴

① 다항식인 경우 ➡ 최고차항으로 묶어 $\infty\times c$ (c는 상수) 꼴로 변형한 후 극한값을 구한다.

② 근호가 있는 식인 경우 ➡ 분모를 1로 보고 분자를 유리화하여 $\dfrac{\infty}{\infty}$ 꼴로 변형한 후 극한값을 구한다.

(4) $\infty\times 0$ 꼴

통분 또는 유리화하여 $\dfrac{0}{0}$, $\dfrac{\infty}{\infty}$, $\infty\times c$, $\dfrac{c}{\infty}$ (c는 상수) 꼴로 변형한 후 극한값을 구한다.

$\dfrac{0}{0}$, $\dfrac{\infty}{\infty}$, $\infty-\infty$, $\infty\times0$ 꼴을 부정형이라 한다. 부정형의 극한은 부정형이 아닌 꼴로 적당히 변형한 후 함수의 극한에 대한 성질을 이용하여 극한값을 구한다.

(1) $\dfrac{0}{0}$ 꼴 ← 숫자 0이 아니라 0에 한없이 가까워지는 것을 의미한다.

① 분모와 분자가 다항식인 경우: 분모, 분자를 인수분해한 후 공통인수를 약분하여 극한값을 구한다.

$$\lim_{x\to1}\frac{x-1}{x^2-1}=\lim_{x\to1}\frac{x-1}{(x+1)(x-1)} \quad\text{← 인수분해한다.}$$

$$=\lim_{x\to1}\frac{1}{x+1}=\frac{1}{2} \quad\text{← 공통인수를 약분한 후 극한값을 구한다.}$$

② 분모 또는 분자에 근호가 있는 경우: 근호가 있는 쪽을 유리화한 후 공통인수를 약분하여 극한값을 구한다.

$$\lim_{x\to4}\frac{x-4}{\sqrt{x}-2}=\lim_{x\to4}\frac{(x-4)(\sqrt{x}+2)}{(\sqrt{x}-2)(\sqrt{x}+2)} \quad\text{← 근호가 있는 분모를 유리화한다.}$$

$$=\lim_{x\to4}\frac{(x-4)(\sqrt{x}+2)}{x-4}$$

$$=\lim_{x\to4}(\sqrt{x}+2)=4 \quad\text{← 공통인수를 약분한 후 극한값을 구한다.}$$

(2) $\dfrac{\infty}{\infty}$ 꼴

분모의 최고차항이 ax^n일 때 x^n으로 분모, 분자를 각각 나눈 후 $\lim\limits_{x\to\infty}\dfrac{c}{x^m}=0$임을 이용하여 극한값을 계산한다. (단, a, c는 0이 아닌 상수이고 m, n은 자연수)

① (분자의 차수)>(분모의 차수)인 경우: ∞ 또는 $-\infty$로 발산한다.

$$\lim_{x\to\infty}\frac{x^2+1}{2x-3}=\lim_{x\to\infty}\frac{x+\dfrac{1}{x}}{2-\dfrac{3}{x}} \quad\text{← 분모, 분자를 각각 분모의 최고차항 }x\text{로 나눈다.}$$

$$=\infty$$

② (분자의 차수)=(분모의 차수)인 경우: 최고차항의 계수의 비로 수렴한다.

$$\lim_{x\to\infty}\frac{2x^2-x}{3x^2+1}=\lim_{x\to\infty}\frac{2-\dfrac{1}{x}}{3+\dfrac{1}{x^2}} \quad\text{← 분모, 분자를 각각 분모의 최고차항 }x^2\text{으로 나눈다.}$$

$$=\frac{2-0}{3+0}=\frac{2}{3} \quad\text{← 최고차항의 계수의 비로 수렴한다.}$$

③ (분자의 차수)<(분모의 차수)인 경우: 0으로 수렴한다.

$$\lim_{x\to\infty}\frac{5x^2+x+4}{x^3-2}=\lim_{x\to\infty}\frac{\dfrac{5}{x}+\dfrac{1}{x^2}+\dfrac{4}{x^3}}{1-\dfrac{2}{x^3}} \quad\text{← 분모, 분자를 각각 분모의 최고차항 }x^3\text{으로 나눈다.}$$

$$=\frac{0+0+0}{1-0}=0$$

(3) $\infty - \infty$ 꼴

① 다항식인 경우: 최고차항으로 묶어 $\infty \times c$ (c는 상수) 꼴로 변형한 후 극한값을 구한다.

$$\lim_{x \to \infty}(x^3 - 2x^2) = \lim_{x \to \infty} x^3\left(1 - \frac{2}{x}\right) \quad \leftarrow \text{최고차항으로 묶어낸다.}$$
$$= \infty$$

② 근호가 있는 식인 경우: 분모를 1로 보고 분자를 유리화하여 $\dfrac{\infty}{\infty}$ 꼴로 변형한 후 극한값을 구한다.

$$\lim_{x \to \infty}\left(\sqrt{x^2 + 2x - 1} - x\right) = \lim_{x \to \infty} \frac{\left(\sqrt{x^2 + 2x - 1} - x\right)\left(\sqrt{x^2 + 2x - 1} + x\right)}{\sqrt{x^2 + 2x - 1} + x} \quad \leftarrow \text{분모를 1로 보고 분자를 유리화한다.}$$
$$= \lim_{x \to \infty} \frac{(x^2 + 2x - 1) - x^2}{\sqrt{x^2 + 2x - 1} + x} = \lim_{x \to \infty} \frac{2x - 1}{\sqrt{x^2 + 2x - 1} + x}$$
$$= \lim_{x \to \infty} \frac{2 - \dfrac{1}{x}}{\sqrt{1 + \dfrac{2}{x} - \dfrac{1}{x^2}} + 1} = \frac{2 - 0}{\sqrt{1 + 0 - 0} + 1} = 1$$

(4) $\infty \times 0$ 꼴

통분 또는 유리화하여 $\dfrac{0}{0}$, $\dfrac{\infty}{\infty}$, $\infty \times c$, $\dfrac{c}{\infty}$ 꼴로 변형한 후 극한값을 구한다. (단, c는 상수)

① $\displaystyle\lim_{x \to \infty} x\left(1 - \frac{x}{x+1}\right) = \lim_{x \to \infty}\left\{x \times \frac{(x+1) - x}{x+1}\right\} \quad \leftarrow \text{통분하여 } \dfrac{\infty}{\infty} \text{ 꼴로 만든다.}$

$$= \lim_{x \to \infty}\left(x \times \frac{1}{x+1}\right) = \lim_{x \to \infty} \frac{x}{x+1} = \lim_{x \to \infty} \frac{1}{1 + \dfrac{1}{x}} = \frac{1}{1+0} = 1$$

② $\displaystyle\lim_{x \to \infty} x\left(1 - \frac{\sqrt{x-3}}{\sqrt{x}}\right) = \lim_{x \to \infty}\left(x \times \frac{\sqrt{x} - \sqrt{x-3}}{\sqrt{x}}\right) = \lim_{x \to \infty}\left\{x \times \frac{(\sqrt{x} - \sqrt{x-3})(\sqrt{x} + \sqrt{x-3})}{\sqrt{x}(\sqrt{x} + \sqrt{x-3})}\right\} \quad \leftarrow \text{분자를 유리화하여 } \dfrac{\infty}{\infty} \text{ 꼴로 만든다.}$

$$= \lim_{x \to \infty} \frac{3\sqrt{x}}{\sqrt{x} + \sqrt{x-3}} = \lim_{x \to \infty} \frac{3}{1 + \sqrt{1 - \dfrac{3}{x}}} = \frac{3}{1 + \sqrt{1 - 0}} = \frac{3}{2}$$

example

(1) $\displaystyle\lim_{x \to 0} \frac{x}{x^2 - 4x} = \lim_{x \to 0} \frac{x}{x(x-4)} = \lim_{x \to 0} \frac{1}{x-4} = -\frac{1}{4}$

(2) $\displaystyle\lim_{x \to \infty} \frac{5x}{\sqrt{x^2 + 1}} = \lim_{x \to \infty} \frac{5}{\sqrt{1 + \dfrac{1}{x^2}}} = \frac{5}{\sqrt{1 + 0}} = 5$

(3) $\displaystyle\lim_{x \to \infty}\left(\sqrt{x^2 + 3x} - x\right) = \lim_{x \to \infty} \frac{(\sqrt{x^2 + 3x} - x)(\sqrt{x^2 + 3x} + x)}{\sqrt{x^2 + 3x} + x}$

$$= \lim_{x \to \infty} \frac{3x}{\sqrt{x^2 + 3x} + x} = \lim_{x \to \infty} \frac{3}{\sqrt{1 + \dfrac{3}{x}} + 1} = \frac{3}{\sqrt{1 + 0} + 1} = \frac{3}{2}$$

(4) $\displaystyle\lim_{x \to 0} \frac{1}{x}\left(\frac{1}{x+1} - 1\right) = \lim_{x \to 0}\left(\frac{1}{x} \times \frac{-x}{x+1}\right) = -\lim_{x \to 0} \frac{1}{x+1} = -\frac{1}{0+1} = -1$

참고 (2)에서 분모의 최고차항은 $\sqrt{x^2}=x$로 본다.

(3) $\lim\limits_{x\to\infty}(\sqrt{x^2+ax}-\sqrt{x^2+bx})=\dfrac{a-b}{2}$로 빠르게 구할 수 있다. (단, a, b는 상수)

[증명] $\lim\limits_{x\to\infty}(\sqrt{x^2+ax}-\sqrt{x^2+bx})=\lim\limits_{x\to\infty}\dfrac{(x^2+ax)-(x^2+bx)}{\sqrt{x^2+ax}+\sqrt{x^2+bx}}$ ← 분모를 1로 보고 분자를 유리화한다.

$=\lim\limits_{x\to\infty}\dfrac{(a-b)x}{\sqrt{x^2+ax}+\sqrt{x^2+bx}}$

$=\lim\limits_{x\to\infty}\dfrac{a-b}{\sqrt{1+\dfrac{a}{x}}+\sqrt{1+\dfrac{b}{x}}}$ ← 분모, 분자를 각각 x로 나눈다.

$=\dfrac{a-b}{\sqrt{1+0}+\sqrt{1+0}}=\dfrac{a-b}{2}$

따라서 $\lim\limits_{x\to\infty}(\sqrt{x^2+3x}-x)=\lim\limits_{x\to\infty}(\sqrt{x^2+3x}-\sqrt{x^2})=\dfrac{3-0}{2}=\dfrac{3}{2}$이다.

개념 CHECK

빠른 정답 · 355쪽 / 정답과 풀이 · 6쪽

03. 함수의 극한에 대한 성질

01 $\lim\limits_{x\to1}f(x)=2$, $\lim\limits_{x\to1}g(x)=-3$일 때, 다음 극한값을 구하시오.

(1) $\lim\limits_{x\to1}4f(x)$

(2) $\lim\limits_{x\to1}\{f(x)+g(x)\}$

(3) $\lim\limits_{x\to1}\{f(x)-g(x)\}$

(4) $\lim\limits_{x\to1}f(x)g(x)$

(5) $\lim\limits_{x\to1}\{f(x)\}^3$

(6) $\lim\limits_{x\to1}\dfrac{f(x)}{g(x)}$

(7) $\lim\limits_{x\to1}\dfrac{f(x)-7x^2}{g(x)+5x}$

02 다음 함수의 극한값을 구하시오.

(1) $\lim\limits_{x\to-2}\dfrac{x+2}{x^2+x-2}$

(2) $\lim\limits_{x\to1}\dfrac{x^2-2x+1}{x^2-3x+2}$

(3) $\lim\limits_{x\to\infty}\dfrac{\sqrt{4x^2+1}}{6x-1}$

(4) $\lim\limits_{x\to-\infty}\dfrac{|x|-3}{x+5}$

(5) $\lim\limits_{x\to\infty}(\sqrt{x^2+3x}-\sqrt{x^2-x})$

(6) $\lim\limits_{x\to\infty}x\left(\dfrac{\sqrt{x+2}}{\sqrt{x}}-1\right)$

대표 예제 | 03

다음 물음에 답하시오.

(1) 함수 $f(x)$에 대하여 $\lim\limits_{x\to\infty}\dfrac{f(x)}{x}=2$일 때, $\lim\limits_{x\to\infty}\dfrac{2x+f(x)}{4x-f(x)}$의 값을 구하시오.

(2) 두 함수 $f(x)$, $g(x)$에 대하여 $\lim\limits_{x\to1}f(x)=4$, $\lim\limits_{x\to1}\{2f(x)-g(x)\}=5$일 때, $\lim\limits_{x\to1}\dfrac{3f(x)+2g(x)}{f(x)-g(x)}$의 값을 구하시오.

Ba로 접근

구하려는 극한식을 수렴하는 함수들의 합, 차, 곱, 몫으로 나타낸 후 함수의 극한에 대한 성질을 이용한다.

(2) $\lim\limits_{x\to1}\{2f(x)-g(x)\}=5$와 같이 두 개의 함수로 이루어진 함수의 극한이 주어진 경우

$2f(x)-g(x)=h(x)$로 치환하면 함수 $h(x)$는 수렴하므로 함수의 극한에 대한 성질을 이용할 수 있다.

Ba른 풀이

(1) $\lim\limits_{x\to\infty}\dfrac{f(x)}{x}=2$이므로 주어진 식의 분자, 분모를 각각 x로 나누면

$$\lim_{x\to\infty}\frac{2x+f(x)}{4x-f(x)}=\lim_{x\to\infty}\frac{2+\dfrac{f(x)}{x}}{4-\dfrac{f(x)}{x}}=\frac{\lim\limits_{x\to\infty}2+\lim\limits_{x\to\infty}\dfrac{f(x)}{x}}{\lim\limits_{x\to\infty}4-\lim\limits_{x\to\infty}\dfrac{f(x)}{x}}=\frac{2+2}{4-2}=2$$

(2) $2f(x)-g(x)=h(x)$라 하면 $g(x)=2f(x)-h(x)$이고 $\lim\limits_{x\to1}h(x)=5$이므로

$$\lim_{x\to1}\frac{3f(x)+2g(x)}{f(x)-g(x)}=\lim_{x\to1}\frac{3f(x)+2\{2f(x)-h(x)\}}{f(x)-\{2f(x)-h(x)\}}=\lim_{x\to1}\frac{7f(x)-2h(x)}{-f(x)+h(x)}$$

$$=\frac{7\lim\limits_{x\to1}f(x)-2\lim\limits_{x\to1}h(x)}{-\lim\limits_{x\to1}f(x)+\lim\limits_{x\to1}h(x)}=\frac{7\times4-2\times5}{(-4)+5}=18$$

다른 풀이

(2) $2f(x)-g(x)=h(x)$라 하면 $g(x)=2f(x)-h(x)$이고 $\lim\limits_{x\to1}h(x)=5$이므로

$$\lim_{x\to1}g(x)=\lim_{x\to1}\{2f(x)-h(x)\}=2\lim_{x\to1}f(x)-\lim_{x\to1}h(x)=2\times4-5=3$$

$$\therefore \lim_{x\to1}\frac{3f(x)+2g(x)}{f(x)-g(x)}=\frac{3\lim\limits_{x\to1}f(x)+2\lim\limits_{x\to1}g(x)}{\lim\limits_{x\to1}f(x)-\lim\limits_{x\to1}g(x)}=\frac{3\times4+2\times3}{4-3}=18$$

정답 (1) 2 (2) 18

Bible Says

(2)와 같이 두 개의 함수로 이루어진 함수의 극한이 주어진 경우 다음과 같이 풀어도 되지만 위의 풀이와 같이 $2f(x)-g(x)=h(x)$로 두고 푸는 것이 계산이 좀 더 편리하다.

$$\lim_{x\to1}\frac{3f(x)+2g(x)}{f(x)-g(x)}=\lim_{x\to1}\frac{-2\{2f(x)-g(x)\}+7f(x)}{\{2f(x)-g(x)\}-f(x)}=\frac{(-2)\times5+7\times4}{5-4}=18$$

한번 더하기

03-1

다음 물음에 답하시오.

(1) 함수 $f(x)$에 대하여 $\lim\limits_{x \to \infty} \dfrac{f(x)}{x^2} = 3$일 때, $\lim\limits_{x \to \infty} \dfrac{2x^2 + f(x)}{x^2 - 2f(x)}$의 값을 구하시오.

(2) 두 함수 $f(x)$, $g(x)$에 대하여 $\lim\limits_{x \to 2} f(x) = -1$, $\lim\limits_{x \to 2} \{4f(x) - g(x)\} = 2$일 때,

$\lim\limits_{x \to 2} \dfrac{4f(x) - 3g(x)}{-5f(x) + g(x)}$의 값을 구하시오.

표현 더하기

03-2

함수 $f(x)$에 대하여

$$\lim\limits_{x \to \infty} \frac{1}{x}\{f(x) - 3x\} = 0$$

일 때, $\lim\limits_{x \to \infty} \dfrac{f(x) + x}{3f(x) - 2x + 1}$의 값을 구하시오.

표현 더하기

03-3

두 함수 $f(x)$, $g(x)$에 대하여 다음 물음에 답하시오.

(1) $\lim\limits_{x \to \infty} g(x) = \infty$, $\lim\limits_{x \to \infty} \{f(x) - 2g(x)\} = 1$일 때, $\lim\limits_{x \to \infty} \dfrac{f(x) + 2g(x)}{g(x)}$의 값을 구하시오.

(2) $\lim\limits_{x \to \infty} \{f(x) - g(x)\} = 5$, $\lim\limits_{x \to \infty} \{2f(x) + g(x)\} = 1$일 때, $\lim\limits_{x \to \infty} \{3f(x) + 4g(x)\}$의 값을 구하시오.

실력 더하기

03-4

함수의 극한에 대한 설명으로 옳은 것만을 **보기**에서 있는 대로 고르시오. (단, a는 상수이다.)

> **보기**
>
> ㄱ. $\lim\limits_{x \to a} f(x)$와 $\lim\limits_{x \to a} \{f(x) + g(x)\}$의 값이 각각 존재하면 $\lim\limits_{x \to a} g(x)$의 값도 존재한다.
>
> ㄴ. $\lim\limits_{x \to a} f(x)$와 $\lim\limits_{x \to a} f(x)g(x)$의 값이 각각 존재하면 $\lim\limits_{x \to a} g(x)$의 값도 존재한다.
>
> ㄷ. $\lim\limits_{x \to a} g(x)$와 $\lim\limits_{x \to a} \dfrac{f(x)}{g(x)}$의 값이 각각 존재하면 $\lim\limits_{x \to a} f(x)$의 값도 존재한다.

대표 예제 | 04

다음 극한값을 구하시오.

(1) $\displaystyle\lim_{x \to 1}\dfrac{x^2-4x+3}{x^2+x-2}$

(2) $\displaystyle\lim_{x \to 1}\dfrac{\sqrt{2x-1}-\sqrt{x}}{x-1}$

바로 접근

(1) 분모 또는 분자가 다항식인 경우: 분모, 분자를 인수분해한 후 공통인수를 약분한다.

(2) 분모 또는 분자에 근호가 있는 경우: 분모 또는 분자에 근호가 있는 쪽을 유리화한 후 공통인수를 약분한다.

바른 풀이

(1)
$$\lim_{x \to 1}\dfrac{x^2-4x+3}{x^2+x-2}=\lim_{x \to 1}\dfrac{(x-1)(x-3)}{(x+2)(x-1)}$$
$$=\lim_{x \to 1}\dfrac{x-3}{x+2}$$
$$=\dfrac{1-3}{1+2}=-\dfrac{2}{3}$$

(2)
$$\lim_{x \to 1}\dfrac{\sqrt{2x-1}-\sqrt{x}}{x-1}=\lim_{x \to 1}\dfrac{(\sqrt{2x-1}-\sqrt{x})(\sqrt{2x-1}+\sqrt{x})}{(x-1)(\sqrt{2x-1}+\sqrt{x})}$$
$$=\lim_{x \to 1}\dfrac{(2x-1)-x}{(x-1)(\sqrt{2x-1}+\sqrt{x})}$$
$$=\lim_{x \to 1}\dfrac{x-1}{(x-1)(\sqrt{2x-1}+\sqrt{x})}$$
$$=\lim_{x \to 1}\dfrac{1}{\sqrt{2x-1}+\sqrt{x}}$$
$$=\dfrac{1}{\sqrt{1}+\sqrt{1}}=\dfrac{1}{2}$$

정답 (1) $-\dfrac{2}{3}$ (2) $\dfrac{1}{2}$

Bible Says

(1)에서 $x \to 1$은 $x \neq 1$이면서 x의 값이 한없이 1에 가까워지므로 극한값을 계산할 때 $x-1$로 분모, 분자를 약분할 수 있다.

01

한번 더하기

04-1

다음 극한값을 구하시오.

(1) $\displaystyle\lim_{x \to -1} \frac{x^3+x+2}{x^2-1}$

(2) $\displaystyle\lim_{x \to 0} \frac{\sqrt{x+4}-2}{x}$

(3) $\displaystyle\lim_{x \to 2} \frac{\sqrt{2x-3}-x+1}{x-2}$

표현 더하기

04-2

함수 $f(x)$에 대하여

$$\lim_{x \to 1} \frac{x^2-1}{(x^4-1)f(x)} = 2$$

일 때, $\displaystyle\lim_{x \to 1} f(x)$의 값을 구하시오.

표현 더하기

04-3

함수 $f(x)$에 대하여

$$\lim_{x \to 4} f(x) = -3$$

일 때, $\displaystyle\lim_{x \to 4} \frac{(x-4)f(x)}{2-\sqrt{x}}$의 값을 구하시오.

실력 더하기

04-4

$\displaystyle\lim_{x \to a} \frac{3(x^2-a^2)}{\sqrt{x}-\sqrt{a}} = 4$를 만족시키는 양수 a와 함수 $f(x)$에 대하여

$$\lim_{x \to a} \frac{3(x^6-a^6)}{(x^3-a^3)f(x)} = 4$$

일 때, $\displaystyle\lim_{x \to a} f(x)$의 값을 구하시오.

대표 예제 | 05

다음 극한을 조사하시오.

(1) $\displaystyle\lim_{x\to\infty}\frac{x^2-x+3}{2x+1}$

(2) $\displaystyle\lim_{x\to\infty}\frac{-x^2-3x+1}{4x^2+x-2}$

(3) $\displaystyle\lim_{x\to\infty}\frac{x^2+3x-5}{x^3+2x-1}$

(4) $\displaystyle\lim_{x\to-\infty}\frac{x}{\sqrt{4x^2-x}+x}$

바로 접근

(1) (분자의 차수)$>$(분모의 차수)인 경우: ∞ 또는 $-\infty$로 발산한다.

(2) (분자의 차수)$=$(분모의 차수)인 경우: 최고차항의 계수의 비로 수렴한다.

(3) (분자의 차수)$<$(분모의 차수)인 경우: 0으로 수렴한다.

(4) $-x=t$로 치환한 후 $x\to-\infty$일 때 $t\to\infty$임을 이용하여 극한값을 계산한다.

바른 풀이

(1) 분모의 최고차항이 x이므로 분자, 분모를 각각 x로 나누면

$$\lim_{x\to\infty}\frac{x^2-x+3}{2x+1}=\lim_{x\to\infty}\frac{x-1+\dfrac{3}{x}}{2+\dfrac{1}{x}}=\infty$$

(2) 분모의 최고차항이 x^2이므로 분자, 분모를 각각 x^2으로 나누면

$$\lim_{x\to\infty}\frac{-x^2-3x+1}{4x^2+x-2}=\lim_{x\to\infty}\frac{-1-\dfrac{3}{x}+\dfrac{1}{x^2}}{4+\dfrac{1}{x}-\dfrac{2}{x^2}}=-\frac{1}{4}$$

(3) 분모의 최고차항이 x^3이므로 분자, 분모를 각각 x^3으로 나누면

$$\lim_{x\to\infty}\frac{x^2+3x-5}{x^3+2x-1}=\lim_{x\to\infty}\frac{\dfrac{1}{x}+\dfrac{3}{x^2}-\dfrac{5}{x^3}}{1+\dfrac{2}{x^2}-\dfrac{1}{x^3}}=0$$

(4) $-x=t$라 하면 $x\to-\infty$일 때 $t\to\infty$이므로

$$\lim_{x\to-\infty}\frac{x}{\sqrt{4x^2-x}+x}=\lim_{t\to\infty}\frac{-t}{\sqrt{4t^2+t}-t}=\lim_{t\to\infty}\frac{-1}{\sqrt{4+\dfrac{1}{t}}-1}=\frac{-1}{\sqrt{4+0}-1}=-1$$

정답 (1) ∞　(2) $-\dfrac{1}{4}$　(3) 0　(4) -1

Bible Says

(4)에서 치환하지 않고 다음과 같이 풀 수도 있다.

$$\lim_{x\to-\infty}\frac{x}{\sqrt{4x^2-x}+x}=\lim_{x\to-\infty}\frac{1}{\dfrac{\sqrt{4x^2-x}+x}{-\sqrt{x^2}}}=\lim_{x\to-\infty}\frac{1}{-\sqrt{4-\dfrac{1}{x}}+1}=-1$$

$\color{green}{\llcorner\, x<0\text{이므로 } x=-\sqrt{x^2}}$

한 번 더하기

05-1

다음 극한을 조사하시오.

(1) $\lim\limits_{x \to \infty} \dfrac{x^2+5x+1}{3x+2}$

(2) $\lim\limits_{x \to \infty} \dfrac{6x^2-3x+2}{-2x^2+5}$

(3) $\lim\limits_{x \to \infty} \dfrac{\sqrt{x^2-2}+x}{x+3}$

한 번 더하기

05-2

다음 극한을 조사하시오.

(1) $\lim\limits_{x \to -\infty} \dfrac{x^3-1}{x+1}$

(2) $\lim\limits_{x \to -\infty} \dfrac{\sqrt{x^2+x}-x}{4x+1}$

(3) $\lim\limits_{x \to -\infty} \dfrac{3-x}{\sqrt{x^2+1}+\sqrt{4x^2-1}}$

표현 더하기

05-3

세 수 $A=\lim\limits_{x \to \infty} \dfrac{\sqrt{x}+1}{x-1}$, $B=\lim\limits_{x \to \infty} \dfrac{3x^2}{-x^2+2x}$, $C=\lim\limits_{x \to \infty} \dfrac{2x-3}{\sqrt{4x^2+1}-x}$의 대소를 비교하시오.

표현 더하기

05-4

$\lim\limits_{x \to a} \dfrac{2x^2-ax-a^2}{x^2-(a-4)x-4a}=1$일 때, $\lim\limits_{x \to \infty} \dfrac{4x}{\sqrt{2ax^2+1}-3ax}$의 값을 구하시오.

(단, a는 상수이다.)

대표 예제 | 06

다음 극한값을 구하시오.

(1) $\displaystyle\lim_{x \to \infty}\left(\sqrt{2x^2+3x}-\sqrt{2x^2-x}\right)$

(2) $\displaystyle\lim_{x \to \infty}\left(\sqrt{x^2+2x-1}-x\right)$

바로 접근

분모를 1로 보고 분자를 유리화하여 $\dfrac{\infty}{\infty}$ 꼴로 변형한 후 극한값을 구한다.

바른 풀이

(1) $\displaystyle\lim_{x \to \infty}\left(\sqrt{2x^2+3x}-\sqrt{2x^2-x}\right)=\lim_{x \to \infty}\dfrac{\left(\sqrt{2x^2+3x}-\sqrt{2x^2-x}\right)\left(\sqrt{2x^2+3x}+\sqrt{2x^2-x}\right)}{\sqrt{2x^2+3x}+\sqrt{2x^2-x}}$

$\displaystyle=\lim_{x \to \infty}\dfrac{2x^2+3x-(2x^2-x)}{\sqrt{2x^2+3x}+\sqrt{2x^2-x}}$

$\displaystyle=\lim_{x \to \infty}\dfrac{4x}{\sqrt{2x^2+3x}+\sqrt{2x^2-x}}$

이때 분모의 최고차항이 x이므로 분자, 분모를 각각 x로 나누면

$\displaystyle\lim_{x \to \infty}\dfrac{4x}{\sqrt{2x^2+3x}+\sqrt{2x^2-x}}=\lim_{x \to \infty}\dfrac{4}{\sqrt{2+\dfrac{3}{x}}+\sqrt{2-\dfrac{1}{x}}}$

$\displaystyle=\dfrac{4}{\sqrt{2}+\sqrt{2}}=\sqrt{2}$

(2) $\displaystyle\lim_{x \to \infty}\left(\sqrt{x^2+2x-1}-x\right)=\lim_{x \to \infty}\dfrac{\left(\sqrt{x^2+2x-1}-x\right)\left(\sqrt{x^2+2x-1}+x\right)}{\sqrt{x^2+2x-1}+x}$

$\displaystyle=\lim_{x \to \infty}\dfrac{(x^2+2x-1)-x^2}{\sqrt{x^2+2x-1}+x}=\lim_{x \to \infty}\dfrac{2x-1}{\sqrt{x^2+2x-1}+x}$

$\displaystyle=\lim_{x \to \infty}\dfrac{2-\dfrac{1}{x}}{\sqrt{1+\dfrac{2}{x}-\dfrac{1}{x^2}}+1}=\dfrac{2-0}{\sqrt{1+0-0}+1}=1$

정답 (1) $\sqrt{2}$ (2) 1

Bible Says

근호가 있는 식에서 $\dfrac{1}{\infty-\infty}$ 꼴인 경우는 분모를 유리화하여 $\dfrac{\infty}{\infty}$ 꼴로 변형한 후 극한값을 구한다.

한 번 더하기

06-1

다음 극한값을 구하시오.

(1) $\lim\limits_{x \to \infty} (\sqrt{3x^2 - x} - \sqrt{3x^2 + 1})$

(2) $\lim\limits_{x \to \infty} (2x - \sqrt{4x^2 - x - 2})$

한 번 더하기

06-2

다음 극한값을 구하시오.

(1) $\lim\limits_{x \to -\infty} (\sqrt{x^2 + 2x} - \sqrt{x^2 + x})$

(2) $\lim\limits_{x \to -\infty} (\sqrt{x^2 - 2x + 5} + x)$

표현 더하기

06-3

다음 극한값을 구하시오.

(1) $\lim\limits_{x \to \infty} \dfrac{1}{\sqrt{3x^2 + x} - \sqrt{3x^2 - x}}$

(2) $\lim\limits_{x \to \infty} \dfrac{1}{x - \sqrt{x^2 - x - 3}}$

표현 더하기

06-4

함수 $f(x) = ax(x+2)$에 대하여 $\lim\limits_{x \to \infty} \{\sqrt{f(x)} - \sqrt{f(-x)}\} = 4$일 때, 양수 a의 값을 구하시오.

대표 예제 | 07

다음 극한값을 구하시오.

(1) $\displaystyle\lim_{x\to 1}\dfrac{1}{x-1}\left\{\dfrac{1}{(x-2)^2}-1\right\}$

(2) $\displaystyle\lim_{x\to\infty}x^2\left(1-\dfrac{x}{\sqrt{x^2+1}}\right)$

바로 접근

(1) 분모, 분자가 모두 다항식인 경우: 통분하여 인수분해한 후 극한값을 구한다.

(2) 분모 또는 분자에 근호가 있는 경우: 근호가 있는 쪽을 유리화하여 극한값을 구한다.

바른 풀이

(1) $\displaystyle\lim_{x\to 1}\dfrac{1}{x-1}\left\{\dfrac{1}{(x-2)^2}-1\right\}=\lim_{x\to 1}\left\{\dfrac{1}{x-1}\times\dfrac{1-(x-2)^2}{(x-2)^2}\right\}$

$\displaystyle\qquad\qquad=\lim_{x\to 1}\dfrac{\{1-(x-2)\}\{1+(x-2)\}}{(x-1)(x-2)^2}$

$\displaystyle\qquad\qquad=\lim_{x\to 1}\dfrac{(-x+3)(x-1)}{(x-1)(x-2)^2}$

$\displaystyle\qquad\qquad=\lim_{x\to 1}\dfrac{-x+3}{(x-2)^2}=\dfrac{-1+3}{(1-2)^2}=2$

(2) $\displaystyle\lim_{x\to\infty}x^2\left(1-\dfrac{x}{\sqrt{x^2+1}}\right)=\lim_{x\to\infty}\dfrac{x^2(\sqrt{x^2+1}-x)}{\sqrt{x^2+1}}$

$\displaystyle\qquad\qquad=\lim_{x\to\infty}\dfrac{x^2(\sqrt{x^2+1}-x)(\sqrt{x^2+1}+x)}{\sqrt{x^2+1}(\sqrt{x^2+1}+x)}$

$\displaystyle\qquad\qquad=\lim_{x\to\infty}\dfrac{x^2}{\sqrt{x^2+1}(\sqrt{x^2+1}+x)}$

$\displaystyle\qquad\qquad=\lim_{x\to\infty}\dfrac{x^2}{x^2+1+x\sqrt{x^2+1}}$

이때 분모의 최고차항이 x^2이므로 분자, 분모를 각각 x^2으로 나누면

$\displaystyle\lim_{x\to\infty}\dfrac{x^2}{x^2+1+x\sqrt{x^2+1}}=\lim_{x\to\infty}\dfrac{1}{1+\dfrac{1}{x^2}+\sqrt{1+\dfrac{1}{x^2}}}=\dfrac{1}{1+0+\sqrt{1+0}}=\dfrac{1}{2}$

정답 (1) 2　(2) $\dfrac{1}{2}$

Bible Says

통분하여 인수분해하거나 또는 유리화하여 대표 예제 | 04 ~ 대표 예제 | 06 과 같이 변형한 후 극한값을 구한다.

한 번 **더하기**

07-1 다음 극한값을 구하시오.

(1) $\displaystyle\lim_{x\to-2}\frac{1}{x+2}\left(3+\frac{3}{x+1}\right)$

(2) $\displaystyle\lim_{x\to0}\frac{1}{x}\left(1-\frac{1}{\sqrt{x+1}}\right)$

(3) $\displaystyle\lim_{x\to1}(\sqrt{x}-1)\left(\frac{2}{x-1}+1\right)$

한 번 **더하기**

07-2 다음 극한값을 구하시오.

(1) $\displaystyle\lim_{x\to\infty}(x+1)^2\left(1-\frac{3x}{\sqrt{9x^2+1}}\right)$

(2) $\displaystyle\lim_{x\to-\infty}x^2\left(\frac{2x}{\sqrt{4x^2+5}}+1\right)$

표현 **더하기**

07-3 $\displaystyle\lim_{x\to0}\frac{1}{x^2-2x}\left(a+\frac{a}{x^2-2x-1}\right)=2$ 일 때, 상수 a의 값을 구하시오.

실력 **더하기**

07-4 함수 $f(x)=x^2+3x-2$에 대하여 $\displaystyle\lim_{x\to\infty}x^2\left\{f\left(\frac{1}{x}+1\right)-f(1)\right\}^2$의 값을 구하시오.

함수의 극한의 응용

1 함수의 극한과 미정계수의 결정

(1) 두 함수 $f(x)$, $g(x)$에 대하여 $\lim\limits_{x \to a} \dfrac{f(x)}{g(x)} = \alpha$ (α는 실수)일 때,

① $\lim\limits_{x \to a} g(x) = 0$이면 $\lim\limits_{x \to a} f(x) = 0$

② $\alpha \neq 0$이고 $\lim\limits_{x \to a} f(x) = 0$이면 $\lim\limits_{x \to a} g(x) = 0$

(2) 두 다항함수 $f(x)$, $g(x)$에 대하여 $\lim\limits_{x \to \infty} \dfrac{f(x)}{g(x)} = \alpha$ (α는 0이 아닌 실수)일 때,

① 두 함수 $f(x)$, $g(x)$의 최고차항의 차수는 같다.

② $\alpha = \dfrac{\{f(x)\text{의 최고차항의 계수}\}}{\{g(x)\text{의 최고차항의 계수}\}}$

수렴하는 분수 꼴의 극한이 주어졌을 때, 분모 또는 분자의 미정계수를 구하는 문제에서 자주 사용되는 성질에 대해 알아보자.

두 함수 $f(x)$, $g(x)$에 대하여 $\lim\limits_{x \to a} \dfrac{f(x)}{g(x)} = \alpha$ (α는 실수)일 때,

① $\lim\limits_{x \to a} g(x) = 0$이면 $\lim\limits_{x \to a} f(x) = 0$이다.

$$\begin{aligned}
\lim_{x \to a} f(x) &= \lim_{x \to a} \left\{ \frac{f(x)}{g(x)} \times g(x) \right\} \\
&= \lim_{x \to a} \frac{f(x)}{g(x)} \times \lim_{x \to a} g(x) \\
&= \alpha \times 0 = 0
\end{aligned}$$

➡ 분수 꼴의 극한값이 존재하면 (분모)→0일 때, (분자)→0이다.

② $\alpha \neq 0$이고 $\lim\limits_{x \to a} f(x) = 0$이면 $\lim\limits_{x \to a} g(x) = 0$이다. ← $\alpha \neq 0$이어야만 성립함에 주의하자.

$$\begin{aligned}
\lim_{x \to a} g(x) &= \lim_{x \to a} \left\{ f(x) \div \frac{f(x)}{g(x)} \right\} \\
&= \lim_{x \to a} f(x) \div \lim_{x \to a} \frac{f(x)}{g(x)} \\
&= 0 \times \frac{1}{\alpha} = 0
\end{aligned}$$

➡ 분수 꼴의 극한값이 존재하고 극한값이 0이 아니면 (분자)→0일 때, (분모)→0이다.

②에서 조건 $a \neq 0$이 빠진 명제 '두 함수 $f(x)$, $g(x)$에 대하여 $\lim\limits_{x \to a} \dfrac{f(x)}{g(x)} = a$ (a는 실수)일 때 $\lim\limits_{x \to a} f(x) = 0$이면 $\lim\limits_{x \to a} g(x) = 0$이다.'가 거짓임을 반례를 이용하여 확인해 보자.

[반례] $f(x) = x - 1$, $g(x) = x + 2$

$$\lim_{x \to 1} \frac{f(x)}{g(x)} = \lim_{x \to 1} \frac{x-1}{x+2} = 0 \text{이고} \lim_{x \to 1} f(x) = \lim_{x \to 1} (x-1) = 0 \text{이지만}$$

$$\lim_{x \to 1} g(x) = \lim_{x \to 1} (x+2) = 3 \neq 0 \text{이다.} \quad \leftarrow \text{반례가 있으므로 주어진 명제가 거짓임을 확인하였다.}$$

example

(1) $\lim\limits_{x \to 2} \dfrac{ax+6}{x-2} = b$에서

$x \to 2$일 때 극한값이 존재하고 (분모) $\to 0$이므로 (분자) $\to 0$이다.

따라서 $\lim\limits_{x \to 2} (ax+6) = 0$이므로

$2a + 6 = 0 \qquad \therefore a = -3$

$a = -3$을 주어진 식에 대입하면

$$\lim_{x \to 2} \frac{-3x+6}{x-2} = \lim_{x \to 2} \frac{-3(x-2)}{x-2} = -3$$

$\therefore b = -3$

(2) $\lim\limits_{x \to 4} \dfrac{x-4}{\sqrt{x-3}-a} = 2$에서

$x \to 4$일 때 0이 아닌 극한값이 존재하고 (분자) $\to 0$이므로 (분모) $\to 0$이다.

따라서 $\lim\limits_{x \to 4} (\sqrt{x-3}-a) = 0$이므로

$\sqrt{4-3} - a = 0 \qquad \therefore a = 1$

앞에서 다룬 $\dfrac{\infty}{\infty}$꼴의 극한에서

$$(\text{분자의 차수}) = (\text{분모의 차수})$$

이면 최고차항의 계수의 비로 수렴함을 학습하였다.

이때 역도 성립하므로 두 다항함수 $f(x)$, $g(x)$에 대하여 $\lim\limits_{x \to \infty} \dfrac{f(x)}{g(x)} = a$ (a는 0이 아닌 실수)일 때

① 두 함수 $f(x)$, $g(x)$의 차수는 같다. $\leftarrow$ 분모와 분자의 차수는 같다.

② $a = \dfrac{\{f(x) \text{의 최고차항의 계수}\}}{\{g(x) \text{의 최고차항의 계수}\}}$ $\leftarrow$ 분모와 분자의 최고차항의 계수의 비이다.

임을 이용하면 수렴하는 분수 꼴의 극한에서 미정계수를 결정할 수 있다.

example

$\lim\limits_{x \to \infty} \dfrac{9x-1}{ax^2 + bx + 4} = \dfrac{3}{2}$에서 $\leftarrow$ 0이 아닌 값으로 수렴

① 분모와 분자의 차수는 같으므로

$a = 0$

② 분모와 분자의 최고차항의 계수의 비가 $\dfrac{3}{2}$이어야 하므로

$\dfrac{9}{b} = \dfrac{3}{2}$에서 $b = 6$

두 함수 $f(x)$, $g(x)$에 대하여 $\lim\limits_{x\to a} f(x)=\alpha$, $\lim\limits_{x\to a} g(x)=\beta$ (α, β는 실수)일 때,

a에 가까운 모든 실수 x에 대하여

(1) $f(x)\leq g(x)$이면 $\alpha\leq\beta$

(2) 함수 $h(x)$에 대하여 $f(x)\leq h(x)\leq g(x)$이고 $\alpha=\beta$이면 $\lim\limits_{x\to a} h(x)=\alpha$

참고 함수의 극한의 대소 관계는 $x\to a+$, $x\to a-$, $x\to\infty$, $x\to-\infty$일 때도 모두 성립한다.

수렴하는 함수의 극한에 대하여 다음과 같은 대소 관계가 성립한다.

두 함수 $f(x)$, $g(x)$에 대하여 $\lim\limits_{x\to a} f(x)=\alpha$, $\lim\limits_{x\to a} g(x)=\beta$ (α, β는 실수)일 때,

a에 가까운 모든 실수 x에 대하여

(1) $f(x)\leq g(x)$이면 $\alpha\leq\beta$

(2) 함수 $h(x)$에 대하여 $f(x)\leq h(x)\leq g(x)$이고 $\alpha=\beta$이면 $\lim\limits_{x\to a} h(x)=\alpha$

> 부등식의 양 끝에 있는 함수의 극한값이 같으면 사이에 있는 함수의 극한값도 같게 된다고 하여 '샌드위치 정리'라 부르기도 한다.

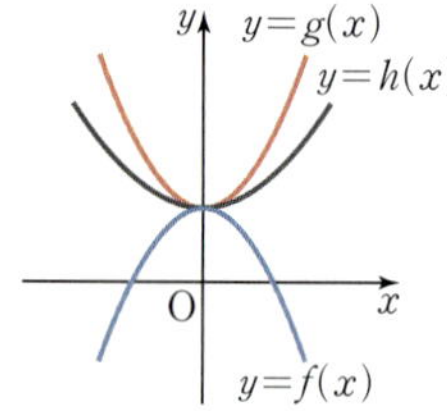

세 함수 $f(x)=-x^2+1$, $g(x)=x^2+1$, $h(x)=\dfrac{1}{2}x^2+1$의 그래프를 통

해 위의 대소 관계가 성립함을 확인해 보면

(1) 모든 실수 x에 대하여 $f(x)\leq g(x)$이므로

임의의 실수 a에 대하여 $\lim\limits_{x\to a} f(x)\leq\lim\limits_{x\to a} g(x)$임을 확인할 수 있다.

(2) 모든 실수 x에 대하여 $f(x)\leq h(x)\leq g(x)$이고

$\lim\limits_{x\to 0} f(x)=\lim\limits_{x\to 0} g(x)=1$이므로 $\lim\limits_{x\to 0} h(x)=1$임을 확인할 수 있다.

(1)에서 $f(x)<g(x)$이어도 $\alpha\leq\beta$가 성립하고, (2)에서 $f(x)<h(x)<g(x)$이어도 $\alpha=\beta$이면 $\lim\limits_{x\to a} h(x)=\alpha$가 성립한다.

한편, (1)에서 $f(x)<g(x)$인 경우 반드시 $\lim\limits_{x\to\infty} f(x)<\lim\limits_{x\to\infty} g(x)$인 것은 아니다.

즉, $f(x)<g(x)$이지만 $\lim\limits_{x\to\infty} f(x)=\lim\limits_{x\to\infty} g(x)$인 경우도 있다.

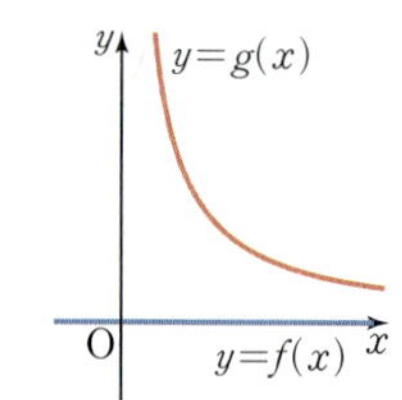

예를 들어 $f(x)=0$, $g(x)=\dfrac{1}{x}$이면

모든 양수 x에 대하여 $f(x)<g(x)$이지만

$\lim\limits_{x\to\infty} f(x)=\lim\limits_{x\to\infty} g(x)=0$이다.

example 모든 실수 x에 대하여 함수 $f(x)$가

$2x-1\leq f(x)\leq x^2$을 만족시키면

$\lim\limits_{x\to 1}(2x-1)=\lim\limits_{x\to 1} x^2=1$이므로

함수의 극한의 대소 관계에 의하여 $\lim\limits_{x\to 1} f(x)=1$이다.

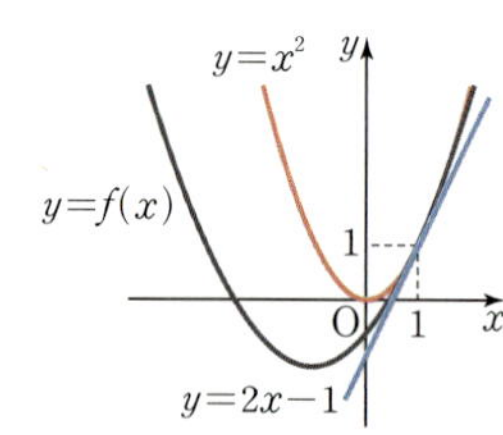

01 등식 $\lim\limits_{x \to -3} \dfrac{ax+b}{x+3} = -2$가 성립하도록 하는 상수 a, b의 값을 각각 구하시오.

02 등식 $\lim\limits_{x \to 1} \dfrac{x-1}{a\sqrt{x}+b} = 3$이 성립하도록 하는 상수 a, b의 값을 각각 구하시오.

03 함수 $f(x)$가 모든 양의 실수 x에 대하여
$$2x-1 < f(x) < 2x+3$$
을 만족시킬 때, $\lim\limits_{x \to \infty} \dfrac{f(x)}{x}$의 값을 구하시오.

04 함수 $f(x)$가 $x > -1$인 모든 x에 대하여
$$3x^2+3 \leq (x+4)f(x) \leq x^3+7$$
을 만족시킬 때, 다음 극한값을 구하시오.

(1) $\lim\limits_{x \to 2} f(x)$　　　　　　(2) $\lim\limits_{x \to -1+} f(x)$

대표 예제 | 08

다음 등식이 성립하도록 하는 상수 a, b의 값을 각각 구하시오.

(1) $\lim\limits_{x \to -1} \dfrac{x^3+ax+b}{x+1}=2$

(2) $\lim\limits_{x \to 2} \dfrac{x-2}{\sqrt{x+a}+b}=4$

바로 접근

$\lim\limits_{x \to a} \dfrac{f(x)}{g(x)}=\alpha$ (α는 실수)에서

(1) $x \to a$일 때 극한값이 존재하고 (분모)$\to 0$이면 (분자)$\to 0$이다.

(2) $x \to a$일 때 0이 아닌 극한값이 존재하고 (분자)$\to 0$이면 (분모)$\to 0$이다.

바른 풀이

(1) $\lim\limits_{x \to -1} \dfrac{x^3+ax+b}{x+1}=2$에서 $x \to -1$일 때 극한값이 존재하고 (분모)$\to 0$이므로 (분자)$\to 0$이다.

즉, $\lim\limits_{x \to -1}(x^3+ax+b)=-1-a+b=0$이므로 $b=a+1$ $\quad$ …… ㉠

㉠을 주어진 식에 대입하면

$$\lim\limits_{x \to -1} \dfrac{x^3+ax+a+1}{x+1}=\lim\limits_{x \to -1} \dfrac{(x+1)(x^2-x+a+1)}{x+1}$$

$$=\lim\limits_{x \to -1}(x^2-x+a+1)=a+3$$

$a+3=2$이므로 $a=-1$, $b=0$ ($\because$ ㉠)

(2) $\lim\limits_{x \to 2} \dfrac{x-2}{\sqrt{x+a}+b}=4$에서 $x \to 2$일 때 0이 아닌 극한값이 존재하고 (분자)$\to 0$이므로 (분모)$\to 0$이다.

즉, $\lim\limits_{x \to 2}(\sqrt{x+a}+b)=\sqrt{2+a}+b=0$이므로 $b=-\sqrt{2+a}$ $\quad$ …… ㉠

㉠을 주어진 식에 대입하면

$$\lim\limits_{x \to 2} \dfrac{x-2}{\sqrt{x+a}-\sqrt{2+a}}=\lim\limits_{x \to 2} \dfrac{(x-2)(\sqrt{x+a}+\sqrt{2+a})}{(\sqrt{x+a}-\sqrt{2+a})(\sqrt{x+a}+\sqrt{2+a})}$$

$$=\lim\limits_{x \to 2} \dfrac{(x-2)(\sqrt{x+a}+\sqrt{2+a})}{x-2}$$

$$=\lim\limits_{x \to 2}(\sqrt{x+a}+\sqrt{2+a})=2\sqrt{2+a}$$

$2\sqrt{2+a}=4$이므로 $a=2$, $b=-2$ ($\because$ ㉠)

정답 (1) $a=-1$, $b=0$ (2) $a=2$, $b=-2$

Bible Says

02. 함수의 연속에서도 대표 예제 08과 같이 미정계수를 구하는 문제를 다루므로 이 유형에서 충분히 익히고 넘어갈 수 있도록 하자.

한번 더하기

08-1 다음 등식이 성립하도록 하는 상수 a, b의 값을 각각 구하시오.

(1) $\displaystyle\lim_{x \to 1} \frac{x^2+ax+b}{x-1}=4$

(2) $\displaystyle\lim_{x \to -3} \frac{\sqrt{x+7}-2}{ax+b}=-\frac{1}{4}$

표현 더하기

08-2 $\displaystyle\lim_{x \to \infty} (\sqrt{x^2+4x+5}-ax)=b$를 만족시키는 상수 a, b에 대하여 $a+b$의 값을 구하시오.

표현 더하기

08-3 함수 $f(x)=ax^3+bx^2+cx+d$에 대하여 $\displaystyle\lim_{x \to 0} \frac{f(x)}{x}=3$, $\displaystyle\lim_{x \to 1} \frac{f(x)}{x-1}=1$일 때, $f(-1)$의 값을 구하시오. (단, a, b, c, d는 상수이고 $a \neq 0$이다.)

실력 더하기

08-4 최고차항의 계수가 1인 이차함수 $f(x)$가 $\displaystyle\lim_{x \to a} \frac{f(x)+x-a}{f(x)-x+a}=\frac{1}{4}$을 만족시킨다. 방정식 $f(x)=0$의 두 근을 α, $\beta\,(\alpha<\beta)$라 할 때, $9(\alpha-\beta)$의 값을 구하시오. (단, a는 상수이다.)

대표 예제 | 09

다항함수 $f(x)$가 $\lim\limits_{x \to \infty} \dfrac{f(x)}{x^2+x+1}=2$, $\lim\limits_{x \to 1} \dfrac{f(x)}{x^2+5x-6}=2$를 만족시킬 때, $f(3)$의 값을 구하시오.

바로 접근

$\lim\limits_{x \to \infty} \dfrac{f(x)}{x^2+x+1}$의 극한값이 2이므로 $\dfrac{\{f(x)\text{의 최고차항의 계수}\}}{(x^2\text{의 계수})}=2$

즉, $f(x)$는 이차항의 계수가 2인 이차함수이다.

바른 풀이

$\lim\limits_{x \to \infty} \dfrac{f(x)}{x^2+x+1}=2$에서 $f(x)$는 이차항의 계수가 2인 이차함수이므로

$f(x)=2x^2+ax+b$ (a, b는 상수)라 하자.

또한 $\lim\limits_{x \to 1} \dfrac{f(x)}{x^2+5x-6}=2$에서 $x \to 1$일 때 극한값이 존재하고 (분모)$\to 0$이므로 (분자)$\to 0$이다.

즉, $\lim\limits_{x \to 1} f(x)=\lim\limits_{x \to 1}(2x^2+ax+b)=2+a+b=0$이므로 $b=-a-2$ ⋯⋯ ㉠

$$\begin{aligned}
\lim\limits_{x \to 1} \dfrac{f(x)}{x^2+5x-6}&=\lim\limits_{x \to 1}\dfrac{2x^2+ax+b}{x^2+5x-6}\\
&=\lim\limits_{x \to 1}\dfrac{2x^2+ax-a-2}{x^2+5x-6}\\
&=\lim\limits_{x \to 1}\dfrac{(x-1)(2x+a+2)}{(x+6)(x-1)}\\
&=\lim\limits_{x \to 1}\dfrac{2x+a+2}{x+6}=\dfrac{a+4}{7}
\end{aligned}$$

$\dfrac{a+4}{7}=2$이므로 $a=10$, $b=-12$ ($\because$ ㉠)

따라서 $f(x)=2x^2+10x-12$이므로

$f(3)=18+30-12=36$

정답 36

Bible Says

다항함수 $f(x)$에서 $\lim\limits_{x \to a} f(x)=0$이면 $f(a)=0$이므로 인수정리에 의하여

$f(x)=(x-a)Q(x)$로 놓고 함수 $f(x)$를 구할 수도 있다. (단, $Q(x)$는 다항식이다.)

위의 대표 예제 | 09 에서 $\lim\limits_{x \to 1} f(x)=0$이므로 $f(1)=0$이고, 이차함수 $f(x)$는 $x-1$을 인수로 갖는다.

따라서 $f(x)=2(x-1)(x+k)$ (k는 상수)라 하면

$\lim\limits_{x \to 1} \dfrac{f(x)}{x^2+5x-6}=\lim\limits_{x \to 1}\dfrac{2(x-1)(x+k)}{(x+6)(x-1)}=\lim\limits_{x \to 1}\dfrac{2(x+k)}{x+6}=\dfrac{2+2k}{7}$

즉, $\dfrac{2+2k}{7}=2$이므로 $k=6$

따라서 $f(x)=2(x-1)(x+6)$이므로 $f(3)=2 \times 2 \times 9=36$

한 번 더하기

09-1

다항함수 $f(x)$가
$$\lim_{x \to \infty} \frac{f(x)}{x^2-2x-2}=3, \ \lim_{x \to -2} \frac{f(x)}{x^2-2x-8}=2$$
를 만족시킬 때, $f(1)$의 값을 구하시오.

표현 더하기

09-2

다항함수 $f(x)$가
$$\lim_{x \to \infty} \frac{f(x)+7x}{x^2+3x}=4, \ \lim_{x \to -1} \frac{f(x)-5x}{x^2-1}=0$$
을 만족시킬 때, $f(1)$의 값을 구하시오.

표현 더하기

09-3

다항함수 $f(x)$가 다음 조건을 만족시킨다.

> (가) $\displaystyle\lim_{x \to \infty} \left\{ \frac{f(x)}{x^2}-2x \right\}=-6$
>
> (나) $\displaystyle\lim_{x \to 1} \frac{x^2-8x+7}{f(x)}=-6$

$f(2)$의 값을 구하시오.

실력 더하기

09-4

다항함수 $f(x)$가
$$\lim_{x \to 0+} x^2 f\left(\frac{1}{x}\right)=2, \ \lim_{x \to 1} \frac{f(x)}{x^2-1}=6$$
을 만족시킬 때, $f(2)$의 값을 구하시오.

대표 예제 | 10

다음 물음에 답하시오.

(1) 두 함수 $f(x)$, $g(x)$가 $f(x)=2x-7$, $g(x)=x^2-2x-3$이고 함수 $h(x)$가 모든 양의 실수 x에 대하여 $f(x) \le h(x) \le g(x)$를 만족시킬 때, $\lim\limits_{x \to 2} h(x)$의 값을 구하시오.

(2) 함수 $f(x)$가 모든 양의 실수 x에 대하여
$$4x^2+2x \le (x^2-x+1)f(x) \le 4x^2+5x$$
를 만족시킬 때, $\lim\limits_{x \to \infty} f(x)$의 값을 구하시오.

B아로 **접근**

세 함수 $f(x)$, $g(x)$, $h(x)$에서 $\lim\limits_{x \to a} f(x)=\alpha$, $\lim\limits_{x \to a} g(x)=\beta$ (α, β는 실수)일 때,

a에 가까운 모든 실수 x에 대하여 $f(x) \le h(x) \le g(x)$이고 $\alpha=\beta$이면 $\lim\limits_{x \to a} h(x)=\alpha$이다.

B아른 **풀이**

(1) $\lim\limits_{x \to 2} f(x)=\lim\limits_{x \to 2}(2x-7)=-3$, $\lim\limits_{x \to 2} g(x)=\lim\limits_{x \to 2}(x^2-2x-3)=-3$이므로

함수의 극한의 대소 관계에 의하여

$\lim\limits_{x \to 2} h(x)=-3$

(2) 모든 양의 실수 x에 대하여 $x^2-x+1>0$이므로

$4x^2+2x \le (x^2-x+1)f(x) \le 4x^2+5x$의 각 변을 x^2-x+1로 나누면

$$\frac{4x^2+2x}{x^2-x+1} \le f(x) \le \frac{4x^2+5x}{x^2-x+1}$$

이때 $\lim\limits_{x \to \infty} \dfrac{4x^2+2x}{x^2-x+1}=\lim\limits_{x \to \infty} \dfrac{4x^2+5x}{x^2-x+1}=4$이므로

함수의 극한의 대소 관계에 의하여

$\lim\limits_{x \to \infty} f(x)=4$

정답 (1) -3 (2) 4

Bible Says

함수의 극한의 대소 관계는 $f(x)<h(x)<g(x)$일 때도 성립한다.

즉, 세 함수 $f(x)$, $g(x)$, $h(x)$에서 $\lim\limits_{x \to a} f(x)=\alpha$, $\lim\limits_{x \to a} g(x)=\beta$ (α, β는 실수)일 때,

a에 가까운 모든 실수 x에 대하여 $f(x)<h(x)<g(x)$이고 $\alpha=\beta$이면 $\lim\limits_{x \to a} h(x)=\alpha$이다.

한번 더하기

10-1 다음 물음에 답하시오.

(1) 두 함수 $f(x)$, $g(x)$가 $f(x)=x^2+2x$, $g(x)=x^3+x+1$이고 함수 $h(x)$가 모든 양의 실수 x에 대하여 $f(x)\leq h(x)\leq g(x)$를 만족시킬 때, $\lim\limits_{x\to 1} h(x)$의 값을 구하시오.

(2) $x>-1$인 모든 실수 x에 대하여 함수 $f(x)$가
$$2x^2-3x\leq (2x^2+x+3)f(x)\leq 2x^2-2x+1$$
을 만족시킬 때, $\lim\limits_{x\to\infty} f(x)$의 값을 구하시오.

표현 더하기

10-2 함수 $f(x)$가 모든 실수 x에 대하여 부등식
$$\sqrt{4x^2+x+1}<f(x)<\sqrt{4x^2+x+5}$$
를 만족시킬 때, $\lim\limits_{x\to\infty}\{f(x)-2x\}$의 값을 구하시오.

표현 더하기

10-3 함수 $f(x)$가 임의의 양의 실수 x에 대하여
$$2ax^3+x^2-2\leq 3x^3 f(x)\leq 2ax^3+x^2+3$$
을 만족시키고 $\lim\limits_{x\to\infty} f(x)=4$일 때, 상수 a의 값을 구하시오.

표현 더하기

10-4 함수 $f(x)$가 모든 실수 x에 대하여 $|f(x)-2x|\leq 1$을 만족시킬 때, $\lim\limits_{x\to\infty}\dfrac{\{f(x)\}^2}{x^2+3x+3}$의 값을 구하시오.

대표 예제 : 11

그림과 같이 함수 $y=2x^2$의 그래프 위의 점 $\mathrm{P}(t,\ 2t^2)$을 지나고 직선 OP에 수직인 직선 l이 x축, y축과 만나는 점을 각각 A, B라 할 때, $\displaystyle\lim_{t\to\infty}\dfrac{\overline{\mathrm{OA}}}{t\times\overline{\mathrm{OB}}}$의 값을 구하시오. (단, O는 원점이고, $t>0$이다.)

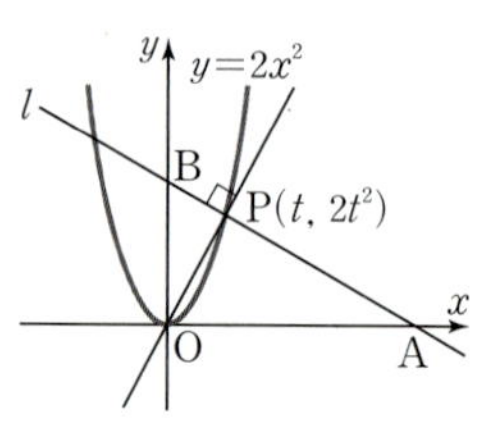

바로 접근

점 $\mathrm{P}(t,\ 2t^2)$을 지나고 직선 OP에 수직인 직선 l의 방정식을 구하고 두 점 A, B의 좌표를 구하여 $\overline{\mathrm{OA}}$, $\overline{\mathrm{OB}}$를 t에 대한 식으로 정리한다.

바른 풀이

직선 OP의 기울기가 $\dfrac{2t^2}{t}=2t$이므로 직선 OP에 수직인 직선 l의 기울기는 $-\dfrac{1}{2t}$이다.

따라서 점 P를 지나는 직선 l의 방정식은

$$y-2t^2=-\frac{1}{2t}(x-t) \qquad \therefore\ y=-\frac{1}{2t}x+2t^2+\frac{1}{2} \qquad \cdots\cdots\ \unicode{x1D7E}$$

$\unicode{x1D7E}$에 $y=0$을 대입하면 $\dfrac{1}{2t}x=2t^2+\dfrac{1}{2}$이므로 $x=4t^3+t$

따라서 점 A의 좌표는 $(4t^3+t,\ 0)$이고 $\overline{\mathrm{OA}}=4t^3+t$

$\unicode{x1D7E}$에 $x=0$을 대입하면 $y=2t^2+\dfrac{1}{2}$

따라서 점 B의 좌표는 $\left(0,\ 2t^2+\dfrac{1}{2}\right)$이고 $\overline{\mathrm{OB}}=2t^2+\dfrac{1}{2}$

$$\therefore\ \lim_{t\to\infty}\frac{\overline{\mathrm{OA}}}{t\times\overline{\mathrm{OB}}}=\lim_{t\to\infty}\frac{4t^3+t}{t\left(2t^2+\dfrac{1}{2}\right)}=\lim_{t\to\infty}\frac{4t^3+t}{2t^3+\dfrac{1}{2}t}$$

$$=\lim_{t\to\infty}\frac{4+\dfrac{1}{t^2}}{2+\dfrac{1}{2t^2}}=\frac{4+0}{2+0}=2$$

정답 | 2

Bible Says

함수의 극한의 활용 문제는 다음과 같은 순서로 풀이한다.

❶ 미지수 t를 이용하여 도형의 길이, 넓이, 부피 등에 대한 관계식을 세운다.

❷ $\dfrac{0}{0}$ 꼴, $\dfrac{\infty}{\infty}$ 꼴의 극한값 계산을 이용하여 함수의 극한값을 구한다.

01

11-1

그림과 같이 직선 $l : y = -2x + 4$ 위의 한 점 $\mathrm{P}(t, -2t+4)$를 지나고 직선 l에 수직인 직선을 m이라 하자. 두 직선 l, m이 x축과 만나는 점을 각각 Q, R이라 할 때, $\displaystyle\lim_{t \to \infty} \dfrac{\overline{\mathrm{QR}}^2}{\overline{\mathrm{PQ}}^2}$의 값을 구하시오. (단, $t > 0$)

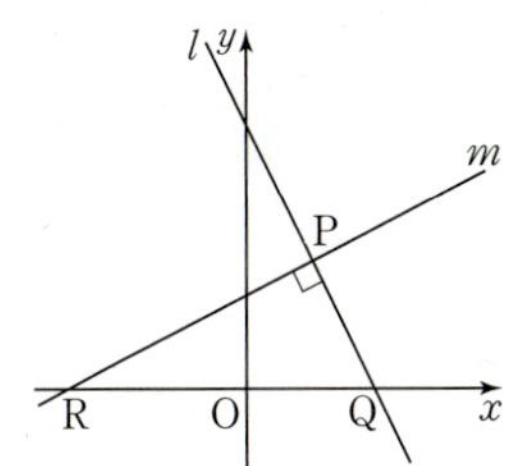

11-2

그림과 같이 두 함수 $y = 4\sqrt{x}$, $y = \sqrt{x}$의 그래프와 직선 $x = k$가 만나는 점을 각각 A, B라 할 때, $\displaystyle\lim_{k \to \infty}(\overline{\mathrm{OA}} - \overline{\mathrm{OB}})$의 값을 구하시오. (단, $k > 0$이고 O는 원점이다.)

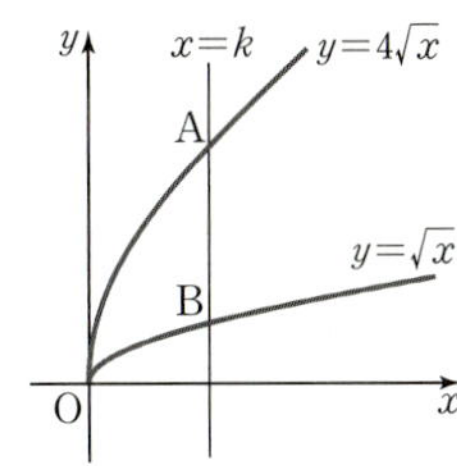

11-3

그림과 같이 곡선 $y = \dfrac{9}{x}$ 위의 두 점 $\mathrm{A}(9, 1)$, $\mathrm{B}\left(t, \dfrac{9}{t}\right)$ $(t > 0)$에 대하여 직선 AB가 y축과 만나는 점을 P라 하자. 삼각형 OBP의 넓이를 $S(t)$라 할 때, $\displaystyle\lim_{t \to 0+} S(t)$의 값을 구하시오. (단, O는 원점이다.)

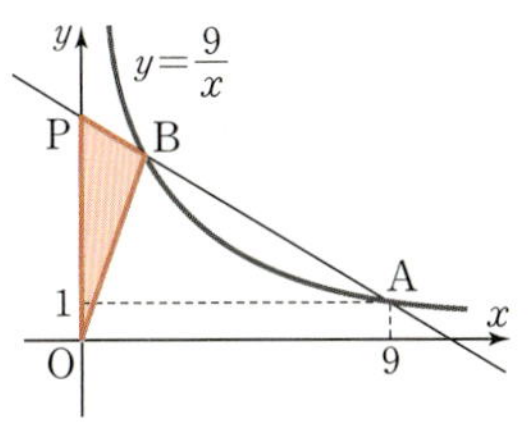

11-4

그림과 같이 곡선 $y = x^2$ 위의 점 $\mathrm{A}(t, t^2)$ $(t > 0)$과 원점 O를 지나고 y축 위의 한 점 B를 중심으로 하는 원 C가 있다. $\displaystyle\lim_{t \to 0+} \overline{\mathrm{OB}}$의 값을 구하시오.

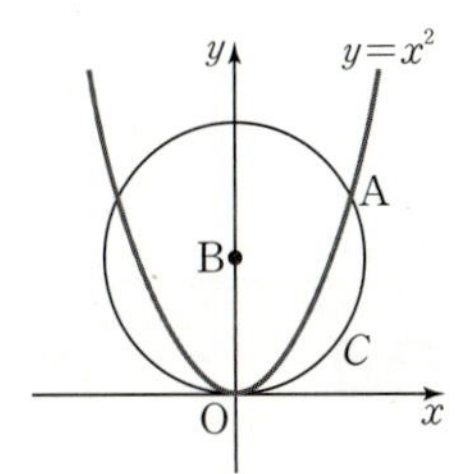

01 다음 극한값이 존재하는지 조사하고, 존재하면 그 값을 구하시오.

(1) $\lim\limits_{x \to 0} \dfrac{x^2}{|x|}$

(2) $\lim\limits_{x \to 1} \dfrac{x^2-3x+2}{|x-1|}$

02 정의역이 $\{-3 \leq x \leq 2\}$인 함수 $y=f(x)$의 그래프가 그림과 같을 때,

$$\lim\limits_{x \to -2-} f(x) + \lim\limits_{x \to 0+} f(x) + \lim\limits_{x \to 1+} f(x)$$

의 값을 구하시오.

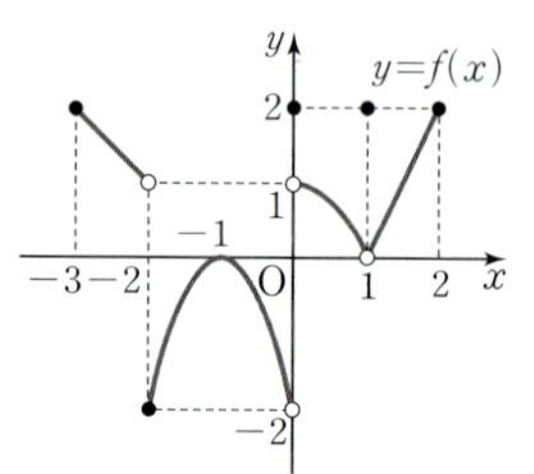

03 $x \neq 3$인 모든 실수 x에서 정의된 함수

$$f(x) = \begin{cases} \dfrac{x^2-2x-3}{x-3} & (x<3) \\ x^2-ax-2 & (x>3) \end{cases}$$

에 대하여 $\lim\limits_{x \to 3} f(x)$의 값이 존재할 때, 상수 a의 값을 구하시오.

04 함수 $f(x)$에 대하여 $\lim\limits_{x \to \infty} \dfrac{f(x)}{x} = 3$일 때, $\lim\limits_{x \to \infty} \dfrac{3x^2-2xf(x)}{x^2+xf(x)}$의 값을 구하시오.

05 함수의 극한에 대한 설명으로 옳은 것만을 **보기**에서 있는 대로 고르시오. (단, a는 상수이다.)

> **보기**
>
> ㄱ. $\lim\limits_{x \to a} f(x)$와 $\lim\limits_{x \to a} g(x)$의 값이 모두 존재하지 않으면 $\lim\limits_{x \to a}\{f(x)+g(x)\}$의 값도 존재하지 않는다.
>
> ㄴ. $\lim\limits_{x \to a}\{f(x)+g(x)\}$와 $\lim\limits_{x \to a}\{f(x)-g(x)\}$의 값이 각각 존재하면 $\lim\limits_{x \to a} f(x)$의 값도 존재한다.
>
> ㄷ. $\lim\limits_{x \to a} f(x)$와 $\lim\limits_{x \to a} \dfrac{f(x)}{g(x)}$의 값이 각각 존재하면 $\lim\limits_{x \to a} g(x)$의 값도 존재한다.

06 등식 $\lim\limits_{x \to 0+} \dfrac{x+\sqrt{x}}{\sqrt{ax}} = \dfrac{1}{2}$이 성립하도록 하는 상수 a의 값을 구하시오.

07 다음 극한값을 구하시오.

(1) $\lim\limits_{x \to \infty} \dfrac{\sqrt{x^2+1}+x}{x-2}$

(2) $\lim\limits_{x \to -\infty} \dfrac{\sqrt{x^2-x}-3x}{2x+1}$

(3) $\lim\limits_{x \to \infty} \dfrac{1}{\sqrt{x^2+3x}-\sqrt{x^2-2x}}$

08 다항함수 $f(x)$가

$$\lim\limits_{x \to \infty} \frac{xf(x)-2x^3+1}{x^2} = 5, \ f(0)=1$$

을 만족시킬 때, $f(1)$의 값을 구하시오.

09 다항함수 $f(x)$가
$$\lim_{x \to \infty}\frac{-f(x)+2x^3}{x^2}=4,\ \lim_{x \to 1}\frac{f(x)}{x-1}=-12$$
를 만족시킬 때, $\lim_{x \to \infty}f\!\left(\dfrac{1}{x}\right)$의 값을 구하시오.

10 상수함수가 아닌 두 다항함수 $f(x)$, $g(x)$가
$$\lim_{x \to \infty}\{f(x)-2g(x)\}=3$$
을 만족시킬 때, $\lim_{x \to \infty}\dfrac{f(x)+4g(x)}{3g(x)}$의 값을 구하시오.

11 함수 $f(x)$가 모든 실수 x에 대하여
$$x^2+3x-10\le f(x)\le 2x^2-x-6$$
을 만족시킬 때, $\lim_{x \to 2+}\dfrac{f(x)}{x-2}$의 값을 구하시오.

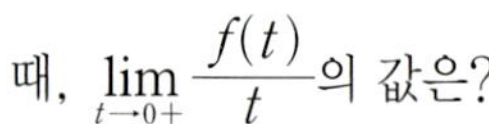

12 $0<t<3$인 실수 t에 대하여 함수 $y=\left|\dfrac{2}{x}-3\right|$의 그래프와 직선 $y=t$가 만나는 두 점 사이의 거리를 $f(t)$라 할 때, $\lim_{t \to 0+}\dfrac{f(t)}{t}$의 값은?

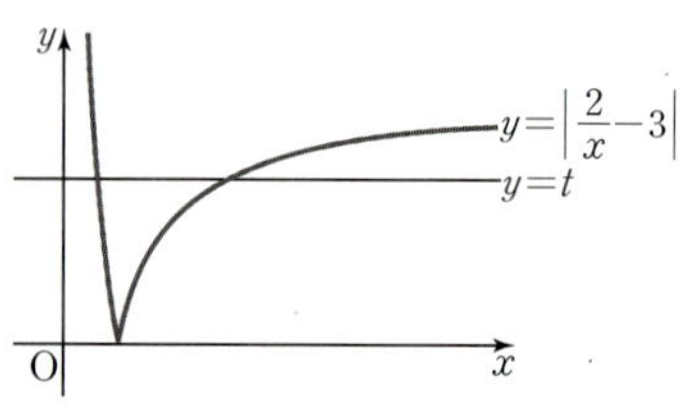

① $\dfrac{2}{9}$　　② $\dfrac{1}{3}$　　③ $\dfrac{4}{9}$

④ $\dfrac{5}{9}$　　⑤ $\dfrac{2}{3}$

S·T·E·P 2 실력 다지기

13 두 함수 $f(x)=\begin{cases} -1 & (x<3) \\ 2 & (x\geq 3) \end{cases}$, $g(x)=\begin{cases} x^2+7x+10 & (x\leq -1) \\ -2 & (x>-1) \end{cases}$ 에 대하여

$h(x)=f(x)g(x-k)$라 하자. 함수 $h(x)$의 $x=3$에서의 극한값이 존재하도록 하는 실수 k의 값을 모두 구하시오.

14 $\lim_{x\to\infty}\{\sqrt{8x^2-3x+2}+ax+b\}=0$이 성립하도록 하는 상수 a, b에 대하여 $\dfrac{b}{a}$의 값을 구하시오.

15 다항함수 $f(x)$가

$$\lim_{x\to 0+}\frac{x^3f\left(\frac{1}{x}\right)-2}{x^3+2x}=-2,\ \lim_{x\to 3}\frac{f(x)}{x^2-x-6}=3$$

을 만족시킬 때, $f(1)$의 값을 구하시오.

교육청 기출

16 두 이차함수 $f(x)$, $g(x)$가

$$\lim_{x\to\infty}\frac{f(x)}{g(x)-x^2}=1,\ \lim_{x\to 3}\frac{g(x)-f(x)}{x-3}=8$$

을 만족시킬 때, $g(5)-f(5)$의 값을 구하시오.

중단원 연습문제

17 다항식 $f(x)$를 $(x-1)^2$으로 나누었을 때의 몫을 $Q(x)$, 나머지를 $R(x)$라 하면 $Q(1)=R(-1)$이다. $\displaystyle\lim_{x\to1}\frac{f(x)+3x^2}{f(x)-R(x)}$의 값이 k로 존재할 때, k의 값을 구하시오.

challenge

18 실수 k에 대하여 방정식 $kx^2+2(k-4)x-(k-4)=0$의 실근의 개수를 $f(k)$라 하자. $\displaystyle\lim_{k\to a-}f(k)=f(a)+1$을 만족시키는 실수 a의 값을 모두 구하시오.

challenge 교육청 기출

19 일차함수 $f(x)$와 최고차항의 계수가 1인 이차함수 $g(x)$에 대하여
$$\lim_{x\to-3}\frac{f(x)g(x)}{(x+3)^2}=4,\quad \lim_{x\to-3}\frac{f(x)+g(x)}{x+3}=-4$$
일 때, $g(2)-f(2)$의 값을 구하시오.

challenge 교육청 기출

20 곡선 $y=x^2-4$ 위의 점 $P(t,\,t^2-4)$에서 원 $x^2+y^2=4$에 그은 두 접선의 접점을 각각 A, B라 하자. 삼각형 OAB의 넓이를 $S(t)$, 삼각형 PBA의 넓이를 $T(t)$라 할 때,
$$\lim_{t\to2+}\frac{T(t)}{(t-2)S(t)}+\lim_{t\to\infty}\frac{T(t)}{(t^4-2)S(t)}$$
의 값은? (단, O는 원점이고, $t>2$이다.)

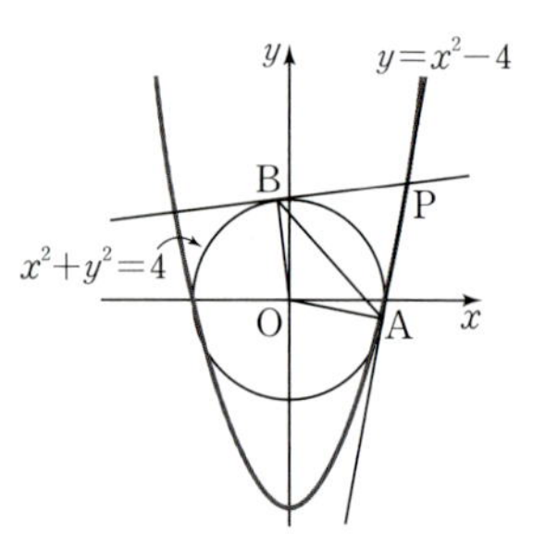

① 1 ② $\dfrac{5}{4}$ ③ $\dfrac{3}{2}$ ④ $\dfrac{7}{4}$ ⑤ 2

02

함수의 연속

01 함수의 연속

02 연속함수의 성질

01 함수의 연속

함수의 연속	(1) 함수 $f(x)$가 실수 a에 대하여 다음 조건을 모두 만족시킬 때, $f(x)$는 $x=a$에서 연속이라 한다. (i) 함수 $f(x)$가 $x=a$에서 정의된다. (ii) 극한값 $\lim\limits_{x \to a} f(x)$가 존재한다. (iii) $\lim\limits_{x \to a} f(x) = f(a)$ (2) 함수 $f(x)$가 $x=a$에서 연속이 아닐 때, $f(x)$는 $x=a$에서 불연속이라 한다.
연속함수	함수 $f(x)$가 어떤 구간에 속하는 모든 실수에 대하여 연속일 때, $f(x)$는 그 구간에서 연속 또는 그 구간에서 연속함수라 한다. 특히, 함수 $f(x)$가 다음을 모두 만족시킬 때 $f(x)$는 닫힌구간 $[a, b]$에서 연속이라 한다. (i) 열린구간 (a, b)에서 연속이다. (ii) $\lim\limits_{x \to a+} f(x) = f(a)$, $\lim\limits_{x \to b-} f(x) = f(b)$

02 연속함수의 성질

연속함수의 성질	두 함수 $f(x)$, $g(x)$가 각각 $x=a$에서 연속이면 다음 함수도 $x=a$에서 연속이다. ① $cf(x)$ (단, c는 상수) ② $f(x)+g(x)$, $f(x)-g(x)$ ③ $f(x)g(x)$ ④ $\dfrac{f(x)}{g(x)}$ (단, $g(a) \neq 0$)
최대 · 최소 정리	함수 $f(x)$가 닫힌구간 $[a, b]$에서 연속이면 $f(x)$는 이 구간에서 반드시 최댓값과 최솟값을 갖는다.
사잇값의 정리	함수 $f(x)$가 닫힌구간 $[a, b]$에서 연속이고 $f(a) \neq f(b)$이면 $f(a)$와 $f(b)$ 사이의 임의의 실수 k에 대하여 $\qquad f(c) = k$ 인 c가 열린구간 (a, b)에 적어도 하나 존재한다.

01 함수의 연속

1 함수의 연속

(1) 함수 $f(x)$가 실수 a에 대하여 다음 조건을 모두 만족시킬 때, $f(x)$는 $x=a$에서 연속이라 한다.

(i) 함수 $f(x)$가 $x=a$에서 정의된다.

(ii) 극한값 $\lim\limits_{x \to a} f(x)$가 존재한다.

(iii) $\lim\limits_{x \to a} f(x) = f(a)$

(2) 함수 $f(x)$가 $x=a$에서 연속이 아닐 때, $f(x)$는 $x=a$에서 불연속이라 한다.

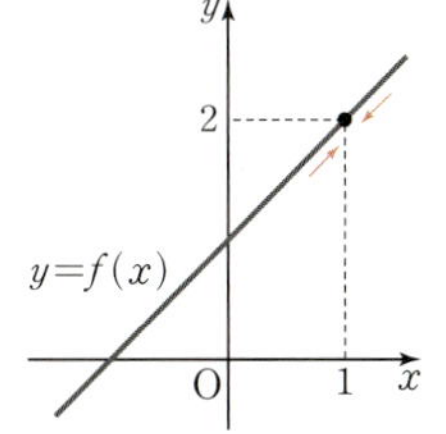

함수 $f(x) = x+1$에 대하여

$f(1) = 2$이므로 $x=1$에서 함숫값이 정의되고,

$\lim\limits_{x \to 1} f(x) = 2$이므로 $x=1$에서 극한값이 존재한다.

또한 $\lim\limits_{x \to 1} f(x) = f(1)$이므로 $x=1$에서 극한값과 함숫값이 같다.

이때 함수 $y = f(x)$의 그래프는 그림과 같이 $x=1$에서 끊어지지 않고 이어져 있음을 알 수 있다.

이와 같이 함수 $f(x)$와 실수 a에 대하여 다음 조건을 모두 만족시킬 때, $f(x)$는 $x=a$에서 **연속**이라 한다. ← 함수 $y=f(x)$의 그래프는 $x=a$에서 이어져 있다.

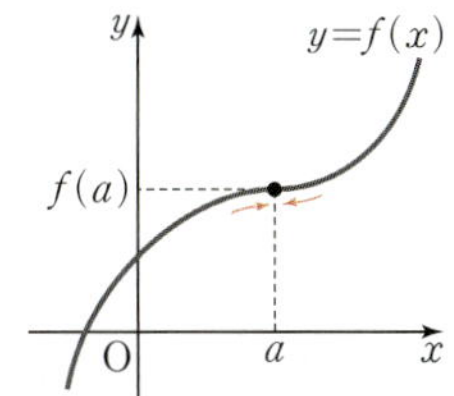

(i) 함수 $f(x)$가 $x=a$에서 정의된다. ← 함숫값 존재

(ii) 극한값 $\lim\limits_{x \to a} f(x)$가 존재한다. ← 극한값 존재

(iii) $\lim\limits_{x \to a} f(x) = f(a)$ ← (극한값)=(함숫값)

example

함수 $f(x) = \begin{cases} \dfrac{x^2-1}{x-1} & (x \neq 1) \\ 2 & (x=1) \end{cases}$ 이 $x=1$에서 연속임을 확인해 보자.

$f(1) = 2$이므로 $x=1$에서 함숫값이 정의되고

$\lim\limits_{x \to 1} f(x) = \lim\limits_{x \to 1} \dfrac{x^2-1}{x-1} = \lim\limits_{x \to 1} \dfrac{(x+1)(x-1)}{x-1} = \lim\limits_{x \to 1} (x+1) = 2$이므로

$x=1$에서 극한값이 존재한다.

또한 $\lim\limits_{x \to 1} f(x) = f(1)$이므로 극한값과 함숫값이 같다.

따라서 함수 $f(x)$는 $x=1$에서 연속이다.

한편, 함수 $f(x)$가 $x=a$에서 연속이 아닐 때, $f(x)$는 $x=a$에서 **불연속**이라고 한다. 즉, **세 조건 (i), (ii), (iii) 중에서 어느 한 가지라도 만족시키지 않으면 함수 $f(x)$는 $x=a$에서 불연속이다.**

함수 $y=f(x)$의 그래프는 $x=a$에서 끊어져 있다.

세 함수 $y=g(x)$, $y=h(x)$, $y=i(x)$의 그래프가 그림과 같을 때, 세 함수 모두 $x=1$에서 불연속인 이유에 대하여 살펴보자.

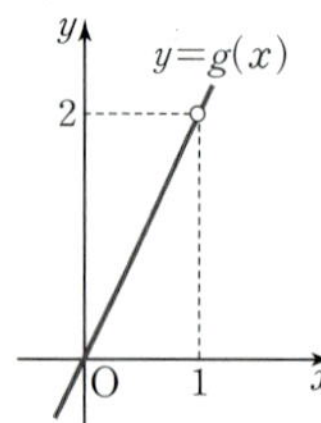
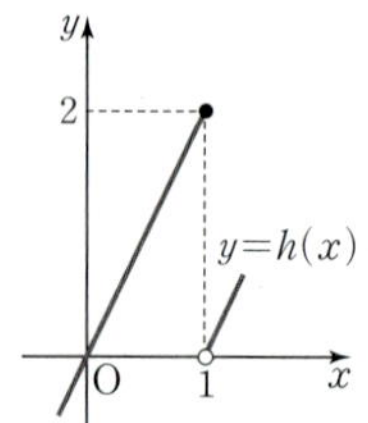
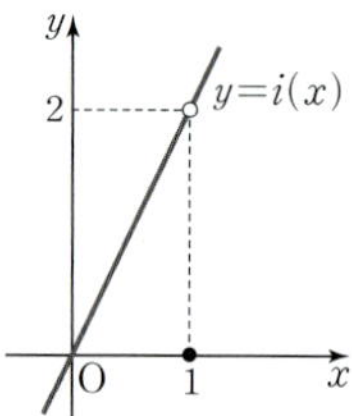

① 함수 $g(x)$는 $x=1$에서 정의되지 않으므로 조건 (i)을 만족시키지 않는다.

② 함수 $h(x)$는 극한값 $\lim\limits_{x\to 1} h(x)$가 존재하지 않으므로 조건 (ii)를 만족시키지 않는다.

$\lim\limits_{x\to 1+} h(x)=0$, $\lim\limits_{x\to 1-} h(x)=2$로 서로 다르다.

③ 함수 $i(x)$는 $x=1$에서 정의되고, 극한값 $\lim\limits_{x\to 1} i(x)$가 존재하지만 $\lim\limits_{x\to 1} i(x) \neq i(1)$이므로 조건 (iii)을 만족시키지 않는다. ← (극한값)$\neq$(함숫값)

$i(1)=0$, $\lim\limits_{x\to 1} i(x)=2$

example

(1) 함수 $f(x)=\dfrac{2}{x+1}-3$은

$x=-1$에서 정의되지 않으므로 $x=-1$에서 불연속이다.

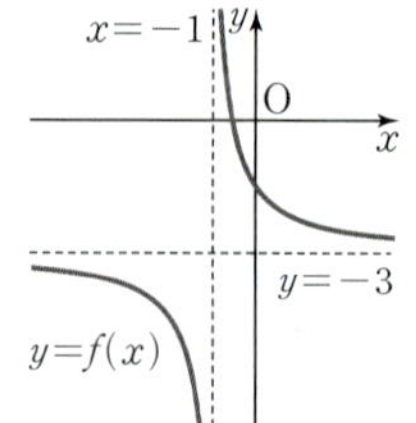

(2) 함수 $f(x)=\begin{cases} x+1 & (x<0) \\ a & (x\geq 0) \end{cases}$은

$a\neq 1$이면 $\lim\limits_{x\to 0+} f(x)=a$, $\lim\limits_{x\to 0-} f(x)=1$에서 $\lim\limits_{x\to 0+} f(x) \neq \lim\limits_{x\to 0-} f(x)$이므로 극한값 $\lim\limits_{x\to 0} f(x)$가 존재하지 않는다.

따라서 $x=0$에서 불연속이다.

$a=1$이면 $\lim\limits_{x\to 0} f(x)=f(0)=1$이므로 $x=0$에서 연속이다.

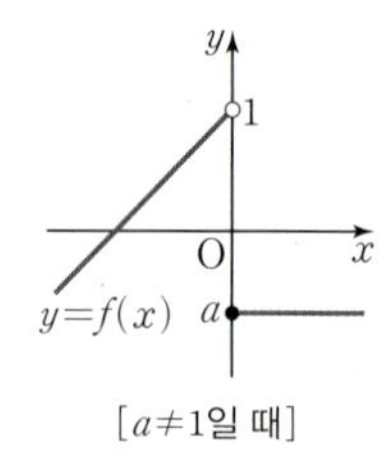

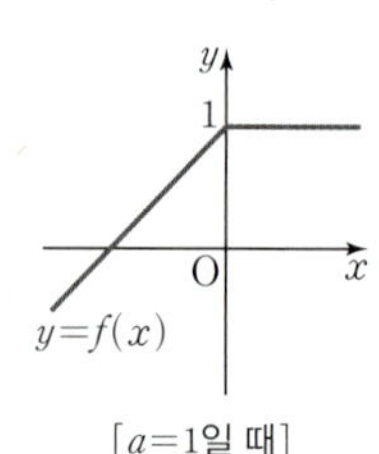

(3) 함수 $f(x)=\begin{cases} |x| & (x\neq 0) \\ 2 & (x=0) \end{cases}$은

함숫값 $f(0)=2$로 $x=0$에서 정의되고 극한값 $\lim\limits_{x\to 0} f(x)$가 0으로 존재하지만 $\lim\limits_{x\to 0} f(x) \neq f(0)$이므로 $x=0$에서 불연속이다.

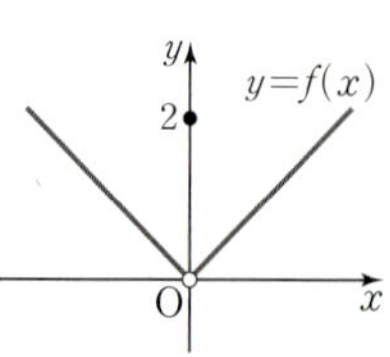

참고 (1) 유리함수는 (분모)$=0$이 되게 하는 x의 값에서 불연속이다.

(2), (3) 구간별로 다르게 정의된 함수는 경계가 되는 x의 값에서 불연속일 수 있다.

함수 $f(x)$가 어떤 구간에 속하는 모든 실수에 대하여 연속일 때, $f(x)$는 그 구간에서 연속 또는 그 구간에서 연속함수라 한다.

특히, 함수 $f(x)$가 다음을 모두 만족시킬 때 $f(x)$는 닫힌구간 $[a, b]$에서 연속이라 한다.

(i) 열린구간 (a, b)에서 연속이다.

(ii) $\lim\limits_{x \to a+} f(x) = f(a)$, $\lim\limits_{x \to b-} f(x) = f(b)$

두 실수 a, b $(a < b)$에 대하여 집합

$$\{x \mid a < x < b\}, \ \{x \mid a \le x \le b\},$$
$$\{x \mid a < x \le b\}, \ \{x \mid a \le x < b\}$$

를 **구간**이라 하고, 이것을 기호로 각각 다음과 같이 나타낸다.

$$(a, b), \ [a, b], \ (a, b], \ [a, b)$$ ← 점 (a, b)와 구간 (a, b) 앞에는 '점', '구간'을 붙여 구분되도록 한다.

이때 (a, b)를 **열린구간**, $[a, b]$를 **닫힌구간**이라 하고, $(a, b]$와 $[a, b)$를 **반열린 구간** 또는 **반닫힌 구간**이라 한다.

또한 실수 a에 대하여 집합

$$\{x \mid x > a\}, \ \{x \mid x \ge a\},$$
$$\{x \mid x < a\}, \ \{x \mid x \le a\}$$

도 구간이며, 이것을 기호로 각각 다음과 같이 나타낸다.

$$(a, \infty), \ [a, \infty), \ (-\infty, a), \ (-\infty, a]$$

특히, 실수 전체의 집합은 기호 $(-\infty, \infty)$로 나타낸다.

example 다음 함수의 정의역을 구간의 기호를 사용하여 나타내면 다음과 같다.

(1) $f(x) = \sqrt{1-x^2}$의 정의역: $[-1, 1]$ ← $1-x^2 \ge 0$에서 $-1 \le x \le 1$

← 함수 $y = f(x)$의 그래프는 원 $x^2 + y^2 = 1$의 일부이다.

(2) $f(x) = \dfrac{1}{x}$의 정의역: $(-\infty, 0) \cup (0, \infty)$ ← (분모) $\ne 0$에서 $x \ne 0$

함수 $f(x)$가 어떤 구간에 속하는 모든 실수에 대하여 연속일 때, $f(x)$는 그 구간에서 연속 또는 그 구간에서 **연속함수**라 한다. ← 함수 $f(x)$가 어떤 구간에서 연속이면 함수 $y = f(x)$의 그래프는 그 구간에서 끊어지지 않고 이어져 있다.

특히, 함수 $f(x)$가 다음을 모두 만족시킬 때 **닫힌구간 $[a, b]$에서 연속**이라 한다.

(i) 열린구간 (a, b)에서 연속이다.

(ii) $\lim\limits_{x \to a+} f(x) = f(a)$, $\lim\limits_{x \to b-} f(x) = f(b)$ ← $\lim\limits_{x \to a-} f(x)$, $\lim\limits_{x \to b+} f(x)$는 따져주지 않는다.

← 함수 $f(x)$가 반열린 구간 $[a, b)$에서 연속이려면 (i)을 만족시키고, (ii)에서 $\lim\limits_{x \to a+} f(x) = f(a)$만 만족시키면 된다.

함수

$$f(x)=\begin{cases} x+1 & (x\leq 1 \text{ 또는 } x>2) \\ -x+2 & (1<x\leq 2) \end{cases}$$

의 구간에 따른 연속, 불연속을 확인하면

(1) 구간 $(-\infty,\ 1]$

   (i) 구간 $(-\infty,\ 1)$에서 연속이다.

   (ii) $\lim\limits_{x\to 1-} f(x)=f(1)$

  ➡ 구간 $(-\infty,\ 1]$에서 연속이다.

(2) 구간 $[-1,\ 1]$

   (i) 구간 $(-1,\ 1)$에서 연속이다.

   (ii) $\lim\limits_{x\to -1+} f(x)=f(-1),\ \lim\limits_{x\to 1-} f(x)=f(1)$

  ➡ 구간 $[-1,\ 1]$에서 연속이다.

(3) 구간 $[1,\ 2]$

   (i) 구간 $(1,\ 2)$에서 연속이다.

   (ii) $\lim\limits_{x\to 1+} f(x)\neq f(1),\ \lim\limits_{x\to 2-} f(x)=f(2)$

  ➡ 구간 $[1,\ 2]$에서 불연속이다.
    구간 $(1,\ 2]$에서는 연속이다.

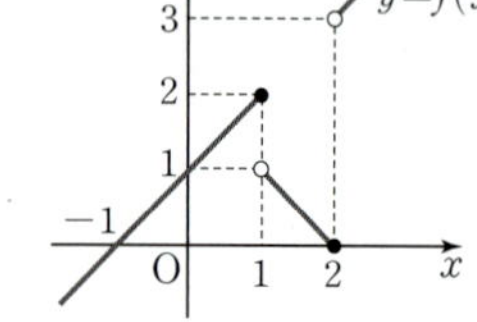

바이블 PLUS ➕   모든 정수에서 불연속인 함수

x보다 크지 않은 최대의 정수를 기호 $[x]$로 정의하면

$1\leq 1.2<2$이므로 $[1.2]=1$

$2\leq 2<3$이므로 $[2]=2$

$-1\leq -\dfrac{1}{2}<0$이므로 $\left[-\dfrac{1}{2}\right]=-1$

이다. 이때 함수 $y=[x]$의 그래프는 오른쪽 그림과 같다.

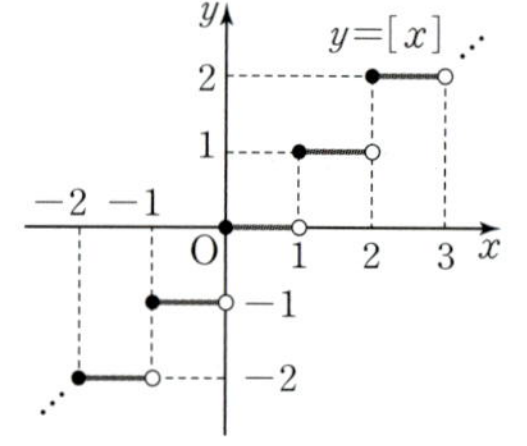

$f(x)=[x]$라 하면 모든 정수 n에 대하여 $n\leq x<n+1$일 때 $f(x)=n$이다.

이때 함수 $f(x)$는

(i) 열린구간 $(n,\ n+1)$에서 연속이고

(ii) $\lim\limits_{x\to n+} f(x)=f(n),\ \lim\limits_{x\to (n+1)-} f(x)\neq f(n+1)$이므로 ⟵ $\lim\limits_{x\to (n+1)-} f(x)=n,\ f(n+1)=n+1$

모든 정수에서 불연속이고, 반열린 구간 $[n,\ n+1)$에서 연속이다.

01 함수 $y=f(x)$의 그래프가 다음과 같을 때, 함수 $f(x)$가 $x=1$에서 불연속인 이유를 설명하시오.

(1) 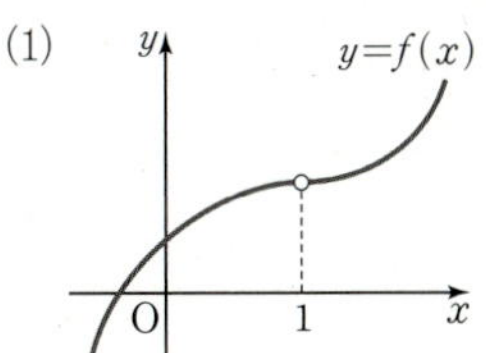
(2) 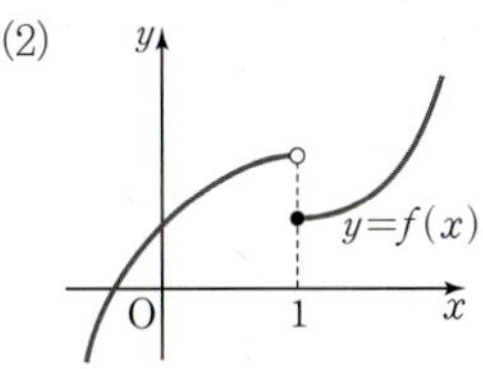
(3) 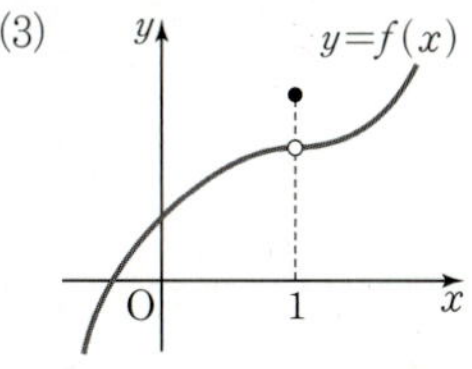

02 다음 함수가 $x=-2$에서 연속인지 불연속인지 조사하시오.

(1) $f(x)=\dfrac{x^2-4}{x+2}$

(2) $f(x)=\begin{cases} x+3 & (x<-2) \\ \sqrt{x+3} & (x\geq-2) \end{cases}$

03 다음 함수의 정의역을 구간의 기호를 사용하여 나타내시오.

(1) $f(x)=5x$

(2) $f(x)=\sqrt{-x+4}$

(3) $f(x)=\dfrac{x-1}{x^2-3x+2}$

대표 예제 | 01

다음 함수가 $x=2$에서 연속인지 불연속인지 조사하시오.

(1) $f(x)=\begin{cases} x^2-x-1 & (x<2) \\ 2x^2-7 & (x\geq 2) \end{cases}$ (2) $f(x)=\dfrac{|x-2|}{x-2}$ (3) $f(x)=\begin{cases} \dfrac{x^2+2x-8}{x-2} & (x\neq 2) \\ 5 & (x=2) \end{cases}$

바로 접근

함수 $f(x)$가 다음 조건을 모두 만족시킬 때, $x=a$에서 연속이다.

(i) 함숫값 $f(a)$가 존재한다.

(ii) 극한값 $\lim\limits_{x\to a} f(x)$가 존재한다. $\leftarrow$ $\lim\limits_{x\to a+} f(x)=\lim\limits_{x\to a-} f(x)$

(iii) $\lim\limits_{x\to a} f(x)=f(a)$

조건 (i), (ii), (iii) 중에서 어느 하나라도 만족시키지 않을 때, 함수 $f(x)$는 $x=a$에서 불연속이다.

바른 풀이

(1) $f(x)=\begin{cases} x^2-x-1 & (x<2) \\ 2x^2-7 & (x\geq 2) \end{cases}$

(i) $f(2)=8-7=1$

(ii) $\lim\limits_{x\to 2+} f(x)=\lim\limits_{x\to 2+}(2x^2-7)=1$

$\lim\limits_{x\to 2-} f(x)=\lim\limits_{x\to 2-}(x^2-x-1)=1$

이므로 $\lim\limits_{x\to 2} f(x)=1$

(iii) $\lim\limits_{x\to 2} f(x)=f(2)$

(i), (ii), (iii)에서 함수 $f(x)$는 $x=2$에서 연속이다.

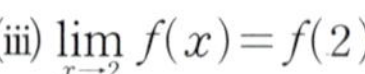

(2) $f(x)=\begin{cases} -1 & (x<2) \\ 1 & (x>2) \end{cases}$

$x=2$에서 함숫값이 존재하지 않으므로 함수 $f(x)$는 $x=2$에서 불연속이다.

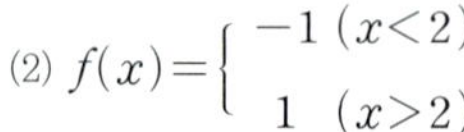

(3) $f(x)=\begin{cases} \dfrac{x^2+2x-8}{x-2} & (x\neq 2) \\ 5 & (x=2) \end{cases}$

(i) $f(2)=5$

(ii) $\lim\limits_{x\to 2} f(x)=\lim\limits_{x\to 2}\dfrac{x^2+2x-8}{x-2}=\lim\limits_{x\to 2}\dfrac{(x+4)(x-2)}{x-2}=\lim\limits_{x\to 2}(x+4)=6$

(i), (ii)에서 $\lim\limits_{x\to 2} f(x)\neq f(2)$이므로 함수 $f(x)$는 $x=2$에서 불연속이다.

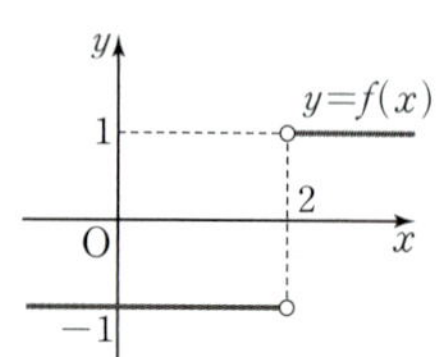

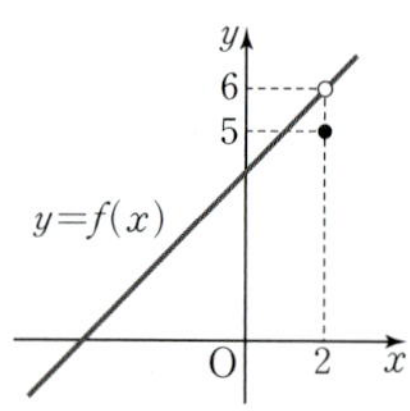

정답 (1) 연속 (2) 불연속 (3) 불연속

Bible Says

두 함수 $g(x)$, $h(x)$가 실수 전체의 집합에서 연속일 때, 구간별로 식이 다르게 주어진 함수

$f(x)=\begin{cases} g(x) & (x<a) \\ h(x) & (x\geq a) \end{cases}$ 에 대하여 다음의 필요충분조건이 성립한다.

함수 $f(x)$가 $x=a$에서 연속이다. $\Longleftrightarrow g(a)=h(a)$

좌극한 우극한, 함숫값

한번 더하기

01-1

다음 함수가 $x=-1$에서 연속인지 불연속인지 조사하시오.

(1) $f(x)=\begin{cases} x^2+3x+1 & (x<-1) \\ 4x^2-5 & (x\geq-1) \end{cases}$

(2) $f(x)=\begin{cases} \dfrac{x^2-4x-5}{x+1} & (x\neq-1) \\ 0 & (x=-1) \end{cases}$

표현 더하기

01-2

실수 전체의 집합에서 연속인 함수 $f(x)$와 양수 a에 대하여

$$\lim_{x\to 3+} f(x)=a^2-4, \quad \lim_{x\to 3-} f(x)=2a-1$$

일 때, $f(3)$의 값을 구하시오.

표현 더하기

01-3

실수 전체의 집합에서 연속인 함수인 것만을 **보기**에서 있는 대로 고르시오.

보기

ㄱ. $f(x)=\dfrac{1}{x+4}$

ㄴ. $f(x)=\dfrac{x^2-3x+2}{x-2}$

ㄷ. $f(x)=\begin{cases} 0 & (x<2) \\ \sqrt{x-2} & (x\geq2) \end{cases}$

ㄹ. $f(x)=\begin{cases} \dfrac{|x|}{x} & (x\neq0) \\ 1 & (x=0) \end{cases}$

실력 더하기

01-4

함수 $f(x)$가 다음 조건을 만족시킬 때, $-1<x<7$에서 함수 $f(x)$가 $x=a$에서 불연속이 되는 모든 a의 값의 합을 구하시오.

㈎ $-1\leq x\leq1$일 때, $f(x)=\begin{cases} |x| & (x\neq0) \\ 1 & (x=0) \end{cases}$

㈏ 모든 실수 x에 대하여 $f(x)=f(x+2)$이다.

대표 예제 | 02

그림과 같이 열린구간 $(-2,\ 2)$에서 정의된 함수 $f(x)$가 있다. 함수 $f(x)$의 극한값이 존재하지 않는 x의 값의 개수를 a, 함수 $f(x)$가 불연속이 되는 x의 값의 개수를 b라 할 때, $a+b$의 값을 구하시오.

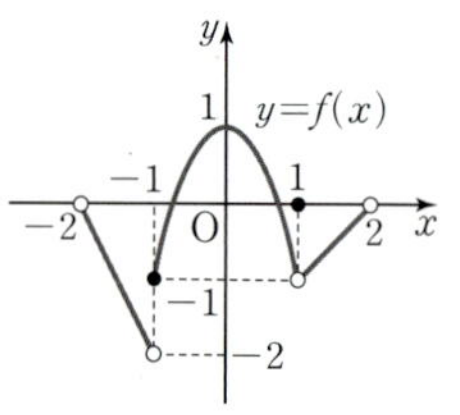

바로 접근

① 함수 $f(x)$의 극한값이 존재하지 않는 경우는 (우극한)$\neq$(좌극한)일 때이다.

② 함수 $y=f(x)$의 그래프가 $x=a$에서 이어져 있으면 함수 $f(x)$는 $x=a$에서 연속이고, 함수 $y=f(x)$의 그래프가 $x=a$에서 끊어져 있으면 함수 $f(x)$는 $x=a$에서 불연속이다.

바른 풀이

(i) $\lim\limits_{x \to -1+} f(x)=-1$, $\lim\limits_{x \to -1-} f(x)=-2$이므로 $\lim\limits_{x \to -1+} f(x) \neq \lim\limits_{x \to -1-} f(x)$

즉, 극한값 $\lim\limits_{x \to -1} f(x)$가 존재하지 않는다.

$\lim\limits_{x \to 1+} f(x)=-1$, $\lim\limits_{x \to 1-} f(x)=-1$이므로 $\lim\limits_{x \to 1+} f(x)=\lim\limits_{x \to 1-} f(x)$

즉, 극한값 $\lim\limits_{x \to 1} f(x)=-1$이다.

따라서 열린구간 $(-2,\ 2)$에서 함수 $f(x)$의 극한값이 존재하지 않는 x의 값은 -1뿐이므로

$a=1$

(ii) $\lim\limits_{x \to -1} f(x)$가 존재하지 않으므로 $x=-1$에서 함수 $f(x)$는 불연속이다.

$\lim\limits_{x \to 1} f(x)=-1$, $f(1)=0$이므로 $\lim\limits_{x \to 1} f(x) \neq f(1)$

즉, 함수 $f(x)$는 $x=1$에서 불연속이다.

따라서 열린구간 $(-2,\ 2)$에서 함수 $f(x)$가 불연속이 되는 x의 값은 -1, 1이므로

$b=2$

(i), (ii)에서

$a+b=1+2=3$

정답 3

Bible Says

명제

　"함수 $f(x)$가 $x=k$에서 극한값을 갖지 않으면 $x=k$에서 불연속이다."

와 이 명제의 대우는 참이고, 이 명제의 역은 거짓이므로 항상 다음이 성립한다.

(함수 $f(x)$의 극한값이 존재하지 않는 x의 값의 개수)$\leq$(함수 $f(x)$가 불연속이 되는 x의 값의 개수)

02-1

그림과 같이 열린구간 $(-1, 3)$에서 정의된 함수 $f(x)$가 있다. 함수 $f(x)$의 극한값이 존재하지 않는 x의 값의 개수를 a, 함수 $f(x)$가 불연속이 되는 x의 값의 개수를 b라 할 때, $a-b$의 값을 구하시오.

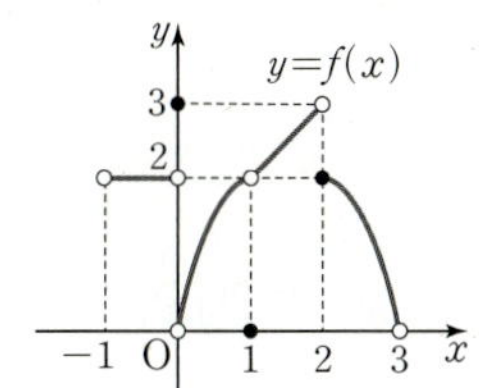

02-2

열린구간 $(-2, 3)$에서 정의된 함수 $y=f(x)$의 그래프가 그림과 같을 때, **보기**에서 옳은 것만을 있는 대로 고르시오.

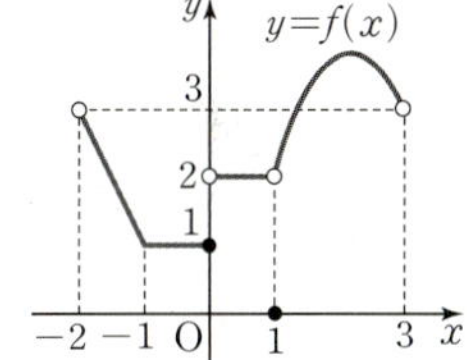

> • 보기 •
> ㄱ. $\lim\limits_{x \to -2+} f(x) = \lim\limits_{x \to 3-} f(x)$
> ㄴ. $\lim\limits_{x \to 0-} f(x) = f(0)$
> ㄷ. 함수 $f(x)$가 불연속인 x의 값의 개수는 2이다.

02-3

열린구간 $(-3, 3)$에서 함수 $y=f(x)$의 그래프가 그림과 같다. 함수 $|f(x)|$의 극한값이 존재하지 않는 x의 값의 개수를 a, 극한값은 존재하지만 불연속인 x의 값의 개수를 b, 불연속인 x의 값의 개수를 c라 할 때, $a+bc$의 값을 구하시오.

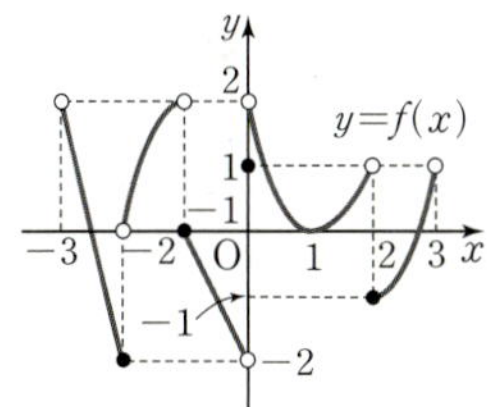

02-4

함수 $y=f(x)$의 그래프가 그림과 같을 때, **보기**에서 옳은 것만을 있는 대로 고르시오.

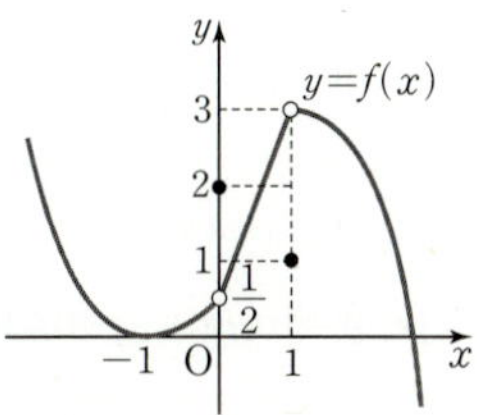

> • 보기 •
> ㄱ. 함수 $\dfrac{1}{f(x)}$은 $x=-1$에서 연속이다.
> ㄴ. 함수 $xf(x)$는 $x=0$에서 연속이다.
> ㄷ. 함수 $|f(x)-2|$는 $x=1$에서 연속이다.

대표 예제 ┃ 03

함수 $f(x) = \begin{cases} \dfrac{x^2+ax+b}{x-2} & (x \neq 2) \\ 1 & (x=2) \end{cases}$ 이 실수 전체의 집합에서 연속일 때, 상수 a, b에 대하여 $b-a$의 값을 구하시오.

바로 접근

함수 $f(x) = \begin{cases} \dfrac{g(x)}{x-\alpha} & (x \neq \alpha) \\ \beta & (x=\alpha) \end{cases}$ 가 실수 전체의 집합에서 연속이려면 $\lim\limits_{x \to \alpha} f(x) = f(\alpha)$, 즉 $\lim\limits_{x \to \alpha} \dfrac{g(x)}{x-\alpha} = \beta$

이어야 한다. (단, $g(x)$는 실수 전체의 집합에서 연속인 함수이다.)

이때 극한값이 존재하고 (분모)$\to 0$이므로 (분자)$\to 0$임을 이용하면 함수 $g(x)$를 구할 수 있다.

함수 $g(x)$는 $x-\alpha$를 인수로 갖는다.

바른 풀이

함수 $f(x)$가 실수 전체의 집합에서 연속이므로 $x=2$에서도 연속이다.

$\lim\limits_{x \to 2} f(x) = f(2)$ $\therefore \lim\limits_{x \to 2} \dfrac{x^2+ax+b}{x-2} = 1$ $\cdots\cdots$ ㉠

㉠에서 $x \to 2$일 때 극한값이 존재하고 (분모)$\to 0$이므로 (분자)$\to 0$이다.

즉, $\lim\limits_{x \to 2} (x^2+ax+b) = 0$이므로

$4+2a+b = 0$ $\therefore b = -2a-4$ $\cdots\cdots$ ㉡

㉡을 ㉠에 대입하면

$$\lim_{x \to 2} \frac{x^2+ax+b}{x-2} = \lim_{x \to 2} \frac{x^2+ax-2a-4}{x-2} = \lim_{x \to 2} \frac{(x-2)(x+2+a)}{x-2}$$

$$= \lim_{x \to 2} (x+2+a) = a+4 = 1$$

$\therefore a = -3$, $b = 2$

$\therefore b-a = 2-(-3) = 5$

정답 5

Bible Says

(1) 두 함수 $g(x)$, $h(x)$가 실수 전체의 집합에서 연속일 때,

함수 $f(x) = \begin{cases} g(x) & (x < a) \\ h(x) & (x \geq a) \end{cases}$ 가 실수 전체의 집합에서 연속이려면

$\lim\limits_{x \to a+} h(x) = \lim\limits_{x \to a-} g(x) = h(a)$이어야 한다. ← (우극한)=(좌극한)=(함숫값)

(2) 왼쪽 아래와 같이 주어진 문제도 오른쪽 아래와 같이 정리하면 **대표 예제 ┃ 03** 과 비슷한 꼴로 정리된다.

> 실수 전체의 집합에서 연속인 두 함수 $f(x)$, $g(x)$가
> $(x-\alpha)f(x) = g(x)$
> 를 만족시킨다.

➡ $f(x) = \begin{cases} \dfrac{g(x)}{x-\alpha} & (x \neq \alpha) \\ f(\alpha) & (x=\alpha) \end{cases}$

따라서 $\lim\limits_{x \to \alpha} \dfrac{g(x)}{x-\alpha} = f(\alpha)$임을 이용하여 문제를 해결하면 된다.

한 번 더하기

03-1 함수
$$f(x)=\begin{cases} \dfrac{x^2+4x+a}{x-3} & (x\neq 3) \\ b & (x=3) \end{cases}$$
가 실수 전체의 집합에서 연속일 때, $\lim\limits_{x\to b} f(x)$의 값을 구하시오. (단, a, b는 상수이다.)

표현 더하기

03-2 함수
$$f(x)=\begin{cases} x+3 & (x<k) \\ x-2 & (x\geq k) \end{cases}$$
에 대하여 함수 $|f(x)|$가 실수 전체의 집합에서 연속이 되도록 하는 상수 k의 값을 구하시오.

표현 더하기

03-3 모든 실수 x에서 연속인 함수 $f(x)$가
$$(x-2)f(x)=x^2+x+a$$
를 만족시킬 때, $af(2)$의 값을 구하시오. (단, a는 상수이다.)

실력 더하기

03-4 실수 전체의 집합에서 연속인 함수 $f(x)$가 모든 실수 x에 대하여 $f(x)=f(x+4)$이고, $0\leq x<4$일 때
$$f(x)=\begin{cases} x-3 & (0\leq x<2) \\ ax+b & (2\leq x<4) \end{cases}$$
이다. $f(11)$의 값을 구하시오. (단, a, b는 상수이다.)

02 연속함수의 성질

1 연속함수의 성질

두 함수 $f(x)$, $g(x)$가 각각 $x=a$에서 연속이면 다음 함수도 $x=a$에서 연속이다.

① $cf(x)$ (단, c는 상수)

② $f(x)+g(x)$, $f(x)-g(x)$

③ $f(x)g(x)$

④ $\dfrac{f(x)}{g(x)}$ (단, $g(a)\neq 0$)

두 함수 $f(x)$, $g(x)$가 각각 $x=a$에서 연속이면

$$\lim_{x \to a} f(x)=f(a),\ \lim_{x \to a} g(x)=g(a)$$

이므로 함수의 극한에 대한 성질에 의하여 다음이 성립한다.

① $\displaystyle\lim_{x \to a} cf(x)=c\lim_{x \to a} f(x)=cf(a)$ (단, c는 상수)

② $\displaystyle\lim_{x \to a} \{f(x)+g(x)\}=\lim_{x \to a} f(x)+\lim_{x \to a} g(x)=f(a)+g(a)$

$\displaystyle\lim_{x \to a} \{f(x)-g(x)\}=\lim_{x \to a} f(x)-\lim_{x \to a} g(x)=f(a)-g(a)$

③ $\displaystyle\lim_{x \to a} f(x)g(x)=\lim_{x \to a} f(x) \times \lim_{x \to a} g(x)=f(a)g(a)$

④ $\displaystyle\lim_{x \to a} \frac{f(x)}{g(x)}=\frac{\lim_{x \to a} f(x)}{\lim_{x \to a} g(x)}=\frac{f(a)}{g(a)}$ (단, $g(a)\neq 0$)

따라서 다음의 함수도 $x=a$에서 연속이다.

$$cf(x),\ f(x)+g(x),\ f(x)-g(x),\ f(x)g(x),\ \frac{f(x)}{g(x)} \text{ (단, } g(a)\neq 0)$$

함수 $y=x$는 모든 실수에서 연속이므로 함수

$$y=x^2,\ y=x^3,\ \cdots,\ y=x^n \ (n \text{은 자연수})$$

은 연속함수의 성질에 의하여 모든 실수에서 연속이다. 또한 상수함수도 모든 실수에서 연속이다. 따라서 다항함수

$$f(x)=a_n x^n+a_{n-1}x^{n-1}+\cdots+a_1 x+a_0 \ (a_0,\ a_1,\ \cdots,\ a_n \text{은 상수})$$

도 연속함수의 성질에 의하여 모든 실수에서 연속이다.

한편, 두 다항함수 $f(x)$, $g(x)$에 대하여

유리함수 $\dfrac{f(x)}{g(x)}$는 (분모)$\neq 0$, 즉 $g(x)\neq 0$인 모든 실수에서 연속이고,

무리함수 $\sqrt{f(x)}$는 (근호 안의 식)≥ 0, 즉 $f(x)\geq 0$인 모든 실수에서 연속이다.

example   (1) 함수 $f(x)=x^2-3x+1$은 모든 실수에서 연속이다.

     (2) 함수 $f(x)=\dfrac{x-3}{x+1}$은 $x\neq-1$인 모든 실수에서 연속이다.

     (3) 함수 $f(x)=\sqrt{x-2}$는 $x\geq2$인 모든 실수에서 연속이다.

한편, 두 함수 $f(x)$, $g(x)$ 중 어느 하나라도 $x=a$에서 불연속이면 새롭게 정의된 함수

$$cf(x),\ f(x)+g(x),\ f(x)-g(x),\ f(x)g(x),\ \frac{f(x)}{g(x)}\ (\text{단},\ g(a)\neq0)$$

가 $x=a$에서 연속인지 바로 판단할 수 없는 경우가 있다.

이때는 함수의 연속의 정의를 이용하여 $x=a$에서 정의되는지, $x=a$에서 극한값이 존재하는지, $x=a$에서의 극한값과 함숫값이 같은지를 확인하여 연속을 판단해야 한다.

(1) 함수 $f(x)$가 $x=a$에서 불연속이고 함수 $g(x)$가 $x=a$에서 연속인 경우

   (i) 함수 $cf(x)$ (c는 0이 아닌 상수), $f(x)+g(x)$, $f(x)-g(x)$는 $x=a$에서 불연속이다.

   (ii) 함수 $f(x)g(x)$, $\dfrac{f(x)}{g(x)}$는 $x=a$에서 연속일 수도 있고, 불연속일 수도 있다.

     ① 함수 $f(x)g(x)$가 $x=a$에서 연속인 예를 살펴보자.

$$f(x)=\begin{cases} -1 & (x<a) \\ 1 & (x\geq a) \end{cases},\ g(x)=0\text{이라 하면}$$

x	$f(x)$	$g(x)$	$f(x)g(x)$
$a+$	1	0	0
$a-$	-1	0	0
a	1	0	0

$f(x)g(x)=0$이므로

$\displaystyle\lim_{x\to a}f(x)g(x)=f(a)g(a)$가 성립한다.

따라서 함수 $f(x)g(x)$는 $x=a$에서 연속이다.

     ② 함수 $\dfrac{f(x)}{g(x)}$가 $x=a$에서 불연속인 예를 살펴보자.

$$f(x)=\begin{cases} -1 & (x<a) \\ 1 & (x\geq a) \end{cases},\ g(x)=2\text{라 하면}$$

x	$f(x)$	$g(x)$	$\dfrac{f(x)}{g(x)}$
$a+$	1	2	$\dfrac{1}{2}$
$a-$	-1	2	$-\dfrac{1}{2}$
a	1	2	$\dfrac{1}{2}$

$$\frac{f(x)}{g(x)}=\begin{cases} -\dfrac{1}{2} & (x<a) \\ \dfrac{1}{2} & (x\geq a) \end{cases}\text{이다.}$$

이때 $\displaystyle\lim_{x\to a+}\frac{f(x)}{g(x)}=\frac{1}{2}$, $\displaystyle\lim_{x\to a-}\frac{f(x)}{g(x)}=-\frac{1}{2}$이므로 $\displaystyle\lim_{x\to a+}\frac{f(x)}{g(x)}\neq\lim_{x\to a-}\frac{f(x)}{g(x)}$

<u>극한값이 존재하지 않는다.</u>

따라서 함수 $\dfrac{f(x)}{g(x)}$는 $x=a$에서 불연속이다.

(2) 두 함수 $f(x)$, $g(x)$가 모두 $x=a$에서 불연속인 경우

   (i) 함수 $cf(x)$ (c는 0이 아닌 상수)는 $x=a$에서 불연속이다.

   (ii) 함수 $f(x)+g(x)$, $f(x)-g(x)$, $f(x)g(x)$, $\dfrac{f(x)}{g(x)}$는 $x=a$에서 연속일 수도 있고, 불연속일 수도 있다.

     즉, (1)의 (ii)와 마찬가지로 함수의 연속의 정의를 이용하여 판단해야 한다.

함수 $f(x)$가 닫힌구간 $[a, b]$에서 연속이면 $f(x)$는 이 구간에서 반드시 최댓값과 최솟값을 갖는다.

닫힌구간에서 연속인 함수에 대하여 성립하는 **최대·최소 정리**는 다음과 같다.

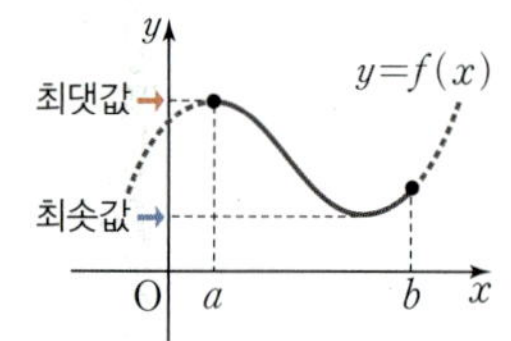

> 함수 $f(x)$가 **닫힌구간 $[a, b]$에서 연속이면**
> $f(x)$는 이 구간에서 반드시 **최댓값과 최솟값을 갖는다.**

이때 '닫힌구간'과 '연속'이 중요한 전제 조건이다.

(1) 주어진 구간이 '닫힌구간'이 아닌 경우

다음 그림과 같이 최댓값 또는 최솟값이 존재하지 않을 수 있다.

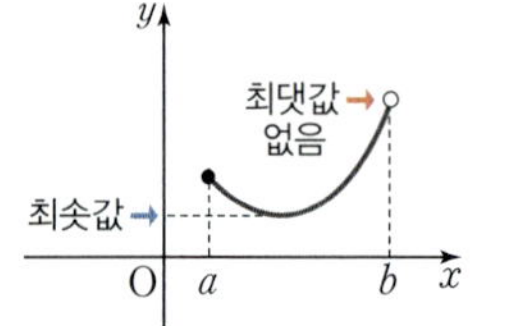
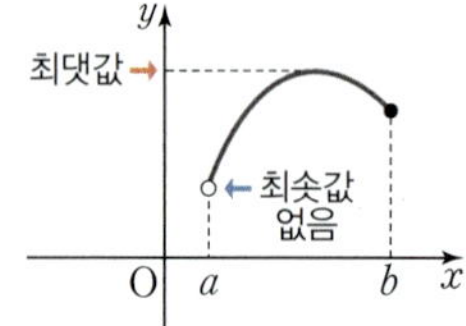
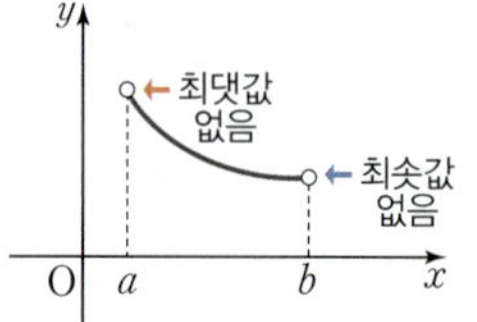

(2) 주어진 구간이 닫힌구간이더라도 이 구간에서 '연속'이 아닌 경우

다음 그림과 같이 최댓값 또는 최솟값이 존재하지 않을 수 있다.

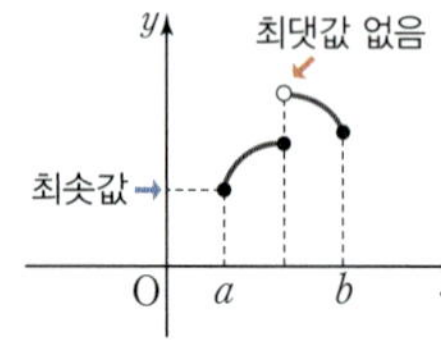
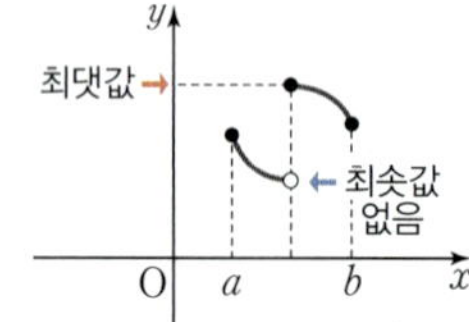

example 함수 $f(x)=\dfrac{5}{x+3}$는 닫힌구간 $[-2, 2]$에서 연속이므로 이 구간에서 최댓값과 최솟값을 갖는다.

> **참고** 함수 $f(x)$가 어떤 닫힌구간에서 연속인 것만을 보이면 최대·최소 정리를 이용하여 함수 $f(x)$가 이 구간에서 최댓값과 최솟값을 가짐을 알 수 있다.

> ▶ 함수 $f(x)$가 닫힌구간 $[a, b]$에서 최댓값과 최솟값을 가지면
> 함수 $f(x)$는 이 구간에서 연속이다.

한편, 최대·최소 정리의 역이 성립하지 않음을 반례를 통해 살펴보자.

$$[\text{반례}]\ f(x)=\begin{cases} 2x & (0\le x\le 1) \\ -2x+3 & (1<x\le 2) \end{cases}$$

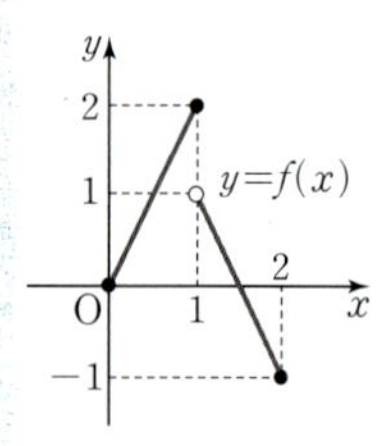

함수 $f(x)$는 닫힌구간 $[0, 2]$에서 최댓값 2, 최솟값 -1을 갖지만 $\lim\limits_{x\to 1-} f(x) \neq \lim\limits_{x\to 1+} f(x)$이므로 $x=1$에서 불연속이다.

함수 $f(x)$가 닫힌구간 $[a, b]$에서 연속이고 $f(a) \neq f(b)$이면
$f(a)$와 $f(b)$ 사이의 임의의 실수 k에 대하여
$$f(c) = k$$
인 c가 열린구간 (a, b)에 적어도 하나 존재한다.

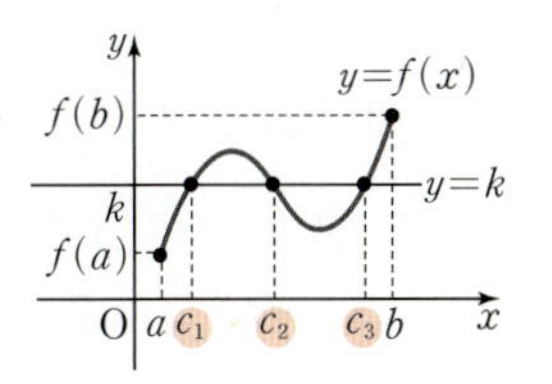

함수 $f(x) = x^2$은 닫힌구간 $[1, 2]$에서 연속이므로
함수 $y = f(x)$의 그래프는 닫힌구간 $[1, 2]$에서 이어져 있다.
따라서 $f(1) < k < f(2)$, 즉 $1 < k < 4$인 임의의 실수 k에 대하여
x축에 평행한 직선 $y = k$와 함수 $y = f(x)$의 그래프는 적어도 한 점에서
만난다.
즉, $f(c) = k$인 c가 열린구간 $(1, 2)$에 적어도 하나 존재함을 알 수 있다.

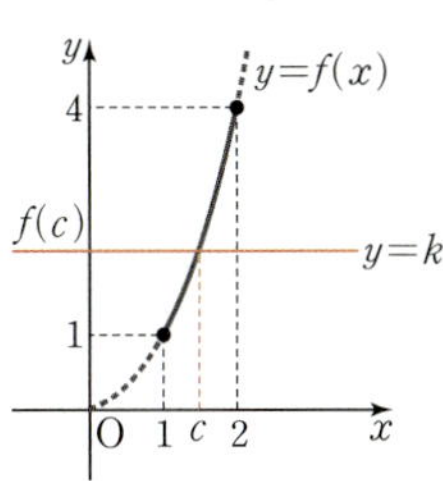

이를 정리하면 다음과 같고, **사잇값의 정리**라 한다.
함수 $f(x)$가

    (ⅰ) 닫힌구간 $[a, b]$에서 연속이고
    (ⅱ) $f(a) \neq f(b)$이면

$f(a)$와 $f(b)$ 사이의 임의의 실수 k에 대하여

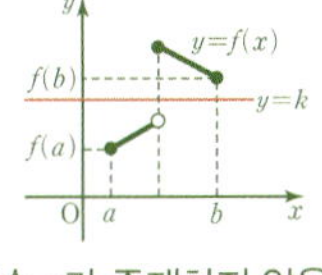

    $f(c) = k$ ← 닫힌구간에서 연속이 아니면 $f(c) = k$인 실수 c가 존재하지 않을 수 있다.

인 c가 열린구간 (a, b)에 적어도 하나 존재한다.

사잇값의 정리를 이용하면 특정한 조건에서 방정식의 해를 구하지 않고도 방정식의 해가 존재함을 알 수 있다. 함수 $f(x)$가

    (ⅰ) 닫힌구간 $[a, b]$에서 연속이고
    (ⅱ) $f(a)f(b) < 0$이면 ← '$f(a), f(b)$의 부호가 서로 다르다.'는 것을 의미한다.

$f(a) < 0 < f(b)$ 또는 $f(b) < 0 < f(a)$이므로 $f(c) = 0$인 c가 열린구간 (a, b)에 적어도 하나 존재한다.
즉, 방정식 $f(x) = 0$은 열린구간 (a, b)에서 적어도 하나의 실근을 갖는다.

> **example** 방정식 $x^3 + 2x - 1 = 0$이 열린구간 $(-1, 1)$에서 적어도 하나의 실근을 가짐을 사잇값의
> 정리를 이용하여 보이면 $f(x) = x^3 + 2x - 1$이라 할 때,
>   (ⅰ) 함수 $f(x)$는 닫힌구간 $[-1, 1]$에서 연속이고
>   (ⅱ) $f(-1) = -4$, $f(1) = 2$에 의하여 $f(-1)f(1) < 0$이므로
> $f(c) = 0$인 c가 열린구간 $(-1, 1)$에서 적어도 하나 존재한다.
> 따라서 방정식 $x^3 + 2x - 1 = 0$은 열린구간 $(-1, 1)$에서 적어도 하나의 실근을 갖는다.

두 함수 $y=f(x)$, $y=g(x)$의 그래프가 다음과 같이 주어졌을 때,

(ⅰ), (ⅱ), (ⅲ)을 모두 만족시키는지 확인하여 합성함수의 $x=0$에서의 연속성을 판단해 보자.

(ⅰ) $x=0$에서 함숫값이 정의된다.

(ⅱ) $x=0$에서 극한값이 존재한다.

(ⅲ) $x=0$에서의 극한값과 함숫값이 같다.

이때 함숫값의 변화, 즉 어느 방향으로 함숫값에 가까

워지는지도 관찰하여야 한다는 것에 주의하자.

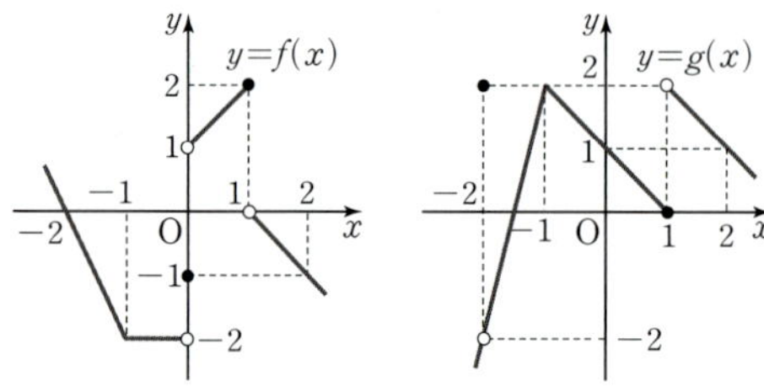

(1) $f(f(x))$

  (ⅰ) $f(f(0))=f(-1)=-2$

  (ⅱ) $f(x)=t$라 하면 $x\to0+$일 때 $t\to1+$, $x\to0-$일 때 $t=-2$이므로

$$\lim_{x\to0+}f(f(x))=\lim_{t\to1+}f(t)=0$$

$$\lim_{x\to0-}f(f(x))=f(-2)=0$$

$$\lim_{x\to0+}f(f(x))=\lim_{x\to0-}f(f(x))=0$$이므로 $\lim_{x\to0}f(f(x))=0$

  (ⅲ) $\lim_{x\to0}f(f(x))\neq f(f(0))$

  (ⅲ)을 만족시키지 않으므로 함수 $f(f(x))$는 $x=0$에서 불연속이다.

(2) $g(f(x))$

  (ⅰ) $g(f(0))=g(-1)=2$

  (ⅱ) $f(x)=t$라 하면 $x\to0+$일 때 $t\to1+$, $x\to0-$일 때 $t=-2$이므로

$$\lim_{x\to0+}g(f(x))=\lim_{t\to1+}g(t)=2$$

$$\lim_{x\to0-}g(f(x))=g(-2)=2$$

$$\lim_{x\to0+}g(f(x))=\lim_{x\to0-}g(f(x))=2$$이므로 $\lim_{x\to0}g(f(x))=2$

  (ⅲ) $\lim_{x\to0}g(f(x))=g(f(0))$

  (ⅰ), (ⅱ), (ⅲ)을 모두 만족시키므로 함수 $g(f(x))$는 $x=0$에서 연속이다.

(3) $f(g(x))$

  (ⅱ) $g(x)=t$라 하면 $x\to0+$일 때 $t\to1-$, $x\to0-$일 때 $t\to1+$이므로

$$\lim_{x\to0+}f(g(x))=\lim_{t\to1-}f(t)=2$$

$$\lim_{x\to0-}f(g(x))=\lim_{t\to1+}f(t)=0$$

$$\lim_{x\to0+}f(g(x))\neq\lim_{x\to0-}f(g(x))$$이므로 $x=0$에서 극한값이 존재하지 않는다.

  (ⅱ)를 만족시키지 않으므로 함수 $f(g(x))$는 $x=0$에서 불연속이다.

01 두 함수 $f(x)$, $g(x)$가 모두 $x=a$에서 연속일 때, **보기** 중 $x=a$에서 항상 연속인 함수인 것만을 있는 대로 고르시오.

> • 보기 •
>
> ㄱ. $2f(x)-3g(x)$　　ㄴ. $\{f(x)\}^2$　　ㄷ. $f(x)g(x)$　　ㄹ. $\dfrac{f(x)}{g(x)}$

02 다음 함수가 연속인 구간을 구하시오.

(1) $f(x)=x^4-2x+7$　　　(2) $f(x)=\dfrac{1}{x+3}$　　　(3) $f(x)=\sqrt{x^2+6x}$

03 주어진 구간에서 다음 함수 $f(x)$의 최댓값과 최솟값을 각각 구하시오.

(1) $f(x)=x^2-2x-1$ $[0,\ 3]$　　　　(2) $f(x)=\dfrac{8}{x+4}$ $[-2,\ 2]$

04 방정식 $-x^3+3x^2-1=0$이 열린구간 $(-1,\ 1)$에서 적어도 2개의 실근을 가짐을 보이시오.

대표 예제 | 04

두 함수 $f(x)=x^2+3$, $g(x)=x-1$에 대하여 **보기**에서 실수 전체의 집합에서 연속인 함수인 것만을 있는 대로 고르시오.

보기

ㄱ. $f(x)+2g(x)$　　　ㄴ. $\{f(x)\}^2$　　　ㄷ. $\dfrac{f(x)}{g(x)}$　　　ㄹ. $\sqrt{f(x)+g(x)}$

바로 접근

두 함수 $f(x)$, $g(x)$가 모두 $x=a$에서 연속이면 다음 함수도 $x=a$에서 연속이다.

① $cf(x)$ (단, c는 상수)　② $f(x)\pm g(x)$　　③ $f(x)g(x)$　　④ $\dfrac{f(x)}{g(x)}$ (단, $g(a)\neq 0$)

바른 풀이

ㄱ. 두 함수 $f(x)$, $2g(x)$는 실수 전체의 집합에서 연속이다.

　따라서 연속인 두 함수를 더하여 얻은 함수 $f(x)+2g(x)$도 실수 전체의 집합에서 연속이다.

ㄴ. 함수 $f(x)$는 실수 전체의 집합에서 연속이다.

　따라서 연속인 두 함수를 곱한 함수 $\{f(x)\}^2$도 실수 전체의 집합에서 연속이다.

ㄷ. 함수 $\dfrac{f(x)}{g(x)}=\dfrac{x^2+3}{x-1}$은 $x=1$에서 정의되지 않으므로 $x=1$에서 불연속이다.

ㄹ. 함수 $\sqrt{f(x)+g(x)}=\sqrt{x^2+3+x-1}=\sqrt{x^2+x+2}$에서

$$x^2+x+2=\left(x+\frac{1}{2}\right)^2+\frac{7}{4}>0$$이므로

　함수 $\sqrt{f(x)+g(x)}=\sqrt{x^2+x+2}$는 실수 전체의 집합에서 연속이다.

따라서 실수 전체의 집합에서 연속인 함수는 ㄱ, ㄴ, ㄹ이다.

$\boxed{정답}$　ㄱ, ㄴ, ㄹ

Bible Says

① 다항함수는 실수 전체의 집합에서 연속이다.

② 유리함수는 분모를 0으로 하는 x의 값을 제외한 실수 전체의 집합에서 연속이다.

③ 무리함수는 (근호 안에 있는 식의 값)<0으로 하는 x의 값을 제외한 실수 전체의 집합에서 연속이다.

한 번 더하기

04-1

두 함수 $f(x)=x^2+1$, $g(x)=x+1$에 대하여 **보기**에서 실수 전체의 집합에서 연속인 함수인 것만을 있는 대로 고르시오.

• 보기 •

ㄱ. $\dfrac{1}{f(x)+g(x)}$　　　ㄴ. $\dfrac{1}{f(x)-g(x)}$　　　ㄷ. $\dfrac{1}{\{g(x)\}^2}$

표현 더하기

04-2

함수 $y=f(x)$의 그래프가 그림과 같고 $g(x)=x-1$일 때, **보기**에서 닫힌구간 $[-2,\ 2]$에서 연속인 함수인 것만을 있는 대로 고르시오.

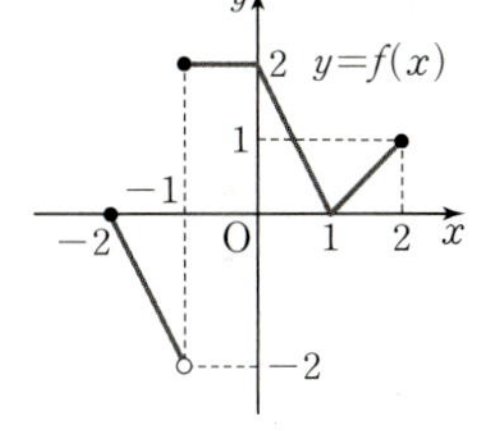

• 보기 •

ㄱ. $f(x)g(x)$　　　ㄴ. $f(|x|)g(x)$　　　ㄷ. $f(x)g(|x|)$

표현 더하기

04-3

두 함수

$$f(x)=x^2+ax+3,\ g(x)=x^3+x+7$$

에 대하여 함수 $\dfrac{g(x)}{f(x)}$가 실수 전체의 집합에서 연속이 되도록 하는 정수 a의 개수를 구하시오.

표현 더하기

04-4

두 함수 $f(x)$, $g(x)$에 대하여 **보기**에서 옳은 것만을 있는 대로 고르시오.

• 보기 •

ㄱ. 함수 $f(x)$가 $x=0$에서 연속이면 함수 $\{f(x)\}^2$도 $x=0$에서 연속이다.

ㄴ. 두 함수 $f(x)$, $f(x)g(x)$가 $x=0$에서 연속이면 함수 $g(x)$도 $x=0$에서 연속이다.

ㄷ. 두 함수 $f(x)$, $g(x)$가 $x=0$에서 연속이면 함수 $\dfrac{g(x)}{f(x)}$도 $x=0$에서 연속이다.

대표 예제 | 05

두 함수 $f(x)=ax^2+3x$, $g(x)=\begin{cases} -a & (x<1) \\ a+1 & (x\geq1) \end{cases}$ 에 대하여 함수 $f(x)g(x)$가 $x=1$에서 연속이 되도록 하는 정수 a의 값을 구하시오.

바로 접근

두 함수 $f(x)$, $g(x)$에 대하여 $x=1$에서의 우극한, 좌극한, 함숫값을 표로 나타내면 다음과 같다.

x	$f(x)$	$g(x)$	$f(x)g(x)$
$1+$	$a+3$	$a+1$	$(a+3)(a+1)$
$1-$	$a+3$	$-a$	$(a+3)\times(-a)$
1	$a+3$	$a+1$	$(a+3)(a+1)$

두 함수의 실수배, 합, 차, 곱, 몫으로 나타내어진 새로운 함수의 연속성을 판단할 때 표를 그리면 실수를 줄일 수 있다.

→ 우극한, 좌극한, 함숫값이 모두 같으면 함수 $f(x)g(x)$는 $x=1$에서 연속이다.

바른 풀이

함수 $f(x)g(x)$가 $x=1$에서 연속이 되려면
$\lim\limits_{x\to1} f(x)g(x)=f(1)g(1)$이어야 한다.

이때 $f(x)g(x)=\begin{cases} (ax^2+3x)\times(-a) & (x<1) \\ (ax^2+3x)(a+1) & (x\geq1) \end{cases}$ 에서

$\lim\limits_{x\to1+} f(x)g(x)=(a+3)(a+1)=a^2+4a+3$,

$\lim\limits_{x\to1-} f(x)g(x)=(a+3)\times(-a)=-a^2-3a$,

$f(1)g(1)=(a+3)(a+1)=a^2+4a+3$

이므로

$a^2+4a+3=-a^2-3a$, $2a^2+7a+3=0$, $(a+3)(2a+1)=0$

$\therefore a=-3 \; (\because a는 정수)$

정답 -3

Bible Says

실수 전체의 집합에서 정의된 두 함수 $f(x)$, $g(x)$에 대하여

함수 $f(x)$가 $x=k$에서 연속이고, 함수 $g(x)=\begin{cases} h(x) & (x<k) \\ i(x) & (x\geq k) \end{cases}$ 가 $x=k$에서 불연속일 때

함수 $f(x)g(x)$가 $x=k$에서 연속이기 위한 조건이 무엇인지 확인해 보자.

(단, 두 함수 $h(x)$, $i(x)$는 모두 $x=k$에서 연속이다.)

x	$f(x)$	$g(x)$	$f(x)g(x)$
$k+$	$f(k)$	$i(k)$	$f(k)i(k)$
$k-$	$f(k)$	$h(k)$	$f(k)h(k)$
k	$f(k)$	$i(k)$	$f(k)i(k)$

→ 우극한, 좌극한, 함숫값이 모두 같아야 하므로
$f(k)i(k)=f(k)h(k)$, 즉 $f(k)\{i(k)-h(k)\}=0$
$\therefore f(k)=0 \; (\because h(k)\neq i(k))$
함수 $g(x)$가 $x=k$에서 불연속일 때 함수 $f(x)g(x)$가 $x=k$에서 연속이기 위한 조건은 $f(k)=0$이다.

한번 더하기

05-1 두 함수

$$f(x)=\begin{cases} x^2-1 & (x\neq 1) \\ 1 & (x=1) \end{cases},\ g(x)=x+k$$

에 대하여 함수 $f(x)g(x)$가 $x=1$에서 연속이 되도록 하는 상수 k의 값을 구하시오.

표현 더하기

05-2 두 함수

$$f(x)=\begin{cases} x+1 & (x\leq 2) \\ -x-4a & (x>2) \end{cases},\ g(x)=\begin{cases} x^2-a^2 & (x\leq 2) \\ ax+1 & (x>2) \end{cases}$$

에 대하여 함수 $f(x)+g(x)$가 $x=2$에서 연속이 되도록 하는 모든 실수 a의 값을 구하시오.

표현 더하기

05-3 두 함수

$$f(x)=\begin{cases} x^2+x & (x<1) \\ x+4 & (x\geq 1) \end{cases},\ g(x)=2x+a$$

에 대하여 함수 $\dfrac{g(x)}{f(x)}$가 $x=1$에서 연속이 되도록 하는 실수 a의 값을 구하시오.

표현 더하기

05-4 함수

$$f(x)=\begin{cases} x^2-ax+1 & (x\leq a) \\ x-4 & (x>a) \end{cases}$$

에 대하여 함수 $\{f(x)\}^2$이 $x=a$에서 연속일 때, 모든 상수 a의 값의 합을 구하시오.

대표 예제 | 06

다음 물음에 답하시오.

(1) 방정식 $x^3-3x^2-1=0$이 오직 하나의 실근을 가질 때, 다음 중 이 방정식의 실근이 존재하는 구간은?

① $(0, 1)$ ② $(1, 2)$ ③ $(2, 3)$ ④ $(3, 4)$ ⑤ $(4, 5)$

(2) 실수 전체의 집합에서 연속인 함수 $f(x)$에 대하여

$$f(1)=-3, \ f(2)=-1, \ f(3)=2, \ f(4)=-9$$

일 때, 방정식 $f(x)+2x=0$은 열린구간 $(1, 4)$에서 적어도 n개의 실근을 갖는다. 자연수 n의 값을 구하시오.

B로 접근

함수 $f(x)$가 닫힌구간 $[a, b]$에서 연속이고 $f(a)f(b)<0$이면 방정식 $f(x)=0$은 열린구간 (a, b)에서 적어도 하나의 실근을 갖는다.

B른 풀이

(1) $f(x)=x^3-3x^2-1$이라 하면 $f(x)$는 모든 실수에서 연속이고

$$f(0)=-1<0, \ f(1)=-3<0, \ f(2)=-5<0,$$
$$f(3)=-1<0, \ f(4)=15>0, \ f(5)=49>0$$

따라서 $f(3)f(4)<0$이므로 사잇값의 정리에 의하여 방정식 $f(x)=0$의 실근이 존재하는 구간은 $(3, 4)$이다.

(2) $g(x)=f(x)+2x$라 하면 함수 $g(x)$는 닫힌구간 $[1, 4]$에서 연속이다.

$$g(1)=f(1)+2=(-3)+2=-1<0$$
$$g(2)=f(2)+4=(-1)+4=3>0$$
$$g(3)=f(3)+6=2+6=8>0$$
$$g(4)=f(4)+8=(-9)+8=-1<0$$

이때 $g(1)g(2)<0$, $g(3)g(4)<0$이므로 사잇값의 정리에 의하여

방정식 $g(x)=0$은 두 열린구간 $(1, 2)$, $(3, 4)$에서 각각 적어도 하나의 실근을 갖는다.

따라서 방정식 $f(x)+2x=0$은 열린구간 $(1, 4)$에서 적어도 2개의 실근을 갖는다.

$$\therefore n=2$$

정답   (1) ④   (2) 2

Bible Says

사잇값의 정리의 역은 성립하지 않는다.

예를 들어 $f(x)=x(x+3)(x-1)$이라 할 때 방정식 $f(x)=0$은 열린구간 $(-2, 2)$에서 실근을 갖지만 $f(-2)f(2)>0$이다.

한 번 더하기

06-1

방정식 $2x^3-x^2-x-4=0$이 오직 하나의 실근을 가질 때, 다음 중 이 방정식의 실근이 존재하는 구간은?

① $(-2,\ -1)$ ② $(-1,\ 0)$ ③ $(0,\ 1)$ ④ $(1,\ 2)$ ⑤ $(2,\ 3)$

한 번 더하기

06-2

실수 전체의 집합에서 연속인 함수 $f(x)$에 대하여
$$f(-2)=-2,\ f(-1)=1,\ f(2)=3,\ f(3)=0$$
일 때, 방정식 $-f(x)+1=0$은 열린구간 $(-2,\ 3)$에서 적어도 n개의 실근을 갖는다. 자연수 n의 값을 구하시오.

표현 더하기

06-3

다항함수 $f(x)$가 $f(0)=a-3$, $f(2)=a+7$을 만족시킨다. 방정식 $f(x)=3x$가 중근이 아닌 오직 하나의 실근을 가질 때, 이 실근이 열린구간 $(0,\ 2)$에 존재하도록 하는 정수 a의 개수를 구하시오.

실력 더하기

06-4

다항함수 $f(x)$가
$$\lim_{x\to-1}\frac{f(x)}{x+1}=2,\ \lim_{x\to1}\frac{f(x)}{x-1}=2$$
를 만족시킬 때, 방정식 $f(x)=0$이 열린구간 $(-2,\ 2)$에서 적어도 몇 개의 실근을 갖는지 구하시오.

01 실수 전체의 집합에서 연속인 함수 $f(x)$가
$$\lim_{x \to 2+} f(x) = a^3 + a^2 - 3, \quad \lim_{x \to 2-} f(x) = 2a^2 - a - 2$$
를 만족시킬 때, $f(2)$의 값을 구하시오. (단, a는 실수이다.)

02 **보기**에서 실수 전체의 집합에서 연속인 함수인 것만을 있는 대로 고르시오.

> **보기**
>
> ㄱ. $f(x) = (x-1)^4$ ㄴ. $f(x) = \sqrt{|x-5|}$ ㄷ. $f(x) = \begin{cases} \dfrac{(x-1)^2}{x-1} & (x \neq 1) \\ 0 & (x=1) \end{cases}$

03 열린구간 $(-2, 2)$에서 정의된 함수 $y = f(x)$의 그래프가 그림과 같다. 함수 $|f(x)|$의 불연속인 x의 값의 개수를 a, 함수 $|f(x)+1|$의 불연속인 x의 값의 개수를 b라 할 때, $a+b$의 값을 구하시오.

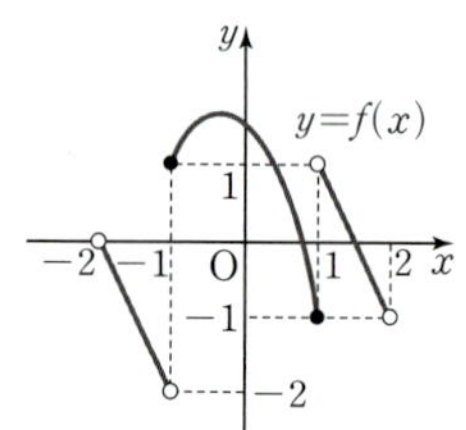

04 함수
$$f(x) = \begin{cases} \dfrac{x^2+x+a}{x+2} & (x \neq -2) \\ x^2 - b & (x = -2) \end{cases}$$
가 $x = -2$에서 연속일 때, ab의 값을 구하시오. (단, a, b는 상수이다.)

05 함수

$$f(x)=\begin{cases} -|x+1|+a & (x<-2) \\ |x-1| & (-2\le x<2) \\ |1-x|+b & (x\ge 2) \end{cases}$$

가 실수 전체의 집합에서 연속일 때, $f(-3)+f(3)$의 값을 구하시오. (단, a, b는 상수이다.)

06 실수 전체의 집합에서 연속인 함수 $f(x)$가 $x(x-1)f(x)=x^4+x^2+ax+b$를 만족시킬 때, $f(0)+f(1)$의 값을 구하시오. (단, a, b는 상수이다.)

07 삼차함수 $f(x)$가 다음 조건을 만족시킨다.

(가) 함수 $\dfrac{x}{f(x)}$는 $x=1$, $x=2$에서만 불연속이다.

(나) $\displaystyle\lim_{x\to 1}\dfrac{(x-1)^2}{f(x)}=0$

$f(4)=10$일 때, $f(-4)$의 값을 구하시오.

08 두 함수

$$f(x)=\begin{cases} ax^2-3 & (x\le -1) \\ x-a^2 & (x>-1) \end{cases},\ g(x)=|2ax|-3$$

에 대하여 함수 $f(x)g(x)$가 실수 전체의 집합에서 연속이기 위한 모든 실수 a의 값의 곱을 구하시오.

09 두 함수 $y=f(x)$, $y=g(x)$의 그래프가 그림과 같다.

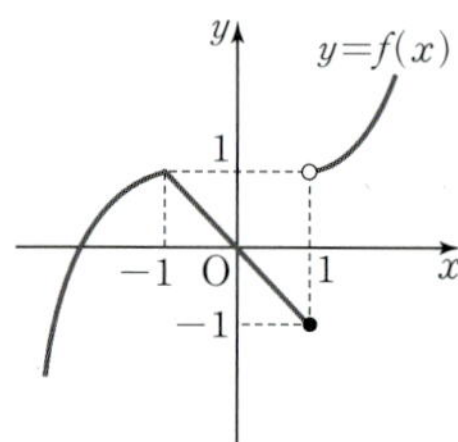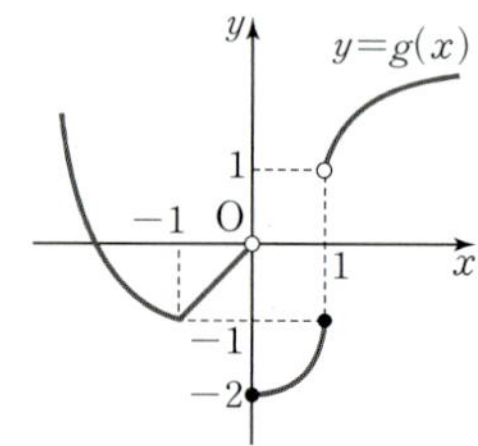

보기에서 옳은 것만을 있는 대로 고르시오.

> **보기**
> ㄱ. $\lim\limits_{x \to 0} f(x)g(x)=0$
> ㄴ. 함수 $f(x)-g(x)$는 $x=1$에서 연속이다.
> ㄷ. 함수 $f(x-1)g(x)$는 $x=1$에서 연속이다.

10 실수 전체의 집합에서 정의된 두 함수 $f(x)$, $g(x)$가 다음 조건을 만족시킨다.

> (가) 함수 $f(x)$는 $x=0$에서 연속이다.
> (나) $x<0$일 때, $f(x)+g(x)=2x^2+3x$
> (다) $x>0$일 때, $f(x)-g(x)=2x^2+x+2$

$\lim\limits_{x \to 0-} g(x) = \lim\limits_{x \to 0+} g(x)+4$일 때, $f(0)$의 값을 구하시오.

11 실수 전체의 집합에서 연속인 함수 $f(x)$에 대하여
$$f(0)=6, \ f(1)=a^2+5a-2, \ f(2)=25-a$$
이다. 방정식 $f(x)-x^2-11x=0$이 중근이 아닌 두 개의 실근을 가질 때, 이 실근이 열린구간 $(0, 1)$과 열린구간 $(1, 2)$에서 각각 하나씩 존재하도록 하는 실수 a의 값의 범위를 구하시오.

12 한 점에서 만나는 두 곡선 $y=x^3$, $y=x^2-2x+k$의 교점의 x좌표를 a라 할 때, $-1<a<1$이 되도록 하는 모든 정수 k의 값의 합을 구하시오.

S·T·E·P 2 실력 다지기

13 최고차항의 계수가 1인 이차함수 $f(x)$에 대하여 실수 전체의 집합에서 연속인 함수 $g(x)$가

$$g(x) = \begin{cases} 2x-1 & (x<1) \\ f(x) & (x \geq 1) \end{cases}$$

이다. 함수 $g(x)$의 역함수가 존재할 때, $f(3)$의 최솟값을 구하시오.

14 최고차항의 계수가 1인 이차함수 $f(x)$에 대하여 함수

$$g(x) = \begin{cases} (x+2)f(x) & (x<-1) \\ f(0) & (-1 \leq x < 1) \\ 2xf(x) & (x \geq 1) \end{cases}$$

가 $x=-1$, $x=1$에서 연속일 때, $g(2)$의 값을 구하시오.

수능 기출

15 실수 전체의 집합에서 연속인 함수 $f(x)$가 모든 실수 x에 대하여

$$\{f(x)\}^3 - \{f(x)\}^2 - x^2 f(x) + x^2 = 0$$

을 만족시킨다. 함수 $f(x)$의 최댓값이 1이고 최솟값이 0일 때, $f\left(-\dfrac{4}{3}\right) + f(0) + f\left(\dfrac{1}{2}\right)$의 값은?

① $\dfrac{1}{2}$ ② 1 ③ $\dfrac{3}{2}$ ④ 2 ⑤ $\dfrac{5}{2}$

16 함수

$$f(x) = \begin{cases} -|x|+1 & (|x| \leq 1) \\ 1 & (|x| > 1) \end{cases}$$

과 최고차항의 계수가 1인 이차함수 $g(x)$에 대하여 함수 $f(x)g(x)$는 실수 전체의 집합에서 연속이다. 함수 $f(x)g(x-a)$가 불연속인 점이 오직 한 개 존재하도록 하는 모든 실수 a의 값의 곱을 구하시오.

중단원 **연습문제**

17 두 함수

$$f(x)=\begin{cases} x+1 & (x<2) \\ 2x-3 & (x\ge2) \end{cases},\quad g(x)=\begin{cases} |(1-a)x| & (x<a) \\ b & (x\ge a) \end{cases}$$

에 대하여 두 함수 $f(x)+g(x)$, $f(x)-cg(x)$가 모두 실수 전체의 집합에서 연속일 때, $a+bc$의 값을 구하시오. (단, a, b, c는 상수이다.)

18 [평가원 기출]

두 함수

$$f(x)=\begin{cases} -2x+3 & (x<0) \\ -2x+2 & (x\ge0) \end{cases},\quad g(x)=\begin{cases} 2x & (x<a) \\ 2x-1 & (x\ge a) \end{cases}$$

가 있다. 함수 $f(x)g(x)$가 실수 전체의 집합에서 연속이 되도록 하는 상수 a의 값은?

① -2 ② -1 ③ 0 ④ 1 ⑤ 2

19 실수 t에 대하여 직선 $y=t$가 함수 $y=\begin{cases} (x-a)^2+1 & (x\le3) \\ (x+a-6)^2+1 & (x>3) \end{cases}$ 의 그래프와 만나는 점의 개수를 $f(t)$라 하자. 함수 $f(t)(t-2)(t-b)$가 모든 실수 t에서 연속이 되도록 하는 10 이하의 자연수 a, b의 모든 순서쌍 $(a,\,b)$의 개수를 구하시오.

challenge [교육청 기출]

20 두 집합

$$A=\{(x,\,y)\,|\,x^2+y^2=5,\ y\ge0\},$$
$$B=\{(x,\,y)\,|\,y=2|x|\}$$

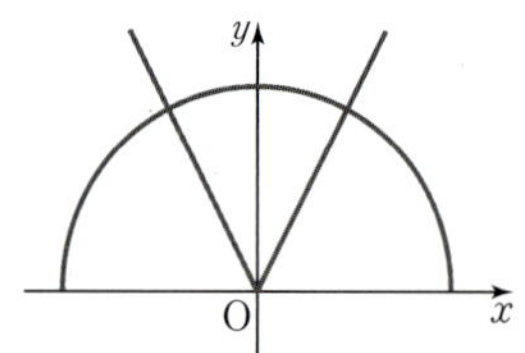

에 대하여 좌표평면에서 집합 $A\cup B$가 나타내는 도형을 S라 하자. 양의 실수 m에 대하여 직선 $y=m(x+5)$가 도형 S와 만나는 점의 개수를 $f(m)$이라 할 때, 열린구간 $(0,\,\infty)$에서 함수 $f(m)$은 $m=a_1$, $m=a_2$, $m=a_3$에서만 불연속이다. $a_1+a_2+a_3$의 값은?

① $\dfrac{17}{6}$ ② 3 ③ $\dfrac{19}{6}$ ④ $\dfrac{10}{3}$ ⑤ $\dfrac{7}{2}$

03

미분계수와 도함수

01 미분계수

평균변화율	함수 $y=f(x)$에서 x의 값이 a에서 b까지 변할 때의 평균변화율은 $$\frac{\Delta y}{\Delta x}=\frac{f(b)-f(a)}{b-a}=\frac{f(a+\Delta x)-f(a)}{\Delta x}$$
미분계수	함수 $y=f(x)$의 $x=a$에서의 미분계수는 $$f'(a)=\lim_{\Delta x\to 0}\frac{\Delta y}{\Delta x}=\lim_{\Delta x\to 0}\frac{f(a+\Delta x)-f(a)}{\Delta x}=\lim_{x\to a}\frac{f(x)-f(a)}{x-a}$$
미분계수의 기하적 의미	미분가능한 함수 $f(x)$의 $x=a$에서의 미분계수 $f'(a)$는 곡선 $y=f(x)$ 위의 점 $(a,f(a))$에서의 접선의 기울기와 같다.
미분가능성과 연속성	함수 $f(x)$가 $x=a$에서 미분가능하면 $f(x)$는 $x=a$에서 연속이다.

02 도함수

도함수	미분가능한 함수 $y=f(x)$의 정의역의 모든 원소 x에 미분계수 $f'(x)$를 대응시키면 새로운 함수 $$f'(x)=\lim_{\Delta x\to 0}\frac{f(x+\Delta x)-f(x)}{\Delta x}=\lim_{h\to 0}\frac{f(x+h)-f(x)}{h}$$ 를 얻는다. 이때 이 함수 $f'(x)$를 함수 $f(x)$의 도함수라 한다.
함수 $y=x^n$과 상수함수의 도함수	(1) $y=x$이면 $y'=1$ (2) $y=x^n$ ($n\geq 2$인 정수)이면 $y'=nx^{n-1}$ (3) $y=c$ (c는 상수)이면 $y'=0$
함수의 실수배, 합, 차의 미분법	두 함수 $f(x)$, $g(x)$가 미분가능할 때, (1) $\{cf(x)\}'=cf'(x)$ (c는 상수) (2) $\{f(x)+g(x)\}'=f'(x)+g'(x)$ (3) $\{f(x)-g(x)\}'=f'(x)-g'(x)$
함수의 곱의 미분법	세 함수 $f(x)$, $g(x)$, $h(x)$가 미분가능할 때, (1) $\{f(x)g(x)\}'=f'(x)g(x)+f(x)g'(x)$ (2) $\{f(x)g(x)h(x)\}'=f'(x)g(x)h(x)+f(x)g'(x)h(x)+f(x)g(x)h'(x)$

미분계수

1 평균변화율

함수 $y=f(x)$에서 x의 값이 a에서 b까지 변할 때의 평균변화율은

$$\frac{\Delta y}{\Delta x}=\frac{f(b)-f(a)}{b-a}=\frac{f(a+\Delta x)-f(a)}{\Delta x}$$

참고 Δ는 차를 뜻하는 영어 Difference의 첫 글자 D에 해당하는 그리스 문자로 '델타(delta)'라 읽는다.

함수 $y=f(x)$는 x의 값이 a에서 b까지 변할 때, y의 값은 $f(a)$에서 $f(b)$까지 변한다.
이때

x의 값의 변화량 $b-a$를 x의 **증분**,

y의 값의 변화량 $f(b)-f(a)$를 y의 **증분**

이라 하고, 이것을 기호로 각각 Δx, Δy와 같이 나타낸다.
즉,

$$\Delta x=b-a,\ b=a+\Delta x$$

$$\Delta y=f(b)-f(a)=f(a+\Delta x)-f(a)$$
$$\underset{b=a+\Delta x}{}$$

이다.

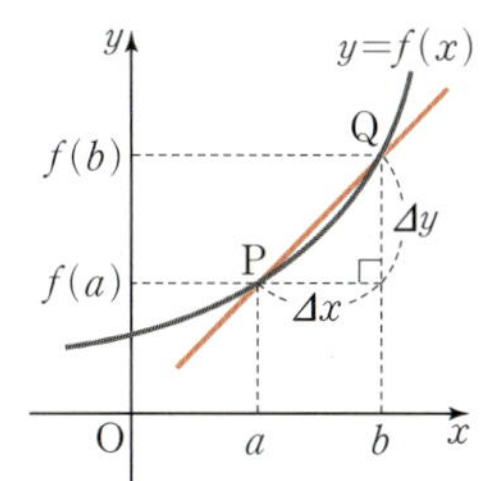

또한 x의 증분 Δx에 대한 y의 증분 Δy의 비율

$$\frac{\Delta y}{\Delta x}=\frac{f(b)-f(a)}{b-a}=\frac{f(a+\Delta x)-f(a)}{\Delta x}$$

를 함수 $y=f(x)$에서 x의 값이 a에서 b까지 변할 때의 **평균변화율**이라 한다.
평균변화율은 두 점 $P(a, f(a))$, $Q(b, f(b))$를 지나는 직선 PQ의 기울기와 같다.

example

(1) 함수 $f(x)=2x^2+x$에서 x의 값이 1에서 3까지 변할 때의 평균변화율은

$$\frac{\Delta y}{\Delta x}=\frac{f(3)-f(1)}{3-1}=\frac{(2\times 3^2+3)-(2\times 1^2+1)}{3-1}$$

$$=\frac{21-3}{2}=9$$

(2) 함수 $f(x)=2x+1$에서 x의 값이 2에서 4까지 변할 때의 평균변화율은

$$\frac{\Delta y}{\Delta x}=\frac{f(4)-f(2)}{4-2}=\frac{(2\times 4+1)-(2\times 2+1)}{4-2}$$

$$=\frac{9-5}{2}=2$$

참고 (2)에서 함수 $f(x)=2x+1$의 그래프는 기울기가 2인 직선이므로 평균변화율은 항상 2이다.
즉, 주어진 함수가 일차함수이면 평균변화율은 일차항의 계수임을 알 수 있다.

함수 $y=f(x)$의 $x=a$에서의 미분계수는

$$f'(a)=\lim_{\Delta x \to 0}\frac{\Delta y}{\Delta x}=\lim_{\Delta x \to 0}\frac{f(a+\Delta x)-f(a)}{\Delta x}=\lim_{x \to a}\frac{f(x)-f(a)}{x-a}$$

x의 값이 a에서 b까지 변할 때의 함수 $y=f(x)$의 평균변화율은

$$\frac{\Delta y}{\Delta x}=\frac{f(a+\Delta x)-f(a)}{\Delta x} \quad \leftarrow b=a+\Delta x$$

이다. 이때 Δx가 0에 한없이 가까워질 때, 즉 $\Delta x \to 0$일 때 이 평균변화율의 극한값

$$\lim_{\Delta x \to 0}\frac{\Delta y}{\Delta x}=\lim_{\Delta x \to 0}\frac{f(a+\Delta x)-f(a)}{\Delta x} \quad \cdots\cdots \ \bigcirc$$

가 존재하면 함수 $y=f(x)$는 $x=a$에서 미분가능하다고 한다.

이때 $\bigcirc$을 함수 $y=f(x)$의 $x=a$에서의 순간변화율 또는 미분계수라 하고, 이것을 기호로

$$f'(a) \quad \leftarrow f'(a)\text{는 '}f\text{ 프라임}(\text{prime})\ a\text{'라 읽는다.}$$

와 같이 나타낸다. 또한 $\bigcirc$에서 $a+\Delta x=x$라 하면 $\Delta x=x-a$이고, $\Delta x \to 0$일 때 $x \to a$이므로 다음과 같이 나타낼 수도 있다.

$$f'(a)=\lim_{\Delta x \to 0}\frac{f(a+\Delta x)-f(a)}{\Delta x}=\lim_{x \to a}\frac{f(x)-f(a)}{x-a}$$

example 함수 $f(x)=2x^2$의 $x=1$에서의 미분계수를 다음 두 가지 방법으로 구하면

| 방법 1 | $f'(a)=\lim\limits_{\Delta x \to 0}\dfrac{f(a+\Delta x)-f(a)}{\Delta x}$ 이용

$$f'(1)=\lim_{\Delta x \to 0}\frac{f(1+\Delta x)-f(1)}{\Delta x}=\lim_{\Delta x \to 0}\frac{2(1+\Delta x)^2-2\times 1^2}{\Delta x}$$

$$=\lim_{\Delta x \to 0}\frac{2(\Delta x)^2+4\Delta x}{\Delta x}=\lim_{\Delta x \to 0}(2\Delta x+4)=4$$

| 방법 2 | $f'(a)=\lim\limits_{x \to a}\dfrac{f(x)-f(a)}{x-a}$ 이용

$$f'(1)=\lim_{x \to 1}\frac{f(x)-f(1)}{x-1}=\lim_{x \to 1}\frac{2x^2-2\times 1^2}{x-1}$$

$$=\lim_{x \to 1}\frac{2(x+1)(x-1)}{x-1}=\lim_{x \to 1}2(x+1)=4$$

참고 $f'(a)=\lim\limits_{\Delta x \to 0}\dfrac{f(a+\Delta x)-f(a)}{\Delta x}$에서 Δx 대신 h를 사용하여 $f'(a)=\lim\limits_{h \to 0}\dfrac{f(a+h)-f(a)}{h}$와 같이 나타내기도 한다.

함수 $y=f(x)$가 어떤 구간에 속하는 모든 x에서 미분가능하면 함수 $y=f(x)$는 그 구간에서 미분가능하다고 한다. 특히, 함수 $y=f(x)$가 정의역에 속하는 모든 x에서 미분가능하면 함수 $y=f(x)$는 미분가능한 함수라 한다. $\leftarrow$ 다항함수는 실수 전체의 집합에서 미분가능한 함수이다.

미분가능한 함수 $f(x)$에 대하여

(1) $\displaystyle\lim_{\blacksquare\to 0}\frac{f(a+\blacksquare)-f(a)}{\blacksquare}=f'(a)$

(2) $\displaystyle\lim_{\blacktriangle\to\bullet}\frac{f(\blacktriangle)-f(\bullet)}{\blacktriangle-\bullet}=f'(\bullet)$

$\dfrac{0}{0}$ 꼴의 극한값을 구할 때, 미분계수의 정의를 이용하면 간단히 해결되는 경우가 많다.

함수 $f(x)$가 $x=a$에서 미분가능할 때, 극한값 $\displaystyle\lim_{h\to 0}\dfrac{f(a+2h)-f(a)}{h}$ 를 미분계수 $f'(a)$를 사용하여 나타내 보자. $2h=t$라 하면 $h\to 0$일 때 $t\to 0$이므로

$$\lim_{h\to 0}\frac{f(a+2h)-f(a)}{h}=\lim_{h\to 0}\frac{f(a+2h)-f(a)}{2h}\times 2=\lim_{t\to 0}\frac{f(a+t)-f(a)}{t}\times 2$$

$$=f'(a)\times 2=2f'(a)$$

따라서 복잡한 꼴의 극한이 주어졌을 때 위와 같이 $f'(a)=\displaystyle\lim_{\blacksquare\to 0}\dfrac{f(a+\blacksquare)-f(a)}{\blacksquare}$ 를 포함한 식으로 변형 가능하면 구하는 극한값을 $f'(a)$를 사용하여 간단히 나타낼 수 있다.

> ■가 모두 같아야 등식이 성립한다.

① $\displaystyle\lim_{h\to 0}\frac{f(a+ph)-f(a)}{h}=\lim_{h\to 0}\frac{f(a+ph)-f(a)}{ph}\times p=pf'(a)$
　　$h\to 0$일 때 $ph\to 0$

② $\displaystyle\lim_{h\to 0}\frac{f(a+qh)-f(a)}{ph}=\lim_{h\to 0}\frac{f(a+qh)-f(a)}{qh}\times \frac{q}{p}=\frac{q}{p}f'(a)$

③ $\displaystyle\lim_{h\to 0}\frac{f(a+ph)-f(a+qh)}{h}=\lim_{h\to 0}\frac{f(a+ph)-f(a)+f(a)-f(a+qh)}{h}$

$$=\lim_{h\to 0}\left\{\frac{f(a+ph)-f(a)}{h}-\frac{f(a+qh)-f(a)}{h}\right\}$$

$$=\lim_{h\to 0}\left\{\frac{f(a+ph)-f(a)}{ph}\times p-\frac{f(a+qh)-f(a)}{qh}\times q\right\}$$

$$=pf'(a)-qf'(a)=(p-q)f'(a)$$

example　미분가능한 함수 $f(x)$에 대하여 $f'(1)=4$일 때,

(1) $\displaystyle\lim_{h\to 0}\frac{f(1+4h)-f(1)}{2h}=\lim_{h\to 0}\frac{f(1+4h)-f(1)}{4h}\times 2=f'(1)\times 2=4\times 2=8$

(2) $\displaystyle\lim_{h\to 0}\frac{f(1+2h)-f(1+5h)}{h}=\lim_{h\to 0}\frac{f(1+2h)-f(1)+f(1)-f(1+5h)}{h}$

$$=\lim_{h\to 0}\left\{\frac{f(1+2h)-f(1)}{h}-\frac{f(1+5h)-f(1)}{h}\right\}$$

$$=\lim_{h\to 0}\left\{\frac{f(1+2h)-f(1)}{2h}\times 2-\frac{f(1+5h)-f(1)}{5h}\times 5\right\}$$

$$=f'(1)\times 2-f'(1)\times 5=-3f'(1)=-3\times 4=-12$$

마찬가지로 극한식을 $f'(\bullet)=\lim\limits_{\blacktriangle \to \bullet}\dfrac{f(\blacktriangle)-f(\bullet)}{\blacktriangle-\bullet}$ 을 포함한 식으로 변형 가능하면 구하는 극한

값을 $f'(a)$를 사용하여 간단히 나타낼 수 있다.

④ $\lim\limits_{x \to a}\dfrac{f(x)-f(a)}{x^2-a^2}=\lim\limits_{x \to a}\left\{\dfrac{f(x)-f(a)}{x-a}\times\dfrac{1}{x+a}\right\}$

$\qquad\qquad\qquad =\lim\limits_{x \to a}\dfrac{f(x)-f(a)}{x-a}\times\lim\limits_{x \to a}\dfrac{1}{x+a}=\dfrac{f'(a)}{2a}$

⑤ $\lim\limits_{x \to a}\dfrac{f(x^2)-f(a^2)}{x-a}=\lim\limits_{x \to a}\left\{\dfrac{f(x^2)-f(a^2)}{(x-a)(x+a)}\times(x+a)\right\}$

$\qquad\qquad\qquad =\lim\limits_{x \to a}\dfrac{f(x^2)-f(a^2)}{x^2-a^2}\times\lim\limits_{x \to a}(x+a)$

$\qquad\qquad\qquad =f'(a^2)\times 2a=2af'(a^2)$

⑥ $\lim\limits_{x \to a}\dfrac{af(x)-xf(a)}{x-a}=\lim\limits_{x \to a}\dfrac{af(x)-af(a)+af(a)-xf(a)}{x-a}$

$\qquad\qquad\qquad =\lim\limits_{x \to a}\dfrac{a\{f(x)-f(a)\}-(x-a)f(a)}{x-a}$

$\qquad\qquad\qquad =a\lim\limits_{x \to a}\dfrac{f(x)-f(a)}{x-a}-f(a)=af'(a)-f(a)$

⑦ $\lim\limits_{x \to a}\dfrac{x^2f(a)-a^2f(x)}{x-a}=\lim\limits_{x \to a}\dfrac{x^2f(a)-a^2f(a)+a^2f(a)-a^2f(x)}{x-a}$

$\qquad\qquad\qquad =\lim\limits_{x \to a}\left\{\dfrac{x^2f(a)-a^2f(a)}{x-a}-\dfrac{a^2f(x)-a^2f(a)}{x-a}\right\}$

$\qquad\qquad\qquad =\lim\limits_{x \to a}(x+a)f(a)-\lim\limits_{x \to a}\dfrac{f(x)-f(a)}{x-a}\times a^2$

$\qquad\qquad\qquad =2af(a)-a^2f'(a)$

example 미분가능한 함수 $f(x)$에 대하여 $f(2)=0$, $f'(2)=3$, $f'(4)=1$일 때,

(1) $\lim\limits_{x \to 2}\dfrac{f(x)-f(2)}{x^2-4}=\lim\limits_{x \to 2}\left\{\dfrac{f(x)-f(2)}{x-2}\times\dfrac{1}{x+2}\right\}$

$\qquad\qquad\qquad =\lim\limits_{x \to 2}\dfrac{f(x)-f(2)}{x-2}\times\lim\limits_{x \to 2}\dfrac{1}{x+2}=f'(2)\times\dfrac{1}{4}=3\times\dfrac{1}{4}=\dfrac{3}{4}$

(2) $\lim\limits_{x \to 2}\dfrac{f(x^2)-f(4)}{x-2}=\lim\limits_{x \to 2}\left\{\dfrac{f(x^2)-f(4)}{(x-2)(x+2)}\times(x+2)\right\}$

$\qquad\qquad\qquad =\lim\limits_{x \to 2}\dfrac{f(x^2)-f(4)}{x^2-4}\times\lim\limits_{x \to 2}(x+2)$

$\qquad\qquad\qquad =f'(4)\times 4=1\times 4=4$

(3) $\lim\limits_{x \to 2}\dfrac{x^2f(2)-4f(x)}{x-2}=\lim\limits_{x \to 2}\dfrac{x^2f(2)-4f(2)+4f(2)-4f(x)}{x-2}$

$\qquad\qquad\qquad =\lim\limits_{x \to 2}\left\{\dfrac{x^2f(2)-4f(2)}{x-2}-\dfrac{4f(x)-4f(2)}{x-2}\right\}$

$\qquad\qquad\qquad =\lim\limits_{x \to 2}(x+2)f(2)-\lim\limits_{x \to 2}\dfrac{f(x)-f(2)}{x-2}\times 4$

$\qquad\qquad\qquad =4f(2)-4f'(2)=4\times 0-4\times 3=-12$

4 **미분계수의 기하적 의미**

미분가능한 함수 $f(x)$의 $x=a$에서의 미분계수

$$f'(a)=\lim_{\Delta x \to 0}\frac{\Delta y}{\Delta x}=\lim_{\Delta x \to 0}\frac{f(a+\Delta x)-f(a)}{\Delta x}=\lim_{x \to a}\frac{f(x)-f(a)}{x-a}$$

는 곡선 $y=f(x)$ 위의 점 $(a, f(a))$에서의 접선의 기울기와 같다.

함수 $y=f(x)$에서 x의 값이 a에서 $a+\Delta x$까지 변할 때의 평균변화율

$$\frac{\Delta y}{\Delta x}=\frac{f(a+\Delta x)-f(a)}{\Delta x}$$

는 그림과 같이 함수 $y=f(x)$의 그래프 위의 두 점

$$\mathrm{P}(a, f(a)),\ \mathrm{Q}(a+\Delta x, f(a+\Delta x))$$

를 지나는 직선 PQ의 기울기와 같음을 학습하였다.

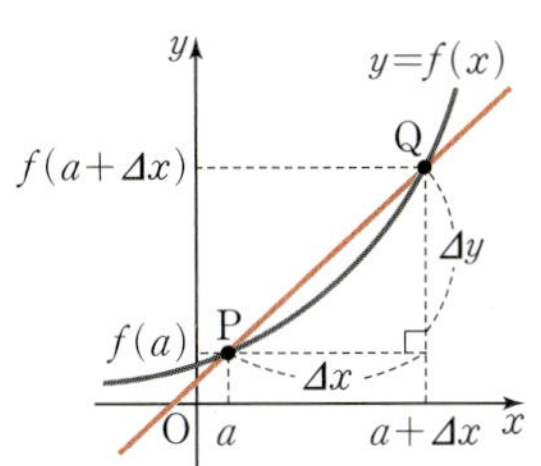

이제 미분가능한 함수 $f(x)$에 대하여 평균변화율의 극한값, 즉 미분계수 $f'(a)$의 기하적 의미를 살펴보자.

그림과 같이 점 P를 고정하였을 때 $\Delta x \to 0$이면
점 Q는 곡선 $y=f(x)$를 따라 점 P에 한없이 가까워지고,
직선 PQ는 점 P를 지나는 일정한 직선 PT에 한없이 가까워
진다.

따라서 $\Delta x \to 0$일 때 직선 PQ의 기울기의 극한값은 직선 PT
의 기울기와 같다.

이 직선 PT를 곡선 $y=f(x)$ 위의 점 P에서의 접선이라 하고, 점 P를 이 접선의 접점이라 한다.

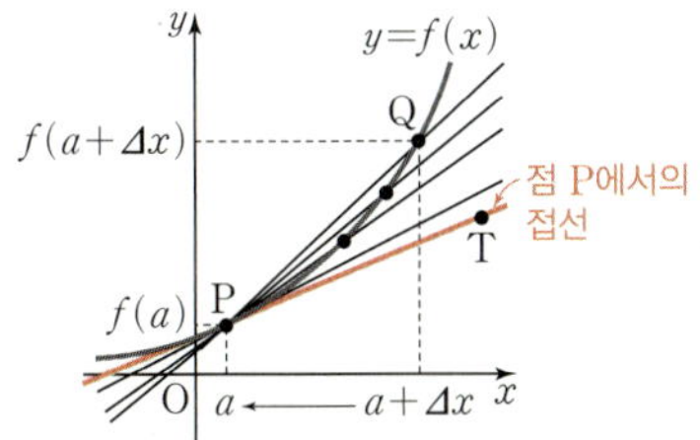

따라서 미분가능한 함수 $f(x)$의 $x=a$에서의 미분계수

$$f'(a)=\lim_{\Delta x \to 0}\frac{\Delta y}{\Delta x}=\lim_{\Delta x \to 0}\frac{f(a+\Delta x)-f(a)}{\Delta x}$$

는 곡선 $y=f(x)$ 위의 점 $\mathrm{P}(a, f(a))$에서의 접선의 기울기를 나타낸다.

example 곡선 $y=x^2+1$ 위의 점 $(2, 5)$에서의 접선의 기울기는

$f(x)=x^2+1$이라 할 때 $x=2$에서의 미분계수 $f'(2)$와 같으므로

$$\begin{aligned}f'(2)&=\lim_{\Delta x \to 0}\frac{f(2+\Delta x)-f(2)}{\Delta x}\\&=\lim_{\Delta x \to 0}\frac{\{(2+\Delta x)^2+1\}-(2^2+1)}{\Delta x}\\&=\lim_{\Delta x \to 0}\frac{(\Delta x)^2+4\Delta x}{\Delta x}=\lim_{\Delta x \to 0}(\Delta x+4)=4\end{aligned}$$

참고 접선의 기울기를 $f'(2)=\lim_{x \to 2}\dfrac{f(x)-f(2)}{x-2}$로 구해도 된다.

함수 $f(x)$가 $x=a$에서 미분가능하면 $f(x)$는 $x=a$에서 연속이다.

함수 $f(x)$에 대하여 평균변화율의 극한값, 즉 미분계수 $f'(a)=\displaystyle\lim_{x \to a}\dfrac{f(x)-f(a)}{x-a}$가 존재하면 함수 $f(x)$는 $x=a$에서 미분가능하다는 것을 학습하였다.

따라서 함수 $f(x)$가 $x=a$에서 미분가능하다는 것은

평균변화율의 우극한 $\displaystyle\lim_{x \to a+}\dfrac{f(x)-f(a)}{x-a}$ 를 우미분계수,

평균변화율의 좌극한 $\displaystyle\lim_{x \to a-}\dfrac{f(x)-f(a)}{x-a}$ 를 좌미분계수라 할 때

우미분계수와 좌미분계수가 각각 존재하고

$$(\text{우미분계수})=(\text{좌미분계수})$$

임을 의미한다.

함수의 미분가능성과 연속성 사이에는 어떤 관계가 있는지 알아보자.

함수 $f(x)$가 $x=a$에서 미분가능하면 $x=a$에서의 미분계수

$$f'(a)=\lim_{x \to a}\frac{f(x)-f(a)}{x-a}$$

가 존재하므로

$$\lim_{x \to a}\{f(x)-f(a)\}=\lim_{x \to a}\left\{\frac{f(x)-f(a)}{x-a}\times(x-a)\right\}$$
$$=\lim_{x \to a}\frac{f(x)-f(a)}{x-a}\times\lim_{x \to a}(x-a)$$
$$=f'(a)\times 0=0$$

이다. 따라서 $\displaystyle\lim_{x \to a}f(x)=f(a)$이므로 함수 $f(x)$는 $x=a$에서 연속이다.

즉, 함수 $f(x)$가 $x=a$에서 미분가능하면 $x=a$에서 연속이다. ← '함수 $f(x)$가 $x=a$에서 불연속이면 $x=a$에서 미분가능하지 않다.'도 성립한다.

한편, 위의 역 '함수 $f(x)$가 $x=a$에서 연속이면 $x=a$에서 미분가능하다.' 는 성립하지 않는다.

즉, 함수 $f(x)$가 $x=a$에서 연속이지만 $x=a$에서 미분가능하지 않을 수도 있다.

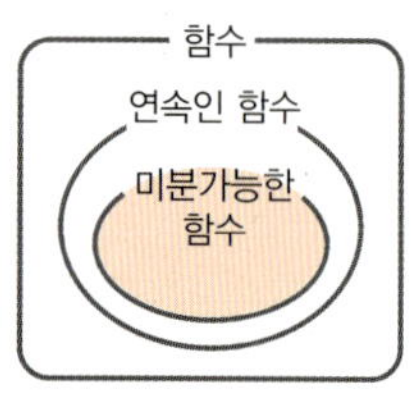

예를 들어 $f(x)=|x|$에 대하여 $x=0$에서의 연속성과 미분가능성을 조사해 보자.

(i) $x=0$에서의 연속성

$f(0)=0$이고 $\lim\limits_{x\to 0} f(x)=\lim\limits_{x\to 0}|x|=0$이므로 $\lim\limits_{x\to 0} f(x)=f(0)$

따라서 함수 $f(x)$는 $x=0$에서 연속이다.

(ii) $x=0$에서의 미분가능성

$$\lim_{x\to 0+}\frac{f(x)-f(0)}{x-0}=\lim_{x\to 0+}\frac{x}{x}=1,$$

$$\lim_{x\to 0-}\frac{f(x)-f(0)}{x-0}=\lim_{x\to 0-}\frac{-x}{x}=-1$$

에서 우미분계수와 좌미분계수가 서로 다르므로 미분계수 $f'(0)$이 존재하지 않는다.

따라서 함수 $f(x)$는 $x=0$에서 미분가능하지 않다.

(i), (ii)에 의하여 함수 $f(x)$는 $x=0$에서 연속이지만 $x=0$에서 미분가능하지 않다.

함수 $f(x)$가 $x=a$에서 미분가능하지 않은 경우를 살펴보자.

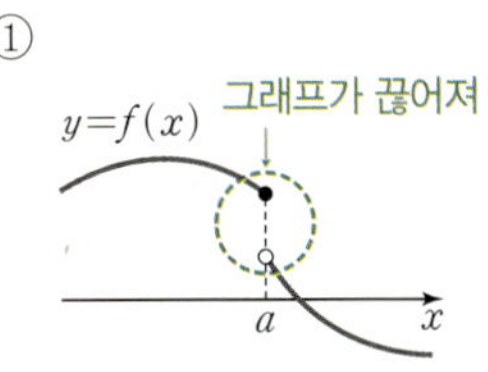

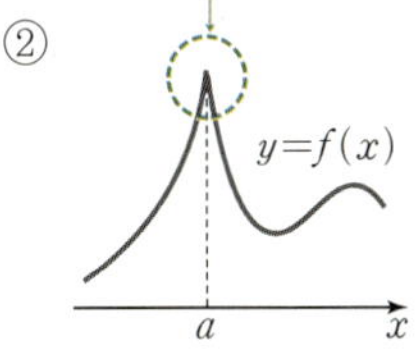

① 함수 $f(x)$가 $x=a$에서 불연속이면 $f(x)$는 $x=a$에서 미분가능하지 않다.

'함수 $f(x)$가 $x=a$에서 미분가능하면 $f(x)$는 $x=a$에서 연속이다.'의 대우

② 함수 $f(x)$가 $x=a$에서 우미분계수와 좌미분계수가 존재하더라도 그 값이 서로 다르면 $f(x)$는 $x=a$에서 미분가능하지 않다.

일반적으로 함수 $y=f(x)$의 그래프가 $x=a$에서 뾰족하거나 꺾일 때, 함수 $f(x)$는 $x=a$에서 미분가능하지 않다. ← 함수 $f(x)=|x|$가 그 예이다.

$y=f(x)$

O 1 2 3 4 5 6 x

example

함수 $y=f(x)$의 그래프가 그림과 같을 때,

(1) 함수 $f(x)$는 $x=1$, $x=5$에서 불연속이다.

└ 불연속인 점은 그래프에서 끊어져 있는 점을 찾는다.

(2) 함수 $f(x)$는 $x=1$, $x=3$, $x=4$, $x=5$에서 미분가능하지 않다. ← 미분가능하지 않는 점은 그래프에서 끊어져 있거나 뾰족한 점을 찾는다.

(3) 함수 $f(x)$는 $x=3$, $x=4$에서 연속이지만 미분가능하지 않다.

참고 함수 $f(x)$가 $x=a$에서 미분가능하면 함수 $y=f(x)$의 그래프는 $x=a$에서 매끄럽게 연결되어 있다.

다음과 같이 복잡한 꼴의 극한이 주어졌을 때 치환과 미분계수의 정의를 이용하여 극한값을 구해 보자.

미분가능한 함수 $f(x)$에 대하여

(1) $f'(3)=5$일 때 $\lim\limits_{n\to\infty} n\left\{f\left(\dfrac{3n-1}{n}\right)-f\left(\dfrac{3n+2}{n}\right)\right\}$의 값을 구하면

$\dfrac{1}{n}=h$로 치환하면 $n\to\infty$일 때 $h\to 0$이므로

$$\lim_{n\to\infty} n\left\{f\left(\dfrac{3n-1}{n}\right)-f\left(\dfrac{3n+2}{n}\right)\right\}=\lim_{n\to\infty} n\left\{f\left(3-\dfrac{1}{n}\right)-f\left(3+\dfrac{2}{n}\right)\right\}$$

$$=\lim_{h\to 0}\dfrac{1}{h}\{f(3-h)-f(3+2h)\}$$

$$=\lim_{h\to 0}\dfrac{f(3-h)-f(3+2h)}{h}$$

$$=\lim_{h\to 0}\dfrac{f(3-h)-f(3)+f(3)-f(3+2h)}{h}$$

$$=\lim_{h\to 0}\left\{\dfrac{f(3-h)-f(3)}{h}-\dfrac{f(3+2h)-f(3)}{h}\right\}$$

$$=\lim_{h\to 0}\dfrac{f(3-h)-f(3)}{-h}\times(-1)-\lim_{h\to 0}\dfrac{f(3+2h)-f(3)}{2h}\times 2$$

$$=f'(3)\times(-1)-f'(3)\times 2=-3f'(3)=-15$$

(2) $\lim\limits_{x\to 1}\dfrac{f(x+2)-4}{x^2-1}=6$일 때 $f'(3)$의 값을 구하면

$x\to 1$일 때 극한값이 존재하고 (분모)$\to 0$이므로 (분자)$\to 0$이다.

따라서 $\lim\limits_{x\to 1}\{f(x+2)-4\}=f(3)-4=0$ $\therefore f(3)=4$

$x-1=h$로 치환하면 $x\to 1$일 때 $h\to 0$이므로

$$\lim_{x\to 1}\dfrac{f(x+2)-4}{x^2-1}=\lim_{x\to 1}\dfrac{f(x-1+3)-4}{(x-1)(x-1+2)}$$

$$=\lim_{h\to 0}\dfrac{f(3+h)-4}{h(h+2)}=\lim_{h\to 0}\dfrac{f(3+h)-f(3)}{h(h+2)}\ (\because f(3)=4)$$

$$=\lim_{h\to 0}\left\{\dfrac{f(3+h)-f(3)}{h}\times\dfrac{1}{h+2}\right\}$$

$$=\lim_{h\to 0}\dfrac{f(3+h)-f(3)}{h}\times\lim_{h\to 0}\dfrac{1}{h+2}$$

$$=f'(3)\times\dfrac{1}{2}=6$$

$\therefore f'(3)=12$

01 함수 $f(x)=-x^2+3x$에서 x의 값이 -1에서 2까지 변할 때의 평균변화율을 구하시오.

02 함수 $f(x)=x^2-x$에 대하여 x의 값이 3에서 a까지 변할 때의 평균변화율이 4일 때, 상수 a의 값을 구하시오.

03 다음 함수의 $x=2$에서의 미분계수를 구하시오.

(1) $f(x)=4x+5$ 　　　　　　　　　　　(2) $f(x)=3x^2+x$

04 다음 곡선 위의 주어진 점에서의 접선의 기울기를 구하시오.

(1) $y=2x^2-5x$ $(-1,\ 7)$ 　　　　　　　(2) $y=-x^2+x+1$ $(0,\ 1)$

05 함수 $f(x)=\begin{cases} x-2 & (x<1) \\ 2x^2-3x & (x\geq1) \end{cases}$ 의 $x=1$에서의 연속성과 미분가능성을 조사하시오.

대표 예제 | 01

함수 $f(x)=x^2+3x+2$에 대하여 다음 물음에 답하시오.

(1) x의 값이 -3에서 1까지 변할 때의 평균변화율을 구하시오.

(2) $x=a$에서의 미분계수가 (1)의 평균변화율과 같을 때, 상수 a의 값을 구하시오.

바로 접근

함수 $f(x)$에 대하여

(1) x의 값이 a에서 b까지 변할 때의 평균변화율은

$$\frac{\Delta y}{\Delta x}=\frac{f(b)-f(a)}{b-a}$$

(2) $x=a$에서의 미분계수(순간변화율)는

$$f'(a)=\lim_{\Delta x\to 0}\frac{f(a+\Delta x)-f(a)}{\Delta x}=\lim_{h\to 0}\frac{f(a+h)-f(a)}{h}$$

바른 풀이

(1) x의 값이 -3에서 1까지 변할 때의 함수 $f(x)$의 평균변화율은

$$\begin{aligned}
\frac{\Delta y}{\Delta x}&=\frac{f(1)-f(-3)}{1-(-3)}\\
&=\frac{(1^2+3\times 1+2)-\{(-3)^2+3\times(-3)+2\}}{1-(-3)}\\
&=\frac{6-2}{4}=1
\end{aligned}$$

(2) 함수 $f(x)$의 $x=a$에서의 미분계수는

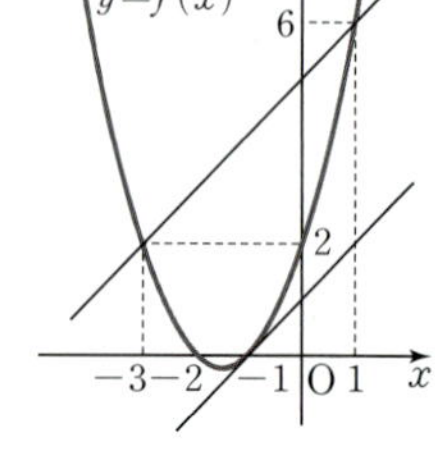

$$\begin{aligned}
f'(a)&=\lim_{\Delta x\to 0}\frac{f(a+\Delta x)-f(a)}{\Delta x}\\
&=\lim_{\Delta x\to 0}\frac{\{(a+\Delta x)^2+3(a+\Delta x)+2\}-(a^2+3a+2)}{\Delta x}\\
&=\lim_{\Delta x\to 0}\frac{(\Delta x)^2+(2a+3)\Delta x}{\Delta x}\\
&=\lim_{\Delta x\to 0}(\Delta x+2a+3)=2a+3
\end{aligned}$$

(1)에 의하여 $2a+3=1$

$$\therefore a=-1$$

정답 (1) 1 (2) -1

Bible Says

함수 $y=f(x)$에서

① x의 값이 a에서 b까지 변할 때의 평균변화율은 두 점 $(a, f(a))$, $(b, f(b))$를 지나는 직선의 기울기와 같다.

② $x=a$에서의 미분계수는 곡선 $y=f(x)$ 위의 점 $(a, f(a))$에서의 접선의 기울기와 같다.

한 번 더하기

01-1

함수 $f(x)=x^2-3x-1$에 대하여 다음 물음에 답하시오.

(1) x의 값이 -1에서 2까지 변할 때의 평균변화율을 구하시오.

(2) $f'(k)$의 값이 (1)의 평균변화율과 같을 때, 상수 k의 값을 구하시오.

03

표현 더하기

01-2

함수 $f(x)=x^3+ax^2+4x$에서 x의 값이 -2에서 3까지 변할 때의 평균변화율과 $f'(1)$의 값이 같을 때, 상수 a의 값을 구하시오.

표현 더하기

01-3

함수 $f(x)=x^3-2x$에 대하여 x의 값이 -1에서 a까지 변할 때의 평균변화율과 $x=-1$에서의 미분계수가 같도록 하는 양수 a의 값을 구하시오.

표현 더하기

01-4

함수 $f(x)=x^3-x^2-2x$에서 x의 값이 0에서 3까지 변할 때의 평균변화율과 x의 값이 a에서 0까지 변할 때의 평균변화율이 같다. 음수 a에 대하여 $f(a)$의 값을 구하시오.

대표 예제 | 02

미분가능한 함수 $f(x)$에 대하여 $f'(a)=1$일 때, 다음 극한값을 구하시오.

(1) $\displaystyle\lim_{h\to 0}\frac{f(a+3h)-f(a)}{h}$

(2) $\displaystyle\lim_{h\to 0}\frac{f(a+h^2)-f(a)}{h}$

(3) $\displaystyle\lim_{h\to 0}\frac{f(a+2h)-f(a-3h)}{h}$

B라로 접근

미분계수의 정의를 이용할 수 있도록 주어진 식을 다음과 같이 ■가 서로 같은 꼴로 변형한다.

$$\lim_{\blacksquare\to 0}\frac{f(a+\blacksquare)-f(a)}{\blacksquare}=f'(a)$$

B바른 풀이

(1) $\displaystyle\lim_{h\to 0}\frac{f(a+3h)-f(a)}{h}=\lim_{h\to 0}\frac{f(a+3h)-f(a)}{3h}\times 3=3f'(a)=3\times 1=3$

(2) $\displaystyle\lim_{h\to 0}\frac{f(a+h^2)-f(a)}{h}=\lim_{h\to 0}\left\{\frac{f(a+h^2)-f(a)}{h^2}\times h\right\}$

$\displaystyle\qquad=\lim_{h\to 0}\frac{f(a+h^2)-f(a)}{h^2}\times\lim_{h\to 0}h=f'(a)\times 0=1\times 0=0$

(3) $\displaystyle\lim_{h\to 0}\frac{f(a+2h)-f(a-3h)}{h}=\lim_{h\to 0}\frac{f(a+2h)-f(a)+f(a)-f(a-3h)}{h}$

$\displaystyle\qquad=\lim_{h\to 0}\frac{f(a+2h)-f(a)}{h}-\lim_{h\to 0}\frac{f(a-3h)-f(a)}{h}$

$\displaystyle\qquad=\lim_{h\to 0}\frac{f(a+2h)-f(a)}{2h}\times 2+\lim_{h\to 0}\frac{f(a-3h)-f(a)}{-3h}\times 3$

$\displaystyle\qquad=2f'(a)+3f'(a)=5f'(a)=5\times 1=5$

참고 미분계수의 정의를 이용하려면 (1)에서 $\displaystyle\lim_{3h\to 0}\frac{f(a+3h)-f(a)}{3h}$, (2)에서 $\displaystyle\lim_{h^2\to 0}\frac{f(a+h^2)-f(a)}{h^2}$,

(3)에서 $\displaystyle\lim_{2h\to 0}\frac{f(a+2h)-f(a)}{2h}$, $\displaystyle\lim_{-3h\to 0}\frac{f(a-3h)-f(a)}{-3h}$로 써야 하지만

$h\to 0$이면 $3h\to 0$, $h^2\to 0$, $2h\to 0$, $-3h\to 0$이므로 이 과정은 생략해도 된다.

정답 (1) 3　(2) 0　(3) 5

Bible Says

미분가능한 함수 $f(x)$와 상수 p, q에 대하여

① $\displaystyle\lim_{h\to 0}\frac{f(a+qh)-f(a)}{ph}=\frac{q}{p}f'(a)$ (단, $p\neq 0$)

[증명] $\displaystyle\lim_{h\to 0}\frac{f(a+qh)-f(a)}{ph}$

$\displaystyle\qquad=\lim_{h\to 0}\frac{f(a+qh)-f(a)}{qh}\times\frac{q}{p}$

$\displaystyle\qquad=\frac{q}{p}f'(a)$

② $\displaystyle\lim_{h\to 0}\frac{f(a+ph)-f(a+qh)}{h}=(p-q)f'(a)$

[증명] $\displaystyle\lim_{h\to 0}\frac{f(a+ph)-f(a+qh)}{h}$

$\displaystyle\qquad=\lim_{h\to 0}\frac{f(a+ph)-f(a)+f(a)-f(a+qh)}{h}$

$\displaystyle\qquad=\lim_{h\to 0}\left\{\frac{f(a+ph)-f(a)}{h}-\frac{f(a+qh)-f(a)}{h}\right\}$

$\displaystyle\qquad=f'(a)\times p-f'(a)\times q=(p-q)f'(a)$

한번 더하기

02-1 미분가능한 함수 $f(x)$에 대하여 $f'(a)=-2$일 때, 다음 극한값을 구하시오.

(1) $\displaystyle\lim_{h\to 0}\frac{f(a-2h)-f(a)}{h}$ (2) $\displaystyle\lim_{h\to 0}\frac{-f(a-h)+f(a)}{h}$ (3) $\displaystyle\lim_{h\to 0}\frac{f(a+2h^2)-f(a-h^3)}{h^2}$

표현 더하기

02-2 다항함수 $f(x)$에 대하여 $f'(2)=3$이고 $\displaystyle\lim_{h\to 0}\frac{f(2+ah)-f(2)}{h}=9$일 때, 상수 a의 값을 구하시오.

표현 더하기

02-3 다항함수 $f(x)$가 $\displaystyle\lim_{h\to 0}\frac{f(1-h)-f(1+h)}{-h}=8$을 만족시킬 때, $\displaystyle\lim_{h\to 0}\frac{f(1+3h)-f(1-2h)}{2h}$ 의 값을 구하시오.

표현 더하기

02-4 미분가능한 함수 $f(x)$에 대하여

$$\lim_{t\to\infty}t\left\{f\left(5+\frac{1}{t}\right)-f\left(5+\frac{3}{t}\right)\right\}=24$$

일 때, $f'(5)$의 값을 구하시오.

대표 예제 | 03

미분가능한 함수 $f(x)$에 대하여 $f(1)=3$, $f'(1)=2$일 때, 다음 극한값을 구하시오.

(1) $\displaystyle\lim_{x \to 1} \frac{f(x)-f(1)}{x^2-1}$

(2) $\displaystyle\lim_{x \to 1} \frac{f(x^3)-3}{x-1}$

(3) $\displaystyle\lim_{x \to 1} \frac{xf(1)-f(x)}{x-1}$

바로 접근

미분계수의 정의를 이용할 수 있도록 다음과 같이 ■는 ■끼리, ●는 ●끼리 서로 같은 꼴로 변형한다.

$$\lim_{\blacksquare \to \bullet} \frac{f(\blacksquare)-f(\bullet)}{\blacksquare-\bullet}=f'(\bullet)$$

바른 풀이

(1) $\displaystyle\lim_{x \to 1} \frac{f(x)-f(1)}{x^2-1}=\lim_{x \to 1}\left\{\frac{f(x)-f(1)}{x-1} \times \frac{1}{x+1}\right\}$

$\qquad =\displaystyle\lim_{x \to 1} \frac{f(x)-f(1)}{x-1} \times \lim_{x \to 1}\frac{1}{x+1}$

$\qquad =f'(1) \times \dfrac{1}{2}=2 \times \dfrac{1}{2}=1$

(2) $\displaystyle\lim_{x \to 1} \frac{f(x^3)-3}{x-1}=\lim_{x \to 1} \frac{f(x^3)-f(1)}{x-1}=\lim_{x \to 1}\left\{\frac{f(x^3)-f(1)}{x^3-1} \times (x^2+x+1)\right\}$

$\qquad =\displaystyle\lim_{x \to 1} \frac{f(x^3)-f(1)}{x^3-1} \times \lim_{x \to 1}(x^2+x+1)$

$\qquad =f'(1) \times 3=2 \times 3=6$

(3) $\displaystyle\lim_{x \to 1} \frac{xf(1)-f(x)}{x-1}=\lim_{x \to 1} \frac{xf(1)-f(1)+f(1)-f(x)}{x-1}$

$\qquad =\displaystyle\lim_{x \to 1}\left\{\frac{(x-1)f(1)}{x-1} - \frac{f(x)-f(1)}{x-1}\right\}$

$\qquad =\displaystyle\lim_{x \to 1} \frac{(x-1)f(1)}{x-1} - \lim_{x \to 1} \frac{f(x)-f(1)}{x-1}$

$\qquad =f(1)-f'(1)=3-2=1$

정답 (1) 1 (2) 6 (3) 1

Bible Says

미분가능한 함수 $f(x)$에 대하여

① $\displaystyle\lim_{x \to a} \frac{af(x)-xf(a)}{x-a}=af'(a)-f(a)$

[증명] $\displaystyle\lim_{x \to a} \frac{af(x)-xf(a)}{x-a}$

$\qquad =\displaystyle\lim_{x \to a} \frac{af(x)-af(a)+af(a)-xf(a)}{x-a}$

$\qquad =\displaystyle\lim_{x \to a} \frac{a\{f(x)-f(a)\}-(x-a)f(a)}{x-a}$

$\qquad =a\displaystyle\lim_{x \to a} \frac{f(x)-f(a)}{x-a}-f(a)$

$\qquad =af'(a)-f(a)$

② $\displaystyle\lim_{x \to a} \frac{x^2f(a)-a^2f(x)}{x-a}=2af(a)-a^2f'(a)$

[증명] $\displaystyle\lim_{x \to a} \frac{x^2f(a)-a^2f(x)}{x-a}$

$\qquad =\displaystyle\lim_{x \to a} \frac{x^2f(a)-a^2f(a)+a^2f(a)-a^2f(x)}{x-a}$

$\qquad =\displaystyle\lim_{x \to a} \frac{(x^2-a^2)f(a)}{x-a}-\lim_{x \to a} \frac{a^2\{f(x)-f(a)\}}{x-a}$

$\qquad =\displaystyle\lim_{x \to a}(x+a)f(a)-a^2f'(a)$

$\qquad =2af(a)-a^2f'(a)$

한 번 더하기

03-1 미분가능한 함수 $f(x)$에 대하여 $f(-1)=-4$, $f'(-1)=-1$일 때, 다음 극한값을 구하시오.

(1) $\displaystyle\lim_{x \to -1} \frac{f(x)-f(-1)}{x^2-x-2}$

(2) $\displaystyle\lim_{x \to -1} \frac{f(x^3)+4}{x+1}$

(3) $\displaystyle\lim_{x \to -1} \frac{f(x)+xf(-1)}{x+1}$

표현 더하기

03-2 다항함수 $f(x)$에 대하여 $f'(\sqrt{3})=3$일 때, $\displaystyle\lim_{x \to \sqrt{3}} \frac{x^3-3\sqrt{3}}{f(x)-f(\sqrt{3})}$의 값을 구하시오.

표현 더하기

03-3 다항함수 $f(x)$에 대하여 $f(2)=5$, $f'(2)=-2$일 때, $\displaystyle\lim_{x \to 2} \frac{x^2 f(2)-4f(x)}{x-2}$의 값을 구하시오.

표현 더하기

03-4 다항함수 $f(x)$에 대하여 $f(1)=4$, $f'(1)=2$일 때, $\displaystyle\lim_{x \to 1} \frac{\sqrt{f(x)}-2}{\sqrt{x}-1}$의 값을 구하시오.

대표 예제 | 04

미분가능한 함수 $f(x)$가 모든 실수 $x,\ y$에 대하여
$$f(x+y)=f(x)+f(y)+2$$
를 만족시키고 $f'(0)=3$일 때, $f'(1)$의 값을 구하시오.

바로 접근

함수 $f(x)$에 대한 관계식이 주어진 경우의 미분계수 구하기

❶ 주어진 관계식의 $x,\ y$에 적당한 수를 대입하여 $f(0)$의 값을 구한다.

주로 0 또는 1을 대입한다.

❷ $f'(a)=\lim\limits_{h\to0}\dfrac{f(a+h)-f(a)}{h}$의 $f(a+h)$에 주어진 관계식을 대입하여 $f'(a)$의 값을 구한다.

바른 풀이

$f(x+y)=f(x)+f(y)+2$의 양변에 $x=0,\ y=0$을 대입하면

$f(0)=f(0)+f(0)+2$ $\therefore f(0)=-2$ …… ㉠

$$\therefore f'(1)=\lim_{h\to0}\frac{f(1+h)-f(1)}{h}$$
$$=\lim_{h\to0}\frac{\{f(1)+f(h)+2\}-f(1)}{h}$$
$$=\lim_{h\to0}\frac{f(h)+2}{h}$$
$$=\lim_{h\to0}\frac{f(h)-f(0)}{h}\ (\because ㉠)$$
$$=f'(0)=3$$

정답 3

Bible Says

관계식 $f(x+y)=f(x)+f(y)+A$ (A는 상수 또는 $x,\ y$에 대한 식)가 주어진 함수의 미분계수를 구할 때 미분계수의 정의
$$f'(a)=\lim_{h\to0}\frac{f(a+h)-f(a)}{h}$$
에서 분자 부분의 $f(a+h)$가 주어진 관계식과 유사한 형태인 것에 주목한다.

한번 더하기

04-1 미분가능한 함수 $f(x)$가 모든 실수 x, y에 대하여
$$f(x+y)-f(x)=f(y)-5xy$$
를 만족시키고 $f'(0)=1$일 때, $f'(2)$의 값을 구하시오.

한번 더하기

04-2 미분가능한 함수 $f(x)$가 임의의 실수 x, y에 대하여
$$f(x+y)=f(x)+f(y)+xy,\ f'(0)=2$$
일 때, $f'(3)$의 값을 구하시오.

표현 더하기

04-3 미분가능한 함수 $f(x)$가 모든 실수 x, y에 대하여
$$f(x+y)=f(x)+f(y)-axy$$
를 만족시키고, $f'(x)=-2x+4$일 때, 상수 a의 값을 구하시오.

실력 더하기

04-4 미분가능한 함수 $f(x)$가 모든 실수 x, y에 대하여 다음 조건을 만족시킬 때, $\dfrac{f'(8)}{f(8)}$의 값을 구하시오.

> (가) $f(x)>0$
> (나) $f'(0)=2$
> (다) $f(x+y)=4f(x)f(y)$

대표 예제 | 05

함수 $y=f(x)$의 그래프가 그림과 같을 때, $f'(a)$, $f'(b)$, $\dfrac{f(b)-f(a)}{b-a}$ 의 대소를 비교하시오.

(1) 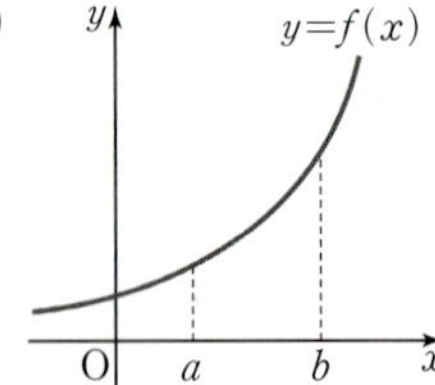

(2) 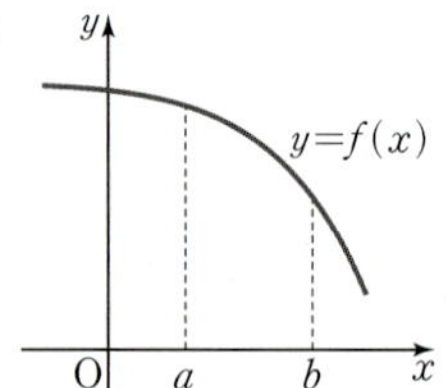

바로 접근

함수 $y=f(x)$의 $x=a$에서의 미분계수 $f'(a)$는

곡선 $y=f(x)$ 위의 점 $(a, f(a))$에서 접하는 접선의 기울기와 같다.

바른 풀이

두 점 $(a, f(a))$, $(b, f(b))$에 대하여

$f'(a)$는 점 $(a, f(a))$에서의 접선의 기울기와 같고, $f'(b)$는 점 $(b, f(b))$에서의 접선의 기울기와 같다.

또한 $\dfrac{f(b)-f(a)}{b-a}$는 두 점 $(a, f(a))$, $(b, f(b))$를 지나는 직선의 기울기와 같다.

(1) 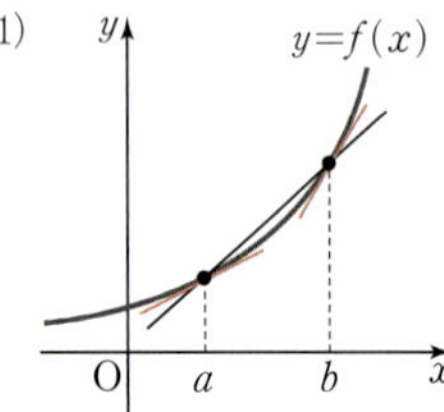

(2) 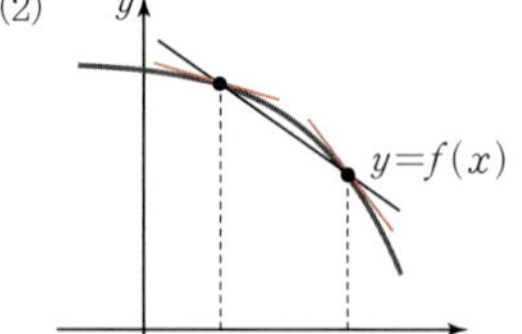

$$f'(a)<\frac{f(b)-f(a)}{b-a}<f'(b)$$

$$f'(b)<\frac{f(b)-f(a)}{b-a}<f'(a)$$

정답 (1) $f'(a)<\dfrac{f(b)-f(a)}{b-a}<f'(b)$ (2) $f'(b)<\dfrac{f(b)-f(a)}{b-a}<f'(a)$

Bible Says

미분계수를 이용하여 곡선 $y=x^2+x+2$ 위의 점 $(1, 4)$에서의 접선의 기울기를 구해 보자.

$f(x)=x^2+x+2$라 하면 구하는 접선의 기울기는 미분계수의 기하적 의미에 의하여 $f'(1)$이므로

$$f'(1)=\lim_{\Delta x \to 0}\frac{f(1+\Delta x)-f(1)}{\Delta x}=\lim_{\Delta x \to 0}\frac{\{(1+\Delta x)^2+(1+\Delta x)+2\}-(1^2+1+2)}{\Delta x}$$

$$=\lim_{\Delta x \to 0}\frac{(\Delta x)^2+3\Delta x}{\Delta x}=\lim_{\Delta x \to 0}(\Delta x+3)=3$$

한 번 **더하기**

05-1

미분가능한 함수 $y=f(x)$의 그래프가 그림과 같을 때, **보기**에서 옳은 것만을 있는 대로 고르시오.

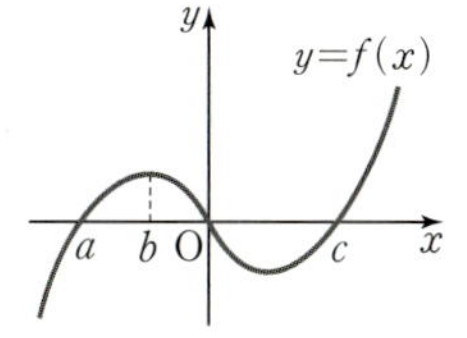

· **보기** ·
ㄱ. $f'(a)>f'(b)$
ㄴ. $f'(b)<\dfrac{f(b)-f(a)}{b-a}$
ㄷ. $\dfrac{f(c)-f(b)}{c-b}>0$

표현 **더하기**

05-2

곡선 $y=x^2+2x$ 위의 점 $(1,\ 3)$에서의 접선의 기울기를 구하시오.

표현 **더하기**

05-3

$x>0$에서 미분가능한 함수 $y=f(x)$의 그래프와 직선 $y=x$가 그림과 같다. $0<a<b$일 때, **보기**에서 옳은 것만을 있는 대로 고르시오.

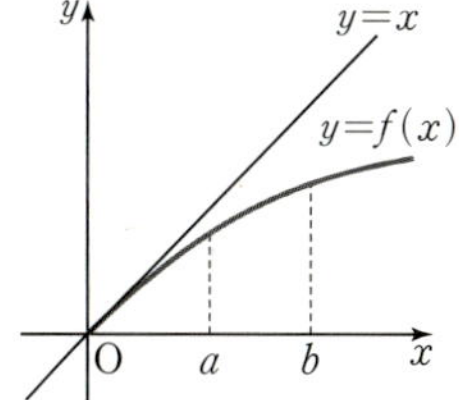

· **보기** ·
ㄱ. $\dfrac{f(a)}{a}>\dfrac{f(b)}{b}$
ㄴ. $f'(a)>f'(b)$
ㄷ. $f(b)-f(a)>b-a$

실력 **더하기**

05-4

함수 $y=f(x)$의 그래프가 그림과 같다. $f(x)$의 역함수를 $g(x)$라 할 때, x의 값이 b에서 e까지 변할 때의 함수 $g(x)$의 평균변화율을 α, $g'(e)=\beta$라 하자. α, β의 대소를 비교하시오.

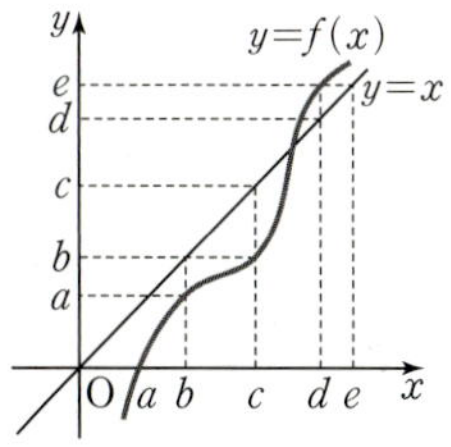

대표 예제 | 06

다음 함수의 $x=0$에서의 연속성과 미분가능성을 조사하시오.

(1) $f(x)=x|x|$

(2) $f(x)=\begin{cases} -2x+1 & (x<0) \\ x^2-x+1 & (x\geq 0) \end{cases}$

Bi로 접근

함수 $f(x)$의 $x=a$에서의 미분가능성을 조사할 때는

(i) 극한값 $\lim\limits_{x\to a} f(x)$와 함숫값 $f(a)$가 서로 같은지 확인하고,

(ii) 우미분계수 $\lim\limits_{x\to a+} \dfrac{f(x)-f(a)}{x-a}$와 좌미분계수 $\lim\limits_{x\to a-} \dfrac{f(x)-f(a)}{x-a}$가 서로 같은지 확인한다.

Bi른 풀이

(1) (i) $\lim\limits_{x\to 0} f(x)=\lim\limits_{x\to 0} x|x|=0$이고 $f(0)=0$　∴ $\lim\limits_{x\to 0} f(x)=f(0)$ ← 연속

(ii) $\lim\limits_{x\to 0+} \dfrac{f(x)-f(0)}{x-0}=\lim\limits_{x\to 0+} \dfrac{x|x|}{x}=\lim\limits_{x\to 0+} \dfrac{x^2}{x}=\lim\limits_{x\to 0+} x=0,$

$\lim\limits_{x\to 0-} \dfrac{f(x)-f(0)}{x-0}=\lim\limits_{x\to 0-} \dfrac{x|x|}{x}=\lim\limits_{x\to 0-} \dfrac{-x^2}{x}=\lim\limits_{x\to 0-} (-x)=0$

∴ $\lim\limits_{x\to 0+} \dfrac{f(x)-f(0)}{x-0}=\lim\limits_{x\to 0-} \dfrac{f(x)-f(0)}{x-0}$ ← 미분가능

(i), (ii)에서 함수 $f(x)$는 $x=0$에서 연속이고 미분가능하다.

(2) (i) $\lim\limits_{x\to 0+} f(x)=\lim\limits_{x\to 0+} (x^2-x+1)=1$, $\lim\limits_{x\to 0-} f(x)=\lim\limits_{x\to 0-} (-2x+1)=1$, $f(0)=1$

∴ $\lim\limits_{x\to 0} f(x)=f(0)$ ← 연속

(ii) $\lim\limits_{x\to 0+} \dfrac{f(x)-f(0)}{x-0}=\lim\limits_{x\to 0+} \dfrac{(x^2-x+1)-1}{x}=\lim\limits_{x\to 0+} (x-1)=-1,$

$\lim\limits_{x\to 0-} \dfrac{f(x)-f(0)}{x-0}=\lim\limits_{x\to 0-} \dfrac{(-2x+1)-1}{x}=\lim\limits_{x\to 0-} (-2)=-2$

∴ $\lim\limits_{x\to 0+} \dfrac{f(x)-f(0)}{x-0} \neq \lim\limits_{x\to 0-} \dfrac{f(x)-f(0)}{x-0}$ ← 미분불가능

(i), (ii)에서 함수 $f(x)$는 $x=0$에서 연속이지만 미분가능하지 않다.

정답 (1) 연속이고 미분가능하다.　(2) 연속이지만 미분가능하지 않다.

Bible Says

① 함수 $f(x)$가 $x=a$에서 불연속일 때
　함수 $f(x)$는 $x=a$에서 미분가능하지 않다.

② 함수 $f(x)$가 $x=a$에서 연속일 때
　우미분계수와 좌미분계수가 존재하더라도 서로 다르면 함수 $f(x)$
　는 $x=a$에서 미분가능하지 않다.

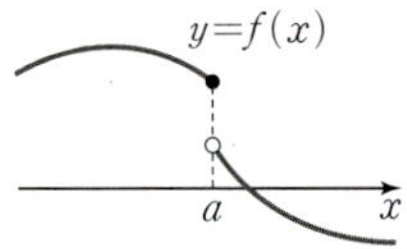

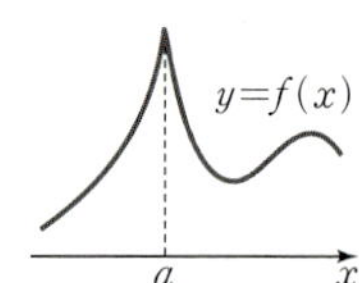

03

한번 더하기

06-1

다음 함수의 $x=-1$에서의 연속성과 미분가능성을 조사하시오.

(1) $f(x)=|x^2-1|$

(2) $f(x)=\begin{cases} x^2+x & (x<-1) \\ x^3-4x-3 & (x\geq -1) \end{cases}$

표현 더하기

06-2

다음 **보기**의 함수 중 $x=2$에서 연속이지만 미분가능하지 않은 함수만을 있는 대로 고르시오.

보기

ㄱ. $f(x)=x+|x-2|$

ㄴ. $f(x)=\sqrt{(x-2)^4}$

ㄷ. $f(x)=\begin{cases} 3x^2 & (x\leq 2) \\ -x^3+6x^2 & (x>2) \end{cases}$

표현 더하기

06-3

함수 $y=f(x)$의 그래프가 그림과 같을 때, 열린구간 $(-3,\ 3)$에서 함수 $f(x)$가 불연속인 x의 값의 개수는 a, 미분가능하지 않은 x의 값의 개수는 b이다. $a+b$의 값을 구하시오.

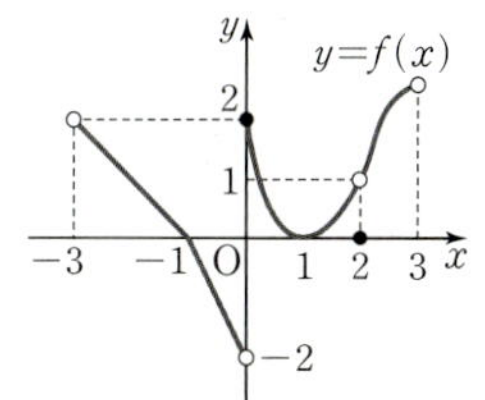

표현 더하기

06-4

열린구간 $(-2,\ 4)$에서 함수 $y=f(x)$의 그래프가 그림과 같을 때, 다음에서 $a+b+c$의 값을 구하시오.

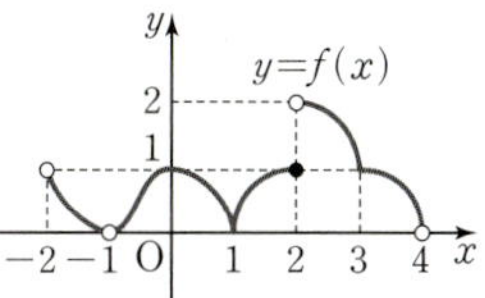

- 극한값이 존재하지 않을 때의 x의 값의 개수는 a이다.
- 미분가능하지 않을 때의 x의 값의 개수는 b이다.
- 연속이지만 미분가능하지 않을 때의 x의 값의 개수는 c이다.

02 도함수

1 도함수

미분가능한 함수 $y=f(x)$의 정의역의 모든 원소 x에 미분계수 $f'(x)$를 대응시키면 새로운 함수

$$f'(x)=\lim_{\Delta x \to 0}\frac{f(x+\Delta x)-f(x)}{\Delta x}=\lim_{h \to 0}\frac{f(x+h)-f(x)}{h}$$

를 얻는다. 이때 이 함수 $f'(x)$를 함수 $f(x)$의 도함수라 하고, 기호로

$$f'(x),\ y',\ \frac{dy}{dx},\ \frac{d}{dx}f(x)$$

와 같이 나타낸다.

함수 $f(x)=x^2$의 $x=a$에서의 미분계수는

$$\begin{aligned}
f'(a)&=\lim_{\Delta x \to 0}\frac{f(a+\Delta x)-f(a)}{\Delta x}\\
&=\lim_{\Delta x \to 0}\frac{(a+\Delta x)^2-a^2}{\Delta x}=\lim_{\Delta x \to 0}\frac{(\Delta x)^2+2a\Delta x}{\Delta x}\\
&=\lim_{\Delta x \to 0}(\Delta x+2a)=2a
\end{aligned}$$

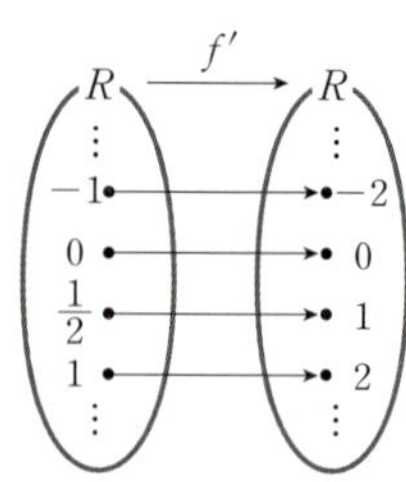

이므로 $f'(-1)=-2$, $f'(0)=0$, $f'\left(\dfrac{1}{2}\right)=1$, $f'(1)=2$이다.

이와 같이 실수 a의 값에 따라 미분계수 $f'(a)$가 하나씩 정해짐을 알 수 있다.

이때 a를 변수 x로 바꾸면 $f'(x)$는 x에 대한 함수가 되고

$$f'(x)=2x$$

와 같이 나타낼 수 있다.

일반적으로 함수 $y=f(x)$의 미분가능한 모든 x에 미분계수 $f'(x)$를 대응시키면 새로운 함수

$$f'(x)=\lim_{\Delta x \to 0}\frac{f(x+\Delta x)-f(x)}{\Delta x}$$

를 정의할 수 있고 Δx 대신 h를 사용하여

$$f'(x)=\lim_{h \to 0}\frac{f(x+h)-f(x)}{h}$$

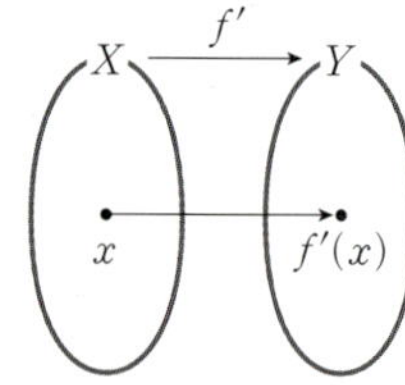

와 같이 나타내기도 한다. 이때 이 함수 $f'(x)$를 함수 $f(x)$의 **도함수**라 하고, 기호로

$$\boldsymbol{f'(x),\ y',\ \frac{dy}{dx},\ \frac{d}{dx}f(x)}$$

← 기호 $\dfrac{dy}{dx}$는 y를 x에 대하여 미분한다는 뜻이고, '디와이(dy) 디엑스(dx)'라 읽는다.

와 같이 나타낸다.

예를 들어 함수 $f(x)=x^2$의 도함수는

$$f'(x)=2x,\; y'=2x,\; \frac{dy}{dx}=2x,\; \frac{d}{dx}f(x)=2x$$

와 같이 나타낼 수 있다.

함수 $f(x)$에서 도함수 $f'(x)$를 구하는 것을 '함수 $f(x)$를 x에 대하여 미분한다'고 하며, 그 계산법을 미분법이라 한다.
또한 함수 $f(x)$의 $x=a$에서의 미분계수 $f'(a)$는 도함수 $f'(x)$에 $x=a$를 대입한 것이다.

함수 $f(x)=x^2+2x$의 도함수 $f'(x)$는

$$\begin{aligned}
f'(x)&=\lim_{h\to 0}\frac{f(x+h)-f(x)}{h}\\
&=\lim_{h\to 0}\frac{\{(x+h)^2+2(x+h)\}-(x^2+2x)}{h}\\
&=\lim_{h\to 0}\frac{2xh+h^2+2h}{h}=\lim_{h\to 0}(2x+h+2)\\
&=2x+2
\end{aligned}$$

이때 $x=-3$에서의 미분계수는 $f'(-3)$이므로

$$f'(-3)=2\times(-3)+2=-4$$

2. 함수 $y=x^n$과 상수함수의 도함수

(1) $y=x$이면 $y'=1$

(2) $y=x^n$ ($n\geq 2$인 정수)이면 $y'=nx^{n-1}$

(3) $y=c$ (c는 상수)이면 $y'=0$

도함수의 정의를 이용하여 함수 $y=x^n$ (n은 양의 정수)와 상수함수의 도함수를 구해 보자.

(1) 함수 $y=x$에서 $f(x)=x$라 하면

$$y'=\lim_{h\to 0}\frac{f(x+h)-f(x)}{h}=\lim_{h\to 0}\frac{(x+h)-x}{h}=\lim_{h\to 0}\frac{h}{h}=1$$

(2) 함수 $y=x^n$ ($n\geq 2$인 정수)에서 $f(x)=x^n$이라 하면

$$\begin{aligned}
y'&=\lim_{h\to 0}\frac{f(x+h)-f(x)}{h}=\lim_{h\to 0}\frac{(x+h)^n-x^n}{h}\\
&=\lim_{h\to 0}\frac{\{(x+h)-x\}\{(x+h)^{n-1}+(x+h)^{n-2}x+\cdots+x^{n-1}\}}{h}\\
&=\lim_{h\to 0}\{(x+h)^{n-1}+(x+h)^{n-2}x+\cdots+x^{n-1}\}\\
&=\underbrace{x^{n-1}+x^{n-1}+\cdots+x^{n-1}}_{n\text{개}}=nx^{n-1}
\end{aligned}$$

$a^n-b^n=(a-b)(a^{n-1}+a^{n-2}b+\cdots+b^{n-1})$

1만큼 작게
$$(x^n)'=nx^{n-1}$$
그대로

(3) 함수 $y=c$ (c는 상수)에서 $f(x)=c$라 하면

$$y'=\lim_{h\to 0}\frac{f(x+h)-f(x)}{h}=\lim_{h\to 0}\frac{c-c}{h}=0 \leftarrow \text{상수함수 } y=c\text{의 그래프 위의 모든 점에서의}$$
$$\text{접선의 기울기는 항상 0이므로 } y'=0\text{이다.}$$

example

(1) 함수 $y=x^7$의 도함수는 $y'=7x^{7-1}=7x^6$

(2) 함수 $y=-5$의 도함수는 $y'=0$

3 함수의 실수배, 합, 차의 미분법

두 함수 $f(x)$, $g(x)$가 미분가능할 때,

(1) $\{cf(x)\}'=cf'(x)$ (c는 상수)

(2) $\{f(x)+g(x)\}'=f'(x)+g'(x)$

(3) $\{f(x)-g(x)\}'=f'(x)-g'(x)$

두 함수 $f(x)$, $g(x)$가 미분가능할 때, 함수

$$cf(x) \ (c\text{는 상수}),\ f(x)+g(x),\ f(x)-g(x)$$

의 도함수를 구해 보자.

$\lim_{x\to a}f(x)$의 값이 존재할 때, $\lim_{x\to a}cf(x)=c\lim_{x\to a}f(x)$ (단, c는 상수)

(1) $\{cf(x)\}'=\lim_{h\to 0}\dfrac{cf(x+h)-cf(x)}{h}=c\lim_{h\to 0}\dfrac{f(x+h)-f(x)}{h}=cf'(x)$

(2) $\{f(x)+g(x)\}'=\lim_{h\to 0}\dfrac{\{f(x+h)+g(x+h)\}-\{f(x)+g(x)\}}{h}$

$\qquad=\lim_{h\to 0}\dfrac{\{f(x+h)-f(x)\}+\{g(x+h)-g(x)\}}{h}$

$\qquad=\lim_{h\to 0}\left\{\dfrac{f(x+h)-f(x)}{h}+\dfrac{g(x+h)-g(x)}{h}\right\}$

$\qquad=\lim_{h\to 0}\dfrac{f(x+h)-f(x)}{h}+\lim_{h\to 0}\dfrac{g(x+h)-g(x)}{h}$

$\qquad=f'(x)+g'(x)$

(3) (2)와 같은 방법으로 하면 $\{f(x)-g(x)\}'=f'(x)-g'(x)$

한편, (2), (3)은 세 개 이상의 함수에서도 성립한다.

즉, 세 함수 $f(x)$, $g(x)$, $h(x)$가 미분가능할 때, 함수 $f(x)\pm g(x)\pm h(x)$의 도함수는 다음과 같다.

$$\{f(x)\pm g(x)\pm h(x)\}'=f'(x)\pm g'(x)\pm h'(x) \ (\text{복부호동순})$$

example

(1) 함수 $y=2x^{10}$을 미분하면 $y'=2\times 10x^9=20x^9$

(2) 함수 $y=x^6+x^3$을 미분하면 $y'=(x^6)'+(x^3)'=6x^5+3x^2$

(3) 함수 $y=-x^2+5x-3$을 미분하면 $y'=(-x^2)'+(5x)'-(3)'=-2x+5$

세 함수 $f(x)$, $g(x)$, $h(x)$가 미분가능할 때,

(1) $\{f(x)g(x)\}'=f'(x)g(x)+f(x)g'(x)$

(2) $\{f(x)g(x)h(x)\}'=f'(x)g(x)h(x)+f(x)g'(x)h(x)+f(x)g(x)h'(x)$

세 함수 $f(x)$, $g(x)$, $h(x)$가 미분가능할 때, 함수
$$f(x)g(x),\ f(x)g(x)h(x)$$
의 도함수를 구해 보자.

(1) $\{f(x)g(x)\}'=\lim\limits_{h\to 0}\dfrac{f(x+h)g(x+h)-f(x)g(x)}{h}$

$\quad =\lim\limits_{h\to 0}\dfrac{f(x+h)g(x+h)-f(x)g(x+h)+f(x)g(x+h)-f(x)g(x)}{h}$

$\quad =\lim\limits_{h\to 0}\dfrac{\{f(x+h)-f(x)\}g(x+h)+f(x)\{g(x+h)-g(x)\}}{h}$

$\quad =\lim\limits_{h\to 0}\left\{\dfrac{f(x+h)-f(x)}{h}\times g(x+h)+f(x)\times\dfrac{g(x+h)-g(x)}{h}\right\}$

$\quad =\lim\limits_{h\to 0}\dfrac{f(x+h)-f(x)}{h}\times\lim\limits_{h\to 0}g(x+h)+\lim\limits_{h\to 0}f(x)\times\lim\limits_{h\to 0}\dfrac{g(x+h)-g(x)}{h}$

$\quad =f'(x)g(x)+f(x)g'(x)$ ← 미분가능한 함수 $g(x)$는 연속이므로 $\lim\limits_{h\to 0}g(x+h)=g(x)$

(2) $\{f(x)g(x)h(x)\}'=\{f(x)g(x)\}'h(x)+\{f(x)g(x)\}h'(x)$ ← $f(x)g(x)$를 하나의 함수로 생각하고 (1)을 이용한다.

$\quad =\{f'(x)g(x)+f(x)g'(x)\}h(x)+\{f(x)g(x)\}h'(x)$

$\quad =f'(x)g(x)h(x)+f(x)g'(x)h(x)+f(x)g(x)h'(x)$

example

(1) 함수 $y=(x-3)(2x^2+1)$을 미분하면

$\quad y'=(x-3)'(2x^2+1)+(x-3)(2x^2+1)'$

$\quad\ \ =1\times(2x^2+1)+(x-3)\times 4x$

$\quad\ \ =2x^2+1+4x^2-12x$

$\quad\ \ =6x^2-12x+1$

(2) 함수 $y=(x+1)(x+2)(2x+1)$을 미분하면

$\quad y'=(x+1)'(x+2)(2x+1)+(x+1)(x+2)'(2x+1)+(x+1)(x+2)(2x+1)'$

$\quad\ \ =1\times(2x^2+5x+2)+1\times(2x^2+3x+1)+(x^2+3x+2)\times 2$

$\quad\ \ =2x^2+5x+2+2x^2+3x+1+2x^2+6x+4$

$\quad\ \ =6x^2+14x+7$

참고 전개한 후 미분해도 된다.

$\quad$ (1)에서 $y=(x-3)(2x^2+1)=2x^3-6x^2+x-3$이므로

$\quad y'=6x^2-12x+1$

함수 $f(x)$가 미분가능할 때, 함수 $y=\{f(x)\}^n$ ($n\geq2$인 정수)의 도함수를 구해 보자.

주의 $y'=n\{f(x)\}^{n-1}$으로 구하지 않도록 주의한다.

$n=2$일 때 $y=\{f(x)\}^2$에서

$$y'=\{f(x)f(x)\}'=f'(x)f(x)+f(x)f'(x)=2f(x)f'(x)$$

$n=3$일 때 $y=\{f(x)\}^3$에서

$$y'=\{f(x)f(x)f(x)\}'=f'(x)f(x)f(x)+f(x)f'(x)f(x)+f(x)f(x)f'(x)=3\{f(x)\}^2f'(x)$$

$$\vdots$$

이와 같은 방법으로 하면

함수 $y=\{f(x)\}^n$ ($n\geq2$인 정수)에 대하여 $y'=n\{f(x)\}^{n-1}f'(x)$이다.   ······ ㉠

㉠을 대수에서 학습하는 수학적 귀납법으로 증명할 수도 있다.

└─ 수학의 바이블 개념 ON 대수 442쪽 참고

$$[\{f(x)\}^n]'=n\{f(x)\}^{n-1}f'(x)$$

1만큼 작게 / 그대로 / 미분

(i) $n=2$일 때

$$[\{f(x)\}^2]'=\{f(x)f(x)\}'=f'(x)f(x)+f(x)f'(x)$$
$$=2f(x)f'(x)=2\{f(x)\}^{2-1}f'(x)$$

따라서 등식 ㉠이 성립한다.

(ii) $n=k$일 때

등식 ㉠이 성립한다고 가정하면 $y'=k\{f(x)\}^{k-1}f'(x)$

$n=k+1$일 때

$y=\{f(x)\}^{k+1}=\{f(x)\}^k f(x)$이므로

$$y'=[\{f(x)\}^k]'f(x)+\{f(x)\}^k f'(x)$$
$$=k\{f(x)\}^{k-1}f'(x)f(x)+\{f(x)\}^k f'(x)$$
$$=k\{f(x)\}^k f'(x)+\{f(x)\}^k f'(x)$$
$$=(k+1)\{f(x)\}^k f'(x)$$

따라서 $n=k+1$일 때도 등식 ㉠이 성립한다.

(i), (ii)에 의하여 2 이상의 정수 n에 대하여 등식 ㉠이 성립한다.

example

(1) 함수 $y=(3x+1)^4$을 미분하면

$$y'=4(3x+1)^3(3x+1)'=4(3x+1)^3\times3=12(3x+1)^3$$

(2) 함수 $y=(-4x^3+7x^2)^5$을 미분하면

$$y'=5(-4x^3+7x^2)^4(-4x^3+7x^2)'$$
$$=5(-4x^3+7x^2)^4(-12x^2+14x)$$
$$=-10(4x^3-7x^2)^4(6x^2-7x)$$

01 도함수의 정의를 이용하여 다음 함수의 도함수를 구하고, $x=1$에서의 미분계수를 구하시오.

(1) $f(x)=2x+4$

(2) $f(x)=3x^2-2x$

02 다음 함수를 미분하시오.

(1) $y=(-6)^8$

(2) $y=4x^2-5x$

(3) $y=4x^3-\dfrac{1}{2}x^2+4$

(4) $y=2x^4+x^3-2x-7$

03 다음 함수를 미분하시오.

(1) $y=(2x+1)(x^2+3)$

(2) $y=(x+1)(3x^2-x+7)$

(3) $y=(x^2+3)(2-x^2)$

(4) $y=(x+1)(x+2)(x+3)$

04 함수 $f(x)=-2x^3+2x^2-1$에 대하여 $f'(2)$의 값을 구하시오.

대표 예제 | 07

다음 함수를 미분하시오.

(1) $y=\dfrac{1}{2}x^4-\dfrac{1}{3}x^3-2x-1$

(2) $y=(x^3-2)(x^2+x+5)$

(3) $y=(2x-3)^2$

(4) $y=(2x-1)(x+1)(x-1)$

바로 접근

세 함수 $f(x)$, $g(x)$, $h(x)$가 미분가능할 때,

① $y=af(x)\pm bg(x)$ (a, b는 상수)이면 $y'=af'(x)\pm bg'(x)$ (복부호동순)

② $y=f(x)g(x)$이면 $y'=f'(x)g(x)+f(x)g'(x)$

③ $y=f(x)g(x)h(x)$이면 $y'=f'(x)g(x)h(x)+f(x)g'(x)h(x)+f(x)g(x)h'(x)$

바른 풀이

(1) $y'=\dfrac{1}{2}\times 4x^3-\dfrac{1}{3}\times 3x^2-2=2x^3-x^2-2$

(2) $y'=(x^3-2)'(x^2+x+5)+(x^3-2)(x^2+x+5)'$

$\qquad =3x^2(x^2+x+5)+(x^3-2)(2x+1)$

$\qquad =(3x^4+3x^3+15x^2)+(2x^4+x^3-4x-2)$

$\qquad =5x^4+4x^3+15x^2-4x-2$

(3) $y=(2x-3)^2=(2x-3)(2x-3)$이므로

$\quad y'=(2x-3)'(2x-3)+(2x-3)(2x-3)'$

$\qquad =2\times(2x-3)+(2x-3)\times 2=8x-12$

(4) $y'=(2x-1)'(x+1)(x-1)+(2x-1)(x+1)'(x-1)+(2x-1)(x+1)(x-1)'$

$\qquad =2\times(x+1)(x-1)+(2x-1)\times 1\times(x-1)+(2x-1)(x+1)\times 1$

$\qquad =(2x^2-2)+(2x^2-3x+1)+(2x^2+x-1)=6x^2-2x-2$

다른 풀이

전개한 후 미분한다.

(4) $y=(2x-1)(x+1)(x-1)=2x^3-x^2-2x+1$이므로

$\quad y'=6x^2-2x-2$

정답 (1) $y'=2x^3-x^2-2$ (2) $y'=5x^4+4x^3+15x^2-4x-2$

$\qquad$ (3) $y'=8x-12$ (4) $y'=6x^2-2x-2$

Bible Says

① $y=\{f(x)\}^2$이면

$\quad y'=f'(x)f(x)+f(x)f'(x)$

$\qquad =2f(x)f'(x)$

② $y=\{f(x)\}^3$이면

$\quad y'=f'(x)f(x)f(x)+f(x)f'(x)f(x)+f(x)f(x)f'(x)$

$\qquad =3\{f(x)\}^2f'(x)$

한번 더하기

07-1 다음 함수를 미분하시오.

(1) $y=\dfrac{3}{2}x^4+\dfrac{1}{3}x^3-x+2$

(2) $y=(x^3-3)(2x^2-x)$

(3) $y=(-x+3)^3$

(4) $y=(x-1)(2x+1)(x+2)$

표현 더하기

07-2 함수 $f(x)=(2x^3-x)(3x^2+1)$에 대하여 $f'(1)$의 값을 구하시오.

표현 더하기

07-3 미분가능한 두 함수 $f(x)$, $g(x)$에 대하여 $g(x)=(x^2+4x)f(x)$이고 $f(-1)=-3$, $f'(-1)=2$일 때, $g'(-1)$의 값을 구하시오.

표현 더하기

07-4 함수 $f(x)=ax^2+bx+c$에 대하여 $f(1)=4$이고, $f'(0)=2$, $f'(1)=0$일 때, 상수 a, b, c에 대하여 $-a+bc$의 값을 구하시오.

대표 예제 | 08

다음 물음에 답하시오.

(1) 함수 $f(x)=\dfrac{1}{2}x^4-3x^2+1$에 대하여 $\displaystyle\lim_{h\to 0}\dfrac{f(2+h)-f(2-h)}{h}$의 값을 구하시오.

(2) 함수 $f(x)=x^3-4x+4$에 대하여 $\displaystyle\lim_{x\to 2}\dfrac{2f(x)-xf(2)}{x^2-4}$의 값을 구하시오.

(3) $\displaystyle\lim_{x\to 1}\dfrac{x^{10}+x^8+x^5-3}{x-1}$의 값을 구하시오.

바로 접근

미분계수와 도함수의 정의를 이용하여 함수 $f(x)$에 대한 극한값을 구한다.

❶ 주어진 식을 $f'(a)$가 포함된 식으로 변형한다. (Bible Says 참고)

❷ 도함수 $f'(x)$를 구한 후 $f'(a)$의 값을 구하여 ❶에 대입한다.

바른 풀이

(1) $\displaystyle\lim_{h\to 0}\dfrac{f(2+h)-f(2-h)}{h}=\lim_{h\to 0}\left\{\dfrac{f(2+h)-f(2)}{h}+\dfrac{f(2-h)-f(2)}{-h}\right\}$

$\qquad\qquad\qquad\qquad\qquad =f'(2)+f'(2)=2f'(2)$

$f(x)=\dfrac{1}{2}x^4-3x^2+1$에서 $f'(x)=2x^3-6x$이므로 $f'(2)=16-12=4$

따라서 구하는 값은 $2f'(2)=2\times 4=8$

(2) $\displaystyle\lim_{x\to 2}\dfrac{2f(x)-xf(2)}{x^2-4}=\lim_{x\to 2}\dfrac{2f(x)-2f(2)+2f(2)-xf(2)}{x^2-4}$

$\qquad\qquad\qquad\qquad =\displaystyle\lim_{x\to 2}\left\{\dfrac{f(x)-f(2)}{x-2}\times\dfrac{2}{x+2}\right\}-\lim_{x\to 2}\dfrac{f(2)}{x+2}=\dfrac{f'(2)}{2}-\dfrac{f(2)}{4}$

$f(x)=x^3-4x+4$에서 $f'(x)=3x^2-4$이므로

$f(2)=8-8+4=4,\ f'(2)=12-4=8$

따라서 구하는 값은 $\dfrac{f'(2)}{2}-\dfrac{f(2)}{4}=4-1=3$

(3) $f(x)=x^{10}+x^8+x^5$이라 하면 $f(1)=3$이므로

$\displaystyle\lim_{x\to 1}\dfrac{x^{10}+x^8+x^5-3}{x-1}=\lim_{x\to 1}\dfrac{f(x)-f(1)}{x-1}=f'(1)$

$f(x)=x^{10}+x^8+x^5$에서 $f'(x)=10x^9+8x^7+5x^4$이므로 구하는 값은

$f'(1)=10+8+5=23$

정답 (1) 8 (2) 3 (3) 23

Bible Says

미분계수의 정의를 이용할 수 있도록 문제에 주어진 극한식을 적당히 변형시켜야 한다.

대표 예제 | 02 , 대표 예제 | 03 을 다시 한번 복습해 보자.

(1) $f'(a)=\displaystyle\lim_{h\to 0}\dfrac{f(a+h)-f(a)}{h}$ 를 이용할 수 있도록 $\displaystyle\lim_{\blacksquare\to 0}\dfrac{f(a+\blacksquare)-f(a)}{\blacksquare}=f'(a)$ 꼴로 변형한다.

(2), (3) $f'(a)=\displaystyle\lim_{x\to a}\dfrac{f(x)-f(a)}{x-a}$ 를 이용할 수 있도록 $\displaystyle\lim_{\blacksquare\to\bullet}\dfrac{f(\blacksquare)-f(\bullet)}{\blacksquare-\bullet}=f'(\bullet)$ 꼴로 변형한다.

빠른 정답 • 357쪽 / 정답과 풀이 • 42쪽

한 번 더하기

08-1

다음 물음에 답하시오.

(1) 함수 $f(x)=(x-1)(2x-5)$에 대하여 $\displaystyle\lim_{h\to 0}\frac{f(1+2h)-f(1-2h)}{h}$의 값을 구하시오.

(2) 함수 $f(x)=\dfrac{1}{3}x^4-7x+9$에 대하여 $\displaystyle\lim_{x\to 3}\frac{3f(x)-xf(3)}{x^2-9}$의 값을 구하시오.

한 번 더하기

08-2

$\displaystyle\lim_{x\to 1}\frac{x^{10}-x^9+x^8-x^7+x^6-1}{x-1}$의 값을 구하시오.

표현 더하기

08-3

$\displaystyle\lim_{x\to 2}\frac{x^n-5x^2-12}{x-2}=k$일 때, 자연수 n과 상수 k에 대하여 $\dfrac{k}{n}$의 값을 구하시오.

표현 더하기

08-4

함수 $f(x)=(x+1)(x^2-2)$에 대하여 $\displaystyle\lim_{x\to\infty}x\left\{f\left(1+\frac{3}{x}\right)-f\left(1-\frac{2}{x}\right)\right\}$의 값을 구하시오.

대표 예제 | 09

다음 물음에 답하시오.

(1) 함수 $f(x)=x^3-3x^2+ax+1$에 대하여 $\lim\limits_{h \to 0} \dfrac{f(2+3h)-f(2)}{h}=6$일 때, 상수 a의 값을 구하시오.

(2) 함수 $f(x)=2x^2+ax+b$에 대하여 $\lim\limits_{x \to -1} \dfrac{f(x)-2}{x+1}=-6$일 때, 상수 a, b의 값을 각각 구하시오.

바로 접근

미분계수의 정의를 이용하여 미정계수를 구한다.

특히 (2)와 같이 $\lim\limits_{x \to k} \dfrac{f(x)-P}{x-k}=Q$ (P, Q는 상수) 꼴로 주어지면

① 함수의 극한의 성질에 의하여 $f(k)=P$

② 미분계수의 정의에 의하여 $f'(k)=Q$

이므로 식을 2개 만든 후 연립하여 푼다.

바른 풀이

(1) $\lim\limits_{h \to 0} \dfrac{f(2+3h)-f(2)}{h}=\lim\limits_{h \to 0} \dfrac{f(2+3h)-f(2)}{3h} \times 3=3f'(2)=6$

$\therefore f'(2)=2$ $\qquad$ ⋯⋯ ㉠

한편, $f(x)=x^3-3x^2+ax+1$에서 $f'(x)=3x^2-6x+a$

$\therefore f'(2)=12-12+a=a$ $\qquad$ ⋯⋯ ㉡

㉠, ㉡은 서로 같으므로 $a=2$

(2) $\lim\limits_{x \to -1} \dfrac{f(x)-2}{x+1}=-6$에서 $x \to -1$일 때 극한값이 존재하고 (분모)$\to 0$이므로 (분자)$\to 0$이다.

즉, $\lim\limits_{x \to -1} \{f(x)-2\}=0$에서 $f(-1)=2$이므로

$\lim\limits_{x \to -1} \dfrac{f(x)-2}{x+1}=\lim\limits_{x \to -1} \dfrac{f(x)-f(-1)}{x-(-1)}=f'(-1)=-6$

한편, $f(x)=2x^2+ax+b$에서 $f'(x)=4x+a$이므로

$f(-1)=2$에서 $2-a+b=2$ $\quad \therefore a-b=0$ $\qquad$ ⋯⋯ ㉠

$f'(-1)=-6$에서 $-4+a=-6$ $\quad \therefore a=-2$ $\qquad$ ⋯⋯ ㉡

㉡을 ㉠에 대입하면 $b=-2$

$\boxed{\text{정답}}$ (1) 2 (2) $a=-2$, $b=-2$

Bible Says

두 함수 $f(x)$, $g(x)$에 대하여 $\lim\limits_{x \to a} \dfrac{f(x)}{g(x)}=\beta$ (β는 실수)일 때,

① $\lim\limits_{x \to a} g(x)=0$이면 $\lim\limits_{x \to a} f(x)=0$이다. ← 극한값이 존재하고 (분모)$\to 0$이면 (분자)$\to 0$이다.

② $\beta \neq 0$이고 $\lim\limits_{x \to a} f(x)=0$이면 $\lim\limits_{x \to a} g(x)=0$이다. ← 0이 아닌 극한값이 존재하고 (분자)$\to 0$이면 (분모)$\to 0$이다.

한 번 더하기

09-1

다음 물음에 답하시오.

(1) 함수 $f(x)=2x^3+ax+1$에 대하여 $\lim\limits_{h \to 0} \dfrac{f(-2+h)-f(-2)}{2h}=3$일 때, 상수 a의 값을 구하시오.

(2) 함수 $f(x)=-x^2+ax+b$에 대하여 $\lim\limits_{x \to 3} \dfrac{f(x)-3}{x-3}=-7$일 때, ab의 값을 구하시오.

(단, a, b는 상수이다.)

표현 더하기

09-2

함수 $f(x)=x^4+ax^3+bx+3$이

$$\lim\limits_{h \to 0} \dfrac{f(1+h)-f(1)}{-8h}=1, \quad \lim\limits_{h \to 0} \dfrac{f(2+h)-f(2)}{h}=11$$

을 만족시킬 때, $f(-1)$의 값을 구하시오. (단, a, b는 상수이다.)

표현 더하기

09-3

함수 $f(x)=x^4+ax^2+bx+c$가

$$\lim\limits_{x \to 1} \dfrac{f(x)-1}{x-1}=4, \quad \lim\limits_{x \to -1} \dfrac{f(x)-f(-1)}{x^2+x}=0$$

을 만족시킬 때, $f(2)$의 값을 구하시오. (단, a, b, c는 상수이다.)

실력 더하기

09-4

다항함수 $f(x)$가 다음 조건을 만족시킬 때, $f'(2)$의 값을 구하시오.

> (가) $\lim\limits_{x \to \infty} \dfrac{f(x)}{2x^2+3x+2}=1$
>
> (나) $\lim\limits_{h \to 0} \dfrac{f(1+2h)-f(1-h)}{h}=9$

대표 예제 | 10

함수 $f(x)=\begin{cases} ax^2+b & (x\le 2) \\ -4x-1 & (x>2) \end{cases}$ 가 $x=2$에서 미분가능할 때, 상수 a, b의 값을 각각 구하시오.

Ba로 접근

함수 $f(x)$가 $x=a$에서 미분가능하면

(i) $x=a$에서 연속이므로 $\lim\limits_{x\to a} f(x)=f(a)$

(ii) 미분계수 $f'(a)$가 존재하므로 $\lim\limits_{x\to a+}\dfrac{f(x)-f(a)}{x-a}=\lim\limits_{x\to a-}\dfrac{f(x)-f(a)}{x-a}$

Ba른 풀이

함수 $f(x)$가 $x=2$에서 미분가능하므로 $f(x)$는 $x=2$에서 연속이다.

즉, $\lim\limits_{x\to 2+} f(x)=\lim\limits_{x\to 2-} f(x)=f(2)$에서

$\lim\limits_{x\to 2+}(-4x-1)=4a+b$ $\quad \therefore 4a+b=-9$ $\quad \cdots\cdots$ ㉠

또한 미분계수 $f'(2)$가 존재하므로

$$\lim_{x\to 2+}\frac{f(x)-f(2)}{x-2}=\lim_{x\to 2+}\frac{-4x-1-(4a+b)}{x-2}$$

$$=\lim_{x\to 2+}\frac{-4x-1-(-9)}{x-2}\ (\because ㉠)$$

$$=\lim_{x\to 2+}\frac{-4x+8}{x-2}=\lim_{x\to 2+}\frac{-4(x-2)}{x-2}=-4$$

$$\lim_{x\to 2-}\frac{f(x)-f(2)}{x-2}=\lim_{x\to 2-}\frac{ax^2+b-(4a+b)}{x-2}$$

$$=\lim_{x\to 2-}\frac{ax^2-4a}{x-2}=\lim_{x\to 2-}\frac{a(x+2)(x-2)}{x-2}$$

$$=\lim_{x\to 2-}a(x+2)=4a$$

$4a=-4$에서 $a=-1$이고 이를 ㉠에 대입하면 $b=-5$

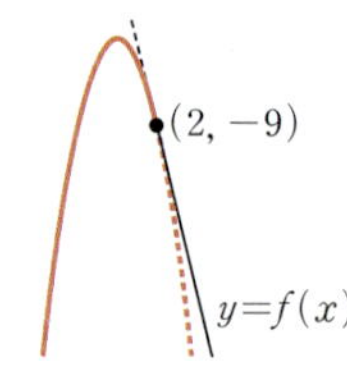

정답 $a=-1$, $b=-5$

Bible Says

두 함수 $g(x)$, $h(x)$가 실수 전체의 집합에서 미분가능한 함수일 때,

구간별로 식이 다르게 주어진 함수 $f(x)=\begin{cases} g(x) & (x\le k) \\ h(x) & (x>k) \end{cases}$ 에 대하여 다음의 필요충분조건이 성립한다.

함수 $f(x)$가 $x=k$에서 미분가능하다.

$\Longleftrightarrow$ (i) $g(k)=h(k)$이고 ← 함수 $f(x)$가 $x=k$에서 연속이므로 $\lim\limits_{x\to k-}g(x)=g(k)=\lim\limits_{x\to k+}h(x)$에서 $g(k)=h(k)$

$\quad$ (ii) $g'(k)=h'(k)$이다. ← 함수 $f(x)$가 $x=k$에서의 미분계수가 존재하므로 $\lim\limits_{x\to k-}\dfrac{g(x)-g(k)}{x-k}=\lim\limits_{x\to k+}\dfrac{h(x)-h(k)}{x-k}$에서

$\qquad g'(k)=h'(k)$

따라서 위의 대표 예제 의 풀이에서 미분계수를 구하는 대신 도함수를 이용하면 좀 더 빠르게 답을 구할 수 있다.

$g(x)=ax^2+b$, $h(x)=-4x-1$이라 하면 $g'(x)=2ax$, $h'(x)=-4$이므로

(i) $g(2)=h(2)$에서 $4a+b=-9$ $\quad\cdots\cdots$ ㉠

(ii) $g'(2)=h'(2)$에서 $4a=-4$ $\quad\cdots\cdots$ ㉡

㉠, ㉡을 연립하여 풀면 $a=-1$, $b=-5$

한번 더하기

10-1 함수 $f(x)=\begin{cases} 3x+2 & (x\leq-2) \\ ax^2+b & (x>-2) \end{cases}$ 가 $x=-2$에서 미분가능할 때, 상수 a, b의 값을 각각 구하시오.

표현 더하기

10-2 함수 $f(x)=\begin{cases} x^3+ax+b & (x\leq1) \\ 2x^2+1 & (x>1) \end{cases}$ 이 실수 전체의 집합에서 미분가능할 때, $f(-2)$의 값을 구하시오. (단, a, b는 상수이다.)

표현 더하기

10-3 함수 $f(x)=|x+1|(x+a)$가 실수 전체의 집합에서 미분가능할 때, $f'(a)$의 값을 구하시오. (단, a는 상수이다.)

실력 더하기

10-4 이차함수 $f(x)$에 대하여 실수 전체의 집합에서 미분가능한 함수 $g(x)$를
$$g(x)=|x-2|f(x)$$
라 하자. $\lim\limits_{x\to0}\dfrac{g(x)}{x}=-4$일 때, $g(4)$의 값을 구하시오.

대표 예제 | 11

다음 물음에 답하시오.

(1) 이차함수 $f(x)$가 모든 실수 x에 대하여 $2f(x)-(x-2)f'(x)-3x=0$을 만족시키고 $f(0)=1$일 때, $f(x)$를 구하시오.

(2) 다항함수 $f(x)$가 모든 실수 x에 대하여 $f(x)=4x^3-f'(1)x^2+7$을 만족시킬 때, $f'(1)$의 값을 구하시오.

바로 접근

(1) $f(x)$, $f'(x)$를 주어진 등식에 대입하여 항등식의 성질을 이용한다.

(2) 주어진 식에 $f'(1)$이 있으므로 양변을 x에 대하여 미분한 후 $x=1$을 대입해 보자.

바른 풀이

(1) $f(x)$가 이차함수이고 $f(0)=1$이므로 $f(x)=ax^2+bx+1$이라 하면

$f'(x)=2ax+b$ (단, a, b는 상수이고 $a\neq0$이다.)

$f(x)$, $f'(x)$를 주어진 식에 대입하면

$2(ax^2+bx+1)-(x-2)(2ax+b)-3x=0$ $\quad\therefore (4a+b-3)x+2b+2=0$

위의 등식이 모든 실수 x에 대하여 성립하므로

$4a+b-3=0,\ 2b+2=0$ $\quad\therefore a=1,\ b=-1$ $\quad\therefore f(x)=x^2-x+1$

(2) $f(x)=4x^3-f'(1)x^2+7$의 양변을 x에 대하여 미분하면 $f'(x)=12x^2-2f'(1)x$

이 등식은 x에 대한 항등식이므로 $x=1$을 대입하면

$f'(1)=12-2f'(1),\ 3f'(1)=12$ $\quad\therefore f'(1)=4$

다른 풀이

(1) $f(x)$가 이차함수이고 $f(0)=1$이므로 $f(x)=ax^2+bx+1$이라 하면

$f'(x)=2ax+b$ (단, a, b는 상수이고 $a\neq0$이다.)

주어진 등식은 x에 대한 항등식이므로 $x=0$을 대입하면

$2f(0)+2f'(0)=0$에서 $2+2b=0$ $\quad\therefore b=-1$ $\quad\cdots\cdots$ ㉠

$x=2$를 대입하면

$2f(2)-6=0$에서 $2(4a+2b+1)-6=0,\ 2(4a-2+1)=6\ (\because$ ㉠$)$

$4a-1=3$ $\quad\therefore a=1$

$\therefore f(x)=x^2-x+1$

정답 (1) $f(x)=x^2-x+1$ (2) 4

Bible Says

항등식의 뜻과 성질을 이용하여 등식에서 미지의 계수를 정하는 방법을 미정계수법이라 한다. 미정계수법은 계수비교법과 수치대입법의 2가지가 있다.

① 계수비교법: 양변의 동류항의 계수를 비교하여 미정계수를 정하는 방법

② 수치대입법: 미정계수의 개수만큼 문자에 적당한 수를 대입하여 미정계수를 정하는 방법

한번 더하기

11-1 다음 물음에 답하시오.

(1) 이차함수 $f(x)$가 모든 실수 x에 대하여 $2f(x)-(x+1)f'(x)+2x=0$을 만족시키고 $f(0)=4$일 때, $f(x)$를 구하시오.

(2) 다항함수 $f(x)$가 모든 실수 x에 대하여 $f(x)=2x^3+\dfrac{1}{2}f'(-1)x^2+6x-3$을 만족시킬 때, $f'(-1)$의 값을 구하시오.

표현 더하기

11-2 함수 $f(x)=ax^2+bx+c$가 임의의 실수 x에 대하여
$$(2x-1)f(x)-(x^2-1)f'(x)+f(0)=x^2$$
을 만족시킬 때, $f(2)+f'(-2)$의 값을 구하시오. (단, a, b, c는 상수이다.)

표현 더하기

11-3 다항함수 $f(x)$가
$$f(x)f'(x)=2x^3+3x^2-x-1$$
을 만족시킬 때, 함수 $f(x)$를 모두 구하시오.

표현 더하기

11-4 상수함수가 아닌 다항함수 $f(x)$가
$$\{f'(x)\}^2=4f(x)-3, \quad f'(1)=-1$$
을 만족시킬 때, $f(2)$의 값을 구하시오.

대표 예제 | 12

다음 물음에 답하시오.

(1) 다항식 x^8+ax^2+b가 $(x-1)^2$으로 나누어떨어질 때, 상수 a, b의 값을 각각 구하시오.

(2) 다항식 $x^{10}+3x-4$를 $(x+1)^2$으로 나누었을 때의 나머지를 구하시오.

바로 접근

다항식 $f(x)$를 $(x-a)^2$으로 나누었을 때, 몫을 $Q(x)$, 나머지를 $R(x)$라 하면
$$f(x)=(x-a)^2Q(x)+R(x)$$
위 식의 양변을 미분하면 $\{(x-a)(x-a)\}'=1\times(x-a)+(x-a)\times1=2(x-a)$
$$f'(x)=\underline{2(x-a)}Q(x)+(x-a)^2Q'(x)+R'(x)$$
두 식은 항등식이므로 $x=a$를 각각 대입하면
$$f(a)=R(a),\ f'(a)=R'(a)$$
이때 $R(x)=0$인 경우, 즉 나누어떨어질 때는 $f(a)=0$, $f'(a)=0$이다.

바른 풀이

(1) 다항식 x^8+ax^2+b를 $(x-1)^2$으로 나누었을 때의 몫을 $Q(x)$라 하면
$$x^8+ax^2+b=(x-1)^2Q(x) \qquad \cdots\cdots \text{㉠}$$
㉠의 양변을 x에 대하여 미분하면
$$8x^7+2ax=2(x-1)Q(x)+(x-1)^2Q'(x) \qquad \cdots\cdots \text{㉡}$$
$x=1$을 ㉠에 대입하면 $1+a+b=0$ $\therefore a+b=-1 \qquad \cdots\cdots \text{㉢}$

$x=1$을 ㉡에 대입하면 $8+2a=0$ $\therefore a=-4$

$a=-4$를 ㉢에 대입하면 $b=3$

(2) 다항식 $x^{10}+3x-4$를 $(x+1)^2$으로 나누었을 때의 몫을 $Q(x)$라 하고, 나머지를 $ax+b$ (a, b는 상수)라 하면   나누는 식이 이차식이므로 나머지는 일차 이하의 다항식이다.
$$x^{10}+3x-4=(x+1)^2Q(x)+ax+b \qquad \cdots\cdots \text{㉠}$$
㉠의 양변을 x에 대하여 미분하면
$$10x^9+3=2(x+1)Q(x)+(x+1)^2Q'(x)+a \qquad \cdots\cdots \text{㉡}$$
$x=-1$을 ㉠에 대입하면 $-6=-a+b$ $\therefore a-b=6 \qquad \cdots\cdots \text{㉢}$

$x=-1$을 ㉡에 대입하면 $-7=a$

$a=-7$을 ㉢에 대입하면 $b=-13$

따라서 구하는 나머지는 $-7x-13$이다.

정답 (1) $a=-4$, $b=3$ (2) $-7x-13$

Bible Says

다항식 $f(x)$를 다항식 $g(x)$로 나누었을 때 몫을 $Q(x)$, 나머지를 $R(x)$라 하면
① $f(x)=g(x)Q(x)+R(x)$는 x에 대한 항등식이다.
② ($g(x)$의 차수)$>$($R(x)$의 차수)
③ 두 식 $f(x)$와 $g(x)Q(x)$는 차수가 같고, 최고차항의 계수도 같다.

한 번 더하기

12-1 다음 물음에 답하시오.

(1) 다항식 x^7+ax+b가 $(x-1)^2$으로 나누어떨어질 때, 상수 a, b의 값을 각각 구하시오.

(2) 다항식 $x^{12}+x^2+2$를 $(x+1)^2$으로 나누었을 때의 나머지를 구하시오.

표현 더하기

12-2 다항식 x^5+ax^2+b를 $(x-1)^2$으로 나누었을 때의 나머지가 $3x+5$일 때, 상수 a, b에 대하여 ab의 값을 구하시오.

표현 더하기

12-3 다항식 x^4+4x+a가 $(x-k)^2$으로 나누어떨어질 때, 상수 a, k에 대하여 $a+k$의 값을 구하시오.

표현 더하기

12-4 다항식 $f(x)$가 $f(2)=-1$, $f'(2)=-2$를 만족시킨다. 다항식 $f(x)$를 $(x-2)^2$으로 나누었을 때의 나머지를 $R(x)$라 할 때, $R(1)$의 값을 구하시오.

01 함수 $f(x)=x^3+2x^2-3x$에서 x의 값이 0에서 a까지 변할 때의 평균변화율이 $f'(-3)$의 값과 같을 때, 양수 a의 값을 구하시오.

02 다항함수 $f(x)$가 모든 실수 x에 대하여
$$f(x)-f(x-1)=-f(x)+f(x+1)$$
을 만족시킨다. $f'(-1)=-2$일 때, $f'(1)$의 값을 구하시오.

03 다항함수 $f(x)$가 $\displaystyle\lim_{x\to 4}\frac{f(x)-2}{x-4}=3$일 때,
$$\lim_{h\to 0}\frac{f(4+2h)-f(4-3h)}{3h}$$
의 값을 구하시오.

04 미분가능한 함수 $f(x)$가
$$\lim_{x\to 2}\frac{\{f(x)\}^2-4f(x)}{x-2}=12$$
를 만족시킨다. $f(2)=0$일 때, $f'(2)$의 값을 구하시오.

05 미분가능한 함수 $f(x)$가 모든 실수 x, y에 대하여
$$f(x+y)=f(x)+f(y)+2xy$$
를 만족시키고, $f'(0)=-3$일 때, $f'(4)$의 값을 구하시오.

06 함수 $y=f(x)$의 그래프가 그림과 같을 때, 열린구간 $(-2, 4)$에서 함수 $y=|f(x)|$에 대하여 불연속인 x의 값의 개수는 a, 미분가능하지 않은 x의 값의 개수는 b이다. $a+b$의 값을 구하시오.

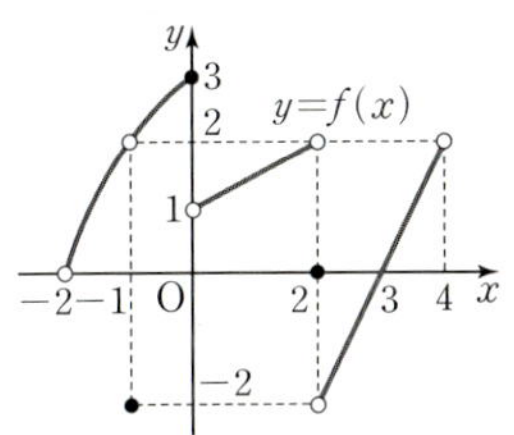

07 함수 $f(x)=(x-1)(x-2)(x-3)\times\cdots\times(x-10)$에 대하여 $\dfrac{f'(1)}{f'(10)}$의 값을 구하시오.

08 함수 $f(x)=(x-a)(x^2-4x+3)$에 대하여 $f'(a)=3$일 때, 양수 a의 값을 구하시오.

09 $\displaystyle\lim_{x\to 1}\frac{x^{100}+x^{50}-2}{x-1}$의 값을 구하시오.

10 함수

$$f(x)=\begin{cases}ax^2+x+1 & (x\leq 1)\\ bx^3+4x & (x>1)\end{cases}$$

이 실수 전체의 집합에서 미분가능할 때, $f(-1)+f(2)$의 값을 구하시오.

(단, a, b는 상수이다.)

11 함수 $f(x)=x^3+ax^2+bx+c$가 모든 실수 x에 대하여

$$xf'(x)-3f(x)=x^2-6x-6$$

을 만족시킬 때, $f'(2)$의 값을 구하시오. (단, a, b, c는 상수이다.)

12 다항식 $f(x)=x^6+ax+b$를 $(x-1)^2$으로 나누었을 때의 나머지가 $2x-3$일 때, $f(-2)$의 값을 구하시오. (단, a, b는 상수이다.)

STEP 2 실력 다지기

평가원 기출

13 함수 $f(x)=x^3-6x^2+5x$에서 x의 값이 0에서 4까지 변할 때의 평균변화율과 $f'(a)$의 값이 같게 되도록 하는 $0<a<4$인 모든 실수 a의 값의 곱은 $\dfrac{q}{p}$이다. $p+q$의 값을 구하시오.

(단, p와 q는 서로소인 자연수이다.)

14 미분가능한 함수 $f(x)$가

$$\lim_{t \to \infty} t\left\{f\left(1+\frac{1}{t}\right)+f\left(1+\frac{2}{t}\right)+f\left(1+\frac{3}{t}\right)+\cdots+f\left(1+\frac{10}{t}\right)\right\}=330$$

일 때, $f'(1)$의 값을 구하시오.

15 최고차항의 계수가 1인 삼차함수 $f(x)$가

$$\lim_{x \to 3} \frac{f(x)}{(x-3)\{f'(x)\}^2}=-\frac{1}{2}$$

을 만족시킨다. $\displaystyle\lim_{x \to 1} \frac{f(x)}{x-1}$의 값이 0이 아닌 실수일 때, $f(2)$의 값을 구하시오.

16 함수 $f(x)=ax^3+bx+3$에 대하여

$$\lim_{x \to 2} \frac{f(x-1)-3}{x^2-4}=1$$

일 때, $f(2)$의 값을 구하시오.

중단원 **연습문제**

17

두 다항함수 $f(x)$, $g(x)$가

$$\lim_{x \to 0} \frac{f(x)+g(x)}{x}=3, \quad \lim_{x \to 0} \frac{f(x)+3}{xg(x)}=2$$

를 만족시킨다. 함수 $h(x)=f(x)g(x)$에 대하여 $h'(0)$의 값은?

① 27　　　② 30　　　③ 33　　　④ 36　　　⑤ 39

18 다항함수 $f(x)$가 모든 실수 x, y에 대하여 다음 조건을 만족시킬 때, $f'(0)$의 값을 구하시오.

> (가) $f(x+y)=f(x)+f(y)+4xy-2$
>
> (나) $\displaystyle\lim_{x \to 1} \frac{f(x)-f'(x)}{x-1}=5$

19 다항함수 $f(x)$에 대하여 함수 $g(x)$를

$$g(x)=(x^2-2x+2)f(x)$$

라 하자. $\displaystyle\lim_{x \to 2} \frac{g(x)-1}{2f(x)-1}=-2$일 때, $g'(2)$의 값은?

① $\dfrac{1}{3}$　　② $\dfrac{2}{3}$　　③ 1　　④ $\dfrac{4}{3}$　　⑤ $\dfrac{5}{3}$

20 사차함수 $f(x)$에 대하여 실수 전체의 집합에서 미분가능한 함수 $g(x)$가

$$g(x)=\begin{cases} \dfrac{f(x)}{x^2+2x-3} & (x \neq -3,\ x \neq 1) \\ -2x+k & (x=-3,\ x=1) \end{cases}$$

일 때, $\displaystyle\lim_{x \to -3} \frac{g(x)-8}{f(x)}=-\dfrac{1}{5}$이다. $g(k)$의 값을 구하시오. (단, $k \neq 1$)

04

도함수의 활용 (1)

01　접선의 방정식

접점의 좌표가 주어진 접선의 방정식	함수 $f(x)$가 $x=a$에서 미분가능할 때, 곡선 $y=f(x)$ 위의 점 $(a, f(a))$에서의 접선의 방정식은 $$y-f(a)=f'(a)(x-a)$$
기울기가 주어진 접선의 방정식	곡선 $y=f(x)$에 대하여 기울기가 m인 접선의 방정식은 다음과 같은 순서로 구한다. ❶ 접점의 좌표를 $(a, f(a))$로 놓는다. ❷ $f'(a)=m$임을 이용하여 접점의 좌표를 구한다. ❸ ❷에서 구한 접점의 좌표를 $y-f(a)=m(x-a)$에 대입하여 접선의 방정식을 구한다.
곡선 밖의 한 점에서 그은 접선의 방정식	곡선 $y=f(x)$ 밖의 한 점 (x_1, y_1)에서 곡선에 그은 접선의 방정식은 다음과 같은 순서로 구한다. ❶ 접점의 좌표를 $(a, f(a))$로 놓고 이 점에서의 접선의 방정식을 세운다. $$y-f(a)=f'(a)(x-a)$$ ❷ ❶에서 세운 방정식에 $x=x_1$, $y=y_1$을 대입하여 a의 값을 구한다. ❸ ❷에서 구한 a의 값을 $y-f(a)=f'(a)(x-a)$에 대입하여 접선의 방정식을 구한다.

02　평균값 정리

롤의 정리	함수 $f(x)$가 닫힌구간 $[a, b]$에서 연속이고 열린구간 (a, b)에서 미분가능할 때, $f(a)=f(b)$이면 $$f'(c)=0$$ 인 c가 열린구간 (a, b)에 적어도 하나 존재한다.
평균값 정리	함수 $f(x)$가 닫힌구간 $[a, b]$에서 연속이고 열린구간 (a, b)에서 미분가능하면 $$\frac{f(b)-f(a)}{b-a}=f'(c)$$ 인 c가 열린구간 (a, b)에 적어도 하나 존재한다.

01 접선의 방정식

 **접점의 좌표가 주어진 접선의 방정식**

함수 $f(x)$가 $x=a$에서 미분가능할 때, 곡선 $y=f(x)$ 위의 점 $(a, f(a))$에서의 접선의 방정식은

$$y-f(a)=f'(a)(x-a)$$

공통수학 2에서 점 (x_1, y_1)을 지나고 기울기가 m인 직선의 방정식은

$$y-y_1=m(x-x_1)\ \leftarrow\ \text{직선이 지나는 한 점과 기울기를 알면 직선의 방정식을 구할 수 있다.}$$

임을 학습하였다.

함수 $f(x)$가 $x=a$에서 미분가능할 때, 곡선 $y=f(x)$ 위의 점 $(a, f(a))$가 주어진 경우 접선의 기울기를 알면 접선의 방정식을 구할 수 있다.

❶ 접선의 기울기 $f'(a)$를 구한다. $\leftarrow x=a$에서의 미분계수 $f'(a)$와 같다.

❷ $y-f(a)=f'(a)(x-a)$임을 이용하여 접선의 방정식을 구한다.
　접점의 y좌표　　　접점의 x좌표

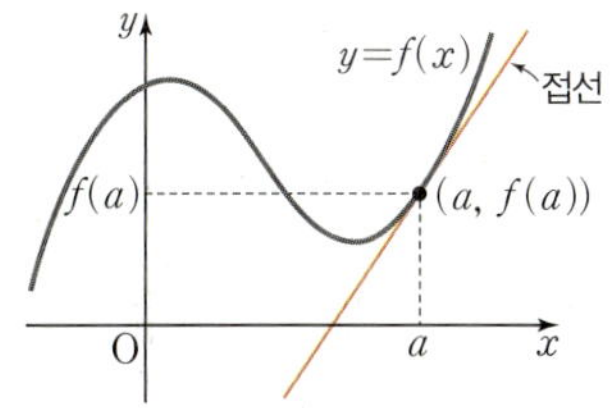

example

(1) 곡선 $y=x^2+x+1$ 위의 점 $(1, 3)$에서의 접선의 방정식을 구하면

$f(x)=x^2+x+1$이라 할 때

① $f'(x)=2x+1$이므로 점 $(1, 3)$에서의 접선의 기울기는 $f'(1)=2\times1+1=3$

② 따라서 구하는 접선의 방정식은 $y-3=3(x-1)$, 즉 $y=3x$이다.

(2) 곡선 $y=x^3-2x$ 위의 점 $(2, 4)$에서의 접선의 방정식을 구하면

$f(x)=x^3-2x$라 할 때

① $f'(x)=3x^2-2$이므로 점 $(2, 4)$에서의 접선의 기울기는 $f'(2)=3\times4-2=10$

② 따라서 구하는 접선의 방정식은 $y-4=10(x-2)$, 즉 $y=10x-16$

또한 서로 수직인 두 직선의 기울기의 곱은 -1이므로 곡선 $y=f(x)$ 위의 점 $(a, f(a))$를 지나고,

이 점에서의 접선에 수직인 직선의 기울기는 $-\dfrac{1}{f'(a)}$이다.
접선의 기울기는 $f'(a)$이다.

따라서 곡선 $y=f(x)$ 위의 점 $(a, f(a))$를 지나고 이 점에서의 접선에 수직인 직선의 방정식은

$$y-f(a)=-\dfrac{1}{f'(a)}(x-a)\ (\text{단},\ f'(a)\neq0)$$

이다.

곡선 $y=x^2-2x$ 위의 점 $(2, 0)$을 지나고 이 점에서의 접선에 수직인 직선의 방정식을 구하면

$f(x)=x^2-2x$라 할 때 $f'(x)=2x-2$이므로

점 $(2, 0)$에서의 접선의 기울기는

$f'(2)=2\times2-2=2$

따라서 이 접선에 수직인 직선의 기울기는 $-\dfrac{1}{f'(2)}=-\dfrac{1}{2}$이고

점 $(2, 0)$을 지나므로 구하는 직선의 방정식은

$y-0=-\dfrac{1}{2}(x-2)$, 즉 $y=-\dfrac{1}{2}x+1$이다.

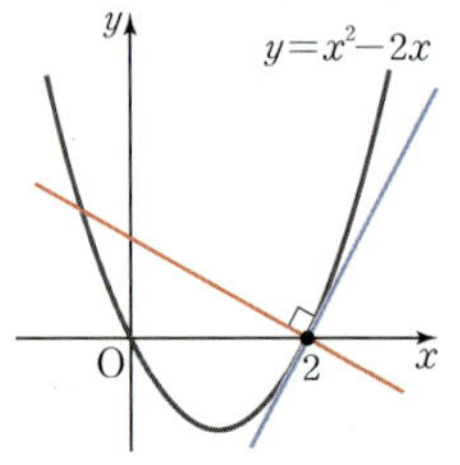

2 기울기가 주어진 접선의 방정식

곡선 $y=f(x)$에 대하여 기울기가 m인 접선의 방정식은 다음과 같은 순서로 구한다.

❶ 접점의 좌표를 $(a, f(a))$로 놓는다.

❷ $f'(a)=m$임을 이용하여 접점의 좌표를 구한다.

❸ ❷에서 구한 접점의 좌표를 $y-f(a)=m(x-a)$에 대입하여 접선의 방정식을 구한다.

곡선 $y=f(x)$ 위의 어느 한 점에서의 접선의 기울기가 m으로 주어진 경우 접점의 좌표를 알면 접선의 방정식을 구할 수 있다.

❶ 접점의 좌표를 $(a, f(a))$로 놓는다. ← 접점의 좌표를 임의로 놓는다.

❷ $f'(a)=m$임을 이용하여 접점의 좌표를 구한다. ← 접선의 기울기는 $f'(a)$이다.

❸ ❷에서 구한 접점의 좌표를 $y-f(a)=m(x-a)$에 대입하여 접선의 방정식을 구한다.

이때 ❷에서 $f'(a)=m$을 만족시키는 a의 값이 항상 1개인 것은 아니며, a의 값이 2개 이상일 수도 있다. 즉, 곡선의 개형에 따라 기울기가 m인 접선은 2개 이상일 수도 있다.

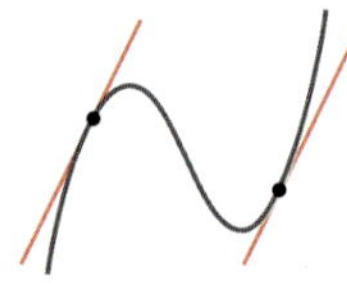

곡선 $y=-x^2+4x$에 접하고 기울기가 2인 접선의 방정식을 구하면

$f(x)=-x^2+4x$라 할 때 $f'(x)=-2x+4$

① 접점의 좌표를 $(a, -a^2+4a)$라 하면 접선의 기울기가 2 이므로

② $f'(a)=-2a+4=2$ $\quad\therefore a=1$

따라서 접점의 좌표가 $(1, 3)$이므로

③ 구하는 접선의 방정식은 $y-3=2(x-1)$

즉, $y=2x+1$이다.

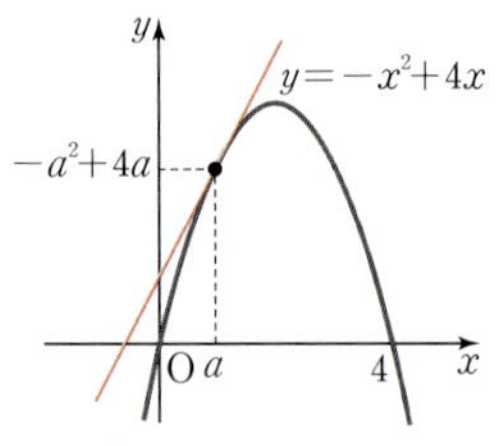

3 곡선 밖의 한 점에서 그은 접선의 방정식

곡선 $y=f(x)$ 밖의 한 점 $(x_1,\ y_1)$에서 곡선에 그은 접선의 방정식은 다음과 같은 순서로 구한다.

❶ 접점의 좌표를 $(a,\ f(a))$로 놓고 이 점에서의 접선의 방정식을 세운다.

$$y-f(a)=f'(a)(x-a)$$

❷ ❶에서 세운 방정식에 $x=x_1,\ y=y_1$을 대입하여 a의 값을 구한다.

❸ ❷에서 구한 a의 값을 $y-f(a)=f'(a)(x-a)$에 대입하여 접선의 방정식을 구한다.

곡선 $y=f(x)$ 밖의 한 점 $(x_1,\ y_1)$이 주어진 경우 접점의 좌표와 접선의 기울기를 알면 접선의 방정식을 구할 수 있다.

❶ 접점의 좌표를 $(a,\ f(a))$로 놓고 이 점에서의 접선의 방정식을 세운다.

$$y-f(a)=f'(a)(x-a) \quad \leftarrow \text{접점의 좌표를 임의로 놓는다.}$$

❷ ❶에서 세운 방정식에 $x=x_1,\ y=y_1$을 대입하여 a의 값을 구한다.

❸ ❷에서 구한 a의 값을 $y-f(a)=f'(a)(x-a)$에 대입하여 접선의 방정식을 구한다.

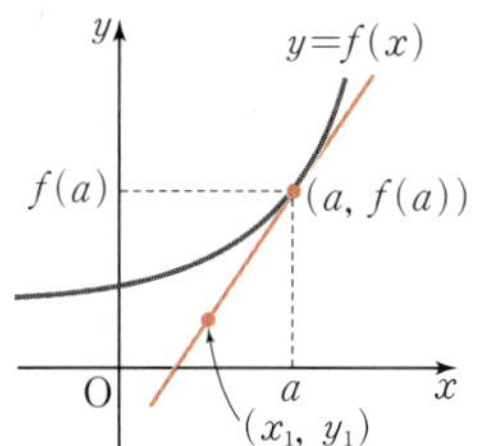

이때 ❷에서 $y_1-f(a)=f'(a)(x_1-a)$를 만족시키는 a의 값이 항상 1개인 것은 아니며, 곡선의 개형에 따라 곡선 밖의 점에서 그은 접선은 존재하지 않을 수도 있고, 2개 이상일 수도 있다.

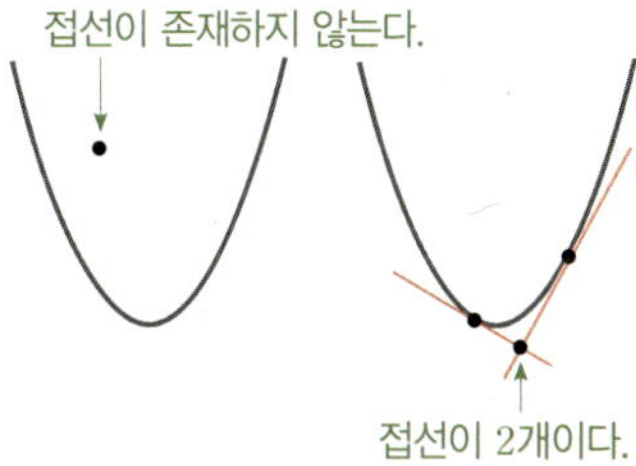

example 점 $(-1,\ -1)$에서 곡선 $y=x^2+x$에 그은 접선의 방정식을 구하면

$f(x)=x^2+x$라 할 때 $f'(x)=2x+1$

① 접점의 좌표를 $(a,\ a^2+a)$라 하면

접선의 기울기는 $f'(a)=2a+1$이므로 접선의 방정식은

$$y-(a^2+a)=(2a+1)(x-a)$$

$$\therefore\ y=(2a+1)x-a^2 \quad \cdots\cdots\ \bigcirc$$

② 이 접선이 점 $(-1,\ -1)$을 지나므로

$$-1=(2a+1)\times(-1)-a^2,\ -1=-2a-1-a^2$$

$$a^2+2a=0,\ a(a+2)=0$$

$$\therefore\ a=-2\ \text{또는}\ a=0$$

③ 따라서 구하는 접선의 방정식은 $\bigcirc$에서

$a=-2$일 때, $y=-3x-4$

$a=0$일 때, $y=x$

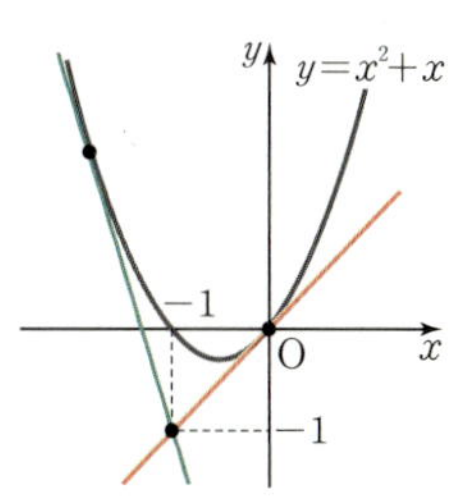

주의 곡선 밖의 점 $(0,\ 1)$에서 곡선 $y=x^2+x$에 그은 접선은 존재하지 않는다.

이처럼 곡선 밖의 모든 점에서 접선을 그을 수 있는 것은 아님에 주의하자.

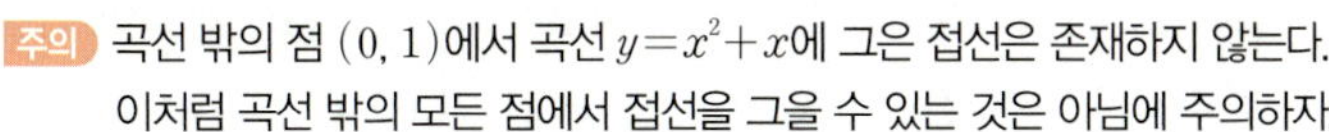

미분가능한 두 함수 $f(x)$, $g(x)$에 대하여
(1) 두 곡선 $y=f(x)$, $y=g(x)$가 점 (α, β)에서 공통인 접선을 가지면
  ① $f(\alpha)=g(\alpha)$ ② $f'(\alpha)=g'(\alpha)$
(2) 곡선 $y=f(x)$ 위의 점 $(\alpha, f(\alpha))$에서의 접선과 곡선 $y=g(x)$ 위의 점 $(\beta, g(\beta))$에서의 접선이
  서로 일치하면

$$f'(\alpha)=g'(\beta)=\frac{g(\beta)-f(\alpha)}{\beta-\alpha} \ (\text{단}, \ \alpha \neq \beta)$$

미분가능한 두 함수 $f(x)$, $g(x)$에 대하여 두 곡선 $y=f(x)$, $y=g(x)$에 동시에 접하는 접선의
방정식은 다음과 같이 두 가지 경우로 나누어 구할 수 있다.

(1) 두 곡선의 접점이 같을 때

두 곡선 $y=f(x)$, $y=g(x)$가 점 (α, β)에서 공통인 접선을 가지면

(i) 두 곡선 $y=f(x)$, $y=g(x)$가 점 (α, β)를 지나므로

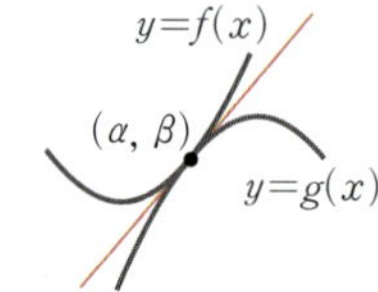

    $f(\alpha)=g(\alpha)$ ← $x=\alpha$에서의 함숫값이 β로 같다.

(ii) 두 곡선 $y=f(x)$, $y=g(x)$ 위의 점 (α, β)에서의 접선의 기울기가 서로
  같으므로

    $f'(\alpha)=g'(\alpha)$ ← $x=\alpha$에서의 미분계수가 서로 같다.

(i), (ii)를 만족시키는 접선의 방정식은

    $y-f(\alpha)=f'(\alpha)(x-\alpha)$ ← $y-g(\alpha)=g'(\alpha)(x-\alpha)$로 구해도 된다.

이때 접점의 좌표가 주어지지 않은 경우 접점의 좌표를 임의로 (α, β)라 하고, (i), (ii)를 모두 만
족시키는 α의 값을 구한다.

example 두 곡선 $y=x^2$, $y=x^3-x+1$이 한 점에서 접할 때, 접점에서의 접선의 방정식을 구하면
  $f(x)=x^2$, $g(x)=x^3-x+1$이라 할 때 $f'(x)=2x$, $g'(x)=3x^2-1$
  접점의 좌표를 (α, β)라 하면
  (i) $f(\alpha)=g(\alpha)$에서
     $\alpha^2=\alpha^3-\alpha+1$, $(\alpha+1)(\alpha-1)^2=0$
     $\therefore \alpha=-1$ 또는 $\alpha=1$
  (ii) $f'(\alpha)=g'(\alpha)$에서
     $2\alpha=3\alpha^2-1$, $(3\alpha+1)(\alpha-1)=0$
     $\therefore \alpha=-\dfrac{1}{3}$ 또는 $\alpha=1$
  (i), (ii)에서 $\alpha=1$이므로 접점의 좌표는 $(1, 1)$이고, 접선의 기울기는 $f'(1)=2$이다.
  따라서 구하는 접선의 방정식은 $y-1=2(x-1)$, 즉 $y=2x-1$이다.

$f(x)=x^2$, $g(x)=x^3-x+1$이라 하면

$f'(x)=2x$, $g'(x)=3x^2-1$

접점의 좌표를 $(\alpha,\ \beta)$라 하면

$f'(\alpha)=g'(\alpha)$에서

$2\alpha=3\alpha^2-1$, $(3\alpha+1)(\alpha-1)=0$

$\therefore \alpha=-\dfrac{1}{3}$ 또는 $\alpha=1$

한편, $\alpha=-\dfrac{1}{3}$일 때 $f\left(-\dfrac{1}{3}\right)=\dfrac{1}{9}$, $g\left(-\dfrac{1}{3}\right)=\dfrac{35}{27}$이므로

$f\left(-\dfrac{1}{3}\right)\neq g\left(-\dfrac{1}{3}\right)$이고

$\alpha=1$일 때 $f(1)=1$, $g(1)=1$이므로

$f(1)=g(1)$

따라서 $\alpha=1$이므로 접점의 좌표는 $(1,\ 1)$이고, 접선의 기울기는 $f'(1)=2$이므로

구하는 접선의 방정식은 $y-1=2(x-1)$, 즉 $y=2x-1$이다.

참고 다른 풀이 에서 다음과 같이 풀어도 된다.

$f(\alpha)=g(\alpha)$에서 $\alpha^2=\alpha^3-\alpha+1$, $(\alpha+1)(\alpha-1)^2=0$ $\qquad\therefore \alpha=-1$ 또는 $\alpha=1$

한편, $\alpha=-1$일 때 $f'(-1)=-2$, $g'(-1)=2$이므로 $f'(-1)\neq g'(-1)$이고

$\alpha=1$일 때 $f'(1)=2$, $g'(1)=2$이므로 $f'(1)=g'(1)$ $\qquad\therefore \alpha=1$

⑵ 두 곡선의 접점이 다를 때

곡선 $y=f(x)$ 위의 점 $(\alpha,\ f(\alpha))$에서의 접선과 곡선 $y=g(x)$ 위의 점 $(\beta,\ g(\beta))$에서의 접선이 일치하면

점 $(\alpha,\ f(\alpha))$에서의 접선의 기울기,

점 $(\beta,\ g(\beta))$에서의 접선의 기울기,

두 점 $(\alpha,\ f(\alpha))$, $(\beta,\ g(\beta))$를 지나는 직선의 기울기

가 모두 같으므로 다음이 성립한다.

$$f'(\alpha)=g'(\beta)=\frac{g(\beta)-f(\alpha)}{\beta-\alpha}\ \text{(단, }\alpha\neq\beta)$$

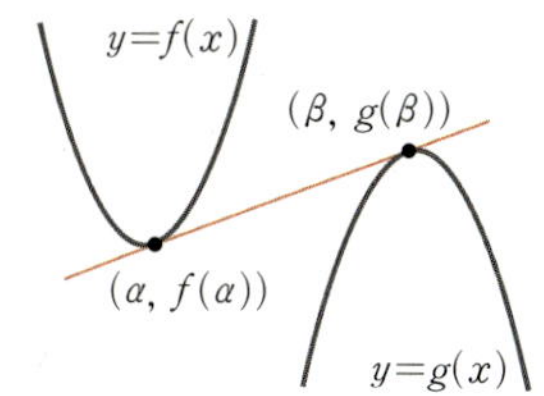

이때 접점의 좌표가 주어지지 않은 경우는

곡선 $y=f(x)$ 위의 접점의 좌표를 임의로 $(\alpha,\ f(\alpha))$라 하면 이 점에서의 접선의 방정식은

$$y-f(\alpha)=f'(\alpha)(x-\alpha)$$

이고, 곡선 $y=g(x)$ 위의 접점의 좌표를 임의로 $(\beta,\ g(\beta))$라 하면 이 점에서의 접선의 방정식은

$$y-g(\beta)=g'(\beta)(x-\beta)$$

이므로 두 접선의 방정식 $y-f(\alpha)=f'(\alpha)(x-\alpha)$, $y-g(\beta)=g'(\beta)(x-\beta)$가 일치하도록 하는 α, β의 값을 구한다.

두 곡선 $y=x^2$, $y=-x^2+6x-5$에 공통으로 접하는 직선의 방정식을 구하면

$f(x)=x^2$, $g(x)=-x^2+6x-5$라 할 때

$f'(x)=2x$, $g'(x)=-2x+6$

곡선 $y=f(x)$ 위의 접점의 좌표를 $(\alpha,\ \alpha^2)$이라 하면 접선의 기울기는 $f'(\alpha)=2\alpha$이므로 접선의 방정식은

$y-\alpha^2=2\alpha(x-\alpha)$

$\therefore\ y=2\alpha x-\alpha^2 \qquad\qquad \cdots\cdots\ \bigcirc$

곡선 $y=g(x)$ 위의 접점의 좌표를 $(\beta,\ -\beta^2+6\beta-5)$라 하면 접선의 기울기는

$g'(\beta)=-2\beta+6$이므로 접선의 방정식은

$y-(-\beta^2+6\beta-5)=(-2\beta+6)(x-\beta)$

$\therefore\ y=(-2\beta+6)x+\beta^2-5 \qquad \cdots\cdots\ \bigcirc\!\bigcirc$

$\bigcirc$, $\bigcirc\!\bigcirc$이 일치하므로 $2\alpha=-2\beta+6$, $-\alpha^2=\beta^2-5$

위의 두 식을 연립하여 풀면 $\alpha=1$, $\beta=2$ 또는 $\alpha=2$, $\beta=1$

(i) $\alpha=1$, $\beta=2$일 때

　$\bigcirc$에 $\alpha=1$을 대입하거나 $\bigcirc\!\bigcirc$에 $\beta=2$를 대입하면

　$y=2x-1$

(ii) $\alpha=2$, $\beta=1$일 때

　$\bigcirc$에 $\alpha=2$를 대입하거나 $\bigcirc\!\bigcirc$에 $\beta=1$을 대입하면

　$y=4x-4$

(i), (ii)에서 구하는 직선의 방정식은

$y=2x-1$, $y=4x-4$

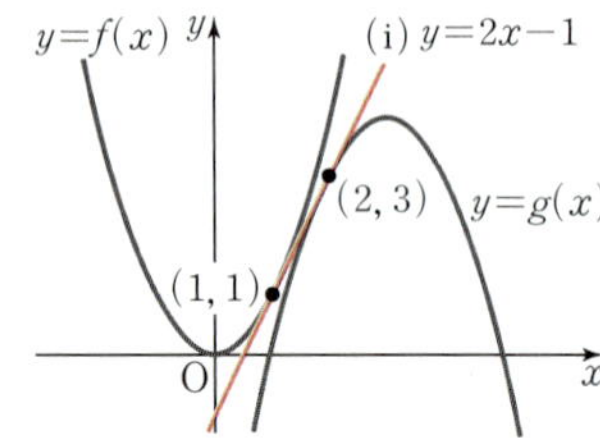
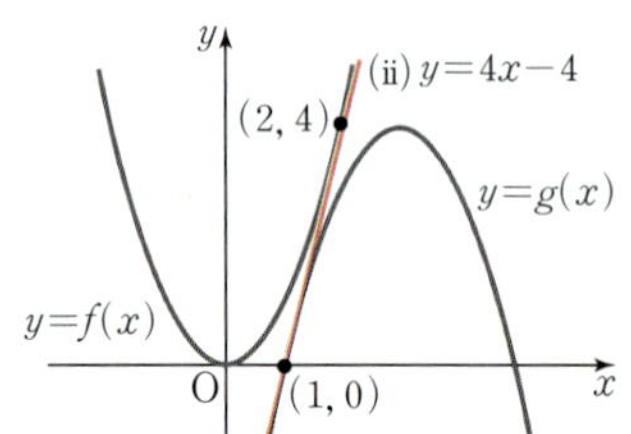

주의 위의 문제처럼 공통인 접선이 2개 이상일 수도 있으므로 빠뜨리지 않고 모두 구할 수 있도록 하자.

01. 접선의 방정식

01 다음 곡선 위의 주어진 점에서의 접선의 방정식을 구하시오.

(1) $y=2x^2+2x-5$ $(1, -1)$　　　　　(2) $y=x^3-3x+2$ $(2, 4)$

02 곡선 $y=x^2+4x+6$에 접하고, 기울기가 2인 접선의 방정식을 구하시오.

03 점 $(1, 4)$에서 곡선 $y=-x^2+x+3$에 그은 접선의 방정식을 모두 구하시오.

04 두 곡선 $y=x^2+1$, $y=-x^2+ax+b$가 $x=1$에서 접할 때, 상수 a, b의 값을 각각 구하시오.

05 곡선 $y=-x^2+6x-5$ 위의 점 $(2, 3)$에서의 접선이 곡선 $y=ax^2$에 접할 때, 상수 a의 값을 구하시오.

대표 예제 | 01

다음 물음에 답하시오.

(1) 곡선 $y=3x^3+ax^2+b$ 위의 점 $(1, 2)$에서의 접선의 기울기가 5일 때, 상수 a, b에 대하여 $a-b$의 값을 구하시오.

(2) 곡선 $y=x^3+ax^2+bx+c$ 위의 두 점 $(-1, 4)$, $(3, -16)$에서의 접선이 서로 평행할 때, 상수 a, b, c에 대하여 abc의 값을 구하시오.

바로 접근

(1) 곡선 $y=f(x)$ 위의 점 $(a, f(a))$에서의 접선의 기울기는 미분계수 $f'(a)$와 같다.

(2) 곡선 $y=f(x)$ 위의 두 점 $(\alpha, f(\alpha))$, $(\beta, f(\beta))$에서의 접선이 서로 평행하면 두 접선의 기울기가 같으므로 $f'(\alpha)=f'(\beta)$이다.

바른 풀이

(1) $f(x)=3x^3+ax^2+b$라 하면 $f'(x)=9x^2+2ax$

곡선 $y=f(x)$가 점 $(1, 2)$를 지나므로

$f(1)=2$에서 $3+a+b=2$ $\therefore a+b=-1$ …… ㉠

곡선 $y=f(x)$ 위의 점 $(1, 2)$에서의 접선의 기울기가 5이므로

$f'(1)=5$에서 $9+2a=5$ $\therefore a=-2$

$a=-2$를 ㉠에 대입하면 $b=1$

$\therefore a-b=(-2)-1=-3$

(2) $f(x)=x^3+ax^2+bx+c$라 하면 $f'(x)=3x^2+2ax+b$

곡선 $y=f(x)$가 점 $(-1, 4)$를 지나므로

$f(-1)=4$에서 $-1+a-b+c=4$ $\therefore a-b+c=5$ …… ㉠

곡선 $y=f(x)$가 점 $(3, -16)$을 지나므로

$f(3)=-16$에서 $27+9a+3b+c=-16$ $\therefore 9a+3b+c=-43$ …… ㉡

곡선 $y=f(x)$ 위의 두 점 $(-1, 4)$, $(3, -16)$에서의 접선이 서로 평행하므로

$f'(-1)=f'(3)$에서 $3-2a+b=27+6a+b$ $\therefore a=-3$

$a=-3$을 ㉠, ㉡에 대입한 후 정리하면

$b-c=-8$, $3b+c=-16$

두 식을 연립하여 풀면 $b=-6$, $c=2$

$\therefore abc=(-3)\times(-6)\times2=36$

정답   (1) -3 (2) 36

Bible Says

곡선 $y=f(x)$ 위의 점 $(a, f(a))$에서의 접선에 수직인 직선의 기울기는 $-\dfrac{1}{f'(a)}$이다.

수직인 두 직선의 기울기가 각각 m, m'이면 $mm'=-1$이다. (단, $f'(a)\neq0$)

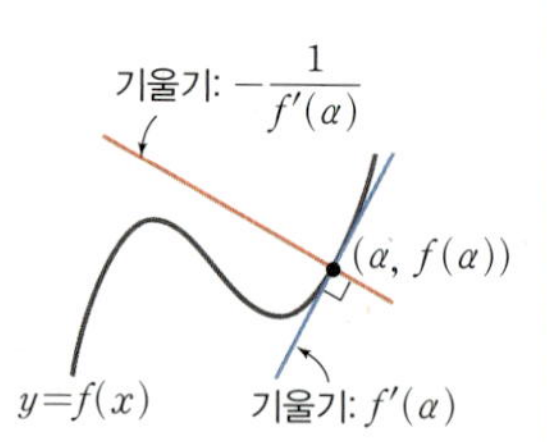

한번 더하기

01-1 다음 물음에 답하시오.

(1) 곡선 $y=-x^3+ax^2+b$ 위의 점 $(-1, 0)$에서의 접선의 기울기가 3일 때, 상수 a, b에 대하여 $a-b$의 값을 구하시오.

(2) 곡선 $y=x^3+ax^2+bx+c$ 위의 두 점 $(-2, 12)$, $(2, 0)$에서의 접선이 서로 평행할 때, 상수 a, b, c에 대하여 $a+bc$의 값을 구하시오.

표현 더하기

01-2 곡선 $y=3x^2-x+a$ 위의 점 $(t, 6)$에서의 접선의 기울기가 11일 때, a^2+t의 값을 구하시오. (단, a는 상수이다.)

표현 더하기

01-3 곡선 $y=x^3+ax+b$ 위의 점 $(2, 6)$에서의 접선에 수직인 직선의 기울기가 $-\dfrac{1}{4}$일 때, 상수 a, b에 대하여 $a+b$의 값을 구하시오.

표현 더하기

01-4 함수 $y=x^3-6x^2+10x-1$의 그래프의 접선의 기울기의 최솟값을 m, 이때의 접점의 좌표를 (a, b)라 할 때, abm의 값을 구하시오.

대표 예제 | 02

곡선 $y=x^3-4x^2+2x+3$에 대하여 다음을 구하시오.

(1) 곡선 위의 점 $(1, 2)$에서의 접선의 방정식

(2) 곡선 위의 점 $(2, -1)$을 지나고 이 점에서의 접선에 수직인 직선의 방정식

바로 접근

(1) 곡선 $y=f(x)$ 위의 점 $(a, f(a))$에서의 접선의 방정식은
$$y-f(a)=f'(a)(x-a)$$

(2) 곡선 $y=f(x)$ 위의 점 $(a, f(a))$를 지나고 이 점에서의 접선에 수직인 직선의 방정식은
$$y-f(a)=-\frac{1}{f'(a)}(x-a) \ (단, f'(a) \neq 0)$$

바른 풀이

$f(x)=x^3-4x^2+2x+3$이라 하면 $f'(x)=3x^2-8x+2$

(1) 곡선 $y=f(x)$ 위의 점 $(1, 2)$에서의 접선의 기울기는
$$f'(1)=3-8+2=-3$$
따라서 구하는 접선의 방정식은 점 $(1, 2)$를 지나고 기울기가 -3인 직선의 방정식이므로
$$y-2=-3(x-1) \qquad \therefore y=-3x+5$$

(2) 곡선 $y=f(x)$ 위의 점 $(2, -1)$에서의 접선의 기울기는
$$f'(2)=12-16+2=-2$$
따라서 구하는 직선의 방정식은 점 $(2, -1)$을 지나고 기울기가 $-\dfrac{1}{f'(2)}=\dfrac{1}{2}$인 직선의 방정식이므로
$$y-(-1)=\frac{1}{2}(x-2) \qquad \therefore y=\frac{1}{2}x-2$$

정답 (1) $y=-3x+5$ (2) $y=\dfrac{1}{2}x-2$

Bible Says

곡선 $y=f(x)$ 위의 점 $\mathrm{A}(\alpha, f(\alpha))$에서의 접선 $y=g(x)$가 이 곡선과 만나는 점 중 A가 아닌 점의 x좌표는 방정식 $f(x)=g(x)$의 근 중 $x \neq \alpha$인 실근이다.
오른쪽 그림에서 $x=\beta$이다.

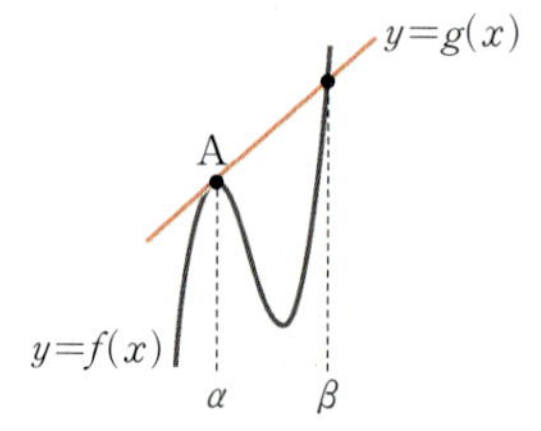

한 번 더하기

02-1 곡선 $y=x^3-6x^2+8x+4$에 대하여 다음을 구하시오.

(1) 곡선 위의 점 $(3, 1)$에서의 접선의 방정식

(2) 곡선 위의 점 $(1, 7)$을 지나고 이 점에서의 접선에 수직인 직선의 방정식

표현 더하기

02-2 곡선 $y=x^3-ax^2+b$ 위의 점 $(1, -2)$에서의 접선의 방정식이 $y=-5x+c$일 때, 상수 a, b, c에 대하여 $a+b+c$의 값을 구하시오.

표현 더하기

02-3 곡선 $y=x^3+x^2+3$ 위의 점 $A(0, 3)$에서의 접선이 이 곡선과 만나는 점 중 A가 아닌 점의 좌표가 (a, b)일 때, ab의 값을 구하시오.

표현 더하기

02-4 곡선 $y=x^3-9x-1$ 위의 점 $(-2, 9)$에서의 접선과 x축 및 y축으로 둘러싸인 부분의 넓이를 구하시오.

대표 예제 | 03

곡선 $y=x^3-6x+3$에 대하여 다음 물음에 답하시오.

(1) 직선 $y=6x+1$에 평행한 접선의 방정식을 모두 구하시오.

(2) 직선 $y=\dfrac{1}{3}x+2$에 수직인 접선의 방정식을 모두 구하시오.

바로 접근

기울기의 값을 구한 후 곡선에 접하는 접점을 이용하여 접선의 방정식을 구한다.

이때 기울기의 값은 다음과 같은 방법으로 구할 수 있다.

(1) 두 직선이 서로 평행하면 두 직선의 기울기가 같다.

(2) 두 직선이 서로 수직이면 두 직선의 기울기의 곱이 -1이다.

바른 풀이

$f(x)=x^3-6x+3$이라 하면 $f'(x)=3x^2-6$

(1) 접점의 좌표를 $(t,\ t^3-6t+3)$이라 하면 직선 $y=6x+1$에 평행한 접선의 기울기가 6이므로

$$f'(t)=3t^2-6=6,\ 3t^2=12$$

$$t^2=4 \qquad \therefore t=-2 \text{ 또는 } t=2$$

따라서 접점의 좌표가 $(-2,\ 7)$, $(2,\ -1)$이므로 각각의 점에서의 접선의 방정식은

$$y-7=6\{x-(-2)\},\ y-(-1)=6(x-2)$$

$$\therefore y=6x+19,\ y=6x-13$$

(2) 접점의 좌표를 $(t,\ t^3-6t+3)$이라 하면 직선 $y=\dfrac{1}{3}x+2$에 수직인 직선의 기울기는 -3이므로

$$f'(t)=3t^2-6=-3,\ 3t^2=3$$

$$t^2=1 \qquad \therefore t=-1 \text{ 또는 } t=1$$

따라서 접점의 좌표가 $(-1,\ 8)$, $(1,\ -2)$이므로 각각의 점에서의 접선의 방정식은

$$y-8=-3\{x-(-1)\},\ y-(-2)=-3(x-1)$$

$$\therefore y=-3x+5,\ y=-3x+1$$

정답 (1) $y=6x+19,\ y=6x-13$ (2) $y=-3x+5,\ y=-3x+1$

Bible Says

$a<x<b$에서 만나지 않는 곡선 $y=f(x)$와 직선 l에 대하여 이 구간에서
곡선 $y=f(x)$ 위를 움직이는 점 P와 직선 l 사이의 거리의 최솟값은

$$(\text{점 P에서의 접선의 기울기})=(\text{직선 } l \text{의 기울기})$$

일 때 갖는다. 따라서 다음과 같은 순서로 최솟값을 구한다.

❶ 직선 l과 평행한 접선의 접점의 좌표를 구한다.

❷ 접점과 직선 l 사이의 거리가 구하는 거리의 최소이다.

이때 점 $(x_1,\ y_1)$과 직선 $l : ax+by+c=0$ 사이의 거리는 $\dfrac{|ax_1+by_1+c|}{\sqrt{a^2+b^2}}$로 구한다.

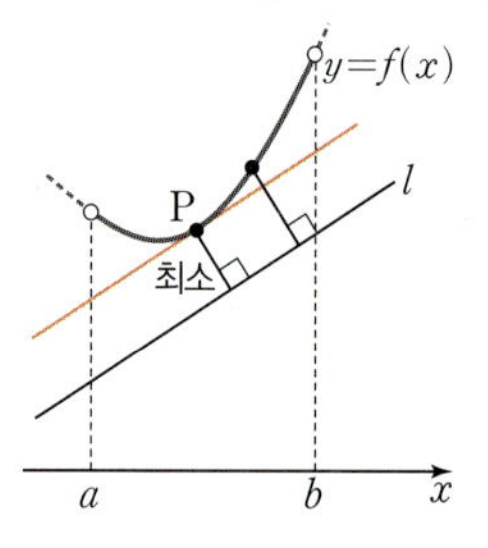

한번 더하기

03-1 곡선 $y=x^3+3x^2+4$에 대하여 다음 물음에 답하시오.

(1) 직선 $y=9x-5$에 평행한 접선의 방정식을 모두 구하시오.

(2) 직선 $y=\dfrac{1}{3}x-3$에 수직인 접선의 방정식을 구하시오.

표현 더하기

03-2 곡선 $y=-x^3+4x$에 접하는 직선이 x축의 양의 방향과 이루는 각의 크기가 $45°$일 때, 이 직선의 방정식을 모두 구하시오.

표현 더하기

03-3 곡선 $y=-x^3+3x^2-4x+2$ 위의 점에서의 접선 중 기울기가 최대인 직선이 두 점 $(a,\,0)$, $(0,\,b)$를 지난다고 할 때, $a+b$의 값을 구하시오.

실력 더하기

03-4 곡선 $y=x^4+2$ 위의 한 점과 직선 $y=-4x-3$ 사이의 거리의 최솟값을 구하시오.

대표 예제 | 04

점 $(0, -3)$에서 곡선 $y=x^3-x-1$에 그은 접선의 방정식을 구하시오.

바로 접근

곡선 밖의 한 점 (a, b)에서 곡선 $y=f(x)$에 그은 접선의 방정식은 다음과 같은 순서로 구한다.

❶ 접점의 좌표를 $(t, f(t))$로 놓고, 접선의 방정식 $y-f(t)=f'(t)(x-t)$를 세운다.

❷ 접선의 방정식에 $x=a$, $y=b$를 대입하여 t의 값을 구한다.

❸ t의 값을 $y-f(t)=f'(t)(x-t)$에 대입하여 접선의 방정식을 구한다.

바른 풀이

$f(x)=x^3-x-1$이라 하면 $f'(x)=3x^2-1$

접점의 좌표를 (t, t^3-t-1)이라 하면 이 점에서의 접선의 기울기는

$f'(t)=3t^2-1$이므로 접선의 방정식은

$y-(t^3-t-1)=(3t^2-1)(x-t)$

$\therefore y=(3t^2-1)x-2t^3-1$ ······ ㉠

직선 ㉠이 점 $(0, -3)$을 지나므로

$-3=-2t^3-1$, $t^3=1$ $\qquad \therefore t=1$ ← $(t-1)(t^2+t+1)=0$에서 $t^2+t+1>0$이므로 $t=1$이다.

$t=1$을 ㉠에 대입하면 구하는 접선의 방정식은

$y=2x-3$

> **다른 풀이**

$f(x)=x^3-x-1$이라 하면 $f'(x)=3x^2-1$

접점의 좌표를 (t, t^3-t-1)이라 하면 이 점에서의 접선의 기울기는 $f'(t)=3t^2-1$이고,

두 점 $(0, -3)$, (t, t^3-t-1)을 지나는 직선의 기울기와 같으므로

$3t^2-1=\dfrac{t^3-t-1-(-3)}{t-0}$, $3t^3-t=t^3-t+2$

$t^3=1$ $\qquad \therefore t=1$

따라서 구하는 접선의 방정식은 기울기가 $f'(1)=2$이고 점 $(0, -3)$을 지나는 직선의 방정식이므로

$y-(-3)=2x$ $\qquad \therefore y=2x-3$

정답 $y=2x-3$

Bible Says

곡선 위의 점에서의 접선은 한 개 존재하지만 곡선 밖의 점에서 곡선에 그은 접선은 없을 수도 있고, 두 개 이상일 수도 있다.

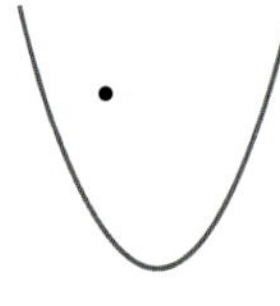

접선이 없다.

접선이 2개이다.

한 번 더하기

04-1

점 $(0, -2)$에서 곡선 $y=x^3+2x^2+2$에 그은 접선의 방정식을 구하시오.

표현 더하기

04-2

점 $(2, 1)$에서 곡선 $y=x^3-x+3$에 그은 두 접선의 접점을 각각 A, B라 할 때, 선분 AB의 길이를 구하시오.

표현 더하기

04-3

점 $(2, 0)$에서 곡선 $y=x^3-2x^2+x$에 그은 모든 접선의 접점의 x좌표의 합을 구하시오.

실력 더하기

04-4

점 $(a, 2)$에서 곡선 $y=x^3-4x^2+2$에 그은 접선이 오직 한 개 존재하도록 하는 실수 a의 값의 범위는 $m<a<n$이다. $n-m$의 값을 구하시오. (단, $a\neq0$, $a\neq4$)

대표 예제 | 05

두 곡선 $y=x^2+ax$, $y=x^3+bx+c$가 점 $(1, 3)$에서 공통인 접선을 가질 때, 다음을 구하시오.

(단, a, b, c는 상수이다.)

(1) abc의 값

(2) 두 곡선의 공통인 접선의 방정식

바로 접근

두 곡선 $y=f(x)$, $y=g(x)$가 점 (α, β)에서 공통인 접선을 가지면 다음 두 가지 성질을 이용한다.

① 두 곡선이 점 (α, β)를 지난다.

➡ $f(\alpha)=\beta$, $g(\alpha)=\beta$

② 두 곡선 위의 점 (α, β)에서의 접선의 기울기가 서로 같다.

➡ $f'(\alpha)=g'(\alpha)$

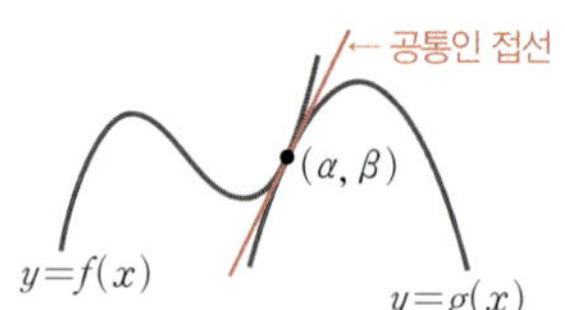

바른 풀이

(1) $f(x)=x^2+ax$, $g(x)=x^3+bx+c$라 하면

$f'(x)=2x+a$, $g'(x)=3x^2+b$

두 곡선 $y=f(x)$, $y=g(x)$가 모두 점 $(1, 3)$을 지나므로

$f(1)=1+a=3$　∴ $a=2$　　……㉠

$g(1)=1+b+c=3$　∴ $b+c=2$　……㉡

또한 두 곡선의 접점 $(1, 3)$에서의 접선의 기울기가 서로 같으므로

$f'(1)=g'(1)$

$2+a=3+b$　∴ $a=b+1$　　……㉢

㉠을 ㉢에 대입하면 $b=1$

$b=1$을 ㉡에 대입하면 $c=1$

∴ $abc=2\times1\times1=2$

(2) 접점의 좌표는 $(1, 3)$이고 접선의 기울기는 $f'(1)=g'(1)=4$이므로

두 곡선의 공통인 접선의 방정식은

$y-3=4(x-1)$　∴ $y=4x-1$

정답　(1) 2　(2) $y=4x-1$

Bible Says

곡선 $y=f(x)$ 위의 점 $(\alpha, f(\alpha))$에서의 접선과

곡선 $y=g(x)$ 위의 점 $(\beta, g(\beta))$에서의 접선이 일치할 때

➡ $\dfrac{g(\beta)-f(\alpha)}{\beta-\alpha}=f'(\alpha)=g'(\beta)$ (단, $\alpha\neq\beta$)

　두 점 $(\alpha, f(\alpha))$, $(\beta, g(\beta))$를 지나는 직선의 기울기

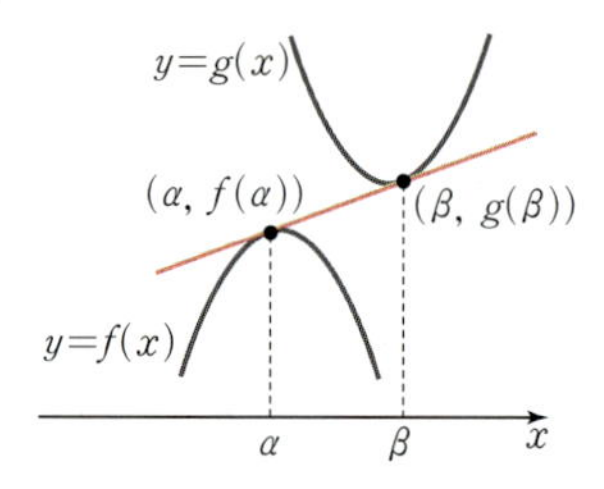

한번 더하기

05-1 두 곡선 $y=2x^2+a$, $y=x^3+bx+c$가 점 $(-1, 6)$에서 공통인 접선을 가질 때, 다음을 구하시오. (단, a, b, c는 상수이다.)

(1) $ab+c$의 값
(2) 두 곡선의 공통인 접선의 방정식

표현 더하기

05-2 두 곡선 $y=x^3+4x^2-4$, $y=x^2$이 한 점에서 공통인 접선을 가질 때, 공통인 접선의 방정식을 구하시오.

표현 더하기

05-3 두 곡선 $y=\dfrac{1}{3}x^3$, $y=4x^2+a$의 교점에서 두 곡선에 각각 그은 접선이 서로 수직일 때, 상수 a의 값을 구하시오.

실력 더하기

05-4 곡선 $y=2x^2-8x+a$ 위의 점 $(3, 12)$에서의 접선이 곡선 $y=x^3+bx-2$에 접할 때, 상수 a, b에 대하여 $a-b$의 값을 구하시오.

02 평균값 정리

1 롤의 정리

함수 $f(x)$가 닫힌구간 $[a, b]$에서 연속이고 열린구간 (a, b)에서 미분가능할 때, $f(a)=f(b)$이면
$$f'(c)=0$$
인 c가 열린구간 (a, b)에 적어도 하나 존재한다.

함수 $f(x)$가 닫힌구간 $[a, b]$에서 연속이고 열린구간 (a, b)에서 미분가능할 때, $f(a)=f(b)$이면
그림과 같이 열린구간 (a, b)에서 곡선 $y=f(x)$는 기울기가 0인 접선을 갖는다.
즉, $f'(c)=0$인 c가 열린구간 (a, b)에 적어도 하나 존재함을 알 수 있고, 이를 **롤의 정리**라 한다. ← 곡선 $y=f(x)$에 접하고 기울기가 0인 직선을 하나 이상 그릴 수 있다.

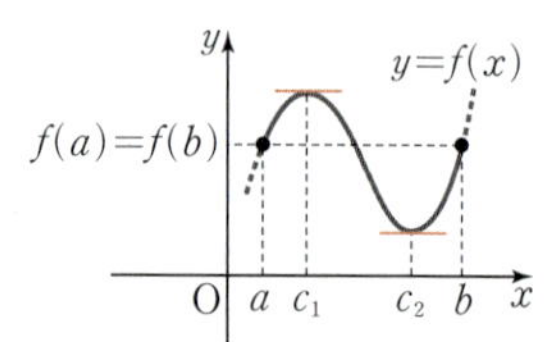

함수 $f(x)$가 상수함수일 때와 상수함수가 아닐 때로 나누어 롤의 정리를 증명해 보자.

(i) 함수 $f(x)$가 상수함수일 때
열린구간 (a, b)에 속하는 모든 c에 대하여 $f'(c)=0$이다.

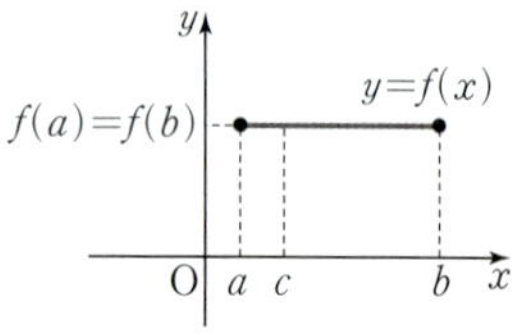

(ii) 함수 $f(x)$가 상수함수가 아닐 때
$f(x)$는 닫힌구간 $[a, b]$에서 연속이므로 최대 · 최소 정리에 의하여 최댓값과 최솟값을 갖는다. 이때 $f(a)=f(b)$이므로 $f(x)$는 열린구간 (a, b)에 속하는 $x=c$에서 최댓값 또는 최솟값을 갖는다.

① 함수 $f(x)$가 $x=c$에서 최댓값을 가질 때
$a<c+h<b$를 만족시키는 절댓값이 충분히 작은 실수 h $(h\neq0)$에 대하여 $f(c+h)-f(c)\leq0$이므로
$$\lim_{h\to 0+}\frac{f(c+h)-f(c)}{h}\leq 0 \qquad \cdots\cdots ㉠$$
$$\lim_{h\to 0-}\frac{f(c+h)-f(c)}{h}\geq 0 \qquad \cdots\cdots ㉡$$
이다.
그런데 함수 $f(x)$는 $x=c$에서 미분가능하므로 우극한과 좌극한이 같다.

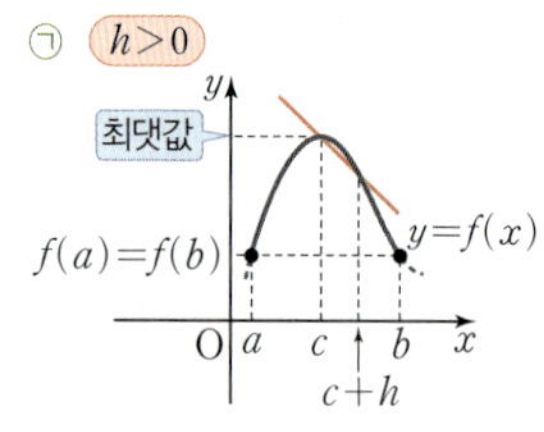

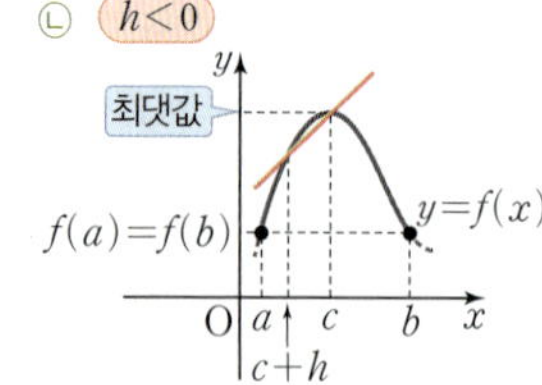

따라서 ㉠, ㉡에서

$$0\le \lim_{h\to 0-}\frac{f(c+h)-f(c)}{h}=\lim_{h\to 0+}\frac{f(c+h)-f(c)}{h}\le 0$$

이므로 다음이 성립한다.

$$f'(c)=\lim_{h\to 0}\frac{f(c+h)-f(c)}{h}=0$$

② 함수 $f(x)$가 $x=c$에서 최솟값을 가질 때

①과 같은 방법으로 $f'(c)=0$임을 보일 수 있다.

함수 $f(x)=-x^2+2x+1$은 닫힌구간 $[0,\,2]$에서 연속이고, 열린구간 $(0,\,2)$에서 미분가능하며 $f(0)=f(2)=1$이다.
따라서 롤의 정리에 의하여 $f'(c)=0$인 c가 열린구간 $(0,\,2)$에 적어도 하나 존재한다.
이를 만족시키는 c의 값을 구해 보면 $f'(x)=-2x+2$에서
$f'(c)=-2c+2=0$이므로 $c=1$이다.

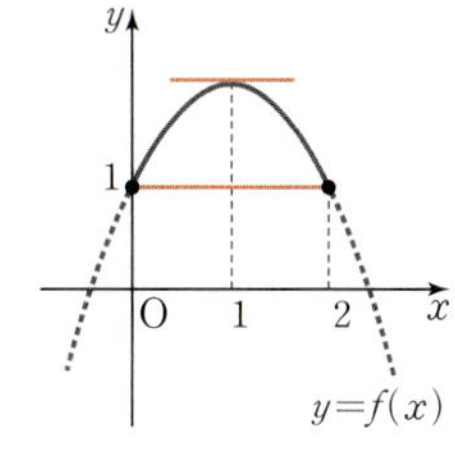

한편, '닫힌구간 $[a,\,b]$에서 연속'이고, '열린구간 $(a,\,b)$에서 미분가능'하다는 두 전제 조건 중 하나라도 만족시키지 않으면 롤의 정리가 성립하지 않는다. 그 예를 살펴보자.

① $f(x)=|x|$

함수 $f(x)$는 닫힌구간 $[-1,\,1]$에서 연속이고

$f(-1)=f(1)=1$이지만

열린구간 $(-1,\,1)$에서 $x=0$일 때 미분가능하지 않으므로

$f'(c)=0$인 c가 열린구간 $(-1,\,1)$에 존재하지 않는다.

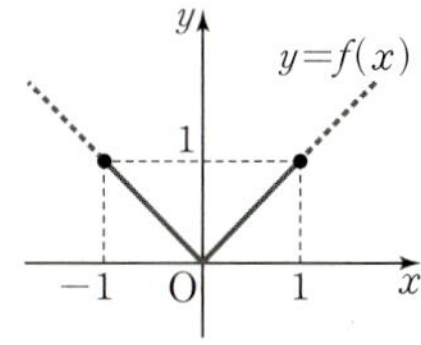

② $f(x)=\begin{cases} x & (1\le x<2) \\ 1 & (x=2) \end{cases}$

함수 $f(x)$는 열린구간 $(1,\,2)$에서 미분가능하고

$f(1)=f(2)=1$이지만

닫힌구간 $[1,\,2]$에서 $x=2$일 때 불연속이므로

$f'(c)=0$인 c가 열린구간 $(1,\,2)$에 존재하지 않는다.

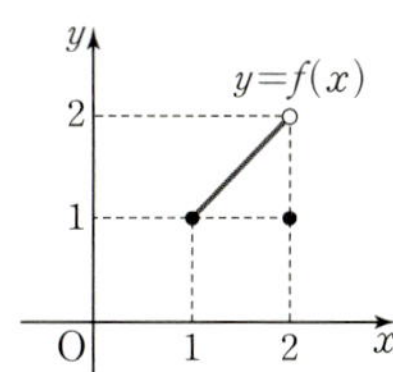

2 평균값 정리

함수 $f(x)$가 닫힌구간 $[a,\,b]$에서 연속이고 열린구간 $(a,\,b)$에서 미분가능하면

$$\frac{f(b)-f(a)}{b-a}=f'(c)$$

인 c가 열린구간 $(a,\,b)$에 적어도 하나 존재한다.

$\dfrac{f(b)-f(a)}{b-a}$ 는 곡선 $y=f(x)$ 위의 두 점

$(a, f(a))$, $(b, f(b))$를 지나는 직선의 기울기이다.
이때 그림과 같이 열린구간 (a, b)에서 곡선 $y=f(x)$는

기울기가 $\dfrac{f(b)-f(a)}{b-a}$인 접선을 갖는다.

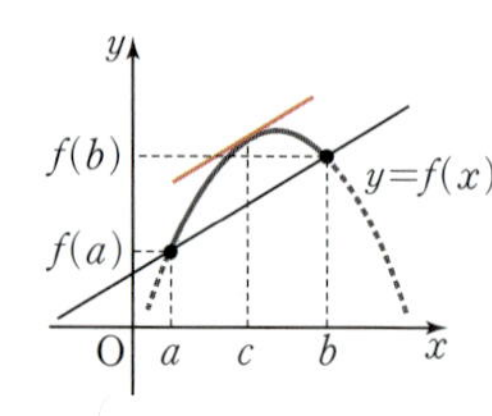

즉, $\dfrac{f(b)-f(a)}{b-a}=f'(c)$인 c가 열린구간 (a, b)에 적어도 하나 존재함을 알 수 있고, 이를

평균값 정리라 한다. ← 곡선 $y=f(x)$에 접하고 기울기가 $\dfrac{f(b)-f(a)}{b-a}$인 직선을 하나 이상 그릴 수 있다.

롤의 정리를 이용하여 평균값 정리를 증명해 보자. ← 평균값 정리에서 $f(a)=f(b)$인 경우가 롤의 정리이다.

곡선 $y=f(x)$ 위의 두 점 $A(a, f(a))$, $B(b, f(b))$를 지나는

직선의 기울기는 $\dfrac{f(b)-f(a)}{b-a}$이므로 직선 AB의 방정식을 $y=g(x)$라

하면

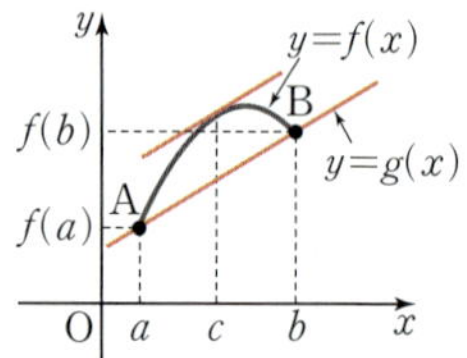

$$g(x)=\frac{f(b)-f(a)}{b-a}(x-a)+f(a)$$

이다. 한편, 두 함수 $f(x)$, $g(x)$가 닫힌구간 $[a, b]$에서 연속이고 열린구간 (a, b)에서 미분가능하므로

$$h(x)=f(x)-g(x)$$

라 하면 함수 $h(x)$는 닫힌구간 $[a, b]$에서 연속이고 열린구간 (a, b)에서 미분가능하다.

이때 $h(a)=h(b)=0$이므로 롤의 정리에 의하여

$$h'(c)=f'(c)-g'(c)=f'(c)-\frac{f(b)-f(a)}{b-a}=0 \quad \leftarrow g'(x)=\frac{f(b)-f(a)}{b-a}\text{이므로 } g'(c)=\frac{f(b)-f(a)}{b-a}$$

인 c가 열린구간 (a, b)에 적어도 하나 존재한다.

즉, $\dfrac{f(b)-f(a)}{b-a}=f'(c)$인 c가 열린구간 (a, b)에 적어도 하나 존재한다.

example 함수 $f(x)=x^2+2$는 닫힌구간 $[0, 2]$에서 연속이고, 열린구간

$(0, 2)$에서 미분가능하므로 평균값 정리에 의하여

$\dfrac{f(2)-f(0)}{2-0}=f'(c)$인 c가 열린구간 $(0, 2)$에 적어도 하나 존재

한다.

이를 만족시키는 c의 값을 구해 보면 $f(0)=2$, $f(2)=6$, $f'(c)=2c$

이므로

$\dfrac{6-2}{2-0}=2c$, 즉 $2=2c$에서 $c=1$이다.

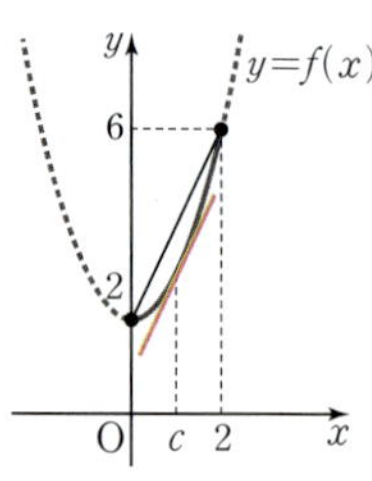

두 함수 $f(x)$, $g(x)$가 닫힌구간 $[a, b]$에서 연속이고 열린구간 (a, b)에서 미분가능할 때, 평균값 정리에 의하여 다음 성질이 성립함을 증명할 수 있다.

(1) 열린구간 (a, b)에 속하는 모든 x에 대하여 $f'(x)=0$이면 닫힌구간 $[a, b]$에서 $f(x)$는 상수함수이다.

$a<x\leq b$인 x에 대하여 함수 $f(x)$는 닫힌구간 $[a, x]$에서 연속이고 열린구간 (a, x)에서 미분가능하므로 평균값 정리에 의하여

$$\frac{f(x)-f(a)}{x-a}=f'(c)$$인 c가 열린구간 (a, x)에 적어도 하나 존재한다.

이때 $f'(c)=0$이므로 $f(x)-f(a)=0$, 즉 $f(x)=f(a)$

따라서 $f(x)$는 닫힌구간 $[a, b]$에서 상수함수이다.

(2) 열린구간 (a, b)에 속하는 모든 x에 대하여 $f'(x)=g'(x)$이면 닫힌구간 $[a, b]$에서 $f(x)=g(x)+C$ (C는 상수)이다.

$h(x)=f(x)-g(x)$라 하면 $h(x)$는 닫힌구간 $[a, b]$에서 연속이고 열린구간 (a, b)에서 미분가능하며 열린구간 (a, b)에 속하는 모든 x에 대하여

$$h'(x)=f'(x)-g'(x)=0$$

따라서 (1)에 의하여 닫힌구간 $[a, b]$에서 $h(x)$는 상수함수이므로

$h(x)=f(x)-g(x)=C$ (C는 상수), 즉 $f(x)=g(x)+C$이다.

개념 CHECK

📖 빠른 정답 · 358쪽 / 정답과 풀이 · 59쪽

02. 평균값 정리

01   다음 함수에 대하여 주어진 구간에서 롤의 정리를 만족시키는 실수 c의 값을 구하시오.

(1) $f(x)=x^2-6x$ $[1, 5]$ (2) $f(x)=-x^3+3x+1$ $[-1, 2]$

02   다음 함수에 대하여 주어진 구간에서 평균값 정리를 만족시키는 실수 c의 값을 구하시오.

(1) $f(x)=\dfrac{1}{2}x^2+x-3$ $[-2, 2]$ (2) $f(x)=x^3-2x+2$ $[0, 3]$

대표 예제 | 06

다음 함수에 대하여 주어진 구간에서 롤의 정리를 만족시키는 실수 c의 값을 구하시오.

(1) $f(x)=-x^2+2x$ $[-1,\ 3]$ (2) $f(x)=x^3-6x^2+9x-2$ $[1,\ 4]$

바로 접근

(1) $f'(c)=0$을 만족시키는 c의 값을 구한다.

(2) $f'(c)=0$을 만족시키는 c의 값 중 열린구간 $(1,\ 4)$에 속하는 값을 구한다.

바른 풀이

(1) 함수 $f(x)=-x^2+2x$는 닫힌구간 $[-1,\ 3]$에서 연속이고 열린구간 $(-1,\ 3)$에서 미분가능하다. 또한

$$f(-1)=f(3)=-3$$

이므로 롤의 정리에 의하여 $f'(c)=0$인 c가 열린구간 $(-1,\ 3)$에 적어도 하나 존재한다.

이때 $f'(x)=-2x+2$이므로

$$f'(c)=-2c+2=0$$

$$\therefore c=1$$

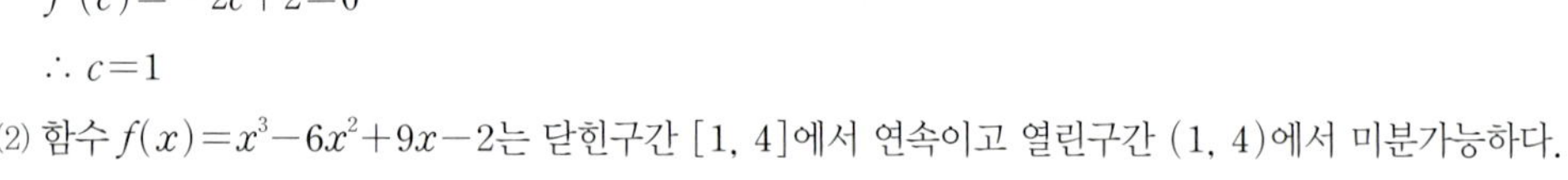

(2) 함수 $f(x)=x^3-6x^2+9x-2$는 닫힌구간 $[1,\ 4]$에서 연속이고 열린구간 $(1,\ 4)$에서 미분가능하다. 또한

$$f(1)=f(4)=2$$

이므로 롤의 정리에 의하여 $f'(c)=0$인 c가 열린구간 $(1,\ 4)$에 적어도 하나 존재한다.

이때 $f'(x)=3x^2-12x+9=3(x-1)(x-3)$이므로

$$f'(c)=3(c-1)(c-3)=0$$

$$\therefore c=3\ (\because 1<c<4)$$

정답   (1) 1   (2) 3

Bible Says

함수 $f(x)$가 닫힌구간 $[a,\ b]$에서 롤의 정리를 만족시키는 실수 c의 값을 구할 때는 다음을 확인한다.

① 함수 $f(x)$가 닫힌구간 $[a,\ b]$에서 연속이다.

② 함수 $f(x)$가 열린구간 $(a,\ b)$에서 미분가능하다.

③ $f(a)=f(b)$

④ $f'(c)=0$을 만족시키는 c의 값이 열린구간 $(a,\ b)$에 속한다.

06-1

다음 함수에 대하여 주어진 구간에서 롤의 정리를 만족시키는 실수 c의 값을 구하시오.

(1) $f(x)=x^2+4x+2$ $[-4,\ 0]$

(2) $f(x)=x^4-4x^2+4$ $[0,\ 2]$

06-2

닫힌구간 $[-1,\ 3]$에서 롤의 정리를 만족시키는 상수 c가 존재하는 것만을 **보기**에서 있는 대로 고르시오.

> **보기**
>
> ㄱ. $y=x^3-2x^2-3x+1$ ㄴ. $y=|x-1|-1$ ㄷ. $y=\left|\dfrac{1}{2}x^2-x-4\right|$

06-3

닫힌구간 $[a,\ b]$에서 연속이고 열린구간 $(a,\ b)$에서 미분가능한 함수 $y=f(x)$의 그래프가 그림과 같고, $f(a)=f(b)=0$일 때, 닫힌구간 $[a,\ b]$에서 롤의 정리를 만족시키는 상수 c의 개수를 구하시오.

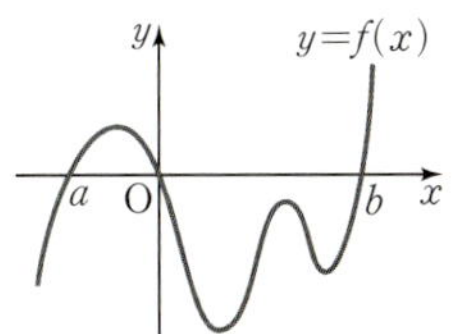

06-4

함수 $f(x)=(x-a)^2(x-b)$에 대하여 다음 중 닫힌구간 $[a,\ b]$에서 롤의 정리를 만족시키는 실수 c의 값을 $a,\ b$로 나타낸 것은? (단, $a,\ b$는 상수이고, $a<b$이다.)

① $\dfrac{a+b}{2}$ ② $\dfrac{a+2b}{2}$ ③ $\dfrac{a+2b}{3}$ ④ $\dfrac{2a+b}{3}$ ⑤ $\dfrac{a+b}{4}$

대표 예제 : 07

다음 함수에 대하여 주어진 구간에서 평균값 정리를 만족시키는 실수 c의 값을 구하시오.

(1) $f(x)=-2x^2+5x$ $[0,\ 4]$

(2) $f(x)=x^3+3x^2+x-1$ $[-1,\ 2]$

바로 접근

(1) $\dfrac{f(4)-f(0)}{4-0}=f'(c)$를 만족시키는 c의 값을 구한다.

(2) $\dfrac{f(2)-f(-1)}{2-(-1)}=f'(c)$를 만족시키는 c의 값 중 열린구간 $(-1, 2)$에 속하는 값을 구한다.

바른 풀이

(1) 함수 $f(x)=-2x^2+5x$는 닫힌구간 $[0, 4]$에서 연속이고 열린구간 $(0, 4)$에서 미분가능하므로 평균값 정리에 의하여

$$\frac{f(4)-f(0)}{4-0}=\frac{-12-0}{4}=-3=f'(c)$$

인 c가 열린구간 $(0, 4)$에 적어도 하나 존재한다.

이때 $f'(x)=-4x+5$이므로

$f'(c)=-4c+5=-3$

$\therefore c=2$

(2) 함수 $f(x)=x^3+3x^2+x-1$은 닫힌구간 $[-1, 2]$에서 연속이고 열린구간 $(-1, 2)$에서 미분가능하므로 평균값 정리에 의하여

$$\frac{f(2)-f(-1)}{2-(-1)}=\frac{21-0}{3}=7=f'(c)$$

인 c가 열린구간 $(-1, 2)$에 적어도 하나 존재한다.

이때 $f'(x)=3x^2+6x+1$이므로

$f'(c)=3c^2+6c+1=7,\ c^2+2c-2=0$

$\therefore c=-1+\sqrt{3}\ (\because\ -1<c<2)$

정답 (1) 2 (2) $-1+\sqrt{3}$

Bible Says

함수 $f(x)$가 닫힌구간 $[a, b]$에서 평균값 정리를 만족시키는 실수 c의 값을 구할 때는 다음을 확인한다.

① 함수 $f(x)$가 닫힌구간 $[a, b]$에서 연속이다.

② 함수 $f(x)$가 열린구간 (a, b)에서 미분가능하다.

③ $\dfrac{f(b)-f(a)}{b-a}=f'(c)$를 만족시키는 c의 값이 열린구간 (a, b)에 속한다.

한번 더하기

07-1

다음 함수에 대하여 주어진 구간에서 평균값 정리를 만족시키는 실수 c의 값을 구하시오.

(1) $f(x)=2x^2-3x$ $[0, 2]$

(2) $f(x)=-x^3+6x$ $[-2, 1]$

표현 더하기

07-2

함수 $f(x)=2x^3+2x$에 대하여 $f(3)-f(1)=2f'(c)$ $(1<c<3)$를 만족시키는 상수 c의 값을 구하시오.

표현 더하기

07-3

닫힌구간 $[-2, 3]$에서 연속이고 열린구간 $(-2, 3)$에서 미분가능한 함수 $y=f(x)$의 그래프가 그림과 같을 때, 닫힌구간 $[-2, 3]$에서 평균값 정리를 만족시키는 상수 c의 개수를 구하시오.

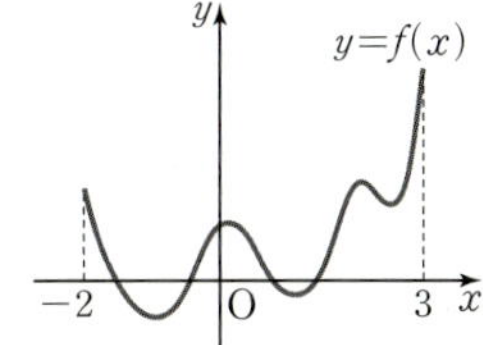

실력 더하기

07-4

함수 $f(x)=\begin{cases} -x^2-4x+4 & (x<0) \\ x^2-4x+4 & (x\geq0) \end{cases}$에 대하여 닫힌구간 $[-3, 5]$에서 평균값 정리를 만족시키는 상수 c의 개수를 구하시오.

01 곡선 $y=-2x^3+ax^2+bx$ 위의 점 $(1,\ 3)$에서의 접선에 수직인 직선의 기울기가 -1일 때, 상수 $a,\ b$에 대하여 ab의 값을 구하시오.

02 곡선 $y=-x^3+6x^2-9$ 위의 점 $A(1,\ -4)$에서의 접선이 이 곡선과 만나는 점 중 A가 아닌 점의 좌표가 $(a,\ b)$일 때, $a+b$의 값을 구하시오.

03 다항함수 $f(x)$가 $\displaystyle\lim_{x\to 2}\frac{f(x)+2}{x-2}=-3$을 만족시킬 때, 곡선 $y=f(x)$ 위의 점 $(2,\ f(2))$에서의 접선이 점 $(a,\ -5)$를 지난다. a의 값을 구하시오.

04 함수 $f(x)=x^3+\dfrac{3}{2}x^2+3x+4$의 그래프 위의 두 점 $A(a,\ f(a))$, $B(a+1,\ f(a+1))$에서의 접선을 각각 $l,\ m$이라 할 때, 두 직선 $l,\ m$은 서로 평행하다. 두 직선 $l,\ m$ 사이의 거리를 구하시오.

05 곡선 $y=3x^3+ax^2-(a+3)x$는 실수 a의 값에 관계없이 항상 두 점 A, B를 지난다. 곡선 $y=3x^3+ax^2-(a+3)x$ 위의 두 점 A, B에서의 접선이 서로 수직이 되도록 하는 모든 실수 a의 값의 곱을 구하시오.

06 $x>0$에서 곡선 $y=x^3-x^2$과 접하는 직선이 x축의 양의 방향과 이루는 각의 크기가 $45°$이다. 이 접선과 x축 및 y축으로 둘러싸인 부분의 넓이를 구하시오.

07 점 $(0,\ -1)$에서 곡선 $y=x^3+3x^2$에 그은 두 접선의 기울기의 곱을 구하시오.

08 점 $(0,\ -6)$에서 곡선 $y=x^4+6$에 그은 두 접선의 접점을 각각 A, B라 할 때, 삼각형 OAB의 넓이를 구하시오. (단, O는 원점이다.)

09 두 곡선 $y=-x^3+7x$, $y=ax^2+4$가 한 점에서 공통인 접선을 가질 때, 이 접선의 y절편을 k라 하자. $a+k$의 값을 구하시오. (단, a는 상수이다.)

10 곡선 $y=x^3+8$ 위의 점 $(a, 9)$에서의 접선이 곡선 $y=x^3+k$ $(k\neq8)$과 접할 때, 상수 k의 값을 구하시오.

11 닫힌구간 $[a, c]$에서 연속이고 열린구간 (a, c)에서 미분가능한 함수 $y=f(x)$의 그래프가 그림과 같을 때, 닫힌구간 $[a, b]$에서 롤의 정리를 만족시키는 상수 c_1의 개수를 m, 닫힌구간 $[a, c]$에서 평균값 정리를 만족시키는 상수 c_2의 개수를 n이라 하자. mn의 값을 구하시오.

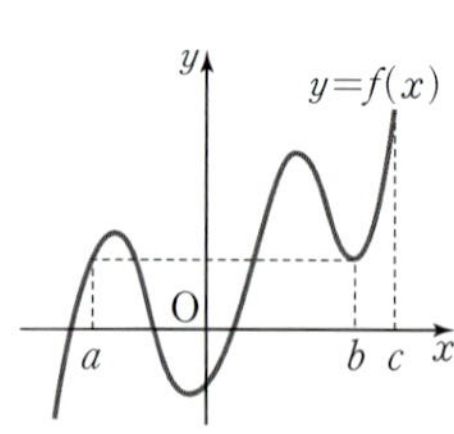

12 함수 $f(x)=|x^2-5x-6|$에 대하여 닫힌구간 $[0, a]$에서 평균값 정리를 만족시키는 상수 c의 값이 2일 때, 실수 a의 값을 구하시오. (단, $a>0$)

S·T·E·P 2 실력 다지기

13 실수 t에 대하여 곡선 $y=x^3+1$과 직선 $x=t$가 만나는 점에서의 접선과 원점 사이의 거리가 $f(t)$일 때, $15 \times \lim\limits_{t \to \infty} \dfrac{f(t)}{t}$의 값을 구하시오.

14 최고차항의 계수가 1인 삼차함수 $f(x)$에 대하여 곡선 $y=f(x)$가 원점을 지난다. 곡선 $y=f(x)$ 위의 점 $(-1,\ f(-1))$에서의 접선의 기울기가 1이고, 이 접선이 점 $(1,\ f(1))$을 지날 때, $f(2)$의 값을 구하시오.

15 곡선 $y=3x^3+1$에 접하는 서로 다른 두 직선 $l,\ m$에 대하여 직선 l은 점 $(0,\ k+1)$을 지나고, 직선 m은 점 $(k,\ 1)$을 지난다. 두 직선 $l,\ m$이 서로 평행할 때, 양수 k의 값을 구하시오.

16 점 $(a,\ 0)$에서 곡선 $y=x^3+2x^2+x$에 그은 서로 다른 접선이 두 개일 때, 모든 상수 a의 값의 합을 구하시오.

17 함수 $f(x)=x^3+ax^2+bx$ (a, b는 상수)와 실수 t에 대하여 곡선 $y=f(x)$ 위의 점 $(t, f(t))$에서의 접선의 y절편을 $g(t)$라 할 때, 함수 $h(t)$는 다음과 같다.

$$h(t)=\begin{cases} \dfrac{|g(t)|}{t} & (t\neq 0) \\ 0 & (t=0) \end{cases}$$

두 함수 $f(x)$, $h(t)$가 다음 조건을 만족시킬 때, $f(2)$의 값을 구하시오.

> (개) $f(1)=2$
> (내) 함수 $h(t)$는 실수 전체의 집합에서 미분가능하다.

18 실수 전체의 집합에서 미분가능하고 다음 조건을 만족시키는 모든 함수 $f(x)$에 대하여 $f(5)$의 최솟값은?

> (개) $f(1)=3$
> (내) $1<x<5$인 모든 실수 x에 대하여 $f'(x)\geq 5$이다.

① 21　　② 22　　③ 23　　④ 24　　⑤ 25

19 곡선 $y=x^3+ax^2-2x$ ($a>0$) 위의 점 $O(0, 0)$에서의 접선이 이 곡선과 만나는 점 중 O가 아닌 점을 A라 하고, 이 곡선 위의 점 A에서의 접선이 x축과 만나는 점을 B라 하자. 선분 OB의 중점이 삼각형 OAB의 외접원의 중심일 때, 삼각형 OAB의 넓이를 구하시오.

20 삼차함수 $f(x)$에 대하여 곡선 $y=f(x)$ 위의 점 $(0, 0)$에서의 접선과 곡선 $y=xf(x)$ 위의 점 $(1, 2)$에서의 접선이 일치할 때, $f'(2)$의 값은?

① -18　　② -17　　③ -16　　④ -15　　⑤ -14

05

도함수의 활용 (2)

01 함수의 증가와 감소

함수의 증가와 감소	함수 $f(x)$가 어떤 구간에 속하는 임의의 두 실수 x_1, x_2에 대하여 (1) $x_1<x_2$일 때 $f(x_1)<f(x_2)$이면 $f(x)$는 이 구간에서 증가한다고 한다. (2) $x_1<x_2$일 때 $f(x_1)>f(x_2)$이면 $f(x)$는 이 구간에서 감소한다고 한다.
함수의 증가와 감소의 판정	함수 $f(x)$가 어떤 열린구간에서 미분가능하고, 이 구간에 속하는 모든 x에 대하여 (1) $f'(x)>0$이면 함수 $f(x)$는 이 구간에서 증가한다. (2) $f'(x)<0$이면 함수 $f(x)$는 이 구간에서 감소한다.

02 함수의 극대와 극소

함수의 극대와 극소	함수 $f(x)$에서 $x=a$를 포함하는 어떤 열린구간에 속하는 모든 x에 대하여 (1) $f(x)\leq f(a)$일 때 함수 $f(x)$는 $x=a$에서 극대, $f(a)$를 극댓값이라 한다. (2) $f(x)\geq f(a)$일 때 함수 $f(x)$는 $x=a$에서 극소, $f(a)$를 극솟값이라 한다.
극값과 미분계수 사이의 관계	함수 $f(x)$가 $x=a$에서 미분가능하고 $x=a$에서 극값을 가지면 $f'(a)=0$이다.
미분가능한 함수의 극대와 극소의 판정	미분가능한 함수 $f(x)$에 대하여 $f'(a)=0$일 때, $x=a$의 좌우에서 (1) $f'(x)$의 부호가 양에서 음으로 바뀌면 $f(x)$는 $x=a$에서 극대이다. (2) $f'(x)$의 부호가 음에서 양으로 바뀌면 $f(x)$는 $x=a$에서 극소이다.

03 함수의 그래프와 최대·최소

함수의 그래프	미분가능한 함수 $y=f(x)$의 그래프의 개형은 다음과 같은 순서로 그릴 수 있다. ❶ 함수 $f(x)$의 도함수 $f'(x)$를 구한다. ❷ $f'(x)=0$을 만족시키는 x의 값을 구하고, 이 값의 좌우에서 $f'(x)$의 부호의 변화를 조사하여 $f(x)$의 증가와 감소를 표로 나타낸 후 극값을 구한다. ❸ 함수 $y=f(x)$의 그래프와 x축 및 y축의 교점의 좌표를 구한다. ❹ 함수 $y=f(x)$의 그래프의 개형을 그린다.
함수의 최대와 최소	함수 $f(x)$가 닫힌구간 $[a,\ b]$에서 연속일 때, 닫힌구간 $[a,\ b]$에서 $f(x)$의 극값, 구간의 양 끝에서의 함숫값 $f(a)$, $f(b)$ 중 가장 큰 값이 최댓값, 가장 작은 값이 최솟값이다.

01 함수의 증가와 감소

1 함수의 증가와 감소

함수 $f(x)$가 어떤 구간에 속하는 임의의 두 실수 x_1, x_2에 대하여
(1) $x_1 < x_2$일 때 $f(x_1) < f(x_2)$이면 $f(x)$는 이 구간에서 증가한다고 한다.
(2) $x_1 < x_2$일 때 $f(x_1) > f(x_2)$이면 $f(x)$는 이 구간에서 감소한다고 한다.

그림과 같이 함수 $y = f(x)$의 그래프에서 직관적으로 알 수 있듯이 x의 값이 커질 때, 함수 $f(x)$의 그래프가 오른쪽 위로 올라가면 함수 $f(x)$는 증가하고 함수 $y = f(x)$의 그래프가 오른쪽 아래로 내려가면 함수 $f(x)$는 감소한다.

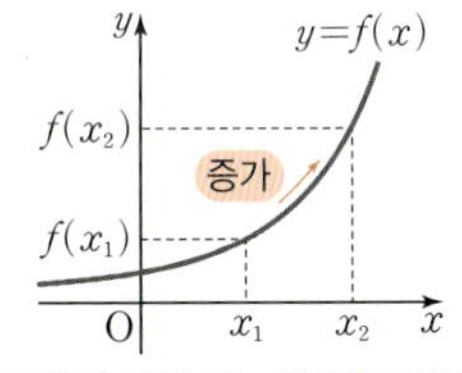

x의 값이 커질 때 y의 값도 커진다.

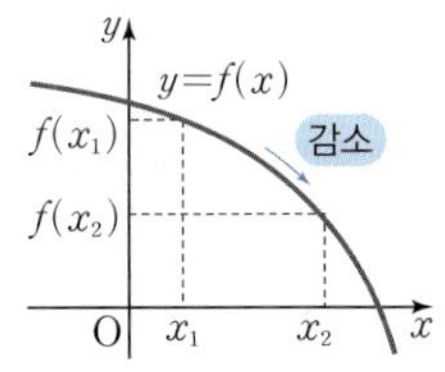

x의 값이 커질 때 y의 값은 작아진다.

함수 $f(x)$가 어떤 구간에 속하는 임의의 두 실수 x_1, x_2에 대하여
$x_1 < x_2$일 때 $f(x_1) < f(x_2)$이면 $f(x)$는 이 구간에서 **증가**한다고 하고,
$x_1 < x_2$일 때 $f(x_1) > f(x_2)$이면 $f(x)$는 이 구간에서 **감소**한다고 한다.

예를 들어 함수 $f(x) = x^2$의 구간에 따른 증가, 감소를 판별해 보자.

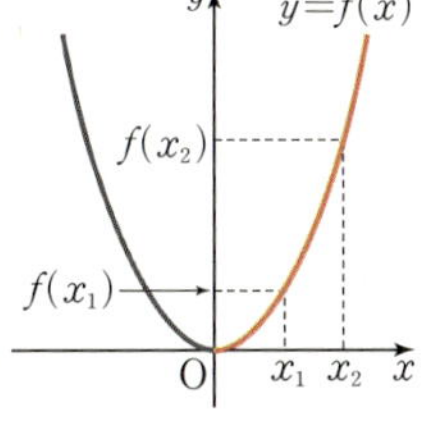
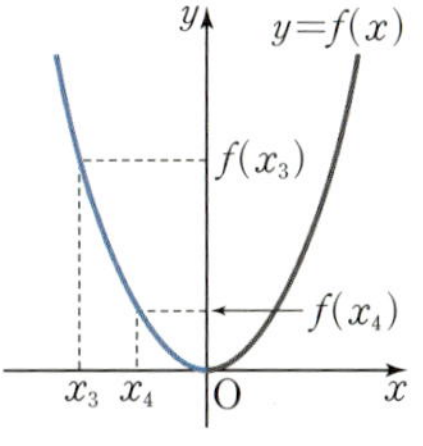

① $0 \le x_1 < x_2$인 임의의 두 실수 x_1, x_2에 대하여
$$f(x_1) - f(x_2) = x_1^2 - x_2^2$$
$$= (x_1 - x_2)(x_1 + x_2) < 0$$
$$\underset{x_1 - x_2 < 0,\ x_1 + x_2 > 0}{}$$
이므로 $f(x_1) < f(x_2)$이다.
따라서 함수 $f(x) = x^2$은 구간 $[0, \infty)$에서 증가한다. ← 함수 $f(x)$가 증가하는 구간에서 함수 $y = f(x)$의 그래프는 오른쪽 위를 향한다.

② $x_3 < x_4 \le 0$인 임의의 두 실수 x_3, x_4에 대하여
$$f(x_3) - f(x_4) = x_3^2 - x_4^2$$
$$= (x_3 - x_4)(x_3 + x_4) > 0 \leftarrow x_3 - x_4 < 0,\ x_3 + x_4 < 0$$
이므로 $f(x_3) > f(x_4)$이다.
따라서 함수 $f(x) = x^2$은 구간 $(-\infty, 0]$에서 감소한다. ← 함수 $f(x)$가 감소하는 구간에서 함수 $y = f(x)$의 그래프는 오른쪽 아래를 향한다.

(1) 구간 $(-\infty,\ 1)$에서 함수 $f(x)=\dfrac{1}{x-1}$은

$x_1<x_2<1$인 임의의 두 실수 $x_1,\ x_2$에 대하여

$$f(x_1)-f(x_2)=\frac{1}{x_1-1}-\frac{1}{x_2-1}=\frac{x_2-x_1}{(x_1-1)(x_2-1)}$$

이때 $x_2-x_1>0,\ (x_1-1)(x_2-1)>0$이므로

$f(x_1)-f(x_2)>0$, 즉 $f(x_1)>f(x_2)$이다.

따라서 함수 $f(x)=\dfrac{1}{x-1}$은 구간 $(-\infty,\ 1)$에서 감소한다.

(2) 구간 $(-\infty,\ \infty)$에서 함수 $f(x)=x^3$은

$x_1<x_2$인 임의의 두 실수 $x_1,\ x_2$에 대하여

$$f(x_1)-f(x_2)=x_1^{\,3}-x_2^{\,3}=(x_1-x_2)(x_1^{\,2}+x_1x_2+x_2^{\,2})$$

이때 $x_1-x_2<0,\ x_1^{\,2}+x_1x_2+x_2^{\,2}=\left(x_1+\dfrac{1}{2}x_2\right)^2+\dfrac{3}{4}x_2^{\,2}>0$이므로

$f(x_1)-f(x_2)<0$, 즉 $f(x_1)<f(x_2)$이다.

따라서 함수 $f(x)=x^3$은 구간 $(-\infty,\ \infty)$에서 증가한다.

참고 실수 전체의 집합에서 증가하는 함수, 실수 전체의 집합에서 감소하는 함수는 일대일대응이다.

2 함수의 증가와 감소의 판정

함수 $f(x)$가 어떤 열린구간에서 미분가능하고, 이 구간에 속하는 모든 x에 대하여

(1) $f'(x)>0$이면 함수 $f(x)$는 이 구간에서 증가한다.

(2) $f'(x)<0$이면 함수 $f(x)$는 이 구간에서 감소한다.

참고 (1), (2)의 역은 성립하지 않는다.

함수의 증가와 감소를 도함수의 부호를 조사하여 판정하는 방법에 대하여 알아보자.

함수 $f(x)$가 열린구간 $(a,\ b)$에서 미분가능하면 이 구간에 속하는 임의의 두 실수 $x_1,\ x_2\ (x_1<x_2)$에 대하여 평균값 정리가 성립하므로

$$\frac{f(x_2)-f(x_1)}{x_2-x_1}=f'(c)$$

인 실수 c가 열린구간 $(x_1,\ x_2)$에 적어도 하나 존재한다.

이때 $f'(x)$의 부호에 따라 다음과 같이 두 가지 경우로 나누어 생각할 수 있다.

(i) 열린구간 $(a,\ b)$에 속하는 모든 x에 대하여 $f'(x)>0$이면

$$\frac{f(x_2)-f(x_1)}{x_2-x_1}=f'(c)>0$$

이고 $x_2-x_1>0$이므로 $f(x_2)-f(x_1)>0$, 즉 $f(x_2)>f(x_1)$이다.

따라서 함수 $f(x)$는 이 구간에서 증가한다.

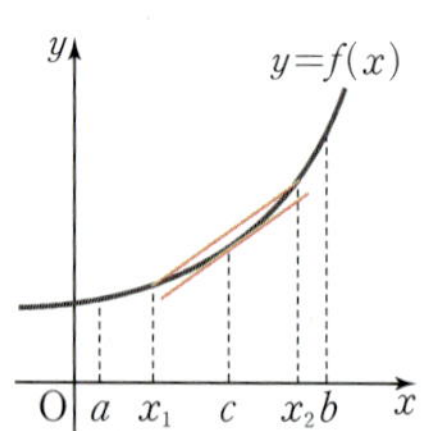

(ⅱ)

$$\frac{f(x_2)-f(x_1)}{x_2-x_1}=f'(c)<0$$

이고 $x_2-x_1>0$이므로 $f(x_2)-f(x_1)<0$, 즉 $f(x_2)<f(x_1)$이다.

따라서 함수 $f(x)$는 이 구간에서 감소한다.

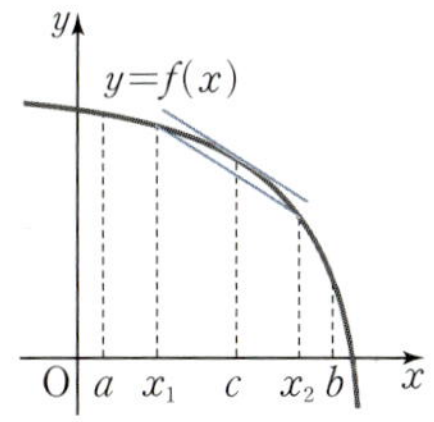

(ⅰ), (ⅱ)를 정리하면

함수 $f(x)$가 어떤 열린구간에서 미분가능하고 이 구간에 속하는 모든 x에 대하여

$f'(x)>0$이면 함수 $f(x)$는 이 구간에서 증가하고,

$f'(x)<0$이면 함수 $f(x)$는 이 구간에서 감소한다.

example

(1) 함수 $f(x)=x^3-3x+1$에 대하여

$f'(x)=3x^2-3=3(x+1)(x-1)=0$에서 $x=-1$ 또는 $x=1$

함수 $f(x)$의 증가와 감소를 표로 나타내면 다음과 같다.

x	$\cdots$	-1	$\cdots$	1	$\cdots$
$f'(x)$	$+$	0	$-$	0	$+$
$f(x)$	$\nearrow$	3	$\searrow$	-1	$\nearrow$

따라서 함수 $f(x)$는 구간 $(-\infty, -1]$과 구간 $[1, \infty)$에서 증가하고, 구간 $[-1, 1]$에서 감소한다.

(2) 함수 $f(x)=x^3+6x^2+12x$에 대하여

$f'(x)=3x^2+12x+12=3(x+2)^2=0$에서 $x=-2$

함수 $f(x)$의 증가와 감소를 표로 나타내면 다음과 같다.

x	$\cdots$	-2	$\cdots$
$f'(x)$	$+$	0	$+$
$f(x)$	$\nearrow$	-8	$\nearrow$

따라서 함수 $f(x)$는 구간 $(-\infty, \infty)$에서 증가한다.

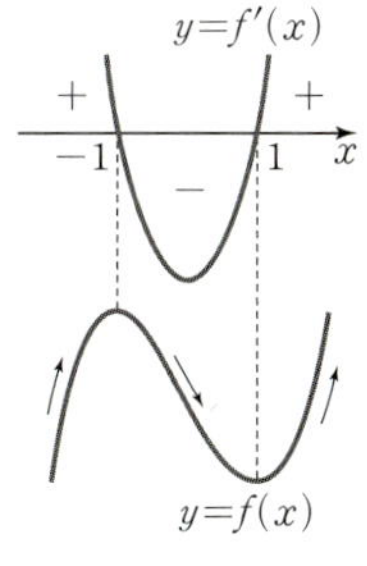

(3) 함수 $f(x)=-x^3+3x^2-3x+2$에 대하여

$f'(x)=-3x^2+6x-3=-3(x-1)^2=0$에서 $x=1$

함수 $f(x)$의 증가와 감소를 표로 나타내면 다음과 같다.

x	$\cdots$	1	$\cdots$
$f'(x)$	$-$	0	$-$
$f(x)$	$\searrow$	1	$\searrow$

따라서 함수 $f(x)$는 구간 $(-\infty, \infty)$에서 감소한다.

참고 ① 도함수의 부호를 조사하여 함수의 증가와 감소를 나타내는 표를 증감표라 한다.

증감표에서 $\nearrow$는 함수 $f(x)$의 증가, $\searrow$는 함수 $f(x)$의 감소를 나타낸다.

② $f'(x)=0$인 x의 좌우에서 $f(x)$가 증가하다가 감소 또는 감소하다가 증가할 때, $f'(x)=0$을 만족시키는 x의 값은 증가하는 구간과 감소하는 구간에 모두 포함될 수 있다.

함수 $f(x)$가 어떤 열린구간에서 미분가능하고, 이 구간에서
(1) $f(x)$가 증가하면 이 구간에 속하는 모든 x에 대하여 $f'(x)\geq0$이다.
(2) $f(x)$가 감소하면 이 구간에 속하는 모든 x에 대하여 $f'(x)\leq0$이다.

'2. 함수의 증가와 감소의 판정'에서 명제 (1), (2)의 역은 성립하지 않는다.
예를 들어
함수 $f(x)=x^3$은 구간 $(-\infty,\ \infty)$에서 증가하지만 $f'(x)=3x^2$이므로 $f'(x)\geq0$이고
함수 $f(x)=-x^3$은 구간 $(-\infty,\ \infty)$에서 감소하지만 $f'(x)=-3x^2$이므로 $f'(x)\leq0$이다.

따라서 함수 $f(x)$가 어떤 열린구간에서 미분가능하고, 이 구간에서
(1) $f(x)$가 증가하면 이 구간에 속하는 모든 x에 대하여 $f'(x)>0$ 또는 $f'(x)=0$이다. $\quad\big[\,f'(x)\geq0$
(2) $f(x)$가 감소하면 이 구간에 속하는 모든 x에 대하여 $f'(x)<0$ 또는 $f'(x)=0$이다. $\quad\big[\,f'(x)\leq0$

참고 (1)에서 $f(x)$는 몇 개의 x의 값에서만 $f'(x)=0$이고, 나머지 x의 값에서는 $f'(x)>0$인 경우이다.
(2)에서 $f(x)$는 몇 개의 x의 값에서만 $f'(x)=0$이고, 나머지 x의 값에서는 $f'(x)<0$인 경우이다.

이때 (1), (2)의 역인

함수 $f(x)$가 어떤 열린구간에서 미분가능하고,
이 구간에 속하는 모든 x에 대하여 $f'(x)\geq0$이면 이 구간에서 $f(x)$는 증가한다.
이 구간에 속하는 모든 x에 대하여 $f'(x)\leq0$이면 이 구간에서 $f(x)$는 감소한다.

는 거짓인 명제이다.

예를 들어 함수 $f(x)=c$ (c는 상수)는 모든 실수 x에 대하여 $f'(x)=0$이지만 $f(x)$는 실수 전체
의 집합에서 증가하지 않고, 실수 전체의 집합에서 감소하지도 않는다.

단, 함수 $f(x)$가 상수함수가 아닌 다항함수이면 다음이 성립한다.
실수 전체의 집합에서 $f'(x)\geq0$이다. $\iff$ 함수 $f(x)$는 실수 전체의 집합에서 증가한다.
실수 전체의 집합에서 $f'(x)\leq0$이다. $\iff$ 함수 $f(x)$는 실수 전체의 집합에서 감소한다.

(1) 함수 $f(x)=x^3+ax^2+ax$에 대하여 $f'(x)=3x^2+2ax+a$
삼차함수 $f(x)$가 실수 전체의 집합에서 증가하려면 모든 실수 x에
대하여 $f'(x)\geq0$이어야 하므로 이차방정식 $f'(x)=0$의 판별식을
D라 하면
$$\frac{D}{4}=a^2-3a\leq0,\ a(a-3)\leq0\qquad \therefore\ 0\leq a\leq 3$$

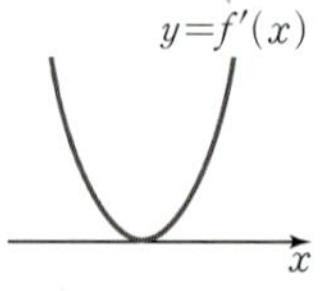

(2) 함수 $f(x)=x^3-3x^2+ax$에 대하여 $f'(x)=3x^2-6x+a$

함수 $f(x)$가 닫힌구간 $[-1, 2]$에서 감소하려면

$-1\leq x\leq 2$에서 $f'(x)\leq 0$이어야 하므로 그림에서

$f'(-1)=3+6+a\leq 0$ $\qquad \therefore a\leq -9$ $\qquad \cdots\cdots$ ㉠

$f'(2)=12-12+a\leq 0$ $\qquad \therefore a\leq 0$ $\qquad \cdots\cdots$ ㉡

㉠, ㉡에서 $a\leq -9$

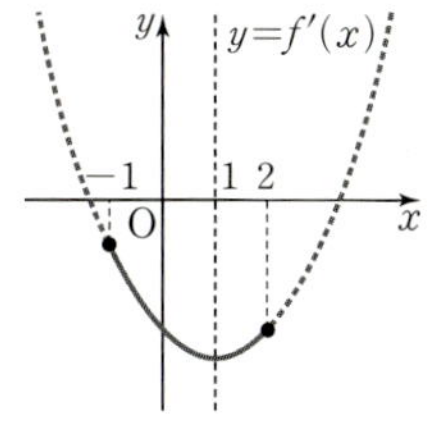

01. 함수의 증가와 감소

빠른 정답 · 358쪽 / 정답과 풀이 · 68쪽

01 다음 함수의 증가와 감소를 조사하시오.

(1) $f(x)=x^3+6x^2+9x+1$
(2) $f(x)=-2x^3-6x^2+18x$

02 다음 물음에 답하시오.

(1) 함수 $f(x)=-x^3+x^2+ax+1$이 실수 전체의 집합에서 감소하도록 하는 실수 a의 값의 범위를 구하시오.

(2) 함수 $f(x)=-4x^3+ax^2+12x-2$가 열린구간 $(1, 2)$에서 증가하도록 하는 실수 a의 값의 범위를 구하시오.

대표 예제 | 01

다음 함수의 증가와 감소를 조사하시오.

(1) $f(x)=-x^3+9x^2-24x+12$

(2) $f(x)=2x^3-6x^2+6x+3$

바로 접근

미분가능한 함수 $f(x)$의 증가와 감소는 $f'(x)$의 부호를 조사하여 알 수 있다.

함수 $f(x)$가 어떤 열린구간에서 미분가능하고, 이 구간에 속하는 모든 x에 대하여

① $f'(x)>0$이면 $f(x)$는 이 구간에서 증가한다.

② $f'(x)<0$이면 $f(x)$는 이 구간에서 감소한다.

바른 풀이

(1) $f(x)=-x^3+9x^2-24x+12$에서

$$f'(x)=-3x^2+18x-24=-3(x-2)(x-4)$$

$f'(x)=0$에서 $x=2$ 또는 $x=4$

함수 $f(x)$의 증가와 감소를 표로 나타내면 다음과 같다.

x	$\cdots$	2	$\cdots$	4	$\cdots$
$f'(x)$	$-$	0	$+$	0	$-$
$f(x)$	$\searrow$	-8	$\nearrow$	-4	$\searrow$

따라서 함수 $f(x)$는 구간 $(-\infty,\ 2]$와 구간 $[4,\ \infty)$에서 감소하고, 닫힌구간 $[2,\ 4]$에서 증가한다.

(2) $f(x)=2x^3-6x^2+6x+3$에서

$$f'(x)=6x^2-12x+6=6(x-1)^2$$

$f'(x)=0$에서 $x=1$

함수 $f(x)$의 증가와 감소를 표로 나타내면 다음과 같다.

x	$\cdots$	1	$\cdots$
$f'(x)$	$+$	0	$+$
$f(x)$	$\nearrow$	5	$\nearrow$

따라서 함수 $f(x)$는 구간 $(-\infty,\ \infty)$에서 증가한다.

정답 (1) 풀이 참조 (2) 풀이 참조

Bible Says

(1), (2)에서 함수 $y=f'(x)$의 그래프를 이용하여 함수 $y=f(x)$의 그래프의 개형을 나타내면 다음 그림과 같다.

(1)
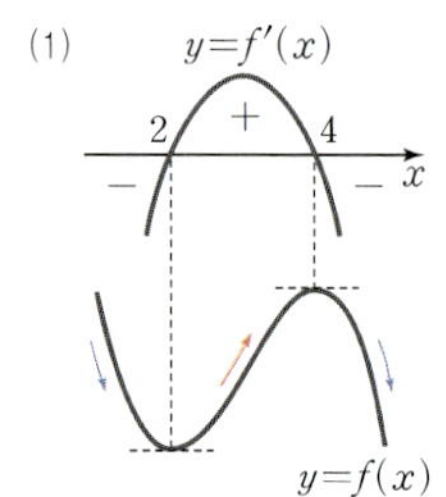

(2)
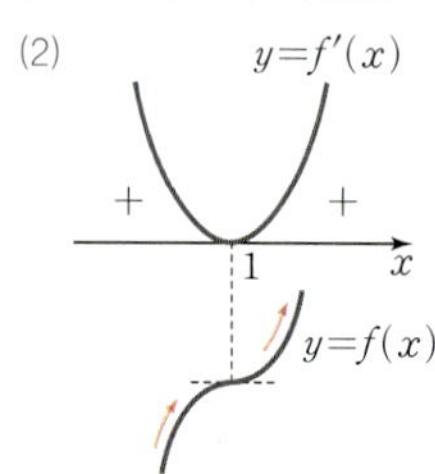

한 번 더하기

01-1 다음 함수의 증가와 감소를 조사하시오.

(1) $f(x)=2x^3+9x^2-24x-9$ (2) $f(x)=x^4-2x^2+4$

표현 더하기

01-2 함수 $f(x)=-x^3+3x^2+24x+3$이 닫힌구간 $[a,\ b]$에서 증가할 때, a의 최솟값을 m, b의 최댓값을 M이라 하자. $M-m$의 값을 구하시오.

표현 더하기

01-3 함수 $f(x)=2x^3+ax^2+bx+4$가 구간 $(-\infty,\ -1]$과 구간 $[3,\ \infty)$에서 증가하고, 닫힌구간 $[-1,\ 3]$에서 감소할 때, $f(1)$의 값을 구하시오. (단, a, b는 상수이다.)

표현 더하기

01-4 미분가능한 함수 $y=f(x)$의 도함수 $y=f'(x)$의 그래프가 그림과 같을 때, **보기**에서 옳은 것만을 있는 대로 고르시오.

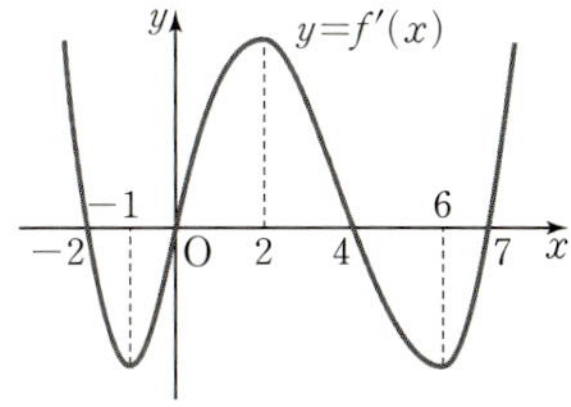

> **보기**
> ㄱ. $f(x)$는 닫힌구간 $[0,\ 4]$에서 증가한다.
> ㄴ. $f(x)$는 닫힌구간 $[-1,\ 2]$에서 증가한다.
> ㄷ. $f(x)$는 닫힌구간 $[2,\ 6]$에서 감소한다.
> ㄹ. $f(x)$는 닫힌구간 $[-2,\ 0]$에서 감소한다.

대표 예제 | 02

다음 물음에 답하시오.

(1) 함수 $f(x)=x^3+3ax^2+9ax-1$이 실수 전체의 집합에서 증가하도록 하는 자연수 a의 값의 개수를 구하시오.

(2) 함수 $f(x)=x^3+6x^2+(6a+1)x+3$이 닫힌구간 $[-3,\ 0]$에서 감소하도록 하는 실수 a의 값의 범위를 구하시오.

바로 접근

상수함수가 아닌 다항함수 $f(x)$에 대하여 어떤 구간에서

① 함수 $f(x)$가 그 구간에서 증가한다. $\Longleftrightarrow$ 그 구간의 모든 x에 대하여 $f'(x)\geq0$

② 함수 $f(x)$가 그 구간에서 감소한다. $\Longleftrightarrow$ 그 구간의 모든 x에 대하여 $f'(x)\leq0$

주의 이때 등호가 포함됨에 유의한다.

바른 풀이

(1) $f(x)=x^3+3ax^2+9ax-1$에서 $f'(x)=3x^2+6ax+9a$

함수 $f(x)$가 실수 전체의 집합에서 증가하려면 모든 실수 x에 대하여 $f'(x)\geq0$이어야 하므로 이차방정식 $f'(x)=0$의 판별식을 D라 하면

$$\frac{D}{4}=9a^2-27a\leq0,\ 9a(a-3)\leq0 \qquad \therefore\ 0\leq a\leq3$$

따라서 자연수 a는 1, 2, 3의 3개이다.

(2) $f(x)=x^3+6x^2+(6a+1)x+3$에서

$f'(x)=3x^2+12x+6a+1$

함수 $f(x)$가 닫힌구간 $[-3,\ 0]$에서 감소하려면 닫힌구간 $[-3,\ 0]$에서 $f'(x)\leq0$이어야 하므로

$$f'(-3)=6a-8\leq0 \qquad \therefore\ a\leq\frac{4}{3} \qquad \cdots\cdots\ \bigcirc$$

$$f'(0)=6a+1\leq0 \qquad \therefore\ a\leq-\frac{1}{6} \qquad \cdots\cdots\ \bigcirc$$

$\bigcirc$, $\bigcirc$에서 $a\leq-\frac{1}{6}$

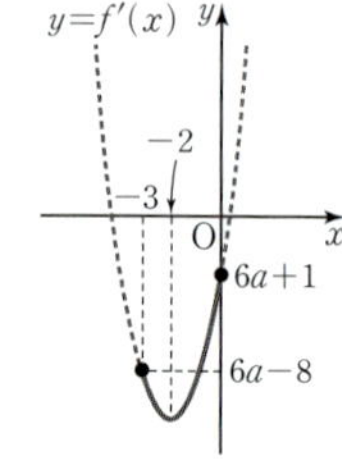

정답 (1) 3　(2) $a\leq-\dfrac{1}{6}$

Bible Says

(1) 이차부등식이 항상 성립할 조건

이차함수 $f(x)=ax^2+bx+c$ ($a,\ b,\ c$는 상수, $a\neq0$)에 대하여

이차방정식 $ax^2+bx+c=0$의 판별식을 D라 할 때

① 모든 실수 x에 대하여 $f(x)\geq0$일 조건은 $a>0,\ D\leq0$

② 모든 실수 x에 대하여 $f(x)\leq0$일 조건은 $a<0,\ D\leq0$

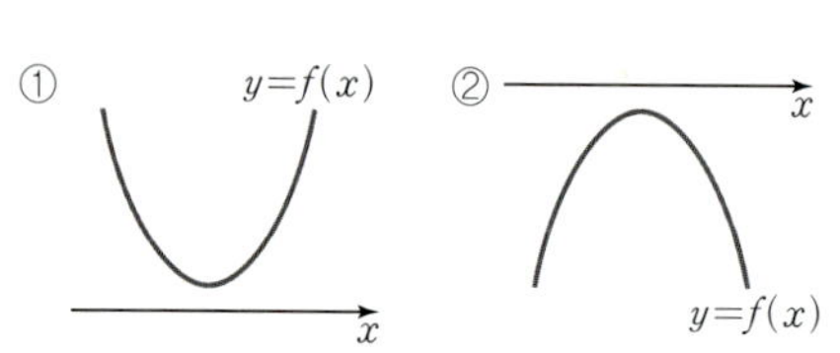

(2) 함수 $f(x)$의 역함수가 존재한다.

$\Rightarrow$ 함수 $f(x)$는 일대일대응이다. $\Rightarrow$ 함수 $f(x)$가 실수 전체의 집합에서 항상 증가하거나 항상 감소한다.

$\quad\quad f'(x)\geq0$ 또는 $f'(x)\leq0$

한번 더하기

02-1

다음 물음에 답하시오.

(1) 함수 $f(x)=-2x^3-6ax^2-12ax-16$이 실수 전체의 집합에서 감소하도록 하는 자연수 a의 값의 개수를 구하시오.

(2) 함수 $f(x)=-2x^3-kx^2+1$이 닫힌구간 $[-2, -1]$에서 증가하도록 하는 실수 k의 값의 범위를 구하시오.

표현 더하기

02-2

함수 $f(x)=x^3-ax+3$이 감소하는 구간이 닫힌구간 $[-3, b]$일 때, 상수 a, b에 대하여 $a+b$의 값을 구하시오. (단, $b>-3$)

표현 더하기

02-3

함수 $f(x)=-\dfrac{1}{3}x^3+ax^2-3ax+1$이 $x_1<x_2$인 임의의 두 실수 x_1, x_2에 대하여 항상 $f(x_1)>f(x_2)$일 때, 실수 a의 최댓값을 구하시오.

표현 더하기

02-4

실수 전체의 집합에서 정의된 함수 $f(x)=ax^3-3x^2+3x+2$의 역함수가 존재하도록 하는 양수 a의 최솟값을 구하시오.

02 함수의 극대와 극소

1 함수의 극대와 극소

함수 $f(x)$에서 $x=a$를 포함하는 어떤 열린구간에 속하는 모든 x에 대하여
(1) $f(x) \leq f(a)$일 때
  함수 $f(x)$는 $x=a$에서 극대라 하고, $f(a)$를 극댓값이라 한다.
(2) $f(x) \geq f(a)$일 때
  함수 $f(x)$는 $x=a$에서 극소라 하고, $f(a)$를 극솟값이라 한다.
이때 극댓값과 극솟값을 통틀어 극값이라 한다.

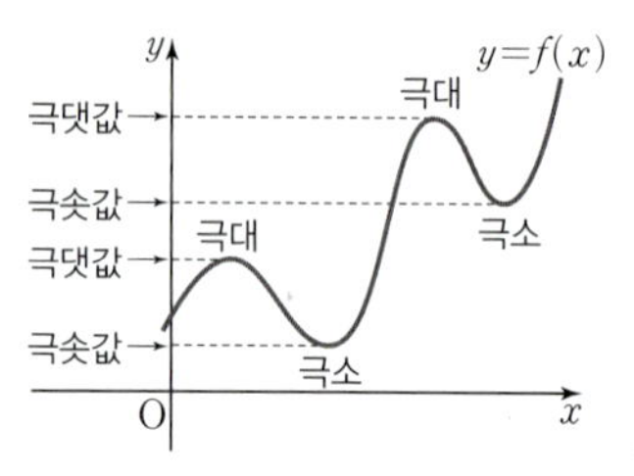

함수 $f(x)$에서 $x=a$를 포함하는 어떤 열린구간에서 $f(a)$의 값이 가장 큰 경우와 가장 작은 경우에 대하여 알아보자.

함수 $f(x)$에서 $x=a$를 포함하는 어떤 열린구간에 속하는 모든 x에 대하여
$$f(x) \leq f(a)$$
일 때, 함수 $f(x)$는 $x=a$에서 극대라 하고, $f(a)$를 극댓값이라 한다.
$x=a$의 충분히 가까운 근방에서 $f(a)$가 최댓값임을 뜻한다.

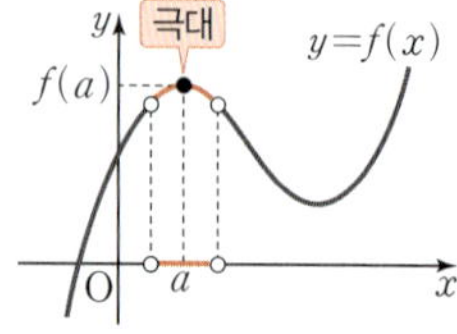

또한 함수 $f(x)$에서 $x=a$를 포함하는 어떤 열린구간에 속하는 모든 x에 대하여
$$f(x) \geq f(a)$$
일 때, 함수 $f(x)$는 $x=a$에서 극소라 하고, $f(a)$를 극솟값이라 한다.
$x=a$의 충분히 가까운 근방에서 $f(a)$가 최솟값임을 뜻한다.

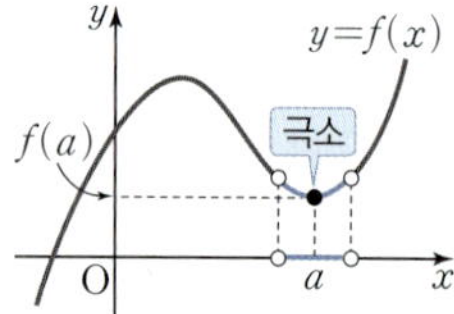

이때 극댓값과 극솟값을 통틀어 극값이라 한다. 한편, 그림에서 알 수 있듯이 하나의 함수에서 극값은 여러 개 존재할 수 있고, 극댓값이 극솟값보다 반드시 큰 것은 아니다.

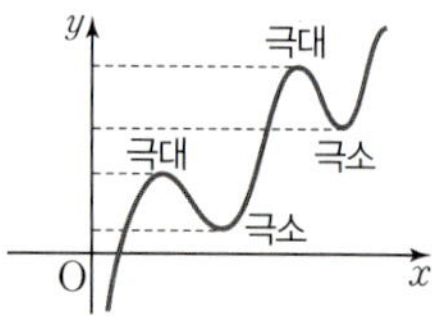

특히, 함수 $f(x)$가 $x=a$에서 연속인 경우에는 다음이 성립한다.
(1) $x=a$의 좌우에서 $f(x)$가 증가하다가 감소하면 $f(x)$는 $x=a$에서 극대이다.
(2) $x=a$의 좌우에서 $f(x)$가 감소하다가 증가하면 $f(x)$는 $x=a$에서 극소이다.

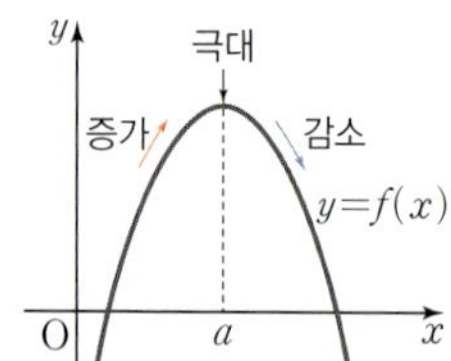

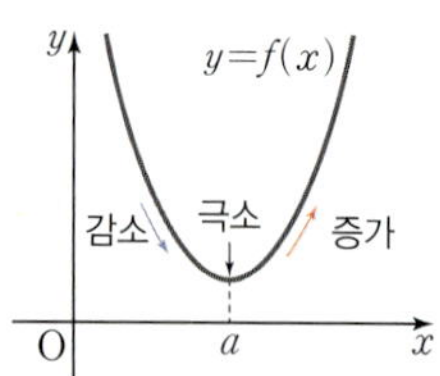

함수 $y=f(x)$의 그래프가 그림과 같을 때

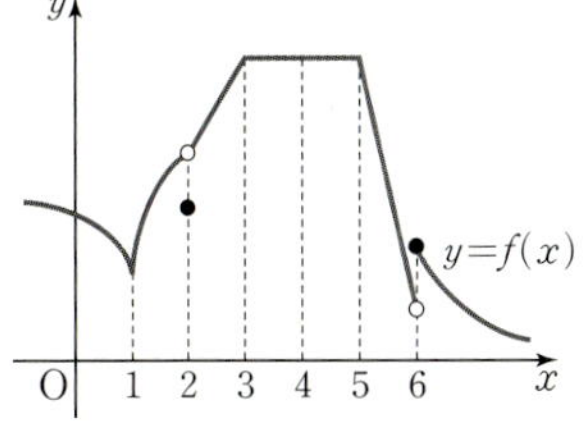

(1) $x=1$을 포함하는 어떤 열린구간에 속하는 모든 x에 대하여 $f(x) \geq f(1)$이므로 함수 $f(x)$는 $x=1$에서 극솟값을 갖는다.

(2) $x=2$를 포함하는 어떤 열린구간에 속하는 모든 x에 대하여 $f(x) \geq f(2)$이므로 함수 $f(x)$는 $x=2$에서 극솟값을 갖는다.

(3) $x=3$을 포함하는 어떤 열린구간에 속하는 모든 x에 대하여 $f(x) \leq f(3)$이므로 함수 $f(x)$는 $x=3$에서 극댓값을 갖는다.

(4) $x=4$를 포함하는 어떤 열린구간에 속하는 모든 x에 대하여 $f(x) \geq f(4)$이면서 $f(x) \leq f(4)$이므로 $x=4$에서 극솟값이자 극댓값을 갖는다.

(5) $x=5$를 포함하는 어떤 열린구간에 속하는 모든 x에 대하여 $f(x) \leq f(5)$이므로 함수 $f(x)$는 $x=5$에서 극댓값을 갖는다.

(6) $x=6$을 포함하는 어떤 열린구간에 속하는 모든 x에 대하여 $f(x) \leq f(6)$이므로 함수 $f(x)$는 $x=6$에서 극댓값을 갖는다.

참고 (1), (3), (5)와 같이 함수 $f(x)$가 $x=a$에서 미분가능하지 않더라도 극값을 가질 수 있다.

(2), (6)과 같이 함수 $f(x)$가 $x=a$에서 불연속이어도 극값을 가질 수 있다.

즉, 극값은 연속, 미분가능성과는 상관이 없다. 충분히 작은 구간에서 최댓값을 찾을 수 있으면 극대, 최솟값을 찾을 수 있으면 극소이다.

(4)와 같이 함수 $f(x)$가 어떤 열린구간에서 상수함수이면 이 구간의 모든 실수 x에서 극댓값과 극솟값을 동시에 갖는다.

2 극값과 미분계수 사이의 관계

함수 $f(x)$가 $x=a$에서 미분가능하고 $x=a$에서 극값을 가지면 $f'(a)=0$이다.

함수 $f(x)$가 $x=a$를 포함하는 어떤 열린구간에서 미분가능하고, $x=a$에서 극값을 가질 때 미분계수 $f'(a)$의 값을 구해 보자.

(i) 함수 $f(x)$가 $x=a$에서 극댓값을 가질 때

절댓값이 충분히 작은 실수 h $(h \neq 0)$에 대하여 $f(a+h) \leq f(a)$이므로

$$h>0$$이면 $\dfrac{f(a+h)-f(a)}{h} \leq 0,$$

$$h<0$$이면 $\dfrac{f(a+h)-f(a)}{h} \geq 0$$

이다.

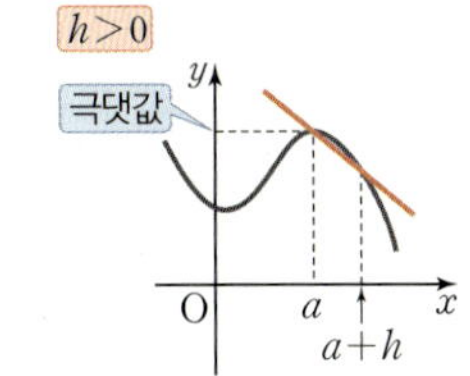

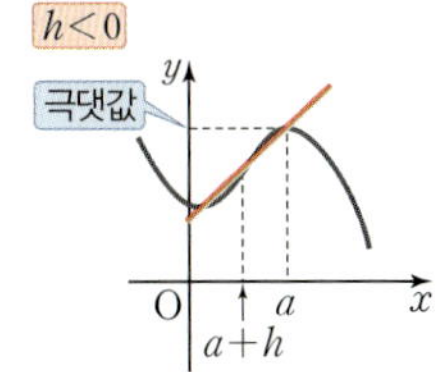

이때 함수 $f(x)$는 $x=a$에서 미분가능하므로

$$0 \leq \lim_{h \to 0-} \frac{f(a+h)-f(a)}{h} = \lim_{h \to 0+} \frac{f(a+h)-f(a)}{h} \leq 0 \quad \leftarrow \text{우극한과 좌극한이 같다.}$$

이다. 따라서

$$f'(a) = \lim_{h \to 0} \frac{f(a+h)-f(a)}{h} = 0$$

이다.

(ii) 함수 $f(x)$가 $x=a$에서 극솟값을 가질 때도 같은 방법으로 $f'(a)=0$임을 알 수 있다.

이때 일반적으로 (i), (ii)의 역은 성립하지 않는다.
예를 들어 함수 $f(x)=x^3$에 대하여 $f'(x)=3x^2$이므로 $f'(0)=0$이지만 그림과 같이 함수 $f(x)$는 $x=0$에서 극값을 갖지 않는다.

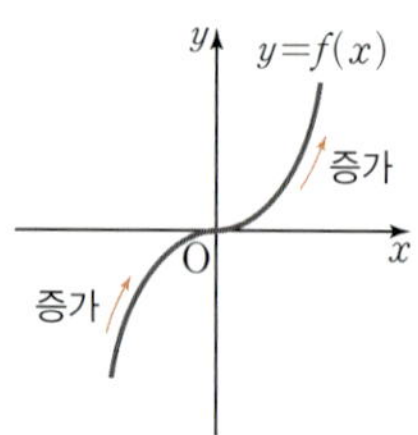

한편, 함수 $f(x)$가 $x=a$에서 극값을 갖더라도 $f'(a)$의 값이 존재하지 않을 수 있다.
예를 들어 함수 $f(x)=|x|$는 $x=0$의 좌우에서 감소하다가 증가하므로 $x=0$에서 극솟값을 갖지만 $f'(0)$의 값은 존재하지 않는다.

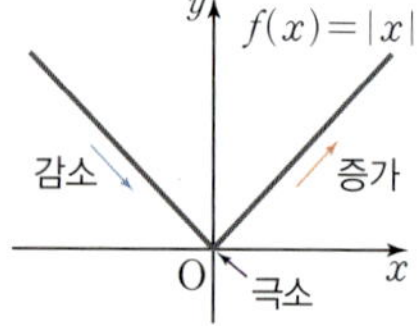

> **example**
>
> 함수 $f(x)=x^3+ax^2+9x+5$가 $x=1$에서 극댓값을 가질 때, 미분가능한 함수 $f(x)$가 $x=1$에서 극댓값을 가지므로 $f'(1)=0$이다.
> 즉, $f(x)=x^3+ax^2+9x+5$에서 $f'(x)=3x^2+2ax+9$
> 따라서 $f'(1)=3+2a+9=0$이므로 $a=-6$이다.

3 미분가능한 함수의 극대와 극소의 판정

미분가능한 함수 $f(x)$에 대하여 $f'(a)=0$일 때, $x=a$의 좌우에서
(1) $f'(x)$의 부호가 양$(+)$에서 음$(-)$으로 바뀌면 $f(x)$는 $x=a$에서 극대이고, 극댓값은 $f(a)$이다.
(2) $f'(x)$의 부호가 음$(-)$에서 양$(+)$으로 바뀌면 $f(x)$는 $x=a$에서 극소이고, 극솟값은 $f(a)$이다.

미분가능한 함수의 극대와 극소를 도함수의 부호를 조사하여 판정하는 방법을 알아보자.

미분가능한 함수 $f(x)$에 대하여 $f'(a)=0$이고 $x=a$의 좌우에서 $f'(x)$의 부호가 양$(+)$에서 음$(-)$으로 바뀌면 $f(x)$는 $x=a$의 좌우에서 증가하다가 감소하므로 $x=a$에서 극댓값 $f(a)$를 갖는다.

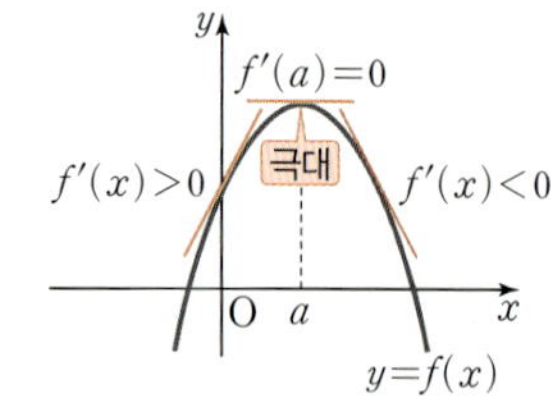

또한 미분가능한 함수 $f(x)$에 대하여 $f'(a)=0$이고 $x=a$의 좌우에서 $f'(x)$의 부호가 음$(-)$에서 양$(+)$으로 바뀌면 $f(x)$는 $x=a$의 좌우에서 감소하다가 증가하므로 $x=a$에서 극솟값 $f(a)$를 갖는다.

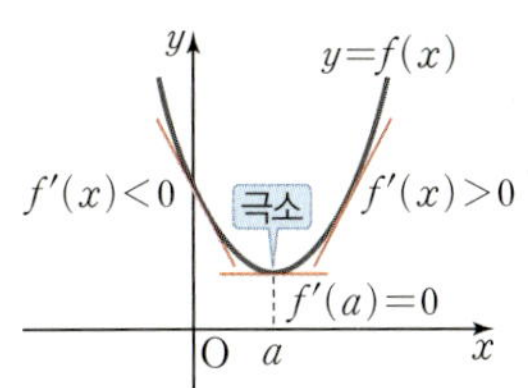

example 함수 $f(x)=2x^3+3x^2$의 극값을 구하면

❶ $f'(x)=6x^2+6x=6x(x+1)$이므로
  $f'(x)=0$에서 $x=-1$ 또는 $x=0$

❷ $f(x)$의 증가와 감소를 표로 나타내면 다음과 같다.

x	$\cdots$	-1	$\cdots$	0	$\cdots$
$f'(x)$	$+$	0	$-$	0	$+$
$f(x)$	$\nearrow$	1	$\searrow$	0	$\nearrow$

❸ 따라서 함수 $f(x)$는 $x=-1$에서 극대이고 극댓값은 $f(-1)=1$이며, $x=0$에서 극소이고 극솟값은 $f(0)=0$이다.

❶ $f'(x)=0$을 만족시키는 x의 값을 구한다.

❷ $f'(x)=0$인 x의 값의 좌우에서 $f'(x)$의 부호를 조사한다.

❸ 함수 $f(x)$의 극대와 극소를 판정하고 극값을 구한다.

📖 빠른 정답 · 359쪽 / 정답과 풀이 · 71쪽

개념 CHECK
02. 함수의 극대와 극소

01 함수 $f(x)=-x^3+12x+1$의 극값을 모두 구하시오.

02 함수 $f(x)=x^3+ax^2+15x+b$가 $x=1$에서 극댓값 8을 가질 때, 함수 $f(x)$의 극솟값을 구하시오. (단, a, b는 상수이다.)

대표 예제 | 03

다음 함수의 극값을 모두 구하시오.

(1) $f(x)=2x^3-12x^2+18x+1$

(2) $f(x)=x^4+4x^3-16x-5$

바로 접근

미분가능한 함수 $f(x)$에 대하여 $f'(a)=0$일 때

① $x=a$의 좌우에서 $f'(x)$의 부호가 양에서 음으로 바뀌면 $f(x)$는 $x=a$에서 극대이다.

② $x=a$의 좌우에서 $f'(x)$의 부호가 음에서 양으로 바뀌면 $f(x)$는 $x=a$에서 극소이다.

이때 $f'(a)=0$이지만 $x=a$의 좌우에서 $f'(x)$의 부호가 바뀌지 않으면 $x=a$에서 극값을 갖지 않는다.

바른 풀이

(1) $f(x)=2x^3-12x^2+18x+1$에서

$f'(x)=6x^2-24x+18=6(x-1)(x-3)$

$f'(x)=0$에서 $x=1$ 또는 $x=3$

함수 $f(x)$의 증가와 감소를 표로 나타내면 다음과 같다.

x	$\cdots$	1	$\cdots$	3	$\cdots$
$f'(x)$	$+$	0	$-$	0	$+$
$f(x)$	↗	9	↘	1	↗

따라서 함수 $f(x)$는 $x=1$에서 극댓값 9, $x=3$에서 극솟값 1을 갖는다.

(2) $f(x)=x^4+4x^3-16x-5$에서

$f'(x)=4x^3+12x^2-16=4(x+2)^2(x-1)$

$f'(x)=0$에서 $x=-2$(중근) 또는 $x=1$

함수 $f(x)$의 증가와 감소를 표로 나타내면 다음과 같다.

x	$\cdots$	-2	$\cdots$	1	$\cdots$
$f'(x)$	$-$	0	$-$	0	$+$
$f(x)$	↘	11	↘	-16	↗

$f'(-2)=0$이지만 $x=-2$의 좌우에서 $f'(x)$의 부호가 바뀌지 않으므로 $f(x)$는 $x=-2$에서 극값을 갖지 않는다.

따라서 함수 $f(x)$는 $x=1$에서 극솟값 -16을 갖는다.

정답 (1) 극댓값: 9, 극솟값: 1 (2) 극솟값: -16

Bible Says

미분가능한 함수 $f(x)$에 대하여

함수 $f(x)$가 $x=a$에서 극값을 갖거나 $f(b)=0$일 때

함수 $|f(x)|$는 $x=a$와 $x=b$에서 모두 극값을 갖는다.

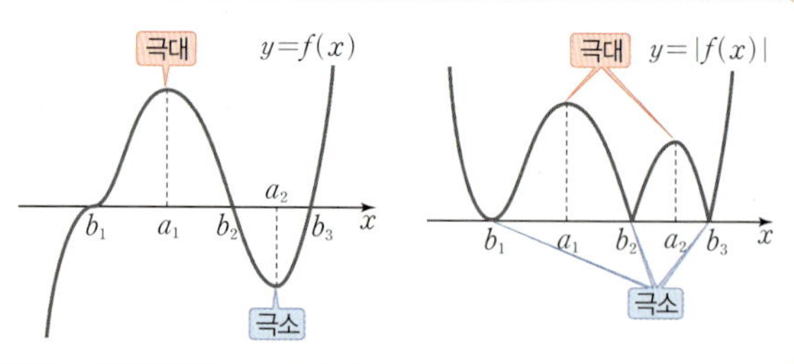

05

한번 더하기

03-1

다음 함수의 극값을 모두 구하시오.

(1) $f(x) = -x^3 + 3x^2 + 9x + 1$ (2) $f(x) = \dfrac{3}{2}x^4 - 3x^2 + 1$

표현 더하기

03-2

함수 $f(x) = x^3 + 6x^2 - 15x + 3$이 $x = a$에서 극솟값 b를 가질 때, 상수 a, b에 대하여 $a + b$의 값을 구하시오.

표현 더하기

03-3

함수 $f(x) = x^4 + 2x^3 - 3x^2 - 4x + 3$에 대한 설명 중 **보기**에서 옳은 것만을 있는 대로 고르시오.

> • **보기** •
> ㄱ. 함수 $f(x)$는 구간 $(-\infty,\ 0)$에서 2개의 극댓값을 갖는다.
> ㄴ. 함수 $f(x)$는 구간 $(0,\ \infty)$에서 1개의 극솟값을 갖는다.
> ㄷ. 함수 $f(x)$는 극댓값 -1을 갖는다.

표현 더하기

03-4

함수 $f(x) = 3x^4 - 4x^3 - 12x^2 + 3$에 대하여 $y = f(x)$의 그래프에서 극대 또는 극소가 되는 세 점을 각각 A, B, C라 하자. 삼각형 ABC의 넓이를 구하시오.

대표 예제 | 04

함수 $f(x)=x^3+ax^2+bx+7$이 $x=-3$에서 극댓값 7을 가질 때, 함수 $f(x)$의 극솟값을 구하시오.

(단, a, b는 상수이다.)

바로 접근

미분가능한 함수 $f(x)$가 $x=\alpha$에서 극값 β를 가지면

① $x=\alpha$에서 극값을 가지므로 $f'(\alpha)=0$

② $x=\alpha$에서의 함숫값이 β이므로 $f(\alpha)=\beta$

➡ ①, ②에서 얻은 두 식을 연립하여 미정계수를 구한다.

바른 풀이

$f(x)=x^3+ax^2+bx+7$에서

$f'(x)=3x^2+2ax+b$

함수 $f(x)$가 $x=-3$에서 극댓값 7을 가지므로

$f'(-3)=0$, $f(-3)=7$

$f'(-3)=27-6a+b=0$에서 $6a-b=27$ $\qquad$ ······ ㉠

$f(-3)=-27+9a-3b+7=7$에서 $3a-b=9$ $\qquad$ ······ ㉡

㉠, ㉡에서 $a=6$, $b=9$이므로

$f(x)=x^3+6x^2+9x+7$

$f'(x)=3x^2+12x+9=3(x+1)(x+3)$

$f'(x)=0$에서 $x=-3$ 또는 $x=-1$

함수 $f(x)$의 증가와 감소를 표로 나타내면 다음과 같다.

x	$\cdots$	-3	$\cdots$	-1	$\cdots$
$f'(x)$	$+$	0	$-$	0	$+$
$f(x)$	↗	7	↘	3	↗

따라서 함수 $f(x)$는 $x=-1$에서 극솟값 3을 갖는다.

정답 3

Bible Says

삼차함수 $f(x)=ax^3+bx^2+cx+d$ (a, b, c, d는 상수, $a\neq0$)가 $x=\alpha$에서 극댓값, $x=\beta$에서 극솟값을 갖는다고 하면 이차방정식 $f'(x)=3ax^2+2bx+c=0$의 두 실근은 $x=\alpha$ 또는 $x=\beta$이다. ← 이차방정식의 근과 계수의 관계에 의하여

따라서 $f'(x)=3a(x-\alpha)(x-\beta)$로 나타낼 수 있다. $\qquad -\dfrac{2b}{3a}=\alpha+\beta,\ \dfrac{c}{3a}=\alpha\beta$

한번 더하기

04-1 함수 $f(x)=-x^3+ax^2+bx+10$이 $x=-3$에서 극솟값 -17을 가질 때, 함수 $f(x)$의 극댓값을 구하시오. (단, a, b는 상수이다.)

표현 더하기

04-2 함수 $f(x)=-2x^3+ax^2+bx+3$이 $x=-1$에서 극솟값을 갖고, $x=2$에서 극댓값을 가질 때, 함수 $f(x)$의 극댓값과 극솟값의 합을 구하시오. (단, a, b는 상수이다.)

표현 더하기

04-3 함수 $f(x)=\dfrac{1}{2}x^3-3ax^2+2a$의 극댓값과 극솟값의 절댓값이 같을 때, 양수 a의 값을 구하시오.

실력 더하기

04-4 함수 $f(x)=x^3+ax^2+bx+2$가 $x=-2$에서 극값을 갖고, 곡선 $y=f(x)$ 위의 $x=2$인 점에서의 접선의 기울기가 12이다. 함수 $f(x)$의 극솟값을 구하시오.

대표 예제 | 05

미분가능한 함수 $y=f(x)$의 도함수 $y=f'(x)$의 그래프가 그림과 같다. 열린구간 $(-2, 5)$에서 함수 $f(x)$가 극댓값을 갖는 모든 x의 값의 합을 a, 극솟값을 갖는 모든 x의 값의 합을 b라 할 때, $a-b$의 값을 구하시오.

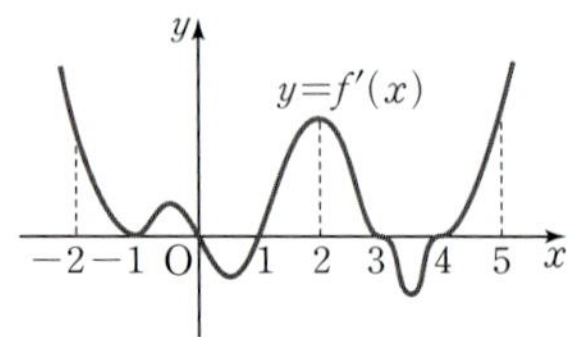

바로 접근

미분가능한 함수 $y=f(x)$의 도함수 $y=f'(x)$의 그래프가 그림과 같을 때

① $f'(a)=0$이고 $x=a$의 좌우에서 $f'(x)$의 부호가 양에서 음으로 바뀌므로 함수 $f(x)$는 $x=a$에서 극대이다.

② $f'(b)=0$이고 $x=b$의 좌우에서 $f'(x)$의 부호가 음에서 양으로 바뀌므로 함수 $f(x)$는 $x=b$에서 극소이다.

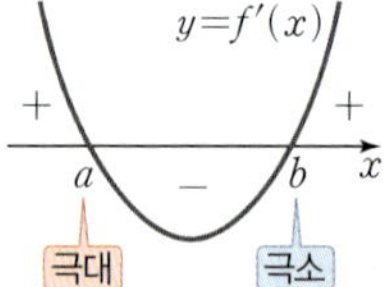

바른 풀이

주어진 그래프에서 열린구간 $(-2, 5)$에서 $f'(x)=0$을 만족시키는 x의 값은 $-1, 0, 1, 3, 4$이므로 함수 $f(x)$의 증가와 감소를 표로 나타내면 다음과 같다.

x	(-2)	$\cdots$	-1	$\cdots$	0	$\cdots$	1	$\cdots$	3	$\cdots$	4	$\cdots$	(5)
$f'(x)$		$+$	0	$+$	0	$-$	0	$+$	0	$-$	0	$+$	
$f(x)$		↗		↗	극대	↘	극소	↗	극대	↘	극소	↗	

따라서 열린구간 $(-2, 5)$에서 함수 $f(x)$는 $x=0$과 $x=3$에서 극댓값을 갖고, $x=1$과 $x=4$에서 극솟값을 가지므로

$a=0+3=3$, $b=1+4=5$

$\therefore a-b=3-5=-2$

정답 -2

Bible Says

도함수 $y=f'(x)$의 그래프가 x축과 만나는 점의 x좌표에서 함수 $f(x)$가 항상 극값을 갖는 것은 아니다.

위의 대표 예제 | 05 에서

$f'(-1)=0$이지만 $x=-1$의 좌우에서 $f'(x)$의 부호가 변하지 않으므로 함수 $f(x)$는 $x=-1$에서 극값을 갖지 않는다.

한번 더하기

05-1 미분가능한 함수 $f(x)$의 도함수 $y=f'(x)$의 그래프가 그림과 같다. 열린구간 $(-4, 10)$에서 함수 $f(x)$가 극댓값을 갖는 x의 값의 개수를 a, 극솟값을 갖는 x의 값의 개수를 b라 할 때, $a-b$의 값을 구하시오.

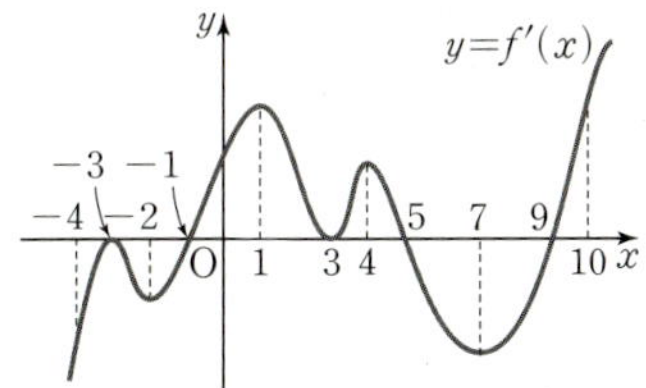

표현 더하기

05-2 미분가능한 함수 $f(x)$의 도함수 $y=f'(x)$의 그래프가 그림과 같을 때, **보기**에서 옳은 것만을 있는 대로 고르시오.

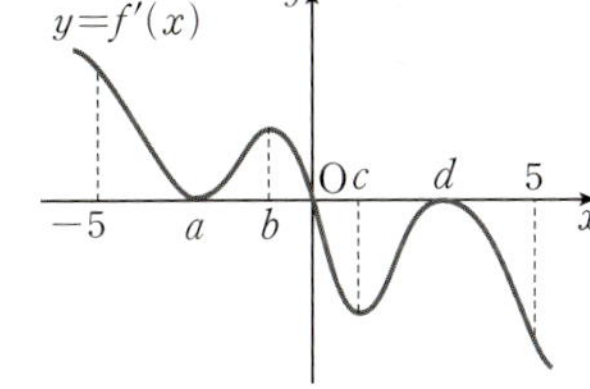

> • 보기 •
> ㄱ. 열린구간 $(-5, 5)$에서 함수 $f(x)$는 4개의 극값을 갖는다.
> ㄴ. 함수 $f(x)$는 $x=a$, $x=c$에서 극솟값을 갖는다.
> ㄷ. 열린구간 $(-5, 5)$에서 함수 $f(x)$의 극댓값은 한 개뿐이다.

표현 더하기

05-3 함수 $f(x)=x^3+ax^2+bx+1$의 도함수 $y=f'(x)$의 그래프가 그림과 같다. 함수 $f(x)$의 극솟값이 c일 때, $a+b+c$의 값을 구하시오.

(단, a, b는 상수이다.)

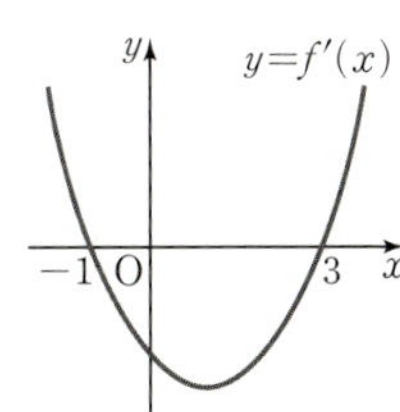

실력 더하기

05-4 미분가능한 두 함수 $f(x)$, $g(x)$의 도함수 $y=f'(x)$, $y=g'(x)$의 그래프가 그림과 같다. $h(x)=f(x)-g(x)$라 할 때, 함수 $h(x)$가 극솟값을 갖는 모든 x의 값의 합을 구하시오.

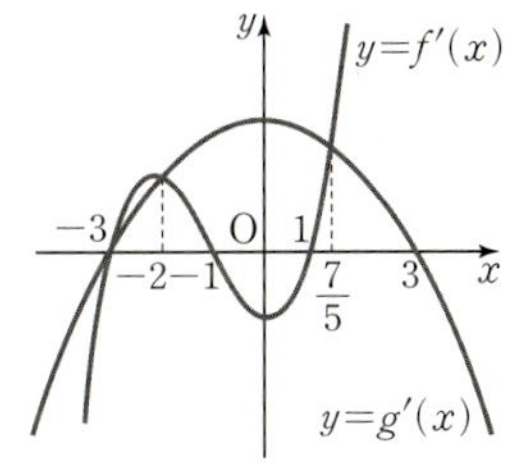

03 함수의 그래프와 최대·최소

1 함수의 그래프

미분가능한 함수 $y=f(x)$의 그래프의 개형은 다음과 같은 순서로 그릴 수 있다.

❶ 함수 $f(x)$의 도함수 $f'(x)$를 구한다.

❷ $f'(x)=0$을 만족시키는 x의 값을 구하고, 이 값의 좌우에서 $f'(x)$의 부호의 변화를 조사하여 $f(x)$의 증가와 감소를 표로 나타낸 후 극값을 구한다.

❸ 함수 $y=f(x)$의 그래프와 x축 및 y축의 교점의 좌표를 구한다.

❹ 함수 $y=f(x)$의 그래프의 개형을 그린다.

함수의 그래프의 개형은 앞에서 배운 함수의 증가와 감소, 극대와 극소, 좌표축과의 교점(x절편, y절편) 등을 이용하여 그릴 수 있다.
구하기 어려운 경우에는 생략할 수 있다.

예를 들어 함수 $f(x)=x^3-3x-1$의 그래프의 개형을 그려 보면

❶ $f'(x)=3x^2-3=3(x+1)(x-1)$

❷ $f'(x)=0$에서 $x=-1$ 또는 $x=1$

함수 $f(x)$의 증가와 감소를 표로 나타내면 다음과 같다.

x	$\cdots$	-1	$\cdots$	1	$\cdots$
$f'(x)$	$+$	0	$-$	0	$+$
$f(x)$	$\nearrow$	1	$\searrow$	-3	$\nearrow$

극댓값 / 극솟값

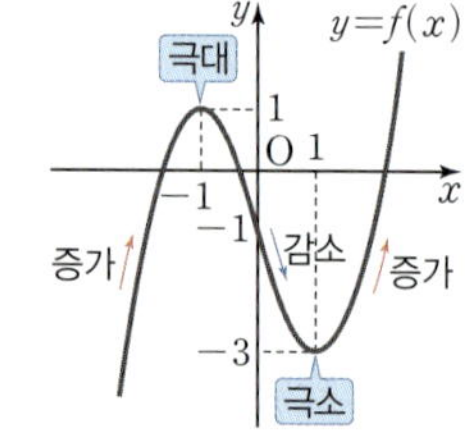

❸ 또한 $f(0)=-1$이므로 y축과의 교점의 좌표는 $(0, -1)$이다.

❹ 함수 $y=f(x)$의 그래프의 개형을 그리면 그림과 같다.

example 함수 $f(x)=-x^4+6x^2-8x-9$의 그래프의 개형을 그려 보면

$f'(x)=-4x^3+12x-8=-4(x+2)(x-1)^2$

$f'(x)=0$에서 $x=-2$ 또는 $x=1$

x	$\cdots$	-2	$\cdots$	1	$\cdots$
$f'(x)$	$+$	0	$-$	0	$-$
$f(x)$	$\nearrow$	15	$\searrow$	-12	$\searrow$

극댓값

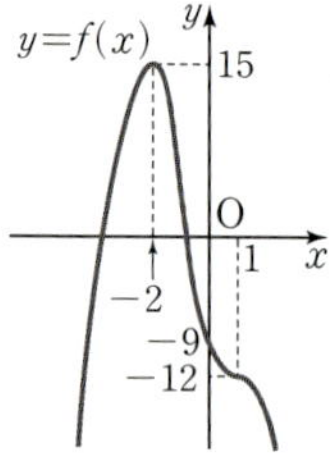

또한 $f(0)=-9$이므로 함수 $y=f(x)$의 그래프는 그림과 같다.

주의 $f'(1)=0$이지만 $x=1$의 좌우에서 $f'(x)$의 부호가 바뀌지 않으므로 $x=1$에서 극값을 갖지 않는다.

다항함수 $f(x)$의 도함수 $y=f'(x)$의 그래프를 이용하면 함수 $y=f(x)$의 그래프를 그릴 수 있고, 극값의 존재 여부도 알 수 있다.

(1) 삼차함수의 그래프의 개형

최고차항의 계수가 양수인 삼차함수 $y=f(x)$의 그래프는 방정식 $f'(x)=0$의 근에 따라 다음과 같이 그릴 수 있다.

$f'(x)=0$이 서로 다른 두 실근 α, β를 갖는 경우	$f'(x)=0$이 중근 α를 갖는 경우	$f'(x)=0$이 서로 다른 두 허근을 갖는 경우
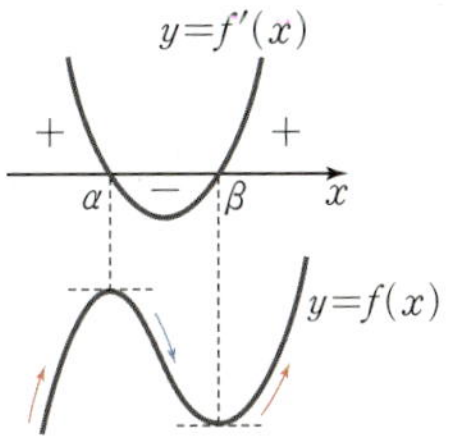 $y=f'(x)$, $y=f(x)$	$y=f'(x)$, $y=f(x)$	$y=f'(x)$, $y=f(x)$
삼차함수 $f(x)$가 극값을 갖는다.	삼차함수 $f(x)$가 극값을 갖지 않는다.	

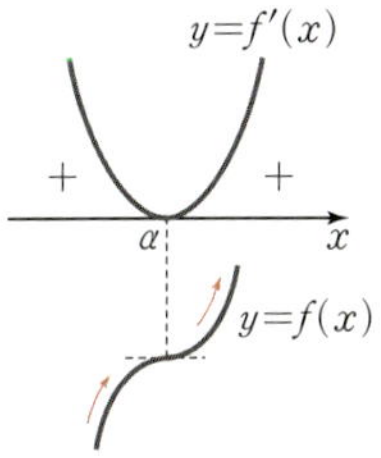

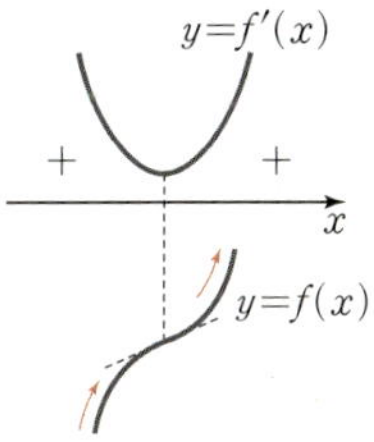

삼차함수 $f(x)$의 극값과 도함수 $f'(x)$의 관계를 정리하면 다음과 같다.

① 삼차함수 $f(x)$가 극값을 갖는다.

    $\Longleftrightarrow$ 삼차함수 $f(x)$가 극댓값과 극솟값을 모두 갖는다.

    $\Longleftrightarrow$ 이차방정식 $f'(x)=0$이 서로 다른 두 실근을 갖는다.

    $\Longleftrightarrow$ 이차방정식 $f'(x)=0$의 판별식을 D라 하면 $D>0$이다.

② 삼차함수 $f(x)$가 극값을 갖지 않는다.

    $\Longleftrightarrow$ 이차방정식 $f'(x)=0$이 중근을 갖거나 서로 다른 두 허근을 갖는다.

    $\Longleftrightarrow$ 이차방정식 $f'(x)=0$의 판별식을 D라 하면 $D\leq0$이다.

example

함수 $f(x)=\dfrac{1}{3}x^3+ax^2+4x+5$가 극값을 갖도록 하는 실수 a의 값의 범위를 구하면

$f(x)=\dfrac{1}{3}x^3+ax^2+4x+5$에서 $f'(x)=x^2+2ax+4$

삼차함수 $f(x)$가 극값을 가질 필요충분조건은 이차방정식 $f'(x)=0$이 서로 다른 두 실근을 갖는 것이다.

따라서 이차방정식 $f'(x)=0$의 판별식을 D라 하면

$\dfrac{D}{4}=a^2-4=(a+2)(a-2)>0$

$\therefore a<-2$ 또는 $a>2$

(2) 사차함수의 그래프의 개형

최고차항의 계수가 양수인 사차함수 $y=f(x)$의 그래프는 방정식 $f'(x)=0$의 근에 따라 다음과 같이 그릴 수 있다.

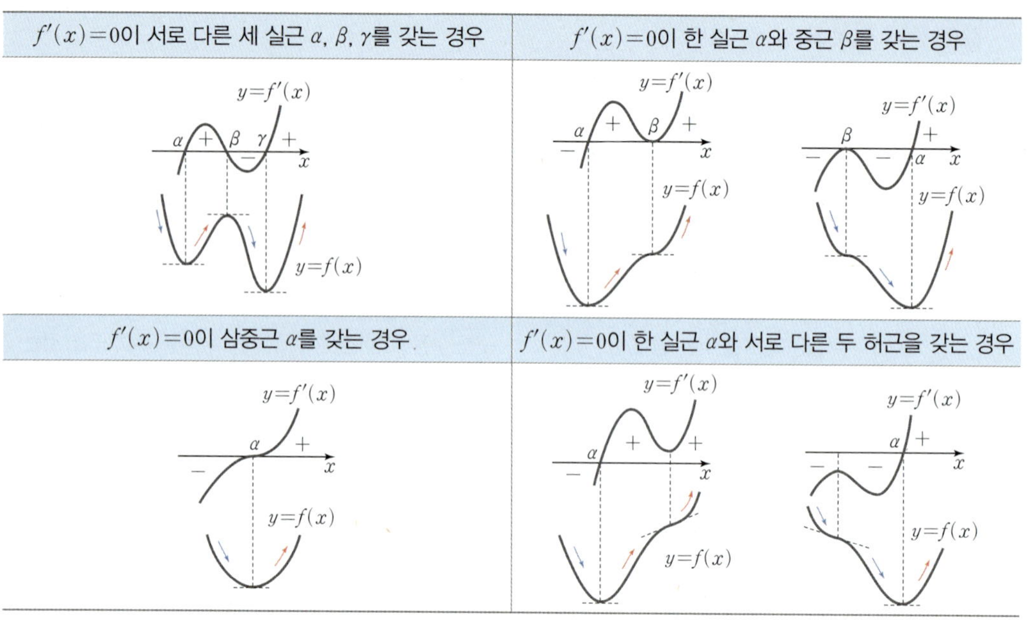

사차함수 $f(x)$의 극값과 도함수 $f'(x)$의 관계를 정리하면 다음과 같다.

(1) 최고차항의 계수가 양수일 때 ← 항상 극솟값을 갖는다.

    ① 사차함수 $f(x)$가 극댓값을 갖는다. ← $f(x)$는 극댓값 1개, 극솟값 2개

        $\Longleftrightarrow$ 삼차방정식 $f'(x)=0$이 서로 다른 세 실근을 갖는다.

    ② 사차함수 $f(x)$가 극댓값을 갖지 않는다. ← $f(x)$는 극솟값 1개만을 갖는다.

        $\Longleftrightarrow$ 삼차방정식 $f'(x)=0$이 중근 또는 허근을 갖는다.

(2) 최고차항의 계수가 음수일 때 ← 항상 극댓값을 갖는다.

    ① 사차함수 $f(x)$가 극솟값을 갖는다. ← $f(x)$는 극솟값 1개, 극댓값 2개

        $\Longleftrightarrow$ 삼차방정식 $f'(x)=0$이 서로 다른 세 실근을 갖는다.

    ② 사차함수 $f(x)$가 극솟값을 갖지 않는다. ← $f(x)$는 극댓값 1개만을 갖는다.

        $\Longleftrightarrow$ 삼차방정식 $f'(x)=0$이 중근 또는 허근을 갖는다.

example 함수 $f(x)=x^4-8x^3+2ax^2$이 극댓값을 갖기 위한 실수 a의 값의 범위를 구하면

$f(x)=x^4-8x^3+2ax^2$에서 $f'(x)=4x^3-24x^2+4ax=4x(x^2-6x+a)$

$f(x)$가 극댓값을 가지려면 삼차방정식 $f'(x)=0$이 서로 다른 세 실근을 가져야 하므로 이차방정식 $x^2-6x+a=0$이 0이 아닌 서로 다른 두 실근을 가져야 한다.

(i) $x=0$이 이차방정식 $x^2-6x+a=0$의 근이 될 수 없으므로 $a\neq0$

(ii) 이차방정식 $x^2-6x+a=0$의 판별식을 D라 하면

$$\frac{D}{4}=(-3)^2-a=9-a>0 \text{에서 } a<9$$

따라서 (i), (ii)에서 $a<0$ 또는 $0<a<9$이다.

함수 $f(x)$가 닫힌구간 $[a, b]$에서 연속일 때, 함수의 최댓값과 최솟값은 다음과 같은 순서로 구한다.
❶ 닫힌구간 $[a, b]$에서 $f(x)$의 극값을 모두 구한다.
❷ 닫힌구간 $[a, b]$의 양 끝에서의 함숫값 $f(a)$, $f(b)$를 구한다.
❸ ❶, ❷에서 구한 극값, $f(a)$, $f(b)$ 중 가장 큰 값이 최댓값, 가장 작은 값이 최솟값이다.

함수 $f(x)$가 닫힌구간 $[a, b]$에서 연속이면 최대 · 최소 정리에 의하여 $f(x)$는 이 구간에서 반드시 최댓값과 최솟값을 갖는다.

이때 극댓값, $f(a)$, $f(b)$ 중에서 가장 큰 값이 $f(x)$의 최댓값이고, 극솟값, $f(a)$, $f(b)$ 중에서 가장 작은 값이 $f(x)$의 최솟값이다. ← 극값이 존재하지 않으면 $f(a)$, $f(b)$ 중 큰 값이 최댓값, 작은 값이 최솟값이다.

따라서 함수 $f(x)$의 최댓값과 최솟값을 구할 때에는 극댓값, 극솟값, $f(a)$, $f(b)$를 모두 구하여 그 값의 크기를 비교해야 한다.

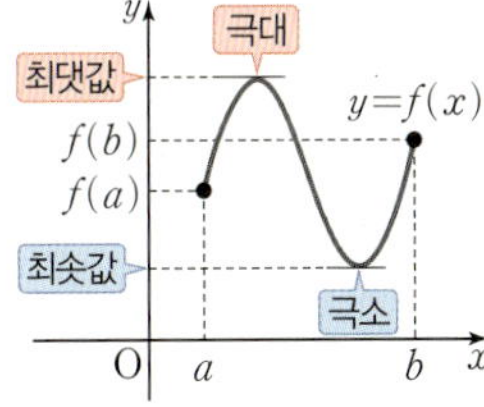

➡ 최댓값: 극댓값
　최솟값: 극솟값

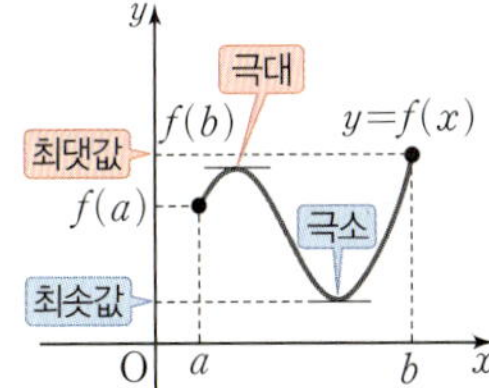

➡ 최댓값: $f(b)$
　최솟값: 극솟값

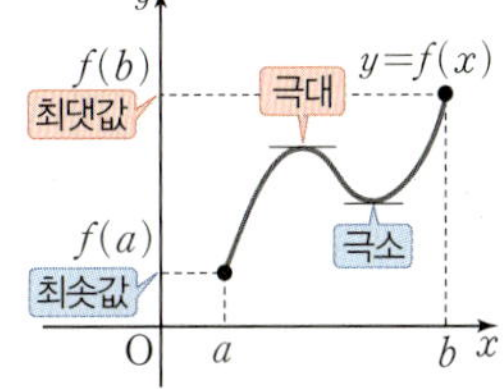

➡ 최댓값: $f(b)$
　최솟값: $f(a)$

주의 극댓값과 극솟값이 반드시 최댓값과 최솟값이 되는 것은 아니다.

example 닫힌구간 $[0, 2]$에서 함수 $f(x)=2x^3-9x^2+12x-1$의 최댓값과 최솟값을 구하면
$f'(x)=6x^2-18x+12=6(x-1)(x-2)$
$f'(x)=0$에서 $x=1$ 또는 $x=2$
닫힌구간 $[0, 2]$에서 함수 $f(x)$의 증가와 감소를 표로 나타내면 다음과 같다.

x	0	$\cdots$	1	$\cdots$	2
$f'(x)$		$+$	0	$-$	0
$f(x)$	-1	↗	4	↘	3

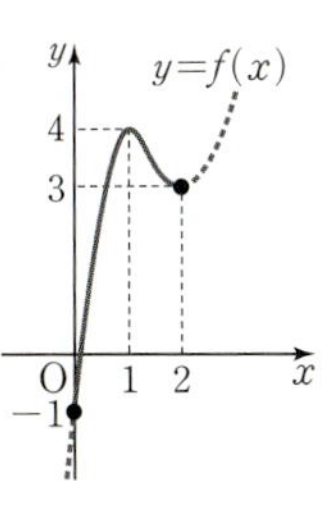

따라서 $f(x)$는 $x=1$에서 최댓값 4, $x=0$에서 최솟값 -1을 갖는다.

참고 닫힌구간 $[a, b]$에서 함수 $f(x)$가 연속이고 극값이 하나뿐일 때
① 하나뿐인 극값이 극댓값이면
　극댓값이 최댓값이고, $f(a)$, $f(b)$ 중 작은 값이 최솟값이다.
② 하나뿐인 극값이 극솟값이면
　극솟값이 최솟값이고, $f(a)$, $f(b)$ 중 큰 값이 최댓값이다.

한편, 그림과 같이 함수 $f(x)$가 닫힌구간이 아닌 열린구간 (a, b)에서 정의된 경우 최댓값 또는 최솟값이 존재하지 않을 수도 있다.

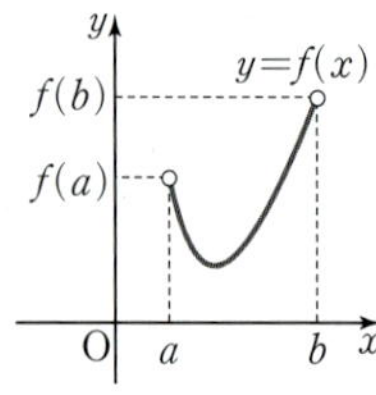

➡ 최댓값: 없다.
최솟값: 극솟값

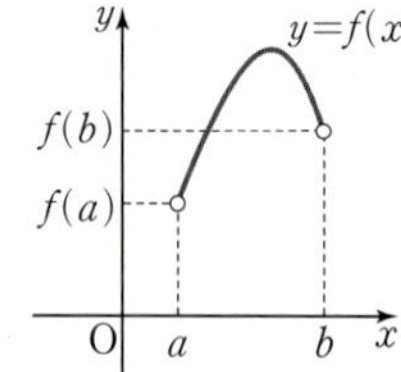

➡ 최댓값: 극댓값
최솟값: 없다.

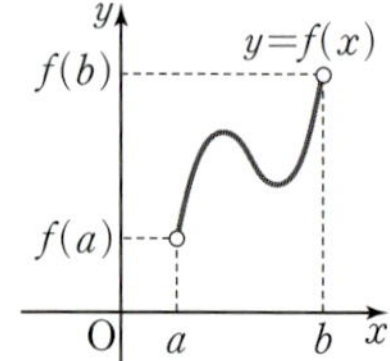

➡ 최댓값: 없다.
최솟값: 없다.

삼차함수의 그래프의 대칭성과 길이 관계의 비

(1) 삼차함수 $f(x)$에 대하여 도함수 $y=f'(x)$의 그래프의 대칭축을 직선 $x=t$라 하면 함수 $y=f(x)$의 그래프는 점 $(t, f(t))$에 대하여 대칭이다.

(2) 극값을 갖는 삼차함수 $y=f(x)$의 그래프는 다음과 같은 길이 관계를 갖는다.

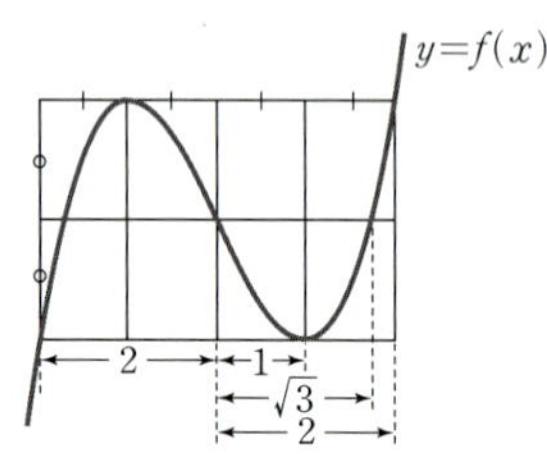

① 그림의 직사각형 8개는 서로 합동이다.
② 그림의 오른쪽에 표시된 세 부분의 길이는 $1 : \sqrt{3} : 2$의 비를 갖는다.

example

함수 $f(x)=x(x-3)^2$에 대하여
$f(x)=x^3-6x^2+9x$이므로
$f'(x)=3x^2-12x+9=3(x-2)^2-3$
따라서 함수 $y=f(x)$의 그래프는 점 $(2, f(2))$에 대하여 대칭이다.
또한 함수 $f(x)$는 $x=1$에서 극댓값을 갖고, $f(1)=f(4)$이다.

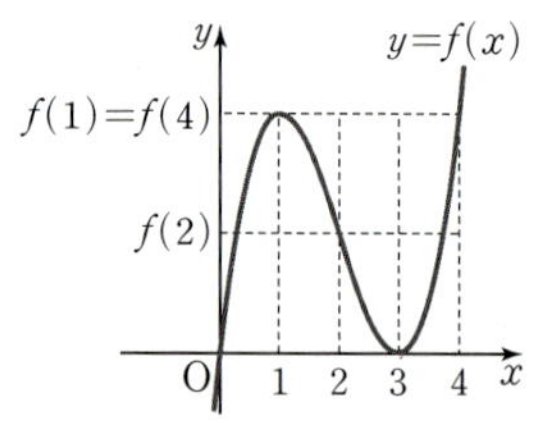

개념 CHECK

03. 함수의 그래프와 최대 · 최소

01 다음 함수의 그래프의 개형을 그리시오.

(1) $f(x)=-2x^3-3x^2+5$

(2) $f(x)=x^3+3x^2+3x+4$

02 다음 함수의 그래프의 개형을 그리시오.

(1) $f(x)=3x^4-6x^2-1$

(2) $f(x)=-x^4+4x^3+12$

03 다음 주어진 구간에서 함수의 최댓값과 최솟값을 구하시오.

(1) $f(x)=2x^3+3x^2-12x+1 \ [-3, \ 2]$

(2) $f(x)=-x^3+3x^2+2 \ [-1, \ 4]$

04 다음 주어진 구간에서 함수의 최댓값과 최솟값을 구하시오.

(1) $f(x)=x^4-8x^2+3 \ [-1, \ 3]$

(2) $f(x)=x^4-2x^2 \ [-2, \ 0]$

대표 예제 | 06

다음 함수의 그래프의 개형을 그리시오.

(1) $f(x)=2x^3-6x+5$

(2) $f(x)=\dfrac{1}{4}x^4-2x^2+1$

바로 접근

함수 $y=f(x)$의 그래프의 개형은 다음과 같은 순서로 그린다.

❶ $f'(x)=0$인 x의 값을 구하고, 이 값의 좌우에서 $f'(x)$의 부호의 변화를 조사하여 함수 $f(x)$의 증가와 감소를 표로 나타낸 후 극값을 구한다.

❷ 함수 $y=f(x)$의 그래프와 x축 및 y축의 교점의 좌표를 구한다.

❸ 함수 $y=f(x)$의 그래프의 개형을 그린다.

바른 풀이

(1) $f(x)=2x^3-6x+5$에서 $f'(x)=6x^2-6=6(x+1)(x-1)$

$f'(x)=0$에서 $x=-1$ 또는 $x=1$

함수 $f(x)$의 증가와 감소를 표로 나타내면 다음과 같다.

x	$\cdots$	-1	$\cdots$	1	$\cdots$
$f'(x)$	$+$	0	$-$	0	$+$
$f(x)$	$\nearrow$	9	$\searrow$	1	$\nearrow$

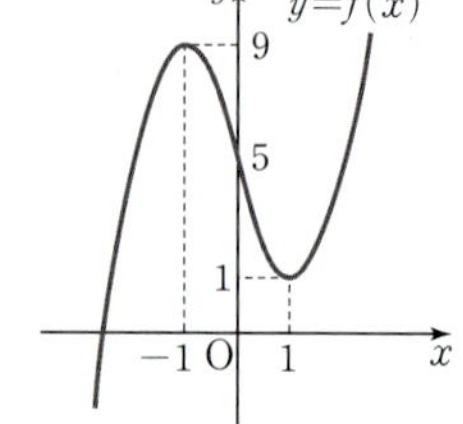

함수 $f(x)$는 $x=-1$일 때 극댓값 9, $x=1$일 때 극솟값 1을 갖는다.
또한 $f(0)=5$이므로 함수 $y=f(x)$의 그래프는 그림과 같다.

(2) $f(x)=\dfrac{1}{4}x^4-2x^2+1$에서 $f'(x)=x^3-4x=x(x+2)(x-2)$

$f'(x)=0$에서 $x=-2$ 또는 $x=0$ 또는 $x=2$

함수 $f(x)$의 증가와 감소를 표로 나타내면 다음과 같다.

x	$\cdots$	-2	$\cdots$	0	$\cdots$	2	$\cdots$
$f'(x)$	$-$	0	$+$	0	$-$	0	$+$
$f(x)$	$\searrow$	-3	$\nearrow$	1	$\searrow$	-3	$\nearrow$

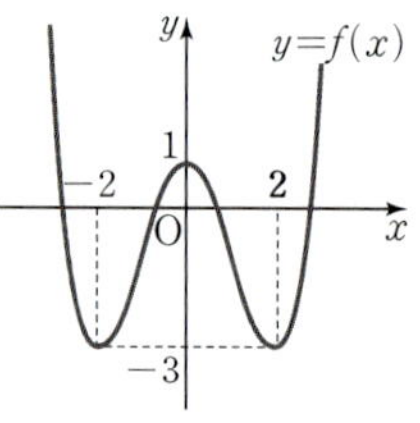

함수 $f(x)$는 $x=-2$에서 극솟값 -3, $x=0$에서 극댓값 1, $x=2$에서 극솟값 -3을 갖는다. 따라서 함수 $y=f(x)$의 그래프는 그림과 같다.

정답 (1) 풀이 참조 (2) 풀이 참조

Bible Says

그래프를 이용하여 삼차함수 $f(x)=ax^3+bx^2+cx+d$ ($a,\ b,\ c,\ d$는 상수, $a\neq0$)의 계수의 부호를 다음과 같이 결정할 수 있다.

① $x\to\infty$일 때 $f(x)\to\infty$이면 $a>0$이고, $x\to\infty$일 때 $f(x)\to-\infty$이면 $a<0$이다.

② 함수 $y=f(x)$의 그래프가 y축의 양의 부분과 만나면 $d>0$, y축의 음의 부분과 만나면 $d<0$, 원점과 만나면 $d=0$이다.

③ 함수 $f(x)$가 $x=\alpha$, $x=\beta$에서 극값을 가지면 이차방정식 $f'(x)=0$의 두 실근이 α, β임을 이용하여 b와 c의 부호를 정한다.

한 번 더하기

06-1

다음 함수의 그래프의 개형을 그리시오.

(1) $f(x)=-x^3-3x^2+9x+12$

(2) $f(x)=x^3-6x^2+12x$

한 번 더하기

06-2

다음 함수의 그래프의 개형을 그리시오.

(1) $f(x)=-x^4+2x^2+1$

(2) $f(x)=\dfrac{3}{4}x^4-4x^3+6x^2-3$

표현 더하기

06-3

다항함수 $f(x)$의 도함수 $y=f'(x)$의 그래프가 그림과 같을 때, 함수 $y=f(x)$의 그래프의 개형이 될 수 있는 것은? (단, $0<a<b$)

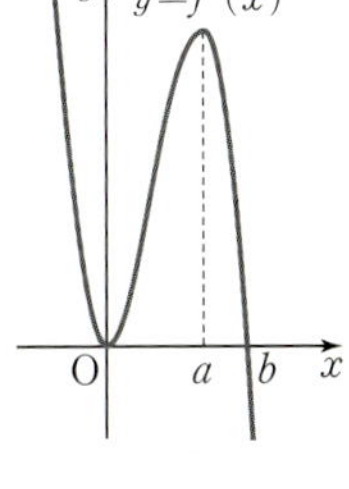

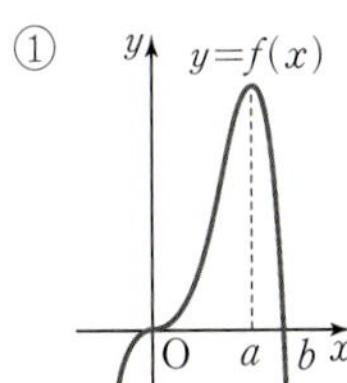

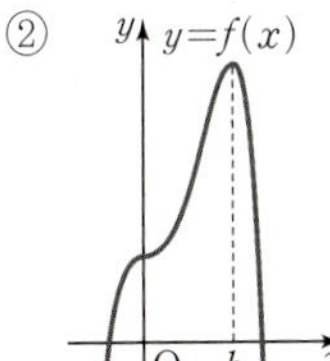

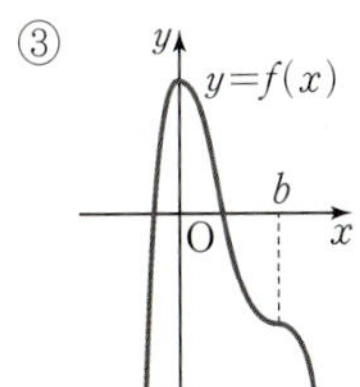

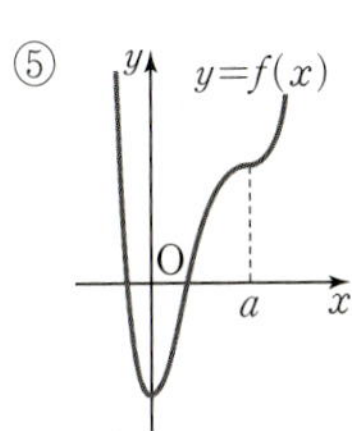

표현 더하기

06-4

함수 $f(x)=ax^3+bx^2+cx+d$의 그래프가 그림과 같을 때, **보기**에서 옳은 것만을 있는 대로 고르시오.

(단, a, b, c, d는 상수이고, $|\alpha|>|\beta|$이다.)

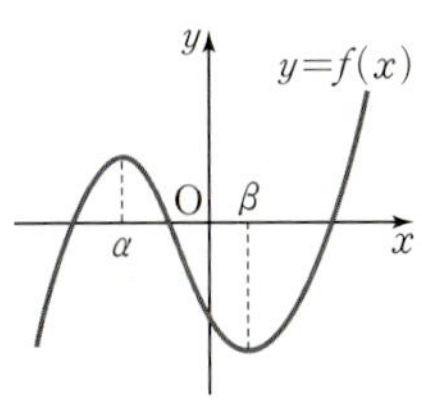

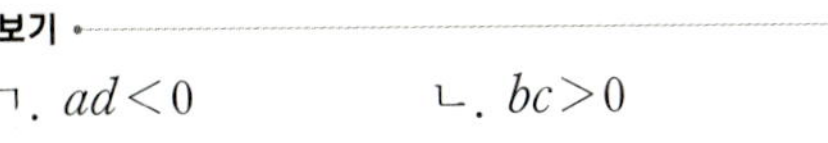

보기

ㄱ. $ad<0$ ㄴ. $bc>0$ ㄷ. $bd<0$

대표 예제 | 07

함수 $f(x)=2x^3+ax^2+ax-2$가 극값을 갖도록 하는 실수 a의 값의 범위를 구하시오.

바로 접근

삼차함수 $f(x)$가 극값을 갖는다.

$\Longleftrightarrow$ 삼차함수 $f(x)$가 극댓값과 극솟값을 모두 갖는다.

$\Longleftrightarrow$ 이차방정식 $f'(x)=0$이 서로 다른 두 실근을 갖는다.

$\Longleftrightarrow$ 이차방정식 $f'(x)=0$의 판별식을 D라 하면 $D>0$이다.

바른 풀이

$f(x)=2x^3+ax^2+ax-2$에서

$f'(x)=6x^2+2ax+a$

삼차함수 $f(x)$가 극값을 가질 필요충분조건은

이차방정식 $f'(x)=0$이 서로 다른 두 실근을 갖는 것이므로

이차방정식 $f'(x)=0$의 판별식을 D라 하면

$\dfrac{D}{4}=a^2-6a>0,\ a(a-6)>0$

$\therefore a<0$ 또는 $a>6$

참고 삼차함수 $f(x)$가 극값을 갖지 않을 조건은 $0\le a\le 6$이다.

정답 $a<0$ 또는 $a>6$

Bible Says

최고차항의 계수가 양수인 삼차함수 $f(x)$의 그래프의 개형은 이차방정식 $f'(x)=0$의 근에 따라 다음과 같다.

서로 다른 두 실근	중근	실근 없음 (허근 2개)
함수 $f(x)$는 극값을 갖는다.	함수 $f(x)$는 극값을 갖지 않는다.	

표의 그래프를 살펴보면 삼차함수는 극댓값만 갖거나 극솟값만 갖는 경우는 없다.

따라서 삼차함수가 극값을 갖는다고 하면 극댓값과 극솟값을 모두 갖는다.

한번 더하기

07-1 함수 $f(x)=-\dfrac{1}{3}x^3+ax^2+3ax+1$이 극값을 갖도록 하는 실수 a의 값의 범위를 구하시오.

표현 더하기

07-2 함수 $f(x)=2x^3+3ax^2+(2a^2+3a)x$가 극댓값과 극솟값을 모두 갖기 위한 정수 a의 개수를 구하시오.

표현 더하기

07-3 함수 $f(x)=kx^3+3x^2+(k+2)x$가 극솟값과 극댓값을 모두 가질 때, 정수 k의 개수를 구하시오.

표현 더하기

07-4 함수 $f(x)=2x^3-(a-3)x^2-(a-3)x+3$이 극값을 갖지 않도록 하는 실수 a의 값의 범위를 구하시오.

대표 예제 | 08

함수 $f(x)=\dfrac{1}{3}x^3-2x^2+ax$가 $1<x<4$에서 극댓값과 극솟값을 모두 가질 때, 실수 a의 값의 범위를 구하시오.

Ba로 접근

삼차함수 $f(x)$의 도함수가 $f'(x)=px^2+qx+r\,(p>0,\ p,\ q,\ r$은 상수$)$일 때 다음의 필요충분조건이 성립한다.

삼차함수 $f(x)$가 $\alpha<x<\beta$에서 극댓값과 극솟값을 모두 갖는다.

$\Longleftrightarrow \alpha<x<\beta$에서 이차방정식 $f'(x)=0$이 서로 다른 두 실근을 갖는다.

$\Longleftrightarrow$ 이차방정식 $f'(x)=0$의 판별식을 D라 할 때 (i), (ii), (iii)을 만족시킨다.

(i) $D>0$

(ii) $f'(\alpha)>0,\ f'(\beta)>0$
　　$p<0$이면 $f'(\alpha)<0,\ f'(\beta)<0$

(iii) $\alpha<-\dfrac{q}{2p}<\beta$

$f'(x)=p\Big(x+\dfrac{q}{2p}\Big)^2-\dfrac{q^2}{4p}+r$이므로 함수 $y=f'(x)$의 그래프의 축의 방정식은 $x=-\dfrac{q}{2p}$이다.

Ba른 풀이

$f(x)=\dfrac{1}{3}x^3-2x^2+ax$에서 $f'(x)=x^2-4x+a$

삼차함수 $f(x)$가 $1<x<4$에서 극댓값과 극솟값을 모두 가지려면 이차방정식 $f'(x)=0$이 $1<x<4$에서 서로 다른 두 실근을 가져야 하므로 함수 $y=f'(x)$의 그래프는 그림과 같다.

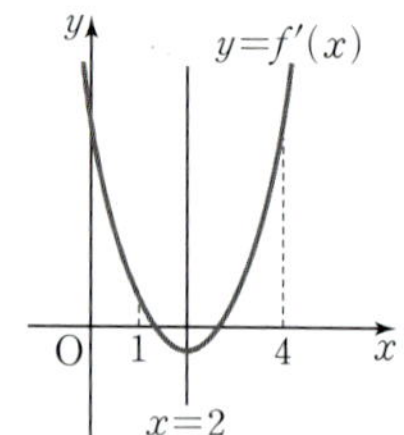

(i) 이차방정식 $f'(x)=0$의 판별식을 D라 하면
$$\dfrac{D}{4}=(-2)^2-a>0 \qquad \therefore a<4$$

(ii) $f'(1)=1-4+a>0$에서 $-3+a>0 \qquad \therefore a>3 \quad \cdots\cdots \ \text{㉠}$

　　$f'(4)=16-16+a>0$에서 $a>0 \qquad\qquad\qquad\quad \cdots\cdots \ \text{㉡}$

　　㉠, ㉡에서 $a>3$

(iii) 함수 $y=f'(x)$의 그래프의 축의 방정식이 $x=2$이므로 $1<2<4$

(i), (ii), (iii)에서 구하는 실수 a의 값의 범위는

$3<a<4$

정답　$3<a<4$

Bible Says

삼차함수 $f(x)$의 도함수가 $f'(x)=px^2+qx+r\,(p\neq0,\ p,\ q,\ r$은 상수$)$일 때 $\alpha<x<\beta$에서 이차방정식 $f'(x)=0$이 서로 다른 두 실근을 가질 조건은 다음과 같이 구할 수도 있다.

$$f'(\alpha)f'\Big(-\dfrac{q}{2p}\Big)<0,\ f'(\beta)f'\Big(-\dfrac{q}{2p}\Big)<0 \ \leftarrow p>0$$이면 $f'(\alpha)>0,\ f'\Big(-\dfrac{q}{2p}\Big)<0,\ f'(\beta)>0$

$p<0$이면 $f'(\alpha)<0,\ f'\Big(-\dfrac{q}{2p}\Big)>0,\ f'(\beta)<0$

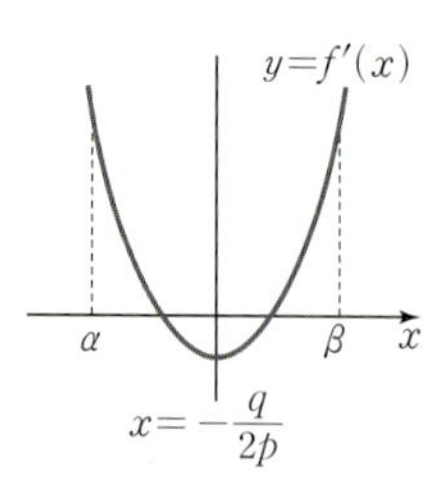

따라서 위의 **대표 예제 | 08** 에서

$f'(1)f'(2)<0,\ f'(4)f'(2)<0$ 또는 $f'(1)>0,\ f'(2)<0,\ f'(4)>0$을 만족시키는 실수 a의 값의 범위를 구해도 된다.

한번 더하기

08-1 함수 $f(x)=-x^3+6x^2+ax+1$이 구간 $(-1,\ \infty)$에서 극댓값과 극솟값을 모두 가질 때, 실수 a의 값의 범위를 구하시오.

표현 더하기

08-2 함수 $f(x)=-2x^3+ax^2+4ax+3$이 $1<x<2$에서 극댓값, $x<0$에서 극솟값을 가질 때, 실수 a의 값의 범위를 구하시오.

표현 더하기

08-3 함수 $f(x)=2x^3-(a+3)x^2+(a+4)x-4$가 $0<x<2$에서 극댓값만을 가질 때, 정수 a의 최솟값을 구하시오.

실력 더하기

08-4 함수 $f(x)=x^3-(a-2)x^2+(a+4)x$가 $x\geq1$에서 극값을 갖지 않도록 하는 실수 a의 값의 범위를 구하시오.

대표 예제 | 09

사차함수 $f(x)=x^4+4x^3-6ax^2$에 대하여 다음을 구하시오.

(1) 함수 $f(x)$가 극댓값을 갖기 위한 실수 a의 값의 범위

(2) 함수 $f(x)$가 극댓값을 갖지 않기 위한 실수 a의 값의 범위

바로 접근

최고차항의 계수가 양수인 사차함수 $f(x)$가

(1) 극댓값을 가질 조건 ➡ 삼차방정식 $f'(x)=0$이 서로 다른 세 실근을 갖는다.

(2) 극값을 하나만 가질 조건 ← 극댓값을 가질 조건을 구한 후 그 조건을 부정하여 구한다.

    ➡ 삼차방정식 $f'(x)=0$이 한 실근과 중근 또는 삼중근 또는 한 실근과 두 허근을 갖는다.

바른 풀이

$f(x)=x^4+4x^3-6ax^2$에서

$f'(x)=4x^3+12x^2-12ax=4x(x^2+3x-3a)$

(1) 최고차항의 계수가 양수인 사차함수 $f(x)$가 극댓값을 가지려면 삼차방정식 $f'(x)=0$이 서로 다른

    세 실근을 가져야 한다. 이때 삼차방정식 $f'(x)=0$의 한 근이 $x=0$이므로 이차방정식

    $x^2+3x-3a=0$이 0이 아닌 서로 다른 두 실근을 가져야 한다.

    이차방정식 $x^2+3x-3a=0$의 판별식을 D라 하면

$$D=9+12a>0 \qquad \therefore a>-\frac{3}{4} \qquad\qquad \cdots\cdots ㉠$$

    또한 $x=0$이 이차방정식 $x^2+3x-3a=0$의 근이 아니어야 하므로 $a\neq0$ $\cdots\cdots ㉡$

    ㉠, ㉡에서 $-\dfrac{3}{4}<a<0$ 또는 $a>0$

(2) (1)에서 함수 $f(x)$가 극댓값을 갖기 위한 실수 a의 값의 범위가 $-\dfrac{3}{4}<a<0$ 또는 $a>0$이므로

    함수 $f(x)$가 극댓값을 갖지 않기 위한 실수 a의 값의 범위는 $a\leq-\dfrac{3}{4}$ 또는 $a=0$

정답 (1) $-\dfrac{3}{4}<a<0$ 또는 $a>0$ (2) $a\leq-\dfrac{3}{4}$ 또는 $a=0$

Bible Says

최고차항의 계수가 양수인 사차함수 $f(x)$의 그래프의 개형은 삼차방정식 $f'(x)=0$의 근에 따라 다음과 같다.

서로 다른 세 실근	서로 다른 두 실근 (실근 1개와 중근 1개)	한 실근 (실근 1개와 허근 2개)	삼중근
$y=f(x)$	$y=f(x)$	$y=f(x)$	$y=f(x)$
함수 $f(x)$는 극댓값을 갖는다.	함수 $f(x)$는 극댓값을 갖지 않는다.		

한번 더하기

09-1 사차함수 $f(x)=3x^4-2ax^3+3ax^2$에 대하여 다음을 구하시오.

(1) 함수 $f(x)$가 극댓값을 갖기 위한 실수 a의 값의 범위

(2) 함수 $f(x)$가 극댓값을 갖지 않기 위한 실수 a의 값의 범위

한번 더하기

09-2 함수 $f(x)=x^4+2(a-1)x^2+4ax$가 극댓값을 갖지 않기 위한 실수 a의 값의 범위를 구하시오.

표현 더하기

09-3 사차함수 $f(x)=-x^4+2x^3+ax^2-1$이 극값을 하나만 갖기 위한 실수 a의 값의 범위를 구하시오.

표현 더하기

09-4 함수 $f(x)=x^4+ax^3+bx^2-1$이 $x=-\dfrac{1}{2}$에서 극값을 갖고, $f'(c)=0$이지만 $x=c$에서 극값을 갖지 않을 때, $3a+b+c$의 값을 구하시오. (단, a, b는 상수이다.)

대표 예제 | 10

다음 주어진 구간에서 함수의 최댓값과 최솟값을 구하시오.

(1) $f(x)=2x^3-6x^2-18x+7$ $[-2,\ 1]$ (2) $f(x)=x^4-\dfrac{8}{3}x^3-2x^2+8x$ $[0,\ 3]$

B로 접근

닫힌구간 $[a,\ b]$에서 연속인 함수 $f(x)$에 대하여 $f(x)$의 최댓값과 최솟값은

① 최댓값: 극댓값, $f(a)$, $f(b)$ 중 가장 큰 값

② 최솟값: 극솟값, $f(a)$, $f(b)$ 중 가장 작은 값

← 극값이 존재하지 않으면 $f(a)$, $f(b)$ 중 큰 값이 최댓값, 작은 값이 최솟값이다.

B른 풀이

(1) $f(x)=2x^3-6x^2-18x+7$에서

$f'(x)=6x^2-12x-18=6(x+1)(x-3)$

$f'(x)=0$에서 $x=-1$ $(\because\ -2\leq x\leq 1)$

닫힌구간 $[-2,\ 1]$에서 함수 $f(x)$의 증가와 감소를 표로 나타내면 다음과 같다.

x	-2	$\cdots$	-1	$\cdots$	1
$f'(x)$		$+$	0	$-$	
$f(x)$	3	$\nearrow$	17	$\searrow$	-15

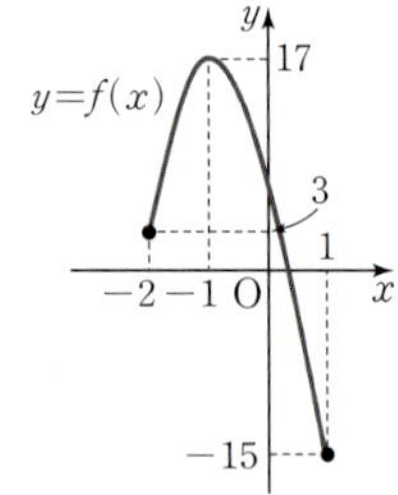

따라서 함수 $f(x)$는 $x=-1$에서 최댓값 17, $x=1$에서 최솟값 -15를 갖는다.

(2) $f(x)=x^4-\dfrac{8}{3}x^3-2x^2+8x$에서

$f'(x)=4x^3-8x^2-4x+8=4(x+1)(x-1)(x-2)$

$f'(x)=0$에서 $x=1$ 또는 $x=2$ $(\because\ 0\leq x\leq 3)$

닫힌구간 $[0,\ 3]$에서 함수 $f(x)$의 증가와 감소를 표로 나타내면 다음과 같다.

x	0	$\cdots$	1	$\cdots$	2	$\cdots$	3
$f'(x)$		$+$	0	$-$	0	$+$	
$f(x)$	0	$\nearrow$	$\dfrac{13}{3}$	$\searrow$	$\dfrac{8}{3}$	$\nearrow$	15

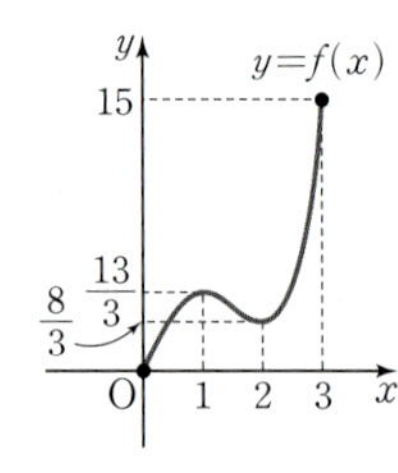

따라서 함수 $f(x)$는 $x=3$에서 최댓값 15, $x=0$에서 최솟값 0을 갖는다.

> 정답 (1) 최댓값: 17, 최솟값: -15 (2) 최댓값: 15, 최솟값: 0

Bible Says

닫힌구간 $[a,\ b]$에서 합성함수 $(g\circ f)(x)$의 최대·최소는 다음과 같은 순서로 구한다.

❶ $f(x)=t$라 하고, $a\leq x\leq b$일 때 t의 값의 범위를 구한다.

❷ ❶에서 구한 범위에서 함수 $g(t)$의 최대·최소를 구한다.

한번 더하기

10-1 다음 주어진 구간에서 함수의 최댓값과 최솟값을 구하시오.

(1) $f(x)=-2x^3+3x^2+12x-12$ $[1,\ 3]$

(2) $f(x)=\dfrac{1}{4}x^4-x^3-3x^2+8x+3$ $[-3,\ 2]$

05

표현 더하기

10-2 사차함수 $f(x)=3x^4-8x^3+7$의 최댓값과 최솟값을 구하시오.

표현 더하기

10-3 함수 $f(x)$의 도함수 $y=f'(x)$의 그래프가 그림과 같을 때, 닫힌구간 $[p,\ q]$에서 함수 $f(x)$의 최댓값은?

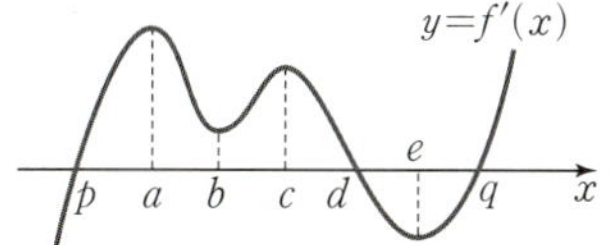

① $f(a)$　　　② $f(b)$　　　③ $f(c)$

④ $f(d)$　　　⑤ $f(e)$

실력 더하기

10-4 닫힌구간 $[-2,\ 1]$에서 함수 $f(x)=(x^2+2x-3)^3-12(x^2+2x-3)+4$의 최댓값과 최솟값의 합을 구하시오.

대표 예제 | 11

닫힌구간 $[-1, 1]$에서 함수 $f(x)=ax^3-3ax^2+b$의 최댓값이 2, 최솟값이 -10일 때, 상수 a, b에 대하여 $a+b$의 값을 구하시오. (단, $a>0$)

Ba로 접근

함수 $f(x)$의 최댓값 또는 최솟값을 a, b에 대한 식으로 나타낸 후 주어진 값과 비교하여 미정계수를 구한다.

Ba른 풀이

$f(x)=ax^3-3ax^2+b$에서 $f'(x)=3ax^2-6ax=3ax(x-2)$

$f'(x)=0$에서 $x=0$ ($\because -1 \le x \le 1$)

$a>0$이므로 닫힌구간 $[-1, 1]$에서 함수 $f(x)$의 증가와 감소를 표로 나타내면 다음과 같다.

x	-1	$\cdots$	0	$\cdots$	1
$f'(x)$		$+$	0	$-$	
$f(x)$	$-4a+b$	$\nearrow$	b	$\searrow$	$-2a+b$

이때 $a>0$이므로 $-4a+b<-2a+b<b$

따라서 함수 $f(x)$는 $x=0$에서 최댓값 b, $x=-1$에서 최솟값 $-4a+b$를 갖는다.

그런데 $f(x)$의 최댓값이 2, 최솟값이 -10이므로

$b=2$, $-4a+b=-10$ $\qquad \therefore a=3$, $b=2$

$\therefore a+b=3+2=5$

정답 5

Bible Says

함수 $f(x)$가 닫힌구간 $[\alpha, \beta]$에서 연속이고 이 구간에서 극값을 갖는 x의 값이 하나뿐일 때

① 극값이 극댓값인 경우

극댓값은 최댓값이고, 양 끝값 $f(\alpha)$, $f(\beta)$ 중 작은 값은 최솟값이다.

② 극값이 극솟값인 경우

극솟값은 최솟값이고, 양 끝값 $f(\alpha)$, $f(\beta)$ 중 큰 값은 최댓값이다.

한번 더하기

11-1 닫힌구간 $[0, 3]$에서 함수 $f(x)=ax^3-3ax+b$의 최댓값이 6, 최솟값이 -14일 때, 상수 a, b에 대하여 ab의 값을 구하시오. (단, $a<0$)

표현 더하기

11-2 닫힌구간 $[-2, 0]$에서 함수 $f(x)=x^3+x^2-x+k$의 최댓값과 최솟값의 합이 5일 때, $f(1)$의 값을 구하시오. (단, k는 상수이다.)

표현 더하기

11-3 양수 a에 대하여 닫힌구간 $[-2, 2]$에서 함수 $f(x)=\dfrac{1}{2}ax^4-2ax-2a$의 최댓값이 20일 때, 최솟값을 구하시오.

표현 더하기

11-4 닫힌구간 $[1, 4]$에서 함수 $f(x)=3ax^4-8ax^3+b$의 최댓값이 24, 최솟값이 -44일 때, 상수 a, b에 대하여 ab의 값을 구하시오. (단, $a<0$)

대표 예제 | 12

그림과 같이 x축 위의 두 점 A, B와 곡선 $y=-x^2+6$ 위의 두 점 C, D를 꼭짓점으로 하는 직사각형 ABCD가 있다. 점 C가 제1사분면 위의 점일 때, 직사각형 ABCD의 넓이의 최댓값을 구하시오.

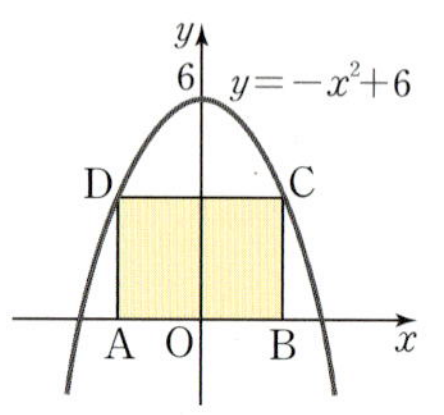

바로 접근

점 C의 x좌표를 t로 놓고 직사각형의 넓이를 t에 대한 함수로 나타낸 후 함수의 최댓값을 구한다.

바른 풀이

점 C의 좌표를 $(t,\ -t^2+6)\ (0<t<\sqrt{6})$이라 하면

$$\overline{AB}=2t,\ \overline{BC}=-t^2+6$$

이때 직사각형 ABCD의 넓이를 $S(t)$라 하면

$$S(t)=2t(-t^2+6)=-2t^3+12t$$

$$S'(t)=-6t^2+12=-6(t+\sqrt{2})(t-\sqrt{2})$$

$$S'(t)=0에서\ t=\sqrt{2}\ (\because\ 0<t<\sqrt{6})$$

$0<t<\sqrt{6}$에서 함수 $S(t)$의 증가와 감소를 표로 나타내면 다음과 같다.

t	0	$\cdots$	$\sqrt{2}$	$\cdots$	$\sqrt{6}$
$S'(t)$		$+$	0	$-$	
$S(t)$		$\nearrow$	$8\sqrt{2}$	$\searrow$	

따라서 $S(t)$는 $t=\sqrt{2}$일 때 극대이면서 최대이므로 직사각형 ABCD의 넓이의 최댓값은

$$S(\sqrt{2})=8\sqrt{2}$$

정답 $8\sqrt{2}$

Bible Says

도형의 길이, 넓이, 부피의 최댓값 또는 최솟값은 다음과 같은 순서로 구한다.

❶ 조건에 맞는 변수를 정하여 미지수 t로 놓고 t의 값의 범위를 구한다.

❷ 미지수 t를 이용하여 도형의 길이, 넓이, 부피에 대한 관계식을 세운다.

❸ 함수의 최대 · 최소를 이용하여 도형의 길이, 넓이, 부피의 최댓값 또는 최솟값을 구한다.

한 번 더하기

12-1 그림과 같이 곡선 $y=-x^2+6x$와 x축이 만나는 두 점을 A, B라 할 때, 선분 AB와 곡선 $y=-x^2+6x$로 둘러싸인 도형에 내접하는 사다리꼴 ABCD의 넓이의 최댓값을 구하시오.

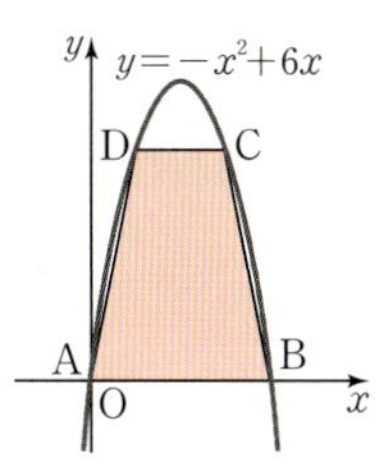

표현 더하기

12-2 곡선 $y=x^2$ 위의 점 P와 점 $A(3, 0)$에 대하여 선분 AP의 길이의 최솟값을 구하시오.

표현 더하기

12-3 한 변의 길이가 12인 정사각형 모양의 종이가 있다. 그림과 같이 네 귀퉁이에서 같은 크기의 정사각형 모양을 잘라 낸 후 접어서 뚜껑이 없는 직육면체 모양의 상자를 만들려고 할 때, 이 상자의 부피의 최댓값을 구하시오.

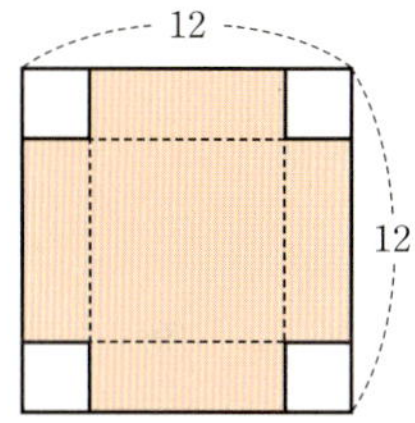

표현 더하기

12-4 그림과 같이 밑면의 반지름의 길이가 2이고, 높이가 8인 원뿔에 내접하는 원기둥의 부피의 최댓값을 구하시오.

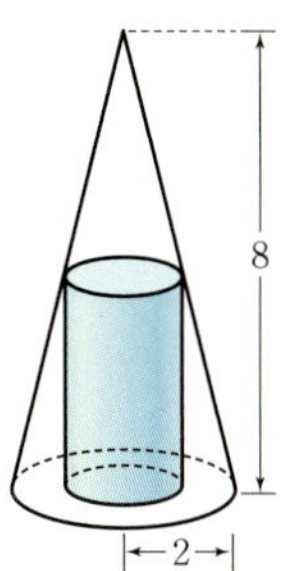

S·T·E·P 1 기본 다지기

01 함수 $f(x)=x^3+3x^2+(3a-1)x-1$이 실수 전체의 집합에서 증가하도록 하는 정수 a의 최솟값을 구하시오.

02 함수 $f(x)=x^3-ax^2-9x+1$이 열린구간 $(-1,\ 1)$에서 감소하도록 하는 실수 a의 값의 범위를 구하시오.

03 함수 $f(x)=x^4-14x^2+24x+27$의 모든 극값의 합을 구하시오.

04 함수 $f(x)=-x^4+ax^3+bx^2-2$가 $x=1$에서 극솟값, $x=2$에서 극댓값을 가질 때, $f(3)$의 값을 구하시오. (단, a, b는 상수이다.)

05 함수 $f(x)=|x^3-6x^2+9x-4|$의 극댓값이 M이고, 함수 $f(x)$가 극소가 되는 x의 개수가 a일 때, $M+a$의 값을 구하시오.

교육청 기출

06 함수 $f(x)=|x^3-3x^2+p|$는 $x=a$와 $x=b$에서 극대이다. $f(a)=f(b)$일 때, 실수 p의 값은? (단, a, b는 $a\neq b$인 상수이다.)

① $\dfrac{3}{2}$ ② 2 ③ $\dfrac{5}{2}$ ④ 3 ⑤ $\dfrac{7}{2}$

07 함수 $f(x)=x^3-2x^2-ax$가 열린구간 $(-1,\ 2)$에서 극댓값과 극솟값을 모두 갖도록 하는 실수 a의 값의 범위를 구하시오.

08 최고차항의 계수가 1인 삼차함수 $f(x)$의 도함수 $f'(x)$가 모든 실수 x에 대하여 $f'(1-x)=f'(1+x)$를 만족시킨다. 함수 $f(x)$가 $x=0$에서 극댓값을 가질 때, 극댓값과 극솟값의 차를 구하시오.

09 두 함수 $f(x)=2x^3-3ax+1$, $g(x)=-x^4+2ax^3-ax^2$이 모두 극솟값을 가질 때, 정수 a의 최솟값을 구하시오.

10 함수 $f(x)=\begin{cases} ax^3-3ax & (x<0) \\ x^3+ax & (x\geq 0) \end{cases}$의 극댓값이 4일 때, 양수 a의 값을 구하시오.

11 닫힌구간 $[-2,\ 1]$에서 함수 $f(x)=\dfrac{1}{3}x^3-x^2-3x+3$의 최댓값을 M, 최솟값을 m이라 할 때, $M+m$의 값을 구하시오.

12 밑면의 반지름의 길이와 높이의 합이 18로 항상 일정한 원기둥이 있다. 그림과 같이 이 원기둥과 원기둥의 한 밑면을 단면으로 하는 반구로 이루어진 도형을 T라 하자. 원기둥의 부피가 최대일 때의 도형 T의 부피를 V라 할 때, $\dfrac{V}{12^2}$의 값을 구하시오.

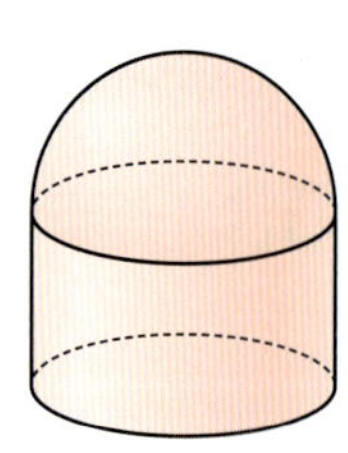

S·T·E·P 2 실력 다지기

13 함수 $f(x)=-\dfrac{1}{3}x^3-2x^2+|5x-a|$가 실수 전체의 집합에서 감소하도록 하는 실수 a의 최솟값을 구하시오.

14 삼차함수 $f(x)$가 $\displaystyle\lim_{x\to 0}\dfrac{f(x)}{x}=-6$을 만족시키고, 함수 $f(x)$가 $x=-2$에서 극댓값 16을 갖는다고 할 때, $f(2)$의 값을 구하시오.

15 최고차항의 계수가 -1인 삼차함수 $f(x)$가 극댓값 15를 갖고, $\alpha<x_1<x_2<\beta$인 임의의 실수 x_1, x_2에 대하여 $f(x_1)<f(x_2)$가 성립한다. α의 최솟값이 -1이고, β의 최댓값이 3일 때, 함수 $f(x)$의 극솟값을 구하시오.

16 함수 $f(x)=x^3+3x^2-9x$에 대하여 함수 $g(x)$를

$$g(x)=\begin{cases} f(x) & (x<2) \\ 3x+11-f'(x) & (x\geq 2) \end{cases}$$

라 할 때, 닫힌구간 $[-4,\,3]$에서 함수 $g(x)$의 최댓값과 최솟값의 합을 구하시오.

중단원 연습문제

17 -1보다 큰 실수 t에 대하여 닫힌구간 $[-1,\ t]$에서의 함수 $f(x)=-x^3+3x^2+2$의 최솟값을 $g(t)$라 하자. $g(t)=g(t+1)$을 만족시키는 정수 t의 개수를 구하시오.

18 모든 모서리의 길이가 3인 정사각뿔에 그림과 같이 직육면체가 내접할 때, 이 직육면체의 부피의 최댓값을 구하시오.

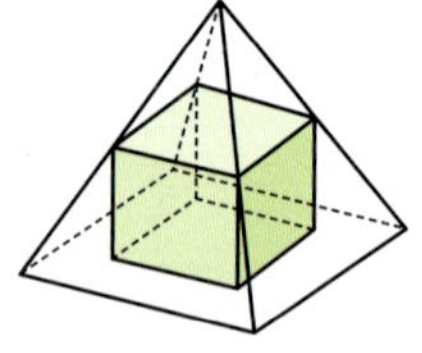

challenge

19 함수 $f(x)=(x-1)^n(x-2)$가 $x=1$에서 극댓값, $x=a$에서 극솟값을 가질 때, $\dfrac{5}{3}<a<\dfrac{15}{8}$를 만족시키는 모든 자연수 n의 값의 합을 구하시오.

challenge

20 최고차항의 계수가 2인 삼차함수 $f(x)$의 계수가 모두 정수일 때, 실수 k에 대하여 직선 $y=k$와 함수 $y=f(x)$의 그래프가 만나는 점의 개수 $g(k)$는

$$g(k)=\begin{cases} 1 & (k<0 \text{ 또는 } k>8) \\ 2 & (k=0 \text{ 또는 } k=8) \\ 3 & (0<k<8) \end{cases}$$

이다. $f(0)=-32$일 때, $f(3)+f'(3)$의 값을 구하시오.

06

도함수의 활용 (3)

01 방정식과 부등식에의 활용

방정식의 실근의 개수	방정식의 실근과 함수의 그래프 사이에는 다음과 같은 관계가 성립한다. (1) 방정식 $f(x)=0$의 서로 다른 실근의 개수는 　함수 $y=f(x)$의 그래프와 x축의 교점의 개수와 같다. (2) 방정식 $f(x)=g(x)$의 서로 다른 실근의 개수는 　두 함수 $y=f(x)$와 $y=g(x)$의 그래프의 교점의 개수와 같다.
삼차방정식의 근의 판별	삼차함수 $f(x)$가 극값을 가질 때, 삼차방정식 $f(x)=0$의 근은 다음과 같이 판별할 수 있다. (1) (극댓값)×(극솟값)<0 ⟺ 서로 다른 세 실근 (2) (극댓값)×(극솟값)=0 ⟺ 한 실근과 중근 (서로 다른 두 실근) (3) (극댓값)×(극솟값)>0 ⟺ 한 실근과 두 허근
모든 실수에 대하여 성립하는 부등식	(1) 모든 실수 x에 대하여 부등식 $f(x)>0$이 성립한다. ➡ 함수 $f(x)$에 대하여 $(f(x)$의 최솟값$)>0$임을 보인다. (2) 모든 실수 x에 대하여 부등식 $f(x)<0$이 성립한다. ➡ 함수 $f(x)$에 대하여 $(f(x)$의 최댓값$)<0$임을 보인다.
$x>a$에서 성립하는 부등식	$x>a$에서 부등식 $f(x)>0$이 성립함을 다음과 같이 증명할 수 있다. (1) $x>a$에서 함수 $f(x)$의 최솟값이 존재할 때 ➡ $x>a$에서 $(f(x)$의 최솟값$)>0$임을 보인다. (2) $x>a$에서 함수 $f(x)$의 최솟값이 존재하지 않을 때 ➡ $x>a$에서 함수 $f(x)$가 증가하고, $f(a)\geq0$임을 보인다.

02 속도와 가속도

속도와 가속도	수직선 위를 움직이는 점 P의 시각 t에서의 위치 x가 $x=f(t)$일 때, (1) 시각 t에서의 점 P의 속도 v는 $v=\dfrac{dx}{dt}=f'(t)$ (2) 시각 t에서의 점 P의 가속도 a는 $a=\dfrac{dv}{dt}=v'(t)$

01 방정식과 부등식에의 활용

1 방정식의 실근의 개수

방정식의 실근과 함수의 그래프 사이에는 다음과 같은 관계가 성립한다.

(1) 방정식 $f(x)=0$의 서로 다른 실근의 개수는
함수 $y=f(x)$의 그래프와 x축의 교점의 개수와 같다.
(2) 방정식 $f(x)=g(x)$의 서로 다른 실근의 개수는
두 함수 $y=f(x)$와 $y=g(x)$의 그래프의 교점의 개수와 같다.

이차방정식의 실근의 개수는 판별식을 이용하여 쉽게 구할 수 있지만 삼차 이상의 방정식의 경우
함수의 그래프를 이용하여 방정식의 실근의 개수를 구할 수 있다.

삼·사차방정식의 경우에도
판별식이 존재하지만
고교 과정에서 다루지 않는다.

방정식 $f(x)=0$의 실근은 함수 $y=f(x)$의 그래프와 x축의 교점의 x좌표
와 같으므로 방정식 $f(x)=0$의 서로 다른 실근의 개수는 함수 $y=f(x)$의
그래프와 x축의 교점의 개수와 같다.

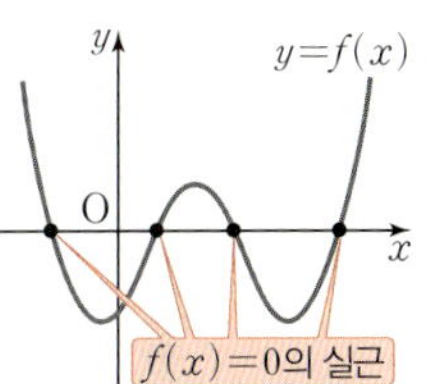

앞에서 미분을 이용하여 함수의 그래프의 개형을 그리는 방법을 학습했으니 다음의 예를 통해 삼
차 이상의 방정식의 실근의 개수를 구해 보자.

인수정리와 조립제법을 이용하여 방정식의 실근을 구하기 어려운 경우
방정식을 풀지 않고도 방정식의 실근의 개수나 부호 등을 판별할 수 있다.

방정식 $2x^3-6x+3=0$의 서로 다른 실근의 개수는 함수 $y=2x^3-6x+3$의 그래프와 x축의 교점
의 개수와 같다.

$f(x)=2x^3-6x+3$이라 하면

$f'(x)=6x^2-6=6(x+1)(x-1)$

$f'(x)=0$에서 $x=-1$ 또는 $x=1$

함수 $f(x)$의 증가와 감소를 표로 나타내면 다음과 같다.

x	$\cdots$	-1	$\cdots$	1	$\cdots$
$f'(x)$	$+$	0	$-$	0	$+$
$f(x)$	$\nearrow$	7	$\searrow$	-1	$\nearrow$

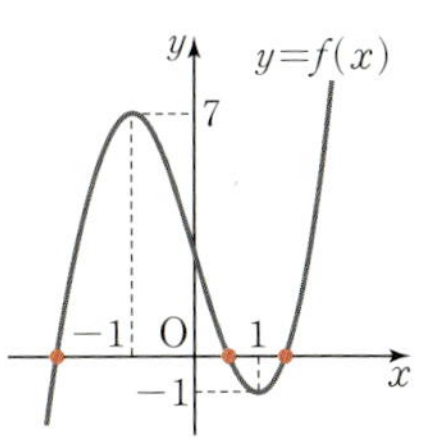

따라서 함수 $y=f(x)$의 그래프는 그림과 같이 x축과 서로 다른 세 점에
서 만나므로 방정식 $2x^3-6x+3=0$의 서로 다른 실근의 개수는 3이다.

이때 방정식 $2x^3-6x+3=0$의 실근의 개수는 함수 $y=2x^3-6x$의 그래프와 직선 $y=-3$의 교점의 개수로 구해도 된다. ← 주어진 방정식에 따라 계산이 수월한 방법을 택하여 풀면 된다.

> **example**
>
> 방정식 $x^4-4x+2=0$의 서로 다른 실근의 개수를 구하면
> $f(x)=x^4-4x+2$라 하면 $f'(x)=4x^3-4=4(x-1)(x^2+x+1)$
> $f'(x)=0$에서 $x=1$ $(\because x^2+x+1>0)$
> 함수 $f(x)$의 증가와 감소를 표로 나타내면 다음과 같다.

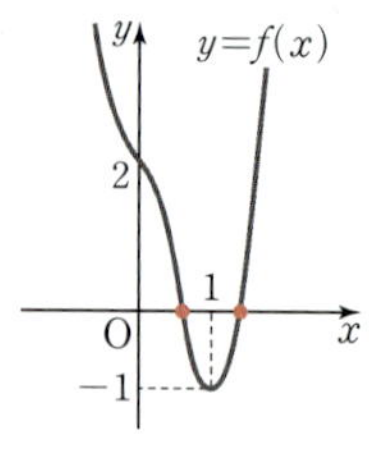

x	$\cdots$	1	$\cdots$
$f'(x)$	$-$	0	$+$
$f(x)$	$\searrow$	-1	$\nearrow$

따라서 함수 $y=f(x)$의 그래프는 그림과 같이 x축과 서로 다른 두 점에서 만나므로 방정식 $x^4-4x+2=0$의 서로 다른 실근의 개수는 2이다.

참고 방정식 $x^4-4x+2=0$의 서로 다른 실근의 개수는 함수 $y=x^4-4x$의 그래프와 직선 $y=-2$의 교점의 개수로 구해도 된다.

한편, x에 대한 방정식 $f(x)=k$ (k는 실수)의 실근의 개수는 k의 값에 따라 달라진다. 이때 ==함수 $y=f(x)$의 그래프와 직선 $y=k$의 교점의 개수가 방정식 $f(x)=k$의 서로 다른 실근의 개수==임을 이용하면 된다.

예를 들어 삼차함수 $y=f(x)$의 그래프가 그림과 같을 때 방정식 $f(x)=k$는

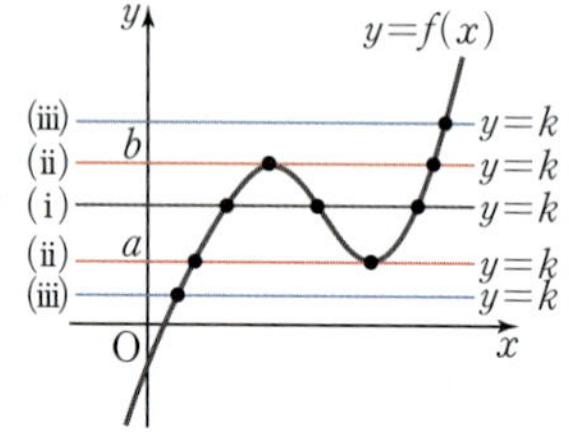

(i) $a<k<b$이면 서로 다른 세 실근을 갖는다.

(ii) $k=a$ 또는 $k=b$이면 서로 다른 두 실근을 갖는다.

(iii) $k<a$ 또는 $k>b$이면 한 실근을 갖는다.

> **example**
>
> 실수 k의 값의 범위에 따라 방정식 $x^3-3x=k$의 서로 다른 실근의 개수를 구하면
> $f(x)=x^3-3x$라 하면 $f'(x)=3x^2-3=3(x+1)(x-1)$
> $f'(x)=0$에서 $x=-1$ 또는 $x=1$
> 함수 $f(x)$의 증가와 감소를 표로 나타내면 다음과 같다.

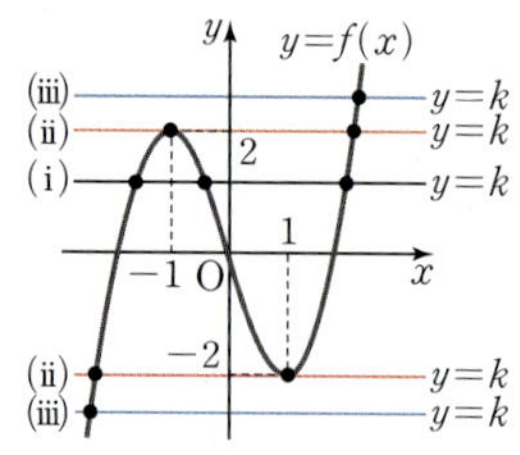

x	$\cdots$	-1	$\cdots$	1	$\cdots$
$f'(x)$	$+$	0	$-$	0	$+$
$f(x)$	$\nearrow$	2	$\searrow$	-2	$\nearrow$

따라서 방정식 $x^3-3x=k$가

(i) 서로 다른 세 실근을 가지려면 $-2<k<2$

(ii) 서로 다른 두 실근을 가지려면 $k=-2$ 또는 $k=2$

(iii) 한 실근을 가지려면 $k<-2$ 또는 $k>2$

방정식 $f(x)=g(x)$의 실근은 두 함수 $y=f(x)$, $y=g(x)$의 그래프의
교점의 x좌표이므로 방정식 $f(x)=g(x)$의 서로 다른 실근의 개수는
두 함수 $y=f(x)$, $y=g(x)$의 그래프의 교점의 개수와 같다.

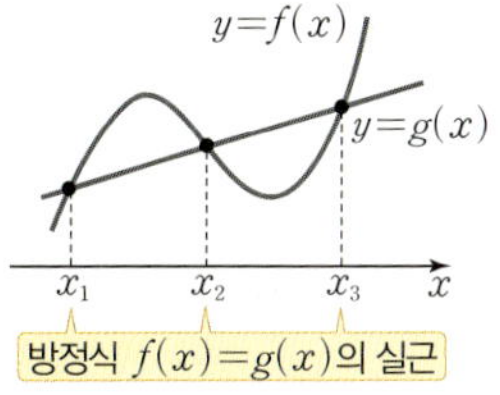

이때 구하는 실근의 개수는 방정식 $f(x)-g(x)=0$의 실근의 개수와
같으므로 함수 $y=f(x)-g(x)$의 그래프와 x축의 교점의 개수로 구해도 된다.

2 삼차방정식의 근의 판별

삼차함수 $f(x)$가 극값을 가질 때, 삼차방정식 $f(x)=0$의 근은 다음과 같이 판별할 수 있다.

(1) (극댓값)$\times$(극솟값)$<0 \iff$ 서로 다른 세 실근

(2) (극댓값)$\times$(극솟값)$=0 \iff$ 한 실근과 중근 (서로 다른 두 실근)

(3) (극댓값)$\times$(극솟값)$>0 \iff$ 한 실근과 두 허근

최고차항의 계수가 양수인 삼차함수 $f(x)$가 $x=\alpha$와 $x=\beta$ $(\alpha<\beta)$에서 극값을 가질 때, $f(x)$의
도함수 $f'(x)$는
$$f'(x)=a(x-\alpha)(x-\beta) \ (a>0)$$
꼴이고 $f(\alpha)$는 극댓값, $f(\beta)$는 극솟값이 된다.

이때 극댓값과 극솟값의 곱 $f(\alpha)f(\beta)$의 부호에 따라 삼차방정식 $f(x)=0$의 근을 다음과 같이 판
별할 수 있다.

(1) $f(\alpha)f(\beta)<0$일 때
   극댓값과 극솟값의 부호가 다르므로
   함수 $y=f(x)$의 그래프의 개형은 그림과 같다.
   따라서 방정식 $f(x)=0$은 서로 다른 세 실근을 갖는다.

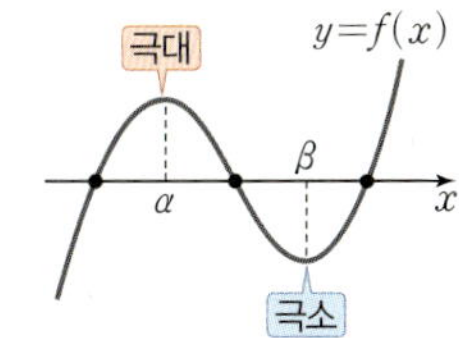

(2) $f(\alpha)f(\beta)=0$일 때
   극댓값 또는 극솟값이 0이므로
   함수 $y=f(x)$의 그래프의 개형은 그림과 같다.
   따라서 방정식 $f(x)=0$은 한 실근과 중근을 갖는다.
                └ 서로 다른 실근의 개수는 2

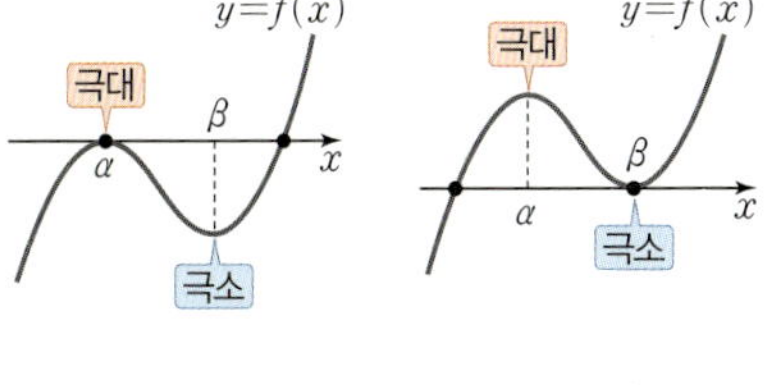

(3) $f(\alpha)f(\beta)>0$일 때
   극댓값과 극솟값의 부호가 같으므로
   함수 $y=f(x)$의 그래프의 개형은 그림과 같다.
   따라서 방정식 $f(x)=0$은 한 실근과 두 허근을 갖는다.

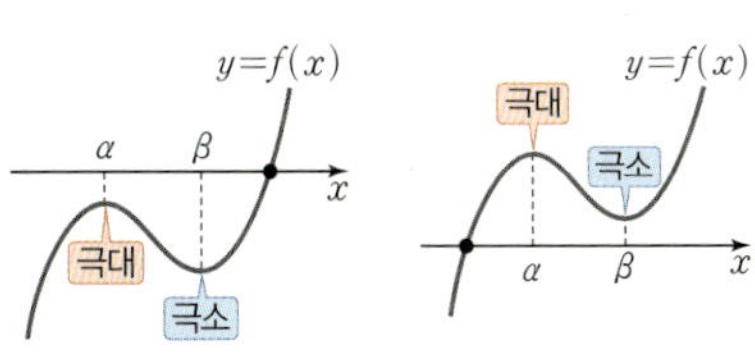

한편, 최고차항의 계수가 양수인 삼차함수 $f(x)$가 극값을 갖지 않을 때, 함수 $y=f(x)$의 그래프의 개형은 다음 그림과 같다.

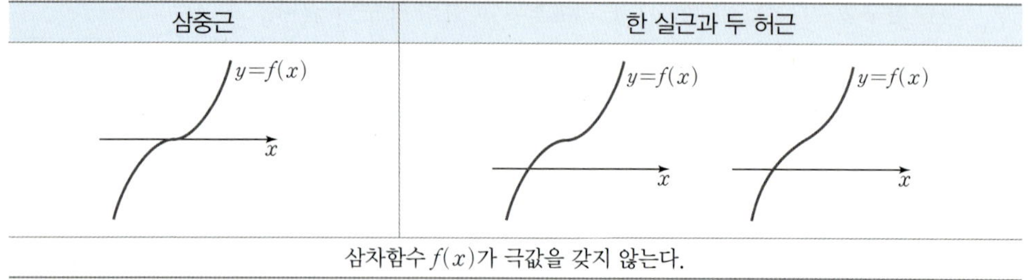

따라서 방정식 $f(x)=0$은 삼중근을 갖거나 한 실근과 두 허근을 갖고, 실근의 개수는 1이다.

example

(1) 방정식 $x^3-6x^2+9x-2=0$에서 $f(x)=x^3-6x^2+9x-2$라 하면

$$f'(x)=3x^2-12x+9=3(x-1)(x-3)$$

$f'(x)=0$에서 $x=1$ 또는 $x=3$

함수 $f(x)$는 $x=1$에서 극댓값, $x=3$에서 극솟값을 가지므로

$$f(1)\times f(3)=2\times(-2)=-4<0 \quad \leftarrow \text{(극댓값)}\times\text{(극솟값)}<0$$

따라서 방정식 $x^3-6x^2+9x-2=0$은 서로 다른 세 실근을 갖는다.

(2) 방정식 $2x^3-3x^2-12x-7=0$에서 $f(x)=2x^3-3x^2-12x-7$이라 하면

$$f'(x)=6x^2-6x-12=6(x+1)(x-2)$$

$f'(x)=0$에서 $x=-1$ 또는 $x=2$

함수 $f(x)$는 $x=-1$에서 극댓값, $x=2$에서 극솟값을 가지므로

$$f(-1)\times f(2)=0\times(-27)=0 \quad \leftarrow \text{(극댓값)}\times\text{(극솟값)}=0$$

따라서 방정식 $2x^3-3x^2-12x-7=0$은 한 실근과 중근을 갖는다.

(3) 방정식 $2x^3+3x^2+2=0$에서 $f(x)=2x^3+3x^2+2$라 하면

$$f'(x)=6x^2+6x=6x(x+1)$$

$f'(x)=0$에서 $x=-1$ 또는 $x=0$

함수 $f(x)$는 $x=-1$에서 극댓값, $x=0$에서 극솟값을 가지므로

$$f(-1)\times f(0)=3\times2=6>0 \quad \leftarrow \text{(극댓값)}\times\text{(극솟값)}>0$$

따라서 방정식 $2x^3+3x^2+2=0$은 한 실근과 두 허근을 갖는다.

참고

(1) 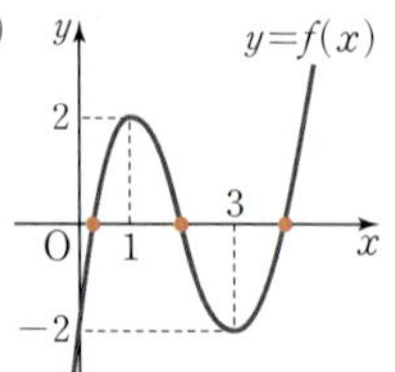

(2) 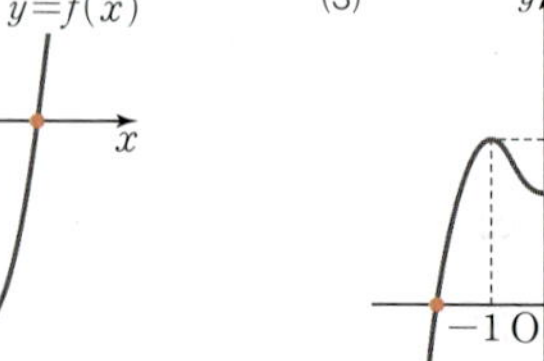

(3)

다른 풀이 (1) 극값을 이용하는 대신 인수정리와 조립제법을 이용하여 다음과 같이 근을 판별할 수도 있다.

$$x^3-6x^2+9x-2=(x-2)(x^2-4x+1)=0$$

이차방정식 $x^2-4x+1=0$의 판별식을 D라 할 때

$$\frac{D}{4}=(-2)^2-1=3>0$$이므로 이차방정식 $x^2-4x+1=0$은 서로 다른 두 실근을 갖는다.

이때 방정식 $x^2-4x+1=0$은 $x=2$를 근으로 갖지 않으므로

방정식 $x^3-6x^2+9x-2=0$은 서로 다른 세 실근을 갖는다.

모든 실수 x에 대하여 부등식 $f(x)>0$ 또는 $f(x)<0$이 성립함을 다음과 같이 증명할 수 있다.

(1) 모든 실수 x에 대하여 부등식 $f(x)>0$이 성립한다.

　➡ 함수 $f(x)$에 대하여 ($f(x)$의 최솟값)>0임을 보인다.

(2) 모든 실수 x에 대하여 부등식 $f(x)<0$이 성립한다.

　➡ 함수 $f(x)$에 대하여 ($f(x)$의 최댓값)<0임을 보인다.

모든 실수 x에 대하여 부등식 $f(x)>0$이 성립하려면 함수 $y=f(x)$의 그래프가 항상 x축의 위쪽에 있어야 한다. 즉, 모든 실수 x에 대하여 부등식 $f(x)>0$이 성립함을 증명하려면 함수 $f(x)$의 최솟값이 0보다 크다는 것을 보이면 된다.

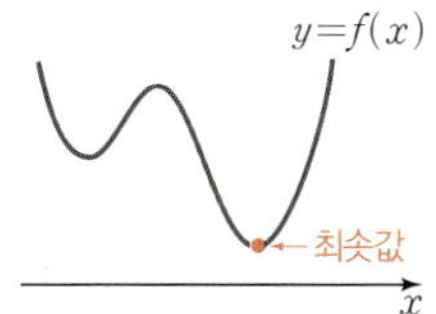

또한 부등식 $f(x)>g(x)$가 성립하는 것을 증명할 때

$h(x)=f(x)-g(x)$로 놓고, 함수 $h(x)$의 최솟값이 0보다 크다는 것을 보이면 된다.
　$\llcorner$ $A>B \Longleftrightarrow A-B>0$

example

모든 실수 x에 대하여 부등식 $x^4+\dfrac{4}{3}x^3-4x^2+11>0$이 성립하는 것을 증명하면

$f(x)=x^4+\dfrac{4}{3}x^3-4x^2+11$이라 할 때

함수 $f(x)$의 최솟값이 0보다 크다는 것을 보이면 된다.

$f'(x)=4x^3+4x^2-8x=4x(x^2+x-2)=4x(x+2)(x-1)$

$f'(x)=0$에서 $x=-2$ 또는 $x=0$ 또는 $x=1$

함수 $f(x)$의 증가와 감소를 표로 나타내면 다음과 같다.

x	$\cdots$	-2	$\cdots$	0	$\cdots$	1	$\cdots$
$f'(x)$	$-$	0	$+$	0	$-$	0	$+$
$f(x)$	$\searrow$	$\dfrac{1}{3}$	$\nearrow$	11	$\searrow$	$\dfrac{28}{3}$	$\nearrow$

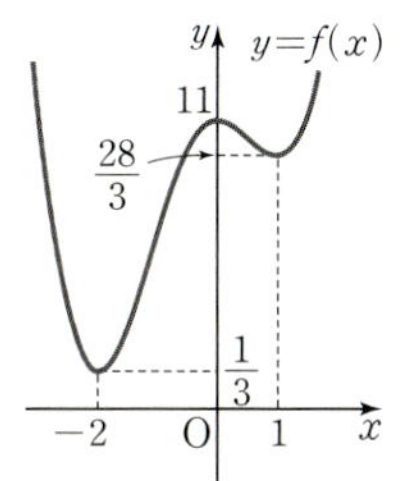

함수 $f(x)$는 $x=-2$에서 최솟값 $\dfrac{1}{3}$을 가지므로 모든 실수 x에

대하여 $f(x)>0$, 즉 $x^4+\dfrac{4}{3}x^3-4x^2+11>0$이 성립한다.

Tip 최고차항의 계수가 양수인 사차함수 $f(x)$에 대하여 삼차방정식 $f'(x)=0$의 해가

α, β, γ $(\alpha<\beta<\gamma)$일 때 함수 $f(x)$는 $x=\alpha$와 $x=\gamma$에서 극소이고, $x=\beta$에서 극대이다.

(ⅰ) $\beta-\alpha=\gamma-\beta$이면 $f(\alpha)=f(\gamma)$이므로 최솟값은 $f(\alpha)$ 또는 $f(\gamma)$

(ⅱ) $\beta-\alpha>\gamma-\beta$이면 $f(\alpha)<f(\gamma)$이므로 최솟값은 $f(\alpha)$

(ⅲ) $\beta-\alpha<\gamma-\beta$이면 $f(\alpha)>f(\gamma)$이므로 최솟값은 $f(\gamma)$

(ⅰ), (ⅱ), (ⅲ)을 이용하면 극값을 모두 구하여 대소 관계를 비교할 필요없이 빠르게 최솟값을 구할 수 있다.

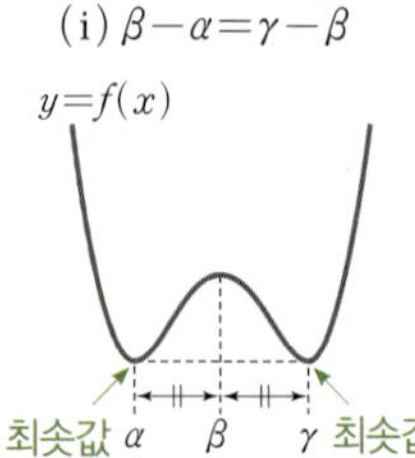

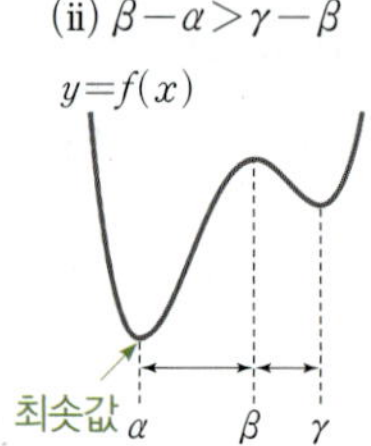

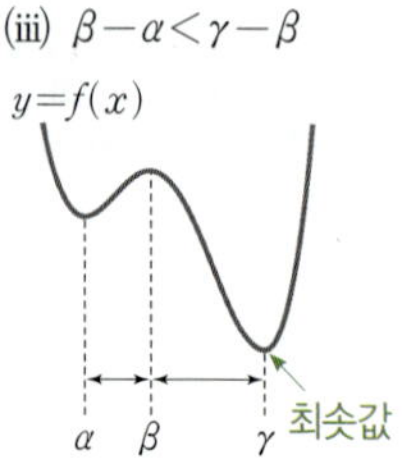

같은 방법으로 모든 실수 x에 대하여 부등식 $f(x)<0$이 성립하려면 함수 $y=f(x)$의 그래프가 항상 x축의 아래쪽에 있어야 한다. 즉, 모든 실수 x에 대하여 부등식 $f(x)<0$이 성립함을 증명하려면 함수 $f(x)$의 최댓값이 0보다 작다는 것을 보이면 된다.

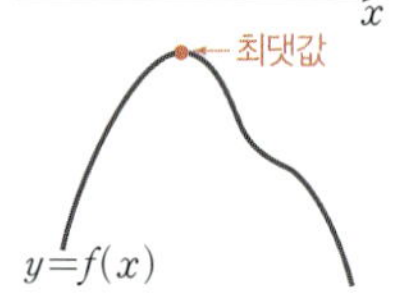

또한 모든 실수 x에 대하여 부등식 $f(x)\geq0$이 성립함을 증명하려면 ($f(x)$의 최솟값)≥0임을 보이면 되고, 부등식 $f(x)\leq0$이 성립함을 증명하려면 ($f(x)$의 최댓값)≤0임을 보이면 된다.

4 $x>a$에서 성립하는 부등식

$x>a$에서 부등식 $f(x)>0$이 성립함을 다음과 같이 증명할 수 있다.

(1) $x>a$에서 함수 $f(x)$의 최솟값이 존재할 때

➡ $x>a$에서 ($f(x)$의 최솟값)>0임을 보인다.

(2) $x>a$에서 함수 $f(x)$의 최솟값이 존재하지 않을 때

➡ $x>a$에서 함수 $f(x)$가 증가하고, $f(a)\geq0$임을 보인다. ← $x>a$에서 $f'(x)\geq0$, $f(a)\geq0$임을 보인다.

최고차항의 계수가 양수인 다항함수 $f(x)$에 대하여 $x>a$에서 부등식 $f(x)>0$이 성립함을 최솟값이 존재할 때와 존재하지 않을 때로 나누어 생각해 보자.

(1) 함수 $f(x)$의 최솟값이 존재할 때

그림과 같이 $x>a$에서 ($f(x)$의 최솟값)>0이면 $x>a$인 모든 실수 x에 대하여 부등식 $f(x)>0$이 성립함을 알 수 있다.

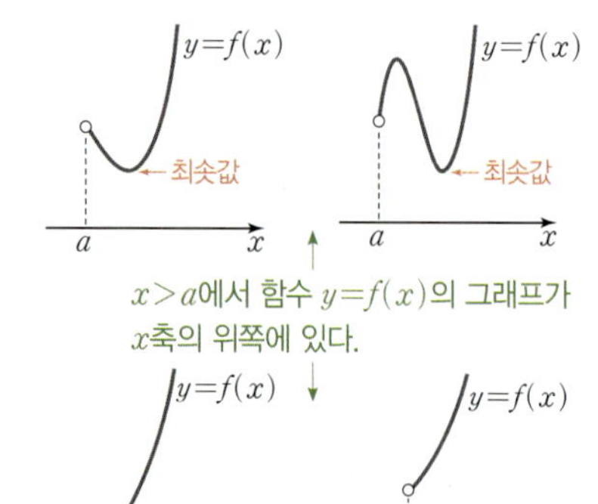

(2) 함수 $f(x)$의 최솟값이 존재하지 않을 때

그림과 같이 $x>a$에서 함수 $f(x)$가 증가하고, $f(a)\geq0$이면 $x>a$인 모든 실수 x에 대하여 부등식 $f(x)>0$이 성립함을 알 수 있다.
$x>a$에서 $f'(x)\geq0$

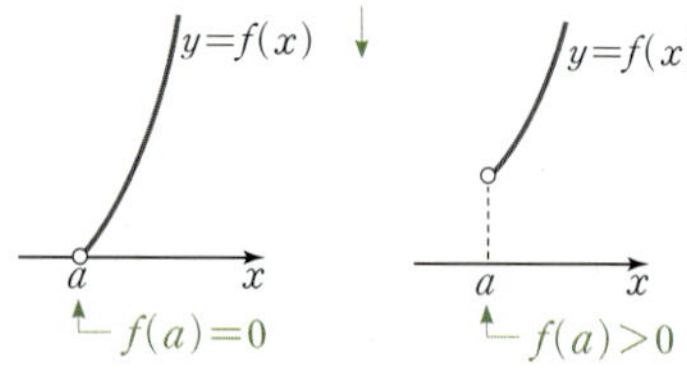

(1) $x>0$에서 부등식 $2x^3-3x^2+2>0$이 성립함을 보이면

$f(x)=2x^3-3x^2+2$라 하면

$f'(x)=6x^2-6x=6x(x-1)$

$f'(x)=0$에서 $x=0$ 또는 $x=1$

$x>0$에서 함수 $f(x)$의 증가와 감소를 표로 나타내면 다음과 같다.

x	(0)	$\cdots$	1	$\cdots$
$f'(x)$		$-$	0	$+$
$f(x)$	(2)	$\searrow$	1	$\nearrow$

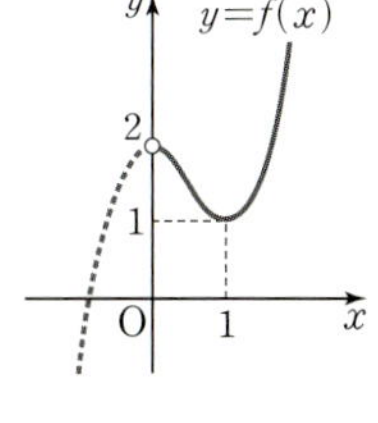

$x>0$에서 함수 $f(x)$는 $x=1$에서 극소이면서 최소이고

이때 최솟값은 $f(1)=1$이므로

$x>0$에서 부등식 $f(x)>0$, 즉 $2x^3-3x^2+2>0$이 성립한다.

(2) $x>1$에서 부등식 $2x^3-3x^2+2>0$이 성립함을 보이면

(1)에서 $x>1$일 때 $f'(x)>0$이므로 $x>1$에서 함수 $f(x)$는 증가

한다. 또한 $f(1)=1$이므로

$x>1$에서 부등식 $f(x)>0$, 즉 $2x^3-3x^2+2>0$이 성립한다.

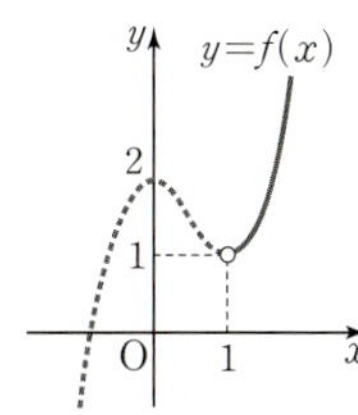

개념 CHECK

빠른 정답 · 359쪽 / 정답과 풀이 · 89쪽

01. 방정식과 부등식에의 활용

01 다음 방정식의 서로 다른 실근의 개수를 구하시오.

(1) $x^3-2x^2-4x-3=0$ (2) $2x^4-4x^2-1=0$

02 방정식 $x^3+6x^2+9x+k=0$이 다음과 같은 근을 갖도록 하는 실수 k의 값의 범위를 구하시오.

(1) 서로 다른 세 실근 (2) 중근과 다른 한 실근 (3) 한 실근과 두 허근

03 다음 부등식이 성립함을 보이시오.

(1) 모든 실수 x에 대하여 $x^4-6x^2-8x+24\geq0$

(2) $x\geq0$일 때, $x^3-x>x^2-3$

(3) $x>-1$일 때, $x^3+6x^2+9x+5>0$

대표 예제 | 01

다음 방정식의 서로 다른 실근의 개수를 구하시오.

(1) $x^3-6x^2+9x-3=0$ 　　　　　　　　　(2) $3x^4+4x^3-12x^2+1=0$

바로 접근 　방정식 $f(x)=0$의 서로 다른 실근의 개수는 함수 $y=f(x)$의 그래프와 x축의 교점의 개수와 같다.

바른 풀이

(1) $f(x)=x^3-6x^2+9x-3$이라 하면

$$f'(x)=3x^2-12x+9=3(x-1)(x-3)$$

$f'(x)=0$에서 $x=1$ 또는 $x=3$

함수 $f(x)$의 증가와 감소를 표로 나타내면 다음과 같다.

x	$\cdots$	1	$\cdots$	3	$\cdots$
$f'(x)$	$+$	0	$-$	0	$+$
$f(x)$	$\nearrow$	1	$\searrow$	-3	$\nearrow$

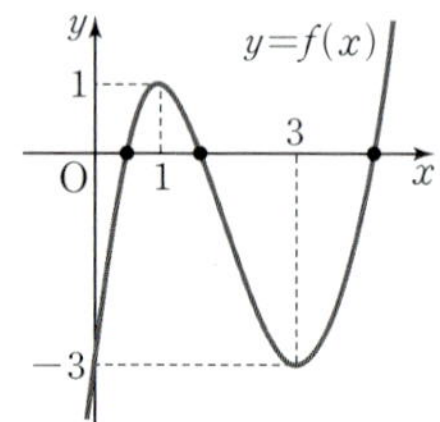

따라서 함수 $y=f(x)$의 그래프는 오른쪽 그림과 같이 x축과 서로 다른 세 점에서 만나므로 주어진 방정식은 서로 다른 세 실근을 갖는다.

(2) $f(x)=3x^4+4x^3-12x^2+1$이라 하면

$$f'(x)=12x^3+12x^2-24x=12x(x-1)(x+2)$$

$f'(x)=0$에서 $x=-2$ 또는 $x=0$ 또는 $x=1$

함수 $f(x)$의 증가와 감소를 표로 나타내면 다음과 같다.

x	$\cdots$	-2	$\cdots$	0	$\cdots$	1	$\cdots$
$f'(x)$	$-$	0	$+$	0	$-$	0	$+$
$f(x)$	$\searrow$	-31	$\nearrow$	1	$\searrow$	-4	$\nearrow$

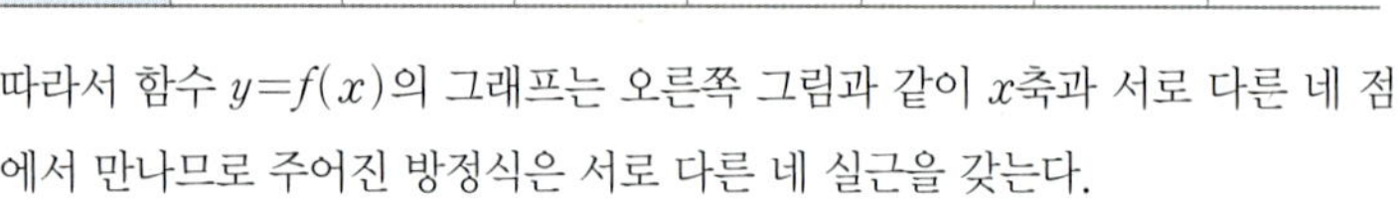

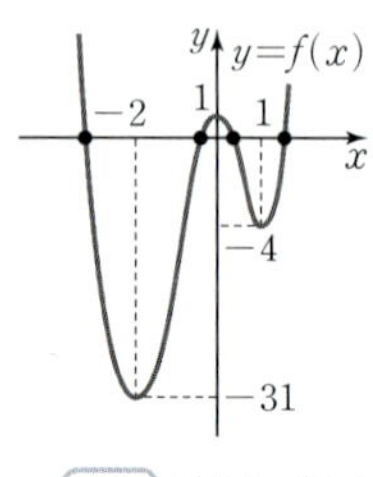

따라서 함수 $y=f(x)$의 그래프는 오른쪽 그림과 같이 x축과 서로 다른 네 점에서 만나므로 주어진 방정식은 서로 다른 네 실근을 갖는다.

정답 　(1) 3　(2) 4

Bible Says

방정식 $f(x)=g(x)$의 서로 다른 실근의 개수는

➡ 두 함수 $y=f(x)$, $y=g(x)$의 그래프의 교점의 개수와 같다.

➡ $h(x)=f(x)-g(x)$라 할 때 함수 $y=h(x)$의 그래프와 x축의 교점의 개수와 같다.

한 번 더하기

01-1

다음 방정식의 서로 다른 실근의 개수를 구하시오.

(1) $2x^3 + 3x^2 - 12x + 9 = 0$

(2) $-x^4 + 6x^2 - 8x + 10 = 0$

표현 더하기

01-2

두 방정식 $-x^3 + 6x^2 - 12x + 10 = 0$, $x^4 - 4x + 4 = 0$의 서로 다른 실근의 개수를 각각 a, b 라 할 때, $a+b$의 값을 구하시오.

표현 더하기

01-3

방정식 $3x^4 + 2x^3 - 3x^2 = x^4 + 2x^3 + x^2 + 1$의 서로 다른 실근의 개수를 구하시오.

실력 더하기

01-4

방정식 $|2x^3 - 3x^2 - 12x - 3| = 3$의 서로 다른 실근의 개수를 구하시오.

대표 예제 | 02

방정식 $2x^3-9x^2-k=0$의 실근의 개수가 다음과 같을 때, 실수 k의 값의 범위를 구하시오.

(1) 서로 다른 세 실근 (2) 서로 다른 두 실근 (3) 한 실근

바로 접근

방정식 $f(x)=k$의 서로 다른 실근의 개수는 함수 $y=f(x)$의 그래프와 직선 $y=k$의 교점의 개수와 같다.

바른 풀이

방정식 $2x^3-9x^2-k=0$에서 $2x^3-9x^2=k$ $\quad\cdots\cdots$ ㉠

$f(x)=2x^3-9x^2$이라 하면 $f'(x)=6x^2-18x=6x(x-3)$

$f'(x)=0$에서 $x=0$ 또는 $x=3$

함수 $f(x)$의 증가와 감소를 표로 나타내면 다음과 같다.

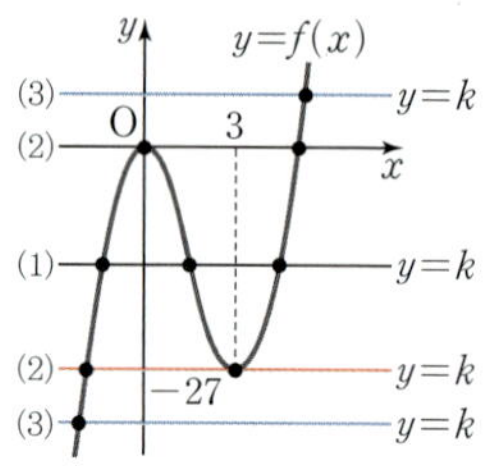

x	$\cdots$	0	$\cdots$	3	$\cdots$
$f'(x)$	$+$	0	$-$	0	$+$
$f(x)$	$\nearrow$	0	$\searrow$	-27	$\nearrow$

방정식 ㉠의 서로 다른 실근의 개수는 함수 $y=f(x)$의 그래프와 직선 $y=k$의 교점의 개수와 같다.

따라서 방정식 $f(x)=k$가

(1) 서로 다른 세 실근을 가지려면 $-27<k<0$ ← 곡선 $y=f(x)$와 직선 $y=k$가 서로 다른 세 점에서 만난다.

(2) 서로 다른 두 실근을 가지려면 $k=-27$ 또는 $k=0$ ← 곡선 $y=f(x)$와 직선 $y=k$가 서로 다른 두 점에서 만난다.

(3) 한 실근을 가지려면 $k<-27$ 또는 $k>0$ ← 곡선 $y=f(x)$와 직선 $y=k$가 한 점에서만 만난다.

정답 (1) $-27<k<0$ (2) $k=-27$ 또는 $k=0$ (3) $k<-27$ 또는 $k>0$

Bible Says

삼차함수 $f(x)$가 극값을 가질 때, 삼차방정식 $f(x)=0$의 실근의 개수를 다음과 같이 판별할 수도 있다.

(1) (극댓값)×(극솟값)<0 $\iff$ 서로 다른 세 실근을 갖는다.

(2) (극댓값)×(극솟값)$=0$ $\iff$ 한 실근과 중근. 즉 서로 다른 두 실근을 갖는다.

(3) (극댓값)×(극솟값)>0 $\iff$ 한 실근과 두 허근을 갖는다.

이를 이용하여 위의 **대표 예제 | 02**에서 $f(x)=2x^3-9x^2-k$라 하고 풀이하면 다음과 같다.

x	$\cdots$	0	$\cdots$	3	$\cdots$
$f'(x)$	$+$	0	$-$	0	$+$
$f(x)$	$\nearrow$	$-k$	$\searrow$	$-27-k$	$\nearrow$

따라서 방정식 $f(x)=0$이

(1) 서로 다른 세 실근을 가지려면 $f(0)\times f(3)=k(k+27)<0$ $\quad\therefore -27<k<0$

(2) 서로 다른 두 실근을 가지려면 $f(0)\times f(3)=k(k+27)=0$ $\quad\therefore k=-27$ 또는 $k=0$

(3) 한 실근을 가지려면 $f(0)\times f(3)=k(k+27)>0$ $\quad\therefore k<-27$ 또는 $k>0$

02-1 방정식 $2x^4-4x^2+2-k=0$의 실근의 개수가 다음과 같을 때, 실수 k의 값의 범위를 구하시오.

(1) 서로 다른 네 실근　　　(2) 서로 다른 세 실근　　　(3) 서로 다른 두 실근

표현 더하기

02-2 곡선 $y=x^3-3x^2-9x-k$가 x축과 서로 다른 두 점에서 만나도록 하는 모든 실수 k의 값의 합을 구하시오.

표현 더하기

02-3 곡선 $y=x^3-6x$와 직선 $y=-3x+a$에 대하여 다음을 구하시오.

(1) 곡선과 직선이 서로 다른 세 점에서 만날 때, 실수 a의 값의 범위
(2) 곡선과 직선이 접할 때, 실수 a의 값

실력 더하기

02-4 점 $(1,\ a)$에서 곡선 $y=x^3+x$에 서로 다른 세 개의 접선을 그을 수 있도록 하는 실수 a의 값의 범위를 구하시오.

대표 예제 | 03

방정식 $x^3-3x^2-9x-k=0$의 근이 다음과 같을 때, 실수 k의 값의 범위를 구하시오.

(1) 한 개의 음의 실근

(2) 서로 다른 두 개의 양의 실근과 한 개의 음의 실근

(3) 한 개의 양의 실근과 한 개의 음의 실근

바로 접근

방정식 $f(x)=k$가

① 양의 실근을 가지면 함수 $y=f(x)$의 그래프와 직선 $y=k$의 x좌표가 양수인 교점이 존재한다.

② 음의 실근을 가지면 함수 $y=f(x)$의 그래프와 직선 $y=k$의 x좌표가 음수인 교점이 존재한다.

바른 풀이

$x^3-3x^2-9x-k=0$에서 $x^3-3x^2-9x=k$

$f(x)=x^3-3x^2-9x$라 하면

$f'(x)=3x^2-6x-9=3(x+1)(x-3)$

$f'(x)=0$에서 $x=-1$ 또는 $x=3$

함수 $f(x)$의 증가와 감소를 표로 나타내면 다음과 같다.

x	$\cdots$	-1	$\cdots$	3	$\cdots$
$f'(x)$	$+$	0	$-$	0	$+$
$f(x)$	$\nearrow$	5	$\searrow$	-27	$\nearrow$

$f(0)=0$이고, 방정식 $x^3-3x^2-9x-k=0$의 실근은 함수 $y=f(x)$의 그래프와 직선 $y=k$의 교점의 좌표와 같다.

(1) $y=f(x)$의 그래프와 직선 $y=k$의 교점의 x좌표가 한 개뿐이고, 그것이 음수인 경우이므로

$k<-27$

(2) $y=f(x)$의 그래프와 직선 $y=k$의 교점의 x좌표가 두 개는 서로 다른 양수, 한 개는 음수인 경우이므로

$-27<k<0$

(3) $y=f(x)$의 그래프와 직선 $y=k$의 교점의 x좌표가 한 개는 양수, 한 개는 음수인 경우이므로

$k=-27$ 또는 $k=5$

정답 (1) $k<-27$ (2) $-27<k<0$ (3) $k=-27$ 또는 $k=5$

Bible Says

방정식 $f(x)=k$의 실근의 개수, 실근의 부호를 구하는 문제는 다음과 같은 순서로 해결한다.

❶ 함수 $y=f(x)$의 그래프를 그린다.

❷ 직선 $y=k$를 위, 아래로 움직여 보면서 문제의 조건에 맞는 k의 값 또는 범위를 찾는다.

한 번 더하기

03-1 방정식 $x^4-4x^3-2x^2+12x+k=0$의 근이 다음과 같을 때, 실수 k의 값의 범위를 구하시오.

(1) 서로 다른 세 개의 양의 실근과 한 개의 음의 실근

(2) 한 개의 양의 실근과 한 개의 음의 실근

표현 더하기

03-2 방정식 $-x^3+12x-k=0$이 서로 다른 두 개의 양의 실근과 한 개의 음의 실근을 갖도록 하는 정수 k의 개수를 구하시오.

표현 더하기

03-3 두 함수
$$f(x)=2x^3-x^2+5x,\ g(x)=x^3+5x^2-4x+a$$
에 대하여 방정식 $f(x)=g(x)$가 서로 다른 세 개의 양의 실근을 갖도록 하는 정수 a의 최댓값과 최솟값의 합을 구하시오.

표현 더하기

03-4 두 곡선 $y=x^3+x^2+x-a$, $y=x^2+4x$가 만나는 서로 다른 세 점의 x좌표가 한 개는 양수이고, 두 개는 음수가 되도록 하는 실수 a의 값의 범위를 구하시오.

대표 예제 | 04

다음 물음에 답하시오.

(1) 모든 실수 x에 대하여 부등식 $x^4-4x^3+4x^2+k>0$이 성립하도록 하는 실수 k의 값의 범위를 구하시오.

(2) 두 함수 $f(x)=x^4-12x$, $g(x)=-4x^2-k$가 모든 실수 x에 대하여 부등식 $f(x)>g(x)$를 만족시킬 때, 실수 k의 값의 범위를 구하시오.

B로 접근

(1) 모든 실수 x에 대하여 부등식 $f(x)>0$이 성립한다. ➡ ($f(x)$의 최솟값)>0

(2) 모든 실수 x에 대하여 부등식 $f(x)>g(x)$가 성립한다.

➡ $h(x)=f(x)-g(x)$라 할 때, ($h(x)$의 최솟값)>0

B른 풀이

(1) $f(x)=x^4-4x^3+4x^2+k$라 하면

$$f'(x)=4x^3-12x^2+8x=4x(x-1)(x-2)$$

$f'(x)=0$에서 $x=0$ 또는 $x=1$ 또는 $x=2$

함수 $f(x)$의 증가와 감소를 표로 나타내면 다음과 같다.

x	$\cdots$	0	$\cdots$	1	$\cdots$	2	$\cdots$
$f'(x)$	$-$	0	$+$	0	$-$	0	$+$
$f(x)$	$\searrow$	k	$\nearrow$	$1+k$	$\searrow$	k	$\nearrow$

함수 $f(x)$는 $x=0$과 $x=2$에서 최솟값 k를 갖는다.

따라서 모든 실수 x에 대하여 $f(x)>0$이 성립하려면

$$f(0)=f(2)=k>0 \qquad \therefore k>0$$

(2) 부등식 $f(x)>g(x)$에서 $f(x)-g(x)>0$이므로

$$h(x)=f(x)-g(x)=(x^4-12x)-(-4x^2-k)=x^4+4x^2-12x+k$$라 하면

$$h'(x)=4x^3+8x-12=4(x-1)(x^2+x+3)$$

$h'(x)=0$에서 $x=1$ ($\because x^2+x+3>0$) $\leftarrow x^2+x+3=\left(x+\dfrac{1}{2}\right)^2+\dfrac{11}{4}>0$

함수 $h(x)$의 증가와 감소를 표로 나타내면 다음과 같다.

x	$\cdots$	1	$\cdots$
$h'(x)$	$-$	0	$+$
$h(x)$	$\searrow$	$-7+k$	$\nearrow$

함수 $h(x)$는 $x=1$에서 최솟값 $-7+k$를 갖는다.

따라서 모든 실수 x에 대하여 $h(x)>0$, 즉 $f(x)>g(x)$가 성립하려면

$$h(1)=-7+k>0 \qquad \therefore k>7$$

정답 (1) $k>0$ (2) $k>7$

Bible Says

(1)에서 $x^4-4x^3+4x^2>-k$이므로 $f(x)=x^4-4x^3+4x^2$이라 할 때, 함수 $y=f(x)$의 그래프가 직선 $y=-k$보다 항상 위에 있어야 함을 이용하여 풀어도 된다. 즉, 함수 $f(x)$의 최솟값 0이 $-k$보다 커야 하므로 $0>-k$에서 $k>0$이다.

04-1

다음 물음에 답하시오.

(1) 모든 실수 x에 대하여 부등식 $3x^4-4x^3-12x^2-k\geq0$이 성립하도록 하는 실수 k의 값의 범위를 구하시오.

(2) 두 함수 $f(x)=4x^4-2x^2+k$, $g(x)=5x^4-x^2-6x$가 모든 실수 x에 대하여 부등식 $f(x)\leq g(x)$를 만족시킬 때, 실수 k의 값의 범위를 구하시오.

04-2

모든 실수 x에 대하여 부등식 $x^4-4x\geq a^2-a-15$가 항상 성립하도록 하는 정수 a의 개수를 구하시오.

04-3

함수 $f(x)=-x^4+4k^3x-27$이 모든 실수 x에 대하여 부등식 $f(x)\leq0$을 만족시킬 때, 양수 k의 최댓값을 구하시오.

04-4

두 함수 $f(x)=\dfrac{1}{4}x^4+3x^3+4x^2$, $g(x)=x^3-\dfrac{1}{2}x^2-4x+a$에 대하여 곡선 $y=f(x)$가 곡선 $y=g(x)$보다 항상 위쪽에 있도록 하는 실수 a의 값의 범위를 구하시오.

대표 예제 | 05

다음 물음에 답하시오.

(1) $x>0$일 때, 부등식 $4x^3-3x^2-6x+k>0$이 항상 성립하도록 하는 실수 k의 값의 범위를 구하시오.

(2) $x>2$일 때, 부등식 $x^3-12x+k>0$이 항상 성립하도록 하는 실수 k의 값의 범위를 구하시오.

바로 접근

$x>a$에서 부등식 $f(x)>0$이 성립하기 위한 조건은 다음과 같다.

(1) $x>a$에서 함수 $f(x)$의 최솟값이 존재할 때 ➡ $x>a$에서 ($f(x)$의 최솟값)>0

(2) $x>a$에서 함수 $f(x)$의 최솟값이 존재하지 않을 때 ➡ $x>a$에서 $f'(x)\geq0$, $f(a)\geq0$

바른 풀이

(1) $f(x)=4x^3-3x^2-6x+k$라 하면

$f'(x)=12x^2-6x-6=6(2x+1)(x-1)$

$f'(x)=0$에서 $x=1$ $(\because x>0)$

$x>0$에서 함수 $f(x)$의 증가와 감소를 표로 나타내면 다음과 같다.

x	(0)	$\cdots$	1	$\cdots$
$f'(x)$		$-$	0	$+$
$f(x)$		$\searrow$	$k-5$	$\nearrow$

$x>0$일 때 함수 $f(x)$는 $x=1$에서 최솟값 $k-5$를 갖는다.

따라서 $x>0$일 때 $f(x)>0$이 항상 성립하려면

$f(1)=k-5>0$ $\therefore k>5$

(2) $f(x)=x^3-12x+k$라 하면

$f'(x)=3x^2-12=3(x+2)(x-2)$

$x>2$에서 $f'(x)>0$이므로 $x>2$일 때, 함수 $f(x)$는 증가한다.

따라서 $x>2$일 때 $f(x)>0$이 항상 성립하려면

$f(2)=k-16\geq0$ $\therefore k\geq16$

(1) $k>5$ (2) $k\geq16$

Bible Says

함수 $y=f(x)$의 그래프의 개형에 따라 $x>a$에서 부등식 $f(x)>0$이 항상 성립하기 위한 조건은 다음과 같다.

(단, $\lim\limits_{x\to\infty}f(x)=\infty$)

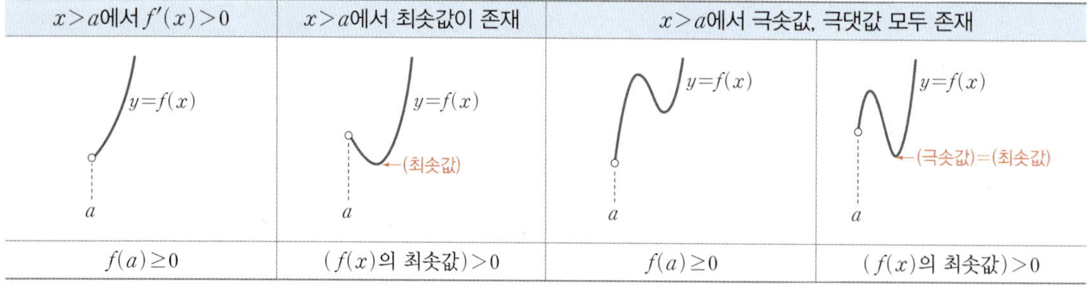

$x>a$에서 $f'(x)>0$	$x>a$에서 최솟값이 존재	$x>a$에서 극솟값, 극댓값 모두 존재	
$f(a)\geq0$	($f(x)$의 최솟값)>0	$f(a)\geq0$	($f(x)$의 최솟값)>0

한번 더하기

05-1

다음 물음에 답하시오.

(1) $x \geq 0$일 때, 부등식 $x^3 - x^2 - x + k \geq 0$이 항상 성립하도록 하는 실수 k의 값의 범위를 구하시오.

(2) $x > 3$일 때, 부등식 $x^3 - 3x^2 - 9x + k \geq 0$이 항상 성립하도록 하는 실수 k의 값의 범위를 구하시오.

표현 더하기

05-2

$0 < x < 1$에서 부등식 $4x^3 - 6x^2 - a > 0$이 항상 성립하도록 하는 정수 a의 최댓값을 구하시오.

표현 더하기

05-3

두 함수 $f(x) = 2x^3 - x$, $g(x) = x^3 + 2x + k$에 대하여 $x < 1$일 때 부등식 $f(x) < g(x)$가 항상 성립하도록 하는 실수 k의 값의 범위를 구하시오.

표현 더하기

05-4

$-2 \leq x \leq 2$에서 곡선 $y = 2x^3 + 3x^2 - 9x$가 직선 $y = 3x - k$보다 항상 위쪽에 있도록 하는 정수 k의 최솟값을 구하시오.

속도와 가속도

1 속도와 가속도

수직선 위를 움직이는 점 P의 시각 t에서의 위치 x가 $x=f(t)$일 때,

(1) 시각 t에서의 점 P의 속도 v는 $v=\dfrac{dx}{dt}=f'(t)$

(2) 시각 t에서의 점 P의 가속도 a는 $a=\dfrac{dv}{dt}=v'(t)$

앞에서 배운 평균변화율과 순간변화율을 이용하여 수직선 위를 움직이는 점의 속도와 가속도에 대해 알아보자.

점 P가 수직선 위를 움직일 때, 시각 t에서 점 P의 위치를 그 점의 좌표 x로 나타내면 x는 t에 대한 함수이므로 $x=f(t)$와 같이 나타낼 수 있다.

시각 t에서 $t+\varDelta t$까지의 점 P의 위치의 변화량 $\varDelta x$는
$$\varDelta x=f(t+\varDelta t)-f(t)$$
이므로 시각 t에서 $t+\varDelta t$까지의 점 P의 평균속도는

$$\frac{\varDelta x}{\varDelta t}=\frac{f(t+\varDelta t)-f(t)}{\varDelta t} \quad \leftarrow \text{(평균속도)}=\frac{\text{(위치의 변화량)}}{\text{(시간의 변화량)}}$$

이고, 이것은 함수 $x=f(t)$의 평균변화율이다.

이때 시각 t에서의 위치 $x=f(t)$의 순간변화율

$$\frac{dx}{dt}=\lim_{\varDelta t \to 0}\frac{\varDelta x}{\varDelta t}=\lim_{\varDelta t \to 0}\frac{f(t+\varDelta t)-f(t)}{\varDelta t}=f'(t)$$

를 시각 t에서의 점 P의 순간속도 또는 속도라 하고, 보통 v로 나타낸다.
즉, $v=\dfrac{dx}{dt}=f'(t)$이다.

점 P의 속도 v도 시각 t에 대한 함수이므로 함수 v의 순간변화율을 생각할 수 있다.
시각 t에서의 속도 v의 순간변화율

$$\frac{dv}{dt}=\lim_{\varDelta t \to 0}\frac{\varDelta v}{\varDelta t}=v'(t)$$

를 시각 t에서의 점 P의 가속도라 하고, 보통 a로 나타낸다.

즉, $a=\dfrac{dv}{dt}=v'(t)$이다. ← 속도가 일정할 때는 $a=0$일 때이다.

example 수직선 위를 움직이는 점 P의 시각 t에서의 위치 x가 $x=2t^2-5t+3$일 때,
시각 t에서의 속도를 v, 가속도를 a라 하면
$$v=\frac{dx}{dt}=4t-5, \ a=\frac{dv}{dt}=4$$
이때 $t=2$에서의 속도는 $v=4\times 2-5=3$, 가속도는 $a=4$이다.

한편, 수직선 위를 움직이는 점 P의 운동 방향은 속도 $v=f'(t)$의 부호에 따라 다음과 같다.
(ⅰ) $v>0$이면 $x=f(t)$가 증가하므로 점 P는 양의 방향으로 움직인다.
(ⅱ) $v<0$이면 $x=f(t)$가 감소하므로 점 P는 음의 방향으로 움직인다.
(ⅲ) $v=0$이면 점 P는 운동 방향을 바꾸거나 정지한다.

example 수직선 위를 움직이는 점 P의 시각 t에서의 위치 x가 $x=3t^2-18t$일 때,
시각 t에서의 점 P의 속도를 v라 하면 $v=6t-18$이다.
점 P가 운동 방향을 바꾸는 순간의 속도는 0이므로 $6t-18=0$에서 $t=3$
$t<3$일 때 $v<0$, $t>3$일 때 $v>0$이므로 점 P는 $t=3$에서 운동 방향을 바꾼다.

수직선 위를 움직이는 점 P와 시각 t에서의 속도 $v(t)$의 그래프가 주어질 때, 다음을 이용하여 문제를 해결한다.
⑴ $t=a$에서의 점 P의 가속도는 $v(t)$의 그래프 위의 $t=a$인 점에서의 접선의 기울기이다.
⑵ $v(a)>0$: 시각 $t=a$에서 점 P는 양의 방향으로 움직인다.
　　$v(a)<0$: 시각 $t=a$에서 점 P는 음의 방향으로 움직인다.
　　$v(a)=0$: 시각 $t=a$에서 점 P는 정지하거나 운동 방향을 바꾼다.
　　　　　　　$t=a$의 좌우에서 $v(t)$의 부호가 바뀐다.

예를 들어 원점을 출발하여 수직선 위를 움직이는 점 P의 시각 t에서의
속도 $v(t)$의 그래프가 그림과 같을 때, 다음과 같은 사실을 알 수 있다.

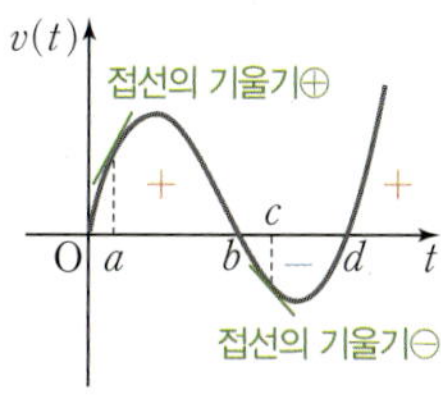

⑴ $t=a$에서 점 P의 속도가 $v(a)>0$이므로
　점 P는 양의 방향으로 움직이고, 이때 점 P의 가속도는 양의 값이다.
⑵ $t=b$에서 점 P의 속도가 0이고, $t=b$의 좌우에서 속도 $v(t)$가
　양($+$)에서 음($-$)으로 바뀌므로 점 P의 운동 방향이 바뀐다.
⑶ $t=c$에서 점 P의 속도가 $v(c)<0$이므로
　점 P는 음의 방향으로 움직이고, 이때 점 P의 가속도는 음의 값이다.
⑷ $t=d$에서 점 P의 속도가 0이고, $t=d$의 좌우에서 속도 $v(t)$가
　음($-$)에서 양($+$)으로 바뀌므로 점 P의 운동 방향이 바뀐다.

시각 t에서 길이가 l인 도형, 넓이가 S인 도형, 부피가 V인 도형이 시간이 Δt만큼 경과하는 동안 길이, 넓이, 부피가 각각 Δl, ΔS, ΔV만큼 변할 때,

(1) 시각 t에서의 길이 l의 변화율은 $\displaystyle\lim_{\Delta t \to 0} \frac{\Delta l}{\Delta t} = \frac{dl}{dt}$

(2) 시각 t에서의 넓이 S의 변화율은 $\displaystyle\lim_{\Delta t \to 0} \frac{\Delta S}{\Delta t} = \frac{dS}{dt}$

(3) 시각 t에서의 부피 V의 변화율은 $\displaystyle\lim_{\Delta t \to 0} \frac{\Delta V}{\Delta t} = \frac{dV}{dt}$

1. 속도와 가속도에서 시각에 대한 위치의 순간변화율은 속도이고 시각에 대한 속도의 순간변화율은 가속도임을 배웠다. 이제 길이, 넓이, 부피에 대해서도 시각에 대한 변화율을 생각해 보자.

시각 t에 대한 함수 $y=f(t)$가 주어질 때, y의 t에 대한 변화율은 $\displaystyle\lim_{\Delta t \to 0} \frac{\Delta y}{\Delta t} = \frac{dy}{dt} = f'(t)$이다. 따라서 $f(t)$가 길이, 넓이, 부피를 나타내는 함수이면 $f'(t)$는 각각 길이의 변화율, 넓이의 변화율, 부피의 변화율을 나타낸다.

(1) 시각 t에서 길이가 l인 어떤 도형이 시간이 Δt만큼 경과했다고 할 때, 이 도형의 시각 t에서의 길이 l의 변화율은 $\displaystyle\lim_{\Delta t \to 0} \frac{\Delta l}{\Delta t} = \frac{dl}{dt}$

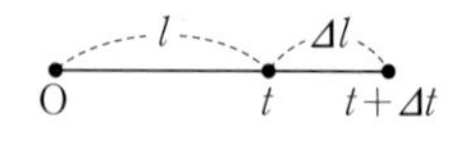

(2) 시각 t에서 넓이가 S인 어떤 도형이 시간이 Δt만큼 경과했다고 할 때, 이 도형의 시각 t에서의 넓이 S의 변화율은 $\displaystyle\lim_{\Delta t \to 0} \frac{\Delta S}{\Delta t} = \frac{dS}{dt}$

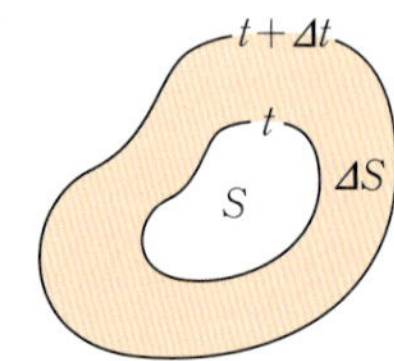

(3) 시각 t에서 부피가 V인 어떤 도형이 시간이 Δt만큼 경과했다고 할 때, 이 도형의 시각 t에서의 부피 V의 변화율은 $\displaystyle\lim_{\Delta t \to 0} \frac{\Delta V}{\Delta t} = \frac{dV}{dt}$

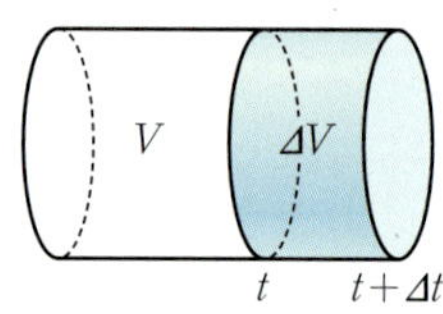

example   어떤 물체의 시각 t에서의 길이 l이 $l = t^3 + t^2 + 3t + 2$일 때,

$$\frac{dl}{dt} = 3t^2 + 2t + 3$$

$t=2$에서의 이 물체의 길이 l의 변화율은

$$3 \times 2^2 + 2 \times 2 + 3 = 19$$

01 수직선 위를 움직이는 점 P의 시각 t에서의 위치 x가 $x=-2t^3+9t^2$일 때, 다음을 구하시오.

(1) $t=2$에서의 점 P의 속도와 가속도
(2) 점 P가 운동 방향을 바꾸는 시각

02 지면에서 $30\,\text{m/s}$의 속도로 지면과 수직으로 위로 던져 올린 물체의 t초 후의 높이를 $x\,\text{m}$라 하면 $x=30t-5t^2$인 관계가 성립한다고 한다. 다음을 구하시오.

(1) 물체가 최고 높이에 도달할 때까지 걸린 시간
(2) 물체가 지면에 떨어지는 순간의 속도

03 어떤 물체의 시각 t에서의 부피 V가 $V=t^2+3t+8$일 때, $t=3$에서의 이 물체의 부피의 변화율을 구하시오.

대표 예제 | 06

원점을 출발하여 수직선 위를 움직이는 점 P의 시각 t에서의 위치 x가 $x=t^3-6t^2$일 때, 다음을 구하시오.

(1) $t=5$에서의 점 P의 속도와 가속도

(2) 점 P가 출발한 후 다시 원점을 지날 때의 속도

(3) 점 P가 운동 방향을 바꿀 때의 위치

바로 접근

(1) 시각 t에서의 점 P의 속도 v와 가속도 a는 $v=\dfrac{dx}{dt}$, $a=\dfrac{dv}{dt}$

(2) 점 P가 다시 원점을 지날 때의 위치는 0이다.

(3) 점 P가 운동 방향을 바꿀 때의 속도는 0이다.

바른 풀이

시각 t에서의 점 P의 속도를 v, 가속도를 a라 하면

$$v=\frac{dx}{dt}=3t^2-12t, \ a=\frac{dv}{dt}=6t-12$$

(1) $t=5$에서의 점 P의 속도는 $v=3\times5^2-12\times5=15$

　　$t=5$에서의 점 P의 가속도는 $a=6\times5-12=18$

(2) 점 P가 원점을 지날 때의 위치는 0이므로 $x=0$에서

　　$t^3-6t^2=0$, $t^2(t-6)=0$　　∴ $t=6$ ($\because t>0$)

　　따라서 $t=6$에서의 점 P의 속도는

　　$v=3\times6^2-12\times6=36$

(3) 점 P가 운동 방향을 바꿀 때의 속도는 0이므로 $v=0$에서

　　$3t^2-12t=0$, $3t(t-4)=0$

　　∴ $t=4$ ($\because t>0$)

　　$0<t<4$에서 $v<0$, $t>4$에서 $v>0$이므로 점 P는 $t=4$에서 운동 방향을 바꾼다.

　　따라서 $t=4$에서의 점 P의 위치는

　　$x=4^3-6\times4^2=-32$

정답　(1) 속도: 15, 가속도: 18　(2) 36　(3) -32

Bible Says

수직선 위를 움직이는 두 점 P, Q의 시각 t에서의 위치를 각각 $x_1(t)$, $x_2(t)$라 하면

① $t=a$에서 두 점 P, Q가 만난다.

　$\Longleftrightarrow t=a$에서 두 점 P, Q의 위치가 같다.

　$\Longleftrightarrow x_1(a)=x_2(a)$

② $t=a$에서 두 점 P, Q가 서로 다른 방향으로 움직인다.

　$\Longleftrightarrow t=a$에서 두 점 P, Q의 속도의 부호가 반대이다.

　$\Longleftrightarrow x_1'(a)\times x_2'(a)<0$

한 번 더하기

06-1 원점을 출발하여 수직선 위를 움직이는 점 P의 시각 t에서의 위치 x가 $x=3t^3-9t^2$일 때, 다음을 구하시오.

(1) $t=1$에서의 점 P의 속도와 가속도
(2) 점 P가 운동 방향을 바꿀 때의 위치

표현 더하기

06-2 원점을 출발하여 수직선 위를 움직이는 점 P의 시각 t에서의 위치 x가 $x=t^3-9t^2+24t$이다. 점 P는 출발 후 운동 방향을 두 번 바꾸고 운동 방향을 바꿀 때의 위치를 각각 A, B라 할 때, 두 점 A, B 사이의 거리를 구하시오.

표현 더하기

06-3 수직선 위를 움직이는 점 P의 시각 t에서의 위치 x가 $x=2t^3-kt^2$이다. 시각 $t=2$에서의 점 P의 속도가 8일 때, 시각 $t=2$에서의 점 P의 가속도를 구하시오. (단, k는 상수이다.)

실력 더하기

06-4 수직선 위를 움직이는 두 점 P, Q의 시각 t에서의 위치가 각각 $f(t)=t^2-8t$, $g(t)=2t^2-4t$이다. 두 점 P, Q가 서로 반대 방향으로 움직이는 시각 t의 값의 범위를 구하시오.

대표 예제 | 07

원점을 출발하여 수직선 위를 움직이는 점 P의 시각 t에서의 속도 $v(t)$의 그래프가 그림과 같을 때, **보기**에서 옳은 것만을 있는 대로 고르시오.

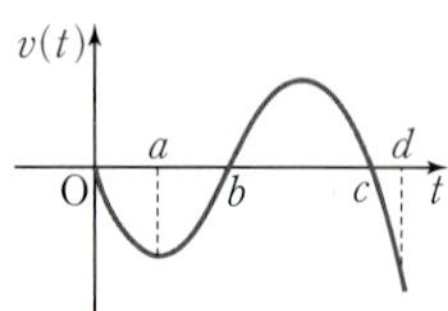

· 보기 ·

ㄱ. $0 < t < d$에서 점 P는 운동 방향을 두 번 바꾼다.

ㄴ. $t=a$일 때, 점 P는 음의 방향으로 움직인다.

ㄷ. $t=c$일 때, 점 P의 가속도는 음수이다.

B|로 접근

수직선 위를 움직이는 점 P의 시각 t에서의 속도 $v(t)$의 그래프에서

① $v(t) > 0$인 구간에서 점 P는 양의 방향으로 움직이고,

　$v(t) < 0$인 구간에서 점 P는 음의 방향으로 움직인다.

② $v(a)=0$일 때 시각 $t=a$에서 점 P는 정지하거나 운동 방향을 바꾼다.

③ 속도 $v(t)$의 그래프의 $t=a$에서의 접선의 기울기는 시각 $t=a$에서의 가속도이다.

B|른 풀이

ㄱ. $t=b$, $t=c$에서 $v(t)=0$이고

　　$t=b$일 때 속도 $v(t)$의 부호가 음에서 양으로 바뀌고,

　　$t=c$일 때 속도 $v(t)$의 부호가 양에서 음으로 바뀌므로

　　$0 < t < d$에서 점 P는 운동 방향을 두 번 바꾼다. (참)

ㄴ. $t=a$일 때, $v(a) < 0$이므로 점 P는 음의 방향으로 움직인다. (참)

ㄷ. 속도 $v(t)$의 그래프 위의 $t=c$에서의 접선의 기울기는 음수이므로 $t=c$에서의 점 P의 가속도는 음수이다. (참)

따라서 ㄱ, ㄴ, ㄷ 모두 옳다.

정답 ㄱ, ㄴ, ㄷ

Bible Says

수직선 위를 움직이는 점 P의 시각 t에서의 위치 $x(t)$의 그래프에서

① $x(t)=0$이면 점 P는 원점에 위치한다.

② 위치 $x(t)$의 그래프의 $t=a$에서의 접선의 기울기는 시각 $t=a$에서의 속도이다. ← $v(t)=\dfrac{dx}{dt}$

③ $t=a$에서의 접선의 기울기가 0이면 시각 $t=a$에서 점 P는 운동 방향을 바꾸거나 정지한다.
　└ $v(a)=0$

④ 접선의 기울기가 양수인 구간에서 점 P는 양의 방향으로 움직이고,
　└ $v(t)>0$
　접선의 기울기가 음수인 구간에서 점 P는 음의 방향으로 움직인다.
　└ $v(t)<0$

한번 더하기

07-1

원점을 출발하여 수직선 위를 움직이는 점 P의 시각 t에서의 속도 $v(t)$의 그래프가 그림과 같을 때, **보기**에서 옳은 것만을 있는 대로 고르시오.

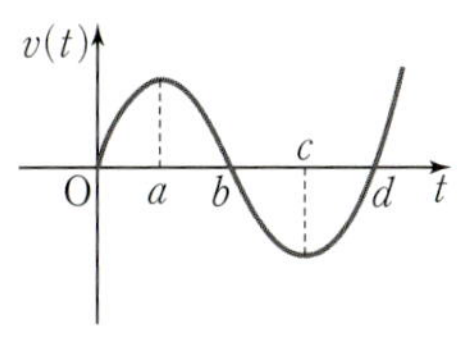

> • 보기 •
> ㄱ. $t=a$일 때와 $t=c$일 때, 점 P의 운동 방향은 서로 반대이다.
> ㄴ. $t=b$일 때와 $t=d$일 때, 점 P는 운동 방향을 바꾼다.
> ㄷ. $b<t<d$에서 점 P의 가속도가 음수이다.

표현 더하기

07-2

수직선 위를 움직이는 점 P의 시각 t에서의 속도 $v(t)$의 그래프가 그림과 같을 때, $0 \le t \le k$에서 점 P는 운동 방향을 몇 번 바꾸는지 구하시오.

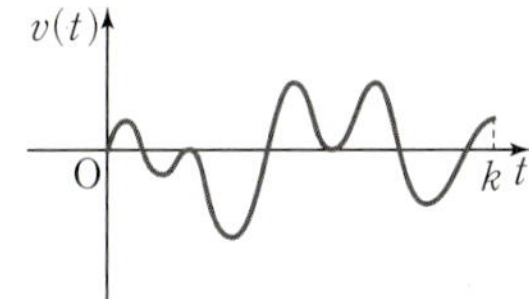

표현 더하기

07-3

원점을 출발하여 수직선 위를 움직이는 점 P의 시각 t에서의 위치 $x(t)$의 도함수 $x'(t)$의 그래프가 그림과 같다. **보기**에서 옳은 것만을 있는 대로 고르시오.

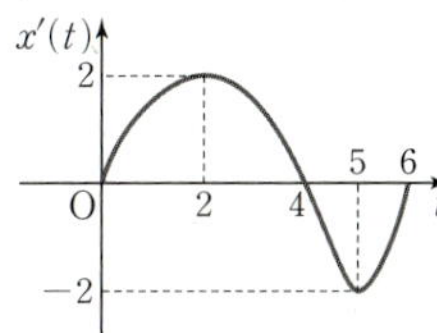

> • 보기 •
> ㄱ. $t=2$일 때, 점 P의 위치는 원점이다.
> ㄴ. $t=4$일 때, 점 P는 운동 방향을 바꾼다.
> ㄷ. $4<t<5$에서 점 P의 가속도는 감소한다.

표현 더하기

07-4

수직선 위를 움직이는 점 P의 시각 t $(0 \le t \le f)$에서의 위치 $x(t)$의 그래프가 그림과 같을 때, **보기**에서 옳은 것만을 있는 대로 고르시오.

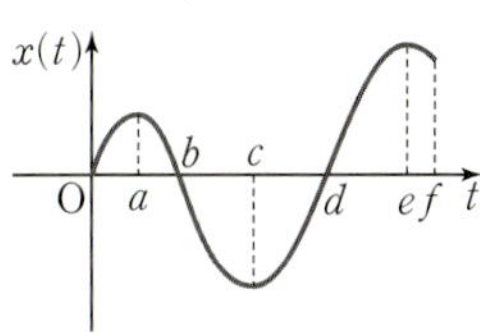

> • 보기 •
> ㄱ. $0<t<b$에서 점 P는 양의 방향으로 움직인다.
> ㄴ. $t=e$일 때, 점 P의 속도는 0이다.
> ㄷ. $0<t<f$에서 점 P는 운동 방향을 2번 바꾼다.

대표 예제 | 08

지면에서 20 m/s의 속도로 지면과 수직으로 쏘아 올린 물체의 t초 후의 높이를 x m라 하면 $x=20t-5t^2$일 때, 다음을 구하시오.

(1) 물체가 최고 높이에 도달할 때까지 걸린 시간

(2) 물체가 지면에 다시 떨어질 때까지 움직인 거리

(3) 물체가 지면에 다시 떨어질 때의 속도와 가속도

바로 접근

지면에서 수직으로 쏘아 올린 물체에 대하여

(1) 최고 높이에 도달한 순간 운동 방향이 바뀌므로 속도는 0이다.

(2) 지면에 떨어질 때의 높이는 0이다.

(3) 물체의 속도를 v, 가속도를 a라 하면 $v=\dfrac{dx}{dt}$, $a=\dfrac{dv}{dt}$

바른 풀이

t초 후의 물체의 속도를 v m/s, 가속도를 a m/s^{2}이라 하면

$$v=\frac{dx}{dt}=20-10t, \quad a=\frac{dv}{dt}=-10$$

(1) 물체가 최고 높이에 도달하는 순간의 속도는 0이므로 $v=0$에서

$$20-10t=0 \qquad \therefore t=2$$

따라서 물체가 최고 높이에 도달할 때까지 걸린 시간은 2초이다.

(2) (1)에서 물체는 2초 후 최고 높이에 도달하므로 최고 높이는

$$20\times 2-5\times 2^2=20\,(\mathrm{m})$$

따라서 물체가 지면에 떨어질 때까지 움직인 거리는

$$20\times 2=40\,(\mathrm{m})$$

(3) 물체가 지면에 떨어질 때의 높이는 0이므로 $x=0$에서

$$20t-5t^2=0, \quad -5t(t-4)=0$$

$$\therefore t=4 \ (\because t>0)$$

따라서 물체는 4초 후 지면에 떨어지고

이때의 물체의 속도는 $20-10\times 4=-20\,(\mathrm{m/s})$,

가속도는 $-10\,(\mathrm{m/s}^2)$

> **정답** (1) 2초 (2) 40 m (3) 속도: -20 m/s, 가속도: -10 m/s^2

Bible Says

움직이는 물체가 제동을 건 후 t초 동안 움직인 거리를 x m라 하면

① 제동을 건 지 t초 후의 속도는 $\dfrac{dx}{dt}$이다.

② 물체가 정지할 때의 속도는 0이다.

08-1

지면에서 30 m/s의 속도로 지면과 수직으로 쏘아 올린 물체의 t초 후의 높이를 x m라 하면 $x=30t-5t^2$일 때, 다음을 구하시오.

(1) 물체가 최고 높이에 도달할 때까지 걸린 시간

(2) 물체가 지면에 다시 떨어질 때까지 움직인 거리

(3) 물체가 지면에 다시 떨어질 때의 속도와 가속도

08-2

지상 35 m의 위치에서 30 m/s의 속도로 지면과 수직으로 쏘아 올린 공의 t초 후의 높이를 x m라 하면 $x=35+30t+at^2$인 관계가 성립한다고 한다. 공이 최고 높이에 도달하는 데 걸린 시간이 3초일 때, 공이 지면에 떨어질 때의 속도를 구하시오. (단, a는 상수이다.)

08-3

직선으로 달리는 열차가 제동을 건 후 t초 동안 움직인 거리를 x m라 하면 $x=64t-4t^2$일 때, 다음을 구하시오.

(1) 제동을 건 지 2초 후 열차의 속도와 가속도

(2) 제동을 건 후 열차가 정지할 때까지 걸린 시간과 움직인 거리

08-4

두 개의 레이저 조명이 비추는 끝 지점이 하나의 직선 궤도를 따라 움직이고 있다. 두 조명이 비추는 끝 지점을 각각 P, Q라 할 때, P, Q의 시각 t ($t \geq 0$)에서의 위치는 각각

$$x_P(t)=\frac{1}{3}t^3-22t+12, \ x_Q(t)=3t^2-6t$$

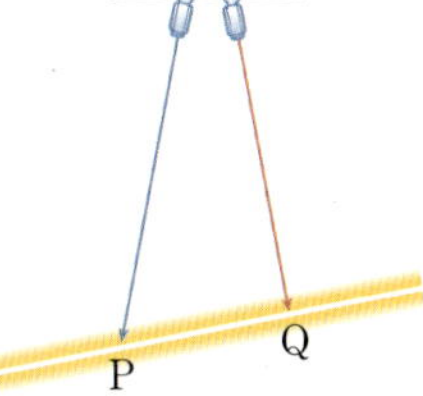

이다. 두 레이저 조명의 끝 지점 P, Q의 속도가 같아지는 순간 두 점 P, Q의 가속도의 합을 구하시오.

대표 예제 09

다음 물음에 답하시오.

(1) 원점을 출발하여 수직선 위를 움직이는 두 점 A, B의 시각 t에서의 위치가 각각

$$x_A = t^2 - 2t, \quad x_B = t^3 + 3t^2 - t + 1$$

일 때, $t=3$에서의 선분 AB의 길이의 변화율을 구하시오.

(2) 잔잔한 호수에 돌을 던지면 중심이 같은 원이 생긴다. 이 원의 반지름의 길이가 매초 $15\,\mathrm{cm}$씩 늘어날 때, 돌을 던진 지 2초 후의 원의 넓이의 변화율을 $a\pi\,\mathrm{cm}^2/\mathrm{s}$라 하자. 상수 a의 값을 구하시오.

바로 접근

시각 t에서의 길이, 넓이, 부피의 변화율 구하기

❶ 길이, 넓이, 부피를 시각 t에 대하여 나타낸다.

❷ ❶에서 구한 식의 양변을 t에 대하여 미분한다.

❸ 주어진 조건을 만족시키는 t의 값을 대입한다.

바른 풀이

(1) 선분 AB의 길이를 l이라 하면

$$l = |x_B - x_A| = |t^3 + 2t^2 + t + 1| = t^3 + 2t^2 + t + 1 \ (\because t > 0)$$

따라서 시각 t에 대한 길이 l의 변화율은

$$\frac{dl}{dt} = 3t^2 + 4t + 1$$

이므로 $t=3$에서의 선분 AB의 길이의 변화율은

$$3 \times 3^2 + 4 \times 3 + 1 = 40$$

(2) 원의 반지름의 길이가 매초 $15\,\mathrm{cm}$씩 늘어나므로 t초 후 원의 반지름의 길이를 $r\,\mathrm{cm}$라 하면

$$r = 15t$$

t초 후 원의 넓이를 $S\,\mathrm{cm}^2$라 하면

$$S = \pi r^2 = \pi \times (15t)^2 = 225\pi t^2$$

따라서 시각 t에 대한 원의 넓이의 변화율은

$$\frac{dS}{dt} = 450\pi t$$

이므로 $t=2$일 때 원의 넓이의 변화율은

$$450\pi \times 2 = 900\pi \,(\mathrm{cm}^2/\mathrm{s}) \qquad \therefore a = 900$$

정답 (1) 40 (2) 900

Bible Says

시각 t에서의 길이가 l인 도형, 넓이가 S인 도형, 부피가 V인 도형이 시간이 Δt만큼 경과하는 동안 길이, 넓이, 부피가 각각 Δl, ΔS, ΔV만큼 변할 때,

① 시각 t에서의 길이 l의 변화율은 $\displaystyle\lim_{\Delta t \to 0} \frac{\Delta l}{\Delta t} = \frac{dl}{dt}$이다.

② 시각 t에서의 넓이 S의 변화율은 $\displaystyle\lim_{\Delta t \to 0} \frac{\Delta S}{\Delta t} = \frac{dS}{dt}$이다.

③ 시각 t에서의 부피 V의 변화율은 $\displaystyle\lim_{\Delta t \to 0} \frac{\Delta V}{\Delta t} = \frac{dV}{dt}$이다.

한 번 더하기

09-1 원점을 출발하여 수직선 위를 움직이는 두 점 A, B의 시각 t에서의 위치가 각각

$$x_A = 2t^2 - 4t, \quad x_B = t^3 + t^2 + 2$$

일 때, $t=2$에서의 선분 AB의 길이의 변화율을 구하시오.

한 번 더하기

09-2 한 변의 길이가 4 cm인 정삼각형의 각 변의 길이가 매초 2 cm씩 늘어난다고 할 때, 4초 후 정삼각형의 넓이의 변화율을 구하시오.

표현 더하기

09-3 그림과 같이 키가 1.6 m인 지현이가 높이가 4.8 m인 가로등의 바로 아래에서 출발하여 일직선으로 2 m/s의 속도로 걸어가고 있다. 다음을 구하시오.

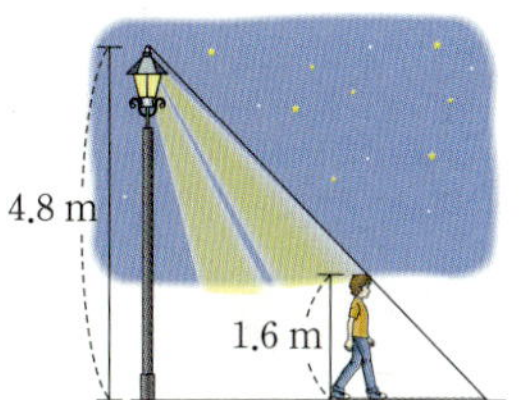

(1) 지현이의 그림자 앞 끝이 움직이는 속도
(2) 지현이의 그림자의 길이의 변화율

표현 더하기

09-4 그림과 같이 밑면의 반지름의 길이와 높이가 모두 10 cm인 원뿔 모양의 그릇이 있다. 비어 있는 이 그릇에 수면의 높이가 매초 2 cm씩 상승하도록 물을 부을 때, 2초 후 그릇에 담긴 물의 부피의 변화율을 구하시오. (단, 그릇의 두께는 무시한다.)

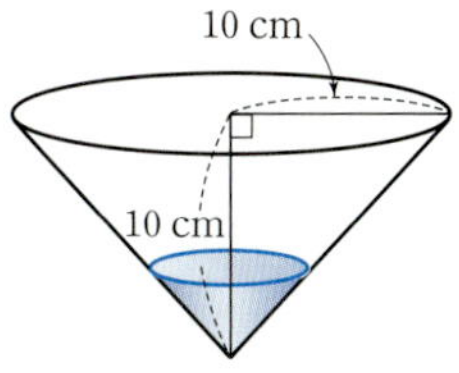

01 사차함수 $y=f(x)$의 도함수 $y=f'(x)$의 그래프가 그림과 같다. 방정식 $f(x)=0$이 오직 한 개의 실근만을 갖는다고 할 때, 다음 중 항상 옳은 것은?

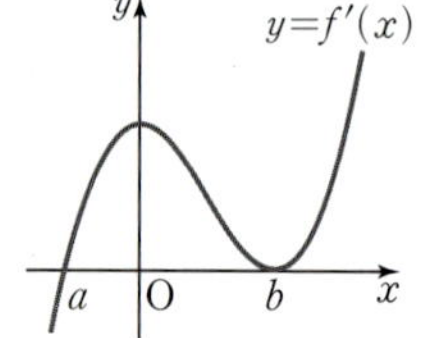

① $f(0)=0$ ② $f(a)=0$ ③ $f(b)=0$
④ $f(a)>0$ ⑤ $f(b)<0$

02 방정식 $2x^3-6x+5-k=0$이 서로 다른 세 실근을 갖도록 하는 정수 k의 최솟값과 최댓값의 합을 구하시오.

03 곡선 $y=x^3-6x^2+2x$와 직선 $y=2x+k$가 서로 다른 세 점에서 만나도록 하는 정수 k의 개수를 구하시오.

04 다음 조건을 동시에 만족시키는 실수 a의 값의 범위를 구하시오.

> (가) 방정식 $-2x^3+6x+a=0$은 서로 다른 양의 실근을 2개 이상 갖는다.
> (나) 방정식 $-3x^4+4x^3+a=0$은 서로 다른 양의 실근을 2개 이상 갖는다.

05 모든 실수 x에 대하여 부등식 $-x^4-3x^3+k>-4x^4+5x^3$이 항상 성립하도록 하는 정수 k의 최솟값을 구하시오.

06 두 함수 $f(x)=x^3-x^2-2x+2$, $g(x)=-x^2+x+a$가 있다. $-2\leq x\leq 0$인 모든 실수 x에 대하여 $f(x)\leq g(x)$가 성립하도록 하는 실수 a의 최솟값을 구하시오.

07 두 함수 $f(x)=x^4+x^2-6x+a$, $g(x)=-2x^2-16x$에 대하여 $y=f(x)$의 그래프가 $y=g(x)$의 그래프보다 항상 위쪽에 있도록 하는 정수 a의 최솟값을 구하시오.

08 원점을 출발하여 수직선 위를 움직이는 점 P의 시각 t에서의 위치 x가 $x=t^3-12t^2+36t$일 때, 점 P가 다시 원점을 지날 때의 속도를 p, 가속도를 q라 하자. $p+q$의 값을 구하시오.

09 수직선 위를 움직이는 점 P의 시각 t(초)에서의 속도 $v(t)$의 그래프가 그림과 같을 때, **보기**에서 옳은 것만을 있는 대로 고르시오.

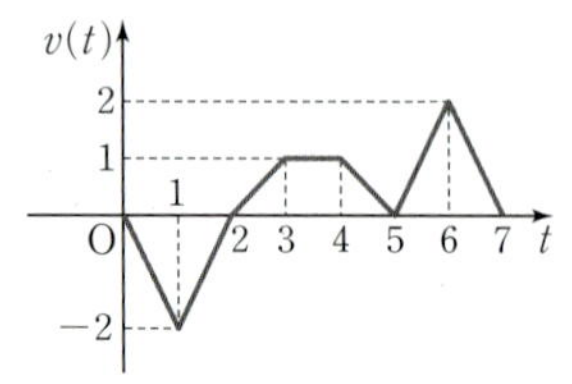

보기
ㄱ. 점 P는 운동 방향을 1번 바꾼다.
ㄴ. $3<t<4$에서 점 P는 정지해 있다.
ㄷ. 3초 동안 점 P의 가속도는 음의 값을 갖는다.

10 직선 도로를 달리는 어떤 자동차의 운전자가 정지선 100 m 전에 브레이크를 밟았다. 브레이크를 밟은 후 t초 동안 달린 거리 x m가 $x=40t-ct^2$이라 할 때, 정지선을 넘지 않고 멈추기 위한 양수 c의 최솟값을 구하시오.

11 가로의 길이가 18 m, 세로의 길이가 8 m인 직사각형 모양의 화단이 있다. 이 화단의 가로의 길이와 세로의 길이를 1시간에 각각 40 cm, 60 cm씩 넓히는 공사를 하고 있다. 이 화단이 정사각형이 되는 순간의 넓이의 변화율을 k m²/h라 할 때, 상수 k의 값을 구하시오.

12 반지름의 길이가 4 cm인 구 모양의 공에 공기를 넣으면 반지름의 길이가 매초 5 mm씩 늘어난다고 할 때, 공기를 넣기 시작한 지 4초 후의 공의 부피의 변화율을 $a\pi$ cm³/s라 하자. 상수 a의 값을 구하시오.

S·T·E·P 2 실력 다지기

13 함수 $f(x)=3x^3-9x^2+9$에 대하여 방정식 $|f(x)|=n$의 서로 다른 실근의 개수를 $g(n)$이라 하자. $g(0)+g(1)+g(3)+g(5)+g(7)+g(9)+g(11)$의 값을 구하시오.

14 다항함수 $f(x)$가 다음을 만족시킬 때, $f(3)+f'(3)$의 값을 구하시오.

> (가) $\lim\limits_{x\to\infty}\dfrac{f(x)}{x^3+2x}=1$
>
> (나) $f(-x)=-f(x)$
>
> (다) 방정식 $|f(x)|=16$의 서로 다른 실근이 4개이다.

15 함수 $f(x)=2x^3-5x^2+1$에 대하여 닫힌구간 $[-1,\,2]$에서 부등식
$$f(x)\geq|4x|+k$$
가 성립하도록 하는 상수 k의 최댓값을 구하시오.

16 실수 전체의 집합에서 미분가능한 함수 $f(x)$와 함수 $g(x)$가
$$f(x)=\begin{cases}0 & (x\leq a)\\ x^3-3x+2 & (x>a)\end{cases},\quad g(x)=\begin{cases}0 & (x\leq b)\\ 6x-6b & (x>b)\end{cases}$$
일 때, 모든 실수 x에 대하여 $f(x)\geq g(x)$를 만족시킨다. 정수 b의 최솟값을 k라 할 때, $a+k$의 값을 구하시오. (단, a는 실수이다.)

중단원 연습문제

17 수직선 위를 움직이는 점 P의 시각 t에서의 위치 x가 $x=t^3-6t^2+nt+10$일 때, 점 P의 운동 방향이 바뀌지 않도록 하는 자연수 n의 최솟값을 구하시오.

18 그림과 같이 반지름의 길이가 10 m인 비어 있는 반구 모양의 수조에 물을 넣는다. 수면의 높이가 매분 1 m씩 높아진다고 할 때, 물을 넣기 시작한 지 4분 후 수면의 넓이의 변화율은 $a\pi\ \mathrm{m^2}$/분이다. a의 값을 구하시오. (단, 수조의 두께는 무시한다.)

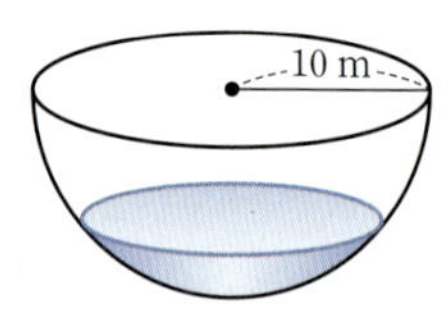

challenge 평가원 기출

19 함수 $f(x)=\dfrac{1}{2}x^3-\dfrac{9}{2}x^2+10x$에 대하여 x에 대한 방정식

$$f(x)+|f(x)+x|=6x+k$$

의 서로 다른 실근의 개수가 4가 되도록 하는 모든 정수 k의 값의 합을 구하시오.

challenge

20 두 함수

$$f(x)=-x^4-2x^3-x^2,\ g(x)=3x^2+a$$

가 다음 조건을 만족시킬 때, 자연수 a의 값을 구하시오.

> 모든 실수 x에 대하여 부등식
> $$f(x)\le 12x+k\le g(x)$$
> 를 만족시키는 자연수 k의 개수는 3이다.

07

부정적분

Bible Focus

01 부정적분

부정적분	함수 $F(x)$의 도함수가 $f(x)$일 때, 즉 $F'(x)=f(x)$일 때 함수 $f(x)$의 임의의 부정적분을 다음과 같이 나타낸다. $$\int f(x)dx=F(x)+C \ (\text{단, } C\text{는 적분상수})$$
부정적분과 미분의 관계	미분가능한 함수 $f(x)$에 대하여 다음이 성립한다. (1) $\dfrac{d}{dx}\left\{\int f(x)dx\right\}=f(x)$ (2) $\int\left\{\dfrac{d}{dx}f(x)\right\}dx=f(x)+C \ (\text{단, } C\text{는 적분상수})$

02 부정적분의 계산

함수 $y=x^n$과 함수 $y=1$의 부정적분	(1) n이 자연수일 때, $$\int x^n dx=\frac{1}{n+1}x^{n+1}+C \ (\text{단, } C\text{는 적분상수})$$ (2) $\int 1\,dx=x+C \ (\text{단, } C\text{는 적분상수})$
함수의 실수배, 합, 차의 부정적분	두 함수 $f(x)$, $g(x)$가 부정적분을 가질 때 다음이 성립한다. (1) $\int kf(x)dx=k\int f(x)dx \ (\text{단, } k\text{는 }0\text{이 아닌 상수})$ (2) $\int\{f(x)+g(x)\}dx=\int f(x)dx+\int g(x)dx$ (3) $\int\{f(x)-g(x)\}dx=\int f(x)dx-\int g(x)dx$

01 부정적분

1 부정적분

함수 $F(x)$의 도함수가 $f(x)$일 때, 즉 $F'(x)=f(x)$일 때 함수 $f(x)$의 임의의 부정적분을 다음과 같이 나타낸다.

$$\int f(x)dx=F(x)+C \text{ (단, } C\text{는 적분상수)}$$

Ⅱ. 미분에서는 미분가능한 함수 $f(x)$의 도함수 $f'(x)$를 구하는 방법에 대해 알아보았다.
역으로 함수 $f(x)$가 주어졌을 때 이것을 도함수로 갖는 함수에 대하여 알아보자.

함수 $F(x)$의 도함수가 $f(x)$일 때, 즉

$$F'(x)=f(x)$$

일 때, 함수 $F(x)$를 $f(x)$의 **부정적분**이라 하고, 이것을 기호로 다음과 같이 나타낸다.

$$\int f(x)dx \quad \leftarrow \text{'적분 } f(x)dx\text{' 또는 '인티그럴(integral) } f(x)dx\text{'라 읽는다.}$$

미분하면 $2x$가 되는 함수는 다음과 같이 무수히 많다. ← 어느 한 가지로 정할 수 없다.
함수 $2x$의 부정적분
$$(x^2)'=2x, \ (x^2-1)'=2x, \ \left(x^2+\frac{1}{3}\right)'=2x$$

이때 x^2, x^2-1, $x^2+\dfrac{1}{3}$은 모두 함수 $2x$의 부정적분이고, 상수항만 다름을 알 수 있다.
이를 정리하면 다음과 같다.

함수 $f(x)$의 한 부정적분을 $F(x)$라 하고, 또 다른 부정적분을 $G(x)$라 하면

$$F'(x)=f(x), \ G'(x)=f(x)$$

이므로

$$\{G(x)-F(x)\}'=G'(x)-F'(x)=f(x)-f(x)=0$$

이때 도함수가 0인 함수는 상수함수이므로 그 상수를 C라 하면

$$G(x)-F(x)=C, \ \text{즉 } G(x)=F(x)+C$$

따라서 함수 $f(x)$의 임의의 부정적분을 다음과 같이 나타낼 수 있다.

$$\int f(x)dx=F(x)+C \text{ (단, } C\text{는 상수)} \quad \leftarrow x\text{를 적분변수, } f(x)\text{를 피적분함수라 한다.}$$

이때 상수 C를 **적분상수**라 한다.

$$\int f(x)dx = F(x) + C$$

또한 함수 $f(x)$의 부정적분을 구하는 것을 '$f(x)$를 적분한다'고 하며, 그 계산법을 적분법이라 한다. 이때 dx는 x에 대하여 적분한다는 뜻이므로 x 이외의 문자는 모두 상수 취급한다.

example

(1) $(-x^4)' = -4x^3$이므로 $\int (-4x^3)dx = -x^4 + C$

(2) $\left(\dfrac{1}{2}y^2\right)' = y$이므로 $\int y\,dy = \dfrac{1}{2}y^2 + C$

(3) $\int (3t^2 + x)dt$에서 적분변수는 t이므로 t 이외의 문자는 모두 상수 취급한다.

$\underset{t\text{에 대하여 미분}}{(t^3 + xt)'} = 3t^2 + x$이므로 $\int (3t^2 + x)dt = t^3 + xt + C$

2 부정적분과 미분의 관계

미분가능한 함수 $f(x)$에 대하여 다음이 성립한다.

(1) $\dfrac{d}{dx}\left\{ \int f(x)dx \right\} = f(x)$

(2) $\int \left\{ \dfrac{d}{dx}f(x) \right\}dx = f(x) + C$ (단, C는 적분상수)

함수 $f(x)$를 적분한 다음 미분하는 것 $\dfrac{d}{dx}\left\{ \int f(x)dx \right\}$와

함수 $f(x)$를 미분한 다음 적분하는 것 $\int \left\{ \dfrac{d}{dx}f(x) \right\}dx$의 차이를 살펴보자.

(1) 미분가능한 함수 $f(x)$의 한 부정적분을 $F(x)$라 하면

$$\int f(x)dx = F(x) + C \ \text{(단, } C\text{는 적분상수)}$$

양변을 x에 대하여 미분하면

$$\dfrac{d}{dx}\left\{ \int f(x)dx \right\} = \dfrac{d}{dx}\left\{ F(x) + C \right\} = F'(x) = f(x)$$

← 적분한 다음 미분하면 (원래의 함수)와 같다.

(2) $\int \left\{ \dfrac{d}{dx}f(x) \right\}dx = g(x)$라 하고 양변을 x에 대하여 미분하면

$$\dfrac{d}{dx}f(x) = \dfrac{d}{dx}g(x) \qquad \therefore \dfrac{d}{dx}\left\{ g(x) - f(x) \right\} = 0$$

따라서 $g(x) - f(x) = C$ (C는 상수)이므로 $g(x) = f(x) + C$

$$\therefore \int \left\{ \dfrac{d}{dx}f(x) \right\}dx = f(x) + C \ \text{(단, } C\text{는 적분상수)}$$

← 미분한 다음 적분하면 (원래의 함수)$+C$이다.

(1), (2)에 의하여 적분과 미분의 계산 순서가 바뀌면 적분상수만큼 차이가 난다는 것을 알 수 있다.

함수 $f(x)=x^3-2x$에 대하여

(1) $\dfrac{d}{dx}\left\{\displaystyle\int f(x)dx\right\}=f(x)=x^3-2x$

(2) $\displaystyle\int\left\{\dfrac{d}{dx}f(x)\right\}dx=f(x)+C=x^3-2x+C$

개념 CHECK

📖 빠른 정답 · 360쪽 / 정답과 풀이 · 106쪽

01. 부정적분

07

01 **보기**의 함수 중 함수 x^2-2x의 부정적분을 있는 대로 고르시오.

· 보기 ·

ㄱ. x^3-x^2 ㄴ. $\dfrac{1}{3}x^3-x^2$ ㄷ. $\dfrac{1}{3}x^2-2x$ ㄹ. $\dfrac{1}{3}x^3-x^2+\dfrac{1}{4}$

02 다음 등식을 만족시키는 다항함수 $f(x)$를 구하시오. (단, C는 적분상수)

(1) $\displaystyle\int f(x)dx=-x^2+C$

(2) $\displaystyle\int f(x)dx=4x^3-3x^2+C$

03 다음을 구하시오.

(1) $\dfrac{d}{dx}\left\{\displaystyle\int(2x^5-x+3)dx\right\}$

(2) $\displaystyle\int\left\{\dfrac{d}{dx}(4x^2+5x)\right\}dx$

대표 예제 | 01

다음 물음에 답하시오.

(1) 등식 $\int xf(x)dx=\dfrac{1}{3}x^3-\dfrac{3}{2}x^2+C$를 만족시키는 다항함수 $f(x)$에 대하여 $f(1)$의 값을 구하시오.

(단, C는 적분상수)

(2) 함수 $f(x)=\int\left\{\dfrac{d}{dx}(2x^3+x^2-3x)\right\}dx$에 대하여 $f(0)=1$일 때, $f(-1)$의 값을 구하시오.

바로 접근

$f(x)$의 한 부정적분을 $F(x)$라 하자. (단, C는 적분상수)

(1) $\int f(x)dx=F(x)+C$이면 $f(x)=F'(x)$이다.

(2) ① $\dfrac{d}{dx}\left\{\int f(x)dx\right\}=\dfrac{d}{dx}\{F(x)+C\}=f(x)$ ← 적분한 후 미분하면 그대로이다.

② $\int\left\{\dfrac{d}{dx}f(x)\right\}dx=\int f'(x)dx=f(x)+C$ ← 미분한 후 적분하면 적분상수가 생긴다.

바른 풀이

(1) $\int xf(x)dx=\dfrac{1}{3}x^3-\dfrac{3}{2}x^2+C$의 양변을 x에 대하여 미분하면

$xf(x)=x^2-3x$

따라서 $f(x)=x-3$이므로

$f(1)=-2$

(2) $f(x)=\int\left\{\dfrac{d}{dx}(2x^3+x^2-3x)\right\}dx$

$\qquad =2x^3+x^2-3x+C$

이때 $f(0)=1$이므로 $C=1$

따라서 $f(x)=2x^3+x^2-3x+1$이므로

$f(-1)=-2+1+3+1=3$

정답 (1) -2 (2) 3

Bible Says

부정적분과 미분의 순서에 따라 적분상수만큼 차이가 있으므로

$\dfrac{d}{dx}\left\{\int f(x)dx\right\}\neq\int\left\{\dfrac{d}{dx}f(x)\right\}dx$임에 주의하자.

한번 더하기

01-1

다음 물음에 답하시오.

(1) 다항함수 $f(x)$에 대하여 $\int \{x^2-f(x)\}dx=\dfrac{2}{3}x^3-2x^2+x+C$가 성립할 때, $f(2)$의 값을 구하시오. (단, C는 적분상수)

(2) 다항함수 $f(x)$에 대하여 $\dfrac{d}{dx}\left\{\int xf(x)dx\right\}=3x^2-4x$일 때, $f(5)$의 값을 구하시오.

표현 더하기

01-2

다항함수 $f(x)$에 대하여

$$\int f(x)dx=\dfrac{1}{3}x^3+x^2+ax+C, \ f(1)=0$$

이 성립할 때, $f(-1)$의 값을 구하시오. (단, a는 상수이고, C는 적분상수이다.)

표현 더하기

01-3

다항함수 $f(x)$에 대하여

$$\dfrac{d}{dx}\left[\int \{2f(x)-x^3+3x\}dx\right]=\int \left[\dfrac{d}{dx}\{f(x)+2x^2\}\right]dx$$

가 성립한다. $f(-2)=4$일 때, $f(2)$의 값을 구하시오.

표현 더하기

01-4

함수 $f(x)=\int\left\{\dfrac{d}{dx}(x^2-6x)\right\}dx$의 최솟값이 -3일 때, $f(-2)$의 값을 구하시오.

02 부정적분의 계산

(1) n이 자연수일 때,

$$\int x^n dx=\frac{1}{n+1}x^{n+1}+C \text{ (단, } C\text{는 적분상수)}$$

(2) $\int 1dx=x+C$ (단, C는 적분상수)

부정적분은 미분의 역과정으로 구할 수 있다. 따라서 n이 자연수일 때, 함수 $y=x^n$의 부정적분은 다음과 같이 추측할 수 있다.

n이 자연수일 때, 함수 $y=x^n$의 부정적분을 나타낸 것이다. (단, C는 적분상수)

$$\left(\frac{1}{2}x^2\right)'=x \text{이므로} \int x^1 dx=\frac{1}{2}x^2+C$$

$$\left(\frac{1}{3}x^3\right)'=x^2 \text{이므로} \int x^2 dx=\frac{1}{3}x^3+C$$

차수는 1만큼 커지고 계수는 커진 차수의 역수이다.

$$\left(\frac{1}{4}x^4\right)'=x^3 \text{이므로} \int x^3 dx=\frac{1}{4}x^4+C$$

$$\left(\frac{1}{5}x^5\right)'=x^4 \text{이므로} \int x^4 dx=\frac{1}{5}x^5+C$$

즉, 미분을 이용하여 함수 $y=x^n$ (n은 자연수)의 부정적분 $\int x^n dx$를 구하면 다음과 같다.

$$\left(\frac{1}{n+1}x^{n+1}\right)'=x^n \text{이므로} \int x^n dx=\frac{1}{n+1}x^{n+1}+C \text{ (단, } C\text{는 적분상수)}$$

또한 $(x)'=1$이므로 상수함수 $y=1$의 부정적분은 $\int 1dx=x+C$이다. (단, C는 적분상수)

$\int 1dx$를 $\int dx$로 나타내기도 한다.

example

(1) $\int x^6 dx=\frac{1}{6+1}x^{6+1}+C=\frac{1}{7}x^7+C$

(2) $\int x^{10} dx=\frac{1}{10+1}x^{10+1}+C=\frac{1}{11}x^{11}+C$

2 함수의 실수배, 합, 차의 부정적분

두 함수 $f(x)$, $g(x)$가 부정적분을 가질 때 다음이 성립한다.

(1) $\int kf(x)dx = k\int f(x)dx$ (단, k는 0이 아닌 상수)

(2) $\int \{f(x)+g(x)\}dx = \int f(x)dx + \int g(x)dx$

(3) $\int \{f(x)-g(x)\}dx = \int f(x)dx - \int g(x)dx$

함수의 실수배, 두 함수의 합과 차의 부정적분을 알아보자.

두 함수 $f(x)$, $g(x)$의 부정적분을 각각 $F(x)$, $G(x)$라 할 때, 즉

$$\int f(x)dx = F(x)+C_1, \quad \int g(x)dx = G(x)+C_2 \ (단, C_1, C_2는 적분상수)$$

라 하면 $F'(x)=f(x)$, $G'(x)=g(x)$이므로 다음이 성립한다.

(1) $\{kF(x)\}'=kF'(x)=kf(x)$ (k는 0이 아닌 상수)이므로

$$\int kf(x)dx = kF(x)+C \ (단, C는 적분상수) \qquad \cdots\cdots \ ㉠$$

한편,

$$k\int f(x)dx = k\{F(x)+C_1\}$$
$$= kF(x)+kC_1 \qquad \cdots\cdots \ ㉡$$

이고, ㉠, ㉡에서 C, C_1은 임의의 상수이므로 $kC_1=C$로 놓으면 ㉠, ㉡은 같은 꼴이다.
따라서 다음이 성립한다.

$$\int kf(x)dx = k\int f(x)dx$$

(2) $\{F(x)+G(x)\}'=f(x)+g(x)$이므로

$$\int \{f(x)+g(x)\}dx = F(x)+G(x)+C_3 \ (단, C_3은 적분상수) \qquad \cdots\cdots \ ㉢$$

한편,

$$\int f(x)dx + \int g(x)dx = \{F(x)+C_1\}+\{G(x)+C_2\}$$
$$= F(x)+G(x)+C_1+C_2 \qquad \cdots\cdots \ ㉣$$

이고, ㉢, ㉣에서 C_1, C_2, C_3은 임의의 상수이므로 $C_1+C_2=C_3$으로 놓으면 ㉢, ㉣은 같은 꼴이다.
따라서 다음이 성립한다.

$$\int \{f(x)+g(x)\}dx = \int f(x)dx + \int g(x)dx$$

(3) (1), (2)에 의하여 다음이 성립한다.

$$\int \{f(x)-g(x)\}dx = \int \{f(x)+(-1)\times g(x)\}dx$$

$$= \int f(x)dx + \int \{(-1)\times g(x)\}dx \;\leftarrow\;\text{(2)에 의하여}$$

$$= \int f(x)dx + (-1)\int g(x)dx \;\leftarrow\;\text{(1)에 의하여}$$

$$= \int f(x)dx - \int g(x)dx$$

example

(1)
$$\int 2x^3 dx = 2\int x^3 dx$$
$$= 2\times \frac{1}{3+1}x^{3+1}+C$$
$$= \frac{1}{2}x^4+C$$

(2)
$$\int (5x^4-3x^2+x)dx = 5\int x^4 dx - 3\int x^2 dx + \int x\,dx$$
$$= 5\times \frac{1}{4+1}x^{4+1} - 3\times \frac{1}{2+1}x^{2+1} + \frac{1}{1+1}x^{1+1}+C$$
$$= x^5 - x^3 + \frac{1}{2}x^2 + C$$

(3)
$$\int (x+1)(x-1)dx = \int (x^2-1)dx$$
$$= \int x^2 dx - \int 1\,dx$$
$$= \frac{1}{2+1}x^{2+1} - x + C$$
$$= \frac{1}{3}x^3 - x + C$$

주의 (2) 함수의 실수배, 합, 차의 부정적분은 세 개 이상의 함수에 대해서도 성립한다.

(3) $\int f(x)g(x)dx \neq \int f(x)dx \times \int g(x)dx$ 이므로 $f(x)g(x)$ 를 전개한 후 적분한다.

마찬가지로 $\int \{f(x)\}^n dx \neq \left\{\int f(x)dx\right\}^n$ (n은 자연수)이므로 $\{f(x)\}^n$을 전개한 후 적분한다.

미리 알아두면 계산에 편리하나, 이를 암기할 필요 없이 전개해서 적분하여 풀이해도 된다. 이 내용은 미적분Ⅱ의 합성함수의 적분법에서 학습하게 된다.

n은 자연수이고, $a\ (a\neq 0)$, b는 상수일 때

$$\int (ax+b)^n dx = \frac{1}{a}\times\frac{1}{n+1}(ax+b)^{n+1}+C \ (단,\ C는\ 적분상수)$$

가 성립함을 확인해 보자.

$$\{(ax+b)^{n+1}\}' = \{\overbrace{(ax+b)(ax+b)\cdots(ax+b)}^{(n+1)개}\}'$$
$$=a(ax+b)\cdots(ax+b)+(ax+b)a\cdots(ax+b)+\cdots+(ax+b)(ax+b)\cdots a$$
$$=\overbrace{a(ax+b)^n+a(ax+b)^n+\cdots+a(ax+b)^n}^{(n+1)개}$$
$$=a(ax+b)^n\times(n+1)=a\times(n+1)\times(ax+b)^n$$

이므로 $\left\{\dfrac{1}{a}\times\dfrac{1}{n+1}\times(ax+b)^{n+1}\right\}'=(ax+b)^n$이다.

$$\therefore \int (ax+b)^n dx = \frac{1}{a}\times\frac{1}{n+1}(ax+b)^{n+1}+C \ (단,\ C는\ 적분상수)$$

example

$$\int (2x-5)^3 dx = \frac{1}{2}\times\frac{1}{3+1}(2x-5)^4+C=\frac{1}{8}(2x-5)^4+C$$

참고 전개해서 적분하면 $\int(8x^3-60x^2+150x-125)dx=2x^4-20x^3+75x^2-125x+C$

📖 빠른 정답·361쪽 / 정답과 풀이·107쪽

개념 CHECK

02. 부정적분의 계산

01 다음 부정적분을 구하시오.

(1) $\displaystyle\int 7x^6 dx$

(2) $\displaystyle\int (3x+t)dx$

(3) $\displaystyle\int (-t^2+6t)dt$

(4) $\displaystyle\int (t+1)(2x-5)dx$

02 다음 부정적분을 구하시오.

(1) $\displaystyle\int (x+2)(x-2)dx$

(2) $\displaystyle\int x(3x-1)dx$

(3) $\displaystyle\int (x-1)^2 dx$

(4) $\displaystyle\int (2y+1)^3 dy$

대표 예제 | 02

다음 부정적분을 구하시오.

(1) $\displaystyle\int (p^3-2px+6x^2)dx$

(2) $\displaystyle\int (2x-1)^3dx$

(3) $\displaystyle\int \frac{x^3+1}{x+1}dx$

(4) $\displaystyle\int (t^4-6t^3)dt-\int (t^4-2t^3-6t^2)dt$

바로 접근

(1) 적분변수가 x이므로 x 이외의 문자는 모두 상수로 보고 부정적분을 계산한다.

(2) 곱셈 공식을 이용하여 전개한 후 부정적분을 계산한다.

(3) 인수분해하여 피적분함수를 다항함수로 만든 후 부정적분을 계산한다.

(4) $\displaystyle\int f(t)dt\pm\int g(t)dt=\int\{f(t)\pm g(t)\}dt$임을 이용하여 부정적분을 계산한다. (복부호동순)

바른 풀이

(1) $\displaystyle\int (p^3-2px+6x^2)dx=p^3x-px^2+2x^3+C$

(2) $\displaystyle\int (2x-1)^3dx=\int (8x^3-12x^2+6x-1)dx$

$\qquad\qquad\qquad\quad =2x^4-4x^3+3x^2-x+C$

(3) $\displaystyle\int \frac{x^3+1}{x+1}dx=\int \frac{(x+1)(x^2-x+1)}{x+1}dx$

$\qquad\qquad\quad =\int (x^2-x+1)dx$

$\qquad\qquad\quad =\frac{1}{3}x^3-\frac{1}{2}x^2+x+C$

(4) $\displaystyle\int (t^4-6t^3)dt-\int (t^4-2t^3-6t^2)dt=\int\{(t^4-6t^3)-(t^4-2t^3-6t^2)\}dt$

$\qquad\qquad\qquad\qquad\qquad\qquad\qquad =\int (-4t^3+6t^2)dt=-t^4+2t^3+C$

정답 (1) $p^3x-px^2+2x^3+C$ (2) $2x^4-4x^3+3x^2-x+C$

$\qquad$ (3) $\frac{1}{3}x^3-\frac{1}{2}x^2+x+C$ (4) $-t^4+2t^3+C$

Bible Says

피적분함수가 복잡하게 주어진 경우 실수배의 부정적분, 합, 차의 부정적분, 전개, 약분 등을 이용하여 식을 간단히 한 후 부정적분을 구하는 것이 계산이 간단한 편이다. 마지막에 답을 구할 때 적분상수를 빠뜨리지 않도록 주의하자.

02-1

다음 부정적분을 구하시오.

(1) $\int (t+1)(t-1)^2 dt$

(2) $\int \dfrac{x^3}{x-2} dx - \int \dfrac{8}{x-2} dx$

02-2

함수 $f(x)$에 대하여

$$f(x) = \int (8x^7 + 7x^6 + 6x^5 + \cdots + 2x + 1) dx$$

이고 $f(-1)=2$일 때, $f(1)$의 값을 구하시오.

02-3

함수 $f(x)$가

$$f(x) = \int (x^3 + 4x^2 - 3) dx - \int (x^3 + x^2 - 2x) dx$$

이고 $f(0)=2$일 때, $f(2)$의 값을 구하시오.

02-4

상수함수가 아닌 두 다항함수 $f(x)$, $g(x)$에 대하여

$$f(x) + g(x) = \int 5 dx, \quad f(x)g(x) = \int (12x - 2) dx$$

이고 $f(2)=4$, $g(2)=5$일 때, $f(3)-g(3)$의 값을 구하시오.

대표 예제 | 03

함수 $f(x)$에 대하여 $f'(x)=9x^2-4$이고 $f(0)=5$일 때, $f(2)$의 값을 구하시오.

바로 접근

함수 $f(x)$의 도함수 $f'(x)$와 함숫값이 주어졌을 때 다음과 같은 순서로 푼다.

❶ $f(x)=\displaystyle\int f'(x)dx$임을 이용하여 함수 $f(x)$를 적분상수가 포함된 식으로 나타낸다.

❷ 문제에서 주어진 함숫값을 대입하여 적분상수를 구한다.

❸ 함수 $f(x)$의 식을 세운 후 묻는 값을 구한다.

바른 풀이

$$f(x)=\int f'(x)dx=\int (9x^2-4)dx=3x^3-4x+C$$

이때 $f(0)=5$에서 $C=5$이므로

$$f(x)=3x^3-4x+5$$

$$\therefore f(2)=24-8+5=21$$

정답 21

Bible Says

양의 정수 n에 대하여 다음이 성립한다.

$\left(\dfrac{1}{n+1}x^{n+1}\right)'=x^n$이므로 $\displaystyle\int x^n dx=\dfrac{1}{n+1}x^{n+1}+C$ (단, C는 적분상수)

이때 $f'(x)=9x^2-4$에서 $f(0)=5$라는 것은 $f(x)$의 상수항이 5, 즉 적분상수가 5임을 의미한다.

한번 더하기

03-1 함수 $f(x)$에 대하여 $f'(x)=3x^2-6x+2$이고 $f(1)=2$일 때, $f(3)$의 값을 구하시오.

표현 더하기

03-2 다항함수 $f(x)$가
$$f'(x)=9x^2-4f(1)x, \quad f(0)=3$$
을 만족시킬 때, $f(-1)$의 값을 구하시오.

표현 더하기

03-3 다항함수 $f(x)$가
$$f'(x)=6x^2+ax+2, \quad f(0)=2, \quad f(2)=10$$
을 만족시킬 때, 상수 a의 값을 구하시오.

표현 더하기

03-4 함수 $f(x)$를 적분해야 할 것을 잘못하여 미분하였더니 $12x^2-12x$이었다. $f(1)=-3$일 때, $f(x)$를 바르게 적분한 식을 구하시오.

대표 예제 | 04

이차함수 $f(x)$에 대하여 한 부정적분 $F(x)$가
$$F(x)=xf(x)-x^3+3x^2+2$$
를 만족시키고 $f(4)=1$일 때, 함수 $f(x)$를 구하시오.

바로 접근

함수 $f(x)$와 그 부정적분 $F(x)$ 또는 $\int f(x)dx$ 사이의 관계가 주어졌을 때 다음과 같은 순서로 푼다.

❶ 등식의 양변을 x에 대하여 미분하여 $f'(x)$를 구한다.

❷ $f(x)=\int f'(x)dx$임을 이용하여 함수 $f(x)$를 적분상수가 포함된 식으로 나타낸다.

❸ 문제에서 주어진 함숫값을 대입하여 적분상수를 구한다.

바른 풀이

$F(x)=xf(x)-x^3+3x^2+2$의 양변을 x에 대하여 미분하면

$f(x)=f(x)+xf'(x)-3x^2+6x$

$xf'(x)=3x^2-6x \qquad \therefore f'(x)=3x-6$

$\therefore f(x)=\int f'(x)dx=\int (3x-6)dx=\dfrac{3}{2}x^2-6x+C$

이때 $f(4)=1$이므로

$24-24+C=1$에서 $C=1$

$\therefore f(x)=\dfrac{3}{2}x^2-6x+1$

$\boxed{\text{정답}}\ f(x)=\dfrac{3}{2}x^2-6x+1$

Bible Says

이 유형에서는 곱의 미분법이 자주 사용되므로 앞에서 학습한 내용을 복습해 보면 다음과 같다.
두 함수 $f(x)$, $g(x)$가 미분가능할 때
$$\{f(x)g(x)\}'=f'(x)g(x)+f(x)g'(x)$$

한 번 더하기

04-1

다항함수 $f(x)$에 대하여 한 부정적분 $F(x)$가
$$F(x)=xf(x)-2x^3+x^2+4$$
를 만족시킨다. $f(2)=6$일 때, $f(1)$의 값을 구하시오.

표현 더하기

04-2

다항함수 $f(x)$에 대하여 $\dfrac{d}{dx}F(x)=f(x)$이고,
$$F(x)=(x+1)f(x)-4x^3+12x$$
가 성립한다. $f(-1)=10$일 때, $f(2)$의 값을 구하시오.

표현 더하기

04-3

다항함수 $f(x)$에 대하여
$$xf(x)=\int f(x)dx+2x^3-4x^2$$
이 성립한다. $f(1)=-4$일 때, 방정식 $f(x)=0$의 모든 근의 곱을 구하시오.

표현 더하기

04-4

다항함수 $f(x)$가
$$f(x)+\int(6x^2-1)dx=\int f(x)dx$$
를 만족시킬 때, $f(-1)$의 값을 구하시오.

대표 예제 | 05

다음 물음에 답하시오.

(1) 곡선 $y=f(x)$ 위의 점 $(x, f(x))$에서의 접선의 기울기는 $2x-5$이다. 이 곡선이 점 $(-1, 3)$을 지날 때, 함수 $f(x)$를 구하시오.

(2) 함수 $f(x)$의 도함수가 $f'(x)=3x^2-6x-24$이고 $f(x)$의 극댓값이 0일 때, $f(-1)$의 값을 구하시오.

바로 접근

(1) 곡선 $y=f(x)$ 위의 점 $(x, f(x))$에서의 접선의 기울기는 도함수 $f'(x)$와 같다.

(2) 함수 $f(x)$의 극값과 도함수 $f'(x)$가 주어지면 다음과 같은 순서로 $f(x)$를 구한다.

❶ $f(x)=\int f'(x)dx$임을 이용하여 $f(x)$를 적분상수를 포함한 식으로 나타낸다.

❷ 극값을 이용하여 적분상수를 구한다.

❸ ❶의 식에 적분상수를 대입하여 $f(x)$를 구한다.

바른 풀이

(1) 곡선 $y=f(x)$ 위의 점 $(x, f(x))$에서의 접선의 기울기가 $2x-5$이므로

$$f'(x)=2x-5$$

$$\therefore f(x)=\int f'(x)dx=\int (2x-5)dx=x^2-5x+C$$

곡선 $y=f(x)$가 점 $(-1, 3)$을 지나므로

$1+5+C=3$에서 $C=-3$ $\quad \therefore f(x)=x^2-5x-3$

(2) $f(x)=\int f'(x)dx=\int (3x^2-6x-24)dx=x^3-3x^2-24x+C$ $\quad\cdots\cdots$ ㉠

$$f'(x)=3x^2-6x-24=3(x+2)(x-4)$$

$f'(x)=0$에서 $x=-2$ 또는 $x=4$

함수 $f(x)$의 증가와 감소를 표로 나타내면 다음과 같다.

x	$\cdots$	-2	$\cdots$	4	$\cdots$
$f'(x)$	$+$	0	$-$	0	$+$
$f(x)$	↗	극대	↘	극소	↗

이때 함수 $f(x)$의 극댓값이 0이므로 $f(-2)=0$

$x=-2$를 ㉠에 대입하면

$-8-12+48+C=0$ $\quad \therefore C=-28$

따라서 $f(x)=x^3-3x^2-24x-28$이므로 $f(-1)=-1-3+24-28=-8$

정답 (1) $f(x)=x^2-5x-3$ (2) -8

Bible Says

함수의 극대와 극소

미분가능한 함수 $f(x)$에 대하여 $f'(a)=0$이고 $x=a$의 좌우에서 $f'(x)$의 부호가

❶ 양에서 음으로 바뀌면 $f(x)$는 $x=a$에서 극댓값 $f(a)$를 갖는다.

❷ 음에서 양으로 바뀌면 $f(x)$는 $x=a$에서 극솟값 $f(a)$를 갖는다.

한 번 더하기

05-1 다음 물음에 답하시오.

(1) 점 $(0, 2)$를 지나는 곡선 $y=f(x)$ 위의 임의의 점 $(x, f(x))$에서의 접선의 기울기가 $3x^2-4x$일 때, $f(3)$의 값을 구하시오.

(2) 함수 $f(x)$의 도함수가 $f'(x)=-6x^2+12x+18$이고 함수 $f(x)$의 극솟값이 1일 때, $f(x)$의 극댓값을 구하시오.

표현 더하기

05-2 삼차함수 $f(x)$의 도함수 $y=f'(x)$의 그래프가 그림과 같다. 함수 $f(x)$의 극댓값과 극솟값이 각각 2, -2일 때, $f(1)$의 값을 구하시오.

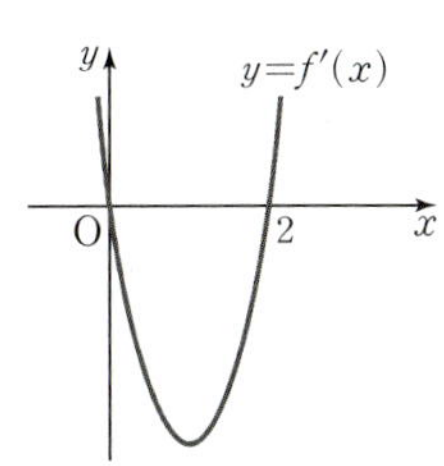

표현 더하기

05-3 두 점 $(-1, 0)$, $(2, 0)$을 지나는 곡선 $y=f(x)$ 위의 임의의 점 $(x, f(x))$에서의 접선의 기울기가 $9x^2+ax-4$일 때, $f(1)$의 값을 구하시오. (단, a는 상수이다.)

실력 더하기

05-4 곡선 $y=f(x)$ 위의 임의의 점 $(x, f(x))$에서의 접선의 기울기가 $3x^2-6x$이고 닫힌구간 $[-2, 3]$에서 함수 $f(x)$의 최댓값이 3일 때, 이 구간에서 함수 $f(x)$의 최솟값을 구하시오.

대표 예제 | 06

실수 전체의 집합에서 연속인 함수 $f(x)$의 도함수가

$$f'(x) = \begin{cases} 2x+9 & (x<-1) \\ 3x^2-4x & (x\geq-1) \end{cases}$$

이고 $f(1)=5$일 때, $f(-3)$의 값을 구하시오.

바로 접근

$g(x)=2x+9$, $h(x)=3x^2-4x$라 할 때

두 함수 $g(x)$, $h(x)$의 부정적분을 각각 $G(x)$, $H(x)$로 놓고 다음과 같은 순서로 푼다.

❶ $f(x) = \begin{cases} G(x)+C_1 & (x<-1) \\ H(x)+C_2 & (x\geq-1) \end{cases}$ (단, C_1, C_2는 적분상수)

이므로 $f(1)=5$를 이용하여 적분상수 C_2의 값을 구한다.

❷ 함수 $f(x)$가 $x=-1$에서 연속이므로

$\displaystyle\lim_{x\to-1-}f(x)=f(-1)$, 즉 $G(-1)+C_1=H(-1)+C_2$임을 이용하여 적분상수 C_1의 값을 구한다.

바른 풀이

$f'(x) = \begin{cases} 2x+9 & (x<-1) \\ 3x^2-4x & (x\geq-1) \end{cases}$ 에서

$f(x) = \begin{cases} x^2+9x+C_1 & (x<-1) \\ x^3-2x^2+C_2 & (x\geq-1) \end{cases}$

$f(1)=5$에서 $1-2+C_2=5$ $\qquad \therefore C_2=6$

한편, 함수 $f(x)$가 실수 전체의 집합에서 연속이므로 $x=-1$에서도 연속이다.

즉, $\displaystyle\lim_{x\to-1-}f(x)=f(-1)$에서

$1-9+C_1=-1-2+6$, $-8+C_1=3$ $\qquad \therefore C_1=11$

따라서 $f(x) = \begin{cases} x^2+9x+11 & (x<-1) \\ x^3-2x^2+6 & (x\geq-1) \end{cases}$ 이므로

$f(-3)=9-27+11=-7$

정답 -7

Bible Says

도함수가 절댓값이 포함된 식으로 주어진 경우도 위의 대표 예제 | 06 과 마찬가지로 구간별로 나누어 도함수의 부정적분으로 풀면 된다.

예를 들어 $f'(x)=|x|$로 주어진 경우

$f'(x) = \begin{cases} -x & (x<0) \\ x & (x\geq0) \end{cases}$ 이므로 $f(x) = \begin{cases} -\dfrac{1}{2}x^2+C_1 & (x<0) \\ \dfrac{1}{2}x^2+C_2 & (x\geq0) \end{cases}$ 이다. (단, C_1, C_2는 적분상수)

한번 더하기

06-1

모든 실수 x에서 연속인 함수 $f(x)$의 도함수가

$$f'(x)=\begin{cases} 3x^2-1 & (x\leq 1) \\ -3x^2+6x-1 & (x>1) \end{cases}$$

이고 $f(-1)=2$일 때, $f(2)$의 값을 구하시오.

표현 더하기

06-2

실수 전체의 집합에서 연속인 함수 $f(x)$의 도함수가 $f'(x)=x+|3x-6|$이고 $f(0)=3$일 때, $f(-1)+f(3)$의 값을 구하시오.

표현 더하기

06-3

모든 실수 x에 대하여 미분가능한 함수 $f(x)$의 도함수 $f'(x)$가 다음과 같다.

$$f'(x)=\begin{cases} 4 & (x\leq -2) \\ -2x & (-2<x\leq 1) \\ -2 & (x>1) \end{cases}$$

함수 $y=f(x)$의 그래프가 원점을 지날 때, $f(-3)+f(3)$의 값을 구하시오.

표현 더하기

06-4

실수 전체의 집합에서 연속인 함수 $f(x)$의 도함수 $y=f'(x)$의 그래프가 그림과 같다. 함수 $y=f(x)$의 그래프가 x축과 $x=2$에서 만날 때, $f(-1)+f(4)$의 값을 구하시오.

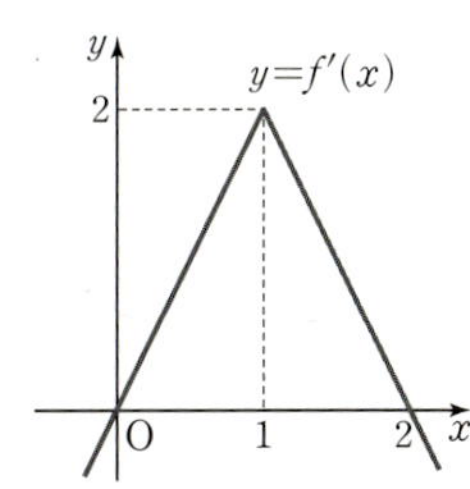

대표 예제 | 07

함수 $f(x)=x^3-5x+7$의 한 부정적분을 $F(x)$라 할 때, $\displaystyle\lim_{x\to-2}\frac{F(x)-F(-2)}{x^2-4}$의 값을 구하시오.

Bㅏ로 접근

함수 $f(x)$의 한 부정적분 $F(x)$에 대하여 $F(x)$의 $x=a$에서의 미분계수는 다음과 같다.

$$f(a)=\lim_{x\to a}\frac{F(x)-F(a)}{x-a}=\lim_{h\to 0}\frac{F(a+h)-F(a)}{h}$$

Bㅏ른 풀이

$$\lim_{x\to-2}\frac{F(x)-F(-2)}{x^2-4}=\lim_{x\to-2}\frac{F(x)-F(-2)}{(x+2)(x-2)}$$

$$=\lim_{x\to-2}\left\{\frac{F(x)-F(-2)}{x-(-2)}\times\frac{1}{x-2}\right\}$$

$$=F'(-2)\times\left(-\frac{1}{4}\right)$$

$$=-\frac{f(-2)}{4}$$

$f(x)=x^3-5x+7$에서 $f(-2)=(-8)+10+7=9$이므로

$$\lim_{x\to-2}\frac{F(x)-F(-2)}{x^2-4}=-\frac{f(-2)}{4}=-\frac{9}{4}$$

정답 $-\dfrac{9}{4}$

Bible Says

$F(x)$를 직접 구한 후 극한값을 구하는 다음의 풀이는 불필요한 복잡한 과정이 포함되므로 위의 바른 풀이와 같이 미분계수의 정의를 이용하도록 하자.

$F(x)=\dfrac{1}{4}x^4-\dfrac{5}{2}x^2+7x+C$ (C는 적분상수)라 하면

$$\lim_{x\to-2}\frac{F(x)-F(-2)}{x^2-4}=\lim_{x\to-2}\frac{\left(\dfrac{1}{4}x^4-\dfrac{5}{2}x^2+7x+C\right)-(-20+C)}{x^2-4}$$

$$=\lim_{x\to-2}\frac{(x+2)\left(\dfrac{1}{4}x^3-\dfrac{1}{2}x^2-\dfrac{3}{2}x+10\right)}{(x+2)(x-2)}$$

$$=\lim_{x\to-2}\frac{\dfrac{1}{4}x^3-\dfrac{1}{2}x^2-\dfrac{3}{2}x+10}{x-2}$$

$$=\frac{-2-2+3+10}{-4}=-\frac{9}{4}$$

한번 더하기

07-1 함수 $f(x)=3x^3-4x^2+7$의 한 부정적분을 $F(x)$라 할 때, $\displaystyle\lim_{x\to1}\frac{F(x)-F(1)}{x^3-1}$의 값을 구하시오.

표현 더하기

07-2 함수 $f(x)=\displaystyle\int(x^2+2x+a)dx$에 대하여 $f(0)=3$, $\displaystyle\lim_{h\to0}\frac{f(2+h)-f(2)}{h}=6$일 때, $f(3)$의 값을 구하시오. (단, a는 상수이다.)

표현 더하기

07-3 함수 $f(x)$에 대하여
$$\lim_{h\to0}\frac{f(x+2h)-f(x-h)}{h}=9x^2-12x+6$$
이 성립하고 $f(1)=2$일 때, $f(2)$의 값을 구하시오.

실력 더하기

07-4 미분가능한 함수 $f(x)$가 임의의 실수 x, y에 대하여
$$f(x+y)=f(x)+f(y)+2xy$$
를 만족시키고 $f'(1)=4$일 때, $f(4)$의 값을 구하시오.

01 함수 $f(x)$의 부정적분 중 하나가 $9x^2+6x+2$일 때, $f(1)$의 값을 구하시오.

02 다항함수 $f(x)$에 대하여

$$\int \{3x^2+f(x)\}\,dx = 2x^3+3x^2-4x+C$$

가 성립할 때, 함수 $f(x)$의 최솟값을 구하시오. (단, C는 적분상수)

03 함수 $f(x)$에 대하여 $f(x)=\int \dfrac{2x^3+3x-1}{x-1}\,dx - \int \dfrac{3x+1}{x-1}\,dx$이고 $f(0)=1$일 때, $f(3)$의 값을 구하시오.

04 함수 $f(x)=\int \{(k+1)x^k+kx^{k-1}+\cdots+2x+1\}\,dx$에 대하여 $f(0)=6$, $f(1)=12$일 때, 자연수 k의 값을 구하시오.

05 함수 $f(x)$의 도함수 $f'(x)$가 $f'(x)=3x^2-6x+3$이고 함수 $y=f(x)$의 그래프가 x축에 접할 때, $f(3)$의 값을 구하시오.

교육청 기출

06 다항함수 $f(x)$가 실수 전체의 집합에서 증가하고
$$f'(x)=\{3x-f(1)\}(x-1)$$
을 만족시킬 때, $f(2)$의 값은?

① 3　　　② 4　　　③ 5　　　④ 6　　　⑤ 7

07 다항함수 $f(x)$에 대하여 한 부정적분 $F(x)$가
$$F(x)=(x-1)f(x)-\frac{2}{3}x^3-2x^2+6x$$
를 만족시킨다. 함수 $f(x)$의 최솟값이 -5일 때, $f(1)$의 값을 구하시오.

08 일차함수 $f(x)$에 대하여
$$2\int f(x)dx=(x+2)f(x)-6x$$
가 성립한다. $f(x)$를 $x-1$로 나눈 나머지가 6일 때, $f(2)$의 값을 구하시오.

09 원점을 지나는 곡선 $y=f(x)$ 위의 임의의 점 $(x,\ f(x))$에서의 접선의 기울기가
$3x^2+16x+a$이다. 방정식 $f(x)=0$의 근이 모두 실수가 되도록 하는 실수 a의 최댓값을
구하시오.

10 최고차항의 계수가 1인 삼차함수 $f(x)$의 도함수 $f'(x)$는 $x=1$에서 최솟값 -3을 갖는다.
함수 $f(x)$의 극댓값이 3일 때, $f(x)$의 극솟값을 구하시오.

11 실수 전체의 집합에서 연속인 함수 $f(x)$의 도함수가
$$f'(x)=6x^2+|2x-2|$$
이고 $f(0)=2$일 때, $f(-1)+f(2)$의 값을 구하시오.

12 함수 $f(x)=\displaystyle\int(x^3+ax+2)dx$에 대하여 $\displaystyle\lim_{x\to1}\frac{f(x)-f(1)}{x^2-5x+4}=2$일 때, $f'(2)$의 값을 구하시
오. (단, a는 상수이다.)

S·T·E·P 2 실력 다지기

13 상수함수가 아닌 두 다항함수 $f(x)$, $g(x)$에 대하여

$$\frac{d}{dx}\{f(x)+g(x)\}=4, \quad \frac{d}{dx}\{f(x)g(x)\}=8x$$

이고 $f(1)=3$, $g(1)=1$일 때, $f(7)-g(5)$의 값을 구하시오.

14 $f(0)=0$이고 최고차항의 계수가 1인 삼차함수 $f(x)$의 도함수 $f'(x)$가 $x=2$에서 최솟값 2를 갖는다. 곡선 $y=f(x)$ 위의 점에서의 접선 중 기울기가 2인 직선이 점 $(1,\ a)$를 지날 때, a의 값을 구하시오.

15 다항함수 $f(x)$에 대하여 $f(x)+\displaystyle\int xf(x)dx=x^3+2x^2+3x$가 성립할 때, $f(4)$의 값을 구하시오.

교육청 기출

16 실수 전체의 집합에서 미분가능한 함수 $F(x)$의 도함수 $f(x)$가

$$f(x)=\begin{cases} -2x & (x<0) \\ k(2x-x^2) & (x\geq 0) \end{cases}$$

이다. $F(2)-F(-3)=21$일 때, 상수 k의 값을 구하시오.

17

최고차항의 계수가 1인 삼차함수 $f(x)$가 $f(0)=0$, $f(\alpha)=0$, $f'(\alpha)=0$이고 함수 $g(x)$가 다음 두 조건을 만족시킬 때, $g\left(\dfrac{\alpha}{3}\right)$의 값은? (단, α는 양수이다.)

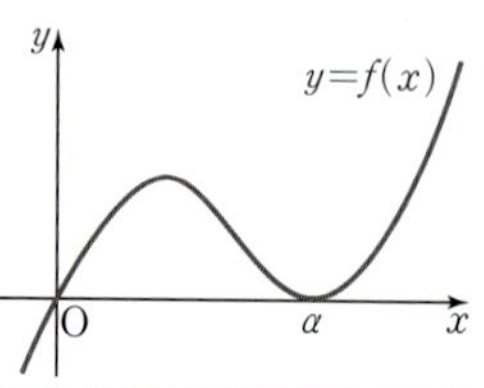

> (가) $g'(x)=f(x)+xf'(x)$
> (나) $g(x)$의 극댓값이 81이고 극솟값이 0이다.

① 56　　　② 58　　　③ 60　　　④ 62　　　⑤ 64

18

다항함수 $f(x)$는 모든 실수 x, y에 대하여

$$f(x+y)=f(x)+f(y)+2xy-1$$

을 만족시킨다. $\displaystyle\lim_{x\to 1}\dfrac{f(x)-f'(x)}{x^2-1}=10$일 때, $f'(0)$의 값을 구하시오.

19

두 다항함수 $f(x)$, $g(x)$가 모든 실수 x에 대하여 다음 조건을 만족시킨다.

> (가) $\displaystyle\int\{f(x)+g(x)\}dx=xf(x)$
> (나) $\displaystyle\int g'(x)dx=f'(x)+\int 12x\,dx$

두 함수 $f(x)$, $g(x)$의 극솟값이 같을 때, $f(1)$의 값을 구하시오.

20

최고차항의 계수가 1인 삼차함수 $f(x)$가 다음 조건을 만족시킨다.

> (가) $f'\left(\dfrac{11}{3}\right)<0$
> (나) 함수 $f(x)$는 $x=2$에서 극댓값 35를 갖는다.
> (다) 방정식 $f(x)=f(4)$는 서로 다른 두 실근을 갖는다.

$f(0)$의 값은?

① 12　　　② 13　　　③ 14　　　④ 15　　　⑤ 16

08

정적분

01 정적분

정적분의 정의	(1) 함수 $f(x)$가 닫힌구간 $[a, b]$에서 연속이고 $f(x) \geq 0$일 때, 곡선 $y=f(x)$와 x축 및 두 직선 $x=a$, $x=b$로 둘러싸인 도형의 넓이를 함수 $f(x)$의 a에서 b까지의 정적분이라 하고 기호로 $\int_a^b f(x)dx$와 같이 나타낸다. (2) $a \geq b$일 때 정적분 $\int_a^b f(x)dx$의 정의 　① $\int_a^a f(x)dx=0$　　　　② $a>b$일 때 $\int_a^b f(x)dx=-\int_b^a f(x)dx$
정적분과 미분의 관계	함수 $f(x)$가 닫힌구간 $[a, b]$에서 연속일 때, $$\frac{d}{dx}\int_a^x f(t)dt=f(x) \ (단, \ a<x<b)$$
부정적분과 정적분의 관계	닫힌구간 $[a, b]$에서 연속인 함수 $f(x)$의 한 부정적분을 $F(x)$라 하면 $$\int_a^b f(x)dx=\Big[F(x)\Big]_a^b=F(b)-F(a)$$
함수의 실수배, 합,차의 정적분	두 함수 $f(x)$, $g(x)$가 닫힌구간 $[a, b]$에서 연속일 때 (1) $\int_a^b kf(x)dx=k\int_a^b f(x)dx$ (단, k는 상수) (2) $\int_a^b \{f(x) \pm g(x)\}dx=\int_a^b f(x)dx \pm \int_a^b g(x)dx$ (복부호동순)
정적분의 성질	함수 $f(x)$가 임의의 실수 a, b, c를 포함하는 구간에서 연속일 때 $$\int_a^c f(x)dx+\int_c^b f(x)dx=\int_a^b f(x)dx$$

02 여러 가지 함수의 정적분

우함수와 기함수의 정적분	닫힌구간 $[-a, a]$에서 연속인 함수 $f(x)$가 모든 실수 x에 대하여 (1) $f(-x)=f(x)$이면 $\int_{-a}^a f(x)dx=2\int_0^a f(x)dx$ (2) $f(-x)=-f(x)$이면 $\int_{-a}^a f(x)dx=0$

03 정적분으로 정의된 함수

정적분으로 정의된 함수의 극한	닫힌구간 $[a, b]$에서 연속인 함수 $f(x)$에 대하여 $a<x<b$일 때, (1) $\lim_{x \to a}\frac{1}{x-a}\int_a^x f(t)dt=f(a)$　　　(2) $\lim_{h \to 0}\frac{1}{h}\int_a^{a+h} f(t)dt=f(a)$

01 정적분

1 정적분의 정의(1)

함수 $f(x)$가 닫힌구간 $[a,\ b]$에서 연속이고 $f(x)\geq0$일 때, 곡선 $y=f(x)$와 x축 및 두 직선 $x=a$, $x=b$로 둘러싸인 도형의 넓이를 함수 $f(x)$의 a에서 b까지의 정적분이라 하고 기호로

$$\int_a^b f(x)dx$$

와 같이 나타낸다.

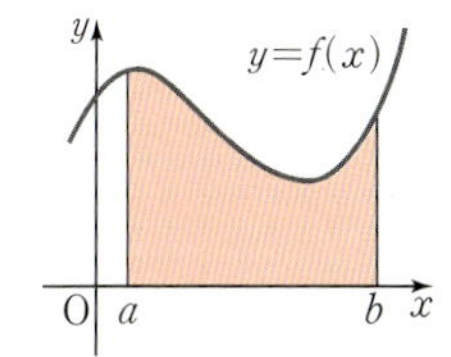

함수 $f(x)$가 닫힌구간 $[a,\ b]$에서 연속이고 $f(x)\geq0$일 때, 곡선 $y=f(x)$와 x축 및 두 직선 $x=a$, $x=b$로 둘러싸인 도형의 넓이를 함수 $f(x)$의 a에서 b까지의 정적분이라 하고 기호로

$$\int_a^b f(x)dx$$

와 같이 나타낸다.

여기서 a를 아래끝, b를 위끝이라 하고, 정적분 $\int_a^b f(x)dx$를 구하는 것을 함수 $f(x)$를 a에서 b까지 적분한다고 한다.

또한 닫힌구간 $[a,\ b]$를 적분 구간이라 한다.

example 직선 $y=\dfrac{1}{2}x$와 x축 및 두 직선 $x=2$, $x=4$로 둘러싸인 도형의 넓이를 S라 하면

$$\int_2^4 \frac{1}{2}x\,dx=S=\frac{1}{2}\times(1+2)\times2$$
$$=3$$

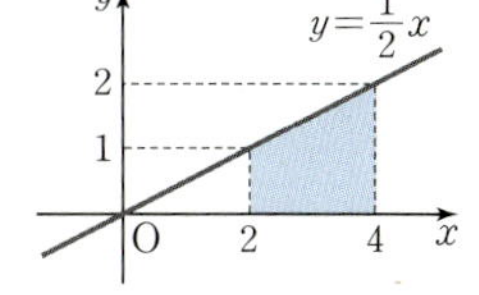

정적분 $\int_a^b f(x)dx$의 값은 함수 $f(x)$와 적분 구간을 나타내는 아래끝 a와 위끝 b에 의하여 정해지므로 적분변수 x 대신 다른 문자를 사용하여도 그 값은 변하지 않는다.

즉, $\int_a^b f(x)dx=\int_a^b f(t)dt=\int_a^b f(k)dk$가 성립한다.

한편, 정적분이 항상 그래프에 의하여 둘러싸인 도형의 넓이를 나타내는 것은 아니다.

함수 $f(x)$가 닫힌구간 $[a, b]$에서 연속이고 $f(x) \leq 0$일 때, 곡선 $y=f(x)$
와 x축 및 두 직선 $x=a$, $x=b$로 둘러싸인 도형의 넓이를 S라 하면

$$\int_a^b f(x)dx = -S$$

이다.

또한 함수 $f(x)$가 닫힌구간 $[a, b]$에서 연속이고 양의 값과 음의 값을 모두
가질 때, $f(x) \geq 0$인 부분의 넓이를 S_1, $f(x) \leq 0$인 부분의 넓이를 S_2라 하
면

$$\int_a^b f(x)dx = S_1 - S_2$$

이다.

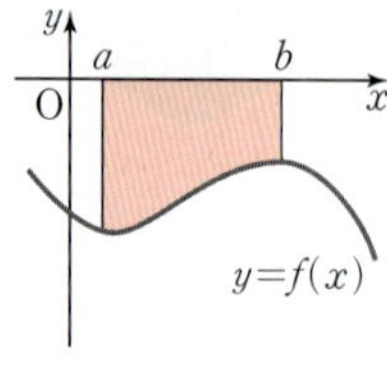

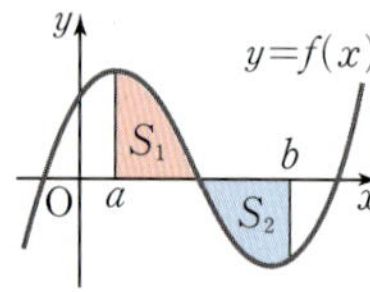

example

$\displaystyle\int_1^4 (3-x)dx$의 값은

직선 $y=3-x$와 x축 및 직선 $x=1$로 둘러싸인 도형의 넓이를 S_1,
직선 $y=3-x$와 x축 및 직선 $x=4$로 둘러싸인 도형의 넓이를 S_2
라 하면

$$\int_1^4 (3-x)dx = S_1 - S_2$$
$$= \frac{1}{2} \times 2 \times 2 - \frac{1}{2} \times 1 \times 1$$
$$= 2 - \frac{1}{2} = \frac{3}{2}$$

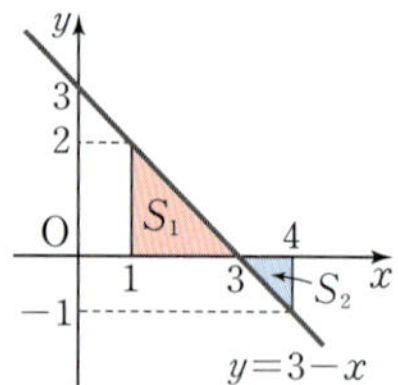

2 정적분의 정의(2)

(1) $\displaystyle\int_a^a f(x)dx = 0$　　　　(2) $a>b$일 때 $\displaystyle\int_a^b f(x)dx = -\int_b^a f(x)dx$

앞에서 정적분은 닫힌구간 $[a, b]$에서, 즉 $a<b$일 때 $\displaystyle\int_a^b f(x)dx$로 정의하였다.
$a=b$, $a>b$일 때는 다음과 같이 정의한다.

(1) $\displaystyle\int_a^a f(x)dx = 0$

(2) $a>b$일 때 $\displaystyle\int_a^b f(x)dx = -\int_b^a f(x)dx$

example

(1) $\displaystyle\int_2^2 4x^2 dx = 0$　　　　(2) $\displaystyle\int_3^1 x^3 dx = -\int_1^3 x^3 dx$

함수 $f(t)$가 닫힌구간 $[a, b]$에서 연속일 때,

$$\frac{d}{dx}\int_a^x f(t)dt = f(x) \ (단, \ a<x<b)$$

07. 부정적분에서 부정적분이 미분의 역과정임을 학습하였다. 이번에는 정적분과 미분의 관계에 대하여 알아보자.

함수 $f(t)$가 닫힌구간 $[a, b]$에서 연속이고 $f(t)\geq 0$일 때, 그림과 같이 닫힌구간 $[a, b]$에 속하는 임의의 x에 대하여 곡선 $y=f(t)$와 t축 및 두 직선 $t=a$, $t=x$ $(a\leq x\leq b)$로 둘러싸인 도형의 넓이를 $S(x)$라 하면

$$S(x)=\int_a^x f(t)dt \quad \cdots\cdots ㉠$$

이다. 이때 x의 증분 $\varDelta x$에 대한 $S(x)$의 증분을 $\varDelta S$라 하면 다음과 같다.

$$\varDelta S=S(x+\varDelta x)-S(x)$$

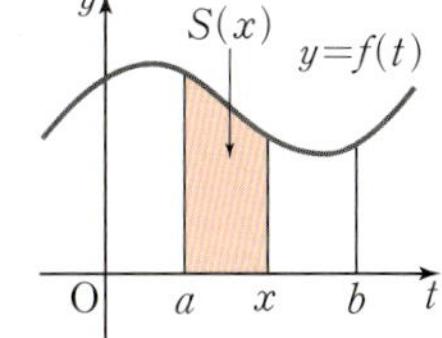

(ⅰ) $\varDelta x>0$일 때,

함수 $f(t)$는 닫힌구간 $[x, x+\varDelta x]$에서 연속이므로 최댓값과 최솟값을 갖는다. ← 최대 · 최소 정리

이때 $f(t)$의 최댓값과 최솟값을 각각 M, m이라 하면

$m\varDelta x\leq \varDelta S\leq M\varDelta x$이므로 각 변을 $\varDelta x$로 나누면

$$m\leq \frac{\varDelta S}{\varDelta x}\leq M \quad ← \varDelta x>0$$

이다.

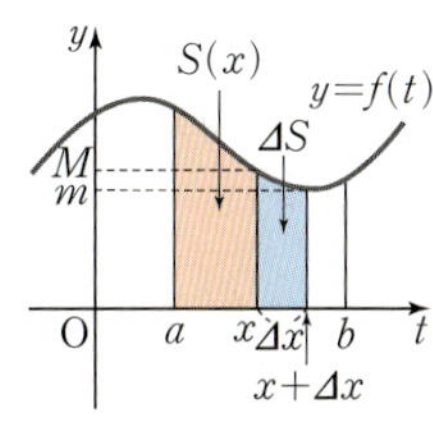

(ⅱ) $\varDelta x<0$일 때,

함수 $f(t)$는 닫힌구간 $[x+\varDelta x, x]$에서 연속이므로 최댓값과 최솟값을 갖는다. 이때 $f(t)$의 최댓값과 최솟값을 각각 M, m이라 하면

$m\times(-\varDelta x)\leq -\varDelta S\leq M\times(-\varDelta x)$이므로 각 변을 $-\varDelta x$로 나누면

$$m\leq \frac{\varDelta S}{\varDelta x}\leq M \quad ← -\varDelta x>0$$

이다.

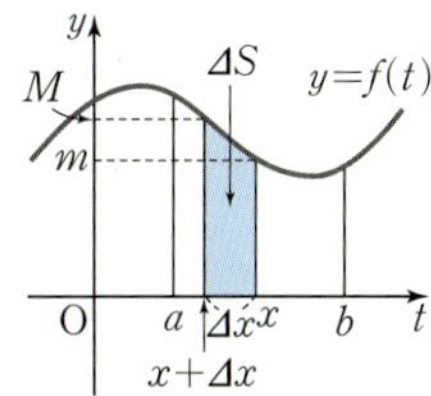

(ⅰ), (ⅱ)에서 $m\leq \dfrac{\varDelta S}{\varDelta x}\leq M$이므로 $\varDelta x\to 0$이면

$$\lim_{\varDelta x\to 0} m\leq \lim_{\varDelta x\to 0}\frac{\varDelta S}{\varDelta x}\leq \lim_{\varDelta x\to 0} M$$

이다. 그런데 함수 $f(t)$는 닫힌구간 $[a, b]$에서 연속이므로 $\varDelta x\to 0$이면 $m\to f(x)$, $M\to f(x)$이다.

따라서 $f(x) \leq \lim\limits_{\Delta x \to 0} \dfrac{\Delta S}{\Delta x} \leq f(x)$이므로

$$\lim_{\Delta x \to 0} \frac{\Delta S}{\Delta x} = \lim_{\Delta x \to 0} \frac{S(x+\Delta x)-S(x)}{\Delta x} = f(x)$$

즉, $\dfrac{d}{dx}S(x)=f(x)$이고, ㉠에 의하여 다음이 성립한다.

$$\frac{d}{dx}\int_a^x f(t)dt = f(x)$$

$\quad\leftarrow\ \int_a^x f(t)dt$를 x에 대하여 미분하면 $f(x)$가 되므로 $\int_a^x f(t)dt$는 $f(x)$의 부정적분이다.

한편, 정적분과 미분 사이의 관계식 $\dfrac{d}{dx}\int_a^x f(t)dt = f(x)$는 $f(t)<0$인 경우도 성립하며, 일반적으로 함수 $f(x)$의 부호에 관계없이 닫힌구간 $[a,\ b]$에서 연속인 함수 $f(x)$에 대하여 성립한다.

example

정적분 $\int_2^x (3t^2-2t+1)dt$를 x에 대하여 미분하면

$$\frac{d}{dx}\int_2^x (3t^2-2t+1)dt = 3x^2-2x+1$$

4 부정적분과 정적분의 관계

함수 $f(x)$가 닫힌구간 $[a,\ b]$를 포함하는 열린구간에서 연속일 때, $f(x)$의 한 부정적분을 $F(x)$라 하면

$$\int_a^b f(x)dx = \Big[\,F(x)\,\Big]_a^b = F(b)-F(a)$$

정적분과 미분의 관계를 이용하여 부정적분과 정적분 사이의 관계에 대하여 알아보자.

함수 $f(t)$가 닫힌구간 $[a,\ b]$에서 연속일 때,

$$S(x)=\int_a^x f(t)dt \ (a \leq x \leq b)$$

라 하면 $S'(x)=f(x)$이므로 $S(x)$는 $f(x)$의 한 부정적분이다.

이때 f(x)의 또 다른 부정적분을 F(x)라 하면

$$S(x)=\int_a^x f(t)dt = F(x)+C \ (단,\ C는\ 적분상수) \qquad \cdots\cdots\ ㉠$$

이다. 그런데 $S(x)$의 정의에 의하여 $x=a$이면 $S(a)=\int_a^a f(t)dt=0$이므로

$$S(a)=F(a)+C=0,\ 즉\ C=-F(a)$$

이고, 이것을 ㉠에 대입하면 $\int_a^x f(t)dt=F(x)-F(a)$이다. 이 식에 $x=b$를 대입한 후 적분변수 t를 x로 바꾸면 다음이 성립한다.

$$\int_a^b f(x)dx=F(b)-F(a)$$

이때 우변 $F(b)-F(a)$를 기호로 $\left[\,F(x)\,\right]_a^b$와 같이 나타낸다.

한편, $a>b$이면

$$\int_a^b f(x)dx=-\int_b^a f(x)dx=-\left[\,F(x)\,\right]_b^a$$
$$=-\{F(a)-F(b)\}=F(b)-F(a)$$

이므로 부정적분과 정적분의 관계는 a와 b의 대소에 관계없이 항상 성립한다.

example

$\int(x+4)dx=\dfrac{1}{2}x^2+4x+C$ (C는 적분상수)이므로

$\int_{-1}^3(x+4)dx=\left[\dfrac{1}{2}x^2+4x\right]_{-1}^3=\left(\dfrac{9}{2}+12\right)-\left(\dfrac{1}{2}-4\right)=20$

참고 $\left[\,F(x)+C\,\right]_a^b=\{F(b)+C\}-\{F(a)+C\}=F(b)-F(a)=\left[\,F(x)\,\right]_a^b$이므로
정적분의 계산에서는 적분상수를 고려하지 않는다.

5 함수의 실수배, 합, 차의 정적분

두 함수 $f(x)$, $g(x)$가 닫힌구간 $[a,\,b]$에서 연속일 때, 다음이 성립한다.

(1) $\int_a^b kf(x)dx=k\int_a^b f(x)dx$ (단, k는 상수)

(2) $\int_a^b \{f(x)+g(x)\}dx=\int_a^b f(x)dx+\int_a^b g(x)dx$

(3) $\int_a^b \{f(x)-g(x)\}dx=\int_a^b f(x)dx-\int_a^b g(x)dx$

닫힌구간 $[a,\,b]$에서 연속인 두 함수 $f(x)$, $g(x)$의 한 부정적분을 각각 $F(x)$, $G(x)$라 할 때 $F'(x)=f(x)$, $G'(x)=g(x)$이므로 다음이 성립한다. (단, C는 적분상수)

⑴ $\int kf(x)dx=k\int f(x)dx=kF(x)+C$ (k는 0이 아닌 상수)이므로

$$\int_a^b kf(x)dx=\left[\,kF(x)\,\right]_a^b=kF(b)-kF(a)=k\{F(b)-F(a)\}$$

$$=k\int_a^b f(x)dx \quad \leftarrow \text{이 식은 } k=0\text{일 때도 성립한다.}$$

(2) $\displaystyle\int \{f(x)+g(x)\}dx=\int f(x)dx+\int g(x)dx=F(x)+G(x)+C$이므로

$$\int_a^b \{f(x)+g(x)\}dx=\Big[F(x)+G(x)\Big]_a^b=\{F(b)+G(b)\}-\{F(a)+G(a)\}$$

$$=\{F(b)-F(a)\}+\{G(b)-G(a)\}$$

$$=\int_a^b f(x)dx+\int_a^b g(x)dx \quad \leftarrow \text{적분 구간이 같아야 한다.}$$

(3) $f(x)-g(x)=f(x)+(-1)\times g(x)$이므로 (1), (2)에 의하여 다음이 성립한다.

$$\int_a^b \{f(x)-g(x)\}dx=\int_a^b f(x)dx+\int_a^b \{(-1)\times g(x)\}dx \quad \leftarrow \text{(2)에 의하여}$$

$$=\int_a^b f(x)dx-\int_a^b g(x)dx \quad \leftarrow \text{(1)에 의하여}$$

example

$$\int_0^1 (x^4-3x+1)dx+\int_0^1 (3x-1)dx=\int_0^1 \{(x^4-3x+1)+(3x-1)\}dx$$

$$=\int_0^1 x^4 dx=\Big[\frac{1}{5}x^5\Big]_0^1=\frac{1}{5}$$

6 정적분의 성질

함수 $f(x)$가 임의의 실수 a, b, c를 포함하는 닫힌구간에서 연속일 때, 다음이 성립한다.

$$\int_a^c f(x)dx+\int_c^b f(x)dx=\int_a^b f(x)dx$$

임의의 실수 a, b, c를 포함하는 닫힌구간에서 연속인 함수 $f(x)$의 한 부정적분을 $F(x)$라 하면 다음이 성립한다. $\leftarrow a,\,b,\,c$의 대소에 관계없이 성립한다.

$$\int_a^c f(x)dx+\int_c^b f(x)dx=\Big[F(x)\Big]_a^c+\Big[F(x)\Big]_c^b$$

피적분함수가 같아야 한다. $\quad =\{F(c)-F(a)\}+\{F(b)-F(c)\}$

$$=F(b)-F(a)=\Big[F(x)\Big]_a^b$$

$$=\int_a^b f(x)dx$$

example

$$\int_0^1 (x^2-5)dx+\int_1^3 (y^2-5)dy=\int_0^3 (x^2-5)dx=\Big[\frac{1}{3}x^3-5x\Big]_0^3$$

$$=\frac{1}{3}\times 3^3-5\times 3=-6$$

참고 정적분 $\displaystyle\int_1^3 (y^2-5)dy$에서 적분변수 y 대신 다른 문자를 사용하여 나타내어도 그 값은 변하지 않는다. 즉, $\displaystyle\int_1^3 (y^2-5)dy=\int_1^3 (x^2-5)dx$이다.

개념 CHECK

01. 정적분

01 다음 정적분의 값을 구하시오.

(1) $\displaystyle\int_1^2 (4x^3-4x+7)\,dx$

(2) $\displaystyle\int_{-2}^0 (t^3-2t-1)\,dt$

(3) $\displaystyle\int_1^1 (x^4-1)\,dx$

(4) $\displaystyle\int_2^0 (x^2-4)\,dx$

02 다음을 구하시오.

(1) $\displaystyle\frac{d}{dx}\int_1^x (4t^3-3t^2)\,dt$

(2) $\displaystyle\frac{d}{dx}\int_{-2}^x (2t+1)(t-5)\,dt$

03 다음 정적분의 값을 구하시오.

(1) $\displaystyle\int_{-2}^1 (x^7+6x-1)\,dx-\int_{-2}^1 (y^7-1)\,dy$

(2) $\displaystyle\int_3^4 (x^2-x)\,dx+\int_3^4 (x^2-2x-1)\,dx+\int_4^3 (2x^2-3x-4)\,dx$

04 다음 정적분의 값을 구하시오.

(1) $\displaystyle\int_2^5 (-2x^3-x)\,dx+\int_0^5 (2x^3+x)\,dx$

(2) $\displaystyle\int_1^4 (3x^3+4x^2)\,dx+\int_4^3 (4x^3-3x^2)\,dx+\int_1^4 (x^3-7x^2)\,dx$

대표 예제 | 01

다음 정적분의 값을 구하시오.

(1) $\displaystyle\int_{-1}^{3}(x^2+1)\,dx+\int_{3}^{2}(x^2+1)\,dx-\int_{0}^{2}(x^2+1)\,dx$

(2) $\displaystyle\int_{-2}^{-1}\dfrac{x^3}{x-1}\,dx+\int_{-2}^{-1}\dfrac{1}{1-t}\,dt$

Bd로 접근

두 함수 $f(x)$, $g(x)$가 임의의 세 실수 a, b, c를 포함하는 구간에서 연속일 때, 다음이 성립한다.

① $\displaystyle\int_{a}^{b}f(x)\,dx=-\int_{b}^{a}f(x)\,dx$ 　　② $\displaystyle\int_{a}^{b}kf(x)=k\int_{a}^{b}f(x)\,dx$ (단, k는 상수)

　적분 구간이 같다.

③ $\displaystyle\int_{a}^{b}f(x)\,dx\pm\int_{a}^{b}g(x)\,dx=\int_{a}^{b}\{f(x)\pm g(x)\}\,dx$ (복부호동순)

④ $\displaystyle\int_{a}^{b}f(x)\,dx+\int_{b}^{c}f(x)\,dx=\int_{a}^{c}f(x)\,dx$

　└ 피적분함수가 같다.

Bd른 풀이

(1) $\displaystyle\int_{-1}^{3}(x^2+1)\,dx+\int_{3}^{2}(x^2+1)\,dx-\int_{0}^{2}(x^2+1)\,dx=\int_{-1}^{2}(x^2+1)\,dx+\int_{2}^{0}(x^2+1)\,dx$

$$=\int_{-1}^{0}(x^2+1)\,dx=\left[\dfrac{1}{3}x^3+x\right]_{-1}^{0}$$

$$=0-\left(-\dfrac{1}{3}-1\right)=\dfrac{4}{3}$$

(2) $\displaystyle\int_{-2}^{-1}\dfrac{x^3}{x-1}\,dx+\int_{-2}^{-1}\dfrac{1}{1-t}\,dt=\int_{-2}^{-1}\dfrac{x^3}{x-1}\,dx-\int_{-2}^{-1}\dfrac{1}{x-1}\,dx$

$$=\int_{-2}^{-1}\dfrac{x^3-1}{x-1}\,dx=\int_{-2}^{-1}\dfrac{(x-1)(x^2+x+1)}{x-1}\,dx$$

$$=\int_{-2}^{-1}(x^2+x+1)\,dx=\left[\dfrac{1}{3}x^3+\dfrac{1}{2}x^2+x\right]_{-2}^{-1}$$

$$=\left(-\dfrac{1}{3}+\dfrac{1}{2}-1\right)-\left(-\dfrac{8}{3}+2-2\right)=-\dfrac{5}{6}-\left(-\dfrac{8}{3}\right)=\dfrac{11}{6}$$

정답 (1) $\dfrac{4}{3}$ 　(2) $\dfrac{11}{6}$

Bible Says

(2)의 정적분 $\displaystyle\int_{-2}^{-1}\dfrac{1}{1-t}\,dt$에서 적분변수 t 대신 다른 문자를 사용하여 나타내어도 그 값은 변하지 않는다.

즉, $\displaystyle\int_{-2}^{-1}\dfrac{1}{1-t}\,dt=\int_{-2}^{-1}\dfrac{1}{1-x}\,dx$이다.

01-1

다음 정적분의 값을 구하시오.

(1) $\displaystyle\int_{1}^{2}(x^2+2x)dx+\int_{2}^{-1}(x^2+2x)dx-\int_{3}^{-1}(x^2+2x)dx$

(2) $\displaystyle\int_{-1}^{1}\frac{2x^3-4x}{x-2}dx+\int_{-1}^{1}\frac{8}{2-t}dt$

01-2

함수 $f(x)=-4x^3+2ax+1$에 대하여

$$\int_{1}^{2}f(x)dx-\int_{3}^{-1}f(x)dx+\int_{3}^{1}f(x)dx=9$$

일 때, 상수 a의 값을 구하시오.

01-3

$\displaystyle\int_{-2}^{1}(6x^2-2)dx+\int_{1}^{-2}kx\,dx<3$을 만족시키는 정수 k의 최댓값을 구하시오.

01-4

이차함수 $y=f(x)$의 그래프와 직선 $y=g(x)$가 그림과 같이 서로

다른 두 점에서 만날 때, $\displaystyle\int_{-3}^{1}\{g(x)-f(x)\}dx$의 값을 구하시오.

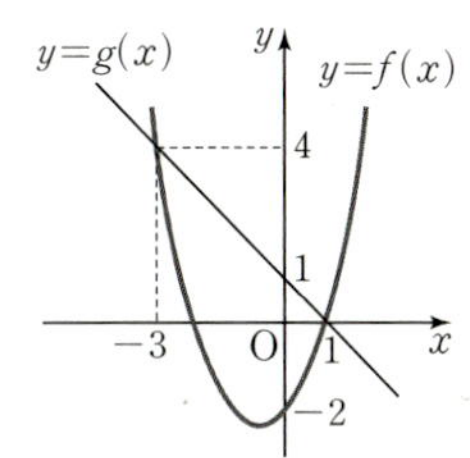

대표 예제 | 02

함수 $f(x)=\begin{cases} 3x^2+1 & (x<0) \\ \dfrac{1}{2}x+1 & (x\geq 0) \end{cases}$ 에 대하여 $\displaystyle\int_{-3}^{4} f(x)\,dx$의 값을 구하시오.

바로 접근

함수 $f(x)=\begin{cases} g(x) & (x<c) \\ h(x) & (x\geq c) \end{cases}$ 가 닫힌구간 $[a,\ b]$에서 연속이고 $a<c<b$일 때, 정적분은 $x=c$를 기준으로 구간을 나눈 후 계산한다.

$$\int_{a}^{b} f(x)\,dx = \int_{a}^{c} f(x)\,dx + \int_{c}^{b} f(x)\,dx$$
$$= \int_{a}^{c} g(x)\,dx + \int_{c}^{b} h(x)\,dx$$

바른 풀이

$$\int_{-3}^{4} f(x)\,dx = \int_{-3}^{0} f(x)\,dx + \int_{0}^{4} f(x)\,dx$$
$$= \int_{-3}^{0} (3x^2+1)\,dx + \int_{0}^{4}\left(\frac{1}{2}x+1\right)dx$$
$$= \left[x^3+x\right]_{-3}^{0} + \left[\frac{1}{4}x^2+x\right]_{0}^{4}$$
$$= \{0-(-30)\} + (8-0)$$
$$= 30+8 = 38$$

정답 38

Bible Says

함수 $f(x)$의 식 대신 그래프가 주어질 경우 구간에 따라 함수식을 세운 후 위와 같이 계산하면 된다.

한번 더하기

02-1 함수 $f(x)=\begin{cases} x^2+4x-2 & (x\leq 1) \\ 2x+1 & (x>1) \end{cases}$ 에 대하여 $\displaystyle\int_{-2}^{3} f(x)dx$의 값을 구하시오.

표현 더하기

02-2 함수 $f(x)=\begin{cases} \dfrac{1}{3}x+1 & (x\leq 0) \\ -x+1 & (x>0) \end{cases}$ 에 대하여 $\displaystyle\int_{-3}^{a} f(x)dx=0$을 만족시키는 양수 a의 값을 구하시오.

표현 더하기

02-3 함수 $y=f(x)$의 그래프가 그림과 같을 때, $\displaystyle\int_{-1}^{4} xf(x)dx$의 값을 구하시오.

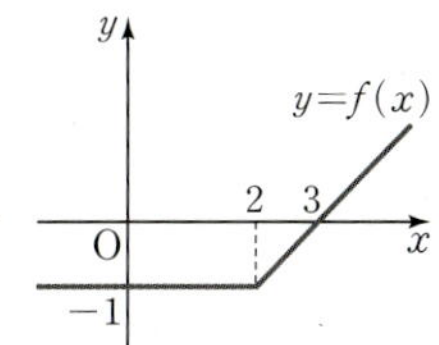

실력 더하기

02-4 실수 전체의 집합에서 미분가능한 함수 $f(x)$의 도함수가

$$f'(x)=\begin{cases} 4x-6 & (x\leq 2) \\ -2x+6 & (x>2) \end{cases}$$

이고 $f(-1)=10$일 때, $\displaystyle\int_{0}^{3} f(x)dx$의 값을 구하시오.

대표 예제 | 03

다음 정적분의 값을 구하시오.

(1) $\displaystyle\int_{-1}^{2}|x-1|\,dx$

(2) $\displaystyle\int_{-2}^{1}|x^2+x|\,dx$

Ba로 접근

함수 $\displaystyle\int_{a}^{b}|x-c|\,dx\ (a<c<b)$는 다음과 같은 순서로 풀이한다.

❶ 절댓값 기호 안의 식의 부호가 바뀌는 x의 값을 기준으로 함수식을 세운다.

함수식이 바뀌는 값을 경계로 적분 구간을 나눈 후 계산하는 것이므로 대표 예제 | 02 와 같은 유형으로 볼 수 있다.

$$|x-c|=\begin{cases}-x+c\ (x<c)\\ x-c\ \ (x\geq c)\end{cases}$$

❷ c의 값을 기준으로 적분 구간을 나눈 후 계산한다.

$$\int_{a}^{b}|x-c|\,dx=\int_{a}^{c}(-x+c)\,dx+\int_{c}^{b}(x-c)\,dx$$

Ba른 풀이

(1) $|x-1|=\begin{cases}-x+1\ (x<1)\\ x-1\ \ (x\geq1)\end{cases}$ 이므로

$$\int_{-1}^{2}|x-1|\,dx=\int_{-1}^{1}(-x+1)\,dx+\int_{1}^{2}(x-1)\,dx$$

$$=\left[-\frac{1}{2}x^2+x\right]_{-1}^{1}+\left[\frac{1}{2}x^2-x\right]_{1}^{2}$$

$$=\left\{\frac{1}{2}-\left(-\frac{3}{2}\right)\right\}+\left\{0-\left(-\frac{1}{2}\right)\right\}=\frac{5}{2}$$

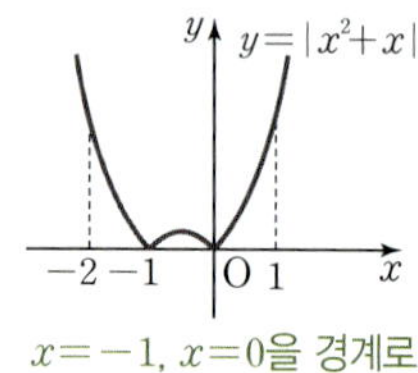

$x=1$을 경계로
함수식을 세운다.

(2) $|x^2+x|=|x(x+1)|=\begin{cases}x^2+x\ \ (x<-1)\\ -x^2-x\ (-1\leq x<0)\\ x^2+x\ \ (x\geq0)\end{cases}$ 이므로

$$\int_{-2}^{1}|x^2+x|\,dx$$

$$=\int_{-2}^{-1}(x^2+x)\,dx+\int_{-1}^{0}(-x^2-x)\,dx+\int_{0}^{1}(x^2+x)\,dx$$

$$=\left[\frac{1}{3}x^3+\frac{1}{2}x^2\right]_{-2}^{-1}+\left[-\frac{1}{3}x^3-\frac{1}{2}x^2\right]_{-1}^{0}+\left[\frac{1}{3}x^3+\frac{1}{2}x^2\right]_{0}^{1}$$

$$=\left\{\frac{1}{6}-\left(-\frac{2}{3}\right)\right\}+\left\{0-\left(-\frac{1}{6}\right)\right\}+\left(\frac{5}{6}-0\right)=\frac{5}{6}+\frac{1}{6}+\frac{5}{6}=\frac{11}{6}$$

$x=-1,\ x=0$을 경계로
함수식을 세운다.

정답 (1) $\dfrac{5}{2}$ (2) $\dfrac{11}{6}$

Bible Says

그래프가 대칭성을 가진 경우 정적분의 계산을 다음과 같이 간단히 할 수 있다.

(2)에서 함수 $y=|x^2+x|$의 그래프는 직선 $x=-\dfrac{1}{2}$에 대하여 대칭이므로

$$\int_{-2}^{1}|x^2+x|\,dx=2\int_{-\frac{1}{2}}^{1}|x^2+x|\,dx=2\left\{\int_{-\frac{1}{2}}^{0}(-x^2-x)\,dx+\int_{0}^{1}(x^2+x)\,dx\right\}$$

03-1 다음 정적분의 값을 구하시오.

(1) $\displaystyle\int_{-1}^{3}|2-x|\,dx$

(2) $\displaystyle\int_{-3}^{2}|x^2+2x|\,dx$

03-2 다음 정적분의 값을 구하시오.

(1) $\displaystyle\int_{2}^{-4}(3x+|x+1|)\,dx$

(2) $\displaystyle\int_{-1}^{4}(|x|+|x-3|)\,dx$

03-3 $\displaystyle\int_{-3}^{2}(4x^3+6|x|)\,dx+\int_{0}^{-3}(4x^3-6x)\,dx$의 값을 구하시오.

03-4 등식 $\displaystyle\int_{0}^{a}|x^2+x-2|\,dx=3$을 만족시키는 상수 a의 값을 구하시오. (단, $a>1$)

02 여러 가지 함수의 정적분

닫힌구간 $[-a,\ a]$에서 연속인 함수 $f(x)$에 대하여 다음이 성립한다.

(1) $-a \leq x \leq a$인 모든 실수 x에 대하여 $f(-x)=f(x)$이면

$$\int_{-a}^{a} f(x)dx = 2\int_{0}^{a} f(x)dx$$

(2) $-a \leq x \leq a$인 모든 실수 x에 대하여 $f(-x)=-f(x)$이면

$$\int_{-a}^{a} f(x)dx = 0$$

$\int_{-a}^{a} x^{2n}dx,\ \int_{-a}^{a} x^{2n-1}dx$와 같이 위끝과 아래끝의 절댓값이 같고 부호가 반대일 때, 정적분의 계산을 다음과 같이 간단히 할 수 있다. (단, n은 자연수)

(1) $\int_{-a}^{a} \overset{\text{차수가 짝수}}{x^{2n}}dx$

$$\int_{-a}^{a} x^{2n}dx = \left[\frac{1}{2n+1}x^{2n+1}\right]_{-a}^{a} = \frac{1}{2n+1}\{a^{2n+1}-(-a)^{2n+1}\}$$

$$= \frac{1}{2n+1}(a^{2n+1}+a^{2n+1})$$

$$= 2 \times \frac{1}{2n+1}a^{2n+1} \qquad \cdots\cdots \ \ominus$$

$$\int_{0}^{a} x^{2n}dx = \left[\frac{1}{2n+1}x^{2n+1}\right]_{0}^{a} = \frac{1}{2n+1}a^{2n+1} \qquad \cdots\cdots \ \bigcirc$$

이때 $\ominus = 2 \times \bigcirc$이므로 다음이 성립한다.

$$\int_{-a}^{a} x^{2n}dx = 2\int_{0}^{a} x^{2n}dx \qquad \leftarrow 상수\ k에\ 대하여\ \int_{-a}^{a} kx^{2n}dx = 2\int_{0}^{a} kx^{2n}dx도\ 성립한다.$$

이를 확장하여 생각해 보자.

닫힌구간 $[-a,\ a]$에서 연속인 함수 $f(x)$가 $-a \leq x \leq a$인 모든 실수 x에 대하여

$$f(-x)=f(x) \qquad \overset{}{\vdash} 예를\ 들어\ f(x)=2,\ f(x)=3x^2,\ f(x)=|x|$$

를 만족시키면 $f(x)$를 **우함수**라 한다. 우함수끼리 더한 함수도 우함수이다.

예를 들어 $y=x^4+3x^2-5$와 같이 짝수 차수의 항
또는 상수항의 합으로만 이루어진 함수는 우함수이다.

우함수 $y=f(x)$의 그래프는 y축에 대하여 대칭이므로

$\int_{-a}^{0} f(x)dx=\int_{0}^{a} f(x)dx$임을 이용하면 다음이 성립한다.

$$\int_{-a}^{a} f(x)dx=\int_{-a}^{0} f(x)dx+\int_{0}^{a} f(x)dx$$
$$=\int_{0}^{a} f(x)dx+\int_{0}^{a} f(x)dx$$
$$=2\int_{0}^{a} f(x)dx$$

(2) $\int_{-a}^{a} \overset{\llcorner 차수가 홀수}{x^{2n-1}}dx$

$$\int_{-a}^{a} x^{2n-1}dx=\left[\frac{1}{2n}x^{2n}\right]_{-a}^{a}=\frac{1}{2n}\{a^{2n}-(-a)^{2n}\}=\frac{1}{2n}(a^{2n}-a^{2n})$$
$$=0 \ \leftarrow \ 상수 \ k에 \ 대하여 \int_{-a}^{a} kx^{2n-1}dx=0도 \ 성립한다.$$

이를 확장하여 생각해 보자.

닫힌구간 $[-a, a]$에서 연속인 함수 $f(x)$가 $-a\leq x\leq a$인 모든 실수 x에 대하여

$$f(-x)=-f(x) \ \rightarrow \ 예를 \ 들어 \ f(x)=x, \ f(x)=2x^3, \ f(x)=\begin{cases} -x^2 & (x<0) \\ x^2 & (x\geq 0) \end{cases}$$

를 만족시키면 $f(x)$를 **기함수**라 한다. 기함수끼리 더한 함수도 기함수이다.

예를 들어 $y=\frac{1}{2}x^3-x$와 같이 홀수 차수의 항의 합으로만 이루어진 함수는 기함수이다.

기함수 $y=f(x)$의 그래프는 원점에 대하여 대칭이므로

$\int_{-a}^{0} f(x)dx=-\int_{0}^{a} f(x)dx$임을 이용하면 다음이 성립한다.

$$\int_{-a}^{a} f(x)dx=\int_{-a}^{0} f(x)dx+\int_{0}^{a} f(x)dx$$
$$=-\int_{0}^{a} f(x)dx+\int_{0}^{a} f(x)dx$$
$$=0$$

example

(1) $\int_{-1}^{1} x^4dx=2\int_{0}^{1} x^4dx=2\left[\frac{1}{5}x^5\right]_{0}^{1}=2\times\frac{1}{5}=\frac{2}{5}$

(2) $\int_{-3}^{3} (x^2-4)dx=2\int_{0}^{3} (x^2-4)dx=2\left[\frac{1}{3}x^3-4x\right]_{0}^{3}=2\times(-3)=-6$

(3) $\int_{-1}^{1} 2x^3dx=0$

(4) $\int_{-4}^{4} (-x^5+x)dx=0$

(5) $\int_{-2}^{2} (x^3-3x^2-6x)dx=\int_{-2}^{2} (-3x^2)dx+\int_{-2}^{2} (x^3-6x)dx$
$$=2\int_{0}^{2} (-3x^2)dx+0=2\left[-x^3\right]_{0}^{2}=2\times(-8)=-16$$

Tip (5)에서 $\int_{a}^{b}\{f(x)+g(x)\}dx=\int_{a}^{b} f(x)dx+\int_{a}^{b} g(x)dx$를 이용하여 우함수와 기함수로 나누어 계산하면 빠르게 정적분의 값을 구할 수 있다.

2 주기함수의 정적분

함수 $f(x)$가 임의의 실수 x에 대하여 $f(x+p)=f(x)$이면 다음이 성립한다.

(단, p는 0이 아닌 상수이다.)

(1) $\displaystyle\int_a^b f(x)dx=\int_{a+np}^{b+np} f(x)dx$ (단, n은 정수)

(2) $\displaystyle\int_a^{a+p} f(x)dx=\int_b^{b+p} f(x)dx$

(3) $\displaystyle\int_a^{a+np} f(x)dx=n\int_0^p f(x)dx$ (단, n은 정수)

상수함수가 아닌 함수 $f(x)$의 정의역에 속하는 모든 실수 x에 대하여

$$f(x+p)=f(x)$$

를 만족시키는 0이 아닌 상수 p가 존재할 때, 함수 $f(x)$를 **주기함수**라 하고, 이를 만족시키는 상수 p의 값 중 가장 작은 양수를 함수 $f(x)$의 **주기**라 한다.

함수 $f(x)$가 모든 구간에서 연속이고, $f(x)>0$일 때 주기가 p이면 함수 $y=f(x)$의 그래프는 그림과 같이 일정한 모양이 반복된다. 함수 $f(x)$에 대하여 다음이 성립함을 확인해 보자.

(단, n은 정수이다.)

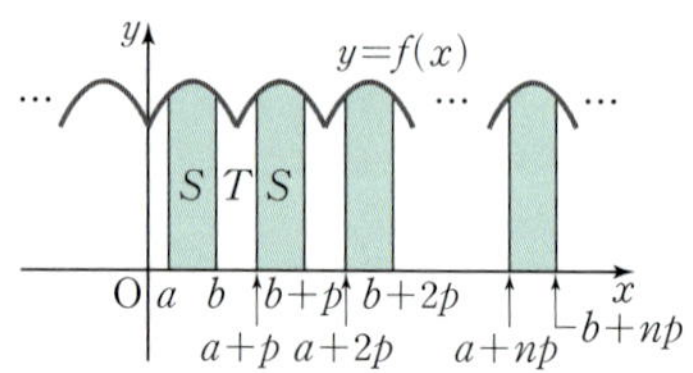

(1) 함수 $y=f(x)$의 그래프와 x축 및 두 직선 $x=a$, $x=b$로 둘러싸인 부분의 넓이는

함수 $y=f(x)$의 그래프와 x축 및 두 직선 $x=a+p$, $x=b+p$로 둘러싸인 부분의 넓이와 같다. 즉,

p만큼 차이 $\quad$ p만큼 차이

$$\int_a^b f(x)dx=\int_{a+p}^{b+p} f(x)dx \quad \leftarrow \text{함수 } f(x)\text{의 주기성}$$

이므로 닫힌구간 $[a,\ b]$에서의 정적분의 값은 이 구간에 주기 p만큼 더한 닫힌구간 $[a+p,\ b+p]$에서의 정적분의 값과 같다.

마찬가지로

$$\cdots=\int_{a-p}^{b-p} f(x)dx=\int_a^b f(x)dx=\int_{a+p}^{b+p} f(x)dx=\int_{a+2p}^{b+2p} f(x)dx=\cdots$$

이므로 다음이 성립한다.

$$\int_a^b f(x)dx=\int_{a+np}^{b+np} f(x)dx$$

(2) 함수 $y=f(x)$의 그래프와 x축 및 두 직선 $x=a$, $x=a+p$로 둘러싸인 부분의 넓이는

함수 $y=f(x)$의 그래프와 x축 및 두 직선 $x=b$, $x=b+p$로 둘러싸인 부분의 넓이와 같다.

함수 $y=f(x)$의 그래프에서

$$\int_a^{a+p} f(x)dx=S+T, \quad \int_b^{b+p} f(x)dx=T+S$$

이므로

$$\int_a^{a+p} f(x)dx=\int_b^{b+p} f(x)dx$$

이다.

즉, 한 주기에 해당하는 구간에서의 정적분의 값은 항상 같다.

(3) 함수 $y=f(x)$의 그래프와 x축 및 두 직선 $x=a$, $x=a+np$로 둘러싸인 부분의 넓이는

함수 $y=f(x)$의 그래프와 x축 및 두 직선 $x=a$, $x=a+p$로 둘러싸인 부분의 넓이의 n배와

같다. 즉, 정수 n에 대하여

$$\int_a^{a+np} f(x)dx=\int_a^{a+p} f(x)dx+\int_{a+p}^{a+2p} f(x)dx+\cdots+\int_{a+(n-1)p}^{a+np} f(x)dx$$

$$=\underbrace{\int_a^{a+p} f(x)dx+\int_a^{a+p} f(x)dx+\cdots+\int_a^{a+p} f(x)dx}_{n\text{개}} \quad \leftarrow \text{(1)에 의하여}$$

$$=n\int_a^{a+p} f(x)dx$$

$$=n\int_0^p f(x)dx \quad \leftarrow \text{(2)에 의하여}$$

참고 $f(x)\le 0$일 때도 (1), (2), (3)의 성질은 모두 성립한다.

example 실수 전체의 집합에서 연속인 함수 $f(x)$가 모든 실수 x에 대하여
$$f(x)=f(x+2)$$
를 만족시키고 $\int_0^2 f(x)dx=5$일 때,

$$\int_0^6 f(x)dx=\int_0^2 f(x)dx+\int_2^4 f(x)dx+\int_4^6 f(x)dx$$

$$=\int_0^2 f(x)dx+\int_0^2 f(x)dx+\int_0^2 f(x)dx$$

$$=3\int_0^2 f(x)dx$$

$$=3\times 5=15$$

(1) 평행이동한 함수의 그래프의 넓이

그림에서 함수 $y=f(x)$의 그래프와 x축 및 두 직선 $x=a$, $x=b$로 둘러싸인 부분의 넓이는 함수 $y=f(x-k)$의 그래프와 x축 및 두 직선 $x=a+k$, $x=b+k$로 둘러싸인 부분의 넓이와 같으므로 다음이 성립한다.

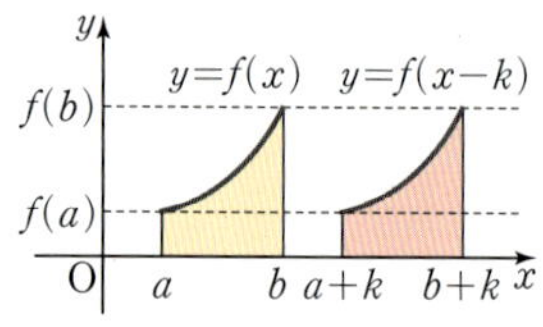

$$\int_a^b f(x)dx=\int_{a+k}^{b+k} f(x-k)dx$$

(2) 대칭이동한 함수의 그래프의 넓이

그림에서 함수 $y=f(x)$의 그래프와 x축 및 두 직선 $x=a$, $x=b$로 둘러싸인 부분의 넓이는 함수 $y=f(2k-x)$의 그래프와 x축 및 두 직선 $x=2k-b$, $x=2k-a$로 둘러싸인 부분의 넓이와 같으므로 다음이 성립한다.

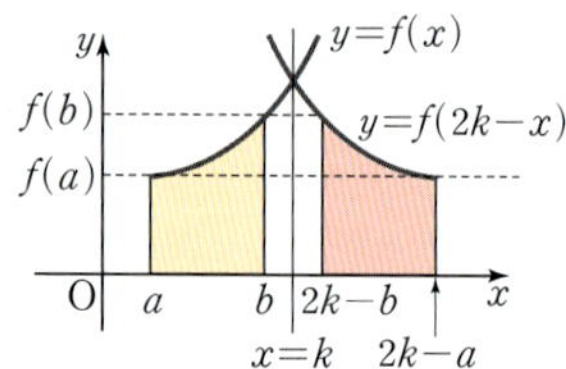

$$\int_a^b f(x)dx=\int_{2k-b}^{2k-a} f(2k-x)dx$$

example

(1) 함수 $y=(x-4)^3$의 그래프를 x축의 방향으로 -4만큼 평행이동하면 함수 $y=x^3$의 그래프이므로

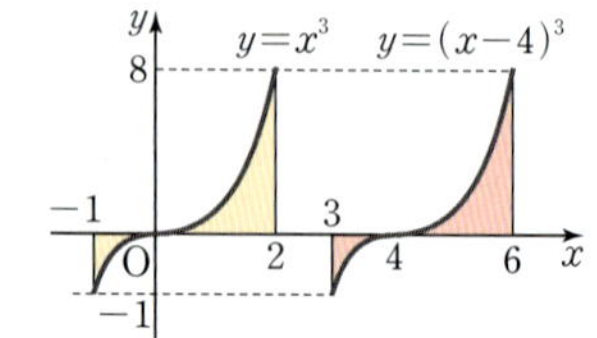

$$\int_3^6 (x-4)^3 dx=\int_{3-4}^{6-4} x^3 dx=\int_{-1}^{2} x^3 dx$$
$$=\left[\frac{1}{4}x^4\right]_{-1}^{2}=4-\frac{1}{4}=\frac{15}{4}$$

(2) $\int_0^1 f(x)dx=2$일 때 $\int_5^6 f(6-x)dx$의 값을 구하면

두 직선 $y=f(x)$, $y=f(6-x)$는 직선 $x=3$에 대하여 대칭이므로

$$\int_5^6 f(6-x)dx=\int_{6-6}^{6-5} f(x)dx=\int_0^1 f(x)dx=2$$

개념 CHECK

02. 여러 가지 함수의 정적분

01 다음 정적분의 값을 구하시오.

(1) $\displaystyle\int_{-4}^{3}(x^7+x^5)dx+\int_{3}^{4}(x^7+x^5)dx$

(2) $\displaystyle\int_{2}^{5}(-2x^3-x+5)dx+\int_{-2}^{5}(2y^3+y-5)dy$

02 다음 물음에 답하시오.

(1) 다항함수 $f(x)$가 모든 실수 x에 대하여 $f(-x)=f(x)$를 만족시키고
$\displaystyle\int_{-1}^{1}f(x)dx=5$일 때, $\displaystyle\int_{0}^{1}f(x)dx$의 값을 구하시오.

(2) 다항함수 $f(x)$가 모든 실수 x에 대하여 $f(-x)=-f(x)$를 만족시키고
$\displaystyle\int_{-3}^{2}f(x)dx=6$일 때, $\displaystyle\int_{2}^{3}f(x)dx$의 값을 구하시오.

03 연속함수 $f(x)$가 모든 실수 x에 대하여 $f(x+3)=f(x)$를 만족시키고 $0\le x\le3$에서 $f(x)=x^2-3x$일 때, 다음 정적분의 값을 구하시오.

(1) $\displaystyle\int_{0}^{3}f(x)dx$

(2) $\displaystyle\int_{-\frac{5}{2}}^{\frac{7}{2}}f(x)dx$

(3) $\displaystyle\int_{-1}^{7}f(x)dx$

대표 예제 | 04

다항함수 $f(x)$가 모든 실수 x에 대하여 $f(-x)=-f(x)$를 만족시키고 $\displaystyle\int_0^2 xf(x)dx=3$일 때, 정적분 $\displaystyle\int_{-2}^2 (7x-8)f(x)dx$의 값을 구하시오.

B바로 접근

닫힌구간 $[-a,\ a]$에서

① 임의의 원소 x에 대하여 $f(-x)=f(x)$일 때   ← $f(x)$가 우함수일 때

$$\int_{-a}^a f(x)dx=\int_{-a}^0 f(x)dx+\int_0^a f(x)dx$$
$$=\int_0^a f(x)dx+\int_0^a f(x)dx=2\int_0^a f(x)dx$$

② 임의의 원소 x에 대하여 $f(-x)=-f(x)$일 때   ← $f(x)$가 기함수일 때

$$\int_{-a}^a f(x)dx=\int_{-a}^0 f(x)dx+\int_0^a f(x)dx$$
$$=-\int_0^a f(x)dx+\int_0^a f(x)dx=0$$

B바른 풀이

모든 실수 x에 대하여 $f(-x)=-f(x)$이므로 $y=f(x)$는 그래프가 원점에 대하여 대칭인 기함수이다.

$$\therefore \int_{-2}^2 f(x)dx=0 \qquad\qquad \cdots\cdots\ \unicode{x24B6}$$

또한 $g(x)=xf(x)$라 하면 $\displaystyle\int_0^2 g(x)dx=\int_0^2 xf(x)dx=3$이고,

모든 실수 x에 대하여 $g(-x)=-xf(-x)=xf(x)=g(x)$이므로 $y=g(x)$는 그래프가 y축에 대하여 대칭인 우함수이다.

$$\therefore \int_{-2}^2 xf(x)dx=\int_{-2}^2 g(x)dx=2\int_0^2 g(x)dx=2\times3=6 \qquad \cdots\cdots\ \unicode{x24B7}$$

따라서 $\unicode{x24B6}$, $\unicode{x24B7}$에서

$$\int_{-2}^2 (7x-8)f(x)dx=7\int_{-2}^2 xf(x)dx-8\int_{-2}^2 f(x)dx$$
$$=7\times6-8\times0=42$$

정답 **42**

Bible Says

상수함수 또는
┌ 짝수 차수인 함수   ┌ 홀수 차수인 함수

예를 들어 $1,\ -2x^2,\ \dfrac{1}{3}x^4$은 우함수, $-x,\ \dfrac{1}{2}x^3$은 기함수이고 우함수와 기함수를 연산하면 다음과 같다.

① (우함수)$\pm$(우함수)$=$(우함수)   ② (기함수)$\pm$(기함수)$=$(기함수)

③ (우함수)$\times$(우함수)$=$(우함수)   ④ (기함수)$\times$(기함수)$=$(우함수)

⑤ (우함수)$\times$(기함수)$=$(기함수)

한편, (우함수)$\pm$(기함수)는 우함수도 아니고 기함수도 아니다.
단, (우함수)$\neq0$, (기함수)$\neq0$

한번 더하기

04-1

다항함수 $f(x)$가 모든 실수 x에 대하여

$$f(-x)=f(x), \quad \int_0^1 f(x)dx=2$$

를 만족시킬 때, 정적분 $\int_{-1}^1 (x^3+2x+4)f(x)dx$의 값을 구하시오.

표현 더하기

04-2

두 다항함수 $f(x)$, $g(x)$가 모든 실수 x에 대하여

$$f(x)=-f(-x), \quad g(x)=g(-x)$$

를 만족시킨다. $\int_0^2 g(x)dx=3$일 때, $\int_{-2}^2 \{3f(x)-2g(x)\}dx$의 값을 구하시오.

표현 더하기

04-3

일차함수 $f(x)$에 대하여

$$\int_{-1}^1 xf(x)dx=2, \quad \int_{-1}^1 x^2f(x)dx=4$$

일 때, $f(1)$의 값을 구하시오.

실력 더하기

04-4

두 다항함수 $f(x)$, $g(x)$가 모든 실수 x에 대하여

$$f(x)=f(-x), \quad g(x)=-g(-x)$$

를 만족시킨다. 함수 $h(x)=f(x)g(x)$에 대하여 $\int_{-1}^1 \{(x+2)h'(x)\}dx=8$일 때, $h(1)$의 값을 구하시오.

대표 예제 | 05

함수 $f(x)$가 실수 전체의 집합에서 연속이고, 모든 실수 x에 대하여 $f(x)=f(x+2)$를 만족시킨다.

$0 \le x < 2$에서 $f(x)=-2x^2+kx$일 때, $k+\displaystyle\int_{-1}^{5} f(x)dx$의 값을 구하시오. (단, k는 상수이다.)

바로 접근

실수 전체의 집합에서 연속인 함수 $f(x)$가 모든 실수 x에 대하여 $f(x)=f(x+2)$를 만족시키면 임의의 실수 a에 대하여

$$\int_{a}^{a+2} f(x)dx = \int_{0}^{2} f(x)dx \text{이므로}$$

$$\int_{a}^{a+2n} f(x)dx = \int_{a}^{a+2} f(x)dx + \int_{a+2}^{a+4} f(x)dx + \cdots + \int_{a+2n-2}^{a+2n} f(x)dx$$

$$= \underbrace{\int_{0}^{2} f(x)dx + \int_{0}^{2} f(x)dx + \cdots + \int_{0}^{2} f(x)dx}_{n\text{개}}$$

$$= n\int_{0}^{2} f(x)dx \ (n\text{은 자연수})$$

바른 풀이

함수 $f(x)$가 실수 전체의 집합에서 연속이므로 $x=2$에서도 연속이다.

즉, $f(2)=\displaystyle\lim_{x\to 2-} f(x)$에서

$f(0)=\displaystyle\lim_{x\to 2-} (-2x^2+kx) \ (\because f(0)=f(2))$

$0=-8+2k \qquad \therefore k=4$

따라서 $0 \le x < 2$에서 $f(x)=-2x^2+4x$이므로

$$\int_{0}^{2} f(x)dx = \int_{0}^{2} (-2x^2+4x)dx$$

$$= \left[-\frac{2}{3}x^3+2x^2 \right]_{0}^{2} = \frac{8}{3}$$

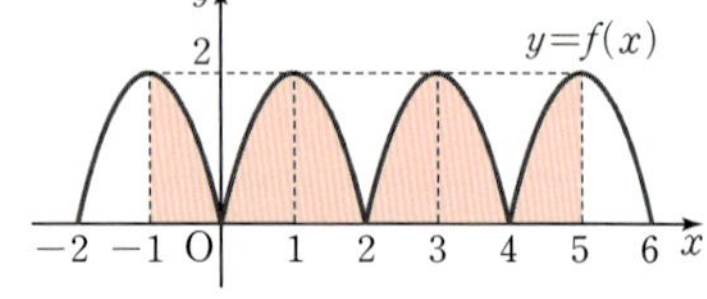

$$\therefore \int_{-1}^{5} f(x)dx = \int_{-1}^{1} f(x)dx + \int_{1}^{3} f(x)dx + \int_{3}^{5} f(x)dx$$

$$= \int_{0}^{2} f(x)dx + \int_{0}^{2} f(x)dx + \int_{0}^{2} f(x)dx$$

$$= 3\int_{0}^{2} f(x)dx = 3 \times \frac{8}{3} = 8$$

$$\therefore k+\int_{-1}^{5} f(x)dx = 4+8 = 12$$

> 정답 12

Bible Says

주기함수는 반드시 연속일 필요는 없으나, 정적분에서 다뤄지는 함수는 적분 구간에서 연속이어야 한다.
위의 문제와 같이 연속이라는 조건이 중요하게 쓰이는 문제도 출제되므로 놓치지 않도록 하자.

한 번 더하기

05-1

함수 $f(x)$가 실수 전체의 집합에서 연속이고, 모든 실수 x에 대하여 $f(x)=f(x+4)$를 만족시킨다. $0 \leq x < 4$에서 $f(x)=x^2-ax$일 때, $\displaystyle\int_{-2}^{6} f(x)dx$의 값을 구하시오.

(단, a는 상수이다.)

표현 더하기

05-2

실수 전체의 집합에서 연속인 함수 $f(x)$가 모든 실수 x에 대하여

$$f(x+3)=f(x), \quad \int_{-2}^{1} f(x)dx=5$$

를 만족시킬 때, $\displaystyle\int_{-2}^{7} f(x)dx$의 값을 구하시오.

표현 더하기

05-3

상수 $a\,(0<a<2)$, b에 대하여 실수 전체의 집합에서 연속인 함수 $f(x)$가

$$f(x)=\begin{cases} 2x+1 & (0 \leq x < a) \\ -x+b & (a \leq x < 2) \end{cases}$$

일 때, 모든 실수 x에 대하여 $f(x+2)=f(x)$를 만족시킨다. $\displaystyle\int_{-4}^{14} f(x)dx$의 값을 구하시오.

실력 더하기

05-4

실수 전체의 집합에서 연속인 함수 $f(x)$가 모든 실수 x에 대하여 다음 조건을 만족시킨다.

> (가) $f(-x)=f(x)$
> (나) $f(x-1)=f(x+1)$

$\displaystyle\int_{-1}^{1} (x^3-2x+3)f(x)dx=12$일 때, $\displaystyle\int_{-4}^{2} f(x)dx$의 값을 구하시오.

03 정적분으로 정의된 함수

함수 $f(t)$가 닫힌구간 $[a, b]$에서 연속일 때, 다음이 성립한다.

$$\frac{d}{dx}\int_a^x f(t)dt=f(x) \ (\text{단}, \ a<x<b)$$

정적분 $\displaystyle\int_a^x f(t)dt$ (a는 상수)에서 $f(t)$의 한 부정적분을 $F(t)$라 하면

$$\int_a^x f(t)dt=\Big[F(t)\Big]_a^x=F(x)-F(a)$$

이다. 즉, 함수 $\displaystyle\int_a^x f(t)dt$는 x의 값에 의하여 함숫값이 결정되므로 x에 대한 함수이다.

이와 같이 위끝 또는 아래끝에 적분변수가 아닌 다른 변수가 있는 정적분으로 나타낸 함수를 정의할 수 있다.

예를 들어 위끝이 변수 x이고 아래끝이 상수 1인 정적분 $\displaystyle\int_1^x (t^2-t)dt$를 계산하면

$$\int_1^x (t^2-t)dt=\Big[\frac{1}{3}t^3-\frac{1}{2}t^2\Big]_1^x=\frac{1}{3}x^3-\frac{1}{2}x^2+\frac{1}{6} \quad \cdots\cdots ㉠$$

이므로 ㉠은 x에 대한 함수임을 알 수 있다.

또한 ㉠을 x에 대하여 미분하면

$$\frac{d}{dx}\int_1^x (t^2-t)dt=\frac{d}{dx}\Big(\frac{1}{3}x^3-\frac{1}{2}x^2+\frac{1}{6}\Big)=x^2-x$$

이므로 이 식은 ㉠의 피적분함수의 t에 x를 대입한 것과 같다.

따라서 279쪽에서 학습한 정적분과 미분의 관계와 같이 함수 $f(t)$가 닫힌구간 $[a, b]$에서 연속일 때,

$$\frac{d}{dx}\int_a^x f(t)dt=f(x) \ (\text{단}, \ a<x<b) \quad \leftarrow f(t)\text{에서 } t \text{ 대신에 } x\text{를 대입한 함수를 얻는다.}$$

임을 알 수 있다.

example 정적분으로 정의된 함수 $\displaystyle\int_0^x (t^3-3t)dt$를 x에 대하여 미분하면

$$\frac{d}{dx}\int_0^x (t^3-3t)dt=x^3-3x$$

닫힌구간 $[a, b]$에서 연속인 함수 $f(x)$에 대하여 $a<x<b$일 때,

(1) $\lim\limits_{x \to a} \dfrac{1}{x-a} \displaystyle\int_a^x f(t)dt = f(a)$ **(2)** $\lim\limits_{h \to 0} \dfrac{1}{h} \displaystyle\int_a^{a+h} f(t)dt = f(a)$

$\lim\limits_{x \to a} \dfrac{1}{x-a} \displaystyle\int_a^x f(t)dt$, $\lim\limits_{h \to 0} \dfrac{1}{h} \displaystyle\int_a^{a+h} f(t)dt$와 같이 정적분으로 정의된 함수의 극한이 $\dfrac{0}{0}$ 꼴인 경우는 부정적분 $F(x)$를 구할 필요 없이 미분계수의 정의를 이용하여 극한값을 구할 수 있다.

닫힌구간 $[a, b]$에서 연속인 함수 $f(x)$의 한 부정적분을 $F(x)$라 하면

(1) $\lim\limits_{x \to a} \dfrac{1}{x-a} \displaystyle\int_a^x f(t)dt$에서

$$\displaystyle\int_a^x f(t)dt = \Big[F(x) \Big]_a^x = F(x) - F(a)\text{이므로}$$

$$\lim\limits_{x \to a} \dfrac{1}{x-a} \displaystyle\int_a^x f(t)dt = \lim\limits_{x \to a} \dfrac{F(x)-F(a)}{x-a} = F'(a) = f(a)$$

(2) $\lim\limits_{h \to 0} \dfrac{1}{h} \displaystyle\int_a^{a+h} f(t)dt$에서

$$\displaystyle\int_a^{a+h} f(t)dt = \Big[F(x) \Big]_a^{a+h} = F(a+h) - F(a)\text{이므로}$$

$$\lim\limits_{h \to 0} \dfrac{1}{h} \displaystyle\int_a^{a+h} f(t)dt = \lim\limits_{h \to 0} \dfrac{F(a+h)-F(a)}{h} = F'(a) = f(a)$$

example

(1) $\lim\limits_{x \to 2} \dfrac{1}{x-2} \displaystyle\int_2^x (t^2 - 2t + 5)dt$에서

$f(t) = t^2 - 2t + 5$로 놓고 $f(t)$의 한 부정적분을 $F(t)$라 하면

$$\begin{aligned}
\lim\limits_{x \to 2} \dfrac{1}{x-2} \int_2^x f(t)dt &= \lim\limits_{x \to 2} \dfrac{1}{x-2} \Big[F(t) \Big]_2^x \\
&= \lim\limits_{x \to 2} \dfrac{F(x)-F(2)}{x-2} \\
&= F'(2) = f(2) \\
&= 4 - 4 + 5 = 5
\end{aligned}$$

(2) $\lim\limits_{h \to 0} \dfrac{1}{h} \displaystyle\int_1^{1+h} (3t^2 - t + 2)dt$에서

$f(t) = 3t^2 - t + 2$로 놓고 $f(t)$의 한 부정적분을 $F(t)$라 하면

$$\begin{aligned}
\lim\limits_{h \to 0} \dfrac{1}{h} \int_1^{1+h} f(t)dt &= \lim\limits_{h \to 0} \dfrac{1}{h} \Big[F(t) \Big]_1^{1+h} \\
&= \lim\limits_{h \to 0} \dfrac{F(1+h)-F(1)}{h} \\
&= F'(1) = f(1) \\
&= 3 - 1 + 2 = 4
\end{aligned}$$

실수 전체의 집합에서 연속인 함수 $f(x)$의 한 부정적분을 $F(x)$라 하면 다음이 성립한다.

(1) $\dfrac{d}{dx}\displaystyle\int_{x}^{x+a} f(t)dt = \dfrac{d}{dx}\Big[F(t) \Big]_{x}^{x+a}$

아래끝이 x, 위끝이 $x+a$ (a는 상수)일 때만 성립한다.

$$= \dfrac{d}{dx}\{F(x+a)-F(x)\} = \dfrac{d}{dx}F(x+a) - \dfrac{d}{dx}F(x)$$

$$= F'(x+a) - F'(x) = f(x+a) - f(x)$$

(2) $\dfrac{d}{dx}\displaystyle\int_{a}^{x} xf(t)dt = \dfrac{d}{dx}\left\{ x\displaystyle\int_{a}^{x}f(t)dt \right\}$

$$= \dfrac{d}{dx}x \times \displaystyle\int_{a}^{x}f(t)dt + x \times \dfrac{d}{dx}\displaystyle\int_{a}^{x}f(t)dt$$

$$= \displaystyle\int_{a}^{x}f(t)dt + xf(x)$$

(3) $\dfrac{d}{dx}\displaystyle\int_{a}^{x} (x-t)f(t)dt = \dfrac{d}{dx}\left\{ x\displaystyle\int_{a}^{x}f(t)dt - \displaystyle\int_{a}^{x}tf(t)dt \right\}$

$$= \dfrac{d}{dx}\left\{ x\displaystyle\int_{a}^{x}f(t)dt \right\} - \dfrac{d}{dx}\displaystyle\int_{a}^{x}tf(t)dt$$

$$= \underbrace{\displaystyle\int_{a}^{x}f(t)dt + xf(x)}_{(\because\, (2))} - xf(x) = \displaystyle\int_{a}^{x}f(t)dt$$

example

(1) 정적분으로 정의된 함수 $\displaystyle\int_{x}^{x+1}(t-1)^3 dt$를 x에 대하여 미분하면

$f(t)=(t-1)^3$이라 할 때

$$\dfrac{d}{dx}\displaystyle\int_{x}^{x+1}(t-1)^3 dt = f(x+1) - f(x)$$

$$= x^3 - (x-1)^3 = 3x^2 - 3x + 1$$

(2) 연속함수 $f(x)$에 대하여 $\displaystyle\int_{0}^{x}(x-t)f(t)dt = x^3 + 2x^2$일 때, $f(x)$를 구하기 위해

주어진 식 $\displaystyle\int_{0}^{x}(x-t)f(t)dt = x^3 + 2x^2$의 양변을 x에 대하여 미분하면

$\displaystyle\int_{0}^{x}f(t)dt = 3x^2 + 4x$이고 이 식의 양변을 다시 x에 대하여 미분하면

$f(x) = 6x + 4$이다.

01 다음을 구하시오.

(1) $\dfrac{d}{dx}\displaystyle\int_{1}^{x}(t^2-2t+3)\,dt$

(2) $\dfrac{d}{dx}\displaystyle\int_{x}^{0}(-2t^2+5t-7)\,dt$

(3) $\dfrac{d}{dx}\displaystyle\int_{1}^{x}t^2(t+1)\,dt$

(4) $\dfrac{d}{dx}\displaystyle\int_{-3}^{x}(2s+6)\,ds$

02 모든 실수 x에 대하여 다음 등식이 성립할 때, 다항함수 $f(x)$를 구하시오.

(1) $\displaystyle\int_{4}^{x}f(t)\,dt=\dfrac{1}{2}x^2-7x+20$

(2) $\displaystyle\int_{x}^{3}f(t)\,dt=x^3-4x-15$

(3) $\displaystyle\int_{0}^{x}(t+2)f(t)\,dt=\dfrac{1}{3}x^3+\dfrac{1}{2}x^2-2x$

03 다음 극한값을 구하시오.

(1) $\displaystyle\lim_{x\to 1}\dfrac{1}{x-1}\int_{1}^{x}(t^2-3t+1)\,dt$

(2) $\displaystyle\lim_{h\to 0}\dfrac{1}{h}\int_{2}^{2+h}(2t^2-t+4)\,dt$

대표 예제 | 06

다항함수 $f(x)$가 모든 실수 x에 대하여

$$f(x)=9x^2-2x+3\int_0^1 f(t)dt$$

를 만족시킬 때, $f(2)$의 값을 구하시오.

바로 접근

$f(x)=g(x)+\int_a^b f(t)dt$ (a, b는 상수)가 주어졌을 때, 다음과 같은 순서로 풀이한다.

❶ $\int_a^b f(t)dt=k$ (k는 상수)로 놓으면 $f(x)=g(x)+k$이다.

❷ $k=\int_a^b f(t)dt=\int_a^b \{g(t)+k\}dt$를 만족시키는 k의 값을 구한다.

❸ 구한 k의 값을 ❶의 $f(x)=g(x)+k$에 대입한 후 묻는 값을 구한다.

바른 풀이

$f(x)=9x^2-2x+3\int_0^1 f(t)dt$에서

$$\int_0^1 f(t)dt=k \ (k는 상수) \quad \cdots\cdots \ \text{㉠}$$

라 하면 $f(x)=9x^2-2x+3k$

이 식을 ㉠에 대입하면

$$\int_0^1 f(t)dt=\int_0^1 (9t^2-2t+3k)dt$$
$$=\left[\, 3t^3-t^2+3kt \,\right]_0^1$$
$$=2+3k=k$$

이므로 $k=-1$

따라서 $f(x)=9x^2-2x-3$이므로

$$f(2)=36-4-3=29$$

정답 29

Bible Says

위끝과 아래끝이 상수 a, b인 정적분의 값은 항상 상수이므로 $\int_a^b f(t)dt=k$ (k는 상수)라 할 수 있다.

한 번 더하기

06-1 다항함수 $f(x)$가 모든 실수 x에 대하여

$$f(x)=5x^3-8x^2+\int_{-1}^{0}tf(t)dt$$

를 만족시킬 때, $f(1)$의 값을 구하시오.

표현 더하기

06-2 다항함수 $f(x)$가 모든 실수 x에 대하여

$$f(x)=3x^2+\int_{0}^{1}(2x-4)f(t)dt$$

를 만족시킬 때, 함수 $f(x)$를 구하시오.

표현 더하기

06-3 다항함수 $f(x)$가 모든 실수 x에 대하여

$$f(x)=6x^2-2x\int_{0}^{1}f(t)dt-\int_{0}^{-1}f(t)dt$$

를 만족시킬 때, 함수 $f(3)$의 값을 구하시오.

표현 더하기

06-4 다항함수 $f(x)$가 모든 실수 x에 대하여

$$f(x)=3x^2+ax+\int_{0}^{1}(x-1)f(t)dt$$

를 만족시킨다. $f(1)=2$일 때, $f(4)$의 값을 구하시오.

대표 예제 | 07

다항함수 $f(x)$가 모든 실수 x에 대하여

$$\int_{-3}^{x} f(t)dt = 2x^2 + ax + 9$$

를 만족시킬 때, $f(1)$의 값을 구하시오. (단, a는 상수이다.)

바로 접근

적분 구간이 변수로 되어 있을 때는

❶ $\int_{k}^{k} f(t)dt = 0$을 이용하여 $\int_{-3}^{x} f(t)dt = 2x^2 + ax + 9$의 양변에 $x = -3$을 대입한 후 상수 a의 값을 구한다.

❷ $\int_{-3}^{x} f(t)dt = 2x^2 + ax + 9$의 양변을 x에 대하여 미분하여 $f(x)$를 구한다.

바른 풀이

$$\int_{-3}^{x} f(t)dt = 2x^2 + ax + 9 \qquad \cdots\cdots \ \text{㉠}$$

㉠의 양변에 $x = -3$을 대입하면

$0 = 18 - 3a + 9 \qquad \therefore a = 9$

㉠의 양변을 x에 대하여 미분하면

$f(x) = 4x + a = 4x + 9$

$\therefore f(1) = 13$

정답 13

Bible Says

아래끝에 변수가 있는 경우 부호에 주의한다.

예를 들어 $\int_{x}^{1} f(t)dt = 2x + a$는 $-\int_{1}^{x} f(t)dt = 2x + a$와 같으므로 양변을 x에 대하여 미분하면

$-f(x) = 2$, 즉 $f(x) = -2$이다.

한번 더하기

07-1

다항함수 $f(x)$가 모든 실수 x에 대하여

$$\int_1^x tf(t)\,dt = x^3 + ax^2 - 2$$

를 만족시킬 때, $f(2)$의 값을 구하시오. (단, a는 상수이다.)

표현 더하기

07-2

다항함수 $f(x)$가 모든 실수 x에 대하여

$$\int_x^{-1} f(t)\,dt = 3x^2 + ax + 5$$

를 만족시킬 때, $f(-2)$의 값을 구하시오. (단, a는 상수이다.)

표현 더하기

07-3

다항함수 $f(x)$가 모든 실수 x에 대하여

$$\int_2^x \left\{ \frac{d}{dt} f(t) \right\} dt = 6x^2 + ax - 8$$

을 만족시킨다. $f(2)=4$일 때, $f(1)$의 값을 구하시오. (단, a는 상수이다.)

실력 더하기

07-4

다항함수 $f(x)$가 모든 실수 x에 대하여

$$\int_1^x f(t)\,dt = -2x^3 + 3x^2 + xf(x)$$

를 만족시킬 때, $\int_0^2 f(x)\,dx$의 값을 구하시오.

대표 예제 | 08

다항함수 $f(x)$가 모든 실수 x에 대하여

$$\int_2^x (x-t)f(t)\,dt = x^3 + ax^2 + 4$$

를 만족시킬 때, $a + f(2)$의 값을 구하시오. (단, a는 상수이다.)

Ba로 접근

$\int_a^x xf(t)\,dt$와 같이 적분변수가 t인 정적분에서 적분변수 t가 아닌 다른 변수 x는 다음과 같이 상수로 취급한다.

$$\int_2^x (x-t)f(t)\,dt = x\int_2^x f(t)\,dt - \int_2^x tf(t)\,dt$$

Ba른 풀이

$$\int_2^x (x-t)f(t)\,dt = x^3 + ax^2 + 4 \qquad \cdots\cdots \ \unicode{x1D7E4}$$

$\unicode{x1D7E4}$의 양변에 $x=2$를 대입하면

$$0 = 8 + 4a + 4 \qquad \therefore a = -3$$

$\unicode{x1D7E4}$의 좌변을 정리하면

$$\int_2^x (x-t)f(t)\,dt = \int_2^x \{xf(t) - tf(t)\}\,dt = x\int_2^x f(t)\,dt - \int_2^x tf(t)\,dt \ \text{이므로}$$

$$x\int_2^x f(t)\,dt - \int_2^x tf(t)\,dt = x^3 - 3x^2 + 4$$

이 식의 양변을 x에 대하여 미분하면

$$\int_2^x f(t)\,dt + xf(x) - xf(x) = 3x^2 - 6x$$

$$\therefore \int_2^x f(t)\,dt = 3x^2 - 6x$$

이 식의 양변을 다시 x에 대하여 미분하면

$$f(x) = 6x - 6$$

따라서 $f(2) = 6 \times 2 - 6 = 6$이므로

$$a + f(2) = -3 + 6 = 3$$

정답 | 3

Bible Says

상수 a에 대하여 다음이 성립한다.

$$\int_a^x (x-t)f(t)\,dt \xrightarrow[\text{미분}]{x\text{에 대하여}} \int_a^x f(t)\,dt \xrightarrow[\text{미분}]{x\text{에 대하여}} f(x)$$

한 번 더하기

08-1

다항함수 $f(x)$가 모든 실수 x에 대하여

$$\int_1^x (x-t)f(t)dt = 2x^3 - 3x^2 + a$$

를 만족시킬 때, $f(a)$의 값을 구하시오. (단, a는 상수이다.)

표현 더하기

08-2

임의의 실수 x에 대하여 다항함수 $f(x)$가

$$\int_{-1}^x (t-x)f(t)dt = x^3 + ax^2 + bx + 1$$

을 만족시킬 때, $f(2)$의 값을 구하시오. (단, a, b는 상수이다.)

표현 더하기

08-3

다항함수 $f(x)$가 모든 실수 x에 대하여

$$\int_a^x (x-t)f(t)dt = x^3 - ax^2 + 2ax - 8$$

을 만족시킬 때, $\int_a^2 f(x)dx$의 값을 구하시오. (단, a는 상수이다.)

실력 더하기

08-4

다항함수 $f(x)$가 모든 실수 x에 대하여

$$\int_0^x (t-x)f'(t)dt = x^4 - 5x^2$$

을 만족시키고 $f(0)=2$일 때, $f(1)$의 값을 구하시오.

대표 예제 | 09

다음 물음에 답하시오.

(1) 함수 $f(x)=\displaystyle\int_0^x (t^2+at+b)dt$가 $x=-1$에서 극댓값 $\dfrac{5}{3}$를 가질 때, a^2+b^2의 값을 구하시오.

(단, a, b는 상수이다.)

(2) 닫힌구간 $[1,\ 3]$에서 함수 $f(x)=\displaystyle\int_1^x (-3t^2+12)dt$의 최댓값과 최솟값을 각각 구하시오.

바로 접근

(1) 미분가능한 함수 $f(x)$가 $x=\alpha$에서 극값 β를 가지면 다음이 성립한다.

  ① $f'(\alpha)=0$ ② $f(\alpha)=\beta$ ← ①, ②에서 얻은 두 식을 연립하여 함수 $f(x)$의 미정계수를 구한다.

(2) 함수 $f(x)$가 닫힌구간 $[a,\ b]$에서 연속일 때, 닫힌구간 $[a,\ b]$의 양 끝값과 극값 중 가장 큰 값이 최댓값이고, 가장 작은 값이 최솟값이다.

극값을 갖지 않으면 양 끝값만 구하면 된다.

바른 풀이

(1) $f(x)=\displaystyle\int_0^x (t^2+at+b)dt$의 양변을 x에 대하여 미분하면 $f'(x)=x^2+ax+b$

$x=-1$일 때, 극댓값 $\dfrac{5}{3}$를 가지므로

$f'(-1)=1-a+b=0$ $\therefore\ -a+b=-1$ $\cdots\cdots$ ㉠

$f(-1)=\displaystyle\int_0^{-1}(t^2+at+b)dt=\left[\dfrac{1}{3}t^3+\dfrac{a}{2}t^2+bt\right]_0^{-1}=\dfrac{1}{2}a-b-\dfrac{1}{3}=\dfrac{5}{3}$에서

$a-2b=4$ $\cdots\cdots$ ㉡

㉠, ㉡에서 $a=-2$, $b=-3$ $\therefore\ a^2+b^2=(-2)^2+(-3)^2=13$

(2) $f(x)=\displaystyle\int_1^x (-3t^2+12)dt$의 양변을 x에 대하여 미분하면

$f'(x)=-3x^2+12=-3(x+2)(x-2)$이고 $f'(x)=0$에서 $x=2\ (\because\ 1\leq x\leq 3)$

$1\leq x\leq 3$에서 함수 $f(x)$의 증가와 감소를 표로 나타내면 다음과 같다.

x	1	$\cdots$	2	$\cdots$	3
$f'(x)$		$+$	0	$-$	
$f(x)$		$\nearrow$	극대	$\searrow$	

$f(1)=\displaystyle\int_1^1 (-3t^2+12)dt=0,\ f(2)=\displaystyle\int_1^2 (-3t^2+12)dt=\left[-t^3+12t\right]_1^2=16-11=5$

$f(3)=\displaystyle\int_1^3 (-3t^2+12)dt=\left[-t^3+12t\right]_1^3=9-11=-2$

따라서 닫힌구간 $[1,\ 3]$에서 함수 $f(x)$의 최댓값은 5, 최솟값은 -2이다.

정답 (1) 13 (2) 최댓값: 5, 최솟값: -2

Bible Says

┌ 함수 $f(x)$는 이 구간에서 증가한다.

어떤 닫힌구간에서 상수함수가 아닌 다항함수 $f(x)$가 이 구간에서 $f'(x)\geq 0$이거나 이 구간에서 $f'(x)\leq 0$이면 함수 $f(x)$는 이 구간에서 극값을 갖지 않고 양 끝값에서 최솟값, 최댓값을 갖는다.

함수 $f(x)$는 이 구간에서 감소한다.

한번 더하기

09-1 함수 $f(x)=\displaystyle\int_0^x (3t^2+at+b)\,dt$가 $x=1$에서 극솟값 -5를 가질 때, $f(x)$의 극댓값을 구하시오.

표현 더하기

09-2 이차함수 $y=f(x)$의 그래프가 그림과 같을 때, 함수 $g(x)=\displaystyle\int_1^x f(t)\,dt$의 극솟값을 구하시오.

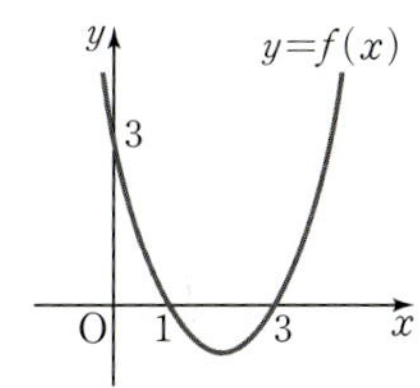

표현 더하기

09-3 이차함수 $f(x)=x^2+2x+k$에 대하여 함수 $F(x)=\displaystyle\int_0^x f(t)\,dt$가 극값을 갖지 않도록 하는 정수 k의 최솟값을 구하시오.

실력 더하기

09-4 모든 실수 x에 대하여 함수 $f(x)$가
$$\int_0^x (x-t)f(t)\,dt=\frac{1}{5}x^5-x^4$$
을 만족시킬 때, $-1\le x\le 4$에서 함수 $f(x)$의 최댓값과 최솟값의 합을 구하시오.

대표 예제 | **10**

함수 $f(x)=4x^3-x^2-5$에 대하여 다음 극한값을 구하시오.

(1) $\displaystyle\lim_{x\to 1}\frac{1}{x^2-1}\int_1^x f(t)dt$

(2) $\displaystyle\lim_{h\to 0}\frac{1}{h}\int_{2-h}^{2+h} f(x)dx$

바로 접근

함수 $f(x)$의 한 부정적분을 $F(x)$라 하면 $F'(x)=f(x)$이므로 상수 a에 대하여

(1) $\displaystyle\lim_{x\to a}\frac{1}{x-a}\int_a^x f(t)dt=\lim_{x\to a}\frac{F(x)-F(a)}{x-a}=F'(a)=f(a)$

(2) $\displaystyle\lim_{h\to 0}\frac{1}{h}\int_a^{a+h} f(x)dx=\lim_{h\to 0}\frac{F(a+h)-F(a)}{h}=F'(a)=f(a)$

바른 풀이

$f(x)$의 한 부정적분을 $F(x)$라 하면

(1) $\displaystyle\lim_{x\to 1}\frac{1}{x^2-1}\int_1^x f(t)dt=\lim_{x\to 1}\frac{F(x)-F(1)}{x^2-1}=\lim_{x\to 1}\left\{\frac{F(x)-F(1)}{x-1}\times\frac{1}{x+1}\right\}$

$$=F'(1)\times\frac{1}{2}=\frac{1}{2}F'(1)$$

이때 $F'(x)=f(x)$이므로

$$\frac{1}{2}F'(1)=\frac{1}{2}f(1)=\frac{1}{2}\times(4-1-5)=-1$$

(2) $\displaystyle\lim_{h\to 0}\frac{1}{h}\int_{2-h}^{2+h} f(x)dx=\lim_{h\to 0}\frac{F(2+h)-F(2-h)}{h}$

$$=\lim_{h\to 0}\left\{\frac{F(2+h)-F(2)}{h}+\frac{F(2-h)-F(2)}{-h}\right\}$$

$$=F'(2)+F'(2)=2F'(2)$$

이때 $F'(x)=f(x)$이므로

$$2F'(2)=2f(2)=2\times(32-4-5)=46$$

정답 (1) -1 (2) 46

Bible Says

정적분으로 정의된 함수의 극한 문제에서 정적분을 계산한 후 극한값을 구해도 되지만 풀이 과정이 복잡하다.
예를 들어 (1)의 위의 풀이와 아래의 풀이를 비교하면 위와 같이 미분계수의 정의를 이용하여 푸는 것이 효율적임을 확인할 수 있다.

$$\lim_{x\to 1}\frac{1}{x^2-1}\int_1^x f(t)dt=\lim_{x\to 1}\frac{x^4-\frac{1}{3}x^3-5x+\frac{13}{3}}{x^2-1}=\lim_{x\to 1}\frac{(x-1)\left(x^3+\frac{2}{3}x^2+\frac{2}{3}x-\frac{13}{3}\right)}{(x-1)(x+1)}$$

$$=\lim_{x\to 1}\frac{x^3+\frac{2}{3}x^2+\frac{2}{3}x-\frac{13}{3}}{x+1}=\frac{-2}{2}=-1$$

📖 빠른 정답 • 362쪽 / 정답과 풀이 • 129쪽

한 번 더하기

10-1 함수 $f(x)=x^4-4x^2+6$에 대하여 다음 극한값을 구하시오.

(1) $\displaystyle \lim_{x \to 1} \frac{1}{x^3-1} \int_1^x f(t)\,dt$

(2) $\displaystyle \lim_{h \to 0} \frac{1}{h} \int_{2-h}^{2+2h} f(x)\,dx$

표현 더하기

10-2 $\displaystyle \lim_{h \to 0} \frac{1}{h} \int_{1-2h}^{1+2h} (x^3+ax-4)\,dx=12$를 만족시키는 상수 a의 값을 구하시오.

표현 더하기

10-3 다항함수 $f(x)$가

$$f'(x)=3x^2+4x-1, \quad f(0)=2$$

를 만족시킬 때, $\displaystyle \lim_{x \to 2} \frac{1}{x-2} \int_2^x (t+1)f(t)\,dt$의 값을 구하시오.

실력 더하기

10-4 다항함수 $f(x)$가

$$\lim_{x \to -1} \frac{1}{x+1} \int_2^x (x-t)f(t)\,dt=4$$

를 만족시킬 때, $\displaystyle \int_2^{-1} (3x-1)f(x)\,dx$의 값을 구하시오.

01 실수 전체의 집합에서 연속인 함수 $f(x)$에 대하여

$$\int_{-3}^{2} f(x)dx=6, \quad \int_{-3}^{5} f(x)dx-2\int_{2}^{5} f(x)dx=7$$

일 때, $\int_{-3}^{5} f(x)dx$의 값을 구하시오.

02 함수 $f(x)=\begin{cases} -3x+6 & (x\leq 1) \\ 4x^2+3x-4 & (x>1) \end{cases}$에 대하여 $\int_{-1}^{2} xf(x)dx$의 값을 구하시오.

03 $0<a<2$일 때, 정적분 $\int_{0}^{4} |x-2a|dx$의 최솟값을 구하시오.

04 함수 $f(x)$가 모든 실수 x에 대하여 $f(-x)=f(x)$를 만족시킨다.

$$\int_{-4}^{2} f(x)dx=4, \quad \int_{2}^{4} f(x)dx=2$$일 때, $\int_{0}^{4} f(x)dx$의 값을 구하시오.

05 실수 전체의 집합에서 연속인 함수 $f(x)$가 모든 실수 x에 대하여 $f(x)=f(x-3)$을 만족시킨다. $\displaystyle\int_{-2}^{4} f(x)dx=2$, $\displaystyle\int_{5}^{7} f(x)dx=-1$일 때, $\displaystyle\int_{-2}^{2} f(x)dx$의 값을 구하시오.

06 함수 $f(x)$가 $f(x)=|x|-\displaystyle\int_{-1}^{2} f(t)dt$를 만족시킬 때, $\displaystyle\int_{-2}^{4} f(x)dx$의 값을 구하시오.

07 다항함수 $f(x)$가 모든 실수 x에 대하여

$$\int_{1}^{x} f(t)dt=x^3-2x^2+\frac{1}{2}\int_{0}^{2} xf(t)dt$$

를 만족시킬 때, $f(3)$의 값을 구하시오.

08 미분가능한 함수 $f(x)$가 모든 실수 x에 대하여

$$f(x)=2x^2-x+\int_{0}^{x}(x-t)f'(t)dt$$

를 만족시킬 때, $f'(1)-f(1)$의 값을 구하시오.

09 함수 $f(x)=x^2-2x+a$에 대하여 함수

$$g(x)=\int_0^x f(t)\,dt$$

가 닫힌구간 $[-1, 2]$에서 감소하도록 하는 실수 a의 최댓값을 구하시오.

10 다항함수 $f(x)$가 모든 실수 x에 대하여

$$\int_0^x tf'(t)\,dt=\frac{1}{3}x^3-kx^2$$

을 만족시킨다. 함수 $f(x)$가 $x=2$에서 극솟값 4를 가질 때, $f(-2)$의 값을 구하시오.

11 [교육청 기출]

최고차항의 계수가 1인 삼차함수 $f(x)$에 대하여 함수 $g(x)$를

$$g(x)=\int_0^x f(t)\,dt+f(x)$$

라 할 때, 함수 $g(x)$는 다음 조건을 만족시킨다.

> ㈎ 함수 $g(x)$는 $x=0$에서 극댓값 0을 갖는다.
> ㈏ 함수 $g(x)$의 도함수 $y=g'(x)$의 그래프는 원점에 대하여 대칭이다.

$f(2)$의 값은?

① -5　　　② -4　　　③ -3　　　④ -2　　　⑤ -1

12 최고차항의 계수가 1인 이차함수 $f(x)$가

$$\lim_{x\to 1}\frac{1}{x-1}\int_{-1}^x f(t)\,dt=2$$

를 만족시킬 때, $f(4)$의 값을 구하시오.

S·T·E·P 2 실력 다지기

13 이차함수 $f(x)$가

$$\int_{-1}^{1} f(x)dx = \int_{-1}^{0} f(x)dx = \int_{0}^{1} f(x)dx$$

를 만족시킨다. $f(0)=2$일 때, $\int_{-1}^{2} f(x)dx$의 값을 구하시오.

14 함수 $f(x)=\begin{cases} 6x-5 & (x<1) \\ 3x^2-2x & (x\geq 1) \end{cases}$에 대하여 $\int_{0}^{a} f(x)dx=2$를 만족시키는 모든 실수 a의 값의 합을 구하시오.

15 $f(0)=0$이고 실수 전체의 집합에서 증가하는 연속함수 $f(x)$가 모든 실수 x에 대하여

$$f(x)=f(x-2)+1$$

을 만족시킨다. $\int_{0}^{10} f(x)dx=22$일 때, $\int_{0}^{6} f(x)dx$의 값을 구하시오.

16 미분가능한 함수 $f(x)$가 모든 실수 x에 대하여

$$f(x)=x^3-3x^2+\int_{-1}^{1} |f'(t)|dt$$

를 만족시킬 때, $\int_{0}^{1} f(x)dx$의 값을 구하시오.

중단원 **연습문제**

17 함수 $f(x)=x^3-x^2-2x$에 대하여 함수 $g(x)$를

$$g(x)=\int_0^x (x-t)f'(t)dt$$

라 하자. 닫힌구간 $[-2,\,3]$에서 함수 $g(x)$의 최댓값을 M, 최솟값을 m이라 할 때, $M-m$의 값을 구하시오.

18 삼차함수 $f(x)=\dfrac{1}{3}x^3-4x+a$에 대하여 함수

$$F(x)=\int_0^x f(t)dt$$

가 오직 하나의 극값을 갖도록 하는 자연수 a의 최솟값을 구하시오.

19 최고차항의 계수가 1인 삼차함수 $f(x)$와 함수 $g(x)=\int_0^x f(t)dt$가 다음 조건을 만족시킨다.

> ㈎ 방정식 $f(x)=0$은 서로 다른 두 실근을 갖는다.
> ㈏ $g(x)$는 $x=0$에서 극솟값을 갖는다.

$g(1)-g(-1)=-2$일 때, $f(4)$의 값을 구하시오.

 평가원 기출

20 최고차항의 계수가 2인 이차함수 $f(x)$에 대하여 함수 $g(x)=\int_x^{x+1} |f(t)|dt$는 $x=1$과 $x=4$에서 극소이다. $f(0)$의 값을 구하시오.

09

정적분의 활용

01 넓이

곡선과 x축 사이의 넓이	함수 $f(x)$가 닫힌구간 $[a,\ b]$에서 연속일 때, 곡선 $y=f(x)$와 x축 및 두 직선 $x=a,\ x=b$로 둘러싸인 도형의 넓이 S는 $$S=\int_a^b |f(x)|\,dx$$
두 곡선 사이의 넓이	두 함수 $f(x),\ g(x)$가 닫힌구간 $[a,\ b]$에서 연속일 때, 두 곡선 $y=f(x),\ y=g(x)$ 및 두 직선 $x=a,\ x=b$로 둘러싸인 도형의 넓이 S는 $$S=\int_a^b |f(x)-g(x)|\,dx$$

역함수의 그래프와 넓이

함수 $y=f(x)$와 그 역함수 $y=g(x)$의 그래프에 대한 도형의 넓이는 다음이 성립한다.

(1) 함수와 그 역함수의 그래프로 둘러싸인 도형의 넓이

그림과 같이 함수 $y=f(x)$와 그 역함수 $y=g(x)$의 그래프로 둘러싸인 도형의 넓이 S는

$$S=2\int_\alpha^\beta |f(x)-x|\,dx$$

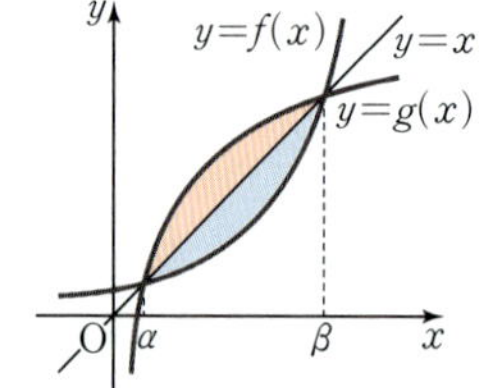

(2) 역함수의 그래프와 좌표축으로 둘러싸인 도형의 넓이

그림과 같이 함수 $y=f(x)$의 역함수 $y=g(x)$의 그래프와 x축 및 직선 $x=b$로 둘러싸인 도형의 넓이 A는

$$A=B=ab-\int_0^a f(x)\,dx$$

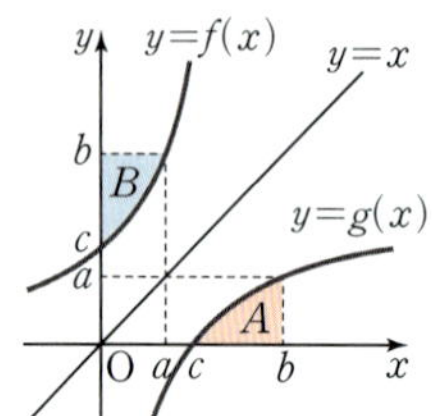

02 속도와 거리

수직선 위를 움직이는 점의 위치와 움직인 거리

수직선 위를 움직이는 점 P의 시각 t에서의 속도가 $v(t)$이고, 시각 $t=a$에서의 점 P의 위치가 x_0일 때 다음이 성립한다.

(1) 시각 t에서 점 P의 위치는 $x_0+\int_a^t v(t)\,dt$

(2) 시각 $t=a$에서 시각 $t=b$까지 점 P의 위치의 변화량은 $\int_a^b v(t)\,dt$

(3) 시각 $t=a$에서 시각 $t=b$까지 점 P가 움직인 거리는 $\int_a^b |v(t)|\,dt$

01 넓이

 곡선과 x축 사이의 넓이

함수 $f(x)$가 닫힌구간 $[a, b]$에서 연속일 때, 곡선 $y=f(x)$와 x축 및 두 직선 $x=a$, $x=b$로 둘러싸인 도형의 넓이 S는

$$S=\int_a^b |f(x)|\,dx$$

함수 $f(x)$가 닫힌구간 $[a, b]$에서 연속일 때, 곡선 $y=f(x)$와 x축 및 두 직선 $x=a$, $x=b$로 둘러싸인 도형의 넓이 S를 함수 $f(x)$의 값이 양수인 구간과 음수인 구간으로 나누어 구해 보자.

(i) 닫힌구간 $[a, b]$에서 $f(x) \geq 0$일 때

도형의 넓이 S는 정적분의 정의에 의하여 다음과 같다.

$$S=\int_a^b f(x)dx=\int_a^b |f(x)|\,dx \quad \leftarrow f(x) \geq 0\text{일 때 } |f(x)|=f(x)\text{이므로}$$
$$\text{(넓이)}=\text{(정적분의 값)}$$

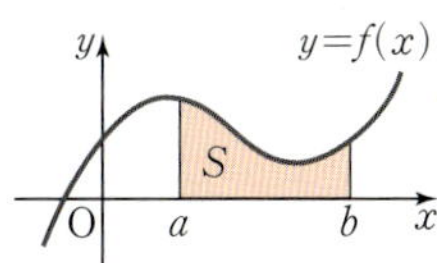

(ii) 닫힌구간 $[a, b]$에서 $f(x) \leq 0$일 때

곡선 $y=-f(x)$는 곡선 $y=f(x)$를 x축에 대하여 대칭이동한 곡선이므로 도형의 넓이 S는 곡선 $y=-f(x)$와 x축 및 두 직선 $x=a$, $x=b$로 둘러싸인 도형의 넓이와 같다.

$$S=\int_a^b \{-f(x)\}dx=\int_a^b |f(x)|\,dx \quad \leftarrow f(x) \leq 0\text{일 때 } |f(x)|=-f(x)$$
$$\text{이므로 (넓이)}=-\text{(정적분의 값)}$$

(iii) 닫힌구간 $[a, c]$에서 $f(x) \geq 0$이고, 닫힌구간 $[c, b]$에서 $f(x) \leq 0$일 때

곡선 $y=f(x)$와 x축 및 두 직선 $x=a$, $x=c$로 둘러싸인 도형의 넓이를 S_1, 곡선 $y=f(x)$와 x축 및 두 직선 $x=c$, $x=b$로 둘러싸인 도형의 넓이를 S_2라 하자.

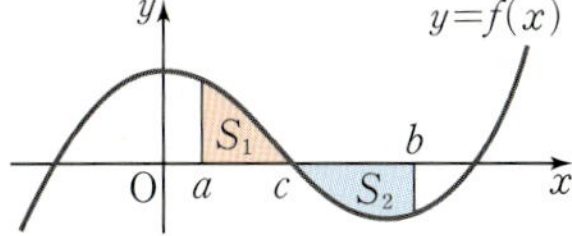

(i)에 의하여 $S_1=\int_a^c f(x)dx=\int_a^c |f(x)|\,dx$이고

(ii)에 의하여 $S_2=\int_c^b \{-f(x)\}dx=\int_c^b |f(x)|\,dx$이므로

도형의 넓이 S는 다음과 같다.

$$S=S_1+S_2$$
$$=\int_a^c |f(x)|\,dx+\int_c^b |f(x)|\,dx=\int_a^b |f(x)|\,dx$$

(i), (ii), (iii)에서 구하는 도형의 넓이 S는 $S=\int_a^b |f(x)|\,dx$이다.

곡선 $y=x^3-4x$와 x축 및 두 직선 $x=-1$, $x=2$로 둘러싸인 도형의 넓이를 구하면

주어진 곡선과 x축의 교점의 x좌표는

$x^3-4x=0$일 때, $x(x+2)(x-2)=0$ $\therefore x=-2$ 또는 $x=0$ 또는 $x=2$

$-1\leq x\leq 0$일 때, $x^3-4x\geq 0$

$0\leq x\leq 2$일 때, $x^3-4x\leq 0$

따라서 구하는 도형의 넓이를 S라 하면

$$S=\int_{-1}^{0}(x^3-4x)dx+\int_{0}^{2}(-x^3+4x)dx$$

$$=\left[\frac{1}{4}x^4-2x^2\right]_{-1}^{0}+\left[-\frac{1}{4}x^4+2x^2\right]_{0}^{2}=\frac{7}{4}+4=\frac{23}{4}$$

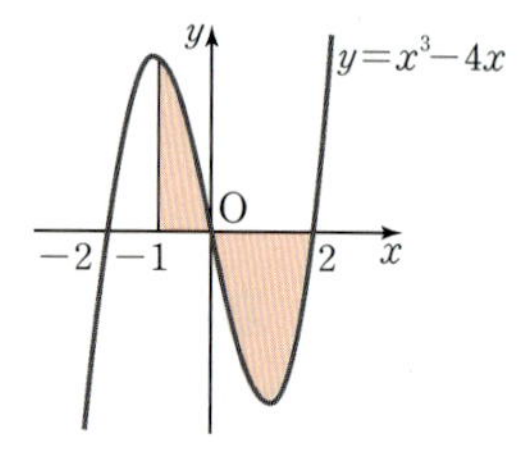

2 두 곡선 사이의 넓이

두 함수 $f(x)$, $g(x)$가 닫힌구간 $[a, b]$에서 연속일 때, 두 곡선 $y=f(x)$, $y=g(x)$ 및 두 직선 $x=a$, $x=b$로 둘러싸인 도형의 넓이 S는

$$S=\int_{a}^{b}|f(x)-g(x)|dx$$

두 함수 $f(x)$, $g(x)$가 닫힌구간 $[a, b]$에서 연속일 때, 두 곡선 $y=f(x)$, $y=g(x)$ 및 두 직선 $x=a$, $x=b$로 둘러싸인 도형의 넓이 S를 함수 $f(x)-g(x)$의 값이 양수인 구간과 음수인 구간으로 나누어 구해 보자.

(i) 닫힌구간 $[a, b]$에서 $f(x)\geq g(x)\geq 0$일 때

도형의 넓이 S는 곡선 $y=f(x)$와 x축 및 두 직선 $x=a$, $x=b$로 둘러싸인 도형의 넓이에서 곡선 $y=g(x)$와 x축 및 두 직선 $x=a$, $x=b$로 둘러싸인 도형의 넓이를 뺀 것이다.

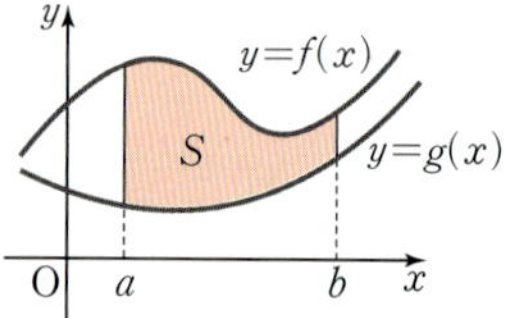

$$S=\int_{a}^{b}f(x)dx-\int_{a}^{b}g(x)dx$$

$$=\int_{a}^{b}\{f(x)-g(x)\}dx$$

$$=\int_{a}^{b}|f(x)-g(x)|dx$$ ← $f(x)-g(x)\geq 0$이므로 $|f(x)-g(x)|=f(x)-g(x)$이다.

(ii) 닫힌구간 $[a, b]$에서 $f(x)\geq g(x)$이고 $f(x)$ 또는 $g(x)$의 값이 음수인 경우가 있을 때

두 곡선 $y=f(x)$, $y=g(x)$를 각각 y축의 방향으로 k만큼 평행이동하여

$$f(x)+k\geq g(x)+k\geq 0$$

이 되도록 하자.

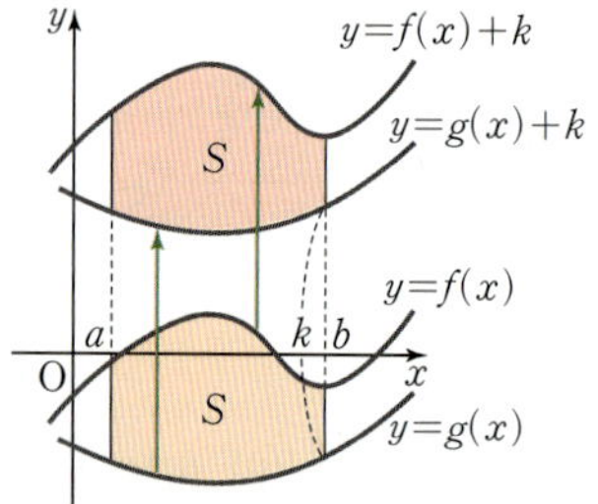

이때 평행이동한 도형의 넓이는 변하지 않으므로 도형의 넓이 S는 두 곡선 $y=f(x)+k$, $y=g(x)+k$ 및 두 직선 $x=a$, $x=b$로 둘러싸인 도형의 넓이와 같다.

$$S=\int_a^b \{f(x)+k\}dx-\int_a^b \{g(x)+k\}dx$$

$$=\int_a^b \{f(x)-g(x)\}dx$$

$$=\int_a^b |f(x)-g(x)|dx$$

(iii) 닫힌구간 $[a,\ c]$에서 $f(x){\geq}g(x)$이고, 닫힌구간 $[c,\ b]$에서 $f(x){\leq}g(x)$일 때

두 곡선 $y=f(x)$, $y=g(x)$ 및 두 직선 $x=a$, $x=c$로 둘러싸인 도형의 넓이를 S_1, 두 곡선 $y=f(x)$, $y=g(x)$ 및 두 직선 $x=c$, $x=b$로 둘러싸인 도형의 넓이를 S_2라 하자.

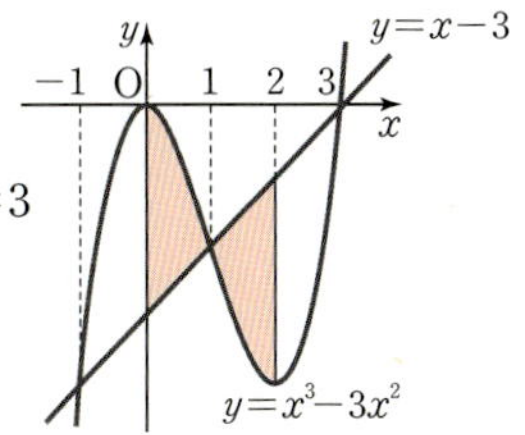

$f(x)$, $g(x)$의 대소 관계가 바뀌는 값

$$S_1=\int_a^c \{f(x)-g(x)\}dx=\int_a^c |f(x)-g(x)|dx\text{이고}$$

$$S_2=\int_c^b \{g(x)-f(x)\}dx=\int_c^b |f(x)-g(x)|dx\text{이므로}$$

도형의 넓이 S는 다음과 같다.

$$S=S_1+S_2$$

$$=\int_a^c |f(x)-g(x)|dx+\int_c^b |f(x)-g(x)|dx$$

$$=\int_a^b |f(x)-g(x)|dx$$

(i), (ii), (iii)에서 구하는 도형의 넓이 S는 $S=\int_a^b |f(x)-g(x)|dx$이다.

$$S=\int_a^b \{(\text{위 곡선의 식})-(\text{아래 곡선의 식})\}dx$$

example 곡선 $y=x^3-3x^2$과 직선 $y=x-3$ 및 두 직선 $x=0$, $x=2$로 둘러싸인 도형의 넓이를 구하면

주어진 곡선과 직선의 교점의 x좌표는

$x^3-3x^2=x-3$에서 $x^3-3x^2-x+3=0$

$(x+1)(x-1)(x-3)=0$ $\therefore x=-1$ 또는 $x=1$ 또는 $x=3$

$0{\leq}x{\leq}1$일 때, $x^3-3x^2{\geq}x-3$

$1{\leq}x{\leq}2$일 때, $x^3-3x^2{\leq}x-3$

따라서 구하는 도형의 넓이를 S라 하면

$$S=\int_0^1 \{(x^3-3x^2)-(x-3)\}dx+\int_1^2 \{(x-3)-(x^3-3x^2)\}dx$$

$$=\int_0^1 (x^3-3x^2-x+3)dx+\int_1^2 (-x^3+3x^2+x-3)dx$$

$$=\left[\frac{1}{4}x^4-x^3-\frac{1}{2}x^2+3x\right]_0^1+\left[-\frac{1}{4}x^4+x^3+\frac{1}{2}x^2-3x\right]_1^2$$

$$=\frac{7}{4}+\frac{7}{4}=\frac{7}{2}$$

한편, 이차함수의 그래프 또는 삼차함수의 그래프로 둘러싸인 도형의 넓이를 구할 때는 다음과 같은 공식을 이용하여 쉽게 구할 수 있다.

(1) 이차함수의 그래프와 x축으로 둘러싸인 도형의 넓이

이차함수 $f(x)$의 최고차항의 계수가 a $(a \neq 0)$이고 곡선 $y = f(x)$가 x축과 서로 다른 두 점에서 만날 때, 두 교점의 x좌표를 α, β $(\alpha < \beta)$라 하면 $f(x) = a(x - \alpha)(x - \beta)$이므로

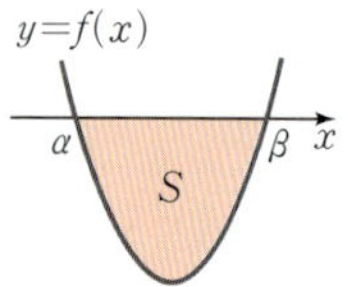

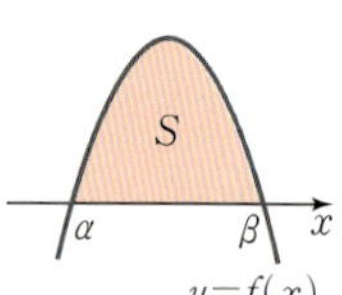

$$\int_{\alpha}^{\beta} \{a(x-\alpha)(x-\beta)\} dx$$

$$= a\int_{\alpha}^{\beta} \{x^2 - (\alpha+\beta)x + \alpha\beta\} dx$$

$$= a\left[\frac{1}{3}x^3 - \frac{1}{2}(\alpha+\beta)x^2 + \alpha\beta x \right]_{\alpha}^{\beta}$$

$$= a\left\{ \frac{1}{3}(\beta^3 - \alpha^3) - \frac{1}{2}(\alpha+\beta)(\beta^2 - \alpha^2) + \alpha\beta(\beta - \alpha) \right\}$$

$$= \frac{a}{6}(\beta - \alpha)\{2(\beta^2 + \beta\alpha + \alpha^2) - 3(\beta^2 + 2\beta\alpha + \alpha^2) + 6\alpha\beta\}$$

$$= -\frac{a}{6}(\beta - \alpha)(\beta^2 - 2\beta\alpha + \alpha^2)$$

$$= -\frac{a}{6}(\beta - \alpha)^3$$

따라서 곡선 $y = f(x)$와 x축으로 둘러싸인 도형의 넓이 S는

$$S = \int_{\alpha}^{\beta} |a(x-\alpha)(x-\beta)| dx = \frac{|a|}{6}(\beta - \alpha)^3$$

참고 ① 이차함수 $f(x)$의 최고차항의 계수가 a $(a \neq 0)$이고 곡선 $y = f(x)$와 직선 $y = g(x)$가 서로 다른 두 점에서 만날 때, 두 교점의 x좌표를 α, β $(\alpha < \beta)$라 하면 $f(x) - g(x) = a(x - \alpha)(x - \beta)$이므로 (1)에 의하여 곡선 $y = f(x)$와 직선 $y = g(x)$로 둘러싸인 도형의 넓이 S는 $S = \frac{|a|}{6}(\beta - \alpha)^3$이다.

② 두 이차함수 $f(x)$, $g(x)$의 최고차항의 계수가 각각 a, a' $(a \neq 0,\ a' \neq 0,\ a \neq a')$이고 두 곡선 $y = f(x)$, $y = g(x)$가 서로 다른 두 점에서 만날 때, 두 교점의 x좌표를 α, β $(\alpha < \beta)$라 하면 $f(x) - g(x) = (a - a')(x - \alpha)(x - \beta)$이므로 (1)에 의하여 두 곡선 $y = f(x)$, $y = g(x)$로 둘러싸인 도형의 넓이 S는 $S = \frac{|a - a'|}{6}(\beta - \alpha)^3$이다.

(2) 삼차함수의 그래프와 그 접선으로 둘러싸인 도형의 넓이

삼차함수 $f(x)$의 최고차항의 계수가 a $(a \neq 0)$이고 곡선 $y = f(x)$ 위의 점 $(\alpha,\ f(\alpha))$에서의 접선 $y = g(x)$가 이 곡선과 만나는 점 중에서 접점이 아닌 점을 $(\beta,\ f(\beta))$라 하자.

$f(x) - g(x) = a(x - \alpha)^2(x - \beta)$이므로 곡선 $y = f(x)$와 직선 $y = g(x)$로 둘러싸인 도형의 넓이 S는

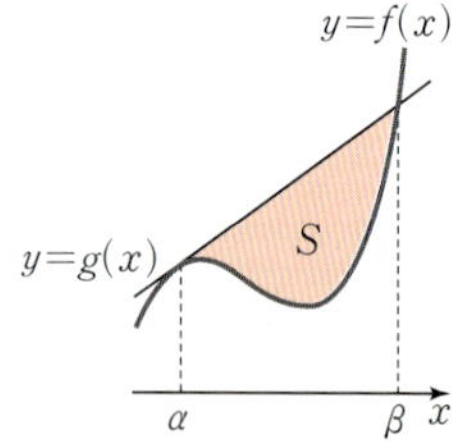

$$S = \int_{\alpha}^{\beta} |a(x-\alpha)^2(x-\beta)| dx = \frac{|a|}{12}(\beta - \alpha)^4$$

← (1)과 마찬가지로 전개한 후 적분하면 구할 수 있다.

(1) 곡선 $y=-x^2-3x+4$와 x축으로 둘러싸인 도형의 넓이 S를 구하면

곡선 $y=-x^2-3x+4$와 x축의 교점의 x좌표는

$-x^2-3x+4=0$에서 $-(x+4)(x-1)=0$ $\therefore x=-4$ 또는 $x=1$

$\therefore S=\dfrac{|-1|}{6}\times\{1-(-4)\}^3=\dfrac{125}{6}$

(2) 곡선 $y=x^3$과 이 곡선 위의 점 $(1,\,1)$에서의 접선으로 둘러싸인 도형의 넓이 S를 구하면 곡선 $y=x^3$ 위의 점 $(1,\,1)$에서의 접선은 $y=3x-2$이고, 곡선 $y=x^3$과 접선 $y=3x-2$의 교점의 x좌표는

$x^3=3x-2$에서 $(x+2)(x-1)^2=0$ $\therefore x=-2$ 또는 $x=1$

$\therefore S=\dfrac{|1|}{12}\times\{1-(-2)\}^4=\dfrac{81}{12}=\dfrac{27}{4}$

3 역함수의 그래프와 넓이

함수 $y=f(x)$와 그 역함수 $y=g(x)$의 그래프에 대한 도형의 넓이는 다음이 성립한다.

(1) 함수와 그 역함수의 그래프로 둘러싸인 도형의 넓이

그림과 같이 함수 $y=f(x)$와 그 역함수 $y=g(x)$의 그래프로 둘러싸인 도형의 넓이 S는

$$S=2\int_{\alpha}^{\beta}|f(x)-x|\,dx$$

(2) 역함수의 그래프와 좌표축으로 둘러싸인 도형의 넓이

그림과 같이 함수 $y=f(x)$의 역함수 $y=g(x)$의 그래프와 x축 및 직선 $x=b$로 둘러싸인 도형의 넓이 A는

$$A=B=ab-\int_{0}^{a}f(x)\,dx$$

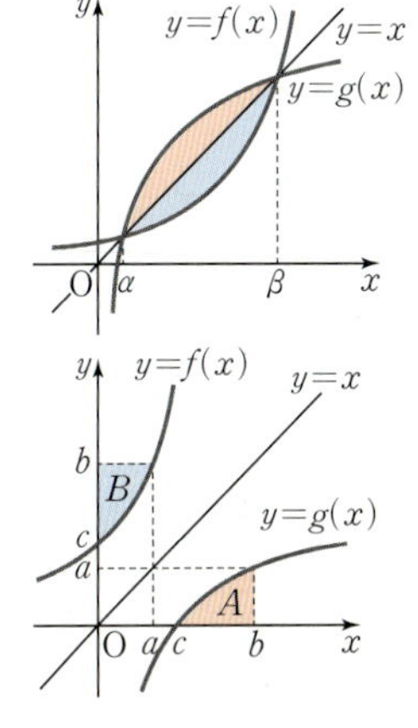

함수 $y=f(x)$와 그 역함수 $y=g(x)$의 그래프에 대한 도형의 넓이는 함수 $y=f(x)$의 그래프와 그 역함수 $y=g(x)$의 그래프가 직선 $y=x$에 대하여 대칭임을 이용하여 다음과 같이 경우를 나누어 구할 수 있다.

(1) 함수와 그 역함수의 그래프로 둘러싸인 도형의 넓이

함수 $y=f(x)$와 그 역함수 $y=g(x)$의 그래프의 교점의 x좌표가 α, β $(\alpha<\beta)$일 때, 두 곡선 $y=f(x)$, $y=g(x)$는 직선 $y=x$에 대하여 대칭이므로 그림에서 $S_1=S_2$이다.

즉, $S_1+S_2=2S_1$이므로 두 곡선 $y=f(x)$, $y=g(x)$로 둘러싸인 도형의 넓이 S는 다음이 성립한다.

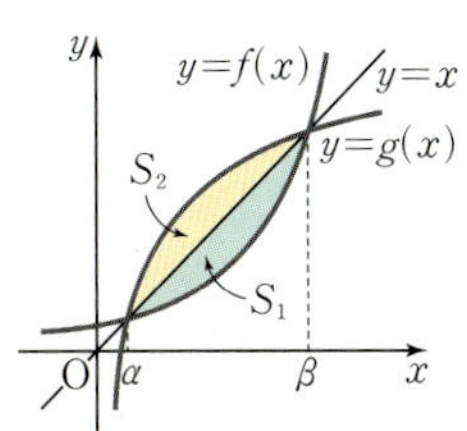

$$S=\int_{\alpha}^{\beta}|f(x)-g(x)|\,dx=2\int_{\alpha}^{\beta}|f(x)-x|\,dx$$

⑵ **역함수의 그래프와 좌표축으로 둘러싸인 도형의 넓이**

함수 $y=f(x)$의 그래프와 그 역함수 $y=g(x)$의 그래프는 직선 $y=x$에 대하여 대칭이므로

$$A=B$$

따라서 함수 $y=f(x)$의 역함수 $y=g(x)$의 그래프와 x축 및 직선 $x=b$로 둘러싸인 도형의 넓이는

$$A=B=(\text{사각형 OPQR의 넓이})-(\text{빗금 친 도형의 넓이})$$

$$=ab-\int_0^a f(x)\,dx$$

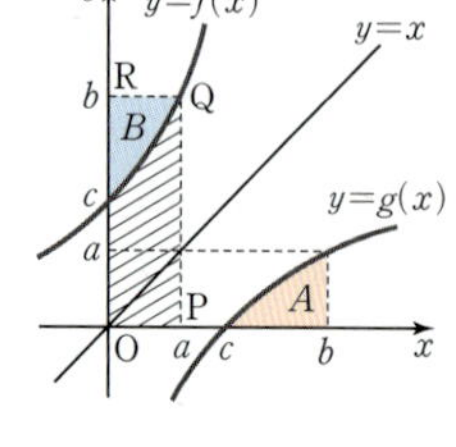

example

⑴ 함수 $f(x)=x^2\ (x\geq0)$의 역함수를 $g(x)$라 할 때, 두 곡선 $y=f(x)$와 $y=g(x)$는 직선 $y=x$에 대하여 대칭이므로 두 곡선으로 둘러싸인 도형의 넓이는 곡선 $y=f(x)$와 직선 $y=x$로 둘러싸인 도형의 넓이의 2배와 같다.

곡선 $y=x^2\ (x\geq0)$과 직선 $y=x$의 교점의 x좌표는

$x^2=x$에서 $x^2-x=0$

$x(x-1)=0$ $\therefore\ x=0$ 또는 $x=1$

따라서 두 곡선 $y=f(x)$와 $y=g(x)$로 둘러싸인 도형의 넓이는

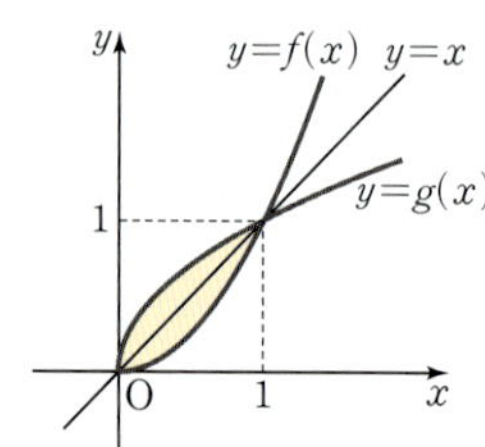

$$\int_0^1 |f(x)-g(x)|\,dx=2\int_0^1 |f(x)-x|\,dx$$

$$=2\int_0^1 (x-x^2)\,dx$$

$$=2\left[\frac{1}{2}x^2-\frac{1}{3}x^3\right]_0^1=2\times\left(\frac{1}{2}-\frac{1}{3}\right)=\frac{1}{3}$$

⑵ 함수 $f(x)=x^3+x+2$의 역함수를 $g(x)$라 할 때,

$\displaystyle\int_2^4 g(x)\,dx$의 값을 구하면

$f(x)=x^3+x+2$에서 $f'(x)=3x^2+1>0$

$f(0)=2,\ f(1)=4$이므로 $y=f(x)$의 그래프는 두 점

$(0,\,2),\ (1,\,4)$를 지나며 증가하는 곡선이고

두 곡선 $y=f(x)$와 $y=g(x)$는 직선 $y=x$에 대하여 대칭이다.

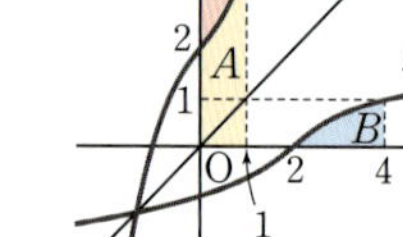

따라서 오른쪽 그림에서 $B=C$이므로

$$\int_2^4 g(x)\,dx=C=1\times4-A$$

$$=4-\int_0^1 (x^3+x+2)\,dx$$

$$=4-\left[\frac{1}{4}x^4+\frac{1}{2}x^2+2x\right]_0^1$$

$$=4-\frac{11}{4}=\frac{5}{4}$$

324쪽과 같은 방법으로 사차함수의 그래프와 x축으로 둘러싸인 넓이 공식을 유도하면 다음과 같다.

사차함수 $f(x)$의 최고차항의 계수가 $a\ (a\neq 0)$이고 곡선 $y=f(x)$가 x축과 서로 다른 두 점에서 각각 접할 때, 두 접점의 x좌표를 α, β $(\alpha<\beta)$라 하면 $f(x)=a(x-\alpha)^2(x-\beta)^2$이므로 곡선 $y=f(x)$와 x축으로 둘러싸인 도형의 넓이 S는

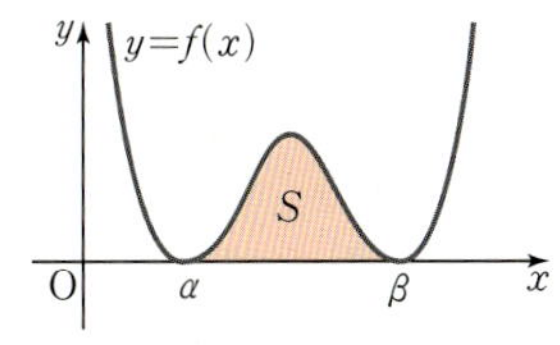

$$S=\int_{\alpha}^{\beta}|a(x-\alpha)^2(x-\beta)^2|\,dx=\frac{|a|}{30}(\beta-\alpha)^5$$

개념 CHECK

📖 빠른 정답 · 362쪽 / 정답과 풀이 · 136쪽

01. 넓이

01 곡선 $y=x(x+1)(x+2)$와 x축 및 두 직선 $x=-1$, $x=1$로 둘러싸인 도형의 넓이를 구하시오.

02 곡선 $y=-3x^2+6x+9$와 직선 $y=3x+3$ 및 두 직선 $x=1$, $x=3$으로 둘러싸인 도형의 넓이를 구하시오.

03 함수 $f(x)=x^3+2x$의 역함수를 $g(x)$라 할 때, $\int_{0}^{3}g(x)\,dx$의 값을 구하시오.

대표 예제 | 01

다음 곡선과 x축으로 둘러싸인 도형의 넓이를 구하시오.

(1) $y=x^3-2x^2$ (2) $y=x^3-2x^2-x+2$

바로 접근

곡선 $y=f(x)$와 x축 사이의 넓이는 다음과 같은 순서로 구한다.

❶ 곡선 $y=f(x)$와 x축의 교점의 x좌표를 구한다.

❷ $f(x)$의 부호가 바뀌는 x의 값을 경계로 적분 구간을 나누어 계산한다.

바른 풀이

(1) 곡선 $y=x^3-2x^2$과 x축의 교점의 x좌표는

$x^3-2x^2=0$에서 $x^2(x-2)=0$ $\therefore x=0$ 또는 $x=2$

곡선 $y=x^3-2x^2$은 그림과 같고

$0\leq x\leq2$일 때, $x^3-2x^2\leq0$

따라서 구하는 도형의 넓이는

$$\int_0^2(-x^3+2x^2)dx=\left[-\frac{1}{4}x^4+\frac{2}{3}x^3\right]_0^2=\frac{4}{3}$$

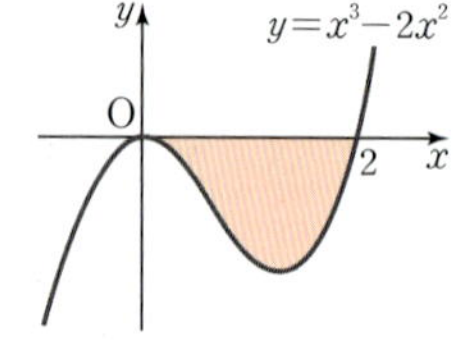

(2) 곡선 $y=x^3-2x^2-x+2$와 x축의 교점의 x좌표는

$x^3-2x^2-x+2=0$에서 $(x+1)(x-1)(x-2)=0$

$\therefore x=-1$ 또는 $x=1$ 또는 $x=2$

곡선 $y=x^3-2x^2-x+2$는 그림과 같고

$-1\leq x\leq1$일 때, $x^3-2x^2-x+2\geq0$

$1\leq x\leq2$일 때, $x^3-2x^2-x+2\leq0$

따라서 구하는 도형의 넓이는

$$\int_{-1}^1(x^3-2x^2-x+2)dx+\int_1^2(-x^3+2x^2+x-2)dx$$

$$=\left[\frac{1}{4}x^4-\frac{2}{3}x^3-\frac{1}{2}x^2+2x\right]_{-1}^1+\left[-\frac{1}{4}x^4+\frac{2}{3}x^3+\frac{1}{2}x^2-2x\right]_1^2$$

$$=\left\{\frac{13}{12}-\left(-\frac{19}{12}\right)\right\}+\left\{\left(-\frac{2}{3}\right)-\left(-\frac{13}{12}\right)\right\}=\frac{32}{12}+\frac{5}{12}=\frac{37}{12}$$

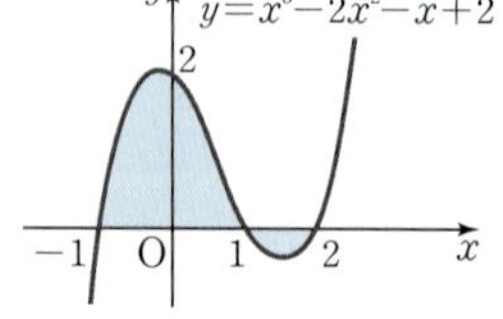

정답 (1) $\dfrac{4}{3}$ (2) $\dfrac{37}{12}$

Bible Says

우함수와 기함수의 정적분을 이용하면 (2)의 계산을 다음과 같이 간단히 할 수 있다.

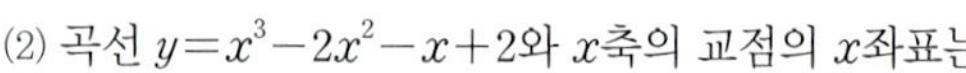

$$\int_{-1}^1(x^3-2x^2-x+2)dx=\int_{-1}^1(-2x^2+2)dx+\int_{-1}^1(x^3-x)dx=2\int_0^1(-2x^2+2)dx+0$$

아래끝과 위끝의 절댓값의 크기가 같고 부호가 반대이다.

우함수(그래프가 y축에 대하여 대칭)

기함수(그래프가 원점에 대하여 대칭)

한 번 더하기

01-1 곡선 $y=x^3-x^2-2x$와 x축으로 둘러싸인 도형의 넓이를 구하시오.

표현 더하기

01-2 곡선 $y=x^2-ax$와 x축으로 둘러싸인 도형의 넓이가 $\dfrac{4}{3}$일 때, 양수 a의 값을 구하시오.

표현 더하기

01-3 함수 $f(x)=\begin{cases} x+2 & (x<0) \\ x^2-3x+2 & (x\geq 0) \end{cases}$ 에 대하여 함수 $y=f(x)$의 그래프와 x축으로 둘러싸인 도형의 넓이를 구하시오.

실력 더하기

01-4 곡선 $y=|x^2-x|+|x|$와 x축 및 두 직선 $x=-1$, $x=2$로 둘러싸인 도형의 넓이를 구하시오.

대표 예제 02

두 곡선 $y=\dfrac{1}{3}x^2-2$, $y=-\dfrac{2}{3}x^2+x$로 둘러싸인 도형의 넓이를 구하시오.

바로 접근

두 곡선 $y=f(x)$, $y=g(x)$로 둘러싸인 도형의 넓이 S는 다음과 같은 순서로 구한다.
$h(x)=f(x)-g(x)$라 하면 구하는 넓이는 곡선 $y=h(x)$와 x축으로 둘러싸인
부분의 넓이를 구하는 것과 같으므로 **대표 예제 01**과 같은 유형으로 볼 수 있다.

❶ 두 곡선 $y=f(x)$, $y=g(x)$의 교점의 x좌표를 구한다.

❷ 두 함수 $f(x)$, $g(x)$의 대소 관계가 바뀌는 x의 값을 경계로 적분 구간을 나누어 계산한다.

바른 풀이

두 곡선 $y=\dfrac{1}{3}x^2-2$, $y=-\dfrac{2}{3}x^2+x$의 교점의 x좌표는

$\dfrac{1}{3}x^2-2=-\dfrac{2}{3}x^2+x$에서

$x^2-x-2=0$, $(x+1)(x-2)=0$ $\quad\therefore x=-1$ 또는 $x=2$

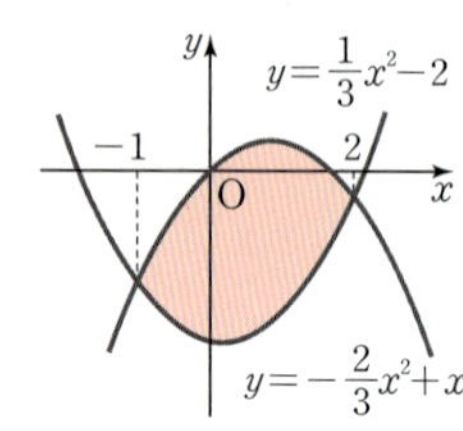

두 곡선 $y=\dfrac{1}{3}x^2-2$, $y=-\dfrac{2}{3}x^2+x$는 그림과 같고

$-1\le x\le 2$일 때, $\dfrac{1}{3}x^2-2\le -\dfrac{2}{3}x^2+x$

따라서 구하는 도형의 넓이는

$\displaystyle\int_{-1}^{2}\left\{\left(-\dfrac{2}{3}x^2+x\right)-\left(\dfrac{1}{3}x^2-2\right)\right\}dx$

$=\displaystyle\int_{-1}^{2}(-x^2+x+2)\,dx$ ← 곡선 $y=-x^2+x+2$와 x축으로 둘러싸인 부분의 넓이를 구하는 것과 같다.

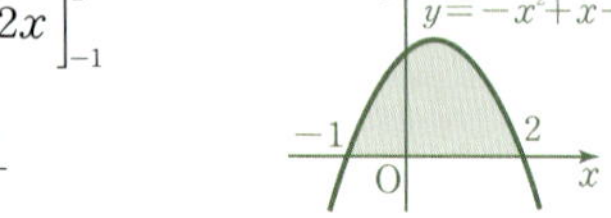

$=\left[-\dfrac{1}{3}x^3+\dfrac{1}{2}x^2+2x\right]_{-1}^{2}$

$=\dfrac{10}{3}-\left(-\dfrac{7}{6}\right)=\dfrac{9}{2}$

정답 $\dfrac{9}{2}$

Bible Says

그림과 같이 두 포물선 $y=ax^2+bx+c$, $y=a'x^2+b'x+c'$이 서로 다른 두 점에서
만날 때, 교점의 x좌표를 α, β $(\alpha<\beta)$라 하면 두 포물선으로 둘러싸인 도형의 넓이는

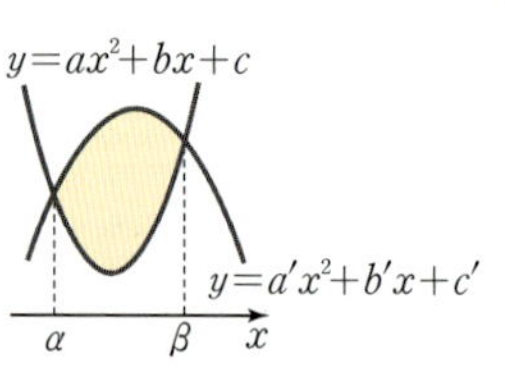

$\dfrac{|a-a'|}{6}(\beta-\alpha)^3$ (단, $a\ne a'$)

이 공식을 이용하면 위의 문제에서 구하는 도형의 넓이는

$\dfrac{\left|\dfrac{1}{3}-\left(-\dfrac{2}{3}\right)\right|}{6}\times\{2-(-1)\}^3=\dfrac{1}{6}\times 27=\dfrac{9}{2}$

한 번 더하기

02-1

다음을 구하시오.

(1) 곡선 $y=x^2-x+1$과 직선 $y=x+1$로 둘러싸인 도형의 넓이

(2) 두 곡선 $y=x^2+2x$, $y=-x^2+4$로 둘러싸인 도형의 넓이

표현 더하기

02-2

곡선 $y=x^2-ax$와 직선 $y=3x$로 둘러싸인 도형의 넓이가 36일 때, 양수 a의 값을 구하시오.

표현 더하기

02-3

함수 $f(x)=x^2-2$에 대하여 두 곡선 $y=f(x)$, $y=-f(-x)+4$로 둘러싸인 도형의 넓이를 구하시오.

실력 더하기

02-4

곡선 $y=|x^2-x|$와 직선 $y=-x+1$로 둘러싸인 도형의 넓이를 구하시오.

대표 예제 | 03

곡선 $y=-x^3+x+4$와 이 곡선 위의 점 $(-1, 4)$에서의 접선으로 둘러싸인 도형의 넓이를 구하시오.

바로 접근

삼차함수 $f(x)$에 대하여 곡선 $y=f(x)$와 이 곡선 위의 점 $(\alpha, f(\alpha))$에서의 접선으로 둘러싸인 도형의 넓이는 다음과 같은 순서로 구한다.

❶ 곡선 위의 점 $(\alpha, f(\alpha))$에서의 접선의 방정식 $y=g(x)$를 구한다.

❷ 방정식 $f(x)-g(x)=0$의 해를 구하고, α가 아닌 해를 β라 하자.

즉, 곡선과 접선이 만나는 점 중 접점이 아닌 점의 x좌표는 β이다.

❸ 구하는 넓이는

곡선 $y=f(x)$와 직선 $y=g(x)$가 점 $(\alpha, f(\alpha))$에서 접하므로 삼차방정식 $f(x)=g(x)$는 $x=\alpha$를 중근으로 갖는다.
이때 또 다른 실근 β는 삼차방정식의 근과 계수의 관계에 의하여 빠르게 구할 수 있다.

$\alpha < \beta$이면 $\displaystyle\int_\alpha^\beta |f(x)-g(x)|\,dx$

$\beta < \alpha$이면 $\displaystyle\int_\beta^\alpha |f(x)-g(x)|\,dx$

바른 풀이

$f(x)=-x^3+x+4$라 하면 $f'(x)=-3x^2+1$

$f'(-1)=-2$이므로 곡선 $y=f(x)$ 위의 점 $(-1, 4)$에서의 접선의

방정식은 $y-4=-2(x+1)$ $\quad \therefore y=-2x+2$

곡선 $y=-x^3+x+4$와 직선 $y=-2x+2$의 교점의 x좌표는

$-x^3+x+4=-2x+2$

$x^3-3x-2=0,\ (x+1)^2(x-2)=0$

$\therefore x=-1$ 또는 $x=2$

따라서 그림에서 구하는 도형의 넓이는

$$\int_{-1}^2 \{(-x^3+x+4)-(-2x+2)\}\,dx$$

$$=\int_{-1}^2 (-x^3+3x+2)\,dx=\left[-\frac{1}{4}x^4+\frac{3}{2}x^2+2x\right]_{-1}^2=6-\left(-\frac{3}{4}\right)=\frac{27}{4}$$

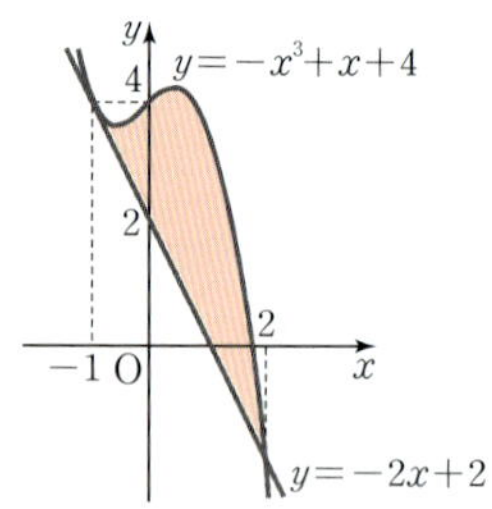

$-x^3+x+4=-2x+2$, 즉 $x^3-3x-2=0$은 접점의 x좌표인 -1을 중근으로 갖는다.
따라서 또 다른 실근을 β라 할 때, 삼차방정식의 근과 계수의 관계를 이용하면
$-1-1+\beta=0$ $\quad \therefore \beta=2$

정답 $\dfrac{27}{4}$

Bible Says

최고차항의 계수가 $a\ (a\neq 0)$인 삼차함수 $f(x)$에 대하여 곡선 $y=f(x)$와 직선 $y=g(x)$가

점 $(\alpha, f(\alpha))$에서 접하고 또 다른 한 점 $(\beta, f(\beta))$에서 만날 때,

곡선과 직선으로 둘러싸인 부분의 넓이는 $\dfrac{|a|}{12}(\beta-\alpha)^4$

이 공식을 이용하면 위의 문제에서 구하는 도형의 넓이는 $\dfrac{|-1|}{12}\times\{2-(-1)\}^4=\dfrac{27}{4}$

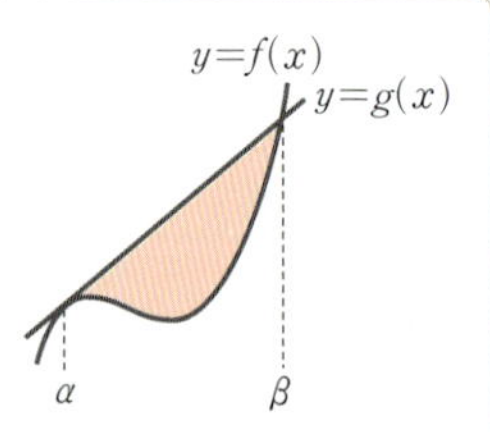

한 번 더하기

03-1 곡선 $y=x^3-4x^2+5x-1$과 이 곡선 위의 점 $(2,\ 1)$에서의 접선으로 둘러싸인 도형의 넓이를 구하시오.

표현 더하기

03-2 곡선 $y=x^2-2x$와 이 곡선 위의 두 점 $(0,\ 0)$, $(2,\ 0)$에서의 두 접선으로 둘러싸인 도형의 넓이를 구하시오.

표현 더하기

03-3 곡선 $y=\dfrac{1}{3}x^2-ax$와 이 곡선 위의 점 $(3,\ 0)$에서의 접선 및 y축으로 둘러싸인 도형의 넓이를 구하시오. (단, a는 상수이다.)

실력 더하기

03-4 최고차항의 계수가 양수인 삼차함수 $y=f(x)$의 그래프 위의 점 $(-1,\ f(-1))$에서의 접선 $y=g(x)$가 곡선 $y=f(x)$와 $x=1$인 점에서 만난다. 곡선 $y=f(x)$와 직선 $y=g(x)$로 둘러싸인 도형의 넓이가 4일 때, $f(3)-g(3)$의 값을 구하시오.

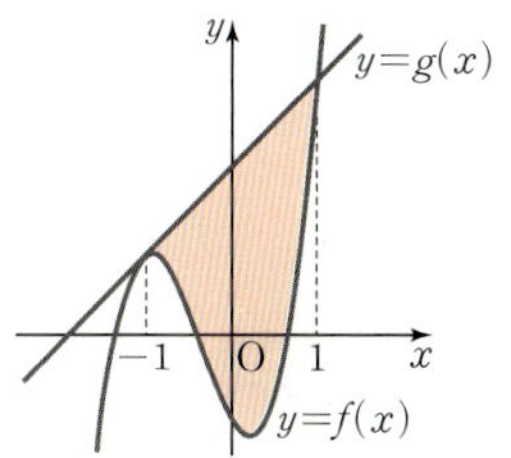

대표 예제 | 04

그림과 같이 두 곡선 $y=x^2-kx$, $y=x(x-k)^2$으로 둘러싸인
두 도형 A, B의 넓이가 서로 같을 때, 상수 k의 값을 구하시오. (단, $k<-1$)

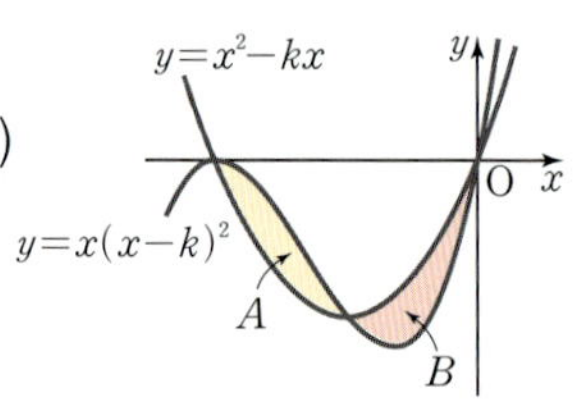

바로 접근

그림과 같이 두 곡선 $y=f(x)$, $y=g(x)$로 둘러싸인 두 도형 A, B의
넓이가 서로 같을 때

$$\int_a^b \{f(x)-g(x)\}dx=0$$

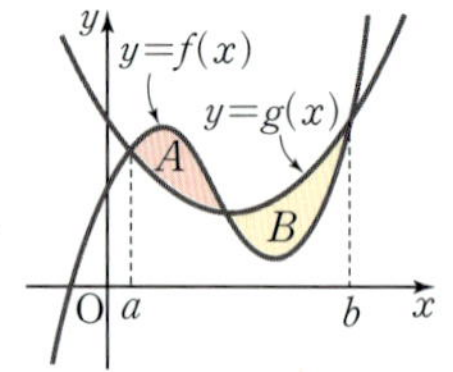

바른 풀이

두 곡선의 교점의 x좌표는 $x^2-kx=x(x-k)^2$에서

$x(x-k)(x-k-1)=0$ $\therefore x=0$ 또는 $x=k$ 또는 $x=k+1$

두 곡선으로 둘러싸인 두 도형 A, B의 넓이가 서로 같으므로

$$\int_k^0 \{(x^2-kx)-x(x-k)^2\}dx=0$$

$$\int_k^0 \{-x^3+(2k+1)x^2-(k^2+k)x\}dx$$

$$=\left[-\frac{1}{4}x^4+\frac{2k+1}{3}x^3-\frac{k^2+k}{2}x^2\right]_k^0$$

$$=\frac{1}{12}k^4+\frac{1}{6}k^3=\frac{1}{12}k^3(k+2)=0$$

$$\therefore k=-2 \ (\because k<-1)$$

정답 -2

Bible Says

그림과 같이 삼차함수 $f(x)=k(x-\alpha)(x-\beta)(x-\gamma)$ ($\alpha<\beta<\gamma$이고, $k\ne0$인 상수)에 대하여 다음은 모두 같은 표현이다.

곡선 $y=f(x)$와 x축으로 둘러싸인 두 도형 A, B의 넓이가 서로 같다.

$$\Leftrightarrow \int_\alpha^\beta |f(x)|dx=\int_\beta^\gamma |f(x)|dx \Leftrightarrow \int_\alpha^\beta f(x)dx=-\int_\beta^\gamma f(x)dx$$

$$\Leftrightarrow \int_\alpha^\gamma f(x)dx=0 \Leftrightarrow \frac{\alpha+\gamma}{2}=\beta \Leftrightarrow 함수\ y=f(x)의\ 그래프는\ 점\ (\beta,\,0)에\ 대하여\ 대칭이다.$$

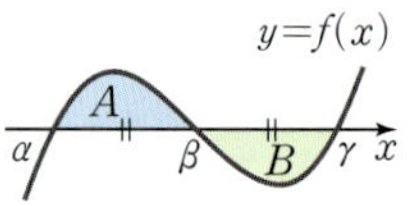

04-1 함수 $f(x)=x^2(x-1)(x-a)\,(a>1)$에 대하여 곡선 $y=f(x)$와 x축으로 둘러싸인 두 도형의 넓이가 서로 같을 때, $f(3)$의 값을 구하시오.

04-2 그림과 같이 곡선 $y=x^2+ax+b$는 점 $(3,\,0)$을 지난다. 이 곡선과 x축 및 y축으로 둘러싸인 두 도형의 넓이가 서로 같을 때, 상수 $a,\,b$에 대하여 ab의 값을 구하시오.

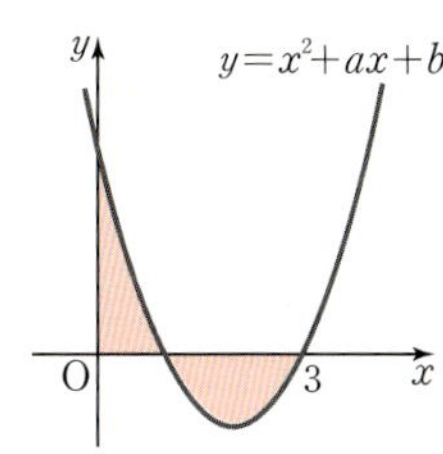

04-3 그림과 같이 곡선 $y=-x^2+6x+k$와 x축 및 y축으로 둘러싸인 두 도형의 넓이를 $A,\,B$라 하자. $B=2A$일 때, 상수 k의 값을 구하시오. (단, $-9<k<0$)

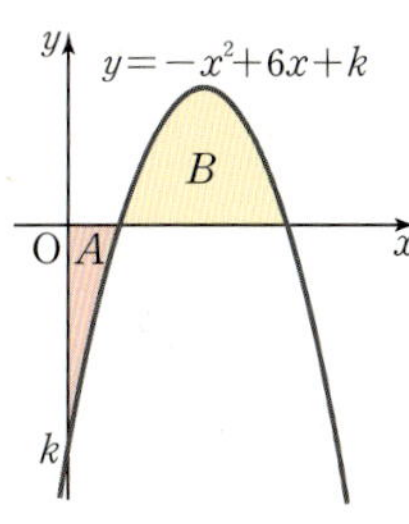

04-4 함수 $f(x)=ax(x+1)(x-2)\,(a>0)$에 대하여 그림과 같이 곡선 $y=f(x)$와 x축으로 둘러싸인 두 도형의 넓이를 $A,\,B$라 하자. $A-B=-9$일 때, $f(1)$의 값을 구하시오.

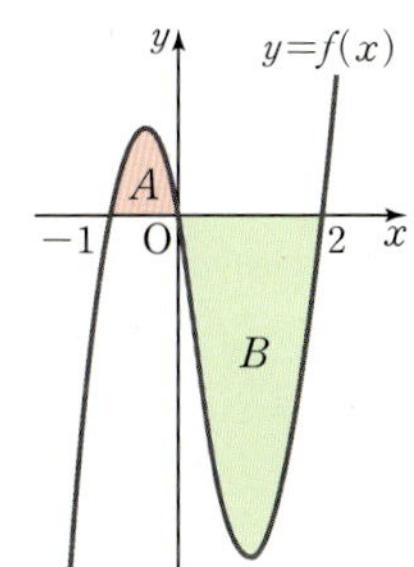

대표 예제 | 05

다음 물음에 답하시오.

(1) 곡선 $y=-x^2+mx$와 x축으로 둘러싸인 도형의 넓이를 직선 $y=(m-2)x$가 이등분하도록 하는 상수 m에 대하여 m^3의 값을 구하시오. (단, $m>2$)

(2) 그림과 같이 곡선 $y=(x-k)(x-1)$과 x축 및 y축으로 둘러싸인 도형의 넓이를 S_1, 이 곡선과 x축으로 둘러싸인 도형의 넓이를 S_2라 하자. S_1+S_2가 최소가 되도록 하는 상수 k의 값을 구하시오. (단, $0<k<1$)

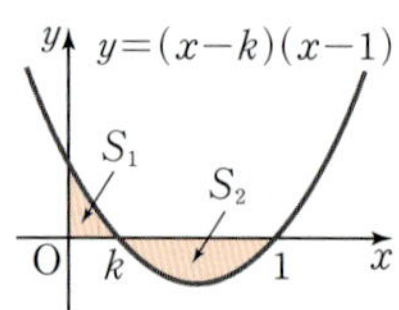

바로 접근

(1) 그림과 같이 곡선 $y=f(x)$와 x축으로 둘러싸인 도형의 넓이 S를 직선 $y=g(x)$가 이등분할 경우 $\int_\alpha^\beta |f(x)-g(x)|\,dx=\dfrac{1}{2}S$이다.

(2) 도형의 넓이를 $S(k)$라 할 때, 도함수 $S'(k)$를 이용하여 최댓값 또는 최솟값을 구한다.

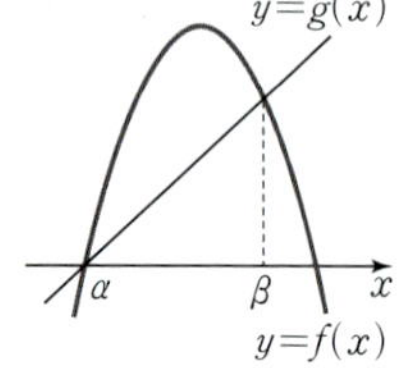

바른 풀이

(1) 곡선 $y=-x^2+mx$와 직선 $y=(m-2)x$의 교점의 x좌표를 구하면
$-x^2+mx=(m-2)x$에서 $x(x-2)=0$ $\quad\therefore x=0$ 또는 $x=2$
곡선과 x축으로 둘러싸인 부분의 넓이를 S_1, 곡선과 직선으로 둘러싸인 부분의 넓이를 S_2라 하자.

$$S_1=\int_0^m (-x^2+mx)\,dx=\left[-\frac{1}{3}x^3+\frac{m}{2}x^2\right]_0^m=\frac{1}{6}m^3$$

$$S_2=\int_0^2 \{-x^2+mx-(m-2)x\}\,dx=\int_0^2 (2x-x^2)\,dx=\left[x^2-\frac{1}{3}x^3\right]_0^2=\frac{4}{3}$$

$S_1=2S_2$이므로 $\dfrac{1}{6}m^3=2\times\dfrac{4}{3}$ $\quad\therefore m^3=16$

(2) $S_1+S_2=S(k)$라 하자.

$$S(k)=\int_0^k \{x^2-(k+1)x+k\}\,dx+\int_k^1 \{-x^2+(k+1)x-k\}\,dx$$

$$=\left[\frac{1}{3}x^3-\frac{k+1}{2}x^2+kx\right]_0^k+\left[-\frac{1}{3}x^3+\frac{k+1}{2}x^2-kx\right]_k^1=-\frac{1}{3}k^3+k^2-\frac{1}{2}k+\frac{1}{6}$$

$S'(k)=-k^2+2k-\dfrac{1}{2}=0$에서 $k=1-\dfrac{\sqrt{2}}{2}$ ($\because 0<k<1$)

k	(0)	$\cdots$	$1-\dfrac{\sqrt{2}}{2}$	$\cdots$	(1)
$S'(k)$		$-$	0	$+$	
$S(k)$		$\searrow$	극소	$\nearrow$	

$0<k<1$에서 함수 $S(k)$는 $k=1-\dfrac{\sqrt{2}}{2}$일 때 극소이면서 최소이다.

정답 (1) 16 (2) $1-\dfrac{\sqrt{2}}{2}$

Bible Says

넓이 공식을 이용하면 (1)에서 $S_1=\dfrac{1}{6}\times(m-0)^3=\dfrac{1}{6}m^3$, $S_2=\dfrac{1}{6}\times(2-0)^3=\dfrac{4}{3}$

한번 더하기

05-1 곡선 $y=x^2-2x$와 직선 $y=mx$로 둘러싸인 도형의 넓이가 x축에 의하여 이등분될 때, 상수 m에 대하여 $(m+2)^3$의 값을 구하시오.

표현 더하기

05-2 두 곡선 $y=x^2-x$, $y=-2x^2+2x$로 둘러싸인 도형의 넓이를 곡선 $y=ax^2-ax\ (-2<a<0)$가 이등분할 때, 상수 a의 값을 구하시오.

표현 더하기

05-3 두 곡선 $y=ax^3$, $y=-\dfrac{1}{4a}x^3$과 직선 $x=1$로 둘러싸인 도형의 넓이의 최솟값을 구하시오.

(단, $a>0$)

실력 더하기

05-4 곡선 $y=x^2-3x-2$와 직선 $y=kx$로 둘러싸인 도형의 넓이의 최솟값을 구하시오.

(단, k는 실수이다.)

대표 예제 | 06

다음 물음에 답하시오.

(1) 함수 $f(x)=4x^3-2x^2+x$의 역함수를 $g(x)$라 할 때, 두 곡선 $y=f(x)$, $y=g(x)$로 둘러싸인 도형의 넓이를 구하시오.

(2) 함수 $f(x)=x^3+2x+2$의 역함수를 $g(x)$라 할 때, $\displaystyle\int_2^5 g(x)dx$의 값을 구하시오.

바로 접근

(1) 함수 $y=f(x)$와 그 역함수 $y=g(x)$의 그래프로 둘러싸인 도형의 넓이는 직선 $y=x$와 함수 $y=f(x)$의 그래프로 둘러싸인 도형의 넓이의 2배이다.

(2) 함수 $y=f(x)$와 그 역함수 $y=g(x)$의 그래프는 직선 $y=x$에 대하여 대칭임을 이용한다.

바른 풀이

(1) 두 곡선 $y=f(x)$와 $y=g(x)$는 직선 $y=x$에 대하여 대칭이므로 두 곡선으로 둘러싸인 도형의 넓이는 곡선 $y=f(x)$와 직선 $y=x$로 둘러싸인 도형의 넓이의 2배와 같다.

곡선 $y=4x^3-2x^2+x$와 직선 $y=x$의 교점의 x좌표는

$4x^3-2x^2+x=x$에서 $4x^3-2x^2=0$

$2x^2(2x-1)=0$ $\quad\therefore x=0$ 또는 $x=\dfrac{1}{2}$

따라서 구하는 넓이는

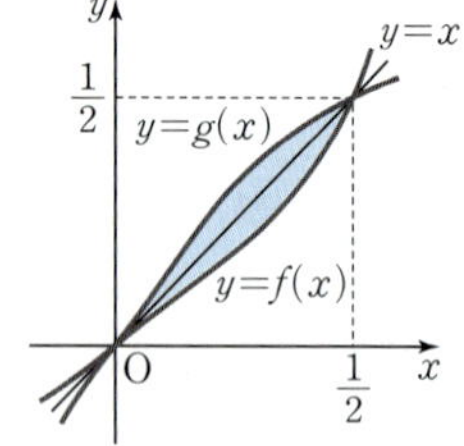

$$\int_0^{\frac{1}{2}}|g(x)-f(x)|dx=2\int_0^{\frac{1}{2}}|x-f(x)|dx=2\int_0^{\frac{1}{2}}(-4x^3+2x^2)dx$$

$$=2\left[-x^4+\frac{2}{3}x^3\right]_0^{\frac{1}{2}}=2\times\frac{1}{48}=\frac{1}{24}$$

(2) $f(x)=x^3+2x+2$에서 $f'(x)=3x^2+2>0$

$f(0)=2$, $f(1)=5$이므로 $y=f(x)$의 그래프는 두 점 $(0,\,2)$, $(1,\,5)$를 지나며 증가하는 곡선이고 두 곡선 $y=f(x)$, $y=g(x)$는 직선 $y=x$에 대하여 대칭이다.

따라서 그림에서 색칠한 두 부분의 넓이가 같으므로

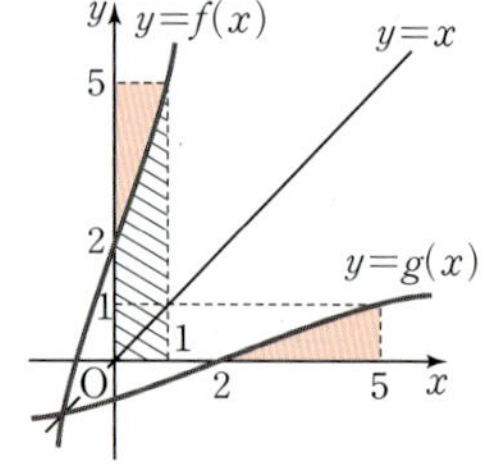

$$\int_2^5 g(x)dx=1\times5-(\text{빗금 친 도형의 넓이})$$

$$\therefore \int_2^5 g(x)dx=5-\int_0^1 f(x)dx=5-\int_0^1 (x^3+2x+2)dx$$

$$=5-\left[\frac{1}{4}x^4+x^2+2x\right]_0^1=5-\frac{13}{4}=\frac{7}{4}$$

정답 (1) $\dfrac{1}{24}$ (2) $\dfrac{7}{4}$

Bible Says

위의 문제에서 역함수는 구할 수 없으므로 그래프의 대칭성을 이용하여 묻는 값을 찾을 수 있다.

06-1 다음 물음에 답하시오.

(1) 함수 $f(x)=x^3-x^2+x$의 역함수를 $g(x)$라 할 때, 두 곡선 $y=f(x)$, $y=g(x)$로 둘러싸인 도형의 넓이를 구하시오.

(2) 함수 $f(x)=x^2+1$ $(x\geq0)$의 역함수를 $g(x)$라 할 때, $\int_0^1 f(x)dx+\int_1^2 g(x)dx$의 값을 구하시오.

06-2 그림은 함수 $y=f(x)$와 그 역함수 $y=g(x)$의 그래프이다. 두 함수의 그래프가 두 점 A(1, 1), B(4, 4)에서 만나고 $\int_1^4 f(x)dx=\dfrac{21}{2}$일 때, 두 곡선 $y=f(x)$, $y=g(x)$로 둘러싸인 도형의 넓이를 구하시오.

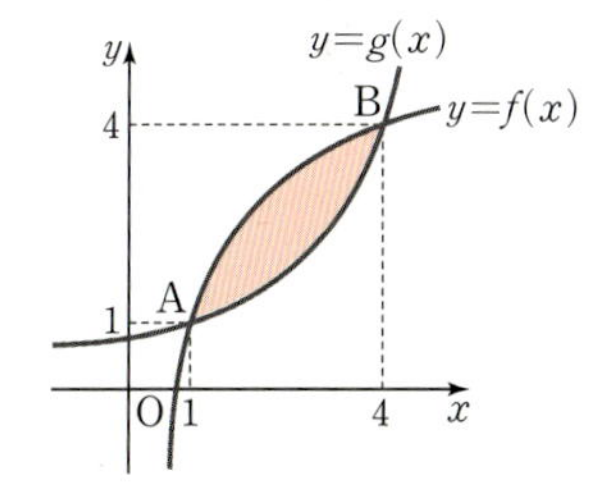

06-3 함수 $f(x)=\sqrt{2x-2}$의 역함수를 $g(x)$라 할 때, $\int_1^3 f(x)dx+\int_0^2 g(x)dx$의 값을 구하시오.

06-4 함수 $f(x)=x^3+2$의 역함수를 $g(x)$라 할 때, $\int_3^{10} g(x)dx$의 값을 구하시오.

02 속도와 거리

1 수직선 위를 움직이는 점의 위치와 움직인 거리

수직선 위를 움직이는 점 P의 시각 t에서의 속도가 $v(t)$이고, 시각 $t=a$에서의 점 P의 위치가 x_0일 때 다음이 성립한다.

(1) 시각 t에서 점 P의 위치는 $x_0 + \displaystyle\int_a^t v(t)dt$

(2) 시각 $t=a$에서 시각 $t=b$까지 점 P의 위치의 변화량은 $\displaystyle\int_a^b v(t)dt$

(3) 시각 $t=a$에서 시각 $t=b$까지 점 P가 움직인 거리는 $\displaystyle\int_a^b |v(t)|dt$

Ⅱ. 미분 단원에서 수직선 위를 움직이는 점 P의 시각 t에서의 위치 x가 $x=f(t)$일 때, 시각 t에서의 속도 $v(t)$가 다음과 같음을 학습하였다.

$$v(t) = \frac{dx}{dt} = f'(t)$$

수직선 위를 움직이는 점의 위치를 미분하면 속도를 구할 수 있듯이
수직선 위를 움직이는 점 P의 시각 t에서의 속도가 $v(t)$일 때, 위치 $x=f(t)$를 다음과 같이 구할 수 있다.

시각 $t=a$에서의 점 P의 위치를 x_0이라 하면 $f(t)$는 $v(t)$의 한 부정적분이므로

$$\int_a^t v(t)dt = f(t) - f(a) = f(t) - x_0$$

이다. 따라서 시각 t에서 점 P의 위치는

$$x = f(t) = x_0 + \int_a^t v(t)dt$$

이다. 또한 시각 $t=a$에서 $t=b$까지 점 P의 위치의 변화량은

$$f(b) - f(a) = \left(x_0 + \int_a^b v(t)dt \right) - x_0$$

$$= \int_a^b v(t)dt \quad \leftarrow (t=b\text{에서의 위치}) - (t=a\text{에서의 위치})$$

이다.

원점을 출발하여 수직선 위를 움직이는 점 P의 시각 t에서의 속도가 $v(t)=4-t$이다. 시각 t에서의 위치를 $f(t)$라 할 때

(1) 점 P가 원점에서 출발했으므로 시각 $t=3$에서의 점 P의 위치는

$$f(3)=0+\int_0^3 v(t)dt=\int_0^3 (4-t)dt=\left[4t-\frac{1}{2}t^2\right]_0^3=\frac{15}{2}$$

(2) 시각 $t=2$에서 시각 $t=4$까지 점 P의 위치의 변화량은

$$f(4)-f(2)=\int_2^4 v(t)dt=\int_2^4 (4-t)dt=\left[4t-\frac{1}{2}t^2\right]_2^4=8-6=2$$

주의 만약 좌표가 1인 점에서 출발했다면 시각 t에서의 점 P의 위치는 $f(t)=1+\int_0^t v(t)dt$이다. 이처럼 처음 위치에 따라 시각 t에서의 위치가 달라지므로 처음 위치에 주의하자.

수직선 위를 움직이는 점 P의 시각 t에서의 속도 $v(t)$와 위치 $f(t)$에 대하여 $v(t)>0$이면 점 P는 양의 방향으로 움직이고, $v(t)<0$이면 점 P는 음의 방향으로 움직인다.

따라서 점 P가 시각 $t=a$에서 $t=b$까지 움직인 거리 s는 다음과 같이 점 P가 양의 방향으로 움직일 때와 음의 방향으로 움직일 때로 나누어 구한다.

(ⅰ) 닫힌구간 $[a,\ b]$에서 $v(t)\geq0$인 경우

점 P가 움직인 거리는 점 P의 $t=b$에서의 위치에서 $t=a$에서의 위치를 뺀 것과 같다.

$$s=f(b)-f(a)$$
$$=\int_a^b v(t)dt=\int_a^b |v(t)|dt$$

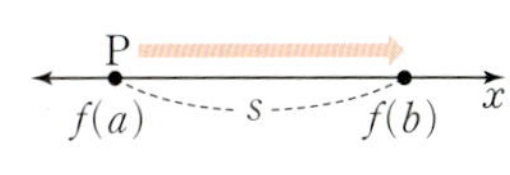

(ⅱ) 닫힌구간 $[a,\ b]$에서 $v(t)\leq0$인 경우

점 P가 움직인 거리는 점 P의 $t=a$에서의 위치에서 $t=b$에서의 위치를 뺀 것과 같다.

$$s=f(a)-f(b)$$
$$=\int_b^a v(t)dt=\int_a^b \{-v(t)\}dt=\int_a^b |v(t)|dt$$

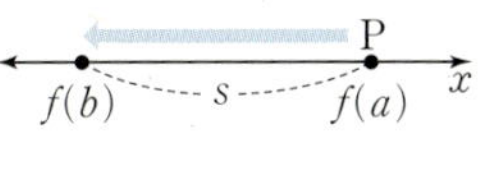

(ⅲ) 닫힌구간 $[a,\ c]$에서 $v(t)\geq0$이고, 닫힌구간 $[c,\ b]$에서 $v(t)\leq0$인 경우

점 P가 $t=a$에서 $t=c$까지 움직인 거리 s_1은 (ⅰ)에 의하여

$$s_1=f(c)-f(a)=\int_a^c v(t)dt=\int_a^c |v(t)|dt$$

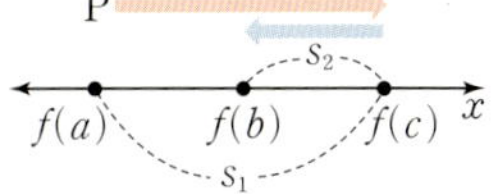

이고, 점 P가 $t=c$에서 $t=b$까지 움직인 거리 s_2는 (ⅱ)에 의하여

$$s_2=f(c)-f(b)=\int_b^c v(t)dt=\int_c^b \{-v(t)\}dt=\int_c^b |v(t)|dt$$

이므로

$$s=s_1+s_2$$
$$=\{f(c)-f(a)\}+\{f(c)-f(b)\}$$
$$=\int_a^c |v(t)|dt+\int_c^b |v(t)|dt=\int_a^b |v(t)|dt$$

(ⅰ), (ⅱ), (ⅲ)에서 시각 $t=a$에서 $t=b$까지 점 P가 움직인 거리 s는

$$s=\int_a^b |v(t)|dt$$

이때 위치의 변화량과 움직인 거리를 비교해 보자.

수직선 위를 움직이는 점 P의 시각 t에서의 속도를 $v(t)$라 할 때,
시각 $t=a$에서 시각 $t=b$까지 점 P의 위치의 변화량은

$$\int_a^b v(t)dt \leftarrow \text{정적분}$$

이고, 단순히 점 P의 위치가 변화한 양이므로 0 또는 음수일 수도 있다.
또한 시각 $t=a$에서 시각 $t=b$까지 점 P가 움직인 거리는

$$\int_a^b |v(t)|dt \leftarrow \text{넓이}$$

이고 실제로 점 P가 움직인 거리의 총합이므로 음수일 수 없다.

예를 들어 수직선 위를 움직이는 점 P가 $0 \leq t \leq 3$에서 양의 방향으로 5만큼, $3 \leq t \leq 6$에서 음의
방향으로 7만큼 움직였다고 하자.

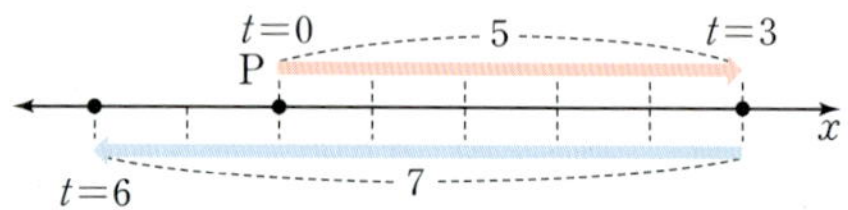

시각 $t=0$에서 $t=6$까지 점 P의 위치의 변화량은 $5-7=-2$이고,
시각 $t=0$에서 $t=6$까지 점 P가 움직인 거리는 $5+7=12$이다.

example 원점을 출발하여 수직선 위를 움직이는 점 P의 시각 t에서의 속도가 $v(t)=2t-6$일 때
(1) 시각 $t=1$에서 시각 $t=4$까지 점 P의 위치의 변화량은

$$\int_1^4 v(t)dt = \int_1^4 (2t-6)dt$$

$$= \Big[t^2-6t \Big]_1^4 = (-8)-(-5) = -3$$

(2) 시각 $t=1$에서 시각 $t=4$까지 점 P가 움직인 거리는

$$|v(t)| = \begin{cases} -2t+6 & (1 \leq t \leq 3) \\ 2t-6 & (3 \leq t \leq 4) \end{cases} \text{이므로}$$

$$\int_1^4 |v(t)|dt = \int_1^3 (-2t+6)dt + \int_3^4 (2t-6)dt$$

$$= \Big[-t^2+6t \Big]_1^3 + \Big[t^2-6t \Big]_3^4 = 4+1 = 5$$

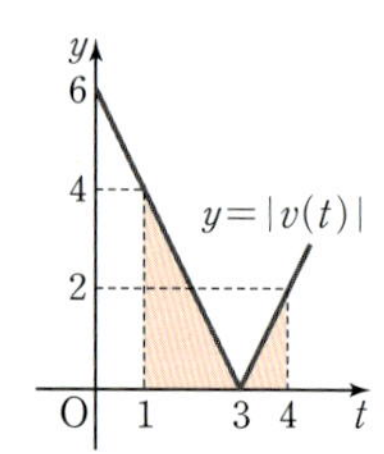

참고 (2)에서 삼각형의 넓이를 이용하여 점 P가 움직인 거리를 구하면

$$\int_1^4 |v(t)|dt = \frac{1}{2}\times 2 \times 4 + \frac{1}{2}\times 1 \times 2 = 4+1 = 5 \leftarrow \text{두 직각삼각형의 넓이의 합}$$

개념 CHECK

02. 속도와 거리

01 원점을 출발하여 수직선 위를 움직이는 점 P의 시각 t에서의 속도가 $v(t)=3t^2+8t-12$이다. 시각 $t=a$에서 점 P의 위치가 원점일 때, a의 값을 구하시오. (단, $a>0$)

02 지상 40 m의 높이에서 10 m/s의 속도로 지면에 수직인 방향으로 던져 올린 공의 t $(0 \leq t \leq 4)$ 초 후의 속도가 $v(t)=10-10t\,(\text{m/s})$일 때, 다음을 구하시오.

⑴ 공을 던져 올린 순간부터 1초 후 공의 지면으로부터의 높이
⑵ 공을 던져 올린 지 1초 후부터 3초 후까지 공의 위치의 변화량
⑶ 공을 던져 올린 후 3초 동안 공이 움직인 거리

03 직선 철로를 초속 28 m로 달리는 어느 열차가 제동을 건 지 t초 후의 속도가
$$v(t)=28-7t\,(\text{m/s})$$
일 때, 이 열차가 제동을 건 후 정지할 때까지 움직인 거리를 구하시오. (단, $0 \leq t \leq 4$)

대표 예제 | 07

수직선 위를 움직이는 점 P의 시각 t에서의 속도가 $v_1(t)=t^2-6t+8$이고 $t=0$일 때의 점 P의 위치가 2일 때, 다음을 구하시오.

(1) 처음으로 운동 방향이 바뀔 때의 점 P의 위치

(2) 시각 $t=1$에서 시각 $t=3$까지 점 P의 위치의 변화량

(3) 원점을 출발하여 수직선 위를 움직이는 점 Q의 시각 $t\ (t\geq0)$에서의 속도가 $v_2(t)=-4t+1$일 때, 시각 $t=2$에서 두 점 P, Q 사이의 거리

바로 접근

(1) 수직선 위를 움직이는 점의 운동 방향이 바뀔 때의 속도는 0이다.

(2) 시각 $t=a$에서 시각 $t=b$까지 점 P의 위치의 변화량은 $\int_a^b v_1(t)dt$이다.

(3) 시각 $t=2$에서 두 점 P, Q 사이의 거리는 |(점 P의 위치)$-$(점 Q의 위치)|이다.

바른 풀이

(1) 점 P의 운동 방향이 바뀔 때의 속도는 0이므로

$v_1(t)=0$에서 $t^2-6t+8=(t-2)(t-4)=0$ ∴ $t=2$ 또는 $t=4$

따라서 처음으로 운동 방향이 바뀔 때의 점 P의 위치는 시각 $t=0$일 때의 점 P의 위치가 2이므로

$$2+\int_0^2 v_1(t)dt=2+\int_0^2 (t^2-6t+8)dt$$

$$=2+\left[\frac{1}{3}t^3-3t^2+8t\right]_0^2=2+\frac{20}{3}=\frac{26}{3}$$

(2) 시각 $t=1$에서 시각 $t=3$까지 점 P의 위치의 변화량은

$$\int_1^3 v_1(t)dt=\int_1^3 (t^2-6t+8)dt$$

$$=\left[\frac{1}{3}t^3-3t^2+8t\right]_1^3=6-\frac{16}{3}=\frac{2}{3}$$

(3) (1)에서 $t=2$일 때 점 P의 위치는 $\frac{26}{3}$이다.

$t=2$일 때 점 Q의 위치는 시각 $t=0$일 때 점 Q의 위치가 0이므로

$$0+\int_0^2 v_2(t)dt=\int_0^2 (-4t+1)dt=\left[-2t^2+t\right]_0^2=-6$$

따라서 두 점 P, Q 사이의 거리는 $\left|\frac{26}{3}-(-6)\right|=\frac{44}{3}$

정답 (1) $\frac{26}{3}$ (2) $\frac{2}{3}$ (3) $\frac{44}{3}$

Bible Says

위치의 변화량은 속도를 정적분한 값이므로 0이거나 음수일 수도 있다.

한번 더하기

07-1

원점을 출발하여 수직선 위를 움직이는 점 P의 시각 t에서의 속도가 $v(t)=3t^2-9t+6$일 때, 점 P가 처음으로 운동 방향을 바꿀 때의 점 P의 위치를 구하시오.

표현 더하기

07-2

원점을 출발하여 수직선 위를 움직이는 점 P의 시각 t에서의 속도가 $v(t)=t^2-4t+a$일 때, 시각 $t=3$에서 점 P의 위치가 9이다. 상수 a의 값을 구하시오.

표현 더하기

07-3

수직선 위를 움직이는 점 P의 시각 t에서의 속도가

$$v(t)=\begin{cases} t^2-2t & (0\le t\le 1) \\ -t^2+3t-3 & (t>1) \end{cases}$$

이다. 시각 $t=2$에서 점 P의 위치가 $\dfrac{3}{2}$일 때, 시각 $t=0$에서 점 P의 위치를 구하시오.

실력 더하기

07-4

좌표가 a인 점에서 출발하여 수직선 위를 움직이는 점 P의 시각 t에서의 속도가 $v(t)=-2t+4$일 때, 점 P가 출발한 후 원점을 한 번만 지나도록 하는 10 이하의 정수 a의 개수를 구하시오.

대표 예제 | 08

원점을 출발하여 수직선 위를 움직이는 점 P의 시각 t에서의 속도가 $v(t)=3t^2-12t+9$일 때, 다음을 구하시오.

(1) 점 P가 출발한 후 다시 원점으로 돌아올 때까지 움직인 거리

(2) 점 P가 출발한 후 속도가 9가 될 때까지 움직인 거리

B로 접근

(1) $\displaystyle\int_0^a v(t)dt=0$을 만족시키는 양수 a에 대하여 구하는 움직인 거리는 $\displaystyle\int_0^a |v(t)|dt$

(2) 방정식 $v(t)=9$의 양수인 해를 b라 하면 구하는 움직인 거리는 $\displaystyle\int_0^b |v(t)|dt$

B른 풀이

(1) 점 P가 출발한 후 다시 원점으로 돌아올 때의 시각을 $t=a$라 하면

$$\int_0^a v(t)dt=\int_0^a (3t^2-12t+9)dt=\left[t^3-6t^2+9t\right]_0^a$$

$$=a^3-6a^2+9a=a(a-3)^2=0 \qquad \therefore a=3 \ (\because a>0)$$

따라서 점 P가 출발한 후 다시 원점으로 돌아올 때까지 움직인 거리는

$$\int_0^3 |v(t)|dt=\int_0^3 |3t^2-12t+9|dt$$

$$=\int_0^1 (3t^2-12t+9)dt+\int_1^3 (-3t^2+12t-9)dt$$

$$=\left[t^3-6t^2+9t\right]_0^1+\left[-t^3+6t^2-9t\right]_1^3=4+4=8$$

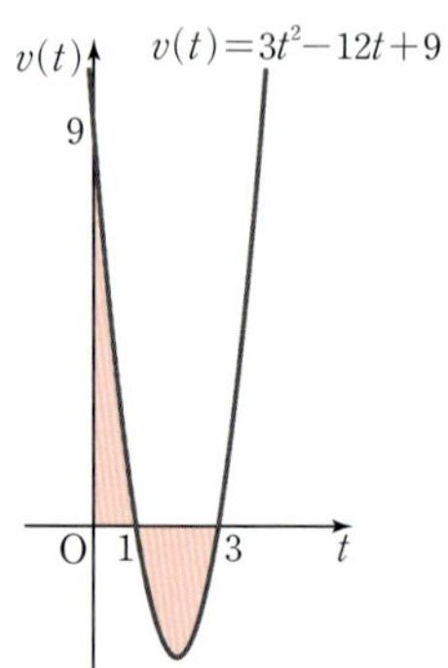

(2) 점 P의 속도가 9일 때의 시각은

$$v(t)=3t^2-12t+9=9, \ 3t(t-4)=0 \qquad \therefore t=4 \ (\because t>0)$$

점 P가 출발한 후 속도가 9가 될 때까지 움직인 거리는

$$\int_0^4 |v(t)|dt \underset{\substack{\text{직선 } t=2\text{에} \\ \text{대하여 대칭}}}{=} 2\int_0^2 |v(t)|dt$$

$$=2\int_0^1 (3t^2-12t+9)dt+2\int_1^2 (-3t^2+12t-9)dt$$

$$=2\left[t^3-6t^2+9t\right]_0^1+2\left[-t^3+6t^2-9t\right]_1^2=2\times4+2\times2=12$$

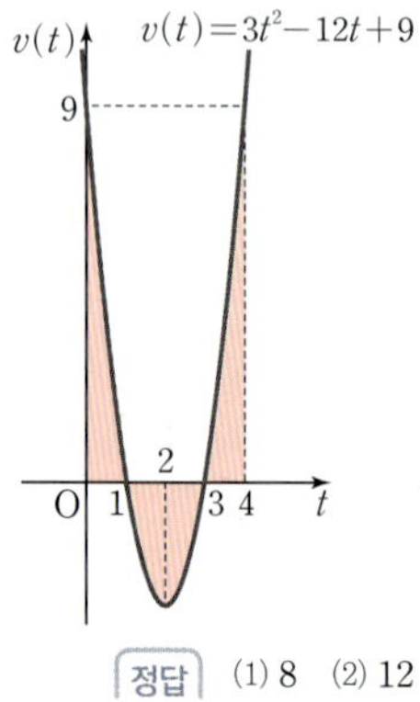

정답 (1) 8 (2) 12

Bible Says

위의 문제에서 점 P가 오른쪽 그림과 같이 움직이므로 $\displaystyle\int_0^1 |v(t)|dt=\int_1^3 |v(t)|dt$이다.

따라서 (1)에서 $\displaystyle\int_0^3 |v(t)|dt=2\int_0^1 |v(t)|dt$, (2)에서 $\displaystyle\int_0^4 |v(t)|dt=3\int_0^1 |v(t)|dt$로 계산할 수도 있다.

한 번 더하기

08-1

원점을 출발하여 수직선 위를 움직이는 점 P의 시각 t에서의 속도가 $v(t)=4t^3-12t^2$이다. 점 P가 출발한 후 다시 원점으로 돌아올 때까지 움직인 거리를 구하시오.

표현 더하기 교육청 기출

08-2

수직선 위를 움직이는 점 P의 시각 t $(t \geq 0)$에서의 속도 $v(t)$가
$$v(t)=4t^3-48t$$
이다. 시각 $t=k$ $(k>0)$에서 점 P의 가속도가 0일 때, 시각 $t=0$에서 $t=k$까지 점 P가 움직인 거리를 구하시오. (단, k는 상수이다.)

표현 더하기

08-3

지상 25 m의 높이에서 처음 속도 20 m/s로 지면에 수직인 방향으로 쏘아 올린 물체의 t초 후의 속도가 $v(t)=-10t+20 \, (\text{m/s})$이다. 이 물체가 지면에 떨어질 때까지 움직인 거리를 구하시오.

표현 더하기

08-4

직선 도로를 30 m/s의 속도로 달리는 어느 자동차에 제동을 건 지 t초 후의 속도는 $v(t)=-at+30 \, (\text{m/s})$이다. 이 자동차가 제동을 건 지점으로부터 150 m를 미끄러진 후 완전히 정지하였을 때, 상수 a의 값을 구하시오.

대표 예제 | 09

원점을 출발하여 수직선 위를 움직이는 점 P의 시각 t에서의 속도 $v(t)$의 그래프가 그림과 같을 때, 다음을 구하시오. (단, $0 \le t \le 9$)

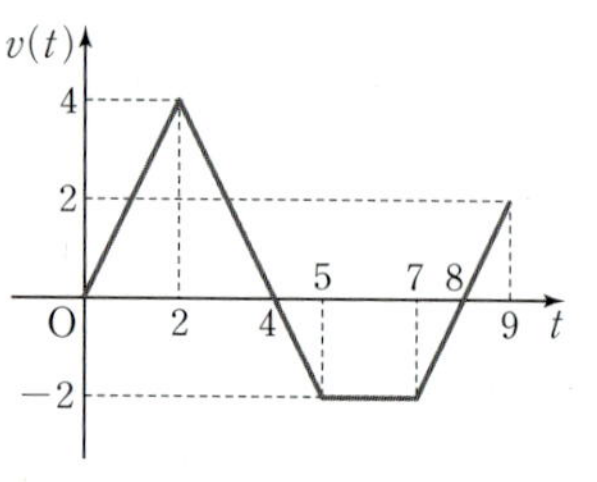

(1) 시각 $t=5$에서 점 P의 위치

(2) 점 P가 출발한 후 운동 방향을 두 번째로 바꿀 때까지 움직인 거리

B바로 접근

(1) 적분 구간을 구한 후 $v(t)$의 정적분의 값을 계산한다.

(2) 적분 구간을 구한 후 $|v(t)|$의 정적분의 값을 계산한다.

B바른 풀이

점 P의 시각 t에서의 속도는 $v(t) = \begin{cases} 2t & (0 \le t \le 2) \\ -2t+8 & (2 \le t \le 5) \\ -2 & (5 \le t \le 7) \\ 2t-16 & (7 \le t \le 9) \end{cases}$

(1) 시각 $t=5$에서 점 P의 위치는

$$\int_0^5 v(t)dt = \int_0^2 2t\,dt + \int_2^5 (-2t+8)dt = \left[t^2 \right]_0^2 + \left[-t^2+8t \right]_2^5 = 4+3 = 7$$

(2) 운동 방향을 바꾸게 되는 시각은 $v(t)=0$인 시각 $t=4$, $t=8$이므로

점 P는 출발한 후 운동 방향을 $t=4$일 때 처음으로 바꾸고 $t=8$일 때 두 번째로 바꾼다.

따라서 점 P가 출발한 후 운동 방향을 두 번째로 바꿀 때까지 움직인 거리는

$$\int_0^8 |v(t)|dt = \int_0^4 v(t)dt + \int_4^8 \{-v(t)\}dt$$

$$= \int_0^2 2t\,dt + \int_2^4 (-2t+8)dt + \int_4^5 (2t-8)dt + \int_5^7 2\,dt + \int_7^8 (-2t+16)dt$$

$$= \left[t^2 \right]_0^2 + \left[-t^2+8t \right]_2^4 + \left[t^2-8t \right]_4^5 + \left[2t \right]_5^7 + \left[-t^2+16t \right]_7^8$$

$$= 4+4+1+4+1 = 14$$

정답 (1) 7 (2) 14

Bible Says

속도 $v(t)$의 그래프가 그림과 같이 직선으로 연결된 경우 넓이를 이용하여 답을 구할 수도 있다.
이때 넓이를 구하기 쉬운 삼각형, 사각형으로 나누어 생각하면 그림에서 각 도형의
넓이는 다음과 같다.

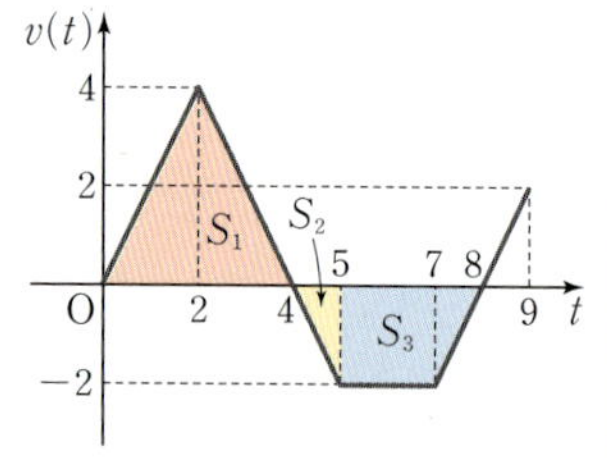

$S_1 = \dfrac{1}{2} \times 4 \times 4 = 8$, $S_2 = \dfrac{1}{2} \times 1 \times 2 = 1$, $S_3 = \dfrac{1}{2} \times (3+2) \times 2 = 5$이므로

$$\int_0^5 v(t)dt = S_1 - S_2 = 8-1 = 7, \quad \int_0^8 |v(t)|dt = S_1 + S_2 + S_3 = 8+1+5 = 14$$

한 번 더하기

09-1

원점을 출발하여 수직선 위를 움직이는 점 P의 시각 t에서의 속도 $v(t)$의 그래프가 그림과 같을 때, 다음을 구하시오. (단, $0 \le t \le 9$)

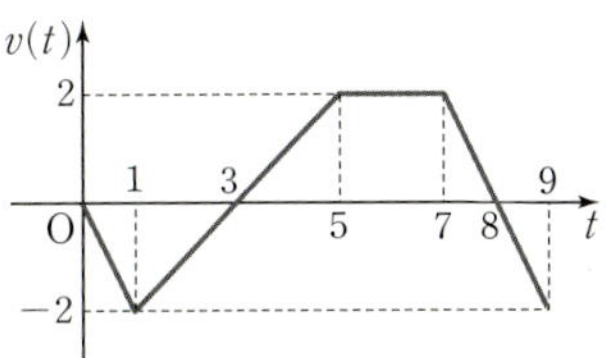

(1) 시각 $t=7$에서 점 P의 위치

(2) 점 P가 출발한 후 운동 방향을 두 번째로 바꿀 때까지 움직인 거리

표현 더하기

09-2

원점을 출발하여 수직선 위를 7초 동안 움직이는 점 P의 시각 t에서의 속도 $v(t)$의 그래프가 그림과 같을 때, **보기**에서 옳은 것만을 있는 대로 고르시오.

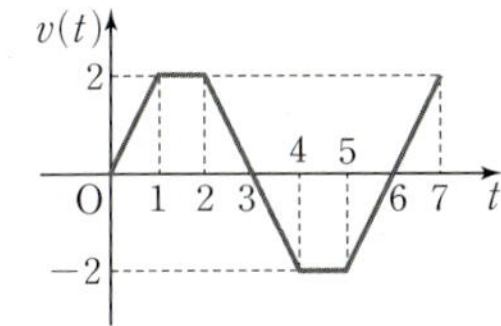

· 보기 ·

ㄱ. 점 P는 출발한 지 6초 후에 원점에 있다.

ㄴ. $t=1$일 때와 $t=7$일 때 점 P의 위치가 같다.

ㄷ. 점 P가 출발한 후 7초 동안 움직인 거리는 8이다.

표현 더하기

09-3

원점을 출발하여 수직선 위를 움직이는 점 P의 시각 t에서의 속도 $v(t)=at^2-bt$의 그래프가 그림과 같다. 점 P가 출발한 후 운동 방향을 바꿀 때의 위치가 $-\dfrac{8}{3}$일 때, 시각 $t=0$에서 $t=3$까지 점 P가 움직인 거리를 구하시오. (단, a, b는 상수이다.)

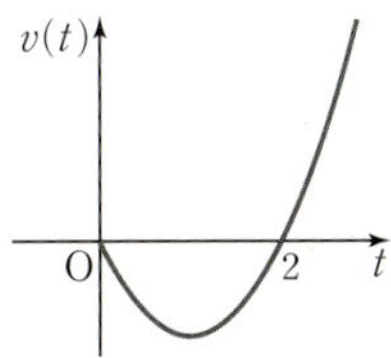

실력 더하기

09-4

원점을 동시에 출발하여 수직선 위를 움직이는 두 점 P, Q의 시각 t $(0 \le t \le d)$에서의 속도 $f(t)$, $g(t)$의 그래프가 그림과 같다. $\displaystyle\int_0^d f(t)dt = \int_0^d g(t)dt$일 때, 다음을 구하시오.

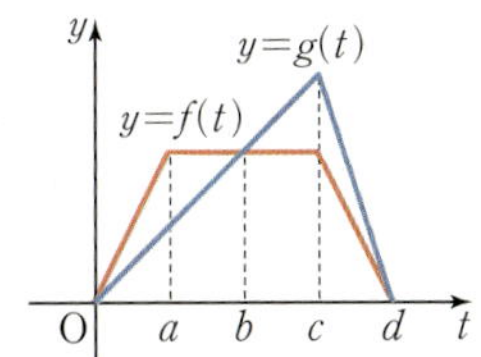

(1) 두 점 P, Q가 출발한 후 가장 멀리 떨어져 있는 시각 t

(2) 두 점 P, Q가 출발한 후 같은 위치에 있는 시각 t

S·T·E·P 1 기본 다지기

01 곡선 $y=x^3+x^2-2x$와 x축으로 둘러싸인 도형의 넓이를 구하시오.

02 두 곡선 $y=x^3-2x^2+2$, $y=x^2-2$로 둘러싸인 도형의 넓이를 구하시오.

03 함수 $f(x)=ax^2$에 대하여 곡선 $y=f(x)$를 x축에 대하여 대칭이동한 곡선을 $y=g(x)$라 하자. 두 곡선 $y=f(x)$, $y=g(x)+2$로 둘러싸인 도형의 넓이가 8일 때, 양수 a의 값을 구하시오.

04 곡선 $y=x^2+1$과 원점에서 곡선 $y=x^2+1$에 그은 두 접선으로 둘러싸인 도형의 넓이를 구하시오.

05 그림과 같이 두 곡선 $y=-x^2+2x$, $y=k(x-2)^2$으로 둘러싸인 도형의 넓이를 A, 두 곡선과 y축으로 둘러싸인 도형의 넓이를 B라 하자. $A=B$일 때, 양수 k의 값을 구하시오.

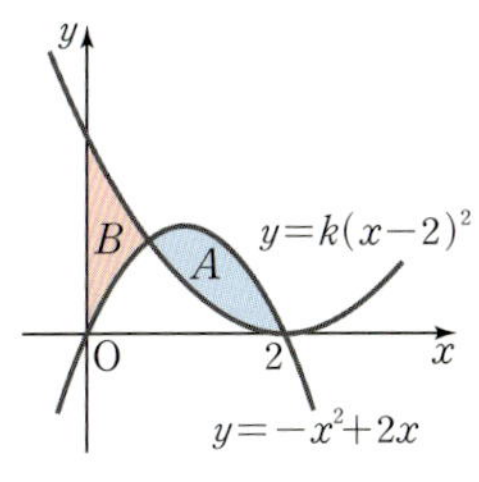

06 곡선 $y=x^2-3x$와 직선 $y=x$로 둘러싸인 부분의 넓이를 직선 $x=k$가 이등분할 때, 상수 k의 값을 구하시오.

07 곡선 $y=-x^2+1$과 이 곡선 위의 임의의 점 $(t, -t^2+1)$ $(0<t<1)$에서의 접선 및 두 직선 $x=0$, $x=1$로 둘러싸인 도형의 넓이는 $t=a$일 때, 최솟값 S를 갖는다. $a+S$의 값을 구하시오.

08 함수 $f(x)=2(x-1)^2$ $(x\geq1)$의 역함수를 $g(x)$라 할 때, 두 곡선 $y=f(x)$, $y=g(x)$와 x축 및 y축으로 둘러싸인 도형의 넓이를 구하시오.

09 함수 $f(x)=x^2+2x\,(x\geq0)$의 역함수를 $g(x)$라 할 때,

$$\int_a^{a+2} f(x)dx+\int_{f(a)}^{f(a+2)} g(x)dx=32$$

를 만족시키는 양수 a의 값을 구하시오.

10 수직선 위를 움직이는 두 점 P, Q의 시각 t에서의 속도를 각각 $v_P(t)$, $v_Q(t)$라 하면

$$v_P(t)=3t^2+8t-4,\ v_Q(t)=8t+k$$

이다. 두 점 P, Q가 원점을 동시에 출발한 후 다시 만나지 않도록 하는 실수 k의 최댓값을 구하시오.

11 수직선 위를 움직이는 점 P의 시각 t에서의 속도가 $v(t)=4-2t$이다. 시각 $t=1$에서와 $t=k$에서 점 P의 위치가 같을 때, 시각 $t=0$에서 $t=k$까지 점 P가 움직인 거리를 구하시오. (단, $k>1$)

12 원점을 출발하여 수직선 위를 움직이는 점 P의 시각 t에서의 속도 $v(t)=t^2-at+b$의 그래프가 그림과 같다. 점 P가 처음으로 운동 방향을 바꿀 때의 위치가 $\dfrac{4}{3}$일 때, 점 P가 출발한 후 두 번째로 운동 방향을 바꿀 때까지 움직인 거리를 구하시오. (단, a, b는 상수이다.)

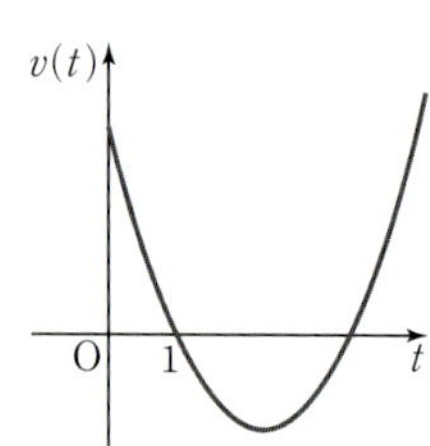

S·T·E·P 2 실력 다지기

13 최고차항의 계수가 1인 삼차함수 $f(x)$의 도함수 $y=f'(x)$의 그래프가 그림과 같다. 함수 $f(x)$의 극댓값이 4일 때, 곡선 $y=f(x)$와 x축으로 둘러싸인 도형의 넓이를 구하시오.

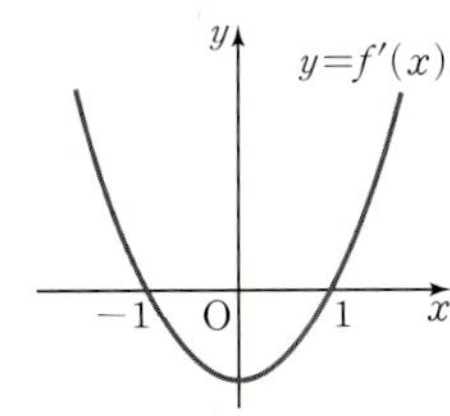

14 $x>0$일 때, 곡선 $y=-x^2+4x+3$과 두 직선 $y=2x$, $y=\dfrac{3}{4}x$로 둘러싸인 도형의 넓이를 구하시오.

15 최고차항의 계수가 1이고 $f(0)=0$인 삼차함수 $f(x)$에 대하여 함수 $g(t)=\displaystyle\int_0^t f(x)dx$가 구간 $(-\infty,\ -3]$에서 감소하고 구간 $[-3,\ \infty)$에서 증가한다. 곡선 $y=f(x)$와 이 곡선 위의 점 $(-2,\ f(-2))$에서의 접선으로 둘러싸인 도형의 넓이를 S라 할 때, $8S$의 값을 구하시오.

16 함수 $f(x)=kx(x-2)^2\ (0\le x\le 2)$에 대하여 그림과 같이 곡선 $y=f(x)$와 직선 $y=kx$로 둘러싸인 도형의 넓이를 S_1, 곡선 $y=f(x)$와 두 직선 $y=kx$, $y=0$으로 둘러싸인 도형의 넓이를 S_2라 하자. $|S_1-S_2|<3$을 만족시키는 자연수 k의 최댓값을 구하시오.

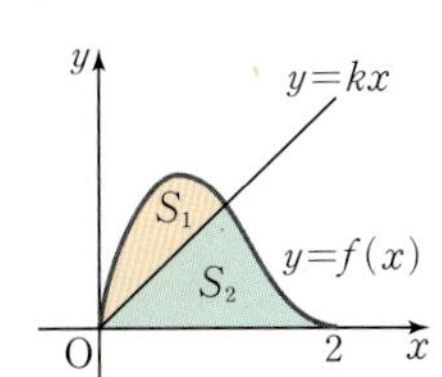

중단원 연습문제

17 함수 $f(x)=x^3+x+1$의 역함수를 $g(x)$라 할 때, 곡선 $y=g(x)$와 직선 $y=\dfrac{1}{2}x-\dfrac{1}{2}$로 둘러싸인 도형의 넓이를 구하시오.

18 수직선 위를 움직이는 점 P의 시각 t에서의 가속도가
$$a(t)=6t^2-6t-12$$
이다. 시각 $t=0$에서 $t=3$까지 점 P가 움직인 거리와 위치의 변화량이 같을 때, 시각 $t=0$에서 속도의 최솟값을 구하시오.

🔺 challenge

19 $x\leq t$에서 함수 $f(x)=-x^3+3x+18$의 최솟값을 $g(t)$라 하자. 함수 $y=g(x)$의 그래프와 x축 및 y축으로 둘러싸인 도형의 넓이를 S라 할 때, $4S$의 값을 구하시오.

🔺 challenge

20 실수 전체의 집합에서 연속인 함수 $f(x)$가
$$\{f(x)-k\}\times\{f(x)-|kx|\}=0$$
을 만족시킨다. 함수 $y=f(x)$의 그래프와 두 직선 $x=-2$, $x=2$로 둘러싸인 도형의 넓이의 최댓값과 최솟값의 합이 16일 때, 양수 k의 값을 구하시오.

I. 함수의 극한과 연속

01 함수의 극한

01 함수의 극한

개념 CHECK 본문 15쪽

01 (1) 2 (2) 4 (3) 2
02 (1) ∞ (2) $-\infty$
03 (1) 0 (2) 2 (3) 0
04 (1) $-\infty$ (2) ∞ (3) ∞

유제 본문 16~17쪽

01-1 (1) 1 (2) 2 (3) ∞ (4) $-\infty$
01-2 (1) ∞ (2) -2 (3) 0 (4) $-\infty$ (5) 0
01-3 ㄱ, ㄴ, ㄹ

02 우극한과 좌극한

개념 CHECK 본문 21쪽

01 우극한: -2, 좌극한: 2
02 (1) 0 (2) 존재하지 않는다.

유제 본문 22~23쪽

02-1 7 **02-2** $-2, -\sqrt{5}, \sqrt{5}$ **02-3** ㄱ
02-4 -2

03 함수의 극한에 대한 성질

개념 CHECK 본문 29쪽

01 (1) 8 (2) -1 (3) 5 (4) -6
　　(5) 8 (6) $-\dfrac{2}{3}$ (7) $-\dfrac{5}{2}$
02 (1) $-\dfrac{1}{3}$ (2) 0 (3) $\dfrac{1}{3}$ (4) -1 (5) 2 (6) 1

유제 본문 30~39쪽

03-1 (1) -1 (2) -14 **03-2** $\dfrac{4}{7}$
03-3 (1) 4 (2) -6 **03-4** ㄱ, ㄷ
04-1 (1) -2 (2) $\dfrac{1}{4}$ (3) 0 **04-2** $\dfrac{1}{4}$
04-3 12 **04-4** $\dfrac{1}{6}$
05-1 (1) ∞ (2) -3 (3) 2
05-2 (1) ∞ (2) $-\dfrac{1}{2}$ (3) $\dfrac{1}{3}$
05-3 $B<A<C$ **05-4** -1
06-1 (1) $-\dfrac{\sqrt{3}}{6}$ (2) $\dfrac{1}{4}$ **06-2** (1) $-\dfrac{1}{2}$ (2) 1
06-3 (1) $\sqrt{3}$ (2) 2 **06-4** 4
07-1 (1) -3 (2) $\dfrac{1}{2}$ (3) 1 **07-2** (1) $\dfrac{1}{18}$ (2) $\dfrac{5}{8}$
07-3 -2 **07-4** 25

04 함수의 극한의 응용

개념 CHECK 본문 43쪽

01 $a=-2, b=-6$ **02** $a=\dfrac{2}{3}, b=-\dfrac{2}{3}$
03 2 **04** (1) $\dfrac{5}{2}$ (2) 2

유제
본문 44~51쪽

08-1 (1) $a=2, b=-3$　(2) $a=-1, b=-3$
08-2 3　**08-3** -14　**08-4** -15
09-1 -9　**09-2** 21　**09-3** 3　**09-4** 14
10-1 (1) 3　(2) 1　**10-2** $\dfrac{1}{4}$　**10-3** 6
10-4 4　**11-1** 5　**11-2** $\dfrac{15}{2}$　**11-3** $\dfrac{9}{2}$
11-4 $\dfrac{1}{2}$

중단원 연습문제
본문 52~56쪽

01 (1) 0　(2) 존재하지 않는다.　**02** 2
03 1　**04** $-\dfrac{3}{4}$　**05** ㄴ　**06** 4
07 (1) 2　(2) -2　(3) $\dfrac{2}{5}$　**08** 8　**09** 12
10 2　**11** 7　**12** ③　**13** 4, 5, 8
14 $-\dfrac{3}{16}$　**15** 10　**16** 20　**17** $\dfrac{4}{3}$
18 0, 2　**19** 25　**20** ②

02　함수의 연속

01　함수의 연속

개념 CHECK
본문 63쪽

01 (1) 풀이 참조　(2) 풀이 참조　(3) 풀이 참조
02 (1) 불연속　(2) 연속
03 (1) $(-\infty, \infty)$　(2) $(-\infty, 4]$
　　　(3) $(-\infty, 1) \cup (1, 2) \cup (2, \infty)$

유제
본문 64~69쪽

01-1 (1) 연속　(2) 불연속　**01-2** 5　**01-3** ㄷ
01-4 12　**02-1** -1　**02-2** ㄱ, ㄴ, ㄷ
02-3 5　**02-4** ㄴ, ㄷ
03-1 17　**03-2** $-\dfrac{1}{2}$　**03-3** -30　**03-4** -2

02　연속함수의 성질

개념 CHECK
본문 75쪽

01 ㄱ, ㄴ, ㄷ
02 (1) $(-\infty, \infty)$　(2) $(-\infty, -3), (-3, \infty)$
　　　(3) $(-\infty, -6], [0, \infty)$
03 (1) 최댓값: 2, 최솟값: -2　(2) 최댓값: 4, 최솟값: $\dfrac{4}{3}$
04 풀이 참조

유제
본문 76~81쪽

04-1 ㄱ　**04-2** ㄴ, ㄷ　**04-3** 7　**04-4** ㄱ
05-1 -1　**05-2** $-2, 4$　**05-3** -2　**05-4** 8
06-1 ④　**06-2** 2　**06-3** 3　**06-4** 3

중단원 연습문제
본문 82~86쪽

01 -1　**02** ㄱ, ㄴ, ㄷ　**03** 3　**04** -14
05 4　**06** 6　**07** -150　**08** $\dfrac{9}{2}$
09 ㄱ, ㄴ, ㄷ　**10** -1　**11** $-7 < a < -1$
12 -5　**13** 5　**14** 8　**15** ③
16 -4　**17** -2　**18** ④　**19** 14
20 ①

03 미분계수와 도함수

01 미분계수

본문 97쪽

개념 CHECK

01 2　　**02** 2　　**03** (1) 4　(2) 13
04 (1) -9　(2) 1　　**05** 연속이고 미분가능하다.

유제

본문 98~109쪽

01-1 (1) -2　(2) $\dfrac{1}{2}$　　**01-2** 4　　**01-3** 2
01-4 -8　　**02-1** (1) 4　(2) -2　(3) -4　**02-2** 3
02-3 10　　　　　　　　**02-4** -12
03-1 (1) $\dfrac{1}{3}$　(2) -3　(3) -5　　**03-2** 3
03-3 28　　**03-4** 1　　**04-1** -9　**04-2** 5
04-3 2　　**04-4** 8　　**05-1** ㄱ, ㄴ　**05-2** 4
05-3 ㄱ, ㄴ　　　　　　**05-4** $a<\beta$
06-1 (1) 연속이지만 미분가능하지 않다.
　　　　(2) 연속이고 미분가능하다.
06-2 ㄱ　　**06-3** 5　　**06-4** 7

02 도함수

본문 115쪽

개념 CHECK

01 (1) $f'(x)=2,\ f'(1)=2$
　　(2) $f'(x)=6x-2,\ f'(1)=4$
02 (1) $y'=0$　(2) $y'=8x-5$
　　(3) $y'=12x^2-x$　(4) $y'=8x^3+3x^2-2$
03 (1) $y'=6x^2+2x+6$　(2) $y'=9x^2+4x+6$
　　(3) $y'=-4x^3-2x$　(4) $y'=3x^2+12x+11$
04 -16

유제

본문 116~127쪽

07-1 (1) $y'=6x^3+x^2-1$　(2) $y'=10x^4-4x^3-12x+3$
　　　(3) $y'=-3x^2+18x-27$　(4) $y'=6x^2+6x-3$
07-2 26　　**07-3** -12　　**07-4** 7
08-1 (1) -12　(2) 12　　**08-2** 8　　**08-3** 12
08-4 15　　**09-1** (1) -18　(2) -15　　**09-2** 14
09-3 15　　**09-4** 7　　**10-1** $a=-\dfrac{3}{4},\ b=-1$
10-2 -9　　**10-3** 4　　**10-4** 16
11-1 (1) $f(x)=5x^2+8x+4$　(2) 6　　**11-2** 1
11-3 $f(x)=x^2+x-1,\ f(x)=-x^2-x+1$　**11-4** 1
12-1 (1) $a=-7,\ b=6$　(2) $-14x-10$
12-2 -8　　**12-3** 2　　**12-4** 1

중단원 연습문제

본문 128~132쪽

01 3　　**02** -2　　**03** 5　　**04** -3
05 5　　**06** 5　　**07** -1　　**08** 4
09 150　　**10** 19　　**11** 11　　**12** 74
13 11　　**14** 6　　**15** 2　　**16** 15
17 ①　　**18** 5　　**19** ②　　**20** $-\dfrac{25}{2}$

04 도함수의 활용 (1)

01 접선의 방정식

개념 CHECK
본문 141쪽

01 (1) $y=6x-7$ (2) $y=9x-14$
02 $y=2x+5$
03 $y=x+3,\ y=-3x+7$
04 $a=4,\ b=-1$
05 1

유제
본문 142~151쪽

01-1 (1) -5 (2) -42 **01-2** 18
01-3 6   **01-4** -12
02-1 (1) $y=-x+4$ (2) $y=x+6$
02-2 8   **02-3** -3 **02-4** $\dfrac{75}{2}$
03-1 (1) $y=9x+31,\ y=9x-1$ (2) $y=-3x+3$
03-2 $y=x-2,\ y=x+2$ **03-3** 2
03-4 $\dfrac{2\sqrt{17}}{17}$ **04-1** $y=7x-2$
04-2 $3\sqrt{65}$ **04-3** 4   **04-4** $\dfrac{32}{9}$
05-1 (1) -28 (2) $y=-4x+2$
05-2 $y=-4x-4$ **05-3** $-\dfrac{25}{24}$ **05-4** 17

02 평균값 정리

개념 CHECK
본문 155쪽

01 (1) 3 (2) 1
02 (1) 0 (2) $\sqrt{3}$

유제
본문 156~159쪽

06-1 (1) -2 (2) $\sqrt{2}$ **06-2** ㄱ, ㄷ   **06-3** 4
06-4 ③   **07-1** (1) 1 (2) -1
07-2 $\dfrac{\sqrt{39}}{3}$ **07-3** 5   **07-4** 2

중단원 연습문제
본문 160~164쪽

01 6   **02** 27   **03** 3   **04** $\dfrac{\sqrt{10}}{20}$
05 17   **06** $\dfrac{1}{2}$ **07** $-\dfrac{45}{4}$ **08** $10\sqrt{2}$
09 4   **10** 4   **11** 12   **12** 4
13 10   **14** 12   **15** $\dfrac{2}{9}$ **16** $-\dfrac{17}{9}$
17 10   **18** ③   **19** $\dfrac{25}{2}$ **20** ⑤

05 도함수의 활용 (2)

01 함수의 증가와 감소

개념 CHECK
본문 171쪽

01 (1) 풀이 참조 (2) 풀이 참조
02 (1) $a\le -\dfrac{1}{3}$ (2) $a\ge 9$

유제
본문 172~175쪽

01-1 (1) 풀이 참조 (2) 풀이 참조
01-2 6   **01-3** -18 **01-4** ㄱ, ㄹ
02-1 (1) 2 (2) $k\ge 6$ **02-2** 30
02-3 3   **02-4** 1

개념 CHECK · 본문 179쪽

01 극댓값: 17, 극솟값: -15　**02** -24

유제 · 본문 180~185쪽

03-1 (1) 극댓값: 28, 극솟값: -4

　　(2) 극댓값: 1, 극솟값: $-\dfrac{1}{2}$

03-2 -4　**03-3** ㄴ　**03-4** 21　**04-1** 15

04-2 19　**04-3** $\dfrac{1}{2}$　**04-4** $-\dfrac{3}{2}$　**05-1** -1

05-2 ㄷ　**05-3** -38　**05-4** $-\dfrac{8}{5}$

03 함수의 그래프와 최대·최소

개념 CHECK · 본문 191쪽

01 (1) 풀이 참조　(2) 풀이 참조

02 (1) 풀이 참조　(2) 풀이 참조

03 (1) 최댓값: 21, 최솟값: -6

　　(2) 최댓값: 6, 최솟값: -14

04 (1) 최댓값: 12, 최솟값: -13

　　(2) 최댓값: 8, 최솟값: -1

유제 · 본문 192~205쪽

06-1 (1) 풀이 참조　(2) 풀이 참조

06-2 (1) 풀이 참조　(2) 풀이 참조

06-3 ②　**06-4** ㄱ, ㄷ　**07-1** $a<-3$ 또는 $a>0$

07-2 5　**07-3** 2　**07-4** $-3\leq a\leq 3$

08-1 $-12<a<15$　　**08-2** $1<a<3$

08-3 6　**08-4** $a\leq 8$

09-1 (1) $a<0$ 또는 $a>8$　(2) $0\leq a\leq 8$

09-2 $a=-2$ 또는 $a\geq\dfrac{1}{4}$

09-3 $a=0$ 또는 $a\leq-\dfrac{9}{8}$　**09-4** 2

10-1 (1) 최댓값: 8, 최솟값: -3

　　(2) 최댓값: $\dfrac{29}{4}$, 최솟값: -13

10-2 (1) 최댓값: 없다, 최솟값: -9　　**10-3** ④

10-4 8　**11-1** -4　**11-2** 4　**11-3** -7

11-4 -5　**12-1** 32　**12-2** $\sqrt{5}$

12-3 128　**12-4** $\dfrac{128}{27}\pi$

중단원 연습문제 · 본문 206~210쪽

01 2　**02** $-3\leq a\leq 3$　**03** -17

04 -11　**05** 6　**06** ②

07 $-\dfrac{4}{3}<a<4$　**08** 4　**09** 1

10 2　**11** 4　**12** 14π　**13** 5

14 32　**15** -17　**16** 11　**17** 3

18 $2\sqrt{2}$　**19** 10　**20** -2

06 도함수의 활용 (3)

01 방정식과 부등식에의 활용

개념 CHECK · 본문 219쪽

01 (1) 1　(2) 2

02 (1) $0<k<4$　(2) $k=0$ 또는 $k=4$

　　(3) $k<0$ 또는 $k>4$

03 (1) 풀이 참조　(2) 풀이 참조　(3) 풀이 참조

유제 본문 220~229쪽

01-1 (1) 1 (2) 2   **01-2** 1
01-3 2   **01-4** 6
02-1 (1) $0<k<2$ (2) $k=2$ (3) $k=0$ 또는 $k>2$
02-2 -22
02-3 (1) $-2<a<2$ (2) $a=-2$ 또는 $a=2$
02-4 $1<a<2$
03-1 (1) $-7<k<0$ (2) $k=9$ 또는 $k<-7$
03-2 15   **03-3** 4   **03-4** $0<a<2$
04-1 (1) $k\leq-32$ (2) $k\leq-4$
04-2 8   **04-3** $\sqrt{3}$ **04-4** $a<-8$
05-1 (1) $k\geq1$ (2) $k\geq27$ **05-2** -2
05-3 $k>2$ **05-4** 8

중단원 연습문제 본문 242~246쪽

01 ②   **02** 10   **03** 31
04 $-1<a<0$ **05** 17   **06** 4
07 7   **08** 12   **09** ㄱ, ㄷ   **10** 4
11 38   **12** 72   **13** 27   **14** 6
15 -11 **16** 3   **17** 12   **18** 12
19 21   **20** 34

02 속도와 가속도

개념 CHECK 본문 233쪽

01 (1) 속도: 12, 가속도: -6 (2) 3
02 (1) 3초 (2) -30 m/s
03 9

유제 본문 234~241쪽

06-1 (1) 속도: -9, 가속도: 0 (2) -12 **06-2** 4
06-3 16   **06-4** $1<t<4$
07-1 ㄱ, ㄴ   **07-2** 4번   **07-3** ㄴ   **07-4** ㄴ
08-1 (1) 3초 (2) 90 m
   (3) 속도: -30 m/s, 가속도: -10 m/s^2
08-2 -40 m/s
08-3 (1) 속도: 48 m/s, 가속도: -8 m/s^2
   (2) 걸린 시간: 8초, 움직인 거리: 256 m
08-4 22   **09-1** 12   **09-2** $12\sqrt{3}$ cm^2/s
09-3 (1) 3 m/s (2) 1 m/s
09-4 32π cm^3/s

Ⅲ. 적분

07 부정적분

01 부정적분

개념 CHECK 본문 251쪽

01 ㄴ, ㄹ
02 (1) $f(x)=-2x$ (2) $f(x)=12x^2-6x$
03 (1) $2x^5-x+3$ (2) $4x^2+5x+$C

유제 본문 252~253쪽

01-1 (1) 3 (2) 11   **01-2** -4 **01-3** 8
01-4 22

개념 CHECK
본문 257쪽

01 (1) x^7+C (2) $\dfrac{3}{2}x^2+tx+C$

(3) $-\dfrac{1}{3}t^3+3t^2+C$ (4) $(t+1)(x^2-5x)+C$

02 (1) $\dfrac{1}{3}x^3-4x+C$ (2) $x^3-\dfrac{1}{2}x^2+C$

(3) $\dfrac{1}{3}x^3-x^2+x+C$ (4) $2y^4+4y^3+3y^2+y+C$

유제
본문 258~269쪽

02-1 (1) $\dfrac{1}{4}t^4-\dfrac{1}{3}t^3-\dfrac{1}{2}t^2+t+C$

(2) $\dfrac{1}{3}x^3+x^2+4x+C$ **02-2** 10

02-3 8 **02-4** -2 **03-1** 8 **03-2** -4
03-3 -6 **03-4** x^4-2x^3-x+C **04-1** -1
04-2 -8 **04-3** $\dfrac{1}{3}$ **04-4** 5
05-1 (1) 11 (2) 65 **05-2** 0
05-3 -2 **05-4** -17 **06-1** 3 **06-2** 11
06-3 -13 **06-4** -5 **07-1** 2 **07-2** 15
07-3 5 **07-4** 24

중단원 연습문제
본문 270~274쪽

01 24 **02** -7 **03** 34 **04** 5
05 8 **06** ② **07** 11 **08** 10
09 16 **10** -1 **11** 17 **12** -8
13 6 **14** 10 **15** 16 **16** 9
17 ⑤ **18** 20 **19** $\dfrac{21}{2}$ **20** ④

---

08 정적분

01 정적분

개념 CHECK
본문 283쪽

01 (1) 16 (2) -2 (3) 0 (4) $\dfrac{16}{3}$
02 (1) $4x^3-3x^2$ (2) $2x^2-9x-5$
03 (1) -9 (2) 3 **04** (1) 10 (2) 54

유제
본문 284~289쪽

01-1 (1) $\dfrac{50}{3}$ (2) $\dfrac{28}{3}$ **01-2** 7 **01-3** -7
01-4 $\dfrac{32}{3}$ **02-1** 1 **02-2** 3 **02-3** $-\dfrac{5}{6}$
02-4 -4 **03-1** (1) 5 (2) $\dfrac{28}{3}$
03-2 (1) 9 (2) 17 **03-3** 28 **03-4** 2

02 여러 가지 함수의 정적분

개념 CHECK
본문 295쪽

01 (1) 0 (2) -20
02 (1) $\dfrac{5}{2}$ (2) -6
03 (1) $-\dfrac{9}{2}$ (2) -9 (3) $-\dfrac{34}{3}$

유제
본문 296~299쪽

04-1 16 **04-2** -12 **04-3** 9 **04-4** 2
05-1 $-\dfrac{64}{3}$ **05-2** 15 **05-3** 30 **05-4** 12

03 정적분으로 정의된 함수

본문 303쪽

개념 CHECK

01 (1) x^2-2x+3 (2) $2x^2-5x+7$
  (3) $x^2(x+1)$ (4) $2x+6$
02 (1) $f(x)=x-7$ (2) $f(x)=-3x^2+4$
  (3) $f(x)=x-1$
03 (1) -1 (2) 10

유제

본문 304~313쪽

06-1 -1 **06-2** $f(x)=3x^2+\dfrac{1}{2}x-1$ **06-3** 60
06-4 45 **07-1** 8 **07-2** 4 **07-3** -6
07-4 0 **08-1** 6 **08-2** -18 **08-3** 16
08-4 8 **09-1** 27 **09-2** $-\dfrac{4}{3}$ **09-3** 1
09-4 48 **10-1** (1) 1 (2) 18 **10-2** 6
10-3 48 **10-4** -16

중단원 연습문제

본문 314~318쪽

01 5 **02** 14 **03** 4 **04** 3
05 3 **06** $\dfrac{25}{4}$ **07** 16 **08** 3
09 -3 **10** 12 **11** ②   **12** 21
13 -12 **14** $\dfrac{5}{3}$ **15** $\dfrac{36}{5}$ **16** $\dfrac{21}{4}$
17 $\dfrac{16}{3}$ **18** 6 **19** 25 **20** 13

09 정적분의 활용

01 넓이

본문 327쪽

개념 CHECK

01 $\dfrac{5}{2}$ **02** 9 **03** $\dfrac{7}{4}$

유제

본문 328~339쪽

01-1 $\dfrac{37}{12}$ **01-2** 2 **01-3** 3
01-4 $\dfrac{13}{3}$ **02-1** (1) $\dfrac{4}{3}$ (2) 9 **02-2** 3
02-3 $\dfrac{64}{3}$ **02-4** 1 **03-1** $\dfrac{4}{3}$ **03-2** $\dfrac{2}{3}$
03-3 3 **03-4** 96 **04-1** 24 **04-2** -12
04-3 -6 **04-4** -8 **05-1** 16 **05-2** $-\dfrac{1}{2}$
05-3 $\dfrac{1}{4}$ **05-4** $\dfrac{8\sqrt{2}}{3}$ **06-1** (1) $\dfrac{1}{6}$ (2) 2
06-2 6 **06-3** 6 **06-4** $\dfrac{45}{4}$

02 속도와 거리

본문 343쪽

개념 CHECK

01 2 **02** (1) $45\,\text{m}$ (2) $-20\,\text{m}$ (3) $25\,\text{m}$
03 $56\,\text{m}$

유제

본문 344~349쪽

07-1 $\dfrac{5}{2}$ **07-2** 6 **07-3** 3 **07-4** 12
08-1 54 **08-2** 80 **08-3** $65\,\text{m}$ **08-4** 3
09-1 (1) 3 (2) 10 **09-2** ㄱ, ㄴ
09-3 $\dfrac{16}{3}$ **09-4** (1) b (2) d

중단원 연습문제

01 $\dfrac{37}{12}$ 02 $\dfrac{27}{4}$ 03 $\dfrac{1}{9}$ 04 $\dfrac{2}{3}$

05 $\dfrac{1}{2}$ 06 2 07 $\dfrac{7}{12}$ 08 $\dfrac{8}{3}$

09 $\dfrac{2}{3}$ 10 -4 11 5 12 $\dfrac{8}{3}$

13 $\dfrac{27}{4}$ 14 $\dfrac{23}{3}$ 15 54 16 5

17 $\dfrac{1}{2}$ 18 20 19 165 20 2

Memo

Memo

Memo

Memo

Memo

Memo

Memo

Memo

Memo

Memo

Memo

Memo

수학의 바이블 | 개념 ON 미적분 I

개념 설명 **이해** 상세한 설명으로 모든 개념을 교과서보다 쉽고 자세하게 이해

예제&유제 **적용** 〈대표예제–한 번 더하기–표현 더하기–실력 더하기〉: 단계별 문제 적응력 향상

연습 문제 **응용** 〈Step1 기본 다지기–Step2 실력 다지기〉: 기본에서 고난도까지 문제 해결력 향상

가르치기 쉽고 빠르게 배울 수 있는 **이투스북**

www.etoosbook.com

○ **도서 내용 문의**
홈페이지 > 이투스북 고객센터 > 1:1 문의

○ **도서 정답 및 해설**
홈페이지 > 도서자료실 > 정답/해설

○ **도서 정오표**
홈페이지 > 도서자료실 > 정오표

○ **선생님을 위한 강의 지원 서비스 T폴더**
홈페이지 > 교강사 T폴더

대표예제 풀이노트 제공
인쇄 가능한 PDF 파일

이투스북

2022개정 교육과정

수학의 바이블

개념 ON

정답과 풀이

미적분Ⅰ

수학의 바이블

개념 ON

정답과 풀이

미적분 I

Ⅰ. 함수의 극한과 연속

01 함수의 극한

01 함수의 극한

개념 CHECK

01 (1) 2　(2) 4　(3) 2
02 (1) ∞　(2) $-\infty$
03 (1) 0　(2) 2　(3) 0
04 (1) $-\infty$　(2) ∞　(3) ∞

01

(1) $f(x)=\sqrt{x}$로 놓으면 함수 $y=f(x)$의 그래프는 오른쪽 그림과 같다.

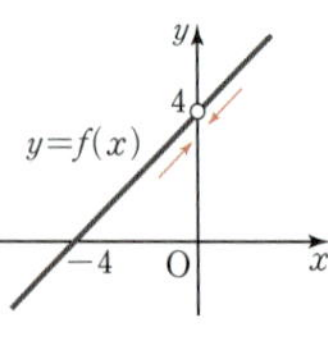

x의 값이 4에 한없이 가까워질 때, $f(x)$의 값은 2에 한없이 가까워지므로
$$\lim_{x\to 4}\sqrt{x}=2$$

(2) $f(x)=\dfrac{x^2+4x}{x}$로 놓으면 $x\neq 0$일 때

$$f(x)=\dfrac{x^2+4x}{x}$$
$$=\dfrac{x(x+4)}{x}$$
$$=x+4$$

이므로 함수 $y=f(x)$의 그래프는 오른쪽 그림과 같다.

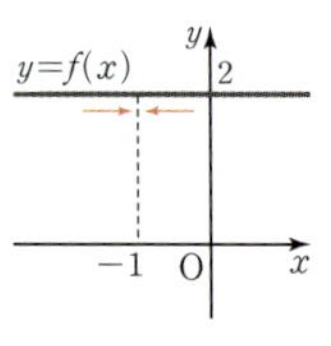

x의 값이 0에 한없이 가까워질 때, $f(x)$의 값은 4에 한없이 가까워지므로

$$\lim_{x\to 0}\dfrac{x^2+4x}{x}=4$$

(3) $f(x)=2$로 놓으면 함수 $y=f(x)$의 그래프는 오른쪽 그림과 같다.

x의 값이 -1에 한없이 가까워질 때, $f(x)$의 값은 2에 한없이 가까워지므로

$$\lim_{x\to -1}2=2$$

답 (1) 2　(2) 4　(3) 2

02

(1) $f(x)=\dfrac{1}{(x-2)^2}$로 놓으면 함수 $y=f(x)$의 그래프는 오른쪽 그림과 같다.

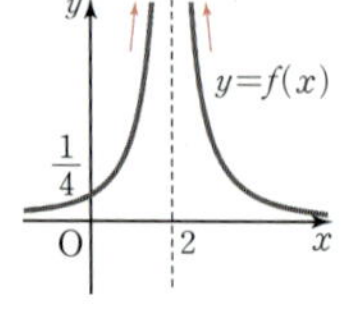

x의 값이 2에 한없이 가까워질 때, $f(x)$의 값은 한없이 커지므로

$$\lim_{x\to 2}\dfrac{1}{(x-2)^2}=\infty$$

(2) $f(x)=-\dfrac{1}{|x+3|}$로 놓으면 함수 $y=f(x)$의 그래프는 오른쪽 그림과 같다.

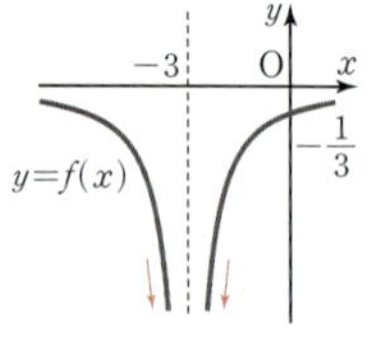

x의 값이 -3에 한없이 가까워질 때, $f(x)$의 값은 음수이면서 그 절댓값이 한없이 커지므로

$$\lim_{x\to -3}\left(-\dfrac{1}{|x+3|}\right)=-\infty$$

답 (1) ∞　(2) $-\infty$

03

(1) $f(x)=\dfrac{1}{4-x}$로 놓으면 함수 $y=f(x)$의 그래프는 오른쪽 그림과 같다.

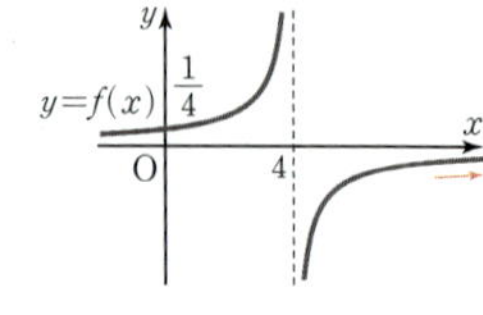

x의 값이 한없이 커질 때, $f(x)$의 값은 0에 한없이 가까워지므로

$$\lim_{x\to \infty}\dfrac{1}{4-x}=0$$

(2) $f(x)=\dfrac{2x+1}{x}$로 놓으면 $f(x)=\dfrac{1}{x}+2$이므로 함수 $y=f(x)$의 그래프는 오른쪽 그림과 같다.

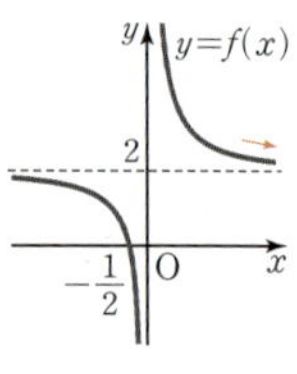

x의 값이 한없이 커질 때, $f(x)$의 값은 2에 한없이 가까워지므로

$$\lim_{x\to \infty}\dfrac{2x+1}{x}=2$$

(3) $f(x)=\dfrac{1}{|x+1|}$로 놓으면 함수 $y=f(x)$의 그래프는 오른쪽 그림과 같다.

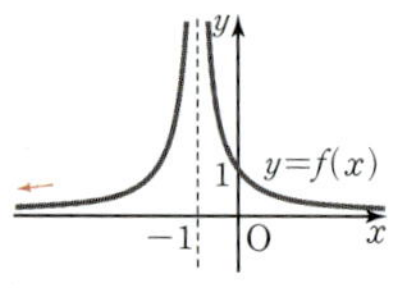

x의 값이 음수이면서 그 절댓값이 한없이 커질 때, $f(x)$의 값은 0에 한없이 가까워지므로

$$\lim_{x\to -\infty}\dfrac{1}{|x+1|}=0$$

답 (1) 0　(2) 2　(3) 0

04

(1) $f(x)=1-2x$로 놓으면 함수 $y=f(x)$의 그래프는 오른쪽 그림과 같다.

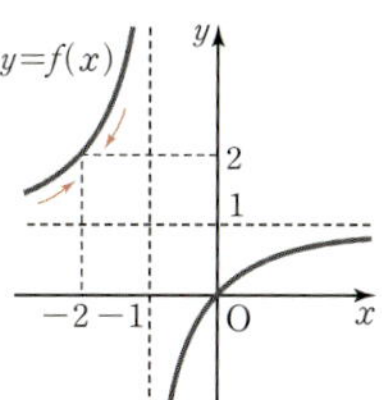

x의 값이 한없이 커질 때, $f(x)$의 값은 음수이면서 그 절댓값이 한없이 커지므로
$$\lim_{x\to\infty}(1-2x)=-\infty$$

(2) $f(x)=x^2-8$로 놓으면 함수 $y=f(x)$의 그래프는 오른쪽 그림과 같다.

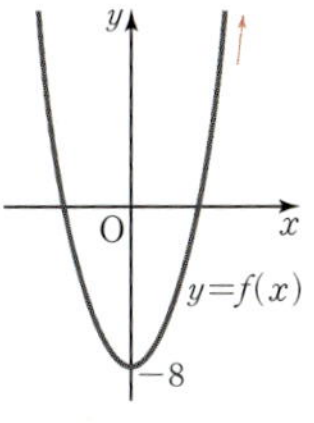

x의 값이 한없이 커질 때, $f(x)$의 값은 한없이 커지므로
$$\lim_{x\to\infty}(x^2-8)=\infty$$

(3) $f(x)=|x|$로 놓으면 함수 $y=f(x)$의 그래프는 오른쪽 그림과 같다.

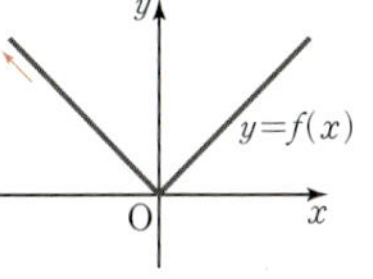

x의 값이 음수이면서 그 절댓값이 한없이 커질 때, $f(x)$의 값은 한없이 커지므로
$$\lim_{x\to-\infty}|x|=\infty$$

달 (1) $-\infty$ (2) ∞ (3) ∞

---

(2) $f(x)=\dfrac{x}{x+1}$로 놓으면 $f(x)=1-\dfrac{1}{x+1}$이므로 함수 $y=f(x)$의 그래프는 오른쪽 그림과 같다.

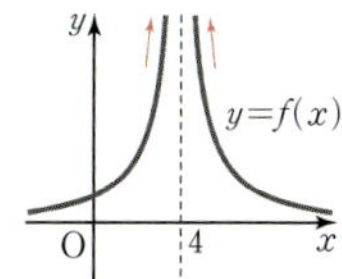

x의 값이 -2에 한없이 가까워질 때, $f(x)$의 값은 2에 한없이 가까워지므로
$$\lim_{x\to-2}\frac{x}{x+1}=2 \text{ (수렴)}$$

(3) $f(x)=\dfrac{1}{|x-4|}$로 놓으면 함수 $y=f(x)$의 그래프는 오른쪽 그림과 같다.

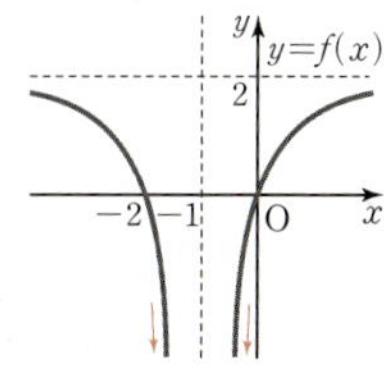

x의 값이 4에 한없이 가까워질 때, $f(x)$의 값은 한없이 커지므로
$$\lim_{x\to4}\frac{1}{|x-4|}=\infty \text{ (발산)}$$

(4) $f(x)=2-\dfrac{2}{(x+1)^2}$로 놓으면 함수 $y=f(x)$의 그래프는 오른쪽 그림과 같다.

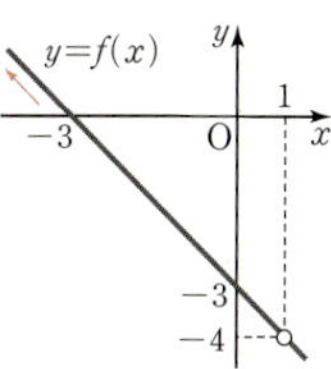

x의 값이 -1에 한없이 가까워질 때, $f(x)$의 값은 음수이면서 그 절댓값이 한없이 커지므로
$$\lim_{x\to-1}\left\{2-\frac{2}{(x+1)^2}\right\}=-\infty \text{ (발산)}$$

달 (1) 1   (2) 2   (3) ∞ (4) $-\infty$

유제

01-1 (1) 1   (2) 2   (3) ∞ (4) $-\infty$

01-2 (1) ∞ (2) -2 (3) 0   (4) $-\infty$ (5) 0

01-3 ㄱ, ㄴ, ㄹ

01-1

(1) $f(x)=\dfrac{-x^2+5x-6}{x-2}$으로 놓으면 $x\neq2$일 때
$$f(x)=\frac{-x^2+5x-6}{x-2}=\frac{-(x-2)(x-3)}{x-2}=-x+3$$
이므로 함수 $y=f(x)$의 그래프는 오른쪽 그림과 같다.

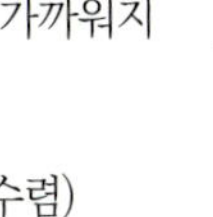

x의 값이 2에 한없이 가까워질 때, $f(x)$의 값은 1에 한없이 가까워지므로
$$\lim_{x\to2}\frac{-x^2+5x-6}{x-2}=1 \text{ (수렴)}$$

01-2

(1) $f(x)=\dfrac{x^2+2x-3}{-x+1}$으로 놓으면 $x\neq1$일 때
$$f(x)=\frac{x^2+2x-3}{-x+1}=\frac{(x-1)(x+3)}{-(x-1)}=-x-3$$
이므로 함수 $y=f(x)$의 그래프는 오른쪽 그림과 같다.

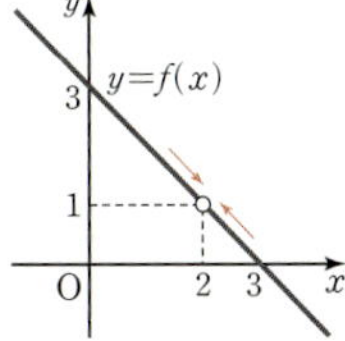

x의 값이 음수이면서 그 절댓값이 한없이 커질 때, $f(x)$의 값은 한없이 커지므로
$$\lim_{x\to-\infty}\frac{x^2+2x-3}{-x+1}=\infty \text{ (발산)}$$

(2) $f(x)=\dfrac{3}{x}-2$로 놓으면 함수 $y=f(x)$의 그래프는 오른쪽 그림과 같다.

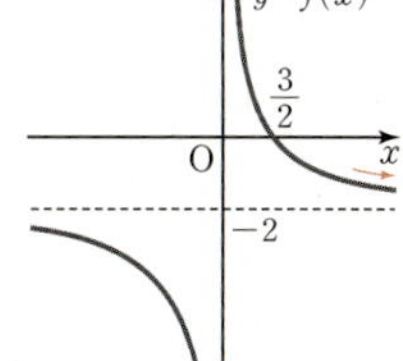

x의 값이 한없이 커질 때, $f(x)$의 값은 -2에 한없이 가까워지므로

$$\lim_{x\to\infty}\left(\frac{3}{x}-2\right)=-2 \ (\text{수렴})$$

(3) $f(x)=\dfrac{5}{(x+1)^2}$로 놓으면 함수 $y=f(x)$의 그래프는 오른쪽 그림과 같다.

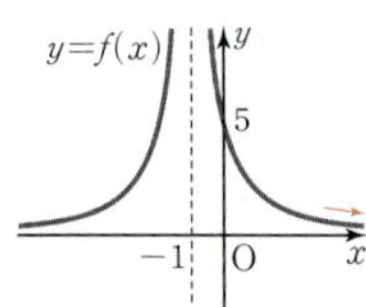

x의 값이 한없이 커질 때, $f(x)$의 값은 0에 한없이 가까워지므로

$$\lim_{x\to\infty}\frac{5}{(x+1)^2}=0 \ (\text{수렴})$$

(4) $f(x)=-\sqrt{1-x}$로 놓으면 함수 $y=f(x)$의 그래프는 오른쪽 그림과 같다.

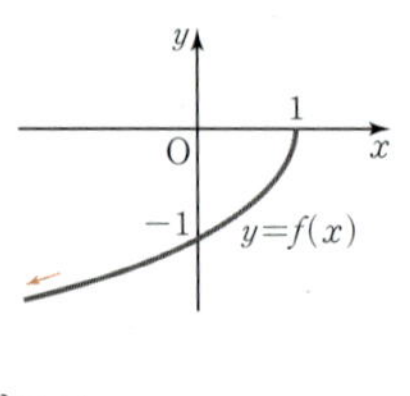

x의 값이 음수이면서 그 절댓값이 한없이 커질 때, $f(x)$의 값은 음수이면서 그 절댓값이 한없이 커지므로

$$\lim_{x\to-\infty}\left(-\sqrt{1-x}\right)=-\infty \ (\text{발산})$$

(5) $f(x)=\dfrac{1}{|x-3|}$로 놓으면 함수 $y=f(x)$의 그래프는 오른쪽 그림과 같다.

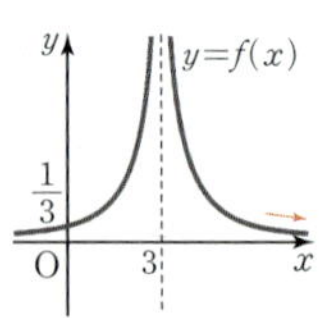

x의 값이 한없이 커질 때, $f(x)$의 값은 0에 한없이 가까워지므로

$$\lim_{x\to\infty}\frac{1}{|x-3|}=0 \ (\text{수렴})$$

답 (1) ∞ (2) -2 (3) 0 (4) $-\infty$ (5) 0

01-3

ㄱ. $f(x)=1-2x^2$으로 놓으면 함수 $y=f(x)$의 그래프는 오른쪽 그림과 같다.

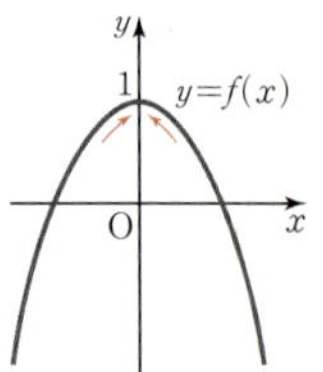

x의 값이 0에 한없이 가까워질 때, $f(x)$의 값은 1에 한없이 가까워지므로

$$\lim_{x\to 0}(1-2x^2)=1 \ (\text{수렴})$$

ㄴ. $f(x)=\dfrac{x^2-2x}{x-2}$로 놓으면 $x\ne 2$일 때

$$f(x)=\frac{x^2-2x}{x-2}=\frac{x(x-2)}{x-2}=x$$

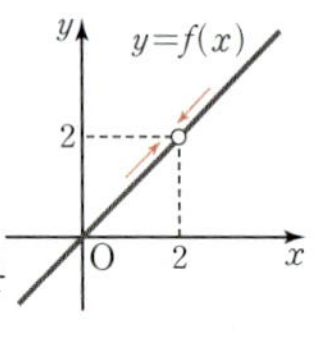

이므로 함수 $y=f(x)$의 그래프는 오른쪽 그림과 같다.

x의 값이 2에 한없이 가까워질 때, $f(x)$의 값은 2에 한없이 가까워지므로

$$\lim_{x\to 2}\frac{x^2-2x}{x-2}=2 \ (\text{수렴})$$

ㄷ. $f(x)=\dfrac{4}{x^2-2x+1}$로 놓으면 함수 $y=f(x)$의 그래프는 오른쪽 그림과 같다.

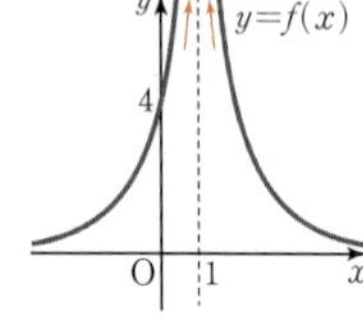

x의 값이 1에 한없이 가까워질 때, $f(x)$의 값은 한없이 커지므로

$$\lim_{x\to 1}\frac{4}{x^2-2x+1}=\infty \ (\text{발산})$$

ㄹ. $f(x)=1+\dfrac{3}{x}$으로 놓으면 함수 $y=f(x)$의 그래프는 오른쪽 그림과 같다.

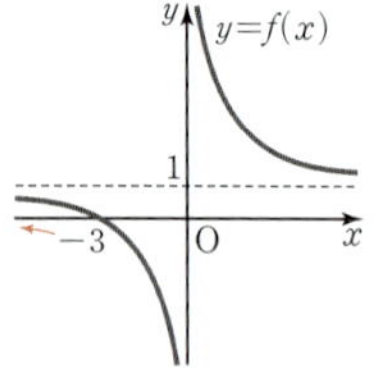

x의 값이 음수이면서 그 절댓값이 한없이 커질 때, $f(x)$의 값은 1에 한없이 가까워지므로

$$\lim_{x\to-\infty}\left(1+\frac{3}{x}\right)=1 \ (\text{수렴})$$

따라서 수렴하는 극한은 ㄱ, ㄴ, ㄹ이다.

답 ㄱ, ㄴ, ㄹ

02 우극한과 좌극한

01 우극한: -2, 좌극한: 2

02 (1) 0 (2) 존재하지 않는다.

01

$$f(x)=\begin{cases}-(x-1) & (x<-1)\\ x-1 & (x>-1)\end{cases}$$ 이므로

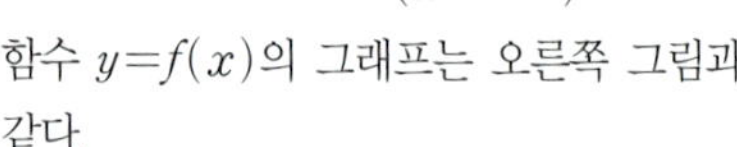

함수 $y=f(x)$의 그래프는 오른쪽 그림과 같다.

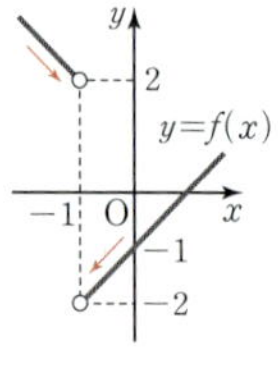

함수 $f(x)$의 $x=-1$에서의 우극한은

$$\lim_{x\to-1+}\frac{(x+1)(x-1)}{x+1}=\lim_{x\to-1+}(x-1)=-2$$

함수 $f(x)$의 $x=-1$에서의 좌극한은

$$\lim_{x\to-1-}\frac{(x+1)(x-1)}{-(x+1)}=\lim_{x\to-1-}(-x+1)=2$$

답 우극한: -2, 좌극한: 2

02

$$f(x)=\begin{cases}-\dfrac{x}{x-1} & (x<0)\\[2mm] \dfrac{x}{x-1} & (0<x<1 \text{ 또는 } x>1)\end{cases}$$

$$= \begin{cases} -\dfrac{1}{x-1}-1 & (x<0) \\[2mm] \dfrac{1}{x-1}+1 & (0<x<1 \ \text{또는} \ x>1) \end{cases}$$

이므로 함수 $y=f(x)$의 그래프는 다음 그림과 같다.

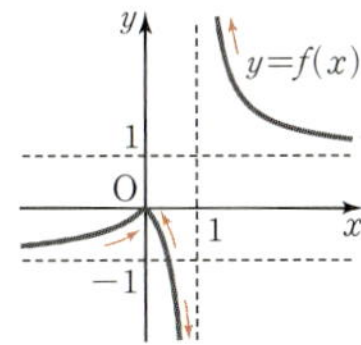

(1) $\lim\limits_{x\to 0+}f(x)=\lim\limits_{x\to 0-}f(x)=0$이므로 $\lim\limits_{x\to 0}f(x)=0$이다.

(2) $\lim\limits_{x\to 1+}f(x)=\infty$, $\lim\limits_{x\to 1-}f(x)=-\infty$이므로 $\lim\limits_{x\to 1}f(x)$의 값은 존재하지 않는다.

답 (1) 0　(2) 존재하지 않는다.

02-1 7　　　**02-2** $-2,\ -\sqrt{5},\ \sqrt{5}$　　　**02-3** ㄱ

02-4 -2

02-1

x의 값이 -1보다 작으면서 -1에 한없이 가까워질 때, $f(x)$의 값은 3에 한없이 가까워지므로

$$\lim\limits_{x\to -1-}f(x)=3$$

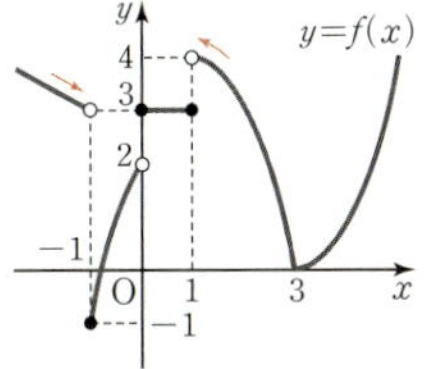

x의 값이 1보다 크면서 1에 한없이 가까워질 때, $f(x)$의 값은 4에 한없이 가까워지므로

$$\lim\limits_{x\to 1+}f(x)=4$$

$$\therefore \lim\limits_{x\to -1-}f(x)+\lim\limits_{x\to 1+}f(x)=3+4=7$$

답 7

02-2

함수 $y=f(x)$의 그래프는 오른쪽 그림과 같다.

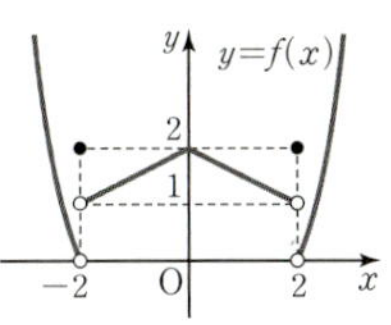

x의 값이 -2보다 크면서 -2에 한없이 가까워질 때, $f(x)$의 값은 1에 한없이 가까워지므로

$$\lim\limits_{x\to -2+}f(x)=1 \text{에서 } a=-2$$

또한 $|x|>2$에서

방정식 $f(x)=1$의 해가 $-\sqrt{5}$ 또는 $\sqrt{5}$이므로 x의 값이

(i) $-\sqrt{5}$보다 크면서 $-\sqrt{5}$에 한없이 가까워질 때

(ii) $\sqrt{5}$보다 크면서 $\sqrt{5}$에 한없이 가까워질 때

$f(x)$의 값은 1에 한없이 가까워진다.

$$\lim\limits_{x\to -\sqrt{5}+}f(x)=1 \text{에서 } a=-\sqrt{5}$$

$$\lim\limits_{x\to \sqrt{5}+}f(x)=1 \text{에서 } a=\sqrt{5}$$

따라서 구하는 실수 a의 값은 $-2,\ -\sqrt{5},\ \sqrt{5}$이다.

답 $-2,\ -\sqrt{5},\ \sqrt{5}$

02-3

ㄱ. $\lim\limits_{x\to -2+}f(x)=-2$, $\lim\limits_{x\to 2-}f(x)=2$이므로

$\lim\limits_{x\to -2+}f(x)=-\lim\limits_{x\to 2-}f(x)$ (참)

ㄴ. $\lim\limits_{x\to 1-}f(x)=0$, $\lim\limits_{x\to 1+}f(x)=2$이므로

$\lim\limits_{x\to 1}f(x)$의 값은 존재하지 않는다. (거짓)

ㄷ. $-2<k<2$인 정수 k에 대하여 $\lim\limits_{x\to k}f(x)$의 값이 존재하도록 하는 k는

$\lim\limits_{x\to -1}f(x)=0$, $\lim\limits_{x\to 0}f(x)=1$

에서 -1과 0으로 2개이다. (거짓)

따라서 옳은 것은 ㄱ이다.

답 ㄱ

02-4

$x<1$에서 $f(x)=\dfrac{(x-1)(x+1)}{-(x-1)}=-(x+1)$이므로

$$f(x)= \begin{cases} -x-1 & (x<1) \\ x^2-ax & (x>1) \end{cases}$$

$\lim\limits_{x\to 1}f(x)$의 값이 존재하므로 $\lim\limits_{x\to 1+}f(x)=\lim\limits_{x\to 1-}f(x)$이어야 한다.

이때 오른쪽 그림과 같이

$\lim\limits_{x\to 1-}f(x)=-2$이므로

$\lim\limits_{x\to 1+}f(x)=-2$이어야 한다.

즉, $\lim\limits_{x\to 1+}(x^2-ax)=1-a=-2$

$\therefore a=3$

따라서 $x>1$에서 $f(x)=x^2-3x$이므로

$f(2)=4-6=-2$

답 -2

---

03 함수의 극한에 대한 성질

01 (1) 8　(2) -1　(3) 5　(4) -6

　　(5) 8　(6) $-\dfrac{2}{3}$　(7) $-\dfrac{5}{2}$

02 (1) $-\dfrac{1}{3}$　(2) 0　(3) $\dfrac{1}{3}$　(4) -1　(5) 2　(6) 1

01

(1) $\displaystyle\lim_{x\to1}4f(x)=4\lim_{x\to1}f(x)=4\times2=8$

(2) $\displaystyle\lim_{x\to1}\{f(x)+g(x)\}=\lim_{x\to1}f(x)+\lim_{x\to1}g(x)$
$$=2+(-3)=-1$$

(3) $\displaystyle\lim_{x\to1}\{f(x)-g(x)\}=\lim_{x\to1}f(x)-\lim_{x\to1}g(x)$
$$=2-(-3)=5$$

(4) $\displaystyle\lim_{x\to1}f(x)g(x)=\lim_{x\to1}f(x)\times\lim_{x\to1}g(x)$
$$=2\times(-3)=-6$$

(5) $\displaystyle\lim_{x\to1}\{f(x)\}^3=\Big\{\lim_{x\to1}f(x)\Big\}^3=2^3=8$

(6) $\displaystyle\lim_{x\to1}\frac{f(x)}{g(x)}=\frac{\lim_{x\to1}f(x)}{\lim_{x\to1}g(x)}=\frac{2}{-3}=-\frac{2}{3}$

(7) $\displaystyle\lim_{x\to1}\frac{f(x)-7x^2}{g(x)+5x}=\frac{\lim_{x\to1}\{f(x)-7x^2\}}{\lim_{x\to1}\{g(x)+5x\}}$
$$=\frac{\lim_{x\to1}f(x)-\lim_{x\to1}7x^2}{\lim_{x\to1}g(x)+\lim_{x\to1}5x}$$
$$=\frac{2-7}{-3+5}=-\frac{5}{2}$$

답 (1) 8 (2) -1 (3) 5 (4) -6 (5) 8 (6) $-\dfrac{2}{3}$ (7) $-\dfrac{5}{2}$

02

(1) $\displaystyle\lim_{x\to-2}\frac{x+2}{x^2+x-2}=\lim_{x\to-2}\frac{x+2}{(x+2)(x-1)}$
$$=\lim_{x\to-2}\frac{1}{x-1}=\frac{1}{-2-1}=-\frac{1}{3}$$

(2) $\displaystyle\lim_{x\to1}\frac{x^2-2x+1}{x^2-3x+2}=\lim_{x\to1}\frac{(x-1)^2}{(x-1)(x-2)}$
$$=\lim_{x\to1}\frac{x-1}{x-2}=\frac{1-1}{1-2}=0$$

(3) $\displaystyle\lim_{x\to\infty}\frac{\sqrt{4x^2+1}}{6x-1}=\lim_{x\to\infty}\frac{\sqrt{4+\dfrac{1}{x^2}}}{6-\dfrac{1}{x}}=\frac{\sqrt{4+0}}{6-0}=\frac{2}{6}=\frac{1}{3}$

(4) $-x=t$라 하면
$$\lim_{x\to-\infty}\frac{|x|-3}{x+5}=\lim_{x\to-\infty}\frac{-x-3}{x+5}=\lim_{t\to\infty}\frac{t-3}{-t+5}$$
$$=\lim_{t\to\infty}\frac{1-\dfrac{3}{t}}{-1+\dfrac{5}{t}}=\frac{1-0}{-1+0}=-1$$

(5) $\displaystyle\lim_{x\to\infty}(\sqrt{x^2+3x}-\sqrt{x^2-x})$
$$=\lim_{x\to\infty}\frac{(\sqrt{x^2+3x}-\sqrt{x^2-x})(\sqrt{x^2+3x}+\sqrt{x^2-x})}{\sqrt{x^2+3x}+\sqrt{x^2-x}}$$

$$=\lim_{x\to\infty}\frac{4x}{\sqrt{x^2+3x}+\sqrt{x^2-x}}$$
$$=\lim_{x\to\infty}\frac{4}{\sqrt{1+\dfrac{3}{x}}+\sqrt{1-\dfrac{1}{x}}}$$
$$=\frac{4}{\sqrt{1+0}+\sqrt{1-0}}=2$$

(6) $\displaystyle\lim_{x\to\infty}x\left(\frac{\sqrt{x+2}}{\sqrt{x}}-1\right)$
$$=\lim_{x\to\infty}\left(x\times\frac{\sqrt{x+2}-\sqrt{x}}{\sqrt{x}}\right)$$
$$=\lim_{x\to\infty}\left\{x\times\frac{(\sqrt{x+2}-\sqrt{x})(\sqrt{x+2}+\sqrt{x})}{\sqrt{x}(\sqrt{x+2}+\sqrt{x})}\right\}$$
$$=\lim_{x\to\infty}\frac{2\sqrt{x}}{\sqrt{x+2}+\sqrt{x}}=\lim_{x\to\infty}\frac{2}{\sqrt{1+\dfrac{2}{x}}+1}$$
$$=\frac{2}{\sqrt{1+0}+1}=1$$

(4)에서 다음과 같이 풀이하지 않도록 주의하자.

$$\lim_{x\to-\infty}\frac{|x|-3}{x+5}=\lim_{x\to-\infty}\frac{\left|\dfrac{x}{x}\right|-\dfrac{3}{x}}{\dfrac{x}{x}+\dfrac{5}{x}}=1$$

부호를 고려하여 다음과 같이 풀이해야 한다.

$$\lim_{x\to-\infty}\frac{|x|-3}{x+5}=\lim_{x\to-\infty}\frac{-\left|\dfrac{x}{x}\right|-\dfrac{3}{x}}{\dfrac{x}{x}+\dfrac{5}{x}}=-1$$

답 (1) $-\dfrac{1}{3}$ (2) 0 (3) $\dfrac{1}{3}$ (4) -1 (5) 2 (6) 1

유제
본문 30~39쪽

03-1 (1) -1 (2) -14 **03-2** $\dfrac{4}{7}$

03-3 (1) 4 (2) -6 **03-4** ㄱ, ㄷ

04-1 (1) -2 (2) $\dfrac{1}{4}$ (3) 0 **04-2** $\dfrac{1}{4}$

04-3 12 **04-4** $\dfrac{1}{6}$

05-1 (1) ∞ (2) -3 (3) 2

05-2 (1) ∞ (2) $-\dfrac{1}{2}$ (3) $\dfrac{1}{3}$

05-3 $B<A<C$ **05-4** -1

06-1 (1) $-\dfrac{\sqrt{3}}{6}$ (2) $\dfrac{1}{4}$ **06-2** (1) $-\dfrac{1}{2}$ (2) 1

06-3 (1) $\sqrt{3}$ (2) 2 **06-4** 4

07-1 (1) -3 (2) $\dfrac{1}{2}$ (3) 1 **07-2** (1) $\dfrac{1}{18}$ (2) $\dfrac{5}{8}$

07-3 -2 **07-4** 25

(1) $\lim\limits_{x\to\infty}\dfrac{f(x)}{x^2}=3$이므로 주어진 식의 분자, 분모를 각각 x^2

으로 나누면

$$\lim_{x\to\infty}\frac{2x^2+f(x)}{x^2-2f(x)}=\lim_{x\to\infty}\frac{2+\dfrac{f(x)}{x^2}}{1-2\times\dfrac{f(x)}{x^2}}$$

$$=\frac{\lim\limits_{x\to\infty}2+\lim\limits_{x\to\infty}\dfrac{f(x)}{x^2}}{\lim\limits_{x\to\infty}1-2\lim\limits_{x\to\infty}\dfrac{f(x)}{x^2}}$$

$$=\frac{2+3}{1-2\times3}=-1$$

(2) $4f(x)-g(x)=h(x)$라 하면
$g(x)=4f(x)-h(x)$이고 $\lim\limits_{x\to2}h(x)=2$이므로

$$\lim_{x\to2}\frac{4f(x)-3g(x)}{-5f(x)+g(x)}$$

$$=\lim_{x\to2}\frac{4f(x)-3\{4f(x)-h(x)\}}{-5f(x)+\{4f(x)-h(x)\}}$$

$$=\lim_{x\to2}\frac{-8f(x)+3h(x)}{-f(x)-h(x)}$$

$$=\frac{-8\lim\limits_{x\to2}f(x)+3\lim\limits_{x\to2}h(x)}{-\lim\limits_{x\to2}f(x)-\lim\limits_{x\to2}h(x)}$$

$$=\frac{(-8)\times(-1)+3\times2}{-(-1)-2}=-14$$

[다른 풀이]

(2) $4f(x)-g(x)=h(x)$라 하면
$g(x)=4f(x)-h(x)$이고 $\lim\limits_{x\to2}h(x)=2$이므로

$$\lim_{x\to2}g(x)=\lim_{x\to2}\{4f(x)-h(x)\}$$

$$=4\lim_{x\to2}f(x)-\lim_{x\to2}h(x)$$

$$=4\times(-1)-2=-6$$

$$\therefore \lim_{x\to2}\frac{4f(x)-3g(x)}{-5f(x)+g(x)}=\frac{4\lim\limits_{x\to2}f(x)-3\lim\limits_{x\to2}g(x)}{-5\lim\limits_{x\to2}f(x)+\lim\limits_{x\to2}g(x)}$$

$$=\frac{4\times(-1)-3\times(-6)}{(-5)\times(-1)+(-6)}$$

$$=-14$$

답 (1) -1 (2) -14

03-2

$\dfrac{f(x)}{x}-3=h(x)$라 하면 $\lim\limits_{x\to\infty}h(x)=0$이므로

$$\lim_{x\to\infty}\frac{f(x)}{x}=\lim_{x\to\infty}\{h(x)+3\}=0+3=3$$

$$\therefore \lim_{x\to\infty}\frac{f(x)+x}{3f(x)-2x+1}=\lim_{x\to\infty}\frac{\dfrac{f(x)}{x}+1}{\dfrac{3f(x)}{x}-2+\dfrac{1}{x}}$$

$$=\frac{\lim\limits_{x\to\infty}\dfrac{f(x)}{x}+\lim\limits_{x\to\infty}1}{3\lim\limits_{x\to\infty}\dfrac{f(x)}{x}-\lim\limits_{x\to\infty}2+\lim\limits_{x\to\infty}\dfrac{1}{x}}$$

$$=\frac{3+1}{3\times3-2+0}=\frac{4}{7}$$

답 $\dfrac{4}{7}$

03-3

(1) $f(x)-2g(x)=h(x)$라 하면
$f(x)=h(x)+2g(x)$이고 $\lim\limits_{x\to\infty}h(x)=1$이므로

$$\lim_{x\to\infty}\frac{f(x)+2g(x)}{g(x)}=\lim_{x\to\infty}\frac{\{h(x)+2g(x)\}+2g(x)}{g(x)}$$

$$=\lim_{x\to\infty}\frac{h(x)+4g(x)}{g(x)}$$

$$=\lim_{x\to\infty}\left\{\frac{h(x)}{g(x)}+4\right\}$$

$$=\lim_{x\to\infty}\frac{h(x)}{g(x)}+\lim_{x\to\infty}4$$

$$=\frac{\lim\limits_{x\to\infty}h(x)}{\lim\limits_{x\to\infty}g(x)}+4$$

$$=0+4=4$$

(2) $\lim\limits_{x\to\infty}\{f(x)-g(x)\}+\lim\limits_{x\to\infty}\{2f(x)+g(x)\}=5+1$에서

$$\lim_{x\to\infty}3f(x)=6 \quad \therefore \lim_{x\to\infty}f(x)=2$$

$$2\lim_{x\to\infty}\{f(x)-g(x)\}-\lim_{x\to\infty}\{2f(x)+g(x)\}$$

$$=2\times5-1$$

에서 $\lim\limits_{x\to\infty}\{-3g(x)\}=9 \quad \therefore \lim\limits_{x\to\infty}g(x)=-3$

$$\therefore \lim_{x\to\infty}\{3f(x)+4g(x)\}=3\lim_{x\to\infty}f(x)+4\lim_{x\to\infty}g(x)$$

$$=3\times2+4\times(-3)=-6$$

답 (1) 4 (2) -6

03-4

ㄱ. $\lim\limits_{x\to a}f(x)=\alpha$, $\lim\limits_{x\to a}\{f(x)+g(x)\}=\beta$ (α, β는 실수)라
하면

$$\lim_{x\to a}g(x)=\lim_{x\to a}\{f(x)+g(x)-f(x)\}$$

$$=\lim_{x\to a}\{f(x)+g(x)\}-\lim_{x\to a}f(x)$$

$$=\beta-\alpha \text{ (참)}$$

ㄴ. [반례] $f(x)=x$, $g(x)=\dfrac{1}{x}$이라 하면

$$f(x)g(x)=x\times\dfrac{1}{x}=1$$이므로

$$\lim_{x\to 0}f(x)=\lim_{x\to 0}x=0,\ \lim_{x\to 0}f(x)g(x)=1$$이지만

$$\lim_{x\to 0}g(x)=\lim_{x\to 0}\dfrac{1}{x}$$의 값은 존재하지 않는다. (거짓)

ㄷ. $\lim\limits_{x\to a}g(x)=\alpha$, $\lim\limits_{x\to a}\dfrac{f(x)}{g(x)}=\beta$ (α, β는 실수)라 하면

$$\lim_{x\to a}f(x)=\lim_{x\to a}\left\{g(x)\times\dfrac{f(x)}{g(x)}\right\}$$
$$=\lim_{x\to a}g(x)\times\lim_{x\to a}\dfrac{f(x)}{g(x)}$$
$$=\alpha\beta\ (참)$$

따라서 옳은 것은 ㄱ, ㄷ이다.

답 ㄱ, ㄷ

04-1

(1) $\displaystyle\lim_{x\to -1}\dfrac{x^3+x+2}{x^2-1}=\lim_{x\to -1}\dfrac{(x+1)(x^2-x+2)}{(x+1)(x-1)}$

$$=\lim_{x\to -1}\dfrac{x^2-x+2}{x-1}$$
$$=\dfrac{1-(-1)+2}{(-1)-1}=\dfrac{4}{-2}=-2$$

(2) $\displaystyle\lim_{x\to 0}\dfrac{\sqrt{x+4}-2}{x}=\lim_{x\to 0}\dfrac{(\sqrt{x+4}-2)(\sqrt{x+4}+2)}{x(\sqrt{x+4}+2)}$

$$=\lim_{x\to 0}\dfrac{x+4-4}{x(\sqrt{x+4}+2)}$$
$$=\lim_{x\to 0}\dfrac{1}{\sqrt{x+4}+2}$$
$$=\dfrac{1}{\sqrt{4}+2}=\dfrac{1}{4}$$

(3) $\displaystyle\lim_{x\to 2}\dfrac{\sqrt{2x-3}-x+1}{x-2}$

$$=\lim_{x\to 2}\dfrac{\{\sqrt{2x-3}-(x-1)\}\{\sqrt{2x-3}+(x-1)\}}{(x-2)\{\sqrt{2x-3}+(x-1)\}}$$
$$=\lim_{x\to 2}\dfrac{2x-3-(x-1)^2}{(x-2)\{\sqrt{2x-3}+(x-1)\}}$$
$$=\lim_{x\to 2}\dfrac{-(x-2)^2}{(x-2)\{\sqrt{2x-3}+(x-1)\}}$$
$$=\lim_{x\to 2}\dfrac{-(x-2)}{\sqrt{2x-3}+(x-1)}$$
$$=\dfrac{0}{\sqrt{1}+1}=\dfrac{0}{2}=0$$

답 (1) -2　(2) $\dfrac{1}{4}$　(3) 0

04-2

$g(x)=\dfrac{x^2-1}{(x^4-1)f(x)}$이라 하면

$f(x)=\dfrac{x^2-1}{(x^4-1)g(x)}$

$\lim\limits_{x\to 1}g(x)=2$에서 $\lim\limits_{x\to 1}\dfrac{1}{g(x)}=\dfrac{1}{2}$

$$\therefore \lim_{x\to 1}f(x)=\lim_{x\to 1}\left\{\dfrac{x^2-1}{x^4-1}\times\dfrac{1}{g(x)}\right\}$$
$$=\lim_{x\to 1}\left\{\dfrac{x^2-1}{(x^2-1)(x^2+1)}\times\dfrac{1}{g(x)}\right\}$$
$$=\lim_{x\to 1}\dfrac{1}{x^2+1}\times\lim_{x\to 1}\dfrac{1}{g(x)}$$
$$=\dfrac{1}{2}\times\dfrac{1}{2}=\dfrac{1}{4}$$

답 $\dfrac{1}{4}$

04-3

$\displaystyle\lim_{x\to 4}\dfrac{(x-4)f(x)}{2-\sqrt{x}}=\lim_{x\to 4}\dfrac{(x-4)f(x)(2+\sqrt{x})}{(2-\sqrt{x})(2+\sqrt{x})}$

$$=\lim_{x\to 4}\dfrac{(x-4)(2+\sqrt{x})f(x)}{4-x}$$
$$=\lim_{x\to 4}\{-f(x)(2+\sqrt{x})\}$$
$$=-\lim_{x\to 4}f(x)\times(2+\sqrt{4})$$
$$=-(-3)\times 4=12$$

답 12

04-4

$\displaystyle\lim_{x\to a}\dfrac{3(x^2-a^2)}{\sqrt{x}-\sqrt{a}}=\lim_{x\to a}\dfrac{3(\sqrt{x}-\sqrt{a})(\sqrt{x}+\sqrt{a})(x+a)}{\sqrt{x}-\sqrt{a}}$

$$=3\lim_{x\to a}(\sqrt{x}+\sqrt{a})(x+a)$$
$$=12a\sqrt{a}$$

$12a\sqrt{a}=4$이므로 $a\sqrt{a}=\dfrac{1}{3}$에서 $a^3=\dfrac{1}{9}$　　$\cdots\cdots$ ㉠

$g(x)=\dfrac{3(x^6-a^6)}{(x^3-a^3)f(x)}$이라 하면

$f(x)=\dfrac{3(x^6-a^6)}{(x^3-a^3)g(x)}$

$\lim\limits_{x\to a}g(x)=4$에서 $\lim\limits_{x\to a}\dfrac{1}{g(x)}=\dfrac{1}{4}$

$$\therefore \lim_{x\to a}f(x)=\lim_{x\to a}\left\{\dfrac{3(x^6-a^6)}{x^3-a^3}\times\dfrac{1}{g(x)}\right\}$$
$$=\lim_{x\to a}\left\{\dfrac{3(x^3-a^3)(x^3+a^3)}{x^3-a^3}\times\dfrac{1}{g(x)}\right\}$$
$$=\lim_{x\to a}3(x^3+a^3)\times\lim_{x\to a}\dfrac{1}{g(x)}$$
$$=6a^3\times\dfrac{1}{4}=\dfrac{3}{2}\times\dfrac{1}{9}=\dfrac{1}{6}\ (\because ㉠)$$

답 $\dfrac{1}{6}$

(1) 분모의 최고차항이 x이므로 분자, 분모를 각각 x로 나누면

$$\lim_{x \to \infty} \frac{x^2+5x+1}{3x+2} = \lim_{x \to \infty} \frac{x+5+\frac{1}{x}}{3+\frac{2}{x}} = \infty$$

(2) 분모의 최고차항이 x^2이므로 분자, 분모를 각각 x^2으로 나누면

$$\lim_{x \to \infty} \frac{6x^2-3x+2}{-2x^2+5} = \lim_{x \to \infty} \frac{6-\frac{3}{x}+\frac{2}{x^2}}{-2+\frac{5}{x^2}}$$

$$= \frac{6}{-2} = -3$$

(3) 분모의 최고차항이 x이므로 분자, 분모를 각각 x로 나누면

$$\lim_{x \to \infty} \frac{\sqrt{x^2-2}+x}{x+3} = \lim_{x \to \infty} \frac{\sqrt{1-\frac{2}{x^2}}+1}{1+\frac{3}{x}}$$

$$= \frac{1+1}{1} = 2$$

답 (1) ∞ (2) -3 (3) 2

(1) $-x=t$라 하면 $x \to -\infty$일 때 $t \to \infty$이므로

$$\lim_{x \to -\infty} \frac{x^3-1}{x+1} = \lim_{t \to \infty} \frac{-t^3-1}{-t+1} = \lim_{t \to \infty} \frac{-t^2-\frac{1}{t}}{-1+\frac{1}{t}} = \infty$$

(2) $-x=t$라 하면 $x \to -\infty$일 때 $t \to \infty$이므로

$$\lim_{x \to -\infty} \frac{\sqrt{x^2+x}-x}{4x+1} = \lim_{t \to \infty} \frac{\sqrt{t^2-t}+t}{-4t+1}$$

$$= \lim_{t \to \infty} \frac{\sqrt{1-\frac{1}{t}}+1}{-4+\frac{1}{t}}$$

$$= \frac{1+1}{-4} = -\frac{1}{2}$$

(3) $-x=t$라 하면 $x \to -\infty$일 때 $t \to \infty$이므로

$$\lim_{x \to -\infty} \frac{3-x}{\sqrt{x^2+1}+\sqrt{4x^2-1}} = \lim_{t \to \infty} \frac{3+t}{\sqrt{t^2+1}+\sqrt{4t^2-1}}$$

$$= \lim_{t \to \infty} \frac{\frac{3}{t}+1}{\sqrt{1+\frac{1}{t^2}}+\sqrt{4-\frac{1}{t^2}}}$$

$$= \frac{1}{1+2} = \frac{1}{3}$$

답 (1) ∞ (2) $-\frac{1}{2}$ (3) $\frac{1}{3}$

$$A = \lim_{x \to \infty} \frac{\sqrt{x}+1}{x-1} = \lim_{x \to \infty} \frac{\sqrt{\frac{1}{x}}+\frac{1}{x}}{1-\frac{1}{x}} = \frac{\sqrt{0}+0}{1-0} = 0$$

$$B = \lim_{x \to \infty} \frac{3x^2}{-x^2+2x} = \lim_{x \to \infty} \frac{3}{-1+\frac{2}{x}} = -3$$

$$C = \lim_{x \to \infty} \frac{2x-3}{\sqrt{4x^2+1}-x} = \lim_{x \to \infty} \frac{2-\frac{3}{x}}{\sqrt{4+\frac{1}{x^2}}-1} = \frac{2}{2-1} = 2$$

$$\therefore B < A < C$$

답 $B < A < C$

$$\lim_{x \to a} \frac{2x^2-ax-a^2}{x^2-(a-4)x-4a} = \lim_{x \to a} \frac{(x-a)(2x+a)}{(x-a)(x+4)}$$

$$= \lim_{x \to a} \frac{2x+a}{x+4} = \frac{3a}{a+4}$$

$\dfrac{3a}{a+4}=1$이므로 $3a=a+4$

$$\therefore a=2$$

$$\therefore \lim_{x \to \infty} \frac{4x}{\sqrt{2ax^2+1}-3ax} = \lim_{x \to \infty} \frac{4x}{\sqrt{4x^2+1}-6x}$$

$$= \lim_{x \to \infty} \frac{4}{\sqrt{4+\frac{1}{x^2}}-6}$$

$$= \frac{4}{2-6} = -1$$

답 -1

(1) $\lim\limits_{x \to \infty} (\sqrt{3x^2-x}-\sqrt{3x^2+1})$

$$= \lim_{x \to \infty} \frac{(\sqrt{3x^2-x}-\sqrt{3x^2+1})(\sqrt{3x^2-x}+\sqrt{3x^2+1})}{\sqrt{3x^2-x}+\sqrt{3x^2+1}}$$

$$= \lim_{x \to \infty} \frac{(3x^2-x)-(3x^2+1)}{\sqrt{3x^2-x}+\sqrt{3x^2+1}}$$

$$= \lim_{x \to \infty} \frac{-x-1}{\sqrt{3x^2-x}+\sqrt{3x^2+1}}$$

$$= \lim_{x \to \infty} \frac{-1-\frac{1}{x}}{\sqrt{3-\frac{1}{x}}+\sqrt{3+\frac{1}{x^2}}}$$

$$= \frac{-1}{\sqrt{3}+\sqrt{3}} = -\frac{\sqrt{3}}{6}$$

(2) $\displaystyle\lim_{x\to\infty}(2x-\sqrt{4x^2-x-2})$

$=\displaystyle\lim_{x\to\infty}\frac{(2x-\sqrt{4x^2-x-2})(2x+\sqrt{4x^2-x-2})}{2x+\sqrt{4x^2-x-2}}$

$=\displaystyle\lim_{x\to\infty}\frac{4x^2-(4x^2-x-2)}{2x+\sqrt{4x^2-x-2}}$

$=\displaystyle\lim_{x\to\infty}\frac{x+2}{2x+\sqrt{4x^2-x-2}}$

$=\displaystyle\lim_{x\to\infty}\frac{1+\dfrac{2}{x}}{2+\sqrt{4-\dfrac{1}{x}-\dfrac{2}{x^2}}}$

$=\dfrac{1}{2+2}=\dfrac{1}{4}$

답 (1) $-\dfrac{\sqrt{3}}{6}$ (2) $\dfrac{1}{4}$

06-2

(1) $-x=t$라 하면 $x\to-\infty$일 때 $t\to\infty$이므로

$\displaystyle\lim_{x\to-\infty}(\sqrt{x^2+2x}-\sqrt{x^2+x})$

$=\displaystyle\lim_{t\to\infty}(\sqrt{t^2-2t}-\sqrt{t^2-t})$

$=\displaystyle\lim_{t\to\infty}\frac{(\sqrt{t^2-2t}-\sqrt{t^2-t})(\sqrt{t^2-2t}+\sqrt{t^2-t})}{\sqrt{t^2-2t}+\sqrt{t^2-t}}$

$=\displaystyle\lim_{t\to\infty}\frac{(t^2-2t)-(t^2-t)}{\sqrt{t^2-2t}+\sqrt{t^2-t}}$

$=\displaystyle\lim_{t\to\infty}\frac{-t}{\sqrt{t^2-2t}+\sqrt{t^2-t}}$

$=\displaystyle\lim_{t\to\infty}\frac{-1}{\sqrt{1-\dfrac{2}{t}}+\sqrt{1-\dfrac{1}{t}}}$

$=\dfrac{-1}{1+1}=-\dfrac{1}{2}$

(2) $-x=t$라 하면 $x\to-\infty$일 때 $t\to\infty$이므로

$\displaystyle\lim_{x\to-\infty}(\sqrt{x^2-2x+5}+x)$

$=\displaystyle\lim_{t\to\infty}(\sqrt{t^2+2t+5}-t)$

$=\displaystyle\lim_{t\to\infty}\frac{(\sqrt{t^2+2t+5}-t)(\sqrt{t^2+2t+5}+t)}{\sqrt{t^2+2t+5}+t}$

$=\displaystyle\lim_{t\to\infty}\frac{(t^2+2t+5)-t^2}{\sqrt{t^2+2t+5}+t}$

$=\displaystyle\lim_{t\to\infty}\frac{2t+5}{\sqrt{t^2+2t+5}+t}$

$=\displaystyle\lim_{t\to\infty}\frac{2+\dfrac{5}{t}}{\sqrt{1+\dfrac{2}{t}+\dfrac{5}{t^2}}+1}$

$=\dfrac{2}{1+1}=1$

답 (1) $-\dfrac{1}{2}$ (2) 1

06-3

(1) $\displaystyle\lim_{x\to\infty}\frac{1}{\sqrt{3x^2+x}-\sqrt{3x^2-x}}$

$=\displaystyle\lim_{x\to\infty}\frac{\sqrt{3x^2+x}+\sqrt{3x^2-x}}{(\sqrt{3x^2+x}-\sqrt{3x^2-x})(\sqrt{3x^2+x}+\sqrt{3x^2-x})}$

$=\displaystyle\lim_{x\to\infty}\frac{\sqrt{3x^2+x}+\sqrt{3x^2-x}}{3x^2+x-(3x^2-x)}$

$=\displaystyle\lim_{x\to\infty}\frac{\sqrt{3x^2+x}+\sqrt{3x^2-x}}{2x}$

$=\displaystyle\lim_{x\to\infty}\frac{\sqrt{3+\dfrac{1}{x}}+\sqrt{3-\dfrac{1}{x}}}{2}$

$=\dfrac{\sqrt{3}+\sqrt{3}}{2}=\sqrt{3}$

(2) $\displaystyle\lim_{x\to\infty}\frac{1}{x-\sqrt{x^2-x-3}}$

$=\displaystyle\lim_{x\to\infty}\frac{x+\sqrt{x^2-x-3}}{(x-\sqrt{x^2-x-3})(x+\sqrt{x^2-x-3})}$

$=\displaystyle\lim_{x\to\infty}\frac{x+\sqrt{x^2-x-3}}{x^2-(x^2-x-3)}$

$=\displaystyle\lim_{x\to\infty}\frac{x+\sqrt{x^2-x-3}}{x+3}$

$=\displaystyle\lim_{x\to\infty}\frac{1+\sqrt{1-\dfrac{1}{x}-\dfrac{3}{x^2}}}{1+\dfrac{3}{x}}$

$=\dfrac{1+1}{1}=2$

답 (1) $\sqrt{3}$ (2) 2

06-4

$f(x)=ax(x+2)=ax^2+2ax$에서 $f(-x)=ax^2-2ax$

$\displaystyle\lim_{x\to\infty}\{\sqrt{f(x)}-\sqrt{f(-x)}\}$

$=\displaystyle\lim_{x\to\infty}(\sqrt{ax^2+2ax}-\sqrt{ax^2-2ax})$

$=\displaystyle\lim_{x\to\infty}\frac{(\sqrt{ax^2+2ax}-\sqrt{ax^2-2ax})(\sqrt{ax^2+2ax}+\sqrt{ax^2-2ax})}{\sqrt{ax^2+2ax}+\sqrt{ax^2-2ax}}$

$=\displaystyle\lim_{x\to\infty}\frac{(ax^2+2ax)-(ax^2-2ax)}{\sqrt{ax^2+2ax}+\sqrt{ax^2-2ax}}$

$=\displaystyle\lim_{x\to\infty}\frac{4ax}{\sqrt{ax^2+2ax}+\sqrt{ax^2-2ax}}$

$=\displaystyle\lim_{x\to\infty}\frac{4a}{\sqrt{a+\dfrac{2a}{x}}+\sqrt{a-\dfrac{2a}{x}}}$

$=\dfrac{4a}{\sqrt{a}+\sqrt{a}}=2\sqrt{a}$

$2\sqrt{a}=4$이므로 $\sqrt{a}=2$

$$\therefore a=4$$

답 4

07-1

$(1)\ \displaystyle\lim_{x\to-2}\frac{1}{x+2}\left(3+\frac{3}{x+1}\right)$

$\displaystyle=\lim_{x\to-2}\left\{\frac{1}{x+2}\times\frac{3(x+1)+3}{x+1}\right\}$

$\displaystyle=\lim_{x\to-2}\frac{3(x+2)}{(x+2)(x+1)}$

$\displaystyle=\lim_{x\to-2}\frac{3}{x+1}=\frac{3}{(-2)+1}=-3$

$(2)\ \displaystyle\lim_{x\to0}\frac{1}{x}\left(1-\frac{1}{\sqrt{x+1}}\right)$

$\displaystyle=\lim_{x\to0}\left(\frac{1}{x}\times\frac{\sqrt{x+1}-1}{\sqrt{x+1}}\right)$

$\displaystyle=\lim_{x\to0}\frac{(\sqrt{x+1}-1)(\sqrt{x+1}+1)}{x\sqrt{x+1}(\sqrt{x+1}+1)}$

$\displaystyle=\lim_{x\to0}\frac{(x+1)-1}{x(x+1)+x\sqrt{x+1}}$

$\displaystyle=\lim_{x\to0}\frac{1}{x+1+\sqrt{x+1}}$

$\displaystyle=\frac{1}{0+1+\sqrt{0+1}}=\frac{1}{2}$

$(3)\ \displaystyle\lim_{x\to1}(\sqrt{x}-1)\left(\frac{2}{x-1}+1\right)$

$\displaystyle=\lim_{x\to1}\left\{(\sqrt{x}-1)\times\frac{2+(x-1)}{x-1}\right\}$

$\displaystyle=\lim_{x\to1}\left\{\frac{(\sqrt{x}-1)(\sqrt{x}+1)}{\sqrt{x}+1}\times\frac{x+1}{x-1}\right\}$

$\displaystyle=\lim_{x\to1}\left(\frac{x-1}{\sqrt{x}+1}\times\frac{x+1}{x-1}\right)$

$\displaystyle=\lim_{x\to1}\frac{x+1}{\sqrt{x}+1}=\frac{1+1}{\sqrt{1}+1}=1$

답 (1) -3　(2) $\dfrac{1}{2}$　(3) 1

07-2

$(1)\ \displaystyle\lim_{x\to\infty}(x+1)^2\left(1-\frac{3x}{\sqrt{9x^2+1}}\right)$

$\displaystyle=\lim_{x\to\infty}(x+1)^2\left(\frac{\sqrt{9x^2+1}-3x}{\sqrt{9x^2+1}}\right)$

$\displaystyle=\lim_{x\to\infty}\frac{(x+1)^2(\sqrt{9x^2+1}-3x)(\sqrt{9x^2+1}+3x)}{\sqrt{9x^2+1}(\sqrt{9x^2+1}+3x)}$

$\displaystyle=\lim_{x\to\infty}\frac{(x+1)^2\{(9x^2+1)-9x^2\}}{\sqrt{9x^2+1}(\sqrt{9x^2+1}+3x)}$

$\displaystyle=\lim_{x\to\infty}\frac{x^2+2x+1}{9x^2+1+3x\sqrt{9x^2+1}}$

$\displaystyle=\lim_{x\to\infty}\frac{1+\dfrac{2}{x}+\dfrac{1}{x^2}}{9+\dfrac{1}{x^2}+3\sqrt{9+\dfrac{1}{x^2}}}$

$\displaystyle=\frac{1+0+0}{9+0+3\sqrt{9+0}}=\frac{1}{18}$

$(2)\ -x=t$라 하면 $x\to-\infty$일 때 $t\to\infty$이므로

$\displaystyle\lim_{x\to-\infty}x^2\left(\frac{2x}{\sqrt{4x^2+5}}+1\right)$

$\displaystyle=\lim_{t\to\infty}t^2\left(\frac{-2t}{\sqrt{4t^2+5}}+1\right)$

$\displaystyle=\lim_{t\to\infty}\frac{t^2(\sqrt{4t^2+5}-2t)}{\sqrt{4t^2+5}}$

$\displaystyle=\lim_{t\to\infty}\frac{t^2(\sqrt{4t^2+5}-2t)(\sqrt{4t^2+5}+2t)}{\sqrt{4t^2+5}(\sqrt{4t^2+5}+2t)}$

$\displaystyle=\lim_{t\to\infty}\frac{t^2\{(4t^2+5)-4t^2\}}{4t^2+5+2t\sqrt{4t^2+5}}$

$\displaystyle=\lim_{t\to\infty}\frac{5t^2}{4t^2+5+2t\sqrt{4t^2+5}}$

$\displaystyle=\lim_{t\to\infty}\frac{5}{4+\dfrac{5}{t^2}+2\sqrt{4+\dfrac{5}{t^2}}}$

$\displaystyle=\frac{5}{4+0+2\sqrt{4+0}}=\frac{5}{8}$

답 (1) $\dfrac{1}{18}$　(2) $\dfrac{5}{8}$

07-3

$\displaystyle\lim_{x\to0}\frac{1}{x^2-2x}\left(a+\frac{a}{x^2-2x-1}\right)$

$\displaystyle=\lim_{x\to0}\left\{\frac{1}{x^2-2x}\times\frac{a(x^2-2x)}{x^2-2x-1}\right\}$

$\displaystyle=\lim_{x\to0}\frac{a}{x^2-2x-1}=\frac{a}{-1}=2$

$\therefore a=-2$

답 -2

07-4

$\dfrac{1}{x}=t$라 하면 $x\to\infty$일 때 $t\to0+$이므로

$\displaystyle\lim_{x\to\infty}x^2\left\{f\left(\frac{1}{x}+1\right)-f(1)\right\}^2$

$\displaystyle=\lim_{t\to0+}\frac{1}{t^2}\{f(t+1)-f(1)\}^2$

$\displaystyle=\lim_{t\to0+}\frac{1}{t^2}[\{(t+1)^2+3(t+1)-2\}-2]^2$

$\displaystyle=\lim_{t\to0+}\frac{(t^2+5t)^2}{t^2}=\lim_{t\to0+}\frac{t^2(t+5)^2}{t^2}$

$$= \lim_{t \to 0+}(t+5)^2 = 5^2 = 25$$

$$\lim_{x \to \infty} x^2 \left\{ f\left(\frac{1}{x}+1\right) - f(1) \right\}^2$$

$$= \lim_{x \to \infty} x^2 \left[\left\{ \left(\frac{1}{x}+1\right)^2 + 3\left(\frac{1}{x}+1\right) - 2 \right\} - 2 \right]^2$$

$$= \lim_{x \to \infty} x^2 \left(\frac{1}{x^2}+\frac{5}{x}\right)^2 = \lim_{x \to \infty} \left(\frac{1}{x}+5\right)^2$$

$$= 5^2 = 25$$

답 25

04 함수의 극한의 응용

개념 CHECK

본문 43쪽

01 $a=-2,\ b=-6$ **02** $a=\dfrac{2}{3},\ b=-\dfrac{2}{3}$

03 2 **04** (1) $\dfrac{5}{2}$ (2) 2

01

$\lim\limits_{x \to -3} \dfrac{ax+b}{x+3} = -2$에서 $x \to -3$일 때 극한값이 존재하고

(분모)$\to 0$이므로 (분자)$\to 0$이다.

즉, $\lim\limits_{x \to -3}(ax+b)=-3a+b=0$이므로

$$b=3a \quad \cdots\cdots \ \text{㉠}$$

㉠을 주어진 식에 대입하면

$$\lim_{x \to -3}\frac{ax+b}{x+3} = \lim_{x \to -3}\frac{ax+3a}{x+3} = \lim_{x \to -3}\frac{a(x+3)}{x+3} = a = -2$$

$$\therefore a=-2,\ b=-6 \ (\because \text{㉠})$$

답 $a=-2,\ b=-6$

02

$\lim\limits_{x \to 1} \dfrac{x-1}{a\sqrt{x}+b} = 3$에서 $x \to 1$일 때 0이 아닌 극한값이 존재하

고 (분자)$\to 0$이므로 (분모)$\to 0$이다.

즉, $\lim\limits_{x \to 1}(a\sqrt{x}+b)=a+b=0$이므로

$$b=-a \quad \cdots\cdots \ \text{㉠}$$

㉠을 주어진 식에 대입하면

$$\lim_{x \to 1}\frac{x-1}{a\sqrt{x}-a} = \lim_{x \to 1}\frac{(\sqrt{x}+1)(\sqrt{x}-1)}{a(\sqrt{x}-1)}$$

$$= \lim_{x \to 1}\frac{\sqrt{x}+1}{a} = \frac{2}{a} = 3$$

$$\therefore a=\frac{2}{3},\ b=-\frac{2}{3} \ (\because \text{㉠})$$

답 $a=\dfrac{2}{3},\ b=-\dfrac{2}{3}$

03

$2x-1 < f(x) < 2x+3$의 각 변을 $x\ (x>0)$로 나누면

$$\frac{2x-1}{x} < \frac{f(x)}{x} < \frac{2x+3}{x}$$

이때 $\lim\limits_{x \to \infty}\dfrac{2x-1}{x}=2$, $\lim\limits_{x \to \infty}\dfrac{2x+3}{x}=2$이므로 함수의 극한

의 대소 관계에 의하여

$$\lim_{x \to \infty}\frac{f(x)}{x}=2$$

답 2

04

$x > -1$일 때,

$3x^2+3 \le (x+4)f(x) \le x^3+7$의 각 변을 $x+4$로 나누면

$$\frac{3x^2+3}{x+4} \le f(x) \le \frac{x^3+7}{x+4}$$

(1) $\lim\limits_{x \to 2}\dfrac{3x^2+3}{x+4}=\dfrac{15}{6}=\dfrac{5}{2}$, $\lim\limits_{x \to 2}\dfrac{x^3+7}{x+4}=\dfrac{15}{6}=\dfrac{5}{2}$이므로

함수의 극한의 대소 관계에 의하여

$$\lim_{x \to 2}f(x)=\frac{5}{2}$$

(2) $\lim\limits_{x \to -1+}\dfrac{3x^2+3}{x+4}=\dfrac{6}{3}=2$, $\lim\limits_{x \to -1+}\dfrac{x^3+7}{x+4}=\dfrac{6}{3}=2$이므로

함수의 극한의 대소 관계에 의하여

$$\lim_{x \to -1+}f(x)=2$$

답 (1) $\dfrac{5}{2}$ (2) 2

유제

본문 44~51쪽

08-1 (1) $a=2,\ b=-3$ (2) $a=-1,\ b=-3$

08-2 3 **08-3** -14 **08-4** -15

09-1 -9 **09-2** 21 **09-3** 3 **09-4** 14

10-1 (1) 3 (2) 1 **10-2** $\dfrac{1}{4}$ **10-3** 6

10-4 4 **11-1** 5 **11-2** $\dfrac{15}{2}$ **11-3** $\dfrac{9}{2}$

11-4 $\dfrac{1}{2}$

08-1

(1) $\lim\limits_{x \to 1}\dfrac{x^2+ax+b}{x-1}=4$에서 $x \to 1$일 때 극한값이 존재하고

(분모)$\longrightarrow 0$이므로 (분자)$\longrightarrow 0$이다.

즉, $\lim\limits_{x \to 1}(x^2+ax+b)=1+a+b=0$이므로

$b=-a-1$ ······ ㉠

㉠을 주어진 식에 대입하면

$$\lim_{x \to 1}\frac{x^2+ax+b}{x-1}=\lim_{x \to 1}\frac{x^2+ax-a-1}{x-1}$$
$$=\lim_{x \to 1}\frac{(x-1)(x+a+1)}{x-1}$$
$$=\lim_{x \to 1}(x+a+1)$$
$$=a+2$$

$a+2=4$이므로 $a=2$, $b=-3$ ($\because$ ㉠)

(2) $\lim\limits_{x \to -3}\dfrac{\sqrt{x+7}-2}{ax+b}=-\dfrac{1}{4}$에서 $x \longrightarrow -3$일 때 0이 아닌 극

한값이 존재하고 (분자)$\longrightarrow 0$이므로 (분모)$\longrightarrow 0$이다.

즉, $\lim\limits_{x \to -3}(ax+b)=-3a+b=0$이므로

$b=3a$ ······ ㉠

㉠을 주어진 식에 대입하면

$$\lim_{x \to -3}\frac{\sqrt{x+7}-2}{ax+b}=\lim_{x \to -3}\frac{\sqrt{x+7}-2}{ax+3a}$$
$$=\lim_{x \to -3}\frac{(\sqrt{x+7}-2)(\sqrt{x+7}+2)}{a(x+3)(\sqrt{x+7}+2)}$$
$$=\lim_{x \to -3}\frac{x+3}{a(x+3)(\sqrt{x+7}+2)}$$
$$=\lim_{x \to -3}\frac{1}{a(\sqrt{x+7}+2)}$$
$$=\frac{1}{4a}$$

$\dfrac{1}{4a}=-\dfrac{1}{4}$이므로 $a=-1$, $b=-3$ ($\because$ ㉠)

답 (1) $a=2$, $b=-3$ (2) $a=-1$, $b=-3$

08-2

$a<0$이면 $\lim\limits_{x \to \infty}(\sqrt{x^2+4x+5}-ax)=\infty$이므로 $a>0$이다.

$$\lim_{x \to \infty}(\sqrt{x^2+4x+5}-ax)$$
$$=\lim_{x \to \infty}\frac{(\sqrt{x^2+4x+5}-ax)(\sqrt{x^2+4x+5}+ax)}{\sqrt{x^2+4x+5}+ax}$$
$$=\lim_{x \to \infty}\frac{(1-a^2)x^2+4x+5}{\sqrt{x^2+4x+5}+ax}=b \quad ······ ㉠$$

㉠에서 극한값이 존재하므로 $1-a^2=0$

$(1+a)(1-a)=0$ $\therefore a=1$ ($\because a>0$)

㉠에 $a=1$을 대입하면

$$\lim_{x \to \infty}\frac{4x+5}{\sqrt{x^2+4x+5}+x}=\frac{4}{\sqrt{1}+1}=2=b$$

$\therefore a+b=1+2=3$

답 3

08-3

$\lim\limits_{x \to 0}\dfrac{f(x)}{x}=3$에서 $x \longrightarrow 0$일 때 극한값이 존재하고

(분모)$\longrightarrow 0$이므로 (분자)$\longrightarrow 0$이다.

즉, $\lim\limits_{x \to 0}f(x)=\lim\limits_{x \to 0}(ax^3+bx^2+cx+d)=d=0$

이므로 $f(x)=ax^3+bx^2+cx$

$$\lim_{x \to 0}\frac{f(x)}{x}=\lim_{x \to 0}\frac{ax^3+bx^2+cx}{x}$$
$$=\lim_{x \to 0}(ax^2+bx+c)=c=3$$

이므로 $f(x)=ax^3+bx^2+3x$

또한 $\lim\limits_{x \to 1}\dfrac{f(x)}{x-1}=1$에서 $x \longrightarrow 1$일 때 극한값이 존재하고

(분모)$\longrightarrow 0$이므로 (분자)$\longrightarrow 0$이다.

즉, $\lim\limits_{x \to 1}f(x)=\lim\limits_{x \to 1}(ax^3+bx^2+3x)=a+b+3=0$

이므로 $b=-a-3$ ······ ㉠

$$\therefore \lim_{x \to 1}\frac{f(x)}{x-1}=\lim_{x \to 1}\frac{ax^3+bx^2+3x}{x-1}$$
$$=\lim_{x \to 1}\frac{ax^3-(a+3)x^2+3x}{x-1}$$
$$=\lim_{x \to 1}\frac{x(ax-3)(x-1)}{x-1}$$
$$=\lim_{x \to 1}x(ax-3)$$
$$=a-3$$

$a-3=1$이므로 $a=4$, $b=-7$ ($\because$ ㉠)

따라서 $f(x)=4x^3-7x^2+3x$이므로

$f(-1)=(-4)-7-3=-14$

답 -14

08-4

방정식 $f(x)=0$의 두 근이 α, β $(\alpha<\beta)$이고 함수 $f(x)$는

최고차항의 계수가 1인 이차함수이므로

$f(x)=(x-\alpha)(x-\beta)$라 하자.

이때 $\lim\limits_{x \to a}f(x)=k$ (k는 실수)라 하면

$k \ne 0$일 때

$$\lim_{x \to a}\frac{f(x)+x-a}{f(x)-x+a}=\frac{k+a-a}{k-a+a}=1 \ne \frac{1}{4}$$

따라서 $k=0$이어야 하므로

방정식 $f(x)=0$의 한 근이 $x=a$이다.

$a=\alpha$라 하면

$$\lim_{x \to a}\frac{f(x)+x-a}{f(x)-x+a}=\lim_{x \to a}\frac{f(x)+(x-a)}{f(x)-(x-a)}$$
$$=\lim_{x \to a}\frac{(x-\alpha)(x-\beta)+(x-\alpha)}{(x-\alpha)(x-\beta)-(x-\alpha)}$$
$$=\lim_{x \to a}\frac{(x-\alpha)(x-\beta+1)}{(x-\alpha)(x-\beta-1)}$$

$$=\lim_{x\to a}\frac{x-\beta+1}{x-\beta-1}$$

$$=\frac{a-\beta+1}{a-\beta-1}$$

$\dfrac{a-\beta+1}{a-\beta-1}=\dfrac{1}{4}$이므로 $3a-3\beta=-5$에서

$$a-\beta=-\frac{5}{3}$$

$$\therefore\ 9(a-\beta)=9\times\left(-\frac{5}{3}\right)=-15$$

답 -15

09-1

$\lim\limits_{x\to\infty}\dfrac{f(x)}{x^2-2x-2}=3$에서 $f(x)$는 이차항의 계수가 3인 이차

함수이므로 $f(x)=3x^2+ax+b$ (a, b는 상수)라 하자.

또한 $\lim\limits_{x\to-2}\dfrac{f(x)}{x^2-2x-8}=2$에서 $x\to-2$일 때 극한값이 존재

하고 (분모)$\to0$이므로 (분자)$\to0$이다.

즉, $\lim\limits_{x\to-2}f(x)=\lim\limits_{x\to-2}(3x^2+ax+b)=12-2a+b=0$

이므로 $b=2a-12$ $\quad\cdots\cdots$ ㉠

$$\lim_{x\to-2}\frac{f(x)}{x^2-2x-8}=\lim_{x\to-2}\frac{3x^2+ax+b}{x^2-2x-8}$$

$$=\lim_{x\to-2}\frac{3x^2+ax+2a-12}{x^2-2x-8}$$

$$=\lim_{x\to-2}\frac{(x+2)(3x+a-6)}{(x+2)(x-4)}$$

$$=\lim_{x\to-2}\frac{3x+a-6}{x-4}=\frac{-12+a}{-6}$$

$\dfrac{-12+a}{-6}=2$이므로 $a=0$, $b=-12$ ($\because$ ㉠)

따라서 $f(x)=3x^2-12$이므로

$f(1)=3-12=-9$

다른 풀이

$\lim\limits_{x\to\infty}\dfrac{f(x)}{x^2-2x-2}=3$에서 $f(x)$는 이차항의 계수가 3인 이차

함수이다. $\qquad\cdots\cdots$ ㉠

또한 $\lim\limits_{x\to-2}\dfrac{f(x)}{x^2-2x-8}=2$에서 $x\to-2$일 때 극한값이 존

재하고 (분모)$\to0$이므로 (분자)$\to0$이다.

즉, $\lim\limits_{x\to-2}f(x)=0$이므로 $f(-2)=0$ $\quad\cdots\cdots$ ㉡

㉠, ㉡에 의하여 이차함수 $f(x)$를

$f(x)=3(x+2)(x+a)$ (a는 상수)라 하면

$$\lim_{x\to-2}\frac{f(x)}{x^2-2x-8}=\lim_{x\to-2}\frac{3(x+2)(x+a)}{(x+2)(x-4)}$$

$$=\lim_{x\to-2}\frac{3(x+a)}{x-4}$$

$$=\frac{3(-2+a)}{-6}=\frac{2-a}{2}$$

$\dfrac{2-a}{2}=2$이므로 $a=-2$

따라서 $f(x)=3(x+2)(x-2)$이므로

$f(1)=3\times3\times(-1)=-9$

답 -9

09-2

$\lim\limits_{x\to\infty}\dfrac{f(x)+7x}{x^2+3x}=4$에서 $f(x)+7x$는 이차항의 계수가 4인

이차함수이므로 $f(x)$는 이차항의 계수가 4인 이차함수이다.

따라서 $f(x)=4x^2+ax+b$ (a, b는 상수)라 하자.

또한 $\lim\limits_{x\to-1}\dfrac{f(x)-5x}{x^2-1}=0$에서 $x\to-1$일 때 극한값이 존재

하고 (분모)$\to0$이므로 (분자)$\to0$이다.

즉, $\lim\limits_{x\to-1}\{f(x)-5x\}=f(-1)+5=9-a+b=0$

이므로 $b=a-9$ $\quad\cdots\cdots$ ㉠

$$\lim_{x\to-1}\frac{f(x)-5x}{x^2-1}=\lim_{x\to-1}\frac{(4x^2+ax+a-9)-5x}{x^2-1}$$

$$=\lim_{x\to-1}\frac{4x^2+(a-5)x+a-9}{x^2-1}$$

$$=\lim_{x\to-1}\frac{(x+1)(4x+a-9)}{(x+1)(x-1)}$$

$$=\lim_{x\to-1}\frac{4x+a-9}{x-1}=\frac{a-13}{-2}$$

$\dfrac{a-13}{-2}=0$이므로 $a=13$, $b=4$ ($\because$ ㉠)

따라서 $f(x)=4x^2+13x+4$이므로

$f(1)=4+13+4=21$

다른 풀이

$\lim\limits_{x\to\infty}\dfrac{f(x)+7x}{x^2+3x}=4$에서 $f(x)+7x$는 이차항의 계수가 4인

이차함수이므로 $f(x)$는 이차항의 계수가 4인 이차함수이다.

$\cdots\cdots$ ㉠

또한 $\lim\limits_{x\to-1}\dfrac{f(x)-5x}{x^2-1}=0$에서 $x\to-1$일 때 극한값이 존재

하고 (분모)$\to0$이므로 (분자)$\to0$이다.

즉, $\lim\limits_{x\to-1}\{f(x)-5x\}=0$ $\qquad\cdots\cdots$ ㉡

㉠, ㉡에 의하여 이차함수 $f(x)-5x$를

$f(x)-5x=4(x+1)(x+a)$ (a는 상수)라 하면

$$\lim_{x\to-1}\frac{f(x)-5x}{x^2-1}=\lim_{x\to-1}\frac{4(x+1)(x+a)}{(x+1)(x-1)}$$

$$=\lim_{x\to-1}\frac{4(x+a)}{x-1}$$

$$=\frac{4(-1+a)}{-2}=2-2a$$

$2-2a=0$이므로 $a=1$

따라서 $f(x)=4(x+1)^2+5x$이므로

$f(1)=16+5=21$

다항함수 $f(x)$가 $\lim\limits_{x\to a}\dfrac{f(x)}{x-a}=0$을 만족시키면

함수 $f(x)$는 $(x-a)^2$을 인수로 갖는다.

답 21

09-3

조건 ㈎의 $\lim\limits_{x\to\infty}\left\{\dfrac{f(x)-2x^3}{x^2}\right\}=-6$에서

$f(x)-2x^3$은 이차항의 계수가 -6인 이차함수이므로

$f(x)$는 삼차항의 계수가 2, 이차항의 계수가 -6인 다항함

수이다.

따라서 $f(x)=2x^3-6x^2+ax+b$ (a, b는 상수)라 하자.

조건 ㈏의 $\lim\limits_{x\to1}\dfrac{x^2-8x+7}{f(x)}=-6$에서 $x\to1$일 때 0이 아닌

극한값이 존재하고 (분자)$\to0$이므로 (분모)$\to0$이다.

즉, $\lim\limits_{x\to1}f(x)=\lim\limits_{x\to1}(2x^3-6x^2+ax+b)=-4+a+b=0$

$\therefore b=-a+4$ $\quad\cdots\cdots$ ㉠

따라서 $f(x)=2x^3-6x^2+ax-a+4$이므로

이를 조건 ㈏에 대입하면

$$\lim_{x\to1}\frac{x^2-8x+7}{f(x)}=\lim_{x\to1}\frac{x^2-8x+7}{2x^3-6x^2+ax-a+4}$$
$$=\lim_{x\to1}\frac{(x-1)(x-7)}{(x-1)(2x^2-4x+a-4)}$$
$$=\lim_{x\to1}\frac{x-7}{2x^2-4x+a-4}=\frac{-6}{a-6}$$

$\dfrac{-6}{a-6}=-6$이므로 $a=7$, $b=-3$ $(\because$ ㉠$)$

따라서 $f(x)=2x^3-6x^2+7x-3$에서

$f(2)=16-24+14-3=3$

답 3

09-4

$\dfrac{1}{x}=t$라 하면 $x\to0+$일 때, $t\to\infty$이므로

$$\lim_{x\to0+}x^2f\left(\frac{1}{x}\right)=\lim_{t\to\infty}\frac{f(t)}{t^2}=2$$

$f(t)$는 이차항의 계수가 2인 이차함수이므로

$f(t)=2t^2+at+b$ (a, b는 상수)라 하면

$f(x)=2x^2+ax+b$

$\lim\limits_{x\to1}\dfrac{f(x)}{x^2-1}=6$에서 $x\to1$일 때 극한값이 존재하고

(분모)$\to0$이므로 (분자)$\to0$이다.

즉, $\lim\limits_{x\to1}f(x)=\lim\limits_{x\to1}(2x^2+ax+b)=2+a+b=0$이므로

$b=-a-2$ $\quad\cdots\cdots$ ㉠

$$\lim_{x\to1}\frac{f(x)}{x^2-1}=\lim_{x\to1}\frac{2x^2+ax-a-2}{x^2-1}$$
$$=\lim_{x\to1}\frac{(x-1)(2x+a+2)}{(x+1)(x-1)}$$
$$=\lim_{x\to1}\frac{2x+a+2}{x+1}=\frac{a+4}{2}$$

$\dfrac{a+4}{2}=6$이므로 $a=8$, $b=-10$ $(\because$ ㉠$)$

따라서 $f(x)=2x^2+8x-10$이므로

$f(2)=8+16-10=14$

답 14

10-1

(1) $\lim\limits_{x\to1}f(x)=\lim\limits_{x\to1}(x^2+2x)=3$,

$\quad\lim\limits_{x\to1}g(x)=\lim\limits_{x\to1}(x^3+x+1)=3$

이므로 함수의 극한의 대소 관계에 의하여

$\lim\limits_{x\to1}h(x)=3$

(2) $x>-1$인 실수 x에 대하여 $2x^2+x+3>0$이므로

$2x^2-3x\le(2x^2+x+3)f(x)\le2x^2-2x+1$의 각 변을

$2x^2+x+3$으로 나누면

$$\frac{2x^2-3x}{2x^2+x+3}\le f(x)\le\frac{2x^2-2x+1}{2x^2+x+3}$$

이때 $\lim\limits_{x\to\infty}\dfrac{2x^2-3x}{2x^2+x+3}=\lim\limits_{x\to\infty}\dfrac{2x^2-2x+1}{2x^2+x+3}=1$이므로

함수의 극한의 대소 관계에 의하여

$\lim\limits_{x\to\infty}f(x)=1$

답 (1) 3 (2) 1

10-2

$$\lim_{x\to\infty}(\sqrt{4x^2+x+1}-2x)$$
$$=\lim_{x\to\infty}\frac{(\sqrt{4x^2+x+1}-2x)(\sqrt{4x^2+x+1}+2x)}{\sqrt{4x^2+x+1}+2x}$$
$$=\lim_{x\to\infty}\frac{(4x^2+x+1)-4x^2}{\sqrt{4x^2+x+1}+2x}$$
$$=\lim_{x\to\infty}\frac{x+1}{\sqrt{4x^2+x+1}+2x}=\frac{1}{2+2}=\frac{1}{4}$$

$$\lim_{x\to\infty}(\sqrt{4x^2+x+5}-2x)$$
$$=\lim_{x\to\infty}\frac{(\sqrt{4x^2+x+5}-2x)(\sqrt{4x^2+x+5}+2x)}{\sqrt{4x^2+x+5}+2x}$$
$$=\lim_{x\to\infty}\frac{(4x^2+x+5)-4x^2}{\sqrt{4x^2+x+5}+2x}$$

$$=\lim_{x\to\infty}\frac{x+5}{\sqrt{4x^2+x+5}+2x}=\frac{1}{2+2}=\frac{1}{4}$$

이때

$$\lim_{x\to\infty}(\sqrt{4x^2+x+1}-2x)=\lim_{x\to\infty}(\sqrt{4x^2+x+5}-2x)=\frac{1}{4}$$

이므로 함수의 극한의 대소 관계에 의하여

$$\lim_{x\to\infty}\{f(x)-2x\}=\frac{1}{4}$$

답 $\dfrac{1}{4}$

10-3

$x>0$에서 $3x^3>0$이므로

$2ax^3+x^2-2\le 3x^3f(x)\le 2ax^3+x^2+3$의 각 변을 $3x^3$으로 나누면

$$\frac{2ax^3+x^2-2}{3x^3}\le f(x)\le\frac{2ax^3+x^2+3}{3x^3}$$

이때 $\lim\limits_{x\to\infty}\dfrac{2ax^3+x^2-2}{3x^3}=\lim\limits_{x\to\infty}\dfrac{2ax^3+x^2+3}{3x^3}=\dfrac{2a}{3}$이고,

$\lim\limits_{x\to\infty}f(x)=4$이므로 $\dfrac{2a}{3}=4$

$$\therefore a=6$$

답 6

10-4

$|f(x)-2x|\le 1$에서 $-1\le f(x)-2x\le 1$

$$\therefore 2x-1\le f(x)\le 2x+1$$

$2x-1>0$, 즉 $x>\dfrac{1}{2}$에서 각 변을 제곱하면 ······ ㉠

$$(2x-1)^2\le\{f(x)\}^2\le(2x+1)^2$$

모든 실수 x에 대하여 $x^2+3x+3>0$이므로 각 변을 x^2+3x+3으로 나누면

$$\frac{(2x-1)^2}{x^2+3x+3}\le\frac{\{f(x)\}^2}{x^2+3x+3}\le\frac{(2x+1)^2}{x^2+3x+3}$$

이때 $\lim\limits_{x\to\infty}\dfrac{(2x-1)^2}{x^2+3x+3}=\lim\limits_{x\to\infty}\dfrac{(2x+1)^2}{x^2+3x+3}=4$이므로

함수의 극한의 대소 관계에 의하여

$$\lim_{x\to\infty}\frac{\{f(x)\}^2}{x^2+3x+3}=4$$

> **참고**
>
> 구하는 것이 $x\to\infty$일 때의 극한값이므로 ㉠에서 $x>\dfrac{1}{2}$의 범위에서 각 변을 제곱하였다.

답 4

11-1

점 Q는 직선 l이 x축과 만나는 점이므로 $Q(2,0)$

직선 l의 기울기가 -2이므로 직선 l에 수직인 직선 m의 기울기는 $\dfrac{1}{2}$이다.

따라서 점 P를 지나는 직선 m의 방정식은

$$y-(-2t+4)=\frac{1}{2}(x-t)$$

$$\therefore y=\frac{1}{2}x-\frac{5}{2}t+4 \qquad \cdots\cdots ㉠$$

점 R은 직선 m이 x축과 만나는 점이므로 $R(5t-8,0)$

$$\therefore \lim_{t\to\infty}\frac{\overline{QR}^2}{\overline{PQ}^2}=\lim_{t\to\infty}\frac{(5t-8-2)^2}{(t-2)^2+(-2t+4)^2}$$

$$=\lim_{t\to\infty}\frac{25t^2-100t+100}{5t^2-20t+20}$$

$$=\frac{25}{5}=5$$

답 5

11-2

점 A는 함수 $y=4\sqrt{x}$의 그래프와 직선 $x=k$의 교점이므로 $A(k,4\sqrt{k})$

점 B는 함수 $y=\sqrt{x}$의 그래프와 직선 $x=k$의 교점이므로 $B(k,\sqrt{k})$

$$\therefore \lim_{k\to\infty}(\overline{OA}-\overline{OB})$$

$$=\lim_{k\to\infty}\{\sqrt{k^2+(4\sqrt{k})^2}-\sqrt{k^2+(\sqrt{k})^2}\}$$

$$=\lim_{k\to\infty}(\sqrt{k^2+16k}-\sqrt{k^2+k})$$

$$=\lim_{k\to\infty}\frac{(\sqrt{k^2+16k}-\sqrt{k^2+k})(\sqrt{k^2+16k}+\sqrt{k^2+k})}{\sqrt{k^2+16k}+\sqrt{k^2+k}}$$

$$=\lim_{k\to\infty}\frac{(k^2+16k)-(k^2+k)}{\sqrt{k^2+16k}+\sqrt{k^2+k}}$$

$$=\lim_{k\to\infty}\frac{15k}{\sqrt{k^2+16k}+\sqrt{k^2+k}}$$

$$=\frac{15}{1+1}=\frac{15}{2}$$

답 $\dfrac{15}{2}$

11-3

두 점 $A(9,1)$, $B\left(t,\dfrac{9}{t}\right)$ $(t>0)$를 지나는 직선의 방정식은

$$y-1=\frac{\dfrac{9}{t}-1}{t-9}(x-9)$$

$$\therefore y=-\frac{1}{t}x+\frac{9}{t}+1$$

이 직선의 y절편은 $\frac{9}{t}+1$이므로

$$P\left(0,\ \frac{9}{t}+1\right)$$

따라서 삼각형 OBP의 넓이 $S(t)$는

$$S(t)=\frac{1}{2}\times\left(\frac{9}{t}+1\right)\times t=\frac{9}{2}+\frac{1}{2}t$$

$$\therefore \lim_{t\to 0+}S(t)=\lim_{t\to 0+}\left(\frac{9}{2}+\frac{1}{2}t\right)=\frac{9}{2}$$

답 $\frac{9}{2}$

11-4

점 B의 좌표를 $(0,\ b)$라 하자.

두 점 O, A는 원 C 위의 점이므로

$$\overline{OB}^2=\overline{AB}^2$$

$b^2=t^2+(t^2-b)^2$, 즉 $t^4+t^2-2t^2b=0$에서

$$b=\frac{t^2+1}{2}\ (\because t>0)$$

$$\therefore \lim_{t\to 0+}\overline{OB}=\lim_{t\to 0+}b=\lim_{t\to 0+}\frac{t^2+1}{2}=\frac{1}{2}$$

답 $\frac{1}{2}$

중단원 연습문제

본문 52~56쪽

01 (1) 0　(2) 존재하지 않는다. **02** 2

03 1 **04** $-\frac{3}{4}$ **05** ㄴ **06** 4

07 (1) 2　(2) -2　(3) $\frac{2}{5}$ **08** 8 **09** 12

10 2 **11** 7 **12** ③ **13** 4, 5, 8

14 $-\frac{3}{16}$ **15** 10 **16** 20 **17** $\frac{4}{3}$

18 0, 2 **19** 25 **20** ②

01

(1) $\displaystyle\lim_{x\to 0}\frac{x^2}{|x|}$에서

$$\lim_{x\to 0+}\frac{x^2}{x}=\lim_{x\to 0+}x=0,$$

$$\lim_{x\to 0-}\frac{x^2}{-x}=\lim_{x\to 0-}(-x)=0$$

$$\therefore \lim_{x\to 0}\frac{x^2}{|x|}=0$$

(2) $\displaystyle\lim_{x\to 1}\frac{x^2-3x+2}{|x-1|}$에서

$$\lim_{x\to 1+}\frac{x^2-3x+2}{|x-1|}=\lim_{x\to 1+}\frac{(x-1)(x-2)}{x-1}$$
$$=\lim_{x\to 1+}(x-2)=-1$$

$$\lim_{x\to 1-}\frac{x^2-3x+2}{|x-1|}=\lim_{x\to 1-}\frac{(x-1)(x-2)}{-(x-1)}$$
$$=\lim_{x\to 1-}\{-(x-2)\}=1$$

$$\lim_{x\to 1+}\frac{x^2-3x+2}{|x-1|}\neq\lim_{x\to 1-}\frac{x^2-3x+2}{|x-1|}$$이므로

$$\lim_{x\to 1}\frac{x^2-3x+2}{|x-1|}$$의 값은 존재하지 않는다.

답 (1) 0　(2) 존재하지 않는다.

02

$$\lim_{x\to -2-}f(x)=1,\ \lim_{x\to 0+}f(x)=1,\ \lim_{x\to 1+}f(x)=0$$이므로

$$\lim_{x\to -2-}f(x)+\lim_{x\to 0+}f(x)+\lim_{x\to 1+}f(x)=1+1+0=2$$

답 2

03

$\displaystyle\lim_{x\to 3}f(x)$의 값이 존재하므로

$$\lim_{x\to 3+}f(x)=\lim_{x\to 3-}f(x)$$이어야 한다.

$$\lim_{x\to 3+}f(x)=\lim_{x\to 3+}(x^2-ax-2)=7-3a$$

$$\lim_{x\to 3-}f(x)=\lim_{x\to 3-}\frac{x^2-2x-3}{x-3}=\lim_{x\to 3-}\frac{(x+1)(x-3)}{x-3}$$
$$=\lim_{x\to 3-}(x+1)=4$$

즉, $7-3a=4$이어야 하므로

$$a=1$$

답 1

04

$\displaystyle\lim_{x\to\infty}\frac{f(x)}{x}=3$이므로 주어진 식의 분자, 분모를 각각 x^2으로 나누면

$$\lim_{x\to\infty}\frac{3x^2-2xf(x)}{x^2+xf(x)}=\lim_{x\to\infty}\frac{3-\dfrac{2f(x)}{x}}{1+\dfrac{f(x)}{x}}$$
$$=\frac{3-2\times 3}{1+3}=-\frac{3}{4}$$

답 $-\frac{3}{4}$

05

ㄱ. [반례] $f(x)=\begin{cases}-1 & (x<a) \\ 1 & (x\geq a)\end{cases}$, $g(x)=\begin{cases}1 & (x<a) \\ -1 & (x\geq a)\end{cases}$

이라 하면 $\lim\limits_{x\to a}f(x)$, $\lim\limits_{x\to a}g(x)$는 존재하지 않지만

$f(x)+g(x)=0$이므로 $\lim\limits_{x\to a}\{f(x)+g(x)\}=0$이다.

(거짓)

ㄴ. $\lim\limits_{x\to a}\{f(x)+g(x)\}=a$, $\lim\limits_{x\to a}\{f(x)-g(x)\}=\beta$

(a, β는 실수)라 하면

$$\lim_{x\to a}f(x)=\lim_{x\to a}\frac{\{f(x)+g(x)\}+\{f(x)-g(x)\}}{2}$$
$$=\frac{a+\beta}{2} \text{ (참)}$$

ㄷ. [반례] $f(x)=0$, $g(x)=\begin{cases}1 & (x<a) \\ -1 & (x\geq a)\end{cases}$라 하면

$\lim\limits_{x\to a}f(x)=0$, $\lim\limits_{x\to a}\dfrac{f(x)}{g(x)}=0$이지만 $\lim\limits_{x\to a}g(x)$의 값은

존재하지 않는다. (거짓)

따라서 옳은 것은 ㄴ이다.

답 ㄴ

06

$$\lim_{x\to 0+}\frac{x+\sqrt{x}}{\sqrt{ax}}=\lim_{x\to 0+}\frac{\sqrt{x}(\sqrt{x}+1)}{\sqrt{a}\sqrt{x}}$$
$$=\lim_{x\to 0+}\frac{\sqrt{x}+1}{\sqrt{a}}=\frac{1}{\sqrt{a}}$$

$\dfrac{1}{\sqrt{a}}=\dfrac{1}{2}$이므로 $a=4$

답 4

07

(1) $\lim\limits_{x\to\infty}\dfrac{\sqrt{x^2+1}+x}{x-2}=\lim\limits_{x\to\infty}\dfrac{\sqrt{1+\dfrac{1}{x^2}}+1}{1-\dfrac{2}{x}}=\dfrac{1+1}{1}=2$

(2) $-x=t$라 하면 $x\to-\infty$일 때 $t\to\infty$이므로

$$\lim_{x\to-\infty}\frac{\sqrt{x^2-x}-3x}{2x+1}=\lim_{t\to\infty}\frac{\sqrt{t^2+t}+3t}{-2t+1}$$
$$=\lim_{t\to\infty}\frac{\sqrt{1+\dfrac{1}{t}}+3}{-2+\dfrac{1}{t}}$$
$$=\frac{1+3}{-2}=-2$$

(3) $\lim\limits_{x\to\infty}\dfrac{1}{\sqrt{x^2+3x}-\sqrt{x^2-2x}}$

$$=\lim_{x\to\infty}\frac{\sqrt{x^2+3x}+\sqrt{x^2-2x}}{(\sqrt{x^2+3x}-\sqrt{x^2-2x})(\sqrt{x^2+3x}+\sqrt{x^2-2x})}$$
$$=\lim_{x\to\infty}\frac{\sqrt{x^2+3x}+\sqrt{x^2-2x}}{(x^2+3x)-(x^2-2x)}$$
$$=\lim_{x\to\infty}\frac{\sqrt{x^2+3x}+\sqrt{x^2-2x}}{5x}$$
$$=\lim_{x\to\infty}\frac{\sqrt{1+\dfrac{3}{x}}+\sqrt{1-\dfrac{2}{x}}}{5}$$
$$=\frac{1+1}{5}=\frac{2}{5}$$

답 (1) 2 (2) -2 (3) $\dfrac{2}{5}$

08

$\lim\limits_{x\to\infty}\dfrac{xf(x)-2x^3+1}{x^2}=5$에서 $xf(x)-2x^3+1$은 이차항의

계수가 5인 이차함수이므로 $f(x)$는 이차항의 계수가 2이고,

일차항의 계수가 5인 이차함수이다.

$f(x)=2x^2+5x+a$ (a는 상수)라 하면 $f(0)=1$이므로

$a=1$

따라서 $f(x)=2x^2+5x+1$이므로

$f(1)=2+5+1=8$

답 8

09

$\lim\limits_{x\to\infty}\dfrac{-f(x)+2x^3}{x^2}=4$에서 $-f(x)+2x^3$은 이차항의 계수

가 4인 이차함수이므로 $f(x)$는 삼차항의 계수가 2, 이차항의

계수가 -4인 삼차함수이다.

$f(x)=2x^3-4x^2+ax+b$ (a, b는 상수)라 하자.

$\lim\limits_{x\to 1}\dfrac{f(x)}{x-1}=-12$에서 $x\to 1$일 때 극한값이 존재하고

(분모)$\to 0$이므로 (분자)$\to 0$이다.

즉, $\lim\limits_{x\to 1}f(x)=0$에서 $f(1)=0$

$f(1)=2-4+a+b=a+b-2=0$이므로

$b=-a+2$ ...... ㉠

$$\lim_{x\to 1}\frac{f(x)}{x-1}=\lim_{x\to 1}\frac{2x^3-4x^2+ax+b}{x-1}$$
$$=\lim_{x\to 1}\frac{2x^3-4x^2+ax-a+2}{x-1}$$
$$=\lim_{x\to 1}\frac{(x-1)(2x^2-2x+a-2)}{x-1}$$
$$=\lim_{x\to 1}(2x^2-2x+a-2)$$
$$=a-2$$

$a-2=-12$이므로 $a=-10$, $b=12$ $(\because \bigcirc)$
따라서 $f(x)=2x^3-4x^2-10x+12$이므로
$$\lim_{x\to\infty}f\left(\frac{1}{x}\right)=\lim_{x\to\infty}\left(\frac{2}{x^3}-\frac{4}{x^2}-\frac{10}{x}+12\right)=12$$

답 12

10

$\lim\limits_{x\to\infty}\{f(x)-2g(x)\}=3$에서 $h(x)=f(x)-2g(x)$라 하면
$f(x)=h(x)+2g(x)$이고 $\lim\limits_{x\to\infty}h(x)=3$
또한 함수 $g(x)$가 상수함수가 아닌 다항함수이므로
$$\lim_{x\to\infty}\frac{1}{g(x)}=0$$이고
$$\begin{aligned}\lim_{x\to\infty}\frac{f(x)}{g(x)}&=\lim_{x\to\infty}\left\{\frac{h(x)}{g(x)}+2\right\}\\&=\lim_{x\to\infty}h(x)\times\lim_{x\to\infty}\frac{1}{g(x)}+\lim_{x\to\infty}2\\&=3\times0+2=2\end{aligned}$$
$$\therefore \lim_{x\to\infty}\frac{f(x)+4g(x)}{3g(x)}=\lim_{x\to\infty}\frac{\dfrac{f(x)}{g(x)}+4}{3}=\frac{2+4}{3}=2$$

답 2

11

$x>2$일 때, $x^2+3x-10\le f(x)\le 2x^2-x-6$의 양변을
$x-2$로 나누면
$$\frac{x^2+3x-10}{x-2}\le\frac{f(x)}{x-2}\le\frac{2x^2-x-6}{x-2}$$
$$\begin{aligned}\lim_{x\to2+}\frac{x^2+3x-10}{x-2}&=\lim_{x\to2+}\frac{(x+5)(x-2)}{x-2}\\&=\lim_{x\to2+}(x+5)=7,\end{aligned}$$
$$\begin{aligned}\lim_{x\to2+}\frac{2x^2-x-6}{x-2}&=\lim_{x\to2+}\frac{(2x+3)(x-2)}{x-2}\\&=\lim_{x\to2+}(2x+3)=7\end{aligned}$$
이므로 함수의 극한의 대소 관계에 의하여
$$\lim_{x\to2+}\frac{f(x)}{x-2}=7$$

답 7

12

(i) $x<0$일 때, $\left|\dfrac{2}{x}-3\right|=-\dfrac{2}{x}+3>3$이므로 $x<0$에서

함수 $y=\left|\dfrac{2}{x}-3\right|$의 그래프와 직선 $y=t$ $(0<t<3)$는
만나지 않는다.

(ii) $0<x<\dfrac{2}{3}$일 때, $\left|\dfrac{2}{x}-3\right|=\dfrac{2}{x}-3$

함수 $y=\dfrac{2}{x}-3$의 그래프와 직선 $y=t$가 만나는 점의

x좌표는 $\dfrac{2}{x}-3=t$에서

$$\frac{2}{x}=3+t \qquad \therefore x=\frac{2}{3+t}$$

(iii) $x\ge\dfrac{2}{3}$일 때, $\left|\dfrac{2}{x}-3\right|=-\dfrac{2}{x}+3$

함수 $y=-\dfrac{2}{x}+3$의 그래프와 직선 $y=t$가 만나는 점의

x좌표는 $-\dfrac{2}{x}+3=t$에서

$$\frac{2}{x}=3-t \qquad \therefore x=\frac{2}{3-t}$$

(i), (ii), (iii)에서 $f(t)=\dfrac{2}{3-t}-\dfrac{2}{3+t}=\dfrac{4t}{(3-t)(3+t)}$
$$\begin{aligned}\therefore \lim_{t\to0+}\frac{f(t)}{t}&=\lim_{t\to0+}\left\{\frac{1}{t}\times\frac{4t}{(3-t)(3+t)}\right\}\\&=\lim_{t\to0+}\frac{4}{(3-t)(3+t)}\\&=\frac{4}{3\times3}=\frac{4}{9}\end{aligned}$$

답 ③

13

함수 $h(x)$의 $x=3$에서의 극한값이 존재하려면
$$\lim_{x\to3+}h(x)=\lim_{x\to3-}h(x)$$이어야 한다.
$$\lim_{x\to3+}f(x)\times\lim_{x\to3+}g(x-k)=\lim_{x\to3-}f(x)\times\lim_{x\to3-}g(x-k)$$
에서 $2\times\lim\limits_{x\to3+}g(x-k)=(-1)\times\lim\limits_{x\to3-}g(x-k)$, 즉
$$-2\times\lim_{x\to3+}g(x-k)=\lim_{x\to3-}g(x-k) \quad\cdots\cdots\bigcirc$$
이때 함수 $y=g(x)$의 그래프는 오른
쪽 그림과 같고
$$\lim_{x\to-5}g(x)=0,\ \lim_{x\to-2}g(x)=0,$$
$$\lim_{x\to-1-}g(x)=4,\ \lim_{x\to-1+}g(x)=-2$$
이다.
함수 $y=g(x-k)$의 그래프는 함수 $y=g(x)$의 그래프를 x
축의 방향으로 k만큼 평행이동한 것이므로
$$\lim_{x\to-5+k}g(x-k)=0,\ \lim_{x\to-2+k}g(x-k)=0,$$
$$\lim_{x\to(-1+k)-}g(x-k)=4,\ \lim_{x\to(-1+k)+}g(x)=-2$$이다.
$\bigcirc$을 만족시키는 k의 값은
$-5+k=3$에서 $k=8$, $-2+k=3$에서 $k=5$,
$-1+k=3$에서 $k=4$
따라서 구하는 모든 실수 k의 값은 4, 5, 8이다.

답 4, 5, 8

14

$\lim\limits_{x\to\infty}\{\sqrt{8x^2-3x+2}+ax+b\}=0$에서

$a\geq0$이면 $\lim\limits_{x\to\infty}\{\sqrt{8x^2-3x+2}+ax+b\}=\infty$이므로

$a<0$ $\quad\cdots\cdots$ ㉠

$\lim\limits_{x\to\infty}\{\sqrt{8x^2-3x+2}+ax+b\}$

$=\lim\limits_{x\to\infty}\dfrac{\{\sqrt{8x^2-3x+2}+(ax+b)\}\{\sqrt{8x^2-3x+2}-(ax+b)\}}{\sqrt{8x^2-3x+2}-(ax+b)}$

$=\lim\limits_{x\to\infty}\dfrac{(8x^2-3x+2)-(ax+b)^2}{\sqrt{8x^2-3x+2}-(ax+b)}$

$=\lim\limits_{x\to\infty}\dfrac{(8-a^2)x^2-(3+2ab)x+2-b^2}{\sqrt{8x^2-3x+2}-(ax+b)}$

$=\lim\limits_{x\to\infty}\dfrac{(8-a^2)x-(3+2ab)+\dfrac{2-b^2}{x}}{\sqrt{8-\dfrac{3}{x}+\dfrac{2}{x^2}}-\left(a+\dfrac{b}{x}\right)}$

이때 극한값이 0이려면

$8-a^2=0,\ 3+2ab=0$이어야 하므로

$a=-2\sqrt{2},\ b=\dfrac{3\sqrt{2}}{8}$ ($\because$ ㉠)

$\therefore \dfrac{b}{a}=\dfrac{3\sqrt{2}}{8}\times\left(-\dfrac{1}{2\sqrt{2}}\right)=-\dfrac{3}{16}$

답 $-\dfrac{3}{16}$

15

$\dfrac{1}{x}=t$라 하면 $x\to0+$일 때 $t\to\infty$이므로

$\lim\limits_{x\to0+}\dfrac{x^3f\left(\dfrac{1}{x}\right)-2}{x^3+2x}=\lim\limits_{t\to\infty}\dfrac{\dfrac{f(t)}{t^3}-2}{\dfrac{1}{t^3}+\dfrac{2}{t}}$

$\qquad\qquad\qquad=\lim\limits_{t\to\infty}\dfrac{f(t)-2t^3}{1+2t^2}=-2$

함수 $f(x)-2x^3$은 이차항의 계수가 -4인 이차함수이므로
$f(x)$는 삼차항의 계수가 2, 이차항의 계수가 -4인 삼차함수이다. $f(x)=2x^3-4x^2+ax+b$ ($a,\ b$는 상수)라 하면

$\lim\limits_{x\to3}\dfrac{f(x)}{x^2-x-6}=3$에서 $x\to3$일 때 극한값이 존재하고

(분모)$\to0$이므로 (분자)$\to0$이다.

즉, $\lim\limits_{x\to3}f(x)=0$이므로 $18+3a+b=0$

$\therefore b=-3a-18$ $\quad\cdots\cdots$ ㉠

$\lim\limits_{x\to3}\dfrac{f(x)}{x^2-x-6}=\lim\limits_{x\to3}\dfrac{2x^3-4x^2+ax-3a-18}{x^2-x-6}$

$\qquad\qquad\qquad=\lim\limits_{x\to3}\dfrac{(x-3)(2x^2+2x+a+6)}{(x+2)(x-3)}$

$\qquad\qquad\qquad=\lim\limits_{x\to3}\dfrac{2x^2+2x+a+6}{x+2}=\dfrac{a+30}{5}$

$\dfrac{a+30}{5}=3$이므로 $a=-15,\ b=27$ ($\because$ ㉠)

따라서 $f(x)=2x^3-4x^2-15x+27$이므로

$f(1)=2-4-15+27=10$

답 10

16

두 이차함수 $f(x),\ g(x)$의 x^2의 계수를 각각
$a,\ b$ ($a\neq0,\ b\neq0$)라 하자.

$\lim\limits_{x\to\infty}\dfrac{f(x)}{g(x)-x^2}=1$이므로 두 다항식 $f(x)$와 $g(x)-x^2$의

차수는 2이고, 이차항의 계수를 비교하면 $\dfrac{a}{b-1}=1$, 즉

$b-a=1$이므로 $g(x)-f(x)$는 최고차항의 계수가 1인 이차함수이다.

또한 $\lim\limits_{x\to3}\dfrac{g(x)-f(x)}{x-3}=8$에서 $x\to3$일 때 극한값이 존재

하고 (분모)$\to0$이므로 (분자)$\to0$이다.

즉, $\lim\limits_{x\to3}\{g(x)-f(x)\}=0$이므로 다항식 $g(x)-f(x)$는

$x-3$을 인수로 갖는다.

즉, $g(x)-f(x)=(x-3)(x+k)$ (k는 실수)라 하면

$\lim\limits_{x\to3}\dfrac{g(x)-f(x)}{x-3}=\lim\limits_{x\to3}\dfrac{(x-3)(x+k)}{x-3}$

$\qquad\qquad\qquad\qquad=\lim\limits_{x\to3}(x+k)=3+k=8$

$\therefore k=5$

따라서 $g(x)-f(x)=(x-3)(x+5)$이므로

$g(5)-f(5)=2\times10=20$

답 20

17

다항식 $f(x)$를 $(x-1)^2$으로 나누었을 때의 나머지가 $R(x)$
이므로 $R(x)$는 일차식 또는 상수이고 $\quad\cdots\cdots$ ㉠
$f(x)=(x-1)^2Q(x)+R(x)$이다.

$\lim\limits_{x\to1}\dfrac{f(x)+3x^2}{f(x)-R(x)}=\lim\limits_{x\to1}\dfrac{(x-1)^2Q(x)+3x^2+R(x)}{(x-1)^2Q(x)}$

$\qquad\qquad\qquad\qquad=k$

$x\to1$일 때 극한값이 존재하고 분모가 $(x-1)^2$을 인수로 가
지므로 분자도 $(x-1)^2$을 인수로 가져야 한다.

따라서 $3x^2+R(x)=3(x-1)^2$이어야 한다. ($\because$ ㉠)

$\therefore R(x)=-6x+3$

$Q(1)=R(-1)=9$이므로

$\lim\limits_{x\to1}\dfrac{f(x)+3x^2}{f(x)-R(x)}=\lim\limits_{x\to1}\dfrac{(x-1)^2Q(x)+3(x-1)^2}{(x-1)^2Q(x)}$

$\qquad\qquad\qquad\qquad=\lim\limits_{x\to1}\left\{1+\dfrac{3}{Q(x)}\right\}=1+\dfrac{3}{Q(1)}$

$$=1+\frac{3}{9}=\frac{4}{3}$$

$$\therefore k=\frac{4}{3}$$

답 $\dfrac{4}{3}$

18

(i) $k=0$일 때,

$-8x+4=0$이므로 $x=\dfrac{1}{2}$

$\therefore f(0)=1$

(ii) $k\neq0$일 때,

이차방정식 $kx^2+2(k-4)x-(k-4)=0$의 판별식을 D라 하면

$$\frac{D}{4}=(k-4)^2-k\times\{-(k-4)\}=2(k-2)(k-4)$$

ⓐ $\dfrac{D}{4}>0$, 즉 $k<0$ 또는 $0<k<2$ 또는 $k>4$이면

$$f(k)=2$$

ⓑ $\dfrac{D}{4}=0$, 즉 $k=2$ 또는 $k=4$이면 $f(k)=1$

ⓒ $\dfrac{D}{4}<0$, 즉 $2<k<4$이면 $f(k)=0$

(i), (ii)에서 함수 $y=f(k)$의 그래프는 오른쪽 그림과 같다.

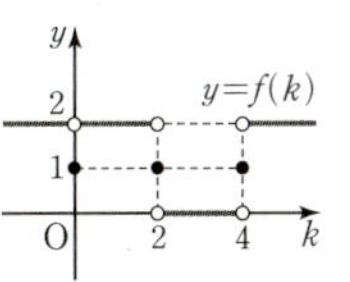

따라서 $\lim\limits_{k\to a-}f(k)=f(a)+1$을 만족시키는 실수 a의 값은 0, 2이다.

답 0, 2

19

$\lim\limits_{x\to-3}\dfrac{f(x)g(x)}{(x+3)^2}=4$에서 $x\to-3$일 때 극한값이 존재하고 (분모)$\to0$이므로 (분자)$\to0$이다.

즉, $\lim\limits_{x\to-3}f(x)g(x)=f(-3)g(-3)=0$ $\cdots\cdots$ ㉠

$\lim\limits_{x\to-3}\dfrac{f(x)+g(x)}{x+3}=-4$에서 $x\to-3$일 때 극한값이 존재하고 (분모)$\to0$이므로 (분자)$\to0$이다.

즉, $\lim\limits_{x\to-3}\{f(x)+g(x)\}=f(-3)+g(-3)=0$ $\cdots\cdots$ ㉡

㉠, ㉡에서 $f(-3)=g(-3)=0$이므로 두 함수 $f(x)$, $g(x)$는 모두 $x+3$을 인수로 갖는다.

$f(x)=a(x+3)$, $g(x)=(x+3)(x+b)$ (a, b는 상수)라 하면

$$\lim_{x\to-3}\frac{f(x)g(x)}{(x+3)^2}=\lim_{x\to-3}\frac{a(x+3)^2(x+b)}{(x+3)^2}$$

$$=\lim_{x\to-3}a(x+b)$$

$$=a(-3+b)=4 \qquad\cdots\cdots ㉢$$

$$\lim_{x\to-3}\frac{f(x)+g(x)}{x+3}=\lim_{x\to-3}\frac{a(x+3)+(x+3)(x+b)}{x+3}$$

$$=\lim_{x\to-3}(a+x+b)$$

$$=a-3+b=-4 \qquad\cdots\cdots ㉣$$

㉣에서 $b=-a-1$이므로 이 식을 ㉢에 대입하면

$a(-a-4)=4$, $(a+2)^2=0$ $\quad\therefore a=-2$

$a=-2$를 $b=-a-1$에 대입하면 $b=1$

$\therefore f(x)=-2(x+3)$, $g(x)=(x+3)(x+1)$

$\therefore g(2)-f(2)=5\times3-(-2)\times5=25$

답 25

20

오른쪽 그림과 같이 선분 OP를 긋고, 두 선분 AB, OP의 교점을 M이라 하자.

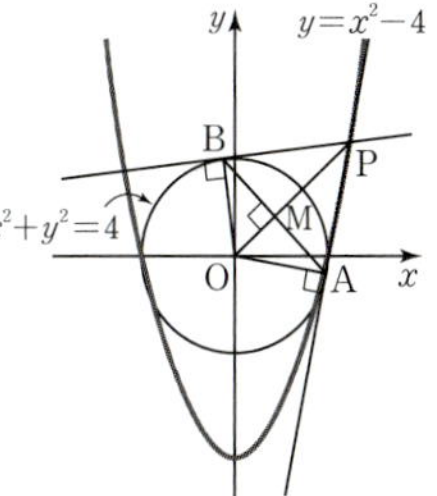

$\angle OBP=\angle OAP=90°$이므로 직각삼각형 OBP와 직각삼각형 OAP는 서로 합동이다.

따라서 직선 OP는 선분 AB를 수직이등분하므로 직각삼각형 OAP와 직각삼각형 OMA는 서로 닮음이다.

이때 삼각형 OAP와 삼각형 OMA의 닮음비는 $\overline{OP}:\overline{OA}$ 이므로 넓이의 비는 $\overline{OP}^2:\overline{OA}^2$이다.

삼각형 OAP와 삼각형 OMA의 넓이를 각각 구하면

$$\triangle OAP=\frac{1}{2}(\triangle OAB+\triangle PBA)=\frac{S(t)+T(t)}{2}$$

$$\triangle OMA=\frac{1}{2}\triangle OAB=\frac{S(t)}{2}$$이므로

$$\overline{OP}^2:\overline{OA}^2=\frac{S(t)+T(t)}{2}:\frac{S(t)}{2}$$

$$\overline{OA}^2\times S(t)+\overline{OA}^2\times T(t)=\overline{OP}^2\times S(t)$$

$$\overline{OA}^2\times T(t)=(\overline{OP}^2-\overline{OA}^2)\times S(t)$$

$$\therefore \frac{T(t)}{S(t)}=\frac{\overline{OP}^2-\overline{OA}^2}{\overline{OA}^2}$$

$\overline{OA}^2=2^2=4$, $\overline{OP}^2=t^2+(t^2-4)^2$이므로

$$\frac{T(t)}{S(t)}=\frac{t^2+(t^2-4)^2-4}{4}$$

$$=\frac{1}{4}(t^4-7t^2+12)=\frac{1}{4}(t+2)(t-2)(t^2-3)$$

$$\therefore \lim_{t\to2+}\frac{T(t)}{(t-2)S(t)}+\lim_{t\to\infty}\frac{T(t)}{(t^4-2)S(t)}$$

$$=\lim_{t\to2+}\frac{(t+2)(t^2-3)}{4}+\lim_{t\to\infty}\frac{(t+2)(t-2)(t^2-3)}{4(t^4-2)}$$

$$=1+\frac{1}{4}=\frac{5}{4}$$

답 ②

01 함수의 연속

본문 63쪽

개념 CHECK

01 (1) 풀이 참조 (2) 풀이 참조 (3) 풀이 참조
02 (1) 불연속 (2) 연속
03 (1) $(-\infty, \infty)$ (2) $(-\infty, 4]$
　　 (3) $(-\infty, 1) \cup (1, 2) \cup (2, \infty)$

01

(1) 함수 $f(x)$가 $x=1$에서 정의되지 않으므로 $x=1$에서 불연속이다.

(2) $\lim\limits_{x\to 1+} f(x) \neq \lim\limits_{x\to 1-} f(x)$에 의하여 극한값 $\lim\limits_{x\to 1} f(x)$가 존재하지 않으므로 $x=1$에서 불연속이다.

(3) $f(1)$이 정의되고 $\lim\limits_{x\to 1} f(x)$가 존재하지만 $\lim\limits_{x\to 1} f(x) \neq f(1)$이므로 $x=1$에서 불연속이다.

탑 (1) 풀이 참조 (2) 풀이 참조 (3) 풀이 참조

02

(1) 분모는 0이 아니어야 하므로 함수 $f(x)$는 $x=-2$에서 정의되지 않는다.

따라서 함수 $f(x)$는 $x=-2$에서 불연속이다.

(2) (i) $f(-2)=\sqrt{(-2)+3}=1$

(ii) $\lim\limits_{x\to -2+} f(x) = \lim\limits_{x\to -2+} \sqrt{x+3} = \sqrt{(-2)+3} = 1$,

　　 $\lim\limits_{x\to -2-} f(x) = \lim\limits_{x\to -2-} (x+3) = (-2)+3 = 1$

　　 이므로 $\lim\limits_{x\to -2} f(x) = 1$

(iii) $\lim\limits_{x\to -2} f(x) = f(-2)$

(i), (ii), (iii)에서 함수 $f(x)$는 $x=-2$에서 연속이다.

탑 (1) 불연속 (2) 연속

03

(1) 정의역은 $\{x \mid x$는 모든 실수$\}$이므로 구간의 기호로 나타내면 $(-\infty, \infty)$이다.

(2) $-x+4 \geq 0$에서 $x \leq 4$

따라서 정의역은 $\{x \mid x \leq 4\}$이므로 구간의 기호로 나타내면 $(-\infty, 4]$이다.

---

(3) (분모)$\neq 0$, 즉 $x^2-3x+2=(x-1)(x-2)\neq 0$

따라서 정의역은 $\{x \mid x$는 $x\neq 1$이고 $x\neq 2$인 모든 실수$\}$이므로 구간의 기호로 나타내면 $(-\infty, 1) \cup (1, 2) \cup (2, \infty)$이다.

탑 (1) $(-\infty, \infty)$ (2) $(-\infty, 4]$
　　 (3) $(-\infty, 1) \cup (1, 2) \cup (2, \infty)$

유제

본문 64~69쪽

01-1 (1) 연속 (2) 불연속　**01-2** 5　**01-3** ㄷ
01-4 12　**02-1** -1　**02-2** ㄱ, ㄴ, ㄷ
02-3 5　**02-4** ㄴ, ㄷ
03-1 17　**03-2** $-\dfrac{1}{2}$　**03-3** -30　**03-4** -2

01-1

(1) (i) $f(-1)=4-5=-1$

(ii) $\lim\limits_{x\to -1+} f(x) = \lim\limits_{x\to -1+} (4x^2-5)$
　　　　　$= -1$

　　 $\lim\limits_{x\to -1-} f(x) = \lim\limits_{x\to -1-} (x^2+3x+1)$
　　　　　$= -1$

　　 이므로 $\lim\limits_{x\to -1} f(x) = -1$

(iii) $\lim\limits_{x\to -1} f(x) = f(-1)$

(i), (ii), (iii)에서 함수 $f(x)$는 $x=-1$에서 연속이다.

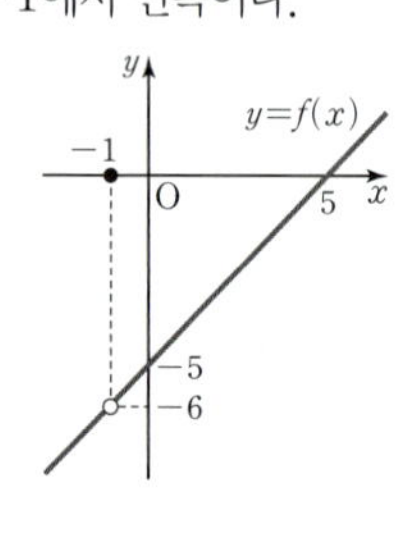

(2) (i) $f(-1)=0$

(ii) $\lim\limits_{x\to -1} f(x)$

　　 $= \lim\limits_{x\to -1} \dfrac{x^2-4x-5}{x+1}$

　　 $= \lim\limits_{x\to -1} \dfrac{(x+1)(x-5)}{x+1}$

　　 $= \lim\limits_{x\to -1} (x-5) = -6$

(i), (ii)에서 $\lim\limits_{x\to -1} f(x) \neq f(-1)$이므로 함수 $f(x)$는 $x=-1$에서 불연속이다.

탑 (1) 연속 (2) 불연속

01-2

함수 $f(x)$가 모든 실수에서 연속이므로 $x=3$에서도 연속이다.

즉, $\lim\limits_{x\to 3+} f(x) = \lim\limits_{x\to 3-} f(x) = f(3)$이므로

$a^2-4 = 2a-1$, $a^2-2a-3=0$

$(a+1)(a-3)=0$

$\therefore a=3 \ (\because a>0)$

$$\therefore f(3)=\lim_{x\to3-}f(x)=2\times3-1=5$$

답 5

01-3

ㄱ. $f(-4)$의 값이 정의되지 않
으므로 함수 $f(x)$는
$x=-4$에서 불연속이다.

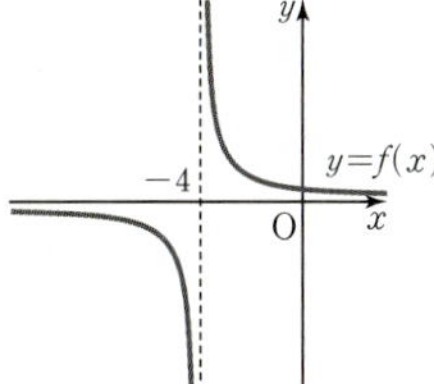

ㄴ. $x\neq2$일 때,

$$f(x)=\frac{x^2-3x+2}{x-2}$$
$$=\frac{(x-2)(x-1)}{x-2}$$
$$=x-1$$

이지만 $f(2)$의 값이 정의되지
않으므로 함수 $f(x)$는 $x=2$에서 불연속이다.

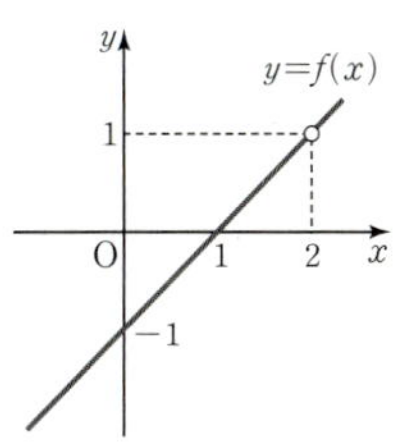

ㄷ. (i) $f(2)=0$

(ii) $\lim\limits_{x\to2+}f(x)=\lim\limits_{x\to2+}\sqrt{x-2}=0$,
$\lim\limits_{x\to2-}f(x)=0$
이므로 $\lim\limits_{x\to2}f(x)=0$

(iii) $\lim\limits_{x\to2}f(x)=f(2)$

(i), (ii), (iii)에서 함수 $f(x)$는 실수 전체의 집합에서 연속
이다.

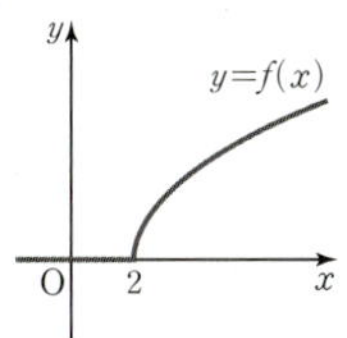

ㄹ. $f(x)=\begin{cases}-1 & (x<0)\\ 1 & (x\geq0)\end{cases}$

(i) $f(0)=1$

(ii) $\lim\limits_{x\to0-}f(x)=-1$,
$\lim\limits_{x\to0+}f(x)=1$
$\lim\limits_{x\to0+}f(x)\neq\lim\limits_{x\to0-}f(x)$이므로 $\lim\limits_{x\to0}f(x)$의 값은 존재
하지 않는다.

(i), (ii)에서 함수 $f(x)$는 $x=0$에서 불연속이다.

따라서 실수 전체의 집합에서 연속인 함수는 ㄷ이다.

답 ㄷ

01-4

조건을 모두 만족시키는 함수 $y=f(x)$의 그래프는 다음 그
림과 같다.

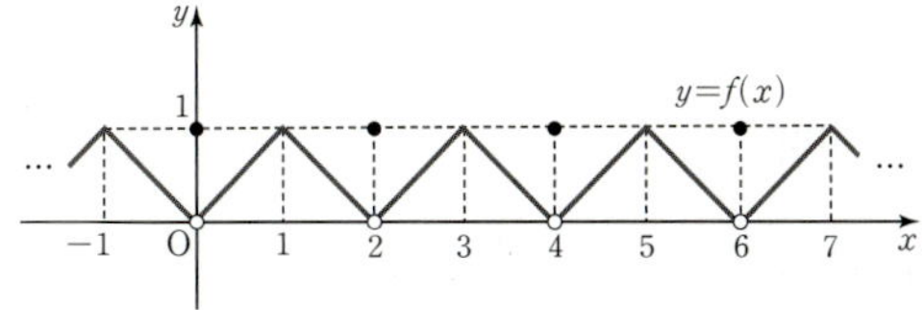

$-1<x<7$에서 함수 $y=f(x)$가 $x=a$에서 불연속이 되는
a의 값은 0, 2, 4, 6이다.
따라서 구하는 값은 $0+2+4+6=12$

답 12

02-1

(i) $\lim\limits_{x\to0+}f(x)=0$, $\lim\limits_{x\to0-}f(x)=2$이므로
$\lim\limits_{x\to0+}f(x)\neq\lim\limits_{x\to0-}f(x)$
$\lim\limits_{x\to2+}f(x)=2$, $\lim\limits_{x\to2-}f(x)=3$이므로
$\lim\limits_{x\to2+}f(x)\neq\lim\limits_{x\to2-}f(x)$
따라서 함수 $f(x)$는 $x=0$, $x=2$에서 극한값이 존재하
지 않는다.
$\therefore a=2$

(ii) (i)에 의하여 함수 $f(x)$는 $x=0$, $x=2$에서 불연속이다.
또한 $f(1)=0$, $\lim\limits_{x\to1}f(x)=2$에서 $\lim\limits_{x\to1}f(x)\neq f(1)$이
므로 함수 $f(x)$는 $x=1$에서 불연속이다.
$\therefore b=3$

(i), (ii)에서 $a-b=2-3=-1$

답 -1

02-2

ㄱ. $\lim\limits_{x\to-2+}f(x)=3$, $\lim\limits_{x\to-3-}f(x)=3$이므로
$\lim\limits_{x\to-2+}f(x)=\lim\limits_{x\to-3-}f(x)$이다. (참)

ㄴ. $\lim\limits_{x\to0-}f(x)=f(0)=1$ (참)

ㄷ. (i) $\lim\limits_{x\to0-}f(x)=1$, $\lim\limits_{x\to0+}f(x)=2$에서
$\lim\limits_{x\to0+}f(x)\neq\lim\limits_{x\to0-}f(x)$, 즉 $\lim\limits_{x\to0}f(x)$의 값은 존재하
지 않으므로 함수 $f(x)$는 $x=0$에서 불연속이다.

(ii) $f(1)=0$, $\lim\limits_{x\to1}f(x)=2$에서 $\lim\limits_{x\to1}f(x)\neq f(1)$이므로
함수 $f(x)$는 $x=1$에서 불연속이다.

(i), (ii)에서 함수 $f(x)$가 불연속이 되는 x는 $x=0$, $x=1$
로 2개이다. (참)

따라서 ㄱ, ㄴ, ㄷ 모두 옳다.

답 ㄱ, ㄴ, ㄷ

02-3

함수 $y=|f(x)|$의 그래프는 오
른쪽 그림과 같다.
따라서

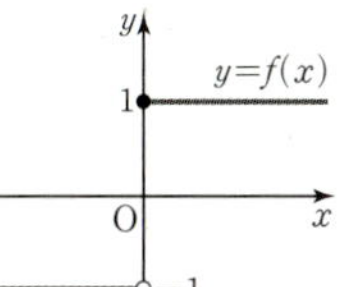

$$\lim_{x\to-2+}|f(x)|\neq\lim_{x\to-2-}|f(x)|$$
$$\lim_{x\to-1+}|f(x)|\neq\lim_{x\to-1-}|f(x)|$$
$$\lim_{x\to0+}|f(x)|=\lim_{x\to0-}|f(x)|,\ \lim_{x\to0}|f(x)|\neq|f(0)|$$

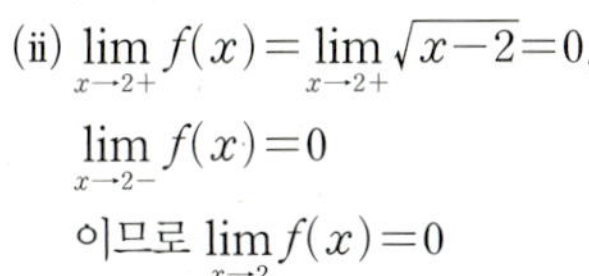

$$\lim_{x \to 2} |f(x)| = |f(2)|$$

함수 $|f(x)|$는 $x=-2$, $x=-1$에서 극한값이 존재하지 않으므로 $a=2$

함수 $|f(x)|$는 $x=0$에서 극한값이 존재하지만 불연속이므로 $b=1$

함수 $|f(x)|$는 $x=-2$, $x=-1$, $x=0$에서 불연속이므로 $c=3$

$$\therefore a+bc=2+1\times 3=5$$

답 5

02-4

ㄱ. $f(-1)=0$이므로 $\dfrac{1}{f(-1)}$의 값은 존재하지 않는다.

따라서 $\dfrac{1}{f(x)}$은 $x=-1$에서 불연속이다. (거짓)

ㄴ. $\displaystyle\lim_{x \to 0} xf(x) = \lim_{x \to 0} x \times \lim_{x \to 0} f(x) = 0 \times \dfrac{1}{2} = 0$이고,

$\quad 0 \times f(0) = 0 \times 2 = 0$이므로

$\quad \displaystyle\lim_{x \to 0} xf(x) = 0 \times f(0)$

즉, 함수 $xf(x)$는 $x=0$에서 연속이다. (참)

ㄷ. 함수 $y=|f(x)-2|$의 그래프는 다음 그림과 같다.

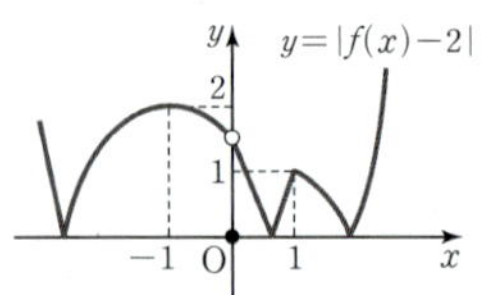

$\displaystyle\lim_{x \to 1} |f(x)-2| = |f(1)-2| = 1$이므로

함수 $|f(x)-2|$는 $x=1$에서 연속이다. (참)

따라서 옳은 것은 ㄴ, ㄷ이다.

답 ㄴ, ㄷ

03-1

함수 $f(x)$가 실수 전체의 집합에서 연속이므로 $x=3$에서도 연속이다.

$$\lim_{x \to 3} f(x) = f(3)$$

$$\therefore \lim_{x \to 3} \frac{x^2+4x+a}{x-3} = b \quad\cdots\cdots\ \text{㉠}$$

㉠에서 $x \to 3$일 때 극한값이 존재하고 (분모)$\to 0$이므로 (분자)$\to 0$이다.

즉, $\displaystyle\lim_{x \to 3}(x^2+4x+a)=0$이므로 $21+a=0$

$$\therefore a=-21$$

$a=-21$을 ㉠에 대입하면

$$b = \lim_{x \to 3} \frac{x^2+4x-21}{x-3}$$

$$= \lim_{x \to 3} \frac{(x+7)(x-3)}{x-3}$$

$$= \lim_{x \to 3} (x+7)$$

$$= 10$$

$$\therefore \lim_{x \to b} f(x) = \lim_{x \to 10} \frac{x^2+4x-21}{x-3}$$

$$= \lim_{x \to 10} \frac{(x+7)(x-3)}{x-3}$$

$$= \lim_{x \to 10} (x+7)$$

$$= 17$$

답 17

03-2

함수 $|f(x)|$가 실수 전체의 집합에서 연속이려면 $x=k$에서 연속이어야 한다.

즉, $\displaystyle\lim_{x \to k+} |f(x)| = \lim_{x \to k-} |f(x)| = |f(k)|$이고

$\displaystyle\lim_{x \to k+} |f(x)| = |k-2|$,

$\displaystyle\lim_{x \to k-} |f(x)| = |k+3|$,

$|f(k)| = |k-2|$

이므로

$|k-2| = |k+3|$

$(k-2)^2 = (k+3)^2$

$k^2-4k+4 = k^2+6k+9$

$$\therefore k=-\frac{1}{2}$$

답 $-\dfrac{1}{2}$

03-3

$(x-2)f(x) = x^2+x+a$에서

$x \neq 2$일 때 $f(x) = \dfrac{x^2+x+a}{x-2}$

이때 함수 $f(x)$가 모든 실수에서 연속이므로 $x=2$에서도 연속이다.

즉, $\displaystyle\lim_{x \to 2} f(x) = f(2)$이므로

$$\lim_{x \to 2} \frac{x^2+x+a}{x-2} = f(2) \quad\cdots\cdots\ \text{㉠}$$

㉠에서 $x \to 2$일 때 극한값이 존재하고 (분모)$\to 0$이므로 (분자)$\to 0$이다.

즉, $\displaystyle\lim_{x \to 2}(x^2+x+a)=a+6=0$이므로

$a=-6$

$a=-6$을 ㉠에 대입하면

$$f(2) = \lim_{x \to 2} \frac{x^2+x-6}{x-2}$$

$$= \lim_{x \to 2} \frac{(x+3)(x-2)}{x-2}$$

$$=\lim_{x \to 2}(x+3)$$
$$=5$$
$$\therefore af(2)=(-6)\times 5=-30$$

탭 -30

03-4

함수 $f(x)$가 실수 전체의 집합에서 연속이므로 $x=2$에서도 연속이다.

즉, $\lim\limits_{x \to 2+}f(x)=\lim\limits_{x \to 2-}f(x)=f(2)$이고

$$\lim_{x \to 2+}f(x)=\lim_{x \to 2+}(ax+b)=2a+b,$$

$$\lim_{x \to 2-}f(x)=\lim_{x \to 2-}(x-3)=-1,$$

$f(2)=2a+b$이므로

$$2a+b=-1 \quad\cdots\cdots\text{㉠}$$

함수 $f(x)$가 실수 전체의 집합에서 연속이므로 $x=0$에서도 연속이고, $f(0)=f(4)$이므로 $\lim\limits_{x \to 0+}f(x)=\lim\limits_{x \to 4-}f(x)$이다.

$$\lim_{x \to 0+}f(x)=\lim_{x \to 0+}(x-3)=-3,$$

$$\lim_{x \to 4-}f(x)=\lim_{x \to 4-}(ax+b)=4a+b$$

이므로

$$4a+b=-3 \quad\cdots\cdots\text{㉡}$$

㉠, ㉡을 연립하여 풀면 $a=-1$, $b=1$

$$\therefore f(11)=f(7)=f(3)=3a+b=3\times(-1)+1=-2$$

탭 -2

02 연속함수의 성질

개념 CHECK

본문 75쪽

01 ㄱ, ㄴ, ㄷ

02 (1) $(-\infty, \infty)$ (2) $(-\infty, -3)$, $(-3, \infty)$

　　(3) $(-\infty, -6]$, $[0, \infty)$

03 (1) 최댓값: 2, 최솟값: -2 (2) 최댓값: 4, 최솟값: $\dfrac{4}{3}$

04 풀이 참조

01

두 함수 $f(x)$, $g(x)$가 각각 $x=a$에서 연속이므로 $2f(x)-3g(x)$, $\{f(x)\}^2$, $f(x)g(x)$도 $x=a$에서 연속이다.

ㄹ. [반례] $f(x)=x+1$, $g(x)=x-a$이면

두 함수는 각각 $x=a$에서 연속이지만 함수 $\dfrac{f(x)}{g(x)}$는 $x=a$일 때 정의되지 않으므로 $x=a$에서 불연속이다.

따라서 $x=a$에서 항상 연속인 함수는 ㄱ, ㄴ, ㄷ이다.

탭 ㄱ, ㄴ, ㄷ

02

(1) 다항함수는 실수 전체의 집합에서 연속이므로 연속인 구간은 $(-\infty, \infty)$이다.

(2) 유리함수는 (분모)$\neq 0$일 때 정의되고, 정의된 구간에서 연속이다.

　　$x+3\neq 0$에서 $x\neq -3$이므로 함수 $f(x)$가 연속인 구간은 $(-\infty, -3)$, $(-3, \infty)$이다.

(3) 무리함수는 근호 안의 식의 값이 0 이상일 때 정의되고, 정의된 구간에서 연속이다.

　　$x^2+6x=x(x+6)\geq 0$에서 $x\leq -6$ 또는 $x\geq 0$이므로 함수 $f(x)$가 연속인 구간은 $(-\infty, -6]$, $[0, \infty)$이다.

탭 (1) $(-\infty, \infty)$ (2) $(-\infty, -3)$, $(-3, \infty)$
(3) $(-\infty, -6]$, $[0, \infty)$

03

(1) 함수 $f(x)$는 닫힌구간 $[0, 3]$에서 연속이므로 최대·최소 정리에 의하여 이 구간에서 최댓값과 최솟값을 갖는다.

$f(x)=(x-1)^2-2$이고, 함수 $y=f(x)$의 그래프가 오른쪽 그림과 같으므로 함수 $f(x)$는 $x=3$일 때 최댓값 2, $x=1$일 때 최솟값 -2를 갖는다.

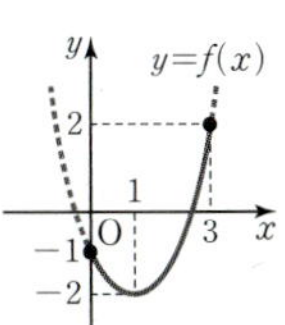

(2) 함수 $f(x)$는 닫힌구간 $[-2, 2]$에서 연속이므로 최대·최소 정리에 의하여 이 구간에서 최댓값과 최솟값을 갖는다.

함수 $y=f(x)$의 그래프가 오른쪽 그림과 같으므로 함수 $f(x)$는 $x=-2$일 때 최댓값 4, $x=2$일 때 최솟값 $\dfrac{4}{3}$를 갖는다.

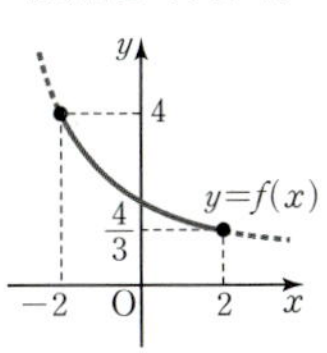

탭 (1) 최댓값: 2, 최솟값: -2 (2) 최댓값: 4, 최솟값: $\dfrac{4}{3}$

04

$f(x)=-x^3+3x^2-1$이라 하면 함수 $f(x)$는 닫힌구간 $[-1, 1]$에서 연속이다.

$f(-1)=3$, $f(0)=-1$에 의하여 $f(-1)f(0)<0$이므로 사잇값의 정리에 의하여 열린구간 $(-1, 0)$에서 적어도 하나의 실근을 갖는다.

$f(0)=-1$, $f(1)=1$에 의하여 $f(0)f(1)<0$이므로 사잇값의 정리에 의하여 열린구간 $(0, 1)$에서 적어도 하나의 실

근을 갖는다.
따라서 방정식 $-x^3+3x^2-1=0$은 열린구간 $(-1,\ 1)$에서
적어도 2개의 실근을 갖는다.

답 풀이 참조

04-1

ㄱ. $\dfrac{1}{f(x)+g(x)}=\dfrac{1}{x^2+x+2}$ 이고, $x^2+x+2>0$이므로

함수 $\dfrac{1}{f(x)+g(x)}$ 은 실수 전체의 집합에서 연속이다.

ㄴ. $\dfrac{1}{f(x)-g(x)}=\dfrac{1}{x^2-x}=\dfrac{1}{x(x-1)}$ 이므로

함수 $\dfrac{1}{f(x)-g(x)}$ 은 $x=0$, $x=1$에서 정의되지

않는다. 즉, $x=0$, $x=1$에서 불연속이다.

ㄷ. $\dfrac{1}{\{g(x)\}^2}=\dfrac{1}{(x+1)^2}$ 이므로 함수 $\dfrac{1}{\{g(x)\}^2}$ 은 $x=-1$

에서 정의되지 않는다. 즉, $x=-1$에서 불연속이다.

따라서 실수 전체의 집합에서 연속인 함수는 ㄱ이다.

답 ㄱ

04-2

ㄱ. $\displaystyle\lim_{x\to-1+}f(x)g(x)=2\times(-2)=-4$

$\displaystyle\lim_{x\to-1-}f(x)g(x)=(-2)\times(-2)=4$

이므로 함수 $f(x)g(x)$는 $x=-1$에서 불연속이다.

ㄴ. 닫힌구간 $[-2,\ 2]$에서 두 함수 $f(|x|)$, $g(x)$ 모두 연

속이므로 함수 $f(|x|)g(x)$도 연속이다.

ㄷ. 닫힌구간 $[-2,\ 2]$에서

함수 $f(x)$는 $x=-1$에서만 불연속이고,

함수 $g(|x|)=|x|-1$은 연속이므로

함수 $f(x)g(|x|)$가 $x=-1$에서 연속이면

닫힌구간 $[-2,\ 2]$에서 연속이다.

$\displaystyle\lim_{x\to-1+}f(x)g(|x|)=2\times0=0$,

$\displaystyle\lim_{x\to-1-}f(x)g(|x|)=(-2)\times0=0$,

$f(-1)g(|-1|)=2\times0=0$

이므로 함수 $f(x)g(|x|)$는 닫힌구간 $[-2,\ 2]$에서 연

속이다.

따라서 닫힌구간 $[-2,\ 2]$에서 연속인 함수는 ㄴ, ㄷ이다.

답 ㄴ, ㄷ

04-3

두 다항함수 $f(x)$, $g(x)$가 모든 실수 전체의 집합에서 연속

이므로 함수 $\dfrac{g(x)}{f(x)}$가 실수 전체의 집합에서 연속이려면 모

든 실수 x에 대하여 $f(x)\neq0$이어야 한다.

즉, 이차방정식 $f(x)=0$의 실근이 존재하지 않아야 하므로

방정식 $x^2+ax+3=0$의 판별식을 D라 하면

$D=a^2-12<0$에서 $-2\sqrt{3}<a<2\sqrt{3}$

따라서 구하는 정수 a는 -3, -2, -1, 0, 1, 2, 3의 7개

이다.

답 7

04-4

ㄱ. 함수 $f(x)$가 $x=0$에서 연속이면 함수 $\{f(x)\}^2$,

즉 $f(x)\times f(x)$도 $x=0$에서 연속이다. (참)

ㄴ. [반례] $f(x)=0$, $g(x)=\begin{cases} -1 & (x\neq0) \\ 1 & (x=0) \end{cases}$ 이면

두 함수 $f(x)$, $f(x)g(x)$는 $x=0$에서 연속이지만 함수

$g(x)$는 $x=0$에서 불연속이다. (거짓)

ㄷ. [반례] $f(x)=x$, $g(x)=1$이면 두 함수 $f(x)$, $g(x)$는

$x=0$에서 연속이지만 함수 $\dfrac{g(x)}{f(x)}$ 는 $x=0$에서 정의되

지 않는다. 즉, 함수 $\dfrac{g(x)}{f(x)}$ 는 $x=0$에서 불연속이다.

(거짓)

따라서 옳은 것은 ㄱ이다.

답 ㄱ

05-1

함수 $f(x)g(x)$가 $x=1$에서 연속이려면

$\displaystyle\lim_{x\to1}f(x)g(x)=f(1)g(1)$

이어야 한다.

$f(x)g(x)=\begin{cases} (x^2-1)(x+k) & (x\neq1) \\ x+k & (x=1) \end{cases}$ 에서

$\displaystyle\lim_{x\to1}f(x)g(x)=\lim_{x\to1}(x^2-1)(x+k)$

$\qquad\qquad\qquad =0\times(1+k)=0$,

$f(1)g(1)=1+k$

이므로 $1+k=0$

$\therefore k=-1$

답 -1

05-2

함수 $f(x)+g(x)$가 $x=2$에서 연속이려면
$$\lim_{x \to 2}\{f(x)+g(x)\}=f(2)+g(2)$$
이어야 한다.
$$f(x)+g(x)=\begin{cases} x^2+x-a^2+1 & (x \leq 2) \\ (a-1)x-4a+1 & (x>2) \end{cases} \text{에서}$$
$$\lim_{x \to 2+}\{f(x)+g(x)\}=\lim_{x \to 2+}\{(a-1)x-4a+1\}$$
$$=-2a-1,$$
$$\lim_{x \to 2-}\{f(x)+g(x)\}=\lim_{x \to 2-}(x^2+x-a^2+1)$$
$$=-a^2+7,$$
$$f(2)+g(2)=-a^2+7$$
이므로 $-2a-1=-a^2+7$
$$a^2-2a-8=0, \ (a+2)(a-4)=0$$
$$\therefore a=-2 \ \text{또는} \ a=4$$

> **참고**
>
> 두 함수 $f(x)$, $f(x)+g(x)$가 $x=2$에서 연속이면
> $$\lim_{x \to 2}g(x)=\lim_{x \to 2}[\{f(x)+g(x)\}-f(x)]$$
> $$=\{f(2)+g(2)\}-f(2)$$
> $$=g(2)$$
> 이다. 따라서 함수 $g(x)$는 $x=2$에서 연속이다.

답 $-2,\ 4$

05-3

함수 $\dfrac{g(x)}{f(x)}$가 $x=1$에서 연속이려면
$$\lim_{x \to 1}\frac{g(x)}{f(x)}=\frac{g(1)}{f(1)}$$
이어야 한다.
$$\frac{g(x)}{f(x)}=\begin{cases} \dfrac{2x+a}{x^2+x} & (x<1) \\ \dfrac{2x+a}{x+4} & (x \geq 1) \end{cases} \text{에서}$$
$$\lim_{x \to 1+}\frac{g(x)}{f(x)}=\lim_{x \to 1+}\frac{2x+a}{x+4}=\frac{2+a}{5},$$
$$\lim_{x \to 1-}\frac{g(x)}{f(x)}=\lim_{x \to 1-}\frac{2x+a}{x^2+x}=\frac{2+a}{2},$$
$$\frac{g(1)}{f(1)}=\frac{2+a}{5}$$
이므로 $\dfrac{2+a}{5}=\dfrac{2+a}{2}$, $4+2a=10+5a$
$$3a=-6 \qquad \therefore a=-2$$

답 -2

05-4

함수 $\{f(x)\}^2$이 $x=a$에서 연속이려면

$$\lim_{x \to a}\{f(x)\}^2=\{f(a)\}^2 \text{이어야 한다.}$$
$$\{f(x)\}^2=\begin{cases} (x^2-ax+1)^2 & (x \leq a) \\ (x-4)^2 & (x>a) \end{cases} \text{에서}$$
$$\lim_{x \to a+}\{f(x)\}^2=\lim_{x \to a+}(x-4)^2=(a-4)^2,$$
$$\lim_{x \to a-}\{f(x)\}^2=\lim_{x \to a-}(x^2-ax+1)^2=1,$$
$$\{f(a)\}^2=1$$
이므로 $(a-4)^2=1$
$$a-4=-1 \ \text{또는} \ a-4=1$$
$$\therefore a=3 \ \text{또는} \ a=5$$
따라서 모든 상수 a의 값의 합은 $3+5=8$

답 8

06-1

$f(x)=2x^3-x^2-x-4$라 하면
$f(x)$는 모든 실수에서 연속이고
$$f(-2)=-22<0, \ f(-1)=-6<0, \ f(0)=-4<0,$$
$$f(1)=-4<0, \ f(2)=6>0, \ f(3)=38>0$$
따라서 $f(1)f(2)<0$이므로 사잇값의 정리에 의하여 방정식
$f(x)=0$의 실근이 존재하는 구간은 $(1,\ 2)$이다.

답 ④

06-2

$g(x)=-f(x)+1$이라 하면 함수 $g(x)$는 닫힌구간
$[-2,\ 3]$에서 연속이다.
$$g(-2)=-f(-2)+1=2+1=3>0$$
$$g(-1)=-f(-1)+1=(-1)+1=0$$
$$g(2)=-f(2)+1=(-3)+1=-2<0$$
$$g(3)=-f(3)+1=0+1=1>0$$
이때 $g(-1)=0$, $g(2)g(3)<0$이므로 사잇값의 정리에 의하여 방정식 $g(x)=0$은 두 열린구간 $(-2,\ 2)$, $(2,\ 3)$에서 각각 적어도 하나의 실근을 갖는다.
따라서 방정식 $-f(x)+1=0$은 열린구간 $(-2,\ 3)$에서 적어도 2개의 실근을 갖는다.
$$\therefore n=2$$

답 2

06-3

$f(x)=3x$에서 $f(x)-3x=0$
$g(x)=f(x)-3x$라 하면
$$g(0)=f(0)=a-3$$
$$g(2)=f(2)-6=(a+7)-6=a+1$$
사잇값의 정리에 의하여 방정식 $g(x)=0$이 열린구간 $(0,\ 2)$
에서 중근이 아닌 오직 하나의 실근을 가지려면

$g(0)g(2)<0$이어야 하므로
$(a-3)(a+1)<0$ $\quad \therefore -1<a<3$
따라서 정수 a는 0, 1, 2의 3개이다.

답 3

06-4

$\lim\limits_{x \to -1} \dfrac{f(x)}{x+1}=2$에서 $x \to -1$일 때 극한값이 존재하고

(분모)$\to 0$이므로 (분자)$\to 0$이다.

즉, $\lim\limits_{x \to -1} f(x)=0$이므로 $f(-1)=0$

$\lim\limits_{x \to 1} \dfrac{f(x)}{x-1}=2$에서 $x \to 1$일 때 극한값이 존재하고

(분모)$\to 0$이므로 (분자)$\to 0$이다.

즉, $\lim\limits_{x \to 1} f(x)=0$이므로 $f(1)=0$

$f(x)=(x+1)(x-1)g(x)$ ($g(x)$는 다항함수)라 하면

$$\lim_{x \to -1} \dfrac{f(x)}{x+1}=\lim_{x \to -1} \dfrac{(x+1)(x-1)g(x)}{x+1}$$
$$=\lim_{x \to -1}(x-1)g(x)=-2g(-1)$$

이므로 $-2g(-1)=2$

$\therefore g(-1)=-1$

$$\lim_{x \to 1} \dfrac{f(x)}{x-1}=\lim_{x \to 1} \dfrac{(x+1)(x-1)g(x)}{x-1}$$
$$=\lim_{x \to 1}(x+1)g(x)=2g(1)$$

이므로 $2g(1)=2$

$\therefore g(1)=1$

이때 $g(-1)g(1)<0$이므로 방정식 $g(x)=0$은 열린구간 $(-1, 1)$에서 적어도 한 개의 실근을 갖는다.

따라서 방정식 $f(x)=0$은 열린구간 $(-2, 2)$에서 적어도 3개의 실근을 갖는다.

답 3

중단원 연습문제

01 -1	**02** ㄱ, ㄴ, ㄷ	**03** 3	**04** -14
05 4	**06** 6	**07** -150	**08** $\dfrac{9}{2}$
09 ㄱ, ㄴ, ㄷ	**10** -1	**11** $-7<a<-1$	
12 -5	**13** 5	**14** 8	**15** ③
16 -4	**17** -2	**18** ④	**19** 14
20 ①			

01

함수 $f(x)$가 실수 전체의 집합에서 연속이므로 $x=2$에서

도 연속이다.

즉, $\lim\limits_{x \to 2+} f(x)=\lim\limits_{x \to 2-} f(x)=f(2)$이므로

$a^3+a^2-3=2a^2-a-2$

$a^3-a^2+a-1=0$

$(a-1)(a^2+1)=0$ $\quad \therefore a=1$ ($\because a$는 실수)

$\therefore f(2)=\lim\limits_{x \to 2+} f(x)=1+1-3=-1$

답 -1

02

ㄱ. 함수 $f(x)$는 다항함수이므로 실수 전체의 집합에서 연속이다.

ㄴ. $f(x)=\begin{cases} \sqrt{5-x} & (x<5) \\ \sqrt{x-5} & (x \geq 5) \end{cases}$ 이므로

$\lim\limits_{x \to 5+} f(x)=\lim\limits_{x \to 5+} \sqrt{x-5}=0$,

$\lim\limits_{x \to 5-} f(x)=\lim\limits_{x \to 5-} \sqrt{5-x}=0$,

$f(5)=\sqrt{|5-5|}=0$

즉, $\lim\limits_{x \to 5} f(x)=f(5)$이므로 함수 $f(x)$는 실수 전체의 집합에서 연속이다.

ㄷ. $\lim\limits_{x \to 1} f(x)=\lim\limits_{x \to 1} \dfrac{(x-1)^2}{x-1}=\lim\limits_{x \to 1}(x-1)=0$,

$f(1)=0$

즉, $\lim\limits_{x \to 1} f(x)=f(1)$이므로 함수 $f(x)$는 실수 전체의 집합에서 연속이다.

따라서 실수 전체의 집합에서 연속인 함수는 ㄱ, ㄴ, ㄷ이다.

답 ㄱ, ㄴ, ㄷ

03

함수 $y=|f(x)|$의 그래프는 오른쪽 그림과 같고, $x=-1$에서 불연속이므로

$a=1$

함수 $y=|f(x)+1|$의 그래프는 오른쪽 그림과 같고, $x=-1$, $x=1$에서 불연속이므로

$b=2$

$\therefore a+b=1+2=3$

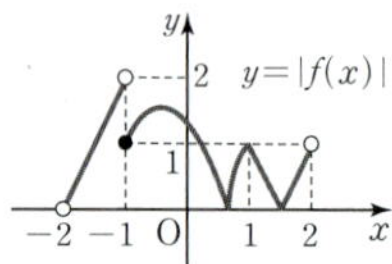

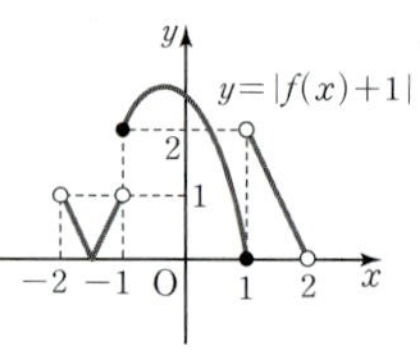

답 3

04

함수 $f(x)$가 $x=-2$에서 연속이므로

$\lim\limits_{x \to -2} f(x)=f(-2)$이다.

$$\lim_{x \to -2} \frac{x^2+x+a}{x+2} = 4-b \quad \cdots\cdots \ \bigcirc$$

$\bigcirc$에서 $x \to -2$일 때 극한값이 존재하고 (분모)$\to 0$이므로
(분자)$\to 0$이다.

즉, $\lim\limits_{x \to -2}(x^2+x+a)=a+2=0$이므로 $a=-2$

$$\therefore \lim_{x \to -2}\frac{x^2+x-2}{x+2}=\lim_{x \to -2}\frac{(x+2)(x-1)}{x+2}$$
$$=\lim_{x \to -2}(x-1)$$
$$=-3$$

$\bigcirc$에서 $-3=4-b$ $\quad \therefore b=7$

$\therefore ab=(-2)\times 7=-14$

답 -14

05

함수 $f(x)$가 실수 전체의 집합에서 연속이므로 $x=-2$, $x=2$에서도 연속이다.

(i) $x=-2$에서 연속이므로
$$\lim_{x \to -2+}f(x)=\lim_{x \to -2-}f(x)=f(-2)$$이고
$$\lim_{x \to -2+}f(x)=\lim_{x \to -2+}|x-1|=3,$$
$$\lim_{x \to -2-}f(x)=\lim_{x \to -2-}\{-|x+1|+a\}=a-1,$$
$$f(-2)=|-2-1|=3$$
이므로 $3=a-1$ $\quad \therefore a=4$

(ii) $x=2$에서 연속이므로
$$\lim_{x \to 2+}f(x)=\lim_{x \to 2-}f(x)=f(2)$$이고
$$\lim_{x \to 2+}f(x)=\lim_{x \to 2+}(|1-x|+b)=b+1,$$
$$\lim_{x \to 2-}f(x)=\lim_{x \to 2-}|x-1|=1,$$
$$f(2)=b+1$$
이므로 $b+1=1$ $\quad \therefore b=0$

(i), (ii)에서 $a=4$, $b=0$이므로
$$f(x)=\begin{cases} -|x+1|+4 & (x<-2) \\ |x-1| & (-2 \le x < 2) \\ |1-x| & (x \ge 2) \end{cases}$$
$$\therefore f(-3)+f(3)=2+2=4$$

답 4

06

$x \ne 0$, $x \ne 1$일 때, $f(x)=\dfrac{x^4+x^2+ax+b}{x(x-1)}$

함수 $f(x)$가 실수 전체의 집합에서 연속이므로 $x=0$, $x=1$에서도 연속이다.

(i) $x=0$에서 연속이므로
$$f(0)=\lim_{x \to 0}\frac{x^4+x^2+ax+b}{x(x-1)}$$

$x \to 0$일 때 극한값이 존재하고 (분모)$\to 0$이므로
(분자)$\to 0$이다.

즉, $\lim\limits_{x \to 0}(x^4+x^2+ax+b)=0$이므로 $b=0$

(ii) $x=1$에서 연속이므로
$$f(1)=\lim_{x \to 1}\frac{x^4+x^2+ax+b}{x(x-1)}$$

$x \to 1$일 때 극한값이 존재하고 (분모)$\to 0$이므로
(분자)$\to 0$이다.

즉, $\lim\limits_{x \to 1}(x^4+x^2+ax)=0$이므로 $1+1+a=0$

$\therefore a=-2$

(i), (ii)에서 $a=-2$, $b=0$이므로
$$f(x)=\frac{x^4+x^2-2x}{x(x-1)}=\frac{x(x-1)(x^2+x+2)}{x(x-1)}$$
$$=x^2+x+2$$
$$\therefore f(0)+f(1)=2+4=6$$

답 6

07

조건 (가)에 의하여 삼차함수 $f(x)$는
$$f(x)=a(x-1)^2(x-2) \text{ 또는 } f(x)=a(x-1)(x-2)^2$$
이다. (단, a는 0이 아닌 상수이다.)

조건 (나)에서 극한값이 0이 되려면 함수 $f(x)$는 $(x-1)^2$을 인수로 갖지 않아야 하므로
$$f(x)=a(x-1)(x-2)^2$$

또한 $f(4)=10$에서 $12a=10$ $\quad \therefore a=\dfrac{5}{6}$

$f(x)=\dfrac{5}{6}(x-1)(x-2)^2$이므로
$$f(-4)=\frac{5}{6}\times(-5)\times 36=-150$$

답 -150

08

함수 $f(x)$는 $x=-1$의 좌우에서 함수식이 달라지고,
함수 $g(x)$는 실수 전체의 집합에서 연속인 함수이므로
함수 $f(x)g(x)$가 실수 전체의 집합에서 연속이려면
$x=-1$에서 연속이면 된다.

즉, $\lim\limits_{x \to -1+}f(x)g(x)=\lim\limits_{x \to -1-}f(x)g(x)=f(-1)g(-1)$
이고
$$\lim_{x \to -1+}f(x)g(x)=(-1-a^2)(|-2a|-3),$$
$$\lim_{x \to -1-}f(x)g(x)=(a-3)(|-2a|-3),$$
$$f(-1)g(-1)=(a-3)(|-2a|-3)$$
이므로 $(-1-a^2)(|-2a|-3)=(a-3)(|-2a|-3)$
$$(a^2+a-2)(|2a|-3)=0$$

$(a+2)(a-1)(|2a|-3)=0$

$\therefore a=-2$ 또는 $a=1$ 또는 $a=-\dfrac{3}{2}$ 또는 $a=\dfrac{3}{2}$

따라서 구하는 모든 실수 a의 값의 곱은

$(-2)\times 1\times\left(-\dfrac{3}{2}\right)\times\dfrac{3}{2}=\dfrac{9}{2}$

답 $\dfrac{9}{2}$

09

ㄱ. $\displaystyle\lim_{x\to 0+}f(x)g(x)=0\times(-2)=0,$

   $\displaystyle\lim_{x\to 0-}f(x)g(x)=0\times 0=0$

   $\therefore \displaystyle\lim_{x\to 0}f(x)g(x)=0$ (참)

ㄴ. $\displaystyle\lim_{x\to 1+}\{f(x)-g(x)\}=1-1=0,$

   $\displaystyle\lim_{x\to 1-}\{f(x)-g(x)\}=(-1)-(-1)=0,$

   $f(1)-g(1)=(-1)-(-1)=0$

   따라서 $\displaystyle\lim_{x\to 1}\{f(x)-g(x)\}=f(1)-g(1)$이므로 함수

   $f(x)-g(x)$는 $x=1$에서 연속이다. (참)

ㄷ. $h(x)=f(x-1)$이라 하면 함수
   $y=h(x)$의 그래프는 함수
   $y=f(x)$의 그래프를 x축의 방
   향으로 1만큼 평행이동한 것이므
   로 오른쪽 그림과 같다.

   $\displaystyle\lim_{x\to 1+}h(x)g(x)=0\times 1=0,$

   $\displaystyle\lim_{x\to 1-}h(x)g(x)=0\times(-1)=0,$

   $h(1)g(1)=0\times(-1)=0$

   따라서 $\displaystyle\lim_{x\to 1}h(x)g(x)=h(1)g(1)$이므로 함수

   $f(x-1)g(x)$는 $x=1$에서 연속이다. (참)

그러므로 ㄱ, ㄴ, ㄷ 모두 옳다.

답 ㄱ, ㄴ, ㄷ

10

조건 ㈎에서 함수 $f(x)$가 $x=0$에서 연속이므로

$\displaystyle\lim_{x\to 0+}f(x)=\lim_{x\to 0-}f(x)=f(0)$

조건 ㈏에서 $x<0$일 때, $f(x)+g(x)=2x^2+3x$이므로

$g(x)=-f(x)+2x^2+3x$

조건 ㈐에서 $x>0$일 때, $f(x)-g(x)=2x^2+x+2$이므로

$g(x)=f(x)-2x^2-x-2$

$\therefore g(x)=\begin{cases} -f(x)+2x^2+3x & (x<0) \\ f(x)-2x^2-x-2 & (x>0) \end{cases}$

이때 $\displaystyle\lim_{x\to 0-}g(x)=\lim_{x\to 0+}g(x)+4$이므로

$\displaystyle\lim_{x\to 0-}\{-f(x)+2x^2+3x\}=\lim_{x\to 0+}\{f(x)-2x^2-x-2\}+4$

$-f(0)=f(0)-2+4$

$2f(0)=-2$

$\therefore f(0)=-1$

답 -1

11

$g(x)=f(x)-x^2-11x$라 하자.

방정식 $g(x)=0$이 열린구간 $(0, 1)$에서 중근이 아닌 하나의
실근을 가지려면 $g(0)g(1)<0$이어야 한다.

$g(0)=6>0$이므로 $g(1)<0$에서

$a^2+5a-2-12<0$

$(a+7)(a-2)<0$ $\therefore -7<a<2$ …… ㉠

방정식 $g(x)=0$이 열린구간 $(1, 2)$에서 중근이 아닌 하나의
실근을 가지려면 $g(1)g(2)<0$이어야 한다.

$g(1)<0$이므로 $g(2)>0$에서

$25-a-26>0$ $\therefore a<-1$ …… ㉡

㉠, ㉡에 의하여 $-7<a<-1$

답 $-7<a<-1$

12

$f(x)=x^3-x^2+2x-k$라 하면 방정식 $f(x)=0$은 항상
오직 한 개의 실근 a를 갖는다.

이때 함수 $f(x)$가 닫힌구간 $[-1, 1]$에서 연속이고, x에 대
한 방정식 $f(x)=0$이 열린구간 $(-1, 1)$에서 오직 한 개의
실근을 가지려면 $f(-1)f(1)<0$이어야 한다.

$f(-1)f(1)=(-k-4)(-k+2)<0$

$\therefore -4<k<2$

따라서 구하는 모든 정수 k는 $-3, -2, -1, 0, 1$이므로 그
합은

$(-3)+(-2)+(-1)+0+1=-5$

답 -5

13

$f(x)=x^2+ax+b$ (a, b는 상수)라 하자.

함수 $g(x)$가 실수 전체의 집합에서 연속이므로 $x=1$에서도
연속이다.

즉, $\displaystyle\lim_{x\to 1+}g(x)=\lim_{x\to 1-}g(x)=g(1)$이고

$\displaystyle\lim_{x\to 1+}g(x)=\lim_{x\to 1+}f(x)=\lim_{x\to 1+}(x^2+ax+b)=1+a+b,$

$\displaystyle\lim_{x\to 1-}g(x)=\lim_{x\to 1-}(2x-1)=1,$

$g(1)=f(1)=1+a+b$

이므로 $1+a+b=1$ $\therefore b=-a$ …… ㉠

또한 함수 $g(x)$의 역함수가 존재하므로 함수 $g(x)$는 일대일
대응이다.

즉, 함수 $f(x)=\left(x+\dfrac{a}{2}\right)^2-\dfrac{a^2}{4}+b$의 대칭축이 1보다 작거나 같아야 하므로 $-\dfrac{a}{2}\leq1$ $\quad\therefore a\geq-2$ $\quad\cdots\cdots$ ㉡

$$\begin{aligned}f(3)&=9+3a+b\\&=9+2a\ (\because ㉠)\\&\geq9+2\times(-2)\ (\because ㉡)\\&=5\end{aligned}$$

따라서 $f(3)$의 최솟값은 5이다.

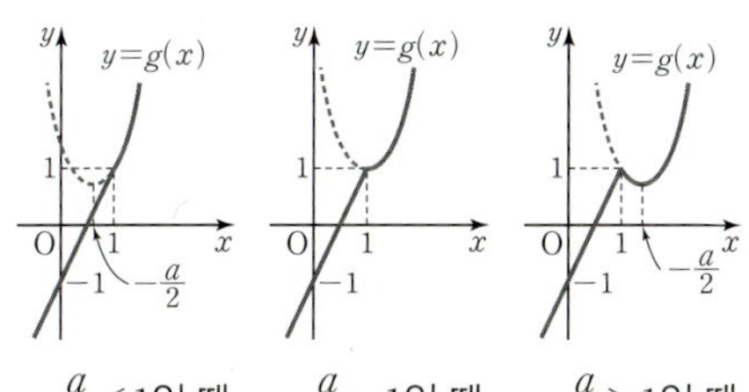

답 5

14

$f(x)=x^2+ax+b\ (a,\ b$는 상수$)$라 하자.

(ⅰ) 함수 $g(x)$가 $x=-1$에서 연속이므로

$\displaystyle\lim_{x\to-1+}g(x)=\lim_{x\to-1-}g(x)=g(-1)$이다.

$\displaystyle\lim_{x\to-1+}g(x)=f(0)=b$,

$\displaystyle\lim_{x\to-1-}g(x)=\lim_{x\to-1-}(x+2)f(x)=f(-1)=1-a+b$,

$g(-1)=f(0)=b$

이므로 $b=1-a+b$

$\therefore a=1$

$\therefore f(x)=x^2+x+b$

(ⅱ) 함수 $g(x)$가 $x=1$에서 연속이므로

$\displaystyle\lim_{x\to1+}g(x)=\lim_{x\to1-}g(x)=g(1)$이다.

$\displaystyle\lim_{x\to1+}g(x)=\lim_{x\to1+}2xf(x)=2f(1)=2b+4$,

$\displaystyle\lim_{x\to1-}g(x)=f(0)=b$,

$g(1)=2f(1)=2b+4$

이므로 $2b+4=b$

$\therefore b=-4$

(ⅰ), (ⅱ)에서 $a=1$, $b=-4$이므로 $f(x)=x^2+x-4$

$\therefore g(2)=4f(2)=4\times2=8$

답 8

15

$\{f(x)\}^3-\{f(x)\}^2-x^2f(x)+x^2=0$에서

$\{f(x)-1\}\{f(x)+x\}\{f(x)-x\}=0$이므로

$f(x)=1$ 또는 $f(x)=-x$ 또는 $f(x)=x$

함수 $f(x)$의 최댓값이 1이고 최솟값이 0이려면 치역이 구간 $[0,\ 1]$이 되어야 하므로

$|x|>1$에서 $f(x)=1$이다.

또한 함수 $f(x)$는 실수 전체의 집합에서 연속인 함수이므로

$|x|\leq1$에서 $f(x)=1$ 또는 $f(x)=\begin{cases}-x&(-1\leq x<0)\\x&(0\leq x\leq1)\end{cases}$

이어야 하는데 최솟값이 0이려면

$f(x)=\begin{cases}-x&(-1\leq x<0)\\x&(0\leq x\leq1)\end{cases}$이다.

$\therefore f(x)=\begin{cases}1&(|x|>1)\\-x&(-1\leq x<0)\\x&(0\leq x\leq1)\end{cases}$

$\therefore f\left(-\dfrac{4}{3}\right)+f(0)+f\left(\dfrac{1}{2}\right)=1+0+\dfrac{1}{2}=\dfrac{3}{2}$

답 ③

16

함수 $f(x)g(x)$가 실수 전체의 집합에서 연속이므로 $x=-1$, $x=1$에서도 연속이다.

(ⅰ) $x=-1$에서 연속이므로

$\displaystyle\lim_{x\to-1+}f(x)g(x)=\lim_{x\to-1+}(-|x|+1)\times\lim_{x\to-1+}g(x)=0$,

$\displaystyle\lim_{x\to-1-}f(x)g(x)=1\times\lim_{x\to-1-}g(x)=\lim_{x\to-1-}g(x)=g(-1)$

이므로 $g(-1)=0$

(ⅱ) $x=1$에서 연속이므로

$\displaystyle\lim_{x\to1+}f(x)g(x)=1\times\lim_{x\to1+}g(x)=\lim_{x\to1+}g(x)=g(1)$,

$\displaystyle\lim_{x\to1-}f(x)g(x)=\lim_{x\to1-}(-|x|+1)\times\lim_{x\to1-}g(x)=0$

이므로 $g(1)=0$

(ⅰ), (ⅱ)에서 이차방정식 $g(x)=0$의 두 근은 $x=-1$, $x=1$이므로 최고차항의 계수가 1인 이차함수 $g(x)$는

$g(x)=(x+1)(x-1)$

함수 $f(x)g(x-a)$가 불연속인 점이 오직 한 개 존재하려면 $g(-1-a)=0$ 또는 $g(1-a)=0$이어야 한다.

$g(-1-a)=0$에서 $(-a)\times(-2-a)=0$

$\therefore a=-2$ 또는 $a=0$

$g(1-a)=0$에서 $(2-a)\times(-a)=0$

$\therefore a=2$ 또는 $a=0$

이때 $a=0$이면 함수 $f(x)g(x-a)$, 즉 $f(x)g(x)$는 실수 전체의 집합에서 연속이므로 a의 값은 -2, 2이고 그 곱은 $(-2)\times2=-4$

답 -4

17

함수 $f(x)$가 $x=2$에서 불연속이고, 함수 $f(x)+g(x)$가 실수 전체의 집합에서 연속이므로 함수 $g(x)$는 $x=2$에서 불연속이다.

따라서 $a=2$이므로 $g(x)=\begin{cases} |x| & (x<2) \\ b & (x\geq2) \end{cases}$

또한

$\lim\limits_{x\to2+}f(x)=\lim\limits_{x\to2+}(2x-3)=1$,

$\lim\limits_{x\to2-}f(x)=\lim\limits_{x\to2-}(x+1)=3$,

$f(2)=1$이고

$\lim\limits_{x\to2+}g(x)=\lim\limits_{x\to2+}b=b$,

$\lim\limits_{x\to2-}g(x)=\lim\limits_{x\to2-}|x|=2$,

$g(2)=b$이다.

이때 함수 $f(x)+g(x)$가 실수 전체의 집합에서 연속이면 $x=2$에서도 연속이므로

$\lim\limits_{x\to2+}\{f(x)+g(x)\}=\lim\limits_{x\to2-}\{f(x)+g(x)\}$
$$=f(2)+g(2)$$

에서 $1+b=3+2$ $\quad\therefore b=4$

함수 $f(x)-cg(x)$가 실수 전체의 집합에서 연속이면 $x=2$에서도 연속이므로

$\lim\limits_{x\to2+}\{f(x)-cg(x)\}=\lim\limits_{x\to2-}\{f(x)-cg(x)\}$
$$=f(2)-cg(2)$$

에서 $1-4c=3-2c$ $\quad\therefore c=-1$

$\therefore a+bc=2+4\times(-1)=-2$

답 -2

18

함수 $f(x)$는 $x\neq0$인 모든 실수에서 연속이고,

함수 $g(x)$는 $x\neq a$인 모든 실수에서 연속이므로

함수 $f(x)g(x)$가 실수 전체의 집합에서 연속이려면 $x=0$, $x=a$에서 연속이어야 한다.

이때 a의 값의 범위에 따라 경우를 나누어 연속성을 조사해 보자.

(i) $a<0$일 때

$\lim\limits_{x\to0+}f(x)g(x)=\lim\limits_{x\to0+}(-2x+2)\times\lim\limits_{x\to0+}(2x-1)$
$$=2\times(-1)=-2,$$

$\lim\limits_{x\to0-}f(x)g(x)=\lim\limits_{x\to0-}(-2x+3)\times\lim\limits_{x\to0-}(2x-1)$
$$=3\times(-1)=-3$$

에서 $\lim\limits_{x\to0+}f(x)g(x)\neq\lim\limits_{x\to0-}f(x)g(x)$이므로

함수 $f(x)g(x)$는 $x=0$에서 불연속이다.

(ii) $a=0$일 때

$\lim\limits_{x\to0+}f(x)g(x)=\lim\limits_{x\to0+}(-2x+2)\times\lim\limits_{x\to0+}(2x-1)$
$$=2\times(-1)=-2,$$

$\lim\limits_{x\to0-}f(x)g(x)=\lim\limits_{x\to0-}(-2x+3)\times\lim\limits_{x\to0-}2x$
$$=3\times0=0$$

에서 $\lim\limits_{x\to0+}f(x)g(x)\neq\lim\limits_{x\to0-}f(x)g(x)$이므로

함수 $f(x)g(x)$는 $x=0$에서 불연속이다.

(iii) $a>0$일 때

$\lim\limits_{x\to0+}f(x)g(x)=\lim\limits_{x\to0+}(-2x+2)\times\lim\limits_{x\to0+}2x$
$$=2\times0=0,$$

$\lim\limits_{x\to0-}f(x)g(x)=\lim\limits_{x\to0-}(-2x+3)\times\lim\limits_{x\to0-}2x$
$$=3\times0=0,$$

$f(0)g(0)=2\times0=0$

에서 $\lim\limits_{x\to0}f(x)g(x)=f(0)g(0)$이므로

함수 $f(x)g(x)$는 $x=0$에서 연속이다.

또한 $x=a$에서 연속이어야 하므로

$\lim\limits_{x\to a+}f(x)g(x)=\lim\limits_{x\to a+}(-2x+2)\times\lim\limits_{x\to a+}(2x-1)$
$$=(-2a+2)(2a-1),$$

$\lim\limits_{x\to a-}f(x)g(x)=\lim\limits_{x\to a-}(-2x+2)\times\lim\limits_{x\to a-}2x$
$$=(-2a+2)\times2a,$$

$f(a)g(a)=(-2a+2)(2a-1)$

에서 $\lim\limits_{x\to a}f(x)g(x)=f(a)g(a)$

즉, $(-2a+2)(2a-1)=2a(-2a+2)$이어야 하므로

$-2a+2=0$ $\quad\therefore a=1$

(i), (ii), (iii)에서 함수 $f(x)g(x)$가 실수 전체의 집합에서 연속이 되도록 하는 상수 a의 값은 1이다.

답 ④

19

(i) $a<3$일 때

함수 $y=\begin{cases} (x-a)^2+1 & (x\leq3) \\ (x+a-6)^2+1 & (x>3) \end{cases}$ 의 그래프가 다음 그림과 같으므로

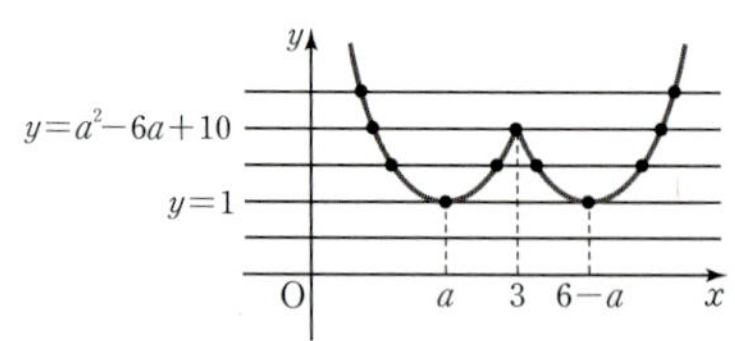

$$f(t)=\begin{cases} 0 & (t<1) \\ 2 & (t=1) \\ 4 & (1<t<a^2-6a+10) \\ 3 & (t=a^2-6a+10) \\ 2 & (t>a^2-6a+10) \end{cases}$$

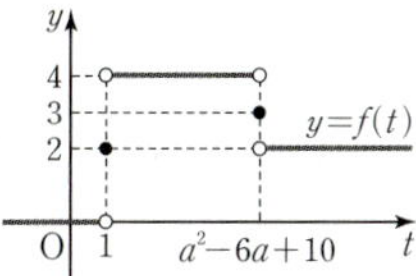

즉, 함수 $f(t)$는 $t=1$, $t=a^2-6a+10$에서 불연속이다.

따라서 함수 $f(t)(t-2)(t-b)$가 모든 실수 t에서 연속이려면 $a^2-6a+10=2$, $b=1$이어야 한다.

$a^2-6a+8=0$에서 $(a-2)(a-4)=0$

$\therefore a=2\ (\because a<3)$

따라서 조건을 만족시키는 순서쌍 (a, b)는 $(2, 1)$

(ii) $a\geq 3$일 때

함수 $y=\begin{cases}(x-a)^2+1 & (x\leq 3) \\ (x+a-6)^2+1 & (x>3)\end{cases}$ 의 그래프가 다음 그림과 같으므로

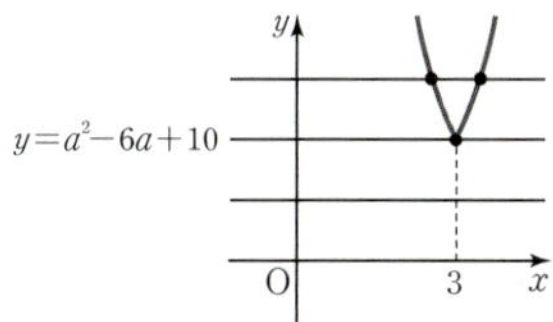

$$f(t)=\begin{cases} 0 & (t<a^2-6a+10) \\ 1 & (t=a^2-6a+10) \\ 2 & (t>a^2-6a+10) \end{cases}$$

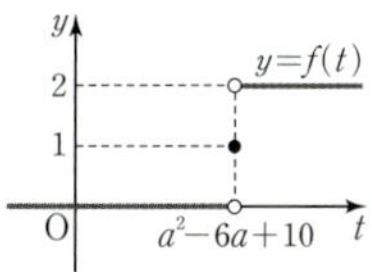

즉, 함수 $f(t)$는 $t=a^2-6a+10$에서 불연속이다.

따라서 함수 $f(t)(t-2)(t-b)$가 모든 실수 t에서 연속이려면 $a^2-6a+10$의 값이 2 또는 b이어야 한다.

ⓐ $a^2-6a+10=2$일 때

$a^2-6a+8=0$, $(a-2)(a-4)=0$

$\therefore a=4\ (\because a\geq 3)$

조건을 만족시키는 순서쌍 (a, b)는

$(4, 1), (4, 2), (4, 3), \cdots, (4, 10)$

ⓑ $a^2-6a+10=b$일 때

조건을 만족시키는 순서쌍 (a, b)는

$(3, 1), (5, 5), (6, 10)$ $(4, 2)$는 ⓐ와 중복이므로 제외

(i), (ii)에서 구하는 모든 순서쌍 (a, b)의 개수는 14이다.

답 14

20

직선 $y=m(x+5)$는 기울기가 $m\ (m>0)$이고 점 $(-5, 0)$을 지나는 직선이다.

또한 함수 $y=2|x|$의 그래프와 곡선 $x^2+y^2=5\ (y\geq 0)$은 두 점 $(-1, 2)$, $(1, 2)$에서 만난다.

직선 $y=m(x+5)$가 점 $(1, 2)$를 지날 때 $m=\dfrac{1}{3}$이고,

직선 $y=m(x+5)$가 점 $(-1, 2)$를 지날 때 $m=\dfrac{1}{2}$이다.

$\cdots\cdots$ ㉠

이때 두 점 $(0, 0)$, $(-1, 2)$를 지나는 직선의 기울기가 -2이므로 곡선 $x^2+y^2=5\ (y\geq 0)$ 위의 점 $(-1, 2)$에서의 접선의 기울기는 $\dfrac{1}{2}$이고, 이 접선은 직선 ㉠과 일치한다.

한편, $m\geq 2$이면 직선 $y=m(x+5)$는 직선 $y=2x\ (y\geq 0)$와 만나지 않는다.

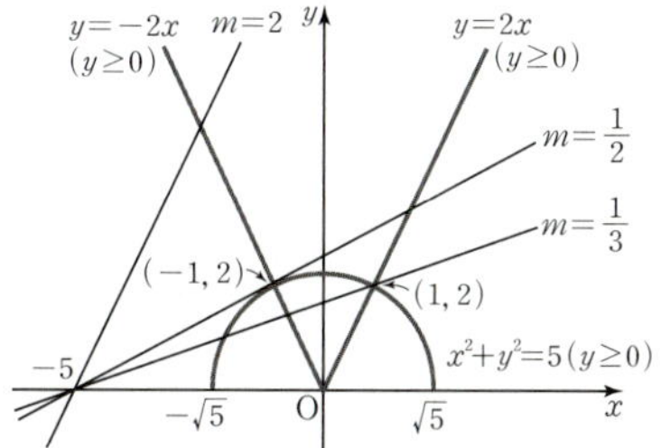

양의 실수 m에 대하여 직선 $y=m(x+5)$가 도형 S와 만나는 점의 개수가 $f(m)$이므로

(i) $0<m<\dfrac{1}{3}$일 때, $f(m)=4$

(ii) $m=\dfrac{1}{3}$일 때, $f(m)=3$

(iii) $\dfrac{1}{3}<m<\dfrac{1}{2}$일 때, $f(m)=4$

(iv) $\dfrac{1}{2}\leq m<2$일 때, $f(m)=2$

(v) $m\geq 2$일 때, $f(m)=1$

(i)~(v)에서

$$f(m)=\begin{cases} 4 & \left(0<m<\dfrac{1}{3}\right) \\ 3 & \left(m=\dfrac{1}{3}\right) \\ 4 & \left(\dfrac{1}{3}<m<\dfrac{1}{2}\right) \\ 2 & \left(\dfrac{1}{2}\leq m<2\right) \\ 1 & (m\geq 2) \end{cases}$$

따라서 열린구간 $(0, \infty)$에서 함수 $f(m)$은 $m=\dfrac{1}{3}$, $m=\dfrac{1}{2}$, $m=2$에서만 불연속이므로

$$a_1+a_2+a_3=\dfrac{1}{3}+\dfrac{1}{2}+2=\dfrac{17}{6}$$

답 ①

Ⅱ. 미분

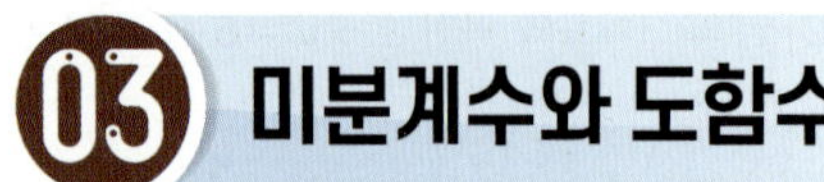

03 미분계수와 도함수

01 미분계수

본문 97쪽

개념 CHECK

01 2 **02** 2 **03** (1) 4 (2) 13
04 (1) -9 (2) 1 **05** 연속이고 미분가능하다.

01

$$\frac{\Delta y}{\Delta x}=\frac{f(2)-f(-1)}{2-(-1)}$$
$$=\frac{(-2^2+3\times2)-\{-(-1)^2+3\times(-1)\}}{2-(-1)}$$
$$=\frac{2-(-4)}{3}=2$$

답 2

02

$$\frac{\Delta y}{\Delta x}=\frac{f(a)-f(3)}{a-3}$$
$$=\frac{(a^2-a)-(3^2-3)}{a-3}$$
$$=\frac{a^2-a-6}{a-3}=\frac{(a+2)(a-3)}{a-3}=a+2$$

따라서 $a+2=4$이므로 $a=2$

답 2

03

(1) $f'(2)=\lim\limits_{\Delta x\to0}\dfrac{f(2+\Delta x)-f(2)}{\Delta x}$
$$=\lim\limits_{\Delta x\to0}\frac{\{4\times(2+\Delta x)+5\}-(4\times2+5)}{\Delta x}$$
$$=\lim\limits_{\Delta x\to0}\frac{4\Delta x}{\Delta x}=\lim\limits_{\Delta x\to0}4=4$$

(2) $f'(2)=\lim\limits_{\Delta x\to0}\dfrac{f(2+\Delta x)-f(2)}{\Delta x}$
$$=\lim\limits_{\Delta x\to0}\frac{\{3(2+\Delta x)^2+(2+\Delta x)\}-(3\times2^2+2)}{\Delta x}$$

$$=\lim\limits_{\Delta x\to0}\frac{3(\Delta x)^2+13\Delta x}{\Delta x}$$
$$=\lim\limits_{\Delta x\to0}(3\Delta x+13)=13$$

다른 풀이

(1) $f'(2)=\lim\limits_{x\to2}\dfrac{f(x)-f(2)}{x-2}$
$$=\lim\limits_{x\to2}\frac{(4x+5)-(4\times2+5)}{x-2}$$
$$=\lim\limits_{x\to2}\frac{4x-8}{x-2}$$
$$=\lim\limits_{x\to2}\frac{4(x-2)}{x-2}=4$$

(2) $f'(2)=\lim\limits_{x\to2}\dfrac{f(x)-f(2)}{x-2}$
$$=\lim\limits_{x\to2}\frac{(3x^2+x)-(3\times2^2+2)}{x-2}$$
$$=\lim\limits_{x\to2}\frac{3x^2+x-14}{x-2}$$
$$=\lim\limits_{x\to2}\frac{(3x+7)(x-2)}{x-2}$$
$$=\lim\limits_{x\to2}(3x+7)=3\times2+7=13$$

답 (1) 4 (2) 13

04

(1) $f(x)=2x^2-5x$라 하면 구하는 접선의 기울기는
$f'(-1)$이므로
$f'(-1)$
$$=\lim\limits_{\Delta x\to0}\frac{f(-1+\Delta x)-f(-1)}{\Delta x}$$
$$=\lim\limits_{\Delta x\to0}\frac{\{2(-1+\Delta x)^2-5(-1+\Delta x)\}-\{2\times(-1)^2-5\times(-1)\}}{\Delta x}$$
$$=\lim\limits_{\Delta x\to0}\frac{2(\Delta x)^2-9\Delta x}{\Delta x}$$
$$=\lim\limits_{\Delta x\to0}(2\Delta x-9)=-9$$

(2) $f(x)=-x^2+x+1$이라 하면 구하는 접선의 기울기는
$f'(0)$이므로
$f'(0)=\lim\limits_{\Delta x\to0}\dfrac{f(0+\Delta x)-f(0)}{\Delta x}$
$$=\lim\limits_{\Delta x\to0}\frac{\{-(0+\Delta x)^2+(0+\Delta x)+1\}-1}{\Delta x}$$
$$=\lim\limits_{\Delta x\to0}\frac{-(\Delta x)^2+\Delta x}{\Delta x}$$
$$=\lim\limits_{\Delta x\to0}(-\Delta x+1)=1$$

다른 풀이

(1) $f(x)=2x^2-5x$라 하면 구하는 접선의 기울기는
$f'(-1)$이므로

$$f'(-1)=\lim_{x\to -1}\frac{f(x)-f(-1)}{x-(-1)}$$
$$=\lim_{x\to -1}\frac{(2x^2-5x)-\{2\times(-1)^2-5\times(-1)\}}{x+1}$$
$$=\lim_{x\to -1}\frac{2x^2-5x-7}{x+1}$$
$$=\lim_{x\to -1}\frac{(x+1)(2x-7)}{x+1}$$
$$=\lim_{x\to -1}(2x-7)=-9$$

(2) $f(x)=-x^2+x+1$이라 하면 구하는 접선의 기울기는 $f'(0)$이므로

$$f'(0)=\lim_{x\to 0}\frac{f(x)-f(0)}{x-0}$$
$$=\lim_{x\to 0}\frac{(-x^2+x+1)-1}{x}$$
$$=\lim_{x\to 0}\frac{x(-x+1)}{x}$$
$$=\lim_{x\to 0}(-x+1)=1$$

답 (1) -9 (2) 1

05

(i) $x=1$에서의 연속성

$x=1$에서의 함숫값은 $f(1)=-1$

또한 $\lim_{x\to 1+}f(x)=\lim_{x\to 1+}(2x^2-3x)=-1$,

$\lim_{x\to 1-}f(x)=\lim_{x\to 1-}(x-2)=-1$이므로

$\lim_{x\to 1}f(x)=-1$

따라서 $\lim_{x\to 1}f(x)=f(1)$이므로 함수 $f(x)$는 $x=1$에서 연속이다.

(ii) $x=1$에서의 미분가능성

$$\lim_{x\to 1+}\frac{f(x)-f(1)}{x-1}=\lim_{x\to 1+}\frac{(2x^2-3x)-(-1)}{x-1}$$
$$=\lim_{x\to 1+}\frac{(x-1)(2x-1)}{x-1}$$
$$=\lim_{x\to 1+}(2x-1)=1$$
$$\lim_{x\to 1-}\frac{f(x)-f(1)}{x-1}=\lim_{x\to 1-}\frac{(x-2)-(-1)}{x-1}$$
$$=\lim_{x\to 1-}\frac{x-1}{x-1}=1$$

이므로 $\lim_{x\to 1}\dfrac{f(x)-f(1)}{x-1}=1$

따라서 $f'(1)$이 존재하므로 함수 $f(x)$는 $x=1$에서 미분가능하다.

(i), (ii)에서 함수 $f(x)$는 $x=1$에서 연속이고 미분가능하다.

답 연속이고 미분가능하다.

01-1 (1) -2 (2) $\dfrac{1}{2}$ **01-2** 4   **01-3** 2

01-4 -8 **02-1** (1) 4 (2) -2 (3) -4 **02-2** 3

02-3 10   **02-4** -12

03-1 (1) $\dfrac{1}{3}$ (2) -3 (3) -5 **03-2** 3

03-3 28   **03-4** 1   **04-1** -9 **04-2** 5

04-3 2   **04-4** 8   **05-1** ㄱ, ㄴ   **05-2** 4

05-3 ㄱ, ㄴ   **05-4** $\alpha<\beta$

06-1 (1) 연속이지만 미분가능하지 않다.

      (2) 연속이고 미분가능하다.

06-2 ㄱ   **06-3** 5   **06-4** 7

01-1

(1) x의 값이 -1에서 2까지 변할 때의 함수 $f(x)$의 평균변화율은

$$\frac{\Delta y}{\Delta x}=\frac{f(2)-f(-1)}{2-(-1)}$$
$$=\frac{(2^2-3\times 2-1)-\{(-1)^2-3\times(-1)-1\}}{2-(-1)}$$
$$=\frac{-3-3}{3}=-2$$

(2) $f'(k)$

$$=\lim_{\Delta x\to 0}\frac{f(k+\Delta x)-f(k)}{\Delta x}$$
$$=\lim_{\Delta x\to 0}\frac{\{(k+\Delta x)^2-3(k+\Delta x)-1\}-(k^2-3k-1)}{\Delta x}$$
$$=\lim_{\Delta x\to 0}\frac{(\Delta x)^2+(2k-3)\Delta x}{\Delta x}$$
$$=\lim_{\Delta x\to 0}(\Delta x+2k-3)$$
$$=2k-3$$

(1)에 의하여 $2k-3=-2$

$\therefore k=\dfrac{1}{2}$

답 (1) -2 (2) $\dfrac{1}{2}$

01-2

x의 값이 -2에서 3까지 변할 때의 함수 $f(x)$의 평균변화율은

$$\frac{\Delta y}{\Delta x}=\frac{f(3)-f(-2)}{3-(-2)}$$
$$=\frac{(3^3+a\times 3^2+4\times 3)-\{(-2)^3+a\times(-2)^2+4\times(-2)\}}{3-(-2)}$$
$$=\frac{5a+55}{5}=a+11$$

$f'(1)$

$= \lim_{\Delta x \to 0} \dfrac{f(1+\Delta x)-f(1)}{\Delta x}$

$= \lim_{\Delta x \to 0} \dfrac{\{(1+\Delta x)^3+a(1+\Delta x)^2+4(1+\Delta x)\}-(1^3+a\times 1^2+4\times 1)}{\Delta x}$

$= \lim_{\Delta x \to 0} \dfrac{(\Delta x)^3+(a+3)(\Delta x)^2+(2a+7)\Delta x}{\Delta x}$

$= \lim_{\Delta x \to 0} \{(\Delta x)^2+(a+3)\Delta x+(2a+7)\}$

$=2a+7$

따라서 $a+11=2a+7$이므로

$a=4$

답 4

01-3

x의 값이 -1에서 a까지 변할 때의 함수 $f(x)$의 평균변화율은

$\dfrac{\Delta y}{\Delta x}=\dfrac{f(a)-f(-1)}{a-(-1)}$

$\qquad = \dfrac{(a^3-2a)-\{(-1)^3-2\times(-1)\}}{a-(-1)}$

$\qquad = \dfrac{a^3-2a-1}{a+1}=\dfrac{(a+1)(a^2-a-1)}{a+1}$

$\qquad = a^2-a-1$

함수 $f(x)$의 $x=-1$에서의 미분계수는

$f'(-1)$

$= \lim_{\Delta x \to 0} \dfrac{f(-1+\Delta x)-f(-1)}{\Delta x}$

$= \lim_{\Delta x \to 0} \dfrac{\{(-1+\Delta x)^3-2(-1+\Delta x)\}-\{(-1)^3-2\times(-1)\}}{\Delta x}$

$= \lim_{\Delta x \to 0} \dfrac{(\Delta x)^3-3(\Delta x)^2+\Delta x}{\Delta x}$

$= \lim_{\Delta x \to 0} \{(\Delta x)^2-3(\Delta x)+1\}$

$=1$

즉, $a^2-a-1=1$이므로

$a^2-a-2=0$

$(a+1)(a-2)=0$

$\therefore a=2 \ (\because a>0)$

답 2

01-4

x의 값이 0에서 3까지 변할 때의 함수 $f(x)$의 평균변화율은

$\dfrac{\Delta y}{\Delta x}=\dfrac{f(3)-f(0)}{3-0}=\dfrac{(3^3-3^2-2\times 3)-0}{3}$

$\qquad = \dfrac{12}{3}=4 \qquad\qquad \cdots\cdots\ \unicode{x2299}$

x의 값이 a에서 0까지 변할 때의 함수 $f(x)$의 평균변화율은

$\dfrac{\Delta y}{\Delta x}=\dfrac{f(0)-f(a)}{0-a}$

$\qquad = \dfrac{-(a^3-a^2-2a)}{-a}=a^2-a-2 \qquad \cdots\cdots\ \unicode{x24B8}$

$\unicode{x2299}$, $\unicode{x24B8}$이 서로 같으므로 $4=a^2-a-2$

$a^2-a-6=0$, $(a+2)(a-3)=0$

$\therefore a=-2 \ (\because a<0)$

$\therefore f(a)=f(-2)=-8-4+4=-8$

답 -8

02-1

(1) $\lim_{h \to 0} \dfrac{f(a-2h)-f(a)}{h}$

$= \lim_{h \to 0} \dfrac{f(a-2h)-f(a)}{-2h}\times(-2)$

$= -2f'(a)=-2\times(-2)=4$

(2) $\lim_{h \to 0} \dfrac{-f(a-h)+f(a)}{h}=\lim_{h \to 0} \dfrac{f(a-h)-f(a)}{-h}$

$\qquad\qquad\qquad\qquad\qquad = f'(a)=-2$

(3) $\lim_{h \to 0} \dfrac{f(a+2h^2)-f(a-h^3)}{h^2}$

$= \lim_{h \to 0} \dfrac{f(a+2h^2)-f(a)+f(a)-f(a-h^3)}{h^2}$

$= \lim_{h \to 0} \left\{ \dfrac{f(a+2h^2)-f(a)}{2h^2}\times 2 \right\}$

$\qquad\qquad\qquad + \lim_{h \to 0} \left\{ \dfrac{f(a-h^3)-f(a)}{-h^3}\times h \right\}$

$= 2f'(a)+f'(a)\times 0$

$= 2f'(a)=2\times(-2)=-4$

답 (1) 4 (2) -2 (3) -4

02-2

$\lim_{h \to 0} \dfrac{f(2+ah)-f(2)}{h}=\lim_{h \to 0} \left\{ \dfrac{f(2+ah)-f(2)}{ah}\times a \right\}$

$\qquad\qquad\qquad\qquad\quad = af'(2)=3a$

이 값이 9이므로 $3a=9$ $\quad \therefore a=3$

답 3

02-3

$\lim_{h \to 0} \dfrac{f(1-h)-f(1+h)}{-h}$

$= \lim_{h \to 0} \dfrac{f(1-h)-f(1)+f(1)-f(1+h)}{-h}$

$= \lim_{h \to 0} \dfrac{f(1-h)-f(1)}{-h}+\lim_{h \to 0} \dfrac{f(1+h)-f(1)}{h}$

$= f'(1)+f'(1)=2f'(1)$

이때 $2f'(1)=8$이므로 $f'(1)=4$

$$\therefore \lim_{h \to 0} \frac{f(1+3h)-f(1-2h)}{2h}$$

$$=\lim_{h \to 0} \frac{f(1+3h)-f(1)+f(1)-f(1-2h)}{2h}$$

$$=\lim_{h \to 0} \left\{ \frac{f(1+3h)-f(1)}{3h} \times \frac{3}{2} \right\}$$

$$\qquad\qquad +\lim_{h \to 0} \frac{f(1-2h)-f(1)}{-2h}$$

$$=\frac{3}{2}f'(1)+f'(1)$$

$$=\frac{5}{2}f'(1)=\frac{5}{2}\times 4=10$$

🔲 10

02-4

$t=\dfrac{1}{h}$이라 하면 $t \to \infty$일 때 $h \to 0$이므로

$$\lim_{t \to \infty} t\left\{ f\left(5+\frac{1}{t}\right)-f\left(5+\frac{3}{t}\right) \right\}$$

$$=\lim_{h \to 0} \frac{1}{h}\{ f(5+h)-f(5+3h) \}$$

$$=\lim_{h \to 0} \frac{f(5+h)-f(5)+f(5)-f(5+3h)}{h}$$

$$=\lim_{h \to 0} \left\{ \frac{f(5+h)-f(5)}{h}-\frac{f(5+3h)-f(5)}{3h}\times 3 \right\}$$

$$=f'(5)-3f'(5)=-2f'(5)$$

이 값이 24이므로 $-2f'(5)=24$

$$\therefore f'(5)=-12$$

🔲 -12

03-1

(1)
$$\lim_{x \to -1} \frac{f(x)-f(-1)}{x^2-x-2}$$

$$=\lim_{x \to -1} \frac{f(x)-f(-1)}{(x+1)(x-2)}$$

$$=\lim_{x \to -1} \left\{ \frac{f(x)-f(-1)}{x-(-1)} \times \frac{1}{x-2} \right\}$$

$$=\lim_{x \to -1} \frac{f(x)-f(-1)}{x-(-1)} \times \lim_{x \to -1} \frac{1}{x-2}$$

$$=f'(-1)\times \left(-\frac{1}{3}\right)=(-1)\times\left(-\frac{1}{3}\right)=\frac{1}{3}$$

(2)
$$\lim_{x \to -1} \frac{f(x^3)+4}{x+1}$$

$$=\lim_{x \to -1} \frac{f(x^3)-f(-1)}{x+1}$$

$$=\lim_{x \to -1} \left\{ \frac{f(x^3)-f(-1)}{x^3+1} \times (x^2-x+1) \right\}$$

$$=\lim_{x \to -1} \frac{f(x^3)-f(-1)}{x^3-(-1)} \times \lim_{x \to -1} (x^2-x+1)$$

$$=f'(-1)\times 3=(-1)\times 3=-3$$

(3)
$$\lim_{x \to -1} \frac{f(x)+xf(-1)}{x+1}$$

$$=\lim_{x \to -1} \frac{f(x)-f(-1)+f(-1)+xf(-1)}{x+1}$$

$$=\lim_{x \to -1} \left\{ \frac{f(x)-f(-1)}{x-(-1)}+\frac{(x+1)f(-1)}{x+1} \right\}$$

$$=\lim_{x \to -1} \frac{f(x)-f(-1)}{x-(-1)}+\lim_{x \to -1} \frac{(x+1)f(-1)}{x+1}$$

$$=f'(-1)+f(-1)=(-1)+(-4)=-5$$

🔲 $(1)\ \dfrac{1}{3}$ $(2)\ -3$ $(3)\ -5$

03-2

$$\lim_{x \to \sqrt{3}} \frac{x^3-3\sqrt{3}}{f(x)-f(\sqrt{3})}$$

$$=\lim_{x \to \sqrt{3}} \frac{x^3-(\sqrt{3})^3}{f(x)-f(\sqrt{3})}$$

$$=\lim_{x \to \sqrt{3}} \left\{ \frac{x-\sqrt{3}}{f(x)-f(\sqrt{3})} \times (x^2+\sqrt{3}x+3) \right\}$$

$$=\lim_{x \to \sqrt{3}} \frac{1}{\dfrac{f(x)-f(\sqrt{3})}{x-\sqrt{3}}} \times \lim_{x \to \sqrt{3}} (x^2+\sqrt{3}x+3)$$

$$=\frac{1}{f'(\sqrt{3})}\times 9=\frac{1}{3}\times 9=3$$

🔲 3

03-3

$$\lim_{x \to 2} \frac{x^2 f(2)-4f(x)}{x-2}$$

$$=\lim_{x \to 2} \frac{x^2 f(2)-4f(2)+4f(2)-4f(x)}{x-2}$$

$$=\lim_{x \to 2} \left\{ \frac{(x^2-4)f(2)}{x-2}-\frac{4f(x)-4f(2)}{x-2} \right\}$$

$$=\lim_{x \to 2} \frac{(x^2-4)f(2)}{x-2}-\lim_{x \to 2} \frac{4\{f(x)-f(2)\}}{x-2}$$

$$=\lim_{x \to 2} \{(x+2)f(2)\}-4f'(2)$$

$$=4f(2)-4f'(2)$$

$$=4\times 5-4\times(-2)=28$$

🔲 28

03-4

$$\lim_{x \to 1} \frac{\sqrt{f(x)}-2}{\sqrt{x}-1}$$

$$=\lim_{x \to 1} \frac{\sqrt{f(x)}-\sqrt{4}}{\sqrt{x}-1}$$

$$=\lim_{x \to 1} \frac{\sqrt{f(x)}-\sqrt{f(1)}}{\sqrt{x}-1}$$

$$=\lim_{x\to1}\left\{\frac{f(x)-f(1)}{x-1}\times\frac{\sqrt{x}+1}{\sqrt{f(x)}+\sqrt{f(1)}}\right\}$$
$$=\lim_{x\to1}\frac{f(x)-f(1)}{x-1}\times\lim_{x\to1}\frac{\sqrt{x}+1}{\sqrt{f(x)}+\sqrt{f(1)}}$$
$$=f'(1)\times\frac{2}{2\sqrt{f(1)}}=2\times\frac{2}{2\times\sqrt{4}}=1$$

답 1

04-1

$f(x+y)-f(x)=f(y)-5xy$에서

$f(x+y)=f(x)+f(y)-5xy$

이 식의 양변에 $x=0$, $y=0$을 대입하면

$f(0)=f(0)+f(0)-0$

$\therefore f(0)=0$ $\quad\cdots\cdots$ ㉠

$$\begin{aligned}\therefore f'(2)&=\lim_{h\to0}\frac{f(2+h)-f(2)}{h}\\&=\lim_{h\to0}\frac{\{f(2)+f(h)-10h\}-f(2)}{h}\\&=\lim_{h\to0}\frac{f(h)-10h}{h}=\lim_{h\to0}\frac{f(h)-0}{h-0}-10\\&=\lim_{h\to0}\frac{f(h)-f(0)}{h-0}-10\ (\because ㉠)\\&=f'(0)-10=1-10=-9\end{aligned}$$

답 -9

04-2

$f(x+y)=f(x)+f(y)+xy$의 양변에 $x=0$, $y=0$을 대입하면

$f(0)=f(0)+f(0)+0$

$\therefore f(0)=0$ $\quad\cdots\cdots$ ㉠

$$\begin{aligned}\therefore f'(3)&=\lim_{h\to0}\frac{f(3+h)-f(3)}{h}\\&=\lim_{h\to0}\frac{\{f(3)+f(h)+3h\}-f(3)}{h}\\&=\lim_{h\to0}\frac{f(h)+3h}{h}=\lim_{h\to0}\frac{f(h)-0}{h-0}+3\\&=\lim_{h\to0}\frac{f(h)-f(0)}{h-0}+3\ (\because ㉠)\\&=f'(0)+3=2+3=5\end{aligned}$$

$f(x+y)=f(x)+f(y)+xy$의 양변에 $x=0$, $y=0$을 대입하면

$f(0)=f(0)+f(0)+0$

$\therefore f(0)=0$ $\quad\cdots\cdots$ ㉠

$f(x+y)-f(x)=f(y)+xy$에서 $y\neq0$이라 하면

$$\frac{f(x+y)-f(x)}{y}=\frac{f(y)}{y}+x$$

$y=h$라 하면

$$\frac{f(x+h)-f(x)}{h}=\frac{f(h)}{h}+x$$

$$\lim_{h\to0}\frac{f(x+h)-f(x)}{h}=\lim_{h\to0}\left\{\frac{f(h)}{h}+x\right\}$$

$$\lim_{h\to0}\frac{f(x+h)-f(x)}{h}=\lim_{h\to0}\frac{f(h)-f(0)}{h-0}+x\ (\because ㉠)$$

$f'(x)=f'(0)+x$

이때 $f'(0)=2$이므로

$f'(x)=2+x$

$\therefore f'(3)=2+3=5$

답 5

04-3

$f(x+y)=f(x)+f(y)-axy$의 양변에 $x=0$, $y=0$을 대입하면

$f(0)=f(0)+f(0)-0$

$\therefore f(0)=0$ $\quad\cdots\cdots$ ㉠

$$\begin{aligned}f'(x)&=\lim_{h\to0}\frac{f(x+h)-f(x)}{h}\\&=\lim_{h\to0}\frac{\{f(x)+f(h)-axh\}-f(x)}{h}\\&=\lim_{h\to0}\frac{f(h)-axh}{h}=\lim_{h\to0}\frac{f(h)-0}{h-0}-ax\\&=\lim_{h\to0}\frac{f(h)-f(0)}{h-0}-ax\ (\because ㉠)\\&=f'(0)-ax\\&=4-ax\ (\because f'(0)=4)\end{aligned}$$

이때 $f'(x)=-2x+4$이고 a는 상수이므로

$a=2$

$f(x+y)=f(x)+f(y)-axy$의 양변에 $x=0$, $y=0$을 대입하면

$f(0)=f(0)+f(0)-0$

$\therefore f(0)=0$ $\quad\cdots\cdots$ ㉠

$f(x+y)-f(x)=f(y)-axy$에서 $y\neq0$이라 하면

$$\frac{f(x+y)-f(x)}{y}=\frac{f(y)}{y}-ax$$

$y=h$라 하면

$$\frac{f(x+h)-f(x)}{h}=\frac{f(h)}{h}-ax$$

$$\lim_{h\to0}\frac{f(x+h)-f(x)}{h}=\lim_{h\to0}\left\{\frac{f(h)}{h}-ax\right\}$$

$$\lim_{h\to0}\frac{f(x+h)-f(x)}{h}=\lim_{h\to0}\frac{f(h)-f(0)}{h-0}-ax\ (\because ㉠)$$

$$f'(x)=f'(0)-ax$$
$$=4-ax\ (\because f'(0)=4)$$

이때 $f'(x)=-2x+4$이고 a는 상수이므로

$$a=2$$

탑 2

04-4

㈐의 양변에 $x=0$, $y=0$을 대입하면

$$f(0)=4f(0)f(0)$$

이때 ㈎에서 $f(0)>0$이므로 위 식의 양변을 $f(0)$으로 나누면

$$1=4f(0)\qquad \therefore f(0)=\frac{1}{4}$$

$$f'(8)=\lim_{h\to 0}\frac{f(8+h)-f(8)}{h}$$
$$=\lim_{h\to 0}\frac{4f(8)f(h)-f(8)}{h}$$
$$=\lim_{h\to 0}\frac{4f(8)\left\{f(h)-\dfrac{1}{4}\right\}}{h}$$
$$=4f(8)\lim_{h\to 0}\frac{f(h)-f(0)}{h-0}$$
$$=4f(8)f'(0)=4f(8)\times 2\ (\because ㈐)$$
$$=8f(8)$$

㈎에서 $f(8)>0$이므로 위 식의 양변을 $f(8)$로 나누면

$$\frac{f'(8)}{f(8)}=8$$

탑 8

05-1

함수 $y=f(x)$의 그래프 위의 $x=a$, $x=b$, $x=c$에서의 점을 각각 $\mathrm{A}(a,f(a))$, $\mathrm{B}(b,f(b))$, $\mathrm{C}(c,f(c))$라 하자.

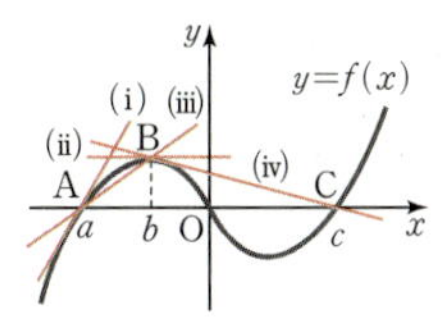

ㄱ. 점 A에서의 접선 (i)의 기울기가 점 B에서의 접선 (ii)의 기울기보다 크므로
$$f'(a)>f'(b)\ (\text{참})$$

ㄴ. 점 B에서의 접선 (ii)의 기울기보다 두 점 A, B를 지나는 직선 (iii)의 기울기가 크므로
$$f'(b)<\frac{f(b)-f(a)}{b-a}\ (\text{참})$$

ㄷ. 두 점 B, C를 지나는 직선 (iv)의 기울기는 0보다 작으므로 $\dfrac{f(c)-f(b)}{c-b}<0\ (\text{거짓})$

따라서 옳은 것은 ㄱ, ㄴ이다.

답 ㄱ, ㄴ

05-2

$f(x)=x^2+2x$라 하면 구하는 접선의 기울기는 $f'(1)$이므로

$$f'(1)=\lim_{\Delta x\to 0}\frac{f(1+\Delta x)-f(1)}{\Delta x}$$
$$=\lim_{\Delta x\to 0}\frac{\{(1+\Delta x)^2+2(1+\Delta x)\}-(1^2+2\times 1)}{\Delta x}$$
$$=\lim_{\Delta x\to 0}(\Delta x+4)=4$$

따라서 구하는 접선의 기울기는 4이다.

답 4

05-3

함수 $y=f(x)$의 그래프 위의 $x=a$, $x=b$에서의 점을 각각 $\mathrm{A}(a,f(a))$, $\mathrm{B}(b,f(b))$라 하자.

ㄱ. 원점과 점 A를 지나는 직선의 기울기가 원점과 점 B를 지나는 직선의 기울기보다 크므로
$$\frac{f(a)}{a}>\frac{f(b)}{b}\ (\text{참})$$

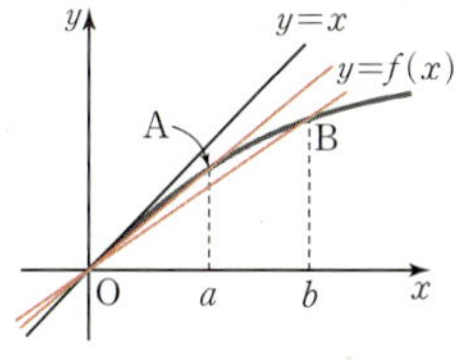

ㄴ. 점 A에서의 접선 (i)의 기울기가 점 B에서의 접선 (ii)의 기울기보다 크므로
$$f'(a)>f'(b)\ (\text{참})$$

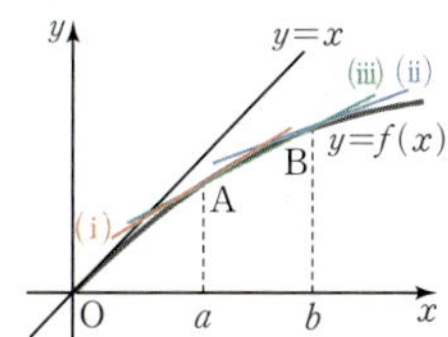

ㄷ. 두 점 A, B를 지나는 직선 (iii)의 기울기는 직선 $y=x$의 기울기보다 작으므로
$$\frac{f(b)-f(a)}{b-a}<1$$
$$\therefore f(b)-f(a)<b-a\ (\text{거짓})$$

따라서 옳은 것은 ㄱ, ㄴ이다.

답 ㄱ, ㄴ

05-4

(i) $f(c)=b$, $f(d)=e$이므로 $g(b)=c$, $g(e)=d$
$$\therefore a=\frac{g(e)-g(b)}{e-b}=\frac{d-c}{e-b}$$

(ii) $\beta=g'(e)$이고, $g'(e)$는 $x=e$에서의 함수 $y=g(x)$의 그래프의 접선의 기울기이다. 이때 $g(e)=f^{-1}(e)=d$이므로 $g'(e)$는 $x=d$에서의 함수 $y=f(x)$의 그래프의 접선 l을 직선 $y=x$에 대하여 대칭이동한 것이다.

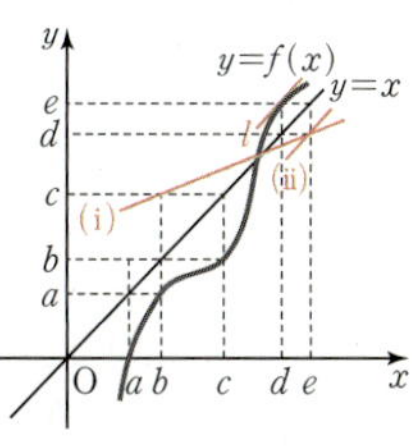

(i), (ii)의 직선은 위의 그림과 같으므로

$$\alpha<\beta$$

함수 $f(x)$의 역함수 $y=g(x)$
의 그래프는 오른쪽 그림과 같
다. 이때 $a=\dfrac{g(e)-g(b)}{e-b}$,

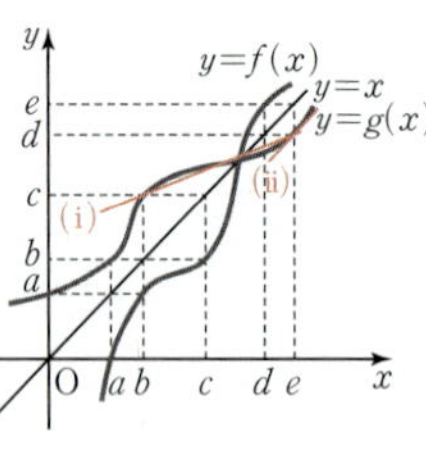

$\beta=g'(e)$이고, α, β는 각각 오
른쪽 그림의 직선 (i), (ii)의 기
울기와 같다.

$\therefore \alpha<\beta$

답 $\alpha<\beta$

06-1

(1)(i) $\lim\limits_{x\to-1} f(x)=\lim\limits_{x\to-1}|x^2-1|=0$이고,

$\qquad f(-1)=0$

즉, $\lim\limits_{x\to-1} f(x)=f(-1)$이므로 함수 $f(x)$는 $x=-1$
에서 연속이다.

(ii) $\lim\limits_{x\to-1+}\dfrac{f(x)-f(-1)}{x-(-1)}=\lim\limits_{x\to-1+}\dfrac{|x^2-1|}{x+1}$

$\qquad =\lim\limits_{x\to-1+}\dfrac{-(x+1)(x-1)}{x+1}$

$\qquad =-\lim\limits_{x\to-1+}(x-1)=2$

$\lim\limits_{x\to-1-}\dfrac{f(x)-f(-1)}{x-(-1)}=\lim\limits_{x\to-1-}\dfrac{|x^2-1|}{x+1}$

$\qquad =\lim\limits_{x\to-1-}\dfrac{(x+1)(x-1)}{x+1}$

$\qquad =\lim\limits_{x\to-1-}(x-1)=-2$

$\therefore \lim\limits_{x\to-1+}\dfrac{f(x)-f(-1)}{x-(-1)}\neq\lim\limits_{x\to-1-}\dfrac{f(x)-f(-1)}{x-(-1)}$

즉, $f'(-1)$의 값이 존재하지 않으므로 함수 $f(x)$는
$x=-1$에서 미분가능하지 않다.

(i), (ii)에서 함수 $f(x)$는 $x=-1$에서 연속이지만 미분가
능하지 않다.

(2)(i) $\lim\limits_{x\to-1+} f(x)=\lim\limits_{x\to-1+}(x^3-4x-3)=0$

$\qquad \lim\limits_{x\to-1-} f(x)=\lim\limits_{x\to-1-}(x^2+x)=0$

$\qquad f(-1)=0$

즉, $\lim\limits_{x\to-1} f(x)=f(-1)$이므로 함수 $f(x)$는 $x=-1$
에서 연속이다.

(ii) $\lim\limits_{x\to-1+}\dfrac{f(x)-f(-1)}{x-(-1)}$

$\qquad =\lim\limits_{x\to-1+}\dfrac{x^3-4x-3}{x+1}$

$\qquad =\lim\limits_{x\to-1+}\dfrac{(x+1)(x^2-x-3)}{x+1}$

$\qquad =\lim\limits_{x\to-1+}(x^2-x-3)=-1$

$\lim\limits_{x\to-1-}\dfrac{f(x)-f(-1)}{x-(-1)}$

$\qquad =\lim\limits_{x\to-1-}\dfrac{x^2+x}{x+1}$

$\qquad =\lim\limits_{x\to-1-}\dfrac{x(x+1)}{x+1}=\lim\limits_{x\to-1-}x=-1$

즉, $\lim\limits_{x\to-1+}\dfrac{f(x)-f(-1)}{x-(-1)}=\lim\limits_{x\to-1-}\dfrac{f(x)-f(-1)}{x-(-1)}$
이므로 $f'(-1)$의 값이 존재한다.

따라서 함수 $f(x)$는 $x=-1$에서 미분가능하다.

(i), (ii)에서 함수 $f(x)$는 $x=-1$에서 연속이고 미분가
능하다.

답 (1) 연속이지만 미분가능하지 않다.
(2) 연속이고 미분가능하다.

06-2

ㄱ. $\lim\limits_{x\to2} f(x)=f(2)=2$이므로 함수 $f(x)$는 $x=2$에서 연
속이다.

$\lim\limits_{x\to2+}\dfrac{f(x)-f(2)}{x-2}=\lim\limits_{x\to2+}\dfrac{(2x-2)-2}{x-2}$

$\qquad =\lim\limits_{x\to2+}\dfrac{2(x-2)}{x-2}=2$

$\lim\limits_{x\to2-}\dfrac{f(x)-f(2)}{x-2}=\lim\limits_{x\to2-}\dfrac{2-2}{x-2}=0$

즉, $\lim\limits_{x\to2+}\dfrac{f(x)-f(2)}{x-2}\neq\lim\limits_{x\to2-}\dfrac{f(x)-f(2)}{x-2}$이므로

$f'(2)$의 값이 존재하지 않는다.

따라서 함수 $f(x)$는 $x=2$에서 미분가능하지 않다.

그러므로 함수 $f(x)$는 $x=2$에서 연속이지만 미분가능하
지 않다.

ㄴ. $f(x)=\sqrt{(x-2)^4}=(x-2)^2$

$f(x)$는 다항함수이므로 $x=2$에서 연속이고 미분가능
하다.

ㄷ. $\lim\limits_{x\to2+} f(x)=\lim\limits_{x\to2+}(-x^3+6x^2)=16$,

$\lim\limits_{x\to2-} f(x)=\lim\limits_{x\to2-}3x^2=12$

$\lim\limits_{x\to2+} f(x)\neq\lim\limits_{x\to2-}f(x)$이므로 함수 $f(x)$는 $x=2$에서
불연속이다.

따라서 $x=2$에서 연속이지만 미분가능하지 않은 함수는
ㄱ이다.

답 ㄱ

06-3

함수 $y=f(x)$는 $x=0$, $x=2$에서 불연속이므로
$a=2$

$x=-1$, $x=0$, $x=2$에서 미분가능하지 않으므로

$b=3$

$\therefore a+b=2+3=5$

그래프에서의 뾰족점

함수 $y=f(x)$의 그래프에서 $x=-1$과 같이 뾰족점인 경우 연속이라 하더라도 우미분계수와 좌미분계수가 다르기 때문에 미분가능하지 않다.

답 5

06-4

극한값이 존재하지 않을 때의 x의 값은 $x=2$의 1개이므로 $a=1$이다.

미분가능하지 않을 때의 x의 값은 $x=-1$, $x=1$, $x=2$, $x=3$의 4개이므로 $b=4$이다.

연속이지만 미분가능하지 않을 때의 x의 값은 $x=1$, $x=3$의 2개이므로 $c=2$이다.

$\therefore a+b+c=1+4+2=7$

주어진 함수 $y=f(x)$의 그래프에서

	$x=-1$	$x=0$	$x=1$	$x=2$	$x=3$
함숫값 존재	×	○	○	○	○
극한값 존재	○	○	○	×	○
연속	×	○	○	×	○
미분 가능	×	○	×	×	×

답 7

02 도함수

본문 115쪽

개념 CHECK

01 (1) $f'(x)=2,\ f'(1)=2$

  (2) $f'(x)=6x-2,\ f'(1)=4$

02 (1) $y'=0$ (2) $y'=8x-5$

  (3) $y'=12x^2-x$ (4) $y'=8x^3+3x^2-2$

03 (1) $y'=6x^2+2x+6$ (2) $y'=9x^2+4x+6$

  (3) $y'=-4x^3-2x$ (4) $y'=3x^2+12x+11$

04 -16

01

(1) $f'(x)=\lim\limits_{h\to0}\dfrac{f(x+h)-f(x)}{h}$

$\qquad=\lim\limits_{h\to0}\dfrac{\{2(x+h)+4\}-(2x+4)}{h}$

$\qquad=\lim\limits_{h\to0}\dfrac{2h}{h}=2$

$\therefore f'(1)=2$

(2) $f'(x)=\lim\limits_{h\to0}\dfrac{f(x+h)-f(x)}{h}$

$\qquad=\lim\limits_{h\to0}\dfrac{\{3(x+h)^2-2(x+h)\}-(3x^2-2x)}{h}$

$\qquad=\lim\limits_{h\to0}\dfrac{6xh+3h^2-2h}{h}$

$\qquad=\lim\limits_{h\to0}(6x+3h-2)=6x-2$

$\therefore f'(1)=6\times1-2=4$

답 (1) $f'(x)=2,\ f'(1)=2$

  (2) $f'(x)=6x-2,\ f'(1)=4$

02

(1) $y'=\{(-6)^8\}'=0$

(2) $y'=(4x^2-5x)'=8x-5$

(3) $y'=\left(4x^3-\dfrac{1}{2}x^2+4\right)'=12x^2-x$

(4) $y'=(2x^4+x^3-2x-7)'=8x^3+3x^2-2$

답 (1) $y'=0$ (2) $y'=8x-5$

  (3) $y'=12x^2-x$ (4) $y'=8x^3+3x^2-2$

03

(1) $y'=(2x+1)'(x^2+3)+(2x+1)(x^2+3)'$

  $=2(x^2+3)+(2x+1)\times2x$

  $=2x^2+6+4x^2+2x$

  $=6x^2+2x+6$

(2) $y'=(x+1)'(3x^2-x+7)+(x+1)(3x^2-x+7)'$

  $=1\times(3x^2-x+7)+(x+1)(6x-1)$

  $=3x^2-x+7+6x^2+5x-1$

  $=9x^2+4x+6$

(3) $y'=(x^2+3)'(2-x^2)+(x^2+3)(2-x^2)'$

  $=2x(2-x^2)+(x^2+3)\times(-2x)$

  $=4x-2x^3-2x^3-6x$

  $=-4x^3-2x$

(4) $y'=(x+1)'(x+2)(x+3)+(x+1)(x+2)'(x+3)$

  $\qquad\qquad\qquad\quad+(x+1)(x+2)(x+3)'$

  $=(x+2)(x+3)+(x+1)(x+3)+(x+1)(x+2)$

  $=(x^2+5x+6)+(x^2+4x+3)+(x^2+3x+2)$

$$=3x^2+12x+11$$

답 (1) $y'=6x^2+2x+6$ (2) $y'=9x^2+4x+6$
(3) $y'=-4x^3-2x$ (4) $y'=3x^2+12x+11$

04

$f'(x)=-6x^2+4x$이므로

$f'(2)=-6\times2^2+4\times2=-16$

답 -16

07-1 (1) $y'=6x^3+x^2-1$ (2) $y'=10x^4-4x^3-12x+3$

(3) $y'=-3x^2+18x-27$ (4) $y'=6x^2+6x-3$

07-2 26   **07-3** -12 **07-4** 7

08-1 (1) -12 (2) 12   **08-2** 8   **08-3** 12

08-4 15   **09-1** (1) -18 (2) -15 **09-2** 14

09-3 15   **09-4** 7   **10-1** $a=-\dfrac{3}{4},\ b=-1$

10-2 -9 **10-3** 4   **10-4** 16

11-1 (1) $f(x)=5x^2+8x+4$ (2) 6   **11-2** 1

11-3 $f(x)=x^2+x-1,\ f(x)=-x^2-x+1$ **11-4** 1

12-1 (1) $a=-7,\ b=6$ (2) $-14x-10$

12-2 -8 **12-3** 2   **12-4** 1

07-1

(1) $y'=\dfrac{3}{2}\times4x^3+\dfrac{1}{3}\times3x^2-1=6x^3+x^2-1$

(2) $y'=(x^3-3)'(2x^2-x)+(x^3-3)(2x^2-x)'$

$\quad=3x^2(2x^2-x)+(x^3-3)(4x-1)$

$\quad=(6x^4-3x^3)+(4x^4-x^3-12x+3)$

$\quad=10x^4-4x^3-12x+3$

(3) $y'=(-x+3)'(-x+3)(-x+3)$

$\qquad\qquad +(-x+3)(-x+3)'(-x+3)$

$\qquad\qquad +(-x+3)(-x+3)(-x+3)'$

$\quad=-(-x+3)^2-(-x+3)^2-(-x+3)^2$

$\quad=-3(-x+3)^2$

$\quad=-3x^2+18x-27$

(4) $y'=(x-1)'(2x+1)(x+2)+(x-1)(2x+1)'(x+2)$

$\qquad\qquad +(x-1)(2x+1)(x+2)'$

$\quad=(2x+1)(x+2)+2(x-1)(x+2)+(x-1)(2x+1)$

$\quad=(2x^2+5x+2)+(2x^2+2x-4)+(2x^2-x-1)$

$\quad=6x^2+6x-3$

답 (1) $y'=6x^3+x^2-1$ (2) $y'=10x^4-4x^3-12x+3$
(3) $y'=-3x^2+18x-27$ (4) $y'=6x^2+6x-3$

07-2

$f(x)=(2x^3-x)(3x^2+1)$에서

$f'(x)=(6x^2-1)(3x^2+1)+(2x^3-x)\times6x$이므로

$f'(1)=5\times4+1\times6=26$

> $f'(1)$의 값을 구하는 문제이므로 $f'(x)$의 식을 전개할 필요 없이 $x=1$을 $f'(x)$에 대입하여 구한다.

답 26

07-3

$g(x)=(x^2+4x)f(x)$에서

$g'(x)=(2x+4)f(x)+(x^2+4x)f'(x)$

$\therefore g'(-1)=2f(-1)-3f'(-1)$

$\qquad\qquad =2\times(-3)-3\times2=-12$

답 -12

07-4

$f(x)=ax^2+bx+c$에서 $f'(x)=2ax+b$이므로

$f'(0)=2$에서 $b=2$

$\therefore f'(x)=2ax+2$

$f'(1)=0$에서 $2a+2=0$이므로 $a=-1$

$\therefore f(x)=-x^2+2x+c$

$f(1)=4$에서 $-1+2+c=4$이므로 $c=3$

$\therefore -a+bc=-(-1)+2\times3=7$

답 7

08-1

(1) $\displaystyle\lim_{h\to0}\dfrac{f(1+2h)-f(1-2h)}{h}$

$=\displaystyle\lim_{h\to0}\left\{\dfrac{f(1+2h)-f(1)}{2h}\times2+\dfrac{f(1-2h)-f(1)}{-2h}\times2\right\}$

$=2f'(1)+2f'(1)=4f'(1)$

$f(x)=(x-1)(2x-5)$에서

$f'(x)=2x-5+(x-1)\times2$이므로

$f'(1)=2-5=-3$

따라서 구하는 값은

$4f'(1)=4\times(-3)=-12$

(2) $\displaystyle\lim_{x\to3}\dfrac{3f(x)-xf(3)}{x^2-9}$

$=\displaystyle\lim_{x\to3}\dfrac{3f(x)-3f(3)+3f(3)-xf(3)}{(x-3)(x+3)}$

$=\displaystyle\lim_{x\to3}\left\{\dfrac{f(x)-f(3)}{x-3}\times\dfrac{3}{x+3}\right\}-\lim_{x\to3}\dfrac{f(3)}{x+3}$

$=\dfrac{f'(3)}{2}-\dfrac{f(3)}{6}$

$f(x)=\dfrac{1}{3}x^4-7x+9$에서 $f'(x)=\dfrac{4}{3}x^3-7$이므로

$f(3)=27-21+9=15,\ f'(3)=36-7=29$

따라서 구하는 값은

$$\dfrac{f'(3)}{2}-\dfrac{f(3)}{6}=\dfrac{29}{2}-\dfrac{15}{6}=\dfrac{29}{2}-\dfrac{5}{2}=12$$

🅐 (1) -12　(2) 12

08-2

$f(x)=x^{10}-x^9+x^8-x^7+x^6$이라 하면 $f(1)=1$이므로

$$\lim_{x\to 1}\dfrac{x^{10}-x^9+x^8-x^7+x^6-1}{x-1}$$

$$=\lim_{x\to 1}\dfrac{f(x)-f(1)}{x-1}=f'(1)$$

$f(x)=x^{10}-x^9+x^8-x^7+x^6$에서

$f'(x)=10x^9-9x^8+8x^7-7x^6+6x^5$이므로 구하는 값은

$f'(1)=10-9+8-7+6=8$

일반적인 극한 문제는 분자를 인수분해하여 분모와 약분
하여 계산하지만 분자의 차수가 커서 인수분해가 쉽지 않
은 경우 도함수를 이용하여 구할 수 있다.

🅐 8

08-3

$\displaystyle\lim_{x\to 2}\dfrac{x^n-5x^2-12}{x-2}=k$에서 $x\to 2$일 때 극한값이 존재하고

(분모)$\to 0$이므로 (분자)$\to 0$이다.

즉, $\displaystyle\lim_{x\to 2}(x^n-5x^2-12)=0$이므로

$2^n-20-12=0,\ 2^n=32=2^5$

$\therefore n=5$

$f(x)=x^5-5x^2$이라 하면 $f(2)=32-20=12$이므로

$$k=\lim_{x\to 2}\dfrac{x^5-5x^2-12}{x-2}=\lim_{x\to 2}\dfrac{f(x)-f(2)}{x-2}=f'(2)$$

$f(x)=x^5-5x^2$에서 $f'(x)=5x^4-10x$이므로

$k=f'(2)=80-20=60$

$\therefore \dfrac{k}{n}=\dfrac{60}{5}=12$

🅐 12

08-4

$\dfrac{1}{x}=h$라 하면 $x\to\infty$일 때 $h\to 0+$이므로

$$\lim_{x\to\infty}x\left\{f\left(1+\dfrac{3}{x}\right)-f\left(1-\dfrac{2}{x}\right)\right\}$$

$$=\lim_{h\to 0+}\dfrac{f(1+3h)-f(1-2h)}{h}$$

$$=\lim_{h\to 0+}\dfrac{f(1+3h)-f(1)}{3h}\times 3$$

$$\qquad\qquad +\lim_{h\to 0+}\dfrac{f(1-2h)-f(1)}{-2h}\times 2$$

$=3f'(1)+2f'(1)=5f'(1)$

$f(x)=(x+1)(x^2-2)$에서

$f'(x)=(x^2-2)+(x+1)\times 2x$이므로

$f'(1)=(-1)+2\times 2=3$

따라서 구하는 값은

$5f'(1)=5\times 3=15$

🅐 15

09-1

(1) $\displaystyle\lim_{h\to 0}\dfrac{f(-2+h)-f(-2)}{2h}$

$$=\lim_{h\to 0}\left\{\dfrac{f(-2+h)-f(-2)}{h}\times\dfrac{1}{2}\right\}$$

$$=\dfrac{1}{2}f'(-2)$$

$\dfrac{1}{2}f'(-2)=3$이므로 $f'(-2)=6$　　$\cdots\cdots$ ㉠

한편, $f(x)=2x^3+ax+1$에서 $f'(x)=6x^2+a$이므로

$f'(-2)=24+a$　　$\cdots\cdots$ ㉡

㉠, ㉡은 서로 같으므로 $24+a=6$

$\therefore a=-18$

(2) $\displaystyle\lim_{x\to 3}\dfrac{f(x)-3}{x-3}=-7$에서 $x\to 3$일 때 극한값이 존재하

고 (분모)$\to 0$이므로 (분자)$\to 0$이다.

즉, $\displaystyle\lim_{x\to 3}\{f(x)-3\}=0$에서 $f(3)=3$이므로

$$\lim_{x\to 3}\dfrac{f(x)-3}{x-3}=\lim_{x\to 3}\dfrac{f(x)-f(3)}{x-3}=f'(3)=-7$$

한편, $f(x)=-x^2+ax+b$에서 $f'(x)=-2x+a$이므로

$f(3)=3$에서 $-9+3a+b=3$

$\therefore 3a+b=12$　　$\cdots\cdots$ ㉠

$f'(3)=-7$에서 $-6+a=-7$

$\therefore a=-1$　　$\cdots\cdots$ ㉡

㉡을 ㉠에 대입하면

$-3+b=12$　　$\therefore b=15$

$\therefore ab=(-1)\times 15=-15$

🅐 (1) -18　(2) -15

09-2

$\displaystyle\lim_{h\to 0}\dfrac{f(1+h)-f(1)}{-8h}=1$에서

$\displaystyle\lim_{h\to0}\frac{f(1+h)-f(1)}{h}=-8$이므로 $f'(1)=-8$

$\displaystyle\lim_{h\to0}\frac{f(2+h)-f(2)}{h}=11$에서 $f'(2)=11$

$f(x)=x^4+ax^3+bx+3$에서

$f'(x)=4x^3+3ax^2+b$이므로

$f'(1)=-8$에서 $3a+b=-12$ $\quad\cdots\cdots$ ㉠

$f'(2)=11$에서 $12a+b=-21$ $\quad\cdots\cdots$ ㉡

㉠, ㉡을 연립하여 풀면 $a=-1$, $b=-9$

따라서 $f(x)=x^4-x^3-9x+3$이므로

$f(-1)=1-(-1)-(-9)+3=14$

답 14

09-3

$\displaystyle\lim_{x\to1}\frac{f(x)-1}{x-1}=4$에서 $x\to1$일 때 극한값이 존재하고

(분모)$\to0$이므로 (분자)$\to0$이다.

즉, $\displaystyle\lim_{x\to1}\{f(x)-1\}=0$에서 $f(1)=1$이므로

$\displaystyle\lim_{x\to1}\frac{f(x)-1}{x-1}=\lim_{x\to1}\frac{f(x)-f(1)}{x-1}=f'(1)=4$

$\displaystyle\lim_{x\to-1}\frac{f(x)-f(-1)}{x^2+x}=\lim_{x\to-1}\frac{f(x)-f(-1)}{x(x+1)}$

$\displaystyle\qquad=\lim_{x\to-1}\left\{\frac{f(x)-f(-1)}{x-(-1)}\times\frac{1}{x}\right\}$

$\displaystyle\qquad=-f'(-1)$

$-f'(-1)=0$이므로 $f'(-1)=0$

$f(x)=x^4+ax^2+bx+c$에서

$f'(x)=4x^3+2ax+b$이므로

$f'(1)=4$에서 $2a+b=0$ $\quad\cdots\cdots$ ㉠

$f'(-1)=0$에서 $-2a+b=4$ $\quad\cdots\cdots$ ㉡

㉠, ㉡을 연립하여 풀면 $a=-1$, $b=2$

한편, $f(1)=1$에서 $1-1+2+c=1$이므로

$c=-1$

따라서 $f(x)=x^4-x^2+2x-1$이므로

$f(2)=16-4+4-1=15$

답 15

09-4

㈎에서 다항함수 $f(x)$는 이차항의 계수가 2인 이차함수이므로

$f(x)=2x^2+ax+b$ (a, b는 상수)라 하면

$f'(x)=4x+a$ $\quad\cdots\cdots$ ㉠

㈏에서

$\displaystyle\lim_{h\to0}\frac{f(1+2h)-f(1-h)}{h}$

$\displaystyle=\lim_{h\to0}\left\{\frac{f(1+2h)-f(1)}{2h}\times2\right\}+\lim_{h\to0}\frac{f(1-h)-f(1)}{-h}$

$=2f'(1)+f'(1)=3f'(1)$

이 값이 9이므로 $3f'(1)=9$

$\therefore f'(1)=3$

㉠에 $x=1$을 대입하면

$4+a=3$ $\quad\therefore a=-1$

따라서 $f'(x)=4x-1$이므로

$f'(2)=8-1=7$

답 7

10-1

함수 $f(x)$가 $x=-2$에서 미분가능하므로 $f(x)$는 $x=-2$에서 연속이다.

즉, $\displaystyle\lim_{x\to-2+}f(x)=\lim_{x\to-2-}f(x)=f(-2)$에서

$\displaystyle\lim_{x\to-2+}(ax^2+b)=3\times(-2)+2$

$\therefore 4a+b=-4$ $\quad\cdots\cdots$ ㉠

또한 미분계수 $f'(-2)$가 존재하므로

$\displaystyle\lim_{x\to-2+}\frac{f(x)-f(-2)}{x-(-2)}$

$\displaystyle=\lim_{x\to-2+}\frac{ax^2+b-(4a+b)}{x+2}$ ($\because$ ㉠)

$\displaystyle=\lim_{x\to-2+}\frac{ax^2-4a}{x+2}=\lim_{x\to-2+}\frac{a(x+2)(x-2)}{x+2}$

$\displaystyle=\lim_{x\to-2+}a(x-2)=-4a$

$\displaystyle\lim_{x\to-2-}\frac{f(x)-f(-2)}{x-(-2)}$

$\displaystyle=\lim_{x\to-2-}\frac{3x+2-(-4)}{x+2}=\lim_{x\to-2-}\frac{3x+6}{x+2}$

$\displaystyle=\lim_{x\to-2-}\frac{3(x+2)}{x+2}=3$

$-4a=3$에서 $a=-\dfrac{3}{4}$

$a=-\dfrac{3}{4}$을 ㉠에 대입하면 $b=-1$

$\therefore a=-\dfrac{3}{4}$, $b=-1$

다른 풀이

$f(x)=\begin{cases}3x+2 & (x\leq-2)\\ ax^2+b & (x>-2)\end{cases}$가 $x=-2$일 때 연속이므로

$-4=4a+b$ $\quad\cdots\cdots$ ㉠

$f'(x)=\begin{cases}3 & (x<-2)\\ 2ax & (x>-2)\end{cases}$이고 $x=-2$에서의 미분계수가 존재하므로

$3=-4a$ $\quad\cdots\cdots$ ㉡

㉠, ㉡에서 $a=-\dfrac{3}{4}$, $b=-1$

답 $a=-\dfrac{3}{4}$, $b=-1$

함수 $f(x)$가 $x=1$에서 미분가능하므로 $f(x)$는 $x=1$에서 연속이다.

즉, $\lim\limits_{x \to 1+} f(x) = \lim\limits_{x \to 1-} f(x) = f(1)$에서

$\lim\limits_{x \to 1+} (2x^2+1) = 1+a+b,\ 3=1+a+b$

$\therefore a+b=2 \quad \cdots\cdots \ \text{㉠}$

또한 미분계수 $f'(1)$이 존재하므로

$$\begin{aligned}
\lim_{x \to 1+} \frac{f(x)-f(1)}{x-1} &= \lim_{x \to 1+} \frac{2x^2+1-(1+a+b)}{x-1} \\
&= \lim_{x \to 1+} \frac{2x^2+1-3}{x-1} \ (\because \text{㉠}) \\
&= \lim_{x \to 1+} \frac{2(x-1)(x+1)}{x-1} \\
&= \lim_{x \to 1+} 2(x+1) \\
&= 4
\end{aligned}$$

$$\begin{aligned}
\lim_{x \to 1-} \frac{f(x)-f(1)}{x-1} &= \lim_{x \to 1-} \frac{x^3+ax+b-(1+a+b)}{x-1} \\
&= \lim_{x \to 1-} \frac{x^3+ax-a-1}{x-1} \\
&= \lim_{x \to 1-} \frac{(x-1)(x^2+x+a+1)}{x-1} \\
&= \lim_{x \to 1-} (x^2+x+a+1) \\
&= a+3
\end{aligned}$$

$a+3=4$에서 $a=1$

$a=1$을 ㉠에 대입하면 $b=1$

따라서 $f(x) = \begin{cases} x^3+x+1 & (x \leq 1) \\ 2x^2+1 & (x > 1) \end{cases}$ 이므로

$f(-2) = -8-2+1 = -9$

> **다른 풀이**

$f(x) = \begin{cases} x^3+ax+b & (x \leq 1) \\ 2x^2+1 & (x > 1) \end{cases}$ 이 $x=1$일 때 연속이므로

$1+a+b=3 \quad \cdots\cdots \ \text{㉠}$

$f'(x) = \begin{cases} 3x^2+a & (x < 1) \\ 4x & (x > 1) \end{cases}$ 이고 $x=1$에서의 미분계수가 존재하므로

$3+a=4 \quad \cdots\cdots \ \text{㉡}$

㉠, ㉡에서 $a=1,\ b=1$

따라서 $f(x) = \begin{cases} x^3+x+1 & (x \leq 1) \\ 2x^2+1 & (x > 1) \end{cases}$ 이므로

$f(-2) = -8-2+1 = -9$

답 -9

10-3

$f(x) = \begin{cases} -(x+1)(x+a) & (x < -1) \\ (x+1)(x+a) & (x \geq -1) \end{cases}$ 이고,

미분계수 $f'(-1)$이 존재하므로

$$\begin{aligned}
\lim_{x \to -1+} \frac{f(x)-f(-1)}{x-(-1)} &= \lim_{x \to -1+} \frac{(x+1)(x+a)}{x+1} \\
&= \lim_{x \to -1+} (x+a) \\
&= a-1
\end{aligned}$$

$$\begin{aligned}
\lim_{x \to -1-} \frac{f(x)-f(-1)}{x-(-1)} &= \lim_{x \to -1-} \frac{-(x+1)(x+a)}{x+1} \\
&= \lim_{x \to -1-} \{-(x+a)\} \\
&= -a+1
\end{aligned}$$

$a-1=-a+1$이므로 $a=1$

따라서 $f(x) = \begin{cases} -(x+1)^2 & (x < -1) \\ (x+1)^2 & (x \geq -1) \end{cases}$ 에서

$f'(x) = \begin{cases} -2(x+1) & (x < -1) \\ 2(x+1) & (x > -1) \end{cases}$ 이므로

$f'(a) = f'(1) = 2 \times 2 = 4$

> **다른 풀이**

$f'(x) = \begin{cases} -2x-a-1 & (x < -1) \\ 2x+a+1 & (x > -1) \end{cases}$ 이고,

$x=-1$일 때 미분가능하므로 $2-a-1=-2+a+1$

$\therefore a=1$

$\therefore f'(a) = f'(1) = 2+1+1 = 4$

답 4

10-4

$f(x) = ax^2+bx+c$ $(a,\ b,\ c$는 상수이고 $a \neq 0)$라 하자.

$\qquad\qquad\qquad\qquad\qquad\qquad \cdots\cdots \ \text{㉠}$

$\lim\limits_{x \to 0} \dfrac{g(x)}{x} = -4$에서 $x \to 0$일 때 극한값이 존재하고

(분모) $\to 0$이므로 (분자) $\to 0$이다.

즉, $\lim\limits_{x \to 0} g(x) = 0$에서 $g(0)=0$

이때 $g(x) = |x-2|f(x)$에서 $g(0) = 2f(0)$이므로

$f(0)=0$

즉, ㉠에서 $c=0$이므로 $f(x) = ax^2+bx$

$$\begin{aligned}
\lim_{x \to 0} \frac{g(x)}{x} &= \lim_{x \to 0} \frac{|x-2|(ax^2+bx)}{x} \\
&= \lim_{x \to 0} \frac{|x-2|(ax+b)x}{x} \\
&= \lim_{x \to 0} |x-2|(ax+b) \\
&= 2b
\end{aligned}$$

이므로 $2b=-4$

$\therefore b=-2$

$g(x) = \begin{cases} -(x-2)(ax^2-2x) & (x < 2) \\ (x-2)(ax^2-2x) & (x \geq 2) \end{cases}$ 가 $x=2$에서 미분

가능하므로

$$\lim_{x \to 2+} \frac{g(x)-g(2)}{x-2} = \lim_{x \to 2+} \frac{(x-2)(ax^2-2x)}{x-2}$$
$$= \lim_{x \to 2+} (ax^2-2x)$$
$$= 4a-4$$
$$\lim_{x \to 2-} \frac{g(x)-g(2)}{x-2} = \lim_{x \to 2-} \frac{-(x-2)(ax^2-2x)}{x-2}$$
$$= \lim_{x \to 2-} \{-(ax^2-2x)\}$$
$$= -4a+4$$

$4a-4=-4a+4$이므로 $a=1$

따라서 $g(x) = \begin{cases} -(x-2)(x^2-2x) & (x<2) \\ (x-2)(x^2-2x) & (x\geq 2) \end{cases}$ 이므로

$g(4)=2\times(16-8)=16$

$g(x) = \begin{cases} -(x-2)(ax^2-2x) & (x<2) \\ (x-2)(ax^2-2x) & (x\geq 2) \end{cases}$ 에서

$g'(x) = \begin{cases} -3ax^2+4(a+1)x-4 & (x<2) \\ 3ax^2-4(a+1)x+4 & (x>2) \end{cases}$ 이고,

$x=2$에서의 미분계수가 존재하므로

$-12a+8a+8-4=12a-8a-8+4$

$\therefore a=1$

따라서 $g(x) = \begin{cases} -(x-2)(x^2-2x) & (x<2) \\ (x-2)(x^2-2x) & (x\geq 2) \end{cases}$ 이므로

$g(4)=2\times(16-8)=16$

답 16

11-1

(1) $f(x)$가 이차함수이고 $f(0)=4$이므로

$f(x)=ax^2+bx+4$라 하면

$f'(x)=2ax+b$ (단, a, b는 상수이고 $a\neq 0$이다.)

$f(x)$, $f'(x)$를 주어진 식에 대입하면

$2(ax^2+bx+4)-(x+1)(2ax+b)+2x=0$

$\therefore (-2a+b+2)x-b+8=0$

이 등식이 x에 대한 항등식이므로

$-2a+b+2=0$, $-b+8=0$

$\therefore a=5$, $b=8$

$\therefore f(x)=5x^2+8x+4$

(2) $f(x)=2x^3+\dfrac{1}{2}f'(-1)x^2+6x-3$의 양변을 x에 대하

여 미분하면

$f'(x)=6x^2+f'(-1)x+6$

이 등식은 x에 대한 항등식이므로

$x=-1$을 대입하면

$f'(-1)=6-f'(-1)+6$, $2f'(-1)=12$

$\therefore f'(-1)=6$

(1) $f(x)$가 이차함수이고 $f(0)=4$이므로

$f(x)=ax^2+bx+4$라 하면

$f'(x)=2ax+b$ (단, a, b는 상수이고 $a\neq 0$이다.)

주어진 등식이 x에 대한 항등식이므로 $x=0$을 대입하면

$2f(0)-f'(0)=0$에서 $8-b=0$

$\therefore b=8$ ...... ㉠

$x=-1$을 대입하면

$2f(-1)-2=0$에서

$2(a-b+4)-2=0$, $2(a-8+4)=2$ ($\because$ ㉠)

$a-4=1$ $\therefore a=5$

$\therefore f(x)=5x^2+8x+4$

답 (1) $f(x)=5x^2+8x+4$ (2) 6

11-2

$f(x)=ax^2+bx+c$에서 $f'(x)=2ax+b$

$(2x-1)f(x)-(x^2-1)f'(x)+f(0)=x^2$에서

$(2x-1)(ax^2+bx+c)-(x^2-1)(2ax+b)+c=x^2$

$(-a+b)x^2+(2a-b+2c)x+b=x^2$

이 등식이 x에 대한 항등식이므로

$-a+b=1$ ...... ㉠

$2a-b+2c=0$ ...... ㉡

$b=0$

$b=0$을 ㉠에 대입하면 $a=-1$

$a=-1$, $b=0$을 ㉡에 대입하면 $c=1$

따라서 $f(x)=-x^2+1$이므로 $f'(x)=-2x$

$\therefore f(2)+f'(-2)=-3+4=1$

답 1

11-3

함수 $f(x)$를 n차 다항함수라 하면 $f'(x)$는 $n-1$차 다항함수이고, $f(x)f'(x)$는 3차 다항함수이므로

$n+(n-1)=3$ $\therefore n=2$

즉, 함수 $f(x)$는 이차함수이므로

$f(x)=ax^2+bx+c$ (a, b, c는 상수이고 $a\neq 0$)라 하자.

$f'(x)=2ax+b$이므로

$f(x)f'(x)=(ax^2+bx+c)(2ax+b)$
$=2a^2x^3+3abx^2+(b^2+2ac)x+bc$
$=2x^3+3x^2-x-1$

이 등식이 x에 대한 항등식이므로

$2a^2=2$, $3ab=3$, $b^2+2ac=-1$, $bc=-1$

$\therefore a=1$, $b=1$, $c=-1$ 또는 $a=-1$, $b=-1$, $c=1$

따라서 구하는 모든 다항함수 $f(x)$는

$f(x)=x^2+x-1$, $f(x)=-x^2-x+1$

답 $f(x)=x^2+x-1$, $f(x)=-x^2-x+1$

함수 $f(x)$를 n차 다항함수라 하면 $f'(x)$는 $n-1$차 다항함
수이고, $\{f'(x)\}^2=4f(x)-3$에서 $\{f'(x)\}^2$은 n차 다항함
수이므로
$$2(n-1)=n$$
$$\therefore n=2$$
즉, 함수 $f(x)$는 이차함수이므로
$f(x)=ax^2+bx+c$ $(a, b, c$는 상수이고 $a\neq0)$라 하자.
$f'(x)=2ax+b$이므로
$\{f'(x)\}^2=4f(x)-3$에서
$$(2ax+b)^2=4(ax^2+bx+c)-3$$
$$4a^2x^2+4abx+b^2=4ax^2+4bx+4c-3$$
이 등식이 x에 대한 항등식이므로
$4a^2=4a,\ 4ab=4b,\ b^2=4c-3$에서
$a=1$ $(\because a\neq0)$
한편, $f'(1)=-1$에서 $2a+b=-1$이고, 이 식에 $a=1$을
대입하면
$$b=-3$$
$b=-3$을 $b^2=4c-3$에 대입하면
$$c=3$$
따라서 $f(x)=x^2-3x+3$이므로
$$f(2)=4-6+3=1$$

다른 풀이

함수 $f(x)$는 이차함수이므로
$f(x)=ax^2+bx+c$ $(a, b, c$는 상수이고 $a\neq0)$라 하면
$f'(x)=2ax+b$
$f'(1)=-1$에서 $2a+b=-1$
$$\therefore b=-2a-1 \quad \cdots\cdots\ \bigcirc$$
$\{f'(x)\}^2=4f(x)-3$의 양변에 $x=1$을 대입하면
$$\{f'(1)\}^2=4f(1)-3$$
$$1=4f(1)-3$$
$f(1)=1$이므로 $a+b+c=1$
이 식에 $\bigcirc$을 대입하면
$$-a-1+c=1$$
$$\therefore c=a+2 \quad \cdots\cdots\ \bigcirc\!\!\bigcirc$$
$\{f'(x)\}^2=4f(x)-3$에서
$$(2ax-2a-1)^2=4\{ax^2+(-2a-1)x+a+2\}-3$$
이 등식이 x에 대한 항등식이므로 양변의 이차항의 계수를
비교하면
$$(2a)^2=4a,\ 4a^2=4a$$
$$\therefore a=1 \ (\because a\neq0)$$
$\bigcirc$, $\bigcirc\!\!\bigcirc$에서 $b=-3,\ c=3$
따라서 $f(x)=x^2-3x+3$이므로
$$f(2)=4-6+3=1$$

답 1

(1) 다항식 x^7+ax+b를 $(x-1)^2$으로 나누었을 때의 몫을
  $Q(x)$라 하면
$$x^7+ax+b=(x-1)^2Q(x) \quad \cdots\cdots\ \bigcirc$$
$\bigcirc$의 양변을 x에 대하여 미분하면
$$7x^6+a=2(x-1)Q(x)+(x-1)^2Q'(x) \quad \cdots\cdots\ \bigcirc\!\!\bigcirc$$
$x=1$을 $\bigcirc$에 대입하면 $1+a+b=0$
$$\therefore a+b=-1 \quad \cdots\cdots\ \bigcirc\!\!\bigcirc\!\!\bigcirc$$
$x=1$을 $\bigcirc\!\!\bigcirc$에 대입하면 $7+a=0$ $\quad\therefore a=-7$
$a=-7$을 $\bigcirc\!\!\bigcirc\!\!\bigcirc$에 대입하면 $b=6$
$$\therefore a=-7,\ b=6$$

(2) 다항식 $x^{12}+x^2+2$를 $(x+1)^2$으로 나누었을 때의 몫을
  $Q(x)$라 하고, 나머지를 $ax+b$ $(a, b$는 상수)라 하면
$$x^{12}+x^2+2=(x+1)^2Q(x)+ax+b \quad \cdots\cdots\ \bigcirc$$
$\bigcirc$의 양변을 x에 대하여 미분하면
$$12x^{11}+2x=2(x+1)Q(x)+(x+1)^2Q'(x)+a$$
$$\cdots\cdots\ \bigcirc\!\!\bigcirc$$
$x=-1$을 $\bigcirc$에 대입하면 $4=-a+b$
$$\therefore a-b=-4 \quad \cdots\cdots\ \bigcirc\!\!\bigcirc\!\!\bigcirc$$
$x=-1$을 $\bigcirc\!\!\bigcirc$에 대입하면 $-14=a$
$a=-14$를 $\bigcirc\!\!\bigcirc\!\!\bigcirc$에 대입하면 $b=-10$
따라서 구하는 나머지는 $-14x-10$이다.

답 (1) $a=-7,\ b=6$ (2) $-14x-10$

다항식 x^5+ax^2+b를 $(x-1)^2$으로 나누었을 때의 몫을
$Q(x)$라 하면
$$x^5+ax^2+b=(x-1)^2Q(x)+3x+5 \quad \cdots\cdots\ \bigcirc$$
$\bigcirc$의 양변을 x에 대하여 미분하면
$$5x^4+2ax=2(x-1)Q(x)+(x-1)^2Q'(x)+3$$
$$\cdots\cdots\ \bigcirc\!\!\bigcirc$$
$x=1$을 $\bigcirc$에 대입하면 $1+a+b=8$
$$\therefore a+b=7 \quad \cdots\cdots\ \bigcirc\!\!\bigcirc\!\!\bigcirc$$
$x=1$을 $\bigcirc\!\!\bigcirc$에 대입하면 $5+2a=3$ $\quad\therefore a=-1$
$a=-1$을 $\bigcirc\!\!\bigcirc\!\!\bigcirc$에 대입하면 $b=8$
$$\therefore ab=(-1)\times8=-8$$

답 -8

다항식 x^4+4x+a를 $(x-k)^2$으로 나누었을 때의 몫을
$Q(x)$라 하면
$$x^4+4x+a=(x-k)^2Q(x) \quad \cdots\cdots\ \bigcirc$$
$\bigcirc$의 양변을 x에 대하여 미분하면
$$4x^3+4=2(x-k)Q(x)+(x-k)^2Q'(x) \quad \cdots\cdots\ \bigcirc\!\!\bigcirc$$

$x=k$를 ⓛ에 대입하면 $4k^3+4=0$

$k^3=-1$ $\therefore k=-1$

$k=-1$을 ㉠에 대입하면

$x^4+4x+a=(x+1)^2Q(x)$

위 식에 $x=-1$을 대입하면

$1-4+a=0$

$\therefore a=3$

$\therefore a+k=3+(-1)=2$

답 2

12-4

다항식 $f(x)$를 $(x-2)^2$으로 나누었을 때의 몫을 $Q(x)$라

하고 나머지를 $R(x)=ax+b$ (a, b는 상수)라 하면

$$f(x)=(x-2)^2Q(x)+ax+b \qquad \cdots\cdots ㉠$$

㉠의 양변을 x에 대하여 미분하면

$$f'(x)=2(x-2)Q(x)+(x-2)^2Q'(x)+a \qquad \cdots\cdots ㉡$$

$x=2$를 ㉠에 대입하면 $f(2)=2a+b$

$$-1=2a+b \qquad \cdots\cdots ㉢$$

$x=2$를 ㉡에 대입하면 $f'(2)=a$이므로

$a=-2$

$a=-2$를 ㉢에 대입하면

$b=3$

따라서 $R(x)=-2x+3$이므로

$R(1)=-2+3=1$

답 1

중단원 연습문제

본문 128~132쪽

01 3	**02** -2	**03** 5	**04** -3
05 5	**06** 5	**07** -1	**08** 4
09 150	**10** 19	**11** 11	**12** 74
13 11	**14** 6	**15** 2	**16** 15
17 ①	**18** 5	**19** ②	**20** $-\dfrac{25}{2}$

01

함수 $f(x)=x^3+2x^2-3x$에 대하여

x의 값이 0에서 a까지 변할 때의 평균변화율은

$$\frac{f(a)-f(0)}{a-0}=\frac{a^3+2a^2-3a}{a}=a^2+2a-3$$

함수 $f(x)$의 $x=-3$에서의 미분계수는

$$f'(-3)=\lim_{\Delta x \to 0}\frac{f(-3+\Delta x)-f(-3)}{\Delta x}$$

$$=\lim_{\Delta x \to 0}\frac{(-3+\Delta x)^3+2(-3+\Delta x)^2-3(-3+\Delta x)}{\Delta x}$$

$$=\lim_{\Delta x \to 0}\frac{(\Delta x)^3-7(\Delta x)^2+12\Delta x}{\Delta x}$$

$$=\lim_{\Delta x \to 0}\{(\Delta x)^2-7\Delta x+12\}=12$$

즉, $a^2+2a-3=12$이므로

$a^2+2a-15=0$

$(a+5)(a-3)=0$

$\therefore a=3$ $(\because a>0)$

다른 풀이

함수 $f(x)=x^3+2x^2-3x$에 대하여

x의 값이 0에서 a까지 변할 때의 평균변화율은

$$\frac{f(a)-f(0)}{a-0}=\frac{a^3+2a^2-3a}{a}=a^2+2a-3$$

이때 $f'(x)=3x^2+4x-3$이므로

$f'(-3)=27-12-3=12$

즉, $a^2+2a-3=12$이므로

$a^2+2a-15=0$

$(a+5)(a-3)=0$

$\therefore a=3$ $(\because a>0)$

답 3

02

$f(x)-f(x-1)=-f(x)+f(x+1)$에서

$$\frac{f(x)-f(x-1)}{x-(x-1)}=\frac{f(x+1)-f(x)}{(x+1)-x}$$

이므로 모든 실수 x에 대하여 평균변화율이 항상 같으므로

$f(x)$는 일차함수 또는 상수함수이다.

$f(x)=ax+b$ (a, b는 상수)라 하면

$f'(x)=a$이고, $f'(-1)=-2$이므로 $a=-2$

$\therefore f'(1)=a=-2$

답 -2

03

$\displaystyle\lim_{x \to 4}\frac{f(x)-2}{x-4}=3$에서 $x \to 4$일 때 극한값이 존재하고

(분모)$\to 0$이므로 (분자)$\to 0$이다.

즉, $\displaystyle\lim_{x \to 4}\{f(x)-2\}=0$에서 $f(4)=2$

$$\lim_{x \to 4}\frac{f(x)-2}{x-4}=\lim_{x \to 4}\frac{f(x)-f(4)}{x-4}=f'(4)=3$$

$$\therefore \lim_{h \to 0}\frac{f(4+2h)-f(4-3h)}{3h}$$

$$=\lim_{h \to 0}\frac{f(4+2h)-f(4)+f(4)-f(4-3h)}{3h}$$

$$=\lim_{h\to 0}\left\{\frac{f(4+2h)-f(4)}{2h}\times\frac{2}{3}\right\}$$
$$\qquad\qquad+\lim_{h\to 0}\frac{f(4-3h)-f(4)}{-3h}$$
$$=\frac{2}{3}f'(4)+f'(4)=\frac{5}{3}f'(4)$$
$$=\frac{5}{3}\times 3=5$$

답 5

04

$$\lim_{x\to 2}\frac{\{f(x)\}^2-4f(x)}{x-2}$$
$$=\lim_{x\to 2}\frac{f(x)\{f(x)-4\}}{x-2}$$
$$=\lim_{x\to 2}\left[\frac{f(x)}{x-2}\times\{f(x)-4\}\right]$$
$$=\lim_{x\to 2}\frac{f(x)-f(2)}{x-2}\times\lim_{x\to 2}\{f(x)-4\}\ (\because f(2)=0)$$
$$=f'(2)\times\{f(2)-4\}$$
$$=-4f'(2)$$

이때 $-4f'(2)=12$이므로 $f'(2)=-3$

답 -3

05

$f(x+y)=f(x)+f(y)+2xy$의 양변에 $x=0$, $y=0$을 대입하면
$$f(0)=f(0)+f(0)+0$$
$$\therefore f(0)=0 \qquad\cdots\cdots\ \text{㉠}$$
$$f'(x)=\lim_{h\to 0}\frac{f(x+h)-f(x)}{h}$$
$$=\lim_{h\to 0}\frac{\{f(x)+f(h)+2xh\}-f(x)}{h}$$
$$=\lim_{h\to 0}\frac{f(h)+2xh}{h}=\lim_{h\to 0}\frac{f(h)-0}{h-0}+2x$$
$$=\lim_{h\to 0}\frac{f(h)-f(0)}{h-0}+2x\ (\because\text{㉠})$$
$$=f'(0)+2x$$
$$=2x-3$$
$$\therefore f'(4)=8-3=5$$

다른 풀이

$f(x+y)=f(x)+f(y)+2xy$의 양변에 $x=0$, $y=0$을 대입하면
$$f(0)=f(0)+f(0)+0$$
$$\therefore f(0)=0 \qquad\cdots\cdots\ \text{㉠}$$
$f(x+y)-f(x)=f(y)+2xy$에서 $y\neq 0$이라 하면
$$\frac{f(x+y)-f(x)}{y}=\frac{f(y)}{y}+2x$$

$y=h$라 하면
$$\frac{f(x+h)-f(x)}{h}=\frac{f(h)}{h}+2x$$
$$\lim_{h\to 0}\frac{f(x+h)-f(x)}{h}=\lim_{h\to 0}\left\{\frac{f(h)}{h}+2x\right\}$$
$$\lim_{h\to 0}\frac{f(x+h)-f(x)}{h}=\lim_{h\to 0}\frac{f(h)-f(0)}{h-0}+2x\ (\because\text{㉠})$$
$$f'(x)=f'(0)+2x$$
이때 $f'(0)=-3$이므로
$$f'(x)=2x-3$$
$$\therefore f'(4)=8-3=5$$

답 5

06

함수 $y=|f(x)|$의 그래프는 오른쪽 그림과 같다.

$x=0$, $x=2$에서 불연속이므로
$$a=2$$
$x=0$, $x=2$, $x=3$에서 미분가능하지 않으므로
$$b=3$$
$$\therefore a+b=2+3=5$$

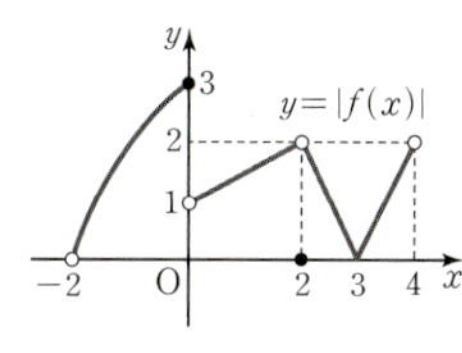

답 5

07

$f(x)=(x-1)(x-2)(x-3)\times\cdots\times(x-10)$에서
$$f'(x)$$
$$=(x-1)'(x-2)(x-3)\times\cdots\times(x-10)$$
$$\qquad+(x-1)(x-2)'(x-3)\times\cdots\times(x-10)$$
$$\qquad+\cdots+(x-1)(x-2)(x-3)\times\cdots\times(x-10)'$$
$$=(x-2)(x-3)\times\cdots\times(x-10)$$
$$\qquad+(x-1)(x-3)\times\cdots\times(x-10)$$
$$\qquad+\cdots+(x-1)(x-2)(x-3)\times\cdots\times(x-9)$$
$$\therefore\frac{f'(1)}{f'(10)}=\frac{(1-2)(1-3)\times\cdots\times(1-10)}{(10-1)(10-2)\times\cdots\times(10-9)}$$
$$=\frac{(-1)\times(-2)\times\cdots\times(-9)}{9\times 8\times\cdots\times 1}$$
$$=-1$$

답 -1

08

$f(x)=(x-a)(x^2-4x+3)$에서
$$f'(x)=(x^2-4x+3)+(x-a)(2x-4)$$
$f'(a)=3$이므로
$$a^2-4a+3=3,\ a^2-4a=0$$

$a(a-4)=0 \qquad \therefore a=4 \ (\because a>0)$

달 4

09

$f(x)=x^{100}+x^{50}$이라 하면 $f(1)=2$이므로

$$\lim_{x \to 1} \frac{x^{100}+x^{50}-2}{x-1}=\lim_{x \to 1}\frac{f(x)-f(1)}{x-1}=f'(1)$$

$f'(x)=100x^{99}+50x^{49}$이므로 구하는 값은

$f'(1)=100+50=150$

달 150

10

함수 $f(x)$가 $x=1$에서 미분가능하므로 $f(x)$는 $x=1$에서 연속이다.

즉, $\lim\limits_{x \to 1+} f(x)=\lim\limits_{x \to 1-} f(x)=f(1)$에서

$\lim\limits_{x \to 1+}(bx^3+4x)=a+2$

$b+4=a+2$

$\therefore a=b+2 \qquad \cdots\cdots \ \bigcirc$

또한 미분계수 $f'(1)$이 존재하므로

$$\lim_{x \to 1+}\frac{f(x)-f(1)}{x-1}=\lim_{x \to 1+}\frac{bx^3+4x-(a+2)}{x-1}$$
$$=\lim_{x \to 1+}\frac{bx^3+4x-(b+4)}{x-1} \ (\because \bigcirc)$$
$$=\lim_{x \to 1+}\frac{bx^3+4x-b-4}{x-1}$$
$$=\lim_{x \to 1+}\frac{(x-1)(bx^2+bx+b+4)}{x-1}$$
$$=\lim_{x \to 1+}(bx^2+bx+b+4)$$
$$=3b+4$$

$$\lim_{x \to 1-}\frac{f(x)-f(1)}{x-1}=\lim_{x \to 1-}\frac{ax^2+x+1-(a+2)}{x-1}$$
$$=\lim_{x \to 1-}\frac{ax^2+x-a-1}{x-1}$$
$$=\lim_{x \to 1-}\frac{(x-1)(ax+a+1)}{x-1}$$
$$=\lim_{x \to 1-}(ax+a+1)$$
$$=2a+1$$
$$=2b+5 \ (\because \bigcirc)$$

$3b+4=2b+5$이므로 $b=1$

$\therefore a=1+2=3 \ (\because \bigcirc)$

따라서 $f(x)=\begin{cases} 3x^2+x+1 & (x \le 1) \\ x^3+4x & (x>1) \end{cases}$이므로

$f(-1)+f(2)=3+16=19$

$f(x)=\begin{cases} ax^2+x+1 & (x \le 1) \\ bx^3+4x & (x>1) \end{cases}$이 $x=1$일 때 연속이므로

$a+2=b+4$

$\therefore a-b=2 \qquad \cdots\cdots \ \bigcirc$

$f'(x)=\begin{cases} 2ax+1 & (x<1) \\ 3bx^2+4 & (x>1) \end{cases}$이고 $x=1$에서의 미분계수가

존재하므로

$2a+1=3b+4$

$\therefore 2a-3b=3 \qquad \cdots\cdots \ \bigcirc$

$\bigcirc, \bigcirc$을 연립하여 풀면 $a=3, \ b=1$

따라서 $f(x)=\begin{cases} 3x^2+x+1 & (x \le 1) \\ x^3+4x & (x>1) \end{cases}$이므로

$f(-1)+f(2)=3+16=19$

달 19

11

$f(x)=x^3+ax^2+bx+c$에서

$f'(x)=3x^2+2ax+b$

$f(x), f'(x)$를 $xf'(x)-3f(x)=x^2-6x-6$에 대입하면

$3x^3+2ax^2+bx-3(x^3+ax^2+bx+c)=x^2-6x-6$

$-ax^2-2bx-3c=x^2-6x-6$

이 등식이 x에 대한 항등식이므로

$a=-1$

$-2b=-6$에서 $b=3$

$-3c=-6$에서 $c=2$

따라서 $f(x)=x^3-x^2+3x+2$이므로

$f'(x)=3x^2-2x+3$

$\therefore f'(2)=12-4+3=11$

달 11

12

다항식 $f(x)=x^6+ax+b$를 $(x-1)^2$으로 나누었을 때의 몫을 $Q(x)$라 하면

$x^6+ax+b=(x-1)^2Q(x)+2x-3 \qquad \cdots\cdots \ \bigcirc$

$\bigcirc$의 양변을 x에 대하여 미분하면

$6x^5+a=2(x-1)Q(x)+(x-1)^2Q'(x)+2 \qquad \cdots\cdots \ \bigcirc$

$x=1$을 $\bigcirc$에 대입하면 $1+a+b=-1$

$\therefore a+b=-2 \qquad \cdots\cdots \ \bigcirc$

$x=1$을 $\bigcirc$에 대입하면 $6+a=2 \qquad \therefore a=-4$

$a=-4$를 $\bigcirc$에 대입하면 $b=2$

따라서 $f(x)=x^6-4x+2$이므로

$f(-2)=64-(-8)+2=74$

달 74

13

함수 $f(x)$에서 x의 값이 0에서 4까지 변할 때의 평균변화율은

$$\frac{f(4)-f(0)}{4-0}=\frac{64-96+20}{4}=-3$$

$f(x)=x^3-6x^2+5x$에서 $f'(x)=3x^2-12x+5$이고,

$f'(a)=-3$이어야 하므로

$3a^2-12a+5=-3,\ 3a^2-12a+8=0$

$g(a)=3a^2-12a+8$이라 하면

$g(a)=3(a-2)^2-4$

방정식 $g(a)=0$의 해가 $0<a<4$를 만족시키므로 모든 실수 a의 값의 곱은 이차방정식의 근과 계수의 관계에 의하여 $\dfrac{8}{3}$이다.

따라서 $p=3$, $q=8$이므로

$p+q=3+8=11$

함수 $y=g(a)$의 그래프는 꼭짓점의 좌표가 $(2, -4)$이고 두 점 $(0, 8)$, $(4, 8)$을 지나므로 $0<a<4$에서 a축과 두 점에서 만난다.

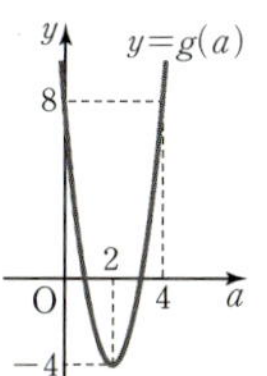

답 11

14

$$\lim_{t\to\infty}t\left\{f\left(1+\frac{1}{t}\right)+f\left(1+\frac{2}{t}\right)+f\left(1+\frac{3}{t}\right)\right.$$
$$\left.+\cdots+f\left(1+\frac{10}{t}\right)\right\}=330$$

에서 $t=\dfrac{1}{h}$이라 하면 $t\to\infty$일 때 $h\to 0+$이므로

$$\lim_{h\to 0+}\frac{1}{h}\{f(1+h)+f(1+2h)+\cdots+f(1+10h)\}=330$$

$$\cdots\cdots\ \bigcirc$$

이때 $h\to 0+$일 때 극한값이 존재하고 (분모)$\to 0$이므로 (분자)$\to 0$이다.

즉, $\displaystyle\lim_{h\to 0+}\{f(1+h)+f(1+2h)+\cdots+f(1+10h)\}=0$

이므로 $f(1)=0$

따라서 $\bigcirc$에서

$$\lim_{h\to 0+}\left\{\frac{f(1+h)-f(1)}{h}+\frac{f(1+2h)-f(1)}{h}\right.$$
$$\left.+\cdots+\frac{f(1+10h)-f(1)}{h}\right\}=330$$

$$\lim_{h\to 0+}\left\{\frac{f(1+h)-f(1)}{h}+\frac{f(1+2h)-f(1)}{2h}\times 2\right.$$
$$\left.+\cdots+\frac{f(1+10h)-f(1)}{10h}\times 10\right\}=330$$

$f'(1)+2f'(1)+3f'(1)+\cdots+10f'(1)=330$

$(1+2+3+\cdots+10)f'(1)=330$

$55f'(1)=330$

$\therefore f'(1)=6$

답 6

15

$\displaystyle\lim_{x\to 1}\frac{f(x)}{x-1}$에 대하여 $x\to 1$일 때 0이 아닌 극한값이 존재하고 (분모)$\to 0$이므로 (분자)$\to 0$이다.

즉, $\displaystyle\lim_{x\to 1}f(x)=0$이므로 $f(1)=0$

$\displaystyle\lim_{x\to 3}\frac{f(x)}{(x-3)\{f'(x)\}^2}=-\frac{1}{2}$에서 $x\to 3$일 때 극한값이 존재하고 (분모)$\to 0$이므로 (분자)$\to 0$이다.

즉, $\displaystyle\lim_{x\to 3}f(x)=0$이므로 $f(3)=0$

삼차함수 $f(x)$의 최고차항의 계수가 1이고,

$f(1)=0$, $f(3)=0$이므로

$f(x)=(x-1)(x-3)(x-a)$ (a는 상수)라 하면

$f'(x)=(x-3)(x-a)+(x-1)(x-a)+(x-1)(x-3)$
$\qquad=3x^2-2(a+4)x+4a+3$

$$\lim_{x\to 3}\frac{f(x)}{(x-3)\{f'(x)\}^2}$$
$$=\lim_{x\to 3}\frac{(x-1)(x-3)(x-a)}{(x-3)\{3x^2-2(a+4)x+4a+3\}^2}$$
$$=\lim_{x\to 3}\frac{(x-1)(x-a)}{\{3x^2-2(a+4)x+4a+3\}^2}$$
$$=\frac{2(3-a)}{(-2a+6)^2}=\frac{2(3-a)}{4(3-a)^2}$$
$$=\frac{1}{6-2a}$$

이 값이 $-\dfrac{1}{2}$이므로 $\dfrac{1}{6-2a}=-\dfrac{1}{2}$

$6-2a=-2$ $\quad\therefore a=4$

따라서 $f(x)=(x-1)(x-3)(x-4)$이므로

$f(2)=1\times(-1)\times(-2)=2$

답 2

16

$\displaystyle\lim_{x\to 2}\frac{f(x-1)-3}{x^2-4}=1$에서 $x\to 2$일 때 극한값이 존재하고 (분모)$\to 0$이므로 (분자)$\to 0$이다.

즉, $\displaystyle\lim_{x\to 2}\{f(x-1)-3\}=0$이므로

$f(1)-3=0$

$\therefore f(1)=3$ $\qquad\cdots\cdots\ \bigcirc$

$x-1=t$로 놓으면 $x\to 2$일 때 $t\to 1$이므로

$$\lim_{x \to 2} \frac{f(x-1)-3}{x^2-4} = \lim_{t \to 1} \frac{f(t)-f(1)}{(t+1)^2-4}$$
$$= \lim_{t \to 1} \frac{f(t)-f(1)}{(t-1)(t+3)}$$
$$= \lim_{t \to 1} \left\{ \frac{f(t)-f(1)}{t-1} \times \frac{1}{t+3} \right\}$$
$$= \lim_{t \to 1} \frac{f(t)-f(1)}{t-1} \times \lim_{t \to 1} \frac{1}{t+3}$$
$$= \frac{1}{4} f'(1)$$

이때 $\dfrac{1}{4}f'(1)=1$이므로 $f'(1)=4$ $\qquad$ …… ㉡

$f(x)=ax^3+bx+3$이고, ㉠에서 $a+b+3=3$이므로
$a+b=0$ $\qquad$ …… ㉢
$f'(x)=3ax^2+b$이고, ㉡에서 $3a+b=4$ $\qquad$ …… ㉣
㉢, ㉣을 연립하여 풀면 $a=2$, $b=-2$
따라서 $f(x)=2x^3-2x+3$이므로
$f(2)=16-4+3=15$

답 15

17

$\lim\limits_{x \to 0} \dfrac{f(x)+g(x)}{x}=3$에서 $x \to 0$일 때 극한값이 존재하고
(분모) $\to 0$이므로 (분자) $\to 0$이다.
즉, $\lim\limits_{x \to 0}\{f(x)+g(x)\}=0$이므로
$f(0)+g(0)=0$ $\qquad$ …… ㉠

$\lim\limits_{x \to 0} \dfrac{f(x)+3}{xg(x)}=2$에서 $x \to 0$일 때 극한값이 존재하고
(분모) $\to 0$이므로 (분자) $\to 0$이다.
즉, $\lim\limits_{x \to 0}\{f(x)+3\}=0$이므로
$f(0)+3=0$
즉, $f(0)=-3$이므로 ㉠에서 $g(0)=3$ $\qquad$ …… ㉡

$$\lim_{x \to 0} \frac{f(x)+g(x)}{x}$$
$$= \lim_{x \to 0} \frac{f(x)+3+g(x)-3}{x}$$
$$= \lim_{x \to 0} \frac{f(x)+3}{x} + \lim_{x \to 0} \frac{g(x)-3}{x}$$
$$= \lim_{x \to 0} \frac{f(x)-f(0)}{x-0} + \lim_{x \to 0} \frac{g(x)-g(0)}{x-0} \ (\because ㉡)$$
$$= f'(0)+g'(0)$$

이 값이 3이므로 $f'(0)+g'(0)=3$ $\qquad$ …… ㉢

$$\lim_{x \to 0} \frac{f(x)+3}{xg(x)} = \lim_{x \to 0} \frac{f(x)-f(0)}{x-0} \times \lim_{x \to 0} \frac{1}{g(x)} \ (\because ㉡)$$
$$= f'(0) \times \frac{1}{g(0)}$$
$$= \frac{1}{3}f'(0)$$

이 값이 2이므로 $\dfrac{1}{3}f'(0)=2$
$\therefore f'(0)=6$
$f'(0)=6$을 ㉢에 대입하면
$g'(0)=-3$
따라서 $h(x)=f(x)g(x)$에서
$h'(x)=f'(x)g(x)+f(x)g'(x)$이므로
$$h'(0)=f'(0)g(0)+f(0)g'(0)$$
$$=6 \times 3 + (-3) \times (-3)$$
$$=18+9=27$$

답 ①

18

㈎에서 양변에 $x=0$, $y=0$을 대입하면
$f(0)=f(0)+f(0)+0-2$
$\therefore f(0)=2$ $\qquad$ …… ㉠
㈎에서 $y \neq 0$이라 하면
$$\frac{f(x+y)-f(x)}{y} = \frac{f(y)-2}{y}+4x$$
$y=h$라 하면
$$\frac{f(x+h)-f(x)}{h} = \frac{f(h)-2}{h}+4x$$
$$\lim_{h \to 0} \frac{f(x+h)-f(x)}{h} = \lim_{h \to 0} \left\{ \frac{f(h)-2}{h}+4x \right\}$$
$$\lim_{h \to 0} \frac{f(x+h)-f(x)}{h} = \lim_{h \to 0} \frac{f(h)-f(0)}{h-0}+4x \ (\because ㉠)$$
$f'(x)=f'(0)+4x$ $\qquad$ …… ㉡

㈏에서 $x \to 1$일 때 극한값이 존재하고 (분모) $\to 0$이므로
(분자) $\to 0$이다.
즉, $\lim\limits_{x \to 1}\{f(x)-f'(x)\}=0$이므로
$f(1)-f'(1)=0$
$\therefore f(1)=f'(1)$
이때 ㉡에 $x=1$을 대입하면
$f'(1)=f'(0)+4$ $\qquad$ …… ㉢
$\therefore f(1)=f'(0)+4$ $\qquad$ …… ㉣
㈏에서
$$\lim_{x \to 1} \frac{f(x)-f'(x)}{x-1}$$
$$= \lim_{x \to 1} \frac{f(x)-\{f'(0)+4x\}}{x-1} \ (\because ㉡)$$
$$= \lim_{x \to 1} \frac{f(x)-\{f(1)-4+4x\}}{x-1} \ (\because ㉣)$$
$$= \lim_{x \to 1} \frac{f(x)-f(1)+4-4x}{x-1}$$
$$= \lim_{x \to 1} \frac{f(x)-f(1)}{x-1} - \lim_{x \to 1} \frac{4(x-1)}{x-1}$$
$$= f'(1)-4$$

$$=f'(0)+4-4\ (\because ㉢)$$
$$=f'(0)$$

이 값이 5이므로 $f'(0)=5$

답 5

19

$g(x)=(x^2-2x+2)f(x)$에서 $g(2)=2f(2)$

$g'(x)=(2x-2)f(x)+(x^2-2x+2)f'(x)$에서

$g'(2)=2f(2)+2f'(2)$

$\displaystyle\lim_{x\to 2}\frac{g(x)-1}{2f(x)-1}=-2$에서 $f(2)\neq\dfrac{1}{2}$이라 하면

$\displaystyle\lim_{x\to 2}\frac{g(x)-1}{2f(x)-1}=\frac{g(2)-1}{2f(2)-1}=\frac{2f(2)-1}{2f(2)-1}=1\neq-2$

이므로 $f(2)=\dfrac{1}{2}$이어야 한다.

따라서 $g(2)=2f(2)=2\times\dfrac{1}{2}=1$이고

$g'(2)=2f(2)+2f'(2)=1+2f'(2)$에서

$2f'(2)=g'(2)-1\qquad\cdots\cdots ㉠$

$$\lim_{x\to 2}\frac{g(x)-1}{2f(x)-1}=\lim_{x\to 2}\frac{g(x)-1}{2\left\{f(x)-\dfrac{1}{2}\right\}}$$

$$=\lim_{x\to 2}\frac{g(x)-g(2)}{2\{f(x)-f(2)\}}$$

$$=\lim_{x\to 2}\frac{\dfrac{g(x)-g(2)}{x-2}}{2\times\dfrac{f(x)-f(2)}{x-2}}$$

$$=\frac{g'(2)}{2f'(2)}=\frac{g'(2)}{g'(2)-1}$$

이 값이 -2이므로

$-2\{g'(2)-1\}=g'(2)$

$\therefore g'(2)=\dfrac{2}{3}$

$f'(2)=0$이면 ㉠에서 $g'(2)=1$이므로 $\displaystyle\lim_{x\to 2}\frac{g(x)-1}{2f(x)-1}$의 값이 존재하지 않는다. 따라서 $f'(2)\neq 0$이다.

답 ②

20

함수 $g(x)$가 실수 전체의 집합에서 미분가능하므로

$\displaystyle\lim_{x\to -3}g(x)=g(-3),\ \lim_{x\to 1}g(x)=g(1)$

(i) $\displaystyle\lim_{x\to -3}g(x)=g(-3)$인 경우

$\displaystyle\lim_{x\to -3}\frac{f(x)}{x^2+2x-3}=6+k$에서 $x\to -3$일 때 극한값이

존재하고 (분모)$\to 0$이므로 (분자)$\to 0$이다.

즉, $\displaystyle\lim_{x\to -3}f(x)=0$이므로 $f(-3)=0\qquad\cdots\cdots ㉠$

(ii) $\displaystyle\lim_{x\to 1}g(x)=g(1)$인 경우

$\displaystyle\lim_{x\to 1}\frac{f(x)}{x^2+2x-3}=-2+k$에서 $x\to 1$일 때 극한값이

존재하고 (분모)$\to 0$이므로 (분자)$\to 0$이다.

즉, $\displaystyle\lim_{x\to 1}f(x)=0$이므로 $f(1)=0$

$f(x)$가 사차함수이므로

$f(x)=(x-1)(x+3)(ax^2+bx+c)\ (a,\ b,\ c$는 상수)라

하자.

$\displaystyle\lim_{x\to -3}\frac{g(x)-8}{f(x)}=-\dfrac{1}{5}$에서 $x\to -3$일 때 극한값이 존재하

고 (분모)$\to 0$이므로 (분자)$\to 0$이다.

즉, $\displaystyle\lim_{x\to -3}\{g(x)-8\}=0$이므로 $g(-3)=8\qquad\cdots\cdots ㉡$

이때 $g(-3)=6+k=8$이므로 $k=2$

$g(x)=\begin{cases}ax^2+bx+c & (x\neq-3,\ x\neq 1)\\ -2x+2 & (x=-3,\ x=1)\end{cases}$이므로

$\displaystyle\lim_{x\to -3}g(x)=g(-3)$일 때, $9a-3b+c=8\qquad\cdots\cdots ㉢$

$\displaystyle\lim_{x\to 1}g(x)=g(1)$일 때, $a+b+c=0\qquad\cdots\cdots ㉣$

㉢, ㉣에서 $b=2a-2$

$g'(x)=2ax+b,$

$f'(x)=(x+3)(ax^2+bx+c)+(x-1)(ax^2+bx+c)$
$$\qquad\qquad\qquad +(x-1)(x+3)(2ax+b)$$

이므로

$$\lim_{x\to -3}\frac{g(x)-8}{f(x)}$$

$$=\lim_{x\to -3}\frac{g(x)-g(-3)}{f(x)}\ (\because ㉡)$$

$$=\lim_{x\to -3}\left\{\frac{g(x)-g(-3)}{x-(-3)}\times\frac{x-(-3)}{f(x)}\right\}$$

$$=\lim_{x\to -3}\left\{\frac{g(x)-g(-3)}{x-(-3)}\times\frac{x-(-3)}{f(x)-f(-3)}\right\}\ (\because ㉠)$$

$$=g'(-3)\times\frac{1}{f'(-3)}$$

$$=\frac{-6a+b}{-36a+12b-4c}$$

이 값이 $-\dfrac{1}{5}$이므로

$$\frac{-6a+b}{-36a+12b-4c}=-\frac{1}{5}$$

위 식에 $b=2a-2$를 대입하면

$$\frac{-4a-2}{-12a-4c-24}=-\frac{1}{5}$$

$\therefore 16a+2c=-17$

$\therefore g(2)=4a+2b+c$

$$=8a+c-4=-\frac{17}{2}-4=-\frac{25}{2}$$

답 $-\dfrac{25}{2}$

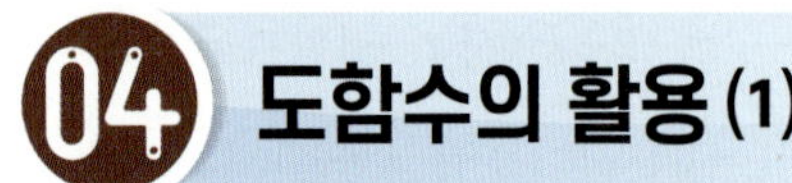

도함수의 활용 (1)

01 접선의 방정식

개념 CHECK

01 (1) $y=6x-7$ (2) $y=9x-14$
02 $y=2x+5$
03 $y=x+3,\ y=-3x+7$
04 $a=4,\ b=-1$
05 1

01

(1) $f(x)=2x^2+2x-5$라 하면 $f'(x)=4x+2$
곡선 $y=f(x)$ 위의 점 $(1,\ -1)$에서의 접선의 기울기는
$f'(1)=4+2=6$
따라서 구하는 접선의 방정식은 $y-(-1)=6(x-1)$
$\therefore y=6x-7$

(2) $f(x)=x^3-3x+2$라 하면 $f'(x)=3x^2-3$
곡선 $y=f(x)$ 위의 점 $(2,\ 4)$에서의 접선의 기울기는
$f'(2)=12-3=9$
따라서 구하는 접선의 방정식은 $y-4=9(x-2)$
$\therefore y=9x-14$

답 (1) $y=6x-7$ (2) $y=9x-14$

02

$f(x)=x^2+4x+6$이라 하면 $f'(x)=2x+4$
접점의 좌표를 $(a,\ a^2+4a+6)$이라 하면 접선의 기울기가 2
이므로
$f'(a)=2a+4=2$ $\therefore a=-1$
따라서 접점의 좌표가 $(-1,\ 3)$이므로 구하는 접선의 방정식
은 $y-3=2\{x-(-1)\}$
$\therefore y=2x+5$

답 $y=2x+5$

03

$f(x)=-x^2+x+3$이라 하면 $f'(x)=-2x+1$
접점의 좌표를 $(a,\ -a^2+a+3)$이라 하면 접선의 기울기는
$f'(a)=-2a+1$이므로 접선의 방정식은
$y-(-a^2+a+3)=(-2a+1)(x-a)$

$\therefore y=(-2a+1)x+a^2+3$ ……㉠
이 접선이 점 $(1,\ 4)$를 지나므로
$4=a^2-2a+4,\ a^2-2a=0$
$a(a-2)=0$
$\therefore a=0$ 또는 $a=2$
따라서 구하는 접선의 방정식은 ㉠에서
$a=0$일 때 $y=x+3$
$a=2$일 때 $y=-3x+7$

답 $y=x+3,\ y=-3x+7$

04

$f(x)=x^2+1,\ g(x)=-x^2+ax+b$라 하면
$f'(x)=2x,\ g'(x)=-2x+a$
두 곡선이 $x=1$에서 접하므로
(i) $f(1)=g(1)$에서 $2=-1+a+b$
$\quad \therefore a+b=3$
(ii) $f'(1)=g'(1)$에서 $2=-2+a$
$\quad \therefore a=4$
(i), (ii)에서 $a=4,\ b=-1$

답 $a=4,\ b=-1$

05

$f(x)=-x^2+6x-5,\ g(x)=ax^2$이라 하면
$f'(x)=-2x+6,\ g'(x)=2ax$
곡선 $y=f(x)$ 위의 점 $(2,\ 3)$에서의 접선의 기울기는
$f'(2)=-4+6=2$ ……㉠
곡선 $y=g(x)$ 위의 접점의 좌표를 $(t,\ at^2)$이라 하면 접선의
기울기는 $g'(t)=2at$ ……㉡
두 접점 $(2,\ 3),\ (t,\ at^2)$을 지나는 직선의 기울기는 $\dfrac{at^2-3}{t-2}$

……㉢

㉠, ㉡, ㉢이 서로 같아야 하므로 $2at=2,\ \dfrac{at^2-3}{t-2}=2$
$\therefore at=1,\ at^2-3=2t-4$
위의 두 식을 연립하여 풀면 $t=1,\ a=1$

다른 풀이

$f(x)=-x^2+6x-5$라 하면 $f'(x)=-2x+6$
곡선 $y=f(x)$ 위의 점 $(2,\ 3)$에서의 접선의 기울기는
$f'(2)=-4+6=2$
이므로 접선의 방정식은
$y-3=2(x-2)$ $\therefore y=2x-1$
이 접선이 곡선 $y=ax^2$에 접하므로 이차방정식
$ax^2=2x-1$, 즉 $ax^2-2x+1=0$이 중근을 가져야 한다.
이차방정식 $ax^2-2x+1=0$의 판별식을 D라 하면

$$\frac{D}{4}=(-1)^2-a\times1=0 \qquad \therefore a=1$$

답 1

본문 142~151쪽

유제

01-1 (1) -5 (2) -42 **01-2** 18
01-3 6   **01-4** -12
02-1 (1) $y=-x+4$ (2) $y=x+6$
02-2 8   **02-3** -3 **02-4** $\dfrac{75}{2}$
03-1 (1) $y=9x+31,\ y=9x-1$ (2) $y=-3x+3$
03-2 $y=x-2,\ y=x+2$ **03-3** 2
03-4 $\dfrac{2\sqrt{17}}{17}$ **04-1** $y=7x-2$
04-2 $3\sqrt{65}$ **04-3** 4   **04-4** $\dfrac{32}{9}$
05-1 (1) -28 (2) $y=-4x+2$
05-2 $y=-4x-4$ **05-3** $-\dfrac{25}{24}$ **05-4** 17

01-1

(1) $f(x)=-x^3+ax^2+b$라 하면
$\quad f'(x)=-3x^2+2ax$
곡선 $y=f(x)$가 점 $(-1,\ 0)$을 지나므로
$\quad f(-1)=0$에서 $1+a+b=0$
$\quad \therefore a+b=-1 \quad \cdots\cdots \ \text{㉠}$
곡선 $y=f(x)$ 위의 점 $(-1,\ 0)$에서의 접선의 기울기가
3이므로 $f'(-1)=3$에서
$\quad -3-2a=3 \qquad \therefore a=-3$
$a=-3$을 ㉠에 대입하면 $b=2$
$\quad \therefore a-b=(-3)-2=-5$

(2) $f(x)=x^3+ax^2+bx+c$라 하면
$\quad f'(x)=3x^2+2ax+b$
곡선 $y=f(x)$가 점 $(-2,\ 12)$를 지나므로
$\quad f(-2)=12$에서 $-8+4a-2b+c=12$
$\quad \therefore 4a-2b+c=20 \quad \cdots\cdots \ \text{㉠}$
곡선 $y=f(x)$가 점 $(2,\ 0)$을 지나므로
$\quad f(2)=0$에서 $8+4a+2b+c=0$
$\quad \therefore 4a+2b+c=-8 \quad \cdots\cdots \ \text{㉡}$
곡선 $y=f(x)$ 위의 두 점 $(-2,\ 12),\ (2,\ 0)$에서의 접선
이 서로 평행하므로 $f'(-2)=f'(2)$에서
$\quad 12-4a+b=12+4a+b$
$\quad \therefore a=0$
$a=0$을 ㉠, ㉡에 대입하면

$$-2b+c=20,\ 2b+c=-8$$
두 식을 연립하여 풀면 $b=-7,\ c=6$
$\quad \therefore a+bc=0+(-7)\times6=-42$

답 (1) -5 (2) -42

01-2

$f(x)=3x^2-x+a$라 하면
$\quad f'(x)=6x-1$
곡선 $y=f(x)$ 위의 점 $(t,\ 6)$에서의 접선의 기울기가 11이
므로 $f'(t)=11$에서
$\quad 6t-1=11$
$\quad \therefore t=2$
점 $(t,\ 6)$, 즉 $(2,\ 6)$이 곡선 $y=f(x)$ 위의 점이므로
$\quad f(2)=6$에서 $12-2+a=6$
$\quad \therefore a=-4$
따라서 $a=-4,\ t=2$이므로
$\quad a^2+t=(-4)^2+2=18$

답 18

01-3

$f(x)=x^3+ax+b$라 하면
$\quad f'(x)=3x^2+a$
점 $(2,\ 6)$이 곡선 $y=f(x)$ 위의 점이므로 $f(2)=6$에서
$\quad 8+2a+b=6$
$\quad \therefore 2a+b=-2 \quad \cdots\cdots \ \text{㉠}$
곡선 $y=f(x)$ 위의 점 $(2,\ 6)$에서의 접선에 수직인 직선의 기
울기가 $-\dfrac{1}{4}$이므로 점 $(2,\ 6)$에서의 접선의 기울기는 4이다.
즉, $f'(2)=4$이므로
$\quad 12+a=4 \qquad \therefore a=-8$
$a=-8$을 ㉠에 대입하면
$\quad 2\times(-8)+b=-2 \qquad \therefore b=14$
$\quad \therefore a+b=(-8)+14=6$

답 6

01-4

$f(x)=x^3-6x^2+10x-1$이라 하면
$\quad f'(x)=3x^2-12x+10=3(x-2)^2-2$
$f'(x)$는 $x=2$일 때 최솟값 -2를 가지므로 곡선 $y=f(x)$
의 접선의 기울기는 $x=2$인 점에서 최솟값 -2를 가진다.
$\quad \therefore a=2,\ m=-2$
따라서 이때의 접점의 좌표가 $(2,\ b)$이므로
$\quad b=f(2)=8-24+20-1=3$
$\quad \therefore abm=2\times3\times(-2)=-12$

답 -12

02-1

$f(x)=x^3-6x^2+8x+4$라 하면
$f'(x)=3x^2-12x+8$

(1) 곡선 $y=f(x)$ 위의 점 $(3, 1)$에서의 접선의 기울기는

$\quad f'(3)=27-36+8=-1$

따라서 구하는 접선의 방정식은 점 $(3, 1)$을 지나고 기울기가 -1인 직선의 방정식이므로

$\quad y-1=-(x-3)$

$\quad \therefore y=-x+4$

(2) 곡선 $y=f(x)$ 위의 점 $(1, 7)$에서의 접선의 기울기는

$\quad f'(1)=3-12+8=-1$

따라서 구하는 직선의 방정식은 점 $(1, 7)$을 지나고 기울기가 $-\dfrac{1}{f'(1)}=1$인 직선의 방정식이므로

$\quad y-7=x-1$

$\quad \therefore y=x+6$

답 (1) $y=-x+4$ (2) $y=x+6$

02-2

$f(x)=x^3-ax^2+b$라 하면
$f'(x)=3x^2-2ax$

점 $(1, -2)$가 곡선 $y=f(x)$ 위의 점이므로 $f(1)=-2$에서

$1-a+b=-2$

$\therefore -a+b=-3$ ······ ㉠

점 $(1, -2)$에서의 접선의 방정식은 $y=-5x+c$이고, 접선의 기울기가 -5이므로 $f'(1)=-5$에서

$3-2a=-5$ $\quad \therefore a=4$

$a=4$를 ㉠에 대입하면 $b=1$

또한 직선 $y=-5x+c$는 점 $(1, -2)$를 지나므로

$-2=(-5)+c$ $\quad \therefore c=3$

$\therefore a+b+c=4+1+3=8$

답 8

02-3

$f(x)=x^3+x^2+3$이라 하면
$f'(x)=3x^2+2x$

$f'(0)=0$이므로 곡선 $y=f(x)$ 위의 점 $(0, 3)$에서의 접선의 기울기는 0이다.

즉, 점 $(0, 3)$에서의 접선의 방정식은 $y=3$이므로 $b=3$

직선 $y=3$이 곡선 $y=f(x)$와 만나는 점의 x좌표는

$x^3+x^2+3=3$에서

$x^2(x+1)=0$

$\therefore x=-1$ 또는 $x=0$

따라서 구하는 점의 x좌표는 -1이므로 $a=-1$

$\therefore ab=(-1)\times 3=-3$

답 -3

02-4

$f(x)=x^3-9x-1$이라 하면
$f'(x)=3x^2-9$

곡선 $y=f(x)$ 위의 점 $(-2, 9)$에서의 접선의 기울기는

$f'(-2)=12-9=3$

이므로 접선의 방정식은

$y-9=3\{x-(-2)\}$

$\therefore y=3x+15$

이 접선의 x절편은 -5, y절편은 15이므로 접선과 x축 및 y축으로 둘러싸인 부분의 넓이는

$\dfrac{1}{2}\times 5\times 15=\dfrac{75}{2}$

답 $\dfrac{75}{2}$

03-1

$f(x)=x^3+3x^2+4$라 하면
$f'(x)=3x^2+6x$

(1) 접점의 좌표를 (t, t^3+3t^2+4)라 하면 직선 $y=9x-5$에 평행한 접선의 기울기가 9이므로

$\quad f'(t)=9$

$\quad 3t^2+6t=9, t^2+2t-3=0$

$\quad (t+3)(t-1)=0$

$\quad \therefore t=-3$ 또는 $t=1$

따라서 접점의 좌표는 $(-3, 4)$, $(1, 8)$이므로 각각의 점에서의 접선의 방정식은

$\quad y-4=9\{x-(-3)\}, y-8=9(x-1)$

$\quad \therefore y=9x+31, y=9x-1$

(2) 접점의 좌표를 (t, t^3+3t^2+4)라 하면 직선 $y=\dfrac{1}{3}x-3$에 수직인 직선의 기울기는 -3이므로

$\quad f'(t)=-3$

$\quad 3t^2+6t=-3, 3(t+1)^2=0$

$\quad \therefore t=-1$

따라서 접점의 좌표는 $(-1, 6)$이므로 구하는 접선의 방정식은

$\quad y-6=-3\{x-(-1)\}$

$\quad \therefore y=-3x+3$

답 (1) $y=9x+31, y=9x-1$ (2) $y=-3x+3$

03-2

$f(x)=-x^3+4x$라 하면

$f'(x)=-3x^2+4$

접점의 좌표를 $(t,\ -t^3+4t)$라 하면 x축의 양의 방향과 이루는 각의 크기가 $45°$인 접선의 기울기는 $\tan 45°=1$이므로

$f'(t)=1$에서

$-3t^2+4=1,\ t^2=1$

$\therefore t=-1$ 또는 $t=1$

따라서 접점의 좌표는 $(-1,\ -3)$, $(1,\ 3)$이므로 각각의 점에서의 접선의 방정식은

$y-(-3)=x-(-1),\ y-3=x-1$

$\therefore y=x-2,\ y=x+2$

x축의 양의 방향과 이루는 각의 크기가 θ인 직선의 기울기는 $\tan\theta$이다.

답 $y=x-2,\ y=x+2$

03-3

$f(x)=-x^3+3x^2-4x+2$라 하면

$f'(x)=-3x^2+6x-4=-3(x-1)^2-1$

$f'(x)$는 $x=1$일 때 최댓값 -1을 가지므로 곡선 $y=f(x)$의 접선의 기울기는 $x=1$인 점에서 최댓값 -1을 가진다.

이때 $f(1)=0$이므로 접점의 좌표가 $(1,\ 0)$이다.

따라서 곡선 $y=f(x)$ 위의 점에서의 접선 중 기울기가 최대인 직선의 방정식은 $y=-(x-1)$, 즉 $y=-x+1$이고 이 직선은 두 점 $(1,\ 0)$, $(0,\ 1)$을 지나므로

$a=1,\ b=1$

$\therefore a+b=1+1=2$

답 2

03-4

$f(x)=x^4+2$라 하면

$f'(x)=4x^3$

곡선 $y=f(x)$의 접선 중 직선 $y=-4x-3$과 평행한 접선의 접점의 좌표를 $(t,\ t^4+2)$라 하면 이 점에서의 접선의 기울기가 -4이므로 $f'(t)=-4$에서

$4t^3=-4,\ 4(t+1)(t^2-t+1)=0$

$\therefore t=-1\ (\because t^2-t+1>0)$

따라서 접점의 좌표는 $(-1,\ 3)$이고, 이 점과 직선 $y=-4x-3$, 즉 $4x+y+3=0$ 사이의 거리가 구하는 최솟값이므로

$\dfrac{|-4+3+3|}{\sqrt{4^2+1^2}}=\dfrac{|2|}{\sqrt{17}}=\dfrac{2\sqrt{17}}{17}$

곡선 $y=f(x)$ 위의 점 A와 직선 l 사이의 거리가 최소가 되려면 곡선 $y=f(x)$의 접선 중 직선 l과 평행한 접선의 접점이 점 A이어야 한다.

답 $\dfrac{2\sqrt{17}}{17}$

04-1

$f(x)=x^3+2x^2+2$라 하면 $f'(x)=3x^2+4x$

접점의 좌표를 $(t,\ t^3+2t^2+2)$라 하면 이 점에서의 접선의 기울기는

$f'(t)=3t^2+4t$

이므로 접선의 방정식은

$y-(t^3+2t^2+2)=(3t^2+4t)(x-t)$

$\therefore y=(3t^2+4t)x-2t^3-2t^2+2$ ……㉠

직선 ㉠이 점 $(0,\ -2)$를 지나므로

$-2=-2t^3-2t^2+2$

$2(t-1)(t^2+2t+2)=0$

$\therefore t=1\ (\because t^2+2t+2>0)$

$t=1$을 ㉠에 대입하면 구하는 접선의 방정식은

$y=7x-2$

[다른 풀이]

$f(x)=x^3+2x^2+2$라 하면 $f'(x)=3x^2+4x$

접점의 좌표를 $(t,\ t^3+2t^2+2)$라 하면 이 점에서의 접선의 기울기는

$f'(t)=3t^2+4t$

이 접선이 점 $(0,\ -2)$를 지나므로 접선의 방정식은

$y-(-2)=(3t^2+4t)x$

$\therefore y=(3t^2+4t)x-2$ ……㉠

직선 ㉠이 점 $(t,\ t^3+2t^2+2)$를 지나므로

$t^3+2t^2+2=(3t^2+4t)t-2$

$2t^3+2t^2-4=0,\ 2(t-1)(t^2+2t+2)=0$

$\therefore t=1\ (\because t^2+2t+2>0)$

$t=1$을 ㉠에 대입하면 구하는 접선의 방정식은

$y=7x-2$

[다른 풀이]

$f(x)=x^3+2x^2+2$라 하면 $f'(x)=3x^2+4x$

접점의 좌표를 $(t,\ t^3+2t^2+2)$라 하면 이 점에서의 접선의 기울기는

$f'(t)=3t^2+4t$

이고, 두 점 $(0,\ -2)$, $(t,\ t^3+2t^2+2)$를 지나는 직선의 기울기와 같으므로

$3t^2+4t=\dfrac{t^3+2t^2+2-(-2)}{t-0},\ 3t^3+4t^2=t^3+2t^2+4$

$2t^3+2t^2-4=0,\ 2(t-1)(t^2+2t+2)=0$

$\therefore t=1 \ (\because t^2+2t+2>0)$

따라서 구하는 접선의 방정식은 기울기가 $f'(1)=7$이고 점 $(0, -2)$를 지나는 직선의 방정식이므로

$y-(-2)=7x \qquad \therefore y=7x-2$

冒 $y=7x-2$

04-2

$f(x)=x^3-x+3$이라 하면 $f'(x)=3x^2-1$

접점의 좌표를 (t, t^3-t+3)이라 하면 이 점에서의 접선의 기울기는

$f'(t)=3t^2-1$

이므로 접선의 방정식은

$y-(t^3-t+3)=(3t^2-1)(x-t)$

$\therefore y=(3t^2-1)x-2t^3+3 \quad \cdots\cdots \ \bigcirc$

직선 $\bigcirc$이 점 $(2, 1)$을 지나므로

$1=(3t^2-1)\times 2-2t^3+3, \ t^3-3t^2=0$

$t^2(t-3)=0 \qquad \therefore t=0$ 또는 $t=3$

따라서 두 접점 A, B의 좌표는 각각 $A(0, 3)$, $B(3, 27)$ 또는 $A(3, 27)$, $B(0, 3)$이므로

$\overline{AB}=\sqrt{(3-0)^2+(27-3)^2}=3\sqrt{65}$

冒 $3\sqrt{65}$

04-3

$f(x)=x^3-2x^2+x$라 하면 $f'(x)=3x^2-4x+1$

접점의 좌표를 (t, t^3-2t^2+t)라 하면 이 점에서의 접선의 기울기는

$f'(t)=3t^2-4t+1$

이므로 접선의 방정식은

$y-(t^3-2t^2+t)=(3t^2-4t+1)(x-t)$

$\therefore y=(3t^2-4t+1)x-2t^3+2t^2 \quad \cdots\cdots \ \bigcirc$

직선 $\bigcirc$이 점 $(2, 0)$을 지나므로

$0=(3t^2-4t+1)\times 2-2t^3+2t^2$

$t^3-4t^2+4t-1=0, \ (t-1)(t^2-3t+1)=0$

이차방정식 $t^2-3t+1=0$의 판별식을 D라 하면

$D=(-3)^2-4\times 1\times 1=5>0$이므로 삼차방정식

$t^3-4t^2+4t-1=0$은 서로 다른 세 실근을 갖는다.

이 세 실근이 세 접점의 x좌표이므로 삼차방정식의 근과 계수의 관계에 의하여 구하는 x좌표의 합은 4이다.

> **참고**
>
> **삼차방정식의 근과 계수의 관계**
> 삼차방정식 $ax^3+bx^2+cx+d=0$ $(a, b, c, d$는 상수$)$의 세 근을 α, β, γ라 하면
> $$\alpha+\beta+\gamma=-\frac{b}{a}, \ \alpha\beta+\beta\gamma+\gamma\alpha=\frac{c}{a}, \ \alpha\beta\gamma=-\frac{d}{a}$$

冒 4

04-4

$f(x)=x^3-4x^2+2$라 하면 $f'(x)=3x^2-8x$

접점의 좌표를 (t, t^3-4t^2+2)라 하면 이 점에서의 접선의 기울기는

$f'(t)=3t^2-8t$

이므로 접선의 방정식은

$y-(t^3-4t^2+2)=(3t^2-8t)(x-t)$

$\therefore y=(3t^2-8t)x-2t^3+4t^2+2$

이 접선이 점 $(a, 2)$를 지나므로

$2=(3t^2-8t)a-2t^3+4t^2+2, \ t\{2t^2-(4+3a)t+8a\}=0$

$\therefore t=0$ 또는 $2t^2-(4+3a)t+8a=0$

이때 접선이 오직 한 개 존재하려면 이차방정식

$2t^2-(4+3a)t+8a=0 \qquad \cdots\cdots \ \bigcirc$

이 $t=0$을 중근으로 갖거나 실근을 갖지 않아야 한다.

(i) $\bigcirc$이 $t=0$을 중근으로 갖는 경우

$\quad 4a+3=0, \ 8a=0$

$\quad$ 그런데 위의 두 조건을 모두 만족시키는 a의 값은 존재하지 않는다.

(ii) $\bigcirc$이 실근을 갖지 않는 경우

$\quad$ 이차방정식 $\bigcirc$의 판별식을 D라 하면

$\quad D=\{-(4+3a)\}^2-4\times 2\times 8a<0$

$\quad 9a^2-40a+16<0, \ (9a-4)(a-4)<0$

$\qquad \therefore \dfrac{4}{9}<a<4$

(i), (ii)에서 $\dfrac{4}{9}<a<4$

즉, $m=\dfrac{4}{9}, \ n=4$이므로

$n-m=4-\dfrac{4}{9}=\dfrac{32}{9}$

冒 $\dfrac{32}{9}$

05-1

⑴ $f(x)=2x^2+a, \ g(x)=x^3+bx+c$라 하면

$\quad f'(x)=4x, \ g'(x)=3x^2+b$

$\quad$ 두 곡선 $y=f(x), \ y=g(x)$가 모두 점 $(-1, 6)$을 지나므로

$\quad f(-1)=2+a=6$

$\qquad \therefore a=4 \qquad \cdots\cdots \ \bigcirc$

$\quad g(-1)=-1-b+c=6$

$\qquad \therefore -b+c=7 \qquad \cdots\cdots \ \bigcirc\!\!\!\!\bigcirc$

$\quad$ 또한 두 곡선의 접점 $(-1, 6)$에서의 접선의 기울기가 서로 같으므로

$\quad f'(-1)=g'(-1), \ -4=3+b$

$\qquad \therefore b=-7$

$b=-7$을 ㉡에 대입하면 $c=0$

$\therefore ab+c=4\times(-7)+0=-28$

⑵ 접점의 좌표는 $(-1, 6)$이고, 접선의 기울기는

$$f'(-1)=g'(-1)=-4$$

이므로 두 곡선의 공통인 접선의 방정식은

$$y-6=-4\{x-(-1)\}$$

$$\therefore y=-4x+2$$

답 ⑴ -28 ⑵ $y=-4x+2$

05-2

$f(x)=x^3+4x^2-4,\ g(x)=x^2$이라 하면

$$f'(x)=3x^2+8x,\ g'(x)=2x$$

공통인 접점의 x좌표를 t라 하면

$f(t)=g(t)$에서 $t^3+4t^2-4=t^2$

$t^3+3t^2-4=0,\ (t-1)(t+2)^2=0$

$\therefore t=-2$ 또는 $t=1$ ……㉠

또한 두 곡선의 접점에서의 접선의 기울기가 서로 같으므로

$f'(t)=g'(t)$에서 $3t^2+8t=2t$

$3t^2+6t=0,\ 3t(t+2)=0$

$\therefore t=-2$ 또는 $t=0$ ……㉡

㉠, ㉡에서 $t=-2$일 때, 즉 점 $(-2, 4)$에서 공통인 접선을 가지고, 이 접선의 기울기는 $f'(-2)=g'(-2)=-4$이다.

따라서 구하는 공통인 접선의 방정식은

$$y-4=-4\{x-(-2)\}$$

$$\therefore y=-4x-4$$

답 $y=-4x-4$

05-3

$f(x)=\dfrac{1}{3}x^3,\ g(x)=4x^2+a$라 하면

$$f'(x)=x^2,\ g'(x)=8x$$

두 곡선 $y=f(x),\ y=g(x)$의 교점의 x좌표를 t라 하면

$f(t)=g(t)$이므로

$$\dfrac{1}{3}t^3=4t^2+a \quad ……㉠$$

두 곡선의 교점에서의 각각의 접선이 서로 수직이므로

$f'(t)g'(t)=-1$에서 $t^2\times 8t=-1$

$8t^3+1=0,\ (2t+1)(4t^2-2t+1)=0$

$\therefore t=-\dfrac{1}{2}\ (\because 4t^2-2t+1>0)$

$t=-\dfrac{1}{2}$을 ㉠에 대입하면

$$-\dfrac{1}{24}=1+a \quad \therefore a=-\dfrac{25}{24}$$

두 곡선 $y=f(x),\ y=g(x)$의 교점에서 두 곡선에 각각 그은 접선이 서로 수직인 경우

⑴ 두 곡선의 교점의 x좌표를 t라 하면

$f(t)=g(t)$ ➡ 함숫값이 서로 같다.

⑵ 두 접선이 서로 수직이므로

$f'(t)g'(t)=-1$ ➡ 기울기의 곱이 -1이다.

답 $-\dfrac{25}{24}$

05-4

$f(x)=2x^2-8x+a,\ g(x)=x^3+bx-2$라 하면

$$f'(x)=4x-8,\ g'(x)=3x^2+b$$

점 $(3, 12)$가 곡선 $y=f(x)$ 위의 점이므로

$12=18-24+a \quad \therefore a=18$

점 $(3, 12)$에서의 접선의 기울기가

$$f'(3)=12-8=4$$

이므로 곡선 $y=f(x)$ 위의 점 $(3, 12)$에서의 접선의 방정식은

$y-12=4(x-3) \quad \therefore y=4x$

직선 $y=4x$가 곡선 $y=g(x)$의 접선이므로 접점의 x좌표를 t라 하면 $g(t)=4t$에서

$$t^3+bt-2=4t \quad ……㉠$$

$g'(t)=4$이므로 $3t^2+b=4$

$\therefore b=-3t^2+4 \quad ……㉡$

㉡을 ㉠에 대입하면

$t^3+(-3t^2+4)t-2=4t,\ t^3+1=0$

$(t+1)(t^2-t+1)=0$

$\therefore t=-1\ (\because t^2-t+1>0)$

$t=-1$을 ㉡에 대입하면 $b=1$

$\therefore a-b=18-1=17$

답 17

02 평균값 정리

개념 CHECK

본문 155쪽

01 ⑴ 3 ⑵ 1

02 ⑴ 0 ⑵ $\sqrt{3}$

01

⑴ 함수 $f(x)=x^2-6x$는 닫힌구간 $[1, 5]$에서 연속이고 열

린구간 $(1, 5)$에서 미분가능하다.

또한 $f(1)=f(5)=-5$이므로 롤의 정리에 의하여

$f'(c)=0$인 c가 열린구간 $(1, 5)$에 적어도 하나 존재한다.

이때 $f'(x)=2x-6$이므로

$f'(c)=2c-6=0$

$\therefore c=3$

(2) 함수 $f(x)=-x^3+3x+1$은 닫힌구간 $[-1, 2]$에서 연속이고 열린구간 $(-1, 2)$에서 미분가능하다.

또한 $f(-1)=f(2)=-1$이므로 롤의 정리에 의하여

$f'(c)=0$인 c가 열린구간 $(-1, 2)$에 적어도 하나 존재한다.

이때 $f'(x)=-3x^2+3=-3(x+1)(x-1)$이므로

$f'(c)=-3(c+1)(c-1)=0$

$\therefore c=1 \ (\because -1<c<2)$

답 (1) 3 (2) 1

02

(1) 함수 $f(x)=\dfrac{1}{2}x^2+x-3$은 닫힌구간 $[-2, 2]$에서 연속이고 열린구간 $(-2, 2)$에서 미분가능하므로 평균값 정리에 의하여

$$\frac{f(2)-f(-2)}{2-(-2)}=\frac{1-(-3)}{4}=1=f'(c)$$

인 c가 열린구간 $(-2, 2)$에 적어도 하나 존재한다.

이때 $f'(x)=x+1$이므로

$f'(c)=c+1=1 \qquad \therefore c=0$

(2) 함수 $f(x)=x^3-2x+2$는 닫힌구간 $[0, 3]$에서 연속이고 열린구간 $(0, 3)$에서 미분가능하므로 평균값 정리에 의하여

$$\frac{f(3)-f(0)}{3-0}=\frac{23-2}{3}=7=f'(c)$$

인 c가 열린구간 $(0, 3)$에 적어도 하나 존재한다.

이때 $f'(x)=3x^2-2$이므로

$f'(c)=3c^2-2=7$

$3c^2=9, c^2=3 \qquad \therefore c=\sqrt{3} \ (\because 0<c<3)$

답 (1) 0 (2) $\sqrt{3}$

06-1

(1) 함수 $f(x)=x^2+4x+2$는 닫힌구간 $[-4, 0]$에서 연속이고 열린구간 $(-4, 0)$에서 미분가능하다.

또한 $f(-4)=f(0)=2$이므로 롤의 정리에 의하여

$f'(c)=0$인 c가 열린구간 $(-4, 0)$에 적어도 하나 존재한다.

이때 $f'(x)=2x+4$이므로

$f'(c)=2c+4=0$

$\therefore c=-2$

(2) 함수 $f(x)=x^4-4x^2+4$는 닫힌구간 $[0, 2]$에서 연속이고 열린구간 $(0, 2)$에서 미분가능하다.

또한 $f(0)=f(2)=4$이므로 롤의 정리에 의하여 $f'(c)=0$인 c가 열린구간 $(0, 2)$에 적어도 하나 존재한다.

이때 $f'(x)=4x^3-8x=4x(x+\sqrt{2})(x-\sqrt{2})$이므로

$f'(c)=4c(c+\sqrt{2})(c-\sqrt{2})=0$

$\therefore c=\sqrt{2} \ (\because 0<c<2)$

답 (1) -2 (2) $\sqrt{2}$

06-2

ㄱ. $f(x)=x^3-2x^2-3x+1$이라 하면 함수 $f(x)$는 닫힌구간 $[-1, 3]$에서 연속이고 열린구간 $(-1, 3)$에서 미분가능하다.

또한 $f(-1)=f(3)=1$이므로 롤의 정리에 의하여

$f'(c)=0$인 c가 열린구간 $(-1, 3)$에 적어도 하나 존재한다.

ㄴ. $g(x)=|x-1|-1$이라 하면 함수 $g(x)$는 닫힌구간 $[-1, 3]$에서 연속이고 $g(-1)=g(3)=1$이지만 $x=1$에서 미분가능하지 않다.

즉, 열린구간 $(-1, 3)$에서 미분가능하지 않은 점이 있으므로 롤의 정리를 적용할 수 없다.

ㄷ. $h(x)=\left|\dfrac{1}{2}x^2-x-4\right|$라 하면 함수 $h(x)$는 닫힌구간 $[-1, 3]$에서 연속이고 열린구간 $(-1, 3)$에서 미분가능하다.

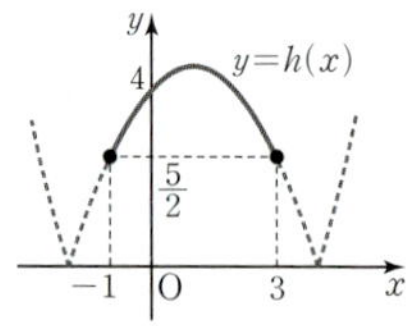

또한 $h(-1)=h(3)=\dfrac{5}{2}$이므로 롤의 정리에 의하여

$h'(c)=0$인 c가 열린구간 $(-1, 3)$에 적어도 하나 존재한다.

따라서 조건을 만족시키는 상수 c가 존재하는 것은 ㄱ, ㄷ이다.

답 ㄱ, ㄷ

06-3

함수 $f(x)$는 닫힌구간 $[a, b]$에서 연속이고 열린구간 (a, b)에서 미분가능하다.

또한 $f(a)=f(b)=0$이므로 롤의 정리에 의하여 $f'(c)=0$인 c가 열린구간 (a, b)에 적어도 하나 존재한다.

이때 함수 $y=f(x)$의 그래프에서 $f'(c)=0$을 만족시키는 상수 c의 개수는 x축과 평행한 접선의 접점의 개수이고, 오른쪽 그림과 같이 4개 그을 수 있다.

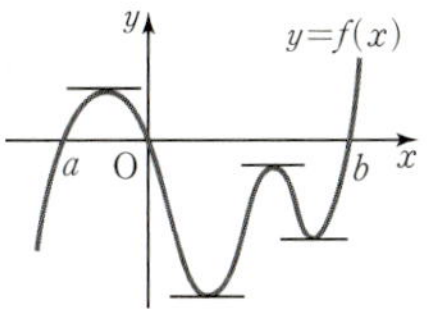

따라서 구하는 c의 개수는 4이다.

답 4

06-4

함수 $f(x)=(x-a)^2(x-b)$는 닫힌구간 $[a, b]$에서 연속이고 열린구간 (a, b)에서 미분가능하다.

또한 $f(a)=f(b)=0$이므로 롤의 정리에 의하여 $f'(c)=0$인 c가 열린구간 (a, b)에 적어도 하나 존재한다.

이때 $f(x)=(x-a)^2(x-b)$에서

$$f'(x)=2(x-a)(x-b)+(x-a)^2$$
$$=(x-a)(3x-a-2b)$$

이므로

$$f'(c)=(c-a)(3c-a-2b)=0$$
$$\therefore c=\frac{a+2b}{3} \ (\because a<c<b)$$

답 ③

07-1

(1) 함수 $f(x)=2x^2-3x$는 닫힌구간 $[0, 2]$에서 연속이고 열린구간 $(0, 2)$에서 미분가능하므로 평균값 정리에 의하여

$$\frac{f(2)-f(0)}{2-0}=\frac{2-0}{2}=1=f'(c)$$

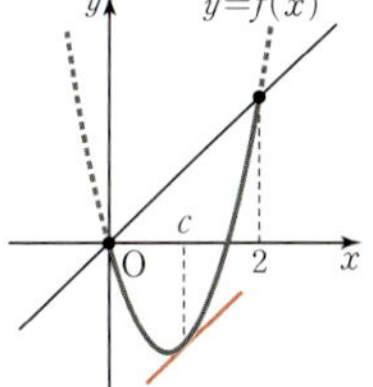

인 c가 열린구간 $(0, 2)$에 적어도 하나 존재한다.

이때 $f'(x)=4x-3$이므로

$$f'(c)=4c-3=1$$
$$\therefore c=1$$

(2) 함수 $f(x)=-x^3+6x$는 닫힌구간 $[-2, 1]$에서 연속이고 열린구간 $(-2, 1)$에서 미분가능하므로 평균값 정리에 의하여

$$\frac{f(1)-f(-2)}{1-(-2)}=\frac{5-(-4)}{3}=3=f'(c)$$

인 c가 열린구간 $(-2, 1)$에 적어도 하나 존재한다.

이때 $f'(x)=-3x^2+6$이므로

$$f'(c)=-3c^2+6=3, \ c^2=1$$
$$\therefore c=-1 \ (\because -2<c<1)$$

이차함수의 그래프와 직선의 교점에서의 평균값 정리

이차함수 $y=f(x)$의 그래프와 직선 $y=g(x)$가 $x=\alpha$, $x=\beta \ (\alpha<\beta)$인 서로 다른 두 점에서 만날 때,

$$f'(\gamma)=\frac{f(\beta)-f(\alpha)}{\beta-\alpha} \ (=g'(\gamma))$$를 만족시키는 실수 γ의

값은 $\dfrac{\alpha+\beta}{2}$이다.

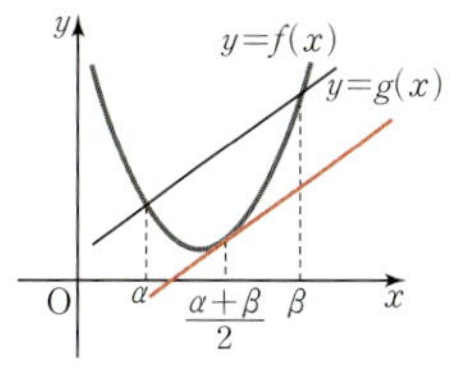

답 (1) 1　(2) -1

07-2

$f(3)-f(1)=2f'(c)$에서

$$\frac{f(3)-f(1)}{2}=f'(c), \ 즉 \ \frac{f(3)-f(1)}{3-1}=f'(c)$$

함수 $f(x)=2x^3+2x$는 닫힌구간 $[1, 3]$에서 연속이고 열린구간 $(1, 3)$에서 미분가능하므로 평균값 정리에 의하여

$$\frac{f(3)-f(1)}{3-1}=f'(c)$$인 상수 c가 열린구간 $(1, 3)$에 적어도 하나 존재한다.

이때 $f'(x)=6x^2+2$이므로

$$\frac{60-4}{3-1}=6c^2+2$$
$$3c^2=13$$
$$\therefore c=\frac{\sqrt{39}}{3} \ (\because 1<c<3)$$

답 $\dfrac{\sqrt{39}}{3}$

07-3

함수 $f(x)$는 닫힌구간 $[-2, 3]$에서 연속이고 열린구간 $(-2, 3)$에서 미분가능하므로 평균값 정리에 의하여

$$\frac{f(3)-f(-2)}{3-(-2)}=f'(c)$$

를 만족시키는 상수 c가 열린구간 $(-2, 3)$에 적어도 하나 존재한다.

이때 상수 c는 두 점 $(-2, f(-2))$, $(3, f(3))$을 잇는 직선의 기울기와 같은 미분계수를 갖는 점의 x좌표이다.

따라서 오른쪽 그림과 같이 두
점 $(-2, f(-2))$, $(3, f(3))$
을 잇는 직선과 평행한 접선을 5
개 그을 수 있으므로 구하는 상
수 c의 개수는 5이다.

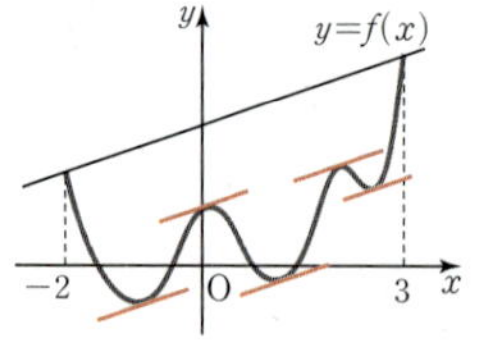

답 5

07-4

$\lim\limits_{x \to 0+} f(x) = \lim\limits_{x \to 0-} f(x) = f(0) = 4$이므로 함수 $f(x)$는
$x = 0$에서 연속이다.

또한 $f'(x) = \begin{cases} -2x-4 & (x<0) \\ 2x-4 & (x>0) \end{cases}$이고

$\lim\limits_{x \to 0+} f'(x) = \lim\limits_{x \to 0-} f'(x) = -4$이므로 함수 $f(x)$는 $x=0$에
서 미분가능하다.

따라서 함수 $f(x)$는 닫힌구간 $[-3, 5]$에서 연속이고 열린
구간 $(-3, 5)$에서 미분가능하므로 평균값 정리에 의하여

$$\frac{f(5)-f(-3)}{5-(-3)} = f'(c)$$

를 만족시키는 상수 c가 열린구간 $(-3, 5)$에 적어도 하나
존재한다.

이때 상수 c는 두 점 $(-3, 7)$, $(5, 9)$를 잇는 직선의 기울기
와 같은 미분계수를 갖는 점의 x좌표이다.

$$f(x) = \begin{cases} -(x+2)^2+8 & (x<0) \\ (x-2)^2 & (x \geq 0) \end{cases}$$

이므로 함수 $y=f(x)$의 그래프
는 오른쪽 그림과 같고, 이때 두
점 $(-3, 7)$, $(5, 9)$를 잇는 직
선과 평행한 접선을 2개 그을 수
있다.

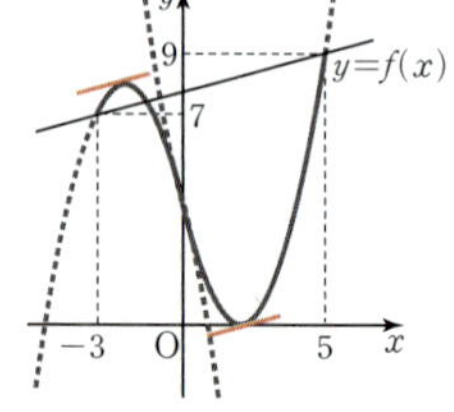

따라서 상수 c의 개수는 2이다.

다른 풀이

함수 $f(x)$는 닫힌구간 $[-3, 5]$에서 연속이고 열린구간
$(-3, 5)$에서 미분가능하므로 평균값 정리에 의하여

$$\frac{f(5)-f(-3)}{5-(-3)} = \frac{9-7}{8} = \frac{1}{4} = f'(c)$$

인 c가 열린구간 $(-3, 5)$에 적어도 하나 존재한다.

이때 $f'(x) = \begin{cases} -2x-4 & (x<0) \\ 2x-4 & (x>0) \end{cases}$이므로

$-2c-4 = \dfrac{1}{4}$에서 $c = -\dfrac{17}{8}$

$2c-4 = \dfrac{1}{4}$에서 $c = \dfrac{17}{8}$

따라서 평균값 정리를 만족시키는 상수 c는 $-\dfrac{17}{8}$, $\dfrac{17}{8}$의 2
개이다.

답 2

62 정답과 풀이

중단원 연습문제

01 6	**02** 27	**03** 3	**04** $\dfrac{\sqrt{10}}{20}$
05 17	**06** $\dfrac{1}{2}$	**07** $-\dfrac{45}{4}$	**08** $10\sqrt{2}$
09 4	**10** 4	**11** 12	**12** 4
13 10	**14** 12	**15** $\dfrac{2}{9}$	**16** $-\dfrac{17}{9}$
17 10	**18** ③	**19** $\dfrac{25}{2}$	**20** ⑤

01

$f(x) = -2x^3 + ax^2 + bx$라 하면
$f'(x) = -6x^2 + 2ax + b$
점 $(1, 3)$이 곡선 $y=f(x)$ 위의 점이므로
$f(1) = 3$에서 $-2 + a + b = 3$
$\therefore a + b = 5$ ······ ㉠
곡선 위의 점 $(1, 3)$에서의 접선에 수직인 직선의 기울기가
-1이므로 점 $(1, 3)$에서의 접선의 기울기는 1이다.
즉, $f'(1) = 1$이므로
$-6 + 2a + b = 1$
$\therefore 2a + b = 7$ ······ ㉡
㉠, ㉡을 연립하여 풀면
$a = 2$, $b = 3$
$\therefore ab = 2 \times 3 = 6$

답 6

02

$f(x) = -x^3 + 6x^2 - 9$라 하면
$f'(x) = -3x^2 + 12x$
곡선 $y=f(x)$ 위의 점 $(1, -4)$에서의 접선의 기울기는
$f'(1) = 9$이므로 접선의 방정식은
$y - (-4) = 9(x-1)$
$\therefore y = 9x - 13$
직선 $y = 9x - 13$이 곡선 $y = -x^3 + 6x^2 - 9$와 만나는 점의
x좌표는
$9x - 13 = -x^3 + 6x^2 - 9$
$x^3 - 6x^2 + 9x - 4 = 0$
$(x-1)^2(x-4) = 0$
$\therefore x = 1$ 또는 $x = 4$
따라서 A가 아닌 점의 x좌표는 4이다.
즉, $a = 4$이고 점 $(4, b)$는 직선 $y = 9x - 13$ 위의 점이므로
$b = 36 - 13 = 23$
$\therefore a + b = 4 + 23 = 27$

답 27

03

$\displaystyle\lim_{x\to 2}\dfrac{f(x)+2}{x-2}=-3$에서 극한값이 존재하고 $x\to 2$일 때

(분모)$\to 0$이므로 (분자)$\to 0$이다.

즉, $\displaystyle\lim_{x\to 2}\{f(x)+2\}=0$이므로

$f(2)=-2$

$\displaystyle\lim_{x\to 2}\dfrac{f(x)+2}{x-2}=\lim_{x\to 2}\dfrac{f(x)-f(2)}{x-2}=f'(2)$

이므로 $f'(2)=-3$

곡선 $y=f(x)$ 위의 점 $(2,\ f(2))$, 즉 점 $(2,\ -2)$에서의 접선의 기울기가 -3이므로 접선의 방정식은

$y-(-2)=-3(x-2)$

$\therefore y=-3x+4$

이때 이 직선이 점 $(a,\ -5)$를 지나므로

$-5=-3a+4$

$\therefore a=3$

🅐 3

04

$f(x)=x^3+\dfrac{3}{2}x^2+3x+4$에서

$f'(x)=3x^2+3x+3$

곡선 $y=f(x)$ 위의 두 점 A, B에서의 접선의 기울기는 각각

$f'(a)=3a^2+3a+3$,

$f'(a+1)=3(a+1)^2+3(a+1)+3$

이고, 두 점 A, B에서의 접선이 서로 평행하므로

$f'(a)=f'(a+1)$에서

$3a^2+3a+3=3(a+1)^2+3(a+1)+3$

$6a+6=0 \qquad \therefore a=-1$

이때 $f'(-1)=f'(0)=3$이고

$f(-1)=(-1)+\dfrac{3}{2}+(-3)+4=\dfrac{3}{2},\ f(0)=4$

이므로 두 점 A, B의 좌표는 각각 $\left(-1,\ \dfrac{3}{2}\right)$, $(0,\ 4)$이다.

따라서 곡선 $y=f(x)$ 위의 점 A에서의 접선 l의 방정식은

$y-\dfrac{3}{2}=3\{x-(-1)\}$, 즉 $y=3x+\dfrac{9}{2}$이고

곡선 $y=f(x)$ 위의 점 B에서의 접선 m의 방정식은

$y-4=3x$, 즉 $3x-y+4=0$이다.

한편, 두 직선 $l,\ m$ 사이의 거리는 점 $\mathrm{A}\left(-1,\ \dfrac{3}{2}\right)$과 직선

$3x-y+4=0$ 사이의 거리와 같으므로 구하는 두 직선 $l,\ m$ 사이의 거리는

$\dfrac{\left|-3-\dfrac{3}{2}+4\right|}{\sqrt{3^2+(-1)^2}}=\dfrac{\sqrt{10}}{20}$

평행한 두 직선 $l : ax+by+c=0$, $l' : ax+by+c'=0$ 사이의 거리 d는 다음과 같이 두 가지 방법으로 구할 수 있다.

(i) 직선 l 위의 임의의 점 $\mathrm{P}(x_1,\ y_1)$과 직선 l' 사이의 거리와 같으므로 $d=\dfrac{|ax_1+by_1+c'|}{\sqrt{a^2+b^2}}$

(ii) 두 직선 사이의 거리 공식을 이용하면

$d=\dfrac{|c'-c|}{\sqrt{a^2+b^2}}$

🅐 $\dfrac{\sqrt{10}}{20}$

05

$y=3x^3+ax^2-(a+3)x$에서

$3x^3-3x-y+ax(x-1)=0$

위 등식이 a의 값에 관계없이 항상 성립하려면

$3x^3-3x-y=0,\ x(x-1)=0$

$\therefore x=0,\ y=0$ 또는 $x=1,\ y=0$

즉, 주어진 곡선은 항상 두 점 $(0,\ 0)$, $(1,\ 0)$을 지난다.

$f(x)=3x^3+ax^2-(a+3)x$라 하면

$f'(x)=9x^2+2ax-a-3$

곡선 $y=f(x)$ 위의 점 $(0,\ 0)$에서의 접선의 기울기는

$f'(0)=-a-3$

곡선 $y=f(x)$ 위의 점 $(1,\ 0)$에서의 접선의 기울기는

$f'(1)=a+6$

두 점 $(0,\ 0)$, $(1,\ 0)$에서의 접선이 서로 수직이므로 두 접선의 기울기의 곱이 -1이다.

즉, $(-a-3)(a+6)=-1$이므로

$a^2+9a+17=0$

이차방정식 $a^2+9a+17=0$의 판별식을 D라 하면

$D=9^2-4\times 17=13>0$

이므로 이차방정식 $a^2+9a+17=0$은 서로 다른 두 실근을 갖는다.

따라서 구하는 모든 실수 a의 값의 곱은 이차방정식의 근과 계수의 관계에 의하여 17이다.

🅐 17

06

$f(x)=x^3-x^2$이라 하면

$f'(x)=3x^2-2x$

$x>0$에서 곡선 $y=x^3-x^2$과 접하는 직선의 접점의 좌표를 $(t,\ t^3-t^2)\ (t>0)$이라 하면 x축의 양의 방향과 이루는 각의 크기가 $45°$인 접선의 기울기는 $\tan 45°=1$이므로

$f'(t)=1$에서 $3t^2-2t=1$

$3t^2-2t-1=0,\ (3t+1)(t-1)=0$

$\therefore t=1\ (\because t>0)$

즉, $x>0$에서 곡선 $y=x^3-x^2$과 접하는 직선의 접점의 좌표는 $(1,\ 0)$이므로 접선의 방정식은

$y=x-1$

따라서 이 접선의 x절편은 1, y절편은 -1이므로 구하는 넓이는

$\dfrac{1}{2}\times 1\times 1=\dfrac{1}{2}$

탭 $\dfrac{1}{2}$

07

$f(x)=x^3+3x^2$이라 하면

$f'(x)=3x^2+6x$

접점의 좌표를 $(t,\ t^3+3t^2)$이라 하면 이 점에서의 접선의 기울기는 $f'(t)=3t^2+6t$이므로 접선의 방정식은

$y-(t^3+3t^2)=(3t^2+6t)(x-t)$

$\therefore y=(3t^2+6t)x-2t^3-3t^2$

이 접선이 점 $(0,\ -1)$을 지나므로

$-1=-2t^3-3t^2,\ 2t^3+3t^2-1=0$

$(t+1)^2(2t-1)=0$

$\therefore t=-1$ 또는 $t=\dfrac{1}{2}$

따라서 두 접선의 기울기의 곱은

$f'(-1)\times f'\left(\dfrac{1}{2}\right)=(-3)\times\dfrac{15}{4}=-\dfrac{45}{4}$

탭 $-\dfrac{45}{4}$

08

$f(x)=x^4+6$이라 하면

$f'(x)=4x^3$

접점의 좌표를 $(t,\ t^4+6)$이라 하면 이 점에서의 접선의 기울기는 $f'(t)=4t^3$이므로 접선의 방정식은

$y-(t^4+6)=4t^3(x-t)$

$\therefore y=4t^3x-3t^4+6$

이 접선이 점 $(0,\ -6)$을 지나므로

$-6=-3t^4+6$

$t^4=4,\ t^2=2\ (\because t^2\geq 0)$

$\therefore t=-\sqrt{2}$ 또는 $t=\sqrt{2}$

따라서 두 접점 A, B의 좌표는 $(-\sqrt{2},\ 10)$, $(\sqrt{2},\ 10)$이므로 삼각형 OAB의 넓이는

$\dfrac{1}{2}\times 2\sqrt{2}\times 10=10\sqrt{2}$

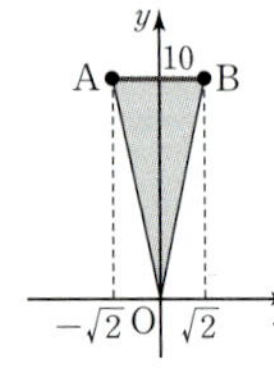

탭 $10\sqrt{2}$

09

$f(x)=-x^3+7x,\ g(x)=ax^2+4$라 하면

$f'(x)=-3x^2+7,\ g'(x)=2ax$

두 곡선의 접점의 x좌표를 t라 하면

$f(t)=g(t)$에서

$-t^3+7t=at^2+4$

$\therefore t^3+at^2-7t+4=0\qquad\cdots\cdots\ \bigcirc$

또한 두 곡선의 접점에서의 접선의 기울기가 서로 같으므로

$f'(t)=g'(t)$에서

$-3t^2+7=2at$

$\therefore at=\dfrac{-3t^2+7}{2}\qquad\cdots\cdots\ \bigcirc\!\!\!\bigcirc$

$\bigcirc\!\!\!\bigcirc$을 $\bigcirc$에 대입하면

$t^3+\dfrac{-3t^3+7t}{2}-7t+4=0$

$2t^3-3t^3+7t-14t+8=0$

$-t^3-7t+8=0$

$(t-1)(t^2+t+8)=0$

$\therefore t=1\ (\because t^2+t+8>0)$

$t=1$을 $\bigcirc\!\!\!\bigcirc$에 대입하면

$a=\dfrac{-3+7}{2}=2$

$f(1)=g(1)=6$이므로 두 곡선의 접점의 좌표는 $(1,\ 6)$이고, 접선의 기울기는

$f'(t)=f'(1)=4$이므로 접선의 방정식은

$y-6=4(x-1)$

$\therefore y=4x+2$

따라서 이 접선의 y절편은 2이므로

$k=2$

$\therefore a+k=2+2=4$

탭 4

10

$f(x)=x^3+8$이라 하면

$f'(x)=3x^2$

점 $(a,\ 9)$가 곡선 $y=f(x)$ 위의 점이므로 $f(a)=9$에서

$a^3+8=9,\ a^3-1=0$

$(a-1)(a^2+a+1)=0$

$\therefore a=1\ (\because a^2+a+1>0)$

곡선 $y=f(x)$ 위의 점 $(a,\ 9)$, 즉 점 $(1,\ 9)$에서의 접선의 기울기는 $f'(1)=3$이므로 접선의 방정식은

$y-9=3(x-1)$

$\therefore y=3x+6\qquad\cdots\cdots\ \bigcirc$

$g(x)=x^3+k$라 하면 $g'(x)=3x^2$

곡선 $y=g(x)$와 접선 $\bigcirc$의 접점의 좌표를 $(t,\ t^3+k)$라 하

면 이 점에서의 접선의 기울기는 $g'(t)=3t^2$이므로 접선의 방정식은

$y-(t^3+k)=3t^2(x-t)$

$\therefore y=3t^2x-2t^3+k$ ...... ㉡

두 접선 ㉠, ㉡이 일치하므로

$3x+6=3t^2x-2t^3+k$

$3=3t^2$에서 $t=-1$ 또는 $t=1$

$6=-2t^3+k$에서

$t=-1$일 때 $k=4$

$t=1$일 때 $k=8$

이때 문제의 조건에서 $k\neq8$이므로

$k=4$

답 4

11

함수 $y=f(x)$의 그래프가 닫힌구간 $[a,\,b]$에서 연속이고, 열린구간 $(a,\,b)$에서 미분가능하다.

또한 $f(a)=f(b)$이므로 롤의 정리에 의하여 $f'(c_1)=0$인 c_1이 열린구간 $(a,\,b)$에 적어도 하나 존재한다.

이때 함수 $y=f(x)$의 그래프에서 $f'(c_1)=0$을 만족시키는 상수 c_1의 개수는 x축과 평행한 접선의 접점의 개수이고, 오른쪽 그림과 같이 3개 그을 수 있으므로 구하는 상수 c_1의 개수는 3이다.

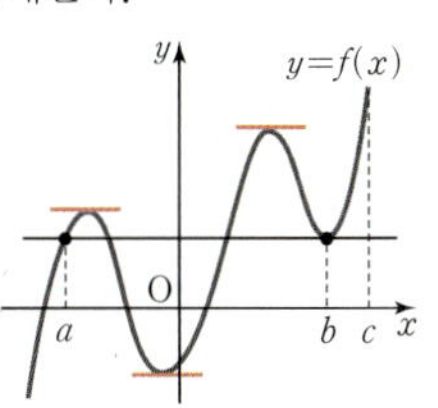

$\therefore m=3$

함수 $y=f(x)$의 그래프가 닫힌구간 $[a,\,c]$에서 연속이고, 열린구간 $(a,\,c)$에서 미분가능하므로 평균값 정리를 만족시키는 상수 c_2가 열린구간 $(a,\,c)$에 적어도 하나 존재한다.

이때 상수 c_2는 두 점 $(a,\,f(a))$, $(c,\,f(c))$를 잇는 직선의 기울기와 같은 미분계수를 갖는 점의 x좌표이다.

따라서 오른쪽 그림과 같이 두 점 $(a,\,f(a))$, $(c,\,f(c))$를 잇는 직선과 평행한 접선을 4개 그을 수 있으므로 구하는 상수 c_2의 개수는 4이다.

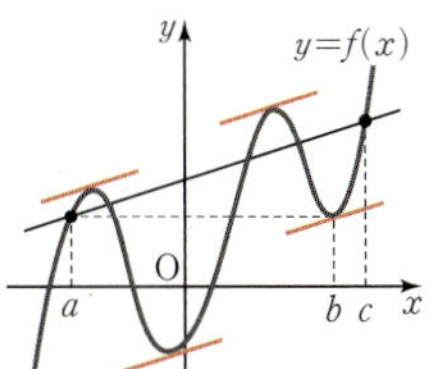

$\therefore n=4$

$\therefore mn=3\times4=12$

답 12

12

$f(x)=|x^2-5x-6|=|(x+1)(x-6)|$이므로

$$f(x)=\begin{cases}-x^2+5x+6 & (-1<x<6)\\ x^2-5x-6 & (x\leq-1 \text{ 또는 } x\geq6)\end{cases}$$

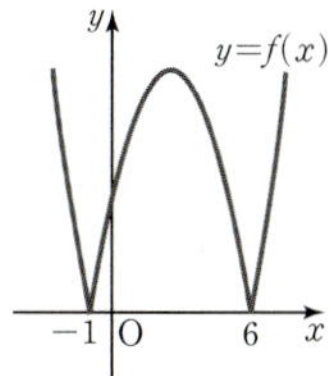

함수 $f(x)$가 닫힌구간 $[0,\,a]$에서 연속이고, 열린구간 $(0,\,a)$에서 미분가능해야하므로 $a\leq6$이고, 이때 평균값 정리에 의하여 $\dfrac{f(a)-f(0)}{a-0}=f'(c)$인 $c=2$가 열린구간 $(0,\,a)$에 적어도 하나 존재한다.

$0<a\leq6$일 때, $0<x<a$에서 $f'(x)=-2x+5$이고 $f(a)=-a^2+5a+6$, $f(0)=6$, $f'(2)=1$이므로

$\dfrac{(-a^2+5a+6)-6}{a-0}=1$에서 $-a+5=1$

$\therefore a=4$

답 4

13

$g(x)=x^3+1$이라 하면 $g'(x)=3x^2$

곡선 $y=x^3+1$과 직선 $x=t$의 교점의 좌표를 $(t,\,t^3+1)$이라 하면 이 점에서의 접선의 기울기는 $g'(t)=3t^2$이므로 접선의 방정식은 $y-(t^3+1)=3t^2(x-t)$

$\therefore y=3t^2x-2t^3+1$

이때 $f(t)$는 직선 $y=3t^2x-2t^3+1$, 즉 $3t^2x-y-2t^3+1=0$과 원점 사이의 거리이므로

$$f(t)=\frac{|-2t^3+1|}{\sqrt{(3t^2)^2+(-1)^2}}=\frac{|2t^3-1|}{\sqrt{9t^4+1}}$$

$$\therefore \lim_{t\to\infty}\frac{f(t)}{t}=\lim_{t\to\infty}\frac{\frac{|2t^3-1|}{\sqrt{9t^4+1}}}{t}=\lim_{t\to\infty}\frac{|2t^3-1|}{t\sqrt{9t^4+1}}$$

$$=\lim_{t\to\infty}\frac{\left|2-\dfrac{1}{t^3}\right|}{\sqrt{9+\dfrac{1}{t^4}}}=\frac{2}{\sqrt{9}}=\frac{2}{3}$$

$$\therefore 15\times\lim_{t\to\infty}\frac{f(t)}{t}=15\times\frac{2}{3}=10$$

답 10

14

$f(x)=x^3+ax^2+bx+c$ ($a,\,b,\,c$는 상수)라 하면

$f'(x)=3x^2+2ax+b$

곡선 $y=f(x)$가 원점을 지나므로

$f(0)=0$에서 $c=0$

곡선 $y=f(x)$ 위의 점 $(-1,\,f(-1))$에서의 접선의 기울기가 1이므로 $f'(-1)=1$에서

$3-2a+b=1$

$\therefore 2a-b=2$ $\quad$ ...... ㉠

한편, 점 $(-1, f(-1))$에서의 접선의 방정식은

$y-f(-1)=x-(-1)$

즉, $y=x+f(-1)+1$이고, 이 접선이 점 $(1, f(1))$을 지나므로

$f(1)=1+f(-1)+1$

$f(1)=f(-1)+2$

$1+a+b=-1+a-b+2$

$\therefore b=0$

$b=0$을 ㉠에 대입하면 $2a=2$

$\therefore a=1$

따라서 $f(x)=x^3+x^2$이므로

$f(2)=8+4=12$

답 12

15

$f(x)=3x^3+1$이라 하면

$f'(x)=9x^2$

점 $(0, k+1)$을 지나는 직선 l이 곡선 $y=f(x)$의 접선이므로 접점의 좌표를 $(a, 3a^3+1)$이라 하자.

이 점에서의 접선의 기울기는 $f'(a)=9a^2$이므로 접선 l의 방정식은

$y-(3a^3+1)=9a^2(x-a)$

$\therefore y=9a^2x-6a^3+1$ $\quad$ ...... ㉠

이 직선이 점 $(0, k+1)$을 지나므로

$k+1=-6a^3+1$

$\therefore k=-6a^3$ $\quad$ ...... ㉡

점 $(k, 1)$을 지나는 직선 m이 곡선 $y=f(x)$의 접선이므로 접점의 좌표를 $(b, 3b^3+1)$이라 하자.

이 점에서의 접선의 기울기는 $f'(b)=9b^2$이므로 접선 m의 방정식은

$y-(3b^3+1)=9b^2(x-b)$

$\therefore y=9b^2x-6b^3+1$ $\quad$ ...... ㉢

이 직선이 점 $(k, 1)$을 지나므로

$1=9b^2k-6b^3+1$

$\therefore 9b^2k=6b^3$ $\quad$ ...... ㉣

한편, 두 직선 l, m이 서로 평행하므로 ㉠, ㉢에서

$9a^2=9b^2$, $a^2=b^2$

이때 두 직선이 일치하지 않으므로

$a=-b$ $\quad$ ...... ㉤

㉡을 ㉣에 대입하면

$9b^2\times(-6a^3)=6b^3$

이고, ㉤에 의하여 $9b^2\times6b^3=6b^3$

$6b^3(3b+1)(3b-1)=0$

이때 $k>0$이므로 ㉡에서 $a<0$, ㉣에서 $b>0$이다.

따라서 $b=\dfrac{1}{3}$이므로 ㉤에서 $a=-\dfrac{1}{3}$, ㉡에서 $k=\dfrac{2}{9}$이다.

답 $\dfrac{2}{9}$

16

$f(x)=x^3+2x^2+x$라 하면

$f'(x)=3x^2+4x+1$

접점의 좌표를 (t, t^3+2t^2+t)라 하면 이 점에서의 접선의 기울기는 $f'(t)=3t^2+4t+1$이므로 접선의 방정식은

$y-(t^3+2t^2+t)=(3t^2+4t+1)(x-t)$

$\therefore y=(3t^2+4t+1)x-2t^3-2t^2$

이 접선이 점 $(a, 0)$을 지나므로

$0=(3t^2+4t+1)a-2t^3-2t^2$

$2t^3+(2-3a)t^2-4at-a=0$

$\therefore (t+1)(2t^2-3at-a)=0$ $\quad$ ...... ㉠

이때 서로 다른 접선이 두 개이므로 t에 대한 삼차방정식 ㉠이 오직 서로 다른 두 실근을 가져야 한다.

따라서 이차방정식 $2t^2-3at-a=0$이 $t=-1$을 중근이 아닌 한 근으로 갖거나 $t\neq-1$인 중근을 가져야 한다.

(i) 이차방정식 $2t^2-3at-a=0$의 한 실근이 $t=-1$인 경우

$2+3a-a=0$에서 $2a+2=0$

$\therefore a=-1$

이때 $2t^2-3at-a=2t^2+3t+1=(2t+1)(t+1)=0$

에서 다른 한 근은 $-\dfrac{1}{2}$이므로 조건을 만족시킨다.

(ii) 이차방정식 $2t^2-3at-a=0$이 $t\neq-1$인 중근을 갖는 경우

이차방정식 $2t^2-3at-a=0$의 판별식을 D라 하면

$D=(-3a)^2-4\times2\times(-a)=a(9a+8)=0$에서

$a=0$ 또는 $a=-\dfrac{8}{9}$

각각의 경우 (i)에 의하여 $t\neq-1$이므로 조건을 만족시킨다.

(i), (ii)에서 모든 상수 a의 값의 합은

$(-1)+0+\left(-\dfrac{8}{9}\right)=-\dfrac{17}{9}$

답 $-\dfrac{17}{9}$

17

$f(x)=x^3+ax^2+bx$에서

$f'(x)=3x^2+2ax+b$

곡선 $y=f(x)$ 위의 점 (t, t^3+at^2+bt)에서의 접선의 기울기는 $f'(t)=3t^2+2at+b$이므로 접선의 방정식은

$y-(t^3+at^2+bt)=(3t^2+2at+b)(x-t)$

$$\therefore y=(3t^2+2at+b)x-2t^3-at^2$$

이 접선의 y절편은 $-2t^3-at^2$이므로
$$g(t)=-2t^3-at^2$$

따라서 함수 $h(t)$는
$$h(t)=\begin{cases} |t(2t+a)| & (t>0) \\ 0 & (t=0) \\ -|t(2t+a)| & (t<0) \end{cases}$$

이므로 $a<0$인 경우, $a=0$인 경우, $a>0$인 경우로 나누어 함수 $y=h(t)$의 그래프를 그려 보면 다음과 같다.

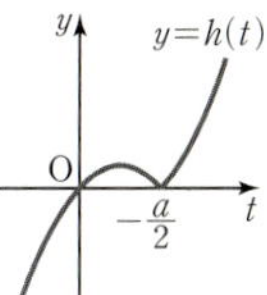
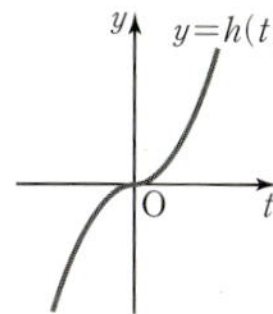
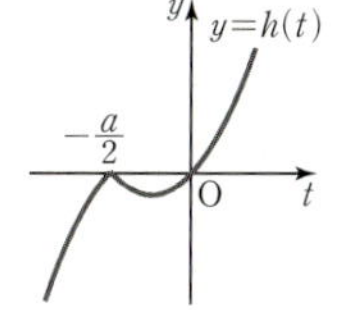

$a<0$인 경우 $a=0$인 경우 $a>0$인 경우

한편, 조건 ㈏에서 함수 $h(t)$는 실수 전체의 집합에서 미분가능하므로 $a=0$이어야 한다.

그러므로 $f(x)=x^3+bx$이고 조건 ㈎에서
$$f(1)=1+b=2 \qquad \therefore b=1$$

따라서 $f(x)=x^3+x$이므로
$$f(2)=8+2=10$$

답 10

18

함수 $f(x)$가 실수 전체의 집합에서 미분가능하므로 닫힌구간 $[1, 5]$에서 연속이고 열린구간 $(1, 5)$에서 미분가능하다.

즉, 평균값 정리에 의하여
$$\frac{f(5)-f(1)}{5-1}=f'(c) \qquad \cdots\cdots \text{㉠}$$

를 만족시키는 상수 c가 열린구간 $(1, 5)$에 적어도 하나 존재한다.

이때 조건 ㈏에 의하여
$$f'(c)\geq 5$$

이고 조건 ㈎에서 $f(1)=3$이므로 ㉠에서
$$\frac{f(5)-3}{4}\geq 5 \qquad \therefore f(5)\geq 23$$

따라서 $f(5)$의 최솟값은 23이다.

답 ③

19

$f(x)=x^3+ax^2-2x$라 하면
$$f'(x)=3x^2+2ax-2$$

곡선 $y=f(x)$ 위의 점 $\mathrm{O}(0, 0)$에서의 접선의 기울기는 $f'(0)=-2$이므로 접선의 방정식은
$$y=-2x$$

곡선 $y=f(x)$와 직선 $y=-2x$가 점 A에서 만나므로

$x^3+ax^2-2x=-2x$에서
$$x^2(x+a)=0$$

이때 점 A는 점 O가 아니므로 점 A의 x좌표는 $-a$이다.
$$\therefore \mathrm{A}(-a, 2a)$$

한편, 선분 OB의 중점이 삼각형 OAB의 외접원의 중심이므로 삼각형 OAB는 $\angle\mathrm{OAB}=90°$인 직각삼각형이다.

즉, $\overline{\mathrm{OA}}\perp\overline{\mathrm{AB}}$이므로 두 직선 OA, AB는 서로 수직이고 직선 OA의 기울기가 -2이므로 직선 AB의 기울기는 $\dfrac{1}{2}$이다.

곡선 $y=f(x)$ 위의 점 $\mathrm{A}(-a, 2a)$에서의 접선의 기울기는 $f'(-a)=3a^2-2a^2-2=a^2-2$이므로
$$a^2-2=\frac{1}{2},\ a^2=\frac{5}{2}$$

$$\therefore a=\frac{\sqrt{10}}{2}\ (\because a>0)$$

점 $\mathrm{A}\left(-\dfrac{\sqrt{10}}{2}, \sqrt{10}\right)$이므로 접선 AB의 방정식은
$$y-\sqrt{10}=\frac{1}{2}\left\{x-\left(-\frac{\sqrt{10}}{2}\right)\right\}$$

$$\therefore y=\frac{1}{2}x+\frac{5\sqrt{10}}{4}$$

$y=0$을 위 식에 대입하면 $x=-\dfrac{5\sqrt{10}}{2}$

$$\therefore \mathrm{B}\left(-\frac{5\sqrt{10}}{2}, 0\right)$$

따라서 삼각형 OAB의 넓이는
$$\frac{1}{2}\times\frac{5\sqrt{10}}{2}\times\sqrt{10}=\frac{25}{2}$$

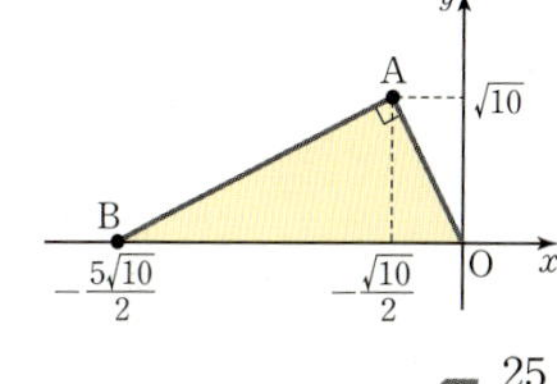

답 $\dfrac{25}{2}$

20

점 $(0, 0)$이 곡선 $y=f(x)$ 위의 점이므로
$$f(0)=0 \qquad \cdots\cdots \text{㉠}$$

점 $(0, 0)$에서의 접선의 기울기는 $f'(0)$이므로 접선의 방정식은
$$y=f'(0)x \qquad \cdots\cdots \text{㉡}$$

$g(x)=xf(x)$라 하면
점 $(1, 2)$가 곡선 $y=g(x)$ 위의 점이므로
$$g(1)=f(1)=2 \qquad \cdots\cdots \text{㉢}$$

$g'(x)=f(x)+xf'(x)$이고
곡선 $y=g(x)$ 위의 점 $(1, 2)$에서의 접선의 기울기는
$$g'(1)=f(1)+f'(1)=2+f'(1)$$

이므로 접선의 방정식은
$$y-2=\{2+f'(1)\}(x-1)$$

$$\therefore y=\{2+f'(1)\}x-f'(1) \qquad \cdots\cdots \text{㉣}$$

두 접선 ㉡, ㉣이 서로 일치하므로
$$2+f'(1)=f'(0), \ f'(1)=0$$
따라서 $f'(0)=2$이므로
$f(x)=ax^3+bx^2+cx+d \ (a, \ b, \ c, \ d$는 상수$)$라 하면
$$f'(x)=3ax^2+2bx+c$$
㉠에서 $d=0$
㉢에서 $a+b+c+d=2$
$f'(1)=0$이므로 $3a+2b+c=0$
$f'(0)=2$이므로 $c=2$
위 식을 연립하여 풀면
$$a=-2, \ b=2$$
따라서 $f'(x)=-6x^2+4x+2$이므로
$$f'(2)=-24+8+2=-14$$

답 ⑤

05 도함수의 활용 (2)

01 함수의 증가와 감소

개념 CHECK

01 (1) 풀이 참조 (2) 풀이 참조

02 (1) $a \leq -\dfrac{1}{3}$ (2) $a \geq 9$

01

(1) $f(x)=x^3+6x^2+9x+1$에서
$$f'(x)=3x^2+12x+9$$
$$=3(x^2+4x+3)=3(x+3)(x+1)$$
$f'(x)=0$에서 $x=-3$ 또는 $x=-1$
함수 $f(x)$의 증가와 감소를 표로 나타내면 다음과 같다.

x	$\cdots$	-3	$\cdots$	-1	$\cdots$
$f'(x)$	$+$	0	$-$	0	$+$
$f(x)$	$\nearrow$	1	$\searrow$	-3	$\nearrow$

따라서 함수 $f(x)$는 구간 $(-\infty, \ -3]$과 구간 $[-1, \ \infty)$
에서 증가하고, 닫힌구간 $[-3, \ -1]$에서 감소한다.

(2) $f(x)=-2x^3-6x^2+18x$에서
$$f'(x)=-6x^2-12x+18=-6(x+3)(x-1)$$
$f'(x)=0$에서 $x=-3$ 또는 $x=1$
함수 $f(x)$의 증가와 감소를 표로 나타내면 다음과 같다.

x	$\cdots$	-3	$\cdots$	1	$\cdots$
$f'(x)$	$-$	0	$+$	0	$-$
$f(x)$	$\searrow$	-54	$\nearrow$	10	$\searrow$

따라서 함수 $f(x)$는 구간 $(-\infty, \ -3]$과 구간 $[1, \ \infty)$
에서 감소하고, 닫힌구간 $[-3, \ 1]$에서 증가한다.

답 (1) 풀이 참조 (2) 풀이 참조

02

(1) $f(x)=-x^3+x^2+ax+1$에서
$$f'(x)=-3x^2+2x+a$$
함수 $f(x)$가 실수 전체의 집합에서 감소하려면 모든 실수
x에 대하여 $f'(x) \leq 0$이어야 하므로 이차방정식 $f'(x)=0$
의 판별식을 D라 하면
$$\frac{D}{4}=1+3a \leq 0 \qquad \therefore a \leq -\frac{1}{3}$$

(2) $f(x)=-4x^3+ax^2+12x-2$에서
$f'(x)=-12x^2+2ax+12$
함수 $f(x)$가 열린구간 $(1,\ 2)$에서 증가하려면 열린구간 $(1,\ 2)$에서 $f'(x)\geq0$이어야 하므로 오른쪽 그림에서
$f'(1)=(-12)+2a+12\geq0$
$\therefore a\geq0$ ······ ㉠
$f'(2)=(-48)+4a+12\geq0$
$\therefore a\geq9$ ······ ㉡
㉠, ㉡에서 $a\geq9$

目 (1) $a\leq-\dfrac{1}{3}$ (2) $a\geq9$

본문 172~175쪽

유제

01-1 (1) 풀이 참조　(2) 풀이 참조
01-2 6　　**01-3** -18　**01-4** ㄱ, ㄹ
02-1 (1) 2　(2) $k\geq6$　　**02-2** 30
02-3 3　　　　**02-4** 1

01-1

(1) $f(x)=2x^3+9x^2-24x-9$에서
$f'(x)=6x^2+18x-24=6(x+4)(x-1)$
$f'(x)=0$에서 $x=-4$ 또는 $x=1$
함수 $f(x)$의 증가와 감소를 표로 나타내면 다음과 같다.

x	$\cdots$	-4	$\cdots$	1	$\cdots$
$f'(x)$	$+$	0	$-$	0	$+$
$f(x)$	↗	103	↘	-22	↗

따라서 함수 $f(x)$는 구간 $(-\infty,\ -4]$와 구간 $[1,\ \infty)$에서 증가하고, 닫힌구간 $[-4,\ 1]$에서 감소한다.
(2) $f(x)=x^4-2x^2+4$에서
$f'(x)=4x^3-4x=4x(x+1)(x-1)$
$f'(x)=0$에서 $x=-1$ 또는 $x=0$ 또는 $x=1$
함수 $f(x)$의 증가와 감소를 표로 나타내면 다음과 같다.

x	$\cdots$	-1	$\cdots$	0	$\cdots$	1	$\cdots$
$f'(x)$	$-$	0	$+$	0	$-$	0	$+$
$f(x)$	↘	3	↗	4	↘	3	↗

따라서 함수 $f(x)$는 구간 $(-\infty,\ -1]$과 닫힌구간 $[0,\ 1]$에서 감소하고, 닫힌구간 $[-1,\ 0]$과 구간 $[1,\ \infty)$에서 증가한다.

目 (1) 풀이 참조　(2) 풀이 참조

01-2

$f(x)=-x^3+3x^2+24x+3$에서
$f'(x)=-3x^2+6x+24=-3(x+2)(x-4)$
$f'(x)=0$에서 $x=-2$ 또는 $x=4$
함수 $f(x)$의 증가와 감소를 표로 나타내면 다음과 같다.

x	$\cdots$	-2	$\cdots$	4	$\cdots$
$f'(x)$	$-$	0	$+$	0	$-$
$f(x)$	↘	-25	↗	83	↘

이때 함수 $f(x)$는 닫힌구간 $[-2,\ 4]$에서 증가한다.
따라서 닫힌구간 $[a,\ b]$가 닫힌구간 $[-2,\ 4]$에 포함되어야 하므로
$-2\leq a<b\leq4$
즉, $m=-2$, $M=4$이므로
$M-m=4-(-2)=6$

目 6

01-3

$f(x)=2x^3+ax^2+bx+4$에서
$f'(x)=6x^2+2ax+b$
함수 $f(x)$가 구간 $(-\infty,\ -1]$과 구간 $[3,\ \infty)$에서 증가하고, 닫힌구간 $[-1,\ 3]$에서 감소하므로 $x\leq-1$, $x\geq3$에서 $f'(x)\geq0$이고 $-1\leq x\leq3$에서 $f'(x)\leq0$이다.
따라서 이차방정식 $f'(x)=0$의 두 실근은 -1, 3이다.
$f'(x)=6(x+1)(x-3)=6x^2-12x-18$
에서 $2a=-12$, $b=-18$
$\therefore a=-6$, $b=-18$
따라서 $f(x)=2x^3-6x^2-18x+4$이므로
$f(1)=2-6-18+4=-18$

[다른 풀이]

$f(x)=2x^3+ax^2+bx+4$에서
$f'(x)=6x^2+2ax+b$ ······ ㉠
함수 $f(x)$가 구간 $(-\infty,\ -1]$과 구간 $[3,\ \infty)$에서 증가하고, 닫힌구간 $[-1,\ 3]$에서 감소하므로 $x\leq-1$, $x\geq3$에서 $f'(x)\geq0$이고 $-1\leq x\leq3$에서 $f'(x)\leq0$이다.
따라서 이차방정식 $f'(x)=0$의 두 실근은 -1, 3이므로 이차방정식의 근과 계수의 관계에 의하여 ㉠에서
$(-1)+3=-\dfrac{2a}{6}$, $(-1)\times3=\dfrac{b}{6}$
$\therefore a=-6$, $b=-18$
따라서 $f(x)=2x^3-6x^2-18x+4$이므로
$f(1)=2-6-18+4=-18$

삼차함수 $f(x)$에 대하여
(1) 함수 $f(x)$가 구간 $(-\infty,\ \alpha]$와 구간 $[\beta,\ \infty)$에서 증가
　하면서 닫힌구간 $[\alpha,\ \beta]$에서 감소하면
　　$f'(x)=a(x-\alpha)(x-\beta)\ (a>0)$
(2) 함수 $f(x)$가 구간 $(-\infty,\ \alpha]$와 구간 $[\beta,\ \infty)$에서 감소
　하면서 닫힌구간 $[\alpha,\ \beta]$에서 증가하면
　　$f'(x)=a(x-\alpha)(x-\beta)\ (a<0)$

답 -18

01-4

$f'(x)=0$을 만족시키는 x의 값은 $x=-2$ 또는 $x=0$ 또는 $x=4$ 또는 $x=7$이므로 닫힌구간 $[-2,\ 7]$에서 함수 $f(x)$의 증가와 감소를 표로 나타내면 다음과 같다.

x	-2	$\cdots$	0	$\cdots$	4	$\cdots$	7
$f'(x)$	0	$-$	0	$+$	0	$-$	0
$f(x)$		$\searrow$		$\nearrow$		$\searrow$	

ㄱ. $f(x)$는 닫힌구간 $[0,\ 4]$에서 증가한다. (참)
ㄴ. $f(x)$는 닫힌구간 $[-1,\ 0]$에서 감소하고, 닫힌구간 $[0,\ 2]$에서 증가한다. (거짓)
ㄷ. $f(x)$는 닫힌구간 $[2,\ 4]$에서 증가하고, 닫힌구간 $[4,\ 6]$에서 감소한다. (거짓)
ㄹ. $f(x)$는 닫힌구간 $[-2,\ 0]$에서 감소한다. (참)
따라서 옳은 것은 ㄱ, ㄹ이다.

답 ㄱ, ㄹ

02-1

(1) $f(x)=-2x^3-6ax^2-12ax-16$에서
　$f'(x)=-6x^2-12ax-12a$
　함수 $f(x)$가 실수 전체의 집합에서 감소하려면 모든 실수 x에 대하여 $f'(x)\leq0$이어야 하므로 이차방정식 $f'(x)=0$의 판별식을 D라 하면
　$\dfrac{D}{4}=36a^2-72a\leq0,\ 36a(a-2)\leq0$
　$\therefore 0\leq a\leq2$
　따라서 구하는 자연수 a는 1, 2의 2개이다.
(2) $f(x)=-2x^3-kx^2+1$에서
　$f'(x)=-6x^2-2kx$
　함수 $f(x)$가 닫힌구간 $[-2,\ -1]$에서 증가하려면 닫힌구간 $[-2,\ -1]$에서 $f'(x)\geq0$이어야 하므로 오른쪽 그림에서

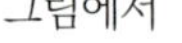

　$f'(-2)=(-24)+4k\geq0$　　$\therefore k\geq6$　　$\cdots\cdots$ ㉠

$f'(-1)=(-6)+2k\geq0$　　$\therefore k\geq3$　　$\cdots\cdots$ ㉡
㉠, ㉡에서 $k\geq6$

답 (1) 2　(2) $k\geq6$

02-2

$f(x)=x^3-ax+3$에서
$f'(x)=3x^2-a$
함수 $f(x)$가 감소하는 구간이 닫힌구간 $[-3,\ b]$이므로 $f'(x)\leq0$인 x의 값의 범위가 $-3\leq x\leq b$이다.
즉, 이차부등식 $f'(x)\leq0$의 해가 $-3\leq x\leq b$이므로
$f'(x)=3(x+3)(x-b)$
　　　$=3x^2-3(b-3)x-9b$
따라서 $b-3=0,\ a=9b$에서
$a=27,\ b=3$
$\therefore a+b=27+3=30$

답 30

02-3

$f(x)=-\dfrac{1}{3}x^3+ax^2-3ax+1$에서
$f'(x)=-x^2+2ax-3a$
$x_1<x_2$인 임의의 두 실수 $x_1,\ x_2$에 대하여 항상 $f(x_1)>f(x_2)$이므로 함수 $f(x)$는 실수 전체의 집합에서 감소한다.
즉, 모든 실수 x에 대하여 $f'(x)\leq0$이어야 하므로 이차방정식 $f'(x)=0$의 판별식을 D라 하면
$\dfrac{D}{4}=a^2-3a\leq0,\ a(a-3)\leq0$
$\therefore 0\leq a\leq3$
따라서 실수 a의 최댓값은 3이다.

함수 $f(x)$가 임의의 두 실수 $x_1,\ x_2$에 대하여
(1) $x_1<x_2$일 때 $f(x_1)<f(x_2)$가 성립하면 함수 $f(x)$는 실수 전체의 집합에서 증가한다.
(2) $x_1<x_2$일 때 $f(x_1)>f(x_2)$가 성립하면 함수 $f(x)$는 실수 전체의 집합에서 감소한다.

답 3

02-4

$f(x)=ax^3-3x^2+3x+2$에서
$f'(x)=3ax^2-6x+3$
함수 $f(x)$의 역함수가 존재하려면 $f(x)$는 일대일대응이어야 한다. 이때 함수 $f(x)$의 최고차항의 계수가 양수이므로 $f(x)$는 실수 전체의 집합에서 증가해야 한다.
즉, 모든 실수 x에서 $f'(x)\geq0$이어야 하므로 이차방정식

$f'(x)=0$의 판별식을 D라 하면

$$\frac{D}{4}=9-9a\leq 0 \qquad \therefore a\geq 1$$

따라서 양수 a의 최솟값은 1이다.

답 1

02 함수의 극대와 극소

개념 CHECK

01 극댓값: 17, 극솟값: -15 **02** -24

01

$f(x)=-x^3+12x+1$에서

$f'(x)=-3x^2+12=-3(x+2)(x-2)$이므로

$f'(x)=0$에서 $x=-2$ 또는 $x=2$

함수 $f(x)$의 증가와 감소를 표로 나타내면 다음과 같다.

x	$\cdots$	-2	$\cdots$	2	$\cdots$
$f'(x)$	$-$	0	$+$	0	$-$
$f(x)$	$\searrow$	-15	$\nearrow$	17	$\searrow$

따라서 함수 $f(x)$는 $x=-2$에서 극솟값 -15, $x=2$에서 극댓값 17을 갖는다.

답 극댓값: 17, 극솟값: -15

02

$f(x)=x^3+ax^2+15x+b$에서

$f'(x)=3x^2+2ax+15$

함수 $f(x)$가 $x=1$에서 극댓값 8을 가지므로

$f'(1)=0, f(1)=8$

$f'(1)=3+2a+15=0 \qquad \therefore a=-9 \qquad \cdots\cdots$ ㉠

$f(1)=1+a+15+b=8 \qquad \therefore a+b=-8 \qquad \cdots\cdots$ ㉡

㉠, ㉡에서 $a=-9, b=1$이므로

$f(x)=x^3-9x^2+15x+1$

$f'(x)=3x^2-18x+15=3(x-1)(x-5)$

$f'(x)=0$에서 $x=1$ 또는 $x=5$

함수 $f(x)$의 증가와 감소를 표로 나타내면 다음과 같다.

x	$\cdots$	1	$\cdots$	5	$\cdots$
$f'(x)$	$+$	0	$-$	0	$+$
$f(x)$	$\nearrow$	8	$\searrow$	-24	$\nearrow$

따라서 함수 $f(x)$는 $x=5$에서 극솟값 -24를 갖는다.

답 -24

유제

03-1 (1) 극댓값: 28, 극솟값: -4

(2) 극댓값: 1, 극솟값: $-\dfrac{1}{2}$

03-2 -4 **03-3** ㄴ   **03-4** 21   **04-1** 15

04-2 19   **04-3** $\dfrac{1}{2}$ **04-4** $-\dfrac{3}{2}$ **05-1** -1

05-2 ㄷ   **05-3** -38 **05-4** $-\dfrac{8}{5}$

03-1

(1) $f(x)=-x^3+3x^2+9x+1$에서

$f'(x)=-3x^2+6x+9=-3(x+1)(x-3)$

$f'(x)=0$에서 $x=-1$ 또는 $x=3$

함수 $f(x)$의 증가와 감소를 표로 나타내면 다음과 같다.

x	$\cdots$	-1	$\cdots$	3	$\cdots$
$f'(x)$	$-$	0	$+$	0	$-$
$f(x)$	$\searrow$	-4	$\nearrow$	28	$\searrow$

따라서 함수 $f(x)$는 $x=-1$에서 극솟값 -4, $x=3$에서 극댓값 28을 갖는다.

(2) $f(x)=\dfrac{3}{2}x^4-3x^2+1$에서

$f'(x)=6x^3-6x=6x(x+1)(x-1)$

$f'(x)=0$에서 $x=-1$ 또는 $x=0$ 또는 $x=1$

함수 $f(x)$의 증가와 감소를 표로 나타내면 다음과 같다.

x	$\cdots$	-1	$\cdots$	0	$\cdots$	1	$\cdots$
$f'(x)$	$-$	0	$+$	0	$-$	0	$+$
$f(x)$	$\searrow$	$-\dfrac{1}{2}$	$\nearrow$	1	$\searrow$	$-\dfrac{1}{2}$	$\nearrow$

따라서 함수 $f(x)$는 $x=-1$에서 극솟값 $-\dfrac{1}{2}$, $x=0$에서 극댓값 1, $x=1$에서 극솟값 $-\dfrac{1}{2}$을 갖는다.

답 (1) 극댓값: 28, 극솟값: -4
(2) 극댓값: 1, 극솟값: $-\dfrac{1}{2}$

03-2

$f(x)=x^3+6x^2-15x+3$에서

$f'(x)=3x^2+12x-15=3(x+5)(x-1)$

$f'(x)=0$에서 $x=-5$ 또는 $x=1$

함수 $f(x)$의 증가와 감소를 표로 나타내면 다음과 같다.

x	$\cdots$	-5	$\cdots$	1	$\cdots$
$f'(x)$	$+$	0	$-$	0	$+$
$f(x)$	$\nearrow$	103	$\searrow$	-5	$\nearrow$

따라서 함수 $f(x)$는 $x=1$에서 극솟값 -5를 가지므로
$a=1$, $b=-5$
$\therefore a+b=1+(-5)=-4$

답 -4

03-3

$f(x)=x^4+2x^3-3x^2-4x+3$에서
$f'(x)=4x^3+6x^2-6x-4=2(x+2)(2x+1)(x-1)$
$f'(x)=0$에서 $x=-2$ 또는 $x=-\dfrac{1}{2}$ 또는 $x=1$
함수 $f(x)$의 증가와 감소를 표로 나타내면 다음과 같다.

x	$\cdots$	-2	$\cdots$	$-\dfrac{1}{2}$	$\cdots$	1	$\cdots$
$f'(x)$	$-$	0	$+$	0	$-$	0	$+$
$f(x)$	$\searrow$	-1	$\nearrow$	$\dfrac{65}{16}$	$\searrow$	-1	$\nearrow$

함수 $f(x)$는 $x=-2$에서 극솟값 -1, $x=-\dfrac{1}{2}$에서 극댓값 $\dfrac{65}{16}$, $x=1$에서 극솟값 -1을 갖는다.

ㄱ. 함수 $f(x)$는 구간 $(-\infty,\ 0)$에서 $x=-\dfrac{1}{2}$일 때 1개의 극댓값을 갖는다. (거짓)

ㄴ. 함수 $f(x)$는 구간 $(0,\ \infty)$에서 $x=1$일 때 1개의 극솟값을 갖는다. (참)

ㄷ. 함수 $f(x)$는 $x=-\dfrac{1}{2}$일 때 극댓값 $\dfrac{65}{16}$를 갖는다. (거짓)

따라서 옳은 것은 ㄴ이다.

답 ㄴ

03-4

$f(x)=3x^4-4x^3-12x^2+3$에서
$f'(x)=12x^3-12x^2-24x=12x(x+1)(x-2)$
$f'(x)=0$에서 $x=-1$ 또는 $x=0$ 또는 $x=2$
함수 $f(x)$의 증가와 감소를 표로 나타내면 다음과 같다.

x	$\cdots$	-1	$\cdots$	0	$\cdots$	2	$\cdots$
$f'(x)$	$-$	0	$+$	0	$-$	0	$+$
$f(x)$	$\searrow$	-2	$\nearrow$	3	$\searrow$	-29	$\nearrow$

함수 $f(x)$는 $x=-1$에서 극솟값 -2, $x=0$ 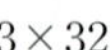

함수 $f(x)$는 $x=-1$에서 극솟값 -2, $x=0$에서 극댓값 3, $x=2$에서 극솟값 -29를 가지므로 A$(-1,\ -2)$, B$(0,\ 3)$, C$(2,\ -29)$라 하면 삼각형 ABC의 넓이는 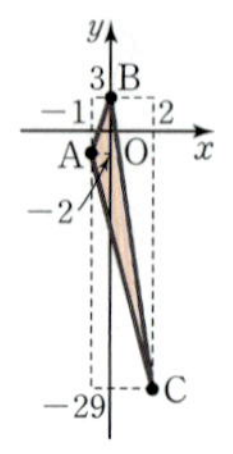

$$3\times 32-\left(\frac{1}{2}\times 1\times 5+\frac{1}{2}\times 3\times 27+\frac{1}{2}\times 2\times 32\right)$$
$$=21$$

답 21

04-1

$f(x)=-x^3+ax^2+bx+10$에서
$f'(x)=-3x^2+2ax+b$
함수 $f(x)$가 $x=-3$에서 극솟값 -17을 가지므로
$f'(-3)=0, f(-3)=-17$
$f'(-3)=-27-6a+b=0$에서
$6a-b=-27$ $\quad\cdots\cdots$ ㉠
$f(-3)=27+9a-3b+10=-17$에서
$3a-b=-18$ $\quad\cdots\cdots$ ㉡
㉠, ㉡에서 $a=-3$, $b=9$이므로
$f(x)=-x^3-3x^2+9x+10$
$f'(x)=-3x^2-6x+9=-3(x+3)(x-1)$
$f'(x)=0$에서 $x=-3$ 또는 $x=1$
함수 $f(x)$의 증가와 감소를 표로 나타내면 다음과 같다.

x	$\cdots$	-3	$\cdots$	1	$\cdots$
$f'(x)$	$-$	0	$+$	0	$-$
$f(x)$	$\searrow$	-17	$\nearrow$	15	$\searrow$

따라서 함수 $f(x)$는 $x=1$에서 극댓값 15를 갖는다.

답 15

04-2

$f(x)=-2x^3+ax^2+bx+3$에서
$f'(x)=-6x^2+2ax+b$
함수 $f(x)$가 $x=-1$, $x=2$에서 극값을 가지므로
$f'(-1)=0, f'(2)=0$
즉, 이차방정식 $f'(x)=0$의 두 실근이 $x=-1$, $x=2$이므로
$f'(x)=-6(x+1)(x-2)=-6x^2+6x+12$
따라서 $2a=6$, $b=12$이므로
$a=3$, $b=12$
$f(x)=-2x^3+3x^2+12x+3$이므로
$f(-1)=2+3-12+3=-4$
$f(2)=(-16)+12+24+3=23$
따라서 함수 $f(x)$의 극댓값과 극솟값의 합은
$23+(-4)=19$

함수 $f(x)$가 $x=a$, $x=b$에서 극값을 가지면
$f'(a)=0$, $f'(b)=0$
이때 함수 $f(x)$가 삼차식이면 $f'(x)$는 이차식이므로
$f'(x)=0$은 이차방정식이고,
$f'(x)=k(x-a)(x-b)$ (단, k는 0이 아닌 상수이다.)
따라서 $x=a$, $x=b$가 이차방정식 $f'(x)=0$의 근임을 이용하여 이차방정식의 근과 계수의 관계를 이용할 수 있다.

답 19

04-3

$f(x)=\dfrac{1}{2}x^3-3ax^2+2a$에서

$f'(x)=\dfrac{3}{2}x^2-6ax=\dfrac{3}{2}x(x-4a)$

$f'(x)=0$에서 $x=0$ 또는 $x=4a$
함수 $f(x)$의 증가와 감소를 표로 나타내면 다음과 같다.

x	$\cdots$	0	$\cdots$	$4a$	$\cdots$
$f'(x)$	$+$	0	$-$	0	$+$
$f(x)$	↗	$2a$	↘	$-16a^3+2a$	↗

함수 $f(x)$는 $x=0$에서 극댓값 $2a$, $x=4a$에서 극솟값 $-16a^3+2a$를 갖고, 극댓값과 극솟값의 절댓값이 같으므로
$2a+(-16a^3+2a)=0$, $-4a(2a+1)(2a-1)=0$
$\therefore a=\dfrac{1}{2}\ (\because a>0)$

삼차함수의 극댓값과 극솟값의 절댓값이 같다.
➡ (극댓값)+(극솟값)$=0$

답 $\dfrac{1}{2}$

04-4

$f(x)=x^3+ax^2+bx+2$에서
$f'(x)=3x^2+2ax+b$
미분가능한 함수 $f(x)$가 $x=-2$에서 극값을 가지므로
$f'(-2)=12-4a+b=0$
$\therefore 4a-b=12$ $\quad$ ...... ㉠
곡선 $y=f(x)$ 위의 $x=2$인 점에서의 접선의 기울기가 12이므로
$f'(2)=12+4a+b=12$
$\therefore 4a+b=0$ $\quad$ ...... ㉡
㉠, ㉡에서 $a=\dfrac{3}{2}$, $b=-6$
따라서 $f(x)=x^3+\dfrac{3}{2}x^2-6x+2$이므로
$f'(x)=3x^2+3x-6=3(x+2)(x-1)$

$f'(x)=0$에서 $x=-2$ 또는 $x=1$
함수 $f(x)$의 증가와 감소를 표로 나타내면 다음과 같다.

x	$\cdots$	-2	$\cdots$	1	$\cdots$
$f'(x)$	$+$	0	$-$	0	$+$
$f(x)$	↗	12	↘	$-\dfrac{3}{2}$	↗

따라서 함수 $f(x)$는 $x=1$에서 극솟값 $-\dfrac{3}{2}$을 갖는다.

답 $-\dfrac{3}{2}$

05-1

열린구간 $(-4, 10)$에서 $f'(x)=0$을 만족시키는 x의 값은
-3, -1, 3, 5, 9
함수 $f(x)$의 증가와 감소를 표로 나타내면 다음과 같다.

x	(-4)	$\cdots$	-3	$\cdots$	-1	$\cdots$	3	$\cdots$	5	$\cdots$	9	$\cdots$	(10)
$f'(x)$		$-$	0	$-$	0	$+$	0	$+$	0	$-$	0	$+$	
$f(x)$		↘		↘	극소	↗		↗	극대	↘	극소	↗	

따라서 함수 $f(x)$는 $x=5$에서 극댓값을 갖고, $x=-1$과 $x=9$에서 극솟값을 가지므로
$a=1$, $b=2$
$\therefore a-b=1-2=-1$

답 -1

05-2

열린구간 $(-5, 5)$에서 $f'(x)=0$을 만족시키는 x의 값은
a, 0, d
함수 $f(x)$의 증가와 감소를 표로 나타내면 다음과 같다.

x	(-5)	$\cdots$	a	$\cdots$	0	$\cdots$	d	$\cdots$	(5)
$f'(x)$		$+$	0	$+$	0	$-$	0	$-$	
$f(x)$		↗		↗	극대	↘		↘	

함수 $f(x)$는 $x=0$에서 극댓값을 갖는다.
ㄱ. 열린구간 $(-5, 5)$에서 함수 $f(x)$는 1개의 극값을 갖는다. (거짓)
ㄴ. 함수 $f(x)$는 극솟값을 갖지 않는다. (거짓)
ㄷ. 열린구간 $(-5, 5)$에서 함수 $f(x)$의 극댓값은 한 개뿐이다. (참)
따라서 옳은 것은 ㄷ이다.

답 ㄷ

05-3

$f(x)=x^3+ax^2+bx+1$에서
$f'(x)=3x^2+2ax+b$

주어진 그래프에서 $f'(x)=0$을 만족시키는 x의 값은 -1, 3
이므로
$$f'(x)=3(x+1)(x-3)=3x^2-6x-9$$
따라서 $2a=-6$, $b=-9$이므로
$$a=-3,\ b=-9$$
$$\therefore f(x)=x^3-3x^2-9x+1$$
함수 $f(x)$의 증가와 감소를 표로 나타내면 다음과 같다.

x	$\cdots$	-1	$\cdots$	3	$\cdots$
$f'(x)$	$+$	0	$-$	0	$+$
$f(x)$	$\nearrow$	6	$\searrow$	-26	$\nearrow$

따라서 함수 $f(x)$는 $x=3$에서 극솟값 -26을 가지므로
$$c=-26$$
$$\therefore a+b+c=(-3)+(-9)+(-26)=-38$$
답 -38

05-4

$h(x)=f(x)-g(x)$에서 $h'(x)=f'(x)-g'(x)$
주어진 그래프에서 $h'(x)=0$을 만족시키는 x의 값은
$f'(x)=g'(x)$일 때의 x의 값이므로
$$-3,\ -2,\ \frac{7}{5}$$
함수 $h(x)$의 증가와 감소를 표로 나타내면 다음과 같다.

x	$\cdots$	-3	$\cdots$	-2	$\cdots$	$\frac{7}{5}$	$\cdots$
$h'(x)$	$-$	0	$+$	0	$-$	0	$+$
$h(x)$	$\searrow$	극소	$\nearrow$	극대	$\searrow$	극소	$\nearrow$

따라서 함수 $h(x)$는 $x=-3$과 $x=\dfrac{7}{5}$에서 극솟값을 갖고,
$x=-2$에서 극댓값을 가지므로 구하는 값은
$$(-3)+\frac{7}{5}=-\frac{8}{5}$$
답 $-\dfrac{8}{5}$

03 함수의 그래프와 최대·최소

개념 CHECK
본문 191쪽

01 (1) 풀이 참조 (2) 풀이 참조

02 (1) 풀이 참조 (2) 풀이 참조

03 (1) 최댓값: 21, 최솟값: -6

    (2) 최댓값: 6, 최솟값: -14

04 (1) 최댓값: 12, 최솟값: -13

    (2) 최댓값: 8, 최솟값: -1

01

(1) $f(x)=-2x^3-3x^2+5$에서
$$f'(x)=-6x^2-6x=-6x(x+1)$$
$f'(x)=0$에서 $x=-1$ 또는 $x=0$
함수 $f(x)$의 증가와 감소를 표로 나타내면 다음과 같다.

x	$\cdots$	-1	$\cdots$	0	$\cdots$
$f'(x)$	$-$	0	$+$	0	$-$
$f(x)$	$\searrow$	4	$\nearrow$	5	$\searrow$

함수 $f(x)$는 $x=-1$에서 극솟값 4,
$x=0$에서 극댓값 5를 갖는다.
따라서 함수 $y=f(x)$의 그래프는 오른
쪽 그림과 같다.

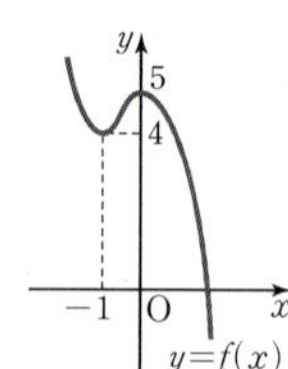

(2) $f(x)=x^3+3x^2+3x+4$에서
$$f'(x)=3x^2+6x+3=3(x+1)^2$$
$f'(x)=0$에서 $x=-1$
함수 $f(x)$의 증가와 감소를 표로 나타내면 다음과 같다.

x	$\cdots$	-1	$\cdots$
$f'(x)$	$+$	0	$+$
$f(x)$	$\nearrow$	3	$\nearrow$

$f'(-1)=0$이지만 함수 $f(x)$는
$x=-1$에서 극값을 갖지 않고, 곡선
$y=f(x)$ 위의 점 $(-1,\ 3)$에서의 접
선의 기울기가 0이다.
또한 $f(0)=4$이므로 함수 $y=f(x)$의
그래프는 오른쪽 그림과 같다.
답 (1) 풀이 참조   (2) 풀이 참조

02

(1) $f(x)=3x^4-6x^2-1$에서
$$f'(x)=12x^3-12x=12x(x+1)(x-1)$$
$f'(x)=0$에서 $x=-1$ 또는 $x=0$ 또는 $x=1$
함수 $f(x)$의 증가와 감소를 표로 나타내면 다음과 같다.

x	$\cdots$	-1	$\cdots$	0	$\cdots$	1	$\cdots$
$f'(x)$	$-$	0	$+$	0	$-$	0	$+$
$f(x)$	$\searrow$	-4	$\nearrow$	-1	$\searrow$	-4	$\nearrow$

함수 $f(x)$는 $x=-1$에서 극솟값 -4,
$x=0$에서 극댓값 -1, $x=1$에서 극솟
값 -4를 갖는다.
따라서 함수 $y=f(x)$의 그래프는 오른
쪽 그림과 같다.

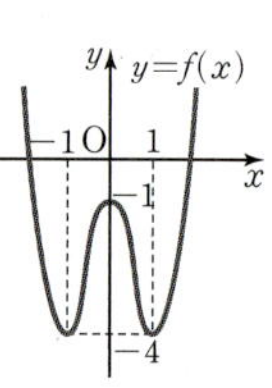

(2) $f(x)=-x^4+4x^3+12$에서
$f'(x)=-4x^3+12x^2=-4x^2(x-3)$
$f'(x)=0$에서 $x=0$ 또는 $x=3$
함수 $f(x)$의 증가와 감소를 표로 나타내면 다음과 같다.

x	$\cdots$	0	$\cdots$	3	$\cdots$
$f'(x)$	+	0	+	0	−
$f(x)$	$\nearrow$	12	$\nearrow$	39	$\searrow$

$f'(0)=0$이지만 함수 $f(x)$는 $x=0$에서 극값을 갖지 않고, 곡선 $y=f(x)$ 위의 점 $(0,\ 12)$에서의 접선의 기울기가 0이다.
또한 함수 $f(x)$는 $x=3$에서 극댓값 39를 가지므로 함수 $y=f(x)$의 그래프는 오른쪽 그림과 같다.

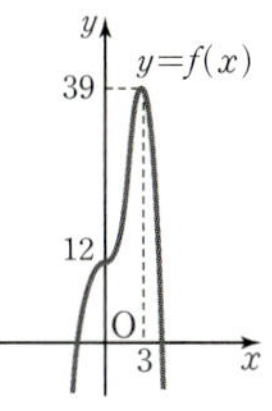

답 (1) 풀이 참조 (2) 풀이 참조

03

(1) $f(x)=2x^3+3x^2-12x+1$에서
$f'(x)=6x^2+6x-12=6(x+2)(x-1)$
$f'(x)=0$에서 $x=-2$ 또는 $x=1$
닫힌구간 $[-3,\ 2]$에서 함수 $f(x)$의 증가와 감소를 표로 나타내면 다음과 같다.

x	-3	$\cdots$	-2	$\cdots$	1	$\cdots$	2
$f'(x)$		+	0	−	0	+	
$f(x)$	10	$\nearrow$	21	$\searrow$	-6	$\nearrow$	5

따라서 함수 $f(x)$는 $x=-2$에서 최댓값 21, $x=1$에서 최솟값 -6을 갖는다.

(2) $f(x)=-x^3+3x^2+2$에서
$f'(x)=-3x^2+6x=-3x(x-2)$
$f'(x)=0$에서 $x=0$ 또는 $x=2$
닫힌구간 $[-1,\ 4]$에서 함수 $f(x)$의 증가와 감소를 표로 나타내면 다음과 같다.

x	-1	$\cdots$	0	$\cdots$	2	$\cdots$	4
$f'(x)$		−	0	+	0	−	
$f(x)$	6	$\searrow$	2	$\nearrow$	6	$\searrow$	-14

따라서 함수 $f(x)$는 $x=-1$과 $x=2$에서 최댓값 6, $x=4$에서 최솟값 -14를 갖는다.

답 (1) 최댓값: 21, 최솟값: -6
(2) 최댓값: 6, 최솟값: -14

04

(1) $f(x)=x^4-8x^2+3$에서

$f'(x)=4x^3-16x=4x(x+2)(x-2)$
$f'(x)=0$에서 $x=0$ 또는 $x=2$ ($\because -1\leq x\leq 3$)
닫힌구간 $[-1,\ 3]$에서 함수 $f(x)$의 증가와 감소를 표로 나타내면 다음과 같다.

x	-1	$\cdots$	0	$\cdots$	2	$\cdots$	3
$f'(x)$		+	0	−	0	+	
$f(x)$	-4	$\nearrow$	3	$\searrow$	-13	$\nearrow$	12

따라서 함수 $f(x)$는 $x=3$에서 최댓값 12, $x=2$에서 최솟값 -13을 갖는다.

(2) $f(x)=x^4-2x^2$에서
$f'(x)=4x^3-4x=4x(x+1)(x-1)$
$f'(x)=0$에서 $x=-1$ 또는 $x=0$ ($\because -2\leq x\leq 0$)
닫힌구간 $[-2,\ 0]$에서 함수 $f(x)$의 증가와 감소를 표로 나타내면 다음과 같다.

x	-2	$\cdots$	-1	$\cdots$	0
$f'(x)$		−	0	+	0
$f(x)$	8	$\searrow$	-1	$\nearrow$	0

따라서 함수 $f(x)$는 $x=-2$에서 최댓값 8, $x=-1$에서 최솟값 -1을 갖는다.

답 (1) 최댓값: 12, 최솟값: -13
(2) 최댓값: 8, 최솟값: -1

본문 192~205쪽

유제

06-1 (1) 풀이 참조 (2) 풀이 참조
06-2 (1) 풀이 참조 (2) 풀이 참조
06-3 ②   **06-4** ㄱ, ㄷ   **07-1** $a<-3$ 또는 $a>0$
07-2 5   **07-3** 2   **07-4** $-3\leq a\leq 3$
08-1 $-12<a<15$ **08-2** $1<a<3$
08-3 6   **08-4** $a\leq 8$
09-1 (1) $a<0$ 또는 $a>8$ (2) $0\leq a\leq 8$
09-2 $a=-2$ 또는 $a\geq \dfrac{1}{4}$
09-3 $a=0$ 또는 $a\leq -\dfrac{9}{8}$ **09-4** 2
10-1 (1) 최댓값: 8, 최솟값: -3
(2) 최댓값: $\dfrac{29}{4}$, 최솟값: -13
10-2 (1) 최댓값: 없다, 최솟값: -9 **10-3** ④
10-4 8   **11-1** -4 **11-2** 4   **11-3** -7
11-4 -5 **12-1** 32   **12-2** $\sqrt{5}$
12-3 128   **12-4** $\dfrac{128}{27}\pi$

⑴ $f(x)=-x^3-3x^2+9x+12$에서
$f'(x)=-3x^2-6x+9=-3(x+3)(x-1)$
$f'(x)=0$에서 $x=-3$ 또는 $x=1$
함수 $f(x)$의 증가와 감소를 표로 나타내면 다음과 같다.

x	$\cdots$	-3	$\cdots$	1	$\cdots$
$f'(x)$	$-$	0	$+$	0	$-$
$f(x)$	$\searrow$	-15	$\nearrow$	17	$\searrow$

함수 $f(x)$는 $x=-3$일 때 극솟값
-15, $x=1$일 때 극댓값 17을 갖는다.
또한 $f(0)=12$이므로 함수 $y=f(x)$
의 그래프는 오른쪽 그림과 같다.

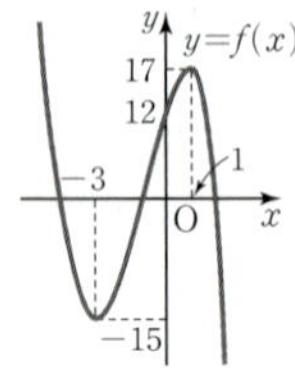

⑵ $f(x)=x^3-6x^2+12x$에서
$f'(x)=3x^2-12x+12=3(x-2)^2$
$f'(x)=0$에서 $x=2$
함수 $f(x)$의 증가와 감소를 표로 나타내면 다음과 같다.

x	$\cdots$	2	$\cdots$
$f'(x)$	$+$	0	$+$
$f(x)$	$\nearrow$	8	$\nearrow$

$f'(2)=0$이지만 함수 $f(x)$는 $x=2$에
서 극값을 갖지 않고, 곡선 $y=f(x)$ 위의
점 $(2, 8)$에서의 접선의 기울기가 0이다.
또한 $f(0)=0$이므로 함수 $y=f(x)$의 그
래프는 오른쪽 그림과 같다.

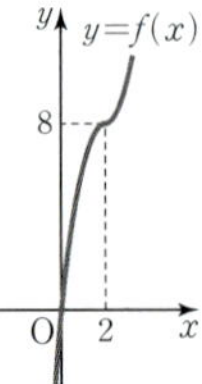

> **참고**
>
> 미분가능한 함수 $f(x)$에서 $f'(a)=0$이지만 $x=a$의 좌우
> 에서 $f'(x)$의 부호가 바뀌지 않으면 함수 $f(x)$는 $x=a$
> 에서 극값을 갖지 않는다.

답 ⑴ 풀이 참조 ⑵ 풀이 참조

⑴ $f(x)=-x^4+2x^2+1$에서
$f'(x)=-4x^3+4x=-4x(x+1)(x-1)$
$f'(x)=0$에서 $x=-1$ 또는 $x=0$ 또는 $x=1$
함수 $f(x)$의 증가와 감소를 표로 나타내면 다음과 같다.

x	$\cdots$	-1	$\cdots$	0	$\cdots$	1	$\cdots$
$f'(x)$	$+$	0	$-$	0	$+$	0	$-$
$f(x)$	$\nearrow$	2	$\searrow$	1	$\nearrow$	2	$\searrow$

함수 $f(x)$는 $x=-1$일 때 극댓값 2,
$x=0$일 때 극솟값 1, $x=1$일 때 극
댓값 2를 갖는다.
따라서 함수 $y=f(x)$의 그래프는 오
른쪽 그림과 같다.

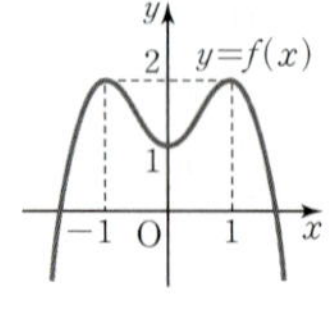

⑵ $f(x)=\dfrac{3}{4}x^4-4x^3+6x^2-3$에서
$f'(x)=3x^3-12x^2+12x=3x(x-2)^2$
$f'(x)=0$에서 $x=0$ 또는 $x=2$
함수 $f(x)$의 증가와 감소를 표로 나타내면 다음과 같다.

x	$\cdots$	0	$\cdots$	2	$\cdots$
$f'(x)$	$-$	0	$+$	0	$+$
$f(x)$	$\searrow$	-3	$\nearrow$	1	$\nearrow$

$f'(2)=0$이지만 함수 $f(x)$는 $x=2$에
서 극값을 갖지 않고, 곡선 $y=f(x)$ 위
의 점 $(2, 1)$에서의 접선의 기울기가 0
이다.
또한 함수 $f(x)$는 $x=0$에서 극솟값
-3을 가지므로 함수 $y=f(x)$의 그래
프는 오른쪽 그림과 같다.

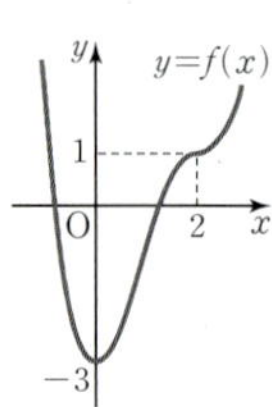

답 ⑴ 풀이 참조 ⑵ 풀이 참조

$f'(x)=0$에서 $x=0$ 또는 $x=b$
함수 $f(x)$의 증가와 감소를 표로 나타내면 다음과 같다.

x	$\cdots$	0	$\cdots$	b	$\cdots$
$f'(x)$	$+$	0	$+$	0	$-$
$f(x)$	$\nearrow$		$\nearrow$	극대	$\searrow$

$f'(0)=0$이지만 함수 $f(x)$는 $x=0$에서 극값을 갖지 않고,
곡선 $y=f(x)$ 위의 점 $(0, f(0))$에서의 접선의 기울기가 0
이다. 또한 함수 $f(x)$는 $x=b$에서 극댓값을 가지므로 함수
$y=f(x)$의 그래프의 개형은 ②이다.

답 ②

$f(x)=ax^3+bx^2+cx+d$에서
$f'(x)=3ax^2+2bx+c$
함수 $y=f(x)$의 그래프에서 $x\to\infty$일 때 $f(x)\to\infty$이므로
$a>0$
함수 $y=f(x)$의 그래프가 y축의 음의 부분과 만나므로
$f(0)=d<0$
함수 $f(x)$가 $x=\alpha$, $x=\beta$에서 극값을 가지므로 방정식
$f'(x)=0$의 두 실근은 α, β이고, $|\alpha|>|\beta|$이므로
$3ax^2+2bx+c=0$에서 이차방정식의 근과 계수의 관계에

의하여

$\alpha+\beta=-\dfrac{2b}{3a}<0$에서 $b>0$ ($\because a>0$)

$\alpha\beta=\dfrac{c}{3a}<0$에서 $c<0$ ($\because a>0$)

ㄱ. $ad<0$ (참)

ㄴ. $bc<0$ (거짓)

ㄷ. $bd<0$ (참)

따라서 옳은 것은 ㄱ, ㄷ이다.

답 ㄱ, ㄷ

07-1

$f(x)=-\dfrac{1}{3}x^3+ax^2+3ax+1$에서

$f'(x)=-x^2+2ax+3a$

삼차함수 $f(x)$가 극값을 가질 필요충분조건은 이차방정식 $f'(x)=0$이 서로 다른 두 실근을 갖는 것이므로 이차방정식 $f'(x)=0$의 판별식을 D라 하면

$\dfrac{D}{4}=a^2+3a>0$, $a(a+3)>0$

$\therefore a<-3$ 또는 $a>0$

> **참고**
>
> 삼차함수 $f(x)$가 극값을 갖지 않을 조건은 $-3\leq a\leq 0$이다.

답 $a<-3$ 또는 $a>0$

07-2

$f(x)=2x^3+3ax^2+(2a^2+3a)x$에서

$f'(x)=6x^2+6ax+2a^2+3a$

삼차함수 $f(x)$가 극댓값과 극솟값을 모두 가질 필요충분조건은 이차방정식 $f'(x)=0$이 서로 다른 두 실근을 갖는 것이므로 이차방정식 $f'(x)=0$의 판별식을 D라 하면

$\dfrac{D}{4}=9a^2-6(2a^2+3a)>0$

$-3a^2-18a>0$, $3a(a+6)<0$

$\therefore -6<a<0$

따라서 구하는 정수 a는 -5, -4, -3, -2, -1의 5개이다.

답 5

07-3

$f(x)=kx^3+3x^2+(k+2)x$에서

$f'(x)=3kx^2+6x+(k+2)$

(i) $k=0$일 때

$f(x)=3x^2+2x$이므로 $f(x)$는 이차항의 계수가 양수인 이차함수이다.

따라서 $f(x)$는 극솟값은 갖지만 극댓값은 갖지 않는다.

(ii) $k\neq 0$일 때

삼차함수 $f(x)$가 극댓값과 극솟값을 모두 가질 필요충분조건은 이차방정식 $f'(x)=0$이 서로 다른 두 실근을 갖는 것이므로 이차방정식 $f'(x)=0$의 판별식을 D라 하면

$\dfrac{D}{4}=9-3k(k+2)>0$

$-3k^2-6k+9>0$, $k^2+2k-3<0$

$(k+3)(k-1)<0$

$\therefore -3<k<1$

그런데 $k\neq 0$이므로 $-3<k<0$, $0<k<1$

(i), (ii)에서 구하는 정수 k는 -2, -1의 2개이다.

답 2

07-4

$f(x)=2x^3-(a-3)x^2-(a-3)x+3$에서

$f'(x)=6x^2-2(a-3)x-(a-3)$

삼차함수 $f(x)$가 극값을 갖지 않을 필요충분조건은 이차방정식 $f'(x)=0$이 중근 또는 서로 다른 두 허근을 갖는 것이므로 이차방정식 $f'(x)=0$의 판별식을 D라 하면

$\dfrac{D}{4}=\{-(a-3)\}^2+6(a-3)\leq 0$

$a^2-9\leq 0$, $(a+3)(a-3)\leq 0$

$\therefore -3\leq a\leq 3$

답 $-3\leq a\leq 3$

08-1

$f(x)=-x^3+6x^2+ax+1$에서

$f'(x)=-3x^2+12x+a$

$\quad\ =-3(x-2)^2+a+12$

삼차함수 $f(x)$가 구간 $(-1, \infty)$에서 극댓값과 극솟값을 모두 가지려면 이차방정식 $f'(x)=0$이 $x>-1$에서 서로 다른 두 실근을 가져야 하므로 오른쪽 그림에서

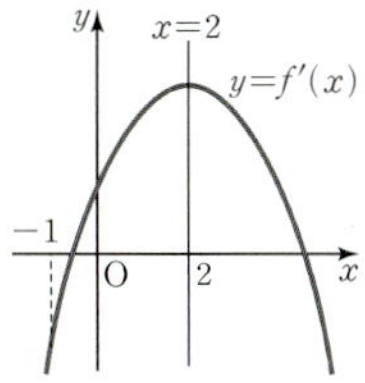

(i) 이차방정식 $f'(x)=0$의 판별식을 D라 하면

$\dfrac{D}{4}=36+3a>0$

$\therefore a>-12$

(ii) $f'(-1)=(-3)-12+a<0$에서 $a<15$

(iii) 함수 $y=f'(x)$의 그래프의 축의 방정식이 $x=2$이므로

$-1<2$

(i), (ii), (iii)에서 구하는 실수 a의 값의 범위는

$-12<a<15$

답 $-12<a<15$

08-2

$f(x)=-2x^3+ax^2+4ax+3$에서
$f'(x)=-6x^2+2ax+4a$
삼차함수 $f(x)$가 $1<x<2$에서 극댓값
을 갖고, $x<0$에서 극솟값을 가지려면
이차방정식 $f'(x)=0$이 $1<x<2$에서
실근 한 개, $x<0$에서 실근 한 개를 가
져야 하므로 오른쪽 그림에서

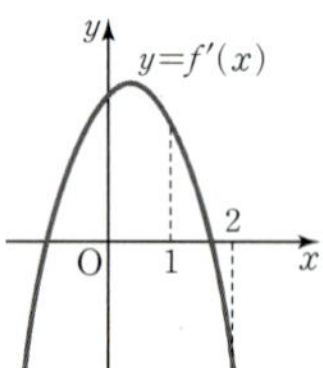

(i) $f'(1)=-6+2a+4a>0$에서
$\quad -6+6a>0 \quad \therefore a>1 \quad \cdots\cdots\ ㉠$
$\quad f'(2)=-24+4a+4a<0$에서
$\quad -24+8a<0 \quad \therefore a<3 \quad \cdots\cdots\ ㉡$
$\quad ㉠$, $㉡$에서 $1<a<3$
(ii) $f'(0)=4a>0$에서 $a>0$
(i), (ii)에서 구하는 실수 a의 값의 범위는
$1<a<3$

🈺 $1<a<3$

08-3

$f(x)=2x^3-(a+3)x^2+(a+4)x-4$에서
$f'(x)=6x^2-2(a+3)x+(a+4)$
삼차함수 $f(x)$가 $0<x<2$에서 극댓값만
을 가지려면 이차방정식 $f'(x)=0$이
$0<x<2$에서 하나의 실근을 갖고, 그 점
의 좌우에서 $f'(x)$의 부호가 양에서 음으
로 바뀌어야 하므로 오른쪽 그림에서

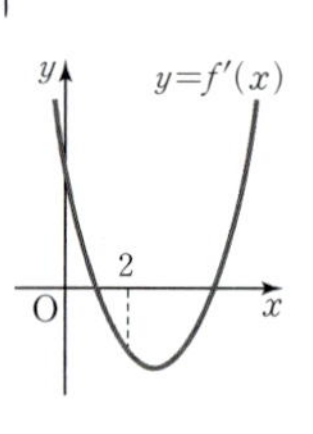

(i) $f'(0)=a+4>0$에서 $a>-4$
(ii) $f'(2)=-3a+16$이고 a는 정수이므로 $f'(2)\neq0$
$\quad f'(2)=-3a+16<0$이어야 하므로 $a>\dfrac{16}{3}$

(i), (ii)에서 a의 값의 범위는 $a>\dfrac{16}{3}$
따라서 구하는 정수 a의 최솟값은 6이다.

🈺 6

08-4

$f(x)=x^3-(a-2)x^2+(a+4)x$에서
$f'(x)=3x^2-2(a-2)x+a+4$
삼차함수 $f(x)$가 $x\geq1$에서 극값을 갖지 않으려면 이차방정
식 $f'(x)=0$이 중근 또는 허근을 갖거나 서로 다른 두 실근
이 모두 1보다 작아야 한다.
이차방정식 $f'(x)=0$의 판별식을 D라 하면
(i) $f'(x)=0$이 중근 또는 허근을 갖는 경우
$\quad \dfrac{D}{4}=\{-(a-2)\}^2-3(a+4)\leq0$
$\quad a^2-7a-8\leq0,\ (a+1)(a-8)\leq0$
$\quad \therefore -1\leq a\leq8$

(ii) $f'(x)=0$의 서로 다른 두 실근이 1보다 작은 경우
$\quad ⓐ\ \dfrac{D}{4}=\{-(a-2)\}^2-3(a+4)>0$

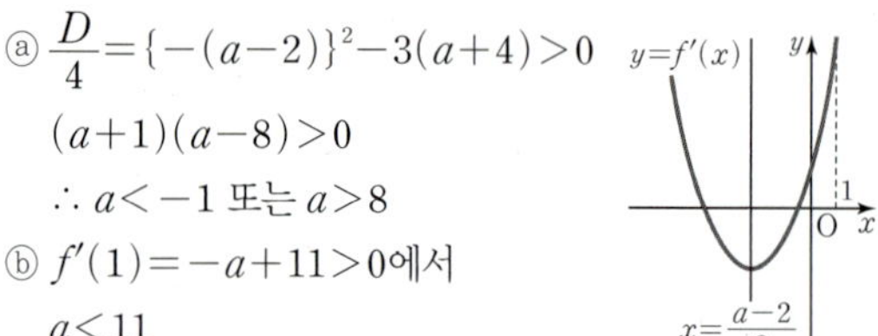

$\quad\quad (a+1)(a-8)>0$
$\quad\quad \therefore a<-1$ 또는 $a>8$
$\quad ⓑ\ f'(1)=-a+11>0$에서
$\quad\quad a<11$
$\quad ⓒ$ 함수 $y=f'(x)$의 그래프의 축의 방정식이
$\quad\quad x=\dfrac{a-2}{3}$이므로
$\quad\quad \dfrac{a-2}{3}<1 \quad \therefore a<5$
$\quad ⓐ,\ ⓑ,\ ⓒ$에서 $a<-1$
(i), (ii)에서 구하는 실수 a의 값의 범위는
$a\leq8$

🈺 $a\leq8$

09-1

$f(x)=3x^4-2ax^3+3ax^2$에서
$f'(x)=12x^3-6ax^2+6ax=6x(2x^2-ax+a)$
(1) 최고차항의 계수가 양수인 사차함수 $f(x)$가 극댓값을 가
지려면 삼차방정식 $f'(x)=0$이 서로 다른 세 실근을 가져
야 한다. 이때 삼차방정식 $f'(x)=0$의 한 근이 $x=0$이므
로 이차방정식 $2x^2-ax+a=0$이 0이 아닌 서로 다른 두
실근을 가져야 한다.
이차방정식 $2x^2-ax+a=0$의 판별식을 D라 하면
$D=a^2-8a>0,\ a(a-8)>0$
$\therefore a<0$ 또는 $a>8 \quad \cdots\cdots\ ㉠$
또한 $x=0$이 이차방정식 $2x^2-ax+a=0$의 근이 아니므
로 $a\neq0 \quad \cdots\cdots\ ㉡$
$㉠$, $㉡$에서 $a<0$ 또는 $a>8$
(2) (1)에서 $f(x)$가 극댓값을 갖기 위한 실수 a의 값의 범위가
$a<0$ 또는 $a>8$이므로 함수 $f(x)$가 극댓값을 갖지 않기
위한 실수 a의 값의 범위는 $0\leq a\leq8$

다른 풀이

(2) 최고차항의 계수가 양수인 사차함수 $f(x)$가 극댓값을 갖
지 않으려면 오직 하나의 극솟값을 가져야 하므로 삼차방
정식 $f'(x)=0$이 한 실근과 중근 또는 삼중근 또는 한 실
근과 두 허근을 가져야 한다.
이때 삼차방정식 $f'(x)=0$의 한 근이 $x=0$이므로 이차
방정식 $2x^2-ax+a=0$의 근에 따라 경우를 나누어 구해
보자.
또한 이차방정식 $2x^2-ax+a=0$의 판별식을 D라 하자.
(i) $f'(x)=0$이 한 실근과 다른 중근을 갖는 경우
$\quad ⓐ\ x=0$인 중근을 갖는 경우
$\quad\quad$ 이차방정식 $2x^2-ax+a=0$의 한 실근이 $x=0$이

면 $a=0$이므로 $f'(x)=0$이 삼중근을 갖는다.

   ⓑ $x \ne 0$인 중근을 갖는 경우

이차방정식 $2x^2-ax+a=0$이 $x \ne 0$인 중근을 가져야 하므로 $a \ne 0$이고,

$$D=a^2-8a=0, \ a(a-8)=0$$

$$\therefore a=8 \ (\because a \ne 0)$$

(ii) $f'(x)=0$이 삼중근을 갖는 경우

이차방정식 $2x^2-ax+a=0$이 $x=0$인 중근을 가져야 하므로 $a=0$

(iii) $f'(x)=0$이 한 실근과 두 허근을 갖는 경우

이차방정식 $2x^2-ax+a=0$이 두 허근을 가져야 하므로

$$D=a^2-8a<0, \ a(a-8)<0$$

$$\therefore 0<a<8$$

(i), (ii), (iii)에서 구하는 실수 a의 값의 범위는 $0 \le a \le 8$

사차함수 $f(x)$의 최고차항의 계수가 양수일 때

(1) $f(x)$는 항상 극솟값을 갖는다.

(2) $f(x)$가 극댓값을 갖는다.

  ➡ 삼차방정식 $f'(x)=0$이 서로 다른 세 실근을 갖는다.

(3) $f(x)$가 극댓값을 갖지 않는다.

  ➡ 삼차방정식 $f'(x)=0$이 한 실근과 중근 또는 삼중근 또는 한 실근과 두 허근을 갖는다.

답 (1) $a<0$ 또는 $a>8$ (2) $0 \le a \le 8$

09-2

$f(x)=x^4+2(a-1)x^2+4ax$에서

$$\begin{aligned} f'(x) &= 4x^3+4(a-1)x+4a \\ &= 4(x+1)(x^2-x+a) \end{aligned}$$

최고차항의 계수가 양수인 사차함수 $f(x)$가 극댓값을 갖지 않으려면 삼차방정식 $f'(x)=0$이 한 실근과 중근 또는 삼중근 또는 한 실근과 두 허근을 가져야 한다.

이때 삼차방정식 $f'(x)=0$의 한 근이 $x=-1$이므로 이차방정식 $x^2-x+a=0$의 근에 따라 경우를 나누어 구해 보자.

또한 이차방정식 $x^2-x+a=0$의 판별식을 D라 하자.

(i) $f'(x)=0$이 한 실근과 중근을 갖는 경우

   ⓐ $x=-1$인 중근을 갖는 경우

이차방정식 $x^2-x+a=0$의 한 실근이 $x=-1$이어야 하므로

$$2+a=0 \qquad \therefore a=-2$$

   ⓑ $x \ne -1$인 중근을 갖는 경우

이차방정식 $x^2-x+a=0$이 $x \ne -1$인 중근을 가져야 하므로

$$D=1-4a=0 \qquad \therefore a=\frac{1}{4}$$

(ii) $f'(x)=0$이 삼중근을 갖는 경우

이차방정식 $x^2-x+a=0$이 $x=-1$을 중근으로 가질 수 없으므로 방정식 $f'(x)=0$은 삼중근을 가질 수 없다.

(iii) $f'(x)=0$이 한 실근과 두 허근을 갖는 경우

이차방정식 $x^2-x+a=0$이 두 허근을 가져야 하므로

$$D=1-4a<0 \qquad \therefore a>\frac{1}{4}$$

(i), (ii), (iii)에서 구하는 실수 a의 값의 범위는

$$a=-2 \ \text{또는} \ a \ge \frac{1}{4}$$

답 $a=-2$ 또는 $a \ge \dfrac{1}{4}$

09-3

$f(x)=-x^4+2x^3+ax^2-1$에서

$$f'(x)=-4x^3+6x^2+2ax=-2x(2x^2-3x-a)$$

최고차항의 계수가 음수인 사차함수 $f(x)$가 극값을 하나만 가지려면 삼차방정식 $f'(x)=0$이 한 실근과 중근 또는 삼중근 또는 한 실근과 두 허근을 가져야 한다.

이때 삼차방정식 $f'(x)=0$의 한 근이 $x=0$이므로 이차방정식 $2x^2-3x-a=0$의 근에 따라 경우를 나누어 구해 보자.

또한 이차방정식 $2x^2-3x-a=0$의 판별식을 D라 하자.

(i) $f'(x)=0$이 한 실근과 중근을 갖는 경우

   ⓐ $x=0$인 중근을 갖는 경우

이차방정식 $2x^2-3x-a=0$의 한 실근이 $x=0$이어야 하므로

$$a=0$$

   ⓑ $x \ne 0$인 중근을 갖는 경우

이차방정식 $2x^2-3x-a=0$이 $x \ne 0$인 중근을 가져야 하므로

$$D=9+8a=0$$

$$\therefore a=-\frac{9}{8}$$

(ii) $f'(x)=0$이 삼중근을 갖는 경우

이차방정식 $2x^2-3x-a=0$이 $x=0$을 중근으로 가질 수 없으므로 방정식 $f'(x)=0$은 삼중근을 가질 수 없다.

(iii) $f'(x)=0$이 한 실근과 두 허근을 갖는 경우

이차방정식 $2x^2-3x-a=0$이 두 허근을 가져야 하므로

$$D=9+8a<0$$

$$\therefore a<-\frac{9}{8}$$

(i), (ii), (iii)에서 구하는 실수 a의 값의 범위는

$$a=0 \ \text{또는} \ a \le -\frac{9}{8}$$

사차함수 $f(x)$의 최고차항의 계수가 음수일 때
(1) $f(x)$는 항상 극댓값을 갖는다.
(2) $f(x)$가 극솟값을 갖는다.
➡ 삼차방정식 $f'(x)=0$이 서로 다른 세 실근을 갖는다.
(3) $f(x)$가 극솟값을 갖지 않는다.
➡ 삼차방정식 $f'(x)=0$이 한 실근과 중근 또는 삼중근 또는 한 실근과 두 허근을 갖는다.

답 $a=0$ 또는 $a \leq -\dfrac{9}{8}$

09-4

$f(x)=x^4+ax^3+bx^2-1$에서
$f'(x)=4x^3+3ax^2+2bx=x(4x^2+3ax+2b)$

함수 $f(x)$가 $x=-\dfrac{1}{2}$에서 극값을 갖고, $x=c$에서 극값을 갖지 않으므로 삼차방정식 $f'(x)=0$은 $x=-\dfrac{1}{2}$을 근으로 갖고 $x=c\left(c\neq-\dfrac{1}{2}\right)$을 중근으로 가져야 한다.

그런데 삼차방정식 $f'(x)=0$의 한 근이 $x=0$이므로 이차방정식 $4x^2+3ax+2b=0$의 한 근이 $x=-\dfrac{1}{2}$이어야 하고, 다른 한 근은 $x=0$이어야 한다.

따라서 $4x^2+3ax+2b=4x\left(x+\dfrac{1}{2}\right)$이므로

$3a=2,\ 2b=0 \qquad \therefore a=\dfrac{2}{3},\ b=0$

한편, $c=0$이므로

$3a+b+c=3\times\dfrac{2}{3}+0+0=2$

최고차항의 계수가 양수인 사차함수 $f(x)$가 $x=-\dfrac{1}{2}$에서 극값을 하나만 갖는다는 것은 $x=-\dfrac{1}{2}$에서 한 개의 극솟값만을 갖는다는 것이고, $x=-\dfrac{1}{2}$이 아닌 실수 c에 대하여 $f'(c)=0$이지만 $x=c$에서 극값을 갖지 않는다는 것은 삼차방정식 $f'(x)=0$은 $x=-\dfrac{1}{2}$을 근으로 갖고, $x=c\left(c\neq-\dfrac{1}{2}\right)$을 중근으로 갖는다는 것이다.

답 2

10-1

(1) $f(x)=-2x^3+3x^2+12x-12$에서
$f'(x)=-6x^2+6x+12$
$=-6(x+1)(x-2)$

$f'(x)=0$에서 $x=2\ (\because 1 \leq x \leq 3)$
닫힌구간 $[1,\ 3]$에서 함수 $f(x)$의 증가와 감소를 표로 나타내면 다음과 같다.

x	1	$\cdots$	2	$\cdots$	3
$f'(x)$		$+$	0	$-$	
$f(x)$	1	↗	8	↘	-3

따라서 함수 $f(x)$는 $x=2$에서 최댓값 8, $x=3$에서 최솟값 -3을 갖는다.

(2) $f(x)=\dfrac{1}{4}x^4-x^3-3x^2+8x+3$에서
$f'(x)=x^3-3x^2-6x+8$
$=(x+2)(x-1)(x-4)$
$f'(x)=0$에서 $x=-2$ 또는 $x=1\ (\because -3 \leq x \leq 2)$
닫힌구간 $[-3,\ 2]$에서 함수 $f(x)$의 증가와 감소를 표로 나타내면 다음과 같다.

x	-3	$\cdots$	-2	$\cdots$	1	$\cdots$	2
$f'(x)$		$-$	0	$+$	0	$-$	
$f(x)$	$-\dfrac{3}{4}$	↘	-13	↗	$\dfrac{29}{4}$	↘	3

따라서 함수 $f(x)$는 $x=1$에서 최댓값 $\dfrac{29}{4}$, $x=-2$에서 최솟값 -13을 갖는다.

답 (1) 최댓값: 8, 최솟값: -3
(2) 최댓값: $\dfrac{29}{4}$, 최솟값: -13

10-2

$f(x)=3x^4-8x^3+7$에서
$f'(x)=12x^3-24x^2=12x^2(x-2)$
$f'(x)=0$에서 $x=0$ 또는 $x=2$
함수 $f(x)$의 증가와 감소를 표로 나타내면 다음과 같다.

x	$\cdots$	0	$\cdots$	2	$\cdots$
$f'(x)$	$-$	0	$-$	0	$+$
$f(x)$	↘	7	↘	-9	↗

따라서 함수 $f(x)$는 $x=2$에서 최솟값 -9를 갖고, 최댓값은 갖지 않는다.

답 최댓값: 없다, 최솟값: -9

10-3

$f'(x)=0$에서
$x=p$ 또는 $x=d$ 또는 $x=q$
닫힌구간 $[p,\ q]$에서 함수 $f(x)$의 증가와 감소를 표로 나타내면 다음과 같다.

x	p	$\cdots$	d	$\cdots$	q
$f'(x)$	0	$+$	0	$-$	0
$f(x)$		↗	극대	↘	

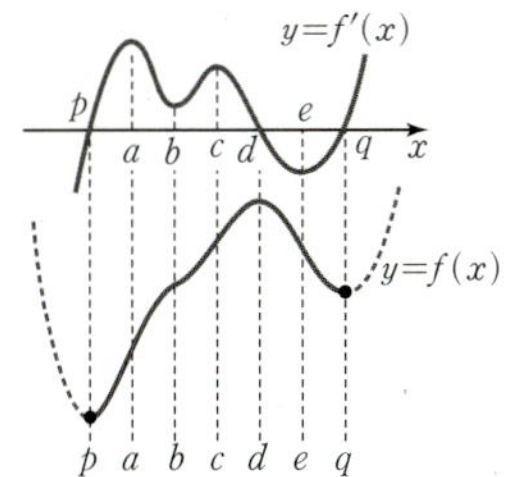

따라서 함수 $f(x)$는 $x=d$에서 극대이면서 최대이다.

답 ④

10-4

$t=x^2+2x-3$이라 하면
$t=x^2+2x-3=(x+1)^2-4$
$-2\leq x\leq 1$에서 t의 값의 범위는
$-4\leq t\leq 0$

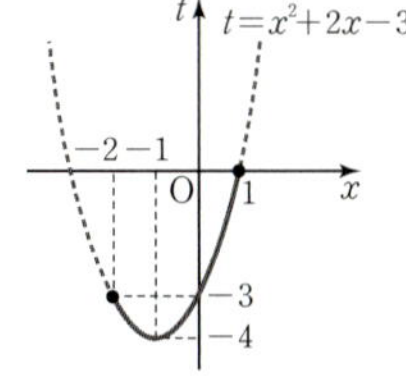

$g(t)=t^3-12t+4$라 하면
$g'(t)=3t^2-12$
$\qquad=3(t+2)(t-2)$
$g'(t)=0$에서 $t=-2$ $(\because -4\leq t\leq 0)$
닫힌구간 $[-4,\,0]$에서 함수 $g(t)$의 증가와 감소를 표로 나타내면 다음과 같다.

t	-4	$\cdots$	-2	$\cdots$	0
$g'(t)$		$+$	0	$-$	
$g(t)$	-12	↗	20	↘	4

함수 $g(t)$는 $t=-2$에서 최댓값 20, $t=-4$에서 최솟값 -12를 갖는다.
따라서 최댓값과 최솟값의 합은
$20+(-12)=8$

답 8

11-1

$f(x)=ax^3-3ax+b$에서
$f'(x)=3ax^2-3a=3a(x+1)(x-1)$
$f'(x)=0$에서 $x=1$ $(\because 0\leq x\leq 3)$
$a<0$이므로 닫힌구간 $[0,\,3]$에서 함수 $f(x)$의 증가와 감소를 표로 나타내면 다음과 같다.

x	0	$\cdots$	1	$\cdots$	3
$f'(x)$		$+$	0	$-$	
$f(x)$	b	↗	$-2a+b$	↘	$18a+b$

이때 $a<0$이므로 $18a+b<b<-2a+b$
따라서 함수 $f(x)$는 $x=1$에서 최댓값 $-2a+b$, $x=3$에서 최솟값 $18a+b$를 갖는다.
그런데 $f(x)$의 최댓값이 6, 최솟값이 -14이므로
$-2a+b=6$, $18a+b=-14$
위 두 식을 연립하여 풀면
$a=-1$, $b=4$
$\therefore ab=(-1)\times 4=-4$

답 -4

11-2

$f(x)=x^3+x^2-x+k$에서
$f'(x)=3x^2+2x-1=(x+1)(3x-1)$
$f'(x)=0$에서 $x=-1$ $(\because -2\leq x\leq 0)$
닫힌구간 $[-2,\,0]$에서 함수 $f(x)$의 증가와 감소를 표로 나타내면 다음과 같다.

x	-2	$\cdots$	-1	$\cdots$	0
$f'(x)$		$+$	0	$-$	
$f(x)$	$k-2$	↗	$k+1$	↘	k

따라서 함수 $f(x)$는 $x=-1$에서 최댓값 $k+1$, $x=-2$에서 최솟값 $k-2$를 갖는다.
이때 $f(x)$의 최댓값과 최솟값의 합이 5이므로
$(k+1)+(k-2)=5$, $2k=6$
$\therefore k=3$
따라서 $f(x)=x^3+x^2-x+3$이므로
$f(1)=4$

답 4

11-3

$f(x)=\dfrac{1}{2}ax^4-2ax-2a$에서
$f'(x)=2ax^3-2a=2a(x-1)(x^2+x+1)$
$f'(x)=0$에서 $x=1$ $(\because x^2+x+1>0)$
$a>0$이므로 닫힌구간 $[-2,\,2]$에서 함수 $f(x)$의 증가와 감소를 표로 나타내면 다음과 같다.

x	-2	$\cdots$	1	$\cdots$	2
$f'(x)$		$-$	0	$+$	
$f(x)$	$10a$	↘	$-\dfrac{7}{2}a$	↗	$2a$

$a>0$이므로 $-\dfrac{7}{2}a<2a<10a$

즉, 함수 $f(x)$는 $x=-2$에서 최댓값 $10a$, $x=1$에서 최솟값 $-\dfrac{7}{2}a$를 갖는다.

이때 $f(x)$의 최댓값이 20이므로
$$10a=20$$
$$\therefore a=2$$
따라서 $f(x)$의 최솟값은
$$-\frac{7}{2}a=-7$$

답 -7

11-4

$f(x)=3ax^4-8ax^3+b$에서
$$f'(x)=12ax^3-24ax^2=12ax^2(x-2)$$
$f'(x)=0$에서 $x=2$ ($\because 1\leq x\leq 4$)
$a<0$이므로 닫힌구간 $[1,\ 4]$에서 함수 $f(x)$의 증가와 감소를 표로 나타내면 다음과 같다.

x	1	$\cdots$	2	$\cdots$	4
$f'(x)$		$+$	0	$-$	
$f(x)$	$-5a+b$	$\nearrow$	$-16a+b$	$\searrow$	$256a+b$

이때 $a<0$이므로 $256a+b<-5a+b<-16a+b$
따라서 함수 $f(x)$는 $x=2$에서 최댓값 $-16a+b$, $x=4$에서 최솟값 $256a+b$를 갖는다.
그런데 $f(x)$의 최댓값이 24, 최솟값이 -44이므로
$$-16a+b=24,\ 256a+b=-44$$
위 두 식을 연립하여 풀면
$$a=-\frac{1}{4},\ b=20$$
$$\therefore ab=\left(-\frac{1}{4}\right)\times 20=-5$$

답 -5

12-1

$-x^2+6x=0$에서
$$-x(x-6)=0$$
$$\therefore x=0\ \text{또는}\ x=6$$
즉, $\overline{AB}=6$이고, 점 D의 x좌표를 $t\ (0<t<3)$라 하면
$$C(6-t,\ -t^2+6t),\ D(t,\ -t^2+6t)$$
$\overline{AB}=6$, $\overline{CD}=6-2t$, 사다리꼴의 높이가 $-t^2+6t$이므로 사다리꼴 ABCD의 넓이를 $S(t)$라 하면
$$S(t)=\frac{1}{2}\times\{6+(6-2t)\}\times(-t^2+6t)$$
$$=t^3-12t^2+36t$$
$$S'(t)=3t^2-24t+36=3(t-2)(t-6)$$
$S'(t)=0$에서 $t=2$ ($\because 0<t<3$)

$0<t<3$에서 함수 $S(t)$의 증가와 감소를 표로 나타내면 다음과 같다.

t	(0)	$\cdots$	2	$\cdots$	(3)
$S'(t)$		$+$	0	$-$	
$S(t)$		$\nearrow$	32	$\searrow$	

따라서 $S(t)$는 $t=2$일 때 극대이면서 최대이므로 사다리꼴 ABCD의 넓이의 최댓값은 32이다.

답 32

12-2

점 P가 곡선 $y=x^2$ 위의 점이므로 $P(p,\ p^2)$이라 하면
$$\overline{AP}=\sqrt{(p-3)^2+(p^2-0)^2}$$
$$=\sqrt{p^4+p^2-6p+9}$$
$f(p)=p^4+p^2-6p+9$라 하면
$$f'(p)=4p^3+2p-6=2(p-1)(2p^2+2p+3)$$
$f'(p)=0$에서 $p=1$ ($\because 2p^2+2p+3>0$)
함수 $f(p)$의 증가와 감소를 표로 나타내면 다음과 같다.

p	$\cdots$	1	$\cdots$
$f'(p)$	$-$	0	$+$
$f(p)$	$\searrow$	5	$\nearrow$

따라서 함수 $f(p)$는 $p=1$일 때 극소이면서 최소이므로 선분 AP의 길이의 최솟값은 $\sqrt{5}$이다.

답 $\sqrt{5}$

12-3

잘라 낸 정사각형의 한 변의 길이를 $x\ (x>0)$라 하면 $12-2x>0$이므로 $0<x<6$
만드는 상자의 부피를 $V(x)$라 하면
$$V(x)=x(12-2x)^2=4x^3-48x^2+144x$$
$$V'(x)=12x^2-96x+144=12(x-2)(x-6)$$
$V'(x)=0$에서 $x=2$ ($\because 0<x<6$)
열린구간 $(0,\ 6)$에서 함수 $V(x)$의 증가와 감소를 표로 나타내면 다음과 같다.

x	(0)	$\cdots$	2	$\cdots$	(6)
$V'(x)$		$+$	0	$-$	
$V(x)$		$\nearrow$	128	$\searrow$	

따라서 $V(x)$는 $x=2$일 때 극대이면서 최대이므로 상자의 부피의 최댓값은 128이다.

답 128

12-4

원기둥의 밑면의 반지름의 길이를 x $(0 < x < 2)$, 높이를 h라 하면
$$x : (8-h) = 2 : 8$$
$$8x = 16 - 2h$$
$$\therefore h = 8 - 4x$$
원기둥의 부피를 $V(x)$라 하면
$$V(x) = \pi x^2 h = \pi x^2 (8-4x)$$
$$= (-4x^3 + 8x^2)\pi$$
$$V'(x) = (-12x^2 + 16x)\pi = -4x(3x-4)\pi$$
$V'(x) = 0$에서 $x = \dfrac{4}{3}$ $(\because 0 < x < 2)$

열린구간 $(0, 2)$에서 함수 $V(x)$의 증가와 감소를 표로 나타내면 다음과 같다.

x	(0)	$\cdots$	$\dfrac{4}{3}$	$\cdots$	(2)
$V'(x)$		$+$	0	$-$	
$V(x)$		$\nearrow$	$\dfrac{128}{27}\pi$	$\searrow$	

따라서 $V(x)$는 $x = \dfrac{4}{3}$일 때 극대이면서 최대이므로 원기둥의 부피의 최댓값은 $\dfrac{128}{27}\pi$이다.

답 $\dfrac{128}{27}\pi$

중단원 연습문제

본문 206~210쪽

01 2	**02** $-3 \le a \le 3$	**03** -17
04 -11	**05** 6	**06** ②
07 $-\dfrac{4}{3} < a < 4$	**08** 4	**09** 1
10 2	**11** 4	**12** 14π	**13** 5
14 32	**15** -17	**16** 11	**17** 3
18 $2\sqrt{2}$	**19** 10	**20** -2

01

$f(x) = x^3 + 3x^2 + (3a-1)x - 1$에서
$$f'(x) = 3x^2 + 6x + 3a - 1$$
함수 $f(x)$가 실수 전체의 집합에서 증가하려면 모든 실수 x에 대하여 $f'(x) \ge 0$이어야 하므로 이차방정식 $f'(x) = 0$의 판별식을 D라 하면
$$\frac{D}{4} = 9 - 3(3a-1) \le 0, \quad -9a + 12 \le 0$$
$$\therefore a \ge \frac{4}{3}$$

따라서 정수 a의 최솟값은 2이다.

답 2

02

$f(x) = x^3 - ax^2 - 9x + 1$에서
$$f'(x) = 3x^2 - 2ax - 9$$
함수 $f(x)$가 열린구간 $(-1, 1)$에서 감소하려면 열린구간 $(-1, 1)$에서 $f'(x) \le 0$이어야 하므로 오른쪽 그림에서
$$f'(-1) = 2a - 6 \le 0 \qquad \therefore a \le 3 \qquad \cdots\cdots ㉠$$
$$f'(1) = -2a - 6 \le 0 \qquad \therefore a \ge -3 \qquad \cdots\cdots ㉡$$
㉠, ㉡에서 $-3 \le a \le 3$

답 $-3 \le a \le 3$

03

$f(x) = x^4 - 14x^2 + 24x + 27$에서
$$f'(x) = 4x^3 - 28x + 24$$
$$= 4(x+3)(x-1)(x-2)$$
$f'(x) = 0$에서 $x = -3$ 또는 $x = 1$ 또는 $x = 2$
함수 $f(x)$의 증가와 감소를 표로 나타내면 다음과 같다.

x	$\cdots$	-3	$\cdots$	1	$\cdots$	2	$\cdots$
$f'(x)$	$-$	0	$+$	0	$-$	0	$+$
$f(x)$	$\searrow$	-90	$\nearrow$	38	$\searrow$	35	$\nearrow$

함수 $f(x)$는 $x = -3$에서 극솟값 -90, $x = 1$에서 극댓값 38, $x = 2$에서 극솟값 35를 갖는다.
따라서 구하는 모든 극값의 합은
$$(-90) + 38 + 35 = -17$$

답 -17

04

$f(x) = -x^4 + ax^3 + bx^2 - 2$에서
$$f'(x) = -4x^3 + 3ax^2 + 2bx$$
함수 $f(x)$가 $x = 1$에서 극솟값, $x = 2$에서 극댓값을 가지므로
$$f'(1) = 0, \ f'(2) = 0$$
$f'(1) = (-4) + 3a + 2b = 0$에서
$$3a + 2b = 4 \qquad \cdots\cdots ㉠$$
$f'(2) = (-32) + 12a + 4b = 0$에서
$$3a + b = 8 \qquad \cdots\cdots ㉡$$
㉠, ㉡에서 $a = 4$, $b = -4$
따라서 $f(x) = -x^4 + 4x^3 - 4x^2 - 2$이므로
$$f(3) = (-81) + 108 - 36 - 2 = -11$$

답 -11

05

$f(x)=|x^3-6x^2+9x-4|$에서
$g(x)=x^3-6x^2+9x-4$라 하면
$g'(x)=3x^2-12x+9=3(x-3)(x-1)$
$g'(x)=0$에서 $x=1$ 또는 $x=3$
함수 $g(x)$의 증가와 감소를 표로 나타내면 다음과 같다.

x	$\cdots$	1	$\cdots$	3	$\cdots$
$g'(x)$	$+$	0	$-$	0	$+$
$g(x)$	$\nearrow$	0	$\searrow$	-4	$\nearrow$

함수 $g(x)$는 $x=1$에서 극댓값 0, $x=3$
에서 극솟값 -4를 갖는다. 또한
$g(0)=-4$이므로 두 함수 $y=g(x)$,
$y=f(x)$의 그래프는 오른쪽 그림과 같다.
따라서 함수 $f(x)$는 $x=1$과 $x=4$에서
극소이므로 극소가 되는 x의 개수는 2이
고 $x=3$에서 극댓값 4를 가지므로
$a=2$, $M=4$
$\therefore M+a=4+2=6$

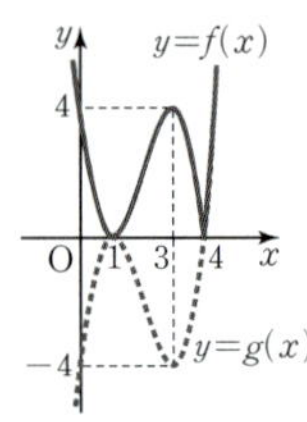

답 6

06

$f(x)=|x^3-3x^2+p|$에서
$g(x)=x^3-3x^2+p$라 하면
$g'(x)=3x^2-6x=3x(x-2)$
$g'(x)=0$에서 $x=0$ 또는 $x=2$
함수 $g(x)$의 증가와 감소를 표로 나타내면 다음과 같다.

x	$\cdots$	0	$\cdots$	2	$\cdots$
$g'(x)$	$+$	0	$-$	0	$+$
$g(x)$	$\nearrow$	p	$\searrow$	$p-4$	$\nearrow$

함수 $g(x)$는 $x=0$에서 극댓값 p,
$x=2$에서 극솟값 $p-4$를 갖는다.
이때 함수 $f(x)=|g(x)|$가 극대가
되는 점을 2개 가지려면 $x=0$과
$x=2$에서 극대가 되어야 하므로
$g(0)>0$에서 $p>0$, $g(2)<0$에서
$p<4$이어야 한다.
즉, $0<p<4$이고, $f(0)=f(2)$이어야 하므로
$|p|=|p-4|$, $p=-p+4$
$\therefore p=2$

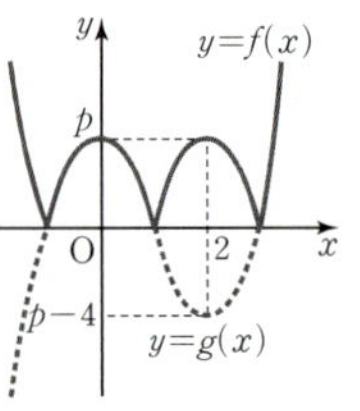

답 ②

07

$f(x)=x^3-2x^2-ax$에서

$f'(x)=3x^2-4x-a=3\left(x-\dfrac{2}{3}\right)^2-\dfrac{4}{3}-a$
삼차함수 $f(x)$가 열린구간
$(-1,\ 2)$에서 극댓값과 극솟값을
모두 가지려면 이차방정식
$f'(x)=0$이 $-1<x<2$에서 서로
다른 두 실근을 가져야 하므로 오른
쪽 그림에서

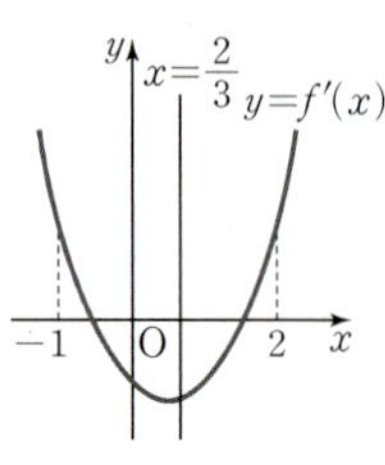

(i) 이차방정식 $f'(x)=0$의 판별식을 D라 하면

$\dfrac{D}{4}=4+3a>0$

$\therefore a>-\dfrac{4}{3}$

(ii) $f'(-1)>0$, $f'(2)>0$이어야 하므로
$f'(-1)=3+4-a>0$에서 $a<7$ $\cdots\cdots$ ㉠
$f'(2)=12-8-a>0$에서 $a<4$ $\cdots\cdots$ ㉡
㉠, ㉡에서 $a<4$

(iii) 함수 $y=f'(x)$의 그래프의 축의 방정식이 $x=\dfrac{2}{3}$이므로

$-1<\dfrac{2}{3}<2$

(i), (ii), (iii)에서 $-\dfrac{4}{3}<a<4$

답 $-\dfrac{4}{3}<a<4$

08

$f(x)=x^3+ax^2+bx+c$ $(a,\ b,\ c$는 상수)라 하면
$f'(x)=3x^2+2ax+b$ $\cdots\cdots$ ㉠
함수 $f(x)$가 $x=0$에서 극댓값을 가지므로
$f'(0)=0$ $\therefore b=0$
모든 실수 x에 대하여 $f'(1-x)=f'(1+x)$가 성립하므로
양변에 $x=1$을 대입하면 $f'(0)=f'(2)$
즉, $f'(2)=f'(0)=0$이므로 함수 $f(x)$는 $x=0$에서 극댓값
을 갖고, $x=2$에서 극솟값을 갖는다.
$\therefore f'(x)=3x(x-2)=3x^2-6x$ $\cdots\cdots$ ㉡
㉠, ㉡에서 $2a=-6$ $\therefore a=-3$
따라서 $f(x)=x^3-3x^2+c$이므로 극댓값과 극솟값의 차는
$f(0)-f(2)=c-(-4+c)=4$

답 4

09

(i) $f(x)=2x^3-3ax+1$에서
$f'(x)=6x^2-3a$
삼차함수 $f(x)$가 극값을 가질 필요충분조건은 이차방정
식 $f'(x)=0$이 서로 다른 두 실근을 갖는 것이므로 이차
방정식 $f'(x)=0$의 판별식을 D_1이라 하면
$\dfrac{D_1}{4}=18a>0$

$\therefore a>0$

(ii) $g(x)=-x^4+2ax^3-ax^2$에서

$\quad g'(x)=-4x^3+6ax^2-2ax$

$\qquad\quad =-2x(2x^2-3ax+a)$

최고차항의 계수가 음수인 사차함수 $g(x)$가 극솟값을 가지려면 삼차방정식 $g'(x)=0$이 서로 다른 세 실근을 가져야 한다. 이때 삼차방정식 $g'(x)=0$의 한 근이 $x=0$이므로 이차방정식 $2x^2-3ax+a=0$이 0이 아닌 서로 다른 두 실근을 가져야 한다. 이차방정식 $2x^2-3ax+a=0$의 판별식을 D_2라 하면

$D_2=9a^2-8a>0$, $a(9a-8)>0$

$\therefore a<0$ 또는 $a>\dfrac{8}{9}$ $\qquad$ …… ㉠

또한 $x=0$이 이차방정식 $2x^2-3ax+a=0$의 근이 아니어야 하므로 $a\neq0$ $\qquad$ …… ㉡

㉠, ㉡에서 $a<0$ 또는 $a>\dfrac{8}{9}$

(i), (ii)에서 a의 값의 범위는 $a>\dfrac{8}{9}$

따라서 정수 a의 최솟값은 1이다.

답 1

10

$f(x)=\begin{cases} ax^3-3ax & (x<0) \\ x^3+ax & (x\geq0) \end{cases}$에서

$f'(x)=\begin{cases} 3ax^2-3a & (x<0) \\ 3x^2+a & (x>0) \end{cases}$

$\qquad =\begin{cases} 3a(x+1)(x-1) & (x<0) \\ 3x^2+a & (x>0) \end{cases}$

$x<0$일 때 $f'(x)=0$에서 $x=-1$

$x>0$일 때 $f'(x)>0$ $(\because a>0)$이므로 $f'(x)=0$을 만족시키는 x의 값은 존재하지 않는다.

함수 $f(x)$의 증가와 감소를 표로 나타내면 다음과 같다.

x	$\cdots$	-1	$\cdots$	(0)	$\cdots$
$f'(x)$	$+$	0	$-$		$+$
$f(x)$	↗	$2a$	↘	0	↗

따라서 함수 $f(x)$는 $x=-1$에서 극댓값 $2a$를 갖고, 함수 $f(x)$의 극댓값이 4이므로

$2a=4$ $\quad\therefore a=2$

답 2

11

$f(x)=\dfrac{1}{3}x^3-x^2-3x+3$에서

$f'(x)=x^2-2x-3=(x+1)(x-3)$

$f'(x)=0$에서 $x=-1$ $(\because -2\leq x\leq1)$

닫힌구간 $[-2, 1]$에서 함수 $f(x)$의 증가와 감소를 표로 나타내면 다음과 같다.

x	-2	$\cdots$	-1	$\cdots$	1
$f'(x)$		$+$	0	$-$	
$f(x)$	$\dfrac{7}{3}$	↗	$\dfrac{14}{3}$	↘	$-\dfrac{2}{3}$

따라서 함수 $f(x)$는 $x=-1$에서 최댓값 $\dfrac{14}{3}$, $x=1$에서 최솟값 $-\dfrac{2}{3}$를 가지므로

$M=\dfrac{14}{3}$, $m=-\dfrac{2}{3}$

$\therefore M+m=\dfrac{14}{3}+\left(-\dfrac{2}{3}\right)=4$

답 4

12

원기둥의 밑면의 반지름의 길이를 r, 높이를 h라 하면

$r+h=18$이므로 $h=18-r$

$r>0$이고, $h>0$이므로 $18-r>0$

$\therefore 0<r<18$

원기둥의 부피를 $V(r)$이라 하면

$V(r)=\pi r^2 h=\pi r^2(18-r)$

$\qquad =(18r^2-r^3)\pi$

$V'(r)=(36r-3r^2)\pi=-3r(r-12)\pi$

$V'(r)=0$에서 $r=12$ $(\because 0<r<18)$

열린구간 $(0, 18)$에서 함수 $V(r)$의 증가와 감소를 표로 나타내면 다음과 같다.

r	(0)	$\cdots$	12	$\cdots$	(18)
$V'(r)$		$+$	0	$-$	
$V(r)$		↗	$12^2\pi\times6$	↘	

함수 $V(r)$은 $r=12$에서 극대이면서 최대이고, 이때 반구의 부피는

$\dfrac{1}{2}\times\dfrac{4}{3}\pi r^3=\dfrac{1}{2}\times\dfrac{4}{3}\pi\times12^3=12^2\pi\times8$

이므로 구하는 부피 V는

$V=12^2\pi\times6+12^2\pi\times8=12^2\pi\times14$

$\therefore \dfrac{V}{12^2}=14\pi$

답 14π

13

함수 $f(x)$가 실수 전체의 집합에서 감소하려면 $f'(x)\leq0$이어야 한다.

(i) $5x-a<0$, 즉 $x<\dfrac{a}{5}$일 때

$$f(x)=-\frac{1}{3}x^3-2x^2-5x+a$$이므로

$$f'(x)=-x^2-4x-5$$
$$=-(x+2)^2-1<0$$

즉, $x<\dfrac{a}{5}$일 때 함수 $f(x)$는 감소한다.

(ii) $5x-a>0$, 즉 $x>\dfrac{a}{5}$일 때

$$f(x)=-\frac{1}{3}x^3-2x^2+5x-a$$이므로

$$f'(x)=-x^2-4x+5$$
$$=-(x+5)(x-1)$$

이때 $f'(x)\leq0$에서 $-(x+5)(x-1)\leq0$

$$\therefore x\leq-5 \text{ 또는 } x\geq1$$

(i), (ii)에서 함수 $f(x)$는 $x<\dfrac{a}{5}$일 때 감소하고, $x>\dfrac{a}{5}$일 때 $x\leq-5$ 또는 $x\geq1$에서 감소하므로 함수 $f(x)$가 실수 전체의 집합에서 감소하려면 $\dfrac{a}{5}\geq1$　　$\therefore a\geq5$

따라서 실수 a의 최솟값은 5이다.

답 5

14

$f(x)=ax^3+bx^2+cx+d$ (a, b, c, d는 상수, $a\neq0$)라 하면

$$f'(x)=3ax^2+2bx+c$$

$\displaystyle\lim_{x\to0}\frac{f(x)}{x}=-6$에서 $x\to0$일 때 극한값이 존재하고

(분모)$\to0$이므로 (분자)$\to0$이다.

즉, $\displaystyle\lim_{x\to0}f(x)=0$에서 $f(0)=d=0$이므로

$$f(x)=ax^3+bx^2+cx$$

$$\lim_{x\to0}\frac{f(x)}{x}=\lim_{x\to0}\frac{ax^3+bx^2+cx}{x}$$
$$=\lim_{x\to0}(ax^2+bx+c)$$
$$=c=-6$$

이므로 $f(x)=ax^3+bx^2-6x$

함수 $f(x)$가 $x=-2$에서 극댓값 16을 가지므로

$$f'(-2)=0, \ f(-2)=16$$

$f'(-2)=12a-4b-6=0$에서

$$6a-2b=3 \quad\cdots\cdots ㉠$$

$f(-2)=-8a+4b+12=16$에서

$$-2a+b=1 \quad\cdots\cdots ㉡$$

㉠, ㉡에서 $a=\dfrac{5}{2}$, $b=6$

$$\therefore f(x)=\frac{5}{2}x^3+6x^2-6x$$

$$\therefore f(2)=20+24-12=32$$

답 32

15

$f(x)=-x^3+ax^2+bx+c$ (a, b, c는 상수)라 하면

$$f'(x)=-3x^2+2ax+b$$

$\alpha<x_1<x_2<\beta$인 임의의 실수 x_1, x_2에 대하여 $f(x_1)<f(x_2)$가 성립하고, α의 최솟값이 -1이고, β의 최댓값이 3이므로 함수 $f(x)$는 열린구간 $(-1,\ 3)$에서 증가한다. 최고차항의 계수가 -1인 삼차함수 $f(x)$는 $x=-1$에서 극솟값을 갖고, $x=3$에서 극댓값을 가지므로

$$f'(-1)=0, \ f'(3)=0$$

$f'(-1)=(-3)-2a+b=0$에서

$$-2a+b=3 \quad\cdots\cdots ㉠$$

$f'(3)=(-27)+6a+b=0$에서

$$6a+b=27 \quad\cdots\cdots ㉡$$

㉠, ㉡에서 $a=3$, $b=9$

$$\therefore f(x)=-x^3+3x^2+9x+c$$

함수 $f(x)$가 $x=3$에서 극댓값 15를 가지므로

$$f(3)=(-27)+27+27+c=15$$

$$\therefore c=-12$$

따라서 $f(x)=-x^3+3x^2+9x-12$이므로 극솟값은

$$f(-1)=1+3-9-12=-17$$

답 -17

16

$f(x)=x^3+3x^2-9x$에서

$f'(x)=3x^2+6x-9$이므로

$$g(x)=\begin{cases} x^3+3x^2-9x & (x<2) \\ -3x^2-3x+20 & (x\geq2) \end{cases}$$

(i) $x\geq2$일 때

$g(x)=-3x^2-3x+20$에서

$g'(x)=-6x-3=-3(2x+1)$

$x\geq2$에서 $g'(x)<0$이므로 함수 $g(x)$는 감소한다.

(ii) $x<2$일 때

$g(x)=x^3+3x^2-9x$에서

$g'(x)=3x^2+6x-9=3(x+3)(x-1)$

$g'(x)=0$에서 $x=-3$ 또는 $x=1$

$x<2$에서 함수 $g(x)$의 증가와 감소를 표로 나타내면 다음과 같다.

x	$\cdots$	-3	$\cdots$	1	$\cdots$	(2)
$g'(x)$	$+$	0	$-$	0	$+$	
$g(x)$	↗	27	↘	-5	↗	(2)

(i), (ii)에서 닫힌구간 $[-4,\ 3]$에서 함수 $g(x)$의 증가와 감소를 표로 나타내면 다음과 같다.

x	-4	$\cdots$	-3	$\cdots$	1	$\cdots$	2	$\cdots$	3
$g'(x)$		$+$	0	$-$	0	$+$	0	$-$	
$g(x)$	20	↗	27	↘	-5	↗	2	↘	-16

닫힌구간 $[-4,\ 3]$에서 함수 $g(x)$는 $x=-3$에서 최댓값 27, $x=3$에서 최솟값 -16을 갖는다.
따라서 최댓값과 최솟값의 합은
$$27+(-16)=11$$

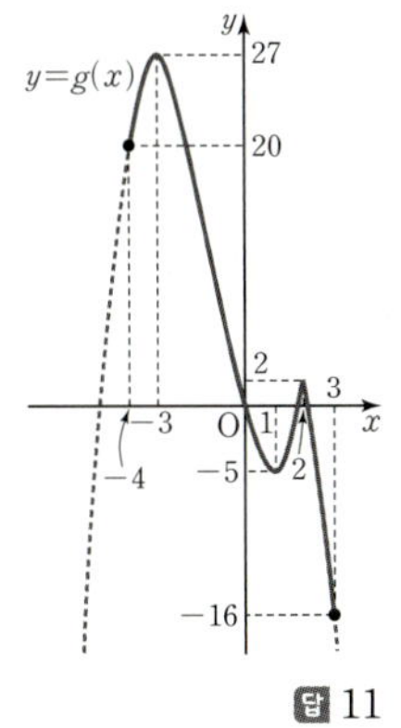

답 11

17

$f(x)=-x^3+3x^2+2$에서
$f'(x)=-3x^2+6x=-3x(x-2)$
$f'(x)=0$에서 $x=0$ 또는 $x=2$
함수 $f(x)$의 증가와 감소를 표로 나타내면 다음과 같다.

x	$\cdots$	0	$\cdots$	2	$\cdots$
$f'(x)$	$-$	0	$+$	0	$-$
$f(x)$	↘	2	↗	6	↘

함수 $f(x)$는 $x=0$에서 극솟값 2, $x=2$에서 극댓값 6을 가지므로 함수 $y=f(x)$의 그래프는 오른쪽 그림과 같다.
한편, $f(x)=2$에서
$-x^3+3x^2+2=2$
$-x^2(x-3)=0$
따라서 $f(0)=f(3)=2$이므로 실수 t의 값의 범위에 따라 $g(t)$를 구하면
(i) $-1 < t \leq 0$일 때
　닫힌구간 $[-1,\ t]$에서 함수 $f(x)$의 최솟값은 $f(t)$이므로
　$g(t)=f(t)$
(ii) $0 < t \leq 3$일 때
　닫힌구간 $[-1,\ t]$에서 함수 $f(x)$의 최솟값은 2이므로
　$g(t)=2$

(iii) $t > 3$일 때
　닫힌구간 $[-1,\ t]$에서 함수 $f(x)$의 최솟값은 $f(t)$이므로
　$g(t)=f(t)$
(i), (ii), (iii)에서 함수 $y=g(t)$의 그래프는 다음 그림과 같다.

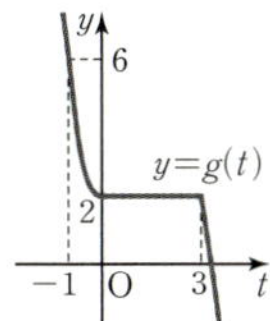

따라서 $g(t)=g(t+1)$을 만족시키는 정수 t는 $0,\ 1,\ 2$의 3개이다.

답 3

18

오른쪽 그림과 같이 정사각뿔의 꼭짓점 A에서 밑면에 내린 수선의 발을 H라 하고, 정사각뿔의 한 모서리 AB와 직육면체가 만나는 한 꼭짓점을 P, 꼭짓점 P에서 정사각뿔의 밑면에 내린 수선의 발을 Q라 하자.

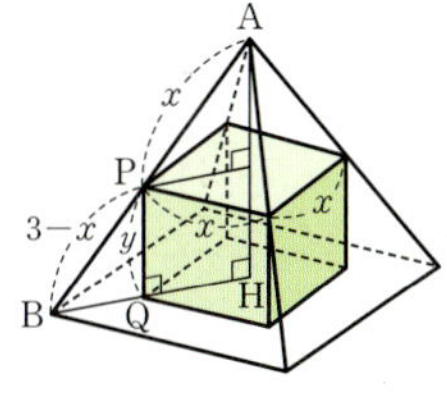

직육면체가 정사각뿔에 내접해 있으므로 직육면체의 밑면의 가로의 길이를 $x\ (0 < x < 3)$라 하면 밑면의 세로의 길이도 x이고, 이 직육면체의 높이를 y라 하면
$\overline{AB} : \overline{PB}=\overline{AH} : \overline{PQ}$이므로
$$3 : (3-x)=\frac{3\sqrt{2}}{2} : y$$
$$\therefore y=\frac{\sqrt{2}}{2}(3-x)$$
직육면체의 부피를 $V(x)$라 하면
$$V(x)=x^2 y$$
$$=\frac{\sqrt{2}}{2}(3x^2-x^3)$$
$$V'(x)=\frac{\sqrt{2}}{2}(6x-3x^2)$$
$$=-\frac{3\sqrt{2}}{2}x(x-2)$$
$V'(x)=0$에서 $x=2\ (\because 0 < x < 3)$
$0 < x < 3$에서 함수 $V(x)$의 증가와 감소를 표로 나타내면 다음과 같다.

x	(0)	$\cdots$	2	$\cdots$	(3)
$V'(x)$		$+$	0	$-$	
$V(x)$		↗	$2\sqrt{2}$	↘	

함수 $V(x)$는 $x=2$에서 극대이면서 최대이므로 구하는 부피의 최댓값은 $2\sqrt{2}$이다.

주어진 정사각뿔에서 $\overline{AB}=3$이고,

$$\overline{BH}=\frac{\sqrt{3^2+3^2}}{2}=\frac{3\sqrt{2}}{2}$$

삼각형 ABH는 직각삼각형이므로 피타고라스 정리에 의하여 $\overline{AH}^2+\overline{BH}^2=\overline{AB}^2$에서

$$\overline{AH}^2+\left(\frac{3\sqrt{2}}{2}\right)^2=3^2$$

$$\overline{AH}^2=\frac{9}{2}$$

$$\therefore \overline{AH}=\frac{3\sqrt{2}}{2}\ (\because \overline{AH}>0)$$

답 $2\sqrt{2}$

19

$f(x)=(x-1)^n(x-2)$에서

$$f'(x)=n(x-1)^{n-1}(x-2)+(x-1)^n$$
$$=(x-1)^{n-1}\{(n+1)x-2n-1\}$$

$n-1$이 0 또는 짝수이면 함수 $f(x)$가 극댓값을 가질 수 없으므로 $n-1$은 홀수, 즉 n은 짝수이다.

$f'(x)=0$에서 $x=1$ 또는 $x=\dfrac{2n+1}{n+1}$

n은 자연수이므로 $\dfrac{2n+1}{n+1}>1$이고 함수 $f(x)$의 증가와 감소를 표로 나타내면 다음과 같다.

x	$\cdots$	1	$\cdots$	$\dfrac{2n+1}{n+1}$	$\cdots$
$f'(x)$	$+$	0	$-$	0	$+$
$f(x)$	$\nearrow$	극대	$\searrow$	극소	$\nearrow$

함수 $f(x)$는 $x=1$에서 극댓값, $x=\dfrac{2n+1}{n+1}$에서 극솟값을 갖는다.

이때 $\alpha=\dfrac{2n+1}{n+1}=2-\dfrac{1}{n+1}$이고, $\dfrac{5}{3}<\alpha<\dfrac{15}{8}$이므로

$$\frac{5}{3}<2-\frac{1}{n+1}<\frac{15}{8}$$

$$-\frac{1}{3}<-\frac{1}{n+1}<-\frac{1}{8}$$

$$3<n+1<8$$

$$\therefore 2<n<7$$

따라서 짝수 n은 $n=4$ 또는 $n=6$이므로 모든 자연수 n의 값의 합은

$$4+6=10$$

답 10

20

함수 $g(k)$에 따라 최고차항의 계수가 2인 삼차함수 $y=f(x)$의 그래프의 개형은 오른쪽 그림과 같다.

함수 $y=f(x)$의 그래프가 x축과 만나는 점의 x좌표를 a, b $(a<b)$라 하면

$f(x)=2(x-a)(x-b)^2$이므로

$$f'(x)=2(x-b)^2+4(x-a)(x-b)$$
$$=2(x-b)(3x-2a-b)$$

$f'(x)=0$에서 $x=b$ 또는 $x=\dfrac{2a+b}{3}$

함수 $f(x)$의 증가와 감소를 표로 나타내면 다음과 같다.

x	$\cdots$	$\dfrac{2a+b}{3}$	$\cdots$	b	$\cdots$
$f'(x)$	$+$	0	$-$	0	$+$
$f(x)$	$\nearrow$	8	$\searrow$	0	$\nearrow$

함수 $f(x)$는 $x=\dfrac{2a+b}{3}$에서 극댓값 8, $x=b$에서 극솟값 0을 가지므로

$$f\left(\frac{2a+b}{3}\right)=-\frac{8}{27}(a-b)^3=8$$에서

$$(a-b)^3=-27,\ a-b=-3$$

$$\therefore b=a+3 \quad \cdots\cdots\ \text{㉠}$$

또한 $f(0)=-32$이므로

$$f(0)=-2ab^2=-32$$에서

$$ab^2=16 \quad \cdots\cdots\ \text{㉡}$$

㉠을 ㉡에 대입하면

$$a(a+3)^2=16,\ a^3+6a^2+9a-16=0$$

$$(a-1)(a^2+7a+16)=0$$

$$\therefore a=1\ (\because a^2+7a+16>0)$$

따라서 $a=1$, $b=4$이므로

$$f(x)=2(x-1)(x-4)^2$$
$$f'(x)=6(x-2)(x-4)$$
$$\therefore f(3)+f'(3)=2\times2\times1+6\times1\times(-1)=-2$$

답 -2

06 도함수의 활용 (3)

01 방정식과 부등식에의 활용

본문 219쪽

개념 CHECK

01 (1) 1 (2) 2

02 (1) $0<k<4$ (2) $k=0$ 또는 $k=4$
　　(3) $k<0$ 또는 $k>4$

03 (1) 풀이 참조 (2) 풀이 참조 (3) 풀이 참조

01

(1) $f(x)=x^3-2x^2-4x-3$이라 하면
$$f'(x)=3x^2-4x-4=(3x+2)(x-2)$$
$f'(x)=0$에서 $x=-\dfrac{2}{3}$ 또는 $x=2$

함수 $f(x)$의 증가와 감소를 표로 나타내면 다음과 같다.

x	$\cdots$	$-\dfrac{2}{3}$	$\cdots$	2	$\cdots$
$f'(x)$	$+$	0	$-$	0	$+$
$f(x)$	↗	$-\dfrac{41}{27}$	↘	-11	↗

따라서 함수 $y=f(x)$의 그래프는 오른쪽 그림과 같이 x축과 한 점에서 만나므로 주어진 방정식의 서로 다른 실근의 개수는 1이다.

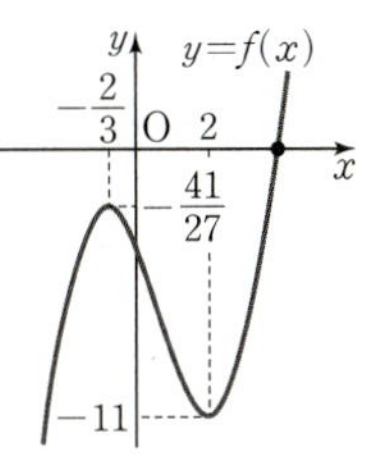

(2) $f(x)=2x^4-4x^2-1$이라 하면
$$f'(x)=8x^3-8x=8x(x+1)(x-1)$$
$f'(x)=0$에서 $x=-1$ 또는 $x=0$ 또는 $x=1$

함수 $f(x)$의 증가와 감소를 표로 나타내면 다음과 같다.

x	$\cdots$	-1	$\cdots$	0	$\cdots$	1	$\cdots$
$f'(x)$	$-$	0	$+$	0	$-$	0	$+$
$f(x)$	↘	-3	↗	-1	↘	-3	↗

따라서 함수 $y=f(x)$의 그래프는 오른쪽 그림과 같이 x축과 서로 다른 두 점에서 만나므로 주어진 방정식의 서로 다른 실근의 개수는 2이다.

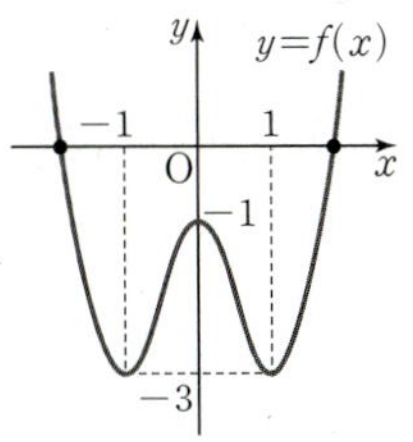

02

$f(x)=x^3+6x^2+9x+k$라 하면
$$f'(x)=3x^2+12x+9=3(x+1)(x+3)$$
$f'(x)=0$에서 $x=-3$ 또는 $x=-1$

함수 $f(x)$의 증가와 감소를 표로 나타내면 다음과 같다.

x	$\cdots$	-3	$\cdots$	-1	$\cdots$
$f'(x)$	$+$	0	$-$	0	$+$
$f(x)$	↗	k	↘	$-4+k$	↗

함수 $f(x)$는 $x=-3$에서 극댓값 k, $x=-1$에서 극솟값 $-4+k$를 갖는다.

$f(x)$가 극값을 가질 때, 삼차방정식 $f(x)=0$이

(1) 서로 다른 세 실근을 가질 필요충분조건은
　(극댓값)×(극솟값)<0이므로
　$k(-4+k)<0$　　$\therefore 0<k<4$

(2) 중근과 다른 한 실근을 가질 필요충분조건은
　(극댓값)×(극솟값)$=0$이므로
　$k(-4+k)=0$　　$\therefore k=0$ 또는 $k=4$

(3) 한 실근과 두 허근을 가질 필요충분조건은
　(극댓값)×(극솟값)>0이므로
　$k(-4+k)>0$　　$\therefore k<0$ 또는 $k>4$

답 (1) $0<k<4$ (2) $k=0$ 또는 $k=4$ (3) $k<0$ 또는 $k>4$

03

(1) $f(x)=x^4-6x^2-8x+24$라 하면
$$f'(x)=4x^3-12x-8=4(x+1)^2(x-2)$$
$f'(x)=0$에서 $x=-1$ 또는 $x=2$

함수 $f(x)$의 증가와 감소를 표로 나타내면 다음과 같다.

x	$\cdots$	-1	$\cdots$	2	$\cdots$
$f'(x)$	$-$	0	$-$	0	$+$
$f(x)$	↘	27	↘	0	↗

함수 $f(x)$는 $x=2$에서 극소이면서 최소이고 최솟값 0을 갖는다.
따라서 모든 실수 x에 대하여
$f(x)\geq0$, 즉
$x^4-6x^2-8x+24\geq0$이 성립한다.

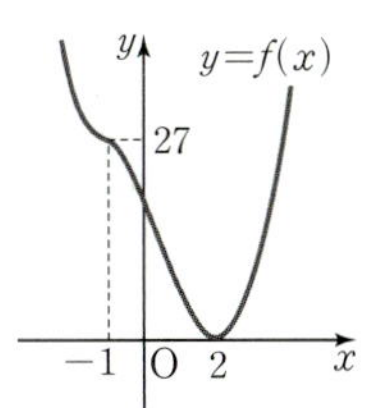

(2) $f(x)=x^3-x-(x^2-3)=x^3-x^2-x+3$이라 하면
$$f'(x)=3x^2-2x-1=(3x+1)(x-1)$$
$f'(x)=0$에서 $x=-\dfrac{1}{3}$ 또는 $x=1$

$x\geq0$일 때, 함수 $f(x)$의 증가와 감소를 표로 나타내면 다음과 같다.

x	0	$\cdots$	1	$\cdots$
$f'(x)$		$-$	0	$+$
$f(x)$	3	$\searrow$	2	$\nearrow$

$x\geq0$에서 함수 $f(x)$는 $x=1$에서
극소이면서 최소이고
최솟값은 2이므로 $x\geq0$일 때
$f(x)>0$, 즉 부등식
$x^3-x>x^2-3$이 성립한다.

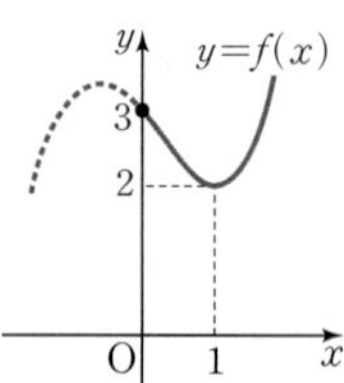

(3) $f(x)=x^3+6x^2+9x+5$라 하면
$$f'(x)=3x^2+12x+9$$
$$=3(x+3)(x+1)$$

이때 $x>-1$이면 $f'(x)>0$이므로 $x>-1$에서 함수 $f(x)$는 증가한다.

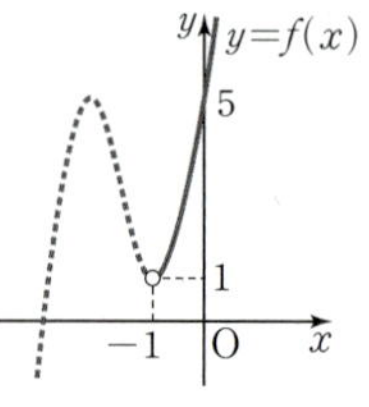

또한 $f(-1)=1>0$이므로 $x>-1$일 때 $f(x)>0$, 즉 부등식 $x^3+6x^2+9x+5>0$이 성립한다.

답 (1) 풀이 참조 (2) 풀이 참조 (3) 풀이 참조

---

x	$\cdots$	-2	$\cdots$	1	$\cdots$
$f'(x)$	$+$	0	$-$	0	$+$
$f(x)$	$\nearrow$	29	$\searrow$	2	$\nearrow$

따라서 함수 $y=f(x)$의 그래프는 오른쪽 그림과 같이 x축과 한 점에서 만나므로 주어진 방정식은 한 실근을 갖는다.

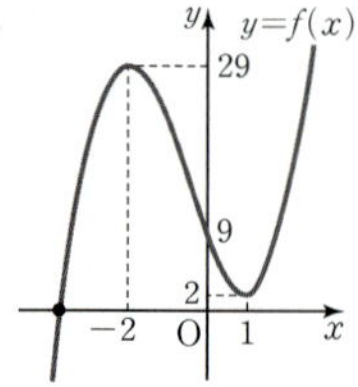

(2) $f(x)=-x^4+6x^2-8x+10$이라 하면
$$f'(x)=-4x^3+12x-8=-4(x+2)(x-1)^2$$
$$f'(x)=0에서 x=-2 \text{ 또는 } x=1$$
함수 $f(x)$의 증가와 감소를 표로 나타내면 다음과 같다.

x	$\cdots$	-2	$\cdots$	1	$\cdots$
$f'(x)$	$+$	0	$-$	0	$-$
$f(x)$	$\nearrow$	34	$\searrow$	7	$\searrow$

따라서 함수 $y=f(x)$의 그래프는 오른쪽 그림과 같이 x축과 서로 다른 두 점에서 만나므로 주어진 방정식은 서로 다른 두 실근을 갖는다.

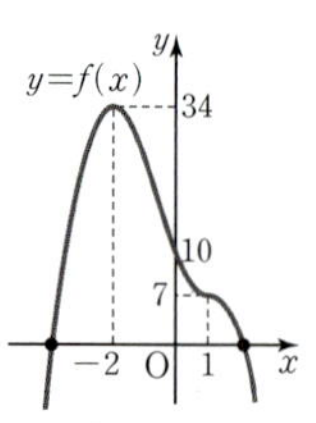

답 (1) 1 (2) 2

유제

01-1 (1) 1 (2) 2 　　**01-2** 1

01-3 2 　　**01-4** 6

02-1 (1) $0<k<2$ (2) $k=2$ (3) $k=0$ 또는 $k>2$

02-2 -22

02-3 (1) $-2<a<2$ (2) $a=-2$ 또는 $a=2$

02-4 $1<a<2$

03-1 (1) $-7<k<0$ (2) $k=9$ 또는 $k<-7$

03-2 15 　　**03-3** 4 　　**03-4** $0<a<2$

04-1 (1) $k\leq-32$ (2) $k\leq-4$

04-2 8 　　**04-3** $\sqrt3$ 　　**04-4** $a<-8$

05-1 (1) $k\geq1$ (2) $k\geq27$ 　　**05-2** -2

05-3 $k>2$ 　　**05-4** 8

01-1

(1) $f(x)=2x^3+3x^2-12x+9$라 하면
$$f'(x)=6x^2+6x-12$$
$$=6(x+2)(x-1)$$
$f'(x)=0에서 x=-2$ 또는 $x=1$
함수 $f(x)$의 증가와 감소를 표로 나타내면 다음과 같다.

01-2

(i) $f(x)=-x^3+6x^2-12x+10$이라 하면
$$f'(x)=-3x^2+12x-12=-3(x-2)^2$$
$f'(x)=0에서 x=2$
함수 $f(x)$의 증가와 감소를 표로 나타내면 다음과 같다.

x	$\cdots$	2	$\cdots$
$f'(x)$	$-$	0	$-$
$f(x)$	$\searrow$	2	$\searrow$

따라서 함수 $y=f(x)$의 그래프는 오른쪽 그림과 같이 x축과 한 점에서 만나므로 주어진 방정식은 한 실근을 갖는다.
$\therefore a=1$

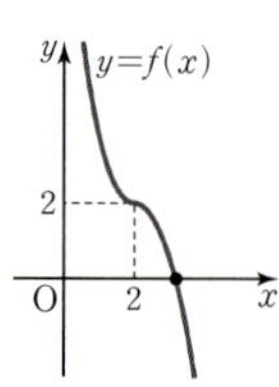

(ii) $g(x)=x^4-4x+4$라 하면
$$g'(x)=4x^3-4=4(x-1)(x^2+x+1)$$
$g'(x)=0에서 x=1 \ (\because x^2+x+1>0)$
함수 $g(x)$의 증가와 감소를 표로 나타내면 다음과 같다.

x	$\cdots$	1	$\cdots$
$g'(x)$	$-$	0	$+$
$g(x)$	$\searrow$	1	$\nearrow$

따라서 함수 $y=g(x)$의 그래프는 오른
쪽 그림과 같이 x축과 만나지 않으므로
주어진 방정식의 실근은 없다.

$\therefore b=0$

(i), (ii)에서 $a=1$, $b=0$이므로

$a+b=1$

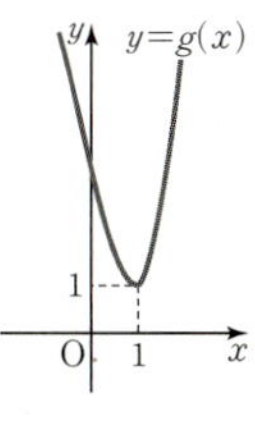

답 1

01-3

$3x^4+2x^3-3x^2=x^4+2x^3+x^2+1$에서

$2x^4-4x^2-1=0$

$f(x)=2x^4-4x^2-1$이라 하면

$f'(x)=8x^3-8x=8x(x-1)(x+1)$

$f'(x)=0$에서 $x=-1$ 또는 $x=0$ 또는 $x=1$

함수 $f(x)$의 증가와 감소를 표로 나타내면 다음과 같다.

x	$\cdots$	-1	$\cdots$	0	$\cdots$	1	$\cdots$
$f'(x)$	$-$	0	$+$	0	$-$	0	$+$
$f(x)$	$\searrow$	-3	$\nearrow$	-1	$\searrow$	-3	$\nearrow$

따라서 함수 $y=f(x)$의 그래프는 오른
쪽 그림과 같이 x축과 서로 다른 두 점
에서 만나므로 주어진 방정식은 서로 다
른 두 실근을 갖는다.

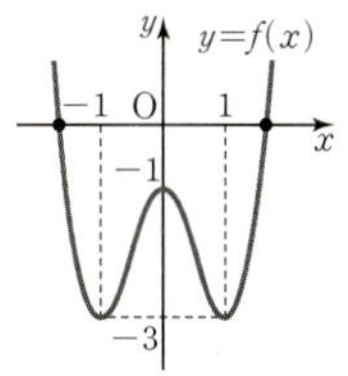

답 2

01-4

$|2x^3-3x^2-12x-3|=3$에서

$f(x)=2x^3-3x^2-12x-3$이라 하면

$f'(x)=6x^2-6x-12=6(x+1)(x-2)$

$f'(x)=0$에서 $x=-1$ 또는 $x=2$

함수 $f(x)$의 증가와 감소를 표로 나타내면 다음과 같다.

x	$\cdots$	-1	$\cdots$	2	$\cdots$
$f'(x)$	$+$	0	$-$	0	$+$
$f(x)$	$\nearrow$	4	$\searrow$	-23	$\nearrow$

따라서 함수 $y=|f(x)|$의 그래프는
오른쪽 그림과 같이 직선 $y=3$과 서
로 다른 여섯 개의 점에서 만나므로
주어진 방정식 $|f(x)|=3$, 즉
$|2x^3-3x^2-12x-3|=3$은 서로
다른 여섯 개의 실근을 갖는다.

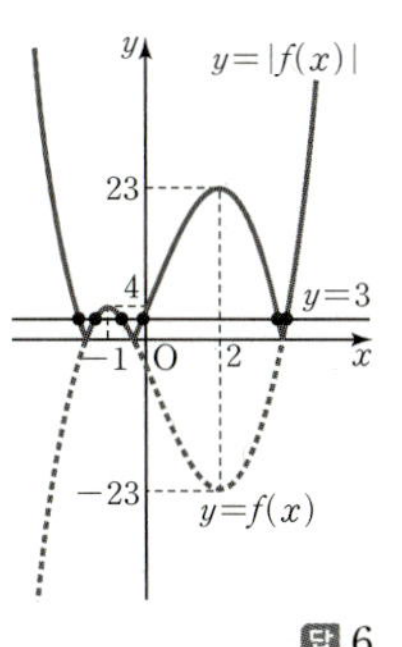

답 6

02-1

방정식 $2x^4-4x^2+2-k=0$에서

$2x^4-4x^2+2=k$

$f(x)=2x^4-4x^2+2$라 하면

$f'(x)=8x^3-8x=8x(x+1)(x-1)$

$f'(x)=0$에서 $x=-1$ 또는 $x=0$ 또는 $x=1$

함수 $f(x)$의 증가와 감소를 표로 나타내면 다음과 같다.

x	$\cdots$	-1	$\cdots$	0	$\cdots$	1	$\cdots$
$f'(x)$	$-$	0	$+$	0	$-$	0	$+$
$f(x)$	$\searrow$	0	$\nearrow$	2	$\searrow$	0	$\nearrow$

방정식 $f(x)=k$의 서로 다른 실
근의 개수는 함수 $y=f(x)$의 그
래프와 직선 $y=k$의 교점의 개수
와 같다.

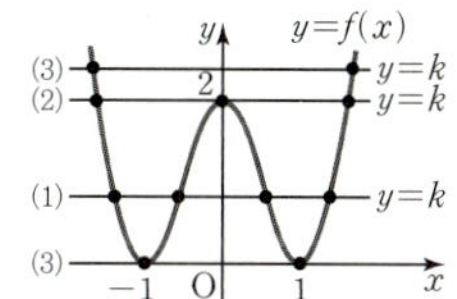

(1) 방정식 $f(x)=k$가 서로 다른
　네 실근을 가지려면 $0<k<2$

(2) 방정식 $f(x)=k$가 서로 다른 세 실근을 가지려면 $k=2$

(3) 방정식 $f(x)=k$가 서로 다른 두 실근을 가지려면 $k=0$
　또는 $k>2$

답 (1) $0<k<2$　(2) $k=2$　(3) $k=0$ 또는 $k>2$

02-2

곡선 $y=x^3-3x^2-9x-k$와 x축의 교점의 개수는 방정식
$x^3-3x^2-9x-k=0$의 서로 다른 실근의 개수와 같다.

방정식 $x^3-3x^2-9x-k=0$에서

$x^3-3x^2-9x=k$

$f(x)=x^3-3x^2-9x$라 하면

$f'(x)=3x^2-6x-9=3(x+1)(x-3)$

$f'(x)=0$에서 $x=-1$ 또는 $x=3$

함수 $f(x)$의 증가와 감소를 표로 나타내면 다음과 같다.

x	$\cdots$	-1	$\cdots$	3	$\cdots$
$f'(x)$	$+$	0	$-$	0	$+$
$f(x)$	$\nearrow$	5	$\searrow$	-27	$\nearrow$

방정식 $f(x)=k$의 서로 다른 실근의
개수는 함수 $y=f(x)$의 그래프와 직
선 $y=k$의 교점의 개수와 같다.

함수 $y=f(x)$의 그래프와 직선 $y=k$
가 서로 다른 두 점에서 만나도록 하는
실수 k의 값은

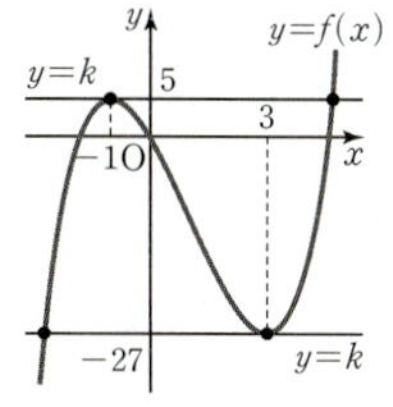

$k=-27$ 또는 $k=5$

따라서 모든 실수 k의 값의 합은

$(-27)+5=-22$

곡선 $y=x^3-3x^2-9x-k$와 x축의 교점의 개수는 방정식
$x^3-3x^2-9x-k=0$의 서로 다른 실근의 개수와 같다.
$f(x)=x^3-3x^2-9x-k$라 하면
$f'(x)=3x^2-6x-9=3(x+1)(x-3)$
$f'(x)=0$에서 $x=-1$ 또는 $x=3$
함수 $f(x)$는 $x=-1$에서 극댓값, $x=3$에서 극솟값을 갖는다. $f(x)$가 극값을 가질 때, 삼차방정식 $f(x)=0$이 서로 다른 두 실근을 가질 필요충분조건은
(극댓값)$\times$(극솟값)$=0$, 즉 $f(-1)f(3)=0$이어야 하므로
$(-k+5)(-k-27)=0$, $(k-5)(k+27)=0$
$\therefore k=-27$ 또는 $k=5$
따라서 모든 실수 k의 값의 합은
$(-27)+5=-22$

답 -22

02-3

곡선 $y=x^3-6x$와 직선 $y=-3x+a$의 교점의 개수는
방정식 $x^3-6x=-3x+a$, 즉
$x^3-3x=a$ $\qquad$ ……㉠
의 서로 다른 실근의 개수와 같다.
$f(x)=x^3-3x$라 하면
$f'(x)=3x^2-3=3(x+1)(x-1)$
$f'(x)=0$에서 $x=-1$ 또는 $x=1$
함수 $f(x)$의 증가와 감소를 표로 나타내면 다음과 같다.

x	$\cdots$	-1	$\cdots$	1	$\cdots$
$f'(x)$	$+$	0	$-$	0	$+$
$f(x)$	$\nearrow$	2	$\searrow$	-2	$\nearrow$

방정식 ㉠의 서로 다른 실근의 개수는 함수 $y=f(x)$의 그래프와 직선 $y=a$의 교점의 개수와 같다.
따라서 함수 $y=f(x)$의 그래프와 직선 $y=a$가

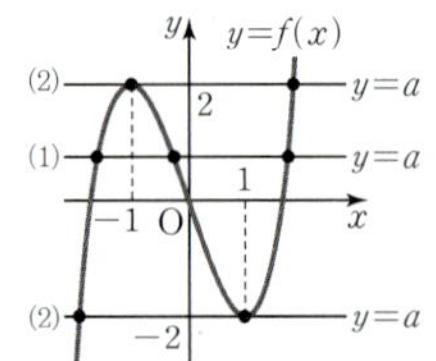

(1) 서로 다른 세 점에서 만날 때,
 실수 a의 값의 범위는 $-2<a<2$
(2) 접할 때, 실수 a의 값은 $a=-2$ 또는 $a=2$

곡선 $y=x^3-6x$와 직선 $y=-3x+a$가 만나므로
방정식 $x^3-6x=-3x+a$, 즉 $x^3-3x-a=0$에서
$f(x)=x^3-3x-a$라 하면
$f'(x)=3x^2-3=3(x+1)(x-1)$
$f'(x)=0$에서 $x=-1$ 또는 $x=1$
함수 $f(x)$는 $x=-1$에서 극댓값, $x=1$에서 극솟값을 갖는다.

(1) 곡선과 직선이 서로 다른 세 점에서 만나므로 삼차방정식
 $f(x)=0$이 서로 다른 세 실근을 가질 필요충분조건은
 (극댓값)$\times$(극솟값)<0, 즉 $f(-1)f(1)<0$이어야 한다.
 $(2-a)(-2-a)<0$, $(a-2)(a+2)<0$
 $\therefore -2<a<2$
(2) 곡선과 직선이 접하므로 삼차방정식 $f(x)=0$이 서로 다른 두 실근을 가질 필요충분조건은
 (극댓값)$\times$(극솟값)$=0$, 즉 $f(-1)f(1)=0$이어야 한다.
 $(2-a)(-2-a)=0$, $(a-2)(a+2)=0$
 $\therefore a=-2$ 또는 $a=2$

답 (1) $-2<a<2$ (2) $a=-2$ 또는 $a=2$

02-4

$y=x^3+x$에서 $y'=3x^2+1$
점 $(1, a)$에서 곡선 $y=x^3+x$에 그은 접선의 접점의 좌표를
(t, t^3+t)라 하면 접선의 방정식은
$y-(t^3+t)=(3t^2+1)(x-t)$
이 직선이 점 $(1, a)$를 지나므로
$a-(t^3+t)=(3t^2+1)(1-t)$
$\therefore 2t^3-3t^2+a-1=0$ $\qquad$ ……㉠
점 $(1, a)$에서 곡선에 서로 다른 세 개의 접선을 그을 수 있으므로 방정식 ㉠, 즉 $2t^3-3t^2-1=-a$는 서로 다른 세 실근을 갖는다.
$f(t)=2t^3-3t^2-1$이라 하면
$f'(t)=6t^2-6t=6t(t-1)$
$f'(t)=0$에서 $t=0$ 또는 $t=1$
함수 $f(t)$의 증가와 감소를 표로 나타내면 다음과 같다.

t	$\cdots$	0	$\cdots$	1	$\cdots$
$f'(t)$	$+$	0	$-$	0	$+$
$f(t)$	$\nearrow$	-1	$\searrow$	-2	$\nearrow$

따라서 방정식 ㉠이 서로 다른 세 실근을 가질 때 함수 $y=f(t)$의 그래프와 직선 $y=-a$는 서로 다른 세 점에서 만나므로 $-2<-a<-1$
$\therefore 1<a<2$

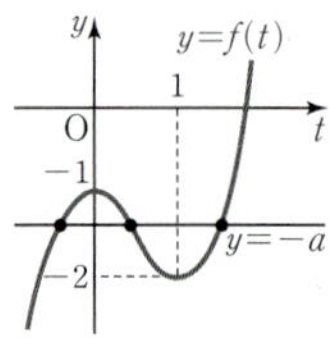

방정식 ㉠에서
$f(t)=2t^3-3t^2+a-1$이라 하면
$f'(t)=6t^2-6t=6t(t-1)$
$f'(t)=0$에서 $t=0$ 또는 $t=1$
함수 $f(t)$는 $t=0$에서 극댓값, $t=1$에서 극솟값을 갖는다.
삼차방정식 $f(t)=0$이 서로 다른 세 실근을 가질 필요충분조건은 (극댓값)$\times$(극솟값)<0, 즉 $f(0)f(1)<0$이어야 하므로
$(a-1)(a-2)<0$

$\therefore 1 < a < 2$

답 $1 < a < 2$

03-1

$x^4-4x^3-2x^2+12x+k=0$에서
$x^4-4x^3-2x^2+12x=-k$
$f(x)=x^4-4x^3-2x^2+12x$라 하면
$f'(x)=4x^3-12x^2-4x+12=4(x+1)(x-1)(x-3)$
$f'(x)=0$에서 $x=-1$ 또는 $x=1$ 또는 $x=3$
함수 $f(x)$의 증가와 감소를 표로 나타내면 다음과 같다.

x	$\cdots$	-1	$\cdots$	1	$\cdots$	3	$\cdots$
$f'(x)$	$-$	0	$+$	0	$-$	0	$+$
$f(x)$	$\searrow$	-9	$\nearrow$	7	$\searrow$	-9	$\nearrow$

$f(0)=0$이고, 방정식 $x^4-4x^3-2x^2+12x+k=0$의 실근은 함수 $y=f(x)$의 그래프와 직선 $y=-k$의 교점의 x좌표와 같다.

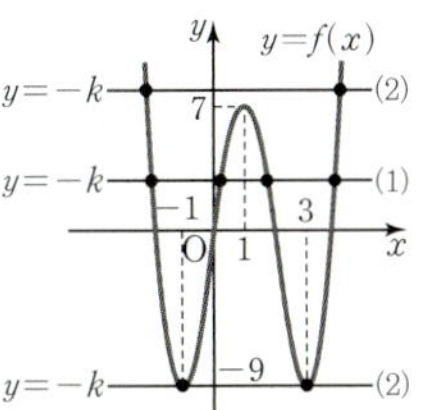

(1) $y=f(x)$의 그래프와 직선 $y=-k$의 교점의 x좌표가 세 개는 서로 다른 양수, 한 개는 음수가 되도록 하는 k의 값의 범위는
$0<-k<7$ $\quad\therefore -7<k<0$

(2) $y=f(x)$의 그래프와 직선 $y=-k$의 교점의 x좌표가 한 개는 양수, 한 개는 음수가 되도록 하는 k의 값의 범위는
$-k=-9$ 또는 $-k>7$
$\therefore k=9$ 또는 $k<-7$

답 (1) $-7<k<0$ (2) $k=9$ 또는 $k<-7$

03-2

$-x^3+12x-k=0$에서 $-x^3+12x=k$
$f(x)=-x^3+12x$라 하면
$f'(x)=-3x^2+12=-3(x+2)(x-2)$
$f'(x)=0$에서 $x=-2$ 또는 $x=2$
함수 $f(x)$의 증가와 감소를 표로 나타내면 다음과 같다.

x	$\cdots$	-2	$\cdots$	2	$\cdots$
$f'(x)$	$-$	0	$+$	0	$-$
$f(x)$	$\searrow$	-16	$\nearrow$	16	$\searrow$

$f(0)=0$이고, 방정식 $-x^3+12x-k=0$의 실근은 함수 $y=f(x)$의 그래프와 직선 $y=k$의 교점의 x좌표와 같다.

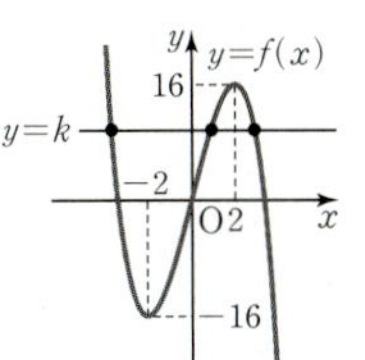

따라서 $y=f(x)$의 그래프와 직선

$y=k$의 교점의 x좌표가 두 개는 서로 다른 양수, 한 개는 음수가 되도록 하는 실수 k의 값의 범위는
$0<k<16$
따라서 구하는 정수 k는 1, 2, 3, $\cdots$, 15의 15개이다.

답 15

03-3

방정식 $f(x)=g(x)$에서
$2x^3-x^2+5x=x^3+5x^2-4x+a$이므로
$x^3-6x^2+9x=a$
$h(x)=x^3-6x^2+9x$라 하면
$h'(x)=3x^2-12x+9=3(x-1)(x-3)$
$h'(x)=0$에서 $x=1$ 또는 $x=3$
함수 $h(x)$의 증가와 감소를 표로 나타내면 다음과 같다.

x	$\cdots$	1	$\cdots$	3	$\cdots$
$h'(x)$	$+$	0	$-$	0	$+$
$h(x)$	$\nearrow$	4	$\searrow$	0	$\nearrow$

$h(0)=0$이고, 방정식 $f(x)=g(x)$의 실근은 함수 $y=h(x)$의 그래프와 직선 $y=a$의 교점의 x좌표와 같다.

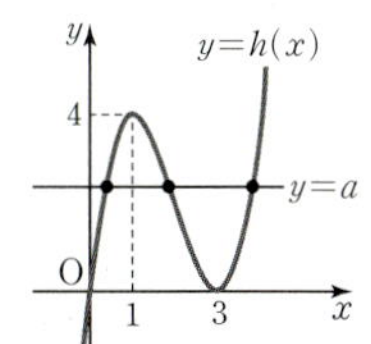

따라서 함수 $y=h(x)$의 그래프와 직선 $y=a$의 교점의 x좌표가 세 개 모두 양수가 되도록 하는 실수 a의 값의 범위는
$0<a<4$
따라서 정수 a의 최댓값은 3, 최솟값은 1이므로 구하는 합은 $3+1=4$

답 4

03-4

$x^3+x^2+x-a=x^2+4x$에서 $x^3-3x=a$
$f(x)=x^3-3x$라 하면
$f'(x)=3x^2-3=3(x+1)(x-1)$
$f'(x)=0$에서 $x=-1$ 또는 $x=1$
함수 $f(x)$의 증가와 감소를 표로 나타내면 다음과 같다.

x	$\cdots$	-1	$\cdots$	1	$\cdots$
$f'(x)$	$+$	0	$-$	0	$+$
$f(x)$	$\nearrow$	2	$\searrow$	-2	$\nearrow$

$f(0)=0$이고, 두 곡선 $y=x^3+x^2+x-a$, $y=x^2+4x$가 만나는 점의 x좌표는 함수 $y=f(x)$의 그래프와 직선 $y=a$의 교점의 x좌표와 같다.

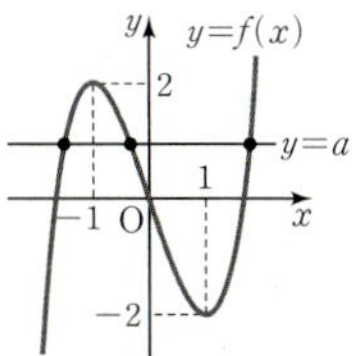

따라서 함수 $y=f(x)$의 그래프와 직선 $y=a$의 교점의 x좌

표가 한 개는 양수, 두 개는 음수가 되도록 하는 a의 값의 범위는

$0<a<2$

답 $0<a<2$

04-1

(1) $f(x)=3x^4-4x^3-12x^2-k$라 하면
$$f'(x)=12x^3-12x^2-24x$$
$$=12x(x+1)(x-2)$$
$f'(x)=0$에서 $x=-1$ 또는 $x=0$ 또는 $x=2$
함수 $f(x)$의 증가와 감소를 표로 나타내면 다음과 같다.

x	$\cdots$	-1	$\cdots$	0	$\cdots$	2	$\cdots$
$f'(x)$	$-$	0	$+$	0	$-$	0	$+$
$f(x)$	$\searrow$	$-k-5$	$\nearrow$	$-k$	$\searrow$	$-k-32$	$\nearrow$

함수 $f(x)$는 $x=2$에서 최솟값 $-k-32$를 갖는다.
따라서 모든 실수 x에 대하여 $f(x)\geq0$이 성립하려면
$$f(2)=-k-32\geq0$$
$$\therefore k\leq-32$$
(2) 부등식 $f(x)\leq g(x)$에서 $f(x)-g(x)\leq0$이므로
$$h(x)=f(x)-g(x)$$
$$=(4x^4-2x^2+k)-(5x^4-x^2-6x)$$
$$=-x^4-x^2+6x+k$$
라 하면
$$h'(x)=-4x^3-2x+6$$
$$=-2(x-1)(2x^2+2x+3)$$
$h'(x)=0$에서 $x=1$ $(\because 2x^2+2x+3>0)$
함수 $h(x)$의 증가와 감소를 표로 나타내면 다음과 같다.

x	$\cdots$	1	$\cdots$
$h'(x)$	$+$	0	$-$
$h(x)$	$\nearrow$	$k+4$	$\searrow$

함수 $h(x)$는 $x=1$에서 최댓값 $k+4$를 갖는다.
따라서 모든 실수 x에 대하여 $h(x)\leq0$, 즉 $f(x)\leq g(x)$가 성립하려면
$$h(1)=k+4\leq0$$
$$\therefore k\leq-4$$

답 (1) $k\leq-32$ (2) $k\leq-4$

04-2

$x^4-4x\geq a^2-a-15$에서 $x^4-4x-a^2+a+15\geq0$
$f(x)=x^4-4x-a^2+a+15$라 하면
$$f'(x)=4x^3-4=4(x-1)(x^2+x+1)$$
$f'(x)=0$에서 $x=1$ $(\because x^2+x+1>0)$
함수 $f(x)$의 증가와 감소를 표로 나타내면 다음과 같다.

x	$\cdots$	1	$\cdots$
$f'(x)$	$-$	0	$+$
$f(x)$	$\searrow$	$-a^2+a+12$	$\nearrow$

함수 $f(x)$는 $x=1$에서 최솟값 $-a^2+a+12$를 갖는다.
따라서 모든 실수 x에 대하여 $f(x)\geq0$이 성립하려면
$$f(1)=-a^2+a+12\geq0$$
$$a^2-a-12\leq0,\ (a+3)(a-4)\leq0$$
$$\therefore -3\leq a\leq4$$
따라서 구하는 정수 a는 $-3,\ -2,\ \cdots,\ 4$의 8개이다.

답 8

04-3

$f(x)=-x^4+4k^3x-27$에서
$$f'(x)=-4x^3+4k^3=-4(x-k)(x^2+kx+k^2)$$
$f'(x)=0$에서 $x=k$ $(\because x^2+kx+k^2>0)$
함수 $f(x)$의 증가와 감소를 표로 나타내면 다음과 같다.

x	$\cdots$	k	$\cdots$
$f'(x)$	$+$	0	$-$
$f(x)$	$\nearrow$	$3k^4-27$	$\searrow$

함수 $f(x)$는 $x=k$에서 최댓값 $3k^4-27$을 갖는다.
따라서 모든 실수 x에 대하여 $f(x)\leq0$이 성립하려면
$$f(k)=3k^4-27\leq0$$
$$3(k+\sqrt{3})(k-\sqrt{3})(k^2+3)\leq0$$
$$\therefore -\sqrt{3}\leq k\leq\sqrt{3}\ (\because k^2+3>0)$$
한편, k는 양수이므로 $0<k\leq\sqrt{3}$이고 구하는 최댓값은 $\sqrt{3}$이다.

답 $\sqrt{3}$

04-4

곡선 $y=f(x)$가 곡선 $y=g(x)$보다 항상 위쪽에 있으려면 모든 실수 x에 대하여 $f(x)>g(x)$이어야 한다.
$$h(x)=f(x)-g(x)$$
$$=\left(\frac{1}{4}x^4+3x^3+4x^2\right)-\left(x^3-\frac{1}{2}x^2-4x+a\right)$$
$$=\frac{1}{4}x^4+2x^3+\frac{9}{2}x^2+4x-a$$
라 하면
$$h'(x)=x^3+6x^2+9x+4=(x+4)(x+1)^2$$
$h'(x)=0$에서 $x=-4$ 또는 $x=-1$
함수 $h(x)$의 증가와 감소를 표로 나타내면 다음과 같다.

x	$\cdots$	-4	$\cdots$	-1	$\cdots$
$h'(x)$	$-$	0	$+$	0	$+$
$h(x)$	$\searrow$	$-a-8$	$\nearrow$	$-\frac{5}{4}-a$	$\nearrow$

함수 $h(x)$는 $x=-4$에서 최솟값 $-a-8$을 갖는다.
따라서 모든 실수 x에 대하여 $h(x)>0$, 즉 $f(x)>g(x)$가
성립하려면
$$h(-4)=-a-8>0$$
$$\therefore a<-8$$

열린구간 (a, b)에서 함수 $y=f(x)$의 그래프가 함수
$y=g(x)$의 그래프보다 항상 위쪽에 있으면 $a<x<b$에
서 부등식 $f(x)>g(x)$가 성립한다.

탑 $a<-8$

05-1

(1) $f(x)=x^3-x^2-x+k$라 하면
$$f'(x)=3x^2-2x-1=(3x+1)(x-1)$$
$$f'(x)=0에서 x=1 (\because x\geq0)$$
$x\geq0$에서 함수 $f(x)$의 증가와 감소를 표로 나타내면 다음과 같다.

x	0	$\cdots$	1	$\cdots$
$f'(x)$		$-$	0	$+$
$f(x)$		$\searrow$	$k-1$	$\nearrow$

$x\geq0$일 때 함수 $f(x)$는 $x=1$에서 최솟값 $k-1$을 갖는다.
따라서 $x\geq0$일 때 $f(x)\geq0$이 항상 성립하려면
$$f(1)=k-1\geq0 \qquad \therefore k\geq1$$

(2) $f(x)=x^3-3x^2-9x+k$라 하면
$$f'(x)=3x^2-6x-9=3(x+1)(x-3)$$
$x>3$에서 $f'(x)>0$이므로
$x>3$일 때 함수 $f(x)$는 증가한다.
따라서 $x>3$일 때 $f(x)\geq0$이 항상 성립하려면
$$f(3)=-27+k\geq0$$
$$\therefore k\geq27$$

탑 (1) $k\geq1$ (2) $k\geq27$

05-2

$f(x)=4x^3-6x^2-a$라 하면
$$f'(x)=12x^2-12x=12x(x-1)$$
$0<x<1$일 때 $f'(x)<0$이므로 $0\leq x\leq1$에서 함수 $f(x)$는
감소한다.
따라서 $0<x<1$에서 $f(x)>0$이 항상 성립하려면
$$f(1)=-a-2\geq0$$
$$\therefore a\leq-2$$
따라서 구하는 정수 a의 최댓값은 -2이다.

탑 -2

05-3

$x<1$일 때 $f(x)<g(x)$, 즉 $f(x)-g(x)<0$이므로
$h(x)=f(x)-g(x)$라 하면
$$h(x)=(2x^3-x)-(x^3+2x+k)$$
$$=x^3-3x-k$$
$$h'(x)=3x^2-3=3(x+1)(x-1)$$
$$h'(x)=0에서 x=-1 또는 x=1$$
$x<1$에서 함수 $h(x)$의 증가와 감소를 표로 나타내면 다음과 같다.

x	$\cdots$	-1	$\cdots$	(1)
$h'(x)$	$+$	0	$-$	0
$h(x)$	$\nearrow$	$-k+2$	$\searrow$	$(-k-2)$

$x<1$일 때 함수 $h(x)$는 $x=-1$에서 최댓값 $-k+2$를 갖는다.
따라서 $x<1$일 때 $h(x)<0$, 즉 $f(x)<g(x)$가 항상 성립하려면
$$h(-1)=-k+2<0$$
$$\therefore k>2$$

탑 $k>2$

05-4

$-2\leq x\leq2$에서 곡선 $y=2x^3+3x^2-9x$가 직선 $y=3x-k$
보다 항상 위쪽에 있으려면
$-2\leq x\leq2$에서 부등식 $2x^3+3x^2-9x>3x-k$, 즉
$2x^3+3x^2-12x+k>0$이 항상 성립해야 한다.
$f(x)=2x^3+3x^2-12x+k$라 하면
$$f'(x)=6x^2+6x-12$$
$$=6(x+2)(x-1)$$
$$f'(x)=0에서 x=-2 또는 x=1$$
$-2\leq x\leq2$에서 함수 $f(x)$의 증가와 감소를 표로 나타내면 다음과 같다.

x	-2	$\cdots$	1	$\cdots$	2
$f'(x)$	0	$-$	0	$+$	
$f(x)$	$k+20$	$\searrow$	$k-7$	$\nearrow$	$k+4$

$-2\leq x\leq2$일 때 함수 $f(x)$는 $x=1$에서 최솟값 $k-7$을 갖는다.
따라서 $-2\leq x\leq2$에서 $f(x)>0$이 성립하려면
$$f(1)=k-7>0$$
$$\therefore k>7$$
즉, 정수 k의 최솟값은 8이다.

탑 8

02 속도와 가속도

본문 233쪽

개념 CHECK

01 (1) 속도: 12, 가속도: -6 (2) 3

02 (1) 3초 (2) -30 m/s

03 9

01

(1) 시각 t에서의 점 P의 속도를 v, 가속도를 a라 하면
$$v=\frac{dx}{dt}=-6t^2+18t,\ a=\frac{dv}{dt}=-12t+18$$
따라서 $t=2$에서의 점 P의 속도와 가속도는 각각
$$v=(-6)\times 2^2+18\times 2=12,$$
$$a=(-12)\times 2+18=-6$$
(2) 점 P가 운동 방향을 바꿀 때의 속도는 0이므로 $v=0$에서
$$-6t^2+18t=0,\ -6t(t-3)=0$$
$$\therefore t=3\ (\because t>0)$$
$0<t<3$일 때 $v>0$, $t>3$일 때 $v<0$이므로 점 P가 운동 방향을 바꾸는 시각은 3이다.

답 (1) 속도: 12, 가속도: -6 (2) 3

02

물체의 t초 후의 속도를 v m/s라 하면
$$v=\frac{dx}{dt}=30-10t$$
(1) 물체가 최고 높이에 도달하는 순간의 속도는 0이므로
$v=0$에서 $30-10t=0$ $\therefore t=3$
따라서 물체가 최고 높이에 도달할 때까지 걸린 시간은 3초이다.
(2) 물체가 지면에 떨어지는 순간의 높이는 0이므로 $x=0$에서
$$30t-5t^2=0,\ 5t(6-t)=0$$
$$\therefore t=6\ (\because t>0)$$
따라서 물체가 지면에 떨어지는 순간의 속도는
$$v=30-10\times 6=-30,\ \text{즉 } -30\ \text{m/s이다.}$$

답 (1) 3초 (2) -30 m/s

03

시각 t에서의 물체의 부피 V의 변화율은
$$\frac{dV}{dt}=2t+3$$
따라서 $t=3$에서의 물체의 부피의 변화율은
$$2\times 3+3=9$$

답 9

06-1 (1) 속도: -9, 가속도: 0 (2) -12 **06-2** 4

06-3 16   **06-4** $1<t<4$

07-1 ㄱ, ㄴ **07-2** 4번 **07-3** ㄴ **07-4** ㄴ

08-1 (1) 3초 (2) 90 m

(3) 속도: -30 m/s, 가속도: -10 m/s^2

08-2 -40 m/s

08-3 (1) 속도: 48 m/s, 가속도: -8 m/s^2

(2) 걸린 시간: 8초, 움직인 거리: 256 m

08-4 22 **09-1** 12 **09-2** $12\sqrt{3}$ cm^2/s

09-3 (1) 3 m/s (2) 1 m/s

09-4 32π cm^3/s

06-1

시각 t에서의 점 P의 속도를 v, 가속도를 a라 하면
$$v=\frac{dx}{dt}=9t^2-18t,$$
$$a=\frac{dv}{dt}=18t-18$$
(1) $t=1$에서의 점 P의 속도는
$$v=9\times 1^2-18\times 1=-9$$
$t=1$에서의 점 P의 가속도는
$$a=18\times 1-18=0$$
(2) 점 P가 운동 방향을 바꿀 때의 속도는 0이므로 $v=0$에서
$$9t^2-18t=0,\ 9t(t-2)=0$$
$$\therefore t=2\ (\because t>0)$$
$0<t<2$에서 $v<0$, $t>2$에서 $v>0$이므로 점 P는 $t=2$에서 운동 방향을 바꾼다.
따라서 $t=2$에서의 점 P의 위치는
$$x=3\times 2^3-9\times 2^2=-12$$

답 (1) 속도: -9, 가속도: 0 (2) -12

06-2

시각 t에서의 점 P의 속도를 v라 하면
$$v=\frac{dx}{dt}=3t^2-18t+24=3(t-2)(t-4)$$
점 P가 운동 방향을 바꿀 때의 속도는 0이므로
$v=0$에서 $t=2$ 또는 $t=4$
$0<t<2$에서 $v>0$, $2<t<4$에서 $v<0$, $t>4$에서 $v>0$이므로 점 P는 $t=2$와 $t=4$에서 운동 방향을 바꾼다.
$t=2$에서의 점 P의 위치는
$$2^3-9\times 2^2+24\times 2=20$$
$t=4$에서의 점 P의 위치는
$$4^3-9\times 4^2+24\times 4=16$$

따라서 두 점 A, B 사이의 거리는
$20-16=4$

답 4

06-3

시각 t에서의 점 P의 속도를 v라 하면
$$v=\frac{dx}{dt}=6t^2-2kt$$
시각 $t=2$에서의 점 P의 속도가 8이므로
$$6\times 2^2-2k\times 2=8,\ -4k=-16$$
$$\therefore k=4$$
따라서 $v=6t^2-8t$이므로 시각 t에서의 점 P의 가속도를 a
라 하면
$$a=\frac{dv}{dt}=12t-8$$
따라서 시각 $t=2$에서의 점 P의 가속도는
$$12\times 2-8=16$$

답 16

06-4

두 점 P와 Q가 서로 반대 방향으로 움직인다는 것은 속도의
부호가 다르다는 뜻이다.
두 점 P, Q의 속도를 각각 v_P, v_Q라 하면
$$v_P=f'(t)=2t-8,\ v_Q=g'(t)=4t-4$$
두 점 P, Q가 서로 반대 방향으로 움직이면 $v_P v_Q<0$이므로
$$(2t-8)(4t-4)<0,\ 8(t-4)(t-1)<0$$
$$\therefore 1<t<4$$

답 $1<t<4$

07-1

ㄱ. $v(a)>0$이므로 $t=a$에서 점 P는 양의 방향으로 움직이고,
　$v(c)<0$이므로 $t=c$에서 점 P는 음의 방향으로 움직인다.
　따라서 $t=a$일 때와 $t=c$일 때의 점 P의 운동 방향은 서
　로 반대이다. (참)

ㄴ. $t=b$, $t=d$에서 $v(t)=0$이고 $t=b$일 때 속도 $v(t)$의
　부호가 양에서 음으로 바뀌고, $t=d$일 때 속도 $v(t)$의
　부호가 음에서 양으로 바뀌므로 $t=b$일 때와 $t=d$일 때,
　점 P는 운동 방향을 바꾼다. (참)

ㄷ. $c<t<d$에서 $v(t)$는 증가하므로 이 구간에서 속도 $v(t)$
　의 접선의 기울기는 양수이다. 즉, 이때의 점 P의 가속도
　는 양수이다. (거짓)

따라서 옳은 것은 ㄱ, ㄴ이다.

답 ㄱ, ㄴ

07-2

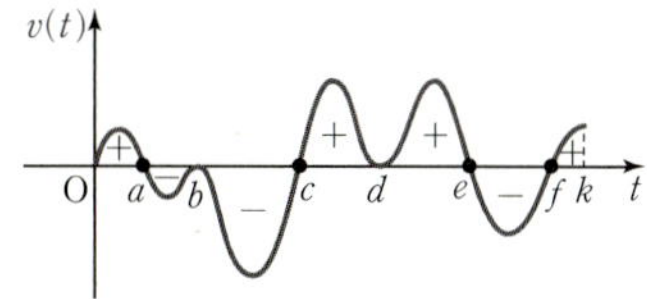

속도 $v(t)$의 부호가 바뀌는 시각 t에서 점 P는 운동 방향이
바뀐다. 속도 $v(t)$의 부호가 바뀌는 시각은 $t=a$, $t=c$,
$t=e$, $t=f$일 때이므로 점 P는 운동 방향을 4번 바꾼다.

답 4번

07-3

시각 t에서의 점 P의 속도를 $v(t)$라 하면
$$x'(t)=\frac{dx}{dt}=v(t)$$이므로 주어진 그래프는 속도 $v(t)$의 그
래프이다.

ㄱ. $0<t<2$에서 $v(t)>0$이므로 점 P는 원점을 출발한 후
　$0<t<2$에서 양의 방향으로 움직인다.
　따라서 $t=2$에서 점 P의 위치는 원점이 아니다. (거짓)

ㄴ. $t=4$에서 점 P의 속도는 0이고 속도가 양에서 음으로 바
　뀌므로 점 P는 운동 방향을 바꾼다. (참)

ㄷ. 속도 $v(t)$의 그래프의 접선의 기울기
　가 가속도이다.
　오른쪽 그림과 같이 $4<t<5$에서 접
　선의 기울기가 점점 커지므로 점 P의
　가속도는 증가한다. (거짓)

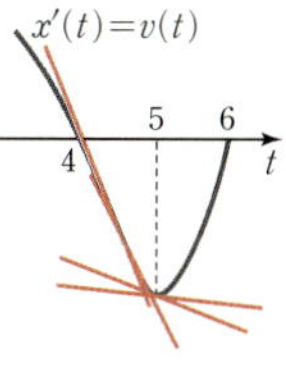

따라서 옳은 것은 ㄴ이다.

답 ㄴ

07-4

시각 t에서의 점 P의 속도를 $v(t)$라 하면
$$v(t)=\frac{dx}{dt}=x'(t)$$이므로 주어진 그래프를 이용하여 속도
$v(t)$의 그래프를 그리면 다음 그림과 같다.

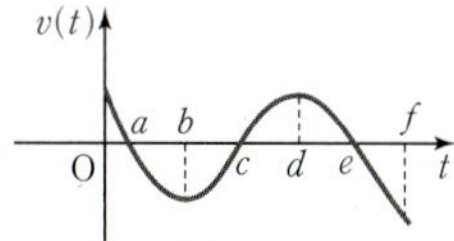

ㄱ. $0<t<a$에서 $v(t)>0$이므로 점 P는 양의 방향으로 움
　직이고, $a<t<b$에서 $v(t)<0$이므로 점 P는 음의 방향
　으로 움직인다. (거짓)

ㄴ. $v(e)=0$이므로 $t=e$에서 점 P의 속도는 0이다. (참)

ㄷ. $t=a$, $t=c$, $t=e$에서 $v(t)=0$이고 $t=a$, $t=e$일 때 속
　도 $v(t)$의 부호가 양에서 음으로 바뀌고, $t=c$일 때 속도

$v(t)$의 부호가 음에서 양으로 바뀌므로 $0<t<f$에서 점
　　P는 운동 방향을 3번 바꾼다. (거짓)
따라서 옳은 것은 ㄴ이다.

수직선 위를 움직이는 점 P의 시각 t에서의 위치 $x(t)$의
그래프에서 점 P는
(1) $x'(t)>0$인 구간에서 양의 방향으로 움직인다.
(2) $x'(t)=0$인 구간에서 정지하거나 운동 방향을 바꾼다.
(3) $x'(t)<0$인 구간에서 음의 방향으로 움직인다.

달 ㄴ

08-1

t초 후의 물체의 속도를 v m/s, 가속도를 a m/s^{2}이라 하면
$$v=\frac{dx}{dt}=30-10t,\ a=\frac{dv}{dt}=-10$$
(1) 물체가 최고 높이에 도달하는 순간의 속도는 0이므로
　　$v=0$에서
　　$30-10t=0$　　∴ $t=3$
　　따라서 물체가 최고 높이에 도달할 때까지 걸린 시간은 3초
　　이다.
(2) (1)에서 물체는 3초 후 최고 높이에 도달하므로 최고 높이
　　는 $30\times3-5\times3^2=45$(m)
　　따라서 물체가 지면에 떨어질 때까지 움직인 거리는
　　$45\times2=90$(m)
(3) 물체가 지면에 떨어질 때의 높이는 0이므로 $x=0$에서
　　$30t-5t^2=0,\ -5t(t-6)=0$
　　∴ $t=6$ ($\because t>0$)
　　따라서 물체는 6초 후 지면에 떨어지고 이때의 물체의
　　속도는 $30-10\times6=-30$(m/s),
　　가속도는 -10(m/s^2)

답 (1) 3초　(2) 90 m
(3) 속도: -30 m/s, 가속도: -10 m/s^2

08-2

t초 후 공의 속도를 v라 하면
$$v=\frac{dx}{dt}=30+2at$$
최고 높이에 도달하는 순간의 속도는 0이고, 걸린 시간은 3초
이므로 $v=0$, $t=3$에서
$30+2a\times3=0,\ 6a=-30$
∴ $a=-5$
∴ $x=35+30t-5t^2,\ v=30-10t$
공이 지면에 떨어지는 순간의 높이는 0이므로 $x=0$에서
$35+30t-5t^2=0,\ -5(t+1)(t-7)=0$

∴ $t=7$ ($\because t>0$)
따라서 공은 7초 후 지면에 떨어지므로 이때의 속도는
$30-10\times7=-40$(m/s)

답 -40 m/s

08-3

열차가 제동을 건 지 t초 후의 열차의 속도를 v m/s, 가속도
를 a m/s^{2}이라 하면
$$v=\frac{dx}{dt}=64-8t,\ a=\frac{dv}{dt}=-8$$
(1) 제동을 건 지 2초 후 열차의 속도는
　　$64-8\times2=48$(m/s), 가속도는 -8(m/s^2)
(2) 제동을 건 후 열차가 정지하는 순간의 속도는 0이므로
　　$v=0$에서
　　$64-8t=0$　　∴ $t=8$
　　따라서 열차가 정지할 때까지 걸린 시간은 8초이므로
　　열차가 정지할 때까지 움직인 거리는
　　$64\times8-4\times8^2=256$(m)

답 (1) 속도: 48 m/s, 가속도: -8 m/s^2
(2) 걸린 시간: 8초, 움직인 거리: 256 m

08-4

$x_\mathrm{P}(t)=\dfrac{1}{3}t^3-22t+12,\ x_\mathrm{Q}(t)=3t^2-6t$에서
두 레이저 조명의 끝 지점 P, Q의 시각 t에서의 속도를 각각
$v_\mathrm{P}(t),\ v_\mathrm{Q}(t)$라 하고, 가속도를 각각 $a_\mathrm{P}(t),\ a_\mathrm{Q}(t)$라 하면
$$v_\mathrm{P}(t)=\frac{d}{dt}x_\mathrm{P}(t)=t^2-22,\ v_\mathrm{Q}(t)=\frac{d}{dt}x_\mathrm{Q}(t)=6t-6$$
$$a_\mathrm{P}(t)=\frac{d}{dt}v_\mathrm{P}(t)=2t,\ a_\mathrm{Q}(t)=\frac{d}{dt}v_\mathrm{Q}(t)=6$$
두 레이저 조명의 끝 지점 P, Q의 속도가 같아지는 순간은
$t^2-22=6t-6$
$t^2-6t-16=0,\ (t+2)(t-8)=0$
∴ $t=8$ ($\because t\geq0$)
$t=8$일 때 두 레이저 조명의 끝 지점 P, Q의 가속도는 각각
$a_\mathrm{P}(8)=2\times8=16,\ a_\mathrm{Q}(8)=6$
따라서 구하는 가속도의 합은
$16+6=22$

답 22

09-1

선분 AB의 길이를 l이라 하면
$$l=|(t^3+t^2+2)-(2t^2-4t)|=|t^3-t^2+4t+2|$$
따라서 시각 t에 대한 길이 l의 변화율은

$$\frac{dl}{dt} = |3t^2 - 2t + 4|$$

이므로 $t=2$에서의 선분 AB의 길이의 변화율은

$$|3 \times 2^2 - 2 \times 2 + 4| = 12$$

답 12

09-2

t초 후 정삼각형의 한 변의 길이는 $(4+2t)$ cm이므로 정삼각형의 넓이를 S cm²이라 하면

$$S = \frac{\sqrt{3}}{4}(2t+4)^2 = \sqrt{3}(t^2 + 4t + 4)$$

따라서 시각 t에 대한 정삼각형의 넓이의 변화율은

$$\frac{dS}{dt} = \sqrt{3}(2t+4)$$

이므로 $t=4$일 때 정삼각형의 넓이의 변화율은

$$\sqrt{3} \times (2 \times 4 + 4) = 12\sqrt{3}\ (\text{cm}^2/\text{s})$$

참고

한 변의 길이가 a인 정삼각형의

$$(\text{높이}) = \frac{\sqrt{3}}{2}a, \quad (\text{넓이}) = \frac{\sqrt{3}}{4}a^2$$

답 $12\sqrt{3}$ cm²/s

09-3

오른쪽 그림과 같이 가로등 아래부터 지현이의 그림자 앞끝까지의 거리를 x m, 지현이의 그림자의 길이를 y m라 하자.

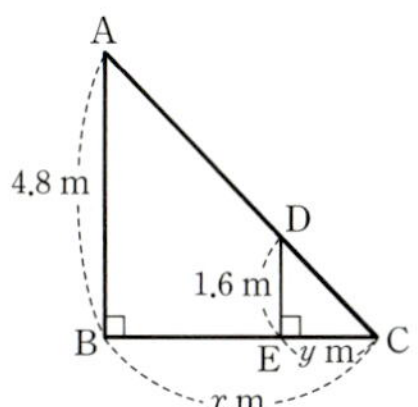

t초 후 가로등의 바로 아래에서 지현이의 위치까지의 거리는

$$\overline{\text{BE}} = 2t$$

또한 $\triangle \text{ABC} \infty \triangle \text{DEC}$이므로

$4.8 : x = 1.6 : y$에서

$$4.8y = 1.6x$$

$$\therefore y = \frac{1}{3}x$$

이때 $x = \overline{\text{BE}} + y = 2t + \frac{1}{3}x$이므로 $x = 3t$

(1) $x = 3t$이므로 지현이의 그림자 앞끝이 움직이는 속도는

$$\frac{dx}{dt} = 3(\text{m/s})$$

(2) $y = \frac{1}{3}x = \frac{1}{3} \times 3t = t$이므로 지현이의 그림자의 길이의 변화율은 $\frac{dy}{dt} = 1$, 즉 1 m/s이다.

답 (1) 3 m/s   (2) 1 m/s

09-4

수면의 높이가 매초 2 cm씩 상승하므로 t초 후 수면의 높이는 $2t$ cm이고, 이때의 수면의 반지름의 길이를 r cm라 하면

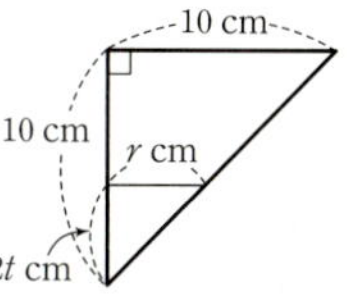

$$2t : 10 = r : 10$$

$$\therefore r = 2t$$

따라서 t초 후 그릇에 담긴 물의 부피를 V cm³라 하면

$$V = \frac{1}{3}\pi r^2 \times 2t = \frac{8}{3}\pi t^3$$이므로

$$\frac{dV}{dt} = 8\pi t^2$$

따라서 2초 후 그릇에 담긴 물의 부피의 변화율은

$$8\pi \times 2^2 = 32\pi\,(\text{cm}^3/\text{s})$$

답 32π cm³/s

중단원 연습문제

본문 242~246쪽

01 ②	02 10	03 31	
04 $-1 < a < 0$	05 17	06 4	
07 7	08 12	09 ㄱ, ㄷ	10 4
11 38	12 72	13 27	14 6
15 -11	16 3	17 12	18 12
19 21	20 34		

01

함수 $f(x)$의 증가와 감소를 표로 나타내면 다음과 같다.

x	$\cdots$	a	$\cdots$	b	$\cdots$
$f'(x)$	$-$	0	$+$	0	$+$
$f(x)$	↘	극소	↗		↗

함수 $f(x)$는 $x=a$에서 극소이고 방정식 $f(x)=0$이 오직 한 개의 실근만을 가지려면 오른쪽 그림과 같이 함수 $y=f(x)$의 그래프가 x축과 한 점에서만 만나야 하므로 $f(a)=0$이다.

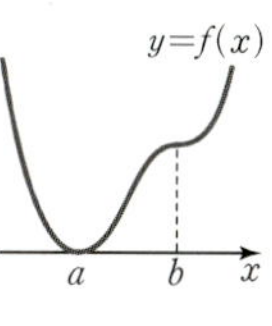

답 ②

02

$2x^3 - 6x + 5 - k = 0$에서

$$2x^3 - 6x + 5 = k$$

$f(x) = 2x^3 - 6x + 5$라 하면

$$f'(x) = 6x^2 - 6 = 6(x+1)(x-1)$$

$f'(x)=0$에서 $x=-1$ 또는 $x=1$
함수 $f(x)$의 증가와 감소를 표로 나타내면 다음과 같다.

x	$\cdots$	-1	$\cdots$	1	$\cdots$
$f'(x)$	$+$	0	$-$	0	$+$
$f(x)$	↗	9	↘	1	↗

방정식 $f(x)=k$의 서로 다른 실근의 개수
는 함수 $y=f(x)$의 그래프와 직선 $y=k$
의 교점의 개수와 같다.
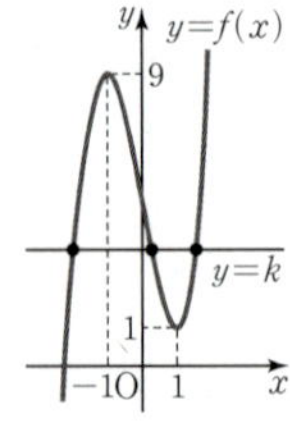
따라서 함수 $y=f(x)$의 그래프와 직선
$y=k$가 서로 다른 세 점에서 만나려면
$1<k<9$
따라서 정수 k의 최솟값은 2, 최댓값은 8이므로 구하는 값은
$2+8=10$

$f(x)=2x^3-6x+5-k$라 하면
$f'(x)=6x^2-6=6(x+1)(x-1)$
$f'(x)=0$에서 $x=-1$ 또는 $x=1$
함수 $f(x)$는 $x=-1$에서 극댓값, $x=1$에서 극솟값을 갖
는다.
삼차방정식 $f(x)=0$이 서로 다른 세 실근을 가질 필요충분
조건은 (극댓값)×(극솟값)<0, 즉 $f(-1)f(1)<0$이어야
하므로
$(9-k)(1-k)<0$, $(k-1)(k-9)<0$
$\therefore 1<k<9$
따라서 정수 k의 최솟값은 2, 최댓값은 8이므로 구하는 값은
$2+8=10$

답 10

03

곡선 $y=x^3-6x^2+2x$와 직선 $y=2x+k$가 서로 다른 세 점
에서 만나려면 방정식 $x^3-6x^2+2x=2x+k$, 즉
$x^3-6x^2-k=0$이 서로 다른 세 실근을 가져야 한다.
방정식 $x^3-6x^2-k=0$에서
$x^3-6x^2=k$ $\qquad$ ㉠
$f(x)=x^3-6x^2$이라 하면
$f'(x)=3x^2-12x=3x(x-4)$
$f'(x)=0$에서 $x=0$ 또는 $x=4$
함수 $f(x)$의 증가와 감소를 표로 나타내면 다음과 같다.

x	$\cdots$	0	$\cdots$	4	$\cdots$
$f'(x)$	$+$	0	$-$	0	$+$
$f(x)$	↗	0	↘	-32	↗

방정식 ㉠이 서로 다른 세 실근을 가
질 때, 함수 $y=f(x)$의 그래프와 직
선 $y=k$가 서로 다른 세 점에서 만나
므로 실수 k의 값의 범위는
$-32<k<0$
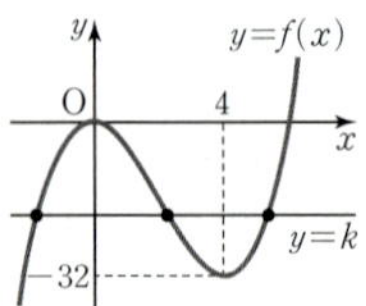
따라서 구하는 정수 k는 -31, -30, $\cdots$, -1의 31개이다.

곡선 $y=x^3-6x^2+2x$와 직선 $y=2x+k$가 서로 다른 세 점
에서 만나려면 방정식 $x^3-6x^2+2x=2x+k$, 즉
$x^3-6x^2-k=0$이 서로 다른 세 실근을 가져야 한다.
$f(x)=x^3-6x^2-k$라 하면
$f'(x)=3x^2-12x=3x(x-4)$
$f'(x)=0$에서 $x=0$ 또는 $x=4$
함수 $f(x)$는 $x=0$에서 극댓값, $x=4$에서 극솟값을 갖는다.
삼차방정식 $f(x)=0$이 서로 다른 세 실근을 가질 필요충분
조건은 (극댓값)×(극솟값)<0, 즉 $f(0)f(4)<0$이어야 하
므로
$-k(-k-32)<0$, $k(k+32)<0$
$\therefore -32<k<0$
따라서 구하는 정수 k는 -31, -30, $\cdots$, -1의 31개이다.

답 31

04

㈎의 방정식 $-2x^3+6x+a=0$에서
$-2x^3+6x=-a$
$f(x)=-2x^3+6x$라 하면
$f'(x)=-6x^2+6=-6(x+1)(x-1)$
$f'(x)=0$에서 $x=-1$ 또는 $x=1$
함수 $f(x)$의 증가와 감소를 표로 나타내면 다음과 같다.

x	$\cdots$	-1	$\cdots$	1	$\cdots$
$f'(x)$	$-$	0	$+$	0	$-$
$f(x)$	↘	-4	↗	4	↘

$f(0)=0$이고, 방정식
$-2x^3+6x+a=0$의 실근은 함수
$y=f(x)$의 그래프와 직선 $y=-a$의
교점의 x좌표와 같다.
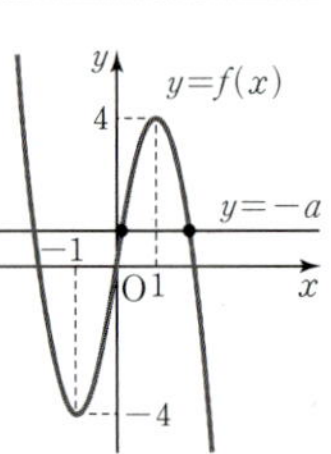
함수 $y=f(x)$의 그래프와 직선
$y=-a$의 교점의 x좌표가 두 개 이상
양수가 되도록 하는 실수 a의 값의 범위는
$0<-a<4$
$\therefore -4<a<0$ $\qquad$ ㉠
㈏의 방정식 $-3x^4+4x^3+a=0$에서
$-3x^4+4x^3=-a$
$g(x)=-3x^4+4x^3$이라 하면

$g'(x)=-12x^3+12x^2=-12x^2(x-1)$

$g'(x)=0$에서 $x=0$ 또는 $x=1$

함수 $g(x)$의 증가와 감소를 표로 나타내면 다음과 같다.

x	$\cdots$	0	$\cdots$	1	$\cdots$
$g'(x)$	$+$	0	$+$	0	$-$
$g(x)$	$\nearrow$	0	$\nearrow$	1	$\searrow$

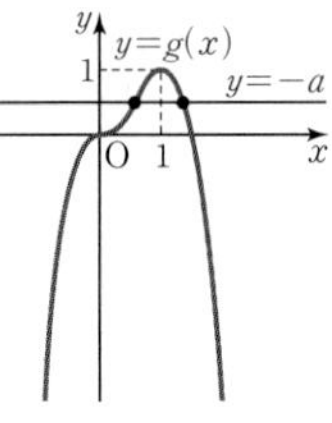

$g(0)=0$이고, 방정식

$-3x^4+4x^3+a=0$의 실근은 함수

$y=g(x)$의 그래프와 직선 $y=-a$

의 교점의 x좌표와 같다. 함수

$y=g(x)$의 그래프와 직선 $y=-a$

의 교점의 x좌표가 두 개 이상 양수

가 되도록 하는 실수 a의 값의 범위는

$0<-a<1$

$\therefore -1<a<0$ $\quad$ …… ㉡

㉠, ㉡에서 ⑦, ⑭를 모두 만족시키는 실수 a의 값의 범위는

$-1<a<0$

답 $-1<a<0$

05

$-x^4-3x^3+k>-4x^4+5x^3$에서

$3x^4-8x^3+k>0$

$f(x)=3x^4-8x^3+k$라 하면

$f'(x)=12x^3-24x^2=12x^2(x-2)$

$f'(x)=0$에서 $x=0$ 또는 $x=2$

함수 $f(x)$의 증가와 감소를 표로 나타내면 다음과 같다.

x	$\cdots$	0	$\cdots$	2	$\cdots$
$f'(x)$	$-$	0	$-$	0	$+$
$f(x)$	$\searrow$	k	$\searrow$	$k-16$	$\nearrow$

함수 $f(x)$는 $x=2$에서 최솟값 $k-16$을 갖는다.

따라서 모든 실수 x에 대하여 $f(x)>0$이 성립하려면

$f(2)=k-16>0$

$\therefore k>16$

따라서 구하는 정수 k의 최솟값은 17이다.

답 17

06

$-2\leq x\leq 0$에서 $f(x)\leq g(x)$, 즉 $f(x)-g(x)\leq 0$이므로

$h(x)=f(x)-g(x)$라 하면

$h(x)=(x^3-x^2-2x+2)-(-x^2+x+a)$

$\qquad =x^3-3x-a+2$

$h'(x)=3x^2-3=3(x+1)(x-1)$

$h'(x)=0$에서 $x=-1$ $(\because -2\leq x\leq 0)$

$-2\leq x\leq 0$에서 함수 $h(x)$의 증가와 감소를 표로 나타내면 다음과 같다.

x	-2	$\cdots$	-1	$\cdots$	0
$h'(x)$		$+$	0	$-$	
$h(x)$	$-a$	$\nearrow$	$-a+4$	$\searrow$	$-a+2$

$-2\leq x\leq 0$에서 함수 $h(x)$는 $x=-1$에서 최댓값 $-a+4$를 갖는다.

따라서 $-2\leq x\leq 0$에서 $h(x)\leq 0$, 즉

$f(x)\leq g(x)$가 항상 성립하려면

$h(-1)=-a+4\leq 0$

$\therefore a\geq 4$

따라서 구하는 실수 a의 최솟값은 4이다.

답 4

07

함수 $y=f(x)$의 그래프가 함수 $y=g(x)$의 그래프보다 항상 위쪽에 있으려면 모든 실수 x에 대하여 $f(x)>g(x)$이어야 한다.

$h(x)=f(x)-g(x)$라 하면

$h(x)=(x^4+x^2-6x+a)-(-2x^2-16x)$

$\qquad =x^4+3x^2+10x+a$

$h'(x)=4x^3+6x+10=2(x+1)(2x^2-2x+5)$

$h'(x)=0$에서 $x=-1$ $(\because 2x^2-2x+5>0)$

함수 $h(x)$의 증가와 감소를 표로 나타내면 다음과 같다.

x	$\cdots$	-1	$\cdots$
$h'(x)$	$-$	0	$+$
$h(x)$	$\searrow$	$a-6$	$\nearrow$

함수 $h(x)$는 $x=-1$에서 최솟값 $a-6$을 갖는다.

따라서 모든 실수 x에 대하여 $h(x)>0$, 즉 $f(x)>g(x)$가 성립해야 하므로

$h(-1)=a-6>0$

$\therefore a>6$

따라서 구하는 정수 a의 최솟값은 7이다.

답 7

08

시각 t에서의 점 P의 속도를 v, 가속도를 a라 하면

$v=\dfrac{dx}{dt}=3t^2-24t+36,$

$a=\dfrac{dv}{dt}=6t-24$

점 P가 다시 원점을 지날 때의 위치는 0이므로 $x=0$에서

$t^3-12t^2+36t=0, t(t-6)^2=0$

$\therefore t=6 \ (\because t>0)$

따라서 $t=6$에서의 점 P의 속도 p와 가속도 q는
$p=3\times6^2-24\times6+36=0,$
$q=6\times6-24=12$
$\therefore p+q=12$

답 12

09

ㄱ. $t=2$에서 $v(t)=0$이고 $t=2$일 때 $v(t)$의 부호가 음에서
　양으로 바뀌므로 점 P는 운동 방향을 1번 바꾼다. (참)
ㄴ. $3<t<4$에서 $v(t)>0$이므로 점 P는 양의 방향으로 움
　직인다. (거짓)
ㄷ. $v(t)$가 감소할 때 속도 $v(t)$의 접선의 기울기는 음수, 즉
　$v'(t)<0$이고 이때의 가속도가 음의 값을 갖는다.
　$0<t<1$, $4<t<5$, $6<t<7$에서 $v(t)$가 감소하므로 점
　P의 가속도는 3초 동안 음의 값을 갖는다. (참)
따라서 옳은 것은 ㄱ, ㄷ이다.

답 ㄱ, ㄷ

10

자동차가 브레이크를 밟은 t초 후의 자동차의 속도를 v m/s
라 하면
$$v=\frac{dx}{dt}=40-2ct$$
브레이크를 밟은 자동차가 정지하는 순간의 속도는 0이므로
$v=0$에서 $40-2ct=0$
$$\therefore t=\frac{20}{c}$$
정지선을 넘지 않고 멈추려면 자동차가 정지할 때까지 움직
인 거리는 100 m 이내 이어야 하므로
$$40\times\frac{20}{c}-c\times\left(\frac{20}{c}\right)^2\leq100$$
$$\frac{400}{c}\leq100$$
$$\therefore c\geq4$$
따라서 양수 c의 최솟값은 4이다.

답 4

11

t시간 후 화단의 가로의 길이와 세로의 길이는 각각
$(18+0.4t)$ m, $(8+0.6t)$ m
이고, 이때의 화단의 넓이를 S m^{2}이라 하면
$S=(18+0.4t)(8+0.6t)=0.24t^2+14t+144$
이므로 시각 t에 대한 화단의 넓이의 변화율은
$$\frac{dS}{dt}=0.48t+14$$
화단이 정사각형이 되는 순간은

(가로의 길이)$=$(세로의 길이)일 때이므로
$18+0.4t=8+0.6t$
$\therefore t=50$
따라서 $t=50$일 때, 화단의 넓이의 변화율은
$0.48\times50+14=38(\text{m}^2/\text{h})$
$\therefore k=38$

답 38

12

반지름의 길이가 매초 5 mm씩 늘어나므로 t초 후 공의 반지
름의 길이는 $\left(4+\dfrac{1}{2}t\right)$ cm이고 이때의 공의 부피를 V cm^{3}이
라 하면
$$V=\frac{4}{3}\pi\times\left(4+\frac{1}{2}t\right)^3$$
$$=\frac{4}{3}\pi\left(\frac{1}{8}t^3+3t^2+24t+64\right)$$
이므로 시각 t에 대한 구의 부피의 변화율은
$$\frac{dV}{dt}=\left(\frac{1}{2}t^2+8t+32\right)\pi$$
따라서 공기를 넣기 시작한 지 4초 후의 공의 부피의 변화율은
$$\left(\frac{1}{2}\times4^2+8\times4+32\right)\pi=72\pi(\text{cm}^3/\text{s})$$
$\therefore a=72$

답 72

13

$f(x)=3x^3-9x^2+9$에서
$f'(x)=9x^2-18x=9x(x-2)$
$f'(x)=0$에서 $x=0$ 또는 $x=2$
함수 $f(x)$의 증가와 감소를 표로 나타내면 다음과 같다.

x	$\cdots$	0	$\cdots$	2	$\cdots$
$f'(x)$	$+$	0	$-$	0	$+$
$f(x)$	↗	9	↘	-3	↗

방정식 $|f(x)|=n$의 실근의 개수는
함수 $y=|f(x)|$의 그래프와 직선
$y=n$의 교점의 개수와 같다.
따라서

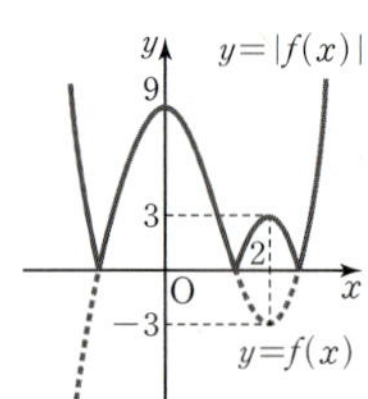

$n=0$일 때 $g(0)=3$
$0<n<3$일 때 $g(n)=6$
$n=3$일 때 $g(3)=5$
$3<n<9$일 때 $g(n)=4$
$n=9$일 때 $g(9)=3$
$n>9$일 때 $g(n)=2$
이므로

$g(0)+g(1)+g(3)+g(5)+g(7)+g(9)+g(11)$
$=3+6+5+4+4+3+2$
$=27$

답 27

14

(가)에서 $\lim\limits_{x\to\infty}\dfrac{f(x)}{x^3+2x}=1$이므로 $f(x)$는 최고차항의 계수가 1
인 삼차함수이고, (나)에서 $f(-x)=-f(x)$이므로 함수
$y=f(x)$의 그래프는 원점에 대하여 대칭이다.

또한 (다)에서 방정식 $|f(x)|=16$의 서로 다른 실근이 4개이
면 함수 $y=|f(x)|$의 그래프와 직선 $y=16$은 서로 다른 네
점에서 만나므로 (가), (나), (다)에서 함수 $y=|f(x)|$의 그래프
의 개형과 직선 $y=16$은 오른쪽 그
림과 같다.

따라서 함수 $f(x)$는 극댓값 16을
갖고, 극솟값 -16을 갖는다.

삼차함수 $f(x)$가 x축과 만날 때의
x좌표를
$-a,\ 0,\ a\ (a>0)$라 하면
$f(x)=x(x+a)(x-a)=x^3-a^2x$
$f'(x)=3x^2-a^2$
$\qquad =3\left(x+\dfrac{a}{\sqrt{3}}\right)\left(x-\dfrac{a}{\sqrt{3}}\right)$

$f'(x)=0$에서 $x=-\dfrac{a}{\sqrt{3}}$ 또는 $x=\dfrac{a}{\sqrt{3}}$

함수 $f(x)$의 증가와 감소를 표로 나타내면 다음과 같다.

x	$\cdots$	$-\dfrac{a}{\sqrt{3}}$	$\cdots$	$\dfrac{a}{\sqrt{3}}$	$\cdots$
$f'(x)$	$+$	0	$-$	0	$+$
$f(x)$	$\nearrow$	$\dfrac{2a^3}{3\sqrt{3}}$	$\searrow$	$-\dfrac{2a^3}{3\sqrt{3}}$	$\nearrow$

함수 $f(x)$는 $x=\dfrac{a}{\sqrt{3}}$에서 극솟값 -16을 가지므로

$-\dfrac{2}{3\sqrt{3}}a^3=-16$

$a^3=(2\sqrt{3})^3$

$\therefore a=2\sqrt{3}$

따라서 $f(x)=x^3-12x$이므로

$f'(x)=3x^2-12$

$\therefore f(3)+f'(3)=(-9)+15=6$

답 6

15

$f(x)=2x^3-5x^2+1$에서
$f'(x)=6x^2-10x=2x(3x-5)$

$f'(x)=0$에서 $x=0$ 또는 $x=\dfrac{5}{3}$

$-1\leq x\leq 2$에서 함수 $f(x)$의 증가와 감소를 표로 나타내면
다음과 같다.

x	-1	$\cdots$	0	$\cdots$	$\dfrac{5}{3}$	$\cdots$	2
$f'(x)$		$+$	0	$-$	0	$+$	
$f(x)$	-6	$\nearrow$	1	$\searrow$	$-\dfrac{98}{27}$	$\nearrow$	-3

이때 $f'(2)=4$이므로 닫힌구간 $[-1,\ 2]$에서 부등식
$f(x)\geq |4x|+k$가 성립하려면
$f(-1)\geq 4+k,\ f(2)\geq 8+k$이어야 한다.

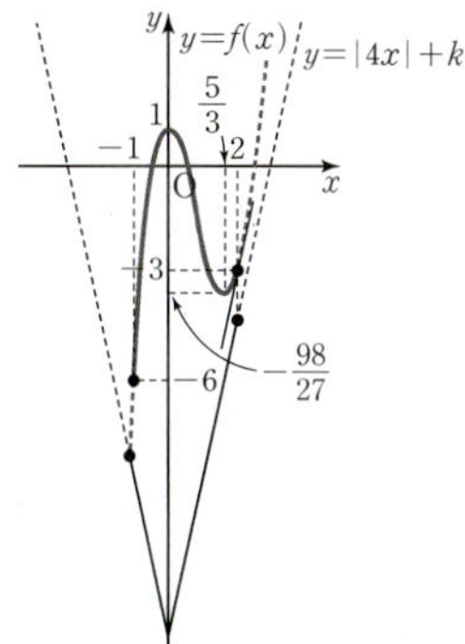

$f(-1)\geq 4+k$에서 $-6\geq 4+k$
$\therefore k\leq -10 \qquad \cdots\cdots\ \bigcirc$
$f(2)\geq 8+k$에서 $-3\geq 8+k$
$\therefore k\leq -11 \qquad \cdots\cdots\ \bigcirc\!\!\bigcirc$
$\bigcirc,\ \bigcirc\!\!\bigcirc$에서 $k\leq -11$

따라서 구하는 상수 k의 최댓값은 -11이다.

답 -11

16

$f(x)=\begin{cases} 0 & (x\leq a) \\ x^3-3x+2 & (x>a) \end{cases}$에서

$f'(x)=\begin{cases} 0 & (x<a) \\ 3x^2-3 & (x>a) \end{cases}$

함수 $f(x)$가 실수 전체의 집합에서 미분가능하므로
$\lim\limits_{x\to a+}f(x)=\lim\limits_{x\to a-}f(x)=f(a)$에서
$a^3-3a+2=0$
$(a+2)(a-1)^2=0$
$\therefore a=-2$ 또는 $a=1$

또한 $\lim\limits_{x\to a+}f'(x)=\lim\limits_{x\to a-}f'(x)$이어야 하므로

(i) $a=-2$일 때
$\quad \lim\limits_{x\to -2+}f'(x)=9,\ \lim\limits_{x\to -2-}f'(x)=0$
$\quad$ 이므로 $x=-2$에서 함수 $f(x)$는 미분가능하지 않다.

(ii) $a=1$일 때

$$\lim_{x \to 1+} f'(x)=0, \ \lim_{x \to 1-} f'(x)=0$$

이므로 함수 $f(x)$는 실수 전체의 집합에서 미분가능하다.

(i), (ii)에서 $a=1$

$$\therefore f(x)=\begin{cases} 0 & (x \leq 1) \\ x^3-3x+2 & (x>1) \end{cases},$$

$$f'(x)=\begin{cases} 0 & (x<1) \\ 3x^2-3 & (x>1) \end{cases}$$

$x>1$일 때, $f'(x)=3(x-1)(x+1)$이므로

$f'(x)=0$에서 $x=1$

함수 $f(x)$의 증가와 감소를 표로 나타내면 다음과 같다.

x	$\cdots$	1	$\cdots$
$f'(x)$		0	$+$
$f(x)$	0	0	$\nearrow$

한편,

$$g(x)=\begin{cases} 0 & (x \leq b) \\ 6x-6b & (x>b) \end{cases}=\begin{cases} 0 & (x \leq b) \\ 6(x-b) & (x>b) \end{cases}$$

이고, 모든 실수 x에 대하여 $f(x) \geq g(x)$를 만족시키므로 오른쪽 그림과 같이 함수 $y=f(x)$의 그래프는 함수 $y=g(x)$의 그래프와 접하거나 위쪽에 있어야 한다.

함수 $y=f(x)$의 그래프와 함수 $y=g(x)$의 그래프가 접할 때 접선의 기울기는 6이고, 이때의 접점을 $(m, m^3-3m+2) \ (m>1)$라 하면

$f'(m)=3m^2-3=6$에서

$3(m+\sqrt{3})(m-\sqrt{3})=0$

$\therefore m=\sqrt{3} \ (\because m>1)$

접점의 좌표가 $(\sqrt{3}, 2)$이므로 접선의 방정식은

$y-2=6(x-\sqrt{3})$

$y=6x-6\sqrt{3}+2=6\left(x-\sqrt{3}+\dfrac{1}{3}\right)$

따라서 $b \geq \sqrt{3}-\dfrac{1}{3}$이므로 정수 b의 최솟값은 2이다.

$\therefore k=2$

$\therefore a+k=1+2=3$

🅐 3

17

시각 t에서의 점 P의 속도를 v라 하면

$$v=\frac{dx}{dt}=3t^2-12t+n=3(t-2)^2+n-12$$

점 P의 운동 방향이 바뀌지 않으려면 음이 아닌 실수 t에 대하여 항상 $v \geq 0$이어야 한다.

즉, $n-12 \geq 0$이어야 하므로

$n \geq 12$

따라서 구하는 자연수 n의 최솟값은 12이다.

$t=a$에서 $v=0$이더라도 $t=a$의 좌우에서 부호가 바뀌지 않으면 운동 방향은 바뀌지 않는다.

🅐 12

18

수면의 높이가 매분 $1 \ \text{m}$씩 높아지므로 t분 후 수면의 높이는 $t \ \text{m}$이다.

t분 후 수면의 반지름의 길이를 $r \ \text{m}$라 하면 오른쪽 그림의 직각삼각형 OAB에서 피타고라스 정리에 의하여

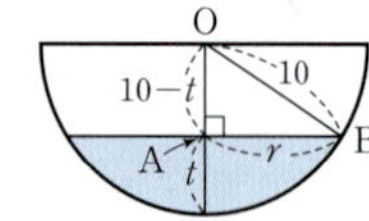

$(10-t)^2+r^2=10^2$

$100-20t+t^2+r^2=100$

$r^2=20t-t^2$

t분 후 수면의 넓이를 $S \ \text{m}^2$이라 하면

$S=\pi r^2=\pi(20t-t^2)$

따라서 시각 t에서의 수면의 넓이의 변화율은

$$\frac{dS}{dt}=\pi(20-2t)$$

이므로 물을 넣기 시작한 지 4분 후 수면의 넓이의 변화율은

$\pi(20-2 \times 4)=12\pi \, (\text{m}^2/\text{분})$

$\therefore a=12$

🅐 12

19

$f(x)+|f(x)+x|=6x+k$에서

$f(x)+|f(x)+x|-6x=k$

$g(x)=f(x)+|f(x)+x|-6x$라 하면

$$g(x)=\begin{cases} -7x & (f(x)<-x) \\ 2f(x)-5x & (f(x) \geq -x) \end{cases}$$

$f(x)+x=0$에서 $\dfrac{1}{2}x^3-\dfrac{9}{2}x^2+11x=0$

$\dfrac{1}{2}x(x^2-9x+22)=0$

$\therefore x=0 \ (\because x^2-9x+22>0)$

즉, 방정식 $f(x)+x=0$의 해는 $x=0$뿐이므로 곡선 $y=f(x)$와 직선 $y=-x$는 원점에서만 만난다.

이때 $h(x)=2f(x)-5x$라 하면

$$g(x)=\begin{cases} -7x & (x<0) \\ h(x) & (x \geq 0) \end{cases}$$

$h(x)=2f(x)-5x=x^3-9x^2+15x$이므로

$h'(x)=3x^2-18x+15$
$\qquad =3(x-1)(x-5)$
$h'(x)=0$에서 $x=1$ 또는 $x=5$
함수 $g(x)$의 증가와 감소를 표로 나타내면 다음과 같다.

x	$\cdots$	0	$\cdots$	1	$\cdots$	5	$\cdots$
$g'(x)$	$-$		$+$	0	$-$	0	$+$
$g(x)$	$\searrow$	0	$\nearrow$	7	$\searrow$	-25	$\nearrow$

주어진 방정식의 서로 다른 실근의 개수가 4이려면 함수 $y=g(x)$의 그래프와 직선 $y=k$가 서로 다른 네 점에서 만나야 하므로 실수 k의 값의 범위는 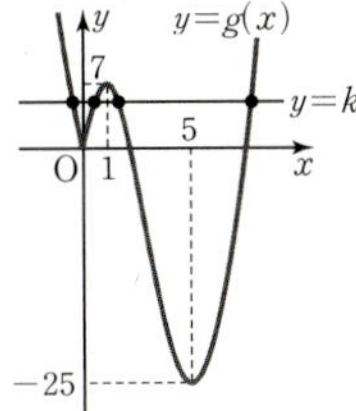

$0<k<7$

따라서 모든 정수 k의 값의 합은

$1+2+3+4+5+6=21$

답 21

20

모든 실수 x에 대하여 부등식 $f(x)\leq 12x+k\leq g(x)$를 만족시켜야 하므로 다음과 같이 경우를 나누어 생각해 보자.

(i) $f(x)\leq 12x+k$에서 $f(x)-12x-k\leq 0$

$\quad h(x)=f(x)-12x-k$라 하면

$\quad h(x)=-x^4-2x^3-x^2-12x-k$이므로

$\quad h'(x)=-4x^3-6x^2-2x-12$

$\qquad\quad =-2(2x^3+3x^2+x+6)$

$\qquad\quad =-2(x+2)(2x^2-x+3)$

$\quad h'(x)=0$에서 $x=-2$ $(\because 2x^2-x+3>0)$

$\quad$함수 $h(x)$의 증가와 감소를 표로 나타내면 다음과 같다.

x	$\cdots$	-2	$\cdots$
$h'(x)$	$+$	0	$-$
$h(x)$	$\nearrow$	$20-k$	$\searrow$

$\quad$함수 $h(x)$는 $x=-2$에서 최댓값 $20-k$를 갖는다.

$\quad$이때 모든 실수 x에 대하여 $h(x)\leq 0$이어야 하므로

$\quad h(-2)=20-k\leq 0$

$\quad \therefore k\geq 20$

(ii) $g(x)\geq 12x+k$에서 $3x^2+a\geq 12x+k$

$\quad \therefore 3x^2-12x+a-k\geq 0$

$\quad$이 부등식이 모든 실수 x에 대하여 성립해야 하므로 이차방정식 $3x^2-12x+a-k=0$의 판별식을 D라 하면

$\quad \dfrac{D}{4}=(-6)^2-3\times(a-k)\leq 0$

$\quad \therefore k\leq a-12$

(i), (ii)에서 $20\leq k\leq a-12$

$20\leq k\leq a-12$를 만족시키는 자연수 k의 개수는 3이어야 하므로

$22\leq a-12<23$

따라서 $34\leq a<35$이므로 자연수 a의 값은 34이다.

두 함수 $y=f(x)$, $y=g(x)$의 그래프와 직선 $y=12x+k$의 위치 관계는 다음 그림과 같다.

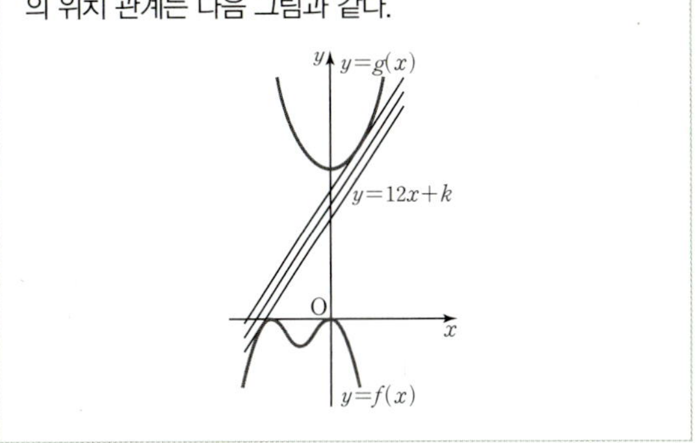

답 34

III. 적분

07 부정적분

01 부정적분

개념 CHECK

01 ㄴ, ㄹ
02 (1) $f(x)=-2x$　(2) $f(x)=12x^2-6x$
03 (1) $2x^5-x+3$　(2) $4x^2+5x+C$

01

ㄱ. $(x^3-x^2)'=3x^2-2x$이므로 함수 x^2-2x의 부정적분이
　아니다.

ㄴ. $\left(\dfrac{1}{3}x^3-x^2\right)'=x^2-2x$이므로 함수 x^2-2x의 부정적분
　이다.

ㄷ. $\left(\dfrac{1}{3}x^2-2x\right)'=\dfrac{2}{3}x-2$이므로 함수 x^2-2x의 부정적분
　이 아니다.

ㄹ. $\left(\dfrac{1}{3}x^3-x^2+\dfrac{1}{4}\right)'=x^2-2x$이므로 함수 x^2-2x의 부정
　적분이다.

따라서 함수 x^2-2x의 부정적분은 ㄴ, ㄹ이다.

답 ㄴ, ㄹ

02

(1) 양변을 x에 대하여 미분하면
　$f(x)=-2x$
(2) 양변을 x에 대하여 미분하면
　$f(x)=12x^2-6x$

답 (1) $f(x)=-2x$　(2) $f(x)=12x^2-6x$

03

(1) $\dfrac{d}{dx}\left\{\displaystyle\int(2x^5-x+3)dx\right\}=2x^5-x+3$

(2) $\displaystyle\int\left\{\dfrac{d}{dx}(4x^2+5x)\right\}dx=4x^2+5x+C$

답 (1) $2x^5-x+3$　(2) $4x^2+5x+C$

유제

01-1 (1) 3　(2) 11　　**01-2** -4　　**01-3** 8
01-4 22

01-1

(1) $\displaystyle\int\{x^2-f(x)\}dx=\dfrac{2}{3}x^3-2x^2+x+C$의 양변을 x에 대
　하여 미분하면
　$x^2-f(x)=2x^2-4x+1$
　따라서 $f(x)=-x^2+4x-1$이므로
　$f(2)=-4+8-1=3$

(2) $\dfrac{d}{dx}\left\{\displaystyle\int xf(x)dx\right\}=3x^2-4x$에서
　$xf(x)=3x^2-4x$
　따라서 $f(x)=3x-4$이므로
　$f(5)=3\times5-4=11$

답 (1) 3　(2) 11

01-2

$\displaystyle\int f(x)dx=\dfrac{1}{3}x^3+x^2+ax+C$의 양변을 x에 대하여 미분
하면
$f(x)=x^2+2x+a$
이때 $f(1)=0$이므로
$3+a=0$　　$\therefore a=-3$
따라서 $f(x)=x^2+2x-3$이므로
$f(-1)=1-2-3=-4$

답 -4

01-3

$\dfrac{d}{dx}\left[\displaystyle\int\{2f(x)-x^3+3x\}dx\right]=2f(x)-x^3+3x,$

$\displaystyle\int\left[\dfrac{d}{dx}\{f(x)+2x^2\}\right]dx=f(x)+2x^2+C$이므로

$2f(x)-x^3+3x=f(x)+2x^2+C$

$\therefore f(x)=x^3+2x^2-3x+C$

이때 $f(-2)=4$이므로
$-8+8+6+C=4$　　$\therefore C=-2$
따라서 $f(x)=x^3+2x^2-3x-2$이므로
$f(2)=8+8-6-2=8$

답 8

01-4

$f(x)=\displaystyle\int\left\{\dfrac{d}{dx}(x^2-6x)\right\}dx=x^2-6x+C$

이때 함수 $f(x)$의 최솟값이 -3이므로

$f(x)=(x-3)^2+C-9$에서

$f(3)=-3$이어야 한다.

$C-9=-3$ $\quad \therefore C=6$

따라서 $f(x)=x^2-6x+6$이므로

$f(-2)=4+12+6=22$

📘 22

02 부정적분의 계산

본문 257쪽

개념 CHECK

01 (1) x^7+C (2) $\dfrac{3}{2}x^2+tx+C$

(3) $-\dfrac{1}{3}t^3+3t^2+C$ (4) $(t+1)(x^2-5x)+C$

02 (1) $\dfrac{1}{3}x^3-4x+C$ (2) $x^3-\dfrac{1}{2}x^2+C$

(3) $\dfrac{1}{3}x^3-x^2+x+C$ (4) $2y^4+4y^3+3y^2+y+C$

01

(1) $\displaystyle\int 7x^6\,dx=7\int x^6\,dx$

$\qquad =7\times\dfrac{1}{6+1}x^{6+1}+C$

$\qquad =x^7+C$

(2) $\displaystyle\int(3x+t)\,dx=3\int x\,dx+\int t\,dx$

$\qquad\quad =3\times\dfrac{1}{1+1}x^{1+1}+tx+C$

$\qquad\quad =\dfrac{3}{2}x^2+tx+C$

(3) $\displaystyle\int(-t^2+6t)\,dt=-\int t^2\,dt+6\int t\,dt$

$\qquad\qquad =-\dfrac{1}{2+1}t^{2+1}+6\times\dfrac{1}{1+1}t^{1+1}+C$

$\qquad\qquad =-\dfrac{1}{3}t^3+3t^2+C$

(4) $\displaystyle\int(t+1)(2x-5)\,dx$

$\qquad =(t+1)\left(2\int x\,dx-\int 5\,dx\right)$

$\qquad =(t+1)\left(2\times\dfrac{1}{1+1}x^{1+1}-5x\right)+C$

$\qquad =(t+1)(x^2-5x)+C$

📘 (1) x^7+C (2) $\dfrac{3}{2}x^2+tx+C$

(3) $-\dfrac{1}{3}t^3+3t^2+C$ (4) $(t+1)(x^2-5x)+C$

02

(1) $\displaystyle\int(x+2)(x-2)\,dx=\int(x^2-4)\,dx$

$\qquad\qquad =\dfrac{1}{2+1}x^{2+1}-4x+C$

$\qquad\qquad =\dfrac{1}{3}x^3-4x+C$

(2) $\displaystyle\int x(3x-1)\,dx=\int(3x^2-x)\,dx$

$\qquad\qquad =3\times\dfrac{1}{2+1}x^{2+1}-\dfrac{1}{1+1}x^{1+1}+C$

$\qquad\qquad =x^3-\dfrac{1}{2}x^2+C$

(3) $\displaystyle\int(x-1)^2\,dx=\int(x^2-2x+1)\,dx$

$\qquad\qquad =\dfrac{1}{2+1}x^{2+1}-2\times\dfrac{1}{1+1}x^{1+1}+x+C$

$\qquad\qquad =\dfrac{1}{3}x^3-x^2+x+C$

(4) $\displaystyle\int(2y+1)^3\,dy$

$\qquad =\int(8y^3+12y^2+6y+1)\,dy$

$\qquad =8\times\dfrac{1}{3+1}y^{3+1}+12\times\dfrac{1}{2+1}y^{2+1}$

$\qquad\qquad\qquad +6\times\dfrac{1}{1+1}y^{1+1}+y+C$

$\qquad =2y^4+4y^3+3y^2+y+C$

참고

> n이 음이 아닌 정수이고 $a\ (a\neq 0)$, b는 상수일 때
>
> $$\int(ax+b)^n\,dx=\dfrac{1}{a(n+1)}(ax+b)^{n+1}+C$$
>
> 가 성립한다. 따라서 위의 문제 (3), (4)에서
>
> (3) $\displaystyle\int(x-1)^2\,dx=\dfrac{1}{1\times 3}(x-1)^3+C$
>
> (4) $\displaystyle\int(2y+1)^3\,dx=\dfrac{1}{2\times 4}(2y+1)^4+C$

📘 (1) $\dfrac{1}{3}x^3-4x+C$ (2) $x^3-\dfrac{1}{2}x^2+C$

(3) $\dfrac{1}{3}x^3-x^2+x+C$ (4) $2y^4+4y^3+3y^2+y+C$

유제

02-1 (1) $\dfrac{1}{4}t^4-\dfrac{1}{3}t^3-\dfrac{1}{2}t^2+t+C$

(2) $\dfrac{1}{3}x^3+x^2+4x+C$ **02-2** 10

02-3 8 **02-4** -2 **03-1** 8 **03-2** -4

03-3 -6 **03-4** x^4-2x^3-x+C **04-1** -1

04-2 -8 **04-3** $\dfrac{1}{3}$ **04-4** 5

05-1 (1) 11 (2) 65 **05-2** 0 **05-3** -2

05-4 -17 **06-1** 3 **06-2** 11 **06-3** -13

06-4 -5 **07-1** 2 **07-2** 15 **07-3** 5

07-4 24

02-1

(1) $\displaystyle\int(t+1)(t-1)^2dt=\int(t^3-t^2-t+1)dt$

$$=\dfrac{1}{4}t^4-\dfrac{1}{3}t^3-\dfrac{1}{2}t^2+t+C$$

(2) $\displaystyle\int\dfrac{x^3}{x-2}dx-\int\dfrac{8}{x-2}dx$

$$=\int\dfrac{x^3-8}{x-2}dx$$

$$=\int\dfrac{(x-2)(x^2+2x+4)}{x-2}dx$$

$$=\int(x^2+2x+4)dx$$

$$=\dfrac{1}{3}x^3+x^2+4x+C$$

답 (1) $\dfrac{1}{4}t^4-\dfrac{1}{3}t^3-\dfrac{1}{2}t^2+t+C$ (2) $\dfrac{1}{3}x^3+x^2+4x+C$

02-2

$f(x)=\displaystyle\int(8x^7+7x^6+6x^5+\cdots+2x+1)dx$

$$=x^8+x^7+x^6+\cdots+x^2+x+C$$

$f(-1)=2$이므로 $C=2$

따라서 $f(x)=x^8+x^7+x^6+\cdots+x^2+x+2$이므로

$f(1)=8+2=10$

답 10

02-3

$f(x)=\displaystyle\int(x^3+4x^2-3)dx-\int(x^3+x^2-2x)dx$

$$=\int\{(x^3+4x^2-3)-(x^3+x^2-2x)\}dx$$

$$=\int(3x^2+2x-3)dx$$

$$=x^3+x^2-3x+C$$

$f(0)=2$이므로 $C=2$

따라서 $f(x)=x^3+x^2-3x+2$이므로

$f(2)=8+4-6+2=8$

답 8

02-4

$f(x)+g(x)=\displaystyle\int 5dx=5x+C_1$

$f(x)g(x)=\displaystyle\int(12x-2)dx=6x^2-2x+C_2$

이때 $f(2)=4,\ g(2)=5$이므로

$f(2)+g(2)=10+C_1=9,\ f(2)g(2)=20+C_2=20$

$\therefore C_1=-1,\ C_2=0$

따라서 $f(x)+g(x)=5x-1,$

$f(x)g(x)=6x^2-2x=2x(3x-1)$이므로

$\begin{cases}f(x)=2x\\g(x)=3x-1\end{cases}$ 또는 $\begin{cases}f(x)=3x-1\\g(x)=2x\end{cases}$

그런데 $f(2)=4,\ g(2)=5$이므로

$f(x)=2x,\ g(x)=3x-1$

$\therefore f(3)-g(3)=6-8=-2$

답 -2

03-1

$f(x)=\displaystyle\int f'(x)dx$

$$=\int(3x^2-6x+2)dx$$

$$=x^3-3x^2+2x+C$$

이때 $f(1)=2$에서 $C=2$이므로

$f(x)=x^3-3x^2+2x+2$

$\therefore f(3)=27-27+6+2=8$

답 8

03-2

$f(x)=\displaystyle\int f'(x)dx$

$$=\int\{9x^2-4f(1)x\}dx$$

$$=3x^3-2f(1)x^2+C$$

이때 $f(0)=3$에서 $C=3$이므로

$f(x)=3x^3-2f(1)x^2+3$

위 식의 양변에 $x=1$을 대입하면

$f(1)=3-2f(1)+3$ $\therefore f(1)=2$

따라서 $f(x)=3x^3-4x^2+3$이므로
$f(-1)=-3-4+3=-4$

답 -4

03-3

$$f(x)=\int f'(x)dx$$
$$=\int(6x^2+ax+2)dx$$
$$=2x^3+\frac{a}{2}x^2+2x+C$$

$f(0)=2$이므로 $C=2$ ······ ㉠
$f(2)=10$이므로 $16+2a+4+C=10$
$\therefore 2a+C=-10$ ······ ㉡
㉠을 ㉡에 대입하면 $a=-6$

답 -6

03-4

$f'(x)=12x^2-12x$이므로
$$f(x)=\int f'(x)dx$$
$$=\int(12x^2-12x)dx$$
$$=4x^3-6x^2+C_1$$
이때 $f(1)=-3$이므로
$4-6+C_1=-3$에서 $C_1=-1$
따라서 $f(x)=4x^3-6x^2-1$이므로 $f(x)$를 바르게 적분한 식은
$$\int f(x)dx=\int(4x^3-6x^2-1)dx$$
$$=x^4-2x^3-x+C$$

답 x^4-2x^3-x+C

04-1

$F(x)=xf(x)-2x^3+x^2+4$의 양변을 x에 대하여 미분하면
$f(x)=f(x)+xf'(x)-6x^2+2x$
$xf'(x)=6x^2-2x$ $\therefore f'(x)=6x-2$
$\therefore f(x)=\int f'(x)dx=\int(6x-2)dx$
$$=3x^2-2x+C$$
이때 $f(2)=6$이므로
$12-4+C=6$에서 $C=-2$
따라서 $f(x)=3x^2-2x-2$이므로
$f(1)=3-2-2=-1$

답 -1

04-2

$\dfrac{d}{dx}F(x)=f(x)$이므로
$F(x)=(x+1)f(x)-4x^3+12x$의 양변을 x에 대하여 미분하면
$f(x)=f(x)+(x+1)f'(x)-12x^2+12$
$(x+1)f'(x)=12x^2-12$
$$=12(x+1)(x-1)$$
$\therefore f'(x)=12x-12$
$\therefore f(x)=\int f'(x)dx$
$$=\int(12x-12)dx$$
$$=6x^2-12x+C$$
이때 $f(-1)=10$이므로
$6+12+C=10$에서 $C=-8$
따라서 $f(x)=6x^2-12x-8$이므로
$f(2)=24-24-8=-8$

답 -8

04-3

$xf(x)=\int f(x)dx+2x^3-4x^2$의 양변을 x에 대하여 미분하면
$f(x)+xf'(x)=f(x)+6x^2-8x$
$xf'(x)=6x^2-8x$ $\therefore f'(x)=6x-8$
$\therefore f(x)=\int f'(x)dx=\int(6x-8)dx$
$$=3x^2-8x+C$$
이때 $f(1)=-4$이므로
$3-8+C=-4$에서 $C=1$
따라서 $f(x)=3x^2-8x+1$이므로 방정식 $f(x)=0$, 즉
$3x^2-8x+1=0$의 모든 근의 곱은 이차방정식의 근과 계수의 관계에 의하여 $\dfrac{1}{3}$이다.

답 $\dfrac{1}{3}$

04-4

$f(x)+\int(6x^2-1)dx=\int f(x)dx$의 양변을 x에 대하여 미분하면
$f'(x)+6x^2-1=f(x)$ ······ ㉠
이때 $f(x)$를 n차식이라 하면 $f'(x)$는 $(n-1)$차식이다.
$n\geq3$이면 ㉠에서 좌변과 우변의 최고차항의 차수가 다르므로 등식이 성립하지 않는다.

따라서 $n \leq 2$이어야 한다.

㉠에서 좌변은 최고차항의 계수가 6인 이차식이므로 우변도 최고차항의 계수가 6인 이차식이어야 한다.

$f(x)=6x^2+ax+b$ (a, b는 상수)라 하면

$f'(x)=12x+a$이므로

㉠에서 $6x^2+12x+a-1=6x^2+ax+b$

이 등식은 항등식이므로

$a=12$, $b=11$

따라서 $f(x)=6x^2+12x+11$이므로

$f(-1)=6-12+11=5$

답 5

05-1

(1) 곡선 $y=f(x)$ 위의 점 $(x, f(x))$에서의 접선의 기울기가 $3x^2-4x$이므로

$f'(x)=3x^2-4x$

$\therefore f(x)=\int f'(x)dx=\int (3x^2-4x)dx$
$$=x^3-2x^2+C$$

곡선 $y=f(x)$가 점 $(0, 2)$를 지나므로

$f(0)=2$에서 $C=2$

따라서 $f(x)=x^3-2x^2+2$이므로

$f(3)=27-18+2=11$

(2) $f(x)=\int f'(x)dx=\int (-6x^2+12x+18)dx$
$$=-2x^3+6x^2+18x+C$$

$f'(x)=-6x^2+12x+18=-6(x+1)(x-3)$

$f'(x)=0$에서 $x=-1$ 또는 $x=3$

함수 $f(x)$의 증가와 감소를 표로 나타내면 다음과 같다.

x	$\cdots$	-1	$\cdots$	3	$\cdots$
$f'(x)$	$-$	0	$+$	0	$-$
$f(x)$	$\searrow$	극소	$\nearrow$	극대	$\searrow$

함수 $f(x)$의 극솟값이 1이므로

$f(-1)=1$에서 $2+6-18+C=1$

$\therefore C=11$

따라서 $f(x)=-2x^3+6x^2+18x+11$이므로 함수 $f(x)$의 극댓값은

$f(3)=-54+54+54+11=65$

답 (1) 11　(2) 65

05-2

삼차함수 $f(x)$의 도함수 $f'(x)$는 이차함수이고 주어진 $y=f'(x)$의 그래프에 의하여 $f'(0)=f'(2)=0$이므로

$f'(x)=ax(x-2)=ax^2-2ax$ $(a>0)$

$\therefore f(x)=\int f'(x)dx=\int (ax^2-2ax)dx$
$$=\frac{1}{3}ax^3-ax^2+C$$

$f'(x)=0$에서 $x=0$ 또는 $x=2$

함수 $f(x)$의 증가와 감소를 표로 나타내면 다음과 같다.

x	$\cdots$	0	$\cdots$	2	$\cdots$
$f'(x)$	$+$	0	$-$	0	$+$
$f(x)$	$\nearrow$	극대	$\searrow$	극소	$\nearrow$

함수 $f(x)$의 극댓값이 2, 극솟값이 -2이므로

$f(0)=2$에서 $C=2$ $\qquad \cdots\cdots$ ㉠

$f(2)=-2$에서 $\frac{8}{3}a-4a+C=-2$ $\qquad \cdots\cdots$ ㉡

㉠을 ㉡에 대입하면

$-\frac{4}{3}a+2=-2$ $\qquad \therefore a=3$

따라서 $f(x)=x^3-3x^2+2$이므로

$f(1)=1-3+2=0$

답 0

05-3

곡선 $y=f(x)$ 위의 임의의 점 $(x, f(x))$에서의 접선의 기울기가 $9x^2+ax-4$이므로

$f'(x)=9x^2+ax-4$

$\therefore f(x)=\int f'(x)dx$
$$=\int (9x^2+ax-4)dx$$
$$=3x^3+\frac{a}{2}x^2-4x+C$$

곡선 $y=f(x)$가 두 점 $(-1, 0)$, $(2, 0)$을 지나므로

$f(-1)=0$에서 $-3+\frac{a}{2}+4+C=0$

$\therefore \frac{a}{2}+C=-1$ $\qquad \cdots\cdots$ ㉠

$f(2)=0$에서 $24+2a-8+C=0$

$\therefore 2a+C=-16$ $\qquad \cdots\cdots$ ㉡

㉠, ㉡을 연립하여 풀면 $a=-10$, $C=4$

따라서 $f(x)=3x^3-5x^2-4x+4$이므로

$f(1)=3-5-4+4=-2$

답 -2

05-4

곡선 $y=f(x)$ 위의 점 $(x, f(x))$에서의 접선의 기울기가 $3x^2-6x$이므로

$f'(x)=3x^2-6x$

$$\therefore f(x)=\int f'(x)dx=\int(3x^2-6x)dx$$
$$=x^3-3x^2+C$$

$f'(x)=3x(x-2)=0$에서 $x=0$ 또는 $x=2$

닫힌구간 $[-2,\,3]$에서 함수 $f(x)$의 증가와 감소를 표로 나타내면 다음과 같다.

x	-2	$\cdots$	0	$\cdots$	2	$\cdots$	3
$f'(x)$		$+$	0	$-$	0	$+$	
$f(x)$	$C-20$	$\nearrow$	C	$\searrow$	$C-4$	$\nearrow$	C

함수 $f(x)$는 $x=0$, $x=3$일 때 최대이므로

$f(0)=3$에서 $C=3$

따라서 닫힌구간 $[-2,\,3]$에서 함수 $f(x)$의 최솟값은

$f(-2)=C-20=3-20=-17$

답 -17

06-1

$$f'(x)=\begin{cases} 3x^2-1 & (x\le1) \\ -3x^2+6x-1 & (x>1) \end{cases}$$에서

$$f(x)=\begin{cases} x^3-x+C_1 & (x\le1) \\ -x^3+3x^2-x+C_2 & (x>1) \end{cases}$$

$f(-1)=2$에서 $-1+1+C_1=2$ $\therefore C_1=2$

한편, 함수 $f(x)$가 모든 실수 x에서 연속이므로 $x=1$에서도 연속이다.

즉, $\lim\limits_{x\to1+}f(x)=f(1)$에서

$-1+3-1+C_2=2$ $\therefore C_2=1$

따라서 $f(x)=\begin{cases} x^3-x+2 & (x\le1) \\ -x^3+3x^2-x+1 & (x>1) \end{cases}$이므로

$f(2)=-8+12-2+1=3$

답 3

06-2

$$f'(x)=\begin{cases} -2x+6 & (x<2) \\ 4x-6 & (x\ge2) \end{cases}$$이므로

$$f(x)=\begin{cases} -x^2+6x+C_1 & (x<2) \\ 2x^2-6x+C_2 & (x\ge2) \end{cases}$$

$f(0)=3$에서 $C_1=3$

한편, 함수 $f(x)$가 실수 전체의 집합에서 연속이므로 $x=2$에서도 연속이다.

즉, $\lim\limits_{x\to2-}f(x)=f(2)$에서 $-4+12+3=8-12+C_2$

$11=-4+C_2$ $\therefore C_2=15$

따라서 $f(x)=\begin{cases} -x^2+6x+3 & (x<2) \\ 2x^2-6x+15 & (x\ge2) \end{cases}$이므로

$f(-1)+f(3)=(-1-6+3)+(18-18+15)$
$$=(-4)+15=11$$

답 11

06-3

$$f'(x)=\begin{cases} 4 & (x\le-2) \\ -2x & (-2<x\le1) \\ -2 & (x>1) \end{cases}$$에서

$$f(x)=\begin{cases} 4x+C_1 & (x\le-2) \\ -x^2+C_2 & (-2<x\le1) \\ -2x+C_3 & (x>1) \end{cases}$$

함수 $y=f(x)$의 그래프가 원점을 지나므로

$f(0)=0$에서 $C_2=0$

한편, 함수 $f(x)$가 $x=-2$, $x=1$에서 미분가능하므로 $x=-2$, $x=1$에서 연속이다.

즉, $f(-2)=\lim\limits_{x\to-2+}f(x)$에서 $-8+C_1=-4$

$\therefore C_1=4$

$f(1)=\lim\limits_{x\to1+}f(x)$에서 $-1=-2+C_3$

$\therefore C_3=1$

따라서 $f(x)=\begin{cases} 4x+4 & (x\le-2) \\ -x^2 & (-2<x\le1) \\ -2x+1 & (x>1) \end{cases}$이므로

$f(-3)+f(3)=(-12+4)+(-6+1)$
$$=(-8)+(-5)=-13$$

답 -13

06-4

$$f'(x)=\begin{cases} 2x & (x<1) \\ -2x+4 & (x\ge1) \end{cases}$$이므로

$$f(x)=\begin{cases} x^2+C_1 & (x<1) \\ -x^2+4x+C_2 & (x\ge1) \end{cases}$$

함수 $y=f(x)$의 그래프가 x축과 $x=2$에서 만나므로

$f(2)=0$에서 $-4+8+C_2=0$

$\therefore C_2=-4$

한편, 함수 $f(x)$는 실수 전체의 집합에서 연속이므로 $x=1$에서도 연속이다.

즉, $\lim\limits_{x\to1-}f(x)=f(1)$에서 $1+C_1=-1+4-4$

$\therefore C_1=-2$

따라서 $f(x)=\begin{cases} x^2-2 & (x<1) \\ -x^2+4x-4 & (x\geq1) \end{cases}$ 이므로

$f(-1)+f(4)=(1-2)+(-16+16-4)$
$\qquad\qquad\quad =(-1)+(-4)=-5$

답 -5

07-1

$$\lim_{x\to1}\frac{F(x)-F(1)}{x^3-1}=\lim_{x\to1}\frac{F(x)-F(1)}{(x-1)(x^2+x+1)}$$
$$=\lim_{x\to1}\left\{\frac{F(x)-F(1)}{x-1}\times\frac{1}{x^2+x+1}\right\}$$
$$=F'(1)\times\frac{1}{3}$$
$$=\frac{f(1)}{3}$$

$f(x)=3x^3-4x^2+7$에서 $f(1)=3-4+7=6$이므로

$$\lim_{x\to1}\frac{F(x)-F(1)}{x^3-1}=\frac{f(1)}{3}=\frac{6}{3}=2$$

답 2

07-2

$f(x)=\int(x^2+2x+a)dx$이므로

$f'(x)=x^2+2x+a$

$\lim_{h\to0}\dfrac{f(2+h)-f(2)}{h}=f'(2)=8+a$이고 이 값이 6이므로

$8+a=6 \qquad \therefore a=-2$

$\therefore f(x)=\int(x^2+2x-2)dx$
$$=\frac{1}{3}x^3+x^2-2x+C$$

이때 $f(0)=3$이므로 $C=3$

따라서 $f(x)=\dfrac{1}{3}x^3+x^2-2x+3$이므로

$f(3)=9+9-6+3=15$

답 15

07-3

$$\lim_{h\to0}\frac{f(x+2h)-f(x-h)}{h}$$
$$=\lim_{h\to0}\frac{\{f(x+2h)-f(x)\}-\{f(x-h)-f(x)\}}{h}$$
$$=\lim_{h\to0}\frac{f(x+2h)-f(x)}{2h}\times2+\lim_{h\to0}\frac{f(x-h)-f(x)}{-h}$$
$$=2f'(x)+f'(x)=3f'(x)$$

즉, $3f'(x)=9x^2-12x+6$이므로

$f'(x)=3x^2-4x+2$

$f(x)=\int f'(x)dx=\int(3x^2-4x+2)dx$
$$=x^3-2x^2+2x+C$$

이때 $f(1)=2$이므로

$1-2+2+C=2$에서 $C=1$

따라서 $f(x)=x^3-2x^2+2x+1$이므로

$f(2)=8-8+4+1=5$

답 5

07-4

$f(x+y)=f(x)+f(y)+2xy$의 양변에 $x=0$, $y=0$을 대입하면

$f(0)=f(0)+f(0) \qquad \therefore f(0)=0$

$f'(1)=\lim_{h\to0}\dfrac{f(1+h)-f(1)}{h}$
$$=\lim_{h\to0}\frac{f(1)+f(h)+2h-f(1)}{h}$$
$$=\lim_{h\to0}\frac{f(h)}{h}+2=4$$

즉, $\lim_{h\to0}\dfrac{f(h)}{h}=2$이므로 도함수의 정의를 이용하여 $f'(x)$를 구하면

$f'(x)=\lim_{h\to0}\dfrac{f(x+h)-f(x)}{h}$
$$=\lim_{h\to0}\frac{f(x)+f(h)+2xh-f(x)}{h}$$
$$=\lim_{h\to0}\frac{f(h)}{h}+2x=2x+2$$

$f(x)=\int f'(x)dx=\int(2x+2)dx$
$$=x^2+2x+C$$

이때 $f(0)=0$이므로 $C=0$

따라서 $f(x)=x^2+2x$이므로

$f(4)=16+8=24$

답 24

중단원 연습문제 본문 270~274쪽

01 24	**02** -7	**03** 34	**04** 5
05 8	**06** ②	**07** 11	**08** 10
09 16	**10** -1	**11** 17	**12** -8
13 6	**14** 10	**15** 16	**16** 9
17 ⑤	**18** 20	**19** $\dfrac{21}{2}$	**20** ④

01

$F(x)=9x^2+6x+2$라 하면
$f(x)=F'(x)=(9x^2+6x+2)'=18x+6$
$\therefore f(1)=18+6=24$

답 24

02

$\int\{3x^2+f(x)\}dx=2x^3+3x^2-4x+C$의 양변을 x에 대

하여 미분하면
$3x^2+f(x)=6x^2+6x-4$
$\therefore f(x)=3x^2+6x-4=3(x+1)^2-7$
따라서 함수 $f(x)$는 $x=-1$일 때 최솟값 -7을 갖는다.

답 -7

03

$$f(x)=\int\frac{2x^3+3x-1}{x-1}dx-\int\frac{3x+1}{x-1}dx$$
$$=\int\frac{2x^3-2}{x-1}dx$$
$$=2\int\frac{(x-1)(x^2+x+1)}{x-1}dx$$
$$=2\int(x^2+x+1)dx$$
$$=\frac{2}{3}x^3+x^2+2x+C$$

이때 $f(0)=1$이므로 $C=1$
따라서 $f(x)=\frac{2}{3}x^3+x^2+2x+1$이므로
$f(3)=18+9+6+1=34$

답 34

04

$$f(x)=\int\{(k+1)x^k+kx^{k-1}+\cdots+2x+1\}dx$$
$$=x^{k+1}+x^k+\cdots+x^2+x+C$$

$f(0)=6$이므로 $C=6$
$f(1)=12$이므로 $k+1+6=12$
$\therefore k=5$

답 5

05

함수 $y=f(x)$의 그래프와 x축의 접점의 x좌표를 t라 하면
접선의 기울기가 0이므로
$f'(t)=3t^2-6t+3=0,\ 3(t-1)^2=0$

$\therefore t=1$
따라서 접점의 좌표는 $(1, 0)$이다.
한편, $f'(x)=3x^2-6x+3$에서
$$f(x)=\int f'(x)dx=\int(3x^2-6x+3)dx$$
$$=x^3-3x^2+3x+C$$
점 $(1, 0)$이 곡선 $y=f(x)$ 위의 점이므로
$f(1)=0$에서 $1-3+3+C=0$
$\therefore C=-1$
따라서 $f(x)=x^3-3x^2+3x-1$이므로
$f(3)=27-27+9-1=8$

답 8

06

다항함수 $f(x)$가 실수 전체의 집합에서 증가하므로 모든 실
수 x에 대하여 $f'(x)\geq0$이다.
따라서 $f'(x)=\{3x-f(1)\}(x-1)$은 완전제곱식이어야
하므로 $\{3x-f(1)\}(x-1)=3(x-1)^2$이어야 한다.
$\therefore f(1)=3$
$f'(x)=3x^2-6x+3$에서
$$f(x)=\int f'(x)dx=\int(3x^2-6x+3)dx$$
$$=x^3-3x^2+3x+C$$
$f(1)=1-3+3+C=3$에서 $C=2$
따라서 $f(x)=x^3-3x^2+3x+2$이므로
$f(2)=8-12+6+2=4$

답 ②

07

$F(x)=(x-1)f(x)-\frac{2}{3}x^3-2x^2+6x$의 양변을 x에 대

하여 미분하면
$f(x)=f(x)+(x-1)f'(x)-2x^2-4x+6$
$(x-1)f'(x)=2x^2+4x-6$
$\qquad\qquad=2(x+3)(x-1)$
$\therefore f'(x)=2x+6$
$\therefore f(x)=\int f'(x)dx=\int(2x+6)dx$
$$=x^2+6x+C$$
이때 함수 $f(x)$의 최솟값이 -5이므로
$f(x)=(x+3)^2+C-9$에서 $f(-3)=-5$이어야 한다.
$C-9=-5\quad\therefore C=4$
따라서 $f(x)=x^2+6x+4$이므로
$f(1)=1+6+4=11$

답 11

08

$2\int f(x)dx=(x+2)f(x)-6x$의 양변을 x에 대하여 미분하면

$2f(x)=f(x)+(x+2)f'(x)-6$

$\therefore f(x)=(x+2)f'(x)-6$ $\qquad$ …… ㉠

$f(x)$가 일차함수이므로

$f(x)=ax+b$ (a, b는 상수, $a\neq0$)이라 하면

$f'(x)=a$

$f(x)=ax+b$, $f'(x)=a$를 ㉠에 대입하면

$ax+b=a(x+2)-6$

$ax+b=ax+2a-6$

이 등식은 항등식이므로

$b=2a-6$ $\qquad$ …… ㉡

또한 $f(x)$를 $x-1$로 나눈 나머지가 6이므로 $f(1)=6$에서

$a+b=6$ $\qquad$ …… ㉢

㉡, ㉢을 연립하여 풀면

$a=4$, $b=2$

따라서 $f(x)=4x+2$이므로

$f(2)=8+2=10$

> **참고**
>
> 나머지정리
> x에 대한 다항식 $f(x)$를 일차식 $x-a$로 나누었을 때의 나머지를 R이라 하면
> $R=f(a)$

답 10

09

곡선 $y=f(x)$ 위의 임의의 점 $(x, f(x))$에서의 접선의 기울기가 $3x^2+16x+a$이므로

$f'(x)=3x^2+16x+a$

$f(x)=\int f'(x)dx=\int(3x^2+16x+a)dx$

$\qquad =x^3+8x^2+ax+C$

곡선 $y=f(x)$가 원점을 지나므로 $C=0$

$\therefore f(x)=x^3+8x^2+ax$

$\qquad =x(x^2+8x+a)$

따라서 방정식 $f(x)=0$의 근이 모두 실수가 되려면 이차방정식 $x^2+8x+a=0$이 실근을 가져야 하므로 이 이차방정식의 판별식을 D라 하면

$\dfrac{D}{4}=16-a\geq0$ $\qquad \therefore a\leq16$

따라서 실수 a의 최댓값은 16이다.

답 16

10

$f(x)$가 최고차항의 계수가 1인 삼차함수이므로 $f'(x)$는 최고차항의 계수가 3인 이차함수이다.

또한 $f'(x)$가 $x=1$에서 최솟값 -3을 가지므로

$f'(x)=3(x-1)^2-3=3x^2-6x$

$f(x)=\int f'(x)dx=\int(3x^2-6x)dx$

$\qquad =x^3-3x^2+C$

$f'(x)=3x(x-2)=0$에서 $x=0$ 또는 $x=2$

함수 $f(x)$의 증가와 감소를 표로 나타내면 다음과 같다.

x	$\cdots$	0	$\cdots$	2	$\cdots$
$f'(x)$	$+$	0	$-$	0	$+$
$f(x)$	↗	극대	↘	극소	↗

함수 $f(x)$의 극댓값이 3이므로

$f(0)=3$에서 $C=3$

따라서 $f(x)=x^3-3x^2+3$이므로 $f(x)$의 극솟값은

$f(2)=8-12+3=-1$

답 -1

11

$f'(x)=\begin{cases}6x^2-2x+2 & (x<1)\\6x^2+2x-2 & (x\geq1)\end{cases}$ 이므로

$f(x)=\begin{cases}2x^3-x^2+2x+C_1 & (x<1)\\2x^3+x^2-2x+C_2 & (x\geq1)\end{cases}$

$f(0)=2$에서 $C_1=2$

한편, 함수 $f(x)$는 실수 전체의 집합에서 연속이므로 $x=1$에서도 연속이다.

즉, $\lim\limits_{x\to1-}f(x)=f(1)$에서

$3+C_1=1+C_2$

$5=1+C_2$ $\qquad \therefore C_2=4$

따라서 $f(x)=\begin{cases}2x^3-x^2+2x+2 & (x<1)\\2x^3+x^2-2x+4 & (x\geq1)\end{cases}$ 이므로

$f(-1)+f(2)=(-2-1-2+2)+(16+4-4+4)$

$\qquad\qquad\quad =(-3)+20=17$

답 17

12

$f(x)=\int(x^3+ax+2)dx$이므로

$f'(x)=x^3+ax+2$

$\lim\limits_{x\to1}\dfrac{f(x)-f(1)}{x^2-5x+4}=\lim\limits_{x\to1}\left\{\dfrac{f(x)-f(1)}{x-1}\times\dfrac{1}{x-4}\right\}$

$\qquad\qquad\qquad =f'(1)\times\left(-\dfrac{1}{3}\right)$

$\qquad\qquad\qquad =-\dfrac{a+3}{3}$

이 값이 2이므로 $-\dfrac{a+3}{3}=2$

$\therefore a=-9$

따라서 $f'(x)=x^3-9x+2$이므로

$f'(2)=8-18+2=-8$

답 -8

13

$\dfrac{d}{dx}\{f(x)+g(x)\}=4$이므로

$\displaystyle\int\left[\dfrac{d}{dx}\{f(x)+g(x)\}\right]dx=\int 4\,dx$

$\therefore f(x)+g(x)=4x+C_1$

$\dfrac{d}{dx}\{f(x)g(x)\}=8x$이므로

$\displaystyle\int\left[\dfrac{d}{dx}\{f(x)g(x)\}\right]dx=\int 8x\,dx$

$\therefore f(x)g(x)=4x^2+C_2$

이때 $f(1)=3,\ g(1)=1$이므로

$f(1)+g(1)=4+C_1=4,\ f(1)g(1)=4+C_2=3$

$\therefore C_1=0,\ C_2=-1$

따라서 $f(x)+g(x)=4x$,

$f(x)g(x)=4x^2-1=(2x+1)(2x-1)$이므로

$\begin{cases}f(x)=2x+1\\g(x)=2x-1\end{cases}$ 또는 $\begin{cases}f(x)=2x-1\\g(x)=2x+1\end{cases}$

그런데 $f(1)=3,\ g(1)=1$이므로

$f(x)=2x+1,\ g(x)=2x-1$

$\therefore f(7)-g(5)=15-9=6$

답 6

14

삼차함수 $f(x)$의 최고차항의 계수가 1이므로 이차함수 $f'(x)$의 최고차항의 계수는 3이고 $f'(x)$가 $x=2$일 때 최솟값 2를 가지므로

$f'(x)=3(x-2)^2+2$

$\qquad=3x^2-12x+14$

$\therefore f(x)=\displaystyle\int f'(x)\,dx=\int(3x^2-12x+14)\,dx$

$\qquad\quad=x^3-6x^2+14x+C$

이때 $f(0)=0$이므로 $C=0$

$\therefore f(x)=x^3-6x^2+14x$

곡선 $y=f(x)$에 접하고 기울기가 2인 직선의 접점의 x좌표를 t라 하면

$f'(t)=3t^2-12t+14=2,\ 3(t-2)^2=0$

$\therefore t=2$

$f(2)=8-24+28=12$이므로 기울기가 2인 접선의 방정식은

$y-12=2(x-2)$

$\therefore y=2x+8$

이 직선이 점 $(1,\ a)$를 지나므로

$a=2+8=10$

답 10

15

$f(x)+\displaystyle\int xf(x)\,dx=x^3+2x^2+3x$의 양변을 x에 대하여 미분하면

$f'(x)+xf(x)=3x^2+4x+3$ $\qquad$ …… ㉠

$f(x)$를 n차식이라 하면 $xf(x)$는 $(n+1)$차식이므로 ㉠에서

$n+1=2$ $\qquad\therefore n=1$

$f(x)=ax+b$ $(a,\ b$는 상수, $a\neq0)$이라 하면

$f'(x)=a$

$f(x)=ax+b,\ f'(x)=a$를 ㉠에 대입하면

$a+x(ax+b)=3x^2+4x+3$

$ax^2+bx+a=3x^2+4x+3$

이 등식은 항등식이므로

$a=3,\ b=4$

따라서 $f(x)=3x+4$이므로

$f(4)=12+4=16$

답 16

16

$F(x)$는 함수 $f(x)$의 한 부정적분이므로

$x<0$일 때

$F(x)=\displaystyle\int f(x)\,dx=\int(-2x)\,dx$

$\qquad\quad=-x^2+C_1$

$x\geq0$일 때

$F(x)=\displaystyle\int f(x)\,dx=\int k(2x-x^2)\,dx$

$\qquad\quad=\displaystyle\int(-kx^2+2kx)\,dx$

$\qquad\quad=-\dfrac{k}{3}x^3+kx^2+C_2$

$\therefore F(x)=\begin{cases}-x^2+C_1 & (x<0)\\[2mm]-\dfrac{k}{3}x^3+kx^2+C_2 & (x\geq0)\end{cases}$

이때 함수 $F(x)$가 실수 전체의 집합에서 미분가능하므로 실수 전체의 집합에서 연속이다.

즉, 함수 $F(x)$가 $x=0$에서 연속이므로
$$\lim_{x \to 0-} F(x)=F(0)에서$$
$$C_1=C_2$$
따라서 $F(x)=\begin{cases} -x^2+C_1 & (x<0) \\ -\dfrac{k}{3}x^3+kx^2+C_1 & (x \geq 0) \end{cases}$ 이므로

$F(2)-F(-3)=21$에서
$$\left(-\frac{8}{3}k+4k+C_1\right)-(-9+C_1)=21, \ \frac{4}{3}k=12$$
$$\therefore k=9$$

답 9

17

최고차항의 계수가 1인 삼차함수 $f(x)$에 대하여 삼차방정식
$f(x)=0$의 근이 $x=0$ 또는 $x=\alpha$(중근)이므로
$$f(x)=x(x-\alpha)^2$$
조건 ㈎에서 $g'(x)=f(x)+xf'(x)$, 즉
$g'(x)=\{xf(x)\}'$이므로
$$g(x)=\int g'(x)dx=\int \{xf(x)\}'dx=xf(x)+C$$
$$=x^2(x-\alpha)^2+C$$
$$\therefore g'(x)=2x(x-\alpha)^2+2x^2(x-\alpha)$$
$$=2x(x-\alpha)\{(x-\alpha)+x\}$$
$$=2x(x-\alpha)(2x-\alpha)$$
$g'(x)=0$에서 $x=0$ 또는 $x=\dfrac{\alpha}{2}$ 또는 $x=\alpha$

$\alpha>0$에서 $\dfrac{\alpha}{2}<\alpha$이므로 함수 $g(x)$의 증가와 감소를 표로 나타내면 다음과 같다.

x	$\cdots$	0	$\cdots$	$\dfrac{\alpha}{2}$	$\cdots$	α	$\cdots$
$g'(x)$	$-$	0	$+$	0	$-$	0	$+$
$g(x)$	$\searrow$	극소	$\nearrow$	극대	$\searrow$	극소	$\nearrow$

즉, 함수 $g(x)$는 $x=0$, $x=\alpha$에서 극소이고 $x=\dfrac{\alpha}{2}$에서 극대이다.

이때 조건 ㈏에서 $g(x)$의 극솟값이 0이므로
$$g(0)=g(\alpha)=C=0$$
또한 조건 ㈏에서 $g(x)$의 극댓값이 81이므로
$$g\left(\frac{\alpha}{2}\right)=\left(\frac{\alpha}{2}\right)^2\left(\frac{\alpha}{2}-\alpha\right)^2=81$$
$$\frac{\alpha^4}{16}=81, \ \alpha^4=2^4 \times 3^4=6^4$$
$$\therefore \alpha=6 \ (\because \alpha>0)$$
따라서 $g(x)=x^2(x-6)^2$이므로
$$g\left(\frac{\alpha}{3}\right)=g(2)=4 \times 16=64$$

답 ⑤

18

$$f(x+y)=f(x)+f(y)+2xy-1 \qquad \cdots\cdots \ \bigcirc$$
$\bigcirc$의 양변에 $x=0$, $y=0$을 대입하면
$$f(0)=f(0)+f(0)-1 \qquad \therefore f(0)=1 \qquad \cdots\cdots \ \bigcirc$$
도함수의 정의에 의하여
$$f'(x)=\lim_{h \to 0} \frac{f(x+h)-f(x)}{h}$$
$$=\lim_{h \to 0} \frac{f(x)+f(h)+2xh-1-f(x)}{h} \ (\because \bigcirc)$$
$$=\lim_{h \to 0} \frac{2xh+f(h)-1}{h}$$
$$=2x+\lim_{h \to 0} \frac{f(h)-1}{h}$$
$$=2x+\lim_{h \to 0} \frac{f(h)-f(0)}{h} \ (\because \bigcirc)$$
$$=2x+f'(0)$$
$$\therefore f(x)=\int f'(x)dx=\int \{2x+f'(0)\}dx$$
$$=x^2+f'(0)x+C$$
$\bigcirc$에서 $f(0)=1$이므로 $C=1$
따라서 $f(x)=x^2+f'(0)x+1$이고 $f'(x)=2x+f'(0)$이므로
$$\lim_{x \to 1} \frac{f(x)-f'(x)}{x^2-1}$$
$$=\lim_{x \to 1} \frac{\{x^2+f'(0)x+1\}-\{2x+f'(0)\}}{x^2-1}$$
$$=\lim_{x \to 1} \frac{(x^2-2x+1)+(x-1)f'(0)}{x^2-1}$$
$$=\lim_{x \to 1} \frac{(x-1)\{x-1+f'(0)\}}{(x+1)(x-1)}$$
$$=\lim_{x \to 1} \frac{x-1+f'(0)}{x+1}$$
$$=\frac{f'(0)}{2}$$
이 값이 10이므로 $\dfrac{f'(0)}{2}=10$
$$\therefore f'(0)=20$$

답 20

19

조건 ㈏에서
$$f'(x)=\int g'(x)dx-\int 12x \, dx$$
$$=g(x)-6x^2+C \qquad \cdots\cdots \ \bigcirc$$
조건 ㈎의 등식의 양변을 x에 대하여 미분하면
$$f(x)+g(x)=f(x)+xf'(x)$$
$$g(x)=xf'(x) \qquad \cdots\cdots \ \bigcirc$$

ⓛ을 ⓘ에 대입하면
$$f'(x)=xf'(x)-6x^2+C$$
$$(x-1)f'(x)=6x^2-C$$
위 등식의 양변에 $x=1$을 대입하면
$$0=6-C \qquad \therefore C=6$$
따라서 $(x-1)f'(x)=6x^2-6=6(x+1)(x-1)$이므로
$$f'(x)=6x+6$$
$f'(x)=0$에서 $x=-1$이므로 함수 $f(x)$는 $x=-1$에서 극
솟값을 갖는다.
$$f(x)=\int f'(x)dx=\int(6x+6)dx$$
$$=3x^2+6x+C_1$$
$$\therefore f(-1)=3-6+C_1=-3+C_1$$
또한 ⓛ에서 $g(x)=xf'(x)=6x^2+6x$
$$g'(x)=12x+6$$
$g'(x)=0$에서 $x=-\dfrac{1}{2}$이므로 함수 $g(x)$는 $x=-\dfrac{1}{2}$에서
극솟값을 갖는다.
$$\therefore g\left(-\frac{1}{2}\right)=\frac{3}{2}-3=-\frac{3}{2}$$
두 함수 $f(x)$, $g(x)$의 극솟값이 같으므로
$$f(-1)=g\left(-\frac{1}{2}\right),\ -3+C_1=-\frac{3}{2}$$
$$\therefore C_1=\frac{3}{2}$$
따라서 $f(x)=3x^2+6x+\dfrac{3}{2}$이므로
$$f(1)=3+6+\frac{3}{2}=\frac{21}{2}$$

답 $\dfrac{21}{2}$

20

최고차항의 계수가 1인 삼차함수 $f(x)$에 대하여 조건 ㈏에
서 함수 $f(x)$는 $x=2$에서 극댓값 35를 가지므로
$$f'(2)=0,\ f(2)=35 \qquad \cdots\cdots\ \text{ⓘ}$$
또한 조건 ㈐에서 방정식 $f(x)=f(4)$는 서로 다른 두 실근
을 가지므로 함수 $y=f(x)$의 그래프와 직선 $y=f(4)$는 서
로 다른 두 점에서만 만나야 한다.
즉, 함수 $y=f(x)$의 그래프와 직선 $y=f(4)$의 개형은 다음
과 같이 두 가지 경우가 가능하다.
(i) $x=2$에서 접하고 $x=4$에서 만나는 경우

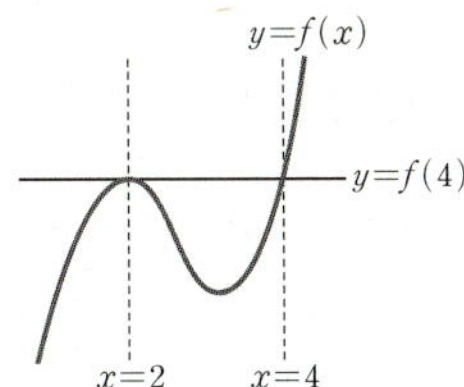

$$f(x)-f(4)=(x-2)^2(x-4)$$
양변을 x에 대하여 미분하면
$$f'(x)=2(x-2)(x-4)+(x-2)^2$$
$$=(x-2)(3x-10)$$
그런데 $f'\left(\dfrac{11}{3}\right)=\dfrac{5}{3}\times1=\dfrac{5}{3}>0$이므로
조건 ㈎를 만족시키지 않는다.
(ii) $x=4$에서 접하는 경우

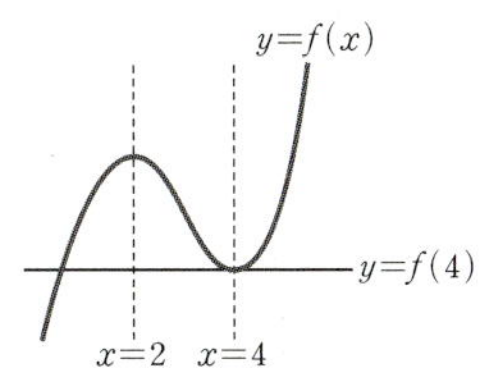

$$f'(4)=f'(2)=0\ (\because\ \text{ⓘ})이고$$
$f'(x)$는 최고차항의 계수가 3인 이차함수이므로
$$f'(x)=3(x-2)(x-4)$$
이때 $f'\left(\dfrac{11}{3}\right)=3\times\dfrac{5}{3}\times\left(-\dfrac{1}{3}\right)=-\dfrac{5}{3}<0$이므로
조건 ㈎를 만족시킨다.
(i), (ii)에서
$$f'(x)=3(x-2)(x-4)$$
$$=3x^2-18x+24$$
이므로
$$f(x)=\int f'(x)dx$$
$$=\int(3x^2-18x+24)dx$$
$$=x^3-9x^2+24x+C$$
이때 ⓘ에서 $f(2)=35$이므로
$$f(2)=8-36+48+C=35$$
$$\therefore C=15$$
따라서 $f(x)=x^3-9x^2+24x+15$이므로
$$f(0)=15$$

답 ④

01 정적분

본문 283쪽

개념 CHECK

01 (1) 16 (2) -2 (3) 0 (4) $\dfrac{16}{3}$

02 (1) $4x^3-3x^2$ (2) $2x^2-9x-5$

03 (1) -9 (2) 3   **04** (1) 10 (2) 54

01

(1) $\displaystyle\int_{1}^{2}(4x^3-4x+7)dx=\Big[x^4-2x^2+7x\Big]_{1}^{2}$
$$=(16-8+14)-(1-2+7)$$
$$=16$$

(2) $\displaystyle\int_{-2}^{0}(t^3-2t-1)dt=\Big[\dfrac{1}{4}t^4-t^2-t\Big]_{-2}^{0}$
$$=0-(4-4+2)=-2$$

(3) $\displaystyle\int_{1}^{1}(x^4-1)dx=0$

(4) $\displaystyle\int_{2}^{0}(x^2-4)dx=-\int_{0}^{2}(x^2-4)dx=-\Big[\dfrac{1}{3}x^3-4x\Big]_{0}^{2}$
$$=-\Big\{\Big(\dfrac{8}{3}-8\Big)-0\Big\}=\dfrac{16}{3}$$

답 (1) 16 (2) -2 (3) 0 (4) $\dfrac{16}{3}$

02

(1) $\dfrac{d}{dx}\displaystyle\int_{1}^{x}(4t^3-3t^2)dt=4x^3-3x^2$

(2) $\dfrac{d}{dx}\displaystyle\int_{-2}^{x}(2t+1)(t-5)dt=\dfrac{d}{dx}\int_{-2}^{x}(2t^2-9t-5)dt$
$$=2x^2-9x-5$$

답 (1) $4x^3-3x^2$ (2) $2x^2-9x-5$

03

(1) $\displaystyle\int_{-2}^{1}(x^7+6x-1)dx-\int_{-2}^{1}(y^7-1)dy$
$$=\int_{-2}^{1}(x^7+6x-1)dx-\int_{-2}^{1}(x^7-1)dx$$
$$=\int_{-2}^{1}6x\,dx=\Big[3x^2\Big]_{-2}^{1}$$
$$=3-12=-9$$

(2) $\displaystyle\int_{3}^{4}(x^2-x)dx+\int_{3}^{4}(x^2-2x-1)dx$
$$+\int_{4}^{3}(2x^2-3x-4)dx$$
$$=\int_{3}^{4}(x^2-x)dx+\int_{3}^{4}(x^2-2x-1)dx$$
$$-\int_{3}^{4}(2x^2-3x-4)dx$$
$$=\int_{3}^{4}\{(x^2-x)+(x^2-2x-1)-(2x^2-3x-4)\}dx$$
$$=\int_{3}^{4}3\,dx=\Big[3x\Big]_{3}^{4}=12-9=3$$

답 (1) -9 (2) 3

04

(1) $\displaystyle\int_{2}^{5}(-2x^3-x)dx+\int_{0}^{5}(2x^3+x)dx$
$$=\int_{5}^{2}(2x^3+x)dx+\int_{0}^{5}(2x^3+x)dx$$
$$=\int_{0}^{2}(2x^3+x)dx=\Big[\dfrac{1}{2}x^4+\dfrac{1}{2}x^2\Big]_{0}^{2}$$
$$=(8+2)-0=10$$

(2) $\displaystyle\int_{1}^{4}(3x^3+4x^2)dx+\int_{4}^{3}(4x^3-3x^2)dx$
$$+\int_{1}^{4}(x^3-7x^2)dx$$
$$=\int_{1}^{4}\{(3x^3+4x^2)+(x^3-7x^2)\}dx$$
$$+\int_{4}^{3}(4x^3-3x^2)dx$$
$$=\int_{1}^{4}(4x^3-3x^2)dx+\int_{4}^{3}(4x^3-3x^2)dx$$
$$=\int_{1}^{3}(4x^3-3x^2)dx=\Big[x^4-x^3\Big]_{1}^{3}$$
$$=(81-27)-(1-1)=54$$

답 (1) 10 (2) 54

유제

본문 284~289쪽

01-1 (1) $\dfrac{50}{3}$ (2) $\dfrac{28}{3}$ **01-2** 7   **01-3** -7

01-4 $\dfrac{32}{3}$ **02-1** 1   **02-2** 3   **02-3** $-\dfrac{5}{6}$

02-4 -4 **03-1** (1) 5 (2) $\dfrac{28}{3}$

03-2 (1) 9 (2) 17   **03-3** 28   **03-4** 2

01-1

(1) $\displaystyle\int_1^2 (x^2+2x)dx + \int_2^{-1}(x^2+2x)dx - \int_3^{-1}(x^2+2x)dx$

$\displaystyle = \int_1^{-1}(x^2+2x)dx + \int_{-1}^3(x^2+2x)dx$

$\displaystyle = \int_1^3 (x^2+2x)dx = \left[\frac{1}{3}x^3+x^2\right]_1^3$

$\displaystyle = (9+9)-\left(\frac{1}{3}+1\right)$

$\displaystyle = 18-\frac{4}{3}=\frac{50}{3}$

(2) $\displaystyle\int_{-1}^1 \frac{2x^3-4x}{x-2}dx + \int_{-1}^1 \frac{8}{2-t}dt$

$\displaystyle = \int_{-1}^1 \frac{2x^3-4x}{x-2}dx - \int_{-1}^1 \frac{8}{x-2}dx$

$\displaystyle = \int_{-1}^1 \frac{2x^3-4x-8}{x-2}dx$

$\displaystyle = \int_{-1}^1 \frac{(x-2)(2x^2+4x+4)}{x-2}dx$

$\displaystyle = \int_{-1}^1 (2x^2+4x+4)dx$

$\displaystyle = \left[\frac{2}{3}x^3+2x^2+4x\right]_{-1}^1$

$\displaystyle = \left(\frac{2}{3}+2+4\right)-\left(-\frac{2}{3}+2-4\right)$

$\displaystyle = \frac{20}{3}-\left(-\frac{8}{3}\right)=\frac{28}{3}$

> **답** (1) $\dfrac{50}{3}$ (2) $\dfrac{28}{3}$

01-2

$\displaystyle\int_1^2 f(x)dx - \int_3^{-1}f(x)dx + \int_3^1 f(x)dx$

$\displaystyle = \int_1^2 f(x)dx + \int_{-1}^3 f(x)dx + \int_3^1 f(x)dx$

$\displaystyle = \int_1^2 f(x)dx + \int_{-1}^1 f(x)dx$

$\displaystyle = \int_{-1}^2 f(x)dx$

$\displaystyle = \int_{-1}^2 (-4x^3+2ax+1)dx$

$\displaystyle = \left[-x^4+ax^2+x\right]_{-1}^2$

$\displaystyle = (-16+4a+2)-(-1+a-1)$

$= 3a-12$

즉, $3a-12=9$이므로 $3a=21$

$\therefore a=7$

> **답** 7

01-3

$\displaystyle\int_{-2}^1 (6x^2-2)dx + \int_1^{-2} kx\,dx$

$\displaystyle = \int_{-2}^1 (6x^2-2)dx - \int_{-2}^1 kx\,dx$

$\displaystyle = \int_{-2}^1 (6x^2-kx-2)dx$

$\displaystyle = \left[2x^3-\frac{k}{2}x^2-2x\right]_{-2}^1$

$\displaystyle = \left(2-\frac{k}{2}-2\right)-(-16-2k+4)$

$\displaystyle = \frac{3}{2}k+12$

즉, $\dfrac{3}{2}k+12<3$이므로 $\dfrac{3}{2}k<-9$

$\therefore k<-6$

따라서 구하는 정수 k의 최댓값은 -7이다.

> **답** -7

01-4

함수 $y=f(x)$의 그래프와 직선 $y=g(x)$가 $x=-3$과 $x=1$에서 만나므로

$f(-3)=g(-3)$, $f(1)=g(1)$

$\therefore g(-3)-f(-3)=0$, $g(1)-f(1)=0$

즉, $g(x)-f(x)$가 $x+3$과 $x-1$을 인수로 가지므로

$g(x)-f(x)=a(x+3)(x-1)$ $(a\neq0)$이라 하자.

한편, $f(0)=-2$, $g(0)=1$에서

$g(0)-f(0)=3$이므로

$g(0)-f(0)=-3a=3$ $\therefore a=-1$

따라서 $g(x)-f(x)=-(x+3)(x-1)$이므로

$\displaystyle\int_{-3}^1 \{g(x)-f(x)\}dx = \int_{-3}^1 \{-(x+3)(x-1)\}dx$

$\displaystyle = \int_{-3}^1 (-x^2-2x+3)dx$

$\displaystyle = \left[-\frac{1}{3}x^3-x^2+3x\right]_{-3}^1$

$\displaystyle = \left(-\frac{1}{3}-1+3\right)-(9-9-9)$

$\displaystyle = \frac{5}{3}-(-9)=\frac{32}{3}$

> **답** $\dfrac{32}{3}$

02-1

$\displaystyle\int_{-2}^3 f(x)dx = \int_{-2}^1 f(x)dx + \int_1^3 f(x)dx$

$\displaystyle = \int_{-2}^1 (x^2+4x-2)dx + \int_1^3 (2x+1)dx$

$$=\left[\frac{1}{3}x^3+2x^2-2x\right]_{-2}^{1}+\left[x^2+x\right]_{1}^{3}$$

$$=\left(\frac{1}{3}-\frac{28}{3}\right)+(12-2)$$

$$=-9+10=1$$

답 1

02-2

$$\int_{-3}^{a}f(x)dx=\int_{-3}^{0}f(x)dx+\int_{0}^{a}f(x)dx$$

$$=\int_{-3}^{0}\left(\frac{1}{3}x+1\right)dx+\int_{0}^{a}(-x+1)dx$$

$$=\left[\frac{1}{6}x^2+x\right]_{-3}^{0}+\left[-\frac{1}{2}x^2+x\right]_{0}^{a}$$

$$=\left\{0-\left(-\frac{3}{2}\right)\right\}+\left\{\left(-\frac{1}{2}a^2+a\right)-0\right\}$$

$$=-\frac{1}{2}a^2+a+\frac{3}{2}$$

즉, $-\frac{1}{2}a^2+a+\frac{3}{2}=0$이므로

$$a^2-2a-3=0,\ (a+1)(a-3)=0$$

$$\therefore a=3\ (\because a>0)$$

답 3

02-3

(i) $x<2$일 때

$$f(x)=-1$$

(ii) $x\geq2$일 때

함수 $y=f(x)$의 그래프는 두 점 $(2,\,-1)$, $(3,\,0)$을 지나므로 직선의 방정식은

$$y=\frac{0-(-1)}{3-2}(x-3)$$

$$\therefore f(x)=x-3$$

(i), (ii)에서 $f(x)=\begin{cases} -1 & (x<2) \\ x-3 & (x\geq2) \end{cases}$이므로

$$\int_{-1}^{4}xf(x)dx$$

$$=\int_{-1}^{2}(-x)dx+\int_{2}^{4}(x^2-3x)dx$$

$$=\left[-\frac{1}{2}x^2\right]_{-1}^{2}+\left[\frac{1}{3}x^3-\frac{3}{2}x^2\right]_{2}^{4}$$

$$=\left\{-2-\left(-\frac{1}{2}\right)\right\}+\left\{-\frac{8}{3}-\left(-\frac{10}{3}\right)\right\}$$

$$=-\frac{3}{2}+\frac{2}{3}=-\frac{5}{6}$$

답 $-\dfrac{5}{6}$

02-4

$$f'(x)=\begin{cases} 4x-6 & (x\leq2) \\ -2x+6 & (x>2) \end{cases}$$에서

$$f(x)=\int f'(x)dx$$

$$=\begin{cases} 2x^2-6x+C_1 & (x\leq2) \\ -x^2+6x+C_2 & (x>2) \end{cases}$$ (단, C_1, C_2는 적분상수)

이때 $f(-1)=10$이므로 $2+6+C_1=10$

$$\therefore C_1=2$$

한편, 함수 $f(x)$가 실수 전체의 집합에서 연속이므로 $x=2$에서도 연속이다.

즉, $\displaystyle\lim_{x\to2-}f(x)=\lim_{x\to2+}f(x)=f(2)$에서

$$8-12+C_1=-4+12+C_2$$

$$-2=8+C_2 \qquad \therefore C_2=-10$$

따라서 $f(x)=\begin{cases} 2x^2-6x+2 & (x\leq2) \\ -x^2+6x-10 & (x>2) \end{cases}$이므로

$$\int_{0}^{3}f(x)dx$$

$$=\int_{0}^{2}f(x)dx+\int_{2}^{3}f(x)dx$$

$$=\int_{0}^{2}(2x^2-6x+2)dx+\int_{2}^{3}(-x^2+6x-10)dx$$

$$=\left[\frac{2}{3}x^3-3x^2+2x\right]_{0}^{2}+\left[-\frac{1}{3}x^3+3x^2-10x\right]_{2}^{3}$$

$$=\left(-\frac{8}{3}-0\right)+\left\{-12-\left(-\frac{32}{3}\right)\right\}$$

$$=-\frac{8}{3}+\left(-\frac{4}{3}\right)=-4$$

답 -4

03-1

(1) $|2-x|=\begin{cases} -x+2 & (x<2) \\ x-2 & (x\geq2) \end{cases}$이므로

$$\int_{-1}^{3}|2-x|dx=\int_{-1}^{2}(-x+2)dx+\int_{2}^{3}(x-2)dx$$

$$=\left[-\frac{1}{2}x^2+2x\right]_{-1}^{2}+\left[\frac{1}{2}x^2-2x\right]_{2}^{3}$$

$$=\left\{2-\left(-\frac{5}{2}\right)\right\}+\left\{-\frac{3}{2}-(-2)\right\}$$

$$=\frac{9}{2}+\frac{1}{2}=5$$

(2) $|x^2+2x|=|x(x+2)|$

$$=\begin{cases} x^2+2x & (x<-2) \\ -x^2-2x & (-2\leq x<0) \\ x^2+2x & (x\geq0) \end{cases}$$

이므로

$$\int_{-3}^{2}|x^2+2x|\,dx$$

$$=\int_{-3}^{-2}(x^2+2x)\,dx+\int_{-2}^{0}(-x^2-2x)\,dx$$
$$+\int_{0}^{2}(x^2+2x)\,dx$$

$$=\left[\frac{1}{3}x^3+x^2\right]_{-3}^{-2}+\left[-\frac{1}{3}x^3-x^2\right]_{-2}^{0}+\left[\frac{1}{3}x^3+x^2\right]_{0}^{2}$$

$$=\left(\frac{4}{3}-0\right)+\left\{0-\left(-\frac{4}{3}\right)\right\}+\left(\frac{20}{3}-0\right)$$

$$=\frac{4}{3}+\frac{4}{3}+\frac{20}{3}=\frac{28}{3}$$

답 (1) 5 (2) $\dfrac{28}{3}$

03-2

(1) $|x+1|=\begin{cases}-x-1 & (x<-1)\\ x+1 & (x\geq-1)\end{cases}$ 이므로

$$\int_{2}^{-4}(3x+|x+1|)\,dx$$

$$=\int_{2}^{-1}(4x+1)\,dx+\int_{-1}^{-4}(2x-1)\,dx$$

$$=\left[2x^2+x\right]_{2}^{-1}+\left[x^2-x\right]_{-1}^{-4}$$

$$=(1-10)+(20-2)$$

$$=(-9)+18=9$$

(2) $|x|+|x-3|=\begin{cases}-2x+3 & (x<0)\\ 3 & (0\leq x<3)\\ 2x-3 & (x\geq3)\end{cases}$ 이므로

$$\int_{-1}^{4}(|x|+|x-3|)\,dx$$

$$=\int_{-1}^{0}(-2x+3)\,dx+\int_{0}^{3}3\,dx+\int_{3}^{4}(2x-3)\,dx$$

$$=\left[-x^2+3x\right]_{-1}^{0}+\left[3x\right]_{0}^{3}+\left[x^2-3x\right]_{3}^{4}$$

$$=\{0-(-4)\}+(9-0)+(4-0)$$

$$=4+9+4=17$$

답 (1) 9 (2) 17

03-3

$$\int_{-3}^{2}(4x^3+6|x|)\,dx+\int_{0}^{-3}(4x^3-6x)\,dx$$

$$=\int_{-3}^{0}(4x^3-6x)\,dx+\int_{0}^{2}(4x^3+6x)\,dx$$
$$+\int_{0}^{-3}(4x^3-6x)\,dx$$

$$=\int_{-3}^{-3}(4x^3-6x)\,dx+\int_{0}^{2}(4x^3+6x)\,dx$$

$$=\int_{0}^{2}(4x^3+6x)\,dx$$

$$=\left[x^4+3x^2\right]_{0}^{2}=28$$

답 28

03-4

$$|x^2+x-2|=\begin{cases}-x^2-x+2 & (-2\leq x\leq1)\\ x^2+x-2 & (x<-2 \text{ 또는 } x>1)\end{cases}$$

이때 $a>1$이므로

$$\int_{0}^{a}|x^2+x-2|\,dx$$

$$=\int_{0}^{1}(-x^2-x+2)\,dx+\int_{1}^{a}(x^2+x-2)\,dx$$

$$=\left[-\frac{1}{3}x^3-\frac{1}{2}x^2+2x\right]_{0}^{1}+\left[\frac{1}{3}x^3+\frac{1}{2}x^2-2x\right]_{1}^{a}$$

$$=\left(\frac{7}{6}-0\right)+\left\{\left(\frac{1}{3}a^3+\frac{1}{2}a^2-2a\right)-\left(-\frac{7}{6}\right)\right\}$$

$$=\frac{1}{3}a^3+\frac{1}{2}a^2-2a+\frac{7}{3}$$

즉, $\dfrac{1}{3}a^3+\dfrac{1}{2}a^2-2a+\dfrac{7}{3}=3$이므로

$$2a^3+3a^2-12a-4=0$$

$$(a-2)(2a^2+7a+2)=0$$

$$\therefore a=2 \ (\because a>1)$$

답 2

02 여러 가지 함수의 정적분

개념 CHECK

본문 295쪽

01 (1) 0 (2) -20

02 (1) $\dfrac{5}{2}$ (2) -6

03 (1) $-\dfrac{9}{2}$ (2) -9 (3) $-\dfrac{34}{3}$

01

(1) $$\int_{-4}^{3}(x^7+x^5)\,dx+\int_{3}^{4}(x^7+x^5)\,dx$$

$$=\int_{-4}^{4}(x^7+x^5)\,dx=0$$

(2) $$\int_{2}^{5}(-2x^3-x+5)\,dx+\int_{-2}^{5}(2y^3+y-5)\,dy$$

$$=\int_{5}^{2}(2x^3+x-5)\,dx+\int_{-2}^{5}(2x^3+x-5)\,dx$$

$$=\int_{-2}^{2}(2x^3+x-5)dx$$

$$=\int_{-2}^{2}(2x^3+x)dx-2\int_{0}^{2}5dx$$

$$=0-2\Big[5x\Big]_{0}^{2}=-20$$

답 (1) 0　(2) -20

02

(1) 모든 실수 x에 대하여 $f(-x)=f(x)$이므로 $y=f(x)$의 그래프는 y축에 대하여 대칭인 우함수이다.

따라서 $\displaystyle\int_{-1}^{1}f(x)dx=2\int_{0}^{1}f(x)dx=5$에서

$$\int_{0}^{1}f(x)dx=\frac{5}{2}$$

(2) 모든 실수 x에 대하여 $f(-x)=-f(x)$이므로 $y=f(x)$의 그래프는 원점에 대하여 대칭인 기함수이다.

따라서 $\displaystyle\int_{-3}^{2}f(x)dx=6$에서

$$\int_{-3}^{-2}f(x)dx+\int_{-2}^{2}f(x)dx=-\int_{2}^{3}f(x)dx=6$$

이므로

$$\int_{2}^{3}f(x)dx=-6$$

답 (1) $\dfrac{5}{2}$　(2) -6

03

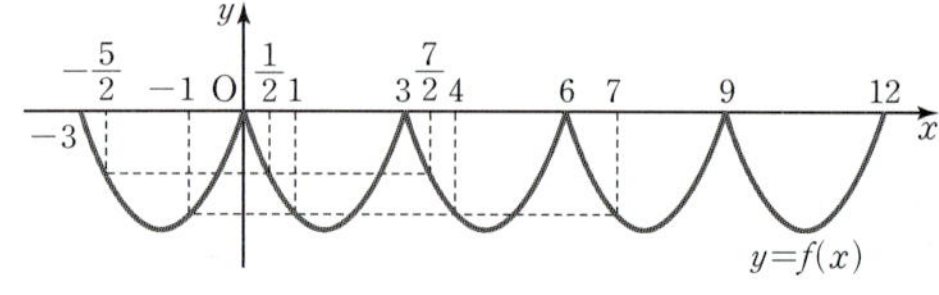

(1) $\displaystyle\int_{0}^{3}f(x)dx=\int_{0}^{3}(x^2-3x)dx$

$$=\Big[\frac{1}{3}x^3-\frac{3}{2}x^2\Big]_{0}^{3}=-\frac{9}{2}$$

(2) $\displaystyle\int_{-\frac{5}{2}}^{\frac{7}{2}}f(x)dx=\int_{-\frac{5}{2}}^{\frac{1}{2}}f(x)dx+\int_{\frac{1}{2}}^{\frac{7}{2}}f(x)dx$

$$=\int_{0}^{3}f(x)dx+\int_{0}^{3}f(x)dx$$

$$=2\int_{0}^{3}f(x)dx$$

$$=2\times\Big(-\frac{9}{2}\Big)=-9\ (\because (1))$$

(3) $\displaystyle\int_{-1}^{7}f(x)dx=\int_{-1}^{1}f(x)dx+\int_{1}^{4}f(x)dx+\int_{4}^{7}f(x)dx$

$$=\int_{-1}^{1}f(x)dx+\int_{0}^{3}f(x)dx+\int_{0}^{3}f(x)dx$$

$$=2\int_{0}^{1}(x^2-3x)dx+2\int_{0}^{3}f(x)dx$$

$$=2\Big[\frac{1}{3}x^3-\frac{3}{2}x^2\Big]_{0}^{1}+2\int_{0}^{3}f(x)dx$$

$$=2\times\Big(-\frac{7}{6}\Big)+2\times\Big(-\frac{9}{2}\Big)\ (\because (1))$$

$$=-\frac{7}{3}-9=-\frac{34}{3}$$

답 (1) $-\dfrac{9}{2}$　(2) -9　(3) $-\dfrac{34}{3}$

본문 296~299쪽

유제

04-1 16	**04-2** -12	**04-3** 9	**04-4** 2
05-1 $-\dfrac{64}{3}$	**05-2** 15	**05-3** 30	**05-4** 12

04-1

모든 실수 x에 대하여 $f(-x)=f(x)$이므로 $y=f(x)$는 그래프가 y축에 대하여 대칭인 우함수이다.

한편, $\displaystyle\int_{0}^{1}f(x)dx=2$이므로

$$\int_{-1}^{1}f(x)dx=2\int_{0}^{1}f(x)dx=2\times2=4$$

$g(x)=xf(x)$, $h(x)=x^3f(x)$라 하면

$g(-x)=-xf(-x)=-xf(x)=-g(x)$,

$h(-x)=(-x)^3f(-x)=-x^3f(x)=-h(x)$

이므로 $y=g(x)$와 $y=h(x)$는 그래프가 각각 원점에 대하여 대칭인 기함수이다.

따라서 $\displaystyle\int_{-1}^{1}xf(x)dx=\int_{-1}^{1}g(x)dx=0$,

$$\int_{-1}^{1}x^3f(x)dx=\int_{-1}^{1}h(x)dx=0$$이므로

$$\int_{-1}^{1}(x^3+2x+4)f(x)dx$$

$$=\int_{-1}^{1}x^3f(x)dx+2\int_{-1}^{1}xf(x)dx+4\int_{-1}^{1}f(x)dx$$

$$=0+2\times0+4\times4=16$$

답 16

04-2

모든 실수 x에 대하여 $f(x)=-f(-x)$이므로 $y=f(x)$는 그래프가 원점에 대하여 대칭인 기함수이다.

$$\therefore \int_{-2}^{2}f(x)dx=0$$

모든 실수 x에 대하여 $g(x)=g(-x)$이므로 $y=g(x)$는 그 래프가 y축에 대하여 대칭인 우함수이다.

한편, $\int_0^2 g(x)dx=3$이므로

$$\int_{-2}^2 g(x)dx=2\int_0^2 g(x)dx=2\times 3=6$$

$$\therefore \int_{-2}^2 \{3f(x)-2g(x)\}dx$$

$$=3\int_{-2}^2 f(x)dx-2\int_{-2}^2 g(x)dx$$

$$=3\times 0-2\times 6=-12$$

답 -12

04-3

$f(x)=ax+b$ (a, b는 상수, $a\neq 0$)라 하면

$$\int_{-1}^1 xf(x)dx=\int_{-1}^1 (ax^2+bx)dx$$

$$=2a\int_0^1 x^2 dx$$

$$=2a\left[\frac{1}{3}x^3\right]_0^1$$

$$=\frac{2}{3}a=2$$

에서 $a=3$

$$\int_{-1}^1 x^2 f(x)dx=\int_{-1}^1 (ax^3+bx^2)dx$$

$$=2b\int_0^1 x^2 dx$$

$$=2b\left[\frac{1}{3}x^3\right]_0^1$$

$$=\frac{2}{3}b=4$$

에서 $b=6$

따라서 $f(x)=3x+6$이므로

$$f(1)=3+6=9$$

답 9

04-4

두 다항함수 $f(x)$, $g(x)$가 모든 실수 x에 대하여
$f(x)=f(-x)$, $g(x)=-g(-x)$이므로
$h(-x)=f(-x)g(-x)=-f(x)g(x)=-h(x)$
즉, $y=h(x)$는 그래프가 원점에 대하여 대칭인 기함수이므로 도함수 $h'(x)$는 우함수이고 $xh'(x)$는 기함수이다.
즉, 모든 실수 x에 대하여 $h'(x)=h'(-x)$,
$-xh'(-x)=-xh'(x)$이므로

$$\int_{-1}^1 \{(x+2)h'(x)\}dx=\int_{-1}^1 xh'(x)dx+\int_{-1}^1 2h'(x)dx$$

$$=0+4\int_0^1 h'(x)dx$$

$$=4\Big[h(x)\Big]_0^1$$

$$=4\{h(1)-h(0)\}=8 \quad \cdots\cdots \text{㉠}$$

한편, $h(-x)=-h(x)$의 양변에 $x=0$을 대입하면
$h(0)=-h(0)$ $\therefore h(0)=0$
이를 ㉠에 대입하면 $4h(1)=8$
$$\therefore h(1)=2$$

답 2

05-1

함수 $f(x)$가 실수 전체의 집합에서 연속이므로 $x=4$에서도 연속이다.
즉, $f(4)=\lim\limits_{x\to 4-} f(x)$에서
$$f(0)=\lim\limits_{x\to 4-}(x^2-ax)\ (\because f(0)=f(4))$$
$$0=16-4a \qquad \therefore a=4$$

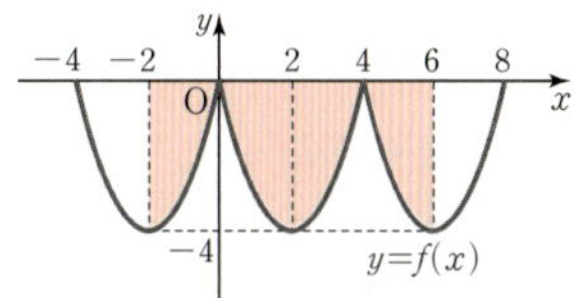

따라서 $0\leq x<4$에서 $f(x)=x^2-4x$이므로

$$\int_0^4 f(x)dx=\int_0^4 (x^2-4x)dx$$

$$=\left[\frac{1}{3}x^3-2x^2\right]_0^4=-\frac{32}{3}$$

$$\therefore \int_{-2}^6 f(x)dx=\int_{-2}^2 f(x)dx+\int_2^6 f(x)dx$$

$$=\int_0^4 f(x)dx+\int_0^4 f(x)dx$$

$$=2\int_0^4 f(x)dx$$

$$=2\times\left(-\frac{32}{3}\right)=-\frac{64}{3}$$

답 $-\dfrac{64}{3}$

05-2

연속함수 $f(x)$가 모든 실수 x에 대하여 $f(x+3)=f(x)$
이므로

$$\int_{-2}^7 f(x)dx=\int_{-2}^1 f(x)dx+\int_1^4 f(x)dx+\int_4^7 f(x)dx$$

$$=\int_{-2}^1 f(x)dx+\int_{-2}^1 f(x)dx+\int_{-2}^1 f(x)dx$$

$$=3\int_{-2}^{1}f(x)dx$$
$$=3\times5=15$$

답 15

05-3

함수 $f(x)$가 실수 전체의 집합에서 연속이므로 $x=2$에서도 연속이다.

즉, $f(2)=\lim\limits_{x\to2-}f(x)$에서

$f(0)=\lim\limits_{x\to2-}(-x+b)$ $(\because f(0)=f(2))$

$1=-2+b$　　$\therefore b=3$

또한 함수 $f(x)$가 $x=a$에서 연속이므로

$\lim\limits_{x\to a-}f(x)=f(a)=\lim\limits_{x\to a+}f(x)$에서

$\lim\limits_{x\to a-}(2x+1)=-a+3$

$2a+1=-a+3$　　$\therefore a=\dfrac{2}{3}$

따라서 $f(x)=\begin{cases}2x+1 & \left(0\le x<\dfrac{2}{3}\right)\\ -x+3 & \left(\dfrac{2}{3}\le x<2\right)\end{cases}$ 이므로

$$\int_{0}^{2}f(x)dx=\int_{0}^{\frac{2}{3}}(2x+1)dx+\int_{\frac{2}{3}}^{2}(-x+3)dx$$
$$=\Big[x^2+x\Big]_{0}^{\frac{2}{3}}+\Big[-\frac{1}{2}x^2+3x\Big]_{\frac{2}{3}}^{2}$$
$$=\frac{10}{9}+\frac{20}{9}=\frac{10}{3}$$

$$\therefore \int_{-4}^{14}f(x)dx$$
$$=\int_{-4}^{-2}f(x)dx+\int_{-2}^{0}f(x)dx+\int_{0}^{2}f(x)dx$$
$$+\cdots+\int_{12}^{14}f(x)dx$$
$$=9\int_{0}^{2}f(x)dx$$
$$=9\times\frac{10}{3}=30$$

[다른 풀이]

$f(x)=\begin{cases}2x+1 & \left(0\le x<\dfrac{2}{3}\right)\\ -x+3 & \left(\dfrac{2}{3}\le x<2\right)\end{cases}$ 에 대하여

$0\le x\le2$에서 함수 $y=f(x)$의 그래프는 오른쪽 그림과 같으므로

$\int_{0}^{2}f(x)dx$의 값은 삼각형의 넓이 A와 직사각형의 넓이 B의 합으로 구할 수 있다.

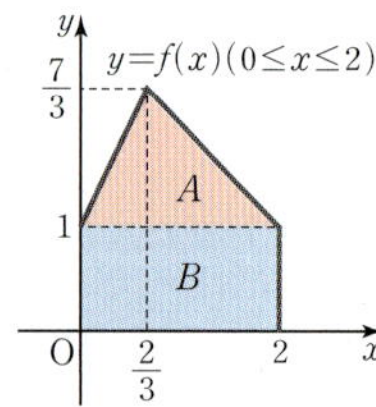

$$\therefore \int_{0}^{2}f(x)dx=\frac{1}{2}\times2\times\left(\frac{7}{3}-1\right)+2\times1$$
$$=\frac{10}{3}$$

답 30

05-4

조건 ㈎에서 $f(-x)=f(x)$이므로 함수 $f(x)$는 우함수, 즉 $y=f(x)$의 그래프는 y축에 대하여 대칭이다.

따라서 두 함수 $x^3f(x)$, $xf(x)$는 기함수이므로

$$\int_{-1}^{1}(x^3-2x+3)f(x)dx$$
$$=\int_{-1}^{1}x^3f(x)dx-2\int_{-1}^{1}xf(x)dx+3\int_{-1}^{1}f(x)dx$$
$$=0-0+3\int_{-1}^{1}f(x)dx=12$$
$$\therefore \int_{-1}^{1}f(x)dx=4$$

이때 조건 ㈏에 의하여 함수 $f(x)$는 $f(x+2)=f(x)$를 만족하는 함수이므로 임의의 실수 a에 대하여

$\int_{a}^{a+2}f(x)dx=\int_{0}^{2}f(x)dx$이다.

즉, $\int_{0}^{2}f(x)dx=\int_{-1}^{1}f(x)dx=4$이므로

$$\int_{-4}^{2}f(x)dx=\int_{-4}^{-2}f(x)dx+\int_{-2}^{0}f(x)dx+\int_{0}^{2}f(x)dx$$
$$=\int_{0}^{2}f(x)dx+\int_{0}^{2}f(x)dx+\int_{0}^{2}f(x)dx$$
$$=3\int_{0}^{2}f(x)dx=3\times4=12$$

답 12

03 정적분으로 정의된 함수

본문 303쪽

개념 CHECK

01 (1) x^2-2x+3　(2) $2x^2-5x+7$
　　(3) $x^2(x+1)$　(4) $2x+6$

02 (1) $f(x)=x-7$　(2) $f(x)=-3x^2+4$
　　(3) $f(x)=x-1$

03 (1) -1　(2) 10

01

(1) $\dfrac{d}{dx}\displaystyle\int_{1}^{x}(t^2-2t+3)dt=x^2-2x+3$

(2) $\dfrac{d}{dx}\displaystyle\int_x^0(-2t^2+5t-7)dt$

$\qquad=\dfrac{d}{dx}\displaystyle\int_0^x(2t^2-5t+7)dt$

$\qquad=2x^2-5x+7$

(3) $\dfrac{d}{dx}\displaystyle\int_1^x t^2(t+1)dt=x^2(x+1)$

(4) $\dfrac{d}{dx}\displaystyle\int_{-3}^x(2s+6)ds=2x+6$

답 (1) x^2-2x+3 (2) $2x^2-5x+7$
(3) $x^2(x+1)$ (4) $2x+6$

02

(1) $\displaystyle\int_4^x f(t)dt=\dfrac{1}{2}x^2-7x+20$의 양변을 x에 대하여 미분

하면

$\qquad f(x)=x-7$

(2) $\displaystyle\int_x^3 f(t)dt=x^3-4x-15$에서

$\qquad\displaystyle\int_3^x f(t)dt=-x^3+4x+15$

이 식의 양변을 x에 대하여 미분하면

$\qquad f(x)=-3x^2+4$

(3) $\displaystyle\int_0^x(t+2)f(t)dt=\dfrac{1}{3}x^3+\dfrac{1}{2}x^2-2x$의 양변을 x에

대하여 미분하면

$\qquad(x+2)f(x)=x^2+x-2$

$\qquad(x+2)f(x)=(x+2)(x-1)$

$\qquad\therefore f(x)=x-1$

답 (1) $f(x)=x-7$
(2) $f(x)=-3x^2+4$
(3) $f(x)=x-1$

03

(1) $f(t)=t^2-3t+1$이라 하고 $f(t)$의 한 부정적분을 $F(t)$

라 하면

$\qquad\displaystyle\lim_{x\to1}\dfrac{1}{x-1}\int_1^x(t^2-3t+1)dt$

$\qquad=\displaystyle\lim_{x\to1}\dfrac{F(x)-F(1)}{x-1}=F'(1)$

$\qquad=f(1)=1-3+1=-1$

(2) $f(t)=2t^2-t+4$라 하고 $f(t)$의 한 부정적분을 $F(t)$라

하면

$\qquad\displaystyle\lim_{h\to0}\dfrac{1}{h}\int_2^{2+h}f(t)dt$

$\qquad=\displaystyle\lim_{h\to0}\dfrac{F(2+h)-F(2)}{h}=F'(2)$

$\qquad=f(2)=8-2+4=10$

답 (1) -1 (2) 10

유제

06-1 -1	**06-2** $f(x)=3x^2+\dfrac{1}{2}x-1$	**06-3** 60
06-4 45	**07-1** 8 **07-2** 4	**07-3** -6
07-4 0	**08-1** 6 **08-2** -18	**08-3** 16
08-4 8	**09-1** 27 **09-2** $-\dfrac{4}{3}$	**09-3** 1
09-4 48	**10-1** (1) 1 (2) 18	**10-2** 6
10-3 48	**10-4** -16	

06-1

$f(x)=5x^3-8x^2+\displaystyle\int_{-1}^0 tf(t)dt$에서

$\displaystyle\int_{-1}^0 tf(t)dt=k$ $(k$는 상수$)$ …… ㉠

라 하면 $f(x)=5x^3-8x^2+k$

이 식을 ㉠에 대입하면

$\displaystyle\int_{-1}^0 tf(t)dt=\int_{-1}^0(5t^4-8t^3+kt)dt$

$\qquad\qquad=\left[t^5-2t^4+\dfrac{k}{2}t^2\right]_{-1}^0$

$\qquad\qquad=0-\left(-3+\dfrac{k}{2}\right)=3-\dfrac{k}{2}=k$

이므로 $k=2$

따라서 $f(x)=5x^3-8x^2+2$이므로

$f(1)=5-8+2=-1$

답 -1

06-2

$f(x)=3x^2+\displaystyle\int_0^1(2x-4)f(t)dt$

$\qquad=3x^2+(2x-4)\displaystyle\int_0^1 f(t)dt$

$\displaystyle\int_0^1 f(t)dt=k$ $(k$는 상수$)$ …… ㉠

라 하면 $f(x)=3x^2+(2x-4)k$

이 식을 ㉠에 대입하면

$\displaystyle\int_0^1 f(t)dt=\int_0^1(3t^2+2kt-4k)dt$

$\qquad\qquad=\left[t^3+kt^2-4kt\right]_0^1=-3k+1=k$

이므로 $k=\dfrac{1}{4}$

$$\therefore f(x)=3x^2+\frac{1}{2}x-1$$

$$\boxed{\text{답}}\ f(x)=3x^2+\frac{1}{2}x-1$$

06-3

$\displaystyle\int_0^1 f(t)dt=a,\ \int_0^{-1}f(t)dt=b\ (a,\,b\text{는 상수})$라 하면

$f(x)=6x^2-2ax-b$이므로

$\displaystyle a=\int_0^1 f(t)dt$

$\displaystyle\quad=\int_0^1(6t^2-2at-b)dt$

$\displaystyle\quad=\Big[\,2t^3-at^2-bt\,\Big]_0^1$

$\quad=2-a-b$

에서 $2a+b=2$ $\quad\cdots\cdots$ ㉠

$\displaystyle b=\int_0^{-1}f(t)dt$

$\displaystyle\quad=\int_0^{-1}(6t^2-2at-b)dt$

$\displaystyle\quad=\Big[\,2t^3-at^2-bt\,\Big]_0^{-1}$

$\quad=-2-a+b$

에서 $a=-2$

$a=-2$를 ㉠에 대입하면 $b=6$

따라서 $f(x)=6x^2+4x-6$이므로

$f(3)=54+12-6=60$

$\boxed{\text{답}}\ 60$

06-4

$\displaystyle f(x)=3x^2+ax+\int_0^1(x-1)f(t)dt$

$\displaystyle\qquad=3x^2+ax+x\int_0^1 f(t)dt-\int_0^1 f(t)dt\quad\cdots\cdots$ ㉠

$f(1)=2$이므로 ㉠의 양변에 $x=1$을 대입하면

$2=3+a$ $\quad\therefore a=-1$

$\displaystyle\int_0^1 f(t)dt=k\ (k\text{는 상수})\qquad\cdots\cdots$ ㉡

라 하면 ㉠에서 $f(x)=3x^2+(k-1)x-k$

이 식을 ㉡에 대입하면

$\displaystyle\int_0^1 f(t)dt=\int_0^1\{3t^2+(k-1)t-k\}dt$

$\displaystyle\qquad=\Big[\,t^3+\frac{k-1}{2}t^2-kt\,\Big]_0^1$

$\displaystyle\qquad=1+\frac{k-1}{2}-k$

$\displaystyle\qquad=-\frac{1}{2}k+\frac{1}{2}=k$

이므로 $k=\dfrac{1}{3}$

따라서 $f(x)=3x^2-\dfrac{2}{3}x-\dfrac{1}{3}$이므로

$f(4)=48-\dfrac{8}{3}-\dfrac{1}{3}=45$

$\boxed{\text{답}}\ 45$

07-1

$\displaystyle\int_1^x tf(t)dt=x^3+ax^2-2\qquad\cdots\cdots$ ㉠

㉠의 양변에 $x=1$을 대입하면

$0=1+a-2$ $\quad\therefore a=1$

㉠의 양변을 x에 대하여 미분하면

$xf(x)=3x^2+2ax$

즉, $xf(x)=3x^2+2x$이므로

$f(x)=3x+2$

$\therefore f(2)=6+2=8$

$\boxed{\text{답}}\ 8$

07-2

$\displaystyle\int_x^{-1}f(t)dt=3x^2+ax+5\qquad\cdots\cdots$ ㉠

㉠의 양변에 $x=-1$을 대입하면

$0=3-a+5$ $\quad\therefore a=8$

㉠의 양변을 x에 대하여 미분하면

$-f(x)=6x+a$

즉, $-f(x)=6x+8$이므로

$f(x)=-6x-8$

$\therefore f(-2)=12-8=4$

$\boxed{\text{답}}\ 4$

07-3

$\displaystyle\int_2^x\Big\{\frac{d}{dt}f(t)\Big\}dt=6x^2+ax-8\qquad\cdots\cdots$ ㉠

㉠의 양변에 $x=2$를 대입하면

$0=24+2a-8$ $\quad\therefore a=-8$

한편, $\dfrac{d}{dt}f(t)=f'(t)$이므로 ㉠에서

$\displaystyle\int_2^x\Big\{\frac{d}{dt}f(t)\Big\}dt=\int_2^x f'(t)dt$

$\displaystyle\qquad=\Big[\,f(t)\,\Big]_2^x$

$\displaystyle\qquad=f(x)-f(2)\qquad\cdots\cdots$ ㉡

이때 ㉠=㉡이고 $a=-8$이므로

$f(x)-f(2)=6x^2-8x-8$

$\therefore f(x)=6x^2-8x-4\ (\because f(2)=4)$

$\therefore f(1)=6-8-4=-6$

$\boxed{\text{답}}\ -6$

$$\int_1^x f(t)dt = -2x^3 + 3x^2 + xf(x) \quad\quad \cdots\cdots\ \bigcirc$$

$\bigcirc$의 양변에 $x=1$을 대입하면

$$0 = -2 + 3 + f(1) \quad\quad \therefore\ f(1) = -1 \quad\quad \cdots\cdots\ \bigcirc$$

$\bigcirc$의 양변을 x에 대하여 미분하면

$$f(x) = -6x^2 + 6x + f(x) + xf'(x)$$

$$xf'(x) = 6x^2 - 6x$$

$$\therefore\ f'(x) = 6x - 6$$

$$\therefore\ f(x) = \int f'(x)dx$$

$$= \int (6x - 6)dx$$

$$= 3x^2 - 6x + C \ (\text{단, } C\text{는 적분상수})$$

이때 $\bigcirc$에서

$$f(1) = 3 - 6 + C = -1 \quad\quad \therefore\ C = 2$$

따라서 $f(x) = 3x^2 - 6x + 2$이므로

$$\int_0^2 f(x)dx = \int_0^2 (3x^2 - 6x + 2)dx$$

$$= \Big[x^3 - 3x^2 + 2x \Big]_0^2$$

$$= 8 - 12 + 4 = 0$$

답 0

$$\int_1^x (x-t)f(t)dt = 2x^3 - 3x^2 + a \quad\quad \cdots\cdots\ \bigcirc$$

$\bigcirc$의 양변에 $x=1$을 대입하면

$$0 = 2 - 3 + a \quad\quad \therefore\ a = 1$$

$\bigcirc$의 좌변을 정리하면

$$\int_1^x (x-t)f(t)dt = \int_1^x \{xf(t) - tf(t)\}dt$$

$$= x\int_1^x f(t)dt - \int_1^x tf(t)dt$$

이므로

$$x\int_1^x f(t)dt - \int_1^x tf(t)dt = 2x^3 - 3x^2 + 1$$

이 식의 양변을 x에 대하여 미분하면

$$\int_1^x f(t)dt + xf(x) - xf(x) = 6x^2 - 6x$$

$$\int_1^x f(t)dt = 6x^2 - 6x$$

이 식의 양변을 다시 x에 대하여 미분하면

$$f(x) = 12x - 6$$

한편, $a=1$이므로

$$f(a) = f(1) = 12 - 6 = 6$$

답 6

$$\int_{-1}^x (t-x)f(t)dt = x^3 + ax^2 + bx + 1 \quad\quad \cdots\cdots\ \bigcirc$$

$\bigcirc$의 양변에 $x=-1$을 대입하면

$$0 = -1 + a - b + 1$$

$$\therefore\ a - b = 0 \quad\quad \cdots\cdots\ \bigcirc$$

$\bigcirc$의 좌변을 정리하면

$$\int_{-1}^x (t-x)f(t)dt = \int_{-1}^x \{tf(t) - xf(t)\}dt$$

$$= \int_{-1}^x tf(t)dt - x\int_{-1}^x f(t)dt$$

이므로

$$\int_{-1}^x tf(t)dt - x\int_{-1}^x f(t)dt = x^3 + ax^2 + bx + 1$$

이 식의 양변을 x에 대하여 미분하면

$$xf(x) - \int_{-1}^x f(t)dt - xf(x) = 3x^2 + 2ax + b$$

$$\int_{-1}^x f(t)dt = -3x^2 - 2ax - b \quad\quad \cdots\cdots\ \bigcirc$$

$\bigcirc$의 양변에 $x=-1$을 대입하면

$$0 = -3 + 2a - b$$

$$\therefore\ 2a - b = 3 \quad\quad \cdots\cdots\ \textcircled{ㄹ}$$

$\bigcirc$, $\textcircled{ㄹ}$을 연립하여 풀면

$$a = 3,\ b = 3$$

이를 $\bigcirc$에 대입하면

$$\int_{-1}^x f(t)dt = -3x^2 - 6x - 3$$

이 식의 양변을 다시 x에 대하여 미분하면

$$f(x) = -6x - 6$$

$$\therefore\ f(2) = -12 - 6 = -18$$

답 -18

$$\int_a^x (x-t)f(t)dt = x^3 - ax^2 + 2ax - 8 \quad\quad \cdots\cdots\ \bigcirc$$

$\bigcirc$의 양변에 $x=a$를 대입하면

$$0 = a^3 - a^3 + 2a^2 - 8,\ 2a^2 - 8 = 0$$

$$2(a+2)(a-2) = 0$$

$$\therefore\ a = -2 \ \text{또는}\ a = 2 \quad\quad \cdots\cdots\ \bigcirc$$

$\bigcirc$의 좌변을 정리하면

$$\int_a^x (x-t)f(t)dt = \int_a^x \{xf(t) - tf(t)\}dt$$

$$= x\int_a^x f(t)dt - \int_a^x tf(t)dt$$

즉, $x\int_a^x f(t)dt - \int_a^x tf(t)dt = x^3 - ax^2 + 2ax - 8$

이 식의 양변을 x에 대하여 미분하면

$\int_a^x f(t)dt+xf(x)-xf(x)=3x^2-2ax+2a$

$\int_a^x f(t)dt=3x^2-2ax+2a$ …… ㉢

㉢의 양변에 $x=a$를 대입하면

$0=3a^2-2a^2+2a$, $a^2+2a=0$

$a(a+2)=0$ $\therefore a=-2$ ($\because$ ㉡)

이를 ㉢에 대입하면

$\int_{-2}^x f(t)dt=3x^2+4x-4$

$\therefore \int_a^2 f(x)dx=\int_{-2}^2 f(t)dt$

$=3\times4+4\times2-4=16$

답 16

08-4

$\int_0^x (t-x)f'(t)dt=\int_0^x \{tf'(t)-xf'(t)\}dt$

$=\int_0^x tf'(t)dt-x\int_0^x f'(t)dt$

이므로

$\int_0^x tf'(t)dt-x\int_0^x f'(t)dt=x^4-5x^2$

이 식의 양변을 x에 대하여 미분하면

$xf'(x)-\int_0^x f'(t)dt-xf'(x)=4x^3-10x$

$\int_0^x f'(t)dt=-4x^3+10x$

이때 $\int_0^x f'(t)dt=\Big[f(t)\Big]_0^x=f(x)-f(0)$에서

$f(x)-f(0)=-4x^3+10x$

따라서 $f(x)=-4x^3+10x+2$ ($\because f(0)=2$)이므로

$f(1)=-4+10+2=8$

답 8

09-1

$f(x)=\int_0^x (3t^2+at+b)dt$의 양변을 x에 대하여 미분하면

$f'(x)=3x^2+ax+b$

$x=1$일 때, 극솟값 -5를 가지므로

$f'(1)=3+a+b=0$

$\therefore a+b=-3$ …… ㉠

$f(1)=\int_0^1 (3t^2+at+b)dt$

$=\Big[t^3+\frac{1}{2}at^2+bt\Big]_0^1$

$=1+\frac{1}{2}a+b=-5$

$\therefore a+2b=-12$ …… ㉡

㉠, ㉡에서 $a=6$, $b=-9$

$\therefore f'(x)=3x^2+6x-9=3(x+3)(x-1)$

$f'(x)=0$에서 $x=-3$ 또는 $x=1$

함수 $f(x)$의 증가와 감소를 표로 나타내면 다음과 같다.

x	$\cdots$	-3	$\cdots$	1	$\cdots$
$f'(x)$	$+$	0	$-$	0	$+$
$f(x)$	↗	극대	↘	극소	↗

따라서 함수 $f(x)$는 $x=-3$에서 극대이므로 극댓값은

$f(-3)=\int_0^{-3} (3t^2+6t-9)dt$

$=\Big[t^3+3t^2-9t\Big]_0^{-3}=27$

답 27

09-2

$f(1)=f(3)=0$이고 $f(x)$는 이차항의 계수가 양수인 이차함수이므로

$f(x)=a(x-1)(x-3)$ $(a>0)$

이때 $f(0)=3$에서 $3a=3$ $\therefore a=1$

$\therefore f(x)=(x-1)(x-3)=x^2-4x+3$

$g(x)=\int_1^x f(t)dt$의 양변을 x에 대하여 미분하면

$g'(x)=f(x)=(x-1)(x-3)$

$g'(x)=0$에서 $x=1$ 또는 $x=3$

함수 $g(x)$의 증가와 감소를 표로 나타내면 다음과 같다.

x	$\cdots$	1	$\cdots$	3	$\cdots$
$g'(x)$	$+$	0	$-$	0	$+$
$g(x)$	↗	극대	↘	극소	↗

따라서 함수 $g(x)$는 $x=3$에서 극소이므로 극솟값은

$g(3)=\int_1^3 (t^2-4t+3)dt$

$=\Big[\frac{1}{3}t^3-2t^2+3t\Big]_1^3=0-\frac{4}{3}=-\frac{4}{3}$

답 $-\frac{4}{3}$

09-3

$F(x)=\int_0^x f(t)dt$의 양변을 x에 대하여 미분하면

$F'(x)=f(x)$

이때 함수 $F(x)$는 최고차항이 양수인 삼차함수이므로 함수 $F(x)$가 극값을 갖지 않으려면 모든 실수 x에 대하여 $F'(x)=f(x)\geq0$이어야 한다.

이차방정식 $f(x)=0$, 즉 $x^2+2x+k=0$의 판별식을 D라
하면
$$\frac{D}{4}=1-k\le0 \qquad \therefore k\ge1$$
따라서 정수 k의 최솟값은 1이다.

답 1

09-4

$$\int_0^x(x-t)f(t)dt=\int_0^x\{xf(t)-tf(t)\}dt$$
$$=x\int_0^xf(t)dt-\int_0^xtf(t)dt$$

이므로
$$x\int_0^xf(t)dt-\int_0^xtf(t)dt=\frac{1}{5}x^5-x^4$$

이 식의 양변을 x에 대하여 미분하면
$$\int_0^xf(t)dt+xf(x)-xf(x)=x^4-4x^3$$
$$\int_0^xf(t)dt=x^4-4x^3$$

이 식의 양변을 x에 대하여 미분하면
$$f(x)=4x^3-12x^2$$
$$f'(x)=12x^2-24x=12x(x-2)$$
$f'(x)=0$에서 $x=0$ 또는 $x=2$
$-1\le x\le4$에서 함수 $f(x)$의 증가와 감소를 표로 나타내면
다음과 같다.

x	-1	$\cdots$	0	$\cdots$	2	$\cdots$	4
$f'(x)$		$+$	0	$-$	0	$+$	
$f(x)$	-16	$\nearrow$	0	$\searrow$	-16	$\nearrow$	64

따라서 $-1\le x\le4$에서 함수 $f(x)$의 최댓값은 64, 최솟값
은 -16이므로 최댓값과 최솟값의 합은
$$64+(-16)=48$$

답 48

10-1

$f(x)$의 한 부정적분을 $F(x)$라 하면

(1) $\displaystyle\lim_{x\to1}\frac{1}{x^3-1}\int_1^xf(t)dt$
$$=\lim_{x\to1}\frac{F(x)-F(1)}{x^3-1}$$
$$=\lim_{x\to1}\left\{\frac{F(x)-F(1)}{x-1}\times\frac{1}{x^2+x+1}\right\}$$
$$=F'(1)\times\frac{1}{3}=\frac{1}{3}F'(1)$$

이때 $F'(x)=f(x)$이므로

$$\frac{1}{3}F'(1)=\frac{1}{3}f(1)$$
$$=\frac{1}{3}\times(1-4+6)=1$$

(2) $\displaystyle\lim_{h\to0}\frac{1}{h}\int_{2-h}^{2+2h}f(x)dx$
$$=\lim_{h\to0}\frac{F(2+2h)-F(2-h)}{h}$$
$$=\lim_{h\to0}\left\{\frac{F(2+2h)-F(2)}{2h}\times2+\frac{F(2-h)-F(2)}{-h}\right\}$$
$$=2F'(2)+F'(2)=3F'(2)$$
이때 $F'(x)=f(x)$이므로
$$3F'(2)=3f(2)$$
$$=3\times(16-16+6)=18$$

답 (1) 1　(2) 18

10-2

$f(x)=x^3+ax-4$로 놓고 $f(x)$의 한 부정적분을 $F(x)$라
하면
$$\lim_{h\to0}\frac{1}{h}\int_{1-2h}^{1+2h}f(x)dx$$
$$=\lim_{h\to0}\frac{F(1+2h)-F(1-2h)}{h}$$
$$=\lim_{h\to0}\frac{F(1+2h)-F(1)-F(1-2h)+F(1)}{h}$$
$$=\lim_{h\to0}\left\{\frac{F(1+2h)-F(1)}{2h}\times2\right.$$
$$\left.+\frac{F(1-2h)-F(1)}{-2h}\times2\right\}$$
$$=2F'(1)+2F'(1)=4F'(1)$$
이때 $F'(x)=f(x)$이므로
$$4F'(1)=4f(1)$$
$$=4\times(1+a-4)=4(a-3)$$
즉, $4(a-3)=12$이므로
$$a-3=3 \qquad \therefore a=6$$

답 6

10-3

$$f(x)=\int f'(x)dx$$
$$=\int(3x^2+4x-1)dx$$
$$=x^3+2x^2-x+C \ (단, C는 적분상수)$$
$f(0)=2$에서 $C=2$
$$\therefore f(x)=x^3+2x^2-x+2$$
이때 $g(t)=(t+1)f(t)$로 놓고 $g(t)$의 한 부정적분을
$G(t)$라 하면

$$\lim_{x\to 2}\frac{1}{x-2}\int_2^x (t+1)f(t)dt=\lim_{x\to 2}\frac{1}{x-2}\int_2^x g(t)dt$$
$$=\lim_{x\to 2}\frac{G(x)-G(2)}{x-2}$$
$$=G'(2)$$

이때 $G'(x)=g(x)$이므로
$$G'(2)=g(2)=3f(2)$$
$$=3\times(8+8-2+2)=48$$

답 48

10-4

$$\int_2^x (x-t)f(t)dt=x\int_2^x f(t)dt-\int_2^x tf(t)dt$$

$G(x)=x\int_2^x f(t)dt-\int_2^x tf(t)dt$라 하면

$$G'(x)=\int_2^x f(t)dt+xf(x)-xf(x)=\int_2^x f(t)dt$$

이때

$$\lim_{x\to -1}\frac{1}{x+1}\int_2^x (x-t)f(t)dt=\lim_{x\to -1}\frac{G(x)}{x+1}=4$$에서

$x\to -1$일 때 (분모)$\to 0$이고 극한값이 존재하므로 (분자)$\to 0$이다.

즉, $\lim\limits_{x\to -1}G(x)=0$에서 $G(-1)=0$이므로

$$-\int_2^{-1} f(t)dt-\int_2^{-1} tf(t)dt=0 \quad\cdots\cdots\ \text{㉠}$$

또한 $\lim\limits_{x\to -1}\dfrac{G(x)-G(-1)}{x+1}=G'(-1)=4$에서

$$\int_2^{-1} f(t)dt=4 \quad\cdots\cdots\ \text{㉡}$$

㉠, ㉡에서 $\int_2^{-1} tf(t)dt=-4$, $\int_2^{-1} f(t)dt=4$

$$\therefore \int_2^{-1}(3x-1)f(x)dx=3\int_2^{-1} xf(x)dx-\int_2^{-1} f(x)dx$$
$$=3\times(-4)-4=-16$$

답 -16

중단원 연습문제

본문 314~318쪽

01 5	**02** 14	**03** 4	**04** 3
05 3	**06** $\dfrac{25}{4}$	**07** 16	**08** 3
09 -3	**10** 12	**11** ②	**12** 21
13 -12	**14** $\dfrac{5}{3}$	**15** $\dfrac{36}{5}$	**16** $\dfrac{21}{4}$
17 $\dfrac{16}{3}$	**18** 6	**19** 25	**20** 13

01

$\int_{-3}^5 f(x)dx-2\int_2^5 f(x)dx=7$의 양변에

$\int_{-3}^5 f(x)dx$를 더하면

$$2\int_{-3}^5 f(x)dx+2\int_5^2 f(x)dx=\int_{-3}^5 f(x)dx+7$$

$$2\int_{-3}^2 f(x)dx=\int_{-3}^5 f(x)dx+7$$

이때 $\int_{-3}^2 f(x)dx=6$이므로

$$2\times 6=\int_{-3}^5 f(x)dx+7$$

$$\therefore \int_{-3}^5 f(x)dx=5$$

답 5

02

$$\int_{-1}^2 xf(x)dx$$
$$=\int_{-1}^1 xf(x)dx+\int_1^2 xf(x)dx$$
$$=\int_{-1}^1 x(-3x+6)dx+\int_1^2 x(4x^2+3x-4)dx$$
$$=\int_{-1}^1 (-3x^2+6x)dx+\int_1^2 (4x^3+3x^2-4x)dx$$
$$=\Big[-x^3+3x^2\Big]_{-1}^1+\Big[x^4+x^3-2x^2\Big]_1^2$$
$$=(2-4)+(16-0)=14$$

답 14

03

$$|x-2a|=\begin{cases}-x+2a & (x\le 2a)\\ x-2a & (x>2a)\end{cases}$$이므로

$$\int_0^4 |x-2a|dx=\int_0^{2a}(-x+2a)dx+\int_{2a}^4(x-2a)dx$$
$$=\Big[-\frac{1}{2}x^2+2ax\Big]_0^{2a}+\Big[\frac{1}{2}x^2-2ax\Big]_{2a}^4$$
$$=2a^2+(2a^2-8a+8)$$
$$=4a^2-8a+8$$
$$=4(a-1)^2+4$$

따라서 구하는 최솟값은 $a=1$일 때 4이다.

답 4

04

모든 실수 x에 대하여 $f(-x)=f(x)$이므로 $y=f(x)$는 그래프가 y축에 대하여 대칭인 우함수이다.

$$\int_{-4}^{4}f(x)dx=\int_{-4}^{2}f(x)dx+\int_{2}^{4}f(x)dx$$
$$=4+2=6$$

이고, $\int_{-4}^{4}f(x)dx=2\int_{0}^{4}f(x)dx$이므로

$$2\int_{0}^{4}f(x)dx=6$$

$$\therefore \int_{0}^{4}f(x)dx=3$$

답 3

05

연속함수 $f(x)$가 모든 실수 x에 대하여 $f(x)=f(x-3)$이므로

$$\int_{-2}^{2}f(x)dx=\int_{1}^{5}f(x)dx$$
$$=\int_{1}^{7}f(x)dx+\int_{7}^{5}f(x)dx$$
$$=\int_{-2}^{4}f(x)dx-\int_{5}^{7}f(x)dx$$
$$=2-(-1)=3$$

답 3

06

$\int_{-1}^{2}f(t)dt=k$ (k는 상수)라 하면

$$f(x)=\begin{cases}-x-k & (x<0)\\ x-k & (x\geq0)\end{cases}$$이므로

$$\int_{-1}^{2}f(t)dt=\int_{-1}^{0}(-t-k)dt+\int_{0}^{2}(t-k)dt$$
$$=\left[-\frac{1}{2}t^2-kt\right]_{-1}^{0}+\left[\frac{1}{2}t^2-kt\right]_{0}^{2}$$
$$=\left(\frac{1}{2}-k\right)+(2-2k)$$
$$=\frac{5}{2}-3k$$

즉, $\frac{5}{2}-3k=k$이므로 $k=\frac{5}{8}$

따라서 $f(x)=\begin{cases}-x-\dfrac{5}{8} & (x<0)\\ x-\dfrac{5}{8} & (x\geq0)\end{cases}$이므로

$$\int_{-2}^{4}f(x)dx=\int_{-2}^{0}\left(-x-\frac{5}{8}\right)dx+\int_{0}^{4}\left(x-\frac{5}{8}\right)dx$$
$$=\left[-\frac{1}{2}x^2-\frac{5}{8}x\right]_{-2}^{0}+\left[\frac{1}{2}x^2-\frac{5}{8}x\right]_{0}^{4}$$

$$=\left\{0-\left(-\frac{3}{4}\right)\right\}+\left(\frac{11}{2}-0\right)$$
$$=\frac{3}{4}+\frac{11}{2}=\frac{25}{4}$$

답 $\dfrac{25}{4}$

07

$\int_{1}^{x}f(t)dt=x^3-2x^2+\frac{1}{2}\int_{0}^{2}xf(t)dt$에서

$$\int_{1}^{x}f(t)dt=x^3-2x^2+\frac{1}{2}x\int_{0}^{2}f(t)dt$$

$\int_{0}^{2}f(t)dt=k$ (k는 상수)라 하면

$$\int_{1}^{x}f(t)dt=x^3-2x^2+\frac{1}{2}kx \quad \cdots\cdots ㉠$$

㉠의 양변에 $x=1$을 대입하면

$$0=1-2+\frac{1}{2}k$$

$$\therefore k=2$$

㉠에서 $\int_{1}^{x}f(t)dt=x^3-2x^2+x$이므로 양변을 x에 대하여 미분하면

$$f(x)=3x^2-4x+1$$

$$\therefore f(3)=27-12+1=16$$

답 16

08

$$\int_{0}^{x}(x-t)f'(t)dt=\int_{0}^{x}\{xf'(t)-tf'(t)\}dt$$
$$=x\int_{0}^{x}f'(t)dt-\int_{0}^{x}tf'(t)dt$$

이므로

$$f(x)=2x^2-x+x\int_{0}^{x}f'(t)dt-\int_{0}^{x}tf'(t)dt \quad \cdots\cdots ㉠$$

㉠의 양변에 $x=0$을 대입하면

$$f(0)=0$$

㉠의 양변을 x에 대하여 미분하면

$$f'(x)=4x-1+\int_{0}^{x}f'(t)dt+xf'(x)-xf'(x)$$
$$=4x-1+\int_{0}^{x}f'(t)dt$$
$$=4x-1+\left[f(t)\right]_{0}^{x}$$
$$=4x-1+f(x)-f(0)$$
$$=4x-1+f(x) \ (\because f(0)=0)$$

이므로 $f'(x)-f(x)=4x-1$

$$\therefore f'(1)-f(1)=4-1=3$$

답 3

09

$g(x)=\displaystyle\int_0^x f(t)\,dt$의 양변을 x에 대하여 미분하면

$g'(x)=f(x)$
$\qquad=x^2-2x+a$
$\qquad=(x-1)^2+a-1$

함수 $g(x)$가 닫힌구간 $[-1,\,2]$에서 감소하려면 닫힌구간 $[-1,\,2]$에서 $g'(x)\leq0$이어야 한다.

즉, $g'(-1)=a+3\leq0$이어야 하므로

$a\leq-3$

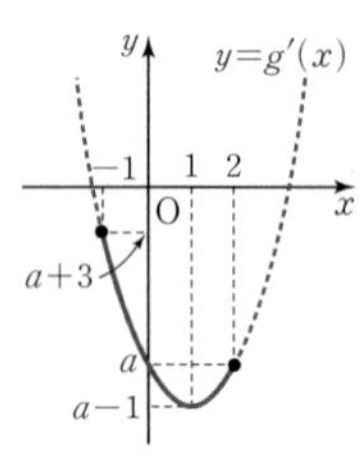

따라서 구하는 실수 a의 최댓값은 -3이다.

답 -3

10

$\displaystyle\int_0^x tf'(t)\,dt=\dfrac{1}{3}x^3-kx^2$의 양변을 x에 대하여 미분하면

$xf'(x)=x^2-2kx$

$\therefore f'(x)=x-2k$

함수 $f(x)$가 $x=2$에서 극솟값 4를 가지므로

$f'(2)=2-2k=0$

$\therefore k=1$

$f(x)=\displaystyle\int f'(x)\,dx$

$\qquad=\displaystyle\int (x-2)\,dx$

$\qquad=\dfrac{1}{2}x^2-2x+C$ (단, C는 적분상수)

이므로 $f(2)=4$에서

$2-4+C=4\qquad\therefore C=6$

따라서 $f(x)=\dfrac{1}{2}x^2-2x+6$이므로

$f(-2)=2+4+6=12$

답 12

11

조건 ㈎에서 함수 $g(x)$가 $x=0$에서 극댓값 0을 가지므로

$g(0)=0,\ g'(0)=0$

$g(0)=\displaystyle\int_0^0 f(t)\,dt+f(0)=0$에서

$f(0)=0$

$g(x)=\displaystyle\int_0^x f(t)\,dt+f(x)$의 양변을 x에 대하여 미분하면

$g'(x)=f(x)+f'(x)$ $\qquad$ …… ㉠

$g'(0)=f(0)+f'(0)=0$에서

$f'(0)=0\ (\because\ f(0)=0)$

따라서 $f(0)=0$, $f'(0)=0$이고 $f(x)$는 최고차항의 계수가 1인 삼차함수이므로

$f(x)=x^2(x+k)=x^3+kx^2$ (k는 상수)라 하자.

$f'(x)=3x^2+2kx$이므로 $f(x)$와 $f'(x)$를 ㉠에 대입하면

$g'(x)=(x^3+kx^2)+(3x^2+2kx)$
$\qquad=x^3+(k+3)x^2+2kx$

조건 ㈏에서 함수 $y=g'(x)$의 그래프가 원점에 대하여 대칭이므로 x^2의 계수가 0이어야 한다.

즉, $k+3=0$에서 $k=-3$

따라서 $f(x)=x^3-3x^2$이므로

$f(2)=8-12=-4$

답 ②

12

$f(x)$의 한 부정적분을 $F(x)$라 하면

$\displaystyle\lim_{x\to1}\dfrac{1}{x-1}\int_{-1}^x f(t)\,dt=\lim_{x\to1}\dfrac{F(x)-F(-1)}{x-1}=2$ …… ㉠

㉠에서 $x\to1$일 때 (분모)$\to0$이고 극한값이 존재하므로 (분자)$\to0$이다.

즉, $\displaystyle\lim_{x\to1}\{F(x)-F(-1)\}=0$이므로

$F(1)-F(-1)=0$

$\therefore F(1)=F(-1)$ $\qquad$ …… ㉡

㉡을 ㉠에 대입하면

$\displaystyle\lim_{x\to1}\dfrac{F(x)-F(-1)}{x-1}=\lim_{x\to1}\dfrac{F(x)-F(1)}{x-1}$
$\qquad\qquad\qquad=F'(1)=2$

이때 $F'(x)=f(x)$이고 $f(x)$는 최고차항의 계수가 1인 이차함수이므로

$f(x)=x^2+ax+b$ ($a,\,b$는 상수)라 하면

$f(1)=1+a+b=2$

$\therefore a+b=1$ $\qquad$ …… ㉢

㉡에서 $\displaystyle\int_{-1}^1 f(x)\,dx=0$이므로

$\displaystyle\int_{-1}^1 (x^2+ax+b)\,dx=\left[\dfrac{1}{3}x^3+\dfrac{a}{2}x^2+bx\right]_{-1}^1$
$\qquad\qquad=\left(\dfrac{1}{3}+\dfrac{a}{2}+b\right)-\left(-\dfrac{1}{3}+\dfrac{a}{2}-b\right)$
$\qquad\qquad=\dfrac{2}{3}+2b=0$

에서 $b=-\dfrac{1}{3}$

이를 ㉢에 대입하면 $a=\dfrac{4}{3}$

따라서 $f(x)=x^2+\dfrac{4}{3}x-\dfrac{1}{3}$이므로

$$f(4)=16+\frac{16}{3}-\frac{1}{3}=21$$

달 21

다항함수 $f(x)$에 대하여 $\lim\limits_{x\to a}\dfrac{f(x)-b}{x-a}=c$이면
$f(a)=b,\ f'(a)=c$

13

$$\int_{-1}^{1}f(x)dx=\int_{-1}^{0}f(x)dx=\int_{0}^{1}f(x)dx$$이므로

$$\int_{-1}^{1}f(x)dx=\int_{-1}^{0}f(x)dx+\int_{0}^{1}f(x)dx$$

$$\therefore \int_{-1}^{1}f(x)dx=\int_{-1}^{0}f(x)dx=\int_{0}^{1}f(x)dx=0$$

$f(x)$는 이차함수이고, $f(0)=2$이므로

$f(x)=ax^2+bx+2$ ($a,\ b$는 상수, $a\neq0$)라 하면

$$\int_{-1}^{0}f(x)dx=0$$에서

$$\int_{-1}^{0}(ax^2+bx+2)dx=\left[\frac{a}{3}x^3+\frac{b}{2}x^2+2x\right]_{-1}^{0}$$
$$=0-\left(-\frac{a}{3}+\frac{b}{2}-2\right)$$
$$=\frac{a}{3}-\frac{b}{2}+2=0$$

$$\therefore 2a-3b=-12 \quad\cdots\cdots\ \text{㉠}$$

$$\int_{0}^{1}f(x)dx=0$$에서

$$\int_{0}^{1}(ax^2+bx+2)dx=\left[\frac{a}{3}x^3+\frac{b}{2}x^2+2x\right]_{0}^{1}$$
$$=\frac{a}{3}+\frac{b}{2}+2=0$$

$$\therefore 2a+3b=-12 \quad\cdots\cdots\ \text{㉡}$$

㉠, ㉡에서 $a=-6,\ b=0$

따라서 $f(x)=-6x^2+2$이므로

$$\int_{-1}^{2}f(x)dx=\int_{-1}^{2}(-6x^2+2)dx$$
$$=\left[-2x^3+2x\right]_{-1}^{2}$$
$$=-12-0=-12$$

달 -12

14

$$f(x)=\begin{cases}6x-5 & (x<1)\\ 3x^2-2x & (x\geq1)\end{cases}$$이므로

$$\int_{0}^{a}f(x)dx=2$$에서

(i) $a<1$일 때

$$\int_{0}^{a}f(x)dx=\int_{0}^{a}(6x-5)dx$$
$$=\left[3x^2-5x\right]_{0}^{a}$$
$$=3a^2-5a$$

즉, $3a^2-5a=2$이므로

$$3a^2-5a-2=0,\ (3a+1)(a-2)=0$$
$$\therefore a=-\frac{1}{3}\ (\because a<1)$$

(ii) $a\geq1$일 때

$$\int_{0}^{a}f(x)dx=\int_{0}^{1}(6x-5)dx+\int_{1}^{a}(3x^2-2x)dx$$
$$=\left[3x^2-5x\right]_{0}^{1}+\left[x^3-x^2\right]_{1}^{a}$$
$$=(-2-0)+\{(a^3-a^2)-(1-1)\}$$
$$=a^3-a^2-2$$

즉, $a^3-a^2-2=2$이므로

$$a^3-a^2-4=0,\ (a-2)(a^2+a+2)=0$$
$$\therefore a=2\ (\because a^2+a+2>0)$$

(i), (ii)에서 $a=-\dfrac{1}{3}$ 또는 $a=2$이므로 구하는 값은

$$\left(-\frac{1}{3}\right)+2=\frac{5}{3}$$

달 $\dfrac{5}{3}$

15

함수 $f(x)$는 $f(0)=0$이고 모든 실수 x에 대하여 증가하므로 $x>0$일 때 $f(x)>0$이다.

함수 $f(x)$는 연속함수이고 모든 실수 x에 대하여
$f(x)=f(x-2)+1$이므로 $0\leq x\leq10$에서 함수 $y=f(x)$의 그래프의 개형은 다음 그림과 같다.

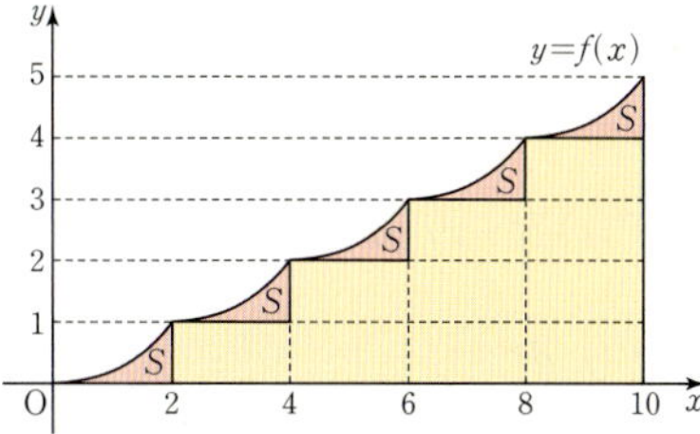

$S=\displaystyle\int_{0}^{2}f(x)dx$라 하면

$$\int_{0}^{10}f(x)dx=5S+2\times10=5S+20=22$$에서

$$5S=2 \qquad \therefore S=\frac{2}{5}$$

$$\therefore \int_{0}^{6}f(x)dx=3S+2\times3=3\times\frac{2}{5}+6=\frac{36}{5}$$

달 $\dfrac{36}{5}$

16

$f(x)=x^3-3x^2+\int_{-1}^{1}|f'(t)|dt$에서

$\int_{-1}^{1}|f'(t)|dt=k\ (k\text{는 상수})$라 하면

$f(x)=x^3-3x^2+k$이므로

$f'(x)=3x^2-6x$

$$\int_{-1}^{1}|f'(t)|dt=\int_{-1}^{1}|3t^2-6t|dt$$

$$=\int_{-1}^{0}(3t^2-6t)dt+\int_{0}^{1}(-3t^2+6t)dt$$

$$=\left[t^3-3t^2\right]_{-1}^{0}+\left[-t^3+3t^2\right]_{0}^{1}$$

$$=\{0-(-4)\}+(2-0)$$

$$=4+2=6$$

따라서 $k=6$이므로 $f(x)=x^3-3x^2+6$

$$\therefore \int_{0}^{1}f(x)dx=\int_{0}^{1}(x^3-3x^2+6)dx$$

$$=\left[\frac{1}{4}x^4-x^3+6x\right]_{0}^{1}=\frac{21}{4}$$

답 $\dfrac{21}{4}$

17

$$\int_{0}^{x}(x-t)f'(t)dt=\int_{0}^{x}\{xf'(t)-tf'(t)\}dt$$

$$=x\int_{0}^{x}f'(t)dt-\int_{0}^{x}tf'(t)dt$$

이므로

$g(x)=x\displaystyle\int_{0}^{x}f'(t)dt-\int_{0}^{x}tf'(t)dt$ ······ ㉠

㉠의 양변에 $x=0$을 대입하면

$g(0)=0$ ······ ㉡

㉠의 양변을 x에 대하여 미분하면

$$g'(x)=\int_{0}^{x}f'(t)dt+xf'(x)-xf'(x)$$

$$=\int_{0}^{x}f'(t)dt$$

$$=\left[f(t)\right]_{0}^{x}$$

$$=f(x)-f(0)$$

$$=x^3-x^2-2x$$

$$\therefore g(x)=\int g'(x)dx$$

$$=\int(x^3-x^2-2x)dx$$

$$=\frac{1}{4}x^4-\frac{1}{3}x^3-x^2+C\ (\text{단, }C\text{는 적분상수})$$

㉡에서 $C=0$

따라서 $g(x)=\dfrac{1}{4}x^4-\dfrac{1}{3}x^3-x^2$이고

$g'(x)=x^3-x^2-2x=x(x+1)(x-2)$

$g'(x)=0$에서 $x=-1$ 또는 $x=0$ 또는 $x=2$

닫힌구간 $[-2,\ 3]$에서 함수 $g(x)$의 증가와 감소를 표로 나타내면 다음과 같다.

x	-2	$\cdots$	-1	$\cdots$	0	$\cdots$	2	$\cdots$	3
$g'(x)$		$-$	0	$+$	0	$-$	0	$+$	
$g(x)$	$\dfrac{8}{3}$	$\searrow$	$-\dfrac{5}{12}$	$\nearrow$	0	$\searrow$	$-\dfrac{8}{3}$	$\nearrow$	$\dfrac{9}{4}$

따라서 $-2\leq x\leq3$에서 함수 $g(x)$의 최댓값은 $\dfrac{8}{3}$, 최솟값은 $-\dfrac{8}{3}$이므로

$M=\dfrac{8}{3},\ m=-\dfrac{8}{3}$

$$\therefore M-m=\frac{8}{3}-\left(-\frac{8}{3}\right)=\frac{16}{3}$$

답 $\dfrac{16}{3}$

18

$F(x)=\displaystyle\int_{0}^{x}f(t)dt$의 양변을 x에 대하여 미분하면

$F'(x)=f(x)=\dfrac{1}{3}x^3-4x+a$

이때 함수 $F(x)$는 사차함수이므로 함수 $F(x)$가 오직 하나의 극값을 가지려면 방정식 $F'(x)=0$, 즉 $f(x)=0$이 한 실근과 두 허근 또는 한 실근과 한 중근을 가져야 한다. ······ ㉠

$f'(x)=x^2-4=(x+2)(x-2)$

$f'(x)=0$에서 $x=-2$ 또는 $x=2$

함수 $f(x)$의 증가와 감소를 표로 나타내면 다음과 같다.

x	$\cdots$	-2	$\cdots$	2	$\cdots$
$f'(x)$	$+$	0	$-$	0	$+$
$f(x)$	$\nearrow$	극대	$\searrow$	극소	$\nearrow$

삼차함수 $f(x)$의 극값이 존재하므로 ㉠을 만족시키려면 함수 $y=f(x)$의 그래프가 x축과 오직 한 점에서 만나거나 접해야 한다.

즉, (극댓값)$\times$(극솟값)≥0에서

$f(-2)f(2)\geq0$이므로

$$\left(a+\frac{16}{3}\right)\left(a-\frac{16}{3}\right)\geq0$$

$$\therefore a\leq-\frac{16}{3}\ \text{또는}\ a\geq\frac{16}{3}$$

따라서 자연수 a의 최솟값은 6이다.

답 6

19

함수 $f(x)$가 삼차함수이므로 함수 $g(x)$는 사차함수이다.

$$g(x)=\int_0^x f(t)dt \quad \cdots\cdots \ \text{㉠}$$

㉠의 양변에 $x=0$을 대입하면

$$g(0)=0$$

㉠의 양변을 x에 대하여 미분하면

$$g'(x)=f(x)$$

조건 ㈏에서 함수 $g(x)$는 $x=0$에서 극솟값을 가지므로

$$g'(0)=f(0)=0$$

조건 ㈎에서 방정식 $f(x)=0$이 서로 다른 두 실근을 가지므로 0이 아닌 다른 한 실근을 a라 하면

$$f(x)=x(x-a)^2 \ \text{또는} \ f(x)=x^2(x-a)$$

이때 함수 $g(x)$가 $x=0$에서 극솟값을 가지려면 $g'(x)$, 즉 $f(x)$의 부호가 $x=0$의 좌우에서 음에서 양으로 바뀌어야 하므로

$$f(x)=x(x-a)^2$$

$$\begin{aligned}
g(1)-g(-1)&=\int_0^1 f(t)dt-\int_0^{-1} f(t)dt \\
&=\int_0^1 f(t)dt+\int_{-1}^0 f(t)dt \\
&=\int_{-1}^1 f(t)dt \\
&=\int_{-1}^1 (t^3-2at^2+a^2t)dt \\
&=2\int_0^1 (-2at^2)dt \\
&=-4a\left[\frac{1}{3}t^3\right]_0^1 \\
&=-4a\times\left(\frac{1}{3}-0\right)=-\frac{4}{3}a
\end{aligned}$$

즉, $-\dfrac{4}{3}a=-2$에서 $a=\dfrac{3}{2}$

따라서 $f(x)=x\left(x-\dfrac{3}{2}\right)^2$이므로

$$f(4)=4\times\left(\frac{5}{2}\right)^2=25$$

답 25

20

함수 $f(x)$는 최고차항의 계수가 2인 이차함수이므로 아래로 볼록하고 축에 대하여 대칭이다.

$g(x)=\displaystyle\int_x^{x+1} |f(t)|dt$이므로 이차함수 $y=f(x)$의 그래프가 x축과 만나지 않거나 한 점에서 만나면 다음 그림과 같이 함수 $y=f(x)$의 그래프의 꼭짓점의 x좌표를 x_1이라 할 때 함수 $g(x)$는 $x=x_1-\dfrac{1}{2}$에서만 극소이면서 최소이다.

즉, 극솟값은 1개뿐이다.

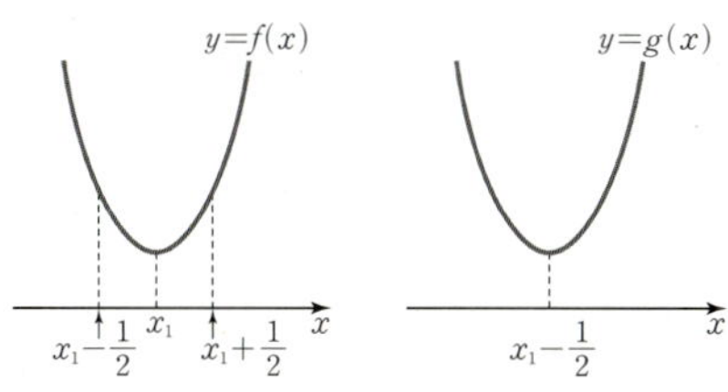

따라서 $g(x)$가 $x=1$, $x=4$에서 극소이려면 다음 그림과 같이 이차함수 $y=f(x)$의 그래프와 x축이 구간 $(1,\,2)$, $(4,\,5)$에서 만나야 한다.

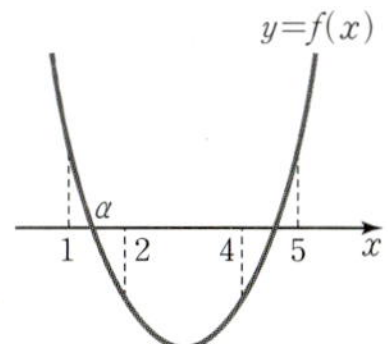

이차함수의 그래프의 대칭성에 의하여 함수 $y=f(x)$의 그래프의 축의 방정식은 $x=\dfrac{1+5}{2}=3$이므로

$$\begin{aligned}
f(x)&=2(x-3)^2+k \\
&=2x^2-12x+k+18 \ (k\text{는 음수}) \quad \cdots\cdots \ \text{㉠}
\end{aligned}$$

로 놓을 수 있다.

이때 이차함수 $y=f(x)$의 그래프와 x축이 구간 $(1,\,2)$에서 만나는 점의 x좌표를 α라 하고 $f(x)$의 한 부정적분을

$F(x)=\dfrac{2}{3}x^3-6x^2+(k+18)x$라 하면

$\alpha-1<x<\alpha$인 x에 대하여

$$\begin{aligned}
g(x)&=\int_x^{x+1} |f(t)|dt \\
&=\int_x^{\alpha} f(t)dt-\int_{\alpha}^{x+1} f(t)dt \\
&=\Big[F(t)\Big]_x^{\alpha}-\Big[F(t)\Big]_{\alpha}^{x+1} \\
&=F(\alpha)-F(x)-\{F(x+1)-F(\alpha)\} \\
&=2F(\alpha)-\frac{2}{3}x^3+6x^2-(k+18)x \\
&\quad -\frac{2}{3}(x+1)^3+6(x+1)^2-(k+18)(x+1)
\end{aligned}$$

이므로 이 구간에서 $g'(x)$는

$$g'(x)=-2x^2+12x-2(x+1)^2+12(x+1)-2(k+18)$$

주어진 조건에서 $g'(1)=0$이므로

$$g'(1)=-2+12-8+24-2k-36=0$$
$$-2k=10 \quad \therefore k=-5$$

따라서 ㉠에서 $f(x)=2x^2-12x+13$이므로

$$f(0)=13$$

답 13

09 정적분의 활용

01 넓이

개념 CHECK

01 $\dfrac{5}{2}$　　**02** 9　　**03** $\dfrac{7}{4}$

01

곡선 $y=x(x+1)(x+2)$는
오른쪽 그림과 같고
$-1\leq x\leq 0$일 때, $x(x+1)(x+2)\leq 0$,
$0\leq x\leq 1$일 때, $x(x+1)(x+2)\geq 0$
따라서 구하는 도형의 넓이는

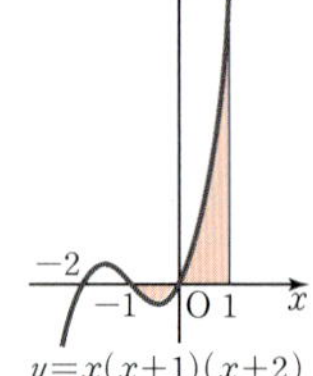

$$\int_{-1}^{0}\{-x(x+1)(x+2)\}dx$$
$$\qquad+\int_{0}^{1}x(x+1)(x+2)dx$$
$$=\int_{-1}^{0}(-x^3-3x^2-2x)dx+\int_{0}^{1}(x^3+3x^2+2x)dx$$
$$=\left[-\frac{1}{4}x^4-x^3-x^2\right]_{-1}^{0}+\left[\frac{1}{4}x^4+x^3+x^2\right]_{0}^{1}$$
$$=\frac{1}{4}+\frac{9}{4}=\frac{5}{2}$$

답 $\dfrac{5}{2}$

02

곡선 $y=-3x^2+6x+9$와
직선 $y=3x+3$의 교점의 x좌표는
$-3x^2+6x+9=3x+3$에서
$-3x^2+3x+6=0$
$-3(x+1)(x-2)=0$
$\therefore x=-1$ 또는 $x=2$
곡선 $y=-3x^2+6x+9$는 오른쪽 그림과 같고
$1\leq x\leq 2$일 때, $-3x^2+6x+9\geq 3x+3$
$2\leq x\leq 3$일 때, $-3x^2+6x+9\leq 3x+3$
따라서 구하는 도형의 넓이는
$$\int_{1}^{2}\{(-3x^2+6x+9)-(3x+3)\}dx$$
$$\qquad+\int_{2}^{3}\{(3x+3)-(-3x^2+6x+9)\}dx$$

$$=\int_{1}^{2}(-3x^2+3x+6)dx+\int_{2}^{3}(3x^2-3x-6)dx$$
$$=\left[-x^3+\frac{3}{2}x^2+6x\right]_{1}^{2}+\left[x^3-\frac{3}{2}x^2-6x\right]_{2}^{3}$$
$$=\left(10-\frac{13}{2}\right)+\left\{\left(-\frac{9}{2}\right)-(-10)\right\}$$
$$=\frac{7}{2}+\frac{11}{2}=9$$

답 9

03

$f(x)=x^3+2x$에서 $f'(x)=3x^2+2>0$
$f(0)=0$, $f(1)=3$이므로 함수 $y=f(x)$의 그래프는 두 점
$(0,\,0)$, $(1,\,3)$을 지나며 증가하
는 곡선이고 두 곡선 $y=f(x)$,
$y=g(x)$는 직선 $y=x$에 대하여
대칭이다.
따라서 오른쪽 그림에서 색칠한
두 부분의 넓이가 같으므로

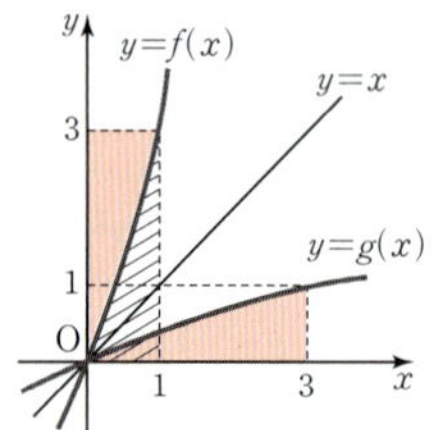

$$\int_{0}^{3}g(x)dx=1\times 3-(\text{빗금 친 도형의 넓이})$$
$$\therefore \int_{0}^{3}g(x)dx=3-\int_{0}^{1}f(x)dx$$
$$=3-\int_{0}^{1}(x^3+2x)dx$$
$$=3-\left[\frac{1}{4}x^4+x^2\right]_{0}^{1}$$
$$=3-\frac{5}{4}=\frac{7}{4}$$

답 $\dfrac{7}{4}$

유제

01-1 $\dfrac{37}{12}$　　**01-2** 2　　**01-3** 3

01-4 $\dfrac{13}{3}$　　**02-1** (1) $\dfrac{4}{3}$ (2) 9　　**02-2** 3

02-3 $\dfrac{64}{3}$　　**02-4** 1　　**03-1** $\dfrac{4}{3}$　　**03-2** $\dfrac{2}{3}$

03-3 3　　**03-4** 96　　**04-1** 24　　**04-2** -12

04-3 -6　　**04-4** -8　　**05-1** 16　　**05-2** $-\dfrac{1}{2}$

05-3 $\dfrac{1}{4}$　　**05-4** $\dfrac{8\sqrt{2}}{3}$　　**06-1** (1) $\dfrac{1}{6}$ (2) 2

06-2 6　　**06-3** 6　　**06-4** $\dfrac{45}{4}$

01-1

곡선 $y=x^3-x^2-2x$와 x축의 교점의 x좌표는
$x^3-x^2-2x=0$에서
$x(x+1)(x-2)=0$
$\therefore x=-1$ 또는 $x=0$ 또는 $x=2$
곡선 $y=x^3-x^2-2x$는 오른쪽
그림과 같고
$-1\leq x\leq 0$일 때, $x^3-x^2-2x\geq 0$
$0\leq x\leq 2$일 때, $x^3-x^2-2x\leq 0$
따라서 구하는 도형의 넓이는

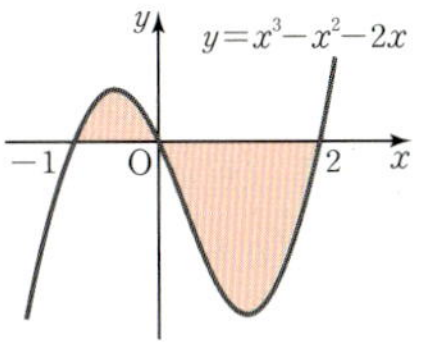

$$\int_{-1}^{0}(x^3-x^2-2x)dx+\int_{0}^{2}(-x^3+x^2+2x)dx$$
$$=\left[\frac{1}{4}x^4-\frac{1}{3}x^3-x^2\right]_{-1}^{0}+\left[-\frac{1}{4}x^4+\frac{1}{3}x^3+x^2\right]_{0}^{2}$$
$$=\frac{5}{12}+\frac{8}{3}=\frac{37}{12}$$

답 $\dfrac{37}{12}$

01-2

곡선 $y=x^2-ax$와 x축의 교점의 x좌표는
$x^2-ax=0$에서
$x(x-a)=0$
$\therefore x=0$ 또는 $x=a$
곡선 $y=x^2-ax$는 오른쪽 그림과
같고
$0\leq x\leq a$일 때, $x^2-ax\leq 0$
따라서 구하는 도형의 넓이는

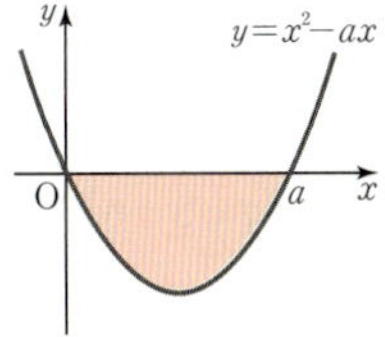

$$\int_{0}^{a}(-x^2+ax)dx$$
$$=\left[-\frac{1}{3}x^3+\frac{a}{2}x^2\right]_{0}^{a}=\frac{a^3}{6}$$
즉, $\dfrac{a^3}{6}=\dfrac{4}{3}$이므로
$a^3=8$ $\therefore a=2\ (\because a>0)$

답 2

01-3

$f(x)=\begin{cases} x+2 & (x<0) \\ x^2-3x+2 & (x\geq 0) \end{cases}$ 이므로

곡선 $y=f(x)$와 x축의 교점의 x좌표는
$x<0$일 때, $x+2=0$에서 $x=-2$
$x\geq 0$일 때, $x^2-3x+2=0$에서
$(x-1)(x-2)=0$
$\therefore x=1$ 또는 $x=2$

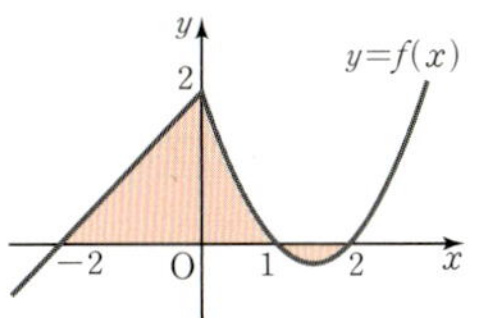

곡선 $y=f(x)$는 위의 그림과 같고
$-2\leq x\leq 0$일 때, $x+2\geq 0$
$0\leq x\leq 1$일 때, $x^2-3x+2\geq 0$
$1\leq x\leq 2$일 때, $x^2-3x+2\leq 0$
따라서 구하는 도형의 넓이는

$$\int_{-2}^{0}(x+2)dx+\int_{0}^{1}(x^2-3x+2)dx$$
$$+\int_{1}^{2}(-x^2+3x-2)dx$$
$$=\left[\frac{1}{2}x^2+2x\right]_{-2}^{0}+\left[\frac{1}{3}x^3-\frac{3}{2}x^2+2x\right]_{0}^{1}$$
$$+\left[-\frac{1}{3}x^3+\frac{3}{2}x^2-2x\right]_{1}^{2}$$
$$=2+\frac{5}{6}+\frac{1}{6}=3$$

답 3

01-4

$f(x)=|x^2-x|+|x|$ 라 하면
$x<0$일 때, $f(x)=x^2-x-x=x^2-2x$
$0\leq x<1$일 때, $f(x)=-(x^2-x)+x=-x^2+2x$
$x\geq 1$일 때, $f(x)=x^2-x+x=x^2$
$$\therefore f(x)=\begin{cases} x^2-2x & (x<0) \\ -x^2+2x & (0\leq x<1) \\ x^2 & (x\geq 1) \end{cases}$$

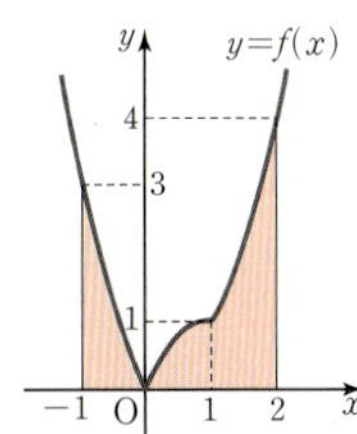

따라서 곡선 $y=f(x)$는 위의 그림과 같으므로 구하는 도형
의 넓이는

$$\int_{-1}^{2}f(x)dx$$
$$=\int_{-1}^{0}(x^2-2x)dx+\int_{0}^{1}(-x^2+2x)dx+\int_{1}^{2}x^2dx$$
$$=\left[\frac{1}{3}x^3-x^2\right]_{-1}^{0}+\left[-\frac{1}{3}x^3+x^2\right]_{0}^{1}+\left[\frac{1}{3}x^3\right]_{1}^{2}$$
$$=\frac{4}{3}+\frac{2}{3}+\frac{7}{3}=\frac{13}{3}$$

답 $\dfrac{13}{3}$

(1) 곡선 $y=x^2-x+1$과 직선 $y=x+1$의 교점의 x좌표는
$x^2-x+1=x+1$에서
$x^2-2x=0$, $x(x-2)=0$
$\therefore x=0$ 또는 $x=2$
곡선 $y=x^2-x+1$과
직선 $y=x+1$은 오른쪽 그림
과 같고 $0\le x\le 2$일 때,
$x^2-x+1\le x+1$
따라서 구하는 도형의 넓이는

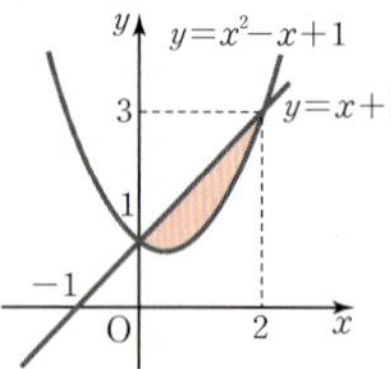

$$\int_0^2 \{(x+1)-(x^2-x+1)\}dx$$
$$=\int_0^2(-x^2+2x)dx=\left[-\frac{1}{3}x^3+x^2\right]_0^2=\frac{4}{3}$$

(2) 두 곡선 $y=x^2+2x$, $y=-x^2+4$의 교점의 x좌표는
$x^2+2x=-x^2+4$에서
$2x^2+2x-4=0$
$2(x+2)(x-1)=0$
$\therefore x=-2$ 또는 $x=1$
두 곡선 $y=x^2+2x$,
$y=-x^2+4$는 오른쪽 그
림과 같고 $-2\le x\le 1$일
때, $x^2+2x\le -x^2+4$
따라서 구하는 도형의 넓이
는

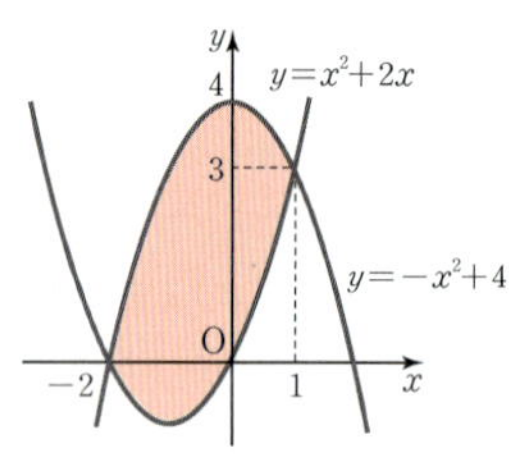

$$\int_{-2}^1 \{(-x^2+4)-(x^2+2x)\}dx$$
$$=\int_{-2}^1(-2x^2-2x+4)dx$$
$$=\left[-\frac{2}{3}x^3-x^2+4x\right]_{-2}^1$$
$$=\frac{7}{3}-\left(-\frac{20}{3}\right)=9$$

다른 풀이

(1) 곡선 $y=x^2-x+1$과 직선 $y=x+1$의 교점의 x좌표가
$x=0$ 또는 $x=2$이므로 넓이 공식을 이용하면 구하는 도형의 넓이는
$$\frac{1}{6}\times(2-0)^3=\frac{4}{3}$$

(2) 두 곡선 $y=x^2+2x$, $y=-x^2+4$의 교점의 x좌표가
$x=-2$ 또는 $x=1$이므로 넓이 공식을 이용하면 구하는 도형의 넓이는
$$\frac{|1-(-1)|}{6}\times\{1-(-2)\}^3=9$$

답 (1) $\dfrac{4}{3}$　(2) 9

곡선 $y=x^2-ax$와 직선 $y=3x$의 교점의 x좌표는
$x^2-ax=3x$에서
$x^2-(a+3)x=0$
$x\{x-(a+3)\}=0$
$\therefore x=0$ 또는 $x=a+3$
곡선 $y=x^2-ax$와 직선 $y=3x$는
오른쪽 그림과 같고
$0\le x\le a+3$일 때, $x^2-ax\le 3x$
따라서 곡선 $y=x^2-ax$와 직선
$y=3x$로 둘러싸인 도형의 넓이는

$$\int_0^{a+3}\{3x-(x^2-ax)\}dx$$
$$=\int_0^{a+3}\{-x^2+(a+3)x\}dx$$
$$=\left[-\frac{1}{3}x^3+\frac{a+3}{2}x^2\right]_0^{a+3}$$
$$=\frac{1}{6}(a+3)^3$$

즉, $\dfrac{1}{6}(a+3)^3=36$이므로
$(a+3)^3=6^3$, $a+3=6$
$\therefore a=3 \ (\because a>0)$

다른 풀이

곡선 $y=x^2-ax$와 직선 $y=3x$의 교점의 x좌표가 $x=0$ 또
는 $x=a+3$이므로 넓이 공식을 이용하면 곡선 $y=x^2-ax$
와 직선 $y=3x$로 둘러싸인 도형의 넓이는

$$\frac{1}{6}\times(a+3-0)^3=36$$

즉, $\dfrac{1}{6}(a+3)^3=36$이므로
$(a+3)^3=6^3$, $a+3=6$
$\therefore a=3 \ (\because a>0)$

답 3

$f(x)=x^2-2$이므로
$-f(-x)+4=-\{(-x)^2-2\}+4=-x^2+6$
두 곡선 $y=f(x)$, $y=-f(-x)+4$의 교점의 x좌표를 구
하면 $f(x)=-f(-x)+4$에서
$x^2-2=-x^2+6$
$2x^2-8=0$, $2(x+2)(x-2)=0$
$\therefore x=-2$ 또는 $x=2$

두 곡선 $y=f(x)$, $y=-f(-x)+4$
는 오른쪽 그림과 같고
$-2\leq x\leq 2$일 때, $x^2-2\leq-x^2+6$
따라서 구하는 도형의 넓이는

$$\int_{-2}^{2}\{(-x^2+6)-(x^2-2)\}dx$$

$$=\int_{-2}^{2}(-2x^2+8)dx$$

$$=2\int_{0}^{2}(-2x^2+8)dx$$

$$=2\left[-\frac{2}{3}x^3+8x\right]_{0}^{2}$$

$$=2\times\frac{32}{3}=\frac{64}{3}$$

두 곡선 $y=f(x)$, $y=-f(-x)+4$의 교점의 x좌표가
$x=-2$ 또는 $x=2$이므로 넓이 공식을 이용하면 구하는 도
형의 넓이는

$$\frac{2}{6}\times\{2-(-2)\}^3=\frac{64}{3}$$

답 $\dfrac{64}{3}$

02-4

$$y=|x^2-x|=\begin{cases}x^2-x & (x<0 \text{ 또는 } x>1)\\ -x^2+x & (0\leq x\leq1)\end{cases}$$

곡선 $y=|x^2-x|$와 직선 $y=-x+1$의 교점의 x좌표는
$x<0$ 또는 $x>1$일 때, $x^2-x=-x+1$에서
$x^2-1=0$, $(x+1)(x-1)=0$
$\therefore x=-1$
$0\leq x\leq1$일 때, $-x^2+x=-x+1$에서
$x^2-2x+1=0$, $(x-1)^2=0$
$\therefore x=1$
곡선 $y=|x^2-x|$와 직선 $y=-x+1$은
오른쪽 그림과 같고
$-1\leq x\leq1$일 때, $|x^2-x|\leq-x+1$
따라서 구하는 도형의 넓이는

$$\int_{-1}^{0}\{-x+1-(x^2-x)\}dx$$

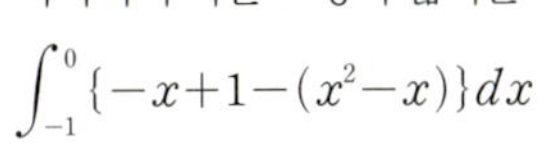

$$+\int_{0}^{1}\{-x+1-(-x^2+x)\}dx$$

$$=\int_{-1}^{0}(-x^2+1)dx+\int_{0}^{1}(x^2-2x+1)dx$$

$$=\left[-\frac{1}{3}x^3+x\right]_{-1}^{0}+\left[\frac{1}{3}x^3-x^2+x\right]_{0}^{1}$$

$$=\frac{2}{3}+\frac{1}{3}=1$$

답 1

03-1

$f(x)=x^3-4x^2+5x-1$이라 하면
$f'(x)=3x^2-8x+5$
$f'(2)=1$이므로 곡선 $y=f(x)$ 위의 점 $(2, 1)$에서의 접선
의 방정식은
$y-1=x-2$　　$\therefore y=x-1$
곡선 $y=x^3-4x^2+5x-1$과 직선
$y=x-1$의 교점의 x좌표는
$x^3-4x^2+5x-1=x-1$에서
$x^3-4x^2+4x=0$
$x(x-2)^2=0$
$\therefore x=0$ 또는 $x=2$
따라서 위의 그림에서 구하는 도형의 넓이는

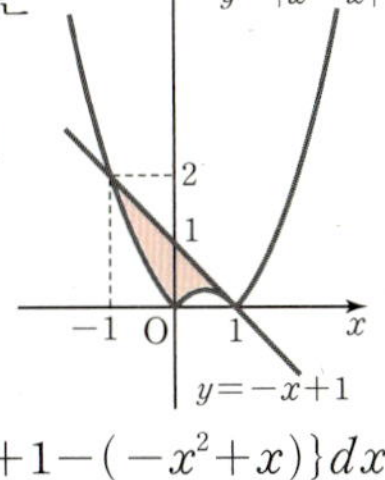

$$\int_{0}^{2}\{(x^3-4x^2+5x-1)-(x-1)\}dx$$

$$=\int_{0}^{2}(x^3-4x^2+4x)dx$$

$$=\left[\frac{1}{4}x^4-\frac{4}{3}x^3+2x^2\right]_{0}^{2}=\frac{4}{3}$$

곡선 $y=x^3-4x^2+5x-1$과 접선 $y=x-1$의 교점의 x좌
표가 $x=0$ 또는 $x=2$이므로 넓이 공식을 이용하면 구하는
도형의 넓이는

$$\frac{1}{12}\times(2-0)^4=\frac{4}{3}$$

답 $\dfrac{4}{3}$

03-2

$f(x)=x^2-2x$라 하면 $f'(x)=2x-2$
$f'(0)=-2$, $f'(2)=2$이므로 곡선 $y=f(x)$ 위의 두 점
$(0, 0)$, $(2, 0)$에서의 접선의 방정식은 각각
$y-0=-2(x-0)$, $y-0=2(x-2)$
$\therefore y=-2x$, $y=2x-4$
두 접선 $y=-2x$, $y=2x-4$의 교점의 x좌표는
$-2x=2x-4$에서
$-4x=-4$　　$\therefore x=1$

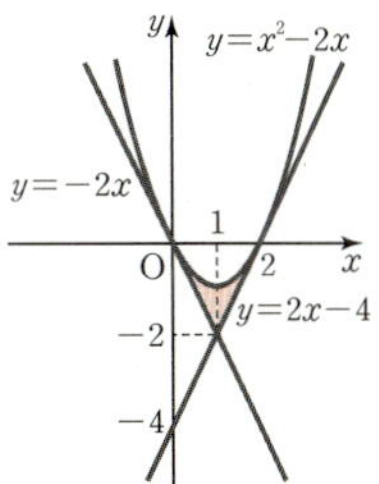

따라서 위의 그림에서 구하는 도형의 넓이는

$$\int_0^1 \{x^2-2x-(-2x)\}dx+\int_1^2 \{x^2-2x-(2x-4)\}dx$$

$$=\int_0^1 x^2\,dx+\int_1^2 (x^2-4x+4)\,dx$$

$$=\left[\frac{1}{3}x^3\right]_0^1+\left[\frac{1}{3}x^3-2x^2+4x\right]_1^2$$

$$=\frac{1}{3}+\left(\frac{8}{3}-\frac{7}{3}\right)=\frac{2}{3}$$

답 $\dfrac{2}{3}$

03-3

$f(x)=\dfrac{1}{3}x^2-ax$라 하면 곡선 $y=f(x)$가 점 $(3,\ 0)$을 지나므로

$f(3)=3-3a=0$

$\therefore a=1$

$f(x)=\dfrac{1}{3}x^2-x$에서 $f'(x)=\dfrac{2}{3}x-1$

$f'(3)=1$이므로 곡선 $y=f(x)$ 위의 점 $(3,\ 0)$에서의 접선의 방정식은 $y=x-3$

따라서 오른쪽 그림에서 구하는 도형의 넓이는

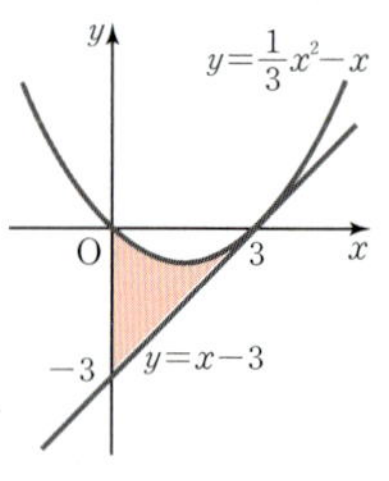

$$\int_0^3 \left\{\left(\frac{1}{3}x^2-x\right)-(x-3)\right\}dx$$

$$=\int_0^3 \left(\frac{1}{3}x^2-2x+3\right)dx$$

$$=\left[\frac{1}{9}x^3-x^2+3x\right]_0^3=3$$

답 3

03-4

곡선 $y=f(x)$와 직선 $y=g(x)$의 교점의 x좌표는

$x=-1,\ x=1$이므로 곡선과 직선으로 둘러싸인 도형의 넓이는

$$\int_{-1}^1 |f(x)-g(x)|\,dx=\int_{-1}^1 \{g(x)-f(x)\}dx$$

이때 $g(x)-f(x)$는 최고차항의 계수가 음수인 삼차함수이고, 삼차방정식 $g(x)-f(x)=0$은 중근 $x=-1$과 한 실근 $x=1$을 가지므로

$g(x)-f(x)=a(x+1)^2(x-1)\ (a<0)$이라 하자.

따라서 곡선 $y=f(x)$와 직선 $y=g(x)$로 둘러싸인 도형의 넓이는

$$\int_{-1}^1 \{g(x)-f(x)\}dx=\int_{-1}^1 (ax^3+ax^2-ax-a)\,dx$$

$$=2\int_0^1 (ax^2-a)\,dx$$

$$=2\left[\frac{a}{3}x^3-ax\right]_0^1=-\frac{4}{3}a$$

이므로 $-\dfrac{4}{3}a=4$에서 $a=-3$

즉, $g(x)-f(x)=-3(x+1)^2(x-1)$이므로

$f(3)-g(3)=3\times16\times2=96$

답 96

04-1

곡선 $y=f(x)$와 x축의 교점의 x좌표는

$x^2(x-1)(x-a)=0$에서

$x=0$ 또는 $x=1$ 또는 $x=a$

이때 $a>1$이므로 곡선 $y=f(x)$는 다음 그림과 같다.

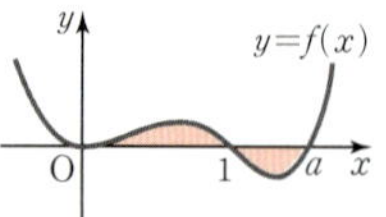

곡선 $y=f(x)$와 x축으로 둘러싸인 두 도형의 넓이가 서로 같으므로 $\displaystyle\int_0^a x^2(x-1)(x-a)\,dx=0$에서

$$\int_0^a \{x^4-(a+1)x^3+ax^2\}dx$$

$$=\left[\frac{1}{5}x^5-\frac{a+1}{4}x^4+\frac{a}{3}x^3\right]_0^a$$

$$=\frac{a^5}{5}-\frac{a^5+a^4}{4}+\frac{a^4}{3}$$

$$=-\frac{a^5}{20}+\frac{a^4}{12}=0$$

즉, $-\dfrac{a^4}{20}\left(a-\dfrac{5}{3}\right)=0$ $\therefore a=\dfrac{5}{3}\ (\because a>1)$

따라서 $f(x)=x^2(x-1)\left(x-\dfrac{5}{3}\right)$이므로

$f(3)=9\times2\times\dfrac{4}{3}=24$

답 24

04-2

곡선 $y=x^2+ax+b$가 점 $(3,\ 0)$을 지나므로

$9+3a+b=0$에서

$3a+b=-9$ $\qquad$ $\cdots\cdots$ ㉠

곡선 $y=x^2+ax+b$와 x축 및 y축으로 둘러싸인 두 도형의 넓이가 서로 같으므로

$$\int_0^3 (x^2+ax+b)\,dx=\left[\frac{1}{3}x^3+\frac{a}{2}x^2+bx\right]_0^3$$

$$=9+\frac{9}{2}a+3b=0$$

$\therefore 3a+2b=-6$ $\qquad$ $\cdots\cdots$ ㉡

㉠, ㉡에서

$a=-4,\ b=3$

$\therefore ab=(-4)\times 3=-12$

답 -12

04-3

곡선 $y=-x^2+6x+k$가 직선 $x=3$에 대하여 대칭이므로 넓이 B는 직선 $x=3$에 의하여 이등분된다.

한편, $A=\dfrac{1}{2}B$이므로 오른쪽 그림에서 곡선 $y=-x^2+6x+k$와 x축, y축 및 직선 $x=3$으로 둘러싸인 두 도형의 넓이는 서로 같다.

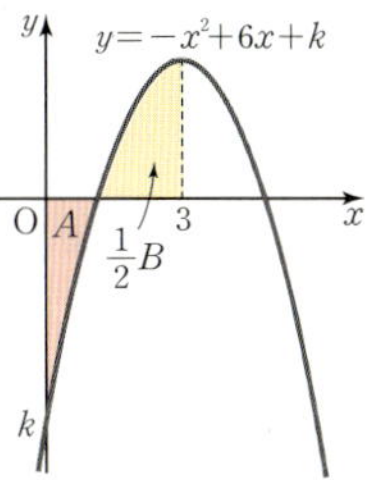

즉, $\displaystyle\int_0^3(-x^2+6x+k)dx=0$이므로

$$\int_0^3(-x^2+6x+k)dx$$

$$=\left[-\frac{1}{3}x^3+3x^2+kx\right]_0^3$$

$$=-9+27+3k=0$$

에서 $3k=-18$ $\quad\therefore k=-6$

답 -6

04-4

곡선 $y=f(x)$와 x축의 교점의 x좌표는 $ax(x+1)(x-2)=0$에서

$x=-1$ 또는 $x=0$ 또는 $x=2$

$$A=\int_{-1}^0 ax(x+1)(x-2)dx,$$

$$B=-\int_0^2 ax(x+1)(x-2)dx$$

이므로

$$A-B=\int_{-1}^2 ax(x+1)(x-2)dx$$

$$=\int_{-1}^2(ax^3-ax^2-2ax)dx$$

$$=\left[\frac{1}{4}ax^4-\frac{1}{3}ax^3-ax^2\right]_{-1}^2$$

$$=-\frac{8}{3}a-\left(-\frac{5}{12}a\right)=-\frac{9}{4}a=-9$$

$\therefore a=4$

따라서 $f(x)=4x(x+1)(x-2)$이므로

$f(1)=4\times 2\times(-1)=-8$

답 -8

05-1

곡선 $y=x^2-2x$와 직선 $y=mx$의 교점의 x좌표는

$x^2-2x=mx$에서

$x^2-(m+2)x=0,\ x\{x-(m+2)\}=0$

$\therefore x=0$ 또는 $x=m+2$

곡선과 x축으로 둘러싸인 부분의 넓이를 S_1, 곡선과 직선 및 x축으로 둘러싸인 부분의 넓이를 S_2라 하면 오른쪽 그림에서

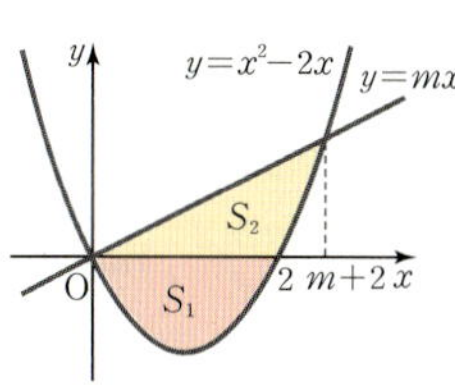

$$S_1=\int_0^2(-x^2+2x)dx$$

$$=\left[-\frac{1}{3}x^3+x^2\right]_0^2=\frac{4}{3}$$

$$S_1+S_2=\int_0^{m+2}\{mx-(x^2-2x)\}dx$$

$$=\int_0^{m+2}\{-x^2+(m+2)x\}dx$$

$$=\left[-\frac{1}{3}x^3+\frac{m+2}{2}x^2\right]_0^{m+2}$$

$$=\frac{1}{6}(m+2)^3$$

$S_1=S_2$에서 $S_1+S_2=2S_1$이므로

$$\frac{1}{6}(m+2)^3=\frac{8}{3}\qquad\therefore (m+2)^3=16$$

[다른 풀이]

넓이 공식을 이용하면

$$S_1=\frac{1}{6}\times(2-0)^3=\frac{4}{3}$$

$$S_1+S_2=\frac{1}{6}\times(m+2-0)^3=\frac{(m+2)^3}{6}$$

답 16

05-2

두 곡선 $y=x^2-x$, $y=ax^2-ax$로 둘러싸인 도형의 넓이를 S_1, 두 곡선 $y=-2x^2+2x$, $y=ax^2-ax$로 둘러싸인 도형의 넓이를 S_2라 하면 오른쪽 그림에서

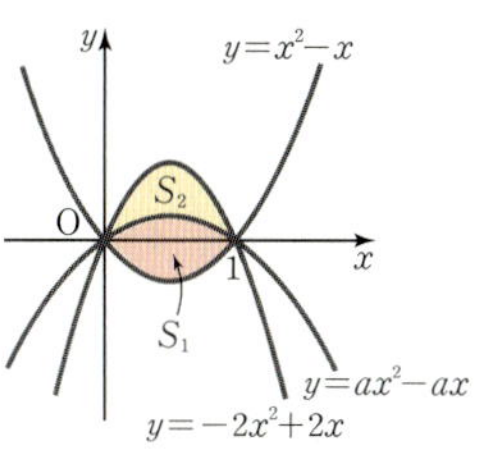

$$S_1=\int_0^1\{(ax^2-ax)-(x^2-x)\}dx$$

$$=\int_0^1\{(a-1)x^2+(1-a)x\}dx$$

$$=\left[\frac{a-1}{3}x^3+\frac{1-a}{2}x^2\right]_0^1$$

$$=\frac{1-a}{6}$$

$$S_2=\int_0^1\{-2x^2+2x-(ax^2-ax)\}dx$$

$$=\int_0^1\{(-2-a)x^2+(a+2)x\}dx$$

$$= \left[-\frac{a+2}{3}x^3 + \frac{a+2}{2}x^2 \right]_0^1$$

$$= \frac{a+2}{6}$$

$S_1 = S_2$이므로

$$\frac{1-a}{6} = \frac{a+2}{6}, \ 2a = -1$$

$$\therefore a = -\frac{1}{2}$$

[다른 풀이]

넓이 공식을 이용하면

$$S_1 = \frac{|1-a|}{6} \times (1-0)^3 = \frac{1-a}{6} \ (\because -2 < a < 0)$$

$$S_2 = \frac{|-2-a|}{6} \times (1-0)^3 = \frac{a+2}{6} \ (\because -2 < a < 0)$$

답 $-\dfrac{1}{2}$

05-3

$a > 0$이므로 두 곡선 $y = ax^3$, $y = -\dfrac{1}{4a}x^3$과 직선 $x = 1$로 둘러싸인 도형의 넓이는

$$\int_0^1 \left\{ ax^3 - \left(-\frac{1}{4a}x^3 \right) \right\} dx = \int_0^1 \left\{ \left(a + \frac{1}{4a} \right) x^3 \right\} dx$$

$$= \left[\frac{1}{4} \times \left(a + \frac{1}{4a} \right) x^4 \right]_0^1$$

$$= \frac{a}{4} + \frac{1}{16a}$$

$\dfrac{a}{4} > 0$, $\dfrac{1}{16a} > 0$이므로 산술평균과 기하평균의 관계에 의하여

$$\frac{a}{4} + \frac{1}{16a} \geq 2\sqrt{\frac{a}{4} \times \frac{1}{16a}} = 2 \times \frac{1}{8} = \frac{1}{4}$$

(단, 등호는 $\dfrac{a}{4} = \dfrac{1}{16a}$, 즉 $a = \dfrac{1}{2}$일 때 성립)

따라서 구하는 도형의 넓이의 최솟값은 $\dfrac{1}{4}$이다.

$a = \dfrac{1}{2}$일 때, 두 곡선 $y = ax^3$과 $y = -\dfrac{1}{4a}x^3$과 직선 $x = 1$로 둘러싸인 도형은 다음과 같다.

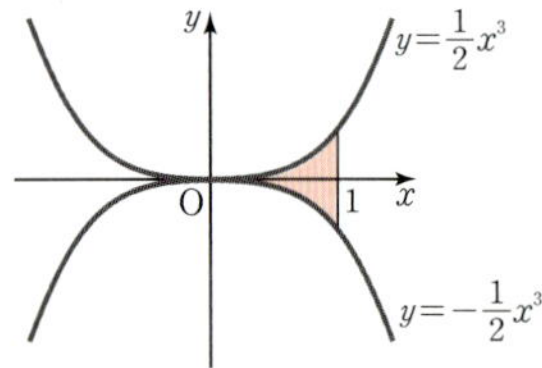

산술평균과 기하평균의 관계

$a > 0$, $b > 0$일 때 부등식 $\dfrac{a+b}{2} \geq \sqrt{ab}$가 성립한다.

(단, 등호는 $a = b$일 때 성립)

답 $\dfrac{1}{4}$

05-4

곡선 $y = x^2 - 3x - 2$와 직선 $y = kx$의 교점의 x좌표를 α, β $(\alpha < \beta)$라 하고 곡선과 직선으로 둘러싸인 도형의 넓이를 $S(k)$라 하면

$$S(k) = \int_\alpha^\beta \{ kx - (x^2 - 3x - 2) \} dx$$

$$= \int_\alpha^\beta \{ -x^2 + (\alpha + \beta)x - \alpha\beta \} dx$$

$$= \left[-\frac{1}{3}x^3 + \frac{\alpha+\beta}{2}x^2 - \alpha\beta x \right]_\alpha^\beta$$

$$= -\frac{1}{3}(\beta^3 - \alpha^3) + \frac{\alpha+\beta}{2}(\beta^2 - \alpha^2) - \alpha\beta(\beta - \alpha)$$

$$= \frac{\beta-\alpha}{6} \{ -2(\beta^2 + \beta\alpha + \alpha^2) + 3(\alpha^2 + 2\alpha\beta + \beta^2) - 6\alpha\beta \}$$

$$= \frac{\beta-\alpha}{6} (\beta^2 - 2\beta\alpha + \alpha^2)$$

$$= \frac{(\beta-\alpha)^3}{6} \qquad \cdots\cdots \text{㉠}$$

α, β는 이차방정식 $x^2 - 3x - 2 = kx$, 즉 $x^2 - (k+3)x - 2 = 0$의 두 실근이므로 근과 계수의 관계에 의하여

$\alpha + \beta = k + 3$, $\alpha\beta = -2$

$$\therefore \beta - \alpha = \sqrt{(\beta-\alpha)^2} = \sqrt{(\alpha+\beta)^2 - 4\alpha\beta} = \sqrt{(k+3)^2 + 8}$$

이를 ㉠에 대입하면

$$S(k) = \frac{1}{6} \{ \sqrt{(k+3)^2 + 8} \}^3 = \frac{1}{6} \{ (k+3)^2 + 8 \}^{\frac{3}{2}}$$

따라서 도형의 넓이는 $k = -3$일 때 최소이고 구하는 최솟값은

$$S(-3) = \frac{1}{6} \times 8^{\frac{3}{2}} = \frac{8\sqrt{2}}{3}$$

곡선 $y = ax^2 + bx + c$와 직선 $y = mx + n$의 교점의 x좌표를 α, β $(\alpha < \beta)$라 하면 곡선과 직선으로 둘러싸인 도형의 넓이는 $\dfrac{|a|}{6}(\beta - \alpha)^3$이다.

답 $\dfrac{8\sqrt{2}}{3}$

⑴ 두 곡선 $y=f(x)$, $y=g(x)$는 직선 $y=x$에 대하여 대칭
이므로 두 곡선으로 둘러싸인 도형의 넓이는 곡선
$y=f(x)$와 직선 $y=x$로 둘러싸인 도형의 넓이의 2배와
같다.

곡선 $y=f(x)$와 직선 $y=x$의 교점의 x좌표는

$x^3-x^2+x=x$에서 $x^2(x-1)=0$

$\therefore x=0$ 또는 $x=1$

따라서 구하는 넓이는

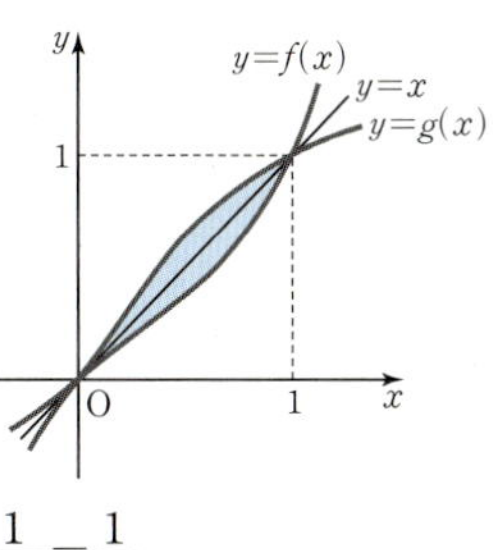

$$\int_0^1 |\,g(x)-f(x)\,|\,dx$$

$$=2\int_0^1 |\,x-f(x)\,|\,dx$$

$$=2\int_0^1 (-x^3+x^2)\,dx$$

$$=2\left[-\frac{1}{4}x^4+\frac{1}{3}x^3\right]_0^1=2\times\frac{1}{12}=\frac{1}{6}$$

⑵ $f(x)=x^2+1$에서 $f'(x)=2x\geq0$

$f(0)=1$, $f(1)=2$이므로 $y=f(x)$의 그래프는 두 점
$(0,\,1)$, $(1,\,2)$를 지나며 증가하는 곡선이고 두 곡선
$y=f(x)$, $y=g(x)$는 직선 $y=x$에 대하여 대칭이다.

따라서 오른쪽 그림에서 $A=B$
이므로

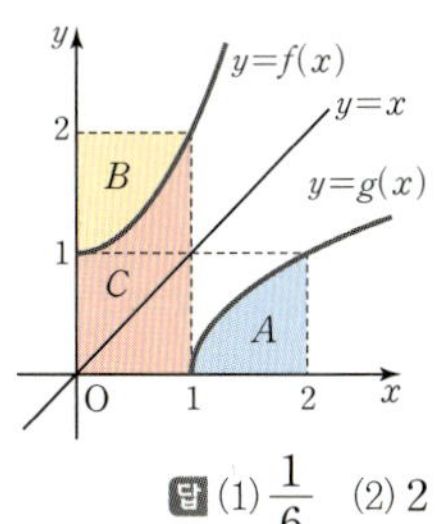

$$\int_0^1 f(x)\,dx+\int_1^2 g(x)\,dx$$

$$=C+A=C+B$$

$$=1\times2=2$$

답 ⑴ $\dfrac{1}{6}$ ⑵ 2

06-2

두 곡선 $y=f(x)$, $y=g(x)$는
직선 $y=x$에 대하여 대칭이므
로 구하는 도형의 넓이는 곡선
$y=f(x)$와 직선 $y=x$로 둘
러싸인 도형의 넓이의 2배이
다.

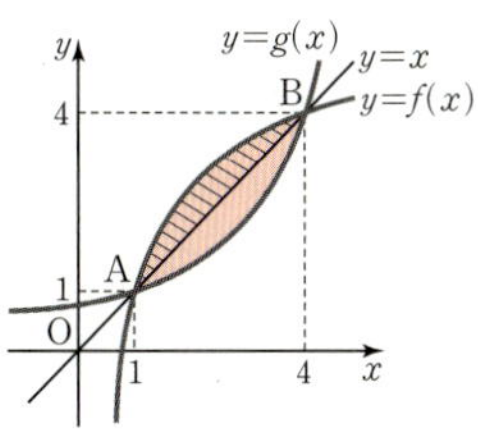

$$\therefore \int_1^4 |\,f(x)-g(x)\,|\,dx=2\int_1^4 \{f(x)-x\}\,dx$$

$$=2\int_1^4 f(x)\,dx-2\int_1^4 x\,dx$$

$$=2\times\frac{21}{2}-2\left[\frac{1}{2}x^2\right]_1^4$$

$$=21-2\times\frac{15}{2}=6$$

답 6

06-3

$f(1)=0$, $f(3)=2$이므로 함수 $y=f(x)$의 그래프는 두 점
$(1,\,0)$, $(3,\,2)$를 지나며 $x\geq1$에서 증가하는 곡선이고
두 곡선 $y=f(x)$, $y=g(x)$는
직선 $y=x$에 대하여 대칭이다.

따라서 오른쪽 그림에서 $A=B$
이므로

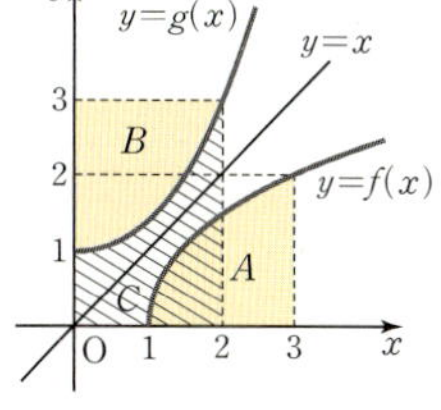

$$\int_1^3 f(x)\,dx+\int_0^2 g(x)\,dx$$

$$=A+C=B+C$$

$$=2\times3=6$$

답 6

06-4

$f(x)=x^3+2$에서 $f'(x)=3x^2\geq0$

$f(1)=3$, $f(2)=10$이므로 함수 $y=f(x)$의 그래프는 두
점 $(1,\,3)$, $(2,\,10)$을 지나며 증가하는 곡선이고 두 곡선
$y=f(x)$, $y=g(x)$는 직선 $y=x$에 대하여 대칭이다.

오른쪽 그림에서 색칠한 두 도
형의 넓이가 같으므로

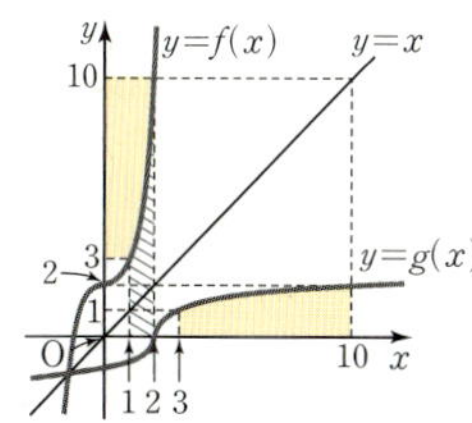

$$\int_3^{10} g(x)\,dx$$

$\underbrace{}$ 네 점 $(0,\,0)$, $(2,\,0)$, $(2,\,10)$,
$(0,\,10)$을 꼭짓점으로 하는
직사각형의 넓이

$$=2\times10-1\times3$$

$-$(빗금 친 도형의 넓이) $\quad$ 네 점 $(0,\,0)$, $(1,\,0)$, $(1,\,3)$, $(0,\,3)$을
꼭짓점으로 하는 직사각형의 넓이

$$\therefore \int_3^{10} g(x)\,dx=17-\int_1^2 f(x)\,dx=17-\int_1^2 (x^3+2)\,dx$$

$$=17-\left[\frac{1}{4}x^4+2x\right]_1^2$$

$$=17-\frac{23}{4}=\frac{45}{4}$$

답 $\dfrac{45}{4}$

02 속도와 거리

개념 CHECK
본문 343쪽

01 2 **02** ⑴ 45 m ⑵ -20 m ⑶ 25 m

03 56 m

01

시각 $t=a$에서 점 P의 위치는 시각 $t=0$일 때 점 P의 위치
가 0이므로

$$0+\int_0^a v(t)dt=\int_0^a (3t^2+8t-12)dt$$
$$=\Big[\,t^3+4t^2-12t\,\Big]_0^a$$
$$=a^3+4a^2-12a=0$$
$$a(a+6)(a-2)=0 \qquad \therefore a=2 \ (\because a>0)$$

🔲 2

02

(1) 공을 던져 올린 순간부터 1초 후 공의 지면으로부터의 높이를 x m라 하면
$$x=40+\int_0^1 v(t)dt=40+\int_0^1 (10-10t)dt$$
$$=40+\Big[\,10t-5t^2\,\Big]_0^1=40+5=45(\text{m})$$

(2) 공을 던져 올린 지 1초 후부터 3초 후까지 공의 위치의 변화량은
$$\int_1^3 v(t)dt=\int_1^3 (10-10t)dt$$
$$=\Big[\,10t-5t^2\,\Big]_1^3$$
$$=-15-5=-20(\text{m})$$

(3) 공을 던져 올린 후 3초 동안 공이 움직인 거리를 s m라 하면
$$s=\int_0^3 |\,v(t)\,|dt$$
$$=\int_0^3 |10-10t|dt$$
$$=\int_0^1 (10-10t)dt+\int_1^3 (-10+10t)dt$$
$$=\Big[\,10t-5t^2\,\Big]_0^1+\Big[\,-10t+5t^2\,\Big]_1^3$$
$$=5+20=25(\text{m})$$

🔲 (1) 45 m   (2) −20 m   (3) 25 m

03

열차가 정지할 때의 속도는 0이므로
$$v(t)=0에서\ 28-7t=0 \qquad \therefore t=4$$
따라서 열차는 제동을 건 뒤 4초 후에 정지하므로 정지할 때까지 움직인 거리는
$$\int_0^4 |\,28-7t\,|dt=\int_0^4 (28-7t)dt$$
$$=\Big[\,28t-\frac{7}{2}t^2\,\Big]_0^4$$
$$=112-56=56(\text{m})$$

🔲 56 m

07-1 $\dfrac{5}{2}$ **07-2** 6   **07-3** 3   **07-4** 12

08-1 54   **08-2** 80   **08-3** 65 m   **08-4** 3

09-1 (1) 3   (2) 10   **09-2** ㄱ, ㄴ   **09-3** $\dfrac{16}{3}$

09-4 (1) b (2) d

07-1

점 P의 운동 방향이 바뀔 때의 속도는 0이므로
$$v(t)=0에서\ 3t^2-9t+6=3(t-1)(t-2)=0$$
$$\therefore t=1 \ 또는\ t=2$$
따라서 처음으로 운동 방향이 바뀔 때의 점 P의 위치는 시각 $t=0$일 때의 점 P의 위치가 0이므로
$$0+\int_0^1 v(t)dt=\int_0^1 (3t^2-9t+6)dt$$
$$=\Big[\,t^3-\frac{9}{2}t^2+6t\,\Big]_0^1=\frac{5}{2}$$

🔲 $\dfrac{5}{2}$

07-2

시각 $t=3$에서 점 P의 위치는 시각 $t=0$일 때의 점 P의 위치가 0이므로
$$0+\int_0^3 v(t)dt=\int_0^3 (t^2-4t+a)dt$$
$$=\Big[\,\frac{1}{3}t^3-2t^2+at\,\Big]_0^3$$
$$=3a-9=9$$
즉, $3a=18$에서 $a=6$

🔲 6

07-3

시각 $t=0$에서 점 P의 위치를 a라 하면
$$v(t)=\begin{cases} t^2-2t & (0\le t<1) \\ -t^2+3t-3 & (t>1) \end{cases}\ 이므로$$
시각 $t=2$에서 점 P의 위치는
$$a+\int_0^2 v(t)dt=a+\int_0^1 (t^2-2t)dt+\int_1^2 (-t^2+3t-3)dt$$
$$=a+\Big[\,\frac{1}{3}t^3-t^2\,\Big]_0^1+\Big[\,-\frac{1}{3}t^3+\frac{3}{2}t^2-3t\,\Big]_1^2$$
$$=a-\frac{2}{3}-\frac{5}{6}=a-\frac{3}{2}$$
즉, $a-\dfrac{3}{2}=\dfrac{3}{2}$이므로
$$a=3$$

🔲 3

07-4

시각 t에서의 점 P의 위치를 $x(t)$라 하면 시각 $t=0$일 때의 점 P의 위치가 a이므로

$$x(t)=a+\int_0^t v(t)dt$$
$$=a+\int_0^t(-2t+4)dt$$
$$=-t^2+4t+a$$

이때 점 P가 출발한 후, 원점을 한 번만 지나려면 $t>0$에서 방정식 $x(t)=0$이 단 하나의 실근을 가져야 한다.

따라서 이차방정식 $-t^2+4t+a=0$이 '양수인 중근'을 가지거나 '0 또는 음수인 실근 1개와 양수인 실근 1개'를 가져야 한다.

이차방정식 $-t^2+4t+a=0$의 판별식을 D라 하면

(i) 양수인 중근을 갖는 경우

$$\frac{D}{4}=4-(-a)=0 \qquad \therefore a=-4$$

$a=-4$일 때 이차방정식

$$-t^2+4t-4=-(t-2)^2=0$$

에서 $t=2$인 양수인 중근을 가지므로 조건을 만족시킨다.

(ii) 0 또는 음수인 실근 1개와 양수인 실근 1개를 갖는 경우

$$\frac{D}{4}=4-(-a)>0 \qquad \therefore a>-4 \qquad \cdots\cdots ㉠$$

$f(t)=-t^2+4t+a$라 하면
$f(t)=-(t-2)^2+a+4$에서
함수 $y=f(t)$의 그래프의 축이
$t=2$이므로

$$f(0)=a\geq0 \qquad \cdots\cdots ㉡$$

㉠, ㉡에서 $a\geq0$

(i), (ii)에서 $a=-4$ 또는 $a\geq0$이므로 구하는 10 이하의 정수 a는 -4, 0, 1, 2, $\cdots$, 10의 12개이다.

답 12

08-1

점 P가 출발한 후 다시 원점으로 돌아올 때의 시각을 $t=a$라 하면

$$\int_0^a(4t^3-12t^2)dt=0$$에서

$$\left[t^4-4t^3\right]_0^a=0, \ a^4-4a^3=0$$

$$a^3(a-4)=0 \qquad \therefore a=4 \ (\because a>0)$$

따라서 점 P가 출발한 후 다시 원점으로 돌아올 때까지 움직인 거리는

$$\int_0^4|v(t)|dt=\int_0^4|4t^3-12t^2|dt$$

$$=\int_0^3(-4t^3+12t^2)dt+\int_3^4(4t^3-12t^2)dt$$

$$=\left[-t^4+4t^3\right]_0^3+\left[t^4-4t^3\right]_3^4$$

$$=27+27=54$$

답 54

08-2

$v(t)=4t^3-48t$에서 $v'(t)=12t^2-48$이므로

점 P의 가속도가 0일 때의 시각은 $v'(t)=0$에서

$$12t^2-48=0, \ 12(t+2)(t-2)=0$$

$$\therefore t=2 \ (\because t>0)$$

즉, $k=2$이므로 시각 $t=0$에서 $t=2$까지 점 P가 움직인 거리는

$$\int_0^2|v(t)|dt=\int_0^2|4t^3-48t|dt$$

$$=\int_0^2(-4t^3+48t)dt$$

$$=\left[-t^4+24t^2\right]_0^2=80$$

답 80

08-3

시각 t에서 점 P의 위치를 $x(t)$ m라 하면

$$x(t)=25+\int_0^t v(t)dt$$

$$=25+\int_0^t(-10t+20)dt$$

$$=25+\left[-5t^2+20t\right]_0^t$$

$$=-5t^2+20t+25$$

물체가 지면에 떨어졌을 때의 위치는 0이므로

$x(t)=0$에서 $-5t^2+20t+25=0$

$$-5(t+1)(t-5)=0$$

$$\therefore t=5 \ (\because t>0)$$

따라서 물체가 지면에 떨어질 때까지 움직인 거리는

$$\int_0^5|v(t)|dt=\int_0^2(-10t+20)dt+\int_2^5(10t-20)dt$$

$$=\left[-5t^2+20t\right]_0^2+\left[5t^2-20t\right]_2^5$$

$$=20+45=65\,(\text{m})$$

답 65 m

08-4

자동차가 완전히 정지하였을 때의 속도는 0 m/s이므로

$v(t)=0$에서 $-at+30=0$

$$\therefore t=\frac{30}{a}$$

자동차가 제동을 건 후 $\frac{30}{a}$초 동안 $150\,\text{m}$를 미끄러진 후 완전히 정지하였으므로

$$\int_0^{\frac{30}{a}}(-at+30)\,dt=\left[-\frac{a}{2}t^2+30t\right]_0^{\frac{30}{a}}$$
$$=\frac{450}{a}=150$$

$$\therefore a=3$$

답 3

09-1

점 P의 시각 t에서의 속도는

$$v(t)=\begin{cases} -2t & (0\le t\le 1) \\ t-3 & (1\le t\le 5) \\ 2 & (5\le t\le 7) \\ -2t+16 & (7\le t\le 9) \end{cases}$$

(1) 시각 $t=7$에서 점 P의 위치는

$$\int_0^7 v(t)\,dt=\int_0^1(-2t)\,dt+\int_1^5(t-3)\,dt+\int_5^7 2\,dt$$
$$=\left[-t^2\right]_0^1+\left[\frac{1}{2}t^2-3t\right]_1^5+\left[2t\right]_5^7$$
$$=(-1)+0+4=3$$

(2) 운동 방향을 바꾸게 되는 시각은 $v(t)=0$인 시각 $t=3$, $t=8$이므로 점 P가 출발한 후 운동 방향을 $t=3$일 때 처음으로 바꾸고 $t=8$일 때 두 번째로 바꾼다.

따라서 점 P가 출발한 후 운동 방향을 두 번째로 바꿀 때까지 움직인 거리는

$$\int_0^8 |v(t)|\,dt$$
$$=\int_0^3\{-v(t)\}\,dt+\int_3^8 v(t)\,dt$$
$$=\int_0^1 2t\,dt+\int_1^3(-t+3)\,dt+\int_3^5(t-3)\,dt+\int_5^7 2\,dt$$
$$\qquad\qquad +\int_7^8(-2t+16)\,dt$$
$$=\left[t^2\right]_0^1+\left[-\frac{1}{2}t^2+3t\right]_1^3+\left[\frac{1}{2}t^2-3t\right]_3^5+\left[2t\right]_5^7$$
$$\qquad\qquad +\left[-t^2+16t\right]_7^8$$
$$=1+2+2+4+1=10$$

주어진 그래프에서 넓이를 이용하여 구하면

(1) 시각 $t=7$에서 점 P의 위치는

$$\int_0^7 v(t)\,dt=\left\{-\left(\frac{1}{2}\times 3\times 2\right)\right\}+\frac{1}{2}\times 2\times 2+2\times 2=3$$

(2) 운동 방향을 바꾸게 되는 시각은 $v(t)=0$인 시각 $t=3$,

$t=8$이므로 점 P가 출발한 후 운동 방향을 $t=3$일 때 처음으로 바꾸고 $t=8$일 때 두 번째로 바꾼다.

따라서 점 P가 출발한 후 운동 방향을 두 번째로 바꿀 때까지 움직인 거리는

$$\int_0^8 |v(t)|\,dt=\frac{1}{2}\times 3\times 2+\frac{1}{2}\times(2+5)\times 2$$
$$=10$$

답 (1) 3 (2) 10

09-2

점 P의 시각 t에서의 속도는

$$v(t)=\begin{cases} 2t & (0\le t\le 1) \\ 2 & (1\le t\le 2) \\ -2t+6 & (2\le t\le 4) \\ -2 & (4\le t\le 5) \\ 2t-12 & (5\le t\le 7) \end{cases}$$

ㄱ. 시각 $t=6$에서 점 P의 위치는

$$\int_0^6 v(t)\,dt$$
$$=\int_0^1 2t\,dt+\int_1^2 2\,dt+\int_2^4(-2t+6)\,dt$$
$$\qquad\qquad +\int_4^5(-2)\,dt+\int_5^6(2t-12)\,dt$$
$$=\left[t^2\right]_0^1+\left[2t\right]_1^2+\left[-t^2+6t\right]_2^4+\left[-2t\right]_4^5+\left[t^2-12t\right]_5^6$$
$$=1+2+0-2-1=0$$

따라서 점 P는 출발한 지 6초 후에 원점에 있다. (참)

ㄴ. 시각 $t=1$에서 점 P의 위치는

$$\int_0^1 v(t)\,dt=\int_0^1 2t\,dt=\left[t^2\right]_0^1=1$$

ㄱ에서 $\int_0^6 v(t)\,dt=0$이므로 시각 $t=7$에서 점 P의 위치는

$$\int_0^7 v(t)\,dt=\int_0^6 v(t)\,dt+\int_6^7 v(t)\,dt$$
$$=0+\int_6^7(2t-12)\,dt$$
$$=0+\left[t^2-12t\right]_6^7=1$$

따라서 $t=1$일 때와 $t=7$일 때 점 P의 위치는 1로 같다.

(참)

ㄷ. 점 P가 출발한 후 7초 동안 움직인 거리는

$$\int_0^3 |v(t)|\,dt=\int_3^6 |v(t)|\,dt$$이므로

$$\int_0^7 |v(t)|\,dt$$
$$=2\int_0^3 |v(t)|\,dt+\int_6^7 |v(t)|\,dt$$

$$=2\left\{\int_0^1 2t\,dt+\int_1^2 2\,dt+\int_2^3(-2t+6)dt\right\}$$
$$+\int_6^7(2t-12)dt$$

$$=2\left\{\Big[t^2\Big]_0^1+\Big[2t\Big]_1^2+\Big[-t^2+6t\Big]_2^3\right\}+\Big[t^2-12t\Big]_6^7$$

$$=2(1+2+1)+1=9$$

따라서 점 P가 7초 동안 움직인 거리는 9이다. (거짓)

그러므로 옳은 것은 ㄱ, ㄴ이다.

다른 풀이

주어진 그래프에서 넓이를 이용하여 구하면

ㄱ. 시각 $t=6$에서 점 P의 위치는

$$\int_0^6 v(t)dt=\frac{1}{2}\times(1+3)\times2-\frac{1}{2}\times(1+3)\times2=0$$

따라서 점 P는 출발한 지 6초 후에 원점에 있다. (참)

ㄴ. 시각 $t=1$에서 점 P의 위치는

$$\int_0^1 v(t)dt=\frac{1}{2}\times1\times2=1$$

시각 $t=7$에서 점 P의 위치는

$$\int_0^7 v(t)dt=\int_0^6 v(t)dt+\int_6^7 v(t)dt$$
$$=0+\frac{1}{2}\times1\times2=1\ (\because \text{ㄱ})$$

따라서 $t=1$일 때와 $t=7$일 때 점 P의 위치가 같다. (참)

ㄷ. 점 P가 7초 동안 움직인 거리는

$$\int_0^7 |v(t)|dt$$
$$=\frac{1}{2}\times(1+3)\times2+\frac{1}{2}\times(1+3)\times2+\frac{1}{2}\times1\times2$$
$$=4+4+1=9$$

따라서 점 P가 7초 동안 움직인 거리는 9이다. (거짓)

그러므로 옳은 것은 ㄱ, ㄴ이다.

답 ㄱ, ㄴ

09-3

주어진 그래프에서 $v(2)=0$이므로

$$4a-2b=0 \qquad \therefore\ b=2a \qquad \cdots\cdots ㉠$$

점 P가 출발한 후 운동 방향을 바꾸게 되는 시각은 $v(t)=0$

에서 $t=2$이고 운동 방향을 바꿀 때의 위치가 $-\dfrac{8}{3}$이므로

$$\int_0^2 v(t)dt=\int_0^2(at^2-bt)dt$$
$$=\left[\frac{1}{3}at^3-\frac{b}{2}t^2\right]_0^2$$
$$=\frac{8}{3}a-2b=-\frac{8}{3}$$

에서 $4a-3b=-4 \qquad \cdots\cdots ㉡$

㉠, ㉡에서 $a=2,\ b=4$

따라서 $v(t)=2t^2-4t$이므로 시각 $t=0$에서 $t=3$까지 점 P가 움직인 거리는

$$\int_0^3 |v(t)|dt=-\int_0^2 v(t)dt+\int_2^3 v(t)dt$$
$$=\frac{8}{3}+\int_2^3(2t^2-4t)dt$$
$$=\frac{8}{3}+\left[\frac{2}{3}t^3-2t^2\right]_2^3$$
$$=\frac{8}{3}+\frac{8}{3}=\frac{16}{3}$$

답 $\dfrac{16}{3}$

09-4

(1) $0\le t\le b$일 때, $f(t)\ge g(t)$이므로 시각 $t\,(0\le t\le b)$에서 두 점 P, Q는 점점 멀어진다.

$b\le t\le d$일 때, $f(t)\le g(t)$이므로 시각 $t\,(b\le t\le d)$에서 두 점 P, Q는 다시 가까워진다.

따라서 $t=b$일 때, 두 점 P, Q가 출발한 후 가장 멀리 떨어져 있다.

(2) $\displaystyle\int_0^d f(t)dt=\int_0^d g(t)dt$이므로 시각 $t=d$에서 두 점 P, Q는 같은 위치에 있다.

답 (1) b (2) d

중단원 연습문제 본문 350~354쪽

01 $\dfrac{37}{12}$	02 $\dfrac{27}{4}$	03 $\dfrac{1}{9}$	04 $\dfrac{2}{3}$
05 $\dfrac{1}{2}$	06 2	07 $\dfrac{7}{12}$	08 $\dfrac{8}{3}$
09 $\dfrac{2}{3}$	10 -4	11 5	12 $\dfrac{8}{3}$
13 $\dfrac{27}{4}$	14 $\dfrac{23}{3}$	15 54	16 5
17 $\dfrac{1}{2}$	18 20	19 165	20 2

01

곡선 $y=x^3+x^2-2x$와 x축의 교점의 x좌표는

$x^3+x^2-2x=0$에서

$x(x+2)(x-1)=0$

$\therefore\ x=-2$ 또는 $x=0$ 또는 $x=1$

곡선 $y=x^3+x^2-2x$는 오른쪽 그림과 같고

$-2\le x\le0$일 때,

$x^3+x^2-2x\ge0$

$0 \leq x \leq 1$일 때, $x^3+x^2-2x \leq 0$

따라서 구하는 도형의 넓이는

$$\int_{-2}^{0}(x^3+x^2-2x)dx+\int_{0}^{1}(-x^3-x^2+2x)dx$$

$$=\left[\frac{1}{4}x^4+\frac{1}{3}x^3-x^2\right]_{-2}^{0}+\left[-\frac{1}{4}x^4-\frac{1}{3}x^3+x^2\right]_{0}^{1}$$

$$=\frac{8}{3}+\frac{5}{12}=\frac{37}{12}$$

답 $\dfrac{37}{12}$

02

두 곡선 $y=x^3-2x^2+2$, $y=x^2-2$의 교점의 x좌표는

$x^3-2x^2+2=x^2-2$에서

$x^3-3x^2+4=0$, $(x+1)(x-2)^2=0$

$\therefore x=-1$ 또는 $x=2$

두 곡선 $y=x^3-2x^2+2$,

$y=x^2-2$는 오른쪽 그림과 같고

$-1 \leq x \leq 2$일 때,

$x^3-2x^2+2 \geq x^2-2$

따라서 구하는 도형의 넓이는

$$\int_{-1}^{2}\{(x^3-2x^2+2)-(x^2-2)\}dx$$

$$=\int_{-1}^{2}(x^3-3x^2+4)dx$$

$$=\left[\frac{1}{4}x^4-x^3+4x\right]_{-1}^{2}$$

$$=4-\left(-\frac{11}{4}\right)=\frac{27}{4}$$

답 $\dfrac{27}{4}$

03

곡선 $y=f(x)$를 x축에 대하여 대칭이동한 곡선 $y=g(x)$의 식은 $g(x)=-ax^2$

두 곡선 $y=f(x)$, $y=g(x)+2$는 오른쪽 그림과 같고

두 곡선의 교점의 x좌표는

$ax^2=-ax^2+2$에서 $ax^2=1$,

$x^2=\dfrac{1}{a}$

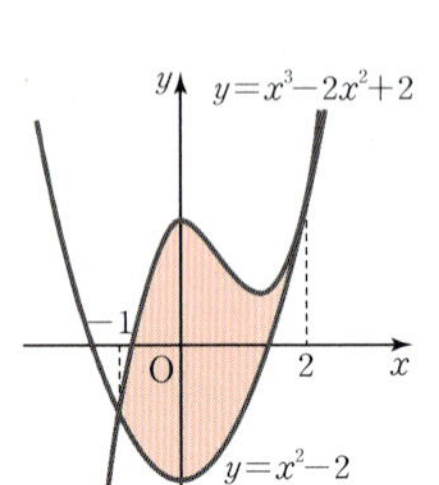

$a>0$이므로 $x=-\dfrac{1}{\sqrt{a}}$ 또는 $x=\dfrac{1}{\sqrt{a}}$

$-\dfrac{1}{\sqrt{a}} \leq x \leq \dfrac{1}{\sqrt{a}}$일 때, $ax^2 \leq -ax^2+2$

따라서 두 곡선으로 둘러싸인 도형의 넓이는

$$\int_{-\frac{1}{\sqrt{a}}}^{\frac{1}{\sqrt{a}}}\{(-ax^2+2)-ax^2\}dx$$

$$=\int_{-\frac{1}{\sqrt{a}}}^{\frac{1}{\sqrt{a}}}(2-2ax^2)dx=2\int_{0}^{\frac{1}{\sqrt{a}}}(2-2ax^2)dx$$

$$=2\left[2x-\frac{2}{3}ax^3\right]_{0}^{\frac{1}{\sqrt{a}}}$$

$$=2\left(\frac{2}{\sqrt{a}}-\frac{2}{3\sqrt{a}}\right)=\frac{8}{3\sqrt{a}}=8$$

이므로 $\sqrt{a}=\dfrac{1}{3}$

$\therefore a=\dfrac{1}{9}$

답 $\dfrac{1}{9}$

04

$y=x^2+1$에서 $y'=2x$

접점의 좌표를 $(t,\ t^2+1)$이라 하면 이 점에서의 접선의 기울기는 $2t$이므로 접선의 방정식은

$y-(t^2+1)=2t(x-t)$

$\therefore y=2tx-t^2+1$

이 직선이 원점을 지나므로

$0=-t^2+1$

$\therefore t=-1$ 또는 $t=1$

즉, 접선의 방정식은 $y=-2x$ 또는 $y=2x$

따라서 오른쪽 그림에서 구하는 도형의 넓이는

$$\int_{-1}^{0}\{(x^2+1)-(-2x)\}dx$$

$$+\int_{0}^{1}\{(x^2+1)-2x\}dx$$

$$=\int_{-1}^{0}(x^2+2x+1)dx+\int_{0}^{1}(x^2-2x+1)dx$$

$$=\left[\frac{1}{3}x^3+x^2+x\right]_{-1}^{0}+\left[\frac{1}{3}x^3-x^2+x\right]_{0}^{1}$$

$$=\frac{1}{3}+\frac{1}{3}=\frac{2}{3}$$

답 $\dfrac{2}{3}$

05

주어진 그림에서 $A=B$이므로

$$\int_{0}^{2}\{k(x-2)^2-(-x^2+2x)\}dx=0$$에서

$$\int_{0}^{2}\{(k+1)x^2-(4k+2)x+4k\}dx$$

$$=\left[\frac{k+1}{3}x^3-(2k+1)x^2+4kx\right]_{0}^{2}$$

$$=\frac{8}{3}k-\frac{4}{3}=0$$

$$\therefore k=\dfrac{1}{2}$$

답 $\dfrac{1}{2}$

06

곡선 $y=x^2-3x$와 직선 $y=x$의 교점의 x좌표를 구하면
$x^2-3x=x$에서 $x^2-4x=0$
$x(x-4)=0$ $\quad\therefore x=0$ 또는 $x=4$
따라서 오른쪽 그림에서 곡선 $y=x^2-3x$
와 직선 $y=x$로 둘러싸인 색칠한 도형의
넓이를 S라 하면

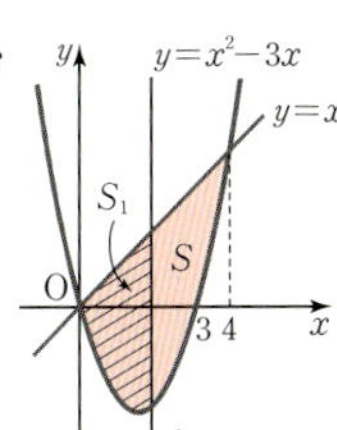

$$S=\int_0^4\{x-(x^2-3x)\}dx$$
$$=\int_0^4(-x^2+4x)dx$$
$$=\left[-\dfrac{1}{3}x^3+2x^2\right]_0^4=\dfrac{32}{3}$$

곡선 $y=x^2-3x$와 두 직선 $y=x$, $x=k\,(0<k<4)$로 둘
러싸인 빗금친 도형의 넓이를 S_1이라 하면

$$S_1=\int_0^k\{x-(x^2-3x)\}dx$$
$$=\int_0^k(-x^2+4x)dx$$
$$=\left[-\dfrac{1}{3}x^3+2x^2\right]_0^k$$
$$=-\dfrac{1}{3}k^3+2k^2$$

이때 $S=2S_1$이므로
$$\dfrac{32}{3}=-\dfrac{2}{3}k^3+4k^2,\ k^3-6k^2+16=0$$
$$(k-2)(k^2-4k-8)=0$$
$$\therefore k=2\ (\because 0<k<4)$$

답 2

07

$f(x)=-x^2+1$이라 하면 $f'(x)=-2x$
곡선 $y=f(x)$ 위의 임의의 점 $(t,\ -t^2+1)$에서의 접선의
기울기는 $f'(t)=-2t$이므로 이 점에서의 접선의 방정식은
$$y-(-t^2+1)=-2t(x-t)$$
$$\therefore y=-2tx+t^2+1$$
오른쪽 그림에서 구하는 도형의
넓이는

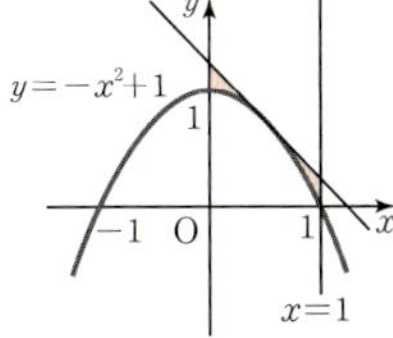

$$\int_0^1\{(-2tx+t^2+1)$$
$$-(-x^2+1)\}dx$$
$$=\int_0^1(x^2-2tx+t^2)dx$$

$$=\left[\dfrac{1}{3}x^3-tx^2+t^2x\right]_0^1$$
$$=t^2-t+\dfrac{1}{3}$$
$$=\left(t-\dfrac{1}{2}\right)^2+\dfrac{1}{12}$$

따라서 도형의 넓이는 $t=\dfrac{1}{2}$일 때, 최솟값 $\dfrac{1}{12}$ 을 가지므로
$$a=\dfrac{1}{2},\ S=\dfrac{1}{12}$$
$$\therefore a+S=\dfrac{1}{2}+\dfrac{1}{12}=\dfrac{7}{12}$$

답 $\dfrac{7}{12}$

08

두 곡선 $y=f(x)$, $y=g(x)$는 직선 $y=x$에 대하여 대칭이
므로 두 곡선과 x축 및 y축으로 둘러싸인 도형의 넓이는 곡선
$y=f(x)$와 x축 및 직선 $y=x$로 둘러싸인 도형의 넓이의 2
배와 같다.
곡선 $y=2(x-1)^2$과 직선 $y=x$의 교점의 x좌표는

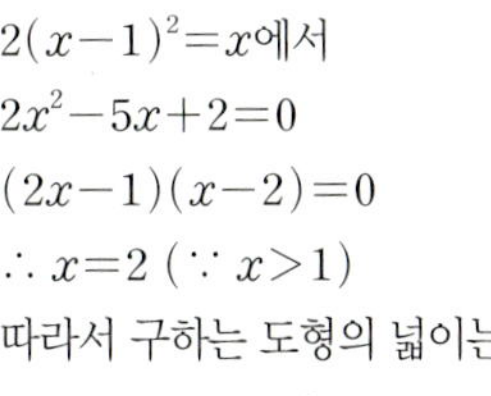

$2(x-1)^2=x$에서
$2x^2-5x+2=0$
$(2x-1)(x-2)=0$
$\therefore x=2\ (\because x>1)$
따라서 구하는 도형의 넓이는

$$2\left[\dfrac{1}{2}\times1\times1+\int_1^2\{x-2(x-1)^2\}dx\right]$$
$$=2\left[\dfrac{1}{2}+\int_1^2(-2x^2+5x-2)dx\right]$$
$$=1+2\left[-\dfrac{2}{3}x^3+\dfrac{5}{2}x^2-2x\right]_1^2$$
$$=1+2\times\dfrac{5}{6}=\dfrac{8}{3}$$

답 $\dfrac{8}{3}$

09

$f(x)=x^2+2x$에서 $f'(x)=2x+2>0$
함수 $y=f(x)$의 그래프는
$x\geq0$에서 증가하는 곡선이
고 두 곡선 $y=f(x)$,
$y=g(x)$는 직선 $y=x$에
대하여 대칭이다. 오른쪽 그
림에서 빗금 친 두 부분의
넓이가 같으므로

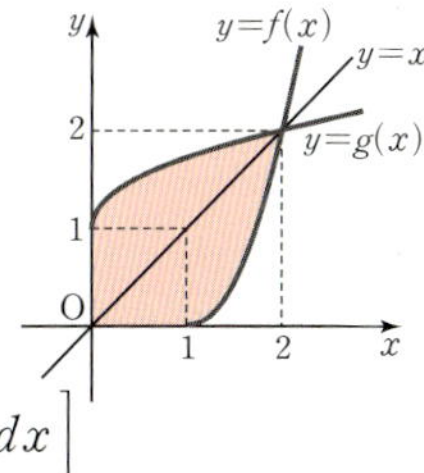

$$\int_a^{a+2}f(x)dx+\int_{f(a)}^{f(a+2)}g(x)dx$$
$$=(a+2)f(a+2)-af(a)$$

$$=(a+2)\{(a+2)^2+2(a+2)\}-a(a^2+2a)$$
$$=6a^2+20a+16$$

즉, $6a^2+20a+16=32$이므로

$$6a^2+20a-16=0$$
$$2(a+4)(3a-2)=0$$
$$\therefore a=\frac{2}{3}\ (\because a>0)$$

답 $\dfrac{2}{3}$

10

두 점 P, Q의 시각 t에서의 위치를 각각 $x_P(t)$, $x_Q(t)$라 하면

$$x_P(t)=0+\int_0^t(3t^2+8t-4)dt$$
$$=\Big[t^3+4t^2-4t\Big]_0^t=t^3+4t^2-4t$$
$$x_Q(t)=0+\int_0^t(8t+k)dt$$
$$=\Big[4t^2+kt\Big]_0^t=4t^2+kt$$

두 점 P, Q가 만날 때 $x_P(t)=x_Q(t)$이므로

$$t^3+4t^2-4t=4t^2+kt,\ t^3-(k+4)t=0$$
$$t\{t^2-(k+4)\}=0$$

두 점 P, Q가 원점을 동시에 출발한 후 다시 만나지 않으려면 이 방정식이 양의 실근을 갖지 않아야 한다.

즉, 이차방정식 $t^2-(k+4)=0$이 양의 실근을 갖지 않아야 하므로

$$k+4\leq0\quad\therefore k\leq-4$$

따라서 실수 k의 최댓값은 -4이다.

답 -4

11

시각 $t=1$에서와 $t=k$에서 점 P의 위치가 같으므로

$$\int_0^1 v(t)dt=\int_0^k v(t)dt$$

즉, $\displaystyle\int_1^k v(t)dt=0$이므로

$$\int_1^k v(t)dt=\int_1^k(4-2t)dt$$
$$=\Big[4t-t^2\Big]_1^k$$
$$=4k-k^2-3$$
$$=-(k-1)(k-3)=0$$
$$\therefore k=3\ (\because k>1)$$

따라서 점 P가 시각 $t=0$에서 $t=3$까지 움직인 거리는

$$\int_0^3|v(t)|dt=\int_0^2(4-2t)dt+\int_2^3(-4+2t)dt$$

$$=\Big[4t-t^2\Big]_0^2+\Big[-4t+t^2\Big]_2^3$$
$$=4+1=5$$

답 5

12

주어진 그래프에서 $v(1)=0$이므로

$$1-a+b=0\quad\therefore a-b=1\quad\cdots\cdots\ \text{㉠}$$

점 P가 처음으로 운동 방향을 바꿀 때의 위치가 $\dfrac{4}{3}$이므로

$$\int_0^1 v(t)dt=\int_0^1(t^2-at+b)dt$$
$$=\Big[\frac{1}{3}t^3-\frac{a}{2}t^2+bt\Big]_0^1$$
$$=\frac{1}{3}-\frac{a}{2}+b=\frac{4}{3}$$

에서 $a-2b=-2\quad\cdots\cdots\ \text{㉡}$

㉠, ㉡에서 $a=4$, $b=3$

$v(t)=t^2-4t+3$이므로 $v(t)=0$에서

$$t^2-4t+3=(t-1)(t-3)=0\quad\therefore t=1\ \text{또는}\ t=3$$

따라서 점 P가 두 번째로 운동 방향을 바꾸는 시각은 $t=3$이므로 점 P가 출발한 후 $t=3$까지 움직인 거리는

$$\int_0^3|v(t)|dt=\int_0^1 v(t)dt+\int_1^3\{-v(t)\}dt$$
$$=\frac{4}{3}+\int_1^3(-t^2+4t-3)dt$$
$$=\frac{4}{3}+\Big[-\frac{1}{3}t^3+2t^2-3t\Big]_1^3$$
$$=\frac{4}{3}+\frac{4}{3}=\frac{8}{3}$$

답 $\dfrac{8}{3}$

13

주어진 그림에서 $f'(-1)=f'(1)=0$이고, 함수 $f(x)$의 증가와 감소를 표로 나타내면 다음과 같다.

x	$\cdots$	-1	$\cdots$	1	$\cdots$
$f'(x)$	$+$	0	$-$	0	$+$
$f(x)$	↗	극대	↘	극소	↗

따라서 함수 $f(x)$는 $x=-1$에서 극댓값을 갖는다.

한편, 함수 $f(x)$는 최고차항의 계수가 1인 삼차함수이므로 도함수 $f'(x)$는 최고차항의 계수가 3인 이차함수이다.

즉, $f'(x)=3(x+1)(x-1)=3x^2-3$이므로

$$f(x)=\int f'(x)dx=\int(3x^2-3)dx$$
$$=x^3-3x+C\ (\text{단},\ C\text{는 적분상수})$$

함수 $f(x)$의 극댓값이 4이므로 $f(-1)=4$에서
$(-1)+3+C=4$ $\therefore C=2$
$\therefore f(x)=x^3-3x+2$
곡선 $y=f(x)$와 x축의 교점의 x좌표는
$x^3-3x+2=0$에서 $(x+2)(x-1)^2=0$
$\therefore x=-2$ 또는 $x=1$
곡선 $y=f(x)$는 오른쪽 그림과 같
고 $-2\leq x\leq 1$일 때,
$x^3-3x+2\geq 0$
따라서 구하는 도형의 넓이는

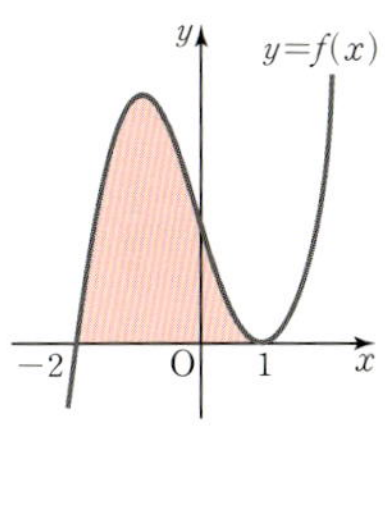

$$\int_{-2}^{1}(x^3-3x+2)dx$$
$$=\left[\frac{1}{4}x^4-\frac{3}{2}x^2+2x\right]_{-2}^{1}$$
$$=\frac{3}{4}-(-6)=\frac{27}{4}$$

답 $\dfrac{27}{4}$

14

곡선 $y=-x^2+4x+3$과 직선 $y=2x$의 교점의 x좌표는
$-x^2+4x+3=2x$에서
$x^2-2x-3=0,\ (x+1)(x-3)=0$
$\therefore x=3\ (\because x>0)$
곡선 $y=-x^2+4x+3$과 직선 $y=\dfrac{3}{4}x$의 교점의 x좌표는
$-x^2+4x+3=\dfrac{3}{4}x$에서 $x^2-\dfrac{13}{4}x-3=0$
$4x^2-13x-12=0,\ (4x+3)(x-4)=0$
$\therefore x=4\ (\because x>0)$
따라서 오른쪽 그림에서 구하는
도형의 넓이는

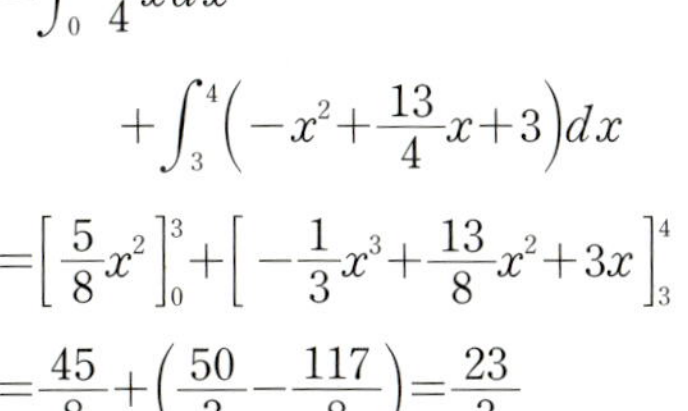

$$\int_{0}^{3}\left(2x-\frac{3}{4}x\right)dx$$
$$+\int_{3}^{4}\left\{(-x^2+4x+3)-\frac{3}{4}x\right\}dx$$
$$=\int_{0}^{3}\frac{5}{4}x\,dx$$
$$\qquad+\int_{3}^{4}\left(-x^2+\frac{13}{4}x+3\right)dx$$
$$=\left[\frac{5}{8}x^2\right]_{0}^{3}+\left[-\frac{1}{3}x^3+\frac{13}{8}x^2+3x\right]_{3}^{4}$$
$$=\frac{45}{8}+\left(\frac{50}{3}-\frac{117}{8}\right)=\frac{23}{3}$$

답 $\dfrac{23}{3}$

15

$g(t)=\displaystyle\int_{0}^{t}f(x)dx$의 양변을 t에 대하여 미분하면
$g'(t)=f(t)$
함수 $g(t)$가 구간 $(-\infty,\ -3]$에서 감소하고
구간 $[-3,\ \infty)$에서 증가하므로
$t\leq -3$일 때, $g'(t)=f(t)\leq 0$
$t\geq -3$일 때, $g'(t)=f(t)\geq 0$
이때 함수 $f(t)$의 부호가 $t=-3$의 좌우에서 음에서 양으로
바뀌므로 $f(-3)=0$이다.
삼차함수 $f(x)$의 최고차항의 계수가 1이고 $f(0)=0$이므로
$f(x)=x^2(x+3)=x^3+3x^2$
$f'(x)=3x^2+6x$
곡선 $y=f(x)$ 위의 점 $(-2,\ f(-2))$, 즉 점 $(-2,\ 4)$에
서의 접선의 기울기는 $f'(-2)=0$이므로 이 점에서의 접선
의 방정식은
$y-4=0$ $\therefore y=4$
곡선 $y=f(x)$와 직선 $y=4$의 교점의 x좌표는
$x^3+3x^2=4$에서 $x^3+3x^2-4=0$
$(x+2)^2(x-1)=0$ $\therefore x=-2$ 또는 $x=1$
곡선 $y=f(x)$와 직선 $y=4$는
오른쪽 그림과 같고
$-2\leq x\leq 1$일 때, $x^3+3x^2\leq 4$
따라서 구하는 도형의 넓이 S는
$$S=\int_{-2}^{1}\{4-(x^3+3x^2)\}dx$$
$$=\int_{-2}^{1}(-x^3-3x^2+4)dx$$
$$=\left[-\frac{1}{4}x^4-x^3+4x\right]_{-2}^{1}$$
$$=\frac{11}{4}-(-4)=\frac{27}{4}$$
$$\therefore 8S=8\times\frac{27}{4}=54$$

답 54

16

주어진 그림에서
$$S_1+S_2=\int_{0}^{2}f(x)dx$$
$$=\int_{0}^{2}(kx^3-4kx^2+4kx)dx$$
$$=\left[\frac{k}{4}x^4-\frac{4k}{3}x^3+2kx^2\right]_{0}^{2}$$
$$=\frac{4}{3}k\quad\cdots\cdots\ \ominus$$
곡선 $y=f(x)$와 직선 $y=kx$의 교점의 x좌표는

$kx(x-2)^2=kx$에서 $kx\{(x-2)^2-1\}=0$

$kx(x-1)(x-3)=0$ $\quad\therefore x=1\ (\because 0<x<2)$

$0\leq x\leq 1$일 때, $kx(x-2)^2\geq kx$

$S_1=\displaystyle\int_0^1 \{kx(x-2)^2-kx\}dx$

$\quad=\displaystyle\int_0^1 (kx^3-4kx^2+3kx)dx$

$\quad=\left[\dfrac{k}{4}x^4-\dfrac{4k}{3}x^3+\dfrac{3}{2}kx^2\right]_0^1$

$\quad=\dfrac{5}{12}k \qquad \cdots\cdots \text{ⓛ}$

㉠, ⓛ에서 $S_2=\dfrac{4}{3}k-\dfrac{5}{12}k=\dfrac{11}{12}k$이므로

$|S_1-S_2|=\left|\dfrac{5}{12}k-\dfrac{11}{12}k\right|=\left|\dfrac{1}{2}k\right|<3$

$\therefore -6<k<6$

따라서 자연수 k의 최댓값은 5이다.

달 5

17

$f(x)=x^3+x+1$에서 $f'(x)=3x^2+1>0$

함수 $y=f(x)$의 그래프는 증가하는 곡선이고 함수 $y=f(x)$의 그래프와 역함수 $y=g(x)$의 그래프는 직선 $y=x$에 대하여 대칭이다.

직선 $y=\dfrac{1}{2}x-\dfrac{1}{2}$을 직선 $y=x$에 대하여 대칭이동시킨 직선의 방정식은

$x=\dfrac{1}{2}y-\dfrac{1}{2} \qquad \therefore y=2x+1$

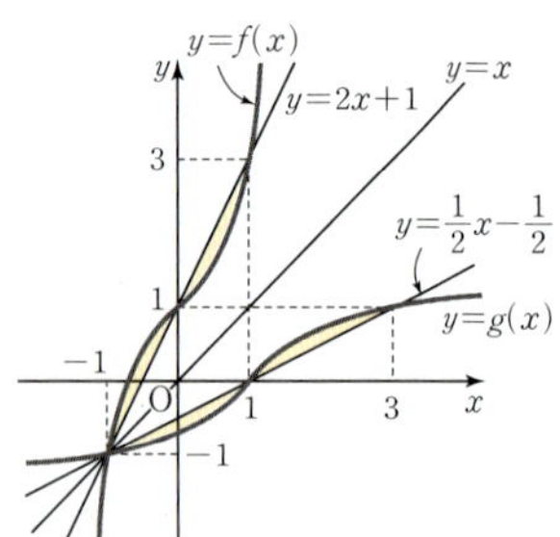

즉, 곡선 $y=g(x)$와 직선 $y=\dfrac{1}{2}x-\dfrac{1}{2}$로 둘러싸인 도형의 넓이는 곡선 $y=f(x)$와 직선 $y=2x+1$로 둘러싸인 도형의 넓이와 같다.

이때 곡선 $y=f(x)$와 직선 $y=2x+1$의 교점의 x좌표는

$x^3+x+1=2x+1$에서 $x^3-x=0$

$x(x+1)(x-1)=0$

$\therefore x=-1$ 또는 $x=0$ 또는 $x=1$

$-1\leq x\leq 0$일 때, $x^3+x+1\geq 2x+1$

$0\leq x\leq 1$일 때, $x^3+x+1\leq 2x+1$

따라서 구하는 도형의 넓이는

$\displaystyle\int_{-1}^0 \{(x^3+x+1)-(2x+1)\}dx$

$\qquad\qquad +\displaystyle\int_0^1 \{(2x+1)-(x^3+x+1)\}dx$

$=\displaystyle\int_{-1}^0 (x^3-x)dx+\displaystyle\int_0^1 (-x^3+x)dx$

$=\left[\dfrac{1}{4}x^4-\dfrac{1}{2}x^2\right]_{-1}^0+\left[-\dfrac{1}{4}x^4+\dfrac{1}{2}x^2\right]_0^1$

$=\dfrac{1}{4}+\dfrac{1}{4}=\dfrac{1}{2}$

달 $\dfrac{1}{2}$

18

점 P의 시각 t에서의 속도를 $v(t)$라 하면

$v'(t)=a(t)=6t^2-6t-12=6(t+1)(t-2)$

$v'(t)=0$에서 $t=2\ (\because t>0)$

$t\geq 0$에서 함수 $v(t)$의 증가와 감소를 표로 나타내면 다음과 같다.

t	(0)	$\cdots$	2	$\cdots$
$v'(t)$		$-$	0	$+$
$v(t)$		$\searrow$	극소	$\nearrow$

$v(t)=\displaystyle\int v'(t)dt$

$\qquad=\displaystyle\int (6t^2-6t-12)dt$

$\qquad=2t^3-3t^2-12t+C$ (단, C는 적분상수)

이때 시각 $t=0$에서 $t=3$까지 점 P가 움직인 거리와 위치의 변화량이 같으려면 $\displaystyle\int_0^3 |v(t)|dt=\displaystyle\int_0^3 v(t)dt$이어야 하므로 오른쪽 그림과 같이 $0\leq t\leq 3$에서 $v(t)\geq 0$이어야 한다.

즉, $0\leq t\leq 3$에서 $(v(t)$의 최솟값$)\geq 0$이어야 하므로

$v(2)=C-20\geq 0$에서 $C\geq 20$

따라서 시각 $t=0$에서의 속도는

$v(0)=C\geq 20$

이므로 구하는 최솟값은 20이다.

달 20

19

$f(x)=-x^3+3x+18$에서

$f'(x)=-3x^2+3=-3(x+1)(x-1)$

$f'(x)=0$에서 $x=-1$ 또는 $x=1$

함수 $f(x)$의 증가와 감소를 표로 나타내면 다음과 같다.

x	$\cdots$	-1	$\cdots$	1	$\cdots$
$f'(x)$	$-$	0	$+$	0	$-$
$f(x)$	$\searrow$	16	$\nearrow$	20	$\searrow$

즉, 함수 $y=f(x)$의 그래프는 오른쪽 그림과 같다.

함수 $y=f(x)$의 그래프와 직선 $y=16$이 만나는 교점의 x좌표는

$-x^3+3x+18=16$에서

$x^3-3x-2=0$

$(x+1)^2(x-2)=0$

$\therefore x=-1$ 또는 $x=2$

$$\therefore g(t)=\begin{cases} f(t) & (t<-1) \\ 16 & (-1\le t<2) \\ f(t) & (t\ge 2) \end{cases}$$

따라서 함수 $y=g(x)$의 그래프는 오른쪽 그림과 같다.

함수 $y=g(x)$의 그래프와 x축 및 y축으로 둘러싸인 도형의 넓이 S는

$$S=\int_0^3 g(x)dx$$

$$=\int_0^2 16dx+\int_2^3 f(x)dx$$

$$=16\times 2+\int_2^3 (-x^3+3x+18)dx$$

$$=32+\left[-\frac{1}{4}x^4+\frac{3}{2}x^2+18x\right]_2^3$$

$$=32+\frac{37}{4}=\frac{165}{4}$$

$$\therefore 4S=4\times\frac{165}{4}=165$$

답 165

20

$\{f(x)-k\}\times\{f(x)-|kx|\}=0$에서

$f(x)=k$ 또는 $f(x)=k|x|$

즉, 함수 $y=f(x)$의 그래프는 구간에 따라 직선 $y=k$ 또는 $y=kx$ 또는 $y=-kx$ 중 하나의 모양을 나타낸다.

이때 함수 $f(x)$가 실수 전체의 집합에서 연속이므로 함수 $y=f(x)$의 그래프와 두 직선 $x=-2$, $x=2$로 둘러싸인 도형의 넓이를 S라 하면

$$S=\int_{-2}^2 |f(x)|dx=\int_{-2}^2 f(x)dx\ (\because f(x)\ge 0)$$

(i) S가 최대일 때

$S=\displaystyle\int_{-2}^2 f(x)dx$의 값이 최대이어야 하므로 닫힌구간 $[-2,\ 2]$에 속하는 각각의 x에 대하여 함수 $f(x)$가 k 또는 kx 또는 $-kx$ 중 큰 값을 가져야 한다.

$$\text{따라서 } f(x)=\begin{cases} -kx & (x<-1) \\ k & (-1\le x\le 1) \\ kx & (x>1) \end{cases}$$이고

함수 $y=f(x)$의 그래프는 다음 그림과 같다.

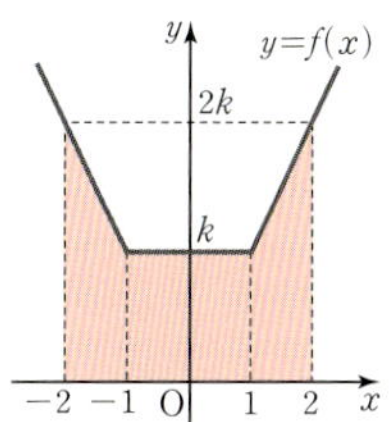

한편, 함수 $y=f(x)$의 그래프는 y축에 대하여 대칭이므로

$$S=2\int_0^2 f(x)dx=2\int_0^1 kdx+2\int_1^2 kxdx$$

$$=2\left[kx\right]_0^1+2\left[\frac{k}{2}x^2\right]_1^2$$

$$=2k+3k=5k$$

(ii) S가 최소일 때

$S=\displaystyle\int_{-2}^2 f(x)dx$의 값이 최소이어야 하므로 닫힌구간 $[-2,\ 2]$에 속하는 각각의 x에 대하여 함수 $f(x)$가 k 또는 kx 또는 $-kx$ 중 작은 값을 가져야 한다.

$$\text{따라서 } f(x)=\begin{cases} k & (x<-1 \text{ 또는 } x>1) \\ -kx & (-1\le x<0) \\ kx & (0\le x\le 1) \end{cases}$$이고

함수 $y=f(x)$의 그래프는 다음 그림과 같다.

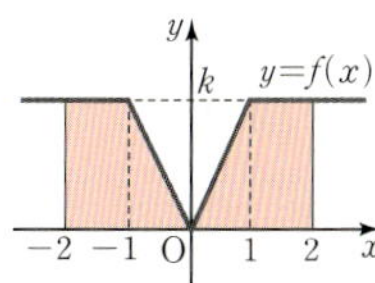

한편, 함수 $y=f(x)$의 그래프는 y축에 대하여 대칭이므로

$$S=2\int_0^2 f(x)dx=2\int_0^1 kxdx+2\int_1^2 kdx$$

$$=2\left[\frac{k}{2}x^2\right]_0^1+2\left[kx\right]_1^2$$

$$=k+2k=3k$$

(i), (ii)에서 S의 최댓값과 최솟값의 합은

$5k+3k=8k=16$

$\therefore k=2$

답 2

Memo

Memo

Memo

Memo

Memo

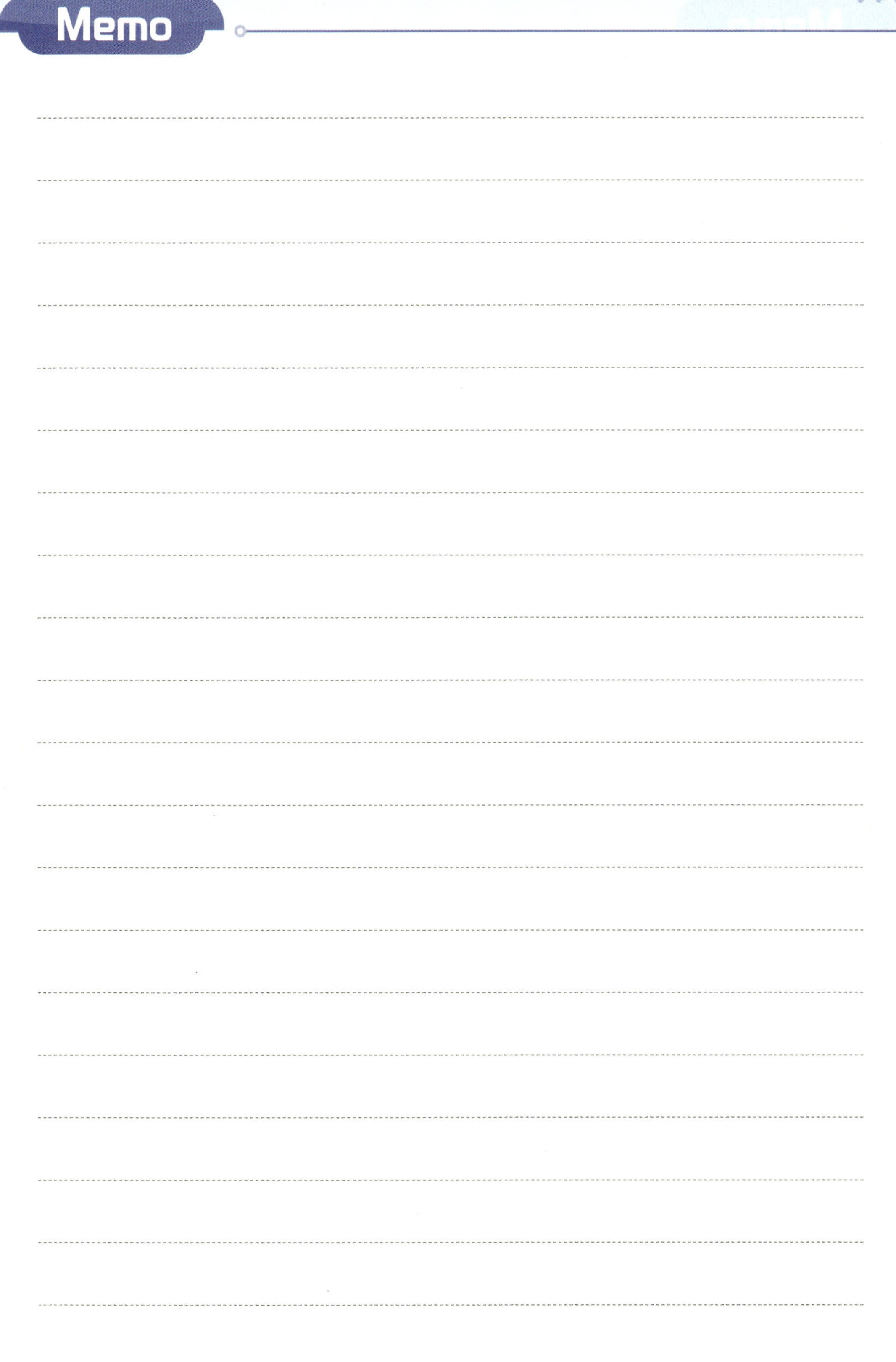
Memo

수학의 바이블

개념 ON
미적분 I